电子工程师必备 Electronics Engineer（第4版）

——元器件应用宝典

胡斌 胡松 编著

人民邮电出版社
北京

图书在版编目（CIP）数据

电子工程师必备. 元器件应用宝典 / 胡斌，胡松编著. -- 4版. -- 北京 : 人民邮电出版社，2024.5
ISBN 978-7-115-63076-6

Ⅰ. ①电… Ⅱ. ①胡… ②胡… Ⅲ. ①电子元件②电子器件 Ⅳ. ①TN

中国国家版本馆CIP数据核字(2023)第208160号

内容提要

本书从基础知识起步，系统地介绍了数十大类元器件的知识和数百种元器件应用电路。

书中对元器件的讲解包括电路符号信息、外形识别方法、型号识别方法、引脚分布规律及识别方法、引脚极性识别方法、主要特性及主要特性曲线、典型应用电路、同功能不同形式电路的分析方法、质量检测方法、更换和选配方法、调整和修配方法等。

本书适合立志成为电子工程师的各专业人员学习和参考，也可作为电子爱好者案前元器件和电路分析的备查手册。

◆ 编　　著　胡　斌　胡　松
责任编辑　李　强
责任印制　马振武
◆ 人民邮电出版社出版发行　　北京市丰台区成寿寺路 11 号
邮编　100164　　电子邮件　315@ptpress.com.cn
网址　https://www.ptpress.com.cn
三河市中晟雅豪印务有限公司印刷
◆ 开本：775×1092　1/16
印张：44.25　　2024 年 5 月第 4 版
字数：1189 千字　　2024 年 5 月河北第 1 次印刷

定价：149.90 元

读者服务热线：(010)53913866　印装质量热线：(010)81055316
反盗版热线：(010)81055315
广告经营许可证：京东市监广登字 20170147 号

前言

作者最想讲的3句话

其一，基础真的很重要。现在电子设备的充电方式已发展到无线充，2005 年笔者的“一种磁供电和充电装置”发明专利就实现了这种充电方式，这是由于笔者对磁的深刻理解和对元器件工作原理的深度掌握，所以学习基本原理和电子元器件知识非常重要，这不是空话，最终是能有实实在在的创新发明的。

其二，相信从量变到质变的哲学原理。笔者就是用这一原理来指导写作等方方面面的，是受益者，体会深刻，难以言表。当你在学习中积累的知识达到一定程度后，就会发生质变。本书能让你学到知识的同时，自然而然培养好的学习习惯。

第三，理论指导实践，事半功倍。在电子技术活动中得到的经验固然重要，但在创新实践中理论指导实践是必然逻辑。成功的临门一脚靠的是对基础理论知识的深度“吃透”。

新版丛书4个亮点

笔者凭借多年的教学、科研经验，以读者为本，精心组织编写了电子工程师必备丛书，希望读者在成长为电子工程师的征途中快乐而轻松地学习，希望给予在科研、工作过程中的读者有益帮助。

★电子工程师必备丛书：

《电子工程师必备——元器件应用宝典（第 4 版）》；

《电子工程师必备——九大系统电路识图宝典（第 3 版）》；

《电子工程师必备——电路板技能速成宝典（第 3 版）》。

电子工程师必备丛书共 3 本，印刷次数超 130 次，册数超过 13 万册，是读者喜爱的图书、令人骄傲的丛书。

★电子工程师必备丛书拥有 5 大类 34 项知识群，构建了较为完整的“庞大”知识体系。例如，详细讲解了 400 多种元器件应用电路和 300 多种单元电路工作原理，检测与检修方法有 500 多种。本丛书可作为电子专业学生、爱好者系统学习的参考书，也可作为多功能手册供查询之用等。

★电子工程师必备丛书的内容与各类电子技术教材不重复，是教材的实用技术补充，包括电子工程师实践中所必须具备的电子技术理论与技能知识。

★电子工程师必备丛书植入空中课堂。教育改革的方向很明确，将会有许多院校转型培养技能大师、工匠，电子工程师必备丛书为此也准备了大量的教学资源，共送出学电子、学识图、学技能、套件装配演示、整机电路分析和习题（约 1700 道习题 +50 套试卷）；视频共 6 个课程，时长达 3300 分钟，扫描下方二维码，关注公众号，输入“63076”，获取本书电子资源。

丛书好评如潮

- 在读学生

“胡斌老师的书，很多电子信息专业的学生都用，讲得明白，能听懂。”

- 学校社团的学生

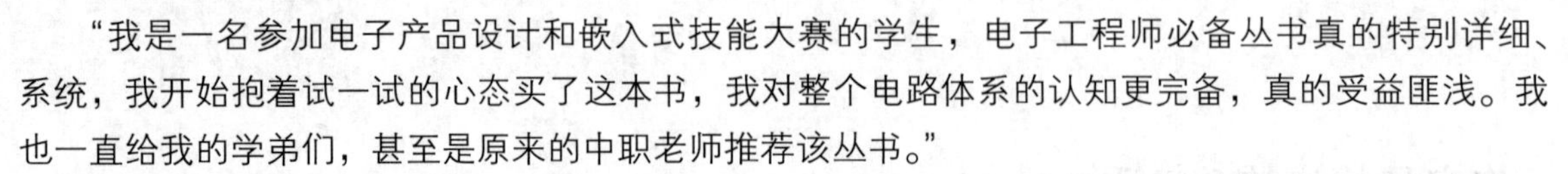

“我是一名参加电子产品设计和嵌入式技能大赛的学生，电子工程师必备丛书真的特别详细、系统，我开始抱着试一试的心态买了这本书，我对整个电路体系的认知更完备，真的受益匪浅。我也一直给我的学弟们，甚至是原来的中职老师推荐该丛书。”

- 新入职员工

“今年毕业，签了工作单位，准备从事电路研发工作，公司让我看您的书 。”

- 在职老员工

“胡老师，我工作满 10 年了，目前在一个研究所，最近我把重心转移到元器件了，老师的书是我前行路上的好助手。”

- 电子类课程老师

“老师的书让人一看就明白，我也给我的学生推荐。”

- 电子爱好者

“我是从江苏大学理学院毕业的研究生，现在在中学教物理，一直爱好电路分析，这本书对我帮助太大了。您的书对各种电路的解析非常到位，有很多地方直击核心，而且帮助读者形成完善和独到的逻辑思路体系，真心感谢您。”

- 各类电子电器维修人员

“我认为老师的书都非常棒，理论与实践结合恰到好处，特别是关于学习理论方面的见解。”

- 初学者

“我是小白，碰到问题了，正在看老师的书，写得很详细，书到用时方恨少。”

本书主干知识

本书将帮助读者从基础知识起步，随着学习的深入，读者水平逐步得到提高，从而轻松、快速、系统掌握元器件相关知识。

本书对元器件的讲解包括：结构和工作原理、电路图形符号信息解说、外形识别、型号识别方法、引脚分布规律及识别方法、引脚极性识别方法、主要特性及主要特性曲线、典型应用电路、同功能不同电路应用、质量检测方法、更换和选配方法、调整和修配方法等。

提示：本书电路图中的仪器仪表为示意图，相关挡位设置见文中描述。

编者简介

编者从事电子技术类图书写作 40 余年，一直秉承着以读者为本的理念，加之勤于思考、敢于创新、努力写作，在系统、层次、结构、逻辑、细节、重点、亮点、表现力上把握能力强，获得了读者的广泛好评和认可。

第一，笔风令读者喜爱，用简单的语句讲述复杂的问题，这是编者最为擅长的方面。

第二，在讲解知识的同时，有机地融入对知识的理解方法和思路，这是笔者写作的另一个长处和受到读者好评最多的方面，得到读者的高度认可。

第三，已出版 176 本著作，多套书畅销。

本书读者群体

本书适合立志成为电子工程师的初级入门者阅读，因为本书内容从元器件基础知识起步。

本书适合从事电子行业的读者阅读、查阅、典藏，因为本书内容跨度大，整本书构成了一个较为全面和完整的元器件知识体系。

本书适合需要深入掌握元器件知识的读者阅读，特别是在校大学生和刚毕业的学生，因为本书内容系统而全面，理论紧密联系实践，细节“丰富多彩”。

网络交流平台

自 10 多年前开通 QQ 实时辅导以来，编者回答了数以千计读者在学习中遇到的问题。由于读者数量日益庞大，一对一回答愈加困难，应广大读者需求，编者开通微信群供大家相互交流，微信号：wdjkw0511。

目录

第4章 可变电阻器和电位器基础知识及应用电路

第5章 电容器类元器件基础知识

第6章 电容器主要特性及应用电路

第11章 常用二极管应用电路分析

第12章 发光二极管基础知识及应用电路分析

第13章 其他二极管实用知识及应用电路分析

第 14 章 三极管基础知识和直流电路分析

第 15 章 基本的单级放大器电路分析

第 16 章 集成电路基础知识

第17章 集成电路常用引脚外电路分析

第18章 开关件及插接件和应用电路

第19章 晶体闸流管、场效应管和电子管及应用电路

第1章 元器件学习内容

初学者在学习电子技术的过程中需要掌握哪些知识呢?

1.1 元器件知识学习内容

学好电子技术，打好扎实的基础需要掌握哪些知识? 初学者在学习之初能有所了解，学习就会心中有数，有的放矢。

重要提示

学习电子技术应该从元器件起步，这是比较科学的，也是符合学习规律的。

首先，元器件是构成任何一个电子电路的基本元素，相当于一栋大楼的水泥、钢筋、玻璃等基础建筑材料。

其次，电路功能是由各种元器件有机组合后实现的，没有元器件就没有电路的功能。

1.1.1 电子技术入门学习内容

1. 学好电子技术的心理准备

初学者学习电子技术时要做好心理准备，在学习之初就应该认识到可能出现的困难，例如学习的方法，学习的目的，学习中遇到了困难如何处置，整个学习需要多少时间，电子技术至少需要学习哪些知识，如何检验学习效果，如何处理好理论学习与动手实践之间的关系，以及学好这门课程需要哪些准备知识等。

有位大四的学生在网络中曾这样表达了他学习的感受，大意是：几年的电子技术学习过程如同夜间行走在一条没有路灯的大街上，不知道这条街通往何处，也没办法看到大街两旁的风景。他有这种感受显然是因为对电子技术没有一个整体了解，是在为了学习而学习，或是为了对付考试而学习。整体上讲有这样感受的同学为数不少，只是这位同学生动而形象地表达出来了。

那么，学习电子技术到底难不难，难的话有多难，最难的又是什么呢?

学习任何一门技术都难，世界上没有不通过努力和刻苦学习就能掌握的技术；同时，难与不难是相对的，是动态变化的。

初学者在学习过程中掌握了学习方法后，在努力和用心后，在运用了学习技巧之后，难的问题可以化解成不难的，或只是小难的；在学习取得小小进步和成功后，又增强了学习的信心和获得了新的动力。那么通过这种“正反馈”，学习电子技术就变得容易得多。

综上所述，初学者不可认为这门课程很容易学好，不可掉以轻心，同时也不必畏惧它的复杂性，做好充分的心理准备，打一场有准备之仗，这样比盲目上阵要轻松许多。

2．学习之初重在得到成效

学习之初大多数人怀疑自己学习的方法是否正确，投入的时间和精力是不是得到了相应的“回报”，这种心理是非常正常的。为了不使自己失望，需要在学习之初就见到学习的效果，给自己强大的信心和学习的动力。

为了使自己在学习之初能见到效果，学习的起步阶段就显得十分重要了，特别是学习的切入点很重要。如果开始学习的起点过高，脱离自己的实际情况，学习过程中遇到许多不能理解的问题，一段时间后感觉困难重重，信心丢失，怀疑自己的学习能力（其实是方法不对，不是自己的错），这对以后的学习不利，所以要努力开好局。

因此，在学习之初视自己的基础知识水平情况，适当选择好起点的高度就显得十分科学和必要。古人云：“万事开头难”，也给了我们足够的警示。

3．电子技术入门学习内容

表 1-1 所示是电子技术入门学习内容。

表 1-1　电子技术入门学习内容

名称	内　　容	
元器件	识别	认识元器件（如元器件外形特征识别）
		识别元器件引脚（极性、引脚排列顺序）
		参数表示方法（直标法、色标法、数字字母混标法等）
		型号命名方法
	种类	元器件的种类非常丰富
	电路符号	新电路符号
		旧电路符号
		非国家标准电路符号
		识图信息
		其他信息（型号、标称值等）
	结构及工作原理	了解元器件结构和工作原理有利于深入掌握元器件知识，特别是一些常用元器件
	重要特性	同一种元器件会有许多特性，这是学习元器件的重点之一
	性能参数	直流参数
		交流参数
		极限参数
		其他参数
	典型应用电路	每一种元器件都有许多应用，典型应用电路是最为常见的应用电路，是学习的重点之一
	检测	质量检测（脱开检测、在路检测）
		引脚分辨
	选配方法	同型号更换
		异型号代换、直接更换和改动更换
	更换操作技能	更换元器件是故障检修中的常用操作，有些元器件的更换操作比较复杂

续表

名称	内　容	
电路分析	功能分析	这是对电路功能的分析，在电路中如果能判断出电路功能，那对进一步的电路工作分析非常有用
	种类分析	实现同一个电路功能可以有多种形式的电路，电路分析时需要了解电路种类
	直流电路分析	这是电路分析中的一个重点，特别是放大器电路分析中更需要进行直流电路分析，因为直流电路工作正常与否直接影响电路工作状态
	交流电路分析	信号传输分析
		频率分析
		时点分析
		相位分析
		条件分析
	元器件作用分析	这是电路工作原理分析中的重点之一，在故障检修中这一分析更为重要
	等效分析	等效分析是一种更简易的电路分析方法
	电路故障分析	这是直接为电路故障检修服务的电路分析，在所有电路分析中最难
动手技能	工具及操作	各种通用工具和专用工具的使用方法和操作技能
	专用材料知识	运用这些专用材料有助于电路故障检修、处理，如清洗液可以消除一些接触不良故障
	焊接技术	这是最为常用的技能，也是保证电路板焊接质量的关键之一
	拆装技术	检修过程中需要拆装各种电路板、机壳等
	检测仪器仪表操作	万用表操作方法
		通用仪器仪表操作方法
		专用仪器仪表操作方法
修理理论	检查方法	用来检查各种故障的方法，有 20 多种
	故障发生规律	故障发生是有一定规律的，掌握这些规律对故障检修是有益的
	故障机理	每一种故障都有产生原因，掌握这方面的知识可以方便和准确地判断故障原因
	逻辑判断	根据逻辑学原理，通过故障现象和逻辑判断，可以判断故障范围，甚至可以直接寻找到故障部位
	故障处理对策	对各种故障都有一套处理方法和操作技能
	修理经验	实践中不断积累修理经验，可以学习别人的经验，也可以通过自己的实践得到经验
综合能力	电路调试技术	电路故障检修或是新产品设计过程中都需要对电路进行调试
	识别电路板上元器件	故障检修中需要在电路中找到某个元器件，在寻找电路板上的元器件过程中有许多好的方法和技巧
	根据电路板画电路原理图	在测绘电路板上绘制电路时，需要根据电路板上元器件和印制电路画出电路图，画图过程中也有许多方法和技巧
	同功能不同形式电路分析	这是电路分析中比较困难的，也是学习电子技术的一个重要方面
	资料支持能力	收集资料、分析资料能力很重要，特别是在故障检修和电路设计中
	电路设计	根据电路功能要求设计具体电路

上述学习内容看起来非常复杂、庞大，但是深入学习会发现许多方面是相通的。

1.1.2　电子元器件知识的学习内容

1．电子元器件学习内容

表 1-2 所示是电子元器件知识的具体学习内容说明和要求。

表 1-2　电子元器件知识的具体学习内容说明和要求

名　称	说　明
识别	认识元器件（如元器件外形特征识别）。 **重要提示**：如果学习电子技术连电子元器件的外形特征都不清楚，试问这个电子技术如何学好呢?很显然学习的第一步是了解电子元器件的外形特征。 **这部分知识要求掌握**
	识别元器件引脚（极性、引脚排列顺序）。 **重要提示**：一个元器件至少有两根引脚，有的元器件会有数十根引脚，要了解这些引脚的具体作用，掌握多引脚元器件的引脚分布规律，以便方便而轻松地识别各引脚作用。识别元器件引脚无论是对分析电路工作原理还是检修电路故障均非常重要。 **这部分知识要求掌握**
	参数表示方法（直标法、色标法、数字字母混标法等）。 **重要提示**：这是非常重要的知识，许多元器件都有标称值，也会有多种方法来表示，只有掌握了这些方法才能认识这些元器件的标称值，才会在电路分析、电路设计和电路故障检修中运用。 **这部分知识要求掌握**
	型号命名方法。 **重要提示**：电子元器件都有一套命名方法，在更换元器件，或是进行电路设计时，都需要通过元器件型号在元器件手册中查找相关技术参数，如三极管、集成电路等。 **这部分知识要求了解**
种类	元器件的种类非常丰富。 **重要提示**：每一种元器件都有许多品种，有的还非常丰富，这方面知识需要了解，以供电路设计时进行选择。对于自己专业领域的专用元器件种类需要深入掌握
电路符号	新电路符号。 **重要提示**：元器件在电路图中用一种图形符号来表示，显然不认识这种符号就无法分析电路工作原理。各种电子元器件都有它们相一一对应的电路符号，且从这些电路符号中还能读出有用的识图信息。 **这部分知识要深入而全面地掌握**
	旧电路符号。 **重要提示**：一些电子元器件会有多种电路符号，过去使用的电路符号就是旧符号，因为一些老的电路图中还会采用这些旧符号，所以对这方面知识还是需要了解的
	非国家标准电路符号。 **重要提示**：对于新的电子元器件，在国家标准没有规定前，会采用非国家标准电路符号，如生产厂家的电路符号
	识图信息解读。 **重要提示**：许多的电子元器件电路符号图形都表达了一定的含义，了解这些含义对分析电路工作是有帮助的。 **这部分知识要深入掌握**
	其他信息（型号、标称值等）。 **重要提示**：电路图中的元器件符号旁边会标出该元器件的型号，或是标称值，它进一步说明了该元器件的一些情况，必须学会这些信息的识别
结构及工作原理	了解元器件结构和工作原理有利于深入掌握元器件知识，有益于记忆，特别是一些常用元器件。 **重要提示**：如果能够了解元器件的结构和工作原理，那对掌握该元器件特性是非常有益的，可以从底层了解更多关于该元器件的知识，并牢固掌握。 **这部分知识要掌握或了解**
重要特性	**同一种元器件会有许多的重要特性，这是元器件学习中的重点之一。** **重要提示：这是学习元器件知识最为重要的部分，在电路分析和电路设计时都需要这方面知识作为支撑，必须高度重视。** **元器件的重要特性还包括主要特性曲线、等效电路等。** **这部分知识必须深入和系统地掌握**

续表

名　称	说　明
性能参数	直流参数。 **重要提示**：这是只考虑加入直流工作电压后、不考虑加入信号情况下的元器件参数，直流参数会有许多具体的项目。 **这部分知识需要了解**
	交流参数。 **重要提示**：这是加入规定的直流工作电压，且加入规定大小信号情况下的元器件参数，交流参数也会有许多项目。 **这部分知识需要了解**
	极限参数。 **重要提示**：这是给元器件规定最为“危险”的工作条件，如果实际工作中超过这个极限参数，元器件会损坏。 **这部分知识需要了解**
	其他参数。 **重要提示**：一些元器件会有一些特定的参数。 **这部分知识需要了解**
典型应用电路	每一种元器件都有许许多多的应用，典型应用电路是最为常见的应用电路，是学习的重点之一。通过典型应用电路学习，可以举一反三，以点带面。 **重要提示**：这是学习元器件知识另一个重要内容，一个元器件的具体应用电路许许多多，但是通常它会有一个典型的应用电路，这个典型应用电路通常是生产厂家提供的，具体的应用电路会在这一电路基础上作相应的变化。 **需要深入掌握元器件的典型应用电路工作原理**
检测	质量检测（脱开检测、在路检测）。 **重要提示**：对元器件的质量检测是电路故障处理中必不可少的一环，分为元器件脱开电路后的检测和元器件在电路中的检测，其中后者还分通电检测和断电检测两种。这是学习元器件检测方法最为核心的内容。 **这部分知识需要深层次掌握**
	引脚分辨。 **重要提示**：元器件的引脚除可以通过引脚分布规律识别外，许多元器件的引脚还可以通过万用表的检测来进行识别，这也是实际操作中时常采用的方法。 **这方面知识要求掌握**
选配方法	同型号更换。 **重要提示**：元器件损坏后更换时最好更换同型号的，否则会有一些新问题出现
	异型号代换、直接更换和改动更换。 **重要提示**：当无法找到同型号元器件进行更换时，在一些情况下可以进行异型号的更换，这时可能需要包括改动电路在内的一些辅助措施
更换操作技能	更换元器件是故障检修中的常用技能，有些元器件的更换操作比较复杂。 **重要提示**：对于引脚比较少的元器件进行更换操作是不困难的，如果引脚很多则需要有专门的工具和操作方法。另外，有些元器件的焊接还有特殊要求，否则会损坏元器件。 **这方面知识需要了解或掌握**

2. 电子技术学习的起步和学习的步骤

学习电子技术可以采用这样的方式起步。

（1）从元器件知识的学习起步是最为科学的，这部分知识难度不大，也是最能看到学习成果的，有利于增强初学者信心。

（2）初学者可以参与一些简单的实践活动，例如找一个旧电器，打开外壳后观察里面的电子元器件，结合元器件书中的讲解进行实践活动。必要时可以进入一家元器件商店，在那里可以看到大量的元器件实物，可以对形形色色元器件建立一个初步的印象，并与书本中学到的元器件知识一一对应，这有利于元器件的理论知识学习。

（3）初学者在初步建立了完整的元器件知

识体系后，可以转入电路分析的学习，这个过程中主要是理论知识的学习，需要持续一段相当长的时间。

（4）初学者在系统地学习了元器件知识和电路工作原理后，可以进入故障检修的理论学习和实际技能学习，这时学习检修故障技术的效果会很好，困难会少了许多。

初学者在上述一轮学习完成之后，可以认为完成了学习的初级阶段，即较为全面和系统地了解了电子技术，具备了进一步学习的能力，将进入提高阶段的学习。

1.2 元器件知识学习方法和须知

重要提示

像电阻器、电容器等这类不需要通上直流电流就能呈现它本身特性的称为元件，而二极管、三极管、场效应管等这类需要加上直流电压后才能体现它的主要特性的称为器件，元件和器件统称电子元器件。

1.2.1 识别电子元器件

元器件知识学习的三大板块是：识别、特性掌握和检测。

识别元器件是第一要素，如果面对电路板上众多形状“怪异”的电子元器件而不认识，面对电路图中的各种电路符号不熟悉，那就无法识图和检修。

1．电子元器件5项识别内容

表1-3所示是电子元器件5项识别内容说明。

表1-3 电子元器件5项识别内容说明

名　称	说　明	示 意 图
外形识别	通过外形识别、认识各种电子元器件“长”得啥模样，以便与电路图中的该电子元器件电路符号相对应，右图所示是三极管实物照片	
电路板上元器件识别	故障检修中，需要根据电路图建立的逻辑检修电路，在电路板上寻找所需检查的电子元器件，这时的元器件识别是在修理过程中的识别，对初学者而言困难很大，但是非常重要，右图所示是电阻器、电容器和三极管元器件	
电路符号识别	电路图中每种电子元器件都有一个对应的电路符号，电路符号相当于电子元器件在电路图中的代号，右图所示是二极管的电路符号	

续表

名 称	说 明	示 意 图
引脚极性和引脚识别	电子元器件至少有两根引脚，有的电子元器件有多于两根引脚，每根引脚有特定的作用，相互之间不能代替，必须对各引脚加以识别，图所示是排阻，它有很多引脚。 有的元器件这两根引脚有正、负极性之分，此时也需要进行正极和负极引脚识别	
型号和参数识别	每个元器件都有它的标称参数，如电阻器的阻值多大、误差是多少，元器件是什么型号等。右图所示是贴片电容	

方法提示

对某个具体的电子元器件识别主要有5项内容，其识别步骤分成5步：外形特征识别→电路符号识别与实物对应→引脚识别和引脚极性识别→型号和参数识别→识别电路板上元器件。

电子元器件有数百个大类，上千个品种，从电子元器件具体外形特征角度来讲更是千姿百态，新型元器件又层出不穷，所以电子元器件识别任务繁重，对初学者而言困难重重。但是，主要识别几十种常用电子元器件即可入门，待确定了自己的工作和研究方向、领域后再进一步学习专业元器件知识。

2．元器件外形识别方法

电子元器件外形识别就是实物与名称对应，其目的是拿到一种电子元器件能知道它是什么元器件，知道它的电路符号。

图1-1所示是3种电子元器件实物图。快速识别电子元器件外形可以通过下列几种循序渐进的方法。

方法提示

最有效的元器件识别方法是走进一家电子元器件专卖店，店内琳琅满目的电子元器件可令你“大饱眼福”。通常电子元器件按类放置，各种电子元器件旁边都标有它们的名称，实物与名称快速而且方便地对应，感性认识很强，这样的视觉信息输入具有学习效率高、信息量大的优点，让人过了若干年还记忆犹新。

(a) 微调电容器

(b) 贴片式集成电路

(c) 轻触式开关

图1-1 3种电子元器件实物图

对于初学者，要走进电子元器件专卖店进行实践活动，这种实践活动收获会很大。

3．电路符号识别信息

理解电路符号中的识别信息，有助于对电路

符号的记忆，对电路工作原理分析也十分有益。关于识别电子元器件电路符号主要说明下列几点。

（1）电子元器件的电路符号中含有不少电路分析中所需要的识图信息，最基本的识图信息是该元器件有几根引脚，如果引脚有正、负极性之分，在电路符号中也会有各种表达方式。

（2）元器件电路符号具有形象化的特点，电路符号的每一个笔画或符号都表达了特定的识图信息。

（3）电路符号中的字母是该元器件英语单词的第一个字母，如变压器用T表示，它是英文Transformer的第一个字母。如果懂专业英语也有助于识别电路图中的电路符号，这对一些电路的识图非常有益。

（4）一些元器件的电路符号还能表示该元器件的结构和特性。

4．引脚识别和引脚极性识别方法

许多电子元器件的引脚有极性，各个引脚之间是不能相互代用的，这时就要通过电路符号或元器件实物进行引脚的识别和引脚极性的识别。

引脚极性识别和引脚识别方法有两种情况：一是电路符号中的识别，二是电子元器件实物识别。

5．从电路板上识别元器件

这一步的元器件识别最为困难，需要有较扎实的元器件知识和电路知识基础，还需要运用许多的技巧。

1.2.2 掌握元器件工作原理和主要特性

了解元器件结构和基本工作原理，掌握电子元器件的特性是分析电路工作原理的关键要素，不能掌握电子元器件的主要特性，电路分析寸步难行；同时，掌握元器件特性有助于用万用表检测电子元器件质量，还可以帮助记忆，易于掌握。

1．了解元器件基本结构

如果不能了解元器件的结构，就不知道元器件外壳内部装有什么。基础知识不扎实，会影响进一步的深入学习，影响对元器件知识的全面掌握。

方法提示

学习电子元器件知识需要循序渐进，了解元器件结构有助于理解该元器件的工作原理，进而可以学习元器件的主要特性，运用这些特性分析电路中元器件的工作原理，其中的知识链是一环扣一环的，如果知识掌握得不系统、不扎实，往往就是因为在知识链中脱了一环。

2．了解元器件基本工作原理

每种电子元器件的工作原理都需要了解，有些常用、重要元器件的工作原理则需要深入了解，为掌握元器件的主要特性打下基础。

例如，掌握了电容器的工作原理才能深刻地理解电容器的隔直流作用和交流电流能够通过电容的机理。

3．掌握电子元器件主要特性

从分析电路工作原理角度出发，掌握电子元器件的主要特性非常重要，初学者务必掌握元器件的主要特性。

（1）在学习元器件特性时要注意一点，每一种元器件可能有多个重要的特性，要全面掌握元器件的这些主要特性。如何灵活、正确运用元器件的这些特性是电路分析中的关键点和难点。

（2）学习电子元器件的特性并不困难，困难的是学会灵活运用这些特性去解释、理解电路的工作原理。同一种元器件可以构成不同的应用电路，当该元器件与其他不同类型元器件组合使用时，又需要运用不同的特性去理解电路的工作原理。

电路分析中，熟练掌握电子元器件主要特性是关键因素，对电路工作原理分析无从下手的重要原因之一是没有真正掌握电子元器件的主要特性。

1.2.3　元器件是故障检修关键要素

掌握元器件检测技术是修理电器故障的关键要素之一。

1．检测元器件的 5 种方法

对元器件故障处理共有 5 种手段和方法。

（1）**质量检测**。通常运用万用表等简单测试仪表进行元器件的质量检测，分为在路检测和脱开检测两种方法。

（2）**故障修理**。一部分元器件的某些故障是可以通过修理使之恢复正常功能的。

（3）**调整技术**。一些元器件或机械零部件通过必要的调整可以使之恢复正常工作。

（4）**选配原则**。元器件损坏后必须进行更换，更换最理想的方法是直接更换，但是在许多情况下因为没有原配件，则需要通过选配来完成。

（5）**更换操作方法**。更换元器件的操作有的是相当方便的，有的则非常困难。例如，引脚很多的四列集成电路更换起来就很不方便。

2．元器件检测技术

电子元器件检测技术通常是指使用万用表对元器件进行质量的检查，关于电子元器件检测技术主要说明下列几点。

（1）对元器件的质量检测有时非常准确、彻底，但由于万用表的测量功能有限，有时对电子元器件的检测却是很粗略的。测量不同的元器件或测量同一种元器件的不同特性时效果会不同。

（2）使用万用表检测电子元器件主要是测量两根引脚之间的电阻值，通过测量阻值进行元器件的质量判断。

（3）元器件质量检测分为两种情况：一是在路检测，即元器件装在电路板上进行直接测量，这种检测方法比较方便，不必拆下电路板上的元器件，测量结果有时不准确，易受电路板上其他元器件影响；二是脱开电路板后的测量，测量结果相对准确。

3．元器件修理技术

元器件损坏后最理想情况是更换新件，但是在下列几种情况下可以采用修理方法恢复元器件的正常功能。

（1）有些元器件修理起来相当方便，而且修理后的使用效果良好。例如，音量电位器的转动噪声大这个故障，通过简单地使用纯酒精清洗可以恢复电位器的正常使用功能。

（2）一些价格贵的元器件，或是市面上难以配到的元器件，要通过修理恢复其功能。

（3）对于机械零部件，有许多故障可以通过修理排除，恢复其功能。

4．元器件调整技术

关于元器件调整技术主要说明下列几点。

（1）电路故障中的元器件故障占据了大部分，但是也有一部分故障属于元器件调整不当所致，这时通过调整可以解决问题。

（2）可以调整的元器件主要是标称值可调节的元器件。例如，可变电阻器、微调电感器、微调电容器。

5．元器件选配原则

更换元器件时选用同型号、同规格元器件是首选方案。关于元器件选配原则说明下列几点。

（1）无法实现同型号、同规格更换时采用选配方法，不同的元器件、用于不同场合的元器件，其选配原则有所不同。

（2）元器件总的选配原则是满足电路的主要使用要求。例如，对于整流二极管主要满足整流电流和反向耐压两项要求，对于滤波电容主要满足耐压和容量两项要求。

重要提示

元器件更换过程中需要注意下列几点。

（1）大多数元器件并不“娇气”，拆卸和装配过程中不要“野蛮”操作即可，但是有一些元器件对拆卸和装配有特殊要求，有的还需要专用设备。

（2）发光二极管怕烫，CMOS 器件怕漏电，在更换中都要采取相应的防范措施。

（3）拆卸和装配过程中很容易损坏电路板上的铜箔线路，防止铜箔线路长时间受热是重要环节。

第2章 电阻器基础知识及应用电路

电子电路中，电阻类元器件的使用量最多，学习元器件可以从电阻类元器件开始。电子电路中，电阻器的基本功能是为电路提供一个电阻值。

2.1 普通电阻器基础知识

电阻器通常可简称为电阻，但本书中的电阻并不可代替电阻器来理解。

2.1.1 电阻类元器件种类

1. 电阻类元器件种类划分

图2-1是电阻类元器件种类示意图。

重要提示

普通电阻器为最常用的电阻器，精密电阻器的阻值更为精密，熔断电阻器具有过流保护功能，可变电阻器的阻值可在一定范围内改变，电位器的阻值也可改变（与可变电阻器类似），敏感电阻器在光或磁等影响下阻值也可改变，网络电阻器将一个电阻网络集成于一体。

2. 细分普通电阻器

普通类电阻器还可以细分如下。

（1）薄膜电阻器。主要有碳膜电阻器、合成碳膜电阻器、金属膜电阻器、金属氧化膜电阻器、化学沉积膜电阻器、玻璃釉膜电阻器、金属氮化膜电阻器。

（2）线绕电阻器。主要有通用线绕电阻器、精密线绕电阻器、大功率线绕电阻器、高频线绕电阻器。

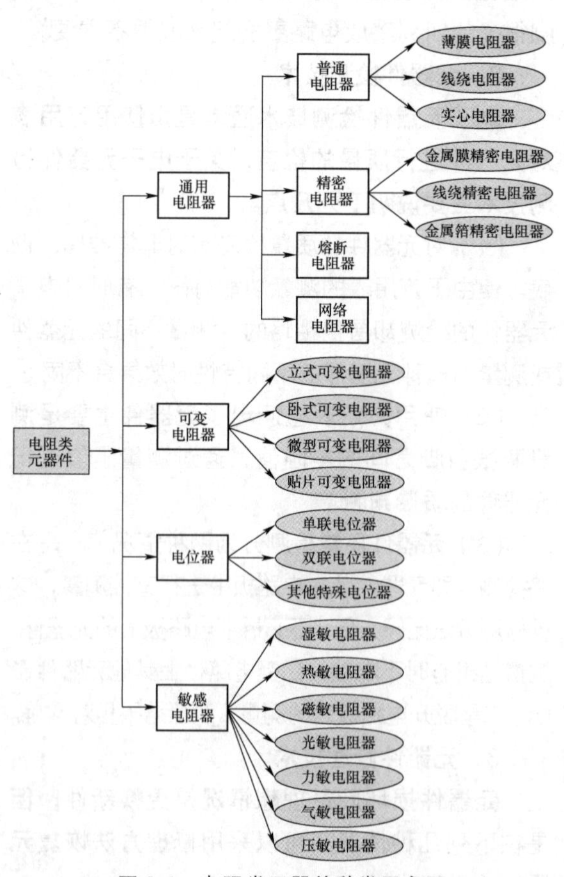

图2-1 电阻类元器件种类示意图

（3）实心电阻器。主要有无机合成实心碳质电阻器、有机合成实心碳质电阻器。

2.1.2　普通电阻器特点综述

认识元器件实物是学习元器件的第一步，了解其特点、个性才能用好它们。

1．碳膜电阻器

它在目前电子电路中使用量最大，价格最便宜，品质稳定性高，噪声小，应用广泛。其阻值范围：1Ω～10MΩ。

2．合成碳膜电阻器

它是将炭黑、石墨、填充料与有机黏合剂配成悬浮液，涂敷于绝缘骨架上，再经加热聚合后制成的。

合成碳膜电阻器可分为高阻合成碳膜电阻器、高压合成碳膜电阻器和真空兆欧合成碳膜电阻器等多种。

这种电阻器的电阻值变化范围宽，价格低廉，但噪声大，频率特性差，电压稳定性低，抗湿性差，主要用来制造抗高压电阻器、高阻电阻器。

3．金属膜电阻器

它采用金属膜作为导电层，也属于膜式电阻器。它是用高真空加热蒸发（或高温分解、化学沉积、烧渗等方法）技术将合金材料蒸镀在骨架上制成的。通过刻槽或改变金属膜的厚度，可以制成不同阻值的金属膜电阻器。

金属膜电阻器又分为普通金属膜电阻器、半精密金属膜电阻器、高精密金属膜电阻器、高压金属膜电阻器等多种。

这种电阻器与碳膜电阻器相比、体积小、噪声小、稳定性高、温度系数小、耐高温、精度高，但脉冲负载稳定性差。其阻值范围：0.1Ω～620MΩ。

4．金属氧化膜电阻器

它除具有金属膜电阻器的特点外，比金属膜电阻器的抗氧化性和热稳定性高，功率大（可达50kW），但阻值范围小，主要用来补充金属膜电阻器的低阻部分。其阻值范围：1Ω～200kΩ。

5．合成实心电阻器

它机械强度高，过负载能力较强，可靠性高，体积小，但噪声大，分布参数（L、C）大，对电压和温度的稳定性差。其阻值范围：4.7Ω～22MΩ。

6．功率耐冲击玻璃釉膜电阻器

它用金属玻璃釉镀于磁棒上面，有着极佳的耐冲击特性及高温稳定性，广泛应用于高功率设备。

7．线绕低感（无感）电阻器

它将电阻线绕在耐热瓷体上，表面涂以耐热、耐湿、无腐蚀的不燃性涂料加以保护。

其主要特点有耐热性优、温度系数小、重量轻、耐短时间过负载、噪声低、阻值变化小。线绕无感电阻器（NKNP）有着线绕电阻器（KNP）的基本特性及低电感量的优点。

8．涂敷线绕电阻器

涂敷线绕电阻器产品具有阻值低、体积小、负荷大、性能稳定的特点，主要采用不燃漆包封，使用温度范围为 -55～+155℃。

涂敷线绕电阻器在线路中主要应用于分压及功率负载。

9．精密电阻器

重要提示

所谓精密电阻器是指电阻的阻值误差、电阻的热稳定性（温度系数）、电阻器的分布参数（分布电容和分布电感）等项指标均达到一定标准的电阻器。

精密电阻器按材料分主要有金属膜精密电阻器、线绕精密电阻器和金属箔精密电阻器3种。金属膜精密电阻器通常为圆柱形，线绕精密电阻器则有圆柱形、扁柱形和长方框架形几种，金属箔精密电阻器则常呈方块形或片形。

（1）金属膜精密电阻器的精度较高，但是阻值温度系数和分布参数指标略低。精密测量仪器中常用这种电阻器。

（2）线绕精密电阻器的阻值精度和温度系数指标很高，但是分布参数指标偏低。线绕精密电阻器的匝数较多时，往往采用无感绕制法绕制，即正向绕制的匝数和反向绕制的匝数相同，以尽量减小分布电感。

（3）金属箔精密电阻器的精度、阻值温度系数和分布参数各项指标都很高，精度可达 10^{-6}，温度系数可达 $\pm 0.3\times 10^{-6}$/℃，分布电容可低于 0.5pF，分布电感可低于 0.1μH，但是价格在这 3 种电阻器中是最高的。

精密电阻器也可应用于金属膜熔断电阻器。

10．高阻电阻器

高阻电阻器是高阻值的碳合成膜电阻器，阻值一般在 10^{7}～$10^{12}\Omega$，其结构与碳膜电阻器相同。

电阻值高于 $10^{12}\Omega$ 的电阻器，对基体和电阻膜上涂敷层的绝缘性能有更高的要求，可采用绝缘性能更好的超高频瓷或滑石瓷作基体。

11．高频负载电阻器

高频负载电阻器为终端负载电阻器，使用在具有高功耗的高频电路中，安装在适当的散热器上，在高频功率下具有低的驻波比。

2.1.3 贴片电阻器简介

贴片电子元器件简称 SMT 元器件，SMT 意为表面安装技术，是目前电子组装行业里最流行的一种技术和工艺。

重要提示

SMT 元器件的特点是组装密度高，电子产品体积小、重量轻，贴片元器件的体积和重量只有传统插装元器件的 1/10 左右，一般采用 SMT 之后，电子产品体积缩小 40% ～ 60%，重量减轻 60% ～ 80%。

同时，SMT 元器件的可靠性高，抗震能力强，焊点缺陷率低，高频特性好又减少了电磁和射频干扰。还有，SMT 元器件易于实现自动化，提高生产效率，降低成本达 30% ～ 50%，因此在手机、数码相机等许多小型化电子产品中 SMT 元器件有着广泛的应用。

1．贴片电阻器命名方法

表 2-1 所示是贴片电阻器命名方法。

表 2-1　贴片电阻器命名方法

产品代号		型号		电阻温度系数		阻值		电阻值误差		包装方法	
		代号	型号	代号	T.C.R	表示方式	阻值	代号	误差值	代号	包装方式
RC	片状电阻器	02	0402	K	$\leqslant \pm 100\times 10^{-6}$/℃	E-24	前 2 位表示有效数字 第 3 位表示零的个数	F	±1%	T	编带包装
		03	0603	L	$\leqslant \pm 250\times 10^{-6}$/℃			G	±2%		
		05	0805	U	$\leqslant \pm 400\times 10^{-6}$/℃	E-96	前 3 位表示有效数字 第 4 位表示零的个数	J	±5%	B	塑料盒散包装
		06	1206	M	$\leqslant \pm 500\times 10^{-6}$/℃			0	跨接电阻		
示例	RC	05		K		103		J		—	—
备注	小数点用 R 表示，例如，E-24: 1R0=1.0Ω，103=10kΩ；E-96:1003=100kΩ；跨接电阻采用“000”表示									—	—

重要提示

贴片电阻器分为以下几大类。

（1）常规系列厚膜贴片电阻器。

（2）高精度高稳定性贴片电阻器。

（3）常规系列薄膜贴片电阻器。

（4）低阻值贴片电阻器。

（5）贴片电阻器阵列。

（6）贴片电流传感器。

（7）贴片网络电阻器。

2．部分贴片电阻器实物图

部分贴片电阻器实物图见表 2-2，供识别时参考。

表 2-2　部分贴片电阻器实物图

普通贴片电阻器	抗蚀薄膜超精密贴片电阻器	超精密贴片电阻器
913	1502	8R20
高精密薄膜贴片电阻器	25W 贴片电阻器	大功率贴片电阻器
R03		103
厚膜贴片网络电阻器	贴片网络电阻器	贴片可变电阻器
100	150	
贴片压敏电阻器	贴片电位器	贴片电阻器整盘包装

3．贴片电阻器的封装与尺寸

贴片电阻器的封装与尺寸之间的关系见表 2-3。

表 2-3　贴片电阻器的封装与尺寸之间的关系

英制（mil）	国际单位制 /mm	长（*L*）/mm	宽（*W*）/mm	高（*H*）/mm
0201	0603	0.60±0.05	0.30±0.05	0.23±0.05
0402	1005	1.00±0.10	0.50±0.10	0.30±0.10
0603	1608	1.60±0.15	0.80±0.15	0.40±0.10
0805	2012	2.00±0.20	1.25±0.15	0.50±0.10
1206	3216	3.20±0.20	1.60±0.15	0.55±0.10
1210	3225	3.20±0.20	2.50±0.20	0.55±0.10
1812	4832	4.50±0.20	3.20±0.20	0.55±0.10
2010	5025	5.00±0.20	2.50±0.20	0.55±0.10
2512	6432	6.40±0.20	3.20±0.20	0.55±0.10

4．贴片电阻器封装尺寸与功率的关系

贴片电阻器封装尺寸与功率的关系通常如下。

0201 1/20W

0402 1/16W

0603 1/10W

0805 1/8W

1206 1/4W

5．贴片电阻器结构

图 2-2 是贴片电阻器结构示意图。

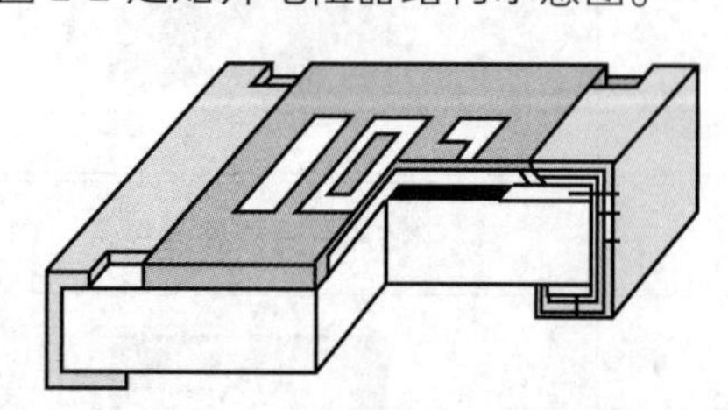

图 2-2　贴片电阻器结构示意图

6．贴片元器件安装示意图

图 2-3 是贴片元器件安装示意图，贴片元器件装配方式与有引脚元器件安装方式完全不同。

图 2-3　贴片元器件安装示意图

重要提示

贴片元器件直接装在电路板的铜箔电路板一面，它与电路板之间用黏合剂粘接在一起，它的两端电极与铜箔电路之间用焊锡焊上。

7．普通元器件安装示意图

图 2-4 是普通元器件安装示意图。它安装在电路板的正面，与贴片元器件完全不同。

图 2-4　普通元器件安装示意图

2.1.4　普通电阻器选用原则

1．固定电阻器的选用

固定电阻器种类较多，应根据应用电路的具体要求选择其种类。

（1）高频电路应选用分布电感和分布电容小的非线绕电阻器（线绕电阻器的分布电感较大）。例如，可以选用碳膜电阻器、金属电阻器和金属氧化膜电阻器等。

（2）高增益的小信号放大器电路应选用低噪声电阻器，例如金属膜电阻器、碳膜电阻器和线绕电阻器，而不能使用噪声较大的合成碳膜电阻器和有机实心电阻器。

（3）线绕电阻器的功率较大，电流噪声小，耐高温，但体积较大。普通线绕电阻器常用于低频电路中作为限流电阻器、分压电阻器、泄放电阻器或大功率管的偏压电阻器。精度较高的线绕电阻器多用于固定衰减器、电阻箱、计算机及各种精密电子仪器中。

（4）所选电阻器的电阻值应接近应用电路中计算值的一个标称值，应优先选用标准系列的电阻器。

（5）一般电路使用的电阻器允许误差为 ±5%～±10%，精密仪器及特殊电路中使用的电阻器应选用精密电阻器。

（6）所选电阻器的额定功率要符合应用电路对电阻器功率容量的要求。一般不要随意加大或减小电阻器的功率。如果电路要求是功率型电阻器，则其额定功率可为实际应用电路要求功率的 1～2 倍。

2．熔断电阻器的选用

熔断电阻器是具有保护功能的电阻器。选用时应考虑其双重性能，根据电路的具体要求选择其阻值和功率等参数，既要保证它在过负荷时能快速熔断，又要保证它在正常条件下能长期稳定地工作。电阻值过大或功率过大均不能起到保护作用。

2.2　电阻器电路图形符号及型号命名方法

重要提示

每一种电子元器件在电路图中都有一个图形符号，国家标准是有统一规定的，对于一些元器件还会有厂标的图形符号，此外国外的电子元器件符号也会与国内有所不同。

各种元器件的电路图形符号中含有许多对电路分析有益的识图信息，对分析电路十分有帮助。

2.2.1　电阻器电路图形符号

1．认识普通电阻器电路图形符号

图 2-5 是普通电阻器电路图形符号示意图。普通电阻器的其他电路图形符号解释见表 2-4。

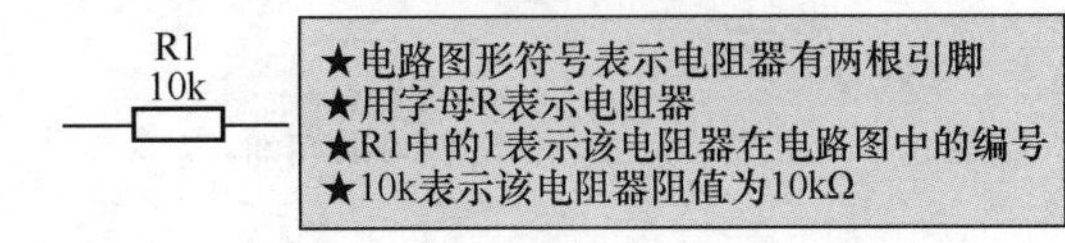

图 2-5　普通电阻器电路图形符号

表 2-4　普通电阻器的其他电路图形符号

电路图形符号	名　称	解　释	
R	线绕电阻器电路图形符号	它的额定功率很大，体积大，用于一些电流很大的场合，如常用在电子管放大器电路中	
	标注额定功率的电路图形符号	1/8W	符号中同时标出了该电阻器的额定功率，通常电子电路中使用的普通电阻器的额定功率都比较小，常用的是 1/8W 或 1/16W，电路图形符号中不标出它的额定功率，一般在额定功率比较大时需要在电路图中标注其额定功率
		1/4W	
		1/2W	
		1W	
		2W	
		3W	
IV		4W	
V		5W	
X		10W	
R	另一种电路图形符号	这种电路图形符号有时在进口电子设备的电路图中出现	

2．熟悉电路图中的电阻器电路图形符号

图 2-6(a) 所示电路图中的 R1、R2 和 R3 是 3 只电阻器，其中，R1 上还标有“*”，“*”表示这只电阻的阻值允许在一定范围内调整大小。电路图中的电阻器符号通常不标出电阻器的功率，但是在一些电子管放大器电路图中的电阻器，会采用标出功率的电阻器符号，如图 2-6(b) 所示。

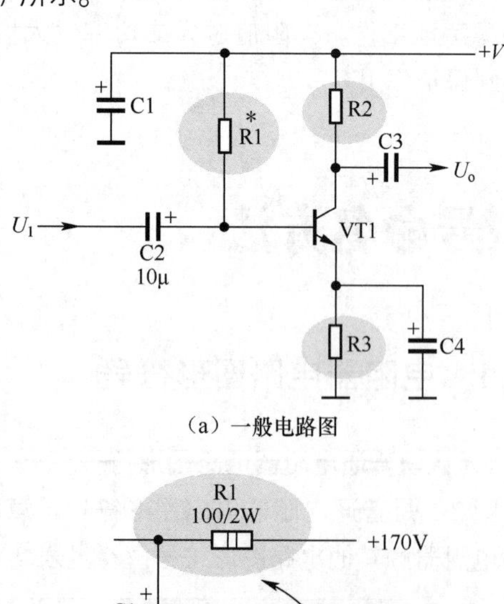

(a) 一般电路图

(b) 电子管放大器电路图

图 2-6　电路图

重要提示

电阻器电路图形符号识图信息小结如下。

(1) 认识电路图形符号。符号中表现出电阻器有两根引脚，而且没有极性之分。

(2) 了解 R 含义。R 是英文 Resistor 的缩写，在电路图中表示电阻器。

(3) 掌握编号意义。电路中电阻器很多，用数字进行编号，以方便寻找。

(4) 识别标称阻值。电路图表示出该电阻器的阻值大小，有益于识图和检修。有时阻值标注采用省略的表示方式，如 10k 表示该电阻器阻值为 10kΩ，10 表示该电阻器阻值为 10Ω。

(5) 理出系统电路编组。整机电路复杂时，R 前加系统电路编号，以方便寻找相应电阻。例如，2R1、2R2 在一个系统电路中，1R1、1R2 在另一个系统电路中。

(6) 编号有规律。电路图中编号从上到下、从左向右编排，记住这一规律可以方便地在电路图中找到所需要的电阻器。

图 2-7 所示是电路图中电阻器电路图形符号标注含义说明。

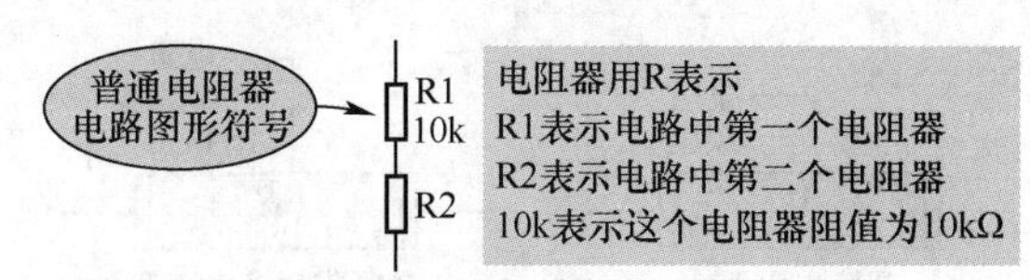

图 2-7　电路图中电阻器电路图形符号标注含义说明

图 2-8 是在 R 前加上编号示意图。1R1、2R1 中 R 前面的 1、2 表示这两个电阻器在不同的电路系统中。

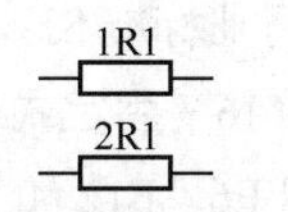

图 2-8　R 前加上编号示意图

2.2.2　电阻器的型号命名方法

1．电阻器型号组成示意图

图 2-9 所示为国产电阻器的型号组成示意图及其含义。

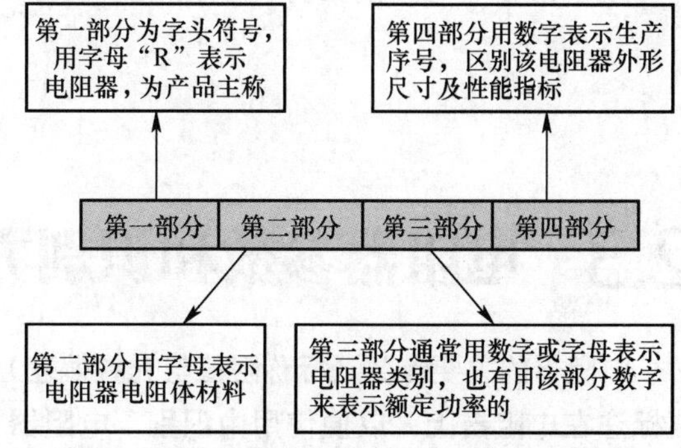

图 2-9　国产电阻器的型号组成示意图及其含义

2．国产电阻器的型号命名方法

国产电阻器的型号命名方法见表 2-5。

表 2-5　国产电阻器的型号命名方法

第一部分 主称		第二部分 电阻体材料		第三部分 类别或额定功率				第四部分 序号
字母	含义	字母	含义	数字或字母	含义	数字	额定功率	
R	电阻器	C	沉积膜或高频瓷	1	普通	0.125	1/8W	用个位数或无数字表示
				2	普通或阻燃			
		F	复合膜	3 或 C	超高频	0.25	1/4W	
		H	合成碳膜	4	高阻			
		I	玻璃釉膜	5	高温	0.5	1/2W	
		J	金属膜	7 或 J	精密			
		N	无机实心	8	高压	1	1W	
		S	有机实心	9	特殊（如熔断型等）			
		T	碳膜	G	高功率	2	2W	
		U	硅碳膜	L	测量			
		X	线绕	T	可调	3	3W	
		Y	氧化膜	X	小型			
				C	防潮	5	5W	
		O	玻璃膜	Y	被釉			
				B	不燃性	10	10W	

3．举例说明

图 2-10 是型号识别实例示意图。

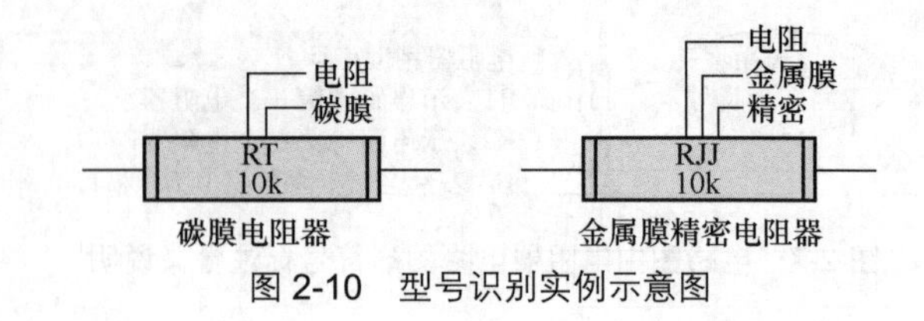

图 2-10　型号识别实例示意图

2.3 电阻器参数和识别方法

电阻器的主要参数（标称阻值与允许偏差）要标注在电阻器上，以便使用中识别。电阻器的参数标注方法主要有色标法和直标法两种，此外还有字母数字混标法。

2.3.1　电阻器的主要参数

1．电阻器标称阻值系列

在使用中，我们最关心的是电阻器的阻值有多大，这一阻值称为电阻器的标称阻值。例如，某电阻器标称阻值是 9kΩ。

重要提示

生产厂家为了使用的需要，生产了很多阻值的电阻器。为了方便生产和使用，国家标准规定了一系列阻值作为产品的标准，即标称阻值系列。

我国电阻器和电容器采用 E 系列。E 系列由国际电工委员会（IEC）于 1952 年发布为国际标准，但该系列只适用于无线电电子元器件。

我国无线电行业标准 SJ 618《电阻器标准阻值系列》以及 SJ 616《固定式电容器标准容量系列》，都分别采用 E6、E12 和 E24 系列。在我国的无线电行业标准 SJ 619《精密电阻器标准阻值系列、精密电容器标准容量系列及其允许偏差系列》中还规定采用 E48、E96 和 E192 这 3 个系列。

电阻的标称阻值分为 E6、E12、E24、E48、E96、E192 这 6 个系列，分别适用于允许偏差为 ±20%、±10%、±5%、±2%、±1% 和 ±0.5% 的电阻器。其中 E24 系列为常用系列，E48、E96、E192 系列为高精密电阻系列。

电路设计提示

在电路设计中，需要根据电路要求选用不同等级允许偏差的电阻器，这就要在不同系列中寻找电阻器。同时，根据电路设计中计算的结果得到电阻值后，也需要在不同系列中寻找电阻器，因为有些阻值只在特定的系列中才出现。

表 2-6 所示是 6 个系列具体标称阻值。

表 2-6　6 个系列具体标称阻值

E6 阻值公差表（±20%）

1.0	1.5	2.2	3.3	4.7	6.8

E12 阻值公差表（±10%）

1.0	1.2	1.5	1.8	2.2	2.7	3.3	3.9	4.7	5.6	6.8	8.2

E24 阻值公差表（±2%、±5%、±10%）

1.0	1.1	1.2	1.3	1.5	1.6	1.8	2.0	2.2	2.4	2.7	3.0
3.3	3.6	3.9	4.3	4.7	5.1	5.6	6.2	6.8	7.5	8.2	9.1

续表

E48 阻值公差表（±2%）											
1.00	1.05	1.10	1.15	1.21	1.27	1.33	1.40	1.47	1.54	1.62	1.69
1.78	1.87	1.96	2.05	2.15	2.26	2.37	2.49	2.61	2.74	2.87	3.01
3.16	3.32	3.48	3.65	3.83	4.02	4.22	4.42	4.64	4.87	5.11	5.36
5.62	5.90	6.19	6.49	6.81	7.15	7.50	7.87	8.25	8.66	9.09	9.53

E96 阻值公差表（±1%）											
1.00	1.02	1.05	1.07	1.10	1.13	1.15	1.18	1.21	1.24	1.27	1.30
1.33	1.37	1.40	1.43	1.47	1.50	1.54	1.58	1.62	1.65	1.69	1.74
1.78	1.82	1.87	1.91	1.96	2.00	2.05	2.10	2.15	2.21	2.26	2.32
2.37	2.43	2.49	2.55	2.61	2.67	2.74	2.80	2.87	2.94	3.01	3.09
3.16	3.24	3.32	3.40	3.48	3.57	3.65	3.74	3.83	3.92	4.02	4.12
4.22	4.32	4.42	4.53	4.64	4.75	4.87	4.99	5.11	5.23	5.36	5.49
5.62	5.76	5.90	6.04	6.19	6.34	6.49	6.65	6.81	6.98	7.15	7.32
7.50	7.68	7.87	8.06	8.25	8.45	8.66	8.87	9.09	9.31	9.53	9.76

E192 阻值公差表（±0.1%、±0.25%、±0.5%）											
1.00	1.01	1.02	1.04	1.05	1.06	1.07	1.09	1.10	1.11	1.13	1.14
1.15	1.17	1.18	1.20	1.21	1.23	1.24	1.26	1.27	1.29	1.30	1.32
1.33	1.35	1.37	1.38	1.40	1.42	1.43	1.45	1.437	1.49	1.50	1.52
1.54	1.56	1.58	1.60	1.62	1.64	1.65	1.67	1.69	1.72	1.74	1.76
1.78	1.80	1.82	1.84	1.87	1.89	1.91	1.93	1.96	1.98	2.00	2.03
2.05	2.08	2.10	2.13	2.15	2.18	2.21	2.23	2.26	2.29	2.32	2.34
2.37	2.40	2.43	2.46	2.49	2.52	2.55	2.58	2.61	2.64	2.67	2.71
2.74	2.77	2.80	2.84	2.87	2.91	2.94	2.98	3.01	3.05	3.09	3.12
3.16	3.20	3.24	3.28	3.32	3.36	3.40	3.44	3.48	3.52	3.57	3.61
3.65	3.70	3.74	3.79	3.83	3.88	3.92	3.97	4.02	4.07	4.12	4.17
4.22	4.27	4.32	4.37	4.42	4.48	4.53	4.59	4.64	4.70	4.75	4.81
4.87	4.93	4.99	5.05	5.11	5.17	5.23	5.30	5.36	5.42	5.49	5.56
5.62	5.69	5.76	5.83	5.90	5.97	6.04	6.12	6.19	6.26	6.34	6.42
6.49	6.57	6.65	6.73	6.81	6.90	6.98	7.06	7.15	7.23	7.32	7.41
7.50	7.59	7.68	7.77	7.87	7.96	8.06	8.16	8.25	8.35	8.45	8.56
8.66	8.76	8.87	8.98	9.09	9.20	9.31	9.42	9.53	9.65	9.76	9.88

这些系数再乘以 10^n（其中 n 为整数），即为某一具体电阻器阻值。

重要提示

从表2-6中可以看出，E12系列中找不到 1.1×10^n 电阻器，只能在E24系列中找到它。表中各数 $\times10^n$ 可得到不同的电阻值。

例如，1.1×10^n（n=3）为1.1kΩ电阻器。n 是整数。1×10为10Ω电阻器。

2．电阻器允许偏差参数

在电阻器生产过程中，出于生产成本和技术的考虑，无法制造与标称阻值完全一致的电阻器，因此标称阻值与电阻器实际阻值不可避免存在着一些偏差。所以，规定了一个允许偏差参数。

不同电路中，由于对电路性能的要求不同，也就可以选择不同偏差的电阻器，这是出于生产成本的考虑，偏差大的电阻器成本低，这样整个电路的生产成本就低。

常用电阻器的允许偏差为 ±5%、±10%、

±20%。精密电阻器的允许偏差要求更高，如±2%、±0.1%等。

3．电阻器额定功率参数

额定功率也是电阻器的一个常用参数。它是指在规定的大气压下和特定的环境温度范围内，电阻器所能承受的最大功率，单位用W表示，一般电子电路中使用1/8W电阻器。通常额定功率越大，电阻器体积越大。

对电阻器而言，它所能够承受的功率负荷与环境温度有关，其关系可用图2-11所示负载曲线来说明。图中，P为允许功率，P_R为额定功率，t_R为额定环境温度，t_{min}为最低环境温度，t_{max}为最高环境温度。

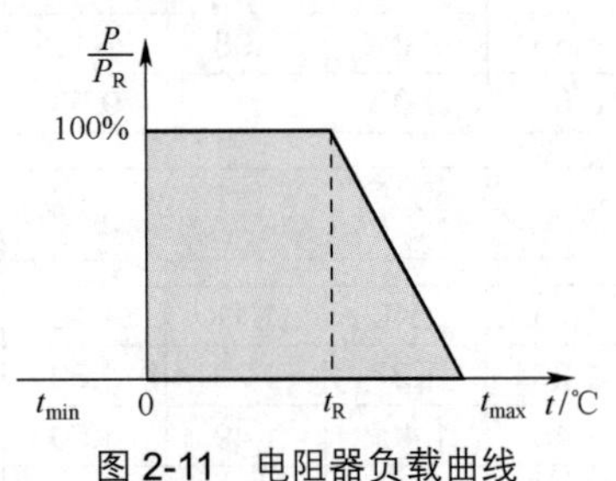

图2-11　电阻器负载曲线

从曲线中可以看出，当温度低于额定环境温度时，允许功率P等于额定功率P_R。当温度大于t_R后，允许功率直线下降，所以，电阻器在高温下很容易被烧坏。

4．温度系数

它是温度每变化1℃所引起的电阻值的相对变化。阻值随温度升高而增大为正温度系数，反之为负温度系数。温度系数越小，电阻器的稳定性越好。

5．噪声

它是产生于电阻器中的一种不规则的电压起伏，包括热噪声和电流噪声两部分。热噪声是由于导体内部不规则的电子自由运动，使导体任意两点的电压不规则变化引起的。噪声越小越好。

6．最高工作电压

它是允许的最大连续工作电压。低气压工作时，最高工作电压较低。

7．电压系数

它是指在规定的电压范围内，电压每变化1V，电阻器的相对变化量。电压系数越小越好。

8．老化系数

它是指电阻器在额定功率长期负荷下，阻值相对变化的百分数。它是表示电阻器寿命长短的参数。

2.3.2　电阻器标称值色环标注方法

电子电路中的电阻器主要采用色标法来表示，因为所用电阻器的功率多为1/8W、1/16W，体积很小，所以只能采用色标法。

1．四环电阻器标称值识别方法

图2-12是四环电阻器标注示意图。从图中可以看出，这4条色环表示了不同的含义，第1、2条分别为第1、2位有效数字色环（有效数字为两位），第3条为倍乘色环（或是有效数字后有几个0的色环），第4条为允许偏差等级色环。

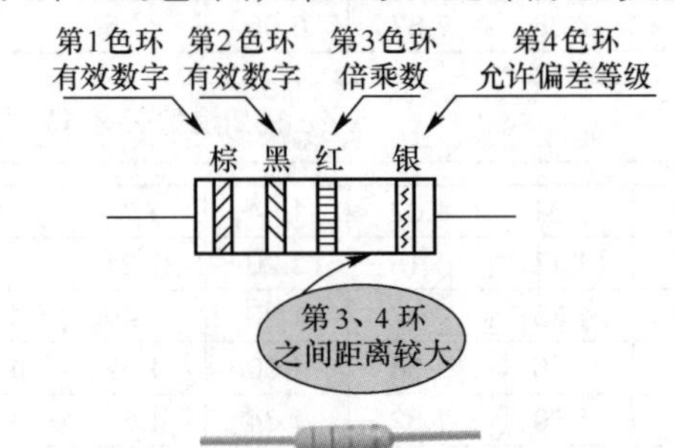

图2-12　四环电阻器标注示意图

方法提示

从图2-12所示标注示意图中可以看出，第3环与第4环之间的距离比较远，这样可以确定哪个环是第1色环，哪个环是第4色环。

图2-13是4个色点的电阻器示意图，它的含义同四环电阻器是一样的，只是用色点来代替色环，这种表示方法目前已经很难见到。

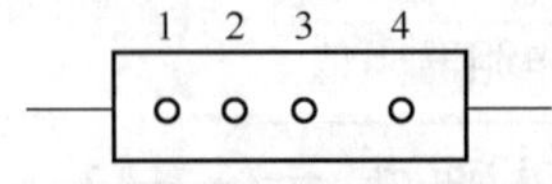

图2-13　4个色点的电阻器示意图

图2-14是四环电阻器中色环的具体含义解读示意图。

2．五环电阻器标称值识别方法

图2-15是五环电阻器标注示意图。从图中可以看出，第1、2、3条色环表示3位有效数字（精密电阻器用3位有效数字表示）色环，

第 4 条色环为倍乘色环（或有效数字后有几个 0 的色环），第 5 条色环为允许偏差等级色环。

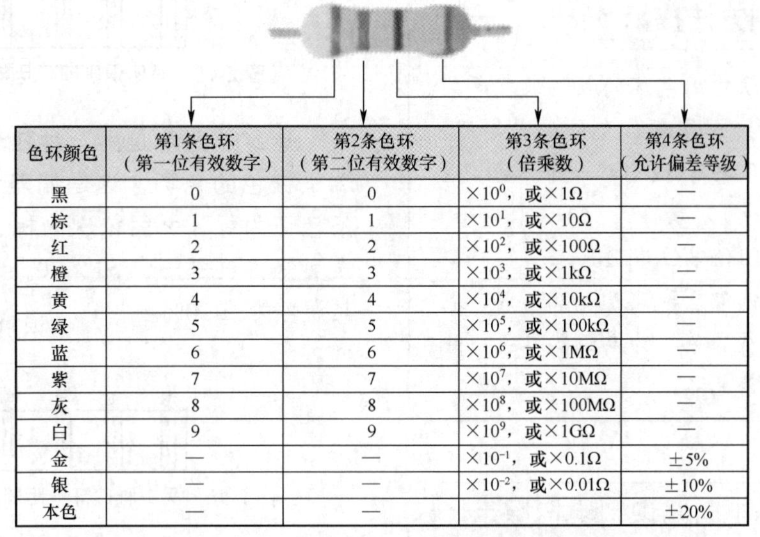

色环颜色	第1条色环（第一位有效数字）	第2条色环（第二位有效数字）	第3条色环（倍乘数）	第4条色环（允许偏差等级）
黑	0	0	$\times 10^0$，或$\times 1\Omega$	—
棕	1	1	$\times 10^1$，或$\times 10\Omega$	—
红	2	2	$\times 10^2$，或$\times 100\Omega$	—
橙	3	3	$\times 10^3$，或$\times 1k\Omega$	—
黄	4	4	$\times 10^4$，或$\times 10k\Omega$	—
绿	5	5	$\times 10^5$，或$\times 100k\Omega$	—
蓝	6	6	$\times 10^6$，或$\times 1M\Omega$	—
紫	7	7	$\times 10^7$，或$\times 10M\Omega$	—
灰	8	8	$\times 10^8$，或$\times 100M\Omega$	—
白	9	9	$\times 10^9$，或$\times 1G\Omega$	—
金	—	—	$\times 10^{-1}$，或$\times 0.1\Omega$	±5%
银	—	—	$\times 10^{-2}$，或$\times 0.01\Omega$	±10%
本色	—	—	—	±20%

图 2-14　四环电阻器中色环的具体含义解读示意图

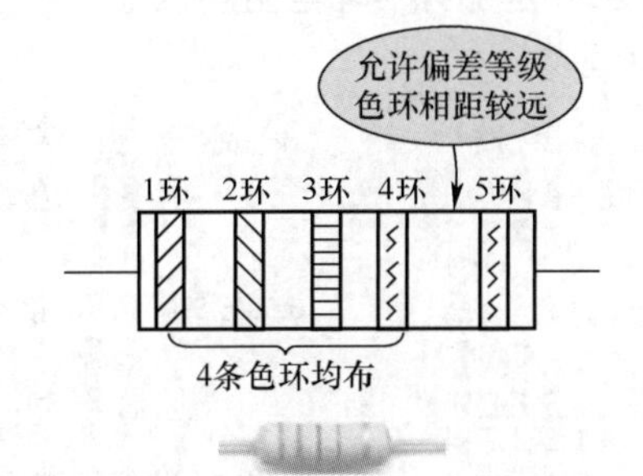

图 2-15　五环电阻器标注示意图

方法提示

从图 2-15 中可以看出，第 4 条色环与第 5 条色环之间的距离比较远，这样可以确定哪个环是第 1 条色环，哪个环是第 5 条色环。

五环电阻器多为精密电阻器。色标法中用色环的颜色表示 0 ～ 9。

图 2-16 是五环电阻器中色环的具体含义解读示意图。

色环颜色	第1条色环（第一位有效数字）	第2条色环（第二位有效数字）	第3条色环（第三位有效数字）	第4条色环（倍乘数）	第5条色环（允许偏差等级）
黑	0	0	0	$\times 10^0$，或$\times 1\Omega$	—
棕	1	1	1	$\times 10^1$，或$\times 10\Omega$	±1%
红	2	2	2	$\times 10^2$，或$\times 100\Omega$	±2%
橙	3	3	3	$\times 10^3$，或$\times 1k\Omega$	—
黄	4	4	4	$\times 10^4$，或$\times 10k\Omega$	—
绿	5	5	5	$\times 10^5$，或$\times 100k\Omega$	±0.5%
蓝	6	6	6	$\times 10^6$，或$\times 1M\Omega$	±0.25%
紫	7	7	7	$\times 10^7$，或$\times 10M\Omega$	±0.1%
灰	8	8	8	$\times 10^8$，或$\times 100M\Omega$	±0.05%
白	9	9	9	—	—
金	—	—	—	$\times 10^{-1}$，或$\times 0.1\Omega$	—
银	—	—	—	$\times 10^{-2}$，或$\times 0.01\Omega$	—

图 2-16　五环电阻器中色环的具体含义解读示意图

识别方法提示

（1）色标法中用色环的颜色来表示某个特定的数字或倍乘数、允许偏差等级，整个色环的颜色共有 12 种和一个本色（电阻器本身的颜色）。

（2）标称阻值单位为 Ω。

（3）当允许偏差等级为 ±20% 时，表示允许偏差的这条色环为电阻器本色，此时只能看到 3 条色环。

四环电阻器识别绝招提示

有的色标电阻器中的 4 条色环会均匀分布在电阻器上，这时确定色环顺序的方法是：根据色环表可知，金色、银色色环在有效数字中无具体含义，而只表示允许偏差值，所以金色或银色这一环必定为最后一条色环，根据这一点可以分辨各色环的顺序。图 2-17 是四环电阻器识别示意图。

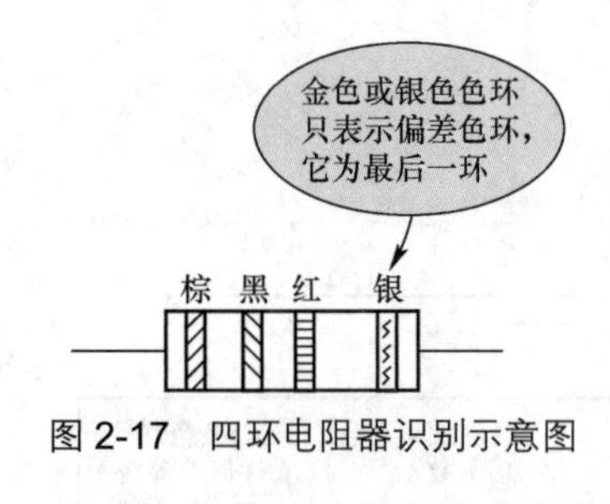

图 2-17　四环电阻器识别示意图

3．举例说明

图 2-18 所示是四环电阻器，最右端为银色的色环，说明这是最后一条色环，电阻器的色环顺序为棕、黑、红和银。查表可以知道，棕和黑分别表示 1 和 0，这样有效数字是 10。红色表示 2，倍乘为 2，即 $\pm 10^2$，银色表示 ±10%。

所以，这一色环电阻器的参数为 $10\times10^2\Omega$，为 1000Ω=1kΩ，误差为 ±10%。

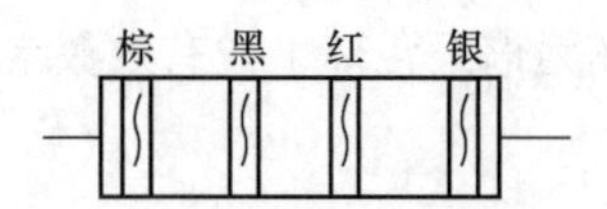

图 2-18　举例识别四环电阻器示意图

图 2-19 所示是另一种四环电阻器，最左端是银色的色环，这是偏差色环，所以第 1 条色环为绿，之后依次为棕、金和银，经查表可知，这是一个 51×10^{-1}=5.1Ω 的电阻器，其误差为 ±10%。

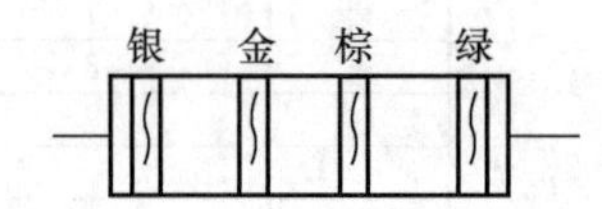

图 2-19　另一种四环电阻器识别示意图

图 2-20 是部分四环电阻器识别示意图。

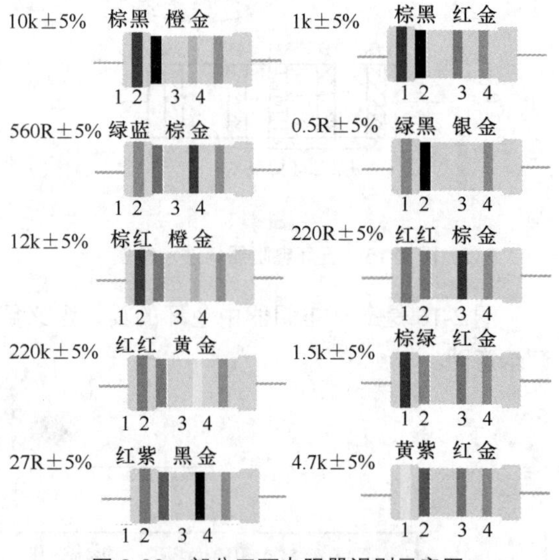

图 2-20　部分四环电阻器识别示意图

4．色环电阻器特殊情况识别举例

（1）第 5 条色环为黑色情况。当 1 个色环电阻器有 5 条色环，且第 5 条色环为黑色时，它虽然有 5 条色环，但是它的第 5 条黑色的色环一般用来表示该电阻器是绕线电阻器，这种五环电阻器本质是四环电阻器，因为在五环电阻器中第 5 条色环为黑色没有含义，此时前 4 条色环按四环电阻器进行标称阻值和误差的识别，如图 2-21 所示。

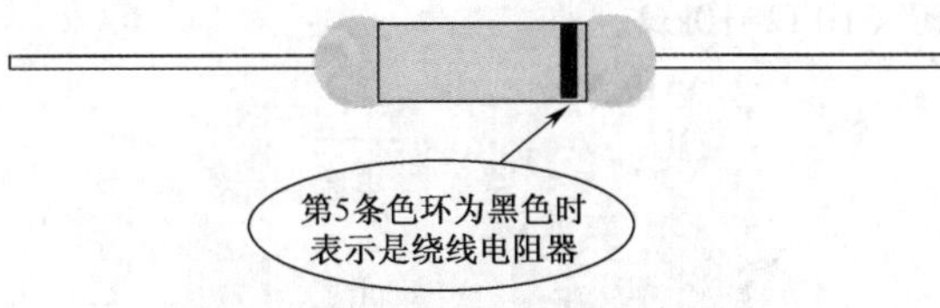

图 2-21 绕线电阻器色环表示方法

（2）第 5 条色环为白色情况。当一个色环电阻器有 5 条色环，且第 5 条色环为白色时，它虽然有 5 条色环，但是它的第 5 条白色的色环一般用来表示该电阻器是熔断电阻器，这种五环电阻器本质是四环电阻器，因为在五环电阻器中第 5 条色环为白色没有含义，此时前 4 条色环按四环电阻器进行标称阻值和误差的识别，如图 2-22 所示。

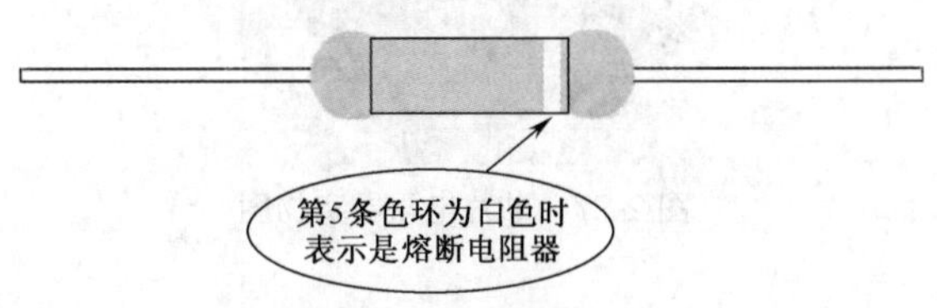

图 2-22 熔断电阻器色环表示方法

重要提示

熔断电阻器还有用一条色环表示的，色环位于电阻器的一端。福日、金星和日立彩电中较为常见的一色环熔断电阻器如下。

① RN 1/4 W、色环为黑色。阻值 10Ω，当 8.5V 直流电压加在其上时，1min 之内阻值增大为初始值的 50 倍以上。

② RN 1/4 W、色环为红色。阻值 2.2Ω，当 3.5A 电流通过时，2s 内电阻值增大为初始值的 50 倍以上。

③ RN 1/4 W、色环为白色。阻值 1Ω，当有 2.8A 交流电流通过时，10s 内阻值增大为初始值的 400 倍以上。

（3）一条黑色色环情况。当一个色环电阻器只有一条位于中间位置的黑色色环时，表示该电阻器为 0Ω 电阻器，即跨导，如图 2-23 所示。

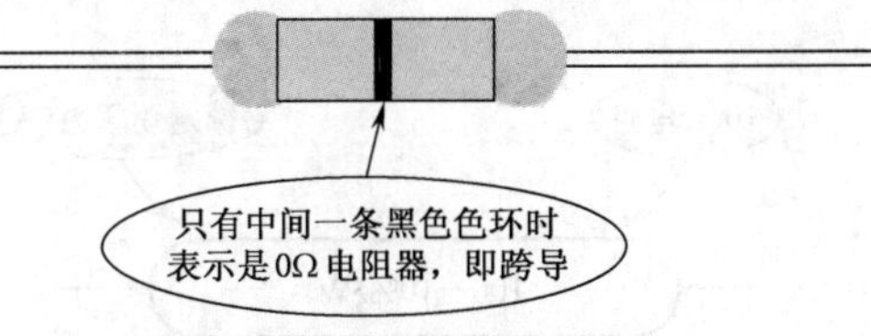

图 2-23 0Ω 电阻器表示方法

（4）六环电阻器的识别方法。当色环电阻器有 6 条色环时，它的前 5 条色环构成一个五环电阻器，其识别的方法和各色环的含义与五环电阻器相同。它的第 6 条色环为温度系数色环，表示了该电阻器的温度系数参数，图 2-24 所示是六环电阻器示意图。

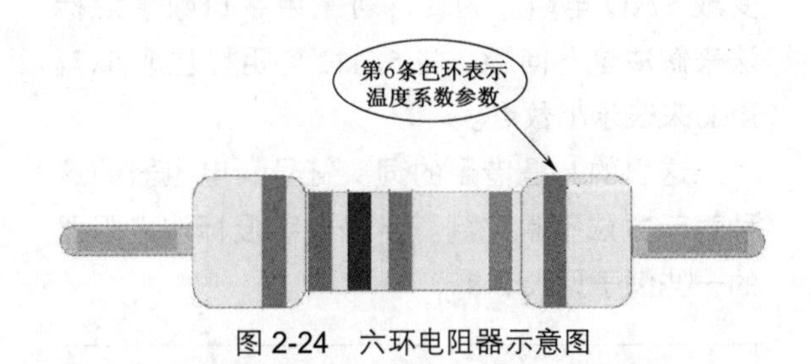

图 2-24 六环电阻器示意图

表 2-7 所示是温度系数色环颜色的含义。

表 2-7 温度系数色环颜色的含义

颜色	温度系数（$\times10^{-6}$）
棕	100
红	50
黄	25
橙	15
蓝	10
白	1

2.3.3 电阻器参数其他表示方法

1. 电阻器参数直标法

图 2-25 是电阻器参数直标法示意图。直标法主要用在体积较大（功率大）的电阻器上，它将标称阻值和允许偏差直接用数字标在电阻器上。例如，在某电阻器上标出 1kΩ，允许偏差为 ±10%，显然这种表示方式方便识别。

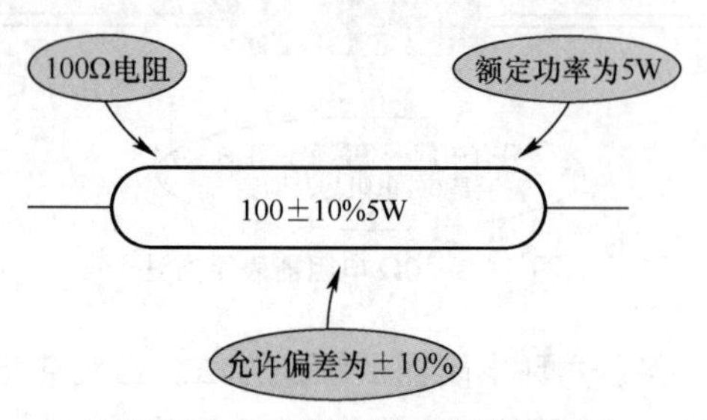

图 2-25　电阻器参数直标法示意图

2．电阻器参数字母数字混标法

在直标法中，5.7kΩ 的电阻器，若在印刷或使用中将小数点漏掉，这样 5.7kΩ 的电阻会变成 57kΩ 电阻。为此，可采用字母数字混标法来解决这一问题，将 5.7kΩ 电阻标注成 5k7，用 k 来表示小数点。

这里的 k 是借用的词头符号。电阻器的这种表示方法不常见到。字母数字混标法电阻器的一些例子见表 2-8。

表 2-8　字母数字混标法电阻器举例

标称阻值	表示方式	标称阻值	表示方式
0.1Ω	R10	3.9MΩ	3M9
0.12Ω	R12	—	—
0.59Ω	R59	—	—
1Ω	1R0	1000MΩ	1G
1.5Ω	1R5	—	—
1kΩ	1k	3300MΩ	3G3
3.3kΩ	3k3	10^6MΩ	1T

图 2-26 所示是直标法电阻器实物图，从图中可看出，一只为 10Ω 电阻，另一只为 0.5Ω 电阻。

3．电阻器参数 3 位数和 4 位数表示法

图 2-27 所示是贴片电阻器实物图。它体积非常小，没有引脚（只有两端的焊盘），采用 3 位数表示法。

图中贴片电阻器上标出“103”，它表示 10×10^3Ω=10kΩ。

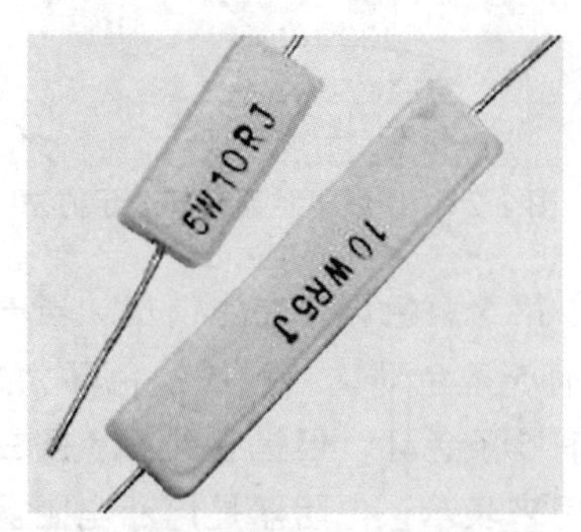

图 2-26　直标法电阻器实物图

图 2-27　贴片电阻器实物图

在 3 位数表示法中，前 2 位为有效数字，最后一位是有效数字后有几个零，单位是 Ω。

图 2-28 是采用 4 位数表示法的精密电阻示意图。

图 2-28　采用 4 位数表示法的精密电阻示意图

4 位数表示法中前 3 位表示有效数字，最后一位表示有多少个零，单位是 Ω，1502 即表示 15000Ω=15kΩ。

4．电阻器误差表示法

电阻器中的误差表示有 3 种方式：一是直接用 % 表示，二是用字母来表示，三是用Ⅰ、Ⅱ、Ⅲ表示（Ⅰ表示 ±5%、Ⅱ表示 ±10%、Ⅲ表示 ±20%）。电阻器误差字母的具体含义见表 2-9。

表 2-9　电阻器误差字母的具体含义

误差字母	A	B	C	D	F	G	J	K	M
误差	±0.05%	±0.1%	±0.25%	±0.5%	±1%	±2%	±5%	±10%	±20%

图 2-29 是两种误差表示方式的电阻器示意图。

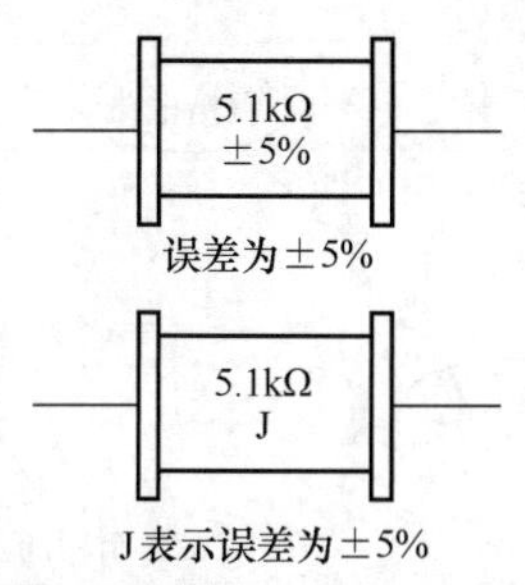

图 2-29　两种误差表示方式的电阻器示意图

5．实用电路中电阻器参数识别方法

图 2-30 所示电路中的 R1 和 R2 均在电路图中标出了标称值。

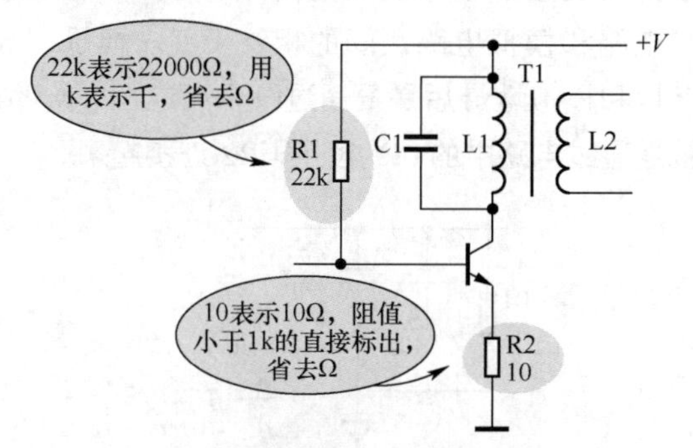

图 2-30　电阻器参数在实用电路中标注示意图

重 要 提 示

电阻器电路图中的标称参数标注注意一点：当不标出 Ω（欧姆）单位时，标注值是 Ω，如图 2-30 中的 10 即为 10Ω。

在一些讲解电路工作原理的电路图中也可以不标出电阻器的标称阻值。

2.3.4　超低阻值电阻器和 0Ω 电阻器

1．超低阻值电阻器

超低阻值电阻器的叫法很多，如采样电阻、取样电阻、电流感应电阻、电流感测电阻、电流分流电阻、毫欧电阻、大功率低阻值电阻、小阻值电阻、贴片低阻值电阻、贴片高功率低阻值电阻、贴片毫欧电阻、微欧姆电阻等。

超低阻值电阻器主要应用于功率模组、充电器及通信等产品的电源管理、开关电源供应器、过流保护器、直流转换器、电池保护板、充电器、采集器、磁盘驱动器、手机、计算机等。

图 2-31 所示是康铜毫欧电阻、锰铜毫欧电阻，它们看上去没有普通电阻器的形态，不过，它们的功率都比较大。

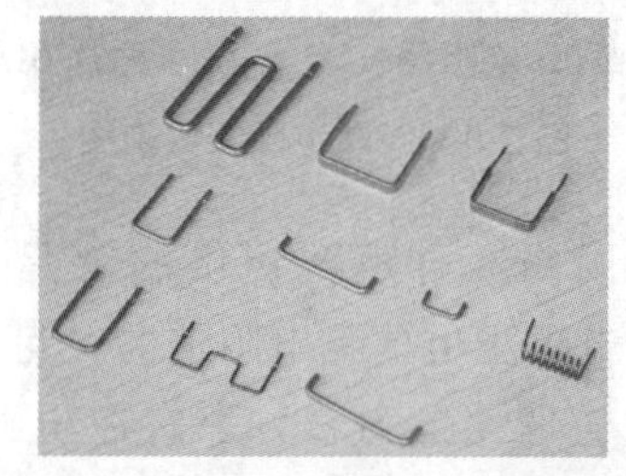

图 2-31　康铜毫欧电阻、锰铜毫欧电阻

图 2-32 所示是几种贴片式超低阻值电阻器实物图，规格尺寸主要有 0201、0402、0603、0805、1206、1210、1812、1218、2010、2512、1225、3720、7520。阻值范围为 1mΩ ~ 1Ω，功率为 3W、2.5W、2W、1.5W、1W、1/2W、1/3W、1/4W、1/6W、1/8W、1/10W、1/16W、1/20W，精度为 ±0.5%、±1%、±5%。

图 2-32　几种贴片式超低阻值电阻器实物图

贴片式超低阻值电阻器的标称阻值识别方法：标称阻值标注中主要会出现两个字母R和M，其中R表示小数点，单位是Ω。例如，R001表示是0.001Ω，R003是0.003Ω、R047表示是0.047Ω，R020表示是0.02Ω。

用字母M表示时单位也是Ω，M为10^{-3}，例如3M5表示0.0035Ω(3.5mΩ)，0M50表示0.0005Ω(0.5mΩ)。

2．0Ω电阻器

图2-33所示是0Ω电阻器实物图，它的外形特征与普通电阻器基本一样，只是阻值为零。

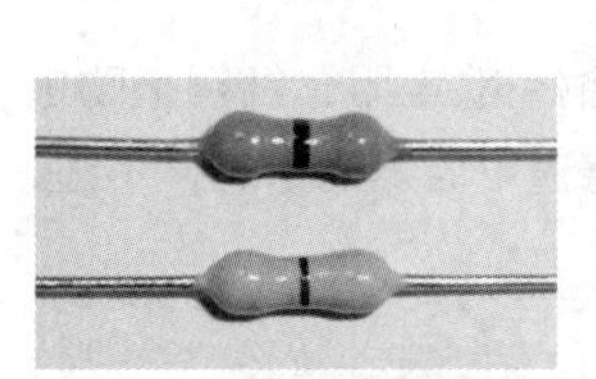

（a）引脚0Ω电阻器

（b）贴片0Ω电阻器

图2-33 0Ω电阻器实物图

众所周知，电阻器提供的就是电阻值，超低阻值电阻器也是有电阻值的，可是0Ω电阻器的阻值理论上为零，那它在电路中有何用处呢？

0Ω电阻器在电路中的作用主要有下列几个方面。

（1）PCB上走线需要。如果PCB上布线时，实在无法绕过可以用一个0Ω电阻器跨过，如图2-34所示。因为两条铜箔线路无法垂直交叉通过，此时就可以使用0Ω电阻器。

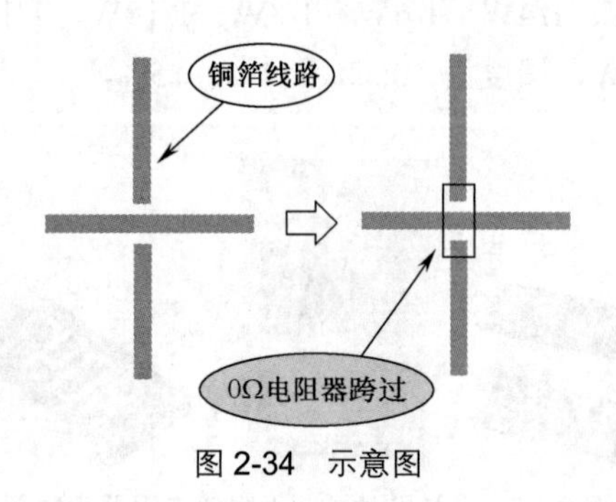

图2-34 示意图

（2）预留电流测量口。图2-35所示是电流测量口示意图。因为测量电流需要断开铜箔电路，此时可以在铜箔电路中先预留一个测量口，然后用一只0Ω电阻器焊上。需要进行电流测量时取下这只0Ω电阻器，将万用表电流挡串入电路即可进行电流测量。

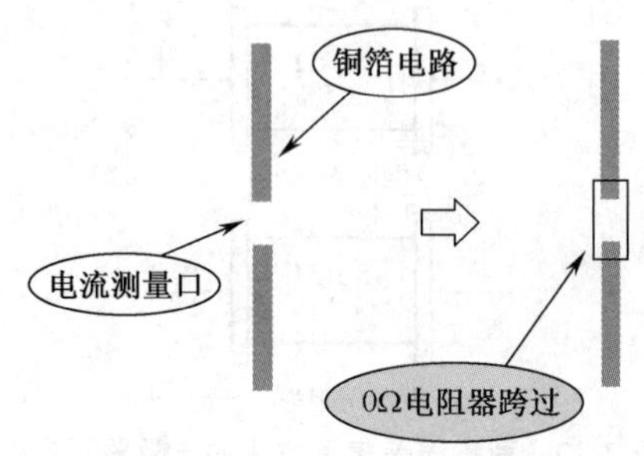

图2-35 电流测量口示意图

（3）连接两种不同的地线。图2-36所示电路中有两种地，一是数字地，二是模拟地，电路中出现数字地和模拟地两种地是为了防止数字电路和模拟电路之间的相互干扰。但是，数字地和模拟地最后是要通过一个点连在一起的，就是通过电路中的0Ω电阻器R2连接起来。

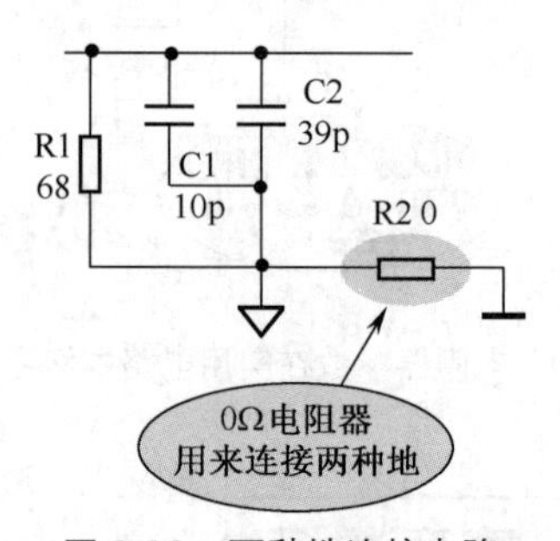

图2-36 两种地连接电路

（4）作为电路中的过流保险电阻器。0Ω电阻器理论上的电阻值为零，实际上还是存在很小很小电阻的，当流过0Ω电阻器的电流大到一定程度时，0Ω电阻器会烧断，能起到一个过流熔断电阻器的作用。

不同尺寸0Ω电阻器允许通过的最大电流不同，一般0603的贴片0Ω电阻器工作电流是1A，0805的是2A，所以不同电流会选用不同尺寸的0Ω电阻器。

2.4 电阻器基本工作原理和主要特性

2.4.1 电阻器基本工作原理

掌握电阻器基本工作原理是分析各种电阻器电路的基础。

1．电阻器电路模型

图 2-37 所示是电阻器电路模型。从图中可以看出，电阻器与一个电感 L 串联，再与一个电容器 C 并联。当电阻器的工作频率不高时，由于电感器 L 的电感量很小而相当于通路，这样感抗很小可以不加考虑。同时，由于电容器 C 的容量很小，它的容抗很大相当于开路，也可以不作考虑。所以，通常情况下电阻器只考虑它的电阻特性，等效成一只纯电阻。

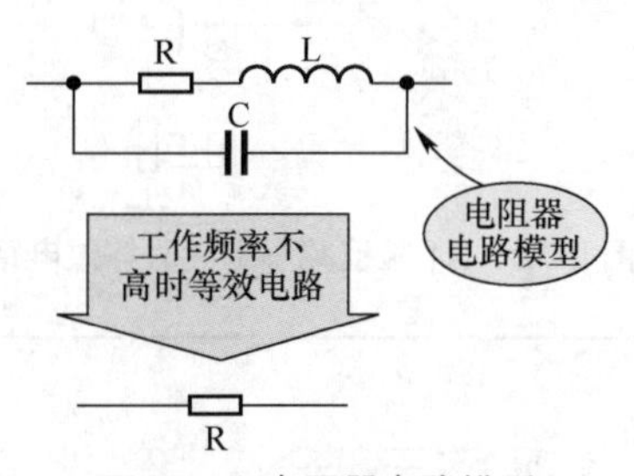

图 2-37 电阻器电路模型

当电阻器工作在很高频率的电路中时，要求选用电感量小、电容量小的高频电阻器。

2．电阻器的两个基本应用电路

电阻器在电路中的基本工作原理可以从两个方面去理解。

（1）为电路中某点提供电压。如图 2-38 所示，电阻器 R1 为电路中 B 点提供直流电压。

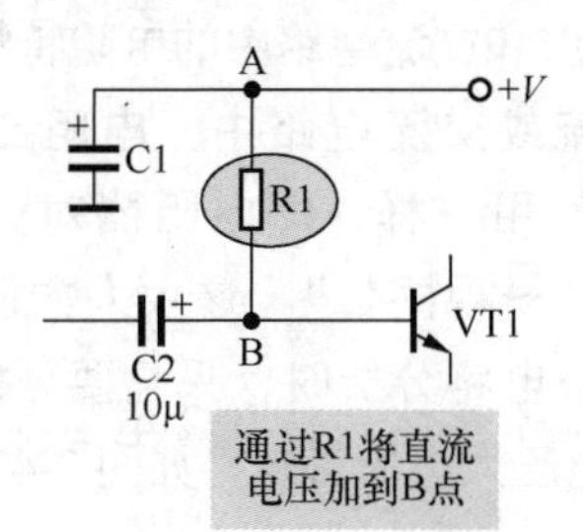

图 2-38 电阻为电路中某点提供电压

R1 在电路中的 A 点与 B 点之间构成了一个支路，R1 将 A 点的直流电压 +*V* 加到了电路中的 B 点，使 B 点也有直流电压。**显然，R1 用来给电路中某点建立与直流电压 +*V* 之间的联系。**

> **重要提示**
>
> 如果电路中的某点需要直流电压时，就可以在该点与直流电压 +*V* 端之间接一只电阻。
>
> 当然电阻也可以为电路中的某点提供交流电压。

（2）为电路提供一个电流回路。如图 2-39 所示，电阻器 R3 为电路提供一个电流回路。电阻器 R3 连接在 VT1 发射极与地线之间，电路中的 A 点与 B 点通过 R3 接通，这样 VT1 发射极输出的电流可以通过 R3 流到地线，从而构成了一个电流回路。

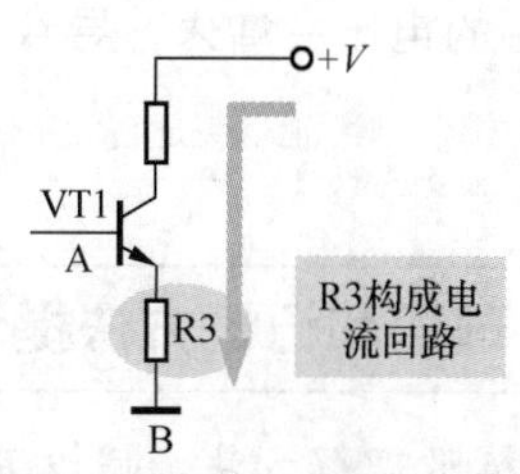

图 2-39 电阻为电路提供电流回路

如果电路中需要一个电流回路时，就可以接入一只电阻器。

3．电阻电路分析的关键要素

电阻电路分析的关键要素是：电阻器阻值大小对电路工作的影响。

> **电路分析提示**
>
> 电路分析中，有时只是需要进行定性分析，即分析电路中有没有电压，或是有没有电流，但是有时则需要进行进一步的定量分析，即有电压时这一电压有多大，有电流时这一电流有多大。

图 2-40 所示电路可以说明电阻电路分析的一般过程和思路。从图中可以看出，直流电压 +V 等于 R1 两端电压加上基极电压。直流电压 +V 是不变的，当 R1 的阻值大小改变时 R1 两端的电压在改变，从而 VT1 基极电压大小在改变。

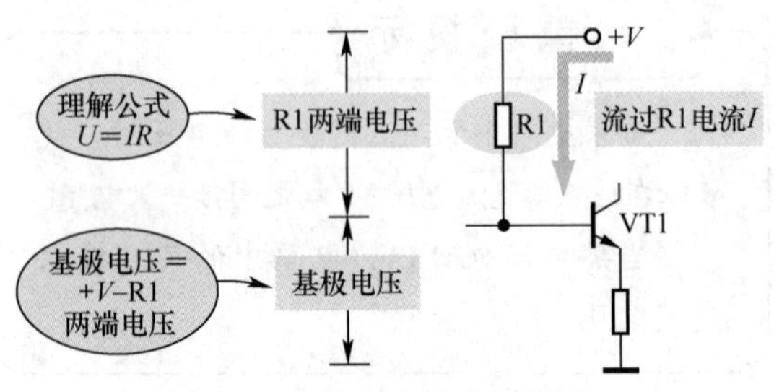

图 2-40　电阻电路分析举例

电阻器 R1 的阻值大小变化有两种情况，电路分析时假设它们的变化，然后分析电路相应变化的结果。

（1）**R1 阻值增大分析**。如果 R1 阻值增大，那么 R1 两端的电压会增大，导致 VT1 基极电压下降。

理解和记忆方法提示

采用极限理解方法，假设 R1 阻值增大到开路状态，如图 2-41 所示，这时 +V 端与 VT1 基极之间没有联系，直流电压 +V 就没有加到 VT1 基极，VT1 基极电压为 0V，所以当 R1 阻值增大时，VT1 基极电压是下降的。电路分析中会时常用这种极限理解的方法。

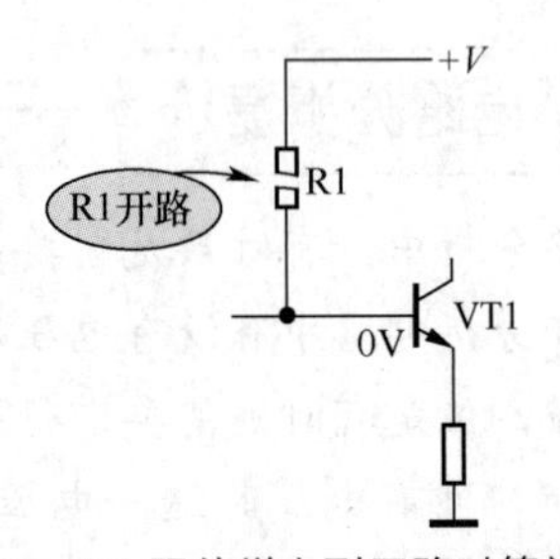

图 2-41　R1 阻值增大到开路时等效电路

（2）**R1 阻值减小分析**。如果 R1 阻值减小，那么 R1 两端的电压会减小，导致 VT1 基极电压增大。

理解和记忆方法提示

同样采用极限理解方法，假设 R1 阻值不断减小，直到减小至零时，即 VT1 基极与 +V 端接通，如图 2-42 所示，显然这时 VT1 基极电压就等于直流电压 +V，VT1 基极电压为最高状态。所以，当 R1 阻值减小时 VT1 基极电压会增大。

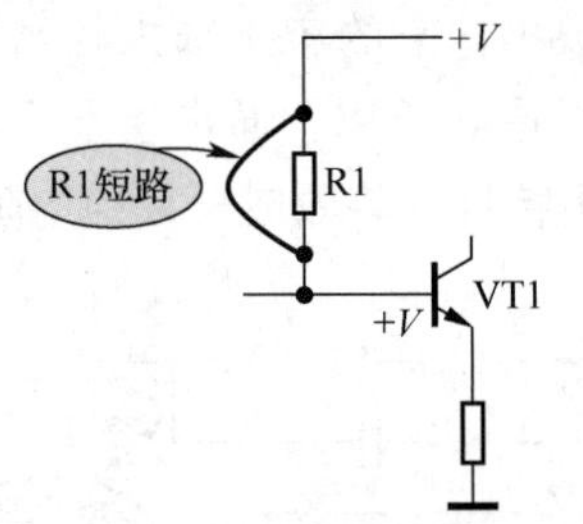

图 2-42　R1 阻值减小到零时等效电路

2.4.2　普通电阻器的主要特性

掌握电阻器重要特性是学好电阻电路的基础，更是学好技术识图的基础。

1．电阻器基本特性

电阻器基本特性是耗能，当电流流过电阻器时，电阻器消耗电能而发热。当然，电阻器在正常工作时所发出的热是有限的。

2．直流和交流电路中的电阻特性相同

在直流或交流电路中，电阻器对电流所起的阻碍作用一样，即电阻器对交流电流和直流电流“一视同仁”。这大大方便了电阻电路的分析。电路分析时，只需要分析电阻大小对电流、电压大小的影响，如图 2-43 所示。

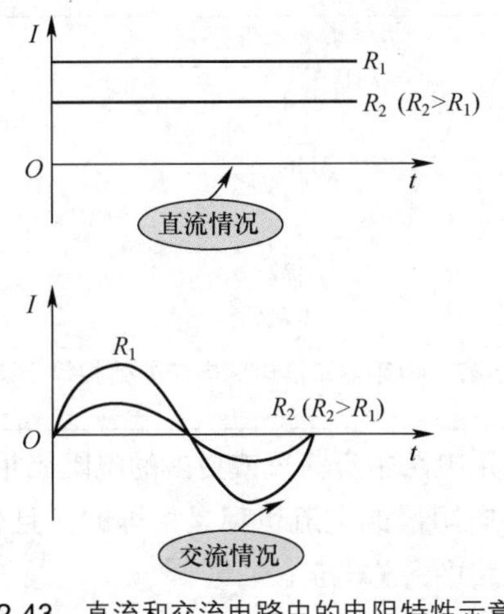

图 2-43　直流和交流电路中的电阻特性示意图

重 要 提 示

当电路中电阻器 R1 的阻值不同时，流过 R1 的直流或交流电流不同，当 R1 阻值增大时，流过 R1 的直流电流或交流电流都要减小。

3．不同频率下电阻特性相同

在交流电路中，同一个电阻器对不同频率信号所呈现的阻值相同，不会因为交流电的频率不同而出现电阻值的变化，这是电阻器的一个重要特性。

电路分析方法提示

分析交流电路中电阻器工作原理时，不必考虑交流电频率高低对电路工作的影响。

4．不同类型信号电阻特性相同

电阻器不仅在正弦波交流电的电路中阻值不变，对于脉冲信号、三角波信号和放大电路中所呈现的电阻也一样。

电路分析方法提示

电阻的这种阻值不变特性非常有利于电路分析，即分析电阻电路时不必考虑信号的特性。

2.5　电阻器串联电路和并联电路

重 要 提 示

任何复杂的电路经过各种等效和简化后都可以归纳为两种电路：一是串联电路，二是并联电路。所以掌握串联电路和并联电路是分析各种电路工作原理的关键之一。

2.5.1　电阻串联电路

电阻器串联电路又是各种串联电路的基础，必须深入掌握电阻器串联电路的特性和工作原理。

图 2-44 所示是电阻串联电路，电路中只有电阻器，没有其他的元器件，所以称为纯电阻器电路。

电路中，电阻器 R1 和 R2 的引脚头尾相连，这种连接方式称为串联，从而构成两个电阻的串联电路，+V 是该电路中的直流工作电压。

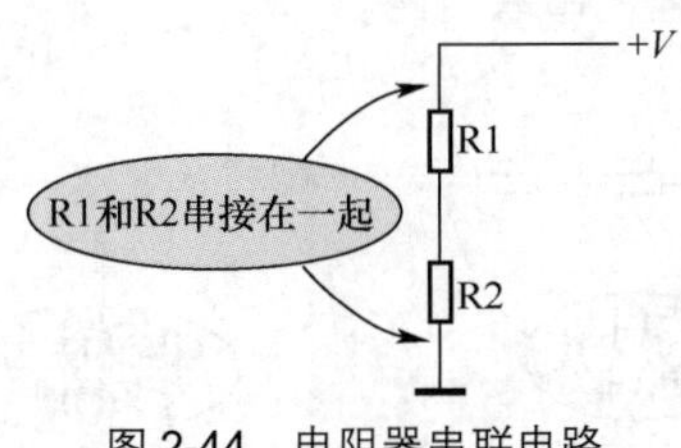

图 2-44　电阻器串联电路

1．电阻串联电路中总电阻愈串愈大

重要特性提示

电阻器串联电路中，串联后的总电阻等于各参与串联电阻器的阻值之和，即总电阻 $R=R_1+R_2+R_3+\cdots$

由此可见，电阻器串联后的总电阻会增大，即电阻器串联越多，电路总的电阻就越大。

图 2-45 是电阻器串联电路的等效电路示意图。例如，一只 10kΩ 电阻器与一只 12kΩ 电阻器串联，其串联电路总的电阻值等于 10kΩ+12kΩ=22kΩ。

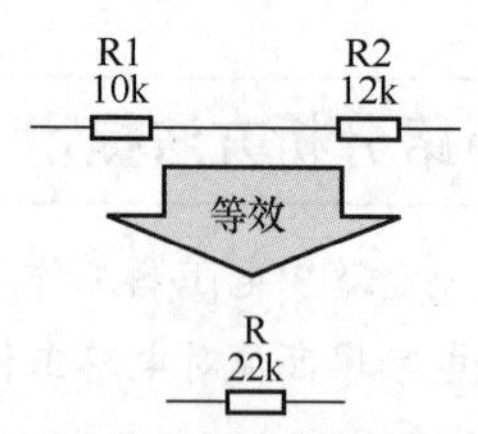

图 2-45　电阻器串联电路的等效电路示意图

重要提示

利用电阻器串联电路的阻值相加特性，可以进行故障检修中的应急处理。例如，需要一只 3kΩ 的电阻器，而手上没有这一阻值的电阻器，但有 1kΩ 和 2kΩ 的电阻器，将这两只电阻器串联后就能得到所需要的 3kΩ 电阻器。

电阻器串联电路并不只是两只电阻串联，可以有更多的电阻器串联起来。图 2-46 所示是 3 只电阻器的串联电路。

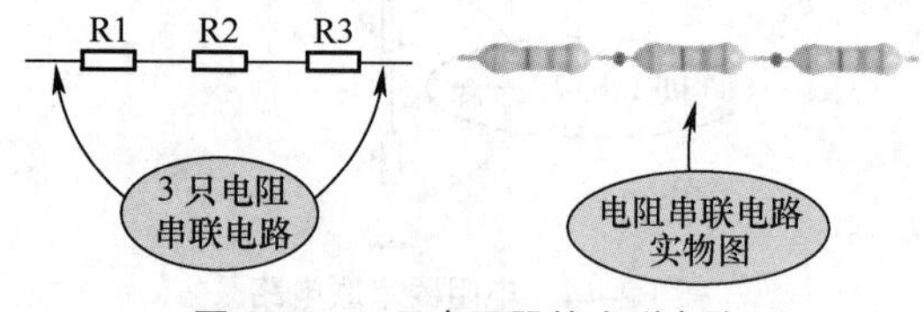

图 2-46　3 只电阻器的串联电路

2．电阻器串联电路中电流处处相等

重要特性提示

在串联电路中，流过电阻器 R1 的电流是 I_1，流过电阻器 R2 的电流是 I_2，串联电路中总的电流是 I，如图 2-47 所示，根据节点电流定律可知，流过各串联电阻的电流相等，且等于串联电路中的总电流，即 $I=I_1=I_2$。

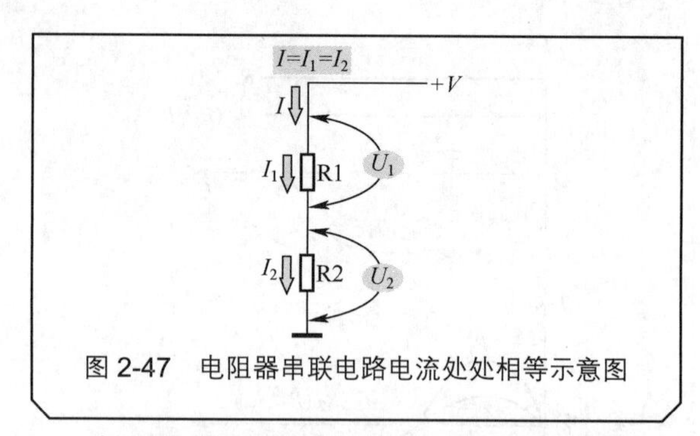

图 2-47　电阻器串联电路电流处处相等示意图

如果电路中有 3 只或更多的电阻器相串联，流过各电阻器的电流也都是相等的，且也等于串联电路中的总电流。

当电源电压 $+V$ 大小保持不变时，若串联电路中总的电阻在增大，则电路中总的电流将减小，流过串联电路中各电阻的电流也将减小。

电阻串联电路的这一电流特性揭示了这样的一个结论：串联电路中，各电阻器要么同时有电流流过，电路中有电流流动；要么各串联电阻器中都没有电流流过，电路中没有电流的流动。

理解和记忆方法提示

图 2-48 是电阻器串联电路中电流处处相等等效理解和记忆方法示意图。

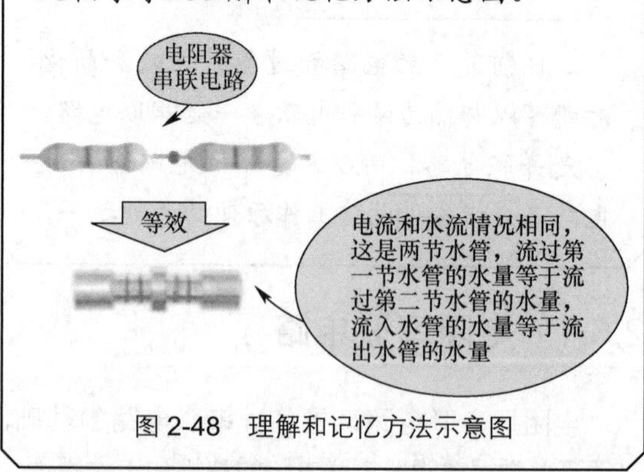

图 2-48　理解和记忆方法示意图

串联电路电流处处相等特性适合于各种元器件构成的串联电路，利用这一特性，在知道串联电路中流过一个元器件的电流特性后，就能知道串联电路中流过其他元器件的电流特性。

故障检修重要提示

串联电路中电流处处相等特性对电路故障检修的指导意义重大。电路故障检修中，只要测得电路中的任何一只电阻器有电流流过，便可以知道这一电路工作是正常的；反之，只要测量出电路中任何一只电阻器都没有电流流过，就说明这一电路中没有电流的流动。

前面讲解了利用电路特性指导电路故障检修的思路，在电路故障检修中，如果不了解电路的工作原理和特性，检修工作就一定带有盲目性，甚至是错误的。

3．电阻器串联电路电压降特性

根据欧姆定律可知，电阻上的电压等于该电阻的阻值与流过的电流之积，即 $U=IR$。在串联电路中，各电阻器上的电压降之和等于加到这一串联电路上的电源电压。

例如，由 3 只电阻器构成的串联电路接在直流电压为 3V 的电源上，3 只电阻器上的电压降之和等于 3V，如图 2-49 所示。

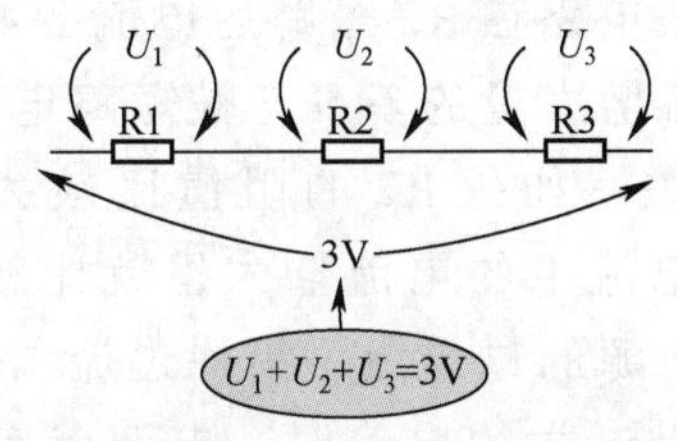

图 2-49 电阻器串联电路电压降特性示意图

重 要 提 示

了解串联电路的电压特性对串联电路故障的检修有益，有如下两个方便之处。

（1）电路故障检修中，测量电压比测量电流方便许多。测量电流时要断开电路，再串入万用表的表棒，而测量电压不需要断开电路，直接将两支表棒并联在电阻器两端即可。如果需要测量流过串联电路中某一只电阻器 R1 的电流，将两支表棒直接接触 R1 的两根引脚进行电压测量，用电压值除以该电阻器的阻值即可得到流过该电阻的电流值。

（2）如果测量到串联电路中某个电阻器上的电压为 0V，同时直流电源电压正常，就可以说明串联电路中没有电流，存在开路故障，如图 2-50 所示。反之，若测量到某个电阻器上有电压，说明这一串联电路工作基本正常。用这种测量电阻器两端电压的方法检查串联电路是否开路相当方便。

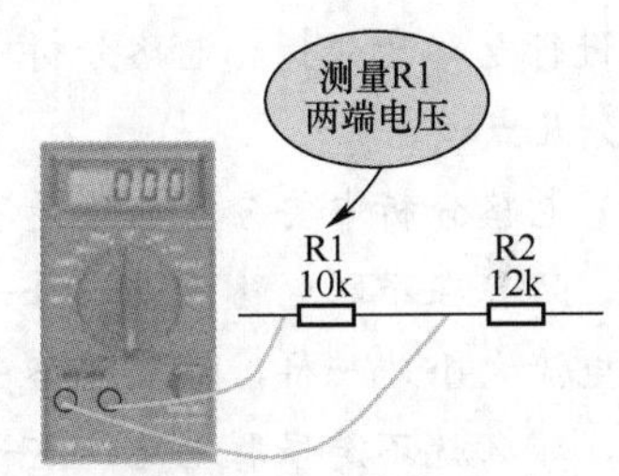

图 2-50 测量串联电阻器 R1 上电压示意图

4．抓住电阻器串联电路分析中主要矛盾

在电路分析中，要抓住电路中的主要矛盾，它是电路工作的关键，特别是电路中有许多元器件时，如果能及时地抓住电路中主要元器件的作用，无疑可以提高电路分析的速度和质量，这一点很重要。

在电阻器串联电路中，当其中某个电阻器的阻值远小于其他电阻器的阻值时，该电阻器的作用在电路分析中可以忽略不计。为了便于理解这一点，可以将该电阻器视为短路，即可以看成该电阻器两根引脚之间被一根电阻为零的导线接通，这样，串联电路中就只有电阻值大的那只电阻器存在。

在电阻器串联电路的分析过程中，要抓住阻值大的电阻，它是串联电路中的主要矛盾，因为阻值大的电阻器其电压降也大。

在图 2-51 所示串联电路中，流过各电阻器的电流相等，这样阻值大的电阻器上的电压降大。

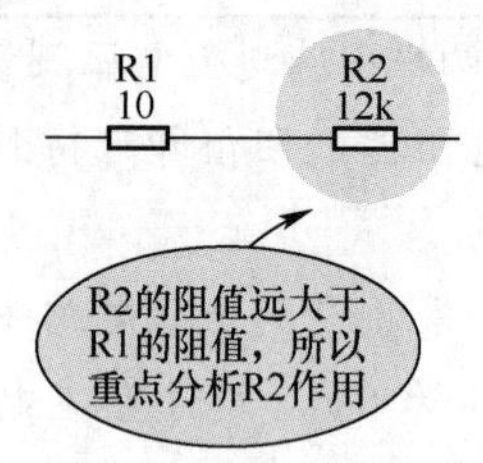

图 2-51　阻值大的电阻器上电压降大示意图

重要提示

纯电阻器串联电路比较简单，在掌握了上述电阻器串联电路主要特性后，可以方便地进行电路的分析。电路分析中主要了解下列几点。

（1）电路分析中要分清电路是不是串联电路，只有在串联电路中流过每一只电阻器的电流大小才一样，如果电路中有其他支路，那么就不是串联电路，这一点要搞清楚。

（2）如果串联电路中的电阻器多于两只，串联电路的特性不变。

（3）上述分析中没有说明流过串联电路中电阻器的电流是直流电流还是交流电流，因为无论是直流电流还是交流电流，电阻器都有相同的电路作用。

（4）上面介绍的是纯电阻器串联电路，这是其他各种串联电路的基础，实际电路中会出现其他元器件构成的串联电路，如电容器的串联电路、电阻器和电容器的串联电路等，这些串联电路都可以用纯电阻器串联电路进行等效，以理解它们的工作原理，所以纯电阻器串联电路是所有串联电路的基本电路。

2.5.2　电阻器串联电路故障处理

电子电路故障检修是讲究思路的，否则就变成了盲目操作。通过电阻电路故障检修思路的讲解，可以较为完整地掌握电子电路故障检修思路和具体操作方法。

1．串联电路中短路特征

掌握电路发生故障后的特征，即故障现象是分析故障、检修故障的重要一环。通过这些故障特征可以分析故障的可能原因。

图 2-52 是串联电路短路示意图。电路中，原来电阻器 R1 和 R2 串联，现在电阻器 R2 被短路，这时串联电路会发生下列一些变化。

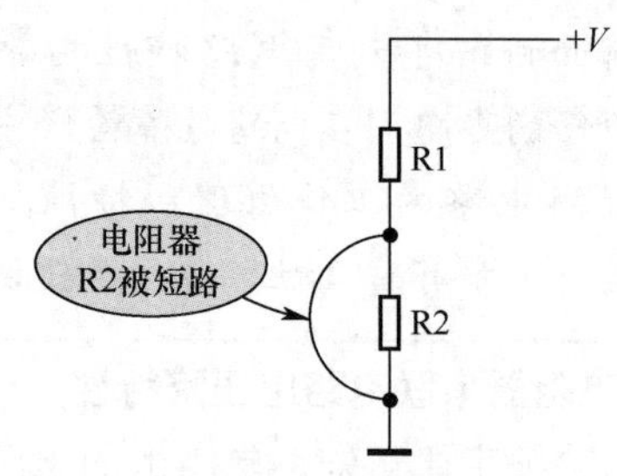

图 2-52　串联电路短路示意图

（1）在 R2 短路后，串联电路中只有 R1 的存在，此时电路的总电阻值减小，等于 R1 的阻值。

（2）由于电路中的直流工作电压 +*V* 大小没有变化，而串联电路的总电阻减小了，所以串联电路在 R2 短路后电流会增大。电路中电流增大量的多少与被短路电阻 R2 的阻值有关，如果 R2 的阻值比较大，短路后串联电流中的电流增大量就比较大，这会造成电源的过电流（简称过流），当电源无法承受过大的电流时，电源就有被烧坏的危险。所以，串联电路中短路现象是有害的。

同时，由于增大的电流也流过了串联电路中的其他电阻器（如流过 R1），因此短路也会对其他电阻器造成过流，也存在损坏其他电阻器的危险。

（3）串联电路中，如果测量时发现流过某元器件的电流增大了，说明串联电路中存在短路现象。由于串联电路中某个电阻短路后电流会增大，这样，流过串联电路中其他电阻器的电流也将会增大，其他电阻器上的电压降就会增大。

重要提示

串联电路中的短路故障是严重故障，它会因为流过串联电路的电流增大而有损坏串联电路中所有元器件的危险。

2．**串联电路中开路特征**

图2-53是串联电路开路示意图。电阻串联电路发生开路现象时，无论串联电路中的哪个环节出现了开路，电路都将表现为一种现象，即电路中没有电流的流动，这是开路故障的特征。

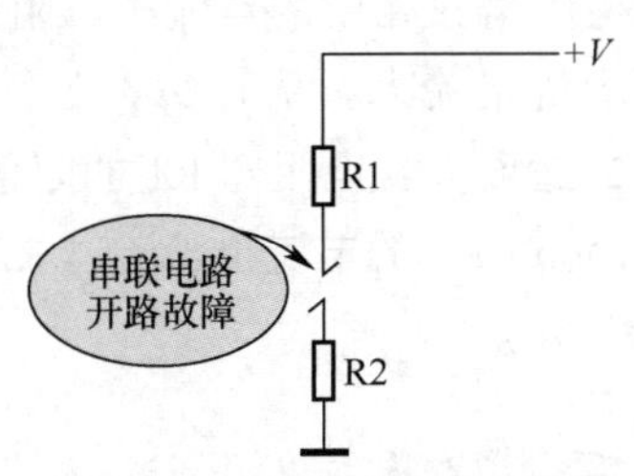

图2-53　串联电路开路示意图

串联电路中，一般情况下开路故障对电路的危害不大。但是，对于负载回路的开路，有时因为负载开路导致负载的驱动电路电压升高，造成驱动电路出现故障。

3．**电阻器串联电路故障检查方法**

检查电阻串联电路故障的方法有许多种，例如可以分别用万用表电阻挡测量电路中各电阻的阻值等。在故障检修中往往会根据故障现象和具体电路情况，灵活选择检查方法。

（1）开路故障检查方法。图2-54所示是两只电阻器串联电路。如果这一电路工作在直流电路中，用万用表直流电压挡测量R1两端的电压（两支表棒分别接在R1两根引脚上），便能知道电路是否存在开路故障。

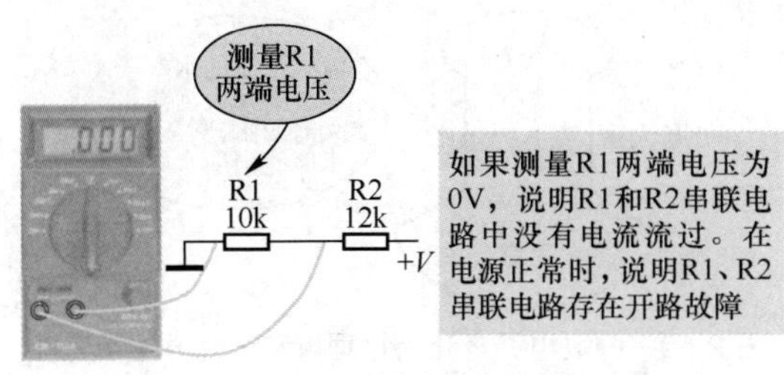

图2-54　检查电阻串联电路故障示意图

重要提示

如果这一电阻串联电路是工作在交流电路中的，那么将万用表改成毫伏表的交流挡测量R1两端的交流电压。使用数字式万用表的交流电压挡也能进行交流电路中的交流电压测量。

如果流过R1和R2的电流是交流电流，是不能用万用表的直流电压挡测量的，用指针式万用表的交流电压挡也不能测50Hz之外的交流电压，因为指针式万用表的交流电压挡是专门针对50Hz交流电设计的。

（2）短路故障检查方法。理论上讲，检查电阻器串联电路的短路故障也可以用上述测量R1两端电压的方法，如果R1两端的电压比正常值高，在电压+*V*没有增大时可以说明电阻串联电路中存在短路故障，因为只有串联电路中存在短路故障才会使电路中电流增大，使R1两端的电压增大。

但是，上述串联电路短路故障检查存在一个问题，必须知道R1两端的正常电压是多少，否则无法判断电路中的电流是不是增大了。所以这一检查方法还存在着不足之处。

因此检查电阻器短路故障最好的方法是测量电阻器的阻值，如果阻值为零，说明已短路，否则也排除了该电阻器短路的可能性。

2.5.3　电阻器并联电路

并联电路与串联电路是完全不同的电路，它们之间不能相互等效，并联电路的一些特性与串联电路特性相反。

各种元器件均可以构成并联电路，电阻器并联电路是最基本的并联电路，所有复杂的电路都可以简化成电阻器串联和电阻并联电路来进行工作原理的理解。

图2-55所示是电阻器并联电路。电路中，

电阻器 R1 和 R2 两根引脚分别相连，构成两个电阻器的并联电路，$+V$ 是这一电路的直流工作电压。

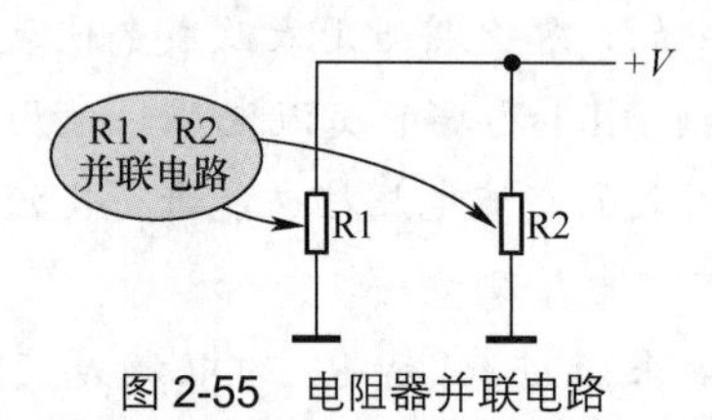

图 2-55　电阻器并联电路

R1、R2 并联电路工作于交流电路中时，电路形式不变，只是直流电压 $+V$ 改为交流信号。

分析电阻器并联电路时，要搞懂以下几个电阻器并联电路特性。

1．并联电路总电阻愈并愈小特性

在电阻器并联电路中，电路中的总电阻是越并联越小，这一点与串联电路的总电阻恰好相反。如果两只 20kΩ 的电阻器相并联，并联后总的电阻是其中一只电阻的一半，即为 10kΩ，如图 2-56 所示。并联后总电阻 R 小于 R_1，也小于 R_2。

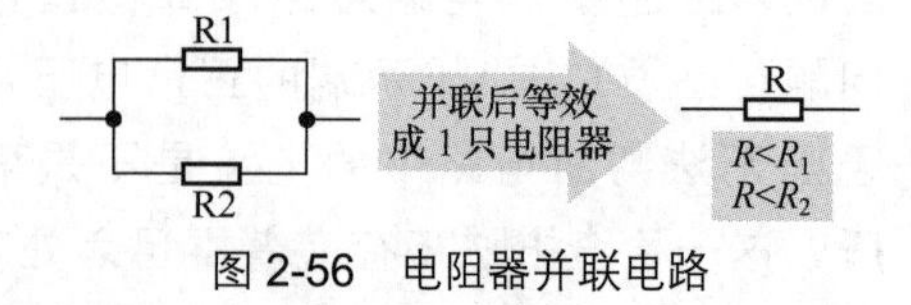

图 2-56　电阻器并联电路

重要特性提示

在电阻器并联电路中，各电阻器并联后总电阻值 R 的倒数等于各参与并联电阻的倒数之和，即 $1/R=1/R_1+1/R_2+1/R_3\cdots$

2．并联电路总电流等于各支路电流之和特性

图 2-57 所示电路中，流过电阻器 R1 的电流是 I_1，流过电阻器 R2 的电流是 I_2，并联电路的总电流是 I，从电源 $+V$ 流出的电流分成两路，一路流过电阻器 R1，另一路流过电阻器 R2，根据节点电流定律可知，各支路电流之和等于回路中的总电流，对这一具体电路而言，是 $I=I_1+I_2$。如果有更多的并联支路，便有

$I=I_1+I_2+I_3+\cdots$

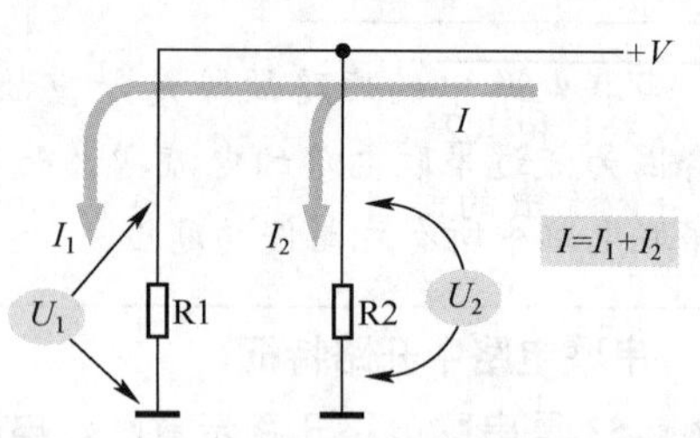

图 2-57　并联电路各支路电流示意图

在并联电路的各支路中，支路中的电流大小与该支路中的电阻器阻值大小成反比关系，阻值大的电阻器支路中的电流小，阻值小的电阻器支路中的电流大。从 $I=U/R$ 公式中，可以理解其中的道理。当电阻器 R1 的阻值大于 R2 的阻值时，流过 R1 的电流小于流过 R2 的电流，如图 2-58 所示。

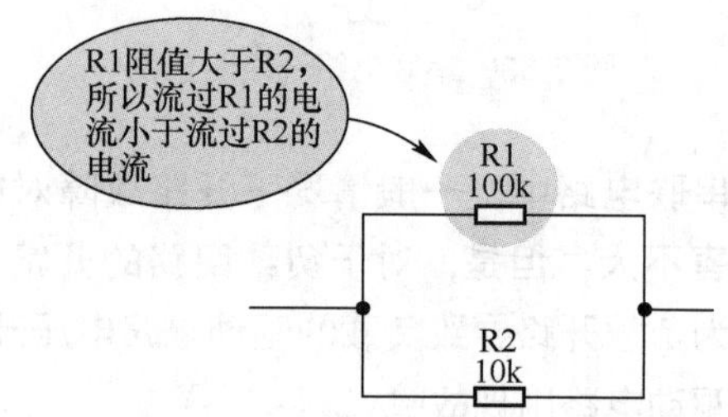

图 2-58　支路电流大小与该支路中电阻器阻值大小成反比关系示意图

理解和记忆方法提示

图 2-59 是并联电路电流特性理解和记忆方法示意图。用河流来形象地表示，从水库流出的水分成 3 路，全部流入大海之中，相当于从电源流出的电流流到各电阻电路支路中。

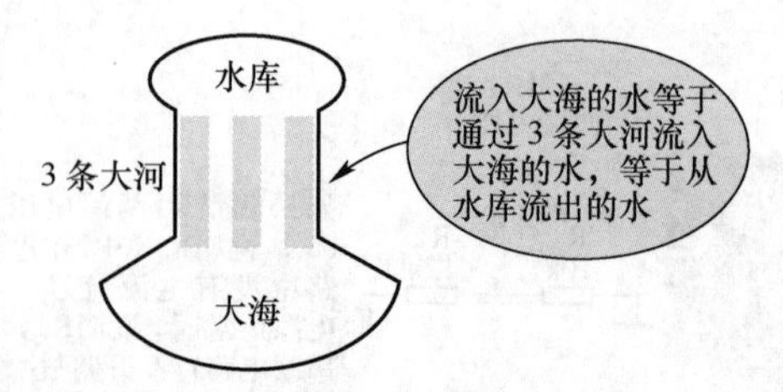

图 2-59　并联电路电流特性理解和记忆方法示意图

重要提示

从 R1 和 R2 并联电路中可以看出，电源 $+V$ 流出的总电流被分成两路，即总电流 I 分成 I_1 和 I_2。

当有更多电阻器并联时，可以将总电流分成更多的支路电流，只要适当选择各支路中电阻器的阻值，便能使各支路获得所需要的电流大小。这样的电路称为分流电路，在实用电路中到处可见。

3．并联电阻器两端电压相等特性

在电阻器并联电路中，各并联电阻器上的电压相等，如图 2-60 所示。因为 R1 和 R2 两只电阻器相并联，所以它们上的电压是相等的。

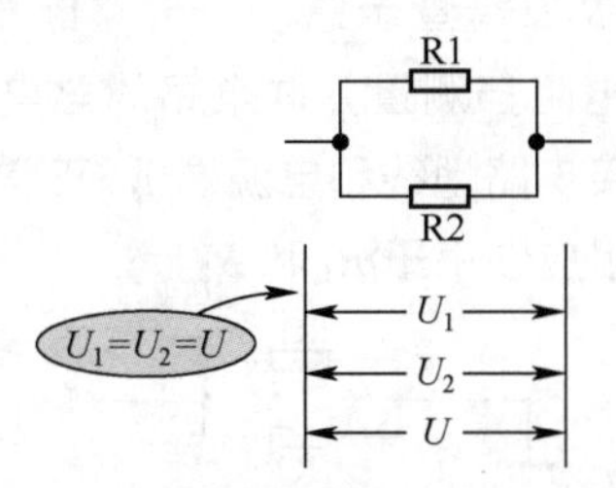

图 2-60　并联电阻器两端电压相等特性示意图

如果电路中有更多的电阻器并联，那么各并联电阻两端的电压都是相等的。

4．并联电路中主要矛盾是阻值小的电阻器

并联电路中，若某一个电阻器的阻值远远大于其他电阻的阻值，则该电阻不起主要作用，可以认为它是开路的，这样电路中就留下阻值小的电阻器，如图 2-61 所示。

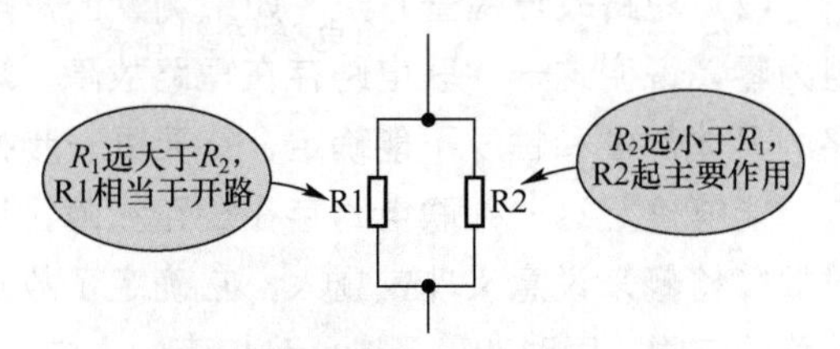

图 2-61　并联电路主要矛盾示意图

重要提示

分析并联电路时，就是要抓住阻值小的电阻器，它是这一电路中的主要矛盾，即阻值小的电阻器在并联电路中起主要作用，这一点与串联电路正好相反。

2.5.4　电阻器并联电路故障处理

1．并联电路中短路特征

图 2-62 是并联电路中电阻器 R2 被一根导线短路后的示意图。电路中，电阻器 R1 与 R2 构成并联电路，但是 R2 被短路了，这样电路中的电阻器 R1 也同样被短路。这一并联电路中的 R2 短路后，电路会发生如图 2-62 所示变化。

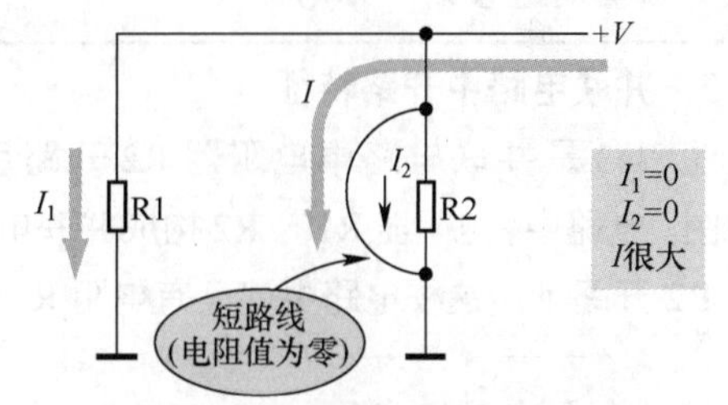

图 2-62　并联电路中短路特征示意图

重要提示

并联电路中，起主要作用的是阻值小的电阻器，这是并联电路的一个重要特性。电阻器 R2 被短路后，这条短路线就相当于一个电阻为零的“电阻器”并联在电阻器 R1 和 R2 上，相当于是 3 只电阻器的并联电路。

在电阻器 R2 短路后，流过电阻器 R2 的电流 I_2 为零，因为电流从电阻值很小的短路线流过，而不从电阻值比较大的 R2 流过。同理，电阻器 R1 中的电流 I_1 也为零。由此可见，在并联电路出现短路现象后，原来电路中的电阻器 R1、R2 中均没有电流流过，这种情况的短路对电阻器 R1 和 R2 没有危害，电流都集中流过短路线，这是电路短路的一个特征。

根据欧姆定律公式 $I=U/R$ 可知，由于短路线电阻值几乎为零，此时流过短路线的电流理论上为无穷大。实际电路中，由于电源的内阻影响，电流不会为无穷大，但绝对是很大的，而这一电流就是电源所流出的电流，显然这时对电源 $+V$ 而言是重载，将有烧坏电源的危险。

重要提示

上面所说的R2短路是指R2两根引脚之间被另一根导线短路，在实际的短路中情况并非如此，而是电阻器本身内部发生了短路，这时就会有很大的电流流过短路的电阻器，将这一电阻器烧坏。显然，这种元器件本身短路与元器件引脚之间被导线短路是不同的。但是，对电源而言，这两种短路的危害是一样的。

2．并联电路中开路特征

图2-63是并联电路中电阻器R2开路后的示意图。电路中，电阻器R1与R2构成并联电路，但是R2开路了，这样电路中就只有电阻R1。

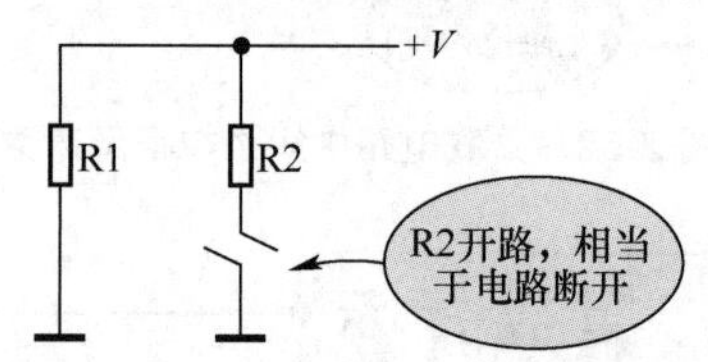

图2-63　并联电路中开路特征示意图

电阻器R2的开路具体可以表现为这样几种形式：一是电阻器两根引脚之间的电阻体某处开裂；二是电阻器的一根引脚断路了；三是电阻器两根引脚所在的铜箔电路某一处开裂，这可视作电阻器开路。

这一并联电路中的R2开路后，电路会发生如下变化。

（1）这一并联电路的总电阻值增大，原先总电阻为R1与R2的并联值，现在为R1的阻值，R1的阻值大于R1与R2的并联值。

（2）对于直流工作电压 $+V$ 而言，电阻器R1和R2是这一直流工作电压的负载。当负载电阻比较大时，流过负载电阻的电流就比较小，也就是要求电源流出的电流比较小，通常将这一状态称为电源的负载比较轻。当负载电阻比较小时，流过负载电阻器的电流就比较大，也就是要求电源流出的电流比较大，通常将电路的这一状态称为电源的负载比较重。当并联电路中的某只电阻开路后，电路的总电流下降，说明电源的负载轻了。

（3）电阻器R2支路中的电流为零，电阻R1支路中的电流大小不变。并联电路的总电流减小，因为R2支路中的电流为零了。R2支路开路后，这一并联电路的总电流不是为零，只是减小，这一点与串联电路不同。

3．电阻器并联电路故障检查方法

电阻器并联电路的开路故障和短路故障检查方法与电阻串联电路不同，这是因为并联电路和串联电路的结构不同。

（1）开路故障检查方法。图2-64是电阻器并联电路故障检查示意图。电路断电情况下，用万用表电阻挡测量并联电路的总电阻（两根表棒分别接电路地线和电源端），正常情况下测量的总电阻应该小于 R_1 和 R_2。

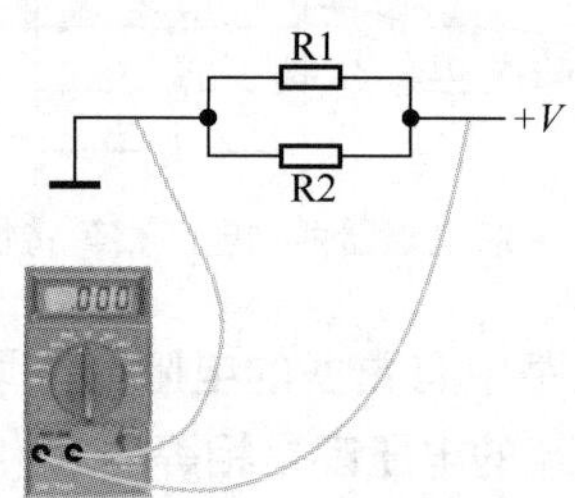

图2-64　电阻器并联电路故障检查示意图

如果测量的阻值大于 R_1 和 R_2 中的任何一个，说明电路中的R1或R2开路，具体是哪只电阻开路要具体分析，也可以改用测量每只电阻支路电流的方法来确定。

（2）短路故障检查方法。如果测量的总电阻为零，说明这一并联电路存在短路故障，短路的具体部位和性质不能确定，需要进一步检查。能够确定这一并联电路存在短路故障，这对故障检修来说意义非常重大，它确定了故障电路的范围，同时明确了进一步检查的方向。

4．负载电路短路对电源的影响

如果电源电路的负载电路被导线短路，如图2-65所示，由于负载电阻器R被短路，负载R两端的电压 U=0，这样流过负载R的电流

I=0，这是因为I=U/R，U=0，所以I=0。

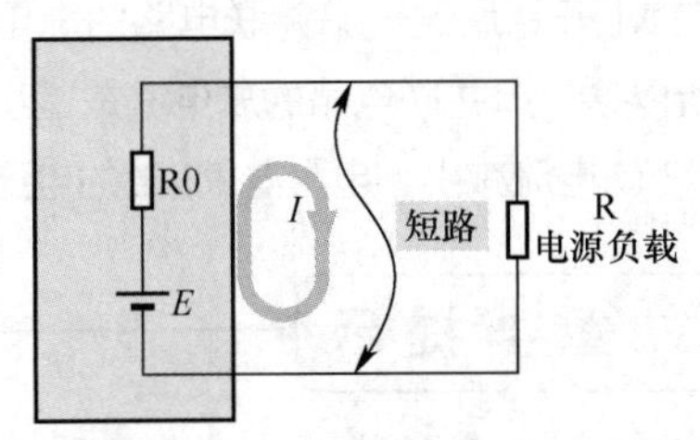

图 2-65 电源负载电路短路示意图

重要提示

流过负载电阻器R的电流是等于零了，但并不是表示流过电源的电流也等于零，恰恰相反，流过电源的电流增大了许多。由于负载电阻短路，电源处于短路所在的回路中，此时这一回路中的电流I=E/R_0（R_0电源内阻阻值），由于电源的内阻阻值R_0通常很小，所以此时的电流I很大，这一电流称为短路电流。

由于短路时流过电源的电流很大，这一电流是电源输出的，它全部流过电源内部的内电阻，电源起初会发热，温度高到一定程度后就超出了电源的承受能力，最终会烧坏电源。电路的这种状态称为电源短路。

负载电路开路和短路对电源的影响有所不同，具体如下。

（1）短路影响。电路发生短路是相当危险的，很容易损坏电源和电路中的其他元器件。使用中，要防止电源短路。发生短路时，电源的端电压U等于0V。

（2）开路影响。负载电阻开路时电路中没有电流的流动，即没有电流流过负载和电源本身。对于电源而言，这种状态称为电源的空载，相当于电源没有接入负载。

开路后，对负载没有危害，一般情况下，对电源也不存在危害，但有些情况下，负载开路会损坏电源。

2.5.5 电阻器串并联电路

电阻器串并联电路是电阻器串联电路与电阻器并联电路的组合电路。

图2-66所示是由3只电阻器构成的电阻器串并联电路。电路中的电阻器R1和R2并联，然后再与电阻器R3串联，这就是纯电阻器的串并联电路。

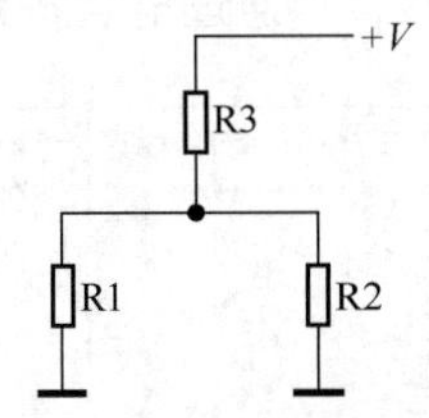

图 2-66 3只电阻器构成的电阻串并联电路

纯电阻器的串并联电路还可以有其他的电路形式，可以有更多的电阻器进行串并联。串并联电路的特征是，电路中的部分电阻器进行并联，然后再与其他电阻器进行串联。除电阻器可以构成串并联电路之外，其他的各种元器件都可以构成串并联电路，电阻器串并联电路是最基本的串并联电路。

1．电阻器串并联电路总电阻特性

串并联电路具有串联电路和并联电路的一些共同特性。

在电阻串并联电路中，电路的总电阻等于各并联电阻的并联值与其他串联电阻阻值之和，即电路中的R1与R2并联后，再与电阻器R3串联，图2-67是等效过程示意图。

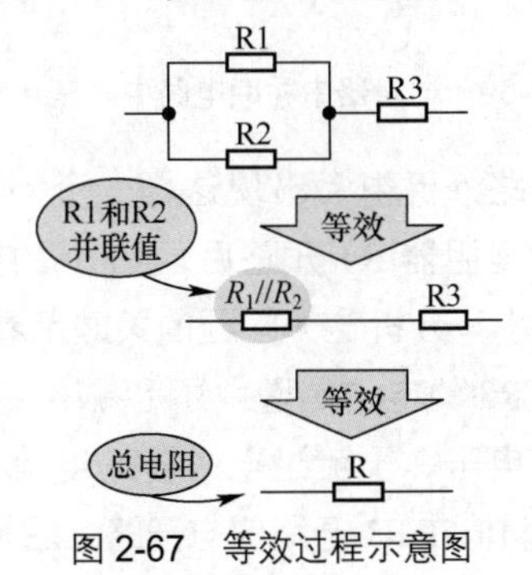

图 2-67 等效过程示意图

重要提示

如果需要计算串并联电路的总电阻（在电路分析中往往不必进行阻值的计算），为了方便起见，先计算所有并联电阻器的并联阻值，然后进行串联计算。

2．电阻器串并联电路电流特性

图 2-68 是电阻器串并联电路中电流示意图，电路中的总电流为 I，流过电阻器 R1 的电流为 I_1，流过电阻器 R2 的电流为 I_2，流过电阻器 R3 的电流为 I_3，电路中的总电流 I 分别通过电阻器 R1 和 R2，再通过电阻器 R3 流到地端。

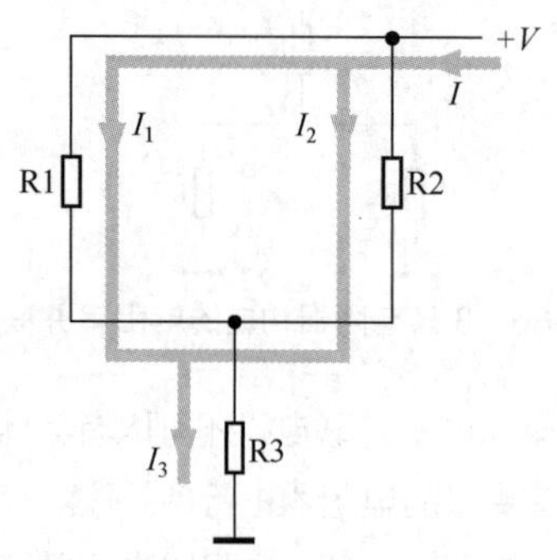

图 2-68　电阻器串并联电路中电流示意图

电路中，总电流 $I=I_1+I_2=I_3$。

3．电阻器串并联电路电压特性

图 2-69 所示电路中电阻器 R1 和 R2 上的电压 U_1、U_2 相等，电阻器 R3 上的电压为 U_3，R1 上电压与 R3 上电压之和等于 $+V$。

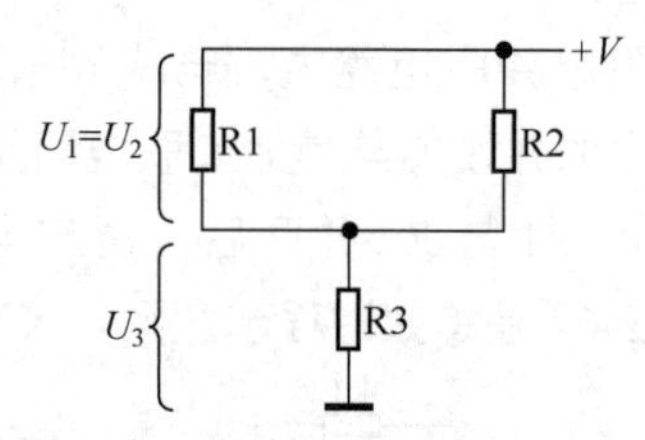

图 2-69　电阻器串并联电路中电压示意图

在电路分析中会出现这样一个问题，即当电路中的电阻器 R1 开路后，R3 上的电压是增大还是减小。分析这一问题的关键是看 R1 开路后，流过 R3 的电流是增大还是减小，因为电阻器两端的电压等于流过电阻器的电流乘以电阻值，R3 电阻值在 R1 开路前与开路之后是不变的。

由于流过电阻器 R3 的电流是这一电路中的总电流，而在电压 $+V$ 不变时（电路中的 $+V$ 不会改变），电路的总电阻大小决定了电路中的电流大小。这样，这一问题的分析就变成了 R1 开路前后这一串并联电路总电阻的变化。

电阻器 R1 开路前，R1 与 R2 是并联的，并联电路使总电阻减小，这样在 R1 开路后只有 R2，与原来的 R1 和 R2 并联阻值相比，电阻值增大。由此可知，在 R1 开路后这一串并联电路的总电阻是增大了，所以这一串并联电路的总电流是减小了，流过电阻 R3 的电流减小，电阻器 R3 上的电压减小。

重要提示

通过上述分析可知，分析电阻器 R1 开路后电阻器 R3 上的电压是增大还是减小时，对电路的分析是一步步进行的，在整个分析过程中，运用了前面所讲的各种电路特性，电路分析就是一个将各种各样的电路特性综合起来运用的过程。

4．电阻器串并联电路故障检查方法

图 2-70 是电阻器串并联电路故障检查示意图。检查电子电路故障要抓住电路中的关键电路，在电阻串并联电路中，串联电阻器 R3 是电路中的关键，因为 R3 开路将造成整个电阻串并联电路中没有电流，所以重点测量串联电阻 R3。

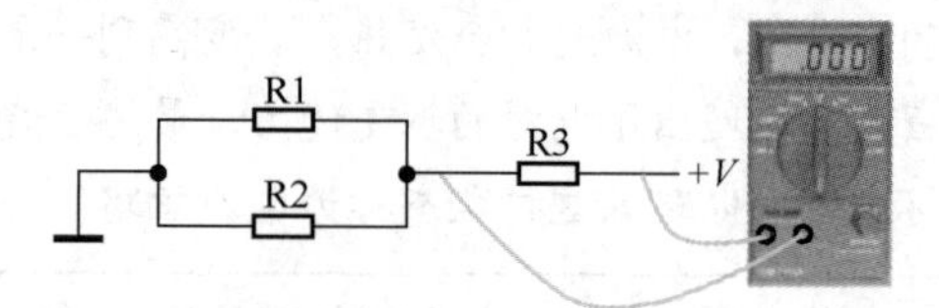

图 2-70　电阻器串并联电路故障检查示意图

重要提示

如果测量 R3 上的电压为 0V，在直流电压 $+V$ 正常的情况下，说明这一电阻串并联电路中没有电流流过，电路中存在开路故障。

如果测量 R3 上电压正常，说明这个电阻串并联电路正常。

如果测量 R3 上电压比正常值大，说明流过电阻串并联电路的电流增大，原因是 R1 或 R2 存在短路故障，或是 R1、R2 中有一只电阻器阻值减小。

如果测量 R3 上电压比正常值小，说明 R1 或 R2 中有一只电阻器开路。

2.6 电阻分压电路

电子电路中大量地使用各种形式的分压电路，即由电阻器、电容器、二极管、三极管等元器件构成的分压电路，而其中的电阻分压电路是最基本的分压电路，所以必须深度理解，完全掌握其电路工作原理和电路分析方法。

交流信号在电子电路中不只是需要放大，更多的是需要在局部电路中进行恰当衰减，这一过程由分压电路来完成。如果直流电压太高，也可以通过分压电路将直流电压下降一些，取得所需要的直流电压。

2.6.1 电阻分压电路工作原理

图2-71所示是典型的电阻分压电路（没有接入负载电路），电阻分压电路由R1和R2两只电阻器构成。电路中有电压输入端和电压输出端。

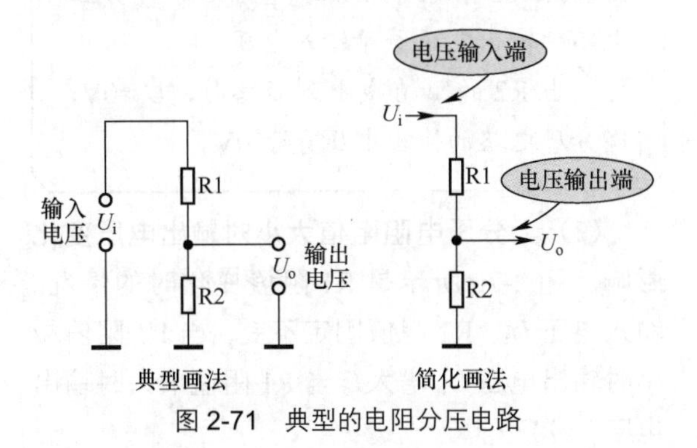

图2-71 典型的电阻分压电路

1．电路结构

输入电压U_i加在电阻R1和R2上，输出电压U_o为串联电路中电阻器R2上的电压，这种形式的电路称之为分压电路。根据此电路特征可以在众多电路中分辨出分压电路。

分析分压电路的关键点有两个：分析输入回路和找出分压电路输出端。

2．输入回路分析和输出端确认方法

（1）输入回路分析。图2-72是电阻分压电路输入回路示意图。从电路中可以看出，输入电压加到分压电阻器R1和R2上，输入电压产生的电流流过R1和R2。

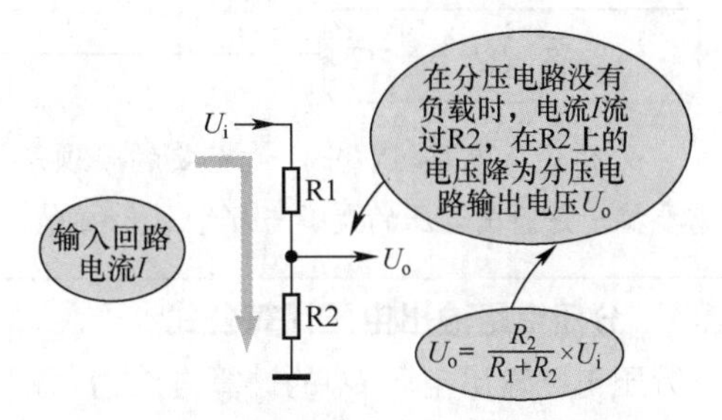

图2-72 电阻分压电路输入回路示意图

输入回路由信号源U_i、电阻器R1和R2构成，电路中没有画全信号源U_i。

（2）找出分压电路输出端。分压电路输出的信号电压要送到下一级电路中，理论上下一级电路的输入端就是分压电路的输出端。图2-73是分压电路输出端与后级电路输入端关系示意图。

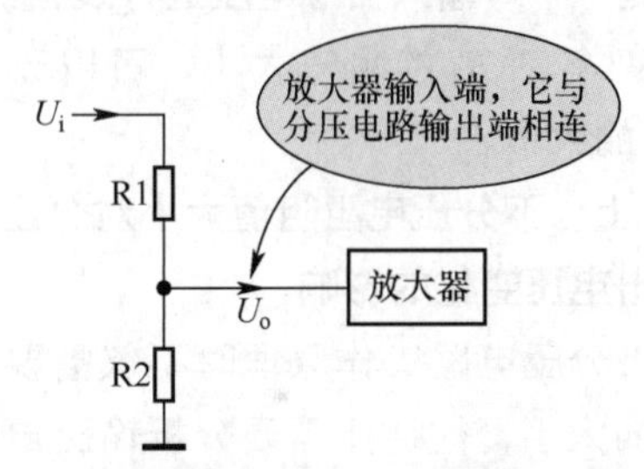

图2-73 分压电路输出端与后级电路输入端关系示意图

但是，识图中这种方法的可操作性差，因为有时分析出下一级电路的输入端比较困难，特别是对初学者而言。

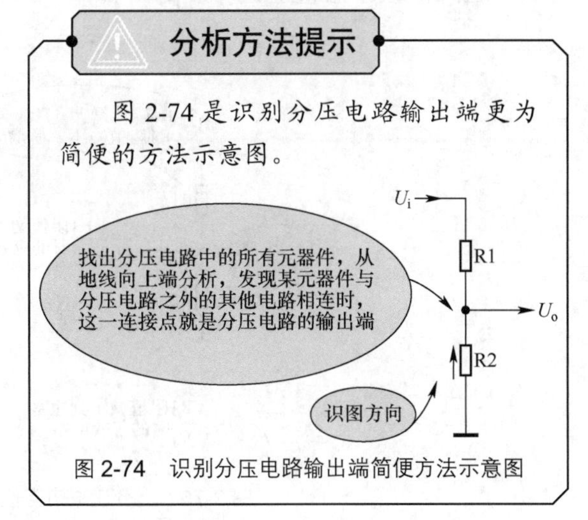

图2-74是识别分压电路输出端更为简便的方法示意图。

图2-74 识别分压电路输出端简便方法示意图

2.6.2 电阻分压电路输出电压分析

重要提示

分析分压电路过程中，最重要的一项是需要搞清楚输出电压的大小与哪些因素相关。

1．分压电路输出电压计算公式

分压电路输出电压 U_o 的计算方法为

$$U_o=\frac{R_2}{R_1+R_2}U_i$$

式中：U_i 为输入电压；

U_o 为输出电压。

从计算公式中可以看出，因为分母 R_1+R_2 大于分子 R_2，所以输出电压小于输入电压。分压电路是一个对输入信号电压进行衰减的电路。

改变 R_1 或 R_2 的阻值大小，可以改变输出电压 U_o 的大小。

2．上、下分压电阻阻值大小对分压电路输出电压变化的影响

分析分压电路工作原理时不仅需要分析输出电压的大小，往往还需要分析输出电压的变化趋势，因为分压电路中的两只电阻器 R1 和 R2 的阻值可能会改变。

（1）下分压电阻阻值大小对输出电压变化影响。图 2-75 所示是 R2 阻值变化时的情况。输入电压 U_i 和 R1 阻值固定不变时，如果 R2 阻值增大，输出电压 U_o 也将随之增大；R2 阻值减小，输出电压 U_o 也将随之减小。

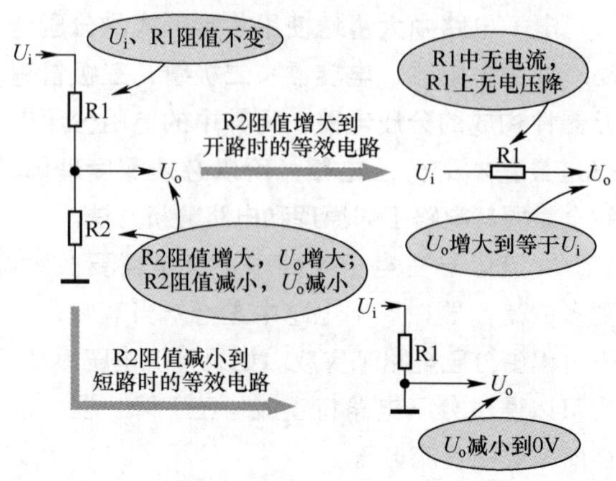

图 2-75 下分压电阻阻值大小对输出电压变化影响

重要提示

借助于极限情况分析有助于记忆：当 R2 的阻值增大到开路时，$U_o=U_i$，即分压电路的输出电压等于输入电压。

当 R2 的阻值减小到短路时，U_o=0V，即分压电路的输出电压等于 0V。

（2）上分压电阻阻值大小对输出电压变化影响。图 2-76 所示是 R1 阻值变化时的情况。输入电压 U_i、R2 阻值固定不变，当 R1 阻值减小时输出电压 U_o 增大，当 R1 阻值增大时输出电压 U_o 减小。

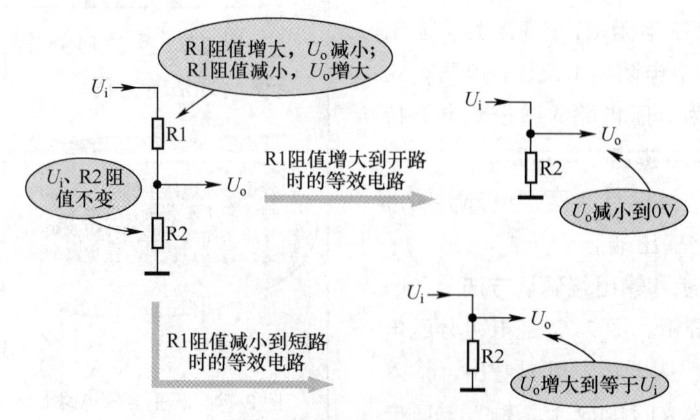

图 2-76 上分压电阻阻值大小对输出电压变化影响

重要提示

借助于极限情况分析有助于记忆：当R1阻值减小到零时（R1短路），分压电路输出端与输入端相连，输出电压等于U_i；当R1阻值增大至开路时，输出电压为0V。

分压电路分析提示

上述分压电路分析中，如果输入电压是直流电压，输出电压便为直流电压；如果输入电压是交流电压，输出电压便为交流电压。

如果输入电压是直流电压和交流电压的混合电压，则输出电压便为直流电压和交流电压的混合电压。

3．电阻分压电路故障检查方法

图2-77是电阻分压电路故障检查方法示意图。电路中，+V是直流电压，所以R1和R2构成直流电压分压电路。采用万用表直流电压挡，两根表棒接在电阻器R2两端。如果R1和R2接在交流电路中，只要改用毫伏表或数字式万用表的交流电压挡即可。

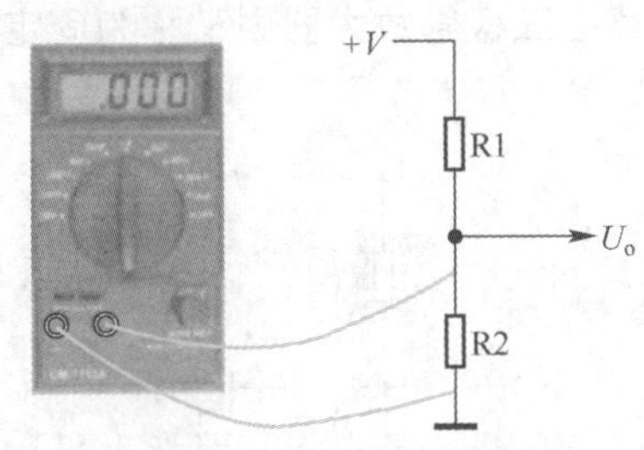

图2-77 电阻分压电路故障检查方法示意图

测量结果分析提示

如果测量的电压不为0V，且小于直流电压+V，这时基本可以说明电阻分压电路工作正常。

如果测量的电压为0V，在直流电压+V正常时，说明R1开路或是R2短路。

如果测量的电压为+V，说明R2开路，或是R1短路。

2.6.3 带负载电路的电阻分压电路

前面介绍的电阻分压电路没有接上负载电路，图2-78所示是接上负载电路后的电阻分压电路，电路中的RL是负载电路，它可以是一个电阻，也可以是一个电路。

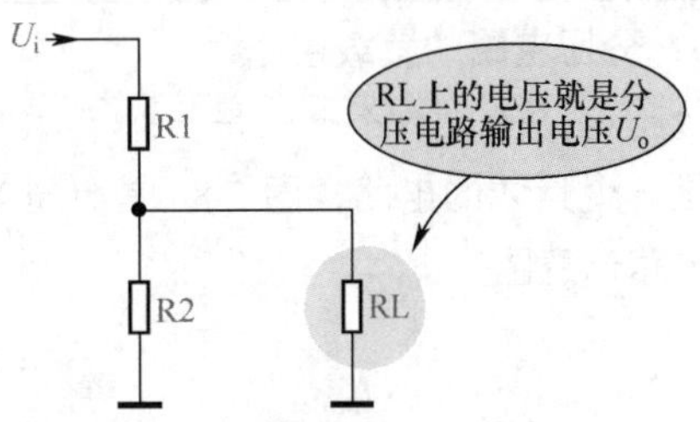

图2-78 接上负载电路后的电阻分压电路

1．电路工作原理

这个电路的工作原理与前面介绍的电阻分压电路基本一样，只是在分析电路时要将R2和RL并联后的阻抗作为下分压电阻。

关于接入负载电阻之后的电阻分压电路分析，说明下列几点。

（1）由并联电路总电阻特性可知，R2与RL并联后的总电阻小于R2。如果用总电阻代替电路中的R2和RL，那电路与前面的电阻分压电路一样。

（2）由于总电阻阻值下降了，在上分压电阻阻值不变的情况下，分压电路的输出电压下降，所以分压电路接上负载电阻后输出电压会下降。

（3）负载电阻的阻值越小，称为负载越重。负载越重，分压电路输出电压下降越大。

2．分压电路中负载的电流回路

图2-79是电阻分压电路中负载电阻的电流回路示意图。从图中可以看出，从电流角度上分析，总电流被下分压电阻器R2和负载电阻器RL分成了两路。

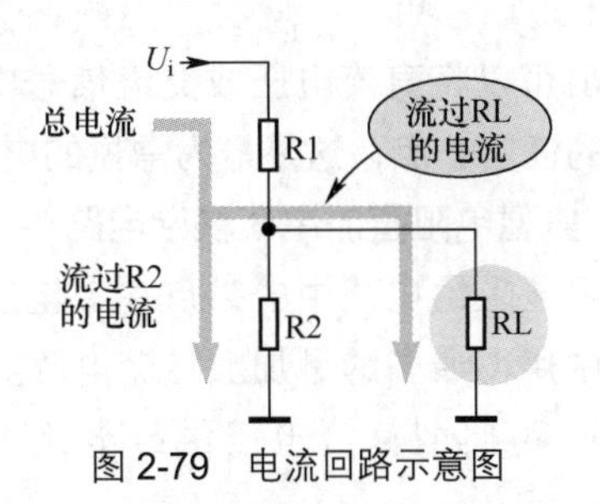

图2-79 电流回路示意图

重要提示

流过负载的电流是分压电路输入电压提供的。

负载电阻的阻值越小，分压电路输入电压为负载电阻提供的电流越大，反之则小。

3．分压电路的负载电路

分压电路的负载不一定是一个电阻器，更多的是一个具体的电路，图 2-80 是分压电路的负载电路示意图。

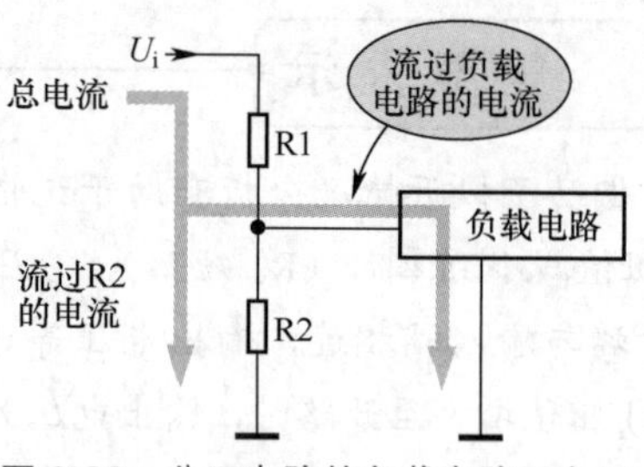

图 2-80　分压电路的负载电路示意图

重要提示

无论负载电路是一个什么样的电路，它都有一个输入阻抗，这一输入阻抗与 R2 并联后成为下分压电阻（或称为下分压阻抗），负载电路输入阻抗的大小影响了这个分压电路总的下分压阻抗的大小。

2.7　电阻器典型应用电路

重要提示

由于理解一个电路工作原理需要许多的知识储备，这里讲到的一些电阻器典型应用电路，许多知识点在书的前面还没有展开，所以一些电路分析理解起来有点困难是正常的，随着电路分析的深入，各类知识点的积累，电路分析理解会更加容易和轻松。

2.7.1　直流电压供给电路

电阻可以将直流电压或交流信号电压加到电路中的任何一点，这是最为常见的电路之一。

1．典型电阻直流电压供给电路

利用电阻给电路中的某点加上电压，在电子电路中用得最多的是加上直流电压。图 2-81 所示是一种典型直流电压供给电路。电路中的 R1 给三极管 VT1 基极加上直流工作电压，因为三极管工作在放大状态时需要直流电压，这种电路在三极管放大器中又称为固定式偏置电路。

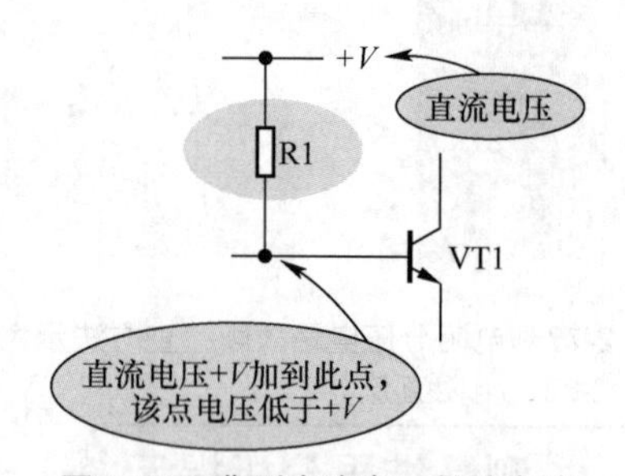

图 2-81　典型直流电压供给电路

电路中的 R1 连接在直流电压 +V 端与三极管 VT1 基极之间，这样直流电压 +V 就能加到 VT1 基极，当然 VT1 基极电压低于直流电压 +V，等于 +V 减去电阻器 R1 上的直流电压降（R1 两端的电压）。R1 上的电压降大小与 R1 的阻值大小和流过 R1 的电流大小相关。

理解方法提示

图 2-82 所示电路可以理解 VT1 基极电压低于 +*V* 的原因，电流流动的方向是电压下降的方向，+*V* 产生的电流从上而下地流过 R1，所以 VT1 基极电压低于 +*V*。

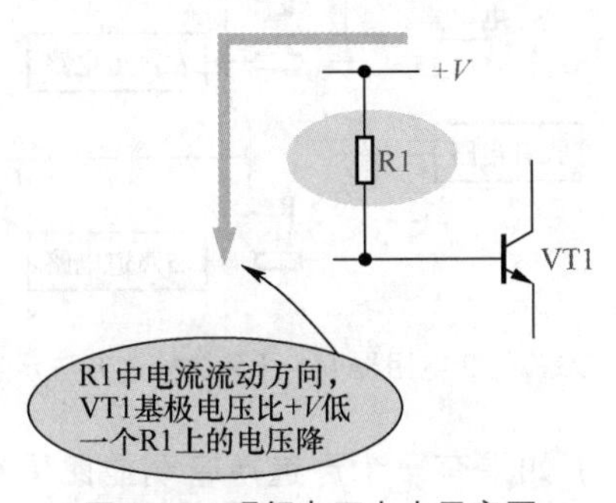

图 2-82　理解电压大小示意图

同类电路提示

图 2-83 所示是电阻直流电压供给电路的同类电路。图 2-83（a）所示电路中，通过 R1 将直流电压 +*V* 加到三极管 VT1 集电极。图 2-83（b）所示电路中通过 R1 将直流电压 +*V* 加到 VT1 发射极。

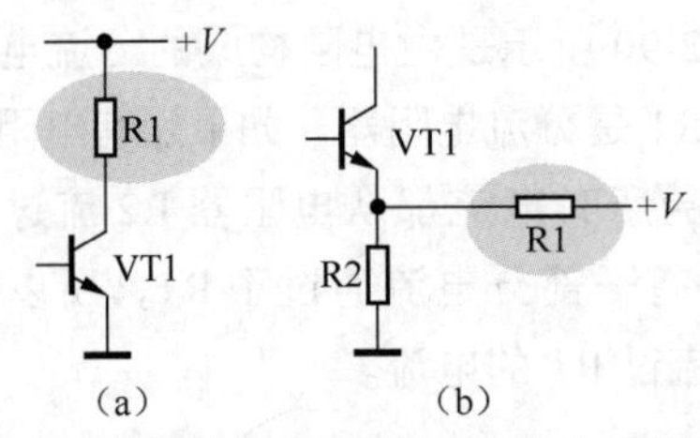

图 2-83　电阻直流电压供给电路的同类电路

2．故障检测方法

对于这一电阻电路的故障检测主要有以下两种方法。

（1）测量电阻器 R1 的阻值是否正常。

（2）测量 VT1 基极直流电压是否正常。

上述两种检测方法中，测量 VT1 基极直流电压更为简便，因为电压测量是并联测量，只要给电路通电，不需要断开电路中的元器件。

图 2-84 是测量 VT1 基极直流电压时的接线示意图。

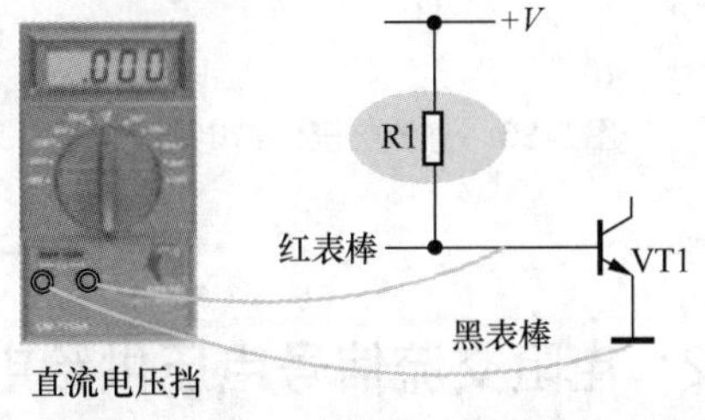

图 2-84　测量 VT1 基极直流电压接线示意图

重 要 提 示

如果测量 VT1 基极电压为 0V，再测量直流工作电压 +*V*，在 +*V* 正常时 VT1 基极无直流电压，说明 R1 开路。

如果测量到 VT1 基极有直流电压，可以说明 R1 没有开路。

如果测量到 VT1 基极直流电压等于 +*V*，这时有两种可能：一是 R1 短路，二是 VT1 基极对地端开路。

3．同类电路分析

（1）同类电路分析之一。图 2-85 所示是一种直流电压供给电路，**这一电阻直流电压供给电路的工作原理是**：通过 R1 将直流电压 +*V* 加到三极管 VT1 的集电极。

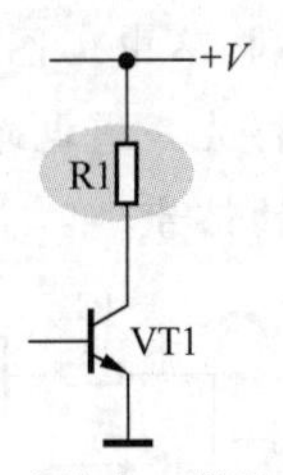

图 2-85　直流电压供给电路之一

（2）同类电路分析之二。图 2-86 所示是另一种直流电压供给电路，**这一电阻直流电压供给电路的工作原理是**：通过 R1 将直流电压 +*V* 加到 VT1 发射极。

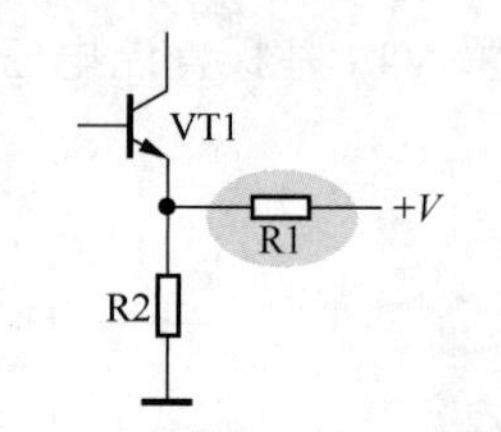

图 2-86 直流电压供给电路之二

2.7.2 电阻交流信号电压供给电路

1. 电路分析

电阻也可以将交流信号电压加到电路中的某一点，图 2-87 所示是电阻交流信号电压供给电路。

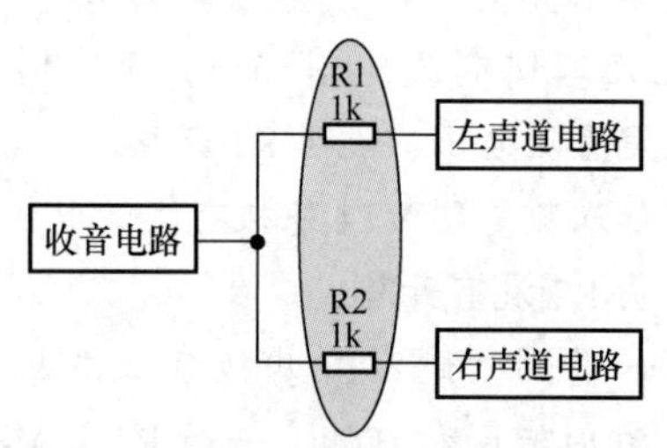

图 2-87 电阻交流信号电压供给电路

重要提示

从电路中可以看出，从收音电路输出的交流信号（音频信号），分别通过电阻器 R1 和 R2 加到左声道电路和右声道电路，这样将一个交流信号分成了两个信号，分别加到两个电路中。图 2-88 是信号传输示意图，这样左声道电路和右声道电路放大的是同样的信号。

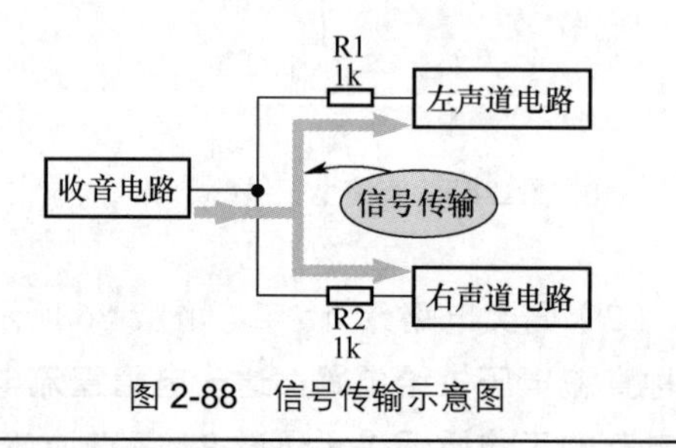

图 2-88 信号传输示意图

2. 故障检测方法

对于上面电路的故障检测方法的说明如下。

（1）如果有一个声道没有声音，可另用一只阻值相同的电阻器直接并联在原电路上，如果并联后声音正常，说明是原电阻开路故障，如图 2-89 所示。

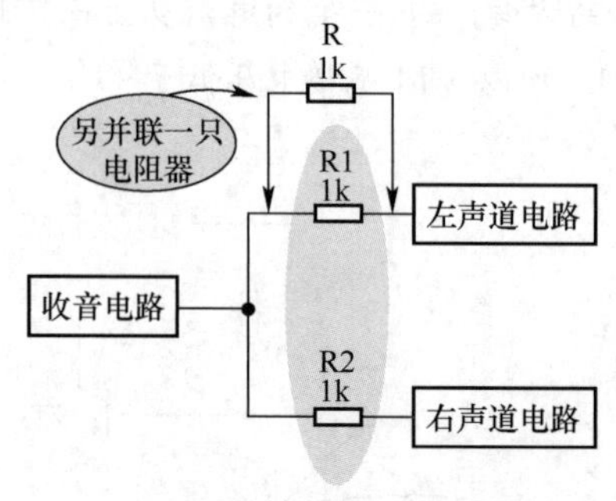

图 2-89 判断电阻器 R1 开路的检查方法示意图

（2）如果有一个声道声音明显比另一个声道声音响，断电后用万用表电阻挡测量声音响的声道中信号传输电阻器是否存在短路故障。

（3）如果左、右声道出现相同的故障现象，如左、右声道无声，那说明与电阻器 R1 和 R2 无关，故障应该出在左、右声道共同的电路中，即前面的收音电路存在故障。

2.7.3 电阻分流电路

1. 典型电阻分流电路

图 2-90 所示是由电阻构成的分流电路。电路中的 R1 是分流电阻器，如果没有电阻器 R1，电路中的所有电流都从电阻器 R2 流过，加入 R1 后，有一部分电流通过了 R1，所以在总电流中有流过 R1 的电流。

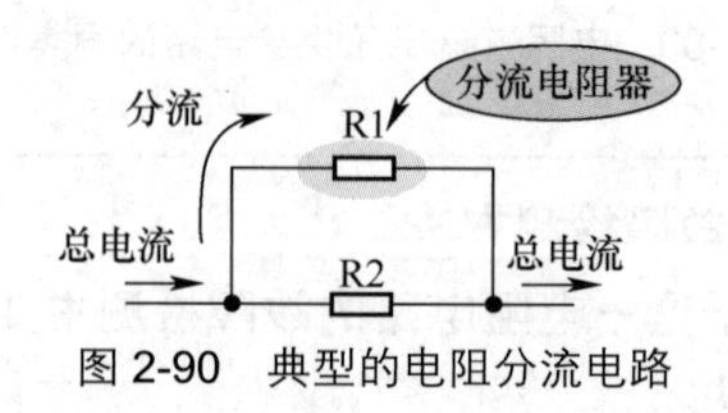

图 2-90 典型的电阻分流电路

如果有一个总电流 I，原来只有一路电路提供这一总电流通路，现在再加一只电阻器构成通路，使总电流中的一部分由这只电阻提供通路，因此能减小原电路通路中的电流。

重要提示

当某一个元器件因为通过的电流太大而不能安全工作时，可以采用这种电阻分流的方法减小流过该元器件的电流。当然，这样做后会影响电路的一些性能，所分流的电流越大，对电路原性能的影响就越大。

这一电路中各电阻支路中电流计算公式如下：

$$I_1 = \frac{R_2}{R_1 + R_2} I_0$$

$$I_2 = \frac{R_1}{R_1 + R_2} I_0$$

式中：I_1 为流过电阻 R1 的电流；

I_2 为流过电阻 R2 的电流；

I_0 为流过 R1 和 R2 并联电路的总电流。

从公式中可以看出，I_1 大小与 R_1 成反比关系，I_2 大小与 R_2 成反比关系。

2．故障检测方法

图 2-91 是测量电路中流过电阻器 R1 电流的接线示意图。这里设电阻器 R1 和 R2 工作在直流电路中，在给电路通电情况下进行直流电流测量，将电阻一根引脚与电路断开，如图 2-91 所示。

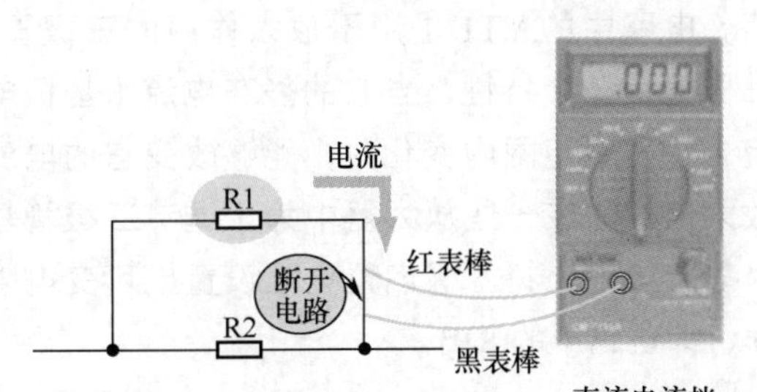

图 2-91 测量电路中流过电阻器 R1 电流的接线示意图

检测分析提示

根据测量结果可以进行如下判断。

（1）如果测量结果有电流，说明有电流流过 R1，可以判断电阻器 R1 没有开路。

（2）如果测量结果没有电流，在电路中直流工作电压正常的情况下说明电阻器 R1 开路。

3．另一种电阻分流电路

图 2-92 所示是另一种电阻分流电路。该电阻分流电路是采用电阻器与另一个元器件相并联，让一部分电流通过电阻器，以减小流过另一个元器件的电流，减轻这个元器件的负担。电阻分流电路根据参与并联的元器件不同，可以组成多种电路，这里讲解三极管 VT1 集电极、发射极电流的分流电路。

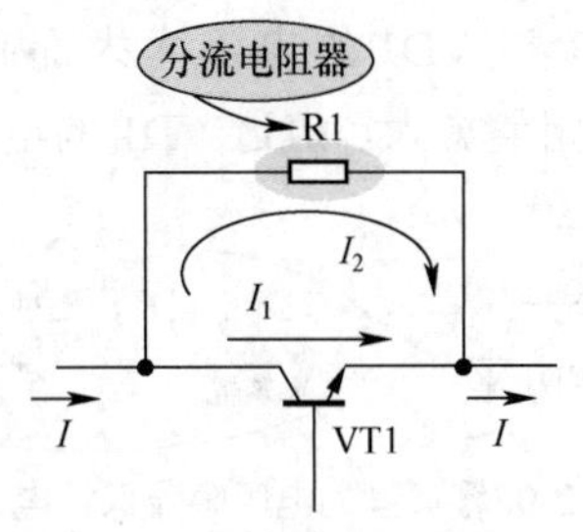

图 2-92 另一种电阻分流电路

电路中，R1 是分流电阻器，VT1 是一只三极管。电阻器 R1 并联在三极管 VT1 集电极与发射极之间，这样 R1 与 VT1 集电极与发射极之间的内阻构成并联电路。

分流电阻器 R1 加入电路后，电流 I 中的一部分电流 I_2 流过电阻器 R1，这样流过三极管 VT1 的电流 I_1 有所减小，而输出端的总电流 I 并没有减小，总电流 I 为流过三极管 VT1 和电阻 R1 电流之和。

显然，接入分流电阻器 R1 后，可以起到保护三极管的作用，这样的电阻器 R1 叫作分流电阻器。又因为分流电阻器具有保护另一只元器件的作用，所以又被称为分流保护电阻器。

重要提示

电阻分流电路中，电阻器对直流、交流所呈现的阻值特性相同，所以对直流和交流电路的分流工作原理一样，对不同频率的交流信号的分流工作原理也是相同的。如果采用其他元器件或电路来构成分流电路，则可能使分流电路特性发生变化。

2.7.4 电阻限流保护电路

电阻限流保护电路在电子电路中应用广泛，它用来限制电路中的电流不能太大，从而保证其他元器件的工作安全。

1．发光二极管电阻限流保护电路

图2-93所示是典型的电阻限流保护电路。在直流电压 $+V$ 大小一定时，电路中加入电阻器R1后，流过发光二极管VD1的电流减小，防止因为流过VD1的电流太大而损坏VD1。电阻器R1阻值愈大，流过VD1的电流愈小。

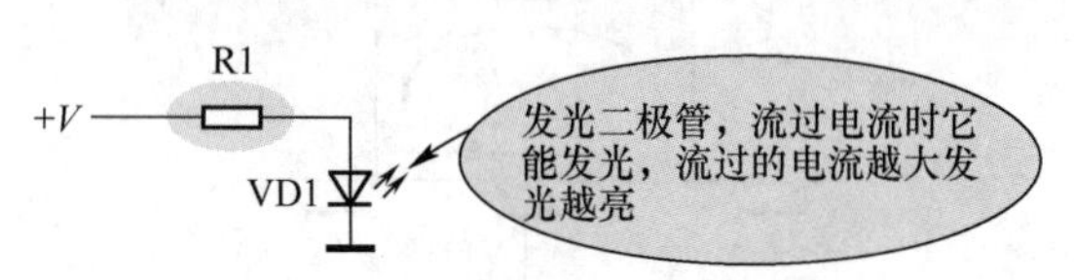

图2-93　典型的电阻限流保护电路

电阻器R1与VD1串联起来，流过R1的电流等于流过VD1的电流，R1使电路中的电流减小，所以可以起保护VD1的作用。

流过限流保护电阻器R1的电流计算公式如下：

$$I=\frac{+V-V_{\mathrm{D}}}{R_1}$$

式中：I 为流过发光二极管VD1的电流，单位mA；

$+V$ 为电路直流工作电压，单位V；

V_{D} 为发光二极管导通后的管压降，单位V。它远大于普通二极管的管压降，具体数据可以查发光二极管使用手册；

R_1 为限流保护电阻阻值，单位kΩ。

在电路设计中，计算限流保护电阻器R1阻值的公式如下：

$$R_1=\frac{+V-V_{\mathrm{D}}}{I}$$

直流工作电压 $+V$ 是一个已知数，V_{D} 和 I 可以查发光二极管使用手册，这样可以计算限流保护电阻R1的阻值大小。

注意，流过发光二极管的电流有一范围，在这个范围内电流大，发光二极管发光亮，反之则暗。

2．故障检测方法

图2-94是测量电路中R1两端直流电压接线示意图。对于这一电路检查限流电阻R1的最简单方法就是测量其两端的直流电压。

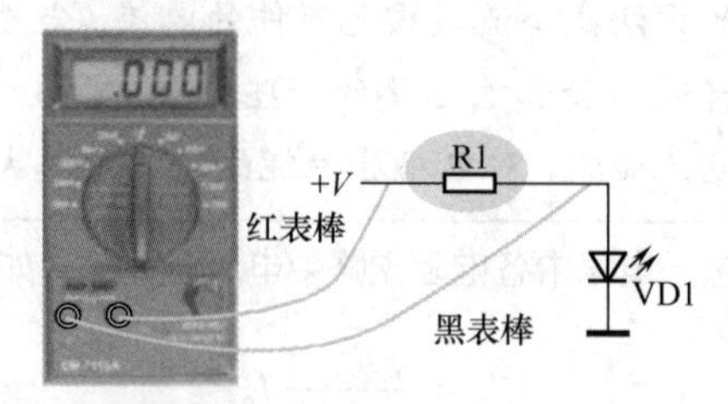

图2-94　测量电路中R1两端直流电压接线示意图

检测分析提示

对R1两端电压测量结果分析如下。

（1）测量的R1两端直流电压等于直流工作电压 $+V$，说明R1开路。

（2）测量的R1两端电压等于0V，说明VD1与地线之间的回路开路，如果这时VD1发光很亮，则是R1短路。

3．三极管基极电流限制电阻电路

图2-95所示是三极管基极电流限制电阻电路。电路中的VT1是用于放大作用的三极管，三极管有一个特性，当它的静态电流（基极电流）在一定范围内变化时，能够改变它的电流放大倍数。在一些放大器中为了调节三极管基极静态电流，将基极偏置电阻设置成可变电阻器，即电路中的RP1。

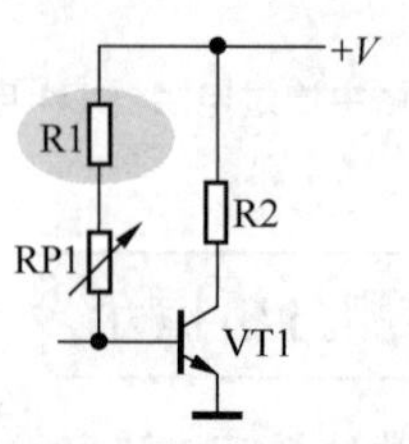

图2-95　三极管基极电流限制电阻电路

如果电路中没有电阻器R1，当RP1的阻值调到最小时，直流工作电压 $+V$ 直接加到三极管VT1基极，会有很大的电流流过VT1基极而烧坏三极管VT1，因为三极管在过流时容易损坏，所以要加入电流限制电路。

R1 防止可变电阻器阻值调到最小时，使三极管 VT1 基极电压等于 +*V*。因为当 RP1 调到最小时，还有电阻器 R1 串联在直流工作电压 +*V* 与 VT1 基极之间，R1 限制了三极管 VT1 的基极电流，起到保护作用。

2.7.5　直流电压电阻降压电路

1．典型直流电压电阻降压电路

图 2-96 所示是典型的直流电压电阻降压电路。从电路中可以看出，直流工作电压 +*V* 通过 R1 和 R2 后加到三极管 VT1 集电极，其中通过 R1 后的直流电压作为 VT1 放大级的直流工作电压。由于直流电流流过 R1，R1 两端会有直流电压降，这样 R1 左端的直流电压比 +*V* 低，起到了降低直流电压的作用。

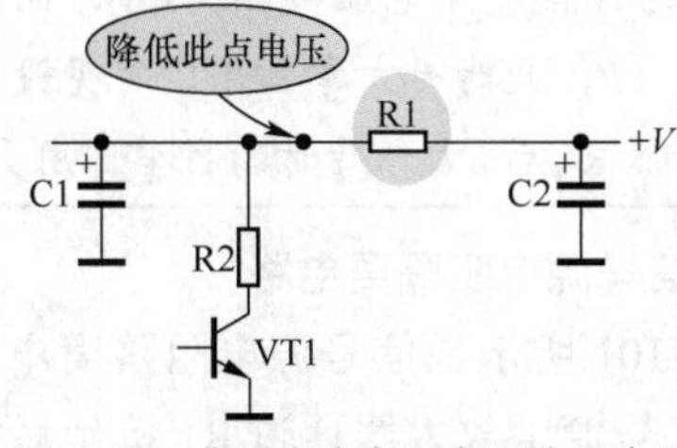

图 2-96　典型直流电压电阻降压电路

理解方法提示

电流流过电阻器时要产生电压降，这样使得电阻器两端的电压不等，一端高一端低，这样电阻就能降低电路中某点的电压。

这种电阻降压电路不只是将直流电压降低，通过与滤波电容器 C1 的配合，还可以进一步对直流工作电压 +*V* 进行滤波，使直流电压中的交流成分更少。

2．故障检测方法

对于直流电压电路，最方便和有效的检测方法是测量电路中的直流电压。图 2-97 是检查电阻器 R1 供电情况时接线示意图。

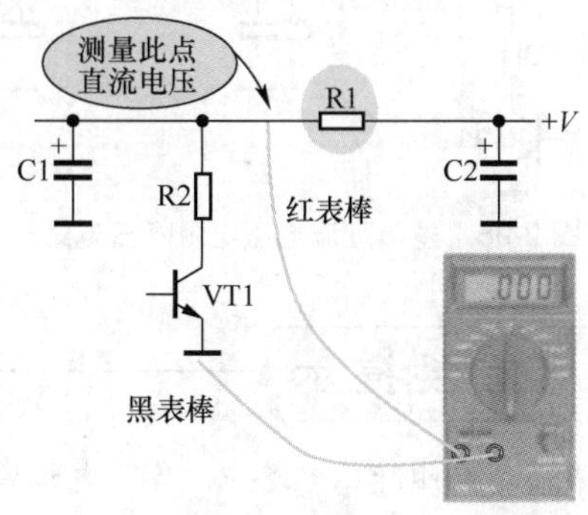

(a) 第一步测量

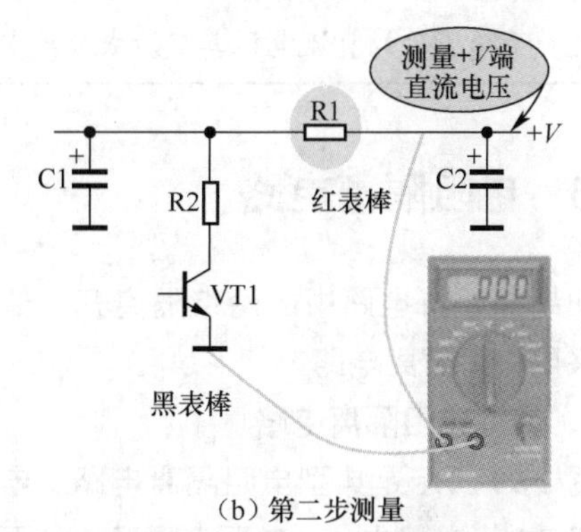

(b) 第二步测量

图 2-97　检查电阻器 R1 供电情况时接线示意图

检测分析提示

关于上面电路故障的检测方法说明如下。

（1）测量 R1 左端直流电压，如果测量结果是该点电压等于直流工作电压 +*V*，说明没有电流流过 R1，或是 R1 左端与地端之间电路开路，可在断电状态下用万用表电阻挡测量 R1 左端对地电阻，如果阻值很大说明是开路故障。

（2）如果测量结果是 R1 左端直流电压低于直流工作电压 +*V*，可以基本说明电阻器 R1 正常。

3．多节直流电压电阻降压电路

图 2-98 所示是多节直流电压电阻降压电路。电路中，直流电压 +*V* 通过 R2 的降压后，再加到 R1 电路中进行再次降压。

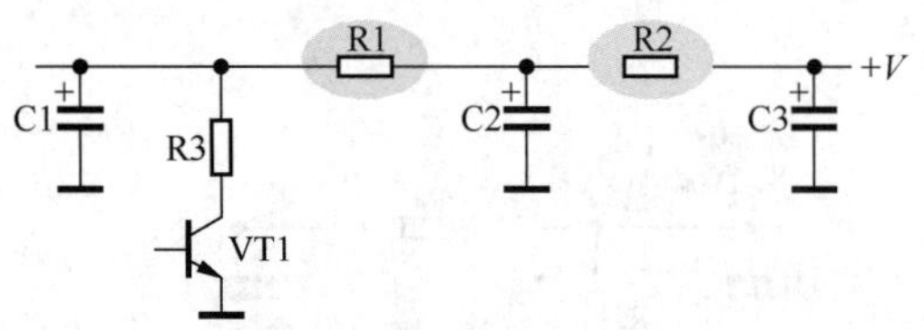

图 2-98　多节直流电压电阻降压电路

重要提示

在多节电阻降压电路中，各节电阻降压后的直流电压大小是不同的，越降越低，而且通过多节降压后的直流电压其交流成分更少。

2.7.6　电阻隔离电路

如果需要将电路中的两点隔离开，最简单的是采用电阻隔离电路。

1．典型电阻隔离电路

图 2-99 所示是典型电阻隔离电路。电路中电阻器 R1 将电路中 A、B 两点隔离，使两点的电压大小不等。

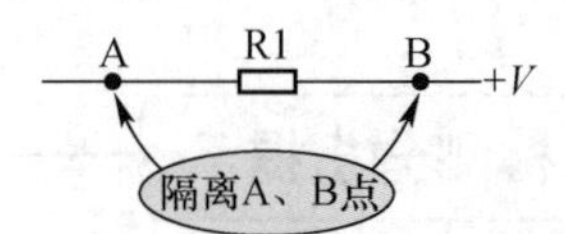

图 2-99　典型电阻隔离电路

电路中的 A 和 B 两点被电阻器 R1 分开，但是电路 A 和 B 点之间电路仍然是通路，只是有了电阻器 R1，电路中的这种情况称为隔离。

故障检测提示

关于这一电路的故障检测主要是直接测量电阻器 R1 的阻值，在电路断电情况下用万用表电阻挡进行测量。

2．自举电路中电阻隔离电路

图 2-100 所示是实用电阻隔离电路，这是 OTL 功率放大器中的自举电路（一种能提高大信号正半周信号幅度的电路），电路中的 R1 是隔离电阻器。

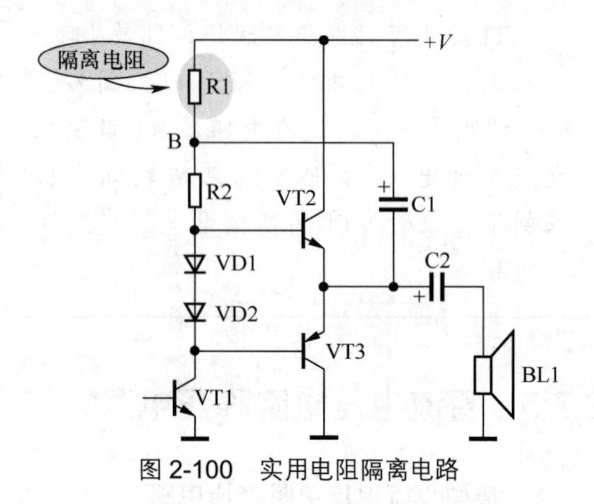

图 2-100　实用电阻隔离电路

电路中，R1 用来将 B 点的直流电压与直流工作电压 +*V* 隔离，使 B 点直流电压有可能在某瞬间超过 +*V*。

重要提示

如果没有电阻器 R1 隔离作用（R1 短接），则 B 点直流电压最高为 +*V*，而不可能超过 +*V*，此时无自举作用，可见设置隔离电阻器 R1 后，大信号时的自举作用更好。

3．信号源电阻隔离电路

图 2-101 所示是信号源电阻隔离电路。电路中的信号源 1 放大器通过 R1 接到后级放大器输入端，信号源 2 放大器通过 R2 接到后级放大器输入端，显然这两路信号源放大器输出端通过 R1 和 R2 合并成一路。

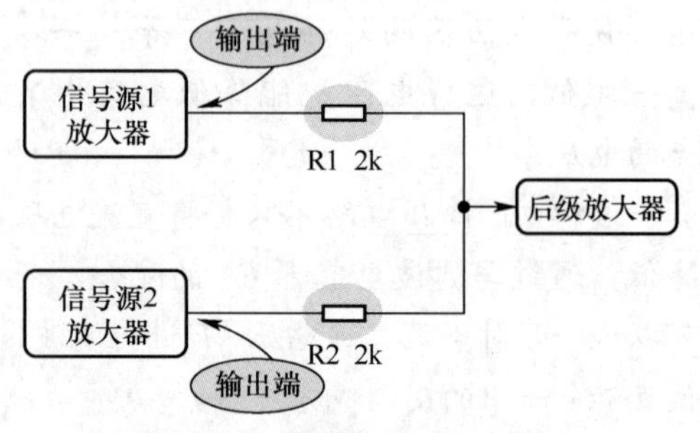

图 2-101　信号源电阻隔离电路

如果电路中没有R1和R2这两只电阻器，那么信号源1放大器的输出电阻成了信号源2放大器负载的一部分。同理，信号源2放大器输出电阻成了信号源1放大器负载的一部分。这样两个信号源放大器之间就会相互影响，不利于电路的稳定工作。

电路中加入隔离电阻的目的是防止两个信号源放大器输出端之间相互影响。加了隔离电阻器R1和R2后，两个信号源放大器的输出端被隔离，这样有害的影响大大降低，实现电路的隔离作用。

重要提示

电路中加入隔离电阻器R1和R2后，两个信号源放大器输出的信号电流可以不流入对方的放大器输出端，而更好地流到后级放大器输入端。

图2-102为信号传输过程示意图。信号源2放大器输出的信号通过R2、R1会加到信号源1放大器输出端，加入R1、R2后加到信号源1放大器输出端的信号就会小得多。同理，信号源1放大器的输出信号加到信号源2放大器输出端的信号也会小得多，达到隔离目的。

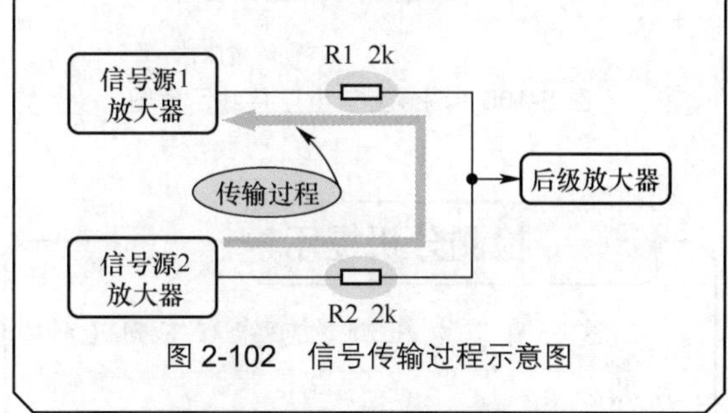

图2-102 信号传输过程示意图

4. 静噪电路中隔离电阻电路

图2-103(a)所示是静噪电路中的隔离电阻电路。电路中，在前级放大器与后级放大器之间接有隔离电阻器R1和耦合电容器C1，VT1是电子开关管。

重要提示

分析这一电路工作原理之前要了解电路中电子开关管的工作原理：当VT1基极电压为0V时，VT1处于截止状态，VT1集电极与发射极之间内阻很大，相当于集电极、发射极之间开路，此时对电路没有影响；当VT1基极加有正电压+*V*时，VT1处于饱和导通状态，此时VT1集电极与发射极之间内阻很小，相当于集电极、发射极之间接通，此时将电阻器R1右端接地。图2-103（b）所示为等效电路。

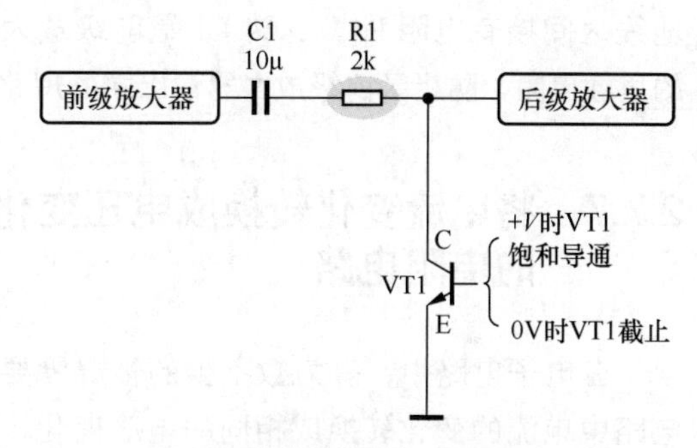

（a）静噪电路中的隔离电阻电路

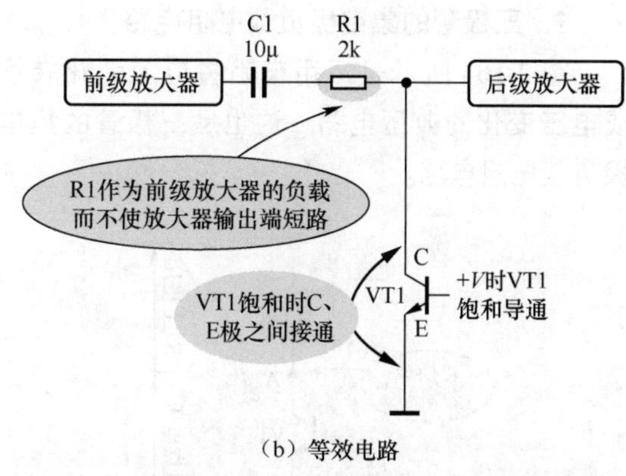

（b）等效电路

图2-103 静噪电路中的隔离电阻电路及其等效电路

这一电路的分析方法是：假设电子开关管VT1在饱和导通、截止两种状态下，进行电路工作状态的分析。

（1）VT1处于截止状态。从前级放大器输出的信号通过电容器C1和电阻器R1加到后级放大器电路的输入端，完成信号从前级电路到后级电路的传输过程。

（2）VT1处于饱和导通状态。前级放大器输出的信号（实际上此时已不是有用信号而是电路中的噪声）通过R1被处于饱和导通状态下的VT1短路到地，而无法加到后级放大器输入端，这样将前级电路的噪声抑制，达到静噪的目的。在音响电路和视频电路中都有这种静噪电路的运用。

隔离电阻器 R1 的作用：防止在电子开关管 VT1 饱和导通时，将前级放大器电路的输出端对地短路，而造成前级放大器的损坏。如果没有电阻器 R1，就相当于将前级放大器的输出端对地短路，这相当于电源短路，会损坏前级放大器。在加入隔离电阻器 R1 后，前级放大器输出端与地线之间接有电阻 R1，这时 R1 是前级放大器的负载电阻，防止了前级放大器输出端的短路。

2.7.7 将电流变化转换成电压变化的电阻电路

在电子电路中，有为数不少的情况需要将电路中电流的变化转换成相同的电压变化，这时可以用电阻电路来完成。

1. 三极管的集电极负载电阻电路

图 2-104 所示是运用电阻将电流变化转换成电压变化的典型电路，这也是三极管的集电极负载电阻电路。

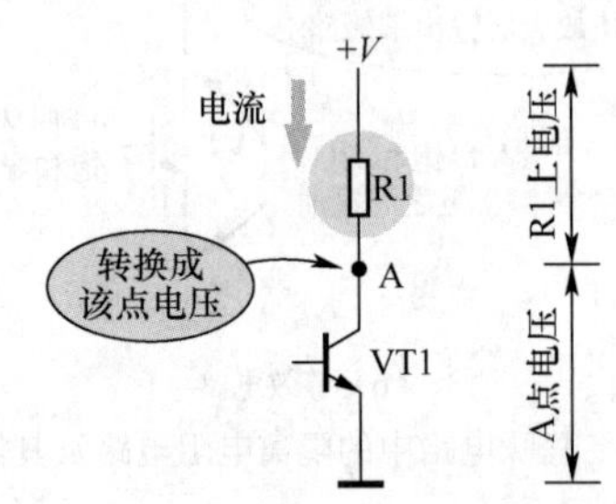

图 2-104 运用电阻将电流变化转换成电压变化的典型电路

当电流流过 R1 时，在 R1 上产生电压降，使 R1 的下端（VT1 集电极，电路中的 A 点）电压发生改变。当电阻 R1 阻值一定，流过 R1 的电流增大时，在 R1 上的电压降增大，VT1 集电极电压下降；当流过 R1 的电流减小时，在 R1 上的电压降减小，VT1 集电极电压升高。

由此可见，通过 R1 将 VT1 集电极电流的大小变化转换成电路中 A 点电压的大小变化。

重要提示

掌握了电阻特性可以更好地理解这一电路的工作原理。当电流流过电阻时，会在电阻器两端产生电压降，这是电阻的基本特性。分析上述电路时有两个细节要注意。

（1）“R1 上电压”+“A 点电压”=+*V*，+*V* 是不变的，当“R1 上电压”大小发生变化时，“A 点电压”必定发生变化。

（2）无论流过 R1 的电流是直流电流还是交流电流，也无论是什么类型的交流电流流过 R1，R1 都能将电流的变化转换成相应的电压变化。

2. 故障检测方法

检测这一电路故障采用测量直流电压的方法。图 2-105 是测量直流电压接线示意图。

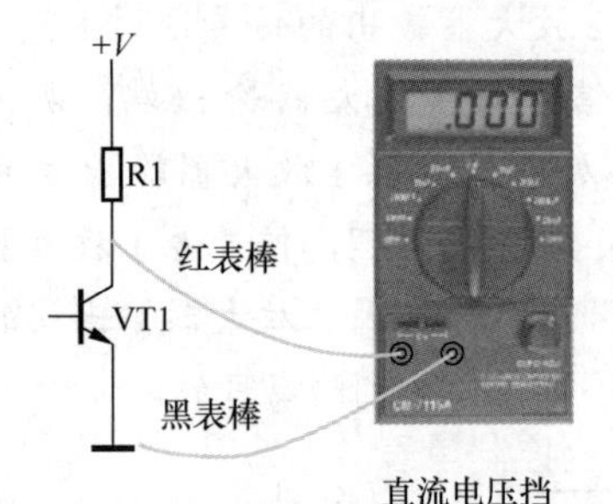

图 2-105 测量直流电压接线示意图

检测分析提示

这一直流电压测量可能有下列几种情况。

（1）如果测量 VT1 集电极有直流电压且低于直流工作电压 +*V*，说明电阻器 R1 没有开路。

（2）如果测量 VT1 集电极直流电压为 0V，再测量直流工作电压 +*V* 正常的话，说明电阻器 R1 开路。

（3）如果测量 VT1 集电极直流电压等于 +*V*，说明 VT1 集电极与地线之间开路，与电阻器 R1 无关。

3．取样电阻电路

图 2-106 所示是取样电阻电路，这也是功率放大器中过流保护电路中的取样电路。

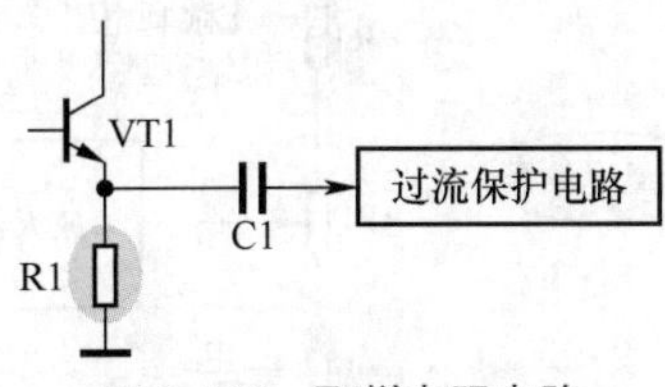

图 2-106　取样电阻电路

三极管 VT1 发射极电流流过电阻器 R1 时，在 R1 上产生电压降，流过 R1 的电流愈大，在 R1 上的电压降愈大，这样 R1 上的电压大小就代表了流过 R1 的电流大小。

重要提示

流过 R1 的电流可以是直流电流也可以是交流电流，但是过流保护电路的输入端有一只耦合电容器 C1，由此可以知道保护电路取样交流信号，而不是流过 R1 的直流电流。

R1 上的电压加到过流保护电路中，作为保护电路的控制信号。当流过 R1 的交流电流大到一定程度（有危险时），R1 上的电压也大到一定值，激活了过流保护电路，电路进入保护状态。

2.7.8　交流信号电阻分压衰减电路和基准电压电阻分级电路

1．交流信号电阻分压衰减电路

图 2-107 所示是不同电平信号输入插口电路。电路中的 R1 和 R2 构成交流信号分压衰减电路。CK1 是小信号输入插口，CK2 是大信号输入插口。

（1）CK1 输入信号分析。从插口 CK1 输入的低电平信号直接加到放大器的输入端；从插口 CK2 输入的高电平信号，由于信号太大，不能直接加到放大器的输入端，否则将引起放大器的大信号堵塞，所以要在 CK2 电路中加入交流信号分压衰减电路。

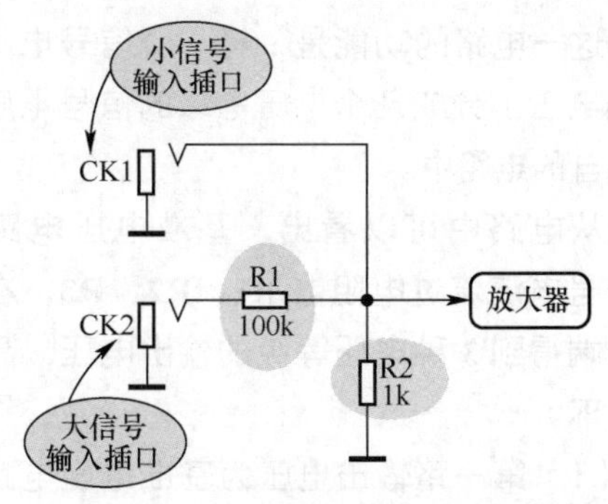

图 2-107　不同电平信号输入插口电路

（2）CK2 输入信号分析。从 CK2 输入的信号加到 R1 和 R2 构成的分压电路中，其输出信号加到放大器的输入端。从电路中 R1 和 R2 的标称阻值可知，分别是 100kΩ 和 1kΩ，这一分压电路对输入信号衰减（为原来的 1/100），这样信号幅度大大减小，可以直接输入到放大器的输入端。

故障检测方法提示

对于这一电路中的 R1 和 R2 故障检测比较方便，其有效的方法是在路测量它们的阻值大小。测量时，电阻 R1 完全不受外电路的影响，而 R2 受外电路的影响也很小，所以测量结果比较准确。

2．基准电压电阻分级电路

图 2-108 所示是基准电压电阻分级电路。电路中，R1、R2、R3 构成一个变形的分压电路，基准电压加到这一分压电路上。

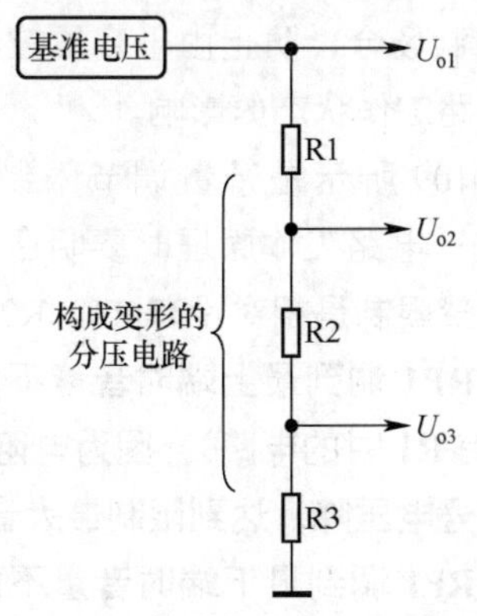

图 2-108　基准电压电阻分级电路

这一电路的功能是：将一个信号电压（如基准电压）分成几个电压等级的信号电压，加到各自的电路中。

从电路中可以看出，基准电压电路产生的信号电流流过电阻器 R1、R2、R3，在 3 个输出端得到 3 种电压等级的输出电压，具体说明如下。

（1）第一路输出电压为基准电压电路输出电压，即 U_{o1}。这一路输出电压在 3 路输出电压中最大，因为没有经过分压衰减。

（2）第二路输出电压从电阻器 R1 和 R2 的连接点处输出信号，这是经过分压衰减后的电压，所以其输出电压 U_{o2} 比第一路输出电压要小。第二路信号电压的具体大小为 $I\times(R_2+R_3)$，即 R2 和 R3 上的电压降。

（3）第三路输出电压 U_{o3} 从电阻器 R2 和 R3 的连接点处输出信号，这一路输出电压最小，因为这一路输出电压大小为 $I\times R_3$。

2.7.9 音量调节限制电阻电路

1．音量调节限制电阻电路分析

所谓音量调节就是电视机等电器中用来调节声音大小的功能，电路中称为音量控制电路，它使音量能开得最大，也能关得最小（无声状态，俗称关死音量）。

音量调节限制电阻电路的功能：这一电路使音量控制的范围受到限制，音量不能开到最大，也不能开到最小。这一电路用在一些特殊的音量控制场合，防止由于音量控制不当造成对其他电路工作状态的影响。

图 2-109 所示是音量调节限制电阻电路。在分析这一电路工作原理时要明白一点：这里提到的音量限制是相对没有 R1、R2 时的情况。

（1）RP1 调到最上端时音量不能达到最大（相比没有 R1 时的电路），因为电阻器 R1 上存在一些信号电压降，达到限制最大音量的目的。

（2）RP1 调到最下端时音量不能达到最小（相比没有 R2 时的电路），因为电阻器 R2 上存在一些信号电压降，而这一信号电压降经 RP1 动片被送到了后面的放大器，所以电路无法将音量关死，达到限制最小音量的目的。

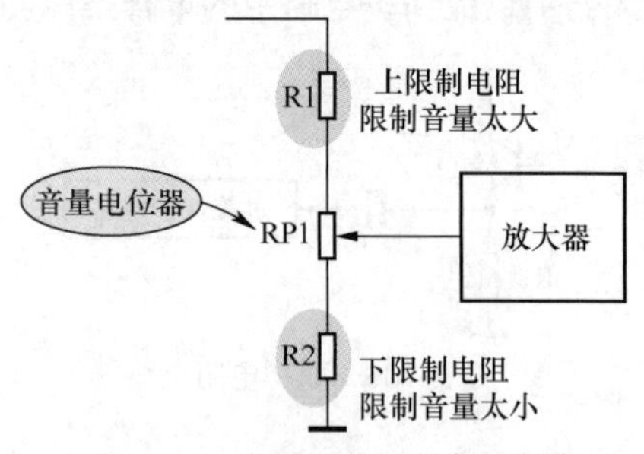

图 2-109　音量调节限制电阻电路

2．故障检测方法

关于这一电路中 R1 和 R2 故障检测说明如下。

（1）这一电路中的 R1 和 R2 外围元器件少，可以在路直接测量 R1 和 R2 的阻值来确定这两只电阻器是否有故障。

（2）在检测 R1 或 R2 之前，可以先试听检查，以便确定是 R1 的问题还是 R2 的问题。从上述电路工作原理可知，音量如果关不完全一定是 R2 开路了，这时只要测量 R2 阻值即可，而不必去检查电阻器 R1。

（3）通过简单的试听检查能将故障范围缩小，这是故障检修中采用的有效方法。

2.7.10 阻尼电阻电路

1．典型电路分析

图 2-110 所示为阻尼电阻电路。电路中的 L1 和 C1 构成 LC 并联谐振电路，阻尼电阻器 R1 并联在这一电路上。在 LC 并联谐振电路中时常会用到这种阻尼电阻电路。

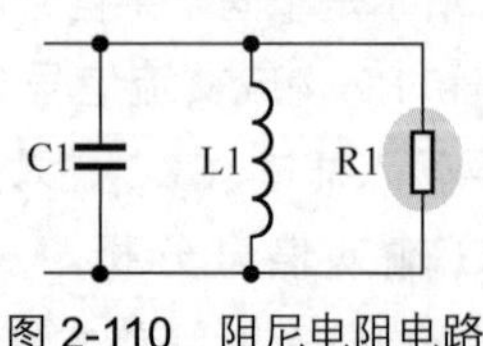

图 2-110　阻尼电阻电路

在 L1 和 C1 并联谐振电路中，谐振信号能量损耗越小，谐振电路的品质因数 Q 值（一种表征谐振特性的参数）越大。

由于电阻器是耗能元件，它对振荡信号存

在损耗作用，所以加入阻尼电阻器 R1 后，Q 值会减小。R1 阻值愈小，对谐振信号能量损耗愈大，Q 值愈小，反之则愈大。

图 2-111 所示是不同阻尼电阻下的频率特性曲线。从图中可以看出，阻尼电阻器 R1 阻值大时曲线尖锐，R1 阻值小时曲线扁平。

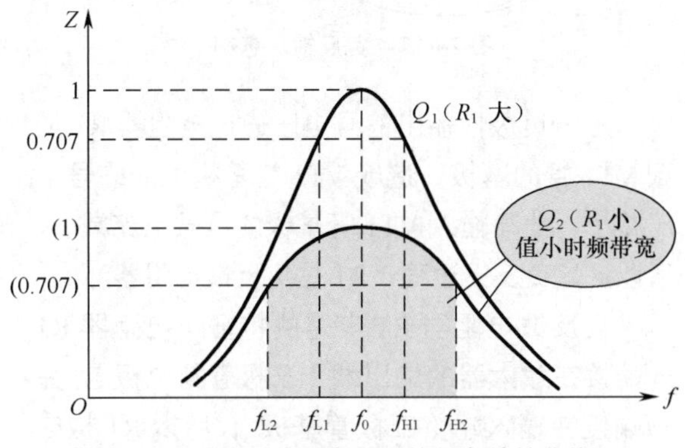

图 2-111 不同阻尼电阻下的频率特性曲线

品质因数 Q_1 曲线是阻尼电阻器 R1 的阻值较大时的曲线，因为 R1 阻值比较大，品质因数 Q_1 较大，对 LC 并联谐振电路的分流衰减量比较小，所以谐振电路振荡质量比较好，此时频带窄。

品质因数 Q_2 曲线是阻尼电阻器 R1 的阻值较小时的曲线，因为 R1 阻值比较小，品质因数 Q_2 较小，对 LC 并联谐振电路的分流衰减量比较大，所以频带比较宽。

通过上述分析可知，为了获得所需要的频带宽度，可以通过调整 LC 并联电路中的阻尼电阻器 R1 的阻值大小来实现。

理解方法提示

从信号能量的角度来理解阻尼电阻作用比较容易，电阻具有耗能特性，加入阻尼电阻后，谐振电路的信号能量损耗增大，所以降低了 Q 值。

2．故障检测方法

对于这一电路中的阻尼电阻，由于它与电感 L1 并联，所以不能直接在路测量阻尼电阻器 R1 的阻值，需要将 R1 脱开电路后进行阻值的测量。

另外，阻尼电阻器 R1 的阻值大小对整个阻尼电路特性影响大，所以必须将 R1 脱开电路后进行测量。

2.7.11 电阻消振电路

1．典型电路分析

重要提示

在放大器电路中，如果存在电路设计不合理等因素，会出现高频或超高频的啸叫，这种现象叫作振荡，消除这种有害振荡的电路叫作消振电路。

图 2-112 所示是电阻消振电路。电路中的 R1 被称为消振电阻器，在一些高级的放大器电路中时常采用这种电路，它通常接在放大管基极回路中，或两级放大器电路之间，电阻器 R1 用来消耗可能产生的高频振荡信号能量，即高频振荡信号电压加在 R1 上而不是直接加到后级放大器中，达到消振目的。

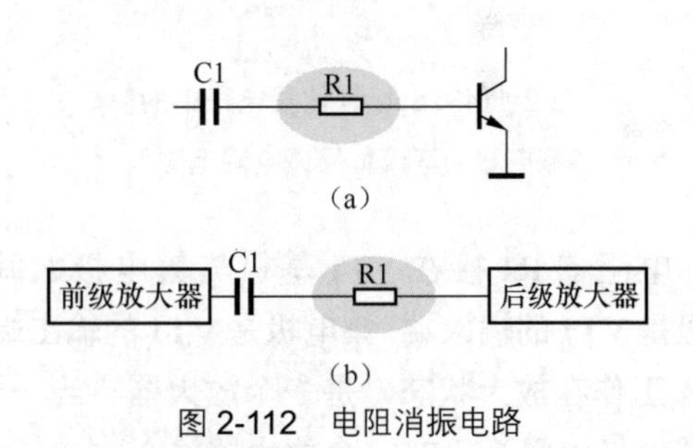

图 2-112 电阻消振电路

2．故障检测方法

这一电路中电阻器 R1 的检测方法比较简单，说明以下几点。

（1）如果怀疑 R1 开路，在通电状态下，可以用万用表的一根表棒线将 R1 接通，如图 2-113 所示。如果接通后电路恢复正常信号输出，说明 R1 开路。

（2）如果怀疑电阻器 R1 短路，在断电后可以用万用表电阻挡直接在路测量 R1 阻值，因为短路测量不受外电路的影响。

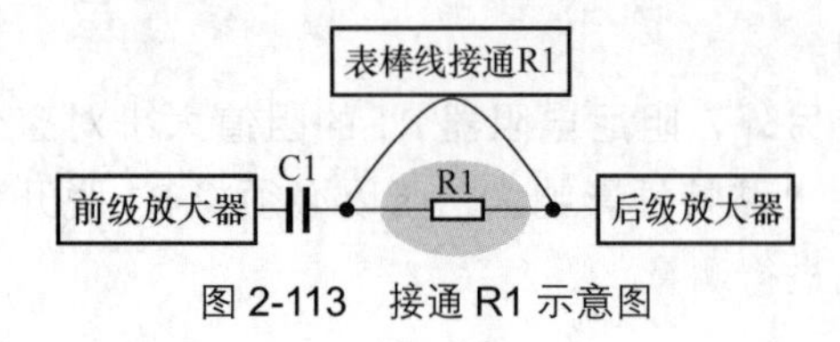

图 2-113　接通 R1 示意图

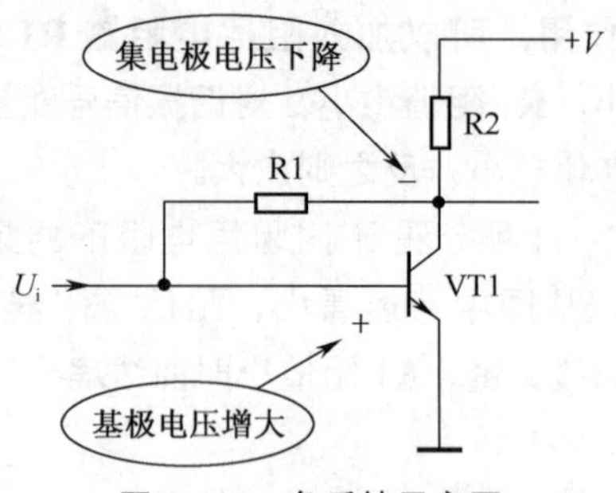

图 2-115　负反馈示意图

2.7.12　负反馈电阻电路

1．典型电路分析

负反馈电路是一种应用很广、种类很多、分析较困难的电路。图 2-114 所示是三极管偏置电路中的集电极 - 基极负反馈电阻电路，这是一个常见的负反馈电路。

当三极管 VT1 工作在放大状态时，需要给 VT1 基极加上一个大小合适的直流电压，以便 VT1 产生一个大小适当的基极电流，电阻器 R1 就能起到这个作用。

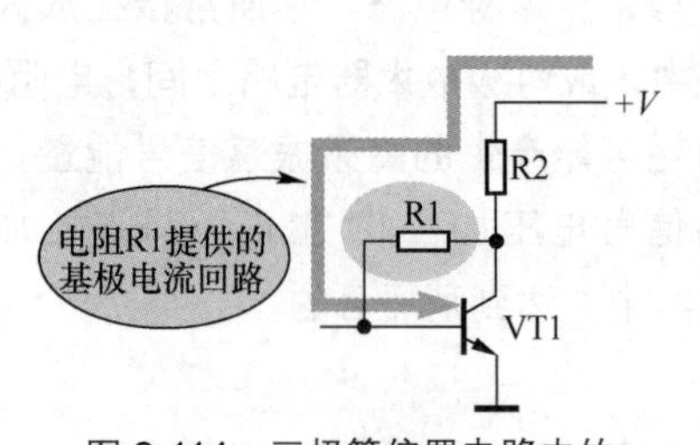

图 2-114　三极管偏置电路中的集电极 - 基极负反馈电阻电路

电阻器 R1 接在 VT1 基极与集电极之间，基极是 VT1 的输入端，集电极是 VT1 的输出端，VT1 工作在放大状态，是一个放大器。当一个元器件（电阻）接在一个放大器输入端与输出端之间时，该元器件就构成了反馈电路，电路中的 R1 就是反馈电阻器。 电阻器 R1 负反馈过程是：设某瞬间在 VT1 管基极上的信号电压增大，用 + 号表示，如图 2-115 所示，由于 VT1 管是 NPN 型三极管，所以当基极信号电压增大时其基极电流在增大。另外，由于 VT1 管接成共发射极放大器，它的反相作用使 VT1 管集电极输出信号电压在减小，用 – 号表示。

这一负极性输出信号电压通过电阻器 R1 加到 VT1 管的基极，造成 VT1 管基极上的信号电压减小，使净输入 VT1 管基极的信号电流减小，所以这是负反馈过程，R1 是负反馈电阻器。

负反馈电阻器 R1 电路的特征：电阻器 R1 一端接在放大器的输出端（三极管集电极），另一端接在输入端（三极管基极），所以 R1 构成反馈电路。

由于电阻 R1 接在 VT1 管的基极与集电极之间，在 R1 回路中没有隔直流的元件，这样从 VT1 管集电极反馈到 VT1 管基极的电流，可以是直流电流，也可以是交流信号电流，这样上述负反馈过程的分析同时适合于直流电路和交流电路，所以 R1 对直流和交流信号都存在负反馈作用，是一个直流和交流双重负反馈电路。

R1 阻值大小对负反馈量的影响：R1 阻值越大，从 VT1 管集电极加到 VT1 管基极的负反馈信号就越小，如若大到极限情况时 R1 开路，此时没有负反馈信号加到 VT1 管的基极，便不存在负反馈。所以在这种负反馈电路中，负反馈电阻器 R1 阻值愈大，负反馈量愈小，放大器的增益愈大。

由于电阻器 R1 对不同频率的交流信号存在相同的阻值，所以对交流信号的频率没有选择特性，R1 对所有频率的交流信号存在相同的负反馈作用。

2．故障检测方法

关于这一电路中电阻器 R1 故障检测说明如下。

（1）对于 R1 的故障检测最好的方法是测

量 VT1 基极直流电压。图 2-116 是测量接线示意图。如果没有测量到 VT1 基极直流电压，在测量直流工作电压 +V 正常的情况下，可以说明 R1 已经开路。如果测量到 VT1 基极直流电压，说明 R1 基本正常。

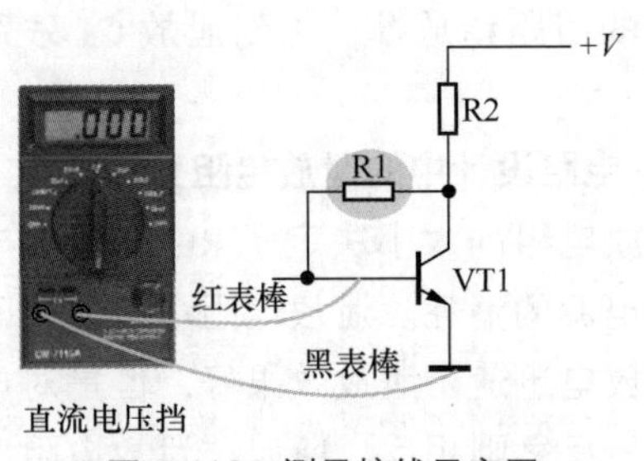

图 2-116 测量接线示意图

（2）对于这个电路，最好不测量 R1 回路中的直流电流大小，因为这条回路中的电流很小。

2.7.13 上拉电阻电路和下拉电阻电路

数字电路的应用中，时常会听到上拉电阻、下拉电阻这两个词，上拉电阻、下拉电阻在电路中起着稳定电路工作状态的作用。

1. 下拉电阻电路

图 2-117 所示是下拉电阻电路。这是数字电路中的反相器，输入端 U_i 通过下拉电阻器 R1 接地，这样在没有高电平输入时，可以使输入端稳定地处于低电平状态，防止了可能出现的高电平干扰使反相器误动作。

如果没有下拉电阻器 R1，反相器输入端悬空，为高阻抗，外界的高电平干扰很容易从输入端加入到反相器中，从而引起反相器误动作。

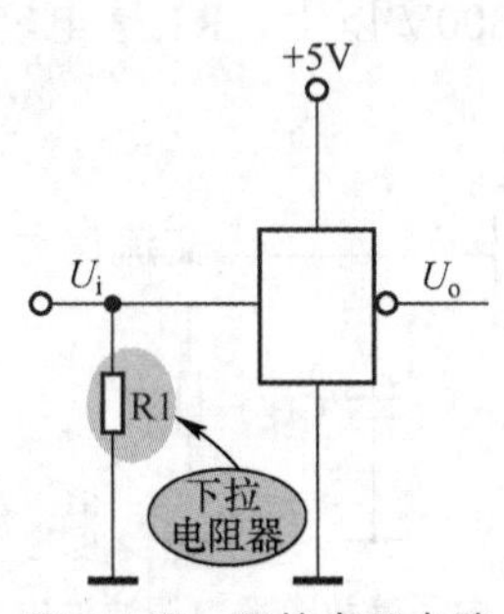

图 2-117 下拉电阻电路

在接入下拉电阻器 R1 后，电源电压为 +5V 时，下拉电阻器 R1 一般取值在 100～470Ω，R1 阻值很小，可以将输入端的各种高电平干扰短接到地，达到抗干扰的目的。

2. 上拉电阻电路

图 2-118 所示是上拉电阻电路。这是数字电路中的反相器，当反相器输入端 U_i 没有输入低电平时，上拉电阻器 R1 可以使反相器输入端稳定地处于高电平状态，防止了可能出现的低电平干扰使反相器出现误动作。

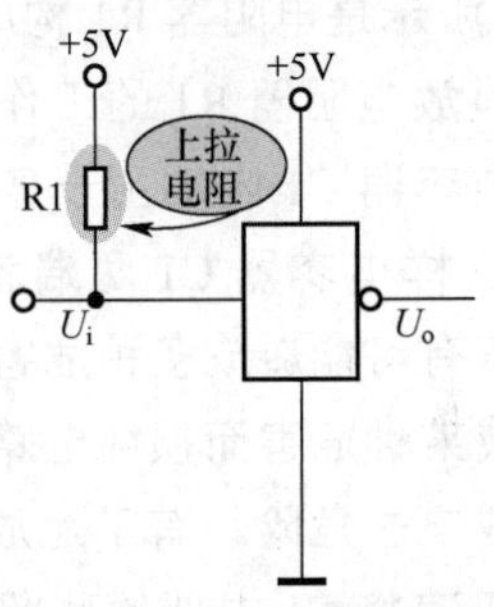

图 2-118 上拉电阻电路

如果没有上拉电阻器 R1，反相器输入端悬空，外界的低电平干扰很容易从输入端加入到反相器中，从而引起反相器出现误动作。

在接入上拉电阻器 R1 后，电源电压为 +5V 时，上拉电阻器 R1 一般取值在 4.7kΩ～10kΩ，上拉电阻器 R1 使输入端为高电平状态，没有足够的低电平触发，反相器不会翻转，达到抗干扰的目的。

2.7.14 泄放电阻电路

电路中，在储能元件（如电容器、电感器、工作于开关状态的 MOS 管等）两端并联一只电阻器（对于电感器可并联一只二极管），给储能元件提供一个消耗能量的通路，使电路安全，这个电阻叫作泄放电阻。

1. 泄放电阻基本电路

泄放电阻电路的基本形态是一只电容器两端并联一只阻值比较大（通常为数百千欧）的电阻器，如图 2-119 所示，电路中的电阻器 R1 就是泄放电阻器。

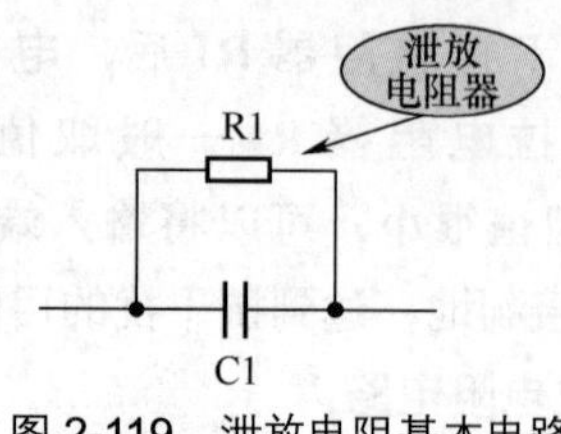

图 2-119　泄放电阻基本电路

当电路通电后正常工作时，泄放电阻器基本不起作用，它只在电路断电后的很短时间起快速泄放电容器 C1 中残留电荷的作用，这是泄放电阻器的工作特点。

图 2-120 所示是电阻器 R1 构成 C1 放电回路示意图。泄放电阻器 R1 的工作原理：在电路断电后，电容器 C1 内部由于各种原因还存留有电荷，这样电容器 C1 两端就存在电压，这一残留电压有可能造成多种危害，如对电路安全工作造成某种危害而损坏电路元器件，或是对人身构成电击危险。有了泄放电阻器 R1，电路断电后迅速将 C1 内部的残留电荷通过电阻器 R1 构成的回路释放掉。

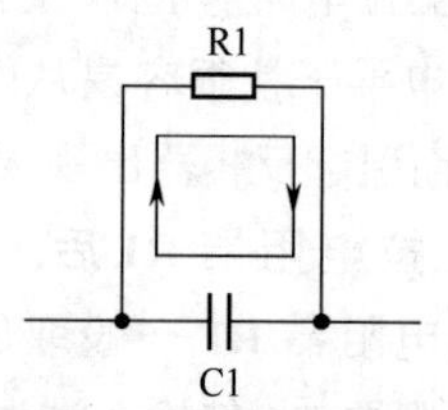

图 2-120　电阻器 R1 构成 C1 放电回路示意图

2．电容降压电路中泄放电阻电路

图 2-121 所示是电容降压电路中泄放电阻电路，这是一个电容降压桥式整流电路。电路中，R1 是限流电阻器，R2 是电容 C1 的泄放电阻器，C1 是降压电容器，VD1 ～ VD4 是桥式整流二极管，RL 是整流电路的负载电阻器。

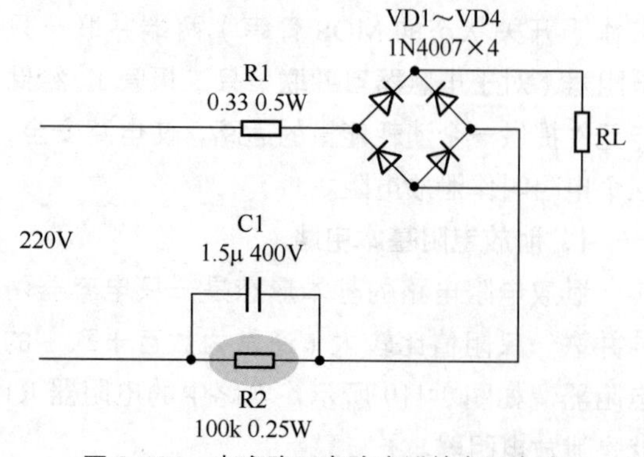

图 2-121　电容降压电路中泄放电阻电路

在电路通电时，由于 R2 的阻值远大于降压电容 C1 的容抗（为 50Hz 交流电容抗），所以 R2 相当于开路，在电路中不起作用。

在电路断电后，C1 中的残留电荷通过 R2 所构成的回路释放掉，达到泄放 C1 残留电荷的目的。

3．电路设计中的泄放电阻大小要求

泄放电阻的大小决定了 RC 电路放电时间常数和电源的消耗。泄放电阻小，放电时间常数小，放电迅速，泄放效果好，但是对电源的消耗大，反之则相反。所以，泄放电阻回路的时间常数要根据具体要求来决定。

有的电路根据放电时间常数大小来决定泄放电阻的阻值，例如开关电源中的泄放电阻电路，要求在拔掉电源插头后 2s 内放电完毕，以保证人身安全，这时根据公式 $\tau=RC$ 来决定 R，即 $R=\tau/C$，C 的单位是 μF，R 的单位是 MΩ，时间常数 τ 的单位就是 s。

有的电路是根据流过泄放电阻电流的大小来决定泄放电阻的阻值，泄放电阻上流过的电流一般不大于 5mA，很多在 2mA 以下。流过泄放电阻的电流大，对电源的损耗大，电容的电荷泄放就快，反之则相反。例如，有一个直流工作电压为 350V 的电路，泄放电阻使用 270kΩ 电阻，流过该泄放电阻的电流约为 1.3mA。

4．滤波电容两端的泄放电阻电路

图 2-122 所示是电子管放大器电源滤波电容两端的泄放电阻电路。电路中 C1 是电子管放大器电源滤波电容器，整流电路输出的直流工作电压达 300V 以上，R1 是电容器 C1 的泄放电阻器。

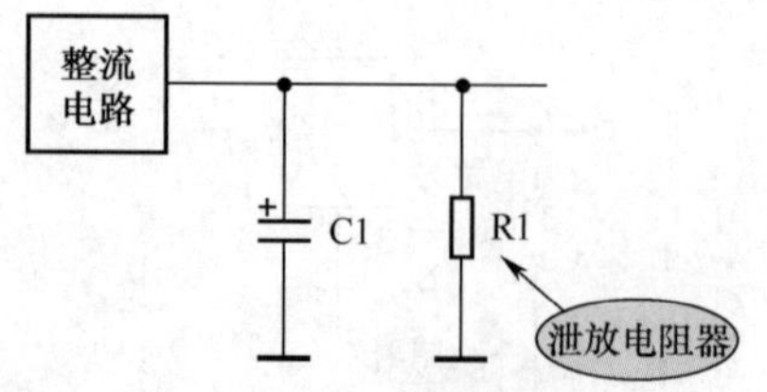

图 2-122　电子管放大器电源滤波电容两端的泄放电阻电路

电路在通电状态时，R1 不起作用，只是消耗一部分电能。在电路断电后，电容器 C1 存储的电荷通过电阻器 R1 回路放电，迅速放掉 C1 内部的电荷，使整机电路不带电，以方便电路的检修和调试。

如果没有电路中的泄放电阻器 R1，在断电后的较长一段时间内，电容器 C1 内部存储有电荷，如果这时进行电路的检修或调试，将会被电击。

这一电路中的泄放电阻还有一个作用，即能够提高整流滤波电路直流输出电压的稳定性。整流滤波电路输出端的电压会随着负载大小的变化而变化，加入泄放电阻就可以使其变化量减小。

假设整流滤波电路输出的直流电压升高，使负载两端的直流电压升高，这时泄放电阻器 R1 两端的电压升高，流过 R1 的电流增大，使整机电流增大，导致在电源内阻上的压降增大，这样使整流滤波电路输出端的直流电压下降，反之则相反。

显然加入了泄放电阻器 R1，对稳定直流输出电压有一定的益处，但是当需要稳定的直流工作电压时，仅是利用泄放电阻器来稳定输出电压是远远不够的。

5．电源电路中 X 电容的泄放电阻电路

图 2-123 所示是电源电路中 X 电容的泄放电阻电路。电路中的 C1 是 X 电容器，用来抑制高频差模干扰成分；R1 则是泄放电阻器；F1 是熔丝；L1 和 L2 是差模电感器，用来抑制高频差模干扰成分。

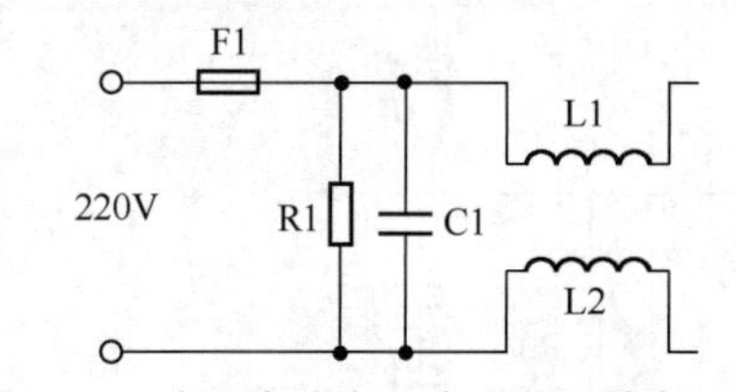

图 2-123　电源电路中 X 电容的泄放电阻电路

在电路断电后，C1 中残留的电荷通过 R1 放电，以保证拔掉电源插头的 1 ～ 2s 后电路不带电。

6．MOS 开关管栅极泄放电阻电路

图 2-124 所示是 MOS 开关管栅极泄放电阻电路。电路中的 R2 为泄放电阻器，它接在 MOS 开关管 VT3 的栅极与源极之间。

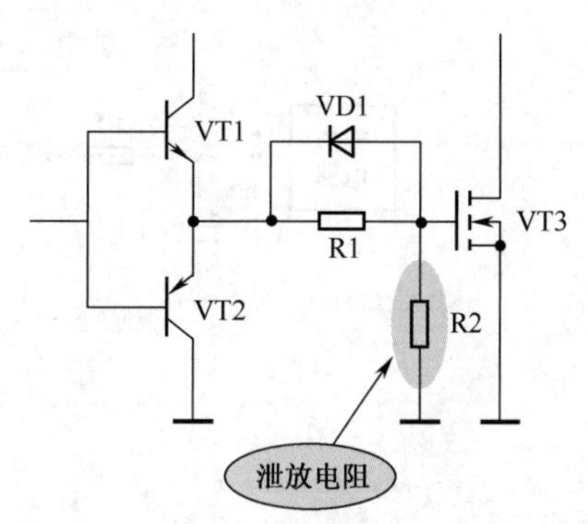

图 2-124　MOS 开关管栅极泄放电阻电路

电路中的 MOS 管 VT3 工作在开关状态下，VT1 和 VT2 管轮流导通，使得 MOS 管 VT3 的栅极等效电容器处于充电、放电的交替状态。如果电路断电时正好是 MOS 管 VT3 栅极等效电容器为充满电状态，由于电路已断电，这样 VT1 和 VT2 管截止，VT3 管栅极等效电容器所充电荷没有放电回路，使 VT3 管栅极电场仍然能够保持较长时间（因为 MOS 管输入阻抗相当大），如果这时再次开机通电，由于 VT1 和 VT2 管正常的激励信号还没有建立起来，而 MOS 管 VT3 漏极工作电压却已产生，这样会使 VT3 管产生巨大的不受控制的漏极电流，会烧坏 MOS 管 VT3。

在 MOS 管 VT3 栅极与源极之间接入一只泄放电阻器 R2 之后，VT3 管栅极等效电容内部存储的电荷通过 R2 回路迅速放电，避免了上述现象的出现，达到了防止烧坏 MOS 管 VT3 的目的。

泄放电阻器 R2 通常取 5 千欧至几十千欧，如果阻值太大很难起到迅速泄放 MOS 管栅极等效电容中电荷的作用。

MOS 管这种泄放电阻电路只运用于开关电路中，当 MOS 管线性运用时不必设置这种泄放电阻电路。

2.7.15 启动电阻电路

图 2-125 所示是采用复合管构成的串联调整管稳压电路。电路中的 R1 为启动电阻器；电路中的 VT1 和 VT2 构成复合调整管，其中 VT1 是激励管，VT2 是调整管，VT3 是比较放大管；VZ1 是稳压二极管；RT1 是热敏电阻器；RP1 是输出电压微调可变电阻器；C1 和 C2 是滤波电容器；$+V$ 是整流、滤波电路输出的直流电压；U_o 是经过稳压后的直流输出电压。

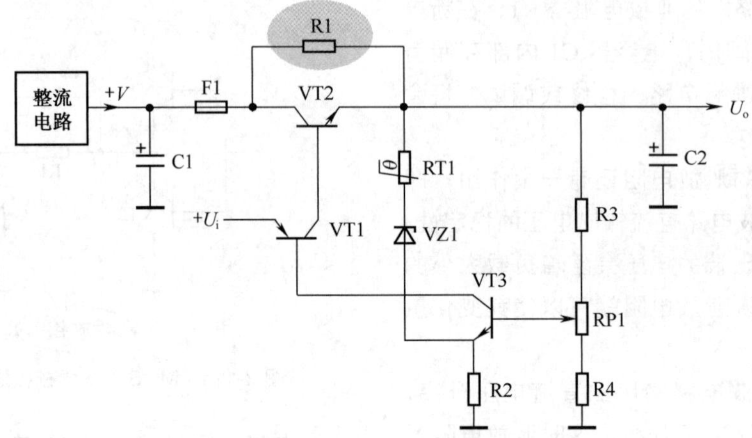

图 2-125 采用复合管构成的串联调整管稳压电路

开机瞬间或这一电源电路保护之后，稳压电路输出端没有直流工作电压 U_o，这时 VT3 管基极无直流工作电压，VT3 管处于截止状态，VT3 管的截止也使 VT1 和 VT2 管截止，3 只三极管均处于截止状态。

启动电阻电路的工作原理是：未稳定的直流电压 $+V$ 经熔丝 F1，由 R1 从 VT2 管集电极加到发射极上，即加到输出端，给 VT3 管基极建立直流工作电压，使 VT3 导通，VT1 和 VT2 随之导通，这样使整个稳压电路进入工作状态，即 R1 使稳压电路启动。

如果电路中没有启动电阻器 R1，在开机后稳压电路的输出端没有直流电压，VT2 将处于截止状态，整个电路无法工作，也就没有直流输出电压 U_o。可见 R1 用来启动电路，启动电阻由此得名。

2.7.16 取样电阻电路

1．直流稳压电路中取样电阻电路

图 2-126 所示是典型串联调整型稳压电路。电路中，可变电阻器 RP1 和电阻器 R3、R4 构成取样电路；VT1 是调整管，它构成电压调整电路；VZ1 是稳压二极管，它构成基准电压电路；VT2 是比较放大器，它构成电压比较放大器电路；$+V$ 是整流、滤波电路输出的未稳定直流电压；U_o 是经过稳压后的直流输出电压。

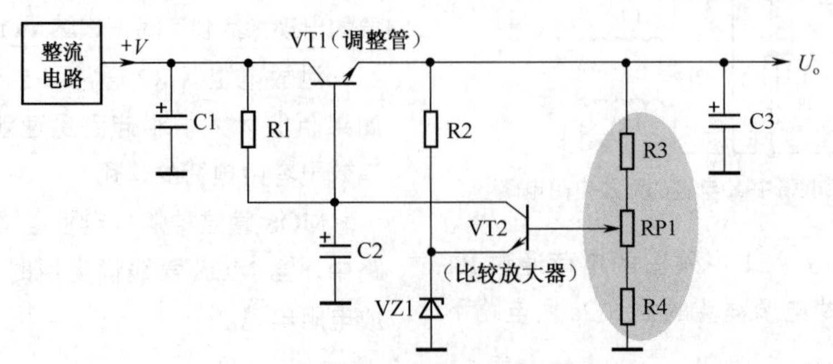

图 2-126 典型串联调整型稳压电路

电路中，R3、RP1、R4构成取样电路，RP1动片输出电压为VT2管基极提供正向偏置电压，这一电压的大小决定了VT2管导通的程度，也就决定了VT1管导通的程度，从而就决定了直流输出电压U_o的大小。

当输出直流电压U_o大小发生变化时，RP1和R3、R4这一取样电路上的电压也随之波动，显然RP1和R3、R4电路取出了输出电压U_o的变化量，这一波动变化量通过RP1动片加到VT2管基极。

2．功率放大器过载保护电路中取样电阻电路

图2-127所示是一种功率放大器限流式过载保护电路。电路中，R8和R9为取样电阻器，阻值很小；VT3 ~ VT6构成复合互补对称式功放输出级电路；VT1、VT2、VD1和VD2等构成过载保护电路。

电路中，功放输出管VT5发射极电流流过取样电阻器R8，功放输出管VT6集电极电流流过取样电阻器R9，显然VT5、VT6管的电流大小就决定了取样电阻器R8、R9上的压降大小。功放输出管电流越大，在R8、R9上的压降就越大，反之就越小。

电路正常工作时，流过取样电阻器R8、R9电流不是很大，在R8和R9上压降不大，R6、R7将这一压降分别加到VT1、VT2管基极，不足以使VT1、VT2管导通，这样VD1和VT1、VT2和VD2处于截止状态，对功率放大器工作无影响，即保护电路没有进入保护工作状态。

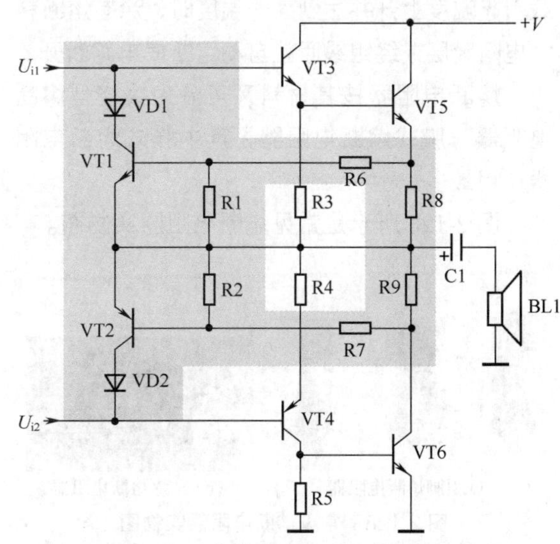

图2-127　功率放大器限流式过载保护电路

负载短路或其他原因导致VT5、VT6管工作电流很大时，R8和R9上的压降就很大。由于R8上压降很大，这一很大的压降通过电阻器R6加到VT1管基极，使VT1管导通，这样使VD1也导通，输入信号U_{i1}被导通的VD1和VT1分流到地，而输入VT3和VT5的信号电流大幅减小，达到过载保护的目的。当取样电阻器R9上压降很大时，VD2和VT2导通而进入保护状态。

显然，通过取样电阻器R8和R9，将功放输出管VT5、VT6工作电流的变化转换成R8、R9两端的电压变化，这就是取样电路的基本任务。

2.8　熔断电阻器基础知识及应用电路

熔断电阻器又称保险电阻器。它是一种具有电阻器和熔丝双重作用的元器件，它的作用主要以过流保护为主。

2.8.1　熔断电阻器外形特征和电路图形符号

1．熔断电阻器外形特征

熔断电阻器按其工作方式可分为可修复型和不可修复型。

（1）可修复型熔断电阻器。它是将电阻器用低熔点焊料焊接在一根弹性金属片上，当负荷过大、温度过高时，低熔点焊料的焊点就会熔化，弹性金属片便会自动脱开焊点，使电路开路。

（2）不可修复型熔断电阻器。它在通过超负荷电流时，便会使电阻膜层或绕组线匝熔断。

不可修复型熔断电阻器的工作原理：当过载引起温度上升并达到某一温度时，涂有熔断料的电阻膜层或绕组线匝就自动熔断使电路断开。

熔断电阻器按其材料又可分为线绕型熔断电阻器、膜式熔断电阻器，其中膜式熔断电阻器使用最多。

图 2-128 所示是常见熔断电阻器实物图。

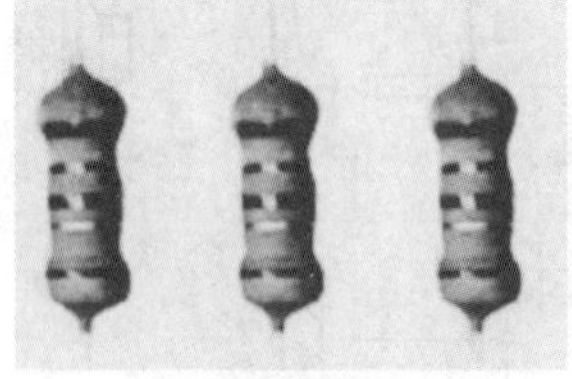

（a）引脚熔断电阻器

（b）贴片熔断电阻器

图 2-128　常见熔断电阻器实物图

重要提示

熔断电阻器的外形与电阻器基本相同。关于熔断电阻器的外形特征，主要说明以下几点。

（1）熔断电阻器外形比普通电阻器略粗、长一些，它的两根引脚不分正、负极性。

（2）它的标称阻值较小，只有几欧到100欧，采用色标方式标注。

（3）熔断电阻器主要用于直流电源电路和一些需要进行过流保护的电路中，在电路中的安装方式同普通电阻器一样。

2．熔断电阻器电路图形符号

目前熔断电阻器电路图形符号还没有统一，各公司有自己的规定。熔断电阻器在电路中用 R 表示。熔断电阻器电路图形符号见表 2-10。

表 2-10　熔断电阻器电路图形符号

电路图形符号	说　明
R(Fusible)	日本夏普公司电路图形符号，R 表示电阻器，用 Fusible 表示熔断电阻器
R	熔断电阻器通用的电路图形符号，但是在电路图中不常见到
R R	日本日立公司电路图形符号，有图示两种
R	日本胜利公司、东芝公司电路图形符号，电路图形符号中用一个熔断器符号形象地表示这种电阻器具有熔丝的功能
R	日本松下公司、三洋公司电路图形符号，电路图形符号中有熔丝的标记
R	波兰电路图形符号
R	国内常用电路图形符号

2.8.2　熔断电阻器参数和重要特性

1．熔断电阻器参数表示方法

在熔断电阻器上只表示出它的标称阻值大小。标称阻值的大小采用色标法，有的用四色环、有的用一色环。四色环熔断电阻器阻值的具体表示方法同色标电阻器一样。

2．重要参数

熔断特性是熔断电阻器最重要的指标，它是指电路的实际功耗为额定功率数倍时，连续负荷运行一定时间后，在规定的环境温度范围内保证电阻器熔断。

膜式熔断电阻器主要技术指标见表 2-11。

3．熔断电阻器重要特性

关于熔断电阻器主要特性说明以下几点。

（1）不可修复型熔断电阻器是一次性的，它熔断后呈开路状态，再也不能恢复正常。

表 2-11　膜式熔断电阻器主要技术指标

<table>
<tr><th>额定功率 /W</th><th>阻 值 范 围</th><th>允 许 偏 差</th><th>开路电压 /V</th><th>最高负载电压 /V</th></tr>
<tr><td>0.5</td><td rowspan="4">1Ω～5.1kΩ</td><td rowspan="4">±0.5%</td><td rowspan="2">150</td><td rowspan="2">300</td></tr>
<tr><td>1</td></tr>
<tr><td>2</td><td rowspan="2">200</td><td rowspan="2">400</td></tr>
<tr><td>3</td></tr>
</table>

（2）采用熔断电阻器作为电路中的熔丝，具有体积小、安装方便的优点，因为一般熔丝在电路中要用支架来安装，不方便。

（3）电路在正常工作时，熔断电阻器起一个电阻器的作用，让电流通过。当电路中出现过流故障，流过熔断电阻器的电流大于它的熔断电流时，熔断电阻器迅速无声、无烟、无火地熔断，相当于一个熔丝，起到了过流熔断的作用，能防止因过流而烧坏电路中其他元器件。

重 要 提 示

在电路中熔断电阻器应悬空 5～10mm 安装在电路板上，普通电阻器是紧贴电路板焊接的，熔断电阻器与电路板距离较远，便于散热，同时安装距离的不同也利于与普通电阻器相区分。

2.8.3　熔断电阻器应用电路

1．主要应用

熔断电阻器主要用于显像管灯丝保护，集成电路、功率较大的三极管保护、电源输出保护及行输出电路中。

2．应用电路

图 2-129 所示是熔断电阻器电路。熔断电阻器通常接在直流电路中，阻值很小，如只有 2.2Ω，在电路中起过流保护作用。电路中 R1 为熔断电阻器。

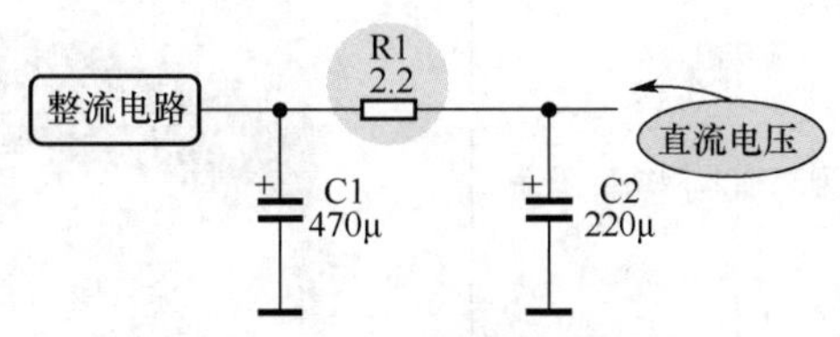

图 2-129　熔断电阻器电路

整流电路输出的直流工作电压通过熔断电阻器 R1 加到后级电路中。当后级电路出现过流故障时，流过 R1 的电流增大，R1 自动熔断，这样将电源电路的负载与电源电路之间联系断开，电源负载就没有工作电压，达到过流保护目的。

重 要 提 示

对这种保护电路还要说明下列几点。

（1）R1 熔断后，由于电源负载电路没有工作电压，负载电路不会被进一步损坏。

（2）R1 熔断后，电源电路与负载电路脱开，也不会损坏电源电路，所以这种过流保护电路能同时保护负载电路和电源电路。

（3）如果整流电路和 C1 出现故障，则 R1 不能起到保护作用。这时，需要前级电路中的保护电路起作用。

2.9 网络电阻器基础知识

网络电阻器又称排阻、电阻网络。排阻是一排电阻的简称，它将一排电阻网络像集成电路那样封装起来，内电路通过许多引脚引出，是一种组合电阻器，所以也称为集成电阻器。

2.9.1 网络电阻器外形特征

网络电阻器实物图和特性说明见表 2-12。

表 2-12 网络电阻器实物图和特性说明

名　称	实 物 图	说　明
单列直插式网络电阻器		这种网络电阻器只有一列引脚，内部设有一组电阻，不同型号的电阻数量不等，内部电阻电路结构也不同
双列直插式网络电阻器		这种网络电阻器有两列引脚，它具有体积小、重量轻、可靠性好、耐湿、耐温等特点。其主要用在电视机、音响设备、汽车收音机、自动售货机、复印机、电子测距仪、终端机、计算机、数控仪、存储器、数字仪器等的数字电路中
高精密网络电阻器		这种网络电阻器具有高稳定、高精度、低温度系数的技术特性，其组成电阻满足质量一致性检验项目的要求。 其特点是组成电阻的标称阻值误差及温度系数具有相对的一致性，特别适用于有精密分压、分流等技术要求的电子电路中
贴片网络电阻器		它的引脚与普通贴片电阻器相同

种类提示

排阻有单列直插式（SIP）和双列直插式（DIP）两种外形结构，此外还有贴片式排阻（SMD），它内部电阻器的排列又有多种电路形式。

2.9.2 网络电阻器电路图形符号及识别方法

1．网络电阻器电路图形符号

图 2-130 所示是一种网络电阻器的电路图形符号，由于网络电阻器内电阻类型比较多，因此其电路图形符号表示形式也有多种。一般用 RP 表示，也有的用 RN 表示。

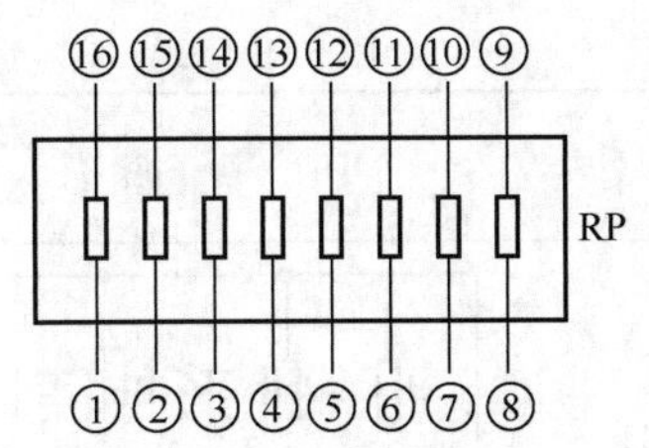

图 2-130　一种网络电阻器的电路图形符号

识别网络电阻器电路图形符号时要注意，它的电路图形符号与集成电路的电路图形符号有些相近，但是集成电路用 A 或是 D、IC 来表示。

2. 网络电阻器内电路

网络电阻器内电路有许多种，通常以厂标为主，也可以根据具体电路定制。这些内电路都有一个特点，即电路简单且重复，通过这些内电路可以构成电阻分压电路、电阻分流电路等。与分立电阻构成的这些电路相比，网络电阻器由于制作工艺等原因，具有精度高、温度系数匹配紧密和温度特性跟踪好等优点。例如，电路中的电阻阻值一致性容易得到保证。

网络电阻器的部分内电路与网络电阻器型号之间关系（厂标）见表 2-13，根据这个表格可以通过网络电阻器型号查询内电路，例如网络电阻器 A103J 中的第一个字母 A 表示表中的 A 内电路。

表 2-13　网络电阻器的部分内电路与网络电阻器型号之间关系（厂标）

型号首字母	内　电　路	型号首字母	内　电　路
型号中无字母	R1　R2　R3　R4 $R_1=R_2=R_3=R_4$ 124	A（X）	R1　R2　R3　…　Rn 1　2　3　4　…　n+1 $R_1=R_2=\cdots=R_n$ A103J
B、（Y）	R1　R2　…　Rn 1　2　3　4　…　2n−1　2n $R_1=R_2=\cdots=R_n$	C	R1　R2　R3　Rn 1　2　3　4　…　n $R_1=R_2=\cdots=R_n$ C9A103
D	R1　R2　…　Rn 1　2　3　n−1　n $R_1=R_2=\cdots=R_n$	E、（M）	R1　R1　R1 R2　R2　…　R2 1　2　3　4　5　…　n　n+1 $R_1=R_2=\cdots=R_n$

续表

型号首字母	内电路	型号首字母	内电路
F(Z)		G	$R_1=R_2=\cdots=R_n$
H		I	
R		S	S473

3．电路板上的网络电阻器

图 2-131 是电路板上贴片网络电阻器示意图，它们作为内存网络电阻器能有效减少信号延迟及各引线间的信号干扰，维持信号的稳定传输，防止数据传输频频出错，保证整套系统的工作稳定。对内存而言，网络电阻器是非常重要的。

图 2-131　电路板上贴片网络电阻器示意图

4．寻找网络电阻器共用端方法

从网络电阻器内电路中可以看出，内电路会有一个共用端，如图 2-132 所示，内电路中的①脚是共用端，在网络电阻器上会用一个圆点作为共用端标记。

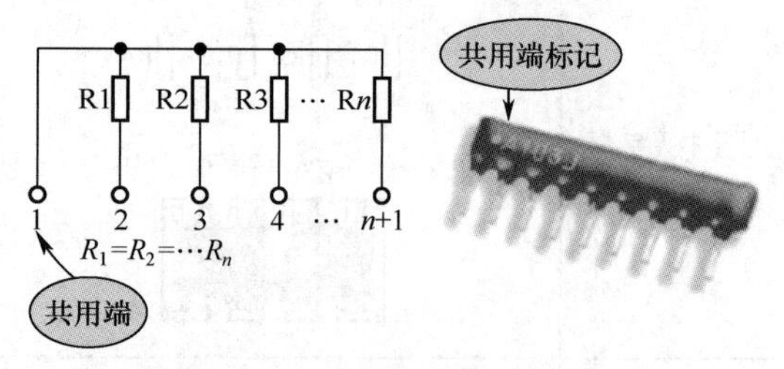

图 2-132　寻找共用端方法示意图

5．网络电阻器阻值表示方法

网络电阻器的阻值表示方法与电阻器中的3位数表示法和4位数表示方法相同，举例如下。

（1）例如，某网络电阻器上标注为 100，则为 10Ω；473 为 47kΩ。3 位数表示的网络电阻器为 E24 系列。

（2）例如，某网络电阻器上标注 1202 为 12kΩ，1542 为 15.4kΩ。4 位数表示的网络电阻器为 E96 系列。

（3）如果阻值中有小数点，则用“R”表示，并占一位有效数字。例如，某网络电阻器标注 22R1 为 22.1Ω。

（4）如果某网络电阻器标注为“0”或“000”，

它的阻值为 0Ω，这种网络电阻器实际上是跳线（短路线）。

6．误差识别方法

网络电阻器数字后面的第一个英文字母代表误差，常见的是 G = 2%、F = 1%、D = 0.25%、B = 0.1%、A 或 W = 0.05%、Q = 0.02%、T = 0.01%、V = 0.005%。

另外，有引脚的网络电阻器脚距有两种规格：2.54mm 和 1.78mm。贴片网络电阻器的脚距为 1.27mm。

第3章 敏感电阻器基础知识及应用电路

3.1 热敏电阻器基础知识及应用电路

热敏电阻器是电子电路中用得比较多的敏感电阻器。

3.1.1 热敏电阻器外形特征和电路图形符号

普通电阻器的阻值受温度变化的影响很小，但是热敏电阻器完全不同，它的阻值随温度的变化而变化，是一种用温度控制电阻器阻值的元件。

1．热敏电阻器外形特征

图 3-1 是热敏电阻器实物图。从图中可以看出，它有两根引脚，不分正、负，形状似瓷片电容器，这是圆片形热敏电阻器。此外，热敏电阻器还有多种形状，如球形、杆状、管形、圆圈形等。

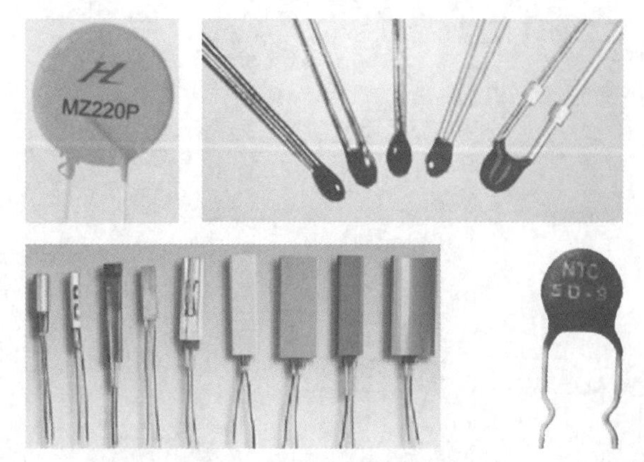

图 3-1 热敏电阻器实物图

2．热敏电阻器种类

（1）按温度系数分，热敏电阻器有正温度系数（PTC）和负温度系数（NTC）两大类。

PTC 热敏电阻器的阻值随着温度升高而增大，NTC 热敏电阻器的阻值随着温度升高而减小。

PTC 热敏电阻器还分为突变型（或称为阶跃型）及缓变型（线性）。其中突变型又细分为两类：一是陶瓷 PTC（CPTC）热敏电阻器，二是有机高分子 PTC（PPTC）热敏电阻器。

目前应用最广泛的是 NTC 热敏电阻器，其又可分为测温型、稳压型和普通型。

（2）根据热敏电阻器电阻率随温度变化的特性不同，热敏电阻器分为两种类型：一是 PTC 和 NTC 的缓变型，二是剧变型热敏电阻器，即 CTR 热敏电阻器。

（3）按工作温度范围分类有常温、高温、超低温热敏电阻器。

（4）按受热方式的不同可分为直热式热敏电阻器和旁热式热敏电阻器。

重要提示

热敏电阻器的标称值是指环境温度为 25℃时的电阻值。

3．热敏电阻器电路图形符号

图 3-2 所示是热敏电阻器电路图形符号。

敏感电阻器电路图形符号通常是在电阻器电路图形符号基础上加上一个箭头和字母，用来与普通电阻器的电路图形符号进行区分。

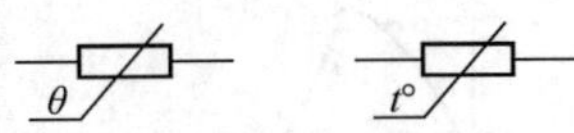

新电路图形符号　旧电路图形符号

图 3-2　热敏电阻器电路图形符号

图 3-3　采用新标准标注的热敏电阻器

3.1.2　热敏电阻器型号命名方法和主要参数

1．热敏电阻器型号命名方法

新标准的热敏电阻器型号命名方法见表 3-1。

图 3-3 是采用新标准标注的热敏电阻器示意图。其中，MF72 为消磁用的 NTC 热敏电阻器，MZ1 为普通型 PTC 热敏电阻器。

2．PTC 热敏电阻器主要参数

（1）室温电阻值 R_{25}。它又叫标称阻值，是指电阻器在 25℃下工作时的阻值。用万用表测其阻值时，其阻值不一定与标称阻值相符。

（2）最小电阻值 R_{min}。它是指元件零功率时电阻率 - 温度特性曲线中最低点的电阻值，对应的温度为 t_{min}。

（3）最大电阻值 R_{max}。它是指元件零功率时电阻率 - 温度特性曲线上的最大电阻值。

表 3-1　新标准的热敏电阻器型号命名方法

第一部分：主称		第二部分：类别		第三部分：用途或特征		第四部分：序号
字　母	含　义	字　母	含　义	数　字	含　义	
M	敏感电阻器	Z	PTC 热敏电阻器	1	普通型	用数字或字母与数字混合表示序号，代表着某种规格、性能
				5	测温用	
				6	温度控制用	
				7	消磁用	
				9	恒温型	
		F	NTC 热敏电阻器	0	特殊型	
				1	普通型	
				2	稳压用	
				3	微波测量用	
				4	旁热式	
				5	测温用	
				6	温度控制用	
				8	线性型	

3.1.3 热敏电阻器的特性

1．PTC 热敏电阻器特性

PTC 热敏电阻器是以钛酸钡掺杂稀土元素烧结而成的半导体陶瓷元件，具有正温度系数。

（1）PTC 热敏电阻器电阻率 - 温度特性曲线。电阻率 - 温度特性曲线是在规定电压下，PTC 热敏电阻器的零功率电阻率与电阻本体温度之间的关系曲线，图 3-4 所示是 PTC 热敏电阻器电阻率 - 温度特性曲线。

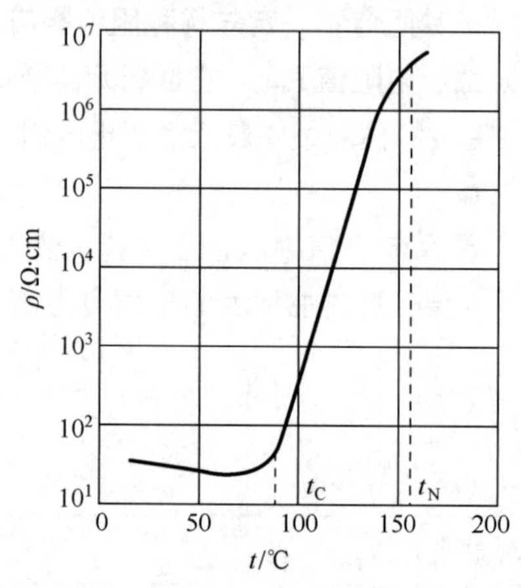

图 3-4 PTC 热敏电阻器电阻率 - 温度特性曲线

特性重要提示

关于 PTC 热敏电阻器电阻率 - 温度特性说明几点。

（1）当温度低于居里点 t_C 时，具有半导体特性，阻值小。

（2）当温度高于居里点 t_C 时，电阻随温度升高而急剧增大，至 t_N 温度时出现负阻现象，即温度再升高时阻值则下降。

（3）具有通电瞬间产生强大电流而后很快衰减的特性，如图 3-6 所示。

（2）PTC 热敏电阻器电压 - 电流特性曲线。图 3-5 所示是 PTC 热敏电阻器电压 - 电流特性曲线。电压 - 电流特性曲线是加在热敏电阻器引出端的电压与达到热平衡的稳态条件下的电流之间的关系曲线。

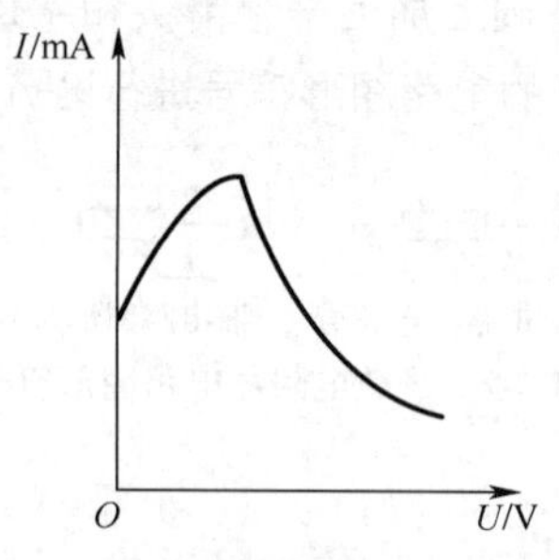

图 3-5 PTC 热敏电阻器电压 - 电流特性曲线

（3）PTC 热敏电阻器电流 - 时间特性曲线。图 3-6 所示是 PTC 热敏电阻器电流 - 时间特性曲线。电流 - 时间特性曲线是热敏电阻器在施加电压过程中，电流随时间的变化特性曲线。开始加电压瞬间的电流称为起始电流，平衡时的电流称为残余电流。

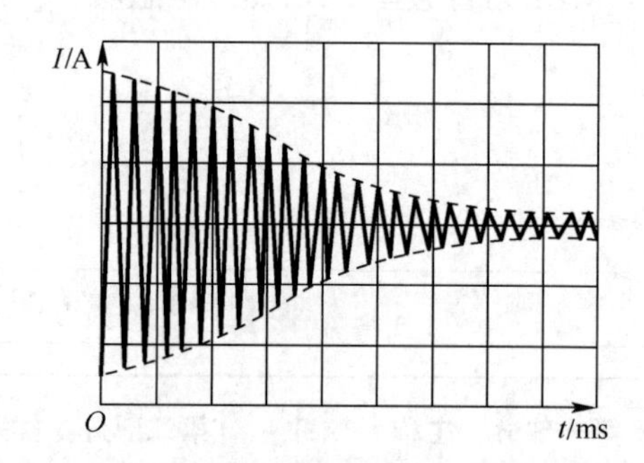

图 3-6 PTC 热敏电阻器的电流 - 时间特性曲线

应 用 提 示

利用 PTC 热敏电阻器的特性，可以构成温度自动控制电路，做成各种恒温器、限流保护元件、温控开关等。

2．NTC 热敏电阻器特性

NTC 热敏电阻器主要由 Mn、Co、Ni、Fe、Cu 等金属氧化物混合烧结而成，改变混合物的成分和配比，就可以获得测温范围、阻值及温度系数不同的 NTC 热敏电阻器。

图 3-7 所示是 NTC 热敏电阻器阻值 - 温度特性曲线。从曲线可以看出，随着温度升高阻值在下降。

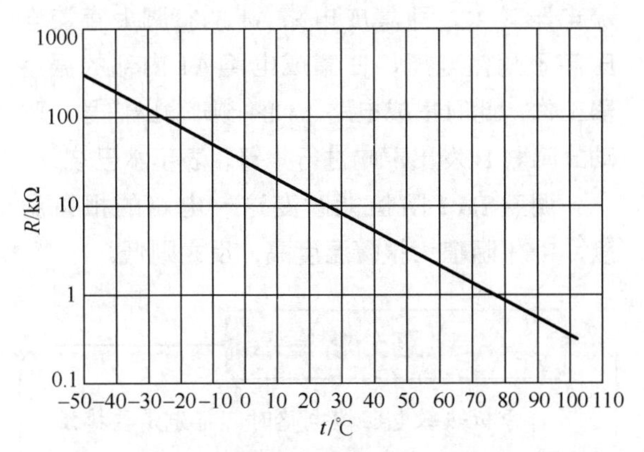

图 3-7 NTC 热敏电阻器阻值 - 温度特性曲线

特性重要提示

关于 NTC 热敏电阻器阻值 - 温度特性说明下列几点。

（1）阻值与温度之间为线性特性。在相当宽的温度范围内，其阻值与温度之间呈线性关系，它是一种比较理想的热敏电阻器。

（2）精度高。电阻值的偏差都很小，相当于温度变化范围为 100K（热力学温度，T = 摄氏度 + 273.15）时，温度偏差小于 0.5%，这相当于对测量温度的影响小于 ±0.25℃。

（3）可靠性高。NTC 热敏电阻器在高温条件下试验 2000h，其电阻变化率几乎为零，没有老化现象。

（4）小型化，响应快。随着陶瓷工艺技术的进步，现在已可以生产出直径在 0.5mm 以下的珠状及松叶状热敏电阻器，它们在水中的热时间常数仅为 0.1 ～ 0.2s。

（5）成本低，价格便宜。

3．CTR 热敏电阻器特性

CTR 热敏电阻器是以三氧化二钒与钡、硅等的氧化物，在磷、硅的氧化物的弱还原气氛中混合烧结而成的，它呈半玻璃状，具有负温度系数。通常 CTR 热敏电阻器用树脂包封成珠状或厚膜形使用，其阻值为 1kΩ ～ 10MΩ。

图 3-8（a）所示是 CTR 热敏电阻器电阻率 - 温度特性曲线。CTR 热敏电阻器随温度变化的特性属剧变型，具有开关特性。图 3-8（b）是 CTR、PTC 和 NTC 3 种热敏电阻器电阻率 - 温度特性曲线比较示意图。

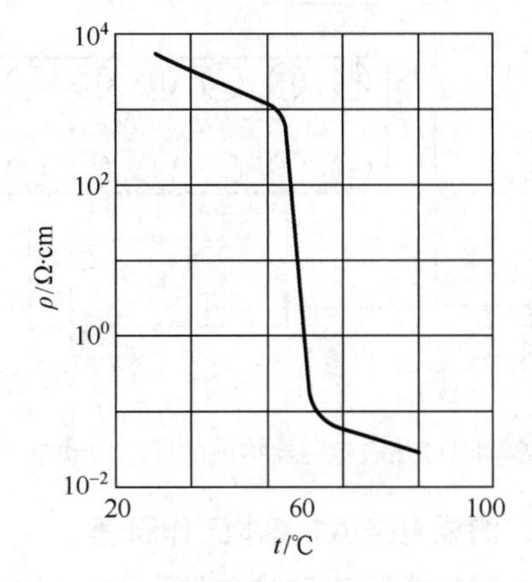

（a）CTR热敏电阻器电阻率-温度特性曲线

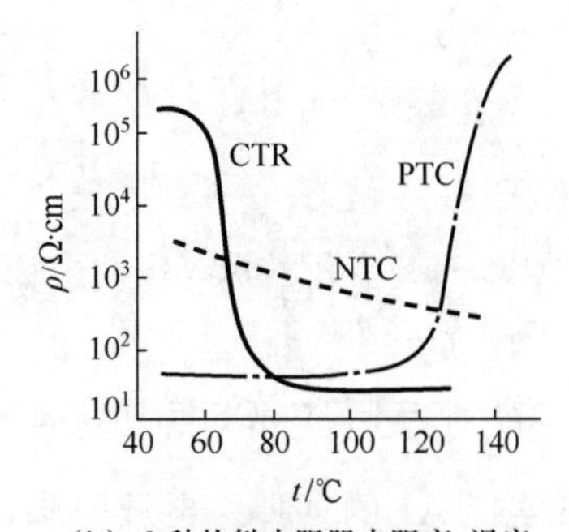

（b）3 种热敏电阻器电阻率-温度特性曲线比较示意图

图 3-8 热敏电阻器电阻率 - 温度特性曲线

重要提示

由于 CTR 热敏电阻器温度特性存在剧变性，因而不能像普通热敏电阻器那样用于宽范围的温度控制，只能在特定的温度区域内使用。

3.1.4 PTC 热敏电阻器开水自动报警电路

图 3-9 所示是采用 PTC 热敏电阻器构成的开水自动报警电路。电路中，R2 为 PTC 热敏电阻器，用来检测开水温度；A1 采用二输入四与非门 CMOS 集成电路 C066，它的内电路中设有 4 个与非门，为数字 CMOS 集成电路；B 为蜂鸣器，在得

到驱动信号后可以发出蜂鸣声；S1 为电源开关。

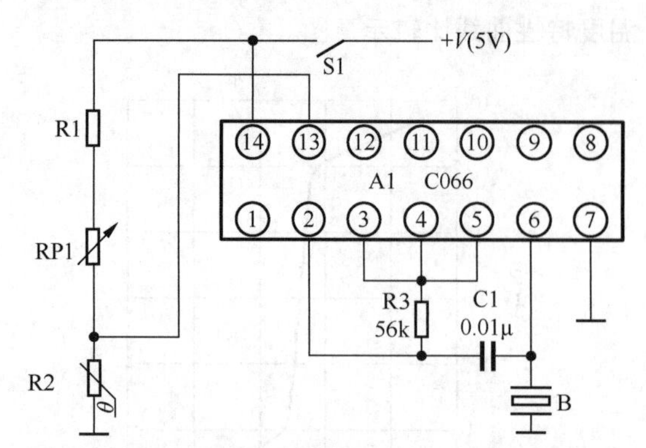

图 3-9　PTC 热敏电阻器构成的开水自动报警电路

1．集成电路 A1 基本工作原理

图 3-10 所示是二输入四与非门 CMOS 集成电路 C066 实物图。

图 3-10　二输入四与非门 CMOS 集成电路 C066 实物图

集成电路 A1 的⑭脚为电源引脚，⑦脚为接地引脚。R3、C1 和 A1 内部的两个与非门构成一个 1000Hz 左右的音频振荡器，其⑥脚为集成电路输出引脚。A1 的⑬脚为控制引脚，当它为低电平时集成电路 A1 内部的振荡器不工作，⑥脚无输出信号。当⑬脚为高电平时，集成电路内电路中的振荡器工作，⑥脚输出信号以驱动蜂鸣器 B 发出声响。

2．报警电路

R1、RP1 和 R2 构成对直流工作电压 +V 的分压电路，其分压输出的直流电压加到集成电路 A1 的控制引脚⑬脚。

接通电源后，S1 接通，电路进入工作状态。

当水温较低时，热敏电阻器 R2 的阻值较小，分压电路输出的直流电压较小，即集成电路 A1 的⑬脚上直流电压较低，不足以使集成电路 A1 内部的振荡器工作，此时蜂鸣器 B 不工作。

当水开了之后，热敏电阻器 R2 的阻值已增大许多，R1、RP1 和 R2 分压电路输出的直流电压较大，即集成电路 A1 的⑬脚上直流电压高于阈值电压，使集成电路 A1 内部的振荡器工作，此时集成电路 A1 的⑥脚输出信号，驱动蜂鸣器 B 发出声响进行报警，表示水已烧开。

调整 RP1 阻值能改变这一电路的报警温度，RP1 阻值大报警温度高，反之则低。

电路分析提示

分析热敏电阻器电路时，首先是要搞清楚电路中的热敏电阻器是 PTC 型还是 NTC 型，否则整个电路分析都是错误的。

对于温度控制这类电路，电路分析时主要通过假设温度高低不同情况来分析电路的变化情况。电路分析的重点元器件是热敏电阻器，即通过假设热敏电阻器阻值高低变化来分析反应过程。

3.1.5　PTC 热敏电阻消磁电路

电视机中普遍使用 PTC 热敏电阻器构成消磁电路。图 3-11 所示是其中一种电路。电路中 R3 是 PTC 热敏消磁电阻器，L1 是消磁线圈，K1 是控制消磁电路的继电器，VT1 是继电器的驱动三极管，A1 是微处理器。

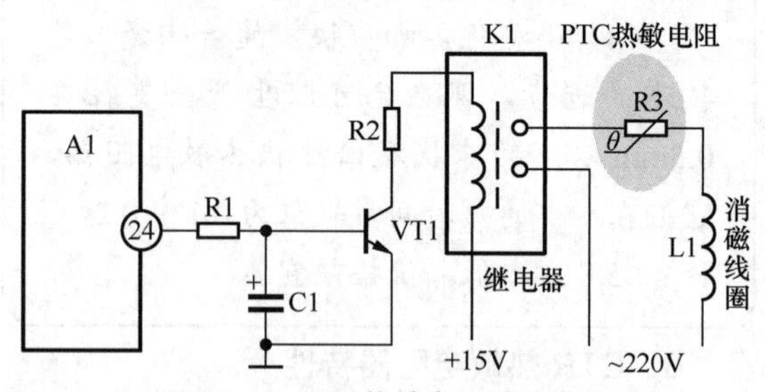

图 3-11　PTC 热敏电阻消磁电路

1．消磁电路结构

从电路中可以看出，消磁线圈 L1、消磁电阻 R3 和继电器 K1 常闭触点串联后接在 220V 交流市电电路中，消磁电路由继电器 K1 控制着是否投入消磁工作状态。而继电器 K1 工作状态受 VT1 驱动管控制，VT1 基极通过 R1 与微处理器 A1 的㉔脚消磁控制端相连，所以驱动管 VT1 受微处理器A1的㉔脚输出的高或低电平控制。

2．开机瞬间的消磁电路消磁过程

开机瞬间，微处理器A1的㉔脚输出一个约4.8V高电平信号，通过电阻R1加到VT1基极，VT1基极与地之间接有电容C1。由于电容C1两端电压不能突变，C1内部无电荷，这样VT1基极电压在开机瞬间仍然为0V，VT1仍然保持截止状态，继电器K1常闭触点仍然保持接通，这样消磁线圈L1和消磁电阻R3回路流有交流50Hz消磁电流，开始消磁。

随着消磁电流流过PTC热敏电阻R3，其温度升高，阻值增大，且R3温度愈高阻值愈大，这样使流过消磁线圈L1的电流如图3-12所示，电流幅度从大到小地衰减，完成对显像管开机时的消磁工作。

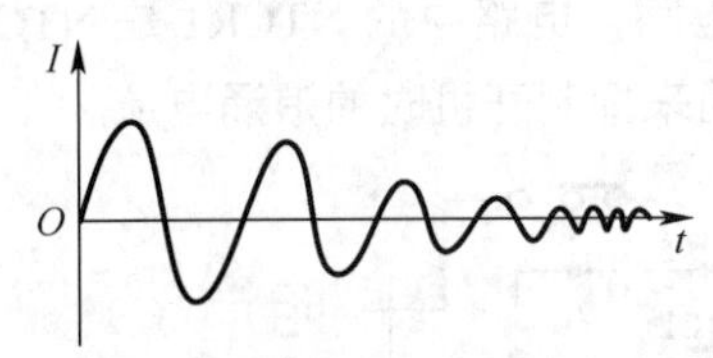

图3-12 流过消磁线圈L1电流示意图

3．开机后继电器K1动作过程

随着开机后微处理器A1的㉔脚输出高电平信号通过电阻R1对C1充电的进行，由于R1和C1充电时间常数很大，这样VT1基极电压从0V上升的时间较长。当电容C1充电完毕，VT1基极为高电平，使VT1从截止转入导通状态。

VT1导通后，继电器K1动作，从常闭状态转换成常开状态，这时常闭触点断开，将消磁电阻R3和消磁线圈L1回路断电，消磁线圈中无电流流过，这时也是消磁完成时刻，完成了消磁电路的切断控制。

之后，电视机正常工作，消磁线圈L1中无电流，只是继电器K1中存在较小的维持电流，从而避免了普通电视机在工作中消磁电阻一直处于微工作状态，这样可以延长PTC消磁电阻R3的使用寿命，减少了无谓的R3功耗，也降低了机内的温升。

4．关机后电路

关机后，微处理器A1的㉔脚变为低电平，电容C1通过VT1发射结及A1内电路进行放电，直至C1内部无电荷，继电器K1恢复常闭触点的接通状态，以备下次开机时的消磁。

3.1.6 DC/DC变换器中热敏电阻器应用电路

图3-13所示是DC/DC变换器中热敏电阻器应用电路。电路中的R4为热敏电阻器，它用来对A1的输出电流限制作出温度补偿。电路中的A1为新型DC/DC变换器（如Maxim公司的MAX1714），它需要从外部调整限流阈值。

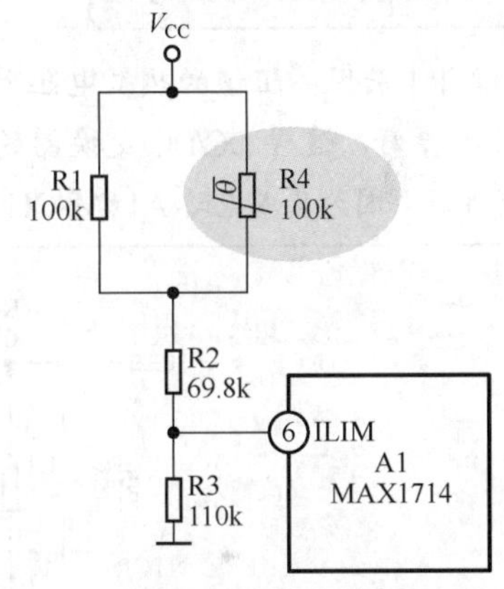

图3-13 DC/DC变换器中热敏电阻器应用电路

重要提示

新型DC/DC变换器MAX1714采用了MOSFET（金属-氧化物-半导体场效应管），这种场效应管导通电阻与温度有很大的相关性，场效应管导通电阻决定了限流大小。如果不在外面设置限流电路，则电路受温度影响大。

图3-14所示是这一DC/DC变换器的输出电流特性。从特性曲线中可以看出，不加热敏电阻器补偿电路时，输出电流变化范围可从-40℃的9A到85℃的6A，而加入热敏电阻器补偿电路后，相同的温度变化范围内输出电流变化范围明显减小。

当工作温度大小变化时，热敏电阻器R4的阻值也随之变化，这样电阻R1、R2、R3和R4对直流工作电压V_{CC}分压后加到A1的⑥脚直流电压也作相应的大小变化，起温度补偿作用。

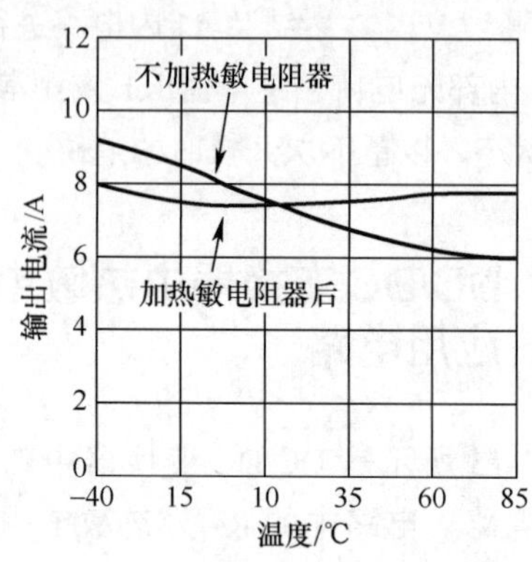

图 3-14　DC/DC 变换器的输出电流特性

元器件作用提示

（1）R4 采用高阻值的热敏电阻器，要求线性度要好，这样 DC/DC 变换器的温度补偿线性好。因为集成电路 A1（MAX1714）的限流输入级是一个相对高输入阻抗的电压跟随级，所以电路中的热敏电阻器 R4 标称电阻要求高达 100kΩ。

（2）电路中的 R1 是用来补偿 R4 线性的，采用一只与热敏电阻器阻值相等的电阻并联，可以改善热敏电阻器的线性。

（3）电路中的 R2 和 R3 则分别设定限流温度补偿特性曲线的斜率和截距。

3.1.7　NTC热敏电阻器抑制浪涌电路

NTC 热敏电阻器是负温度系数的，温度升高后阻值下降。图 3-15 所示是 NTC 热敏电阻器应用电路，这是 PC 开关电源中的抑制浪涌的应用电路，电路中的 NTCR1 是 NTC 热敏电阻器，用来抑制开机时的浪涌电流。

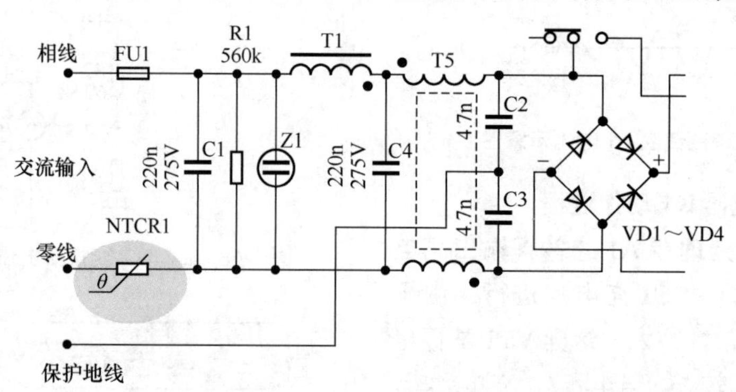

图 3-15　NTC 热敏电阻器抑制浪涌电路

1．抑制浪涌的原因

在 PC 冷启动时会产生一个很大的浪涌电流，即交流 220V 市电电压会给 PC 一个很大的开机冲击电流，这一很大的浪涌电流有可能烧毁电源和主机内电路，为此要设置一个抑制浪涌的电路，使 PC 开机时浪涌电流较小，而在开机后又能恢复正常的 220V 供电状态。

2．NTC 热敏电阻器位置

打开 PC 的开关电源外壳，在外侧可以发现一只圆片形陶瓷元件，通常是橄榄绿色，它就是用来抑制浪涌电流的 NTC 热敏电阻器，如图 3-16 所示。

图 3-16　开关电源中的 NTC 热敏电阻器位置图

3．电路分析

从电路中可以看出，NTCR1 串联在 220V 供电回路中，作为 220V 交流市电负载的一部分。在 PC 冷启动时，由于 NTCR1 在常温下（零功率）阻值较大，这样限制了开机时 220V 回路的电流，使之不能太大。

在开机后，电流流过 NTCR1，使之温度升高，它的阻值开始下降。当 PC 开机很短时间后，NTCR1 电阻器温度上升到工作区间，其阻值下降到很低的数值，且可以忽略不计，这时 220V 市电供电进入正常状态。同时，NTCR1 阻值很小，也不会产生过多的功耗。

重要提示

这种抑制浪涌电路也有缺点，例如当关断电源后快速重启动时，热敏电阻还未完全冷却，将丧失部分浪涌抑制功能，这也就是为何短暂地关掉又开启电源是有害操作的原因。

3.2 压敏电阻器基础知识及应用电路

压敏电阻器是电子电路中用得比较多的敏感电阻器。

重要提示

压敏电阻器阻值随加到电阻两端的电压大小变化而变化。加到压敏电阻器两端电压小于一定值时，压敏电阻器的阻值很大。当它两端的电压大到一定程度时，压敏电阻器阻值迅速减小。

常见的是对称型压敏电阻器，这时加在压敏电阻器两端的正向、反向电压具有相同的特性，说明压敏电阻器两根引脚不分正、负极性。非对称型压敏电阻器则有引脚极性之分。

3.2.1 压敏电阻器外形特征和电路图形符号

1. 压敏电阻器外形特征

图 3-17 所示是压敏电阻器实物图。

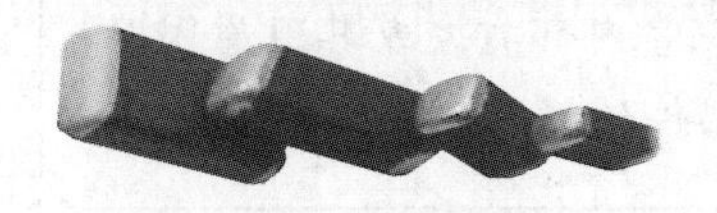

(a) 贴片式压敏电阻器

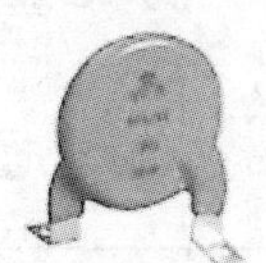

(b) 防雷用压敏电阻器

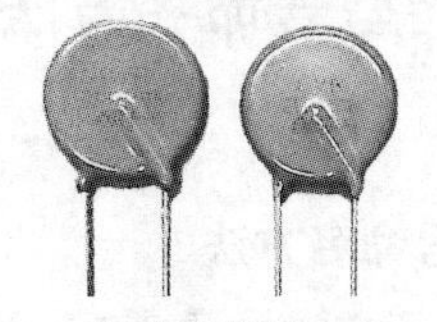

(c) 常见的压敏电阻器

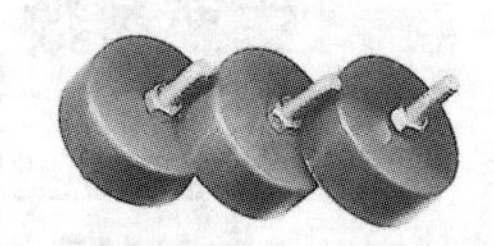

(d) 螺栓形压敏电阻器

图 3-17 压敏电阻器实物图

从图中可以看出，压敏电阻器有两根引脚，其外形与普通电阻器不一样。

压敏电阻器种类提示

（1）按结构分，压敏电阻器有结型压敏电阻器、体型压敏电阻器、单颗粒层压压敏电阻器、薄膜压敏电阻器等。

结型压敏电阻器是因为电阻体与金属电极之间的特殊接触才具有了非线性特性。体型压敏电阻器的非线性是由电阻体本身的半导体性质决定的。

（2）按使用材料分，压敏电阻器有氧化锌压敏电阻器、碳化硅压敏电阻器、金属氧化物压敏电阻器、锗（硅）压敏电阻器、钛酸钡压敏电阻器等多种。

（3）按其伏 - 安特性分，压敏电阻器有对称型压敏电阻器（无极性）和非对称型压敏电阻器（有极性）。

2. 压敏电阻器电路图形符号

图 3-18 所示是压敏电阻器电路图形符号。最新电路图形符号中可用字母 R 表示电阻器，*U* 表示是压敏电阻器。除最新电路图形符号外，还有其他形式的压敏电阻器电路图形符号。

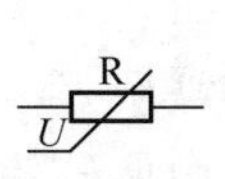

(a) 最新电路图形符号

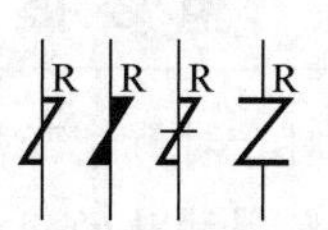

(b) 其他电路图形符号

图 3-18 压敏电阻器电路图形符号

3．压敏电阻器结构示意图

压敏电阻器与普通电阻器不同，它是根据半导体材料的非线性特性制成的。图 3-19 是氧化锌压敏电阻器内部结构示意图。

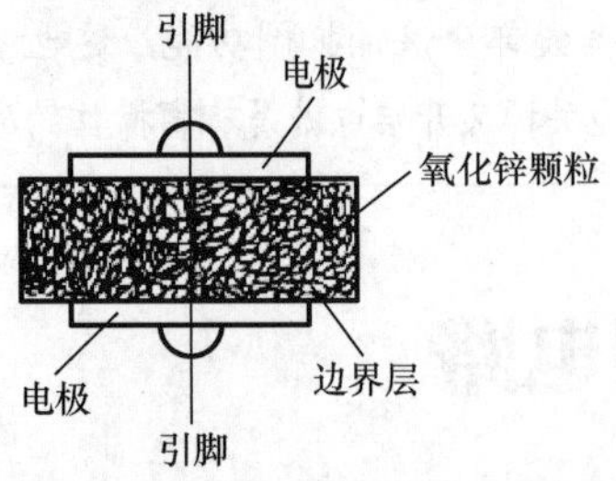

图 3-19　氧化锌压敏电阻器内部结构示意图

3.2.2　压敏电阻器特性

1．压敏电阻器伏 - 安特性曲线

图 3-20 所示是压敏电阻器伏 - 安特性曲线（对称型）。当加到压敏电阻器两端的电压小于标称额定电压值时，流过压敏电阻器的电流很小，这说明此时压敏电阻器的阻值很大。当它两端的电压略高于标称额定电压时，压敏电阻器将迅速击穿导通，流过压敏电阻器的电流迅速增大，并由高阻状态变为低阻状态。此时，如果加到压敏电阻器两端电压又低于标称额定电压时，压敏电阻器又能恢复为高阻状态。当压敏电阻器两端电压超过其最大限制电压时，压敏电阻器将完全击穿损坏，无法再自行恢复。

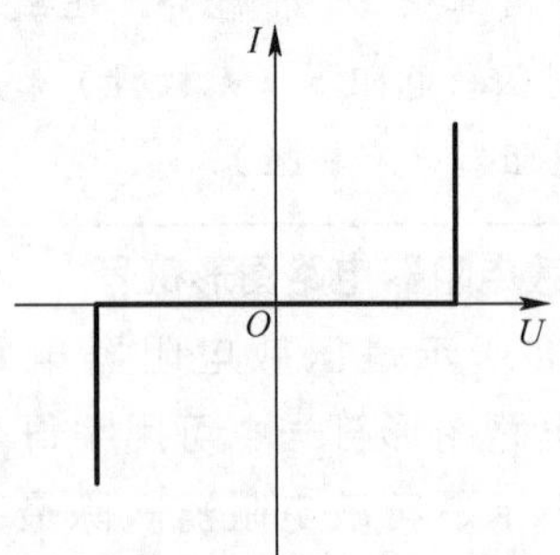

图 3-20　压敏电阻器伏 - 安特性曲线

重要提示

对于对称型压敏电阻器而言，加在压敏电阻器两端的正向、反向电压具有相同的特性。从这一特性曲线可以看出，它像两只背靠背的稳压二极管。

普通电阻器是线性的，遵守欧姆定律，而压敏电阻器的电压与电流则呈特殊的非线性关系。

2．压敏电阻器主要特性

主要掌握压敏电阻器下列一些特性。

（1）压敏电阻器导通后不能持续很长的时间。

（2）压敏电阻器的平均持续功率小，在电视机中所用的压敏电阻器其平均持续功率为 1W。但它的瞬时功率可达到数千瓦，在 8～20μs 的冲击电压脉冲作用下可瞬间通过 50～2500A 的电流。

（3）压敏电阻器具有残压低、响应时间快、体积小等优点。

应用提示

根据压敏电阻器的主要特性，它可应用于各种交、直流电路中作为稳压、过压保护、抑制浪涌电流、吸收尖峰脉冲、限幅、高压灭弧、消火花电路、吸收回路、防雷、调幅、变频、非线性补偿、函数变换、自动控制、消噪电路、保护半导体器件等。

压敏电阻器在电视机中的应用主要有以下一些方面。

（1）在电源电路中作为过压保护元件，以防止雷击等异常过压对电路的危害。

（2）在行输出变压器中作为过压保护元件，以防止打火产生的过压击穿行输出管等元器件。

（3）在显像管电路中作为过压保护元件，以防止显像管内部打火或其他原因产生的过压对元器件的损害。

3.2.3　压敏电阻器型号命名方法和主要参数

1．压敏电阻器型号命名方法

压敏电阻器型号命名方法见表 3-2，通过这个表可以了解各种压敏电阻器。

表 3-2　压敏电阻器型号命名方法

第一部分：主称		第二部分：类别		第三部分：用途或特征		第四部分：序号
字　母	含　义	字　母	含　义	字　母	含　义	
M	敏感电阻器	Y	压敏电阻器	无	普通型	用数字表示序号，有的在序号的后面还标有标称电压、电压误差等
				D	通用	
				B	补偿用	
				C	消磁用	
				E	消噪用	
				G	过压保护用	
				H	灭弧用	
				K	高可靠用	
				L	防雷用	
				M	防静电用	
				N	高能型	
				P	高频用	
				S	元器件保护用	
				T	特殊型	
				W	稳压用	
				Y	环型	
				Z	组合型	

2．压敏电阻器主要参数

重要提示

压敏电阻器的主要参数有压敏电压、最大允许电压、通流容量、最大限制电压、最大能量、电压比、额定功率、最大峰值电流、残压比、漏电流、电压温度系数、电流温度系数、电压非线性系数、绝缘电阻、静态电容等。

（1）压敏电压。压敏电压又称击穿电压、阈值电压。它是指在规定电流下的电压值，大多数情况下用 1mA 直流电流通入压敏电阻器时测得的电压值，其产品的压敏电压范围为 10～9000V。

（2）最大允许电压。它是最大限制电压，分交流和直流两种情况。交流电压指的是该压敏电阻器所允许加的交流电压的有效值。

（3）通流容量。它是最大脉冲电流的峰值，即环境温度为 25℃情况下，对于规定的冲击电流波形和规定的冲击电流次数而言，压敏电压的变化不超过 ±10% 时的最大脉冲电流值。

（4）最大限制电压。它是指压敏电阻器两端所能承受的最高电压值，它表示在规定的冲击电流通过压敏电阻器两端时所产生的电压，这一电压又称为残压。

（5）最大能量。又称能量耐量，它是压敏电阻所吸收的能量。一般来说压敏电阻器的片径越大，它的能量耐量越大，耐冲击电流也越大。

（6）电压比。它是指压敏电阻器的电流为1mA时产生的电压值与压敏电阻器的电流为0.1mA时产生的电压值之比。

（7）额定功率。它是在规定的环境温度下所能消耗的最大功率。

（8）最大峰值电流。以8/20μs标准波形的电流作一次冲击的最大电流值，此时压敏电压变化率仍在±10%以内。

（9）残压比。流过压敏电阻器的电流为某一值时，在它两端所产生的电压称为这一电流值的残压。残压比则是残压与标称电压之比。

（10）漏电流。它又称等待电流，是指在规定的温度和最大直流电压下，流过压敏电阻器的电流。

（11）电压温度系数。它是指在规定的温度范围（温度为20～70℃）内，压敏电阻器标称电压的变化率，即在通过压敏电阻器的电流保持恒定时，温度改变1℃时压敏电阻器两端的相对变化。

（12）电流温度系数。它是指在压敏电阻器的两端电压保持恒定时，温度改变1℃，流过压敏电阻器电流的相对变化。

（13）电压非线性系数。它是指压敏电阻器在给定的外加电压作用下，其静态电阻值与动态电阻值之比。

（14）绝缘电阻。它是指压敏电阻器的引出线（引脚）与电阻体绝缘表面之间的电阻值。

（15）静态电容。它是指压敏电阻器本身固有的电容容量。

3.2.4 压敏电阻器浪涌和瞬变防护电路

当压敏电阻器用于浪涌和瞬变防护电路中时，通常有4种具体电路。

1．线间应用电路

图3-21所示是第一种应用电路，即线间应用电路。这一电路的特点是将压敏电阻器R1并联在电源线进线之间或是信号线与地线之间，当R1两端的电压达到击穿电压时，R1阻值迅速减小，达到过压保护目的。

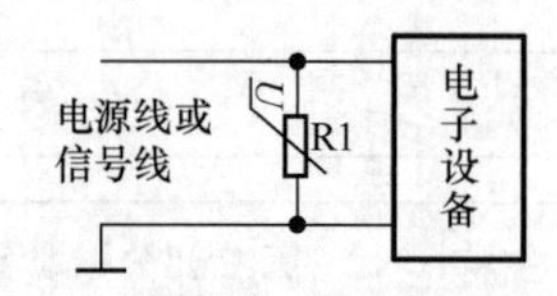

图3-21 压敏电阻器线间应用电路

重要提示

作为压敏电阻器，典型的应用是在电源线及长距离传输的信号线遇到雷击而使导线存在浪涌脉冲等情况下对电子产品起保护作用。

一般在线间接入压敏电阻器可对线间的感应脉冲有效，而在线与地间接入压敏电阻器则对传输线和大地间的感应脉冲有效。

2．感性负载应用电路

图3-22所示是第二种应用电路，即感性负载应用电路。电路中，R1是压敏电阻器，当电源开关S1断开时，感性负载两端会产生很大反向电动势，这时R1用来限制这一反向电动势，达到保护目的。

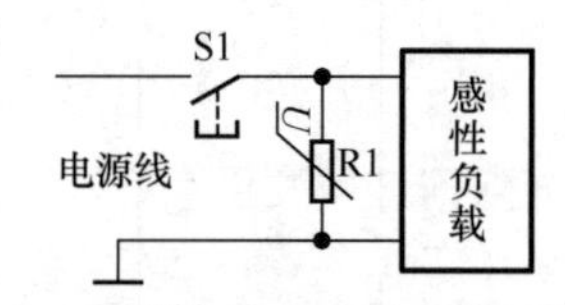

图3-22 压敏电阻器感性负载应用电路

重要提示

通常可以将压敏电阻器直接并联在感性负载上，但是根据电流种类和能量大小的不同，可以考虑采用RC串联吸收电路的形式。

3．开关触点间应用电路

图3-23所示是第三种应用电路，即压敏电阻器接在开关触点间应用电路。电路中，R1是压敏电阻器，它接在电源开关S1的两个触点之间，用来吸收开关断开时的电弧，防止开关触点被电弧烧坏。

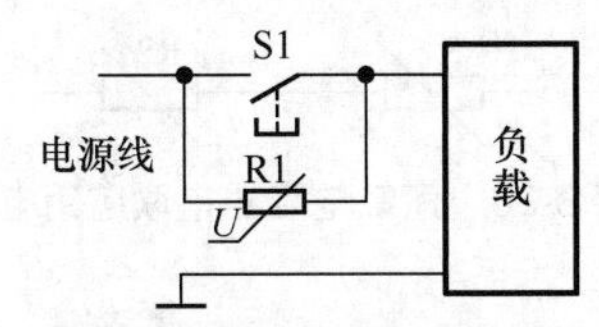

图 3-23　压敏电阻器接在开关触点间应用电路

4．保护半导体器件应用电路

图 3-24 所示是第四种应用电路，即用于保护半导体器件。电路中，R1 是压敏电阻器，它接在三极管 VT1 集电极与发射极之间，防止 VT1 集电极与发射极之间的电压过高而损坏三极管。这种保护电路还可以用于晶闸管、大功率三极管等半导体器件电路中，这是一种对半导体器件的有效保护电路，一般采用与保护器件并联的方式，以限制电压低于被保护器件的耐压等级。

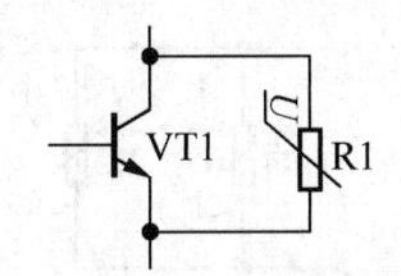

图 3-24　保护半导体器件应用电路

3.2.5　压敏电阻器其他应用电路

1．开关电源交流输入回路瞬变抑制器中压敏电阻器应用电路

图 3-25 所示是开关电源交流输入回路瞬变抑制器中的压敏电阻器应用电路。电路中，R1 是压敏电阻器。**开关电源电路中会有更多的开关脉冲出现。**

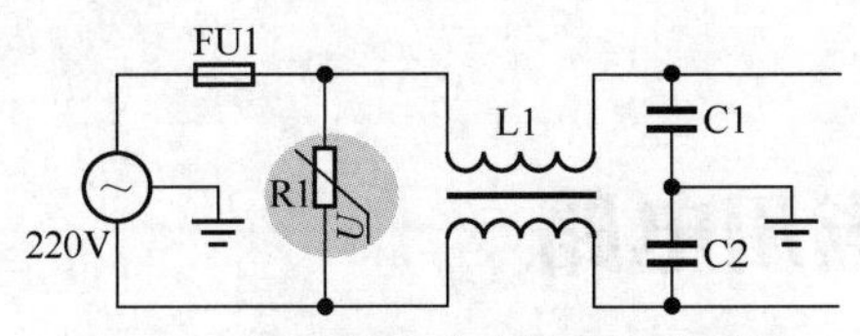

图 3-25　开关电源交流输入回路瞬变抑制器中的压敏电阻器应用电路

当 220V 交流市电电压中出现电压尖峰时，R1 可以将其抑制掉，其工作原理是：当尖峰电压高到一定值时，R1 阻值迅速减小，抑制尖峰电压，达到抑制 220V 交流市电电压中的尖峰电压目的，如图 3-26 所示。

当这种压敏电阻器用于脉冲电路中时，也可以达到抑制尖峰电压的目的，如图 3-27 所示。

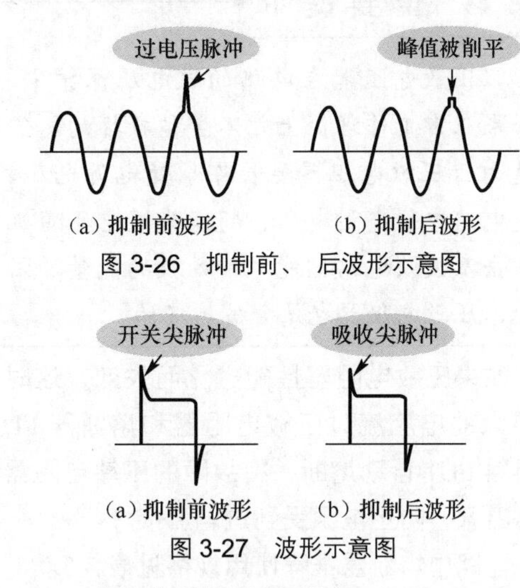

图 3-26　抑制前、后波形示意图

图 3-27　波形示意图

2．直流电路中应用电路

图 3-28 所示是直流电路中压敏电阻器应用电路。电路中，R925 是压敏电阻器。

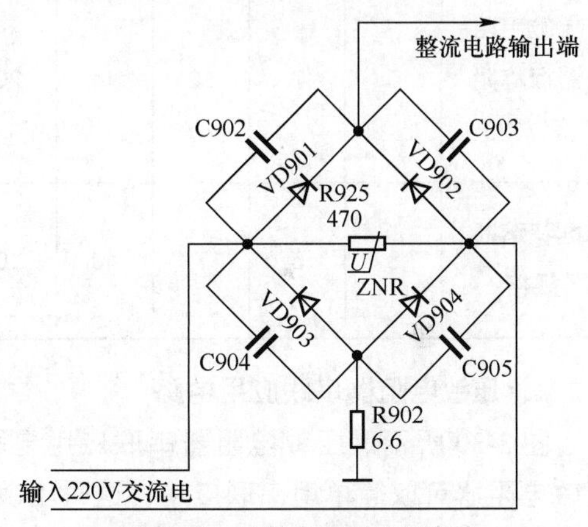

图 3-28　压敏电阻器应用电路

压敏电阻器 R925 并联在交流市电电压两端。如果出现过电压，并大到一定值时，R925 两端电压不再增大，防止了过高的电压加到桥式整流电路中，起到过电压保护作用。

3．压敏电阻器电路中过电流保护电路

图 3-29 所示是压敏电阻器电路中的过电流保护电路。电路中，R1 是压敏电阻器，FU1 是熔断器。

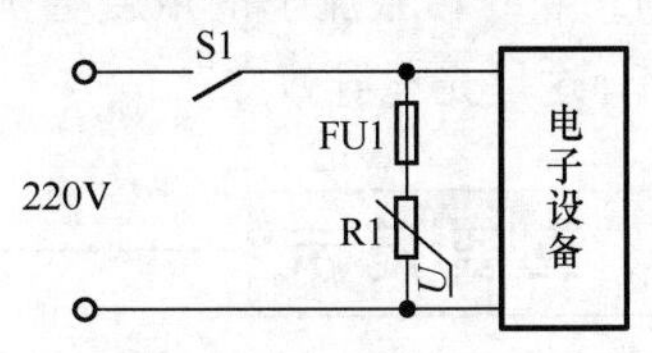

图 3-29　压敏电阻器电路中的过电流保护电路

重要提示

压敏电阻器在电路的过电压保护中，如果正常工作理论上是不会被损坏的。但是由于压敏电阻器要长期承受电源电压，受电路中暂态过电压、超能量过电压随机冲击及吸收电路储能元件释放的能量，因此，压敏电阻器也是会被损坏的。

如果压敏电阻器性能劣化而失效，这时会有很大的电流流过压敏电阻器和熔断器FU1，熔断器FU1自动熔断，将故障的压敏电阻器与电路断开，防止电源受到过电流损坏。

电路中熔断器推荐使用规格见表3-3。

表3-3　熔断器推荐使用规格

压敏电阻器标称阻值 / kΩ	5	7	10	14	20
推荐熔断器规格 / A	3	5	7	10	10

4．压敏电阻器串联应用电路

图3-30所示是压敏电阻器串联应用电路，压敏电阻器可以简单地串联应用，这时压敏电压、持续工作电压和限制电压为各压敏电阻器参数相加，而通流容量指标不变。

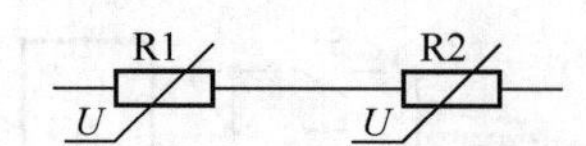

图3-30　压敏电阻器串联应用电路

重要提示

在高压电力避雷器中，要求持续工作电压高达数千伏或数万伏，就是将多只压敏电阻器串联起来应用。

5．压敏电阻器并联应用电路

图3-31所示是压敏电阻器并联应用电路。压敏电阻器可以并联，目的是获得更大的通流量，或者在冲击电流峰值一定的条件下减小电阻体中的电流密度，以降低限制电压。

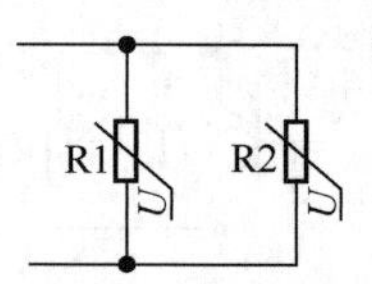

图3-31　压敏电阻器并联应用电路

重要提示

在压敏电阻器并联应用电路中，可以有更多只压敏电阻器进行并联应用。但是，要求每只压敏电阻器参数相同，否则小的压敏电阻器流过电流过大，不利于各压敏电阻器之间的电流分配。

3.3　光敏电阻器基础知识及应用电路

光敏电阻器依据光电导效应制成。当某种物质受到光照时，载流子的浓度增加从而增加了电导率，这是光电导效应。

光敏电阻器的阻值随光线强弱变化而变化。入射光强，电阻减小；入射光弱，电阻增大。

光敏电阻器没有极性，就是一个受光线强度控制的电阻器。无论光敏电阻器用于直流电路中还是交流电路中，它在电路中所起作用一样，这一点与普通电阻器相同。

3.3.1　光敏电阻器电路图形符号和工作原理

图 3-32 所示是几种光敏电阻器实物图。从图中可以看出，它有两根引脚，引脚没有极性之分。

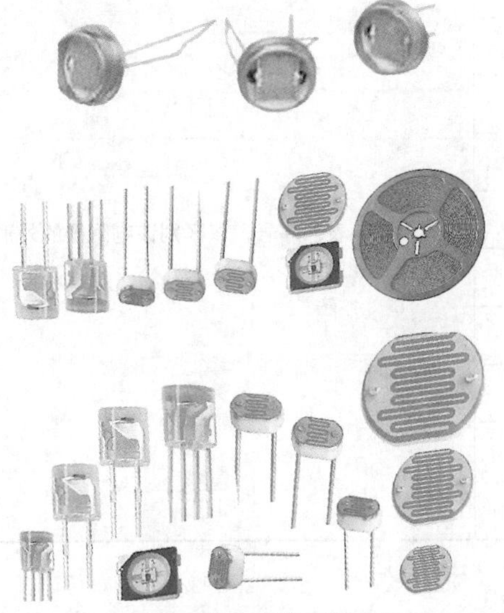

图 3-32　几种光敏电阻器实物图

种类提示

（1）光敏电阻器按其制作材料的不同可分为多晶光敏电阻器和单晶光敏电阻器，还可分为硫化镉（CdS）光敏电阻器、硒化镉（CdSe）光敏电阻器、硫化铅（PbS）光敏电阻器、硒化铅（PbSe）光敏电阻器、锑化铟（InSb）光敏电阻器等。

（2）光敏电阻器按其光谱特性可分为可见光光敏电阻器、紫外光光敏电阻器和红外光光敏电阻器。

可见光光敏电阻器主要用于各种光电自动控制系统、电子照相机、光报警器等电子产品中，如光控夜灯、照相机、监控器、光控玩具、声光控开关、摄像头、光控音乐盒、人体感应开关等。

紫外光光敏电阻器主要用于紫外线探测仪器。

红外光光敏电阻器主要用于天文、军事等领域的相关自动控制系统中。

1．光敏电阻器电路图形符号

图 3-33 所示是光敏电阻器电路图形符号。在光敏电阻器电路图形符号中，用大写的 R 表示电阻器，用字母 G 表示其阻值与光相关。

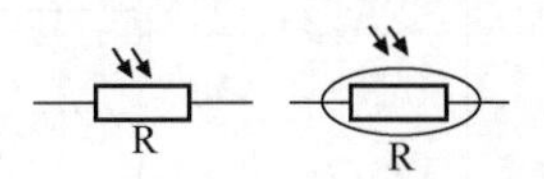

图 3-33　光敏电阻器电路图形符号

2．光敏电阻器结构示意图及工作原理图

图 3-34 是光敏电阻器结构示意图和工作原理图。

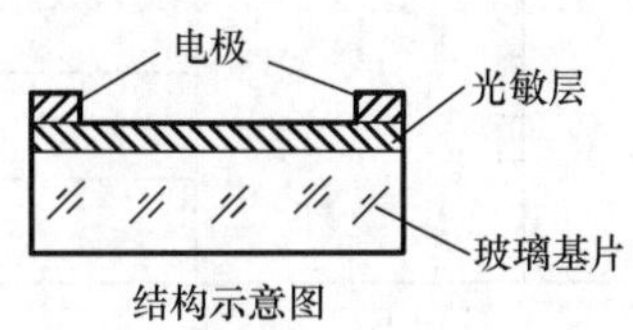

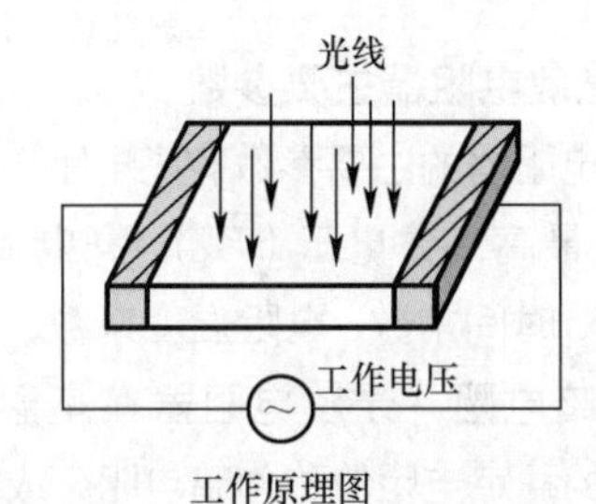

图 3-34　光敏电阻器结构示意图和工作原理图

光敏电阻器采用金属的硫化物、硒化物、碲化物等半导体材料制成，其基本原理是光电效应。在光敏电阻器两端的金属电极之间加上电压，其中便有电流通过，受到适当波长的光线照射时，电流就会随光强的增加而变大，从而实现光电转换。

3.3.2　光敏电阻器主要参数和主要特性

1．光敏电阻器型号命名方法

光敏电阻器型号命名方法见表 3-4。从表中可以看出，有多种类型的光敏电阻器。

表 3-4　光敏电阻器型号命名方法

第一部分：主称		第二部分：用途或特征		第三部分：序号
字　母	含　义	数　字	含　义	
MG	光敏电阻器	0	特殊	用数字表示序号，以区别该电阻器的外形尺寸及性能指标
		1	紫外光	
		2	紫外光	
		3	紫外光	
		4	可见光	
		5	可见光	
		6	可见光	
		7	红外光	
		8	红外光	
		9	红外光	

2．光敏电阻器主要参数

光敏电阻器的主要参数有亮电阻（R_L）、暗电阻（R_D）、最高工作电压（V_M）、亮电流（I_L）、暗电流（I_D）、时间常数、电阻温度系数、灵敏度等。

（1）暗电阻。光敏电阻器在室温和全暗条件下测得的稳定电阻值称为暗电阻，或称为暗阻。

（2）亮电阻。光敏电阻器在室温和一定光照条件下测得的稳定电阻值称为亮电阻，或称为亮阻。

光敏电阻器的暗阻越大越好，而亮阻越小越好，这样光敏电阻器的灵敏度高。

（3）暗电流。光敏电阻器暗电流是指在无光照射时，光敏电阻器在规定的外加电压下通过的电流。

（4）亮电流。光敏电阻器在规定的外加电压下受到光照时所通过的电流。

亮电流与暗电流之差称为光电流。

（5）最高工作电压。光敏电阻器最高工作电压是指光敏电阻器在额定功率下所允许承受的最高电压。

（6）时间常数。光敏电阻器时间常数是指光敏电阻器从光照跃变开始到稳定亮电流的63%时所需的时间。

（7）电阻温度系数。光敏电阻器温度系数是指光敏电阻器在环境温度改变1℃时，其电阻值的相对变化。

（8）灵敏度。光敏电阻器灵敏度是指光敏电阻器在有光照射和无光照射时电阻值的相对变化。

3．光敏电阻器伏 - 安特性

图3-35所示是光敏电阻器伏 - 安特性曲线。它是在一定照度下，光敏电阻器两端所加的电压与流过光敏电阻器电流之间的关系特性曲线，从图中可以看出光敏电阻器的伏 - 安特性曲线近似为直线，而且没有饱和现象。

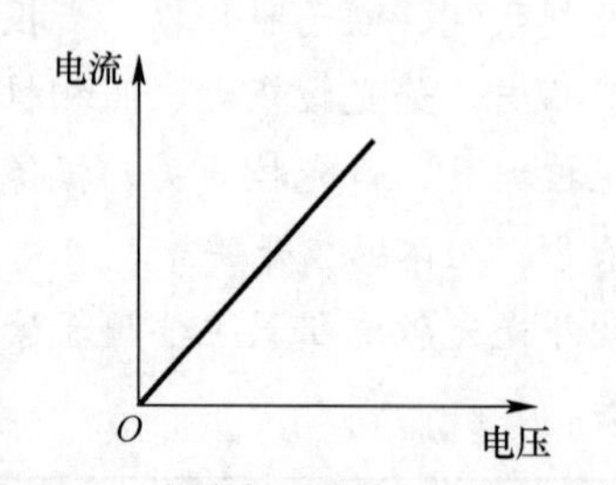

图 3-35　光敏电阻器伏 - 安特性曲线

4．光敏电阻器光电特性

图 3-36 所示是光敏电阻器光电特性曲线。光敏电阻器的光电流与光照度之间关系称为光电特性。从曲线中可以看出，光照度增强，电流增大，说明光敏电阻器的阻值在减小。

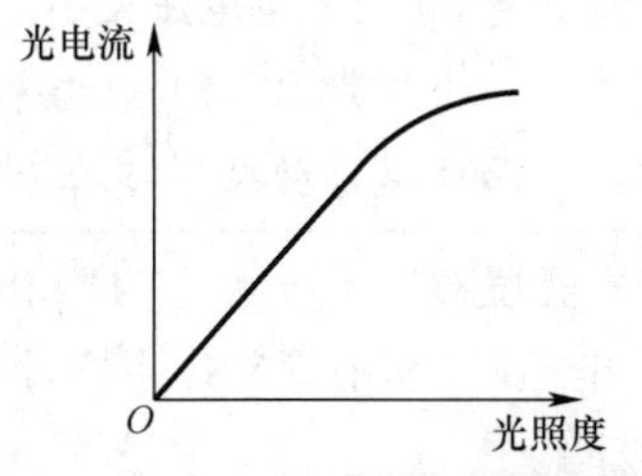

图 3-36　光敏电阻器光电特性曲线

光敏电阻器的光电特性呈非线性，因此不适宜做检测元件，这是光敏电阻器的一个缺点。

3.3.3　光敏电阻器控制电路

图 3-37 所示是一种光敏电阻器控制电路。电路中，R2 是光敏电阻器，K 是继电器，VT2 是继电器驱动管，RP1 是灵敏度调整可变电阻器。

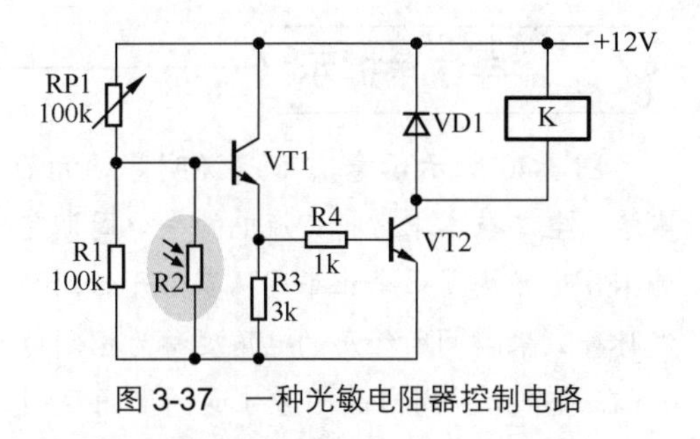

图 3-37　一种光敏电阻器控制电路

1．光线亮时电路

当光线亮时，光敏电阻器 R2 阻值比较小，这时 RP1、R1、R2 构成的分压电路输出电压比较小，即加到 VT1 基极的直流电压比较低，VT1 处于截止状态，VT2 也处于截止状态，继电器 K 中没有电流，继电器不会动作，常闭触点处于闭合状态，常开触点处于断开状态。

2．光线暗时电路

当光线暗时，光敏电阻器 R2 阻值增加比较大，这时 RP1、R1、R2 构成的分压电路输出电压比较大，即加到 VT1 基极的直流电压比较高，高到足以使 VT1 处于导通状态，VT1 发射极电压通过 R4 加到 VT2 基极，VT2 也处于导通状态，继电器 K 中有电流，继电器动作，常闭触点处于断开状态，常开触点处于闭合状态。

重要提示

改变 RP1 的阻值可以调节灵敏度，即光线暗到何等程度能使继电器动作。当 RP1 阻值减小时，VT1 基极直流电压为升高，也就是光线稍暗些，R2 阻值稍增大些就能使继电器 K 动作，所以是灵敏度提高了，反之则是灵敏度降低了。

3.3.4　光敏电阻器其他应用电路

1．光控开关电路

图 3-38 所示是一种光控开关电路，这一光控开关电路可以用在一些楼道、路灯等公共场所。通过光敏电阻器，它在天黑时会自动开灯，天亮时自动熄灭。电路中，VS1 是晶闸管，R1 是光敏电阻器。

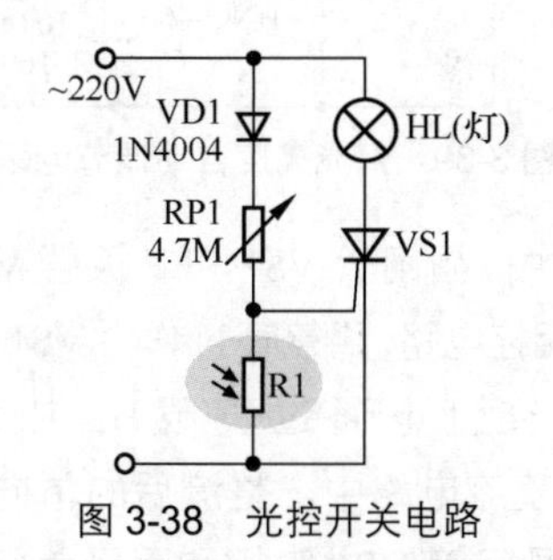

图 3-38　光控开关电路

当光线亮时，光敏电阻器 R1 阻值小，220V 交流电压经 VD1 整流后的单向脉冲性直流电压在 RP1 和 R1 分压后的电压小，加到晶闸管 VS1 控制极的电压小，这时晶闸管 VS1 不能导通，所以灯 HL 回路无电流，灯不亮。

当光线暗时，光敏电阻器 R1 阻值大，RP1 和 R1 分压后的电压大，加到晶闸管 VS1 控制极的电压大，这时晶闸管 VS1 进入导通状态，所以灯 HL 回路有电流流过，灯点亮。

重要提示

调节可变电阻器RP1的阻值，可以改变RP1与R1的分压输出电压大小，从而可以改变晶闸管VS1触发电压大小，这样可以调整光线变暗到什么程度时晶闸管VS1导通，即实现暗时点亮灯的调节。

如果RP1阻值调大，就需要R1更大的阻值（光线更暗）才能使晶闸管VS1点亮，反之RP1阻值调小就能在光线不是很暗时点亮灯。

2．灯光亮度自动调节电路

图3-39所示是灯光亮度自动调节电路，这一电路能根据外界光线的强弱来自动调节灯光亮度。电路中，VS1是晶闸管，N是氖管，HL是灯，R3是光敏电阻器。

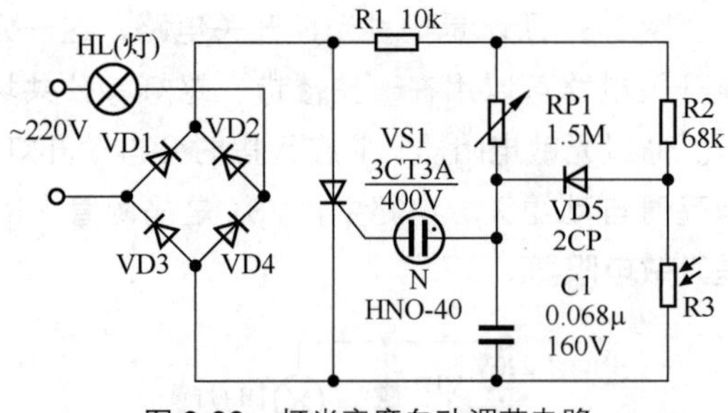

图3-39　灯光亮度自动调节电路

电路中，晶闸管VS1和二极管VD1～VD4组成全波相控电路，用氖管N作为VS1的触发管。

220V交流电通过负载HL加到VD1～VD4桥式整流电路中，整流后的单向脉冲直流电压加到晶闸管VS1阳极和阴极之间，VS1导通与截止受控制极上的电压控制。整流后的电压还加到各电阻和电容上。

直流电压通过R1和RP1对电容C1进行充电，C1上充到的电压通过氖管N加到晶闸管VS1控制极上，当C1上电压上升到一定程度时，氖管N启辉，将电压加到晶闸管VS1控制极上，使晶闸管VS1导通，灯HL点亮。

电容C1上平均电压大小决定了晶闸管VS1交流电一个周期内平均导通时间长短，从而决定了灯的亮度。

重要提示

C1的充电电路除R1、RP1外还有R2、R3、VD5，R2和R3分压后的电压使VD5导通，也对C1进行充电，所以R3的阻值大小就能决定C1上充电电压大小，也就能决定交流电一个周期内VS1平均导通时间的长短，从而可以自动控制灯的亮度。

当外界亮度高时，光敏电阻器R3阻值小，C1的充电电压低，晶闸管VS1平均导通时间短，HL灯光就暗。

当外界亮度低时，光敏电阻器R3阻值大，C1的充电电压高，晶闸管VS1平均导通时间长，HL灯光就亮。

由于R3的阻值是随外界光线强弱自动变化的，所以灯HL的亮度也是受外界光线强弱自动控制的。

调节可变电阻器RP1阻值可以改变对电容C1的充电时间常数，即改变VS1的导通角，调节HL灯光的亮度。

导通角提示

图3-40所示示意图可以说明导通角θ概念。电工技术中常把交流电的半个周期定为180°电角度，每个正半周从零值开始到触发脉冲到来瞬间所经历的电角度称为控制角α，在每个正半周内晶闸管导通的电角度叫导通角θ。α和θ用来表示晶闸管在承受正向电压的半个周期内的导通或阻断范围。显然，通过改变控制角α（也就是改变导通角θ）就能控制负载上脉冲性直流电压的平均值。

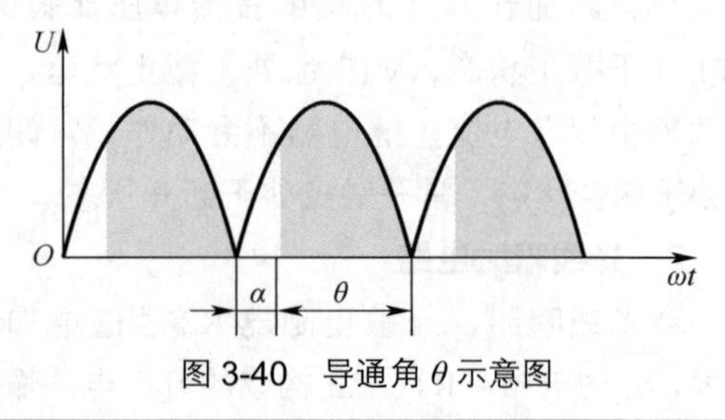

图3-40　导通角θ示意图

3．停电自动报警电路

图 3-41 所示是停电自动报警电路。电路中，VD2 是交流电电源指示灯，VD4 是红色发光二极管，R4 是光敏电阻器，BL1 是扬声器，VT1、VT2 和周围元器件构成一个低频振荡器。+3V 采用电池。

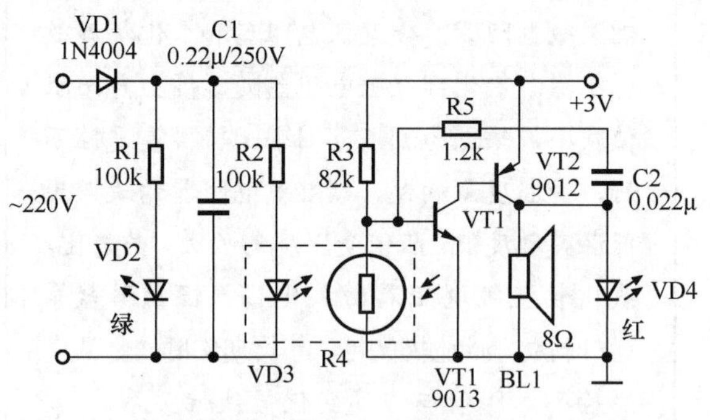

图 3-41　停电自动报警电路

有交流市电时， 220V 交流电压通过 VD1 半波整流和 C1 滤波，得到的直流电压通过 R1 加到 VD2 上，使之发光指示交流电供电正常。同时，通过 R2 加到 VD3 上，使 VD3 发光。

由于 VD3 发光，光线照射到光敏电阻器 R4 上，R4 阻值小。这时，+3V 直流电压通过 R3 和 R4 分压的电压加到 VT1 基极，因为 R4 阻值小，VT1 截止，这时报警电路不工作。

当交流电断电时， VD3 不发光，R4 阻值明显增大，使 VT1 进入放大状态，这时 VT1、VT2 和周围元器件构成的低频振荡器电路工作，扬声器 BL1 发出声响报警，同时 VD4 发光显示断电。

电路中，R5 和 C2 构成低频振荡器中的正反馈电路。

图 3-42 是 VD3 和 R4 构成的简单光耦结构示意图。

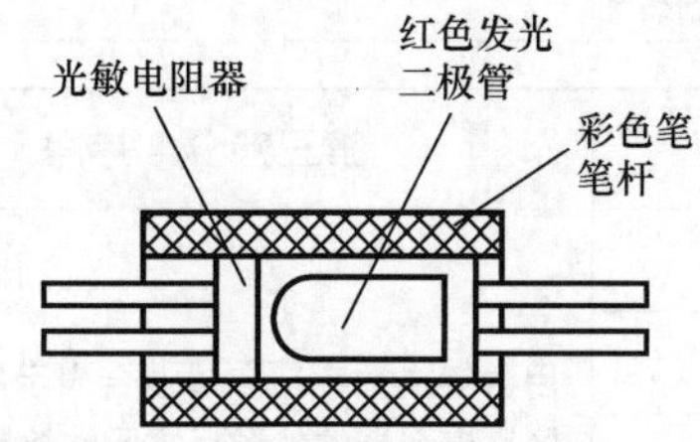

图 3-42　VD3 和 R4 构成的简单光耦结构示意图

4．照相机电子测光电路

图 3-43 所示是照相机电子测光电路。在中档照相机中，光敏电阻器作为电子测光元件。电路中，R1 是光敏电阻器，R2 是热敏电阻器，VD1 和 VD2 是发光二极管。

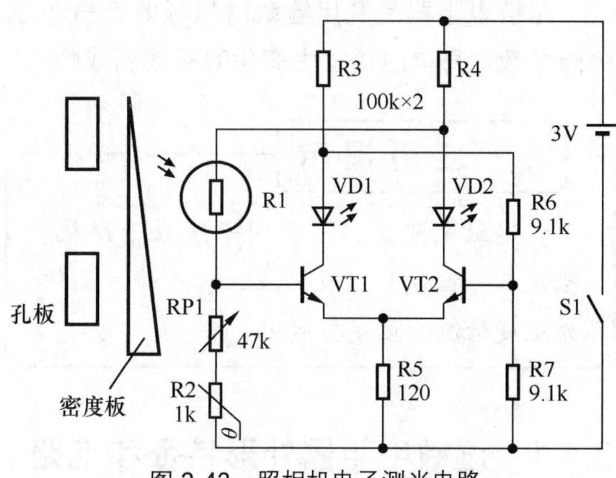

图 3-43　照相机电子测光电路

从电路中可以看出，VT1 是 VD1 的驱动管，VT2 是 VD2 的驱动管，VT1 和 VT2 两端的电路对称，但是基极偏置电路有所不同。**VT2 基极由固定电阻 R6、R7 构成分压式偏置电路，而 VT1 基极则由 R1、RP1 和 R2 构成分压式偏置电路。**

重要提示

当电路达到平衡时，即两只发光二极管发光均匀，表示适曝，这就要求两只发光二极管的驱动管基极电流相同。

如果只有其中一只亮而另一只不亮，则表示欠曝或过曝，这时要进行移动密度板的调整。

光线从孔板照射在光敏电阻器上，移动密度板时可以改变光线照射到光敏电阻器 R1 上的强弱，从而可以改变 R1 的阻值大小，改变 R1、RP1 和 R2 分压电路输出电压，即改变了加到 VT1 基极的直流电压，进而改变了发光二极管 VD1 发光强弱，达到正确曝光的目的。

元器件作用提示

电路中的热敏电阻 R2（1kΩ）起温度补偿作用，以补偿光敏电阻器 R1 的温度变化而引起的误差。

3.4 湿敏电阻器基础知识及应用电路

湿敏电阻器是利用湿敏材料吸收空气中水分而导致本身电阻值发生变化的原理制成的。

应用提示

湿敏电阻器广泛应用于洗衣干燥机、空调器、微波炉以及工业、农业等方面作为湿度检测、湿度控制用。

3.4.1 湿敏电阻器外形特征和电路图形符号

1．湿敏电阻器外形特征

图 3-44 所示是湿敏电阻器实物图。从图中可以看出，它有两根引脚，没有正、负极之分。

图 3-44　湿敏电阻器实物图

种类提示

湿敏电阻器根据感湿层使用的材料或配方不同可分为正电阻湿度特性（即湿度增大时电阻值增大）和负电阻湿度特性（湿度增大时电阻值减小）两种。

具体地划分，湿敏电阻器主要有氯化锂湿敏电阻器、碳湿敏电阻器和氧化物湿敏电阻器。氯化锂湿敏电阻器随湿度上升而阻值减小，缺点为测试范围小，特性重复性不好，受温度影响大。碳湿敏电阻器的缺点为低温灵敏度低，阻值受温度影响大，易老化。氧化物湿敏电阻器由氧化锡、镍铁酸盐等材料制成，性能较优越，可长期使用，受温度影响小，阻值与湿度变化呈线性关系。

2．湿敏电阻器电路图形符号

图 3-45 所示是湿敏电阻器电路图形符号。在湿敏电阻器电路图形符号中，用大写的 R 表示电阻，用字母 S 表示其阻值与湿度相关。在其他电路图形符号中用一个黑点表示是湿敏电阻器。

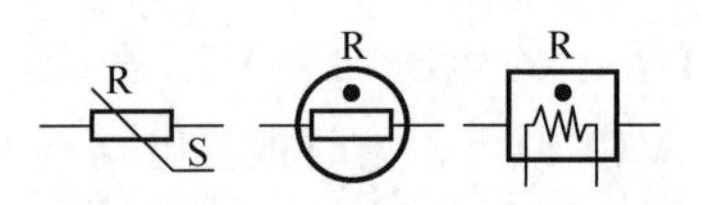

图 3-45　湿敏电阻器电路图形符号

3．湿敏电阻器型号命名方法

湿敏电阻器型号可分为 3 个部分，各部分的含义见表 3-5。例如，ms01-a 是通用型湿敏电阻器，m 表示敏感电阻器，s 表示湿敏电阻器，01-a 表示序号。

表 3-5　湿敏电阻器型号命名方法

第一部分：主称		第二部分：用途或特征		第三部分：序号
ms	湿敏电阻器	字母	含义	用数字或数字与字母混合表示序号，以区别电阻器的外形尺寸及性能参数
		无	通用型	
		K	控制湿度用	
		c	测量湿度用	

3.4.2　湿敏电阻器主要参数和主要特性

1．湿敏电阻器结构示意图

图 3-46 是湿敏电阻器结构示意图。湿敏电阻器由基体（绝缘片）、感湿材料和电极构成。感湿材料接收到湿度变化，电极之间阻值就发生改变，起到将湿度转换成电信号的作用。

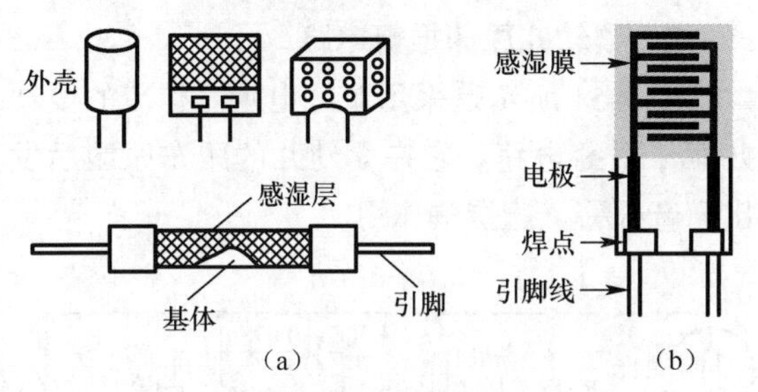

图 3-46　湿敏电阻器结构示意图

有的湿敏电阻器还设有防尘外壳。基体采用聚碳酸酯板、氧化铝、电子陶瓷等不吸水、耐高温的材料制成。

感湿层为微孔型结构，具有电解质特性。根据感湿层使用的材料和配方不同，它分为正电阻湿度特性（即湿度增大时，电阻值增大）和负电阻湿度特性（即湿度增大时，电阻值减小）。

图 3-47 是带加热线圈的湿敏电阻器结构示意图。它采用新型功能陶瓷制成，最大的特点是：测湿范围宽，阻抗值适中，耐高温，可靠性高，可反复热清洗以恢复原始特性等。这些特点优于现今使用的盐类、有机高分子等材料所制成的测湿元件。

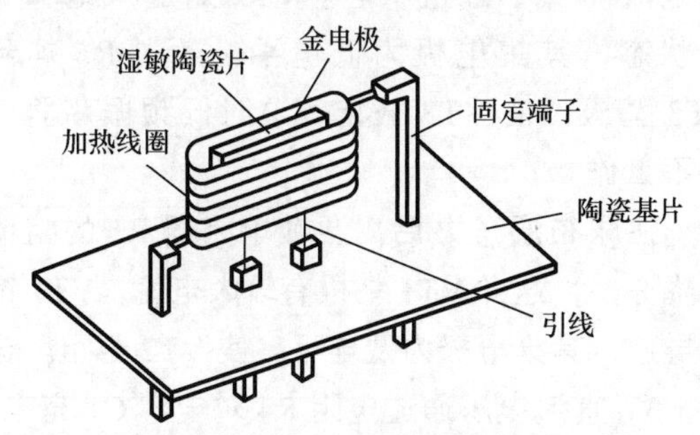

图 3-47　带加热线圈的湿敏电阻器结构示意图

2．湿敏电阻器主要参数

（1）相对湿度。它是指在某一温度下，空气中所含水蒸气的实际密度与同一温度下饱和密度之比，通常用“RH”表示。例如：20%RH，则表示空气相对湿度为 20%。

（2）湿度温度系数。它是指在环境湿度恒定时，湿敏电阻器在温度每变化 1℃时其湿度指示的变化量。

（3）灵敏度。它是指湿敏电阻器检测湿度时的分辨率。

（4）测湿范围。它是指湿敏电阻器的湿度测量范围。

（5）湿滞效应。它是指湿敏电阻器在吸湿和脱湿过程中电气参数表现的滞后现象。

（6）响应时间。它是指湿敏电阻器在湿度检测环境快速变化时，其电阻值的变化情况（反应速度）。

3．湿敏电阻器电阻 - 相对湿度特性

（1）负电阻特性湿敏电阻器电阻 - 相对湿度特性。图 3-48 所示是一种湿敏电阻器的电阻 - 相对湿度特性曲线。从曲线中可以看出，相对湿度增大时阻值下降，可见这是负电阻湿度特性。

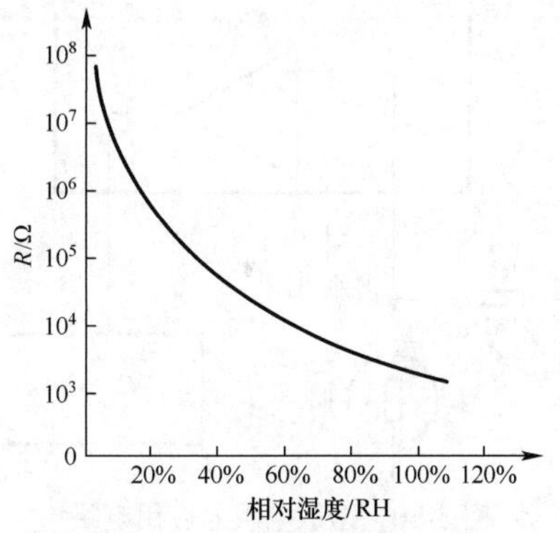

图 3-48　负电阻特性湿敏电阻器电阻 - 相对湿度特性曲线

（2）正电阻特性湿敏电阻器电阻 - 相对湿度特性。图 3-49 所示是碳膜湿敏电阻器的电阻 - 相对湿度特性曲线。从曲线中可以看出，相对湿度增大时阻值增大，可见这是正电阻湿度特性。

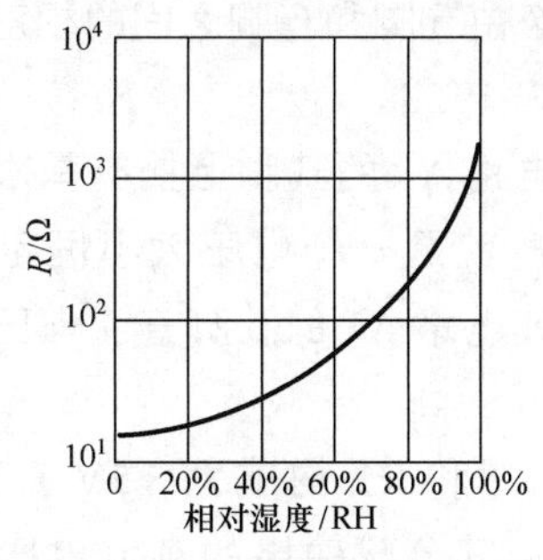

图 3-49　正电阻特性湿敏电阻器电阻 - 相对湿度特性曲线

重要提示

碳膜湿敏电阻器在0～40℃时的检测精度一般为±2%RH，在低湿度条件下的响应特性较好。

碳膜湿敏电阻器虽然制作工艺简单，却存在着灵敏度较低、滞差较大、容易老化等缺点。

3.4.3 湿敏电阻器应用电路

1．湿度传感电路

图3-50所示是湿度传感电路。电路中，R2是湿敏电阻器，A1是一个电压比较器集成电路，A2是CPU。

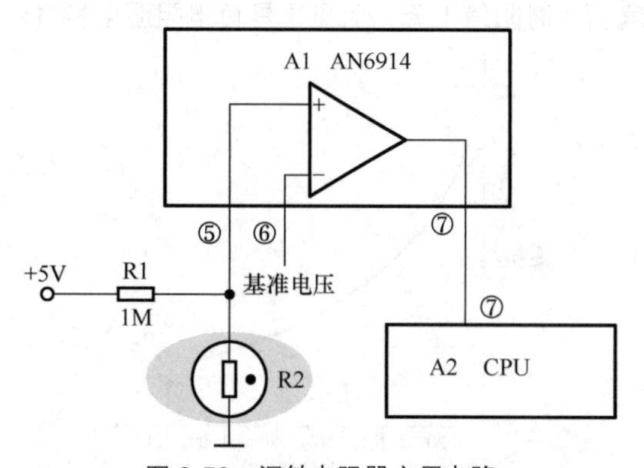

图3-50 湿敏电阻器应用电路

电压比较器工作原理是：当A1的⑤脚直流电压大于⑥脚直流电压时，⑦脚输出高电平给集成电路A2的⑦脚。当A1的⑤脚直流电压小于⑥脚直流电压时，⑦脚输出低电平给集成电路A2的⑦脚。由此可知，集成电路A1的⑦脚输出状态由⑤脚和⑥脚之间的相对电压高低决定。

集成电路A1的⑥脚上接有基准电压，所谓基准电压就是一个电压大小恒定的直流电压，即集成电路A1的⑥脚直流电压大小是不变的。

电阻R1和R2构成对+5V直流电压的分压电路，其分压输出的直流电压加到集成电路A1的⑤脚上。**当相对湿度不大时，**湿敏电阻器R2阻值比较大，这时集成电路A1的⑤脚直流电压大于⑥脚直流电压，⑦脚输出高电平给集成电路A2的⑦脚。**当相对湿度较大时，**湿敏电阻器R2阻值比较小，这时集成电路A1的⑤脚直流电压小于⑥脚直流电压，⑦脚输出低电平给集成电路A2的⑦脚。

2．婴幼儿尿床报警电路

图3-51所示是采用湿敏电阻器构成的婴幼儿尿床报警电路。它在婴幼儿的尿布尿湿后发出声音报警，起提醒作用。

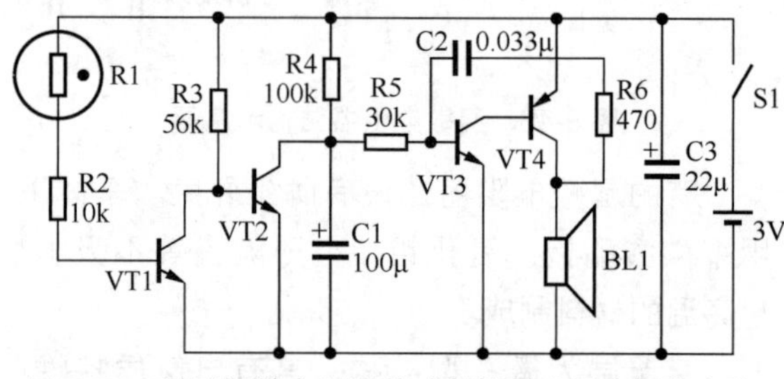

图3-51 采用湿敏电阻器构成的婴幼儿尿床报警电路

电路中R1是湿敏电阻器，R1与VT1、VT2等元器件构成检测放大器，R4和C1构成延时电路，VT3、VT4等元器件构成低频振荡器电路。

接通电源后，由于尿布不湿，所以湿敏电阻器R1处于高阻值状态，这时VT1无基极电流而处于截止状态。VT2则进入饱和导通状态，其集电极为低电平，通过R5加到VT3基极，使VT3截止，这时低频振荡器电路不工作。

在尿布湿了之后，湿敏电阻器R1的阻值下降许多，这样VT1基极有较大电流，VT1饱和导通，其集电极为低电平，使VT2截止。这时，3V直流电压通过电阻R4对电容C1充电，这一充电电路就是一个延时电路，随着C1上充到的电压到一定程度后，加到VT3基极，使VT3和VT4获得正常直流偏置电压而进入振荡工作状态，这时扬声器BL1发出声响，进行提示。

3.5 气敏电阻器基础知识及应用电路

气敏电阻器可以将被测气体的浓度和成分信号转变为相应的电信号，广泛应用于各种可燃气体、有害气体、烟雾等方面的检测及自动控制中。

3.5.1 气敏电阻器电路图形符号和种类

图 3-52 所示是气敏电阻器实物图。气敏电阻器通常有 4 根引脚，其中两根是电极，另两根是加热丝引脚。常温型气敏电阻器由于不需要加热丝，所以它只有两根引脚。

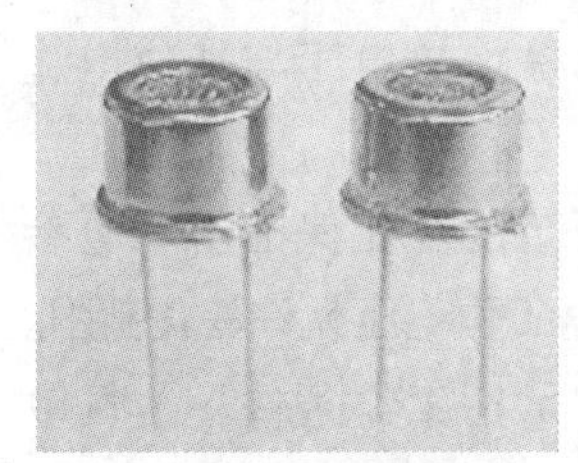
（a）加热型气敏电阻器

（b）常温型气敏电阻器

图 3-52　气敏电阻器实物图

1．气敏电阻器电路图形符号

图 3-53 所示是气敏电阻器电路图形符号，在气敏电阻器电路图形符号中，用大写的 R 表示电阻，用字母 Q 表示其阻值与气体相关。

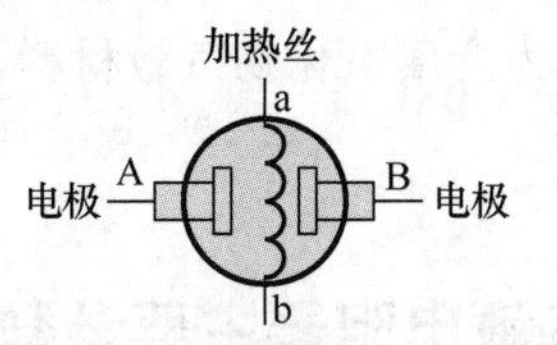

（a）加热型气敏电阻器电路图形符号

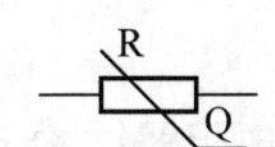

（b）常温型气敏电阻器电路图形符号

图 3-53　气敏电阻器电路图形符号

2．气敏电阻器种类

（1）按工作原理分类。气敏电阻器大体上可分为两种：一种是电阻式，另一种是非电阻式，目前使用的大多为电阻式气敏电阻器。电阻式气敏电阻器是用氧化锡、氧化锌等金属氧化物材料制作，而非电阻式气敏电阻器则为半导体器件。气敏电阻器分类说明见表 3-6。

（2）根据气敏电阻器检测气体不同分类。分为 N 型气敏电阻器和 P 型气敏电阻器。

N 型气敏电阻器在检测到甲烷、一氧化碳、天然气、煤气、液化石油气、乙炔、氢气等气体时其电阻值减小。

P 型气敏电阻器在检测到可燃气体时其电阻值将增大，而在检测到氧气、氯气、二氧化碳等气体时其电阻值将减小。

（3）国产的气敏元件有两种。一是直热式，

表 3-6　气敏电阻器分类说明

	分　类	特　点	工 作 温 度	可 测 气 体
电阻式	表面控制型	灵敏度高，响应速度快	室温至 + 450℃	可燃性气体
	体控制型	高、低温条件下的稳定性均较好	300～450℃或700℃以上	可燃性气体、氧气、酒精
非电阻式	气敏二极管	—	室温至 200℃	氧气、一氧化碳、酒精
	氢敏 MOS 场效应管	—	150℃	氢气、硫化氢

加热丝和测量电极一同烧结在金属氧化物半导体管心内；二是旁热式，这种气敏元件以陶瓷管为基底，管内穿加热丝，管外侧有两个测量极，测量极之间为金属氧化物气敏材料，经高温烧结而成。

3.5.2 气敏电阻器主要参数和主要特性

图 3-54 是气敏电阻器结构示意图。从图中可以看出，气敏电阻器主要由防爆网、管座、电极、封装玻璃、加热丝、氧化物半导体等几部分组成。

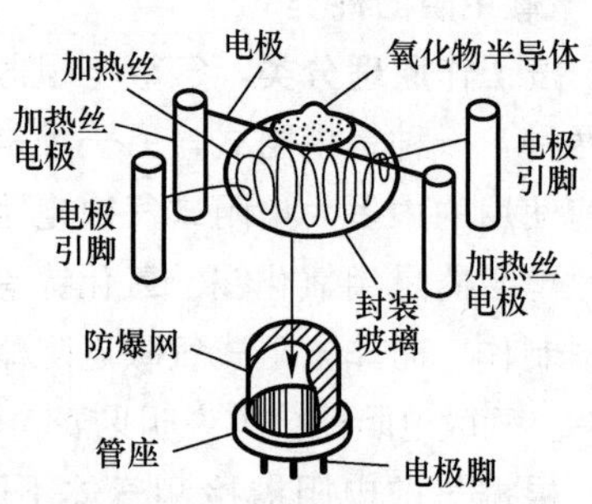

图 3-54　气敏电阻器结构示意图

1．气敏电阻器灵敏度 - 温度特性

图 3-55 所示是气敏电阻器灵敏度 - 温度特性曲线，纵坐标为灵敏度，即由于电导率的变化所引起的在负载上的信号电压。从曲线中可以看出，在室温下电导率变化不大，当温度升高后，电导率就发生较大的变化，因此气敏电阻器在使用时需要加温。

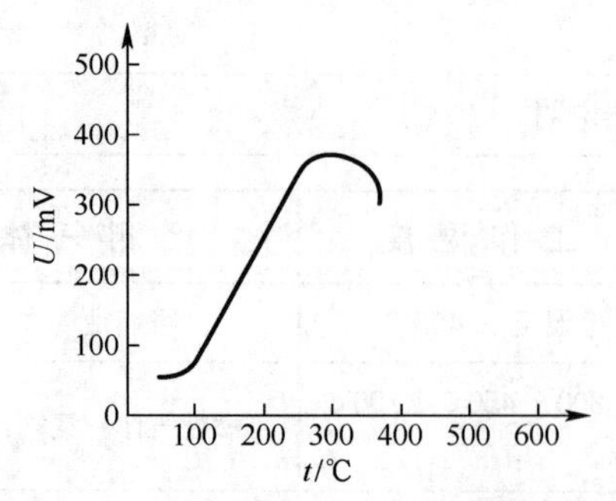

图 3-55　气敏电阻器灵敏度 - 温度特性曲线

2．气敏电阻器阻值 - 气体浓度特性

图 3-56 所示是气敏电阻器阻值 - 气体浓度特性曲线。从图中可以看出，气敏电阻器对乙醚、乙醇、氢、正乙烷等具有较高灵敏度。

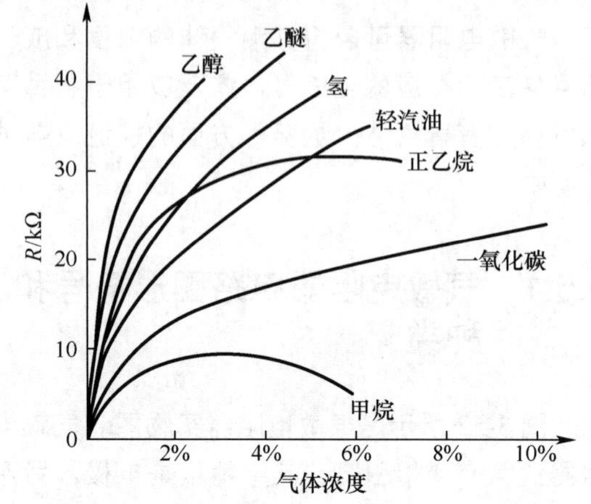

图 3-56　气敏电阻器阻值 - 气体浓度特性曲线

3．气敏电阻器主要参数

（1）加热功率。它是加热电压与加热电流的乘积。

（2）允许工作电压范围。在保证基本电参数的情况下，气敏电阻器工作电压允许变化范围。

（3）工作电压。它是指工作条件下，气敏电阻器两极间的电压。

（4）加热电压。它是指加热器两端的电压。

（5）加热电流。它是指通过加热器的电流。

（6）灵敏度。它是指气敏电阻器在最佳工作条件下，接触气体后其电阻值随气体浓度变化的特性。如果采用电压测量法，其值等于接触某种气体前后负载电阻上电压降之比。

（7）响应时间。气敏电阻器在最佳工作条件下，接触待测气体后，负载电阻的电压变化到规定值所需的时间。

（8）恢复时间。气敏电阻器在最佳工作条件下，脱离被测气体后，负载电阻上电压恢复到规定值所需要的时间。

3.5.3 气敏电阻器应用电路

图 3-57 所示是气敏电阻器构成的火灾报警器电路。整个电路由 3 部分组成：烟雾检测电路、电子开关电路和高响度报警器。

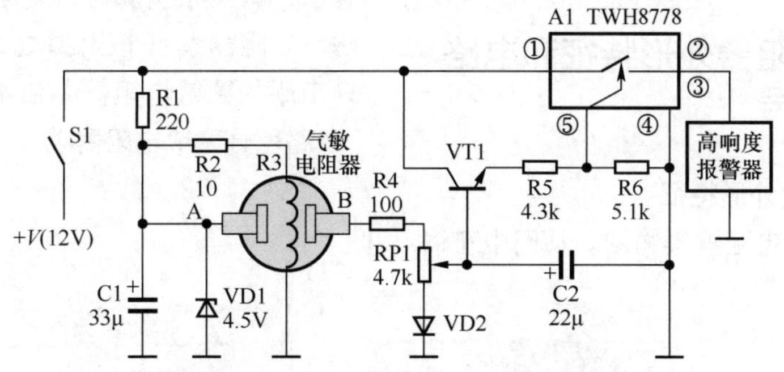

图 3-57　气敏电阻器构成的火灾报警器电路

1．开关集成电路 A1（TWH8778）

开关集成电路 TWH8778 总共有 5 根引脚，采用 TO-220 塑封包装，图 3-58 是它的外形示意图。

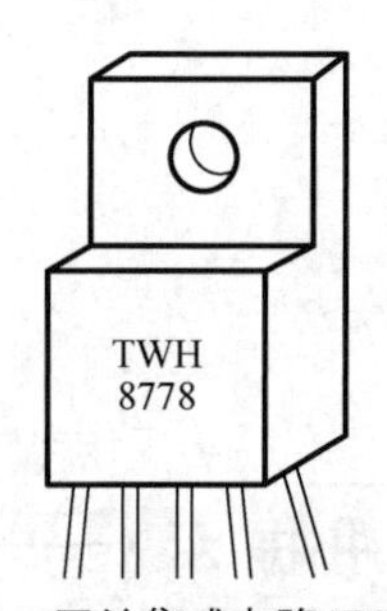

图 3-58　开关集成电路 TWH8778

①脚接电源正极，同时也是内电路中“电子开关”的输入引脚。

②脚和③脚是合并的，是内电路中的“电子开关”输出引脚。

④脚是接地引脚。

⑤脚是内电路中“电子开关”的控制引脚，阈值正电压为 1.6V。当⑤脚电流小于 30μA 时内电路中的“电子开关”断开，当⑤脚电流大于 30μA 时内电路中的“电子开关”接通。

2．烟雾检测电路

当电源开关 S1 接通后，电路处于自动检测报警的工作状态。

烟雾检测电路由气敏电阻器 R3（即气敏传感器）和电阻器 R1、R2 组成。气敏电阻器在未检测到烟雾时，其 A、B 两端之间的电阻很大，这样加到 VT1 基极的直流电压很低，VT1 处于截止状态，电路处于待警状态。

当烟雾到一定的浓度时，R3 的 A、B 两端间电阻下降，这时直流工作电压 +V 通过 R1 与 R3 的 A 和 B 端内阻、R4、RP1 加到 VT1 基极，VT1 基极直流电压升高，VT1 饱和导通，VT1 发射极输出的直流电压通过 R5、R6 分压后加到 A1 的⑤脚，使 A1 的⑤脚为高电平，A1 内电路中的“电子开关”接通，即 A1 的①、②脚之间接通，这样直流工作电压 +V 经闭合的 S1、A1 的①、②脚，加到高响度报警器上，报警器发出高响度声响，提示出现烟雾。

3．检测灵敏度调整电路

电路中的 RP1 为检测灵敏度调整电位器，当 RP1 动片向上调节时，灵敏度提高，只要有较小的烟雾，即气敏电阻器 R3 的 A、B 两端之间的电阻减小量较小时，VT1 便能导通，使电路报警。反之，RP1 动片向下调节时，灵敏度下降。

3.6　磁敏电阻器基础知识及应用电路

磁敏电阻器也称磁控电阻器，它是一种磁敏感元件，电阻器阻值大小受磁场强度控制。

3.6.1 磁敏电阻器外形特征和电路图形符号

1．磁敏电阻器外形特征

图 3-59 是磁敏电阻器实物图。从图中可以看出，有两根引脚磁敏电阻器（内部只有一只磁敏电阻器）、3 根引脚磁敏电阻器（内部有两只串联的磁敏电阻器）和 4 根引脚磁敏电阻器（双路差分磁敏电阻器）。

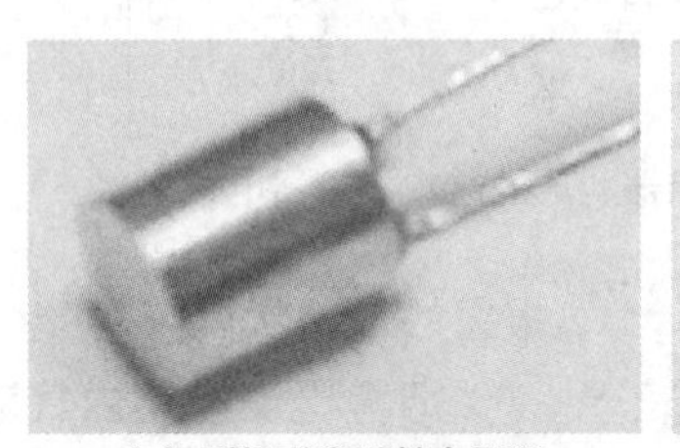

（a）两根引脚磁敏电阻器

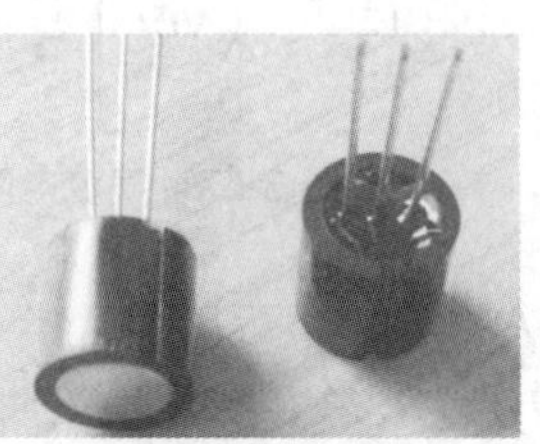

（b）差分磁敏电阻器

（c）双路差分磁敏电阻器

图 3-59　磁敏电阻器实物图

2．磁敏电阻器电路图形符号

图 3-60 所示是磁敏电阻器电路图形符号。2 根引脚磁敏电阻器的电路图形符号中，用大写的 R 表示电阻，用字母 M 表示其阻值与磁相关。3 根引脚磁敏电阻器电路图形符号中，内部有两只串联的磁敏电阻，中间引出一根引脚。

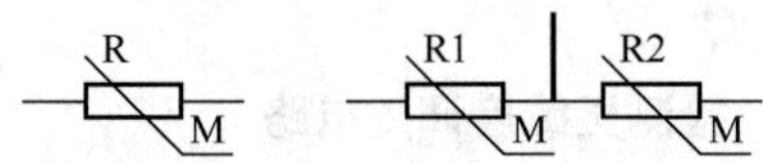

图 3-60　磁敏电阻器电路图形符号

图 3-61 所示是 3 根引脚磁敏电阻器的等效电路，两根引脚之间加有 5V 直流工作电压，另一根引脚输出信号。

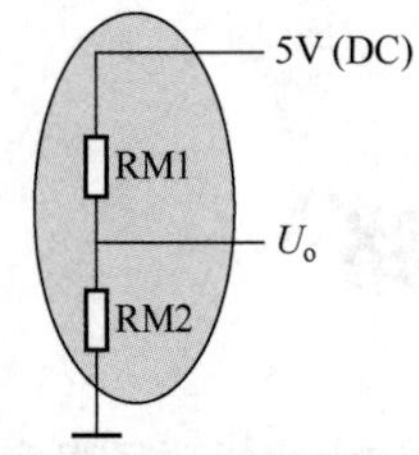

图 3-61　3 根引脚磁敏电阻器等效电路

应用提示

磁敏电阻器一般用于磁场强度、漏磁的检测。它在交流变换器、频率变换器、功率电压变换器、位移电压变换器等电路中作为控制元件，还可用于接近开关、磁卡文字识别、磁电编码器、电动机测速等方面。

3.6.2 磁敏电阻器主要参数和主要特性

1．磁敏电阻器主要参数

（1）磁阻比。它是指在某一规定的磁感应强度下，磁敏电阻器的阻值与零磁感应强度下的阻值之比。

（2）磁阻系数。它是指在某一规定的磁感应强度下，磁敏电阻器的阻值与其标称阻值之比。

（3）磁阻灵敏度。它是指在某一规定的磁感应强度下，磁敏电阻器的阻值随磁感应强度的相对变化率。

（4）电阻温度系数。它是指在规定的磁感应强度和温度下，磁敏电阻器的阻值随温度的相对变化率与电阻值之比。

（5）最高工作温度。它是指在规定的条件下，磁敏电阻器长期连续工作所允许的最高温度。

2．磁敏电阻器磁感应强度 - 电阻特性

图 3-62 所示是磁敏电阻器磁感应强度 - 电阻特性曲线，即 *B*-*R* 特性曲线。图中纵坐标是 R_B/R_0（磁感应强度为 *B* 时的阻值为 R_B，无磁场时电阻值为 R_0），横坐标是磁感应强度。

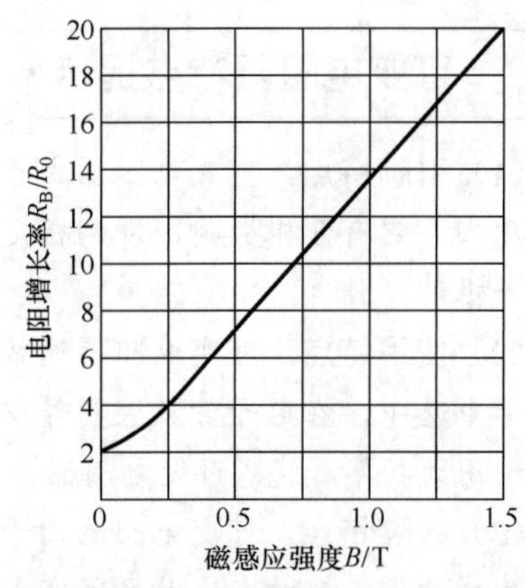

图 3-62　磁敏电阻器磁感应强度 - 电阻特性曲线

3.6.3　磁敏电阻器应用电路

图 3-63 所示是磁敏电阻器应用电路。电路中，R1 和 R2 是磁敏电阻器，A1 为电压比较器。

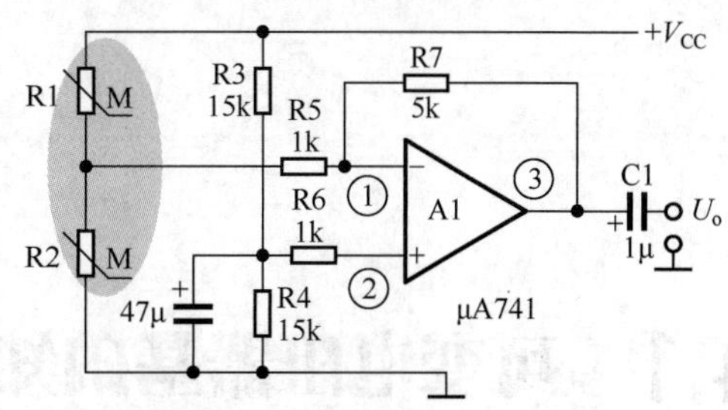

图 3-63　磁敏电阻器应用电路

1．基准电压电路分析

电路中，R3 和 R4 构成对直流工作电压 +V_{CC} 的分压电路，其输出电压通过电阻 R6 加到集成电路 A1 的②脚，作为基准电压。

2．电路分析

当磁场发生改变时，磁敏电阻 R1、R2 分压电路输出电压大小变化，这一变化的电压通过电阻 R5 加到集成电路 A1 的①脚，这样集成电路 A1 的输出端③脚电压大小也随之作相应的变化，这一变化信号经 C1 耦合得到输出信号 U_o。

第4章 可变电阻器和电位器基础知识及应用电路

4.1 可变电阻器基础知识

可变电阻器又称微调电阻器、可调电阻器。顾名思义，可变电阻器的阻值可以在一定的范围内任意改变。在一些要求电阻值可变动而又不常变动的场合，可使用可变电阻器。

重要提示

可变电阻器虽然也是一种电阻器，但是由于可变电阻器结构与普通电阻器有着明显的不同，所以它的外形特征也与普通电阻器大不相同。

4.1.1 可变电阻器外形特征和电路图形符号

1. 可变电阻器外形特征

可变电阻器实物图和特性说明见表4-1。

可变电阻器特点提示

（1）**引脚特点。**可变电阻器由于功能性的原因，它有3根引脚，即两根定片引脚和一根动片引脚。

（2）**使用特点。**可变电阻器通常用于小信号电路中，在电子管放大器等少数场合也使用大功率线绕式可变电阻器。

（3）**故障特点。**可变电阻器由于结构和使用的原因，动片与定片之间容易氧化和接触不良，所以故障发生率明显高于普通电阻器。

2. 可变电阻器电路图形符号

（1）可变电阻器电路图形符号。图4-1所示是最新规定的可变电阻器电路图形符号。可

表4-1 可变电阻器实物图和特性说明

名　称	实 物 图	说　明
卧式可变电阻器		卧式可变电阻器主要用于小信号电路中，它的引脚垂直向下，平卧地安装在电路板上，阻值调节口朝上

续表

名　称	实 物 图	说　明
立式可变电阻器		立式可变电阻器也用于小信号电路中，它的 3 根引脚与调节平面成 90°，垂直地安装在电路板上，阻值调节口在水平方向
小型可变电阻器		小型塑料外壳的可变电阻器体积更小，呈圆形结构。 这种可变电阻器在一些体积很小的电子设备中使用
精密可变电阻器		精密可变电阻器的最大特点是调整电阻值时精度高，在一些电路调整精度要求很高的场合下，普通可变电阻器的调整精度无法满足使用要求，此时可用这种可变电阻器。它在阻值调整时可以转动多圈
贴片可变电阻器		与其他贴片元器件相同，它没有引脚

变电阻器的电路图形符号是在普通电阻器电路图形符号基础上加一个箭头，形象地表示它的阻值可变这一特点。

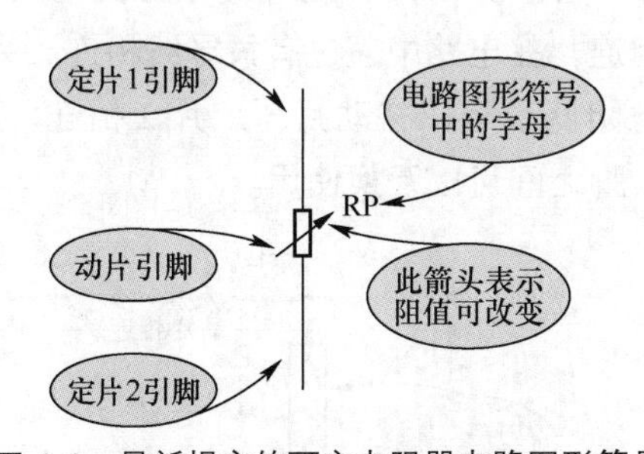

图 4-1　最新规定的可变电阻器电路图形符号

从电路图形符号中可以识别两个定片引脚和一个动片引脚，电路图形符号中用 RP 表示可变电阻器。

（2）可变电阻器旧的电路图形符号。图 4-2 所示是可变电阻器旧的电路图形符号，这一符号比较形象地表示了可变电阻器阻值调节原理和电路中的实际连接情况。它的动片引脚与一个定片引脚相连，这样将电阻体中的一部分电阻短路，可变电阻器阻值为动片引脚至另一个定片引脚之间电阻体的阻值。

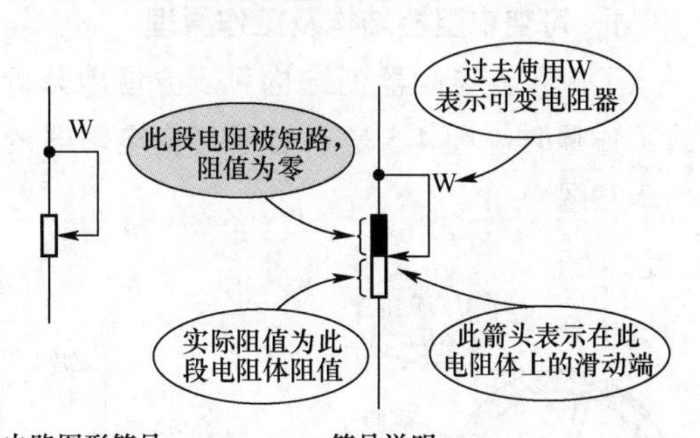

图 4-2　可变电阻器旧的电路图形符号

图 4-3 所示是可变电阻器用作电位器时的电路图形符号，显然与前面所示的电路图形符号有所不同，它的 3 根引脚独立，这也是它用

作电位器的使用方法。

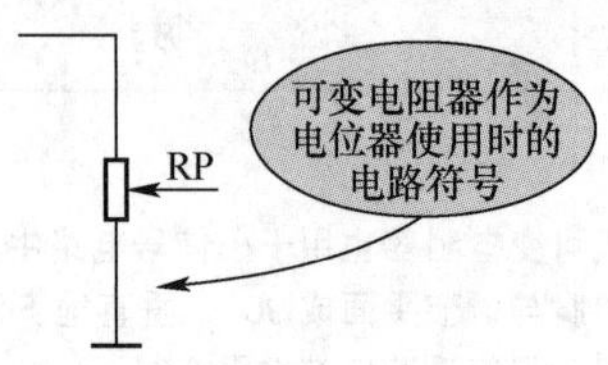

图 4-3　可变电阻器用作电位器时的电路图形符号

3．实用电路中可变电阻器电路图形符号

图 4-4 所示是正弦波振荡器电路。电路中的 RP1 为可变电阻器，调节它的阻值可以改变振荡器输出振荡信号的幅度。

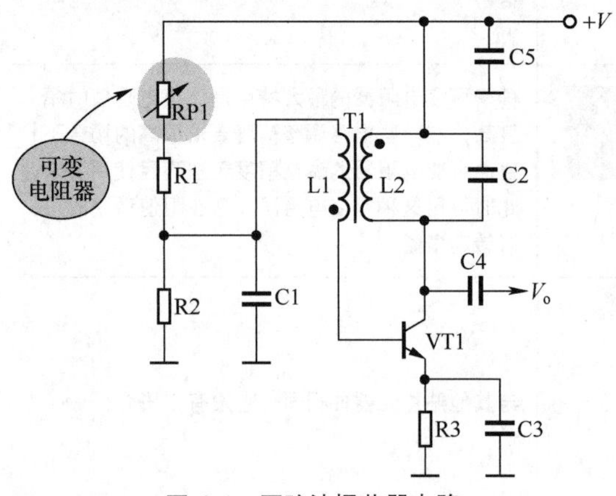

图 4-4　正弦波振荡器电路

4.1.2　可变电阻器工作原理和引脚识别方法

1．可变电阻器结构及工作原理

了解可变电阻器的结构可以方便地分析它的工作原理。图 4-5 是小信号可变电阻器的结构示意图。

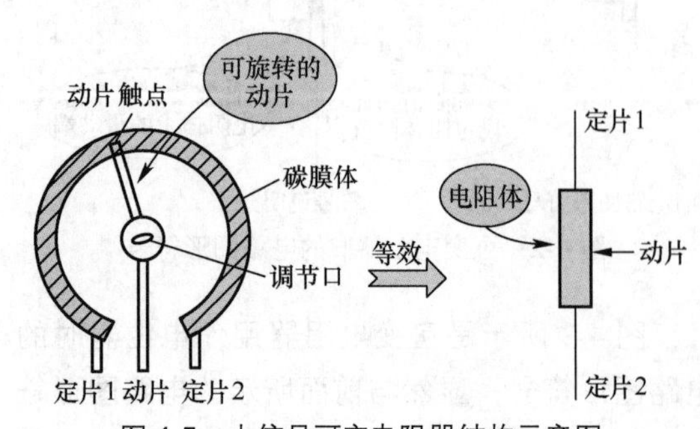

图 4-5　小信号可变电阻器结构示意图

从图中可以看出，它主要由动片、碳膜体、3 根引脚组成，3 根引脚分别是两根固定引脚（又称定片），一根动片引脚。可变电阻器的动片可以左右转动。用平口螺丝刀伸入调节口中转动时，动片上的触点在电阻片上可以滑动。

（1）逆时针方向调节。用平口螺丝刀伸入调节口，顺时针或逆时针方向旋转螺丝刀时，动片将做相应的旋转运动。

当动片逆时针方向转动（等效电路中动片向上移动）时，定片 1 与动片之间的电阻体长度减小，其阻值减小，而动片与定片 2 之间的电阻体长度增加，其阻值增大。当动片转动到最左端位置（最上端）时，定片 1 与动片引脚之间的阻值为零，而定片 2 与动片引脚之间的阻值最大，等于这一可变电阻器的标称阻值，即等于两定片之间的阻值。

（2）顺时针方向调节。当动片顺时针方向转动（等效电路中动片向下移动）时，定片 1 与动片之间阻值增大，动片与定片 2 之间阻值减小。当动片滑动至最右端位置（最下端）时，定片 2 与动片引脚之间的阻值为零，动片与定片 1 之间的阻值最大（等于标称阻值）。

2．实际应用时连接方式

可变电阻器使用时，动片要与某一定片用导线直接相连。这里假设动片与定片 1 相连，如图 4-6 所示。动片和定片 1 在可变电阻器本身不相连，在电路中通过有关导线相连。另外，可变电阻器也可以将动片与定片 2 相连，两根定片引脚之间可以互换使用。

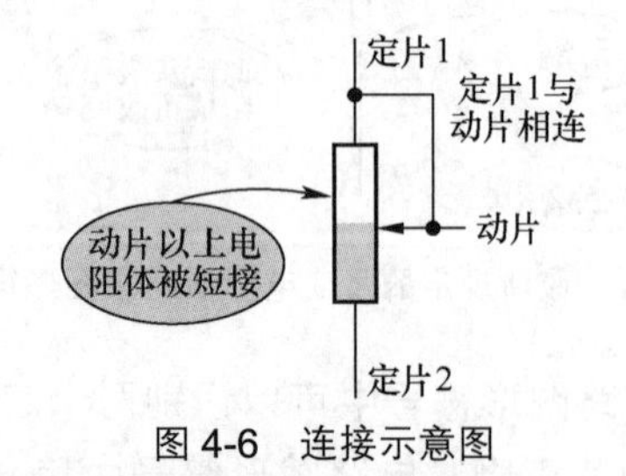

图 4-6　连接示意图

3．膜式可变电阻器

膜式可变电阻器采用旋转式调节方式，图 4-7 所示是膜式可变电阻器实物图，它一般用在小信号电路中，调整偏置电压或偏置电流、

信号电压等。膜式可变电阻器有全密封、半密封和非密封 3 种结构。

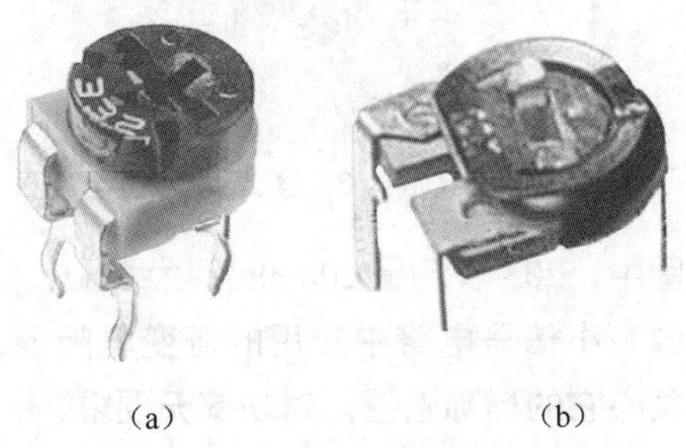

（a）　（b）

图 4-7　膜式可变电阻器实物图

（1）全密封膜式可变电阻器。它也称实心式可变电阻器，电阻体和活动触点被金属外壳密封，优点是防尘性能好，很少出现接触不良故障。

（2）半密封膜式可变电阻器。这种可变电阻器调节方便，但防尘性能不如全密封膜式可变电阻器。

（3）非密封膜式可变电阻器也称片状可变电阻器。它成本低，缺点是防尘性能差，触点易氧化，容易出现接触不良故障。

4．线绕式可变电阻器

线绕式可变电阻器属于功率型电阻器，图 4-8 所示是线绕式可变电阻器实物图，它具有噪声小、耐高温、承载电流大等优点，主要用于各种低频电路的电压或电流调整。

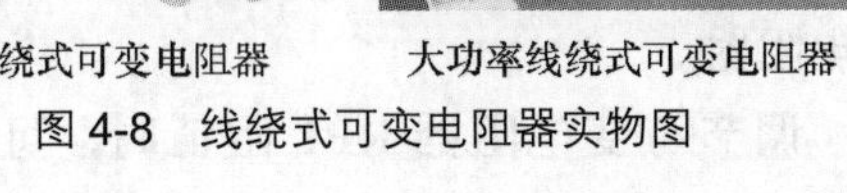

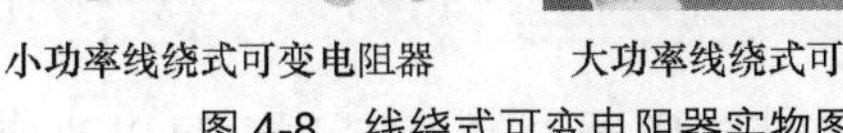

小功率线绕式可变电阻器　大功率线绕式可变电阻器

图 4-8　线绕式可变电阻器实物图

（1）小功率线绕式可变电阻器。它有圆形立式线绕可变电阻器、圆形卧式线绕可变电阻器、方形线绕可变电阻器等几种，均为全密封式封装结构。

（2）大功率线绕式可变电阻器。它也称为滑线式变阻器，有轴向瓷管式线绕可变电阻器和瓷盘式线绕可变电阻器，采用非密封式封装结构。

5．可变电阻器引脚识别方法

（1）可变电阻器 3 根引脚识别。可变电阻器共有 3 根引脚，这 3 根引脚有区别。图 4-9 所示是可变电阻器 3 根引脚示意图。

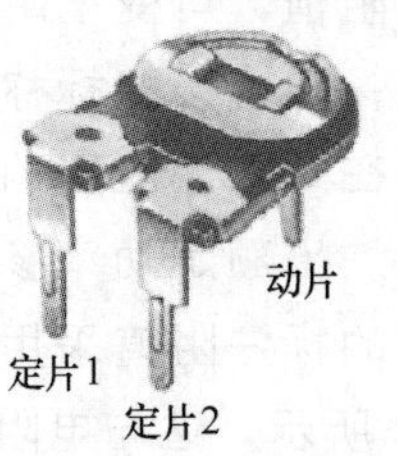

图 4-9　可变电阻器 3 根引脚示意图

重要提示

一根为动片引脚，另两根为定片引脚，一般两根定片引脚之间可以互换使用，不用区分，而定片与动片引脚不能互换使用。

（2）可变电阻器调节口。图 4-10 所示为可变电阻器调节口，用平口螺丝刀伸入此调节口中，转动螺丝刀可以改变动片的位置，进行阻值的调节。

图 4-10　可变电阻器调节口

（3）大功率可变电阻器引脚和调节方式。图 4-11 是大功率可变电阻器引脚和调节方式示意图。这是用于功率较大场合下的线绕式结构的可变电阻器，动片可以左右滑动，进行阻值调节。它的特点是体积很大，阻值调节精度高，电阻值小。

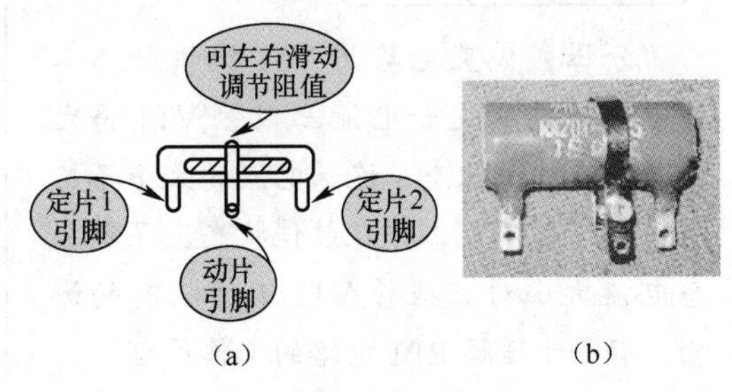

（a）　（b）

图 4-11　大功率可变电阻器引脚和调节方式示意图

6．可变电阻器主要参数和标注方式

（1）可变电阻器的标称阻值是它两根固定引脚之间的阻值。可变电阻器采用直标法表示标称阻值，即直接将标称阻值标注在可变电阻器上，在大电流应用的场合，可变电阻器还同时标注出额定功率参数。此外，小型可变电阻器的标注阻值采用3位数表示方法，如图4-12所示，这与电阻器的标注方法一样。

图4-12　可变电阻器3位数表示阻值示意图

图中，203表示是20000Ω，为20kΩ。

（2）小信号电路中应用的可变电阻器，一般只关心它的标称阻值，对功率无要求。

4.2　可变电阻器应用电路

4.2.1　三极管偏置电路中的可变电阻电路

1．电路分析

图4-13所示是收音机高频放大管VT1的分压式偏置电路。电路中，VT1构成高频放大器；RP1、R1和R2构成分压式偏置电路，其中，RP1和R1构成上偏置电阻，R2构成下偏置电阻。

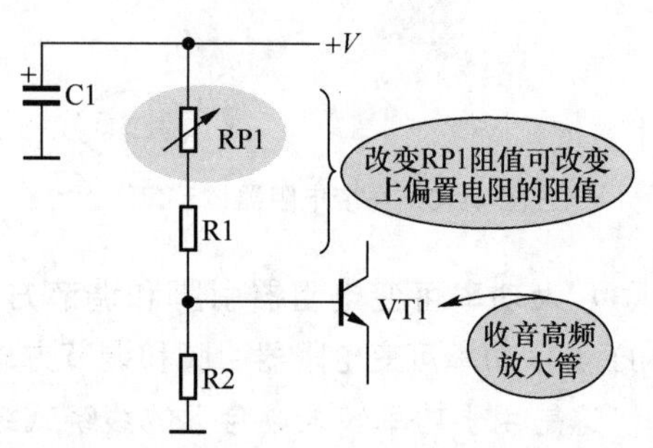

图4-13　三极管偏置电路中可变电阻电路

重要提示

分压式偏置电路为VT1提供静态工作电流，没有这一电流三极管VT1将无法工作在放大状态；这一电流的大小不恰当，VT1也不能工作在最佳状态。了解静态电流大小对三极管VT1工作状态的影响，有利于理解RP1电路的工作原理。

电路中RP1、R1和R2分压电路决定了VT1静态电流的大小，图4-14是这一偏置电路中电流示意图，基极电流为流入三极管VT1基极的静态偏置电流。

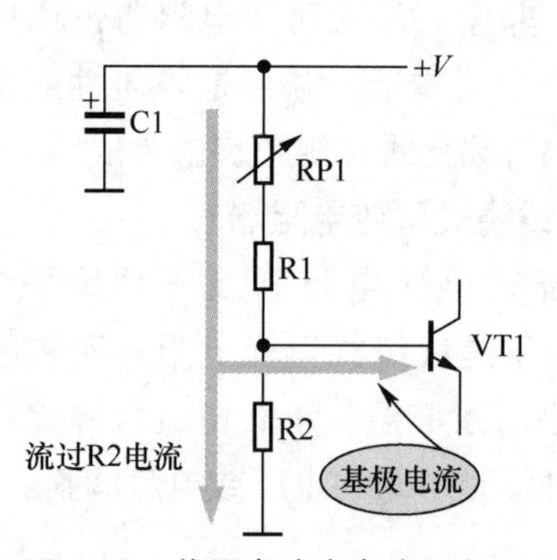

图4-14　偏置电路中电流示意图

分压电路的输出电压大小由RP1、R1和R2三只电阻器的阻值大小决定，R1和R2是固定电阻器。

调节可变电阻器RP1阻值时，可以改变VT1基极电压，从而可以改变VT1静态电流。所以，设置可变电阻器RP1后，能够方便地调节VT1静态工作电流。

2．故障检测方法

关于这一电路中的RP1故障检测最有效的方法是测量RP1下端的直流电压，以确定RP1是否开路。RP1下端没有测量到直流电压时，如果直流工作电压+V正常，说明RP1开路。

对于RP1动片接触不良故障（这是可变电

阻器常见故障）则需要更换新的可变电阻器。

4.2.2　光头自动功率控制（APC）电路灵敏度调整中的可变电阻电路

1．电路分析

激光拾音器（又称光头）自动功率控制电路简称APC电路，APC是英文Automatic Power Control的缩写。图4-15所示是光头自动功率控制（APC）电路灵敏度调整电路。

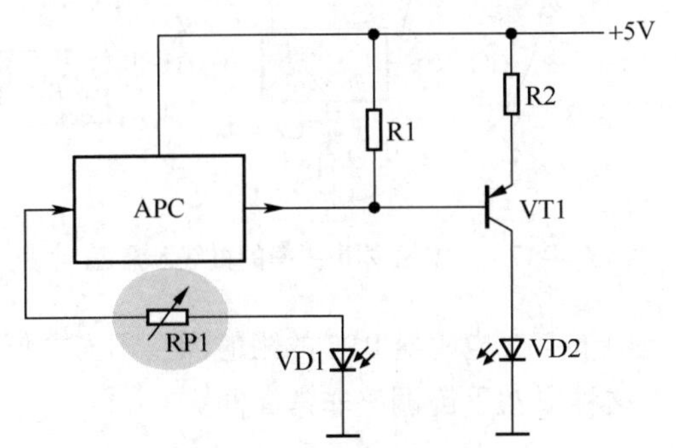

图4-15　光头自动功率控制（APC）电路灵敏度调整电路

电路中，VD1是激光光敏二极管，为激光功率检测管；VD2是激光发射二极管，VT1是VD2的驱动三极管。

电路中，可变电阻RP1用于调整激光光敏二极管VD1的静态工作电流，这一电流的大小决定了VD1的工作灵敏度，而这一灵敏度的高低决定了VD2的初始工作电流，即初始激光功率的大小。

激光拾音器中的激光发射二极管VD2使用时间长了，其激光发射能力会逐渐减弱，将造成激光拾音器的读片能力减弱，机器只能播放那些质量好的光碟，遇到质量差的光碟时机器就无法播放。

2．故障检测方法

检修中，遇到上述情况可以通过调整RP1的阻值，增加激光发射二极管的初始工作电流来加大激光发射功率。但是，增大激光发射二极管的初始工作电流会加快激光发射二极管的老化，所以在调整RP1前，一定要先确认激光拾音器读片能力差是由于激光发射二极管发射能力减弱造成的，因为激光拾音器中光学系统被灰尘污染也会造成读片能力差。

重要提示

对于电路中的可变电阻RP1主要是测量其阻值来发现它有没有出现开路或短路故障。对RP1阻值的调整要慎重，因为调整不当会使VD2发光功率增大太多，造成VD2提前老化而损坏。

4.2.3　立体声平衡控制中的可变电阻电路

图4-16所示是音响放大器中左、右声道（音响中用来处理和传输左、右方向信号的电路）增益平衡调整电路。电路中，RP1是可变电阻器，与R1串联。

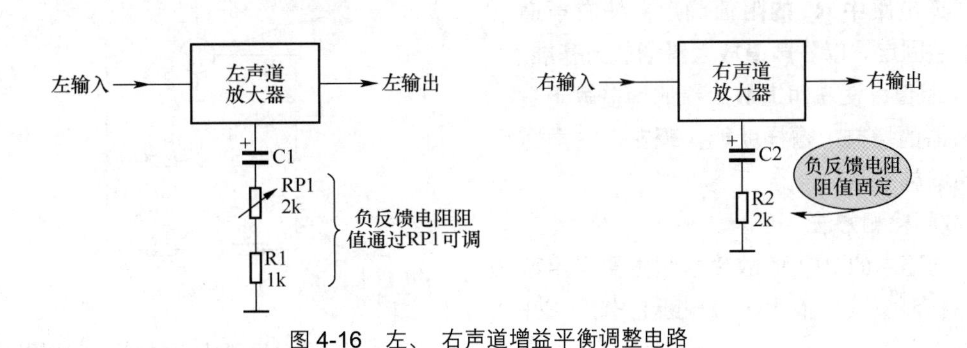

图4-16　左、右声道增益平衡调整电路

准备知识提示

在分析RP1电路作用前，了解3个知识点对电路分析和理解非常有用。

（1）立体声平衡。音响电路中，对于双声道放大器而言，严格要求左、右声道放大器增益相等，但是电路元器件的离散性导致左、右声道放大器增益不可能相等，为了保证左、右声道放大器的增益相等（平衡），需要设置左、右声道增益平衡调整电路，简称立体声平衡调整电路。

（2）立体声平衡调整电路。立体声平衡调整电路中通常的做法是：固定一个声道的增益，如将右声道电路增益固定，将另一个声道的增益设置成可调整的，左声道放大器中用RP1和R1构成增益可调整电路。

（3）负反馈。电路中的R2和C2构成交流负反馈电路。R2为交流负反馈电阻器，这一电阻的大小决定了放大器的放大倍数，R2阻值越大，放大器放大倍数越小，反之则大。

电路中C2只让交流信号电流流过R2，不让直流电流流过R2，这样R2只对交流信号存在负反馈作用。

1．电路分析

了解上述3个知识点之后，可以方便地分析RP1在电路中的工作原理。改变RP1阻值时，就能改变左声道放大器的增益。

右声道电路中R2的阻值确定，使右声道放大器增益固定。以右声道放大器增益为基准，改变RP1阻值，使左声道放大器的增益等于右声道放大器的增益，这样就能实现左、右声道放大器的增益相等。

2．故障检测方法

对于电路中的RP1的故障检测主要采用万用表电阻挡测量其阻值大小，判断它有没有开路或短路。

立体声平衡调整方法：给左、右声道输入端输入适当的相同大小的测试信号（一种特定频率的正弦信号，由信号发生器提供），如图4-17所示。在左、右声道输出端分别接上毫伏表，调节平衡可变电阻器RP1，使两个声道输出信号幅度大小相等。

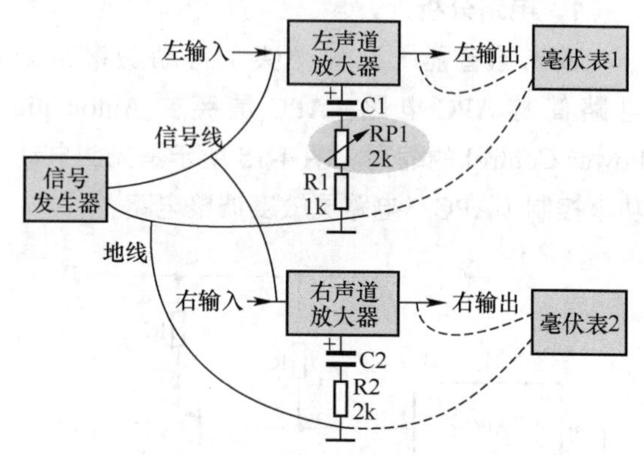

图4-17　调整立体声平衡的接线示意图

由于可变电阻器RP1的阻值调整相当方便，所以这种增益平衡调整非常简便。

4.2.4　直流电动机转速调整中的可变电阻电路

图4-18所示是直流电动机转速调整可变电阻电路。电路中的S1是机芯开关；S2是用来转换电动机转速的“常速/倍速”转换开关；RP1和RP2分别是常速和倍速下的转速微调可变电阻器，用来对直流电动机的转速进行微调。

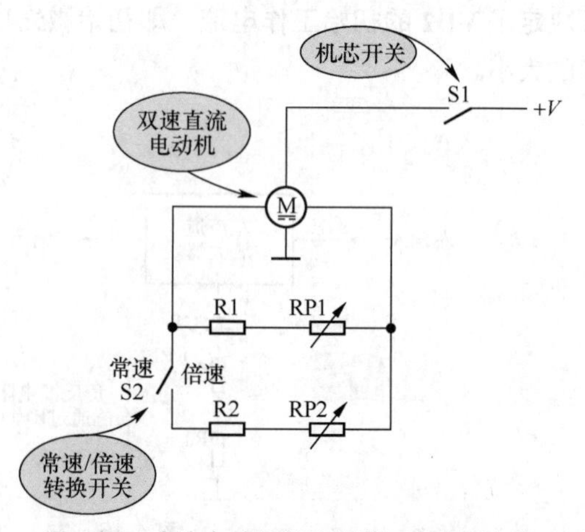

图4-18　直流电动机转速调整可变电阻电路

对这一电路的工作原理分析主要说明如下。

（1）电动机的 4 根引脚中一根为电源引脚，一根为接地引脚，另两根引脚之间接转速控制电路，即 R1 和 RP1、R2 和 RP2。

（2）当转换开关 S2 在图示“常速”位置时，只有 R1 和 RP1 接入电路，调整 RP1 的阻值大小可以改变电动机在“常速”下的转速，达到“常速”时转速微调的目的。

（3）当转换开关转换到“倍速”位置时，R2 和 RP2 通过开关 S2 也接入了电路，与 R1 和 RP1 并联，这时电动机工作在“倍速”状态，调整 RP2 的阻值大小可以改变电动机在“倍速”下的转速，达到“倍速”时转速微调的目的。

（4）在“倍速”位置时，如果调整 RP1 的阻值大小也能改变“倍速”下的电动机转速，但是这一调整又影响了“常速”下的电动机转速，所以“倍速”下只能调整 RP2，而且，只能先调准“常速”，再调整“倍速”，否则“倍速”调整后又影响“常速”。

4.2.5　直流电压微调可变电阻器电路

图 4-19 所示是典型串联调整型稳压电路。电路中，RP1 和 R3 和 R4 构成取样电路，其中的可变电阻器 RP1 为输出电压微调电阻；VT1 是调整管，它构成电压调整电路；VZ1 是稳压二极管，它构成基准电压电路；VT2 是比较放大管，它构成电压比较放大器电路。

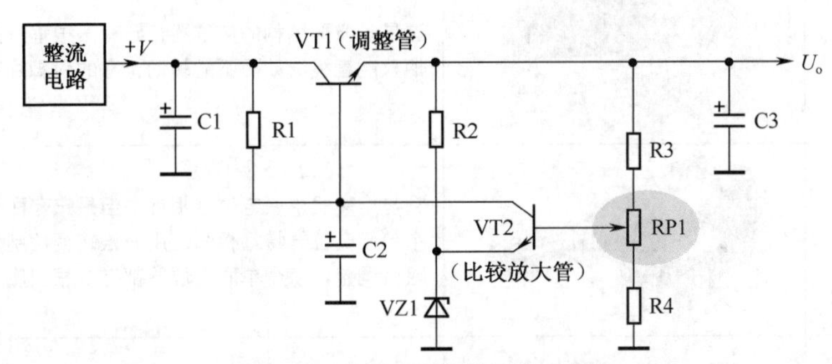

图 4-19　典型串联调整型稳压电路

串联调整型稳压电路输出的直流工作电压 U_o 大小是可以进行连续微调的，即在一定范围内对直流输出电压大小进行调整。

关于串联调整型稳压电路直流输出电压调整电路工作原理主要说明下列几点。

（1）RP1 动片向上端调整。这时 RP1 动片输出的直流电压升高，使 VT2 管基极电压升高，VT2 管集电极电压下降，VT1 管基极电压降低，VT1 管发射极电压下降，使稳压电路的直流输出电压 U_o 减小。

由此可知，将 RP1 动片向上调整，可以降低直流输出电压 U_o。注意，虽然直流输出电压 U_o 下降，但是仍然是稳定的。

（2）RP1 的动片向下端调整。这时 RP1 动片输出的直流电压下降，使 VT2 管基极电压下降，通过电路的一系列调整，直流输出电压 U_o 增大。

4.3　电位器基础知识

电位器与可变电阻器工作原理相近，只是结构更为牢固，在电路中的调整更为频繁。在电路中，电位器用作分压电路，对信号进行分压输出。

4.3.1 电位器外形特征及部分电位器特性说明

1．电位器外形特征

电位器的体积比可变电阻器大得多，具体的电位器也有大有小。各种电位器的具体特征有所不同。几种常见电位器的外形特征说明见表 4-2。

2．不同材料电位器特性说明

不同材料电位器特性说明见表 4-3，供电路设计和使用中参考。

表 4-2 几种常见电位器外形特征说明

名 称	实 物 图	说 明
旋转式单联电位器		这是圆形结构的电位器，它有一根金属转柄，此柄长短在不同电位器中不同，有的长，有的短，转柄可以在一定角度内旋转，但是不能 360° 转动。 这种电位器通常是 3 根引脚，有的是 4 根引脚，第 4 根是接外壳的引脚（接地引脚），在电路中用来接地线，以消除调整电位器时人体带来的干扰
直滑式单联电位器		这是长方形结构的电位器，它有一根垂直向上的操纵柄，此柄只能直线滑动而不能转动，它的引脚片在下部
旋转式双联电位器		它与旋转式单联电位器相近，但是它有两个单联电位器，每个单联电位器特性相同，用一根转柄控制两个单联电位器的阻值调整，每个单联电位器都有 3 根引脚
旋转式多联电位器		这是一种更多联的旋转式电位器，用一个转柄控制着所有电位器的阻值调整
直滑式双联电位器		它与直滑式单联电位器相近，由两个直滑式单联电位器组成，用一根操纵柄控制两个单联电位器的阻值调整，每个单联电位器有 3 根引脚
步进电位器		这种电位器由高精度特殊电阻组成，用于专业发烧功放中作为音量电位器

续表

名　称	实　物　图	说　明
线绕多圈电位器		这种电位器的结构与普通电位器不同，它所能承受的功率比较大，且可以大于360°转动调节
精密电位器		这种电位器的调整精度高，用在一些精密电路中
带开关小型电位器		用于音量控制器中的电位器附有一个电源开关，在电位器刚开始转动时先接通电位器中的开关触点，再转动时才进行电位器调整。 这种带开关的电位器也有多种，图示是收音机中的音量电位器。附设开关用于直流电路中作为电源开关。 附有开关的电位器引脚比普通电位器多出两根，这两根引脚是电源开关的触点引脚
带开关碳膜电位器		这种电位器也用于音量控制器电路中，在电位器背面也带一个单刀开关，它与上一种小型电位器的不同之处是，它所带的开关通常控制整机电路中的220V交流电源，所以它是整机交流电源开关，使用中电位器背面的开关引脚要用绝缘套管套起来，以防止触电。 带开关电位器分为旋转式开关电位器、推拉式开关电位器、推推式开关电位器
有机实心电位器		有机实心电位器是一种新型电位器，它是用加热塑压的方法，将有机电阻粉压在绝缘体的凹槽内。 这种电位器与碳膜电位器相比具有耐热性好、功率大、可靠性高、耐磨性好的优点，但温度系数大、动噪声大、耐潮性能差、制造工艺复杂、阻值精度较差。其在小型化、高可靠、高耐磨性的电子设备以及交、直流电路中用于调节电压、电流
无触点电位器		无触点电位器消除了机械接触，具有寿命长、可靠性高的优点，分光电式电位器、磁敏式电位器等

续表

名　　称	实 物 图	说　　明
全封闭一体化电位器	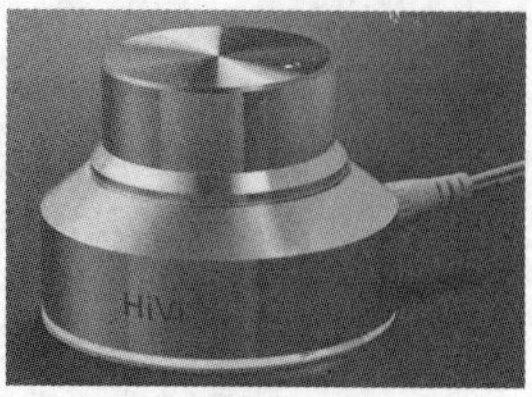	整个电位器封闭在外壳内，长时间使用没有混入灰尘导致杂音之忧，寿命较普通电位器长数倍
波段开关式电位器		这是一种用波段开关构成的电位器，在一些高级音响设备中作为音量控制电位器

表 4-3　不同材料电位器特性说明

名　　称	实 物 图	说　　明
合成碳膜电位器		合成碳膜电位器是目前应用最广泛的电位器，其电阻体用经过研磨的炭黑、石墨、石英等材料涂敷于基体表面而成，工艺简单，成本低，广泛用于一般电路中。 优点是稳定性高、噪声小、分辨率高、阻值范围宽、寿命长、体积小。 缺点是电流噪声大、非线性差、耐潮性差、功率小以及阻值稳定性差。 阻值范围为 100Ω～4.7MΩ
金属膜电位器		金属膜电位器的电阻体由合金膜、金属氧化膜、金属箔等组成。 特点是分辨率高、耐高温、温度系数小、动噪声小、平滑性好
金属玻璃釉电位器	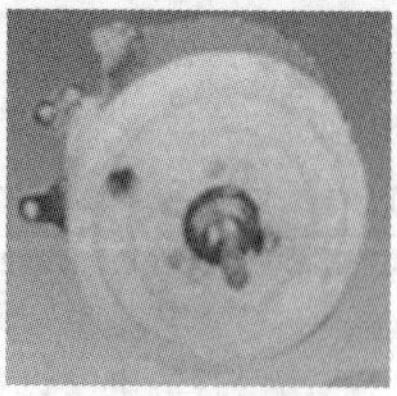	金属玻璃釉电位器用丝网印刷法按照一定图形，将金属玻璃釉电阻浆料涂覆在陶瓷基体上，经高温烧结而成。 优点是阻值范围宽、耐热性好、过载能力强、耐潮、耐磨等。 缺点是接触电阻大和电流噪声大
线绕电位器		线绕电位器是将康铜丝或镍铬合金丝作为电阻体，并把它绕在绝缘骨架上制成。 优点是稳定性高、噪声小、温度系数小、耐高温、精度很高、功率较大（可达 25W）和接触电阻小。 缺点是分辨率低、阻值偏低、高频特性差

续表

名　称	实 物 图	说　明
导电塑料电位器		导电塑料电位器用特殊工艺将邻苯二甲酸二烯丙酯（DAP）电阻浆料覆在绝缘机体上，加热聚合成电阻膜，或将 DAP 电阻粉热塑压在绝缘基体的凹槽内形成的实心体作为电阻体。特点是平滑性好、分辨率高、耐磨性好、寿命长、动噪声小、可靠性极高、耐化学腐蚀。可用于导弹、飞机、雷达、天线的伺服系统等

3．电位器种类

电位器的种类较多，其种类说明见表 4-4。

表 4-4　电位器种类说明

划分方法及种类		说　明
按操纵形式划分	旋转式（或转柄式）电位器	电位器中有一个阻值调节转柄，左、右旋转电位器的这一转柄可以改变阻值
	直滑式电位器	这种电位器的操纵柄不是旋转动作，而是在一定范围内直线滑动来改变电阻值。直滑式电位器由于操作形式不同，要求有较大的安装和操作空间
按联数来划分	单联电位器	这种电位器的操纵柄只能控制一个电位器的阻值变化，电路中广泛应用的是这种电位器
	双联电位器	这种电位器的外形与单联电位器基本一样，但它有两个单联电位器，用一个操纵柄同步控制这两个电位器的阻值变化，这种电位器主要用于音响电路中
按有无开关划分	无附设开关的电位器	这种电位器中不带开关，电路中大量使用这种电位器
	设有开关的电位器	这种电位器常用作音量电位器，其附设的开关作为电源开关
按输出函数特性划分	线性电位器	用 X 型表示（或用 B 型表示），X 型电位器用于音响设备中，作为立体声平衡控制电位器
	对数式电位器	用 D 型表示（或用 C 型表示），这种电位器用来构成音调控制器等电路，这是一种十分常用的电位器
	指数式电位器	用 Z 型表示（或用 A 型表示），这种电位器构成音量控制器等电路
	特殊型电位器	例如音响设备中专用的 S 型电位器
按调节精度划分	普通电位器	这种电位器的调节精度比较低，用在一些对调整精度要求不高的电路中，这是一种用得最多的电位器
	精密电位器	这种电位器的调节精度比较高，用在一些对调整精度要求高的电路中，如仪表电路，常见电路中一般不使用这种电位器
按接触形式划分	直接接触式电位器	这是常见的电位器，它有一个动片触点与定片的碳膜体直接接触，通过机械运动来改变阻值大小
	非接触式电位器	这种电位器没有机械式的触点，它通过光电或磁电形式改变电阻值，它又称为无触点式电位器

4.3.2　电位器电路图形符号、结构和工作原理

1．电位器电路图形符号识图信息

电位器的电路图形符号与电阻器、可变电阻器电路图形符号有相似之处，其电路图形符号识图信息见表 4-5。

2．电位器结构

（1）碳膜电位器结构。图 4-20 是碳膜电位器结构示意图。

表 4-5 电位器电路图形符号识图信息

名　称	电路图形符号	说　明
一般电路图形符号	RP	电路图形符号中用 RP 来表示电位器，RP 是英文 Resistor Potentiometer 的缩写，以前电位器用 W 表示。电路图形符号中标出了电位器 3 根引脚，表示出动片引脚
开关电位器电路图形符号	RP　S1	S1 是附在 RP 上的开关，S1 受 RP 转柄动作控制，当开始转动转柄时首先将开关接通，开关接通后同普通电位器一样，这种电位器主要用于带电源开关的音量控制电路中
作为可变电阻器时电路图形符号	RP　RP	这一电路图形符号是电位器作为可变电阻器使用时的电路图形符号
双口运用时电路图形符号	1　RP　3　2　4	将电位器 3 根引脚分成 4 个端点，组成双口电路，即 1、2 端为信号输入回路，3、4 端为信号输出回路，2、4 端为公用端，通常接线路的地
双联同轴电位器电路图形符号	RP1–1　RP1–2	从电路图形符号中可以看到，它有两个单联电位器的电路图形符号,之间用虚线连接起来,表示两个单联电位器阻值同步调节,即两个单联电位器阻值同时增大或减小
半有效电气行程电位器电路图形符号	RP1–1　RP1–2	这是一种特殊的双联同轴电位器，这种双联同轴电位器不同于普通的双联同轴电位器，它只是两个单联的机械行程同步，在调节时两个联的阻值是不同步的。 这种电位器只有一半的机械行程有阻值的变化，另一半是银带区，其阻值为零，在电路图形符号中用阴影表示无阻值的银带区。 当动片从中间位置向上滑动时，RP1-1 动片联进入银带区，而 RP1-2 动片联进入变阻区；当动片从中间位置向下滑动时，RP1-2 动片联进入银带区，而 RP1-1 动片联进入变阻区。 这种特性的双联同轴电位器可以用于立体声平衡控制器电路（立体声音响设备中的一种控制器电路）
带中心抽头电位器电路图形符号	RP1	这种电位器比普通电位器多一根引脚，即抽头引脚，该抽头引脚一般设在电位器中间阻值处，抽头至两个定片之间的阻值相等。

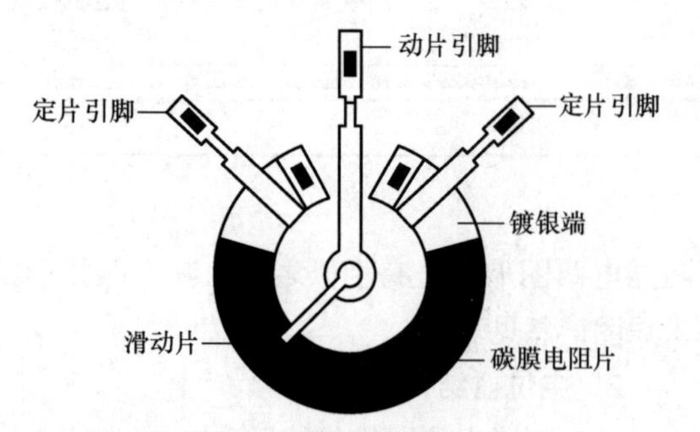

图 4-20　碳膜电位器结构示意图

（2）多圈电位器结构。图 4-21 是多圈电位器结构示意图。

3．电位器调节电阻原理

转动电位器的转柄时，动片在电阻体上滑动，动片到两个定片之间的阻值大小发生改变。

当动片到一个定片的阻值增大时，动片到另一个定片的阻值减小，如图 4-22 所示。当动片到一个定片的阻值减小时，动片到另一个定片的阻值增大。

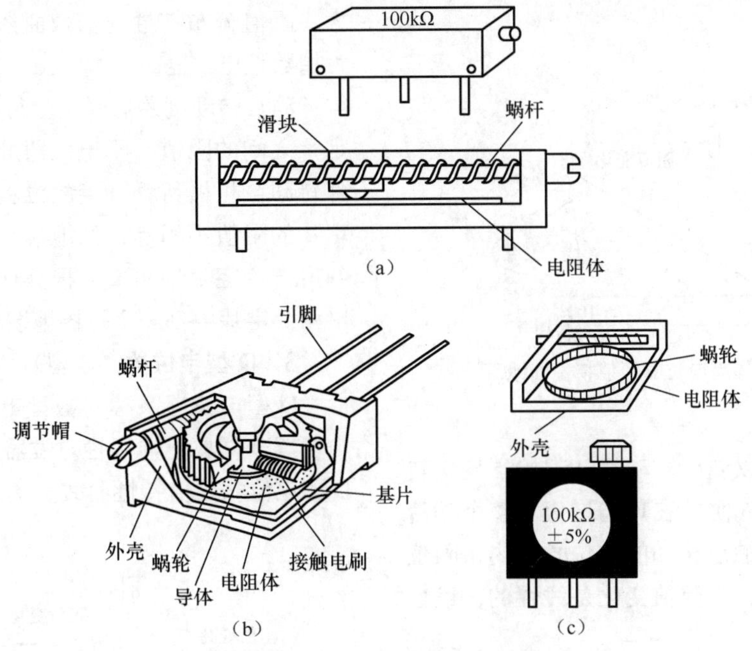

图 4-21　多圈电位器结构示意图

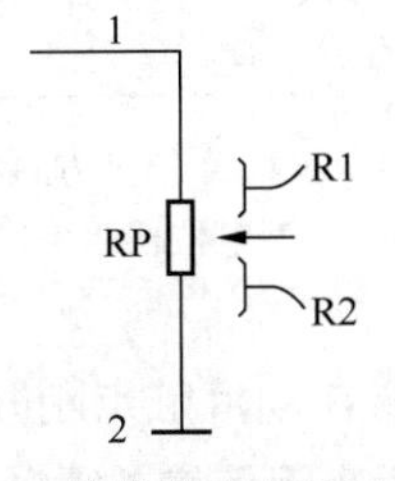

图 4-22　电位器调节电阻原理示意图

电位器在电路中也相当于两个电阻器构成的串联电路，动片将电位器的电阻体分成两个电阻器 R1 和 R2，如图 4-23 所示。

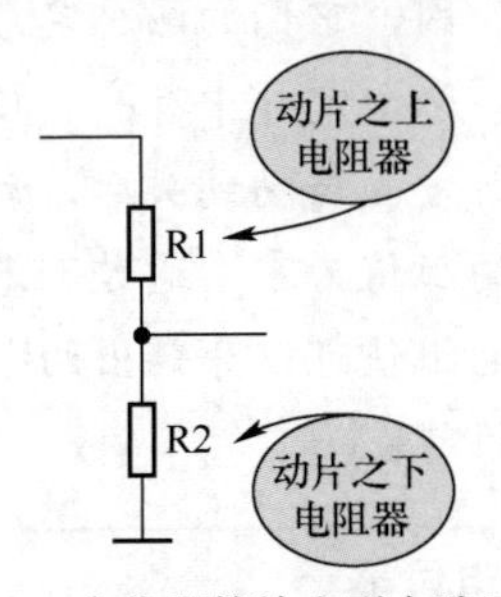

图 4-23　电位器等效串联电路示意图

当动片向定片 1 端滑动时，R1 的阻值减小，同时 R2 的阻值增大。当动片向定片 2 端滑动时，R1 的阻值增大，同时 R2 的阻值减小。R1 和 R2 的阻值之和始终等于电位器的标称阻值。

重要提示

虽然电位器的基本结构与可变电阻器基本一样，但是在许多方面也存在着不同，主要有以下几点。

（1）电位器动片操作方式不同，电位器设有操纵柄。

（2）电位器电阻体的阻值分布特性与可变电阻器的分布特性不同，各种输出函数特性的电位器其电阻体的分布特性均不相同。

（3）电位器有多联的，而可变电阻器没有。

（4）电位器的体积大，结构牢固，寿命长。

4.3.3　常用电位器阻值特性

常用的电位器有 X 型、D 型、Z 型等多种。

1．X 型电位器（B 型）

X 型电位器称为线性电位器，阻值分布特性是线性的。图 4-24 所示是 X 型电位器阻值特性曲线。

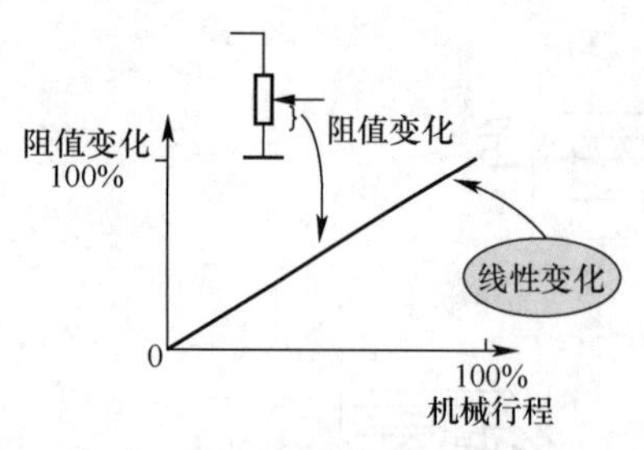

图 4-24　X 型电位器阻值特性曲线

从曲线中可以看出，动片从起始端均匀转动（或滑动）时，阻值在均匀增大。整个动片行程内，在动片触点移动的单位长度内，阻值变化量处处相等，即阻值变化是线性的，线性电位器由此得名。

重要提示

在 X 型电位器中，当动片转动至机械行程一半的位置时，动片到两个定片的阻值相等。由于 X 型电位器是线性的，所以这种电位器的两个定片可以互换。

2．Z 型电位器（A 型）

图 4-25 所示是 Z 型电位器阻值特性曲线。

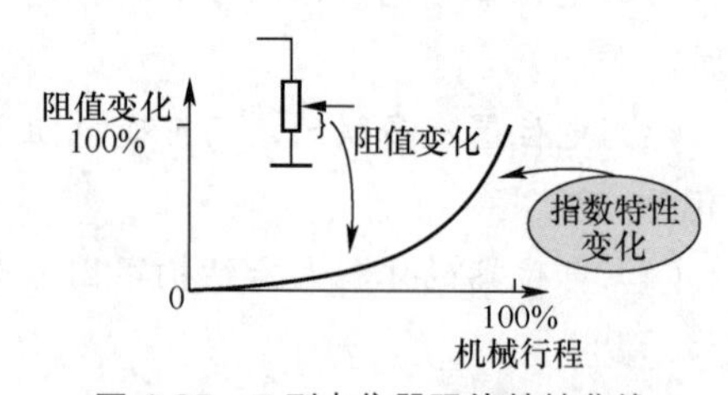

图 4-25　Z 型电位器阻值特性曲线

Z 型电位器整个动片行程内，在动片触点移动的单位长度内，阻值变化量处处不相等，随着动片的向上滑动，单位长度内阻值变化量增大。

动片触点刚开始滑动（顺时针方向转动转柄）的那部分，动片与地端定片之间的阻值上升比较缓慢，动片触点滑到后来，阻值迅速增大，阻值分布特性同指数曲线一样，所以又称为指数型电位器。

动片转动到最后时（全行程），动片到地端定片之间的阻值等于电位器的标称阻值。当动片转动至机械行程一半的位置时，动片到两个定片的阻值不相等，到地端定片的阻值远小于到另一个定片的阻值，根据这一特性可以分辨出两个定片中哪一个是接地端的定片。

3．D 型电位器（C 型）

D 型电位器又称对数型电位器，它同 Z 型电位器一样属于非线性电位器。图 4-26 所示是 D 型电位器阻值特性曲线。

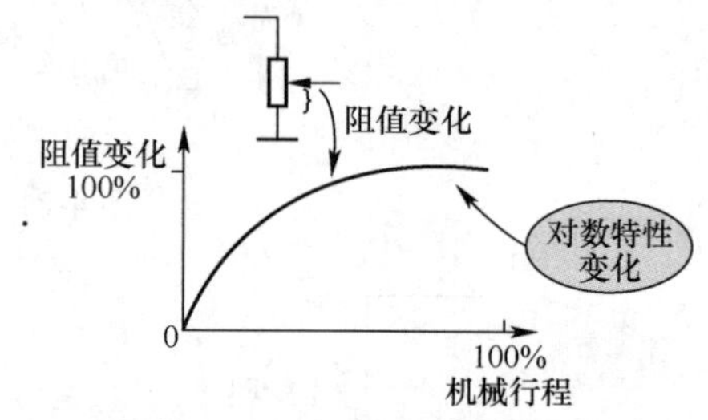

图 4-26　D 型电位器阻值特性曲线

D 型电位器在动片触点刚开始滑动时阻值迅速增大，到后来阻值增长缓慢。

重要提示

对于 Z 型和 D 型电位器，由于阻值分布特性的原因，它们的两个定片引脚不能相互接反，两个定片中有一个应接地，当动片逆时针方向转动到头后，动片与地端定片之间的阻值为零，通过测量动片与定片之间的电阻值可以分辨出两个定片中哪个是接地的定片。

4．S 型电位器

图 4-27 所示是 S 型电位器阻值特性曲线。

从阻值特性曲线中可以看出，在转柄转动的起始部分和最后部分，阻值增大明显变缓，在中间部分阻值增长很快。

这种电位器可以用在立体声平衡控制器电路中。

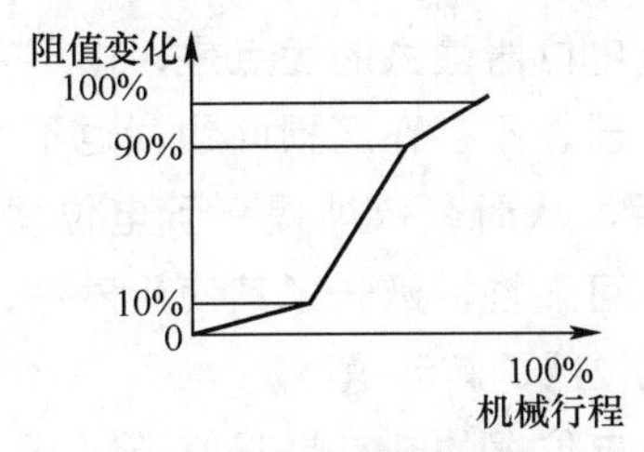

图 4-27　S 型电位器阻值特性曲线

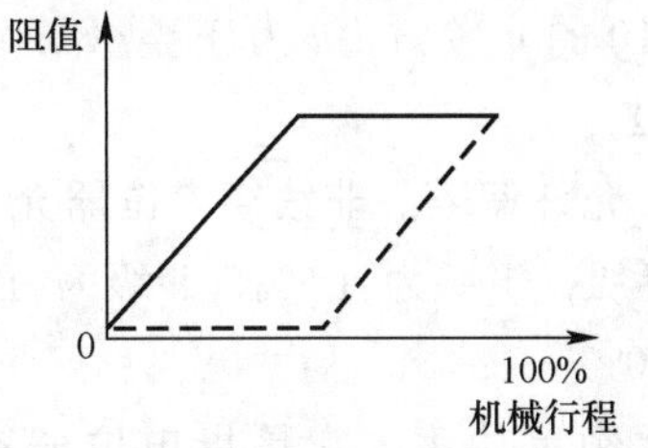

图 4-28　半有效电气行程双联同轴电位器阻值特性曲线

5．半有效电气行程双联同轴电位器

图 4-28 所示是半有效电气行程双联同轴电位器阻值特性曲线。实线是一个联的阻值特性曲线，虚线是另一个联的阻值特性曲线，它们的特性恰好相反。

从特性曲线中可以看出，转柄转动时一个联阻值在增大，另一个联阻值为零。当转动到一半行程处时，一个联阻值不再增大，而另一个联的阻值才开始增大。

4.3.4　电位器型号命名方法、主要参数及识别方法

1．电位器型号命名方法

电位器型号命名方法见表 4-6。

2．电位器主要参数

电位器的参数比较少，识别也较为方便。

表 4-6　电位器型号命名方法

第一部分：主称		第二部分：电阻体材料		第三部分：用途或特征		第四部分：序号
字母	含　义	字母	含　义	字母	含　义	
W	电位器	D	导电塑料	B	片式	用数字表示
		F	复合膜	D	多圈旋转精密型	
		H	合成膜	G	高压型	
		I	玻璃釉膜	H	组合型	
		J	金属膜	J	单圈旋转预调型	
		N	无机实心	M	直滑精密型	
		S	有机实心	P	旋转功率型	
		X	线绕	T	特殊型	
		Y	氧化膜	W	螺杆驱动预调型	
		—	—	X	旋转低功率型	
		—	—	Y	旋转预调型	
		—	—	Z	直滑式低功率型	

（1）标称阻值。标称阻值是指两个定片引脚之间的阻值，电位器按标称系列分为线绕电位器和非线绕电位器两种。常用的非线绕电位器标称系列是 1.0、1.5、2.2、3.2、4.7、6.8，

再乘上 10 的 n 次方（n 为正整数或负整数），单位为 Ω。

（2）允许偏差。非线绕电位器允许偏差分为 3 个等级，Ⅰ级为 ±5%，Ⅱ级为 ±10%，Ⅲ级为 ±20%。

（3）额定功率。它是指电位器在交流或直流电路中，当大气压力为 650～800mmHg（1mmHg = 1.3332×10^2Pa）时、在规定环境温度下所能承受的最大允许功耗。非线绕电位器的额定功率系列为 0.05W、0.1W、0.25W、0.5W、1W、2W、3W。

（4）噪声。这是衡量电位器性能的一个重要参数，电位器的噪声有 3 种。

① 热噪声。

② 电流噪声。热噪声和电流噪声是动片触点不滑动时两个定片之间的噪声，又称静噪声。静噪声是电位器的固定噪声，很小。

③ 动噪声。动噪声是电位器的特有噪声，是主要噪声。产生动噪声的原因很多，主要原因是电阻体的结构不均匀，以及动片触点与电阻体的接触噪声，后者随着电位器使用时间的延长而变得越来越大。

3．电位器参数表示方法

电位器的参数表示方法为直标法，通常标称阻值及允许偏差、额定功率和类型会被标注在电位器的外壳上，一些小型电位器上只标出标称阻值。

举例说明：某电位器外壳上标出 51k-0.25/X，其中“51k”表示标称阻值为 51kΩ，“0.25”表示额定功率为 0.25W，“X”表示是 X 型电位器。

4.3.5　光敏电位器和磁敏电位器

1．光敏电位器

光敏电位器又称光电电位器，它是一种非接触式电位器。非接触式电位器的特点是没有普通电位器的活动触点，即电刷或称动触点。

光电电位器最大的优点是，由于它是非接触型电位器，不存在磨损问题，也不存在任何摩擦力矩，从而有效地提高了电位器的精度、分辨率、可靠性，延长了其使用寿命，也不存在普通电位器的转动噪声。

光电电位器的缺点是阻值范围不大、温度系数较大（电阻型光电电位器的温度系数在 –22 ～ +70℃高达 0.001 ～ 0.01/℃）。

光电电位器有两种：一是电阻型光电电位器，二是结型光电电位器。

（1）电阻型光电电位器。图 4-29 是一种电阻型光电电位器的原理结构示意图。电阻型光电电位器主要由电阻体、光电导层和导电电极等组成。电阻体相当于普通碳膜电位器中的碳膜电阻体，导电电极相当于普通电位器中的动触点。光电电位器用一束光代替一般电位器上的活动触点，即电刷。

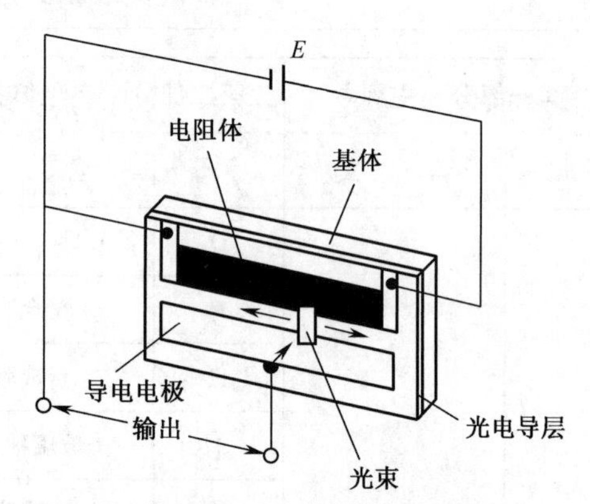

图 4-29　一种电阻型光电电位器的原理结构示意图

在电阻体和导电电极之间留有一个狭窄的间隙。在电阻体的两端接上直流电压 E，当无光照时，电阻体和导电电极之间由于光电导层阻值很大而呈绝缘状态。当光束照射到电阻体某部位时，电阻体上的该部位与导电电极导通（相当于普通电位器动触点接触到电阻体上的某一个部位），于是光电电位器的输出端便有直流电压输出，输出电压的大小与光束位移照射到的电阻体上的具体位置有关，从而实现了将光束位移转换为电压输出。输出电压的大小与光束位移照射到的位置有关，从而实现了将光束位移转换为电压信号输出。利用光电电位器的工作原理可以将它作为位移传感器。

（2）结型光电电位器。结型光电电位器是利用半导体制成的二极管取代光敏材料而制成的光电电位器。结型光电电位器可通过光刻控制条形区的宽度，以得到不同的输出特性。

两种光电电位器中，结型光电电位器的优点如下。

① 制造成本低，工艺成熟，成品率高。

② 通过光刻控制条形区的宽度，可以获得所需要的输出特性精度，以适应光源的要求。

③ 响应时间短，可达微秒级。

④ 采用不同的半导体可以使用不同波长的光。

2. 磁敏电位器

磁敏电位器是一种利用磁阻效应制成的无触点式电位器，它是一种通过改变磁场强度来改变输出参量的无触点式电位器。图4-30是一种磁敏电位器实物图。

图4-30　一种磁敏电位器实物图

磁敏电位器具有一般无触点电位器的优点，它分辨率高、可靠性好、寿命长，没有普通电位器的转动噪声。它的缺点是阻值范围不大，温度系数较大。

图4-31是两种磁敏电位器结构示意图，它主要由磁敏元件、电位器转柄等组成。磁敏电位器中的磁敏元件可以使用磁敏电阻、磁敏二极管或霍尔线性集成传感器。

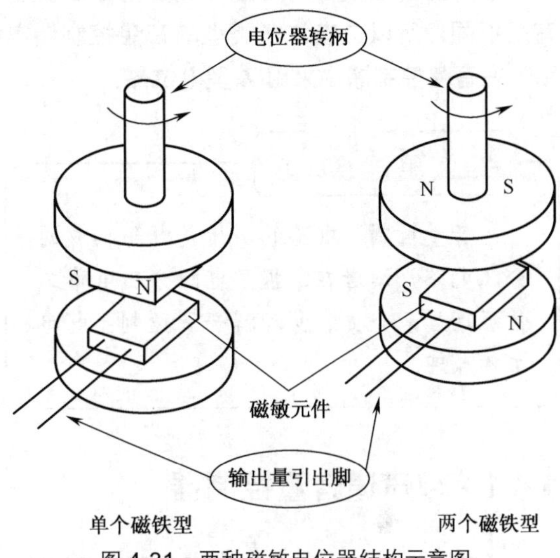

图4-31　两种磁敏电位器结构示意图

磁敏电位器的工作原理是：磁敏元件放置在单个磁铁的下方或两个磁铁之间，当转动电位器转柄时，磁铁随之转动，从而使磁敏元件表面的磁感应强度发生变化，这样磁敏元件的阻值或输出电压将随电位器转柄的转动而变化，起到了电位调节的作用。

对于磁敏电阻器而言，磁敏电阻器的阻值随穿过它的磁通量增大而增大，利用这一原理可以制成磁敏电位器。

磁敏电阻材料采用了单晶半导体，为了增强磁阻效应，在半导体材料表面沉积了许多彼此平行、与外加电磁场垂直的金属电极（被称为短路条）。短路条的作用是在没有加上磁场时，电流因为洛仑磁力而发生偏转，延长了电流路径，增加了磁敏电位器的高阻，提高了磁敏电位器的灵敏度。

一般磁敏电位器由两个磁敏电阻器串联而成，为了提高阻值和灵敏度，可以将多个磁敏电阻器串联起来。

环形磁敏电位器有两个输入端，两个输出端，所以被称为差动式电位器。

4.4 电位器构成的音量控制器

不同的音响设备对音量控制器的控制要求有所不同，所以会有许多类型的音量控制器电路。在音量控制器中采用 Z 型电位器。

重要提示

音量控制器电路的实质是电阻构成的分压电路，读者在掌握了电阻分压电路工作原理后，会更容易理解音量控制器电路工作原理。

4.4.1 单声道音量控制器

单声道音量控制器是各种音量控制器的基础。

图 4-32 所示是单联电位器构成的单声道音量控制器电路。这实际上是一个分压电路的变形电路，电位器 RP1 相当于两只分压电阻。如果读者已经深入地掌握了电阻分压电路工作原理，那么音量控制器的电路分析就会变得比较简单。

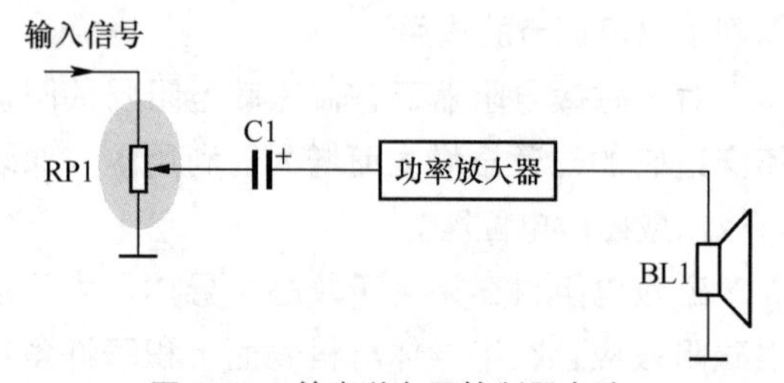

图 4-32 单声道音量控制器电路

RP1 是电位器，因为被用于音量控制器电路中，所以被称为音量电位器。BL1 是扬声器，其作用是将电信号转换成声音。功率放大器的作用是对 RP1 动片输出的信号进行放大，再推动扬声器 BL1。

1. 电路分析

分析这一电路的关键是设电位器的动片向上、向下滑动，然后分析 RP1 动片输出电压的变化。具体的分析分为如下 4 种情况。

（1）动片滑在最下端。这时 RP1 动片输出的信号电压为零，没有信号加到功率放大器中，所以扬声器没有声音，为音量关死状态。

（2）动片从最下端向上滑动。这时 RP1 动片输出的信号电压在增大，加到功率放大器中的信号在增大，扬声器发出的声音越来越大，此时是音量增大的控制过程。

（3）动片滑动到最上端。这时 RP1 动片输出的信号电压最大，音量处于最大状态。

（4）动片从最上端向下滑动。这时 RP1 动片输出的信号电压减小，扬声器发出的声音越来越小，是音量减小的控制过程。

电路分析结论

音量控制器的作用就是控制输入功率放大器的信号大小，这样流入扬声器中的电流大小就可以得到控制，从而达到音量控制的目的。

2. 人耳听觉特性与音量调整之间关系

图 4-33 是 3 条曲线示意图，说明了人耳听觉特性与音量调整之间的关系。

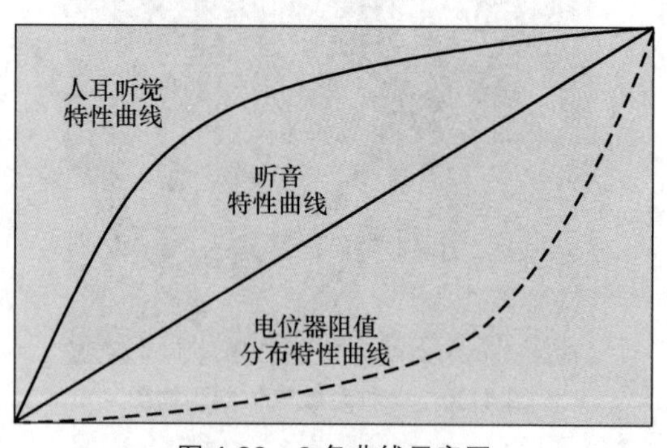

图 4-33 3 条曲线示意图

（1）人耳听觉特性曲线。人耳对较小音量的感知灵敏度比较大，当音量调大后，感知灵敏度变低。

（2）电位器阻值分布特性曲线。均匀转动音量电位器转柄时，动片与地端之间的阻值一开始上升较缓慢，后来阻值增大得较快。这样，音量较小时，馈入扬声器的电功率增大量变化较小，音量较大时馈入扬声器的电功率增大量上升很快，这与人耳的对数听觉特性恰好相反，这样音量电位器转柄被均匀转动时，人耳感觉到的音量是均匀上升的，如图 4-33 中的听音特性曲线所示。

4.4.2　双声道音量控制器

前面介绍的音量控制器电路是最简单的电路，现在更多的音响均为双声道结构，图 4-34 所示是双声道音量控制器电路。电路中的 RP1-1 和 RP1-2 是双联同轴电位器，用虚线表示这是一个同轴电位器，其中 RP1-1 是左声道音量电位器，RP1-2 是右声道音量电位器。这一电路的工作原理与单声道音量控制器一样，只是采用了双联同轴电位器后，左、右声道的音量被同步控制。

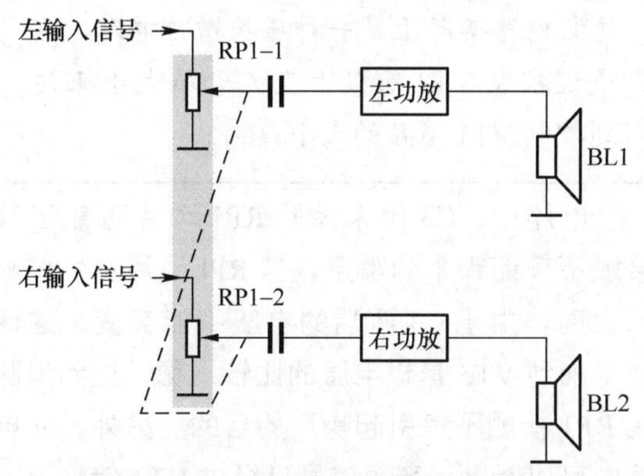

图 4-34　双声道音量控制器电路

电路分析提示

电路中，RP1-1、RP1-2 之间用虚线相连，表示这两个电位器之间存在相关性，它们是双联同轴电位器。在双声道电路中，往往采用双联同轴电位器构成左、右声道的音量控制器和音调控制器。

1．电路分析

这一电路工作原理的分析关键是掌握单联音量电位器的工作原理，以及了解双联同轴电位器的工作原理，当我们在音量调节过程中转动音量旋钮时，RP1-1 和 RP1-2 的动片同步动作，同时进行音量增大或减小的控制，实现左、右声道音量同步控制，不了解双联同轴电位器的这一工作原理，就无法分析这一电路的工作过程。

2．双声道电路特征

图 4-35 是双声道电路结构示意图。

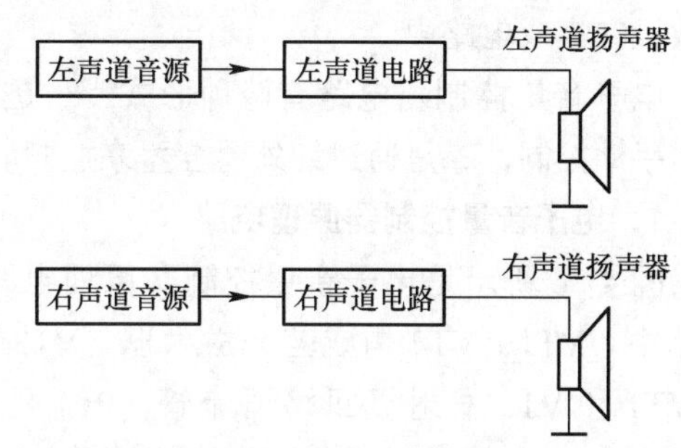

图 4-35　双声道电路结构示意图

双声道立体声系统中使用左、右两个声道记录、重放信号，左侧的叫作左声道，右侧的加作右声道，左、右声道的电路是完全对称的，即两个声道的频率响应特性、增益等电声指标相同，但是左、右声道中处理、放大的信号是有所不同的，主要是它们的大小和相位特性不同，所以处理、放大不同相位特性信号的电路通路被称为声道。

现代音响设备除具有双声道信号处理方式外，还具有多声道处理方式。

4.4.3　电子音量控制器

普通音量控制器电路结构简单，但存在一个明显的缺点，就是当机器使用时间较长以后，音量电位器的转动噪声会引起在调节音量时扬声器中出现“喀啦、喀啦”的噪声。

原 因 提 示

这是因为音量电位器本身直接参与了信号的传输，当动片与碳膜之间由于灰尘、碳膜磨损存在接触不良时，信号传输会发生中断，引起“喀啦、喀啦”的噪声。

采用电子音量控制器后，由于音频信号本

身并不通过音量电位器，而且可以采用相应的消除噪声措施，这样电位器存在动片接触不好时也不会引起明显的噪声。另外，在双声道电子音量控制器电路中，可以用一只单联电位器同时控制左、右声道的音量。

电子音量控制器一般均采用集成电路，而且在一些电路中音调控制、立体声平衡控制器也被设在集成电路中。

电子音量控制器电路有两种形式：一是直接由手动控制，二是通过红外遥控器来控制。

1．电子音量控制器原理电路

图4-36所示是电子音量控制器原理电路。电路中，VT1、VT2构成差分放大器，VT3构成VT1和VT2发射极回路恒流管，RP1是音量电位器，U_i为音频输入信号，U_o为经过电子音量控制器控制后的输出信号。

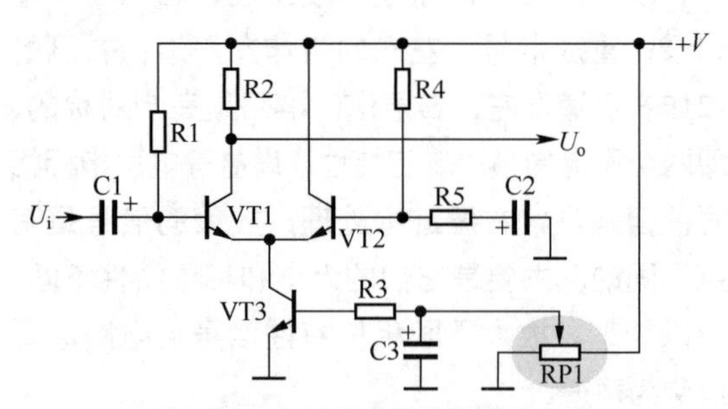

图4-36　电子音量控制器原理电路

这一电路的音频信号传输线路如图4-37所示，音频信号U_i经C1耦合，加到VT1基极，经放大和控制后从其集电极输出。

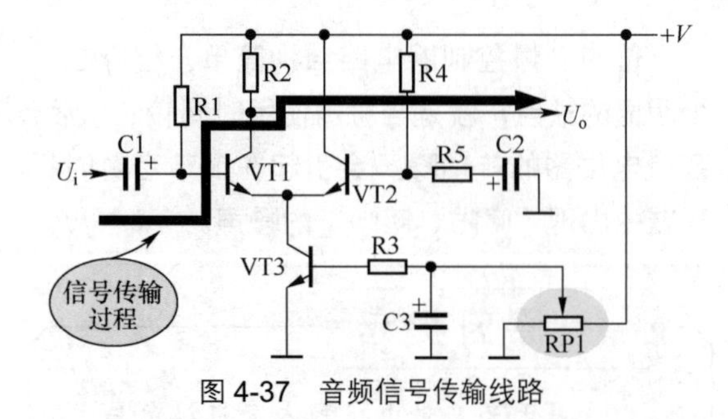

图4-37　音频信号传输线路

电子音量控制器电路的工作原理是：VT1和VT2发射极电流之和等于VT3的集电极电流，而VT3集电极电流受RP1动片控制。

（1）RP1动片在最下端时电路分析。VT3基极电压为零，其集电极电流为零，VT1和VT2截止，无输出信号，处于音量关死状态。

（2）RP1动片从下端向上滑动时电路分析。VT3基极电压逐渐增大，基极和集电极电流也逐渐增大，由于VT2的基极电流由R4决定，所以VT2发射极电流基本不变。

这样VT3集电极电流增大导致VT1发射极电流逐渐增大，VT1发射极电流增大即其放大能力增大，从而使输出信号增大，即音量在增大。

（3）RP1动片滑到最上端时电路分析。VT3集电极电流和VT1发射极电流最大，这时音量最大。

分析结论提示

由上述分析可知，通过控制VT3基极电压高低便能控制VT1的增益大小，从而控制了音频输出信号U_o的大小，所以这种电路实际上是一种压控增益电路，即通过控制VT3基极上直流电压大小来达到控制VT1增益的大小。

电路中，C3用来消除RP1动片可能出现接触不良而带来的噪声，当RP1动片发生接触不良时，由于C3两端的电压不能突变，这保证了加到VT3基极电压的比较平稳，达到消除因RP1接触不良引起噪声的目的。另外，从电路中可以看出，音频信号只经过VT1传输而不经过RP1传输。

在双声道电路中，再设一套VT1、VT2和VT3压控增益电路，可以利用RP1动片电压大小来控制左、右两个声道音量，这样可以实现用一只单联电位器RP1同步控制左、右声道音量的目的。

2．集成双声道电子音量控制器电路

图4-38所示是一个集成双声道电子音量控制器电路，其中RP1、RP2是音量电位器。这一电路与前面电路不同的是，RP1、RP2不直接参与音量信号的传输，故它引起的转动噪声不会窜入音频信号电路中。

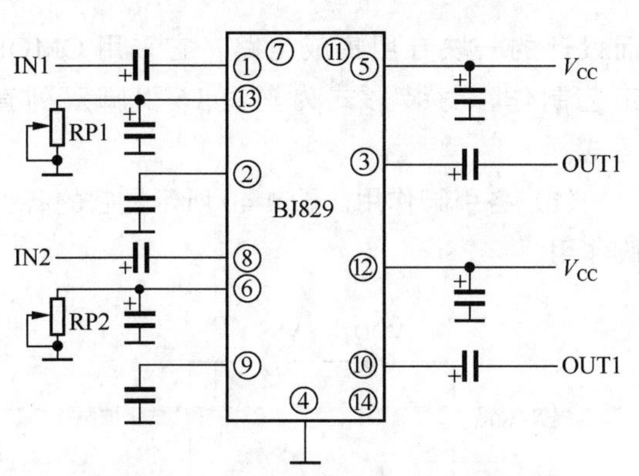

图 4-38　集成双声道电子音量控制器电路

前置放大器输出的信号经耦合电容到达输入端①、⑧脚。实现信号强、弱控制后，从③、⑩脚输出，经耦合电容到达低放电路。调节RP1、RP2只改变控制电压。集成电路BJ829各引脚作用见表4-7。

表 4-7　集成电路 BJ829 各引脚作用

引　脚	作　用
①	左声道输入
②	左声道消振
③	左声道输出
④	地
⑤	电源
⑥	右声道控制
⑦	空
⑧	右声道输入
⑨	右声道消振
⑩	右声道输出
⑪	空
⑫	电源
⑬	左声道控制
⑭	空

为了进一步分析集成双声道电子音量控制器电路的原理，画出BJ829内电路，如图4-39所示。

电路中，VT1、VT2、VT3构成镜像恒流源，使VT3的I_c为恒定值，即在其集电极负载变化时，I_c保持不变。

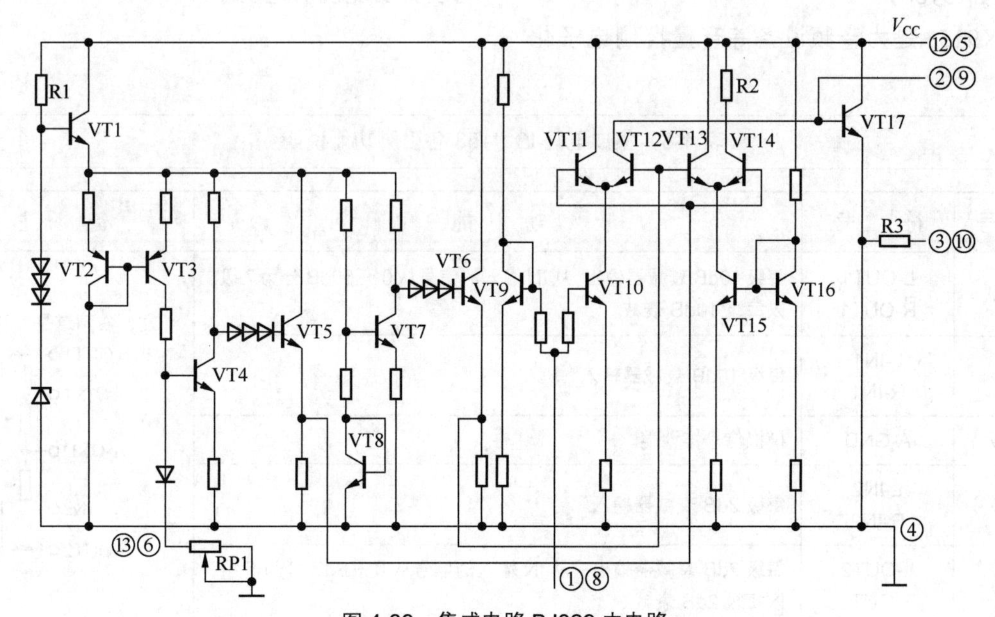

图 4-39　集成电路 BJ829 内电路

VT3的集电极负载由RP1及电阻器等组成。调节RP1时，VT4基极电压作相应变化。当RP1调至0时，VT4基极电压最低；RP1调大时，VT4基极电压也相应增大。

VT4基极电压变化，引起其集电极电压变化，又引起VT5的发射极电压变化。当RP1调至0时，VT4的U_b变低，使VT4的U_c变高，则VT5的U_e变高；反之，VT5的U_e则变低。VT5 U_e的高低变化控制了VT11、VT14基极电压。

输入信号从①脚（或⑧脚）送入VT10基极。VT10为恒流管和放大管，其集电极输出信号，信号经VT12内阻（c-e）到达VT17基极。VT17为射极输出器，发射极的输出电压经电阻R3由③脚（或⑩脚）送到外电路。

VT12的$I_c \approx I_e$，I_c数值等于VT10 I_c值减去VT11的I_e值。若VT11 I_e增大，就会使VT12 I_c变小，则送到输出管VT17的信号变小，③脚输出小，反之则大。这样便达到了音量控制的目的。

所以，RP1通过控制VT5 U_e大小，控制了VT11、VT14基极电压大小，同时还控制了VT17输入大小，从而控制③脚输出信号大小。

3．实例资料（电子音量控制器集成电路LX9153）

LX9153是为音频设备等音量控制电子化而设计的一块专用集成电路，它采用CMOS工艺制作，封装形式为塑封16引脚双列直插式。

（1）各引脚作用。图4-40所示是它的各引脚作用。

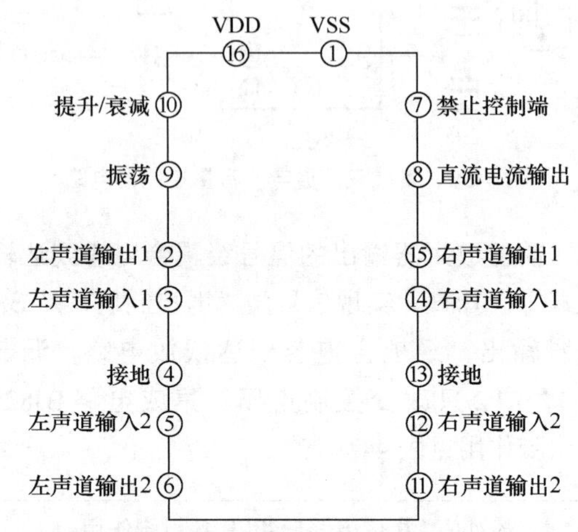

图4-40　集成电路LX9153各引脚作用

（2）电路特点。它有较宽的工作电压范围（V_{CC}＝4.5～12V）、低电流消耗、可在0～66dB进行每级2dB的衰减。既可正、负双电源工作，也可单电源工作。可利用内置的振荡器和提升/衰减端子进行衰减控制。

（3）各引脚功能说明。集成电路LX9153各引脚功能说明见表4-8。

表4-8　集成电路LX9153各引脚功能说明

引脚号	符　号	功　能	备　注
②⑮	L-OUT1 R-OUT1	每级10dB衰减器输出，从IN输入的信号从0～60dB分为7级，以每级10dB衰减	左、右声道是对称的 OUT1 IN1 A-GND IN2 OUT2
③⑭	L-IN1 R-IN1	每级10dB衰减器输入	
④⑬	A-GND	模拟信号接地端	
⑤⑫	L-IN2 R-IN2	每级2dB衰减器输入	
⑥⑪	L-OUT2 R-OUT2	每级2dB衰减器输出，从IN输入的信号从0～8dB分为5级，以每级2dB衰减	

续表

引脚号	符　　号	功　　能	备　　注
⑦	INH	禁止控制端。当此端为低电平时，所有的输入 / 输出端均断开，LX9153 处于禁止状态。当此端为高电平时，LX9153 处于正常工作状态	—
⑧	DCO	为显示衰减状态的直流电流输出，衰减在 0dB ～ ∞分为 13 级，每级约 100μA 电流输出	通过在此端与 VSS 之间接一只电阻
⑩	U/D	振荡器提升 / 衰减控制端。当此端为高电平时，随着振荡器的上升，音量输出同步上升。相反，当此端为低电平时，音量输出下降	
①	VSS	电源负端	
⑯	VDD	电源正端	

（4）双电源供电电路。图 4-41 所示是集成电路 LX9153 双电源供电电路。

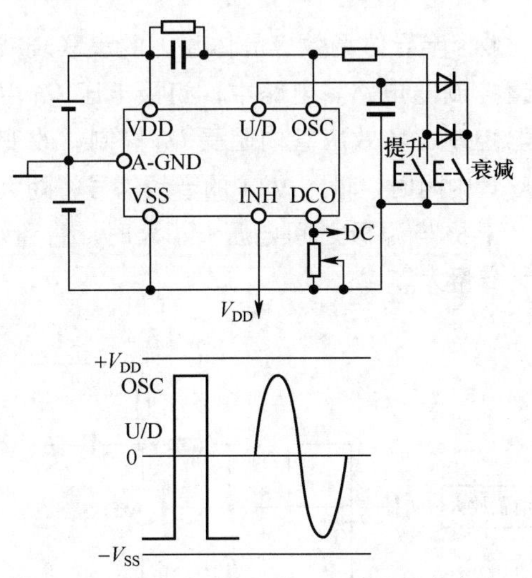

图 4-41　集成电路 LX9153 双电源供电电路

（5）单电源供电电路。图 4-42 所示是集成电路 LX9153 单电源供电电路。

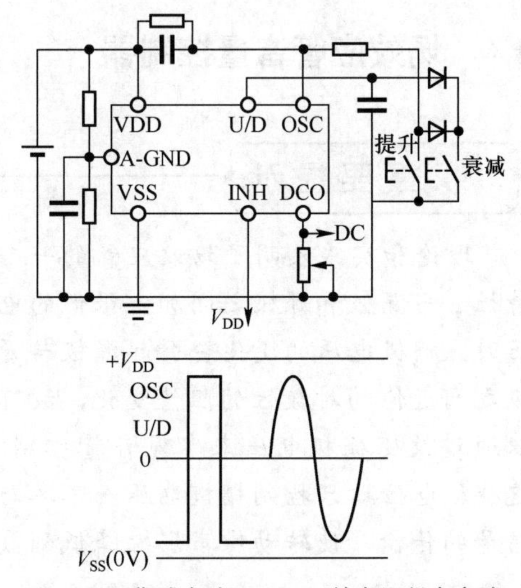

图 4-42　集成电路 LX9153 单电源供电电路

（6）典型应用电路。图 4-43 所示是集成电路 LX9153 典型应用电路。

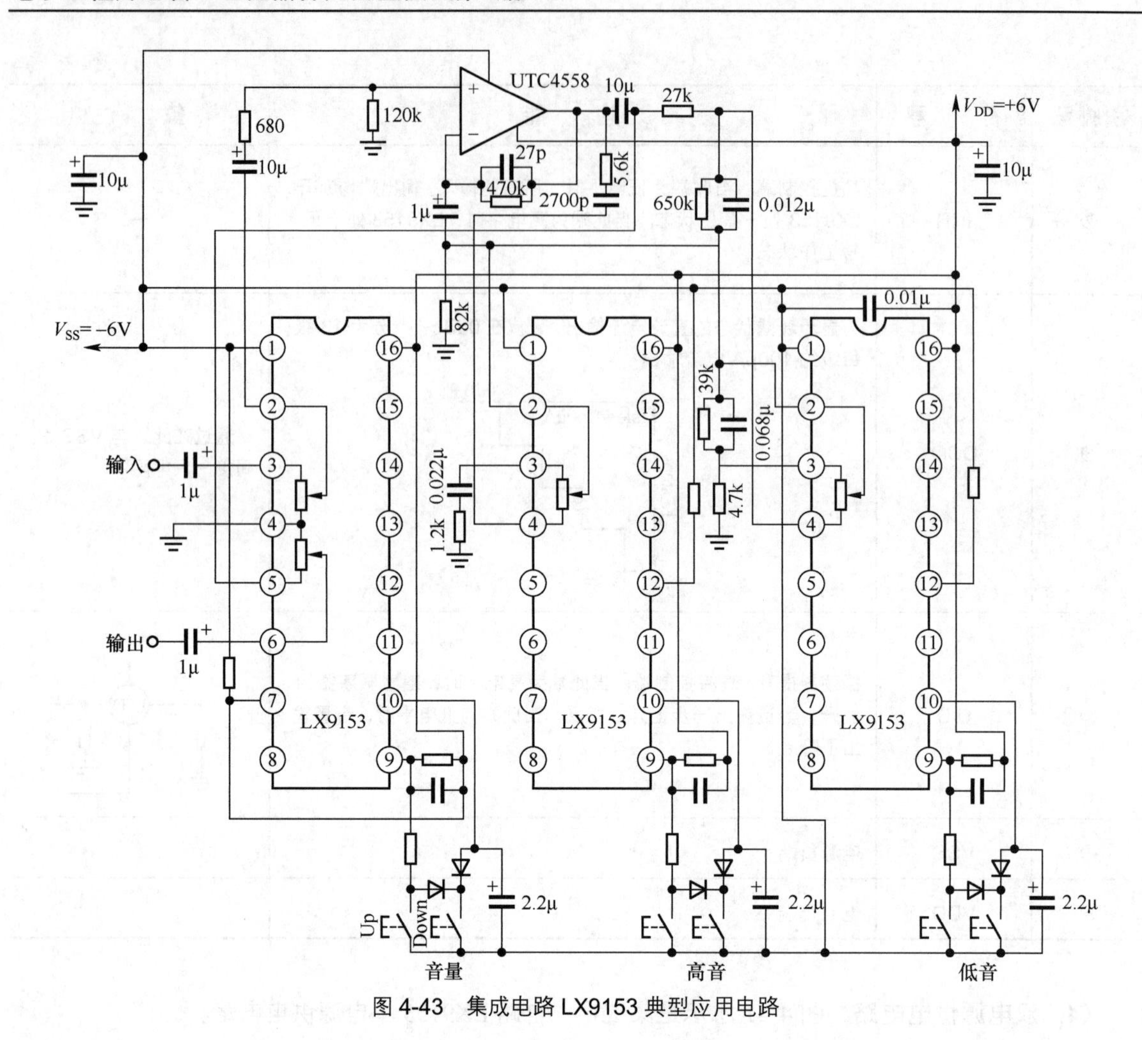

图 4-43　集成电路 LX9153 典型应用电路

4.4.4　场效应管音量控制器

重要提示

理论和实践表明了场效应管的一个特性：当漏极和源极之间加上很低的电压时，栅极电压的变化会引起漏极与源极之间近似的对数性的阻值变化，故可以通过改变栅极电压来实现音量控制。这样，电位器只控制栅极电压而不参与信号的传输，使转动噪声影响降低到最低程度。

1. 串联衰减式场效应管音量控制器

图 4-44 所示是一种采用 MOSFET(金属 - 氧化物 - 半导体场效应晶体管）的串联衰减式音量控制器电路。电路中，门极电压 U_G 由电位器控制，场效应管内阻受 U_G 控制。改变场效应管内阻时，输入 VT1 的音频信号将随之变化。漏极与源极之间电压 U_{DS} 大时，音量小，反之音量大。

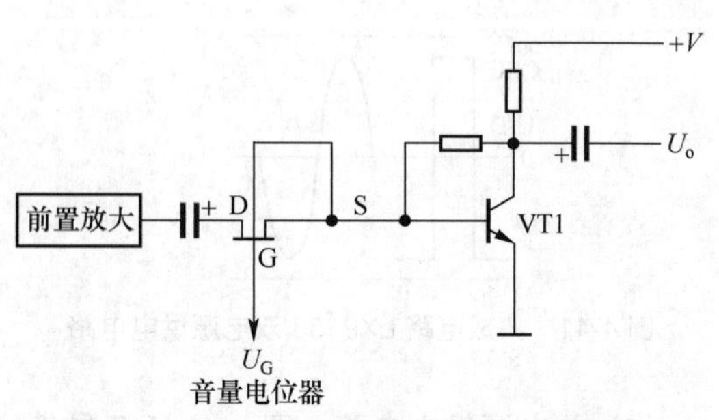

图 4-44　串联衰减式场效应管音量控制器电路

2．负反馈式场效应管音量控制器

图4-45所示是一种负反馈式场效应管音量控制器电路。

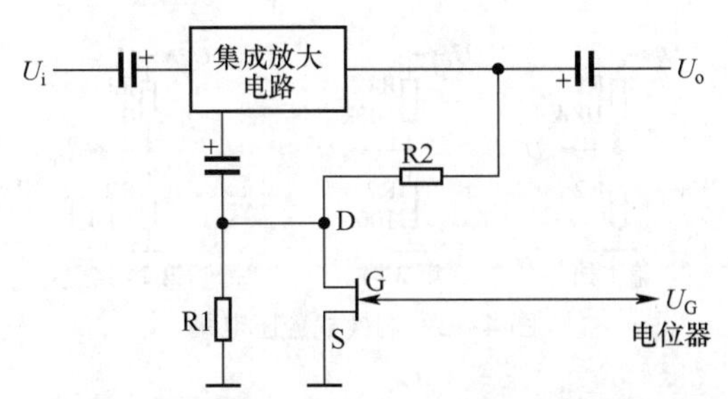

图4-45　负反馈式场效应管音量控制器电路

结型场效应管设在负反馈电路中，场效应管漏极与源极之间内阻与R1并联后，与R2构成负反馈电路。场效应管漏极与源极之间内阻越小，负反馈量越小，放大器增益越大，音量越大；反之音量则小。而场效应管漏极与源极之间内阻又受场效应管栅极电压控制。

4.4.5　级进式电位器构成的音量控制器

在高保真音响中，对音量控制器的要求也提到了前所未有的高度，一只性能非凡的音量电位器价格不菲。

级进式（或步进式）电位器构成的音量控制器在高档音响设备中被大量应用。

1．级进式电位器

图4-46是两种级进式电位器实物图。它通常由多刀多位的波段开关和高精度特殊电阻组成。

图4-46　两种级进式电位器实物图

2．串联式分压电路

图4-47所示是24级的串联式分压电路（采用了省略画法），电路中的电阻器R1、R2…R23串联起来，输入信号U_i加到这一电阻串联电路上，U_o是输出信号。

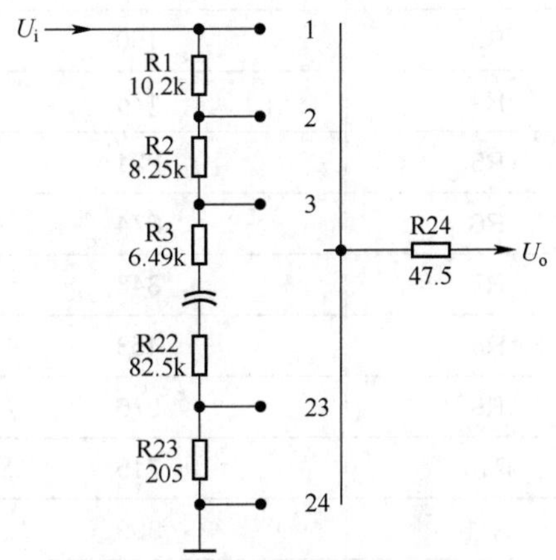

图4-47　24级串联式分压电路

这一电路工作原理是：当调到第24挡位置时，相当于输出端通过电阻器R24接地线，这时输出信号U_o为零，音量处于关死状态。

当调到第23挡位置时，电阻器R1～R22串联后的总电阻与电阻器R23构成分压电路，其分压后的输出信号电压通过电阻器R24输出。这时有音频信号输出，音量处于最低状态。

当调到第1挡位置时，电阻器R1与电阻R2～R23串联后的总电阻构成分压电路，其分压后的输出信号电压通过电阻器R24输出，这时音频信号输出为最大，音量处于最大状态。

重要提示

这种音量控制器的特点是整个音量控制分成了24挡，分级调节音量。对于双声道的级进式电位器，需要有两刀24位的波段开关。

串联式分压电路100kΩ级进式电位器各电阻器的具体阻值数据见表4-9。

表 4-9　串联式分压电路 100kΩ 级进式电位器各电阻器的具体阻值数据

电　阻	100kΩ 电位器各电阻阻值 /Ω
R1	0
R2	549
R3	150
R4	174
R5	221
R6	274
R7	348
R8	453
R9	576
R10	715
R11	909
R12	1.21k
R13	1.50k
R14	1.91k
R15	2.43k
R16	3.16k
R17	3.92k
R18	5.11k
R19	6.81k
R20	8.25k
R21	10.0k
R22	12.1k
R23	14.0k
R24	15.0k

3．切换式分压电路

图 4-48 所示是切换式分压电路，这一电路也分成 24 挡（采用了省略画法）。

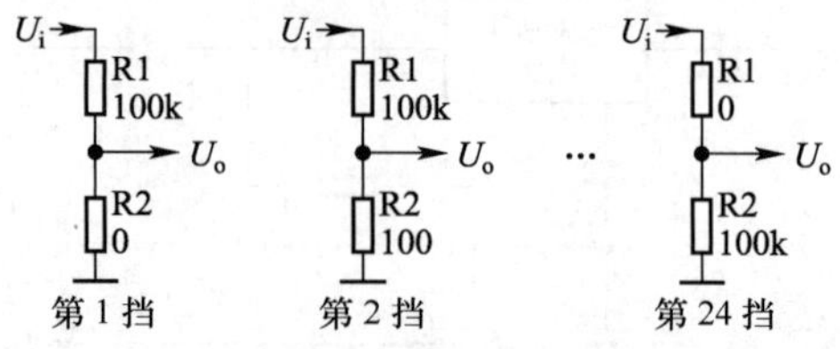

图 4-48　切换式分压电路

这一电路工作原理是：在每一个挡位都有两只电阻器 R1 和 R2 构成分压电路，但是每一个挡位中的 R1 和 R2 阻值是不同的。在第 1 挡位 R2 为 0Ω，R1 为 100kΩ，这时分压电路输出的信号电压最小，音量处于关死状态。

在第 2 挡位 R2 为 100Ω，R1 为 100kΩ，这时的分压电路输出电压在各挡中最小，音量处于最小状态。

在第 24 挡 R2 为 100kΩ，R1 为 0Ω，这时的分压电路输出电压在各挡中最大，音量处于最大状态。

重要提示

这种音量控制器的特点是，每一挡调节时都要同时切换信号输入端和信号输出端，所以对于一个单声道音量控制器就要用两刀的波段开关，对于双声道音量控制器就要用四刀的波段开关。

切换式分压电路 100kΩ 电位器和 250kΩ 电位器的 R1、R2 阻值见表 4-10。

表 4-10　切换式分压电路 100kΩ 电位器和 250kΩ 电位器的 R1、R2 阻值

100kΩ 电位器 /Ω		250kΩ 电位器 /Ω	
R1 的阻值	R2 的阻值	R1 的阻值	R2 的阻值
100k	0	249k	0
100k	100	249k	1.50k

续表

100kΩ 电位器 /Ω		250kΩ 电位器 /Ω	
R1 的阻值	R2 的阻值	R1 的阻值	R2 的阻值
100k	332	249k	1.91k
100k	681	249k	2.43k
100k	1.00k	249k	3.16k
97.6k	1.21k	249k	3.92k
97.6k	1.82k	243k	4.99k
97.6k	2.43k	243k	6.19k
97.6k	3.16k	243k	8.25k
95.2k	3.92k	243k	10.0k
95.2k	5.11k	237k	12.1k
93.1k	6.81k	237k	15.0k
93.1k	8.25k	237k	20.5k
90.9k	10.0k	226k	24.3k
86.6k	12.1k	221k	32.4k
84.5k	15.0k	221k	39.2k
80.6k	20.0k	205k	49.9k
75.0k	24.3k	182k	60.4k
68.1k	32.4k	169k	98.7k
60.4k	39.2k	150k	97.6k
49.9k	49.9k	121k	121k
37.4k	63.4k	93.1k	150k
20.5k	78.7k	49.9k	205k
0.00	100k	0.00	249k

4.4.6　数字电位器构成的音量控制器

许多高档音响设备中采用了数字电位器构成的音量控制器，图4-49是数字电位器实物图。

图4-49　数字电位器实物图

提　示

数字电位器是一种固态电位器，它与传统的模拟电位器的工作原理、结构、外形完全不同。它取消了活动件，是一个半导体集成电路，其优点是没有噪声，有极长的工作寿命。

1. 数字电位器DS1666

图4-50是数字电位器集成电路DS1666引

脚分布和功能示意图。集成电路DS1666采用14脚双列直插式封装。RH为音频输入端，RL为接地端，RW为音频信号输出端（经过音量控制后的信号从该引脚输出），U/$\overline{D}$为电位器阻值升/降控制信号端，$\overline{INC}$为音量调节的控制信号，$\overline{CS}$为片选信号，VCC为+5V电源，GND为地，VB为0～5V（基片偏置电压）端。

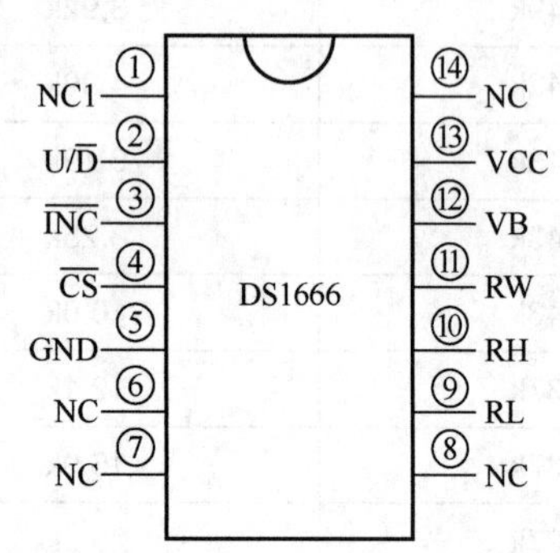

图4-50　数字电位器集成电路DS1666引脚分布和功能示意图

图4-51是数字电位器集成电路DS1666内电路方框图。

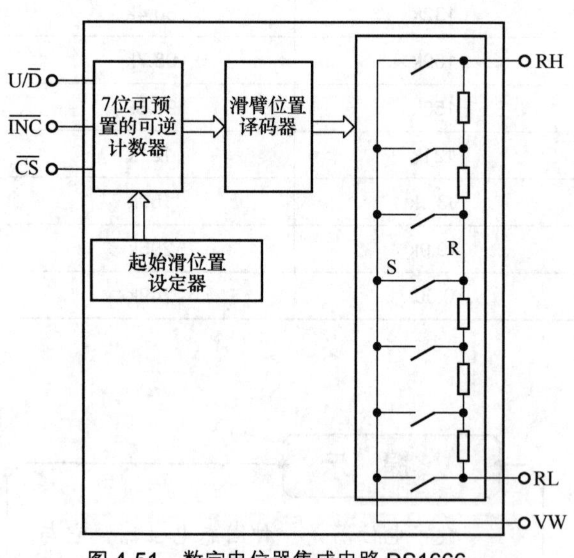

图4-51　数字电位器集成电路DS1666内电路方框图

7位计数器是一种可预置的可逆计数器，它由$\overline{CS}$、$\overline{INC}$和U/$\overline{D}$ 3个控制信号控制，控制功能见表4-11。

表4-11　3个控制信号的控制功能

$\overline{CS}$	$\overline{INC}$	U/$\overline{D}$	计数器输出
0	下降沿	1	上升
0	下降沿	0	下降
上升沿	1	×	保持

2．典型应用电路

图4-52所示是数字电位器集成电路DS1666典型应用电路，它实际上是一个可变的分压器，它与固定增益的放大器连接，只要改变分压器的分压比，即可改变放大器的输出电压。

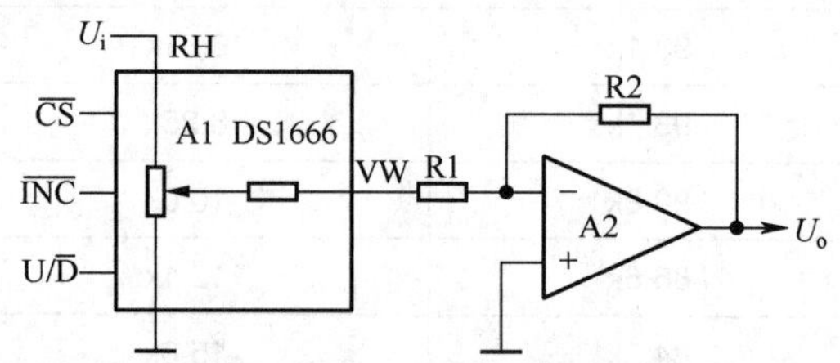

图4-52　数字电位器集成电路DS1666典型应用电路

4.4.7　计算机耳机音量控制器

图4-53所示是计算机用耳机内附的音量控制器电路，它的特点是采用一种小型超薄的双联电位器，该电位器共有5根引脚，即两个声道的地线引脚共用。

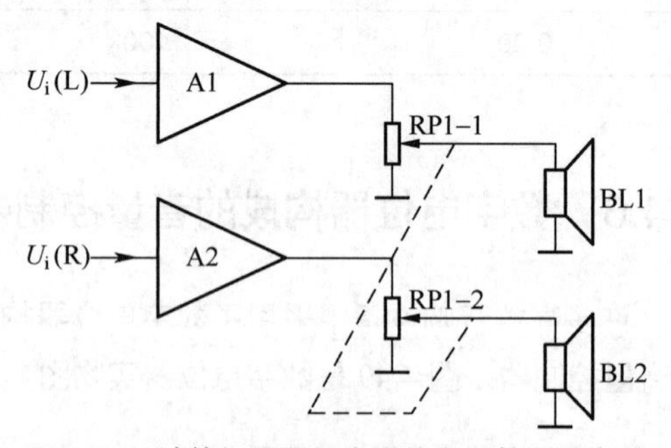

图4-53　计算机用耳机内附的音量控制器电路

一般的音量电位器接在功率放大器输入回路中，这种电路则将音量电位器接在功放输出回路中，A1和A2分别是左、右声道的耳机功放集成电路。

4.5 电位器构成的音调控制器

音调控制器用来对音频信号各频段内的信号进行提升或衰减，以满足听音者对听音的需要。在一些中、低档组合音响中，采用简单的音调控制器，而在一些中、高档组合音响中则采用高级音调控制器，此时音调控制器采用独立一层的结构。

音调控制器中的电位器采用 D 型电位器。

重要提示

音调控制器主要有下列两类电路。

（1）图示音调控制器。这是目前广泛流行的一种，常见的有 5 段、10 段两种。这种音调控制器可以将整个音频范围分成 5 个或 10 个频段进行独立的提升或衰减控制。

（2）高、低音式音调控制器。这种音调控制器只有高音和低音频段两个控制电路，可以进行提升或衰减的控制。

4.5.1 RC 衰减式高、低音音调控制器

高、低音音调控制器电路比较简单，如图 4-54 所示，这是一个声道电路，双声道电路中的另一个声道电路与此一样。电路中，RP1L 是左声道的高音控制电位器，RP2L 是左声道的低音控制电位器，U_i 是左声道输入音频信号，U_o 是经过高音和低音控制后的左声道音频信号。

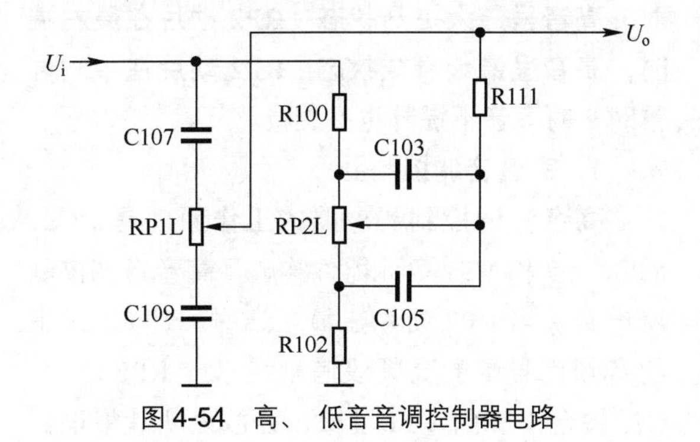

图 4-54　高、低音音调控制器电路

判断方法提示

在实用电路中，判断某组电路是高音音调控制器还是低音音调控制器是有方法的。与音调控制电位器相连的电容，容量小的是高音音调控制器，容量大的是低音音调控制器。

这一判断方法是因为频率高时要求电容的容量较小。

无论对于哪种音调控制器，这种判断方法都有效。

1．高音音调控制器

高音音调控制器由 C107、RP1L 和 C109 构成。当 RP1L 动片滑到最上端时，对高音段信号呈最大提升状态；当 RP1L 的动片滑到最下端时，对高音段信号呈最大的衰减状态；当 RP1L 动片在中间位置时，对高音段信号不提升也不衰减。

高音音调控制器电路的工作原理是：当 RP1 动片滑到最上端后，由于 C107 对输入信号 U_i 中的高频段信号呈现很小的容抗，这样高频段信号经 C107、RP1 的动片送到后级电路中。同时，由于 RP1L 的全部阻值与 C109 串联后其电路阻值很大（RP1L 阻值大），对高频信号呈开路特性。

当 RP1L 的动片从最上端开始向下滑动时，由于 RP1L 动片以上的电阻串在 C107 回路中，高频段信号有些衰减，同时由于 RP1L 动片以下的电阻值在减小，通过 C109 对高频段信号开始对地分流衰减，这样随着 RP1L 动片向下滑动对高频段信号的提升量从最大状态开始逐渐减小，当 RP1L 动片滑到中间位置时对高频段信号已不作提升。

当 RP1L 的动片滑到最下端时，U_i 中的高频段信号经 C107 和 RP1L 的全部阻值才能传输到后级电路中，同时 C109 对高频段信号的容抗较小，此时对高频段信号处于最大衰减状态。

当 RP1L 动片从最下端位置向上滑动时，

RP1L 动片到上端的阻值在减小，同时 RP1L 动片至下端的阻值在增大，使通过 C109 衰减的高频信号减小，这样随着 RP1L 动片从最下端向上滑动时高频信号的衰减量在减小。当 RP1L 动片滑到中间位置时已不再对高频段信号作衰减，也不作提升，高频段特性曲线平坦。

分析方法提示

对于音调控制器电路分析要设几种情况，即音调电位器动片在中间位置、动片在最上端、动片在最下端、动片滑动过程等，分析音调电位器动片不同位置和不同滑动状态下的电路工作情况。

2．低音音调控制器

低音音调控制器电路由 R100、RP2L、R102、C103、C105 和 R111 构成。

当 RP2L 动片在最上端时对低音信号呈最大提升状态，当动片滑到最下端时呈最大衰减状态，当动片在中间位置时为不提升也不衰减的状态。

当 RP2L 动片滑到最上端时，输入信号中的中、低频信号经 R100、RP2L 动片、R111 加到后级放大器电路中，此时 C103 被短接，RP2L 的全部阻值并在 C105 上，再通过 C105 接地，由于 RP2L 的阻值很大相当于开路，这样在 RP2L 动片与地之间接有 C105、R102 构成的 RC 串联电路，这是一个低频提高电路，通过对中频段信号的对地分流衰减来提高低频段信号，此时对低频段信号处于最大提升状态。

当 RP2L 的动片滑到最下端时，C105 被短接，RP2L 的全部阻值与 C103 并联串在信号传输回路中，由于 RP2L 阻值较大相当于开路。同时，C103 对低频段信号容抗最大而对低频段信号呈最大衰减状态。当 RP2L 动片从最下端向上滑动时，RP2L 动片以上的阻值减小，与 C103 并联后 C103 对低频段信号衰减作用减弱，同时 C105 与 R102 串联电路对低频段信号有些提升。当 RP2L 动片从最下端逐渐向上滑动时，低频段信号的衰减量在逐渐减小，当动片滑到中间位置时对低频段信号无衰减作用也无提升作用。

对输入信号 U_i 中的高频段信号而言，由于低音音调控制器电路的阻抗远大于高音音调控制器电路的阻抗，这样低音音调控制器电路相当于开路。对于输入信号 U_i 中的中、低频段信号而言，由于 **C107** 的容抗大，高音音调控制器电路相当于开路。这样，高频段信号受到高音音调控制器的控制，中、低频段信号在低音音调控制器中通过衰减中频段信号来达到控制低频段信号的目的。

4.5.2 RC 负反馈式高、低音音调控制器

图 4-55 所示是 RC 负反馈式高、低音音调控制器电路。电路中的 VT1 是放大管，RP1 是低音控制电位器，RP2 是高音控制电位器。

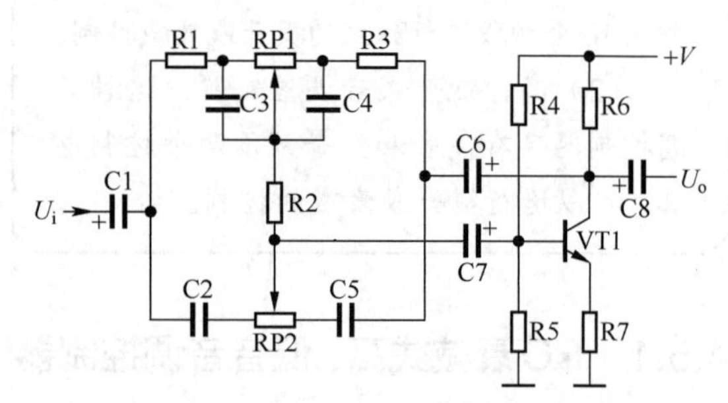

图 4-55 RC 负反馈式高、低音音调控制器电路

当低音控制电位器 RP1 动片滑到最左端时，低音呈最大提升状态；RP1 动片滑到最右端时，低音呈最大衰减状态；RP1 动片在中间位置时，对低音不提升也不衰减。

当高音控制电位器 RP2 动片滑到最左端时，高音呈最大提升状态；RP2 动片在最右端时，高音呈最大衰减状态；RP2 动片在中间位置时，对高音不提升也不衰减。

1．高音音调控制器

高音音调控制器电路的工作原理是：C2、RP2、C5 和 VT1 等元器件构成了高音音调控制器电路。当 RP2 动片在最左端时，从 C1 送来的音频信号中的高频段信号经 C2、RP2 动片、C7（耦合）加到 VT1 基极，经放大从其集电极输出，经 C8 耦合送到后级电路中。

同时，VT1 集电极输出信号经 C6（耦合）、C5、RP2、C7 构成的负反馈电路反馈到 VT1 基极，此时由于 RP2 的全部阻值在负反馈回路中，负反馈量最小，VT1 对高频段信号的放大倍数最大，这样高音音调控制器处于对高频段信号最大提升状态。

当 RP2 动片从最左端向右滑动时，RP2 动片左端的阻值增大，使信号传输回路中的阻值增大，同时 RP2 动片右端的阻值减小，使负反馈量增大，VT1 对高频段信号放大倍数减小。

当 RP2 动片从最左端向右滑动时高频段信号的提升量在逐渐减小，当 RP2 动片滑到中间位置时高频段信号的提升量为零。

当 RP2 的动片在最右端时，串入回路 RP2 的全部阻值，同时负反馈回路只有 C5，负反馈电路阻抗最小，负反馈量最大，VT1 高频放大倍数最小，此时高频段信号处于最大衰减状态。

当 RP2 动片从最右端向左滑动时，负反馈电路的阻抗在增大，负反馈量减小，高频段信号的衰减量在逐渐减小。当 RP2 滑动到中间时，对高频段信号不提升也不衰减。

2．低音音调控制器

低音音调控制器电路的工作原理是：R1、RP1、R3、C3、C4、R2 和 VT1 等元器件构成低音音调控制电路。当 RP1 动片在最左端时，C3 被短接，此时输入信号 U_i 中的中、低频段信号经 R1、RP1 动片、R2、C7 加到 VT1 基极，经放大后从集电极输出，通过 C8 耦合到后级电路中。负反馈电路由 C6（耦合）、R3、C4、RP1、R2、C7（耦合）构成。此时由于 RP1 的全部阻值在负反馈回路中，负反馈电路的阻抗最大，负反馈量最小，低音信号的提升量为最大。在负反馈电路中，由于 C4 对中频段信号的容抗较小，负反馈量大，而 C4 对低频段信号的容抗较大，负反馈量小，这样低频段信号相对中频段信号而言得到了提升。

当 RP1 动片从最左端向右滑动时，C3 接入电路，开始对低频段信号有衰减作用，同时由于 RP1 动片右端的阻值减小，负反馈电路的阻抗在减小，负反馈量在增大，低频段信号的提升量在逐渐减小。当 RP1 动片滑到中间时低频段信号的提升量为零。

当 RP1 动片在最右端时，负反馈电路阻抗最小，负反馈量最大，使低音受到最大衰减。当 RP1 动片从最右端向左滑动时，负反馈电路的阻抗在增大，负反馈量在减小，使低频段信号衰减量在减小。当 RP1 动片滑动到中间位置时，对低频段信号不衰减也不提升。

重要提示

从上述分析可以看出，这种音调控制器控制信号提升、衰减主要有两个方面：一是改变信号传输回路中的电路阻抗大小；二是改变负反馈电路的阻抗大小，以改变负反馈量，控制 VT1 对信号的放大倍数。

对于输入信号中的高频段信号而言，由于 R1、C3 等低音控制器电路的阻抗较大，所以高频段信号只能通过高音音调控制器电路。对于输入信号中的中、低频段信号而言，由于 C2、C5 等高音音调控制器电路的阻抗较大，所以中、低频段信号只能通过低音音调控制器电路。

4.5.3 LC 串联谐振图示音调控制器

图示音调控制器又称图式音调控制器，在音响设备中有着广泛应用。

图示音调控制器种类

图示音调控制器电路按照电路组成划分，主要有以下 3 种。

（1）LC 串联谐振图示电路。

（2）集成电路图示电路。

（3）分立元器件图示电路

图 4-56 所示是 LC 串联谐振图示音调控制器电路，这是一个五段电路。电路中 VT1 是放大管；RP1～RP5 分别是 100Hz、330Hz、1kHz、3.3kHz 和 10kHz 音调控制电位器，这 5 只电位器都有抽头，且均接地。

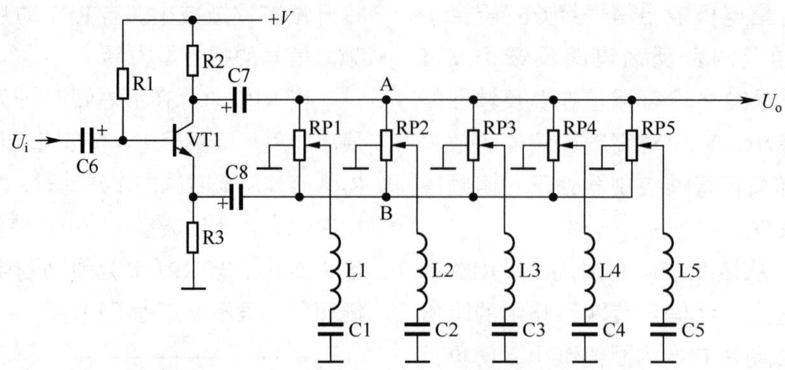

图4-56　LC串联谐振图示音调控制器电路

5只电位器动片与地之间接有5个不同谐振频率的LC串联谐振电路。其中，L1和C1串联谐振电路的谐振频率为100Hz，L2和C2的为330Hz、L3和C3的为1kHz、L4和C4的为3.3kHz、L5和C5的为10kHz。

1．电路分析

这一电路的工作原理是：输入信号U_i经C6耦合，到达VT1的基极，经放大和5段音调控制从其集电极输出，经C7耦合到后级电路中。

控制结果提示

这一电路5个频段提升和衰减控制是由RP1～RP5动片滑动的位置来决定的。当动片滑到电位器抽头处时，对信号不提升也不衰减。当动片从抽头位置向上滑动时，信号开始受到衰减，动片滑到最上端时信号的衰减量最大。当动片从抽头位置向下滑动时，信号开始受到提升，动片滑到最下端时信号的提升量最大。

5个频段控制器的工作原理相同，只是由于动片上接的LC串联谐振电路其谐振频率不同，所以控制的信号频段不同。这里以RP2控制器（330Hz）为例进行分析。

电路中的R3是VT1的发射极负反馈电阻，RP2抽头以下的阻值经C8并在R3上。RP2抽头以上的阻值接在VT1集电极输出信号传输线与地之间，由于RP2的阻值较大，这种插入损耗不是很大。

当RP2的动片在抽头位置处时，动片对地短接，L2、C2电路短接，此时对330Hz信号无提升也无衰减作用。

当RP2的动片从抽头位置向上滑动时，由于L2、C2串联谐振电路对330Hz信号阻抗很小，这相当于RP2动片对330Hz信号对地呈通路，由于动片向上滑动，A点与动片之间的阻值减小，330Hz信号的分流衰减量在增大。RP2动片愈向上端滑动，330Hz信号的衰减愈明显。当动片滑到最上端时，对330Hz信号分流衰减量呈最大状态。

图4-57所示为L2、C2串联谐振电路的阻抗特性曲线。从图中可以看出，在330Hz处的阻抗为最小，频率高于或低于330Hz时阻抗开始增大，且频率愈是偏离330Hz阻抗越大。这一控制器的中心频率为330Hz，在一定频带宽度内信号都能受到不同程度的控制。对频率高于或低于330Hz的信号，由于L2、C2电路的阻抗比330Hz信号时的阻抗大，分流衰减量小些。

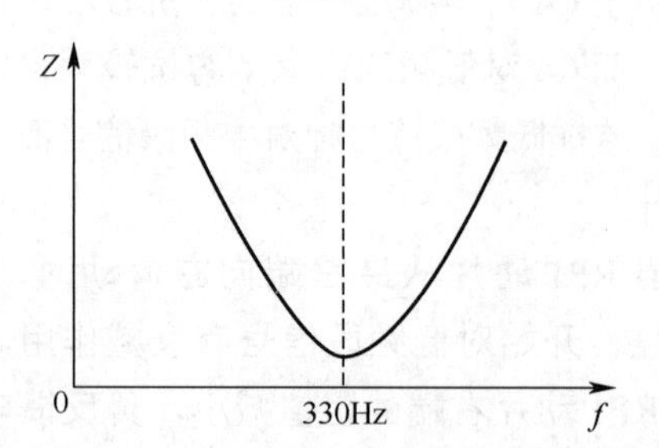

图4-57　L2、C2串联谐振电路阻抗特性曲线

在 RP2 动片从抽头位置向上滑动过程中，抽头至下端的阻值不变，VT1 的负反馈电阻不变，负反馈量不变，所以对 330Hz 信号的衰减主要是靠 L2、C2 对地分流完成的。

当 RP2 动片从抽头位置向下滑动时，由于动片对 330Hz 信号相当于交流接地，动片向下滑动使动片至 B 端的阻值在减小，而这一端阻值是并在 R3 上的，使 VT1 总的负反馈电阻在减小，总的负反馈量在减小，VT1 对 330Hz 的放大倍数在增大，达到逐渐提升 330Hz 信号的目的。

当 RP2 动片滑到最下端时，对 330Hz 信号而言，B 点交流接地，即将 VT1 发射极负反馈电阻 R3 交流短接，使 VT1 的负反馈量为零，VT1 对 330Hz 信号的放大倍数为最大，此时对 330Hz 信号达到最大提升状态。

2．控制特性

图 4-58 所示是 330Hz 控制器提升和衰减控制特性。对其他频段控制器，其工作原理与控制特性与此一样，由于各频段 LC 串联谐振电路的频宽不大，所以每个频段控制器只能控制中心频率左、右一个频段内的信号。

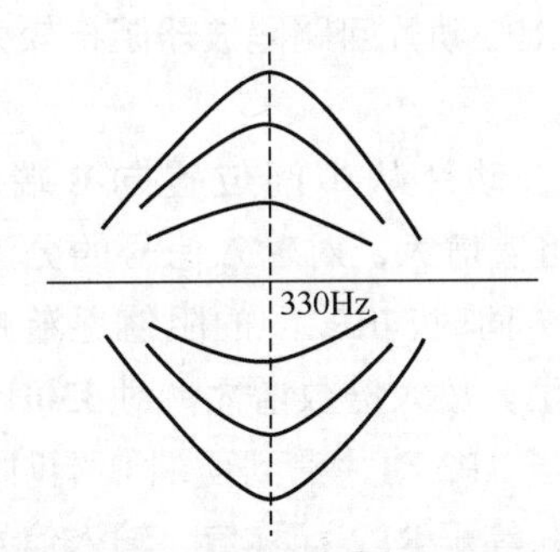

图 4-58　330Hz 控制器提升和衰减控制特性

4.5.4　集成电路图示音调控制器

前面的图示音调控制器电路中采用了 LC 串联谐振电路，由于电感 L 成本较高、安装不方便，所以现在普遍采用电子电路来等效电感 L，集成电路图示音调控制器电路就是采用这种等效电感，如图 4-59 所示。

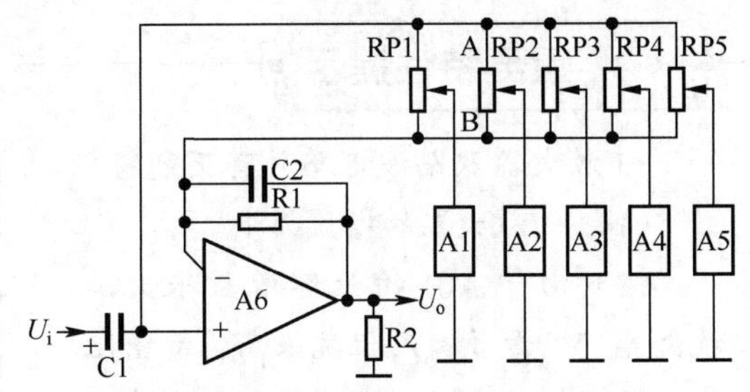

图 4-59　集成电路图示音调控制器电路

1．电路组成

这是一个单声道五段图示音调控制器电路。电路中的 U_i 为输入信号，U_o 为经过音调控制器控制后的信号。RP1 ～ RP5 是 5 个频段音调控制电位器，控制的频率分别由动片与地之间的 A1～A5 陷波器陷波频率来决定，A1 ～ A5 分别等效于 5 个中心频率为 100Hz、330Hz、1kHz、3.3kHz 和 10kHz 的 LC 串联谐振电路。

电路中的集成电路 A6 是放大器，R1 是 A6 的负反馈电阻，其阻值大小决定了 A6 的闭环增益大小。C2 是高频消振电容，防止 A6 发生高频自激。C1 是输入端耦合电容。

2．陷波器

A1～A5 陷波器的电路结构是一样的，只是阻容元件的参数不同。图 4-60 所示是这种陷波器电路及等效电路。电路中的 RP 是音调控制电位器，A01 是一个运算放大器，由于它的反相输入端与输出端相连，这样构成一个 +1 放大器。从图中可以看出，这一陷波器电路可等效成一个 LC 串联谐振电路。

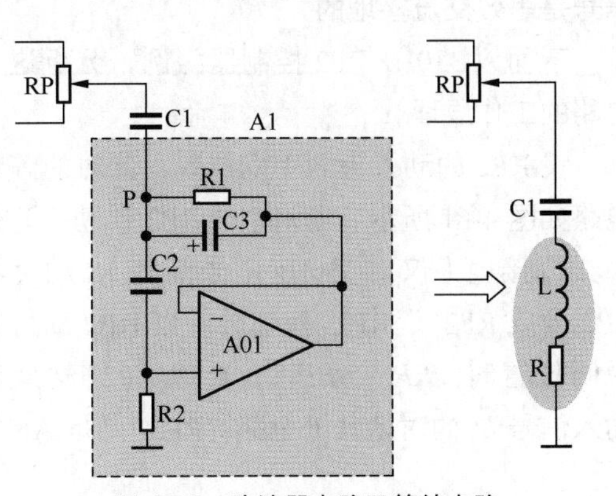

图 4-60　陷波器电路及等效电路

重要特性提示

+1放大器及陷波电路具有下列特性。

（1）+1放大器的增益为1。

（2）由于A01的开环增益很大，+1放大器可以看成输入阻抗很高、输出阻抗很低的理想放大器。用节点电流定律可以推算出图4-60中P点对地的输入阻抗

$$Z = R_1 + j\omega R_1 \cdot R_2 \cdot C_2$$

（3）P点对地之间可以等效成一个电阻器R和电感量等于$R_1 \cdot R_2 \cdot C_2$大小的线圈，这样与电容C1构成一个等效的LC串联谐振网络，如图4-60所示。

（4）整个A1可以等效成一个LC串联谐振电路，其谐振频率

$$f_0 = \frac{1}{2\pi\sqrt{R_1 \cdot R_2 \cdot C_1 \cdot C_2}}$$

陷波器等效成一个LC串联谐振电路，其谐振频率由R1、R2、C1和C2阻容元件标称值决定。在实用电路中，往往将R1、R2阻值固定不变，通过外接电容C1、C2的容量变化，来获得不同频段中心控制频率。

3．电路分析

根据A1～A5的等效电路可以认为RP1动片对100Hz信号而言是等效交流接地的，RP2动片对330Hz信号而言是等效交流接地的，RP3～RP5动片分别对1kHz、3.3kHz、10kHz信号是等效交流接地的。

下面以330Hz RP2控制器为例，分析这一电路的工作原理。

设RP2的动片滑到中间位置，此时的等效电路如图4-61所示。电路中的RP2的动片等效为交流接地（仅对330Hz信号而言），动片将RP2分成RP2′、RP2″两部分。**当RP2动片在中间位置时，**$RP_2' = RP_2''$，此时RP2′构成对输入信号U_i的对地分流电路，RP2″则是A6的负反馈电阻器。此时，对330Hz信号处于不提升也不衰减状态。

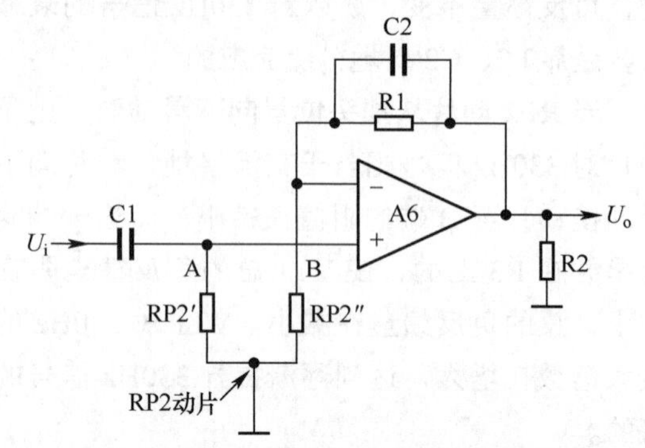

图4-61　330Hz RP2控制器等效电路

当RP2动片向A点滑动时，RP2′的阻值在减小，使RP2′对输入信号分流衰减的量增大。同时，由于RP2″的阻值增大，负反馈量增大，这样A6输出信号中的330Hz信号受到逐渐增大的衰减。当RP2动片滑到最顶端A点时，分流衰减量最大，负反馈量最大，330Hz信号受到最大的衰减，最大衰减量一般为10dB。

根据阻抗特性可知，对330Hz信号的衰减量为最大。对频率高于或低于330Hz的信号而言，由于RP2动片回路陷波器阻抗较大，故衰减量较小。

当RP2动片从中间位置向B端滑动时，RP2′的阻值增大，对输入信号的分流衰减量逐渐减小；同时，RP2″的阻值逐渐减小，负反馈量减小，放大倍数增大，对330Hz信号进行提升。当RP2动片滑到顶端B端时，RP2′阻值最大，等于RP2标称值，输入信号分流量为最小；同时，RP2″阻值为零，负反馈电阻最小，负反馈量最小，330Hz信号的提升量达到最大，一般为10dB。

同理，由于RP2动片回路所接330Hz陷波器的阻抗特性，对频率高于或低于330Hz信号的提升量小于对330Hz的提升量。

对于330Hz频段以外的信号，由于陷波器

A2 的阻抗很大而呈开路，故其对这些信号无控制作用。另外，RP1～RP5 的标称阻值较大，对信号的插入损耗不太大，各频段之间的相互影响也不大。

4.5.5 分立元器件图示音调控制器

分立元器件构成的图示音调控制器电路与集成电路图示电路原理是基本相同的，只是用分立元器件构成陷波器等电路。

1. 自举射极输出器

这种电路的实质是采用自举射极输出器来获得电子模拟电感，图 4-62 所示是自举射极输出器及等效电路。

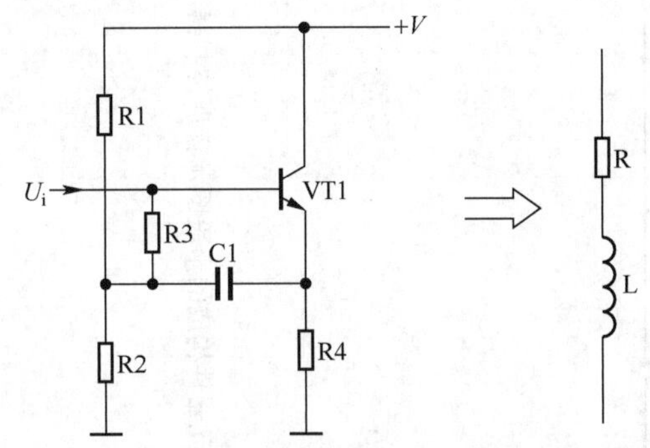

图 4-62 自举射极输出器及等效电路

电路中的 VT1 接成共集电极电路（射极输出器），R1、R2 对 +V 分压后经 R3 加到 VT1 基极，这样做的目的是减小偏置电阻对整个射极输出器电路输入阻抗的影响。

C1 是基极自举电容。这种电路具有很高的输入阻抗，且输入阻抗具有电感特性，它等效成一个电阻器 R 和电感器 L 的串联电路，如图 4-62 所示。电感器 L 大小与 R1、R2、R3、C1 的大小有关。

图 4-63 所示是实用电路，这样的电路使得电子模拟电感的损耗更小。

2. 分立元器件图示音调控制器

图 4-64 所示是分立元器件构成的十段图示音调控制器，这是右声道电路，左声道电路与此对称。电路中，A1 为前置放大器，VT1～VT10 10 只管及电路构成 10 个不同频率的电子模拟电感，再分别与 1C7、1C9、1C11…1C25 这 10 只电容器构成 10 个不同频率的陷波电路，接在 1RP1～1RP10 共 10 个频段音调控制电位器的动片上。

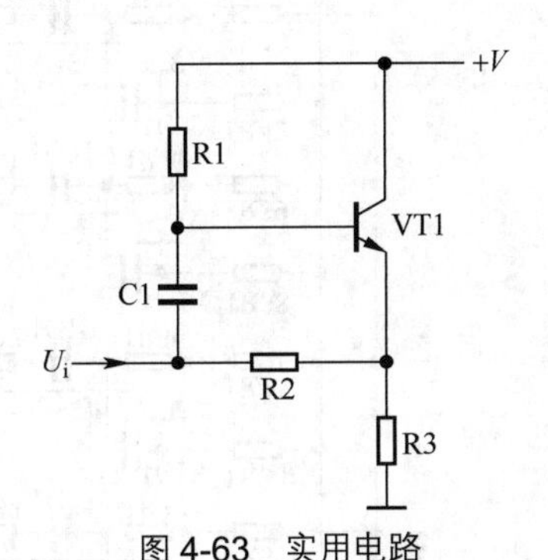

图 4-63 实用电路

这一电路的工作原理是：输入信号 U_i 加到 A1 的输入端③脚，经过放大和控制后的信号从 A1 的⑦脚输出，通过耦合电容 1C5 加到后级电路中。

这里以 1RP1 控制器电路为例，讲解其电路工作原理。1RP1 的动片与地之间接着 VT1 等元器件构成的陷波器，当 1RP1 动片向上滑动时，对信号开始提升，动片滑到最上端时信号的提升量达到最大值。当 1RP1 动片向下滑动时，对信号进行衰减，动片滑到最下端时信号衰减量最大。

电路中的 1R11 是 VT1 的发射极电阻，1R11 的上端接到 A1 的④脚，④脚上的直流工作电压为 -11.8V。1R10 是 VT1 的基极偏置电阻，虽然 1R10 上端接地，地电位仍比 -11.8V 高，这样 1R10 给 VT1 提供正常偏置。VT1 电子管模拟电感的电感量由 1R13、1C7、1C6、1R12 等元件决定。

1RP2～1RP10 各控制器的工作原理同 1RP1 是一样的，只是由于电容的容量不同，其等效谐振频率不同。

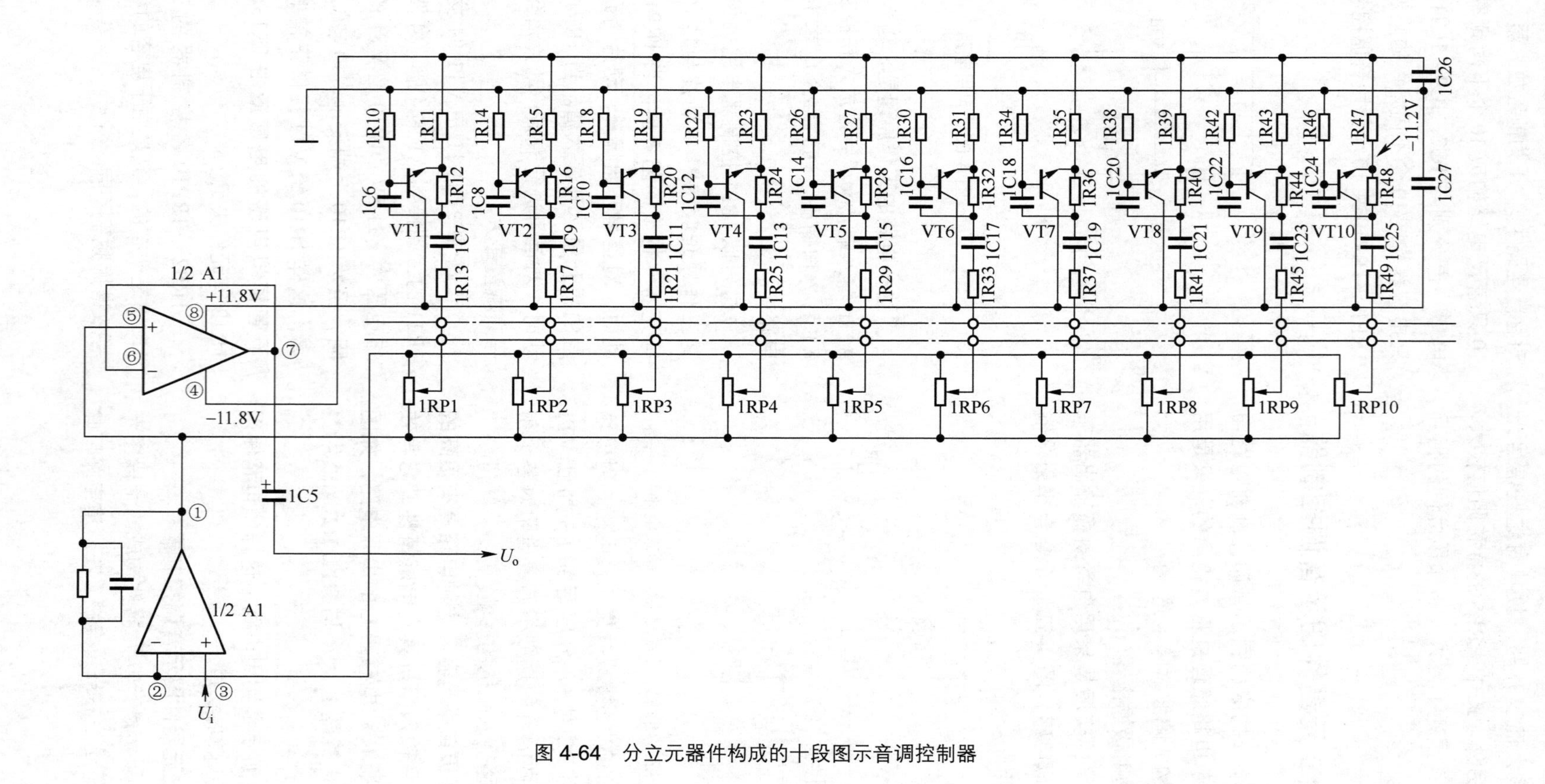

图 4-64 分立元器件构成的十段图示音调控制器

4.6　电位器构成的立体声平衡控制器

在双声道音响电路中，要求左、右声道的增益是相等的。尽管左、右声道电路结构和元器件参数相同，但是元器件参数的离散性（不一致）和使用一些时间后的参数变化，有可能导致左、右声道放大器增益不相等，这会影响立体声效果，为此设置了立体声平衡控制器电路。

立体声平衡控制器中采用 X 型电位器等。

4.6.1　单联电位器构成的立体声平衡控制器

立体声平衡控制器的种类较多，单联电位器构成的立体声平衡控制器是比较常见的一种电路。

图 4-65 所示是 X 型单联电位器构成的立体声平衡控制器电路，这也是最常见的立体声平衡控制器电路。电路中的 2RP12 构成立体声平衡控制器电路，它接在左、右声道放大器输出端之间，为低放电路（音频放大系统中的功率放大器）的输入端。

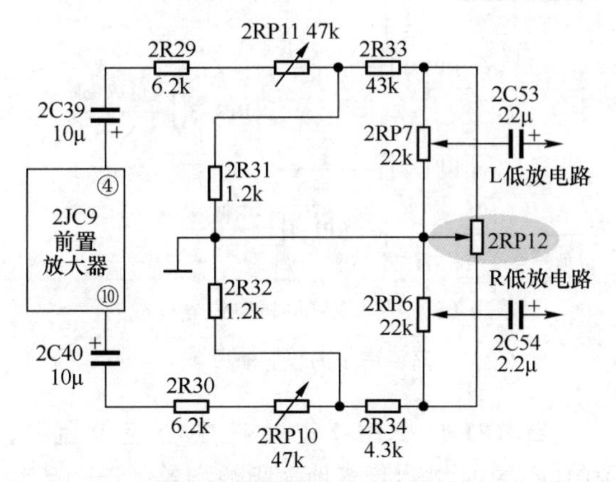

图 4-65　X 型单联电位器构成的立体声平衡控制器电路

在立体声工作状态下，左、右声道电路是分开的，但是 2RP12 接在左、右声道前置放大器输出端，由于 2RP12 动片接地，故对隔离度的影响小。

当 2RP12 动片从中心点向上滑动时，2R33 送来的 L 声道信号，经 2RP12 的动片以上部分与 2RP7 并联的电阻到地，2RP12 阻值减小，该信号衰减量增大，送到 L 声道低放电路中的信号衰减，其输出随之减小。而 2RP12 动片至下端的阻值增大，R 声道信号衰减量减小，R 声道低放电路的输出增大。

当 2RP12 动片从中心点向下滑动时，与 2RP12 动片从中心点向上滑动时的调节恰好相反。

由此可见，通过调整 2RP12，可以改变左、右声道的输出，从而可以调整左、右声道的平衡程度，使它们的有效增益大小相等。

> **重要提示**
>
> 当左、右声道放音放大器没有什么问题时，原设计使左、右声道输出平衡，故 2RP12 动片应在中心点位置。由于 2RP12 的插入，不难想象对两声道信号是有衰减的。电路中的 2RP7、2RP6 是左、右声道音量电位器。

4.6.2　带抽头电位器构成的立体声平衡控制器

图 4-66 所示是带抽头电位器构成的立体声平衡控制器电路。电路中的 RP702 是平衡控制电位器，它的中心阻值处有一个抽头，且抽头接地。

当 RP702 动片在中心点时，RP702 对左、右声道信号衰减量相等。

当 RP702 动片从中心抽头向上端滑动时，RP702 对 R 声道信号衰减量不变，因为 RP702 中心抽头接地，此时 L 声道信号衰减量增大，L 声道低放电路输出减小。

当 RP702 动片从中心抽头向下滑动时，L 声道输出不变，R 声道低放电路输出减小。

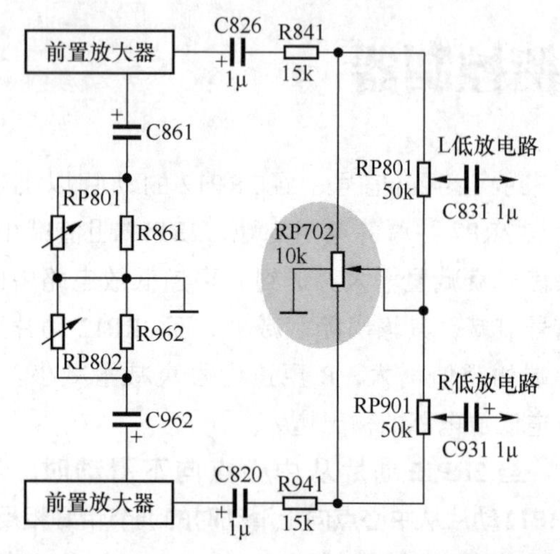

图 4-66　带抽头电位器构成的立体声平衡控制器电路

从上述电路分析可知，这一平衡电路与前面一个电路相比，不同之处是：平衡电位器RP702向一个方向调节时只改变一个声道低放电路的输入信号大小，在进行平衡调节时只减小一个声道的声音。

4.6.3　双联同轴电位器构成的立体声平衡控制器

图 4-67 所示是采用双联同轴电位器构成的立体声平衡控制器电路，电路中的 RP1-1、RP1-2 是双联同轴电位器构成的立体声平衡控制器，RP2-1 和 RP2-2 是双联同轴电位器构成的双声道音量控制器电路。

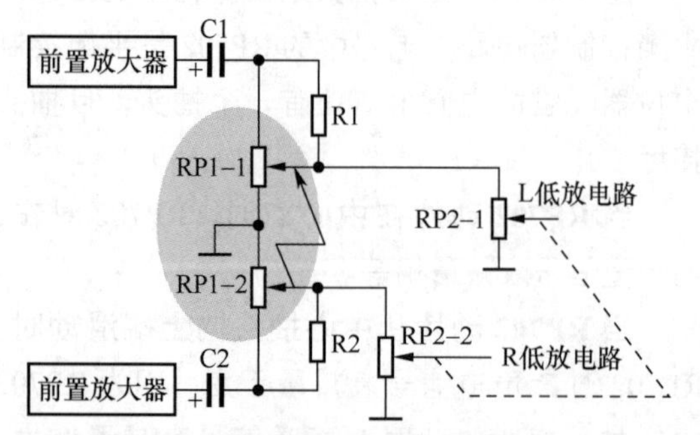

图 4-67　双联同轴电位器构成的立体声平衡控制器电路

当 RP1-1、RP1-2 动片在中心点时，L、R 声道信号受到等量衰减。

当动片向上端滑动时，RP1-1 动片与地间阻值增大，RP1-2 动片与地间阻值减小，这样 R 声道信号衰减量增大，R 声道低放电路输出减小，L 声道低放电路输出增大。

当动片向下滑动时，RP1-1 动片与地间阻值减小，RP1-2 动片与地间阻值增大，结果 L 声道低放电路输出减小，R 声道低放电路输出增大。由上述分析可知，通过调整 RP1-1、RP1-2 将能实现立体声平衡。

电路中，电阻 R1、R2 的作用是减小因 RP1-1、RP1-2 带来的插入损耗。

4.6.4　特殊双联同轴电位器构成的立体声平衡控制器

图 4-68 所示是特殊双联同轴电位器构成的立体声平衡控制器电路。电路中的 RP1-1、RP1-2 是双联同轴电位器，黑影部分是银带导体，无电阻，当动片在这一行程内滑动时，阻值不变，银带部分占电位器动片滑动总行程的一半，故 RP1-1、RP1-2 被称为半有效电气行程双联同轴电位器。RP1-3、RP1-4 是双联同轴音量控制电位器。

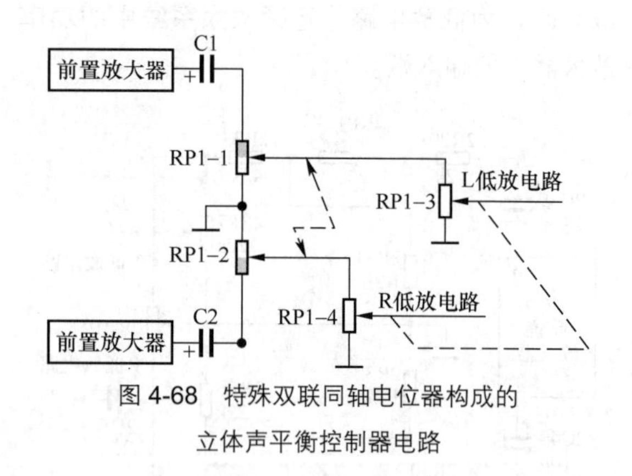

图 4-68　特殊双联同轴电位器构成的立体声平衡控制器电路

当 RP1-1、RP1-2 动片在中心点位置时，RP1-1、RP1-2 动片至地端阻值相等，而动片到 C1、C2 端无阻值，此时 L 和 R 两路平衡。

当 RP1-1、RP1-2 动片向中心点以上滑动时，RP1-1 动片滑到银带部分，动片与地间阻值没有变，故 L 声道低放电路输出不变。RP1-2 动片与地端之间的阻值减小，R 声道信号衰减量增大，R声道低放电路输出减小。

当RP1-1、RP1-2动片向中心点以下滑动时，RP1-1动片与地之间阻值减小，L声道低放电路输出减小。RP1-2动片与地间阻值不改变（动片滑到了无阻值的银带部分），故R声道低放电路输出与动片在中心位置时相同。

从上述分析可知，RP1-1、RP1-2动片的移动能起到立体声平衡作用。这一电路与前面电路相比较，其不同之处是RP1-1、RP1-2银带部分对信号无衰减作用，由平衡控制器带来的音频信号插入损耗比较小。

4.7　电位器构成的响度控制器和多功能控制集成电路

响度控制电路的设置是为了补偿人耳的听觉缺陷。

人耳对各频段的音频信号感知度是不同的，而且明显地受音量大小变化的影响。在小音量下，对低音和高音的听音灵敏度远比中音低，这样便感觉乐曲低音不丰富、不柔和，高音不明亮、不纤细，相对会感到中音的输出大，这时必须在小音量下提升低音和高音。

响度控制器主要有单抽头式响度控制器、双抽头式响度控制器、无抽头式响度控制器等多种。

4.7.1　单抽头式响度控制器

图4-69所示是单抽头式响度控制器电路，属于开关控制式电路。开关S1为响度开关，图示位置具有补偿作用，置于另一位置时无补偿作用。这一电路对低音和高音均有提升作用。

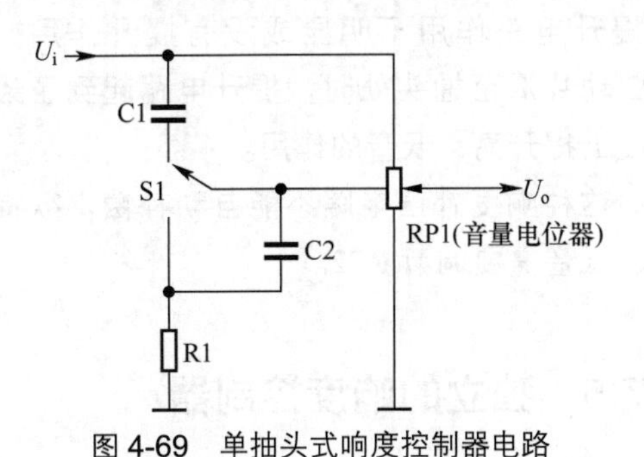

图4-69　单抽头式响度控制器电路

1．高音提升电路分析

电路中，电容C1构成高音提升电路，由于C1对高频信号的容抗较小，输入信号中高音成分经C1，由电位器抽头送到RP1抽头处，而其他频率信号时C1呈高阻抗，从RP1上端送到RP1动片的衰减较大。这样相对提升了高音信号。

2．低音提升电路分析

R1、C2构成低音提升电路，该电路对低音信号的阻抗较大（中音信号阻抗较小），这样相对中音而言低音得到提升。

RP1是音量控制器，响度补偿未设专门控制电位器。抽头点至地端的电阻占RP1全部阻值的1/4～1/3，抽头点离地端近，对低、高音提升有利。

当动片滑至抽头处时，提升量达到最大。音量逐渐开大（动片往上滑动），提升量逐渐减小。

4.7.2　双抽头式响度控制器

为了能够更好地实现等响度补偿，即在小音量时补偿量大些，较大音量时补偿量小些，可采用双抽头式响度控制器电路，这样可以将响度补偿分得更细。

图4-70所示是双抽头式响度控制器电路。**当音量较小时，**其补偿原理与单抽头式相同。**当音量开得较大后，**上面抽头所接入的补偿电路，仍可继续少量地提升高音和低音。

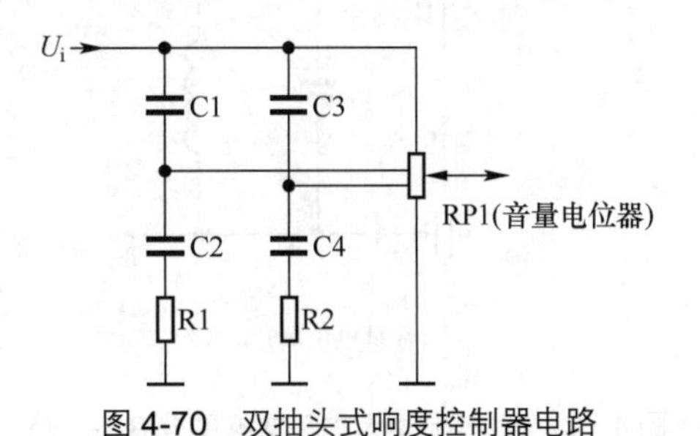

图4-70　双抽头式响度控制器电路

C1、C2和R1构成在较大音量下的响度补偿电路，C3、C4和R2构成在较低音量下的响度补偿电路。这两个补偿电路的工作原理同前面介绍的单抽头式响度控制器电路一样。

4.7.3 无抽头式响度控制器

1．RC补偿型无抽头式响度控制器

如果采用的音量电位器无抽头时，可以采用图4-71所示的RC补偿型无抽头式响度控制器电路。

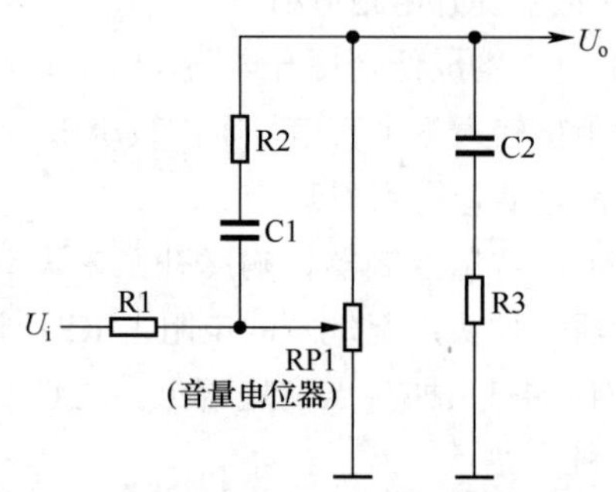

图4-71 RC补偿型无抽头式响度控制器电路

电路中，C1、R2构成高音补偿电路，该电路对高频信号阻抗小，输入信号经该电路送到低放电路中，当RP1动片滑向地端时（音量减小），R2、C1电路提升作用更加明显。

R3、C2构成低音补偿电路，对低音有相对提升作用。当RP1动片往下滑时，该电路提升低音的作用更加明显。

2．LC补偿型无抽头式响度控制器

图4-72所示是LC补偿型无抽头式响度控制器电路。电路中，L、C组成并联谐振电路，谐振频率落在中音区域。由于并联谐振其阻抗大，失谐的高、低两侧信号高音和低音能通过谐振电路，这样可以达到提升高音、低音的目的。动片越往下滑，提升作用越明显。

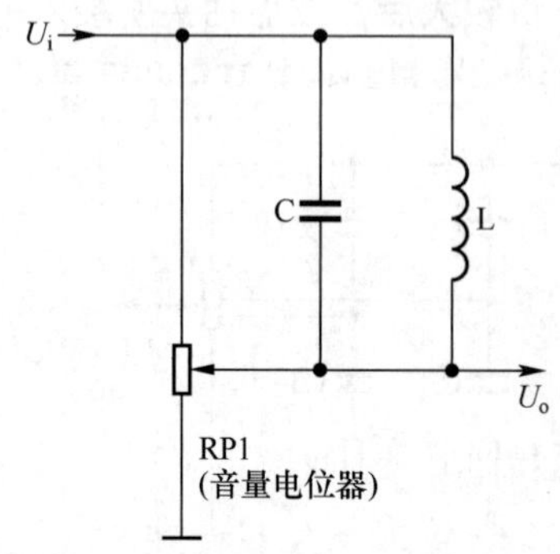

图4-72 LC补偿型无抽头式响度控制器电路

4.7.4 专设电位器的响度控制器

前面的几种响度补偿电路是利用音量电位器来控制，而图4-73所示是采用专门电位器的响度控制器电路。电路中，RP1是音量电位器，RP2是响度电位器。

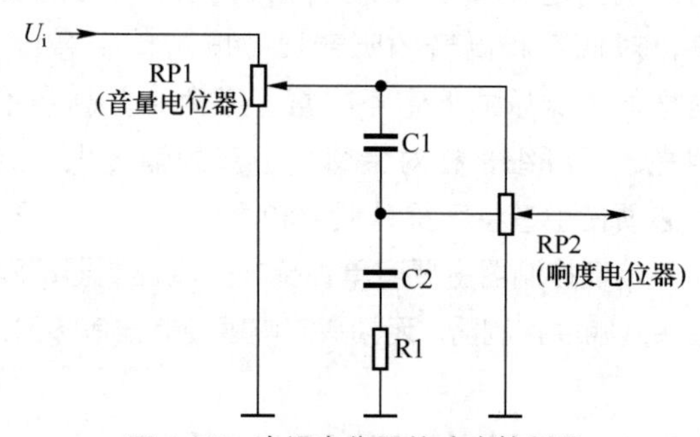

图4-73 专设电位器的响度控制器

C1构成高音提升电路，C2、R1构成低音提升电路。它们的工作原理同前面电路相同。当RP2动片在抽头上方时，由于RP2动片至RP2上端的插入电阻小，对信号的衰减不大，故提升电路作用不明显或没有提升作用。当RP2动片滑至抽头处时，提升电路起到了最大程度上提升高、低音的作用。

这种响度补偿电路不能自动补偿，欲提升高、低音需要调节RP2。

4.7.5 独立的响度控制器

在一些采用音量遥控的组合音响中，采用独立于音量控制电路的响度控制器电路。图4-74所示就是这种电路，图中只画了一个声道电路，另一声道电路与此对称。

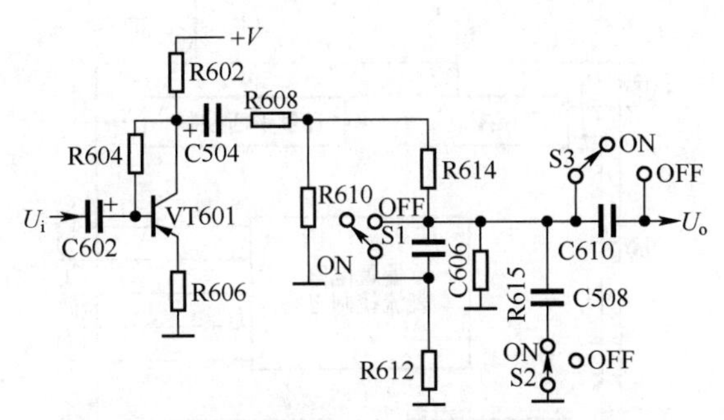

图 4-74 独立于音量控制电路的响度控制器电路

电路中的 VT601 是音频信号放大管。S1 是响度开关，图示在 ON 位置上。S2 是高频切除开关，图示在 ON 位置。S3 是低频切除开关，图示在 ON 位置。

这一电路的工作原理是：音频信号 U_i 经 C602 加到 VT601 基极，放大后从 VT1 集电极输出，经 C504、R608 耦合到后级电路中。

R614、R615、R612、C606 和 S1 构成响度控制电路，其中 S1 是响度开关。**当 S1 在图示 ON 位置时，**这一电路具有响度补偿作用，但只是补偿低音信号，其补偿原理同前面介绍的一样，在此省略。当 S1 在 OFF 位置时，S1 将 C606 短接，此时电路无响度补偿作用。这一电路在不同音量大小下具有相同的低音提升量。

当 S2 在图示 ON 位置时，将 C508 接地，由于 C508 容量不是很小，对高频信号容抗较小，这样高频段信号（噪声）被 C508 分流到地，起高频切除作用。这一开关主要用来切除高频噪声。

当 S3 在图示 ON 位置时，C610 串在信号传输回路中，由于 C610 容量不是很大（0.068μF），对低频段信号（噪声）的容抗较大，可以抑制低频段噪声。

4.7.6 多功能控制器集成电路

图 4-75 所示是多功能控制器集成电路 TA7630P 应用电路，TA7630P 集成电路具有双声道电子音量、高音、低音和立体声平衡控制功能。

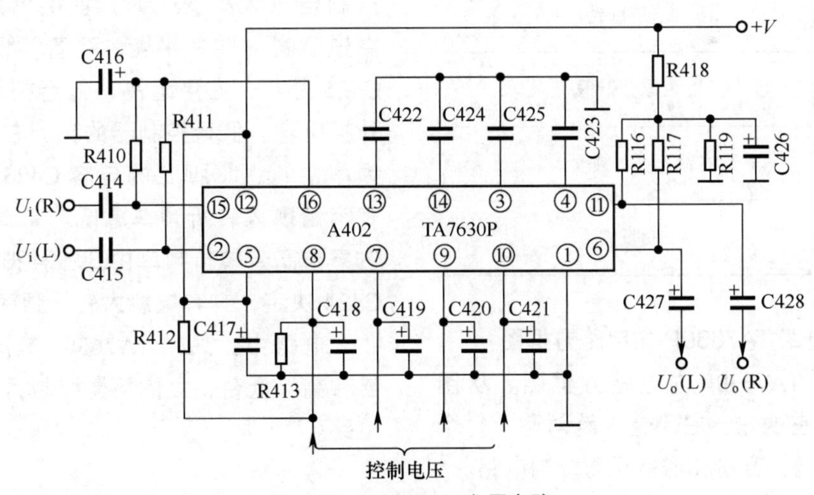

图 4-75 TA7630P 应用电路

1. 集成电路 TA7630P 引脚作用

集成电路 TA7630P 共 16 根引脚，采用双列结构，各引脚作用说明见表 4-12。

表 4-12 集成电路 TA7630P 引脚作用说明

引 脚	作 用 说 明
①	接地
②	左输入（音频输入）

续表

引　脚	作用说明
③	左高频谐振
④	左低频谐振
⑤	基准电压
⑥	左输出（音频输出）
⑦	立体声平衡控制输入（直流输入）
⑧	音量控制输入（直流输入）
⑨	高音控制输入（直流输入）
⑩	低音控制输入（直流输入）
⑪	右输出（音频输出）
⑫	电源
⑬	左低频谐振
⑭	右高频谐振
⑮	右输入（音频输入）
⑯	负反馈

2．集成电路 TA7630P 内电路方框图

图 4-76 是 TA7630P 内电路方框图。从图中可以看出，它的左、右声道电路对称，每个声道中含有音调、音量和增益平衡控制电路。

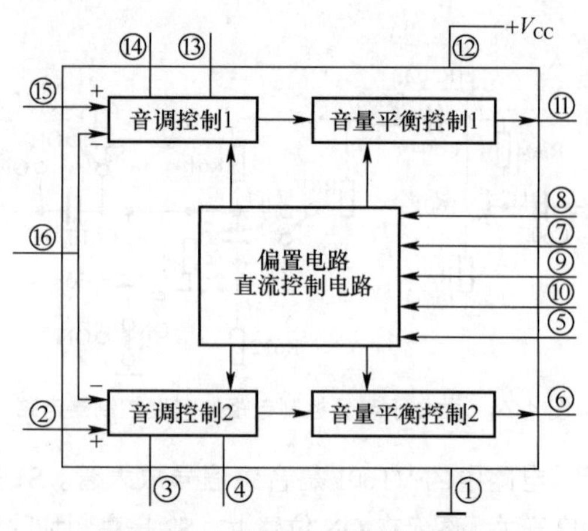

图 4-76　TA7630P 内电路方框图

3．电路分析

在图 4-75 所示电路中左、右声道的音频信号 U_i(L)、U_i(R) 分别经 C415 和 C414 耦合，加到 A402 的②、⑮脚，经过控制后的信号分别从⑥、⑪脚输出，由 C427、C428 耦合到后级电路中。

电路中，C418～C421 都是平滑电容，以抑制各种干扰。当⑧、⑦、⑨、⑩脚上的直流控制电压大小变化时，便能分别控制左、右声道音量、增益平衡、高音和低音。C422～C425 是左、右声道高、低音控制器电路中的外接电容。低音控制器的左、右声道低音转折频率由④、⑬脚上的电容 C423、C422 决定，其容量愈大转折频率愈低。高音控制器的左、右声道高音转折频率由③、⑭脚上电容 C425、C424 决定，其容量愈大转折频率愈低。

电路中，只用 TA7630P 集成电路控制音量和高、低音，立体平衡控制另有专门的控制电路。

4.8 电位器构成的其他电路

电位器可以构成对比度控制器、亮度控制器和色饱和度控制器，它们是电视机、显示器中常用的 3 种控制器。

控制器提示

（1）在场频、场幅和场线性调整过程中，为了使调整过程中量的增大或减小变化均匀，要求采用 X 型电位器。

（2）为了使亮度能够均匀变化，要求采用 X 型电位器。为了使聚焦能够均匀变化，也要求采用 X 型电位器。

（3）为了获得对比度调整更加柔和的效果，要求对比度电位器采用 D 型电位器。

4.8.1　对比度控制器

对比度控制器电路的作用是控制对比度，在电路中通过提升或衰减视放输出级电路的增益，控制视频信号的大小，达到控制对比度的目的。

1．对比度控制器电路位置

图 4-77 是对比度控制器电路在电视机视频通道的具体位置示意图，了解这一点可以在电视机整机电路中方便地寻找出对比度控制器电路。从图 4-77 中可以看出，对比度控制器电路在视放输出级电路附近。

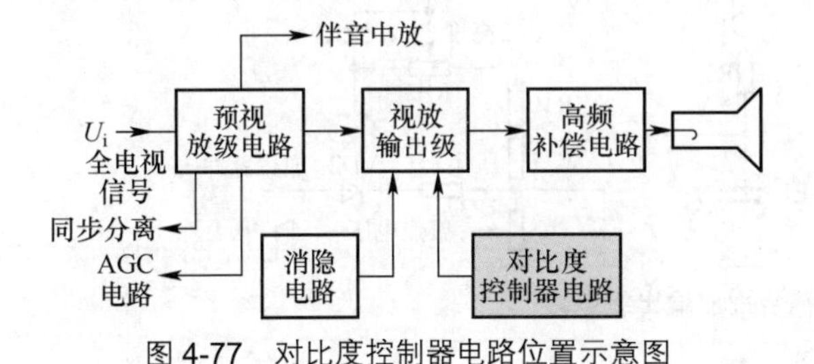

图 4-77　对比度控制器电路位置示意图

2．交流耦合视放输出级中的对比度控制器

图 4-78 所示是交流耦合视放输出级中的对比度控制器电路。电路中的 VT1 是视放输出管，RP1 是对比度控制电位器，U_i 是来自预视放输出端的视频信号，由于 U_i 是通过耦合电容器 C1 加到 VT1 基极的，C1 具有隔直的作用，所以这是交流耦合视放输出级电路。

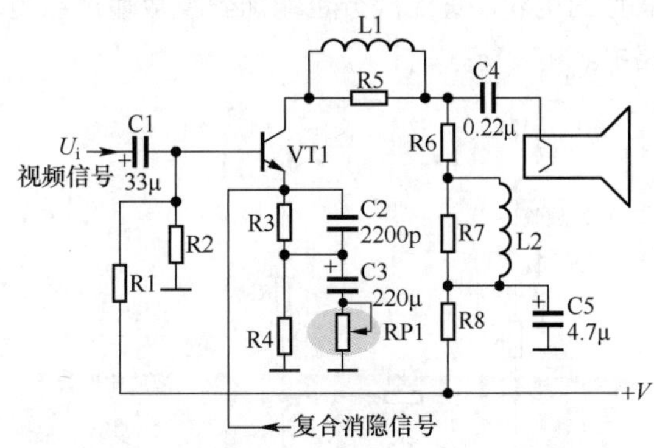

图 4-78　交流耦合视放输出级中的对比度控制器

（1）直流电路和信号传输分析。直流工作电压 +V 经电阻器 R1 和 R2 的分压后，加到 VT1 的基极上。+V 经 R8、L2、R6 和 L1 加到 VT1 的集电极上，R3 和 R4 是发射极电阻器。

输入信号 U_i 经耦合电容器 C1 加到 VT1 的基极上，经 VT1 放大后，信号从集电极输出，经阻尼电路 R5 和高频补偿线圈 L1、耦合电容器 C4 加到显像管的阴极上。

（2）对比度控制器电路分析。电路中的 C3 和 RP1 构成对比度控制器电路，其中 RP1 是对比度控制电位器。**这一电路的工作原理是：**C3 和 RP1 是并联在 VT1 发射极电阻 R4 上的，C3 的容量很大而对视频信号的容抗很小，所以 C3 是隔直电容器。

当改变 RP1 的阻值时，RP1 和 R4 并联后总的电阻在改变，可以改变 VT1 的负反馈量大小，从而改变视放输出级的增益大小，改变加到显像管阴极上的视频信号的大小，达到对比度调整的目的。

当 RP1 的阻值小时，负反馈量小，视频信号大，对比度强，反之则对比度弱。

3．直流耦合视放输出级中的对比度控制器

在直流耦合的视放输出级电路中，对比度控制电路采用平衡桥式对比度控制器，如图 4-79 所示。电路中的 VT1 是预视放管，VT2 是视放输出管，RP1 是对比度控制电位器。

电路中，预放级与视放输出级之间是直接耦合的，即 VT1 发射极输出的信号经 R1、RP1 加到 VT2 的基极上，由于这一耦合电路中没有隔直的电容，直流成分也能加到视放输出级电路中。

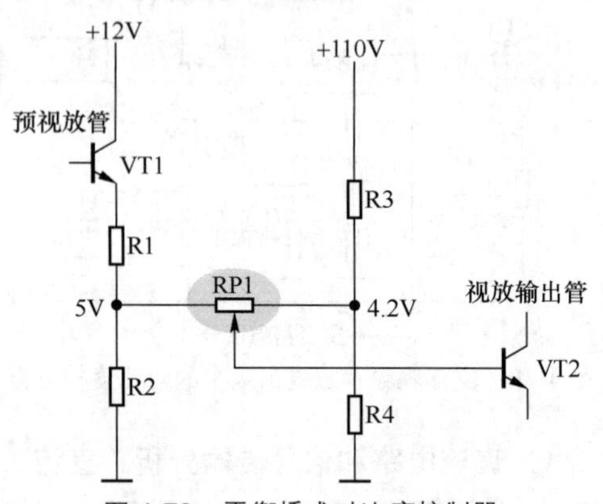

图4-79　平衡桥式对比度控制器

这一电路中对比度控制器的工作原理是： 当RP1的动片在最左端时，VT2基极回路中没有串联RP1，此时视频信号的衰减量为最小，故视频信号的幅度为最大，此时对比度最强。当RP1的动片滑到最右端时，RP1的全部阻值串联在VT2的基极回路中，视频信号的衰减量为最大，使视频信号的幅度最小，此时的对比度为最弱。

重要提示

在这种对比度控制电路中，将RP1的两端直流电压设计成不同，左端为5V，右端为4.5V，这样当对比度调小时（RP1的动片向右端滑动），视放输出管VT2的基极直流电压下降，其集电极电压升高，使显像管的阴极电压升高，亮度下降，使对比度下降时图像的亮度也有所下降。

4.8.2　亮度控制器

图4-80所示是交、直流耦合视放输出级电路。电路中的VT1是预视放管，VT2是视放输出管，RP1是对比度控制电位器，RP2是亮度控制电位器，RP3是聚焦电位器。

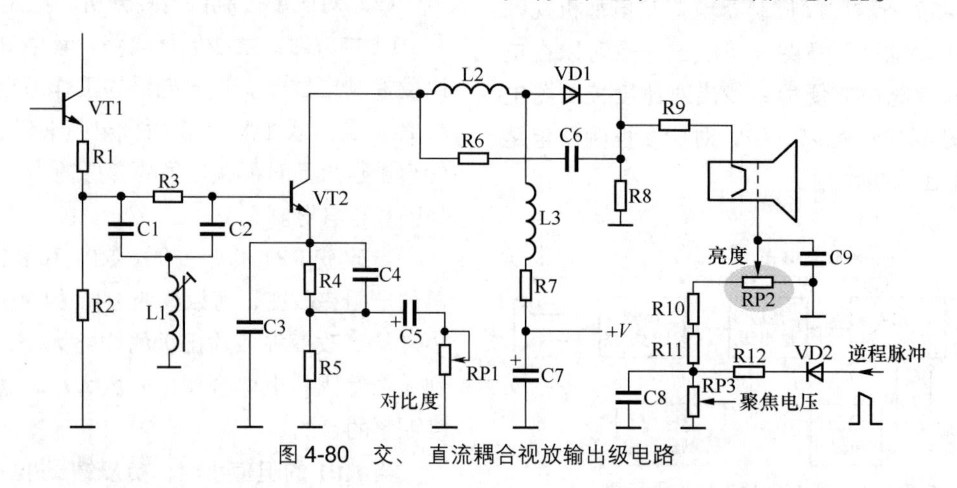

图4-80　交、直流耦合视放输出级电路

1．直流电路和信号传输分析

直流电压+V经R7、L3和L2加到视放输出管VT2的集电极上，VT2的基极电压通过电阻R3取自预视放管VT1的发射极电压（R1和R2的分压电压），VT1和VT2之间直接耦合，在VT2的基极回路中没有隔直电容。

加到VT2基极的视频信号经放大后，从其集电极输出，通过L2、R6、C6、VD1和R9加到显像管的阴极上。

2．对比度控制电路

电路中，RP1是对比度控制电位器，调整RP1的阻值可以改变VT2放大器负反馈量的大小，从而可以进行对比度的控制。

3．亮度控制器

电路中，RP2是亮度控制电位器，这一电路中的亮度控制电路设在显像管的控制极电路中。逆程脉冲电压经VD2整流和C8滤波后，加到RP2上，当调整RP2的阻值大小时，RP2

动片上的电压大小在改变，即显像管的控制极上的电压在改变。

当显像管控制极上的电压较大时，控制极与阴极之间的负电压比较小，亮度比较亮。反之，当显像管控制极上的电压较小时，控制极与阴极之间的负电压比较大，亮度比较暗。这样可以达到亮度控制的目的。

重要提示

这一电路还具有自动控制亮度的作用。当显像管的阴极电流比较大时，在电阻R8上的电压降比较大，使显像管的阴极电压升高，由于阴极电压升高，亮度下降，可以自动进行亮度控制。

显像管调制特性提示

显像管的调制特性可以用图4-81所示的特性曲线来说明，纵坐标是阴极电子束电流，横坐标是控制极与阴极之间的负电压。

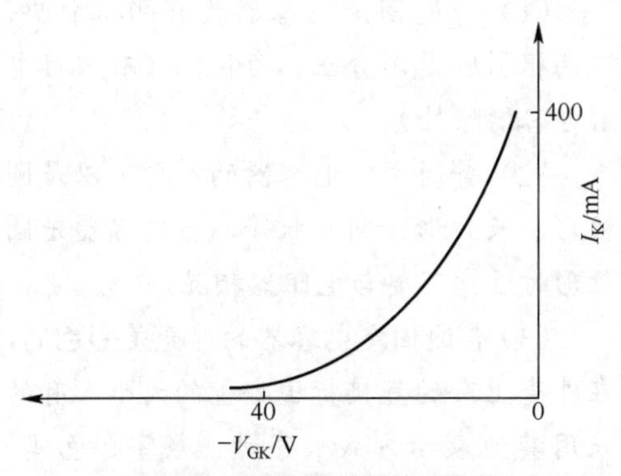

图4-81 显像管调制特性曲线

显像管正常工作时，要求控制极上的电压低于阴极上的电压，或者说是阴极上的电压要高于控制极上的电压。从曲线中可以看出，当阴极上的电压愈高于控制极上的电压时，电子束的电流愈小，反之则大。

当阴极电压比控制极电压高到一定程度时，电子束的电流为零，这时阴极不能发射电子，无光栅。

4.8.3 色饱和度控制器

图4-82所示是电视机中的色饱和度控制器电路。电路中，A1是集成电路，⑱脚是对比度控制引脚，它用来外接副对比度控制可变电阻器RP310和对比度电位器RP321，RP613是副色饱和度控制可变电阻器，RP615是色饱和度控制电位器。

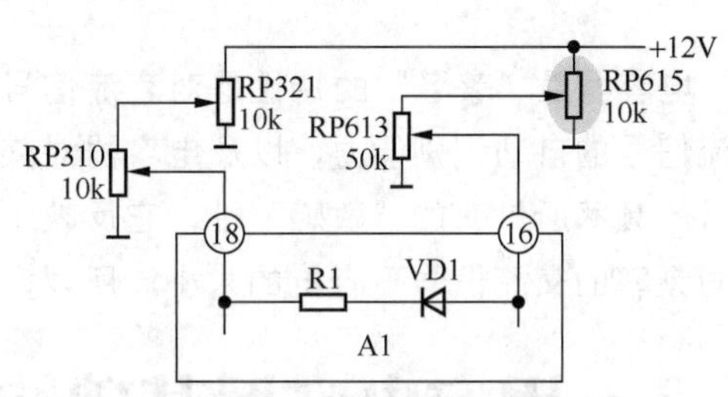

图4-82 色饱和度控制器电路

1. 对比度控制器

调节RP321或RP310时，集成电路A1的⑱脚直流电压将发生改变。当⑱脚直流电压升高时，内电路中视频放大器增益增大，亮度信号幅度增大，对比度加强。反之，当调整使⑱脚直流电压下降时，视频放大器的增益下降，对比度下降。⑱脚的直流电压高低决定对比度强弱。

2. 色饱和度控制器

对比度控制要与色饱和度控制同步进行，⑯脚是色饱和度控制引脚，⑱脚和⑯脚内电路使对比度和色饱和度同步控制。

从内电路中可以看出，当内电路中的二极管VD1导通，⑱脚上的直流电压改变时，⑯脚上直流电压也与之同步变化。同样，当⑯脚上的直流电压变化时，⑱脚上的直流电压也同步变化，这样保证了调整对比度时也同时自动调整色饱和度，调整色饱和度时也同时自动调整对比度。

但是，当色饱和度为最小时，⑯脚电压为最小，此时VD1的正极电压低于负极电压，VD1处于截止状态，这时调整对比度时⑱脚上直流电压变化，但是不能影响⑯脚上的直流电压，消除了色彩干扰。

第5章 电容器类元器件基础知识

电容器最“著名”的特性是对直流信号和交流信号的自动识别能力，以及电容器对交流信号的频率所具有的“敏感”性，它反映了在不同频率的交流信号下容抗的大小。所以，电容器是一种对交流信号进行处理时不可或缺的元器件，利用电容器对不同频率交流信号所呈现的容抗变化，可以构成各种功能的电容电路。

5.1 固定电容器基础知识

电容器是电子电路中使用量仅次于电阻器的一个重要元器件。

电容定义：我们把电容器的两极板间存储电荷的能力，叫作电容。

从物理学上讲，电容器是一种静态电荷存储介质，形象的比喻就是电容器像一只水桶，水桶用来储水，电容器则可以将电荷存储进来。在没有放电回路的情况下，在不考虑介质漏电自放电效应时，电容器可以永久性地存放电荷。

5.1.1 固定电容器外形特征和电路图形符号

1．固定电容器外形特征

图 5-1 是几种固定电容器实物图。

（a）卧式轴向电容器

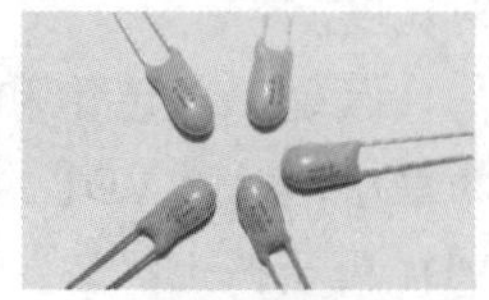

（b）普通电容器

图 5-1 几种固定电容器实物图

外形特征提示

关于普通电容器外形特征，说明下列几点，供读者识别时参考。

（1）普通固定电容器共有两根引脚，这两根引脚是不分正、负极的（有极性电解电容器除外）。

（2）普通固定电容器的外形可以是圆柱形、长方形、圆片状等，当电容器是圆柱形时注意不要与电阻器相混。

（3）普通固定电容器的外壳是彩色的，在外壳上有的直接标出容量的大小，有的采用其他表示方式（字母、数字、色码）标出容量、允许偏差等。

（4）普通固定电容器的体积不大，有的体积比电阻器大些，有的体积比电阻器小。

（5）普通固定电容器在电路中可以顺垂直方向安装，也可以呈卧式安装，它的两根引脚是可以弯曲的。

2．普通电容器电路图形符号

图 5-2 所示是普通电容器电路图形符号识图信息。这是电容器的一般电路图形符号，

通过解读电容器电路图形符号可以得到如下识图信息。

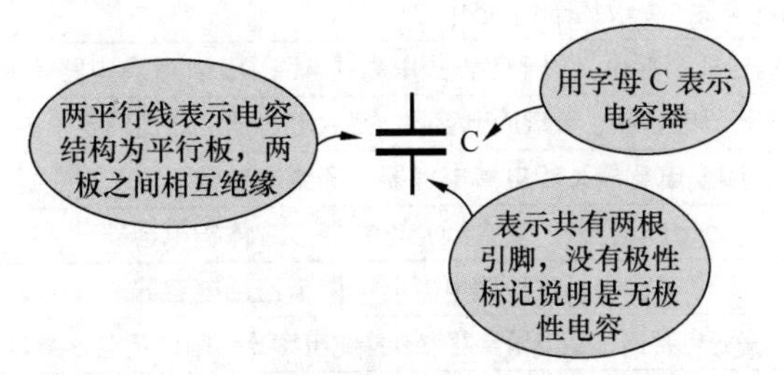

图5-2　普通电容器电路图形符号识图信息

重要提示

（1）电路图形符号中用大写字母C表示电容器，C是英文Capacitor（电容器）的缩写。

（2）电路图形符号中已表示出电容器有两根引脚。电路图形符号中已经指明这种普通电容器的两根引脚没有正、负极性之分。有一种有极性电解电容器，在它的电路图形符号中要表示出正、负极性。

（3）电容器电路图形符号形象地表示了电容器的平行板结构。

图5-3是实用电路中电容器图形符号，电路中C1和C2都是电容器。

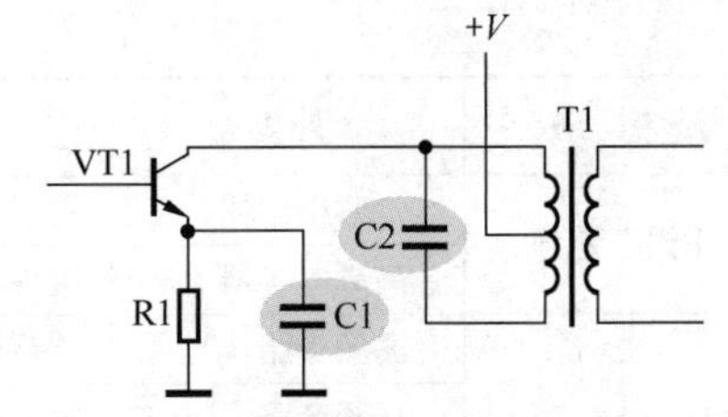

图5-3　实用电路中电容器电路图形符号

3．电容器的种类

电容器的种类很多，分类方法也有多种。图5-4是电容器类元器件“家族”。

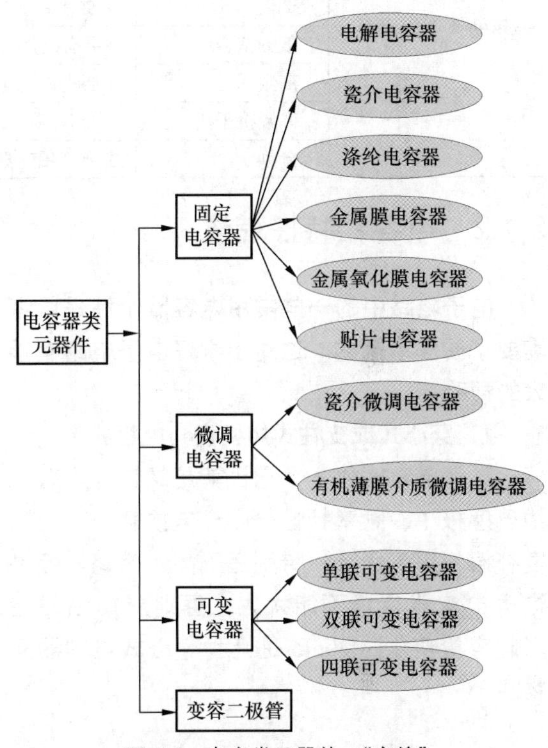

图5-4　电容类元器件“家族”

表5-1所示是电子电路中常用的电容器种类说明。

表5-1　电子电路中常用电容器种类及说明

划分方法	种类	说明
按容量是否可变划分	固定电容器	容量固定不变，是用量最多的电容器
	可变电容器	它的容量在一定范围内可以改变，主要用于收音电路中
	微调电容器	它的容量也是可以调节的，但是容量可调节范围很小
按电介质划分	有机介质电容器	
	无机介质电容器	
	电解电容器	这是一种常用电容器
	液体介质电容器	如油介质电容器
	气体介质电容器	

续表

划分方法	种类	说明
按工作频率划分	低频电容器	用于工作频率较低的电路中，如音频电路中
	高频电容器	这种电容器对高频信号的损耗小，用于工作频率高的电路中，如收音电路等
按电路功能划分	高频旁路	主要有陶瓷电容器、云母电容器、玻璃膜电容器、涤纶电容器、玻璃釉电容器
	低频旁路	主要有纸介电容器、陶瓷电容器、铝电解电容器、涤纶电容器
	滤波	主要有铝电解电容器、纸介电容器、复合纸介电容器、液体钽电容器
	调谐	主要有陶瓷电容器、云母电容器、玻璃膜电容器、聚苯乙烯电容器
	低频耦合	主要有纸介电容器、陶瓷电容器、铝电解电容器、涤纶电容器、固体钽电容器
	高频耦合	主要有陶瓷电容器、云母电容器、聚苯乙烯电容器
	高频抗干扰	主要有高压瓷片电容器（Y安规电容器和X安规电容器）
	分频	主要有铝电解电容器、钽电容器

5.1.2 电容器特性综述

电子电路中的一些常用电容器个性是读者需要了解和掌握的，这对于学好电子电路有很大的帮助。

1．穿心式或支柱式结构瓷介电容器

这类电容器的一个电极就是螺钉，具有引线电感极小、频率特性好、介电损耗小、有温度补偿作用等优点，特别适于高频旁路。但是这类电容器容量不能太大，否则受震动时会引起容量变化。图5-5是几种穿心式电容器实物图。

（a）单相AC穿心式电容器　（b）带螺纹穿心式电容器

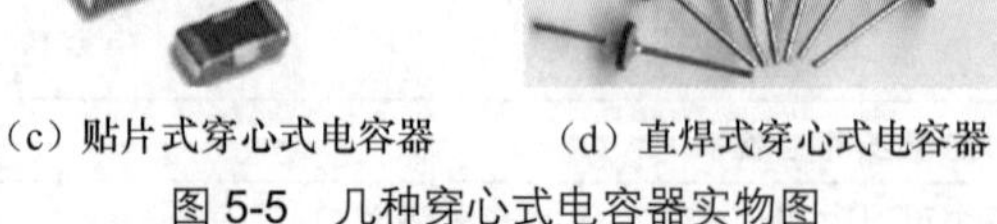

（c）贴片式穿心式电容器　（d）直焊式穿心式电容器

图5-5　几种穿心式电容器实物图

2．纸质电容器

一般是用两条铝箔作为电极，中间以厚度为0.008～0.012mm的电容器纸隔开重叠卷绕而成。这种电容器的制造工艺简单，价格便宜，能得到较大的电容量。纸质电容器一般用在低频电路内，通常不能在高于3MHz的频率上运用。图5-6为几种金属化纸质电容器实物图。

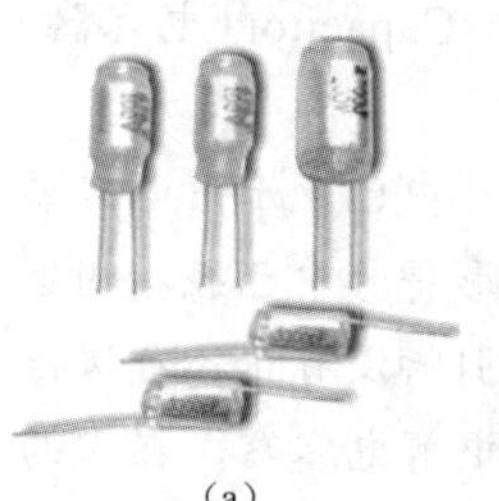

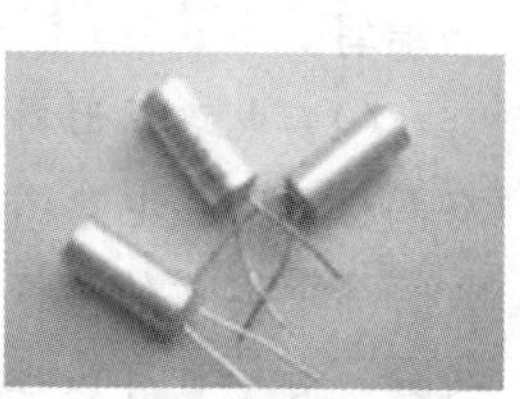

（a）　（b）

图5-6　几种金属化纸质电容器实物图

3．油浸电容器

油浸电容器的耐压比普通纸质电容器高，稳定性也好，适用于高压电路。图5-7是几种油浸电容器实物图。

（a）音响专用油浸电容器

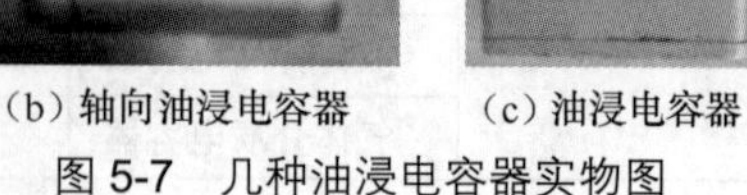

（b）轴向油浸电容器　（c）油浸电容器

图5-7　几种油浸电容器实物图

4．薄膜电容器

这种电容器结构与纸质电容器相似，只是用聚酯、聚苯乙烯等低损耗材料作介质，所以频率特性好，介电损耗小，但是不能做成大容量的电容器，且耐热能力差。这种电容器用于滤波器、积分、振荡、定时电路等。图 5-8 是几种薄膜电容器实物图。

（a）聚酯电容器

（b）薄膜电容器

图 5-8　几种薄膜电容器实物图

重要提示

在各种薄膜电容器中，以聚苯乙烯电容器的电性能为最好，温度系数可以被精确地控制，由于有可预测的温度特性，这种电容器非常适合于 LC 谐振电路，其中电感有相应的正温度系数。电容值返回偏差的典型值为 0.1%，损耗极小，其损耗因数约为 0.01%，然而最高工作温度不能超过 85℃。

聚丙烯电容器与聚苯乙烯电容器的特性相近，尽管它的损耗因数和温度系数稍微高一些，但它的额定工作温度可达 105℃，其价格较聚苯乙烯电容器便宜，和聚酯电容器的价格差不多。图 5-9 所示是几种薄膜电容器的电容量和损耗因数随温度的变化特性曲线。

从图 5-9 中可以看出，聚苯硫醚电容器在一定的温度范围内电容量变化稍小，聚苯乙烯电容器性能最好。

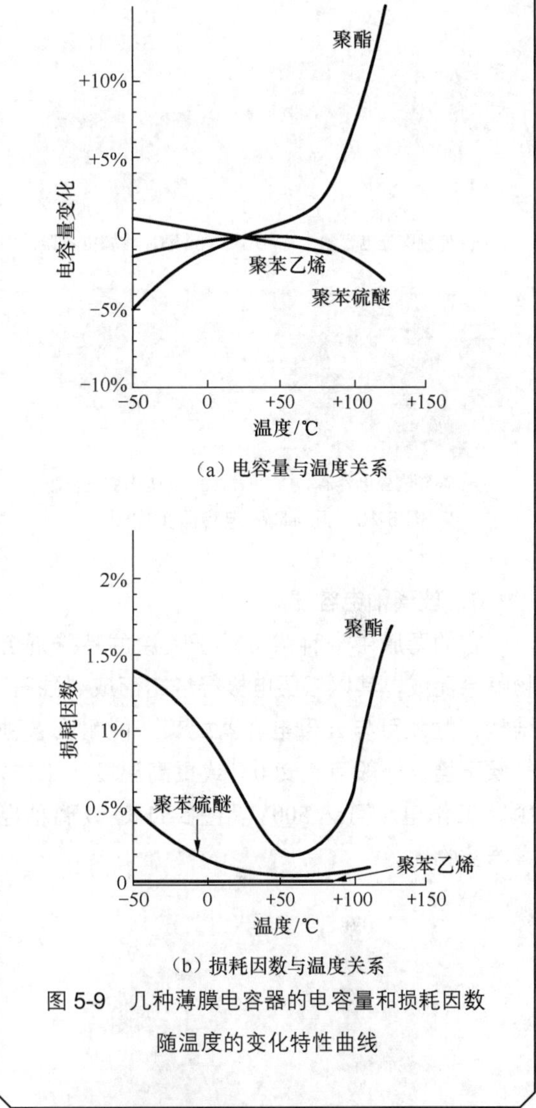

图 5-9　几种薄膜电容器的电容量和损耗因数随温度的变化特性曲线

5．陶瓷电容器

陶瓷电容器以由高介电常数的电容器陶瓷（钛酸钡 - 氧化钛）材料挤压成的圆管、圆片或圆盘作为介质，并且人们采用烧渗法将银镀在陶瓷上作为其电极。

这种电容器又分高频瓷介和低频瓷介两种。陶瓷电容器具有较小的正温度系数，用于高稳定振荡电路，作为谐振电路电容器和垫整电容器。高频瓷介电容器适用于高频电路。

低频瓷介电容器在工作频率较低的回路中作旁路或隔直流用，或用于对稳定性和损耗要求不高的场合（包括高频在内）。这种电容器不宜在脉冲电路中使用，因为它们易于被脉冲电压击穿。图 5-10 是几种陶瓷电容器实物图。

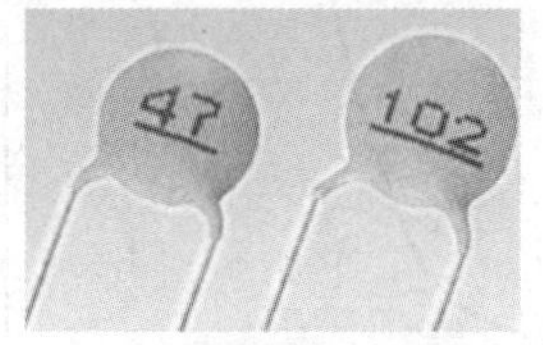

（a）低频陶瓷电容器

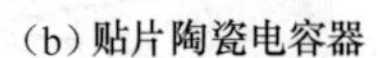

（b）贴片陶瓷电容器

（c）高频陶瓷电容器

（d）高压陶瓷电容器

图 5-10　几种陶瓷电容器实物图

6．玻璃釉电容器

它的薄膜由一种浓度适于喷涂的特殊混合物喷涂而成，其以银层电极经烧结而成“独石”结构，性能可与云母电容器媲美，能耐受各种气候环境，一般可在 200℃或更高温度下工作，额定工作电压可达 500V。图 5-11 是玻璃釉电容器实物图。

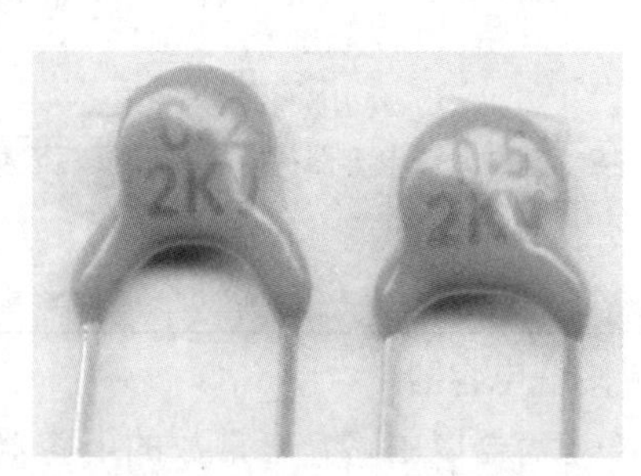

图 5-11　玻璃釉电容器实物图

7．独石电容器

独石电容器又称多层陶瓷电容器，它是在若干片陶瓷薄膜坯上敷以电极浆材料，叠合后一次烧结成一块不可分割的整体，外面再用树脂包封而成的。它具有体积小、容量大、高可靠和耐高温的优点。图 5-12 是几种独石电容器实物图。

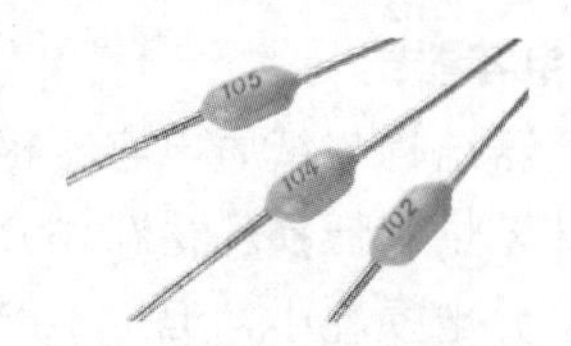

（a）轴向引脚独石电容器

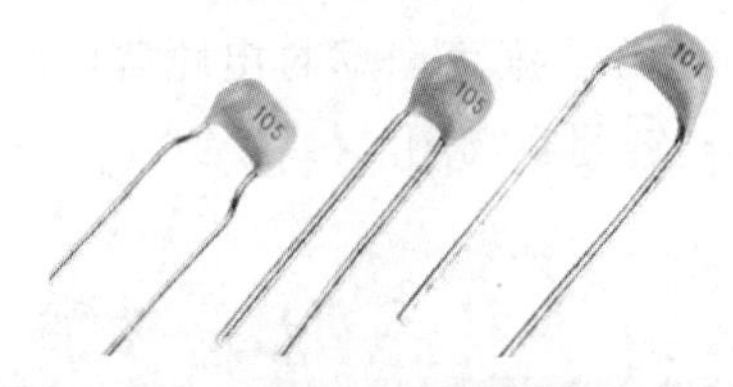

（b）径向引脚独石电容器

图 5-12　几种独石电容器实物图

重要提示

高介电常数的低频独石电容器也具有性能稳定、体积极小、Q值高的特点，但是容量误差较大。它可以用于噪声旁路、滤波器、积分电路、振荡电路等。

8．贴片薄膜电容器

表面贴装的薄膜电容器主要使用两种结构。 最常用的是包括堆叠一面金属化的电介质薄膜在内的堆叠结构，这类电容器被称为堆叠薄膜片。另一种结构形式是绕制而不是堆叠，这类电容器被称为 MELF 片。

聚酯电容器在薄膜电容器中体积最小且最便宜。它是构成一般用途滤波器的首选元件，其工作频率低于几百千赫，工作温度可达 125℃。电容量的范围为 1000pF～10μF。除非在要求数百伏额定电压的情况下，采用更厚更坚固的薄膜。建议不要使用 1000pF 以下的电容值。

聚亚烯萘薄膜电容器额定电压高、精度高。

聚碳酸酯电容器的体积比上述电容器的要大些。但它具有优良的电性能，特别是工作于高温时更是如此。在很大的温度范围内工作时，其损耗因数较低，返回性能比聚酯电容器要好。

9．高储能电容器

高储能电容器适用于储能点焊机快速放电

要求及螺柱焊。图 5-13 是一种高储能电容器实物图。

图 5-13 高储能电容器实物图

高储能电容器不仅保证储能点焊机快速充放电功能，亦适用于交流纹波很高的场合或功率因数调整线路。这种电容器附加了特殊离子导通及散热技术，并采用松下支链型氨盐及纳米材料表面络合剂电解液。

10．双电层电解电容器（超级电容器、法拉电容器）

双电层电解电容器介于电池和电容器之间，其有巨大容量完全可以作为电池使用，由于它的容量超大，故被称为超级电容器，也被称为法拉电容器。

这种电容器只有一个固体电极板，它利用了液体电解液与固体电极相界面上形成的双电层来存储电荷，也就是说电解液本身充当了另一个电极。由于液体与固体的接触界面上形成的双电层间距极其微小（即极板间距极小），所以它的等效电容量可以比传统的电解电容器大得多，足以达到法拉级（甚至可以达到数万法拉），这样可以作为电池来使用。

不过相比采用电化学原理的电池，双电层电解电容器的充放电过程完全没有涉及化学物质的变化，理论上可以经受无限次充放电循环，寿命无限，而且充电速度和能量转化率也远远高于普通化学电池。但是，由于双电层间距极小，其耐压能力很弱，一般不会超过 20V，所以它通常用于低电压直流或低频场合下，用来储能。

11．几种常用电容器性能比较

表 5-2 所示是几种常用电容器的性能比较。

表 5-2 几种常用电容器性能比较

电容器类型	优点	缺点
薄膜电容器	稳定性高 温度系数小 绝缘电阻大（漏电流小）	体积大 价格较高 高温特性差
陶瓷电容器	高频特性 分布参数影响小 体积小 价格低	温度系数大 容量偏差大 容量小
铝电解电容器	容量大 价格低	高频特性差 温度系数大 绝缘电阻小 （漏电流大）
钽电容器	高频特性好 稳定性能好 温度系数小	耐压低 价格高

12．常用电容器常用参数快速查询表

表 5-3 是常用电容器常用参数快速查询表，供读者在电路设计中选用电容器时参考。

表 5-3 常用电容器常用参数快速查询表

类型	容量范围	直流工作电压 / V	工作频率 / MHz	容量误差	漏电阻 / MΩ
中小型纸介电容器	470pF ~ 0.22μF	63 ~ 630	<8	Ⅰ ~ Ⅲ	>5000
金属壳密封纸介电容器	0.01μF ~ 10μF	250 ~ 1600	直流、脉冲直流	Ⅰ ~ Ⅲ	1000 ~ 5000
中、小型金属化纸介电容器	0.01μF ~ 0.22μF	160、250、400	<8	Ⅰ ~ Ⅲ	>2000

续表

类型	容量范围	直流工作电压 / V	工作频率 / MHz	容量误差	漏电阻 / MΩ
金属壳密封金属化纸介电容器	0.22μF ~ 30μF	160 ~ 1600	直流、脉冲电流	Ⅰ ~ Ⅲ	30 ~ 5000
薄膜电容器	3pF ~ 0.1μF	63 ~ 500	高频、低频	Ⅰ ~ Ⅲ	>10000
云母电容器	10pF ~ 0.51μF	100 ~ 7000	75 ~ 250	—	>10000
瓷介电容器	1pF ~ 0.1μF	63 ~ 630	高频	—	>10000
铝电解电容器	1μF ~ 10000μF	4 ~ 500	直流、脉冲电流	—	—
钽、铌电解电容器	0.47μF ~ 1000μF	6.3 ~ 160	直流、脉冲电流	—	—
瓷介微调电容器	2/7pF ~ 7/25pF	250 ~ 500	高频	—	1000 ~ 10000
可变电容器	7pF ~ 1100pF	>100	低频、高频	—	>500

13．常用类型电容器最高使用频率

电容器的电参数会随着工作频率的变化而出现各种各样的变化。不同介质类型的电容器其最高使用频率是不同的。

圆盘形瓷介电容器的最高使用频率为 3000 MHz、圆片型瓷介电容器为 300MHz、小型云母电容器为 250MHz 以内、圆管形瓷介电容器为 200MHz、小型纸介电容器为 80MHz、中型纸介电容器为 8MHz。

在高频条件下工作的电容器，由于介电常数在高频时比低频时小，电容量也相应减小，同时损耗也随频率的升高而增加。在高频工作时，电容器的分布参数，如极片电阻、引线和极片间的电阻、极片的自身电感、引线电感等，都会影响电容器的性能，所以电容器的使用频率受到了限制。

5.1.3 电容器结构和型号命名方法

1．电容器基本结构

图 5-14 是电容器的基本结构示意图。电容器有两块极板，两极板之间为绝缘介质，在两极板上分别引出一根引脚，这样就可以构成电容器了。无论哪种电容器，它的基本结构都如此。

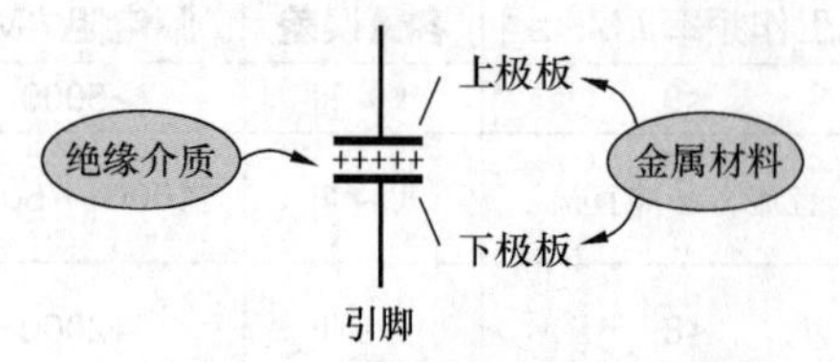

图 5-14　电容器的基本结构示意图

电容器的结构非常简单，保证两极板之间是绝缘的，如果两极板之间已接通，就不是电容器。电容器的电路图形符号中也表达了这一点，即两条平行横线表示两极板之间绝缘。

2．纸介电容器结构

图 5-15 是纸介电容器结构示意图。

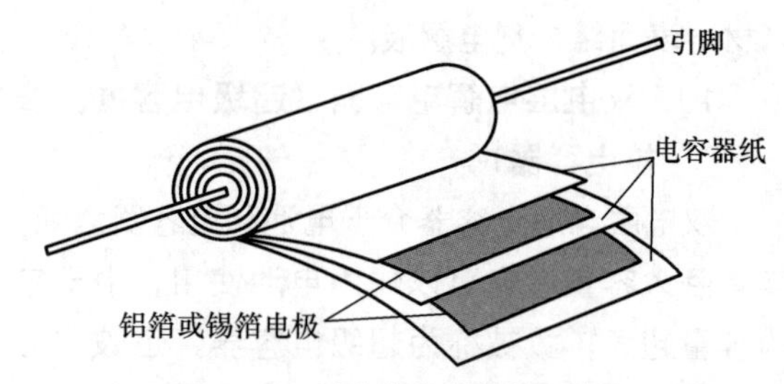

图 5-15　纸介电容器结构示意图

3．贴片多层陶瓷电容器结构

贴片多层陶瓷电容器又叫作贴片独石电容器。图 5-16 是贴片多层陶瓷电容器结构示意图。

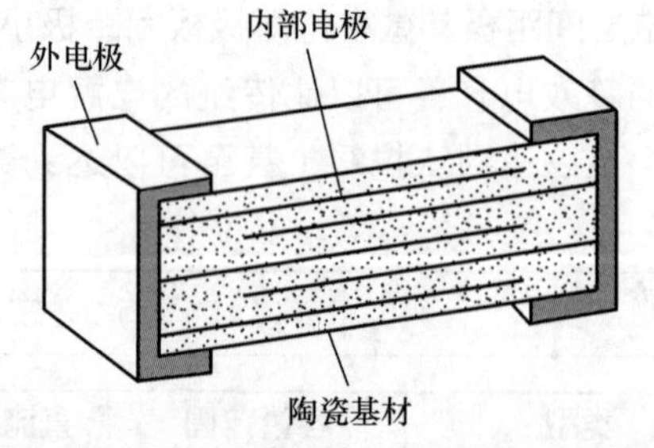

图 5-16　贴片多层陶瓷电容器结构示意图

4．电容器等效电路

图 5-17 是贴片电容器等效电路示意图。从等效电路中可以看出，电容器除有电容外还有

寄生电感 L 和寄生电阻 R，尽管 L 和 R 都很小，但是在工作频率很高时电感会起作用。L 与电容 C 构成一个 LC 串联谐振电路。

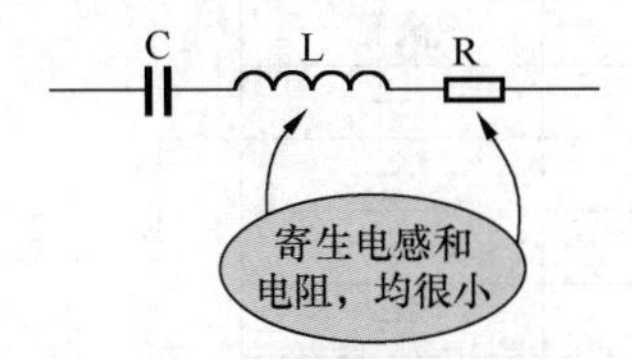

图 5-17　贴片电容器等效电路示意图

图 5-18 所示是电容器的阻抗特性曲线。从曲线中可以看出，当电容器频率高到一定程度后寄生电感 L 的作用显现，总的阻抗特性曲线为 LC 串联谐振电路阻抗特性曲线。

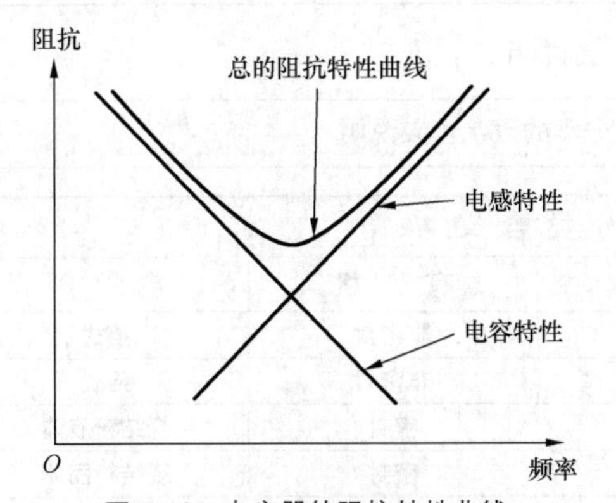

图 5-18　电容器的阻抗特性曲线

图 5-19 是不同容量电容器谐振频率示意图。从曲线中可以看出，容量减小，谐振频率增大。

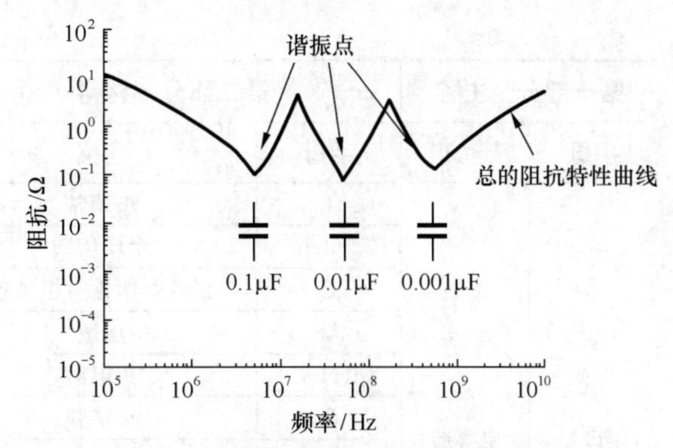

图 5-19　不同容量电容器谐振频率示意图

图 5-20 所示是有引脚电容器的等效电路，它在等效电路中多了引脚分布，它也有高频串联谐振的特性。

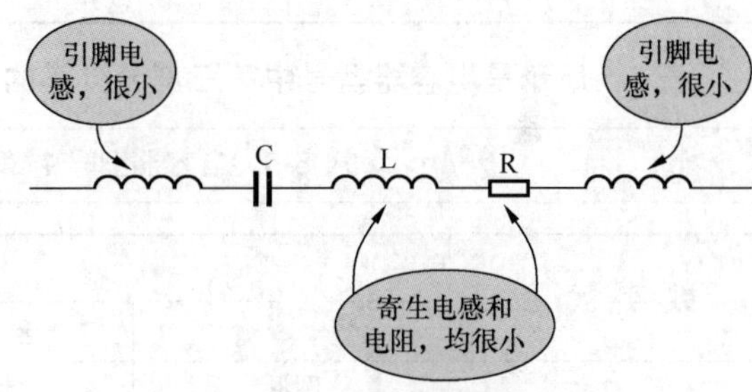

图 5-20　有引脚电容器等效电路

5．电容器型号命名方法

表 5-4 所示是电容器型号命名方法，通过它读者可以了解到更为详细的电容器种类。电容器型号由 4 个部分组成，这与电阻器型号相同。

表 5-4　电容器型号命名方法

第一部分：主称		第二部分：材料		第三部分：分类		第四部分：序号
字母	含义	字母	含义	字母	含义	
C	电容器	A	钽电解	C	穿心式	用数字表示品种、尺寸、代号、温度特性、直流工作电压、标称值、允许误差、标准代号
		B	聚苯乙烯等非极性薄膜	D	低压	
		C	高频陶瓷	J	金属化	
		D	铝电解	M	密封	
		E	其他材料电解	S	独石	
		F	聚四氟乙烯	T	铁电	
		G	合金电解	W	微调	
		H	复合介质	X	小型	

续表

第一部分：主称		第二部分：材料		第三部分：分类		第四部分：序号
字母	含义	字母	含义	字母	含义	
C	电容器	I	玻璃釉	Y	高管	—
		J	金属化纸	—	—	
		L	涤纶等极性有机薄膜	—	—	
		M	压敏	—	—	
		N	铌电解	—	—	
		O	玻璃膜	—	—	
		Q	漆膜	—	—	
		S	聚碳酸酯	—	—	
		T	低频陶瓷	—	—	
		V	云母纸	—	—	
		Y	云母	—	—	
		Z	纸介	—	—	

表5-5所示是电容器型号中第三部分分类的数字含义说明。

表5-5　电容器型号中第三部分分类的数字含义说明

数字代号	分类含义			
	瓷介	云母	有机	电解
1	圆形	非密封	非密封	箔式
2	管形	非密封	非密封	箔式
3	叠片	密封	密封	烧结粉液体
4	独石	密封	密封	烧结粉固体
5	穿心	—	穿心	—
6	支柱等	—	—	—
7	—	—	—	无极性
8	高压	高压	高压	—
9	—	—	特殊	特殊

5.1.4　电容器主要参数

1. 电容器容量

电容器的容量大小表征了电容器存储电荷多少的能力，它是电容器的重要参数，不同功能的电路需选择不同容量大小的电容器。电容器容量用大写字母C表示，容量C由下式决定：

$$C=\frac{\varepsilon S}{d}$$

式中：ε为介质的介电常数；

S为两极板相对重叠部分的极板面积；

d为两极板之间的距离。

由上式可知，电容器的容量C大小与两极板相对面积S成正比，而与两极板之间的距离d成反比，如图5-21所示。

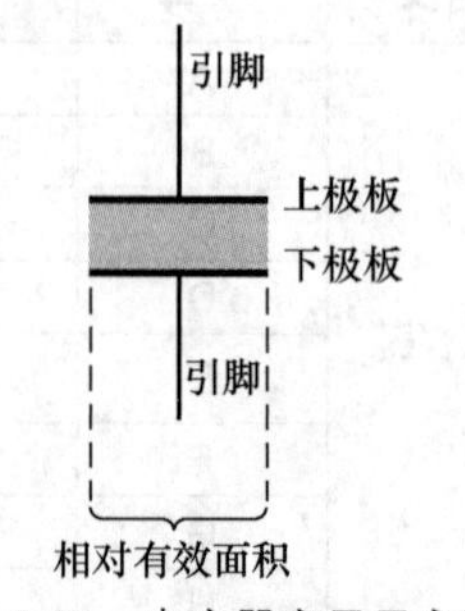

图5-21　电容器容量示意图

记忆方法提示

图 5-22 可以形象地说明电容器容量与 S、d 之间的关系，以帮助记忆。

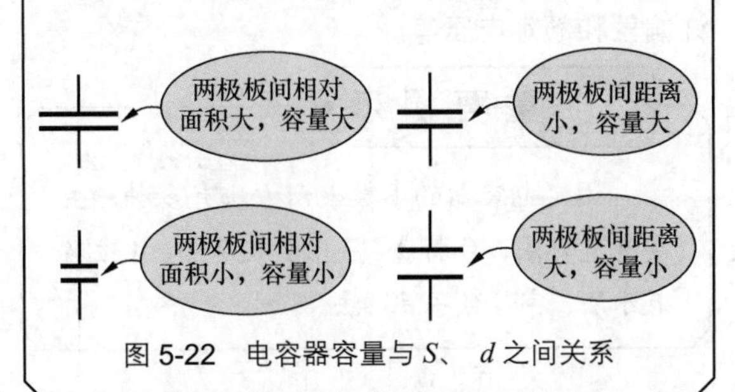

图 5-22 电容器容量与 S、d 之间关系

1F 电容量定义：当外加在电容器上的电压为 1V，充电电流为 1A，充电时间为 1s 时，将电容量定义为 1F，用数学式表示如下：

$$C = Q/V = 1\text{C}/1\text{V} = 1\text{F}$$

式中：C 为电容器电容量，单位 F；

Q 为电容器内部储存电荷，单位 C；

V 为电容器两端的电压，单位 V。

由于 F 是一个很大的单位，在实际使用中很难达到，实用中常用 pF 和 μF，它们之间的换算关系如下：

pF(读音 "皮法")= 10^{-12} F；

nF(读音 "纳法")= 10^{-9} F；

μF(读音 "微法")= 10^{-6} F；

mF(读音 "毫法")= 10^{-3} F。

电路图中，标注电容量时常将 μF 简化成 μ，将 pF 简化成 p。例如，3300p 就是 3300pF，10μ 就是 10μF。图 5-23 所示电路中的 C1 就是这种情况。

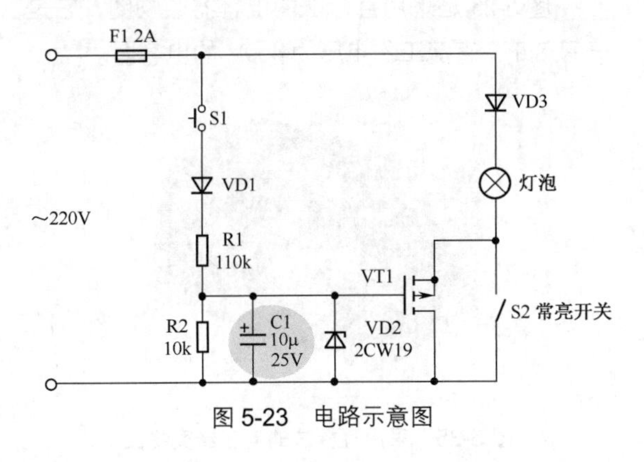

图 5-23 电路示意图

2．快速了解电容器参数

（1）标称容量。它用 CR 表示，为标注在电容器外壳上的电容量。它也叫作额定容量、标称静电容量、静电容量。

标称容量也分许多系列，常用的是 E6、E12 系列，这两个系列的设置同电阻器一样。

（2）实际容量。它是电容器生产出来后的容量，它与标注在该电容器外壳上的标称容量之间差一个容量的误差。

（3）容量误差。实际容量和标称容量允许的最大偏差范围。精密电容器的允许偏差较小，而电解电容器的误差较大。

固定电容器允许偏差常用的是 ±5%、±10% 和 ±20%，通常容量愈小，允许偏差愈小。

（4）额定工作电压。它是电容器长时间能够安全工作的电压，即最大的直流电压或最大交流电压的有效值或脉冲电压的峰值。它又叫作工作电压（WV）、额定电压（UR）、耐压、标称电压、标称安全电压。

重要提示

额定电压是一个重要参数，在使用中如果工作电压大于电容器的额定电压，电容器会损坏。当电路故障造成加在电容器上的工作电压大于它的额定电压时，电容器将会被击穿。

电容器的额定电压也是成系列的。

（5）类别电压。它用 UC 表示。它是电容器在上限类别温度下可以连续加在电容器上的最高电压。

（6）类别温度范围。它是电容器能够连续工作的环境温度范围。

（7）额定温度。它用 TR 表示。它是电容器可以连续施加额定电压的最高环境温度。

（8）上限类别温度。它用 TCH 表示。电容器在规定条件下，能连续工作的环境温度的最高温度。它是类别温度范围的最高温度值。

（9）下限类别温度。它用 TCL 表示。电容器在规定条件下，能连续工作的环境温度的最低温度。它是类别温度范围的最低温度值。

（10）温度系数。它用 α 表示。它表示了电容器容量随温度变化的特性（温度特性），通常是以 20℃基准温度的电容量与有关温度的电容量的百分比表示。

（11）气候类别。电容器所属的气候类别，它用斜线分隔的 3 个数字来表示，如 55/100/56，它表示下限类别温度为 −55℃，上限类别温度为 100℃，稳态湿热实验的天数是 56 天。

（12）漏电流。它是直接流过电容器两极板的电流，此电流愈小愈好。

（13）绝缘电阻。它用 I.R. 表示，它又称漏电阻，它是产生漏电流的电阻，此电阻大漏电流小。当电容器的容量较小时，绝缘电阻大小主要取决于电容器的表面状态；容量大于 0.1μF 时，主要取决于介质的性能。

（14）时间常数。为恰当评价大容量电容的绝缘情况而引入的时间常数，它等于电容器的绝缘电阻与容量之积。

（15）等效串联电阻。它用 ESR 表示，它是电容器的等效串联电阻，它的损害大。

（16）介质损耗正切值。它用来表示电容器的损耗情况，它又叫作散逸因数（DF）、介质损耗因数、介质损耗角正切值、介损正切值、$\tan\delta$。

（17）额定纹波电流。它简称为 IRAC，它是在最高工作温度条件下电容器最大所能承受的交流纹波电流有效值，并且指定的纹波电流为标准频率（一般为 100 ~ 120Hz）的正弦波。它又叫作涟波电流、叠加交流电流、最大允许纹波电流。

（18）纹波电压。它等于纹波电流和等效串联电阻 ESR 之积。它又叫作涟波电压、叠加交流电压。

（19）使用寿命。电容器的使用寿命随温度的增加而减小，主要原因是温度加速了化学反应而使介质随时间退化。

（20）频率特性。电容器的电参数随工作频率而变化的特性。

5.1.5 电容器参数识别方法

电容器的标注参数主要有标称电容量、允许偏差和额定电压等。

重要提示

固定电容器的参数表示方法有多种，主要有直标法、色标法、3 位数表示法、4 位数表示法、字母数字混标法。

1．电容器参数直标法

直标法在电容器中应用最广泛，是在电容器上用数字直接标注出标称电容量、耐压（额定电压）等。

例如，图 5-24 所示某电容器上标有 510p±10%、160V、CL12 字样，表示这一电容器是纸介（CL）电容器，标称电容量为 510pF，允许偏差为 ±10%，额定电压为 160V。

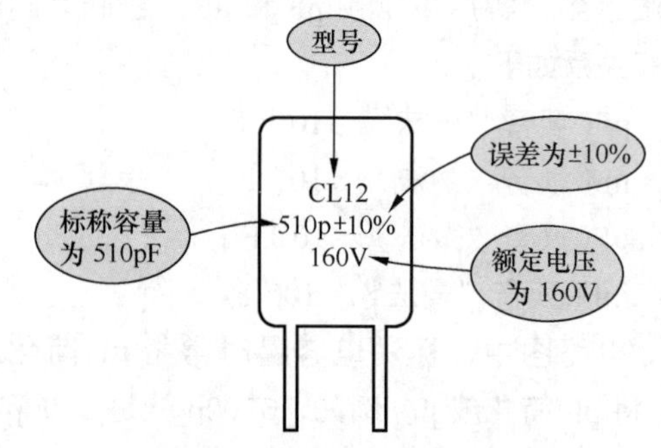

图 5-24　电容器直标法示意图

图 5-25 是采用直标法的电容器实物图，它是一只 8μF、直流工作电压为 400V 的电容器。

图 5-25　采用直标法的电容器实物图

2．电容器 3 位数表示法

电容器 3 位数表示法中，用 3 位整数来表示电容器的标称电容量，再用一个字母来表示允许偏差。

在一些体积较小的电容器中人们普遍采用 3 位数表示法，因为电容器体积小，采用直标法标出的参数，字太小，容易看不清和被磨掉。

图 5-26 是电容器 3 位数表示法示意图。

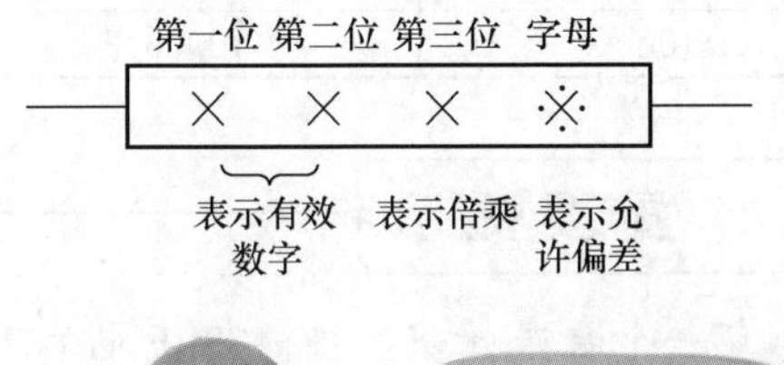

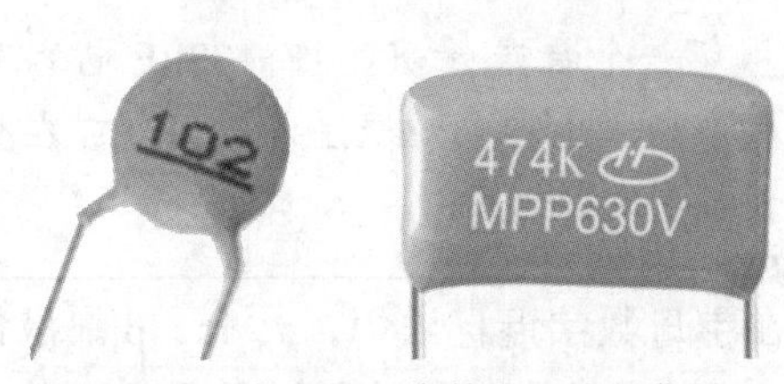

图 5-26　电容器 3 位数表示法示意图

3 位数字中，前两位数表示有效数字，第三位数表示倍乘，即表示是 10 的 *n* 次方，或是有效数字后有几个 0。在 3 位数表示法中的标称电容量单位是 pF。

举例提示

图 5-26 中左图所示电容器的 3 位数是 102，它的具体含义为 10×10^2pF，即标称容量为 1000pF。图 5-26 中右图所示电容器的 3 位数是 474，它的具体含义为 47×10^4pF，即标称容量为 470 000pF，即为 0.47μF。K 是该电容器的误差标注，字母 K 表示 ±10% 的误差。

3．电容器 4 位数表示法

电容器的 4 位数表示法有下列两种情况。

（1）用 4 位整数来表示标称容量，此时电容器的容量单位是 pF。例如，某只电容器上标出 6800 这 4 个数字，这是采用 4 位数表示法的电容器，6800 是 4 位整数，所以电容单位是 pF，这一电容器的标称容量是 6800pF。图 5-27 是采用 4 位数表示法的电容器实物图。

图 5-27　采用 4 位数表示法的电容器实物图

（2）用小数（有时不足 4 位数字）来表示标称容量，此时电容器的容量单位为 μF。例如，如图 5-28 所示，某只电容器上标出小数 0.47，这也是 4 位数表示法中的一种，由于此时为小数，所以标称容量的单位是 μF，即这一电容器的标称容量是 0.47μF。

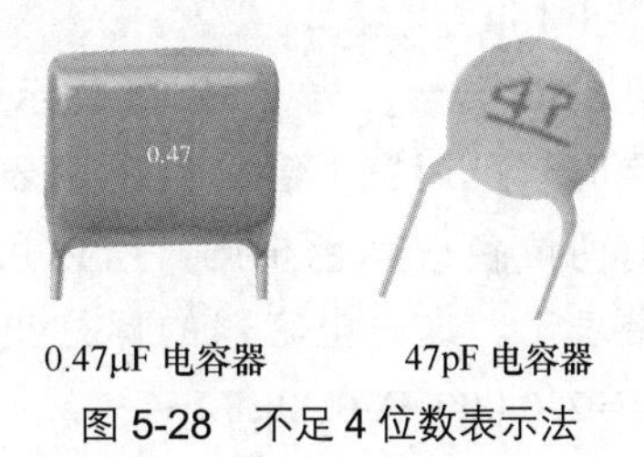

图 5-28　不足 4 位数表示法

4．电容器标称容量色标法

采用色标法的电容器又叫作色码电容，色码表示的是电容器标称容量。色标法电容器的具体表示方式同 3 位数或是 4 位数表示法，只是用色码的不同颜色来表示各位数字。

图 5-29 是 3 条色标法电容器示意图。图中所示电容器上有 3 条色带，3 条色带分别表示 3 个色码。读色码的方向是：从顶部向引脚方向读，对这个电容器而言是棕、绿、黄依次为第一、二、三条色码。

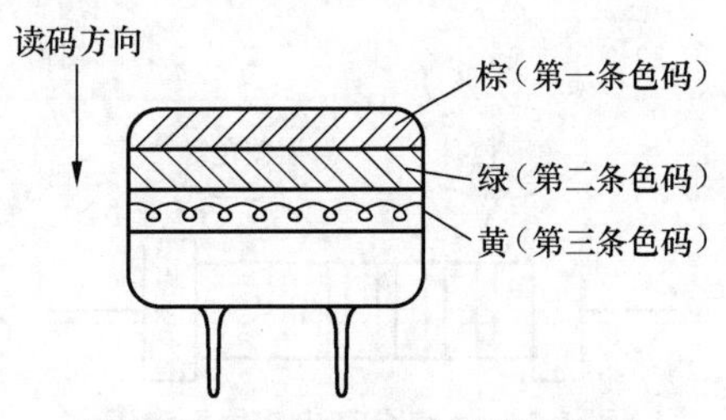

图 5-29　3 条色标法电容器示意图

在这种表示法中，第一、二条色码表示有效数字，第三条色码表示倍乘中 10 的 *n* 次方，也就是有几个 0，容量单位为 pF。表 5-6 所示是各色码的具体含义。

表 5-6　各色码具体含义

色码颜色	黑色	棕色	红色	橙色	黄色
表示数字	0	1	2	3	4
色码颜色	绿色	蓝色	紫色	灰色	白色
表示数字	5	6	7	8	9

根据上述读码规则和色码含义可知，图5-29中所示的电容器标称电容量为 15×10^4pF=150 000pF=0.15μF。

如图5-30所示，当色码要表示两个重复的数字时，可用宽1倍的色码来表示，该电容器前两位色码颜色相同，所以用宽1倍的红色带表示。这一电容器的标称电容量为 22×10^4pF=220 000pF=0.22μF。

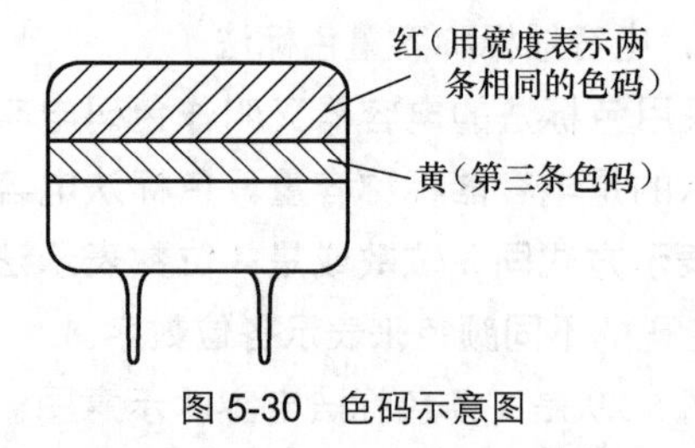

图 5-30　色码示意图

图5-31所示是4条色环电容器示意图，紧靠一端的是第一条色环，第一、二条为有效值色环，第三条表示有效数字后有几个0，第四条色环表示误差，容量单位为pF。

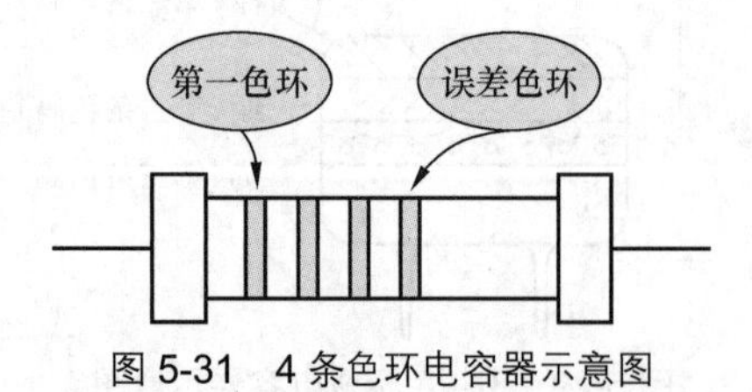

图 5-31　4 条色环电容器示意图

5．电容器标称容量字母数字混标法

电容器的字母数字混标法同电阻器的这一表示方法，表5-7列举了一些例子说明这种表示方法。

表 5-7　举例说明

表示方法	标称电容量
p1 或 p10	0.1pF
1p0	1pF
5p9	5.9pF
3n3	3300pF
μ33 或 R33	0.33μF
5μ9	5.9μF
1m	1000μF
10n	10000pF

重要提示

有一个特殊情况，即0.33μF电容表示成R33，凡零点几微法电容器，可在数字前加上R来表示。

在字母数字混标法中，n、m、p都是词头符号，表5-8给出了这些词头符号的含义，它们适用于各种电子元器件标注。

表 5-8　词头符号的含义

词头符号	名　称	表示数
E	艾	10^{18}
P	拍	10^{15}
T	太	10^{12}
G	吉	10^{9}
M	兆	10^{6}
k	千	10^{3}
h	百	10^{2}
da	十	10^{1}
d	分	10^{-1}
c	厘	10^{-2}
m	毫	10^{-3}
μ	微	10^{-6}
n	纳	10^{-9}
p	皮	10^{-12}
f	飞	10^{-15}
a	阿	10^{-18}

6．电容器允许偏差表示法

电容器的允许偏差归纳起来主要有5种表

示法。

（1）电容器容量允许偏差的等级表示法。 表5-9所示是电容器误差等级说明。

表5-9　电容器误差等级说明

误差标记	02级	Ⅰ级	Ⅱ级	Ⅲ级
误差含义	±2%	±5%	±10%	±20%
误差标记	Ⅳ级	Ⅴ级	Ⅵ级	
误差含义	+20% −30%	+50% −20%	+100% −10%	

重要提示

允许偏差等级的标志直接标注在电容器上，根据允许偏差字母，查表5-9可以知道该电容器的允许偏差范围。例如，02表示允许偏差范围为±2%。

（2）电容器容量允许偏差的百分比表示法。 在这种允许偏差表示方法中，将±5%、±10%、±20%等直接标注在电容器上，识别比较方便。

（3）电容器容量允许偏差的数字表示百分比法。 这种允许偏差表示法中，将±号和%号均省去，直接标出数字。例如，标出5，表示该电容器的允许偏差为±5%。

（4）电容器容量允许偏差的直接表示绝对允许偏差法。 这种表示方法就是将绝对允许偏差直接标注在电容器上。例如，4.7pF±0.5pF。

（5）电容器容量允许偏差的字母表示法。 这种允许偏差表示法中，用一些大写字母来表示允许偏差，有下列3种情况。

表5-10所示是第一种情况，用字母表示对称允许偏差时的含义。所谓对称允许偏差是指正、负允许偏差量相同，例如，字母F表示允许偏差为+1%和−1%。

表5-10　用字母表示对称允许偏差时的含义

字　母	允许偏差
X	±0.001%
E	±0.005%
L	±0.01%
D	±0.5%
F	±1%
G	±2%
J	±5%
R	+100%～−10%
T	+50%～−10%
Q	+30%～−10%
P	±0.02%
W	±0.05%
B	±0.1%
C	±0.25%
K	±10%
M	±20%
N	±30%
H	+100%～0%
S	+50%～−20%
Z	+80%～−20%
不标注	不确定～−20%

表5-11所示是第二种情况，用字母表示不对称允许偏差时的含义。所谓不对称允许偏差是指正偏差和负偏差不同，例如，字母T表示正偏差为50%，而负偏差为10%。

表5-11　用字母表示不对称允许偏差时的含义

字母	H	R	T	Q
含义	+100% 0	+100% −10%	+50% −10%	+30% −10%
字母	S	Z	无标记	—
含义	+50% −20%	+80% −20%	不规定 −20%	—

表5-12所示是第三种情况，用字母表示绝对允许偏差时的含义。所谓绝对允许偏差是指直接标出电容器的允许偏差值。

表 5-12　用字母表示绝对允许偏差时的含义

字母	B	C	D	E
含义	±0.1	±0.25	±0.5	±5

重要提示

用字母表示绝对允许偏差方式只适用于标称电容量小于 10pF 的电容器，表中的允许偏差值的单位是 pF。例如，字母 D 表示绝对允许偏差为 ±0.5，表示该电容器的实际容量在比标称值大 0.5pF 和比标称值小 0.5pF 的范围内。

7．无极性电容器温度范围与容量变化标注法

电容器的最低温度、最高温度和电容量变化范围采用“字母 + 数字 + 字母”的表示形式，例如 Y5V。图 5-32 是具体表示形式示意图。

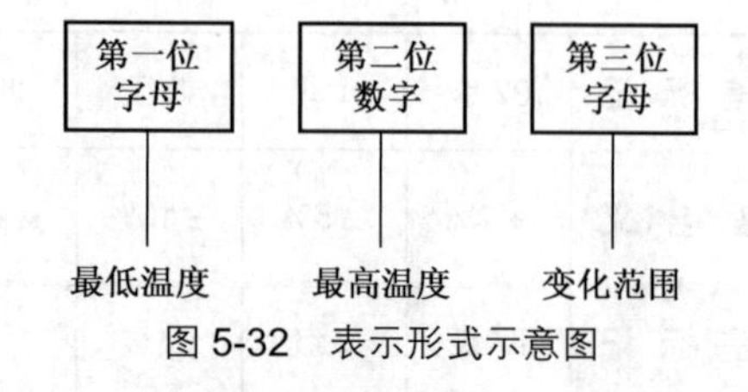

图 5-32　表示形式示意图

表 5-13 所示是各字母数字的具体含义。

表 5-13　各字母数字的具体含义

第一位字母最低温度含义 /℃		第二位数字最高温度含义 /℃		第三位字母容量变化含义	
X	–55	4	+65	A	±1.0%
Y	–30	5	+85	B	±1.5%
Z	+10	6	+105	C	±2.2%
—	—	7	+125	D	±3.3%
—	—	8	+150	E	±4.7%
—	—	9	+200	F	±7.5%
—	—	—	—	P	±10%
—	—	—	—	R	±15%
—	—	—	—	S	±22%
—	—	—	—	T	+22% ~ –33%
—	—	—	—	U	+22% ~ –56%
—	—	—	—	V	+22% ~ –82%

重要提示

负温度用字母表示，正温度用数字表示。举例说明，一个电容器标志是 682JC4，表示电容器的容量是 6800pF（1±5%），工作温度范围是从 –40 ～ +125℃。另 Y5V 表示工作温度范围是 –33 ～ +85℃，容量变化范围为 +22% ～ –82%。

8．工作电压色标法

图 5-33 是色标电容器中工作电压色环位置示意图，远离其他色环的那一环是表示电容器工作电压的色环，表 5-14 所示是色环颜色表示工作电压的含义。

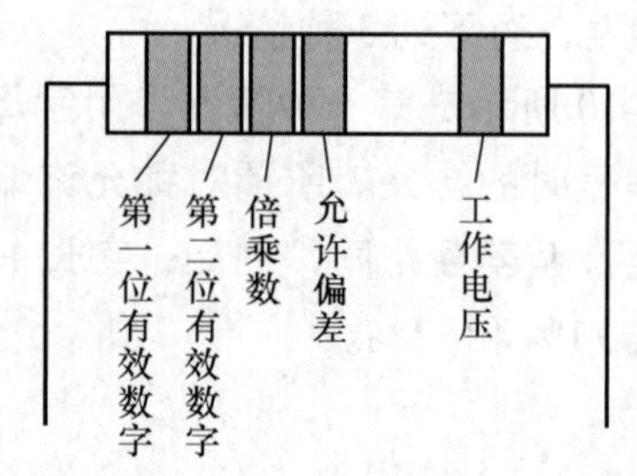

图 5-33　色标电容器中工作电压色环位置示意图

表 5-14　色环颜色表示工作电压的含义

颜　色	工作电压 /V
银	—
金	—
黑	4
棕	6.3
红	10
橙	16
黄	25
绿	32
蓝	40
紫	50
灰	63
白	—
无色	—

表 5-15 所示是常用电容器直流电压系列（有“*”的数值只限电解电容使用）。

9．常用电容器的标称容量系列

表 5-16 所示是常用电容器的标称容量系列。

10．电容器各种标注方式举例说明

表 5-17 所示是各种标注方式的电容器举例说明。

表 5-15　常用电容器直流电压系列（有“*”的数值只限电解电容使用）

1.6	4	6.3	10	16	25	32*	40	50	63
100	125*	160	250	300*	400	450*	500	630	1000

表 5-16　常用电容器的标称容量系列

电容器类别	允许误差	容量范围	标称容量系列
纸介电容器、金属化纸介电容器、纸膜复合介质电容器、低频（有极性）有机薄膜介质电容器	±5% ±10% ±20%	100pF～1μF	1.0、1.5、2.2、3.3、4.7、6.8
		1～100μF	1、2、4、6、8、10、15、20、30、50、60、80、100
高频（无极性）有机薄膜介质电容器、瓷介电容器、玻璃釉电容器、云母电容器	±5%	1pF～1μF	1.1、1.2、1.3、1.5、1.6、1.8、2.0、2.4、2.7、3.0、3.3、3.6、3.9、4.3、4.7 5.1、5.6、6.2、6.8、7.5、8.2、9.1
	±10%		1.0、1.2、1.5、1.8、2.2、2.7、3.3、3.9、4.7、5.6、6.8、8.2
	±20%		1.0、1.5、2.2、3.3、4.7、6.8
铝、钽、铌、钛电解电容器	±10% ±20% +50%～－20% +100%～－10%	1～1 000 000μF	1.0、1.5、2.2、3.3、4.7、6.8

表 5-17　各种标注方式的电容器举例说明

示　意　图	说　　明
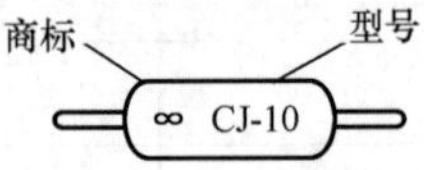 商标 型号 ∞ CJ-10	这是金属化纸介电容器，采用直标法表示标称电容量参数，CJ 表示金属化纸介电容器，其他参数均采用直接标注方式
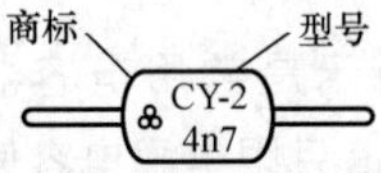 商标 型号 CY-2 4n7	这是云母电容器，采用字母数字混标法表示标称容量，CY 表示云母电容器，标称容量采用字母数字混标法，4n7 表示标称容量为 4700pF
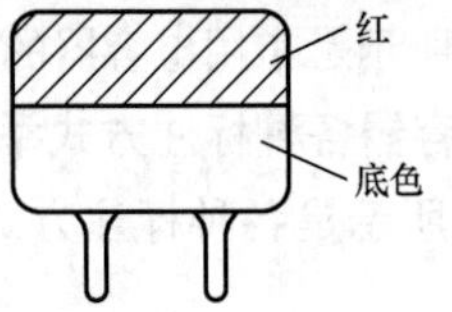 红 底色	这是采用色标法表示标称容量的电容器，3 条色带为同一种颜色，即均为红色，这 3 条色码表示 222，这是标称容量为 2200pF 的电容器
 223Z	这是采用 3 位数表示标称容量的电容器，223 表示 22×10^3 pF=0.022μF。字母 Z 表示允许偏差为 +80%～-20%
 7	这是采用直标法表示标称容量的电容器，7 表示标称电容量为 7pF
 0.056/5/25	这是采用直标法表示标称容量的电容器，0.056 表示标称电容量为 0.056μF，5 表示允许偏差为 ±5%，25 表示额定电压为 25V
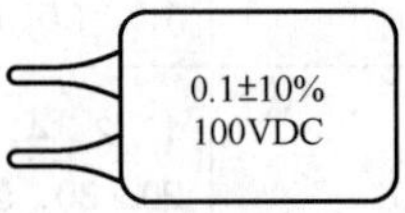 0.1±10% 100VDC	这是采用直标法表示标称容量的电容器，0.1 表示标称电容量为 0.1μF，±10% 表示允许偏差，100VDC 表示直流额定电压为 100V
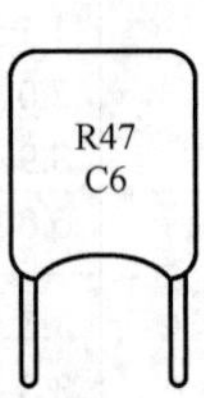 R47 C6	这是采用字母数字混标法表示标称容量的电容器，R47 表示 0.47μF，C6 表示工作温度为 -40～+200℃
 47n 25V	这是采用字母数字混标法表示标称容量的电容器，47n 表示 47×10^3pF=47 000pF=0.047μF，额定电压为 25V

电容器参数运用提示

关于电容器参数运用说明如下。

（1）运用电容器时，第一要考虑的参数当然是标称容量及误差等级，特别是在一些振荡器选频电路中的电容器，它们的容量偏差将直接影响振荡器的振荡频率高低。

（2）在一些特殊电路中，例如，电视机行扫描电路中的行定时电容器，它是由两只不同温度系数的电容器构成的，一只是正温度系数的聚酯电容器，另一只是负温度系数的聚丙烯电容器。在更换这两只电容器时，一定要用相同材料的电容器，否则温度系数不同，会造成振荡器的振荡频率随温度变化而变化。

（3）耐压参数是关系到电容器是否能在电路中安全工作的大问题，如果耐压低，电容器会被击穿。

电容器电晕提示

电容器在使用过程会发生电晕。电容器的电晕是由于在介质与电极层之间存在空隙而产生的，它除了可以产生损坏设备的寄生信号外，还会导致电容器介质被击穿。在交流或脉动条件下工作时，电晕特别容易发生。对于所有的电容器，在使用中应保证直流电压与交流峰值电压之和不得超过电容器的额定电压，以避免电晕现象的发生。

5.2　电解电容器基础知识

电解电容器是固定电容器中的一种，将它与普通固定电容器分开讲述是因为它与普通电容器有较大的不同。电解电容器在电路中的使用量非常大，应用广泛。

5.2.1　电解电容器外形特征和电路图形符号

1．电解电容器外形特征

图5-34是几种电解电容器实物图。

（a）径向引脚有极性电解电容器

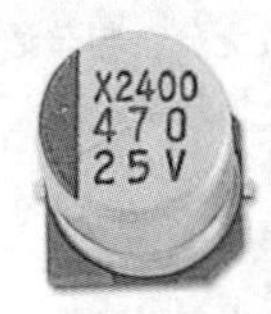

（b）贴片有极性电解电容器

（c）轴向引脚有极性电解电容器

（d）无极性电解电容器

图5-34　几种电解电容器实物图

外形特征提示

关于电解电容器外形特征，主要说明下列几点。

（1）电解电容器的外壳颜色常见的是蓝色，此外还有黑色等，其外形通常是圆柱形的。

（2）它有两根引脚，在有极性电解电容器中这两根引脚有正、负极之分，在外壳上会有“-”（负号）标出负极性引脚的位置。

（3）无极性电解电容器的两根引脚没有正、负极之分，没有表示极性的符号，根据这一特征可以分辨出电容器是有极性还是无极性电解电容器。

（4）电解电容器的容量一般均较大，在1μF以上（有些进口电解电容器的容量小于这一值），而且采用直标法。

（5）贴片电解电容器无长长的引脚。

2．电解电容器电路图形符号

表 5-18 所示是电解电容器电路图形符号及说明。

3．电解电容器种类

表 5-19 所示是电解电容器分类方法说明。

表 5-18　电解电容器电路图形符号及说明

电 路 符 号	名　　称	识图信息说明
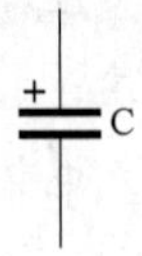 + C	新的有极性电解电容器电路图形符号	符号中的 +(正号)表示电容器有极性，且该引脚为正极，另一根引脚为负极，一般不标出负号标记
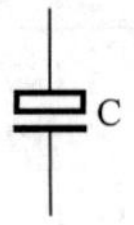 C	旧的有极性电解电容器电路图形符号	用空心矩形表示这根引脚为正极，另一根为负极，现在许多电路图中仍采用这种有极性电容器的电路图形符号
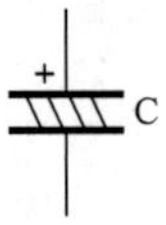 + C	国外有极性电解电容器电路图形符号	+（正号）表示该引脚为正极，在进口电子电器电路图中常见到这种有极性电解电容器的电路图形符号
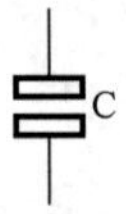 C	旧的无极性电解电容器电路图形符号	无极性电解电容器的另一种电路图形符号
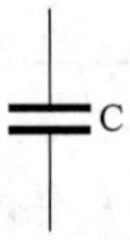 C	新的无极性电解电容器电路图形符号	与普通固定电容器电路图形符号一样

表 5-19　电解电容器分类方法说明

分类方法及种类		说　　明
按引脚有无极性划分	有极性	有极性电解电容器的两根引脚有正、负极之分，这是最常用的电解电容器
	无极性	无极性电解电容器的两根引脚无正、负极性之分，与普通固定电容器一样，只是容量更大。无极性电解电容器按照用途划分又有下列几种。 （1）普通无极性电解电容器； （2）分频电容器，它主要用于扬声器分频电路； （3）S 校正电容器，用于电视机的扫描电路； （4）数字集成电路电源滤波电容
按材料划分	铝电解电容器	铝电解电容器是将附有氧化膜的铝箔（正极）和浸有电解液的衬垫纸，与阴极（负极）箔叠片一起卷绕而成。 这是用量最多的一种电解电容器，价格低、容量大，缺点是介质损耗较大、容量误差较大、耐高温性较差、存放时间长，容易失效

续表

分类方法及种类		说　　明
按材料划分	钽电解电容器	钽电解电容器用金属钽（Ta）作为阳极材料制成，按阳极结构的不同可分为箔式和钽粉烧结式两种。钽粉烧结式钽电容器又因工作电解质不同，分为固体电解质的钽电容器和非固体电解质的钽电容器。其中，固体电解质的钽电容器用量大，如 CA 型、CA42 型等。 钽电解电容器广泛应用于通信、航天和军事工业、高级电子装置、民用电器等方面
	钛电解电容器	钛电解电容器用钛金属作为阳极（正极），介质为氧化钛。 钛电解电容器的性能比钽电解电容器略差些，但优于铝电解电容器和铌电解电容器
	钽 - 铌合金电解电容器	钽 - 铌合金电解电容器的阳极（正极）是用钽 - 铌合金粉烧结而成，介质为其表面上的氧化膜。 这种电解电容器的性能优于铝电解电容器和铌电解电容器，但略差于钽电解电容器
	铌电解电容器	铌电解电容器的成本应比钽电解电容器低得多。铌电解电容器的性能可以达到或接近钽电解电容器。随着新型导电高分子材料的开发应用，铌电解电容器使用率还可大幅度提高
按安装形式划分	有引脚电解电容器	这是最为常见的电解电容器
	贴片电解电容器	贴片电解电容器应用愈来愈多，但是主要是小容量的电容器

5.2.2　几种电解电容器个性综述

1．有极性和无极性电解电容器

表 5-20 所示是有极性和无极性电解电容器说明。

2．钽电解电容器

钽电解电容器使用广泛，表 5-21 所示是几种钽电解电容器个性说明。

表 5-20　有极性和无极性电解电容器说明

实　物　图	说　　明
	有极性电解电容器由于内部结构的原因，两根引脚有正、负极性之分，使用中不能相互搞反，否则不仅不能起到正常作用，还会引起爆炸。为减轻这种危害，这种电容器上设有防爆口。 有极性电解电容器的特点是容量可以做得很大，且容量越大体积越大，漏电流也比较大
	无极性电解电容器是电解电容器的一种，又称双极性电解电容器。无极性电解电容器采用了双氧化膜结构，使电解电容器的引脚变成了无极性的，同时又保留了电解电容器体积小、电容量大、成本低的优点。 音响中分频电路的分频电容器就是这种无极性电容器

表 5-21　几种钽电解电容器个性说明

名　称	实 物 图	说　明
钽电解电容器		它采用防潮、阻燃性环氧树脂包封，体积小、漏电流和介质损耗小、频率及温度特性好、寿命长、可靠性高、稳定性好，而且有很大的工作温度范围，长时间工作和搁置后性能稳定。 它适用于军事、计算机、汽车、通信、高档家用电器等领域
非固体电解质的钽电容器		它是管状半密封、有极性、非固体电解质、烧结阳极钽质电容器。它具有体积小、漏电流小、性能优良、稳定可靠、寿命长等优点。 它适用于通信、航空航天等电子设备
固体电解质的钽电容器		它是金属外壳全密封固体电解质的钽电容器。具有体积小、工作温度范围宽、性能稳定可靠、寿命长等优点。 它广泛用于军用及民用仪器仪表及其他电子设备

5.2.3　电解电容器结构

1. 有极性电解电容器结构及工作原理

有极性电解电容器结构与无极性电解电容器结构有所不同，正是由于这一结构上的不同，两种电解电容器的引脚极性不同。

电解电容器的基本结构是浸在电解液中的两个极板，如图 5-35 所示。

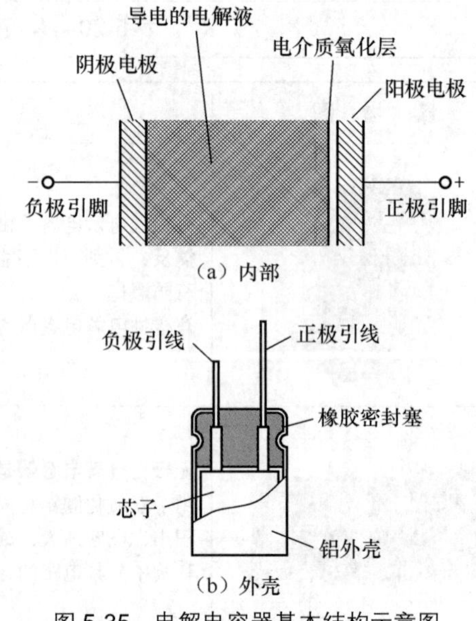

图 5-35　电解电容器基本结构示意图

图 5-36(a) 是有极性电解电容器内部结构示意图，图 5-36(b) 是功能结构示意图。图 5-36(a) 所示是一个铝电解电容器，分别用两层铝箔作为电容器的正、负极板，在这个正、负极板上分别引出正、负极性引脚。

用电解纸隔开两铝箔，使电容器的两极板绝缘。然后，将整个铝箔紧紧地卷起来，浸渍工作电解质（大多为糊状液体），再用外壳密封起来，这就是有极性电解电容器的结构。

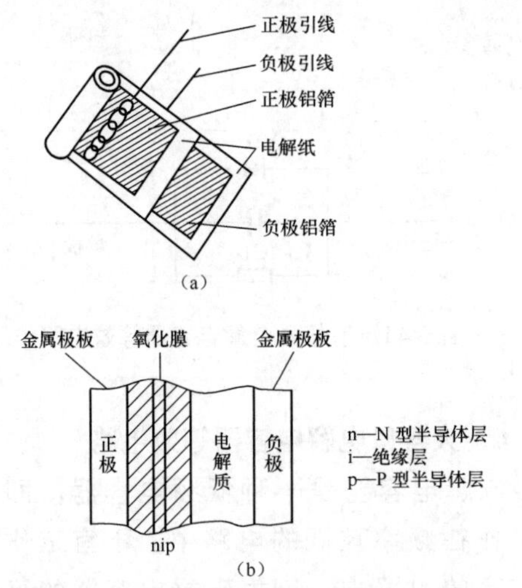

图 5-36 有极性电解电容器结构示意图

重要提示

如图 5-36(b) 所示，有极性电解电容器的介质就是氧化膜，它类似于三极管中的 PN 结，具有单向导电特性。当电解电容器的正极引脚接高电位、负极引脚接低电位时，氧化膜处于阻流状态，如同 PN 结处于反向偏置状态，正、负极板之间的电流很小，电解电容器正常工作。

当负极引脚接高电位、正极引脚接低电位时，氧化膜处于通流状态，如同 PN 结的正向导通一样，两极板之间的电流很大，将失去电容器的作用。注意，这种电容器正、负引脚接反后还会发生爆炸现象。

电容器有极性是因为内部结构的原因，其内部类似存在一个 PN 结。只有对这一“PN 结”加上反向电压时，有极性电解电容器才能正常工作，如图 5-37 所示。

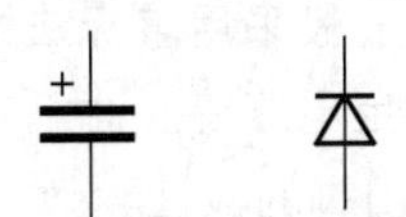

(a) 电容 (b) 等效 PN 结

图 5-37 有极性电解电容器 PN 结等效示意图

应用提示

正是因为有极性电解电容器两根引脚有极性之分，所以不能用于纯交流电路，如图 5-38 所示，如果用于纯交流电路中，会有一个半周工作于反极性状态，而造成有极性电解电容器损坏。

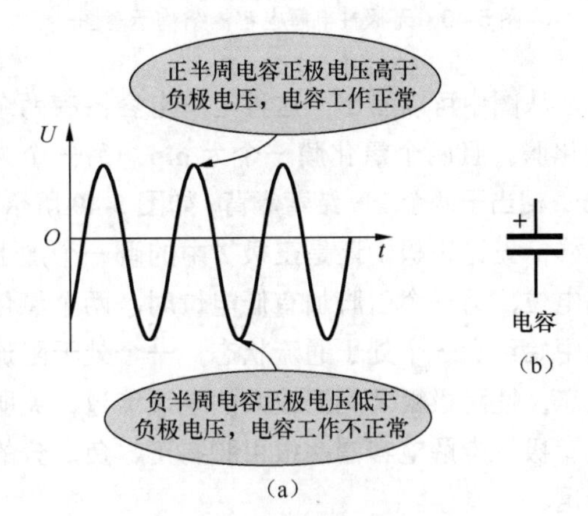

图 5-38 纯交流电路示意图

电子电路中，通常是交流电压信号“骑”在直流电压上，如图 5-39 所示，整个电压始终为正，这时交流电压负半周峰值电压也是正的，所以不会出现负电压情况，这样电路中使用有极性电解电容器也不存在问题。

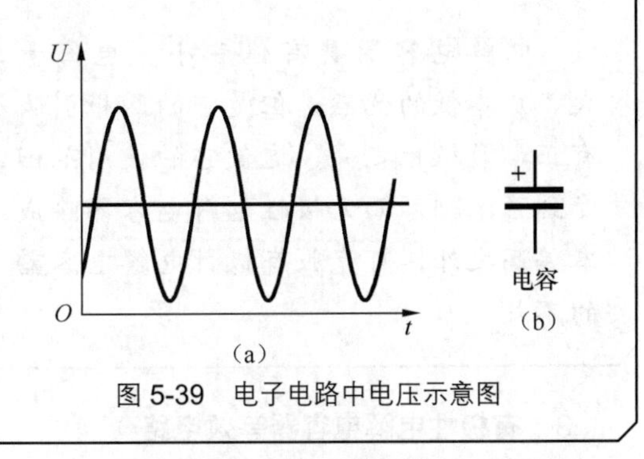

图 5-39 电子电路中电压示意图

2. 无极性电解电容器结构及工作原理

无极性电解电容器是电解电容器中的一种，又叫作双极性电解电容器，图 5-40 是它的结构示意图。

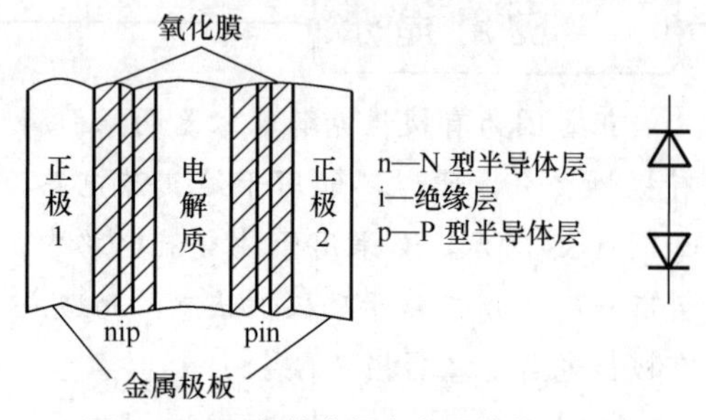

图 5-40　无极性电解电容器结构示意图

从图中可以看出，这种电解电容器有两个氧化膜，且两个氧化膜一个为 nip，另一个为 pin，相当于两个 PN 结背靠背，如图 5-40 所示。这样，无论正极 1 还是正极 2 中的哪一个加上高电位，另一个引脚加有低电位时，两个氧化膜中始终有一个处于通流状态，一个处于阻流状态，使两极板之间无较大的电流流过，克服了有极性电解电容器两根引脚有正、负之分的不足。

重要提示

无极性电解电容器采用了双氧化膜结构，使电解电容器的引脚变成了无极性的，同时又保留了电解电容器的一些优点。不过，无极性电解电容器的成本比有极性电解电容器高，有的要高很多。

电解电容器具有体积小、电容量大、成本低的优点，但是它的两根引脚有正、负极性之分，这使它的使用范围受到了限制，而无极性电解电容器除成本偏高之外，可克服有极性电解电容器的不足。

3. 有极性电解电容器等效电路

图 5-41 所示是有极性电解电容器等效电路，这是没有考虑引脚分布参数时的等效电路。等效电路中，C1 为电容量，R1 为两电极之间漏电阻，VD1 为具有单向导通特性的氧化膜。

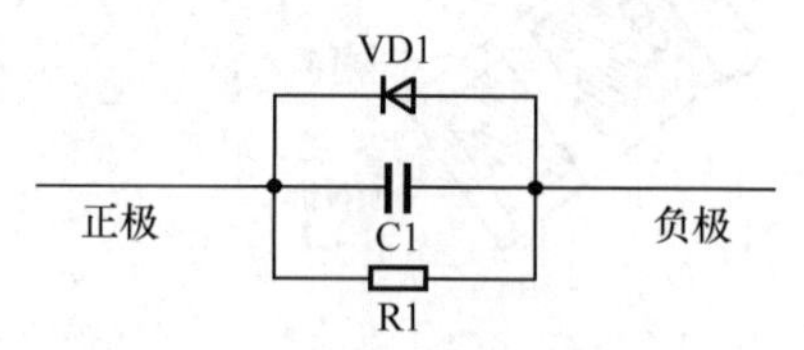

图 5-41　有极性电解电容器等效电路

4. 大容量电解电容器等效电路

电解电容器是一种低频电容器，即它主要工作在频率较低的电路中，不宜工作在频率较高的电路中。因为电解电容器的高频特性不好，所以容量很大的电解电容器其高频特性更差。图 5-42 所示是大容量电解电容器的等效电路，从中可以找到大容量电解电容器高频特性差的原因。因为在等效电路中串联着一只电感器 L0，所以当工作频率高时电感器 L0 感抗很大。

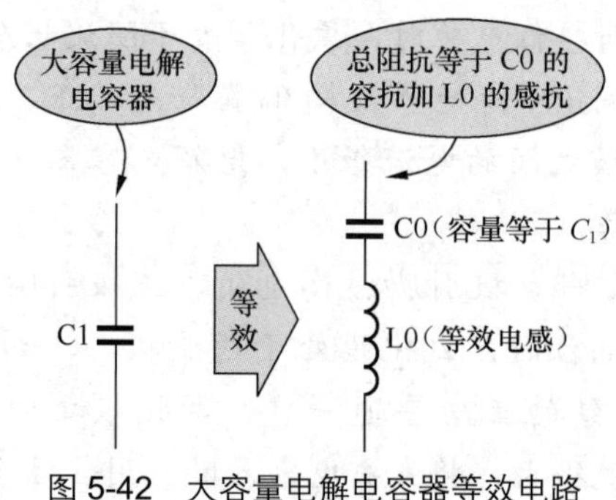

图 5-42　大容量电解电容器等效电路

5.2.4　有极性电解电容器引脚极性识别

1. 有极性电解电容器引脚极性识别方法

电解电容器一般采用直标法标出标称容量及允许偏差、额定电压等。对于有极性电解电容器，还要标出引脚的极性。

表 5-22 所示是有极性电解电容器的引脚表示方式说明。

表 5-22　有极性电解电容器的引脚表示方式说明

示　意　图	说　明
“-”表示该引脚为负极性引脚	标出负极性引脚位置，在电解电容器的绿色绝缘套上画出负号，以表示这一引脚为负极性引脚
长引脚是正极性引脚	在新的电解电容器中采用长短不同的引脚来表示引脚极性，通常长的引脚为正极性引脚。当电容器使用之后，由于引脚已被剪掉，所以无法识别极性，因而这种表示方法不够完善
黑色这端表示负极	这种电解电容器在其铝壳的顶部带有一个黑色标记，表示这端的引脚是电解电容器的负极引脚
负极标记 负极标记	这是两种贴片有极性电解电容器的极性表示示意图，在侧面或顶部有一个黑色标记，以标出负极性引脚位置

2．电解电容器防爆口

在电解电容器上有防爆设计，图 5-43 所示是人字形防爆口，此外还有十字形等多种，有的防爆口设在底部，形状也多种多样。

图 5-43　电解电容器上的防爆口

3．铝电解电容器加套颜色含义识别方法及使用特性

表 5-23 所示是铝电解电容器加套颜色含义识别方法及使用特性。

表 5-23　铝电解电容器加套颜色含义识别方法及使用特性

系列	加套颜色	特点	应用范围	电压范围 /V	容量范围 /μF	通用	小型化	薄型化	低 ESR	双极性	低漏电
MG	黑	小型标准	通用电路	6.3 ~ 250	0.22 ~ 10000	是	是	—	—	—	—
MT	橙	105℃小型标准	高温电路	6.3 ~ 100	0.22 ~ 1000	是	是	—	—	—	—
SM	蓝	高度 7mm	微型机	6.3 ~ 63	0.1 ~ 190	是	是	是	—	—	—
MG-9	黑	高度 9mm	薄型机	6.3 ~ 50	0.1 ~ 470	是	是	是	—	—	—
BP	浅蓝	双极性	极性反转电路	6.3 ~ 50	0.47 ~ 470	—	是	—	—	是	—

续表

系列	加套颜色	特点	应用范围	电压范围 /V	容量范围 /μF	通用	小型化	薄型化	低ESR	双极性	低漏电
EP	浅蓝	高稳定	定时电路	16 ~ 50	0.1 ~ 470	—	—	—	是	—	是
LL	黄	低漏电	定时电路，小信号电路	10 ~ 250	0.1 ~ 1000	—	是	—	—	—	是
BPC	深蓝	耐高纹波电流	S 校正电路	25 ~ 50	1 ~ 12	—	是	—	是	是	—
BPA	海蓝	音质改善	音频电路	25 ~ 63	1 ~ 10	—	是	是	是	是	—
HF	灰	低阻抗	开关电路	6.3 ~ 63	22 ~ 2200	—	是	—	是	—	—
HV	西太青蓝	高耐压	高压电路	160 ~ 4000	1 ~ 100mF	—	—	—	—	—	—

5.3 多层次、多角度深度解说铝电解电容器（专题）

铝电解电容器优势提示

铝电解电容器与其他类型的电容器相比在下列诸方面具有明显的优势。

（1）铝电解电容器在工作过程中具有“自愈”特性。所谓“自愈”特性是指介质氧化膜的缺陷在电容器工作过程中随时可以得到修复，恢复其应具有的绝缘能力，避免招致电介质的雪崩式击穿。

（2）铝电解电容器的介质氧化膜能够承受非常高的电场强度。在铝电解电容器的工作过程中，介质氧化膜承受的电场强度约为 600kV/mm，这一数值是纸介电容器的 30 多倍。

（3）可以获得很高的额定静电容量。低压铝电解电容器能够非常方便地获得数千乃至数万微法的静电容量，这也是为什么铝电解电容器容量能够特别大的原因。

（4）单位体积所具有的电容量特别大。工作电压越低，这方面的特点越突出，因此，铝电解电容器顺应了电容器的小型化和大容量化趋势。例如，CD26 型低压大容量铝电解电容器的比容量约为 300μF/cm^3，而其他在小型化方面也颇具特色的金属化纸介电容器的低压片式陶瓷电容器的比容量一般不会超过 2μF/cm^3。

5.3.1 工频电源电路滤波电容器设计参考

工频电源电路中可以将普通铝电解电容器用于滤波，因为这种电源电路的交流声频率主要为 50Hz 或是 100Hz，所以要求滤波电容的容量很大，可以使用高频特性一般的普通铝电解电容器作为滤波电容器。

1．电路设计中的滤波电容器容量取值参考

实验发现，当滤波电容量达到一定值后，再加大电容量对提高滤波效果也无明显作用，有时甚至可能对一些指标是有害的，所以盲目追求大容量滤波电容器是不科学的。

通常情况下，滤波电容器的容量根据负载电阻和输出电流大小来选择，表 5-24 所示是滤波电容器容量和输出电流的关系，可作为滤波电容器容量取值的参考。

表 5-24 滤波电容器容量和输出电流的关系

输出电流 /mA	2000 ~ 3000	1000 ~ 1500	500 ~ 1000	100 ~ 500	50 ~ 100	50
电容器容量 /μF	4700	2200	1000	500	200 ~ 470	200

电路设计提示

关于工频电源电路滤波电容器容量取值设计再说明下列几点。

（1）若滤波电容器容量选值偏小，滤波效果下降，交流声会增大。若滤波电容器容量选偏大，成本增加，同时也会带来其他一些问题。

（2）在同品牌电容器的情况下，电容器容量大其漏电流还会增大，带来新的问题。

（3）电容器容量增大后，电容器的体积增大，安装空间要求增加，通风条件要更好。

（4）电源滤波电容器容量大，对前级的整流二极管开机过电流危害性加大。

2．电路设计中的滤波电容器耐压取值参考

工频电源电路滤波电容器的耐压取值与电路的直流工作电压相关，当电源变压器的二次绕组输出的交流电压 U_o 确定后，它的取值用下式估算：

$$V=1.5\times\sqrt{2}U_o$$

式中：V 为滤波电容器耐压；

U_o 为电源变压器二次绕组输出的交流电压有效值。

电路设计提示

关于工频电源电路滤波电容器耐压取值设计再说明下列几点。

（1）滤波电容器耐压小时，其工作可靠性下降，容易发生电击穿故障。实验表明，当电容器工作在额定电压的 1.34 倍电压下，2h 后电容器会出现漏液、冒气、顶部冲开现象。

（2）滤波电容器耐压大时，其工作可靠性增加，但是成本增大，此外还会带来其他一些问题，如体积增大会要求电路板空间增大等问题。

（3）电容器耐压增大还会造成漏电流增大，漏电流估算公式如下：

$$I=K\times CV$$

式中：V 为电容器额定电压；

C 为电容器容量；

K 为常数，生产厂家根据制造过程选择不同的 K，例如，0.01 或 0.03。

从上式中可以看出 V 高，漏电流也大。

上述公式中电流的单位是 μA，电压的单位是 V，电容量的单位是 μF。

常用的固定电容器工作电压有 6.3V、10V、16V、25V、50V、63V、100V、250V、400V、500V、630V。

在没有特殊要求的情况下，工频电源电路中的滤波电容器选取普通铝电解电容器即可，因为选用有机半导体铝固体电解电容器、高频铝电解电容器等会大幅增加成本。

滤波电容器的安装位置也很有讲究，应该尽量将滤波电容器远离发热元件，否则过高的温度会缩短电容器的使用寿命，从而使得电容器成为整个电路中寿命最短的元件。在环境温度较高的情况下，尽量采用强迫风冷，将电容器安装在进风口处。

5.3.2 开关电源电路滤波电容器

AC/DC 开关稳压电源与工频电源在许多方面有很大的不同，滤波电容器就是其中之一。

众所周知，滤波电容器在电源中起滤除各种干扰的作用，由于开关电源工作频率比较高，其输出端所接的滤波电容器与工频电源电路中选用的滤波电容器要求不一样。

1．滤波频率明显升高

在工频电源电路中，半波整流后的主要交流成分的频率是50Hz，全波和桥式整流后的主要交流成分的频率是100Hz，它们的高次谐波频率也只达到2000Hz，它们的充放电时间是毫秒数量级，而开关电源中其上锯齿波电压的频率高达数十千赫，甚至数十兆赫。

由于开关电源的工作频率显著提高，所以开关电源电路中滤波电容器的容量不再是主要要求，容量较小时也能达到良好的滤波效果。这时，主要要求变成这种滤波电容器的高频特性要好，所以需要以高频特性良好的电解电容器作为开关电源电路中的滤波电容器。

无论是哪种形式的开关电源，它们均含有极其丰富的高次谐波电压与电流，开关电源的输出纹波电压过高，特别是峰 - 峰值电压过高，如果这些谐波电压产生的电流流过负载，那将影响负载电路的正常工作，所以要尽可能地抑制这些高次谐波电压与电流，这主要由开关电源中的滤波电容器来完成。

2．滤波电容器的工作原理

图5-44是滤波电容器工作原理示意图，电路中 I_o 是高频交流纹波电流源，C为滤波电容器的纯电容，R_{ESR} 是滤波电容器的ESR(等效串联电阻器)，I_C 为流过电容器C支路的高频纹波电流，R_L 是电源电路的负载电阻器，I_L 是流过负载电阻器的高频纹波电流。

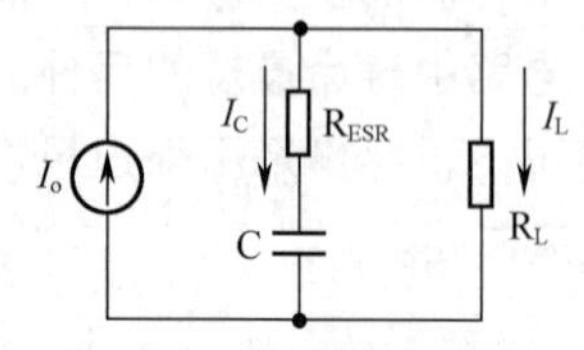

图5-44　滤波电容器工作原理示意图

从电路中可以看出，高频交流纹波电流 I_o 分成了两路：一路流过滤波电容器支路，另一种流过了负载。3个电流之间的关系如下：

$$I_o=I_C+I_L$$

如果电容器支路的阻抗为零的话，那全部的高频交流纹波电流 I_o 都流过了电容器支路，这样负载支路中就不存在高频交流纹波电流，这是理想状态，不可能实现，唯一可以减小负载支路高频交流纹波电流的方法是减小电容支路的阻抗。

当滤波电容器工作在高频段时，电容器C的容抗为零了，这时电容器支路就只有电容器的等效串联电阻器 R_{ESR}，如图5-45所示。

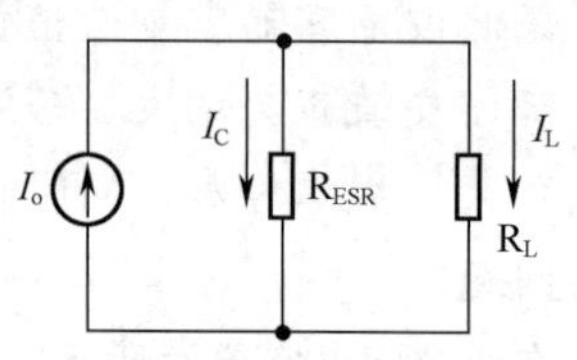

图5-45　高频段等效电路

这一电路中流过负载的高频交流纹波电流 I_L 通过下式计算：

$$I_L=\frac{R_{ESR}}{R_{ESR}+R_L}I_o$$

式中：I_L 为流过负载的高频纹波电流；

I_o 为高频纹波电流；

R_{ESR} 为滤波电容器等效串联电阻；

R_L 为负载电阻。

从上式和高频段等效电路中可以看出，为了减小流过负载的高频交流纹波电流，一是增大负载电阻 R_L，二是减小电容器等效串联电阻 R_{ESR}。显然，对于一个具体的电路而言，负载电阻是无法改变的，这由负载的性质所决定。从另一个角度可以这样讲，就是当负载比较轻时，即负载电阻 R_L 比较大时，流过负载的高频交流纹波电流比较小。

减小流过负载的高频交流纹波电流的唯一方法是减小电容器的等效串联电阻 R_{ESR}。而这个问题直接与滤波电容器的质量相关，就是选用 R_{ESR} 小的滤波电容器。普通的铝电解电容器的 R_{ESR} 比较大，且在10kHz左右时其阻抗便开始呈现感性，无法满足开关电源使用要求，所以出现了开关电源专用的电解电容器，它的特点是 R_{ESR} 比较小。

5.3.3　多引脚高频铝电解电容器

普通的电解电容器为低频电容器，即普通电解电容器的高频特性不好，通常只能用于低频电路中。在开关稳压电源等电路中的滤波电容器容量也较大，也需要电解电容器，但是开关电源的开关频率比较高，所以此时使用开关电源的专用高频铝电解电容器，滤波效果会更好。

1．外形特征

开关稳压电源专用的高频铝电解电容器有4根引脚。图5-46是一种高频铝电解电容器实物图，从图中可以看出，它有4根引脚。

图5-46　高频铝电解电容器实物图

普通铝电解电容器只有两根引脚，有正、负极性引脚之分。这种高频铝电解电容器共有4根引脚，也有正、负极性引脚之分，它有两根正极性引脚，两根负极性引脚。

2．引脚结构

多引脚高频电解电容器的4根引脚中，正极引脚有两根，负极引脚有两根，即正极铝片的两端分别引出作为电容器的正极性引脚，负极铝片的两端也分别引出作为负极性引脚，如图5-47所示。

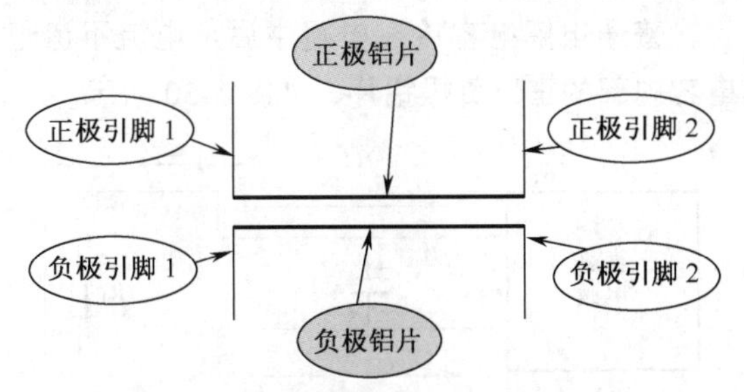

图5-47　多引脚高频电解电容器引脚示意图

图5-48是普通电解电容器引脚示意图，它只有两根引脚，即正极铝片引出正极性引脚，负极铝片引出负极性引脚。比较这两种电解电容器的引脚结构，可以看出它们有明显的不同之处。

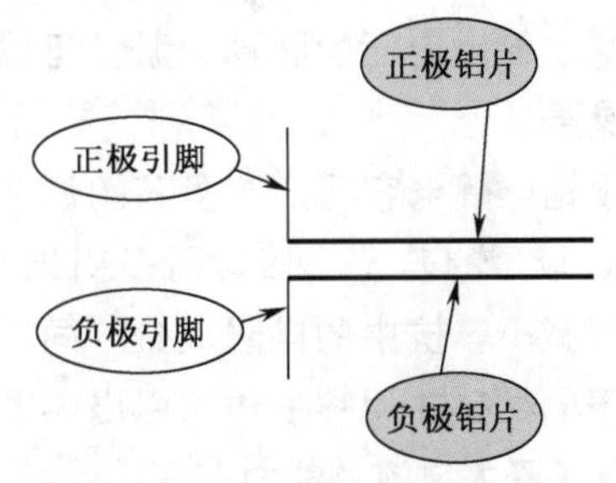

图5-48　普通电解电容器引脚示意图

3．引脚连接方式

这种4根引脚高频电解电容器的引脚连接方式与普通电解电容器也不同。4根引脚高频电解电容器引脚连接方式是：稳压电源的电流从四端电容器的一个正极性引脚流入，经过电容器内部（正极铝片），再从另一个正极性引脚流向负载，如图5-49所示。从负载返回的电流也从电容器的一个负极性引脚流入，经过电解电容器内部的负极铝片，再从另一个负极性引脚流向电源负端。

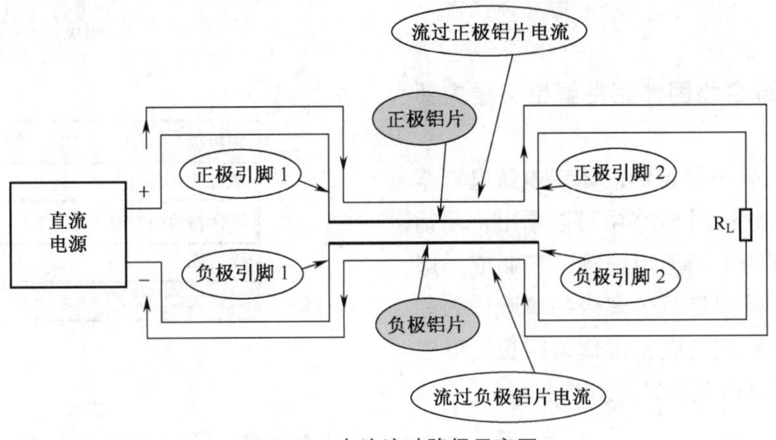

图5-49　电流流动路径示意图

普通电解电容接在电路中后，电流不流过电容内部的正、负极铝片，如图 5-50 所示。

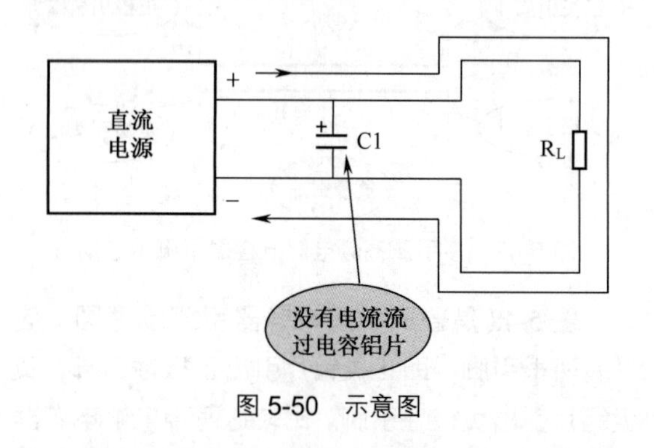

图 5-50　示意图

多端子电解电容器具有良好的高频特性，它可以减小输出电压的脉动分量，可以抑制开关尖峰噪声。

高频铝电解电容器还有多芯的形式，它将铝箔分成较短的若干小段，用多引出片并联，这样可以减小容抗中的电阻成分。同时，采用低电阻率的材料并用螺杆作为引出端子，以增强电容器承受大电流的能力。

4．叠片电容器

叠片电容器也被称为无感电容器，一般电解电容器的芯子都卷成圆柱形，等效串联电感较大。叠片电容器的结构和书本相仿，因流过电流产生的磁通方向相反而被抵消，因而降低了电感的数值，具有更为优良的高频特性，这种电容一般做成方形，便于固定。

5．四端叠片式高频电解电容器

另有一种将四端和叠片相结合的四端叠片式高频电解电容器，它综合了两者的优点，高频特性更佳。

5.3.4　高分子聚合物固体铝电解电容器

图 5-51 是高分子聚合物固体铝电解电容器示意图，它的封装形式主要有贴片 SMD 和插件 DIP 两种形式。

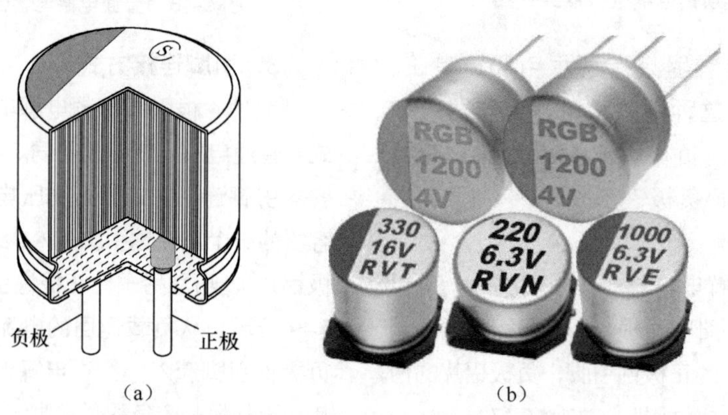

图 5-51　高分子聚合物固体铝电解电容器示意图

1．高分子聚合物固体铝电解电容器内部结构

图 5-52 是高分子聚合物固体铝电解电容器内部结构示意图。从图 5-52 中可以看出，用铝极作阳极，在它的下表面用电解工艺制成一层氧化铝绝缘层。采用高分子聚合物薄膜作为固态电解质，由碳衬底及镀银层作为阴极，形成多层结构，外部再用塑料封装。

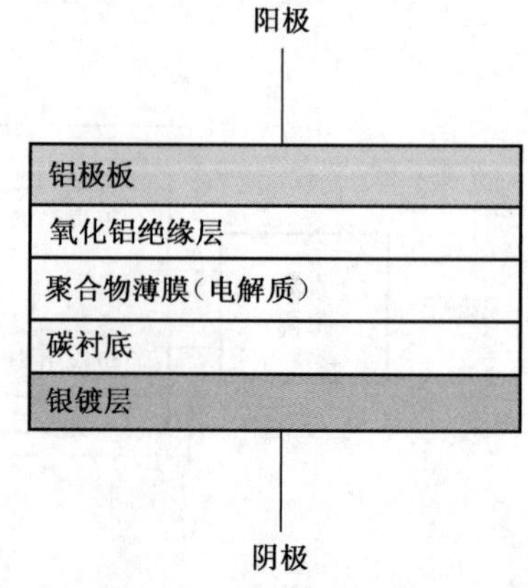

图 5-52　高分子聚合物固体铝电解电容器内部结构示意图

2. 高分子聚合物固体铝电解电容器优越性能

高分子聚合物固体铝电解电容器与传统的电解电容器相比，以具有高导电度、高稳定性的导电高分子材料作为固态电解质，代替了传统铝电解电容器内的电解液。它所采用的电解质电导率很高，再加上其独特的结构设计，可大幅改善传统液态铝电解电容器的缺点，展现出极为优异的特性。

（1）理想的高频低阻抗特性。高分子聚合物固体铝电解电容器的损耗极低，具有理想的高频低阻抗特性，所以被广泛地用于退耦、滤波等电路中，效果理想，特别是高频滤波效果较好。

通过一个实验可以更加直观和清楚地看出高分子聚合物固体铝电解电容器与普通电解电容器在高频特性上有明显差异。在平滑电路输入叠加 1MHz［8V(P-P)］高频干扰信号，用 1 只 47μF 的高分子聚合物固体铝电解电容器滤波，可使噪声降到仅有 30mV(P-P）输出。要达到同样的滤波效果，需要并联 4 只 1000μF 的普通型液态铝电解电容器，或者并联接入 3 只 100μF 的钽电解电容器。

此外，在高频滤波效果更好的情况下，高分子聚合物固体铝电解电容器的体积明显小于普通型铝电解电容器，如图 5-53 所示。

（a）普通型铝电解电容器

（b）高分子聚合物固体铝电解电容器

图 5-53　体积对比示意图

（2）耐大纹波电流能力强。高分子聚合物固体铝电解电容器具有耐大纹波电流的能力，适宜在开关电源电路中短时间内提供比较大的电流。其短时间内端电压下降不明显，所以对外提供高频电流能力很强，具备很好的瞬间响应特性。

（3）频率特性平坦和温度特性良好。高分子聚合物铝固体电解电容器在 0.1 ~ 10MHz 频段内具有平坦的电容量 - 频率特性。它还具有极佳的温度特性，一般温度从 –55℃变到 +105℃，电容量仅改变 –5% ~ +8%。

高分子聚合物固体铝电解电容器还具有长寿命、高可靠性的特点，它主要应用于主板旁路电容、DC/DC 变换器、小型大功率电源、电源退耦、高频噪声抑制电路、便携式电子设备等。

表 5-25 所示是高分子聚合物固体铝电解电容器与普通电解电容器使用寿命对比。

表 5-25　高分子聚合物固体铝电解电容器与普通电解电容器使用寿命对比

温度范围 /℃	固体铝电解电容器使用寿命 /h	普通铝电解电容器使用寿命 /h	寿命延长比
95	6324	4000	60%
85	20 000	8000	150%
75	63 245	16 000	300%

高分子聚合物固体铝电解电容器由于使用铝和导电高分子聚合物材料，因此不会燃烧或冒烟，也不会爆炸。

3．贴片高分子聚合物固体铝电解电容器识别方法

贴片高分子聚合物固体铝电解电容器有垂直贴片式和普通贴片式两种，如图 5-54 所示。

（a）垂直贴片式

（b）普通贴片式

图 5-54 垂直贴片式和普通贴片式高分子聚合物固体铝电解电容器实物图

图 5-55 是普通贴片式高分子聚合物固体铝电解电容器示意图，从图中可以看出它的阳极有横道标记，以此我们可以识别它的正、负极引脚，注意使用中切不可将极性接反。

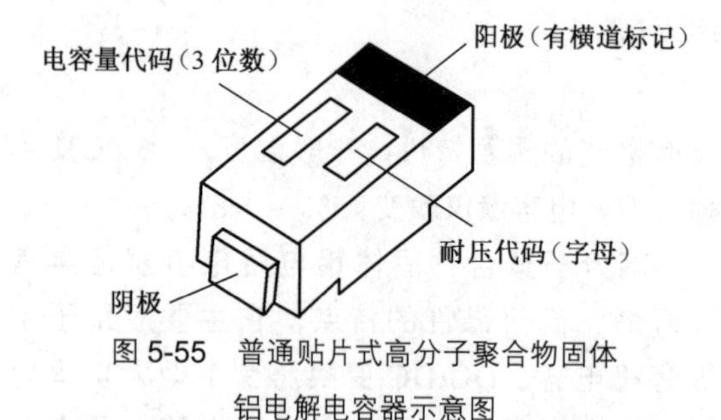

图 5-55 普通贴片式高分子聚合物固体铝电解电容器示意图

还有的贴片式高分子聚合物固体铝电解电容器的正极直接用“+”表示，如图 5-56 所示。

图 5-56 正极示意图

它的电容量用 3 位数表示，前两位为有效数字，第三位表示有效数字后有几个 0。例如，330 表示为 33μF，101 表示为 100μF。有的则第二位数字改用字母 R 表示，R 表示小数点，如 4R7 为 4.7μF。

高分子聚合物固体铝电解电容器的容量规格一般为 4.7μF、10μF、15μF、22μF、33μF、47μF、68μF、100μF、150μF、180μF、270μF、330μF、390μF、470μF、560μF、680μF、820μF、1000μF、1200μF、1500μF、1800μF、2700μF。

它的耐压用字母表示，D 表示 2V，G 表示 4V，J 表示 6.3V，K 表示 8V，B 表示 12.5V，C 表示 16V。

4．高分子聚合物固体铝电解电容器使用注意事项

（1）这类电容器可以在额定电压下连续工作，但是不能在超过额定电压的情况下使用，所以在选择时要留有额定电压余地。

（2）电容器在作平滑滤波时，由于它有 ESR，所以在充电、放电过程中会产生热量而使温度上升，使用时纹波电流也应小于规定值。另外，抑制纹波电流大小与频率有关，不同的频率其 ESR 值不同，不同频率时要乘一个倍数。另外高分子聚合物固体铝电解电容器在低频使用时的效果稍差。

（3）最大承受反压仅为 10% 额定电压，反向电压脉冲可达 20% 额定电压，超过该值会损坏电容器。

（4）可以采用手工焊接，但是烙铁温度不能超过 350℃，时间不超过 10s。

5.3.5 电容器损耗

电容器损耗是电容器在电路工作过程中因为发热而损耗的能量。

1．损耗组成

电容器的损耗组成如下所示。

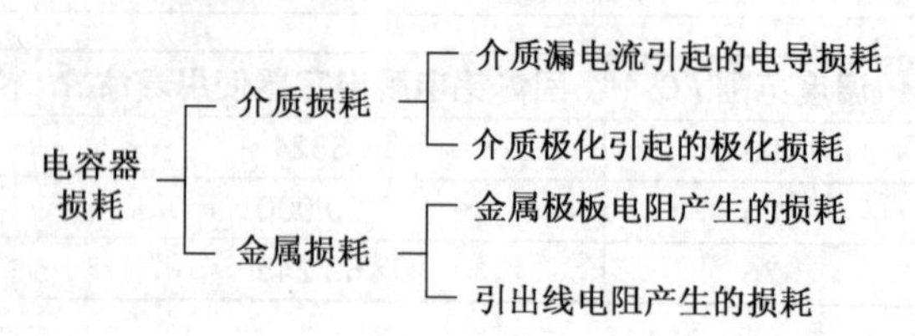

2．介质损耗

介质损耗又叫作介质损失，简称介损。绝缘材料在电场作用下，由于介质电导和介质极化的滞后效应，在其内部引起的能量损耗叫作介质损耗。

3．金属损耗

电容器的极板和引出线都是由金属材料构成的，是金属材料就会有电阻，有电阻就会有损耗。

在电容器工作于高频段时，它的金属损耗占总损耗的比例相当大。此外，电容器的金属损耗随工作温度和工作频率的增高而增大。

4．介质损耗角 δ

在理想状态下，流过电容器的电流超前电容器两端的电压 90°，如图 5-57 所示。图中 $\dot{I}$ 是流过电容器电流，$\dot{U}$ 是电容器两端的电压，从图中可以看出电流超前电压正好 90°。

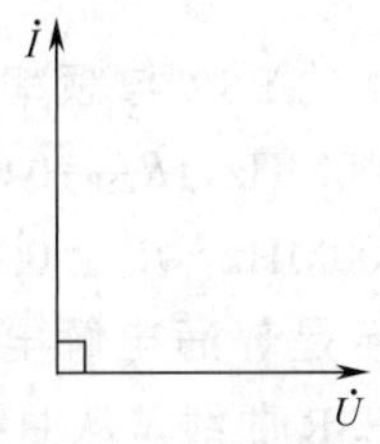

图 5-57　理想状态下电容器电流与电压之间相位关系

由于理想的电容器不存在，电容器或多或少地存在介质损耗，这时电流与电压之间的夹角不再是 90° 的关系。图 5-58 是介质损耗角 δ 示意图。

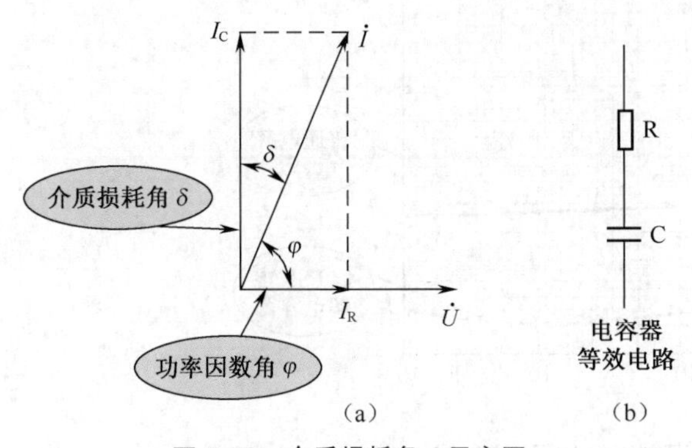

图 5-58　介质损耗角 δ 示意图

将 I_C 与 $\dot{I}$ 之间的夹角叫作介质损耗角 δ，$\dot{I}$ 和 I_R 之间的夹角叫作功率因数角 φ。

图 5-58 中，C 是电容器的纯电容，I_C 是流过电容 C 的电流。R 是电容器的等效串联电阻，I_R 是流过电阻 R 的电流，它与电压 $\dot{U}$ 夹角为零。$\dot{I}$ 是流过 R、C 电路的总电流。

5．介质损耗正切值（tanδ）

介质损耗正切值又叫作介质损耗因数，它是介质损耗角正切值，简称介损正切值，常用 tanδ 表示。这一参数直接用来表示电容器的损耗情况。

从电容器损耗的定义可看出介质损耗正切值的含义。电容器在工作过程中，除了向电路输出一定的无功功率 Q 外，还在电容器内部产生一定的有功功率 P，这一有功功率 P 就是电容器的损耗。

电容器的损耗与电容器的容量相关，这样就很难判断一只电容器的品质如何，为此人们采用了单位容量电容器的损耗来表示电容器的损耗情况，这样电容器的损耗就与容量无关，而直接与电容器制造过程中的工艺、材料、结构等相关，这样便能更科学地评价电容器的品质。

这个单位容量电容器的损耗用电容器的介质损耗角正切来表示，即 tanδ。

$$\tan\delta = \frac{P}{Q}$$

式中：tanδ 为电容器介质损耗正切角；

P 为电容器的损耗；

Q 为电容器的容量。

上式表示了单位容量电容器的损耗。

相对于电容器的等效电路而言，如图 5-59 所示，tanδ 可以写成如下公式：

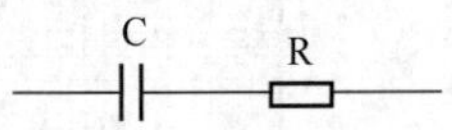

图 5-59　电容器等效电路

$$\tan\delta = \frac{P}{C} = R \cdot \omega \cdot C = 2\pi f \cdot R \cdot C$$

式中：P 为电容器的损耗；

C 为电容器的容量（F）；

R 为电容器的等效串联电阻（Ω）。

从上式可以看出，如果我们能够精确测量出上式中的 R 和 C，那么通过计算就能得到电容器的 $\tan\delta$，从而就能准确地表示出电容器的损耗情况。

电容器的 $\tan\delta$ 愈大，电容器的损耗就愈大。

电容器的 $\tan\delta$ 有时用散逸因数（DF）表示。

6．影响电容器 $\tan\delta$ 的因素

影响电容器的 $\tan\delta$ 的因素较多，主要有下列几个方面。

（1）电容等效串联电阻（ESR）的影响。电容器的 ESR 愈大，$\tan\delta$ 愈大，电容器的损耗就愈大。可见，电容器的损耗的关键因素是 ESR，所以高品质电容器中的 ESR 要求愈小愈好，这样就出现了低 ESR 的电容器。

（2）电容器的 $\tan\delta$ 与频率相关。生产厂家给出的 $\tan\delta$ 值其测试频率为 120Hz。

（3）电容器的 $\tan\delta$ 与温度相关。例如，CC10 型超高频瓷介电容的损耗角正切值，在正常温度下（20℃ ±5℃）为 0.0012，在正极限温度下（85℃）却为 0.0018。可以看出，$\tan\delta$ 受温度的影响较大。

5.3.6 电容器ESR

电容器因为其构造等因素会产生各种阻抗、感抗，其中主要是 ESR 及等效串联电感（ESL）。

ESR 存在于各种电容器中。

在绝大多数情况下，电容器的 ESR 愈小愈好，ESR 很小的电容器（低 ESR 电容器）价格很贵。

1．影响电容器 ESR 的主要因素

电容 ESR 的大小跟电容的制造相关。

电容器的 ESR 大小主要与下列因素相关。

（1）电容器的材料相同时，则容量愈大，ESR 愈小。电容器 ESR 估计公式如下：

$$R_{\mathrm{ESR}}=\frac{1}{\sqrt{C}}$$

式中：C 为电容器容量。

（2）同一品牌的电容器，在容量固定时，耐压高，ESR 往往低。在实用电路中，我们时常可以见到多只 ESR 较高的电解电容器并联起来使用的现象，这样可以减小整个并联电容器的 ESR。

（3）电容器的 ESR 与频率相关，相关测试数据为：200MHz，R_{ESR}=0.04Ω；900MHz，R_{ESR}=0.10Ω；2000MHz，R_{ESR}=0.13Ω。

图 5-60 所示是普通电解电容器与低 ESR 电解电容器的 ESR 曲线，从曲线中可以看出，低 ESR 电解电容器的 ESR 在高频段明显低于普通电解电容器的 ESR。

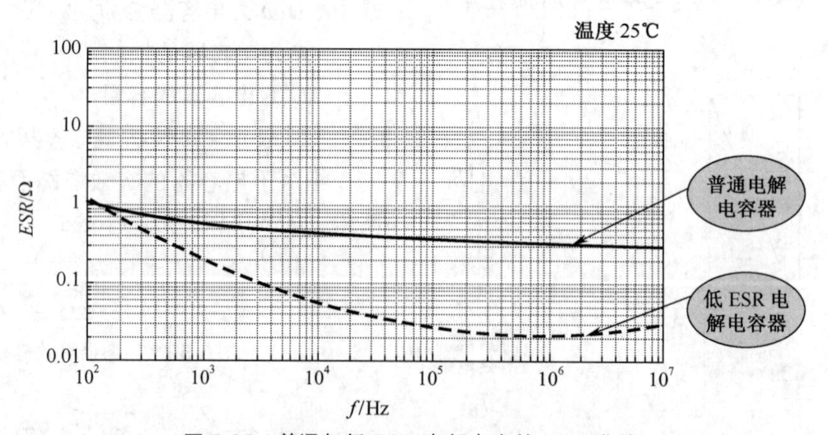

图 5-60　普通与低 ESR 电解电容的 ESR 曲线

从曲线中可以看出，对于普通电解电容器而言，随着工作频率升高，电容器的 ESR 下降，下降得比较缓慢，且下降量不大。

对于低 ESR 电解电容器而言，频率刚开始升高时，ESR 下降明显，大约在 1MHz 时 ESR 达到最小。

（4）不同材料电容器的 ESR 也不相同。电解电容器的 ESR 明显高于薄膜电容器。在电解电容器中，铝电解电容器的 ESR 又高于钽电解电容器。在薄膜电容器中，聚丙烯、聚苯乙烯等材料的电容器 ESR 较小。

1μF 聚丙烯电容的 ESR 为 10mΩ，而容量达 1000μF 的铝电解电容器，其 ESR 为 0.1Ω。

图 5-61 所示是几种不同材料的电容器的 ESR 随频率变化的曲线。曲线中多种电容器的容量相同，额定电压相同，从曲线中可以看出不同材料电容器的 ESR 变化较大。

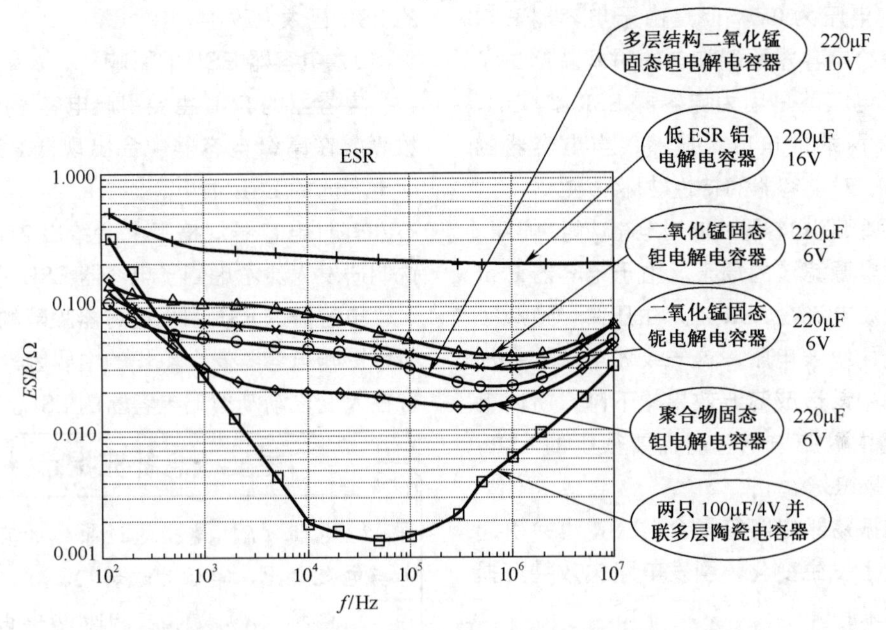

图 5-61 几种不同材料的电容器的 ESR 随频率变化的曲线

（5）电容器 ESR 与温度之间关系。

温度升高也会造成电容器 ESR 的提升。图 5-62 所示是不同温度下电容器 ESR 与频率特性曲线，从曲线中可以看出，温度升高后电容器的 ESR 明显上升。

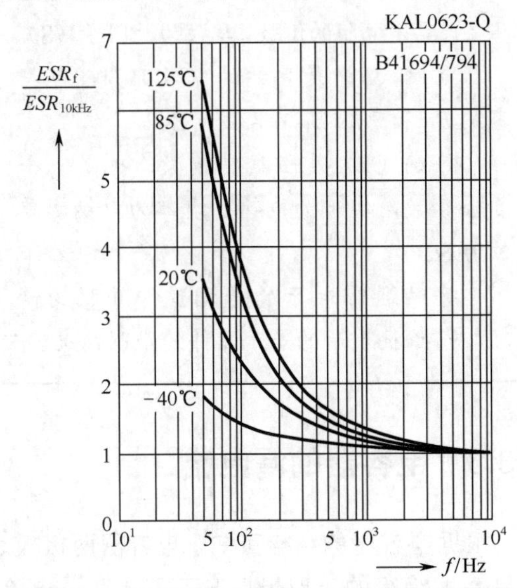

图 5-62 不同温度下电容器 ESR 与频率特性曲线

2．电容器 ESR 与纹波电压之间的关系

电容器 ESR 与纹波电压之间的关系可以用如下公式表示：

$$V= R_{ESR}\times I$$

式中：V 为电容器上的纹波电压；

R_{ESR} 为电容器 ESR；

I 为纹波电流。

从上式可见，电容器的 ESR 大小直接关系到了电容器两端纹波电压的大小。

3．电容器 ESR 与 tanδ 之间关系

ESR 与介质损耗正切值有关联，它们之间可以用下列公式来表示：

$$R_{ESR}=\frac{\tan\delta}{\omega\times C}$$

式中：R_{ESR} 为电容器 ESR；

$\tan\delta$ 为介质损耗正切值；

C 为电容量。

4．电容器ESR对电路功能的危害

电容器ESR对电路功能的危害是相当多的，有时是相当大的。理想的电容器有一个特性，那就是电容两端电压不能发生突变，即在给电容器（内部无电荷）两端加电的瞬间，电容器两端的电压为0V。但是由于电容器ESR的存在，在给电容器两端加电的瞬间就产生了电压，这个电压就是因为电容器ESR造成的，也就是ESR两端的电压。显然，当电容器的ESR愈大时，对电容器的特性破坏就愈大。

下面列举几例电容器ESR对电路功能的危害。

（1）对电源滤波的危害。由于电容器ESR的存在，纹波电流在ESR上产生压降，造成了电容器两端的纹波电压，这一纹波电压就会加到负载电路中，造成滤波效果的下降，所以电源滤波电路中的滤波电容器需要很小的ESR，愈小滤波效果愈好。

（2）在振荡器电路等场合，ESR也会引起电路在功能上发生变化，引发电路失效甚至损坏等严重后果。

所以在大多数电路中，需要低ESR的电容器。

5．电容器ESR有时对电路功能也有益

在串联调整型直流稳压电路中，在稳压电路输出端的滤波电容器存在一定的ESR情况下，当负载发生瞬间变化时，在输出端滤波电容器两端就会立即产生电压的波动，这一波动电压通过取样电路快速加到比较放大器和调整管电路，通过反馈使电路迅速进行调整，来稳定输出电压。这种情况见于一些使用MOS管做调整管的三端稳压器电路中或者相似的电路中。

5.3.7　电容器ESL

电容器的ESL就是电容器的等效串联电感，它由电容器的引脚电感和两个极板的等效电感串联而成，它使电容器在工作频率高到一定程度之后存在感抗的特性，而电容器本身只需要容性，显然电容器的感抗特性是不需要的，是要克服的问题。

1．电容器ESL产生原因

电容器的ESL主要是制造工艺等造成的，早期的电容器ESL比较大，这是因为电容器制造过程中采用了卷绕工艺，一个导体一旦卷绕就会出现很大的电感，这时的电容器就会有很高的ESL，且电容器的容量愈大，卷绕愈多，它的ESL愈大。随着制造工艺的进步，电容器的ESL已大大改善。

2．电容器ESL的影响

电容器的ESL主要引起电容器的串联谐振故障。在高级电容器中会出现低ESL电容器，即电容器的ESL很小。

有时电容器规格书上会给出Z(阻抗)，这说明研发人员考虑到了电容器ESL的感抗。

电容器的ESL引发电容器故障的可能性小，所以影响电容器安全工作的主要因素还是ESR。现在人们已渐渐忽略电容器的ESL。

重要概念补充提示

电阻（R）是指通过导体的直流电压与电流之比，单位为欧姆Ω。

电抗（X）是指交流电路中由电感和电容引起的阻抗部分，包括感抗X_L和容抗C_L，单位为Ω。

阻抗（Z）是一个复合参数，实部为电阻，虚部为电抗，所以它与电阻、容抗和感抗三者有关，单位为Ω。

电导（G）是指通过导体的电流与电压之比，是电阻的倒数，单位为西门子（S）。

电纳（B）是导纳的虚数部分，包括容纳B_C和感纳B_L，单位为S。

导纳（Y）是阻抗的倒数，也是一个复合参数，实部为电导，虚部为电纳，单位为S。

导纳通常表示的是元器件并联的情况，而阻抗表示的是元器件的串联情况。

5.3.8　电容器的漏电流

根据电容器的结构可知，电容器两极板之间是高度绝缘的，理想情况下不能通过电流。

但是，任何绝缘体都不是理想的绝缘体，或多或少地存在着电阻，两极之间总会有电荷穿过绝缘物质，只不过数量很少而已，这样电容器两端加上电压后就会有电流流过电容器的两根引脚，这种电流就叫作电容器的漏电流。图5-63是电容器漏电流回路示意图。

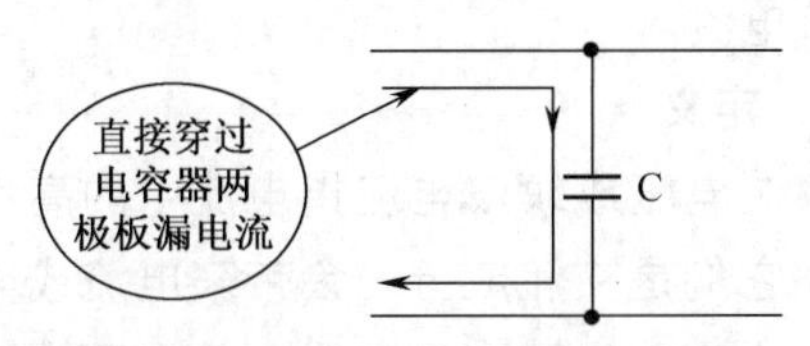

图 5-63　电容器漏电流回路示意图

电容器的漏电流通常在几十至几百微安级。

1．影响电容器漏电流的因素

造成电容器漏电流的因素主要涉及两个方面，如下所示。

产生漏电流因素
- 工艺方面
- 使用条件方面

（1）工艺方面因素。原材料的纯度对电容器的漏电流大小有很大的影响，如阳极金属箔（粉）的含杂质情况、负极箔的纯度、等离子水的纯度、电解质的纯度、衬垫物密封材料等。电容器内部材料的纯度对漏电流都有影响。

现在铝电解电容器的电性能逐年提高，这主要是因为原材料的纯度有所提高。例如，阳极箔的纯度从99.7%提高到99.97%，漏电流就可以降低为原来的几分之一。

据国外文献报道，一些国家由于采取了提高材料纯度的相应措施，已经可以制造出长寿命、高可靠性的铝电解电容器。

（2）使用条件方面因素。铝电解电容器在工作过程中具有“自愈”特性。所谓“自愈”特性是指介质氧化膜的缺陷在电容器工作过程中随时可以得到修复，恢复其应具有的绝缘能力，可以避免导致电介质的雪崩式击穿。

2．电容器漏电流估算公式

电容器漏电流估算公式如下：

$$I=K\times CV$$

式中：V为电容器额定电压；

C为电容器容量；

K为常数，生产厂家根据制造工艺选择不同的常数K，例如，铝电解电容器的K=0.01或K=0.03，特优级产品的K=0.0001，特优级的产品接近了钽电解电容器的水平。

从上式中可以看出，K、C、V都影响电容器的漏电流，这3个量都与漏电流成正比关系，如V高，漏电流大。

上述公式中电流I的单位是μA，电压的单位是V，电容量的单位是μF。

低漏电流电容器价格贵。

5.3.9　电容器的绝缘电阻和时间常数

1．绝缘电阻定义

电容器的绝缘电阻指电容器两根引脚之间的综合电阻值，它包括了介质的绝缘电阻和两个电极间外壳绝缘物质形成的电阻。

绝缘电阻在电容器的等效电路中表现为并联在电容器两根引脚之间的电阻，所以称为等效并联电阻（EPR）。电容器的绝缘电阻通常很大，达兆欧级，一般为几百兆欧至几千兆欧。

电容器的漏电流是由绝缘电阻产生的，所以电容器的绝缘电阻又叫作漏电阻。绝缘电阻也可以用I.R.表示。

2．绝缘电阻计算公式

电容器绝缘电阻为电容器充电1min后所加的直流电压和流经电容器的漏电流之比。电容器的绝缘电阻可以用下列公式计算：

$$R=\frac{U}{I}$$

式中：R为电容器绝缘电阻，单位Ω；

U为加在电容器两端的电压，单位V；

I为两极板之间的总漏电流，单位A。

3．决定电容器绝缘电阻的因素

决定电容器绝缘电阻的因素有两个电阻，一是电容器内部介质的电阻，二是绝缘外壳的电阻，这两种电阻都是并联在电容器两电极之间的。在这两种因素中，电容器的绝缘电阻主要由介质电阻决定。

（1）介质电阻大小与介质面积成反比，电容器的容量愈大，介质面积会愈大，电容器的绝缘电阻愈小。所以容量大的电容器其绝缘电阻小，漏电流就大。

（2）绝缘电阻还与介质的厚度相关，介质材料较厚时，电容器的绝缘电阻就较大，反之则较小。

（3）当电容器的容量较小时，绝缘电阻主要取决于电容器的表面状态。当容量大于 0.1μF 时，绝缘电阻主要取决于介质的性能。

4．时间常数

时间常数和绝缘电阻都是用来表示电容器绝缘特性的，只是通常在标称容量小于 0.33μF 时用绝缘电阻表示，当标称容量大于 0.33μF 时则用时间常数表示。

电容器的时间常数计算公式如下：

$$t=I.R.\times C$$

式中：t 为电容器的时间常数，单位 s；

$I.R.$ 为绝缘电阻，单位 MΩ；

C 为电容量，单位 μF。

5.3.10 电容器纹波电压和纹波电流

电容器纹波电压和纹波电流又叫作涟波电压和涟波电流，有时也叫作叠加交流电压和叠加交流电流。

1．定义

纹波电压或纹波电流指电流中的高次谐波成分，它们是交流成分，会带来电流或电压幅值的大小变化，即在电容器上的电压表现为脉动或纹波电压的波动。换句话讲，理想的直流电压应该是大小恒定不变的（一条直线），而纹波电压则是水平线上的波峰和波谷，如图 5-64 所示。

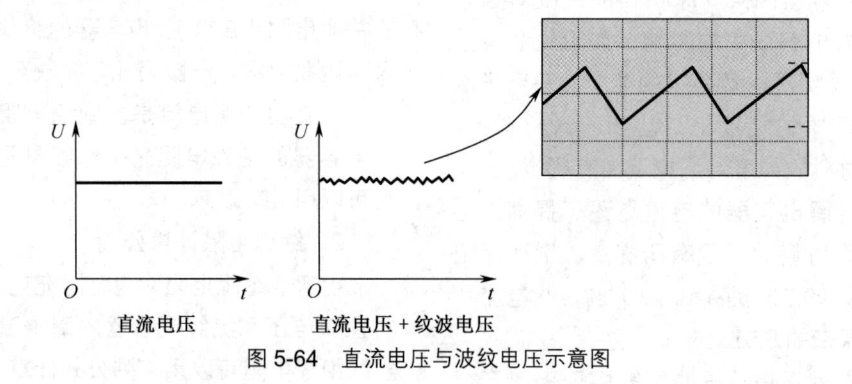

图 5-64 直流电压与波纹电压示意图

由于这是交流成分，所以它会通过电容器，并在电容器上发生耗散，如果电流的纹波成分超过了电容器的最大容许纹波电流，会导致电容器损坏。

2．额定纹波电流

额定纹波电流 I_{RAC} 又叫作最大允许纹波电流。

最大允许纹波电流的定义是：在最高工作温度条件下电容器最大所能承受的交流纹波电流有效值，并且指定的纹波电流为标准频率（一般为 100 ~ 120Hz）的正弦波。

一般情况下，纹波电流与频率成正比，因此高频时纹波电流较高，低频时纹波电流较低。在音响电路中使用电容器，需要更加关心低频段的纹波电流，因为低音是音响设备表现最为薄弱的环节，可恰恰又是音响表现的关键频段。

电容器最大允许纹波电流受环境温度、电容器表面温度（及散热面积）、损耗角度或等效串联电阻（ESR）以及交流频率参数的限制。其中，温度是电解电容器寿命的决定性因素，因此由纹波电流产生的热损耗将成为电容器寿命的一个关键参考因数。

3．纹波电压

当纹波电压增大时，纹波电流也会随之增大。纹波电压与纹波电流、等效串联电阻有关，它们之间的关系可以用下列公式表示：

$$U_{rms}=I_{rms}\times R_{ESR}$$

式中：U_{rms} 为纹波电压；

I_{rms} 为纹波电流；

R_{ESR} 为电容器等效串联电阻。

电容器发热是等效串联电阻造成的，因为纹波电流流过电容器时引起了等效串联电阻发热，这样就会引起电容器发热，从而影响电容器的使用寿命。

5.3.11 电容器的 Q 值

电容器的 Q 值称为电容器的品质因数，它表征了电容器的质量。电容器的 Q 值由下列公式计算：

$$Q=\frac{|Z|}{R_{ESR}}$$

式中：Q 为电容器的品质因数；

$|Z|$ 为阻抗绝对值，单位 Ω；

R_{ESR} 为电容器的等效串联电阻，单位 Ω。

Q 为无量纲量。

公式中的 $|Z|$ 由下列公式计算：

$$|Z|=\frac{1}{2\pi fC}$$

式中：$|Z|$ 为阻抗绝对值，单位 Ω；

f 为频率，单位 Hz；

C 为电容器容量，单位 F。

电容器的 Q 值是随频率变化而变化的。电容器的 Q 值愈大愈好。

5.3.12 电容器的温度系数

电容器温度系数是表示电容器的容量随温度变化情况的一个参数。为了稳定电路的工作，使电路工作不受温度变化的影响，电容器的温度系数愈小愈好。

电容器的许多参数与温度关系密切。在电路设计中我们应该注意到温度对电容器的影响，特别是在进行精密电路、长寿命电路设计时，更应该充分考虑到温度对电容器相关参数的影响。在使用中，应尽量使电容器工作在 20℃左右的条件下，避免温度对电容器众多参数的不良影响。

1．电容器温度系数计算公式

电容器温度系数计算公式如下：

$$a_C=\frac{C_2-C_1}{C_1(t_2-t_1)}$$

式中：a_C 为电容器温度系数，单位 10^{-6}/ ℃；

t_1 为原室温时的温度，单位℃；

t_2 为变化后的温度，单位℃。

C_2 为温度变化后的电容器容量，即温度为 t_2 时容量，单位 μF；

C_1 为原温度时的电容器容量，即温度为 t_1 时容量，单位 μF。

电容器温度系数有正有负，所以会有正温度系数的电容器和负温度系数的电容器。

某一温度下电容器容量的变化量计算公式如下：

$$\Delta C=C_2-C_1=a_C\cdot C_1\cdot(t_2-t_1)$$

式中：ΔC 表示温度从 t_2 变化到 t_1 时电容器的容量变化的量。

从上式可以看出，电容器的温度系数大，电容器的容量随温度变化量就大。

2．温度对电容器寿命的影响

一般情况下，电容器的寿命随温度的升高而缩短，电解电容器受温度影响最明显。

3．温度对电容器损耗角正切值影响

一般情况下电容器损耗角正切值是随温度的升高而增加的。

4．温度对电容器绝缘电阻的影响

一般情况下，电容器的绝缘电阻随温度的升高而降低，绝缘电阻的降低又将导致电容器的漏电流增大。

5.4 微调电容器和可变电容器基础知识

微调电容器和可变电容器都是容量可以改变的电容器，前者容量变化范围较小，后者大一些。

5.4.1 微调电容器和可变电容器外形特征

微调电容器又称半可变电容器。

1. 微调电容器和可变电容器外形特征

表 5-26 所示是几种常见微调电容器和可变电容器说明。

表 5-26 几种常见微调电容器和可变电容器说明

名 称	实 物 图	说 明
陶瓷微调电容器		这是一种以陶瓷为介质的微调电容器。所谓微调电容器就是电容量可以在很小范围进行调节的电容器，主要用于一些频率可微调的振荡器电路，如收音机输入调谐电路等
有机薄膜微调电容器		这是一种以有机薄膜为介质的微调电容器，它的作用与陶瓷微调电容器一样，通常它与可变电容器装配在一起，用于收音机电路
线绕瓷介微调电容器	色点 色点位置 定片引脚 动片引脚	它是用铜丝密集排绕在瓷介体上制成的，在调整容量时需要拆下铜丝来变动电容量，所以这种微调电容器的容量只能调小，拆下铜丝后不能再绕上，所以其不适合在需要反复调试的场合中使用
双微调可变电容器	定片焊片 定片焊片 动片焊片 动片旋转螺钉	这个双微调可变电容器的特点是，两个微调电容器的动片已连在一起，该动片引脚用于接电路中的地线，这个双微调可变电容器共有 3 根引脚

续表

名　称	实 物 图	说　明
四微调可变电容器	定片焊片 定片焊片 动片焊片 动片焊片 定片焊片 定片焊片	这个四微调可变电容器由彼此独立的4个微调可变电容器集成在一起制成
单联可变电容器		这是一种电容可以在较大范围（比微调电容器大）内变化的可变电容器，它主要用在直放式收音机输入调谐电路中，作为选台之用
双联可变电容器		这是一种双联可变电容器，它与单联的不同之处是它有两个相同结构的单联可变电容器，两个联固定在一起，用一个转柄调整，使两个联的容量同步变化。 这种双联可变电容器主要用于外差式收音机中。一个是调谐联，另一个是振荡联
四联可变电容器		这是一种四联可变电容器，它有4个相对独立的联。 这种四联可变电容器主要用于调频/调幅外差式收音机中。其中两个联分别是调频调谐联和振荡联，另外两个联是调幅调谐联和振荡联
空气介质可变电容器		这是一种以空气为介质的可变电容器，在老式的电子管收音机中被广泛使用，现在还被应用在一些信号发生器中

外形特征提示

微调电容器和可变电容器外形特征的说明如下。

（1）可变电容器和微调电容器体积比较大，比普通电容器要大许多。

（2）有动片和定片之分。可变电容器的引脚有多根，一只微调电容器共有两根引脚，当多只微调电容器组合在一起时，各微调电容器的动片可以共用一根引脚。

（3）可变电容器和微调电容器的动片可以转动，可变电容器通过转柄转动动片。微调电容器上设有调整用的螺丝刀缺口，可以转动动片。

（4）许多情况下，微调电容器固定在可变电容器上。

2．可变电容器和微调电容器电路图形符号

表5-27所示是可变电容器和微调电容器电路图形符号识图信息说明，它是在普通电容器电路图形符号的基础上，加上一些箭头等符号来表示容量可变或微调。

3．可变电容器种类

表5-28所示是可变电容器种类。

表 5-27　可变电容器和微调电容器电路图形符号识图信息说明

电 路 符 号	名　　称	识图信息说明
动片 C 定片	单联	这种可变电容器俗称单联可变电容器，有箭头的一端为动片，另一端端则为定片。 电路图形符号中的箭头形象地表示了电容量的可变，方便了电路分析
C1-1 C1-2	双联	这是双联可变电容器电路图形符号，虚线表示它的两个可变电容器的容量调节是同步进行的。 它的两个联分别用 C1-1、C1-2 表示，以便在电路中区分调谐联和振荡联
C1-1 C1-2 C1-3 C1-4	四联	这是四联可变电容器的电路图形符号，四联可变电容器简称四联，虚线表示它的 4 个可变电容器的容量是进行同步调整的。 4 个联分别用 C1-1、C1-2、C1-3、C1-4 表示，以示区别
动片 C 定片	微调电容器	它与可变电容器电路图形符号的区别在于一个是箭头，一个不是箭头，这可以方便电路分析

表 5-28　可变电容器种类

划 分 方 法	说　　明
按照介质划分	**空气介质的可变电容器**。这种可变电容器的体积较大，过去用在电子管收音机中，现在几乎不用
	薄膜介质的可变电容器。这种可变电容器的体积小，目前这种可变电容器应用广泛
按照联数划分	单联可变电容器，它有一个可变电容器，主要用于直放式收音机电路
	双联可变电容器。它有两个联动的可变电容器。根据两个联的容量是否相等又可分成等容双联和差容双联，双联主要用在调幅收音机电路中。这是一种目前应用比较广泛的可变电容器
	四联可变电容器。它又被称为调频调幅四联，用于具有调频、调幅波段的收音机电路。由于这种收音机电路是目前的流行电路，故四联应用相当广泛
按照容量随转柄旋转角度变化规律划分	有直线电容式、直线波长式、直线频率式和对数电容式可变电容器

5.4.2　微调电容器结构和工作原理

1. 瓷介微调电容器引脚分布及工作原理

图 5-65 是 3 种瓷介微调电容器示意图。

瓷介微调电容器中，中间为瓷片介质，作为电容器两极板之间的绝缘体。上片叫作动片，可以随调节而转动，下片固定不动。这样调节上片时，上、下两片银层的重叠面积随之改变，即改变了电容器两极板的相对面积大小，达到了改变电容器容量的目的。

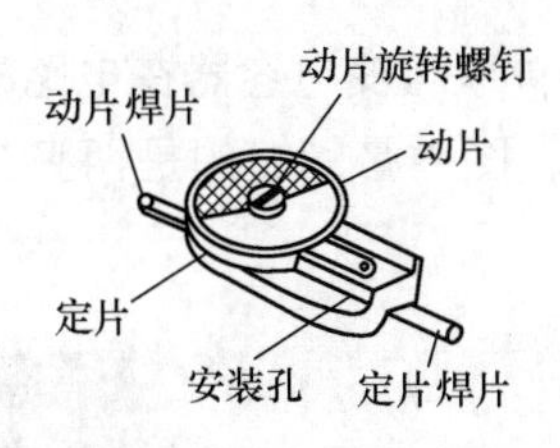

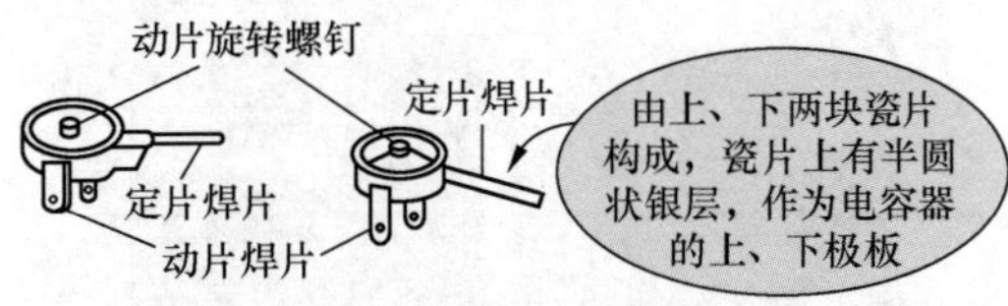

图 5-65 3 种瓷介微调电容器

重要提示

实用电路中，要将动片接地，这样可消除调节动片时的有害干扰，因为调整时手指（人体）与动片相接触，动片接地后，相当于人体接触的是电路中的地线，可以大大减小人体对电路工作的干扰。

2．有机薄膜微调电容器引脚分布及工作原理

图 5-66 是有机薄膜微调电容器示意图。它们的结构和工作原理与瓷介微调电容器基本相同，只是它的动、定片为铜片，动、定片之间的介质为有机薄膜，当转动动片时可改变动、定片铜片的重叠面积，从而可改变其容量。

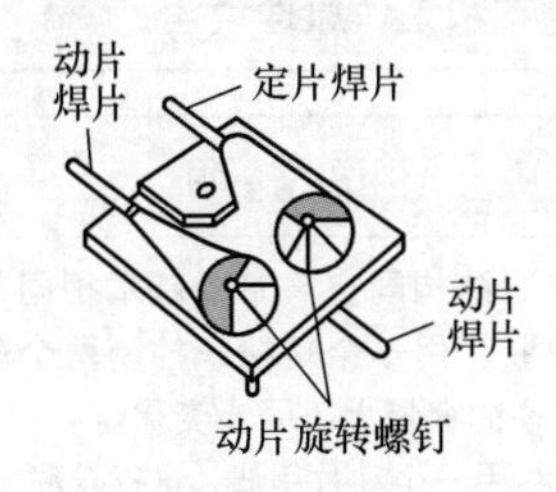

(a) 双微调可变电容器

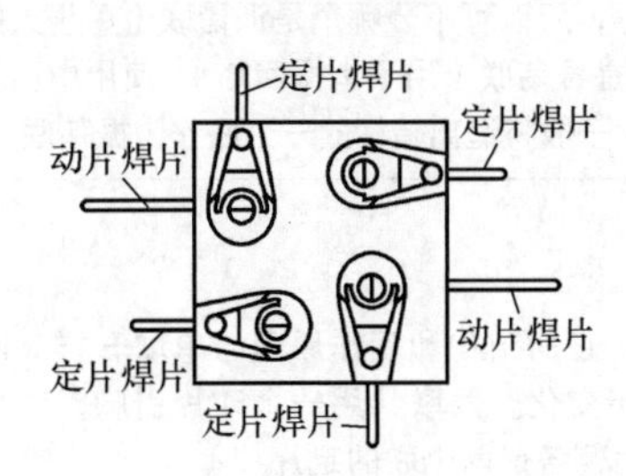

(b) 四微调可变电容器

图 5-66 有机薄膜微调电容器

重要提示

双微调或四微调电容器共用一根动片引脚，每个微调电容器之间彼此独立。有机薄膜微调电容器通常装在双联或四联内，与双联或四联共用动片引脚。

3．拉线微调电容器结构

图 5-67 是拉线微调电容器结构示意图。这种微调电容器只能作减小容量的调整，即拉下绕的导线，拉下的圈数多，容量就小。

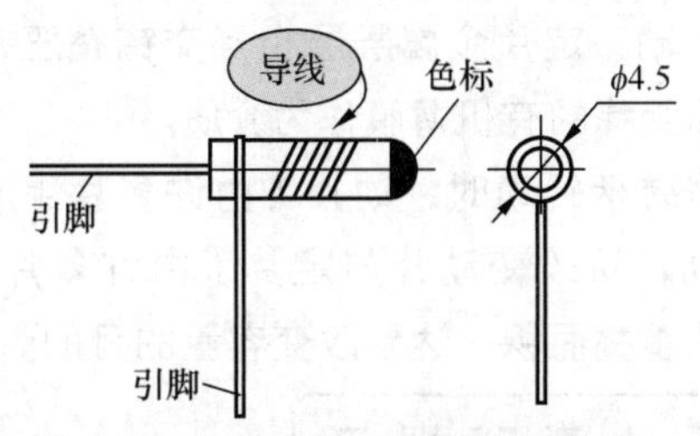

图 5-67 拉线微调电容器结构示意图

5.4.3 可变电容器工作原理

1．单联可变电容器引脚分布及工作原理

图 5-68 是两种单联可变电容器的外形图。

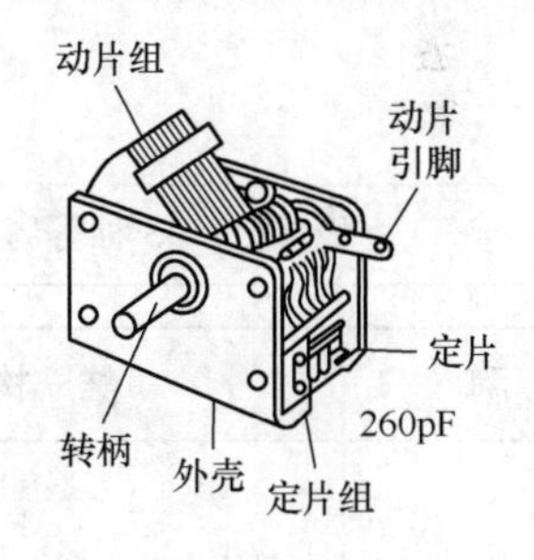

(a) 空气单联

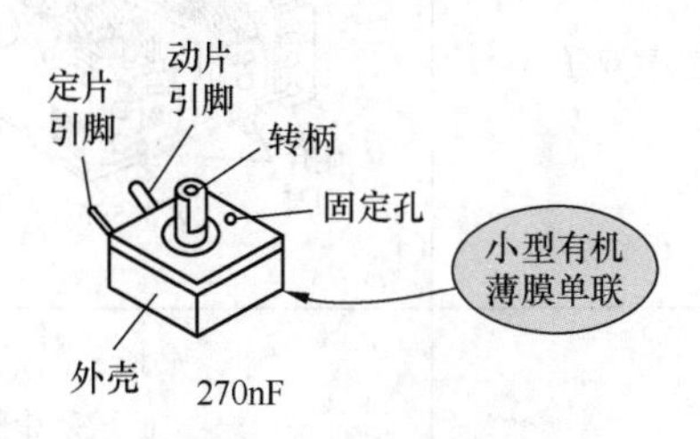

(b) 有机薄膜单联

图 5-68 两种单联可变电容器外形图

（1）空气单联。它有一个可随转柄转动的动片（由许多片组成），还有不能转动的定片（由许多片组成），动片与定片之间不相碰（绝缘），以空气为介质。

容量调整原理：当我们转动转柄时，动片与定片之间的重叠面积改变，达到改变容量的目的。

当动片全部旋进时容量为最大，当动片全部旋出时容量为最小。

在实用电路中，为减小调节动片时的干扰影响，将动片引脚接地。

（2）有机薄膜单联。它的动、定片全部装在塑料外壳内，只引出动片和定片引脚。在外壳内，动、定片金属层层相互交错叠压，两片之间用绝缘的有机薄膜作为介质。

当转柄转动时，动片（由许多片组成）随之转动，可改变动片与定片（由许多片组成）之间的重叠面积，达到改变容量的目的。

重要提示

在这种单联可变电容器中，定片引脚在左侧端点，而动片引脚设在中间，以便区别动、定片引脚。

图5-69是单联可变电容器在电路板中的安装位置示意图，图中带螺钉的是两只内附的微调电容器。

图5-69　单联可变电容器在电路板中安装位置示意图

2．等容双联可变电容器引脚分布及工作原理

表5-29所示是3种等容双联可变电容器结构、引脚分布和工作原理说明。

3．差容双联可变电容器引脚分布及工作原理

表5-30所示是3种差容双联可变电容器结构、引脚分布和工作原理说明。

表5-29　3种等容双联可变电容器结构、引脚分布和工作原理说明

名　称	结 构 图	说　明
空气双联	振荡联　调谐联　动片　转柄　定片引脚　2×365pF	如图所示，它的结构同空气单联基本相同，有两个容量相等的空气单联，用一个转柄来控制两个联的动片同步转动，即两个联的容量大小同步变化。 两个联的动片共用一个动片引脚，这样双联共有3根引脚，即两个定片的引脚，一个是共用的动片引脚。由于两个联的容量相等，所以可不分哪个是调谐联（用于天线调谐回路），哪个是振荡联（用于本振回路）。使用中出于减小干扰的考虑，一般将远离转柄的一个联作为振荡联
小型密封双联	转柄　定片　动片　2×360pF　定片	如图所示，它的结构和工作原理与单联一样。两联容量相等，同步变化。两联共用一个动片引脚，动片引脚设在中间，两侧各是两个联的定片

续表

名　称	结 构 图	说　明
超小型密封双联	定片 转柄 动片 定片 2×270pF	如图所示，这是一种体积更小的密封等容双联

表 5-30　3 种差容双联可变电容器结构、引脚分布和工作原理说明

名　称	结 构 图	说　明
空气双联	调谐联 振荡联 动片 输入联定片 振荡联定片 290/250pF	如图所示，两组动片的片数不等，一联的片数较多，但与定片之间的间隙较大。由电容器容量大小概念可知，间隙大，容量小，所以此联片数虽多，但间隙大，所以容量小，这一联作为振荡联。 另一联虽片数少，但间隙小，容量大。两联动片受一个转柄控制，两联共用一个动片引脚，此引脚在电路中接地，以减小调节时的干扰影响。从图中可看出，振荡联的最大容量为 250pF，调谐联的最大容量为 290pF，容量小的一联为振荡联
小型有机薄膜双联	动片 输入 振荡 双微调 141/59pF	如图所示，它的结构和工作原理与等容密封双联一样，只是振荡联的最大容量小于调谐联的最大容量。在这类双联的背面，均设有微调电容器。 差容双联中，两个联最大容量不相等，故在使用中两个联不能互换用，一定要分清振荡联和调谐联
超小型有机薄膜双联	输入 动片 振荡 背面设微调	如图所示，这是一种体积更小的密封差容双联

4．四联可变电容器引脚分布及工作原理

图 5-70 是有机薄膜四联可变电容器的引脚分布示意图。

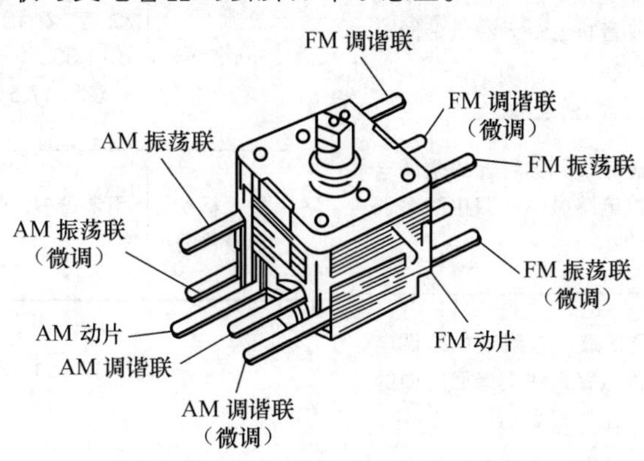

图 5-70　有机薄膜四联可变电容器的引脚分布示意图

重要提示

由于调频和调幅波段信号频率相差甚远，要用容量不等的双联可变电容器，故不能将一个双联同时用于调频和调幅波段电路中。通常，调频双联的最大容量为20pF，最小容量不大于4.5pF，而调幅双联的最大容量为266pF，最小容量不大于7pF，可见它们之间相差很多。

通常在四联可变电容器中还设有4只薄膜微调电容器。图5-70中电容器的右侧为调频双联和用于调频波段中的两只微调电容器，它们共用一个动片引脚，此引脚接电路板上的地线。

表5-31所示是四联的背面字母所表示的各联作用及引脚说明。

表5-31 四联的背面字母所表示的各联作用及引脚说明

字母	说明
FC	用FC表示调频联
C	用C表示调幅联
FC1	用FC1表示调频振荡联，此联接在调频收音机的本振回路中，距离此联最近的一个微调电容器是调频振荡器回路中的微调电容器
FC2	用FC2表示调频调谐联，它附近的一个微调电容器是调频收音机电路天线调谐回路中的微调电容器
C1	用C1表示调幅振荡联，它附近的微调电容器是调幅收音机电路振荡回路中的微调电容器
C2	用C2表示调幅调谐联，它附近的微调电容器是调幅收音机电路天线调谐回路中的微调电容器

重要提示

四联只有4只微调电容器，当收音电路波段较多，微调电容器数目不够时再外接。

5.4.4 可变电容器型号命名方法

1．薄膜可变电容器型号命名方法

薄膜可变电容器型号组成如下：

```
CBM  –  2     0      2     B
 |      |     |      |     |
主称   联数  附加微调 外形 最大标称容量
```

表5-32所示是薄膜可变电容器型号组成说明。

表5-32 薄膜可变电容器型号组成说明

名称	说明
主称	C表示电容器，B表示可变（容量可变），M表示是薄膜介质
联数	用数字表示有多少联，例如，四联用4表示，双联用2表示
附加微调电容器	用数字表示有多少个附加微调电容器，用0表示没有附加微调电容器，例如，CBM－443BF是一个四联，附有4只微调电容器
外形代号	数字表示外形尺寸（mm）：1表示30×30，2表示25×25，3表示20×20，4表示17.5×17.5，5表示15×15
最大标称容量代号	用字母表示最大标称容量

表5-33所示是最大标称容量代号含义说明。

表 5-33　最大标称容量代号含义说明

字母代号	最大标称容量 /pF	说　明
A	340	适用于调幅联、等容可变电容器
B	270	
C	170	
D	130	
P	140	适用于调幅联、差容可变电容器，其中 P 对应的调谐联最大容量为 140pF，Q 对应的调谐联最大容量为 60pF
Q	60	
F	20	适用于调频联、等容可变电容器

重要提示

瓷介质微调电容器的标称容量范围通常标注在微调电容器的侧面，例如，7/30、5/20、3/10 等，其中分子表示最小容量，分母表示最大容量，单位均为 pF。

2．小型薄膜可变电容器型号命名方法

小型薄膜可变电容器的型号组成如下：

```
CBM  - 2        X            270
 |     |        |             |
主称  联数  小型可变电容器  最大容量标称值
```

主称与前面的含义相同。联数也用数字表示，当联数一项不标时为单联。用 X 表示小型的可变电容器。

第6章 电容器主要特性及应用电路

电容器的特性比电阻器复杂得多，所以电容电路也比电阻电路丰富和复杂。

6.1 电容器主要特性

电路分析提示

掌握电容器的特性是分析有电容参与的电路工作原理的关键所在。很多情况下，对电容电路工作原理分析不正确或根本无从下手的主要原因，是对电容器主要特性不了解。

6.1.1 电容器直流电源充电和放电特性

掌握电容器的充电和放电工作原理，才能掌握电容器的根本特性。

1．电容器充电特性

图 6-1 是直流电源对电容器充电示意图。电路中的 E_1 为直流电源，为电路提供直流工作电压。R1 为电阻器，C1 为电容器，S1 为开关。

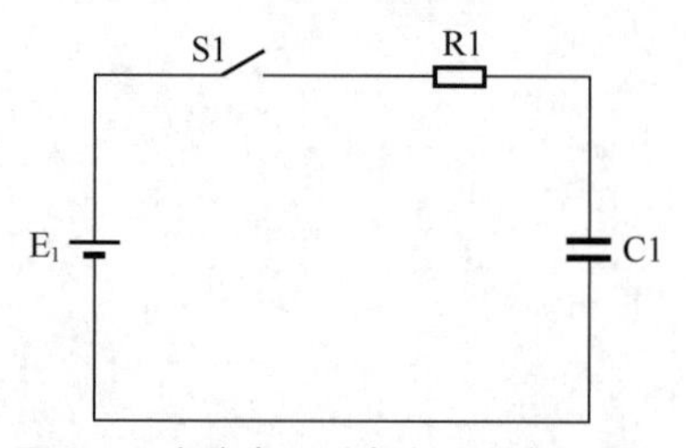

图 6-1　直流电源对电容器充电示意图

掌握直流电源对电容器的充电过程，是为了更好地掌握电容器对直流电的特性。

（1）第一步分析。开关 S1 未接通时，电容器 C1 中原先没有电荷。电容中没有电荷，电容两端（两根引脚之间）没有电压。

重要提示

电容两端的电压 U 由下式决定。

$$U=\frac{Q}{C}$$

式中：Q 为电容器内部的电荷量；

C 为电容器的容量。

电容器内部没有电荷时，电容两端的电压为 0V，电容中电荷愈多，电容两端的电压愈大。

电容两端的电压与电容量成反比关系，电容量愈大，电容两端的电压愈小，说明在同样的电荷量时，大电容两端的电压低于小电容两端的电压。

（2）第二步分析。开关 S1 接通后，电路中的直流电源 E_1 开始对电容器 C1 充电，此时电路中有电流流动，充电电流的路径和方向如图 6-2 所示。

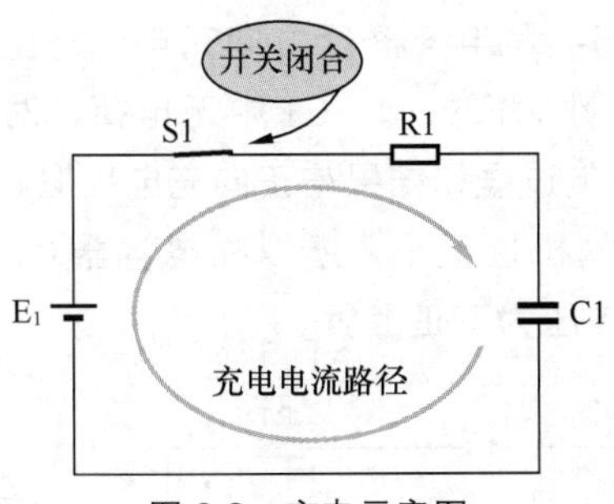

图 6-2　充电示意图

重要提示

在开关 S1 刚接通瞬间，充电还没有开始，电容内部还没有电荷，所以电容器两端的电压为 0V，因为电容两端的电压与电容内部的电荷量相关，电荷为零，电压为 0V。

（3）第三步分析。充电开始后，电容器 C1 上、下极板上充有电荷，如图 6-3 所示，即上极板上为正电荷，下极板上为等量的负电荷。

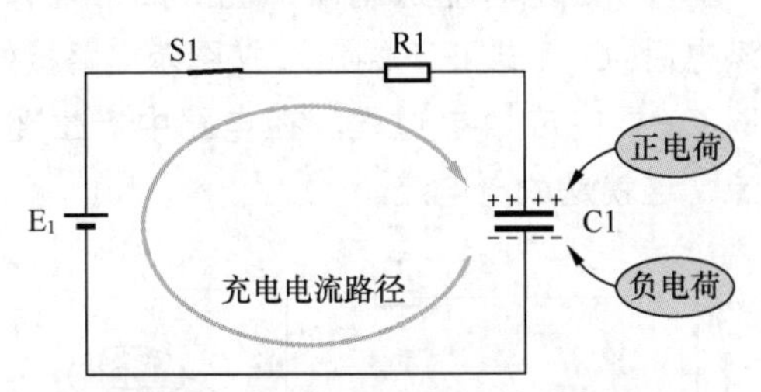

图 6-3　电容器极板上电荷示意图

重要提示

由于上、下极板之间绝缘，所以电容器 C1 上、下极板上的正、负电荷不能复合，在电容器上、下极板上的电荷被保留，电容器能够存储电荷。电容内部有电荷就是说明电容器两极板之间有电压，这是直流电源 E_1 对电容器的充电电压。

（4）第四步分析。由于电容器极板上的电荷随着充电的进行愈来愈多，电容器两极板之间的电压愈来愈大，这是充电过程。当充电到一定程度后，电容器 C1 两极板上的电压（上正下负的直流电压）等于直流电源 E_1 的电压时，如图 6-4 所示，没有电流流过电阻器 R1，说明也没有电流对电容器 C1 充电，这时充电结束，电路中没有电流流动。

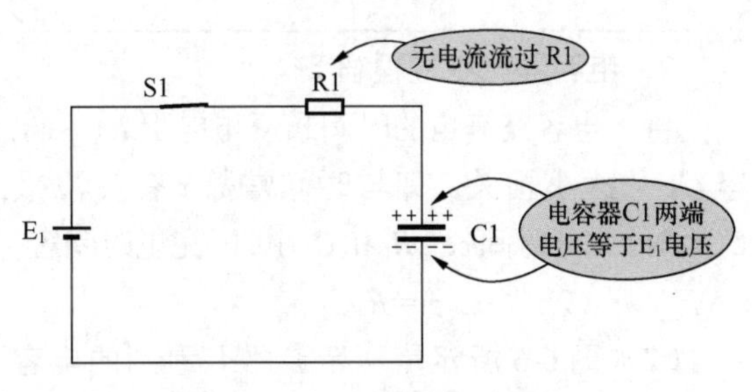

图 6-4　充电完毕示意图

重要提示

电容器 C1 充满电后，去掉充电电压，理论上电容器 C1 两端保持所充到的电压，但是电容器存在着多种能量损耗，所以就像一只漏水的水缸迟早要漏光水一样，电容器也会“漏”光所存储的电荷，而使电容两端的电压为 0V。

（5）第五步分析。电容充满电后，由于电路中无电流，所以电阻器 R1 两端的电压为 0V，如图 6-5 所示，电容器 C1 处于开路状态（电阻器 R1 是不会开路的），直流电流不能继续流动，说明电容具有隔开直流电流的作用，即电容器具有隔直的作用。

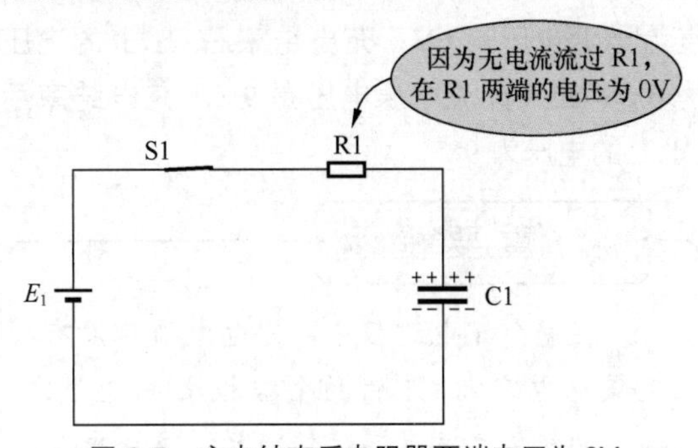

图 6-5　充电结束后电阻器两端电压为 0V

重要提示

电容器对直流电流具有隔直作用，是指直流电流对电容器充电完成之后，电路中没有电流流动，在直流电流刚加到电容器上时，电路中有电流流动，但是这一电流流动的过程很快结束。

2．电容器充电过程细节

（1）电容充满电的时间长短与电阻 $R1$ 和电容 $C1$ 的大小相关，即与时间常数 τ 有关。R_1、C_1 大时，充电时间长；R_1 和 C_1 小时，充电时间短。

$$\tau = R_1C_1$$

（2）图 6-6 所示是从示波器上看到的电容器两端充电电压随时间变化的特性曲线。刚开始充电时电流大，电容器两端充电电压上升速度快，到后面愈来愈慢了。在很短的时间，电容器两端的电压接近充电的电源电压。

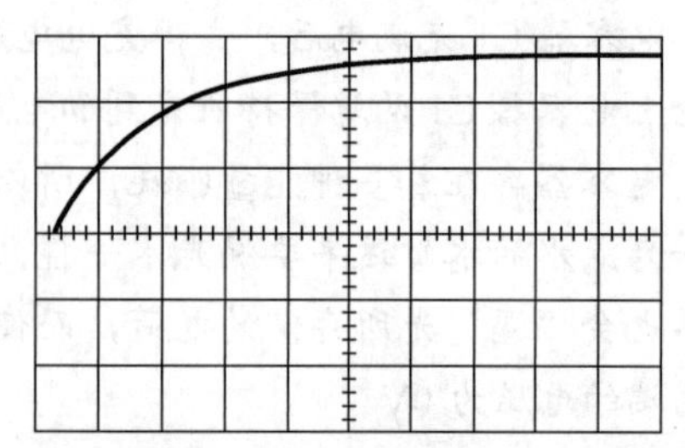

图 6-6　电容器两端充电电压随时间变化特性曲线

（3）在直流电源对电容充电的回路中，电容器两端所充到的直流电压大小与直流电源电压大小有关，在充电完成后，电容器两端的直流电压大小等于直流电源电压的大小（当然电容器的耐压要能承受住直流电源的电压）。如果直流电源电压是 6V，充电结束后 C1 上的电压为 6V；如果直流电源电压是 9V，充电结束后 C1 上的电压为 9V。

重要提示

在整个充电过程中，充电电流都没有直接从电容器 C1 的两个极板之间流过，因为两极板之间是高度绝缘的，充电电流只在电容器 C1 的外部电路中流动。

3．反方向充电

图 6-7 是电容器反方向充电示意图。将电池 E_1 极性调换方向，C1 中无电荷，对电容器 C1 的充电过程和结果与正向充电相似。由于直流电源的极性反了，所以在电容器 C1 上充到的直流电压为下正上负。

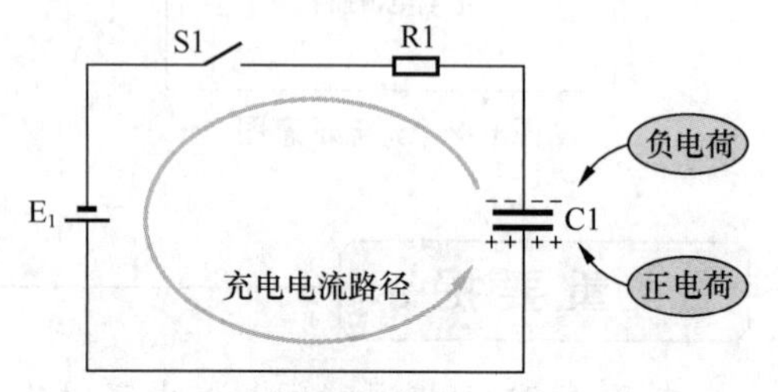

图 6-7　电容器反方向充电示意图

重要提示

通过上述分析可知，当直流电源对电容充电时，直流电源的极性不同时在电容器上充到的直流电压极性也不同。

4．电容器放电过程

图 6-8 是电容器放电示意图。如果电容器充满电后（C1 上端正下端负），按图示电路接好，这时 C1 要完成放电过程。在电路中产生图示电流，这就是放电电流。

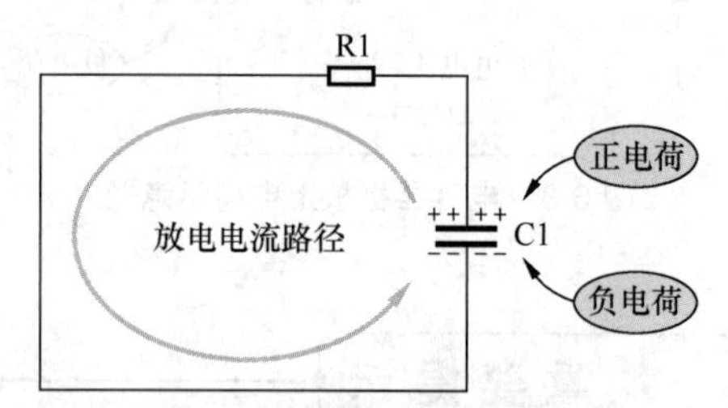

图 6-8　电容器放电示意图

重要提示

电容器放电电流方向从正电荷的电容器极板通过电阻器 R1 到负电荷的电容器极板。此时，可以把充满电的电容器 C1 理解成一个电池，如图 6-9 所示。随着放电的进行，C1 中的电荷愈来愈少，电路中的放电电流愈来愈小，直到 C1 中的全部电荷放完，电路中无放电电流，C1 两端的电压为 0V。

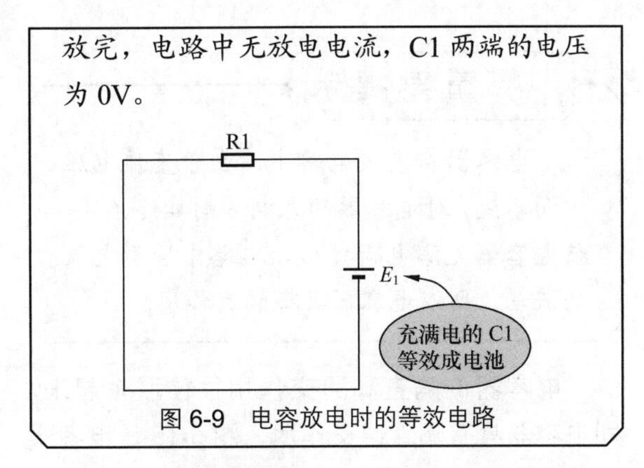

图 6-9　电容放电时的等效电路

5．电容放电曲线

图 6-10 所示是示波器上观察到的电容器放电特性曲线。从曲线中可以看出，开始时放电电流很大，后来愈来愈小，直至为零。

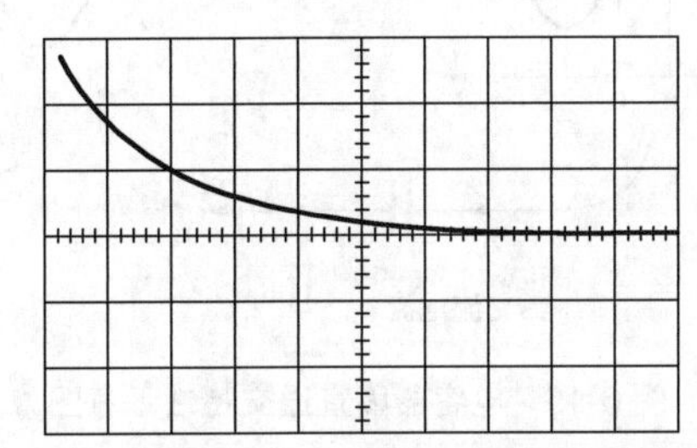
图 6-10　示波器上观察到的电容器放电特性曲线

6.1.2　电容器交流电源充电和放电特性

图 6-11 是电容器交流电源充电和放电示意图。u_s 是交流信号源，设为正弦信号。分析交流电源对电容器充电时，要将交流电压分成正、负两个半周进行。

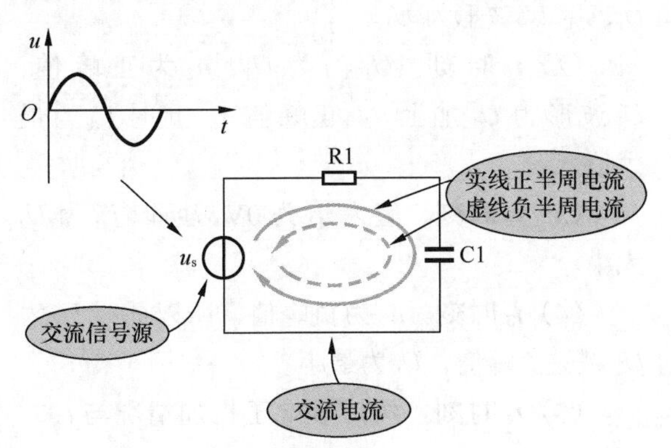

图 6-11　电容器交流电源充电和放电示意图

1．交流电正、负半周充电分析

（1）正半周期间充电过程。图 6-12 是正半周期间充电过程示意图，交流电压 u_s 通过 R1 对 C1 充电，充电过程中的电流流动方向如图 6-12 所示，充电电流流过电阻器 R1，其方向从左向右。

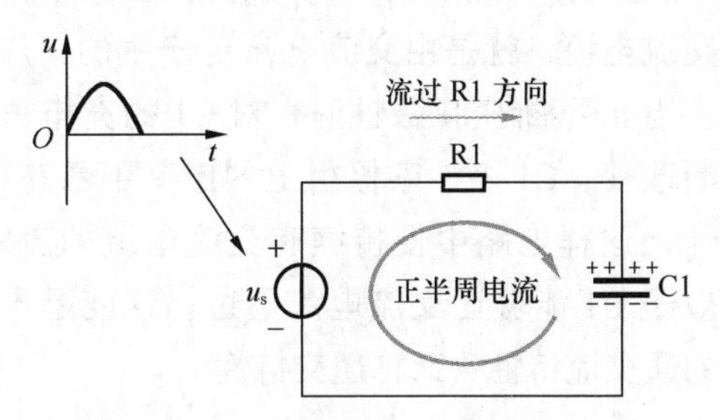

图 6-12　正半周期间充电过程示意图

正半周充电结束后，C1 的上极板带正电荷、下极板带负电荷。

（2）负半周期间充电过程。图 6-13 是负半周期间充电过程示意图，交流电压 u_s 对 C1 反方向充电，电路中的充电电流如图 6-13 所示，流过电阻器 R1 的方向从右向左。

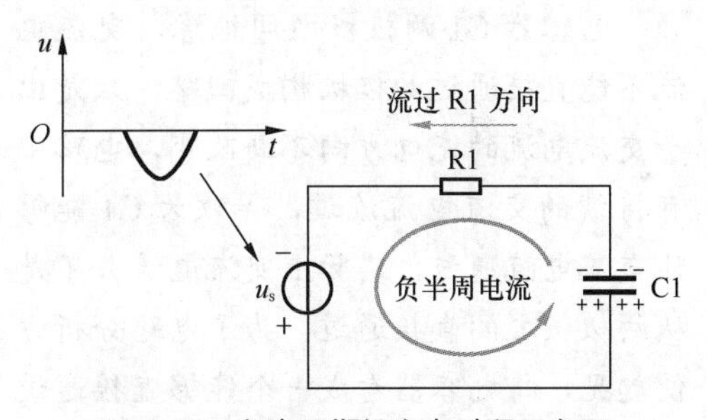

图 6-13　负半周期间充电过程示意图

负半周充电结束后，C1 的上极板带负电荷、下极板带正电荷。

2．交流电正、负半周充电细节

（1）交流电压 u_s 正半周充电时已使 C1 的上极板带正电荷、下极板带负电荷，所以 u_s 负半周充电时给 C1 上极板充的负电荷与原来极板上的正电荷相抵消。同理，C1 下极板上原来的负电荷与 u_s 负半周充电时的正电荷相抵消。

（2）由于 u_s 的正、负半周幅度相等（正、负半周对极板上充电的电荷量相等），所以上、下极板上一个周期内电荷平均值为零，当 u_s 一个周期结束后，电容器内无电荷，C1 上、下极板之间的电压为 0V。

（3）在交流电源 u_s 的一个周期内，流过 R1 的电流方向是改变的，说明流过 R1 的电流是交流电流，就是由交流电源 u_s 产生的交流电流。当 u_s 不断变化极性时，对 C1 的充电方向不断改变，C1 上、下极板上的电荷不断充电、复合，这样电路中便持续有交流电流的流动，等效于 C1 能够让交流电流通过。这就是电容器的通交流特性（又称通交特性）。

理解方法提示

电容器通交流特性的等效理解方法：在分析电容交流电路方面，充电和放电的分析方法是十分复杂的，且不容易理解，所以要采用等效分析方法。等效分析方法很简洁，因此电路分析中大量采用这种分析方法，必须牢牢掌握。

电容器 C1 两极板之间绝缘，交流电流不能直接通过两极板构成回路，只是由于交流电流的充电方向不断改变，电路中有持续的交流电流流过，等效为 C1 能够让交流电流通过，实际上交流电流并不是从两极板之间直接通过。为了电路分析方便起见，将电容器看成一个能够直接通过交流电流的元器件，如图 6-14 所示。

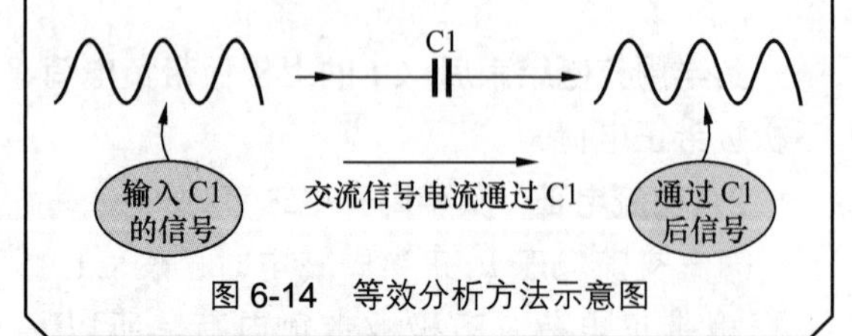

图 6-14　等效分析方法示意图

3．电容隔直通交特性

隔直通交特性就是电容器的隔直特性与通交特性的叠加。

重要提示

电容器在直流电路中，由于直流电压方向不变，对电容器的充电方向始终不变，待电容器充满电荷之后，电路中便无电流的流动，所以电容器具有隔直作用。

电容器的隔直和通交作用往往联系起来，即电容器具有隔直通交作用，图 6-15 是电容器隔直通交特性示意图。

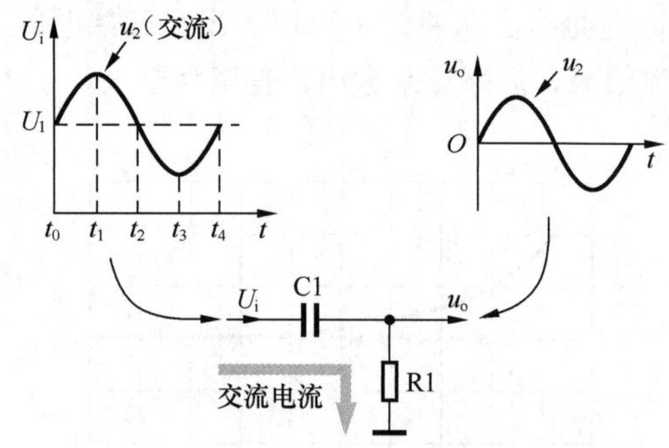

图 6-15　电容器隔直通交特性示意图

输入信号 U_i 是一个由直流电压 U_1（图中虚线）和交流电压 u_2（图中实线）复合而成的信号，U_1 和 u_2 相加得到输入信号 U_i 波形。电路分析过程中，借助于信号波形能够方便地理解电路的工作原理。

直流电压 U_1 和交流电压 u_2 相加的理解过程如下。

（1）t_0 时刻。 U_i 等于 U_1，u_2 为 0V，$U_1+u_2=U_i$，见 U_i 波形为 U_1。

（2）t_1 时刻。 U_1 仍为 U_1，u_2 为正峰值，U_i 波形为 U_1 加上 u_2（正峰值），此时 U_i 为最大值。

（3）t_2 时刻。 因为 u_2 为 0V，所以 U_i 为 U_1 大小。

（4）t_3 时刻。 u_2 为负峰值，所以此时 U_i 为 U_1 减去负峰值，U_i 为最小。

（5）t_4 时刻。 两信号电压相加情况与 t_0 时刻相同。

重要提示

通过波形分解可知，U_i所示的信号波形由一个直流电压U_1和一个交流电压u_2复合而成，这给下一步的电路分析提供了很大的帮助。输入信号U_i加到电路中，可分为直流和交流两种情况。

（1）直流电压U_1加到电路中的分析。由于C1的隔直作用，直流电压不能通过C1，所以在输出端没有直流电压，这是电容器的隔直特性在电路中的具体体现。

（2）交流电压u_2加到电路中的分析。由于C1具有通交的作用，U_i信号中的交流电压能够通过C1和R1形成回路，在回路中产生交流电流，如图6-15所示，流过R1的交流信号电流在R1两端的交流电压即为输出电压u_o。所以，输出信号u_o中只有输入信号U_i中的交流信号成分u_2，没有直流成分U_1，这样就实现了隔直通交的电路功能。

6.1.3　电容器储能特性和容抗特性

1．电容器储能特性

理论上讲电容器不消耗电能，电容器中所充的电荷会储存在电容器中，只要外部电路中不存在让电容器放电的条件（放电电路），电荷就一直储存在电容器中，电容器的这一特性叫作储能特性。

重要提示

实际上电容器存在着各种能量损耗，它损耗电能，当然相较于电阻器它对电能的损耗要小得多。在电容电路的分析中，通常情况下可以不考虑电容器的耗能，因为考虑耗能后，电路分析变得很复杂。

2．电容器容抗特性

电容器容抗特性非常重要，必须深入理解，灵活运用。

电容器能够让交流电流通过，但是在交流电频率、电容器容量不同的情况下，电容器对交流电的阻碍作用——容抗不同。

电容器的容抗用X_C表示，X_C大小由下列公式计算，通过这一计算公式我们可以更为全面地理解容抗与频率、容量之间的关系。

$$X_C = \frac{1}{2\pi fC}$$

式中：2π为常数；

f为交流信号的频率，单位赫兹（Hz）；

C为电容器的容量，单位法拉（F）。

电容器对通过的交流电流存在着阻碍作用，就像电阻器对电流的阻碍一样，所以在大多数的电路分析中，容抗在电路中的作用与一个“特殊”电阻的作用一样。

理解方法提示

电容器容抗等效理解方法：可以将电容等效成一个“电阻器”（当然是一个受频率高低、容量大小影响的特殊电阻器），如图6-16所示，这时可以用分析电阻电路的一套方法来理解电容电路的工作原理，这是电路分析中常用的等效理解方法。等效理解是为了方便电路分析和工作原理的理解。

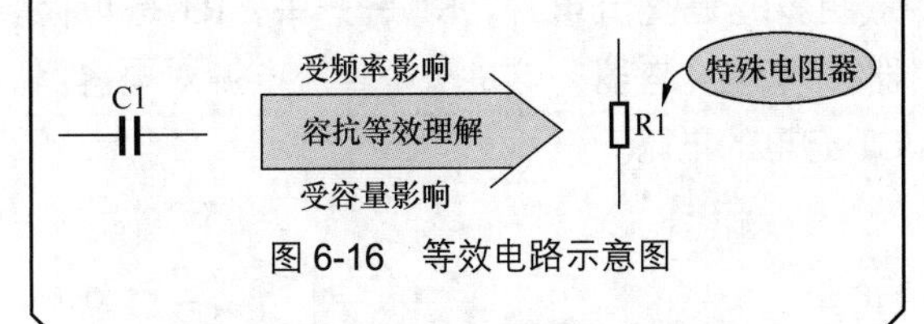

图6-16　等效电路示意图

3．容抗、频率、容量三者之间的关系

表6-1所示是容抗、频率、容量三者之间的关系。

表 6-1　容抗、频率、容量三者之间的关系

频率与容量		容抗大小说明
频率 f	频率高（容量一定）	容抗小。频率愈高，容抗愈小
	频率低（容量一定）	容抗大。频率愈低，容抗愈大
容量 C	容量大（频率一定）	容抗小。容量愈大，容抗愈小
	容量小（频率一定）	容抗大。容量愈小，容抗愈大

6.1.4　电容器两端电压不能突变特性

许多电容电路分析中需要用到电容器两端电压不能突变的特性，这是分析电容电路工作原理时的一个重要特性，也是一个难点。

电容器两端电压不能突变的特性理解起来非常困难，在电容电路的分析中这一特性的运用也很困难。利用电容器两端电压的计算公式可以相对方便地理解这一特性，因为电容器两端电压大小与电容器内部电荷量成正比关系，在电容器内部没有电荷时电容两端电压为0V，当电容器内部电荷没有发生改变时电容器两端电压不变（保持原来的电压大小）。

图 6-17 是电容器两端电压不能突变特性示意图。E_1 是直流电源，S1 是开关，R1 是电阻器，C1 是电容器，这是一个直流电源对电容器 C1 充电的电路。

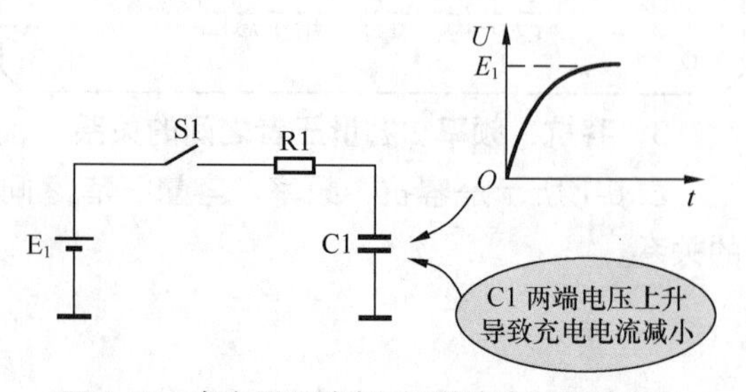

图 6-17　电容器两端电压不能突变特性示意图

开关 S1 未合上时，电容器 C1 中无电荷，由电容两端电压计算公式可知，因为 $Q=0$，所以 $U=0$V，C1 两端的电压为 0V。

开关 S1 接通瞬间，对 C1 的充电要有一个过程，所以 S1 合上瞬间 C1 中仍然无电荷，C1 两端的电压仍为 0V。由于在开关 S1 合上前后瞬间电容中的电荷没有发生突然改变，所以电容器两端的电压也不能发生突变，C1 两端电压仍然为 0V。

重要提示

如果原先电容器 C1 内部有电荷，说明 C1 原先有电压，在接通电源瞬间 C1 两极板上的电压等于原先的电压，即电容器两端的电压大小没有改变，这也是电容器两端的电压不能突变的原因。

上面讲的是对电容器充电情况，当电容器开始放电的瞬间，电容器两端的电压也不能发生突变，原理一样，因为只有电容器内部的电荷量发生改变时，电容器两端的电压才能发生改变，刚开始放电时电容器内部的电荷不能释放，所以电容器两端的电压不变。

6.1.5　电解电容器主要特性

电解电容器是电容器中的一种，所以它具有一般电容器的特性。由于电解电容器的结构原因，这种电容器还有其他的一些特性，主要说明如下。

1．大容量的电解电容器高频特性差

电解电容器是一种低频电容器，即它主要工作在频率较低的电路中，不宜工作在频率较高的电路中，因为电解电容器的高频特性不好，容量很大的电解电容器其高频特性更差。图 6-18 所示是大容量电解电容器的等效电路，从中可以找到大容量电解电容器高频特性差的原因。

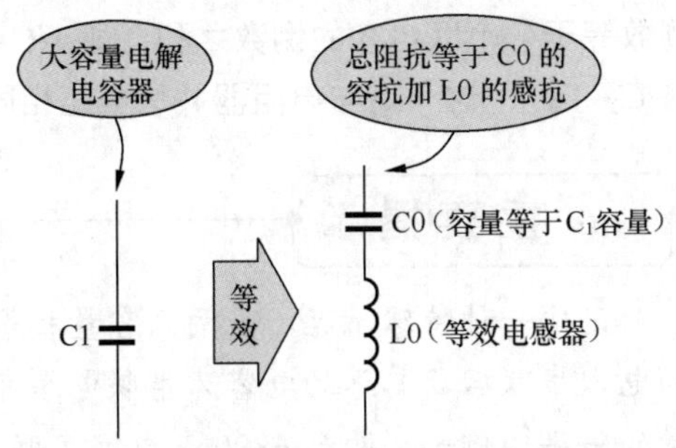

图 6-18　大容量电解电容器的等效电路

重要提示

从理论上讲，对电容器而言，当容量一定后，频率越高容抗越小。电解电容器的容量大，它的容抗应该很小，但是从它的等效电路中可以看出，一只容量比较大的电解电容器由一只容量等于 C1 容量的纯电容器 C0 和一只电感器 L0（等效电感）串联而成。

在等效电路中，由于大容量电解电容器还串联有一个等效电感器 L0，当频率较高时纯电容器 C0 的容抗很小，但是 L0 的感抗较大（频率越高，感抗越大），结果大电容器总的阻抗高频时不是减小，反而增大，这说明大容量电解电容器的高频特性差。

原因提示

大容量电解电容器产生等效电感的原因由电解电容器结构可知，电容器两极板由铝箔（指铝电解电容器）构成，铝箔是导体，为了减小电解电容器的体积而将铝箔卷起来。

由电感器结构可知，一个导体卷绕起来就类似一个电感。由于大容量电解电容器容量大，它的铝箔更长，卷绕得更多，这样等效电感存在且大到不能忽视的程度，导致大容量电解电容器的高频特性差。

2．电解电容器漏电比较大

从理论上讲电容器两极板之间绝缘，没有电流流过，但是电解电容器的漏电比较大，两极板之间有较大的电流流过。

电容漏电说明电容两极板之间存在漏电阻，如图 6-19 所示，漏电流是通过这一漏电阻从电容器一个极板流到另一个极板的。

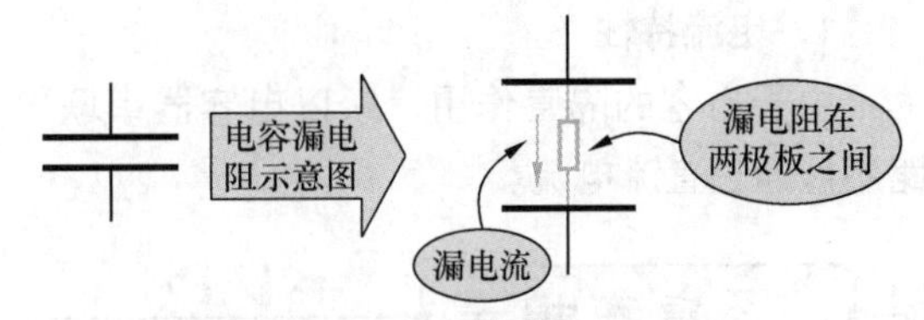

图 6-19　电容器漏电阻示意图

漏电流比较大说明电容器两极板之间的漏电阻较小。漏电阻大，则漏电流小。

重要提示

电解电容器的漏电流影响了电容器的性能，对信号的损耗比较大，漏电严重时电容器在电路中将不能正常工作，所以这一漏电流应该愈小愈好。电解电容器的容量愈大时，它的漏电流愈大。

6.2 电容器串联电路和并联电路特性

6.2.1　电容器串联电路及主要特性

图 6-20 所示是电容器串联电路，电容器串联电路的电路形式与电阻器串联电路一样。电路中，电容器 C1 和 C2 相串联。如果将电容器的容抗用电阻的形式来等效，可以画成等效电路，即 R1 和 R2 串联电路，如图 6-20 所示。

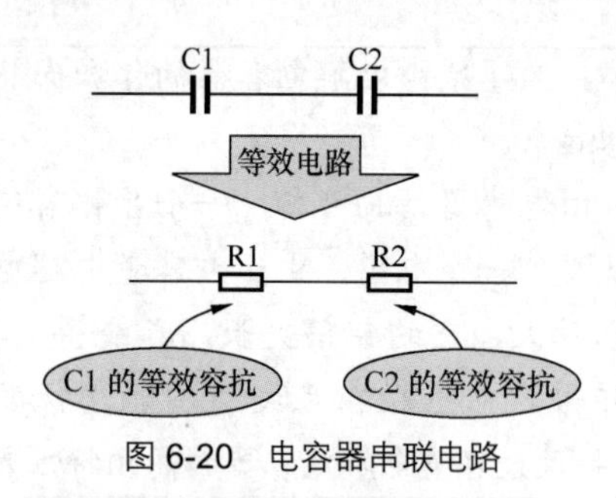

图 6-20　电容器串联电路

重要特性提示

电容器串联电路的一些基本特性与电阻串联电路一样，但由于电容器的基本特性与电阻器的特性有所不同，所以电容器串联电路的工作原理和电路的基本特性与电阻器串联电路也有所不同。

1．电流特性

由于电容的隔直作用，所以电容器串联电路不能通过直流电流。

重要提示

根据串联电路的特性，流过各串联电容的电流相等，这一点与电阻器串联电路一样，也是各种元器件串联电路的共同特性。

由于流过各串联电容的电流相等，所以无论串联电路中的电容其容量是多大，每只串联电容器所充到的电荷量是相同的。

2．电容器串联得愈多总容量愈小

电容器串联之后，它仍然为一只电容器，但总的容量将减小。

图 6-21 所示是电容器串联电路的总电容等效电路，电容器串联电路的总电容等效成一只电容器 C。

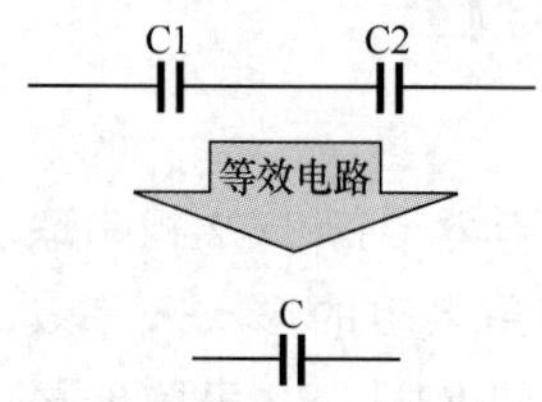

图 6-21　电容器串联电路的总电容等效电路

电容器串联电路中，各电容串联后总电容的倒数等于各串联电容的倒数之和，即 $1/C=1/C_1+1/C_2+1/C_3\cdots$这一点与电阻器并联电路相同。

重要提示

记住一种特殊情况，当两只容量相等的电容串联后，其总的电容为串联电容容量的一半。例如，两只 6800pF 电容串联，它的总容量为 3400pF，如图 6-22 所示。

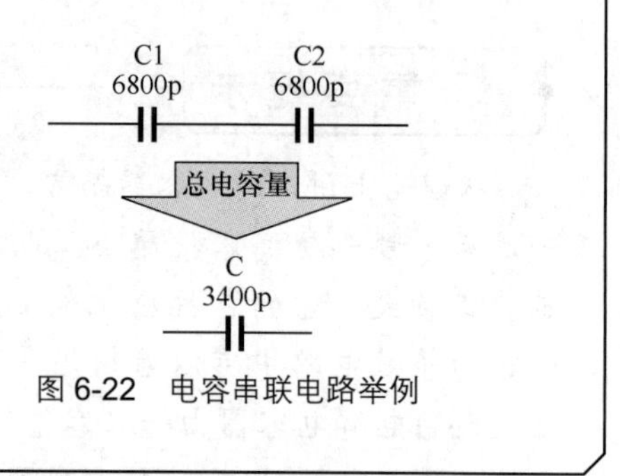

图 6-22　电容串联电路举例

虽然电容器在串联之后总容量减小，但是电容器串联电路能实现一些电路功能。

理解方法提示

两只或两只以上的电容器串联后，等效于增加了电容器介质的厚度，也就是增加了电容器两片极板之间的距离，因此总的电容量就会减小。

串联的电容器越多，总的电容量越小，并小于其中最小的一只的电容量。

3．电容器串联电路的电压特性

电容器串联电路中，各串联电容器上的电压（降）之和等于加在这一串联电路上的电源电压，即 $U_1+U_2=U$，如图 6-23 所示，这一点也与电阻器串联电路一样，也是各种串联电路的基本特性。

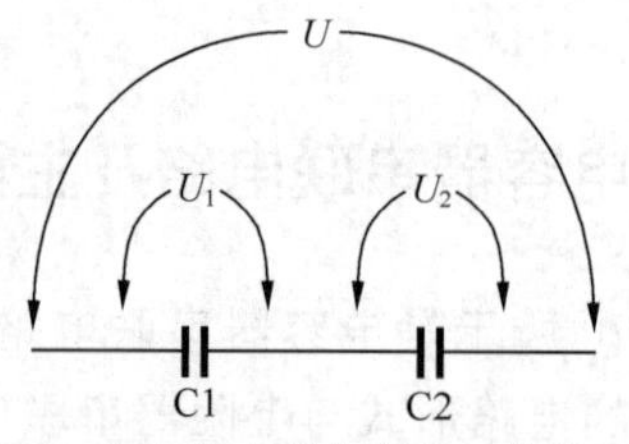

图 6-23　电容器串联电路电压特性示意图

串联电路中，容量大的电容器上的电压降（电容器两端的电压）小，容量小的电容器上的电压降则大。 如图 6-24 所示，当 $C_1 > C_2$ 时，$U_1 < U_2$，在电容电路分析中，了解这一点对识图中抓住主要矛盾（容量小的电容器）是很重要的。

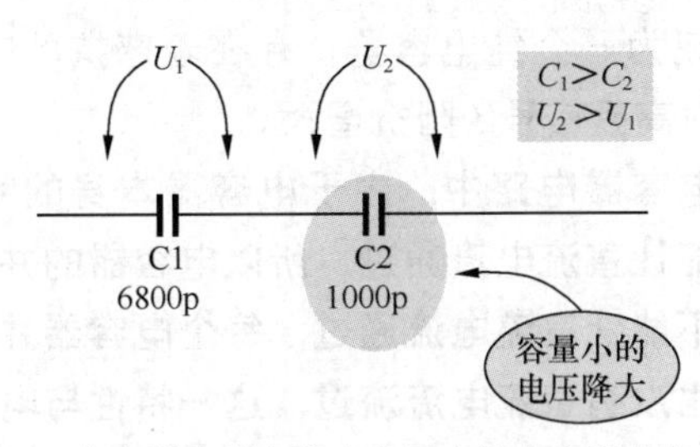

图 6-24 电容器串联电路中容量小的电容器上电压降大

记忆方法提示

记忆电容器串联电路这一特性有两种方法。

（1）如图 6-20 所示的电容等效电路，在串联电路中，流过各电容器的交流信号电流其频率是相同的，由于 C2 容量小，所以 C2 的容抗就大，相当于电阻 *R*2 的值大，而在电阻器串联电路中阻值大的电阻上的电压降大。所以，电容器串联电路中大部分电压是降在了容量小的电容器上。

（2）利用电容器两端的电压计算公式 $U = Q/C$ 来理解。由于是电容器串联电路，流过各电容的电流是相等的，也就是对串联电路中各电容器内所充电的电荷量相等，即 C1 和 C2 中的电荷量 Q 相等，而电容器两端的电压与容量大小成反比，所以 C2 容量小，C2 两端的电压大。

有时电容器串联电路还需要从另一个角度来分析理解，当某一个电容器的容量远大于其他电容器的容量时，容量大的电容器相当于通路（可理解成大电容器的容抗与其他电容器的容抗相比太小而忽略不计），此时电路中起决定性作用的是容量小的电容器。

6.2.2 电容器并联电路及主要特性

重要提示

电阻器有并联电路，电容器也有并联电路。但是，与电阻器并联相比，由于电容器的特性比电阻器复杂得多，所以电容器并联电路也比电阻并联电路复杂，这里的复杂是指电路分析的复杂和对电路工作原理理解的困难。

图 6-25 所示是电容器并联电路，电路形式与电阻并联电路一样。电路中的电容器 C1 与 C2 并联。电容器并联电路也有与电阻并联电路相同的特性，但由于电容器本身的特性决定了这一电路有一些不同于电阻并联电路的特性。

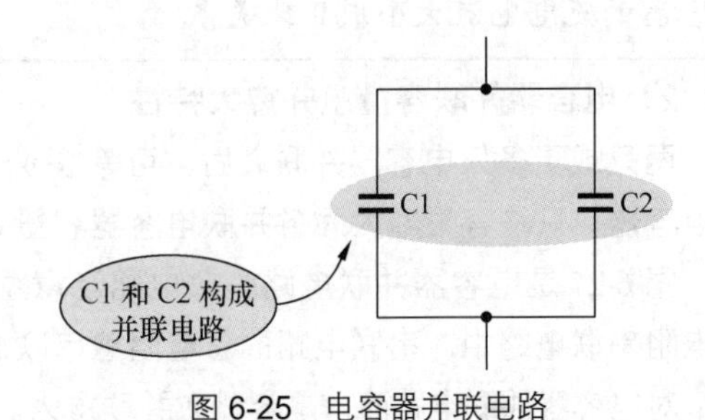

图 6-25 电容器并联电路

重要提示

由于 C1 和 C2 是并联的，这样这两只电容器将接在同一个交流信号源电路中，所以加在 C1 和 C2 上交流信号的频率是相同的，而且加在各并联电容器上的交流信号电压大小也是一样的。

1．电流特性

电容器并联电路中，交流信号电流将分别流过 C1 和 C2，在同样的交流信号电压大小情况下，交流信号的频率愈高，流过各并联电容的交流电流信号愈大。电容支路中，容量大的电容器因为容抗小而电流大，容量小的电容器因为容抗大而电流小，如图 6-26 所示。

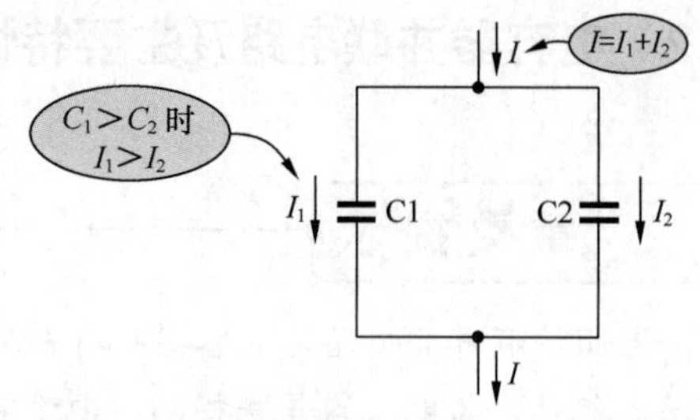

图 6-26　电容器并联电路电流特性示意图

重要提示

电容器并联电路中，由于流过各电容器的电流可能不相等（只有两只电容器的容量相等时其电流才相等），所以对各并联电容的充电电荷量可能不相等，容量大的电容器因充电电流大而充到的电荷多。对一只电容器的充电电荷多少，与对该电容器的充电电流大小成正比关系。

2．电容器并联容量愈并愈大特性

两只或更多只电容器并联之后，可等效成一只电容器，只是容量增大为各并联电容器容量之和，图 6-27 是电容器并联电路等效电路示意图。在电阻串联电路中，串联电路的总电阻愈串联愈大；对电容器并联电路而言是容量愈并联愈大。

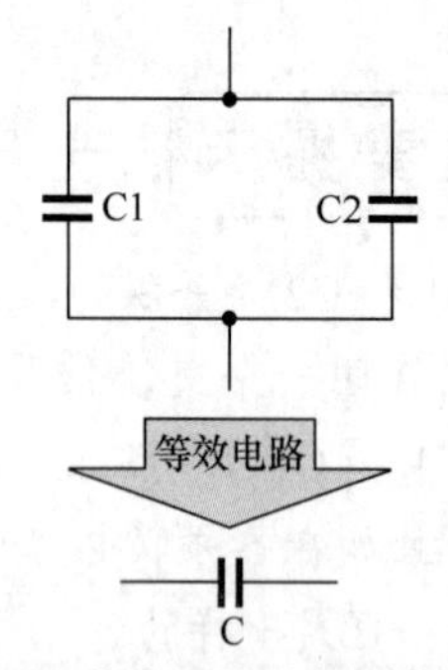

图 6-27　电容器并联电路等效电路

理解方法提示

电容器并联电路的这一特性可以这样去理解和记忆：电容器是存储电荷的元器件，水缸是储水的，多只水缸并排放置可以存放更多的水，电容器并联后就能存储更多的电荷，所以电容器并联后并联电路的总容量会增大。

从理论上讲，在电容器并联电路中，如果有一只电容器的容量远大于另一只电容器的容量，那么起决定性作用的是容量很大的那只电容器，因为在相同的交流信号频率下，容量大的电容器其容抗小。但是，实际情况并非如此简单，由于大容量的电容器在制造上的原因不可能成为一个纯电容器，存在着感抗的特性，造成对高频信号的阻抗增大。

电容器电路中，由于电容器本身的特性，它不能让直流电流通过，所以电容器的并联电路也不能让直流电流通过，每个电容器并联支路中也没有直流电流流过，这一特性与电阻器的并联电路不同。

电容器并联电路中，各电容器上的电压相等，这也是各并联电路的共性。

3．电容器并联电路的等效分析

电路中的任何电子元器件可以等效成电阻电路来进行理解和电路分析，图 6-28 所示是电容器并联电路的电阻等效电路。从电路中可以看出，将电容器 C1 和 C2 分别等效成 R1 和 R2，这样可用电阻并联电路的许多特性来分析这一电容器并联电路。

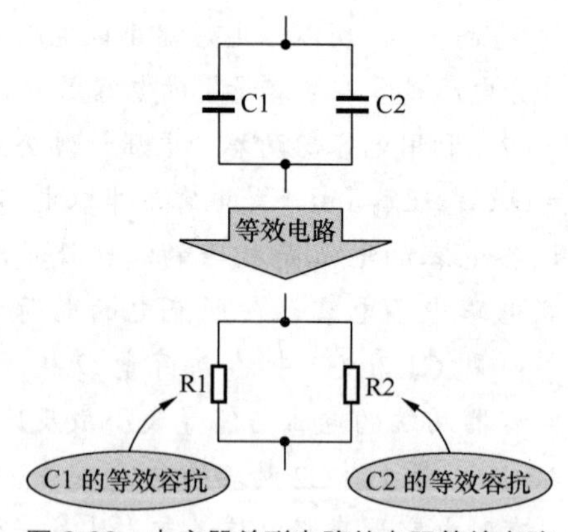

图 6-28　电容器并联电路的电阻等效电路

不仅电容器并联电路可以这样去进行等效，电容器的其他电路也可以进行同样的等效。当然，在进行这种等效之后，对等效后的电路分析并不能完全按照电阻电路的一套分析方法，它们之间也有不同。

重要提示

电容器并联等效分析时注意下列几点。

（1）由于是电容器的等效电路，所以这里的等效电阻器R1不是实际意义上的电阻器，只是将它看成电容器C1的容抗。所以，这个R1支路是不能让直流电流通过的。

（2）在进行这种电阻电路的等效时，往往只是在分析电容器阻碍电路中交流电流流动时才进行这样的等效，其他元器件进行电阻电路的等效也是这种情况下的等效。

6.2.3 电容器串并联电路及主要特性

1．电路形式

图6-29所示是电容器串并联电路，电路中C2和C3并联后与C1串联，3只电容器构成串并联电路。

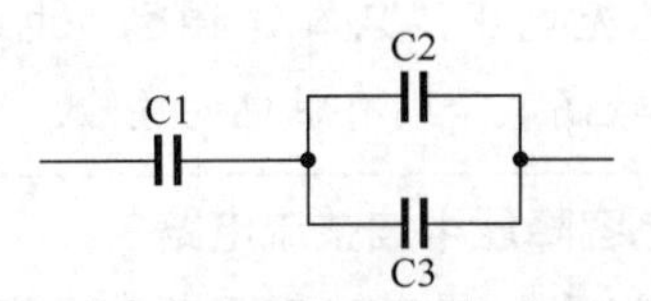

图6-29 电容器串并联电路

电容器串并联电路也可以等效成一只电容器，图6-30是等效过程示意图，**进行等效分析时先进行并联电容的等效，再进行串联电容的等效。**

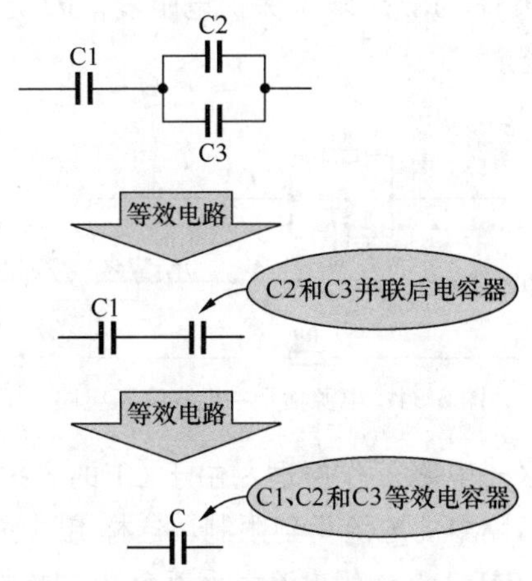

图6-30 电容器串并联等效过程示意图

2．主要特性

关于电容器串并联电路的主要特性，说明下列几点。

（1）该电路中不能流过直流电流。

（2）C2和C3两端的电压相等，C2和C3两端电压与C1两端电压之和等于这一串并联电路两端的电压。

（3）流过C2和C3电流之和等于流过C1的电流，等于该电路中的总电流。

6.3 电容器典型应用电路

这节里详细讲解一些典型、常见的纯电容实用电路（只由电容器构成的电路），掌握这些电路的工作原理对学习电容电路十分重要。

6.3.1 电容降压电路

将220V交流电压降为低压的最常见方式是采用电源变压器，还有一种方式是电容降压电路，它的优点是体积小、成本低、效率高，缺点是没有电源变压器降压电路安全。

重要提示

在一些不需要人体接触的内部电路中，例如，冰箱电子温控器、遥控电源的电子开关电路等，可以用电容降压电路得到交流低电压，再通过整流滤波得到直流工作电压。

但是，对于一些需要时常接触到电路板的电路，以安全为首先考虑因素，不要使用这种电容降压电路。

1．电源指示中电容降压电路

图 6-31 所示是电源指示中电容降压电路，电路中的 C1 是降压电容器，VD1 和 VD2 是发光二极管，R2 是限流保护电阻器，R1 是泄放电阻器。

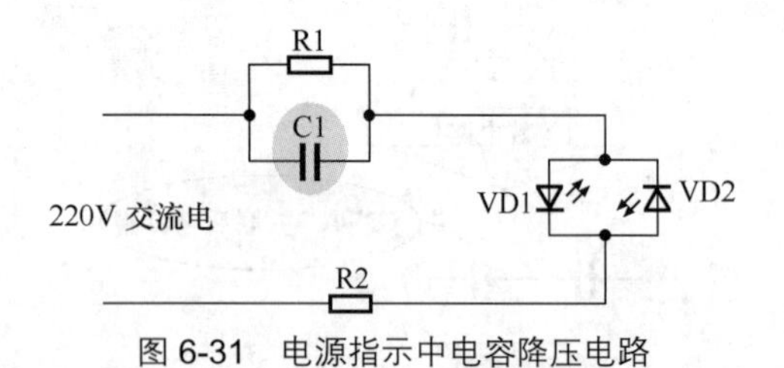

图 6-31　电源指示中电容降压电路

这一电路工作原理：由于 C1 的容抗比较大，回路中的电流得到限制，这样流过发光二极管 VD1、VD2 的电流大小适合，二者进入发光工作状态。交流电的正半周使 VD1 导通发光，在 VD1 导通期间，VD2 截止。图 6-32 是 VD1 导通时电流回路示意图。

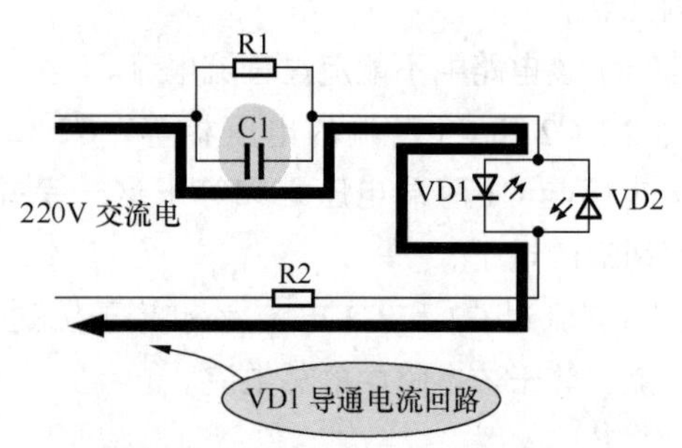

图 6-32　VD1 导通时电流回路示意图

交流电的负半周使 VD2 导通发光，在 VD2 导通期间，VD1 截止。图 6-33 是 VD2 导通时电流回路示意图。

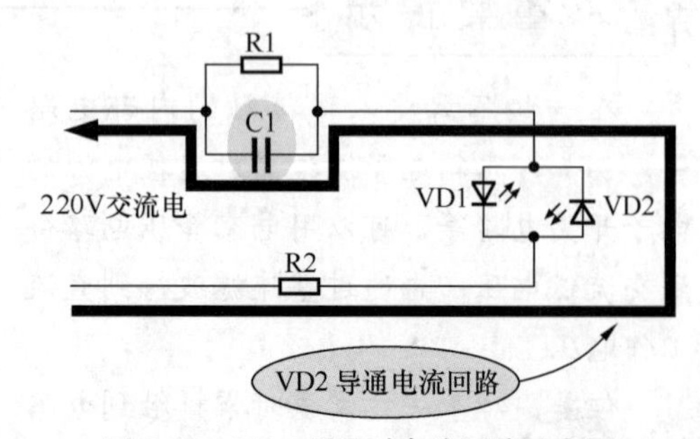

图 6-33　VD2 导通时电流回路示意图

虽然是发光二极管 VD1 和 VD2 交替导通，但是由于导通频率比较高和人的视觉暂留，人们会感觉 VD1 和 VD2 是始终发光的。

> **理解方法提示**
>
> 分析电容降压电路工作原理时可以这样理解：电容器在交流电路中存在容抗，这样电容器两端会有电压降。由于交流市电的频率为 50Hz，频率比较低，所以容抗比较大，在电容器两端的电压降比较大，这样可以达到大幅度降低交流输出电压的目的。
>
> 理解电路工作原理时，将电容器的容抗等效成一只“电阻器”，这样的等效有利于对电路工作原理的理解。

> **元器件作用提示**
>
> R1 用来尽快泄放 C1 存储的电荷。交流电源断开后，C1 内部存储的电荷通过 R1 这个回路放电，以放掉内部电荷，使 C1 两端无电压，只有这样这一电路的安全性才较高，否则有触电的危险。

2．电容降压半波整流电路

图 6-34 所示是电容降压半波整流电路，电路中的 C1 是降压电容器，将 220V 交流电压降低到适当程度，通过 VD1 半波整流，再经 C2 滤波得到直流工作电压 $+V$。R1 是泄放电阻器。

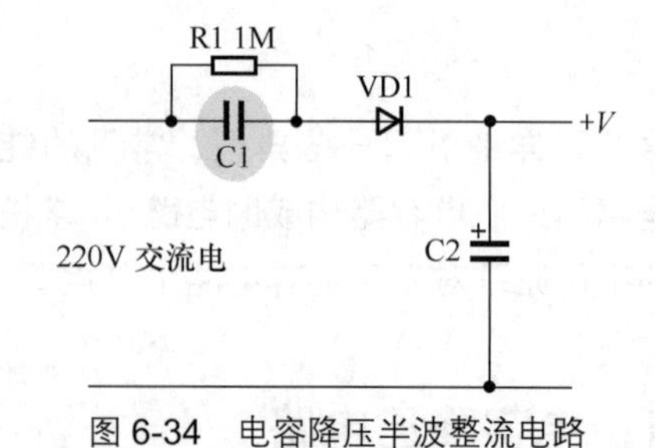

图 6-34　电容降压半波整流电路

3．电容降压桥式整流电路

由于半波整流电路的内阻比较大，为了提供更大的电源电流可以采用内阻较小的电容降压桥式整流电路，如图 6-35 所示。

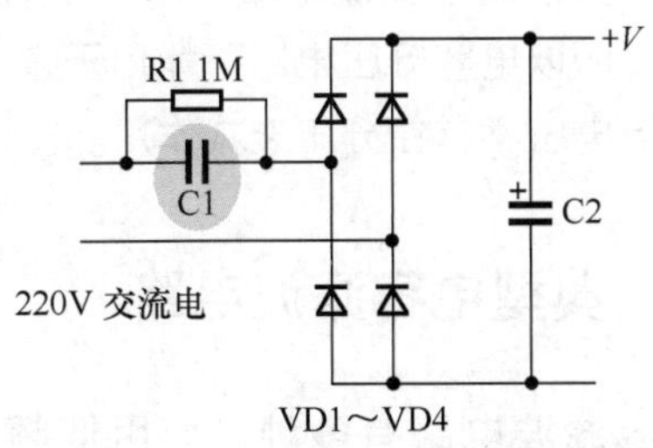

图 6-35　电容降压桥式整流电路

电路中的 C1 为降压电容器，R1 是泄放电阻器，VD1～VD4 为桥式整流二极管，C2 为滤波电容器。这一电路的工作原理与电容降压半波整流电路基本相同，只是采用了桥式整流电路。

4．降压电容选择方法

电路中的降压电容器容量大小决定了降压电路中的电流大小，可以根据负载电流需要选择降压电容器的容量大小。

表 6-2 所示是在 220V/50Hz 的电容降压电路中，电流大小与容量之间的关系，表中所示电流为特定降压电容器容量下的最大电流值。

5．泄放电阻选择方法

电容降压电路中需要在降压电容器两端并联一只泄放电阻器。

泄放电阻大可以降低功耗，但是泄放效果差，降压电容放电时间长。泄放电阻通常为 500kΩ～1MΩ，根据降压电容器的容量大小需要进行一些微调，以达到更好的泄放效果。表 6-3 所示是泄放电阻与降压电容之间的关系，降压电容大时要求泄放电阻小。

重要提示

关于电容降压电路需要注意下列几点。

（1）电容降压电源是一种非隔离电源，它实际上是将 220V 交流电引入负载电路中，在应用上要特别注意隔离，防止触电。进行调试时要用 1:1 隔离变压器，以保证安全。

（2）相对于电阻降压电路而言，由于降压电容对交流电的损耗很小，所以电容降压电路优于电阻降压电路。这种降压电路省去了成本较高的电源变压器，所以在一些电源电路中有应用。

（3）电容降压电源电路中的降压电容容抗是电源的内阻，它的容抗大，电源的内阻就大，这样电源所能提供的电流就较小。由于电源的内阻大，在负载电流大小发生改变时，直流工作电压大小也有相应的变化，为了保证直流工作电压稳定，可以设置稳压二极管来稳定直流输出工作电压。

表 6-2　电流大小与容量之间的关系

名　称	数　值											
容量 / μF	0.33	0.39	0.47	0.56	0.68	0.82	1.0	1.2	1.5	1.8	2.2	2.7
电流 / mA	23	27	32	39	47	56	69	81	105	122	157	183
容抗 / kΩ	9.7	8.2	6.8	5.7	4.7	3.9	3.2	2.7	2.1	1.8	1.4	1.2

表 6-3　泄放电阻与降压电容之间的关系

名　称	数　值				
容量 / μF	0.47	0.68	1	1.5	2
泄放电阻值	1MΩ	750kΩ	510kΩ	360kΩ	300kΩ

（4）降压电容器耐压最好在400V以上，使用无极性电容器，不能使用有极性电容器，因为这是纯交流电路。最理想的电容为铁壳油浸电容。

（5）电容降压电路不能用于大功率条件，不适合动态负载条件，也不适合容性和感性负载。

6.3.2 电容分压电路

1. 典型电容分压电路

电阻器可以构成分压电路，电容器也可以构成分压电路，图6-36所示是典型电容分压电路。

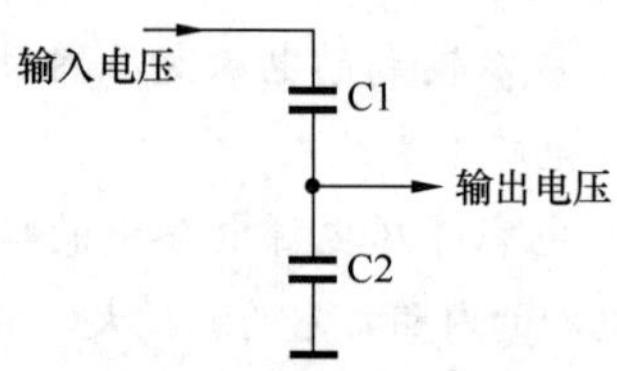

图6-36 典型电容分压电路

对交流信号可以利用电容进行分压，因为采用电阻分压电路对交流信号存在较大的损耗，而电容器在分压衰减信号幅度的同时对交流信号的能量损耗小。电路中的C1和C2构成电容分压电路。

重要提示

对某一频率的输入信号，C1和C2各自呈现一个容抗，这两个容抗就构成了对输入信号的分压衰减（理解方法与电阻分压电路一样），这样就能降低输出信号的幅度。

2. 电容分压电路细节

（1）电容分压电路特征。 电容分压电路的特征与电阻分压电路的特征一样，只是分压电路是由电容构成，而不是由电阻构成。

（2）主要应用。 电容分压电路主要用于对交流信号的分压衰减电路。

（3）只能用于交流电路。 由于电容器的隔直特性，所以电容分压电路不能用于直流电路，它对直流电压不存在分压衰减作用。

6.3.3 典型电容滤波电路

电容滤波电路有多种，如用低频滤波电容的电源电路，还有高频滤波电容组成的电路等。

1. 电路分析

重要提示

电源电路中，从220V交流电压输入电源变压器到整流电路，得到单向脉动性直流电压，这一电压还不能直接加到电子电路中，因为其中有大量的交流成分，必须通过电容滤波电路的滤波，才能加到电子电路中。

电源滤波电路中，电容器必不可少，被称为滤波电容器。电源中电容滤波电路的作用是去除整流电路输出电压中的交流成分，保留直流成分。

图6-37所示是电容滤波电路。电源电路中的滤波电路主要使用大容量的电容器，所以分析电源滤波电路主要利用电容器的相关特性。

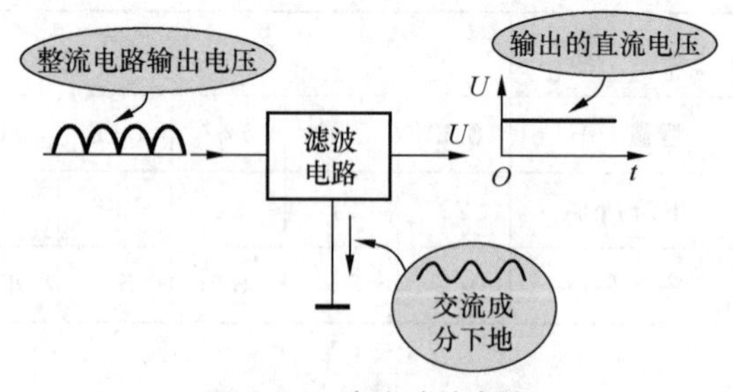

图6-37 电容滤波电路

图6-38所示电路可以说明电容滤波电路的工作原理。电路中的C1是滤波电容器，它接在整流电路的输出端与地之间，整流电路输出的单向脉动性直流电压加到C1上，R1是整流滤波电路的负载电阻器。

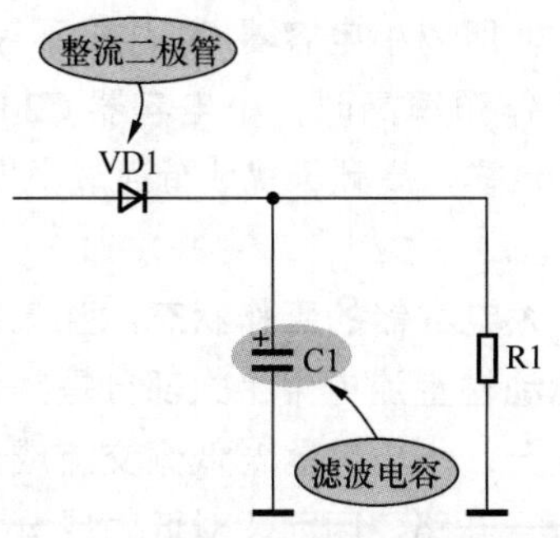

图 6-38　电容滤波电路工作原理示意图

（1）波形等效分解。整流二极管 VD1 输出的电压中，存在纯直流电压和纯交流电压。根据波形分解原理可知，这一电压可以分解成一个直流电压和一组频率不同的交流电压。图 6-39 所示是直流电压分量和一种交流电压分量的叠加电压波形。

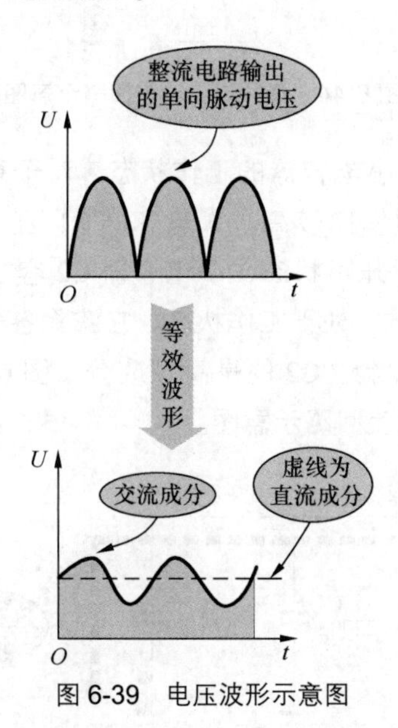

图 6-39　电压波形示意图

（2）直流电流。滤波电容器 C1 对直流电而言为开路，所以脉动电压中的直流电不能通过电容器 C1 到地，只能通过负载电阻器 R1 构成回路，如图 6-40 所示，这样直流电流流过负载电阻器 R1 使负载两端得到了直流电压。

（3）交流电流。因为滤波电容器 C1 的容量比较大，对从整流二极管 VD1 输出的交流电的容抗很小，这样，交流电通过 C1 到地，如图 6-41 所示，而不能流过负载电阻器 R1，从而达到了滤除交流成分的目的。

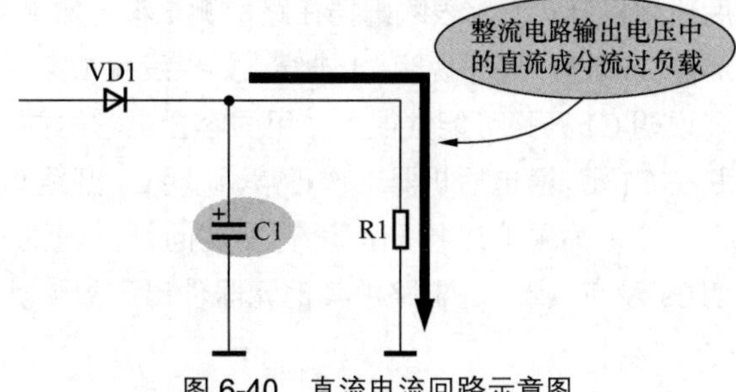

图 6-40　直流电流回路示意图

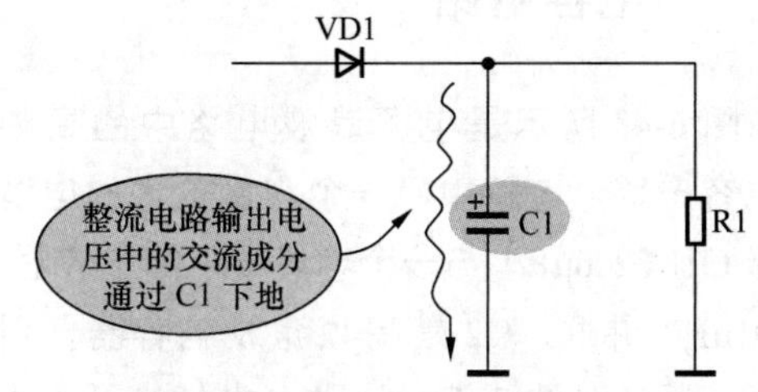

图 6-41　交流电流回路示意图

（4）滤波电容。滤波电路中的滤波电容器容量相当大，通常至少是 470μF 的有极性电解电容。滤波电容器 C1 的容量越大，对交流成分的容抗越小，使残留在整流电路负载电阻器 R1 上的交流成分越少，滤波效果就越好。

2．故障检测方法

对这一电路中电容器 C1 的检测方法，最简单的是测量 C1 两端直流输出电压。给电路通电后，用万用表直流电压挡测量，图 6-42 是测量时的接线示意图。

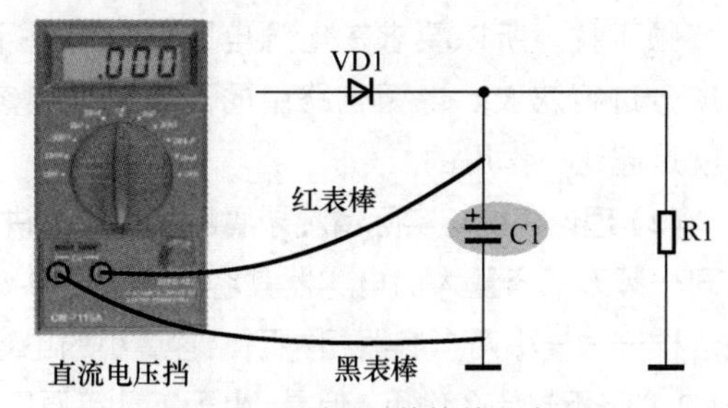

图 6-42　测量时的接线示意图

对C1的故障检测要分成下列3个层次展开。

（1）如果 C1 两端直流电压测量结果为 0V，在电路通电的情况下，电路中其他元器件正常时，说明电容器 C1 击穿或开路的可能性很大。

（2）为了进一步证实这一推断，电路断电

后改用指针式万用表欧姆挡在路检测电容，如果测量C1阻值为零，说明C1击穿；如果没有击穿，则说明C1开路可能性很大，用同容量电容器并联在C1上，通电后机器工作正常，说明C1开路。

（3）如果上述检测都没有发现问题，则说明C1没有故障，是电路中其他元器件出了故障。

6.3.4 电源滤波电路中的高频滤波电容电路

图6-43所示是电源滤波电路中的高频滤波电容电路。电路中，一个容量很大的电解电容器C1（2200μF）与一个容量很小的电容器C2（0.01μF）并联，C2是高频滤波电容器，用来进行高频成分的滤波，这种一大一小两个电容器相并联的电路在电源电路中十分常见。

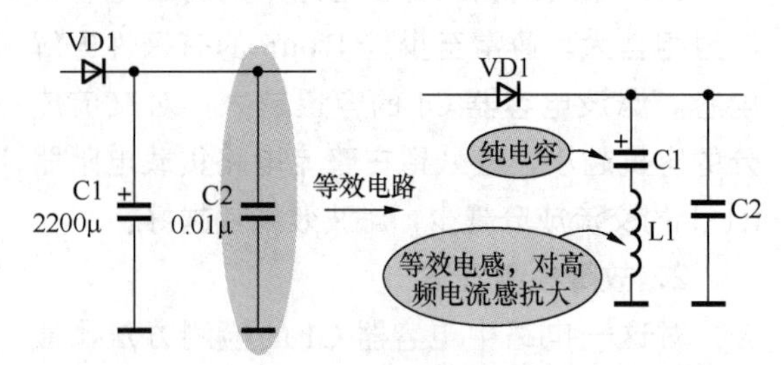

图6-43　高频滤波电容电路

1．电路分析

（1）高频干扰。由于交流电网中存在大量的高频干扰，所以要求在电源电路中对高频干扰成分进行滤波。电源电路中的高频滤波电容器就是起这一作用的。

（2）理论容抗与实际情况矛盾。从理论上讲，在同一频率下容量大的电容器其容抗小，图6-43中这样一大一小两电容器相并联，容量小的电容器C2似乎不起什么作用。但是，由于工艺等原因，大容量电容器C1存在感抗特性，在高频情况下C1的阻抗为容抗与感抗的串联，因为频率高，所以感抗大，限制了C1对高频干扰的滤除作用。

（3）高频滤波电容。为了补偿大电容器C1在高频情况下的这一不足，而并联一个小电容器C2。小电容器的容量小，制造时可以克服电感特性，所以小电容器C2几乎不存在电感。电路的工作频率高时，小电容器C2的容抗已经很小，这样，高频干扰成分通过小电容器C2滤波到地。

（4）大电容器的工作状态。整流电路输出的单向脉动性直流电中绝大部分是频率比较低的交流成分，小电容器对低频交流成分的容抗大而相当于开路，因而，对低频成分主要是大电容器C1在工作，所以流过C1的是低频交流成分，图6-44是低频成分电流回路示意图。

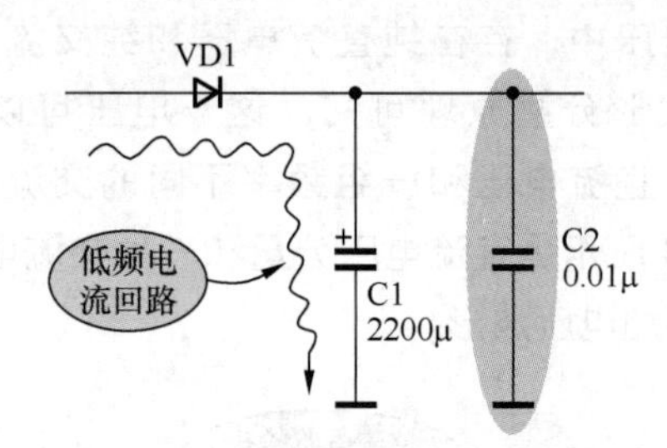

图6-44　低频成分电流回路示意图

（5）小电容器的工作状态。对于高频成分而言，频率比较高，大电容器C1因为感抗特性而处于开路状态，小电容器C2容抗远小于C1的阻抗，处于工作状态，它滤除各种高频干扰，所以流过C2的是高频成分，图6-45是高频成分电流回路示意图。

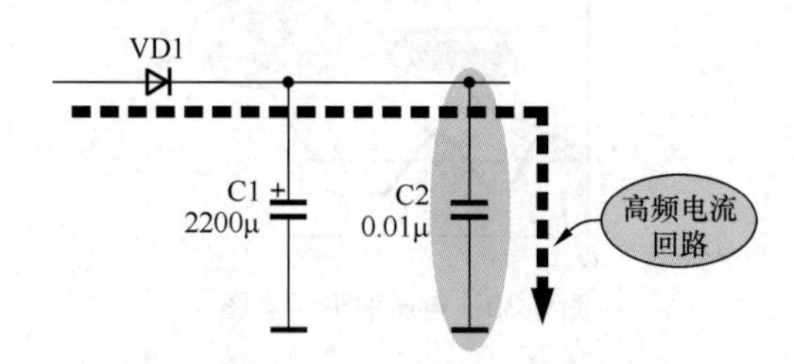

图6-45　高频成分电流回路示意图

2．故障检测方法

当电源电路没有直流电压输出时，如果怀疑电路中高频滤波电容器C2存在击穿故障，可以将C2从电路中断开，如果断开C2后电路恢复正常工作，说明是C2击穿造成电源电路无直流电压输出。

如果怀疑C1漏电造成电源电路直流输出电压下降，也可以通过断开C2的方法来确定故障部位。

6.3.5　电源电路中的电容保护电路分析

在讲解电源电路中电容保护电路之前，为了更方便读者理解电路的工作原理，首先介绍为何要在电源电路中增加这一电路。

电源电路中，从滤波角度讲，滤波电容器的容量越大越好，但是，第一节的滤波电容器其容量太大对整流电路中的整流二极管是一种危害，图6-46所示电路可以说明大容量滤波电容器对整流二极管的危害。电路中，VD1是整流二极管，C1是滤波电容器。在整机电路通电之前，滤波电容器C1上没有电荷，所以C1两端的电压为0V。

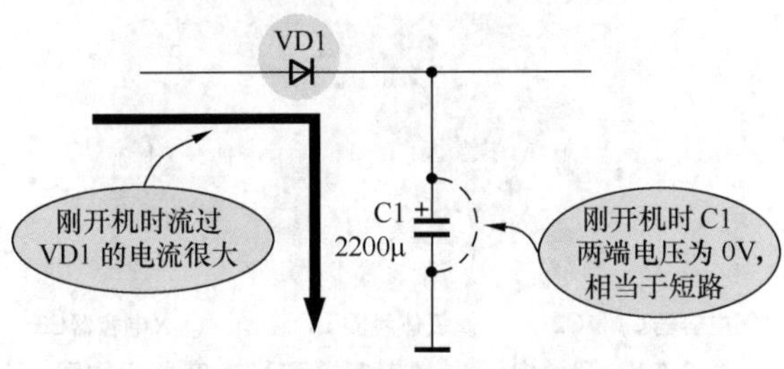

图6-46　大容量滤波电容器危害整流二极管的原理示意图

重要提示

在整机电路刚通电的瞬间，整流二极管在交流输入电压的作用下导通，对滤波电容器C1开始充电，由于原先C1两端的电压为0V，这相当于将整流二极管VD1负极对地短路，因此，这一瞬间流过整流二极管VD1的电流，即对滤波电容器C1的充电电流非常大。

不仅如此，由于C1的容量很大，C1的充电电压上升很慢，这意味着在比较长的时间内整流二极管中都有大电流流过，这会烧坏整流二极管VD1。第一节滤波电容器C1的容量越大，大电流流过VD1的时间就越长，损坏整流二极管VD1的可能性就越大。

为了解决大容量滤波电容与整流二极管长时间过电流之间的矛盾，可用两种方法：一是采用多节RC滤波电路（由电阻和电容构成的滤波电路），提高滤波效果，可以将第一节滤波电容器的容量适当减小；二是加接整流二极管保护电容器。

1．电路分析

图6-47所示是保护电容电路，电路中小电容器C1只有0.01μF，C1保护整流二极管VD1。

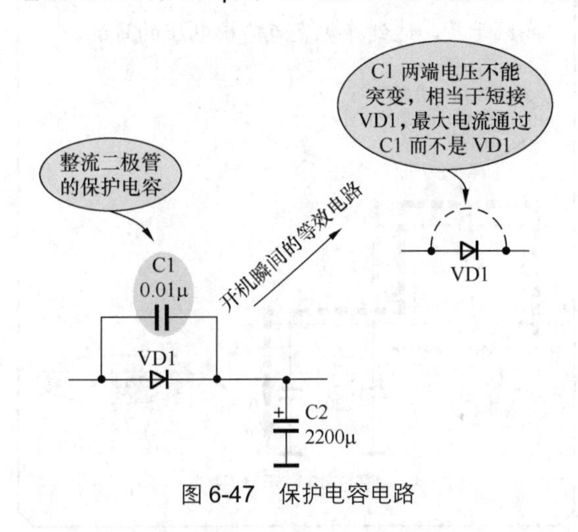

图6-47　保护电容电路

这一电路保护原理：在电源开关（电路中未画出）接通时，由于C1内部原先没有电荷，C1两根引脚之间电压为0V，C1相当于短路，这样，开机瞬间的最大电流（冲击电流）通过C1对滤波电容器C2充电，图6-48是开机时冲击电流回路示意图。这样，开机时最大的冲击电流没有流过整流二极管VD1，从而达到了保护VD1的目的。开机之后，C1内部很快充到了足够的电荷，这时C1相当于开路，由VD1对交流电压进行整流。

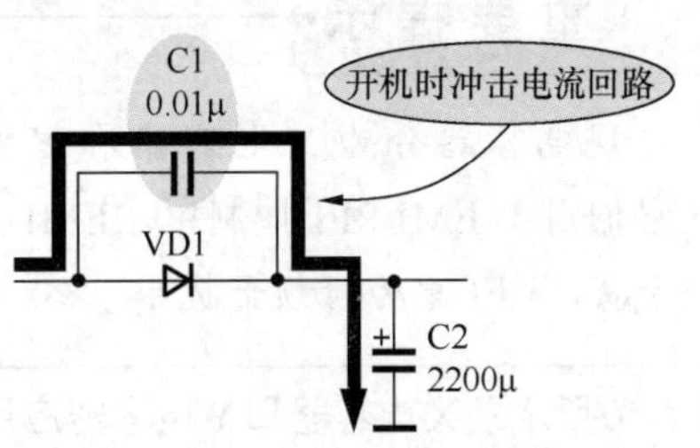

图6-48　开机时冲击电流回路示意图

重要提示

如果交流电网中存在高频干扰，这一干扰成分通过VD1的整流而窜入整流电路输出电压之中，如图6-49所示。加入小电容器C1之后，由于高频干扰的频率高，C1对它的容抗很小，高频干扰成分直接通过C1（而不通过VD1整流），被滤波电路中的高频电容器C3滤掉，这样，消除了交流电网中的高频干扰，达到净化直流输出电压的目的。

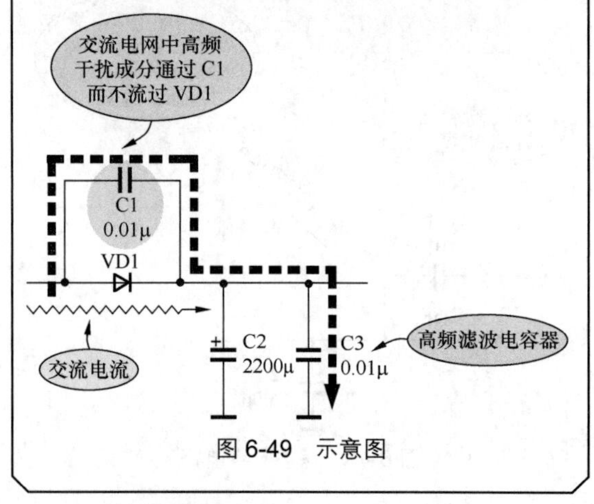

图6-49　示意图

2．故障处理方法

对于这一电路中保护电容器C1的故障处理方法很简单，当怀疑它出现故障时进行更换试验即可。对于这样的简单电路，由于更换试验的元器件只有一只，且为两根引脚，更换的操作相当方便，更换试验的结果十分准确，所以这种故障处理方法可以常用。

6.3.6　安规电容器抗高频干扰电路

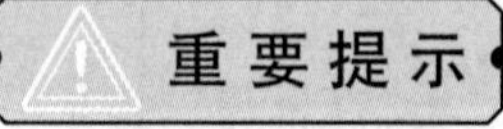

重要提示

安规电容器分为X电容器和Y电容器，它们用于EMI/RFI抑制中。EMI意为电磁干扰，RFI意为射频干扰。

图6-50所示是X电容器和Y电容器应用电路，这是开关电源的220V交流输入电路，也称为瞬变滤波电路或称为EMI滤波器。电路中的R1为压敏电阻器，L1和L2是铁氧体线圈，FU1为熔断器。

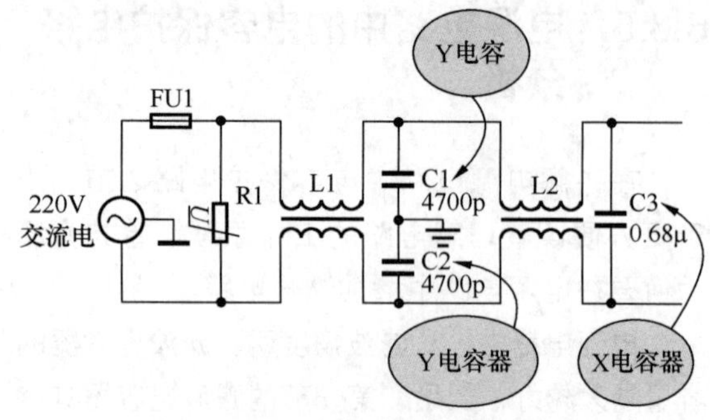

图6-50　X电容器和Y电容器应用电路

图6-51所示是开关电源中的X电容器和Y电容器实物图。

Y电容器C1和C2　　铁氧体线圈L1　　X电容器C3

图6-51　开关电源中X电容器和Y电容器实物图

EMI滤波器作用提示

EMI滤波器设置在220V交流电进线与整流电路之间，用来滤除市电网中的电压瞬变和高频干扰，同时也防止开关电源中的开关管产生的高频干扰传输到市电网中，形成对其他用电器的高频干扰。

1．差模高频干扰信号与X电容电路分析

220V交流电进线为两根，一根是相线，另一根是零线。这两根引脚上会产生两种高频干扰信号，即差模高频干扰信号和共模高频干扰信号，如图6-52所示。

从图中可以看出，高频干扰信号U_1和U_2方向相同，且大小相等，这样的两个信号称为共模信号。高频干扰信号U_3和U_4方向相反，且大小相等，这样的两个信号称为差模信号。

在电路中接入X电容器C3后，由于高频干扰信号频率比较高，C3对高频干扰信号的容抗小，这样，差模高频干扰信号通过 X 电容器 C3 构成回路，如图 6-53 所示，而不能加到后面的整流电路中，这样达到消除差模高频干扰信号的目的。

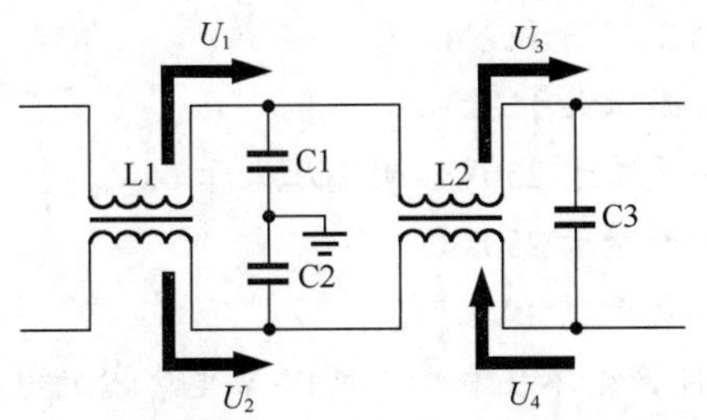

图 6-52 差模高频干扰信号和共模高频干扰信号

2．共模高频干扰信号与 Y 电容器电路分析

图 6-54 是 Y 电容器消除共模高频干扰信号示意图，抑制共模高频干扰信号必须用两只 Y 电容器，因为相线和零线上都有高频干扰信号。

相线上的共模高频干扰信号通过 Y 电容器 C1 到地线，零、相线上的共模高频干扰信号通过 Y 电容器 C2 到地线，这样共模高频干扰信号就不能加到后面电路中，达到抑制共模高频干扰信号的目的。

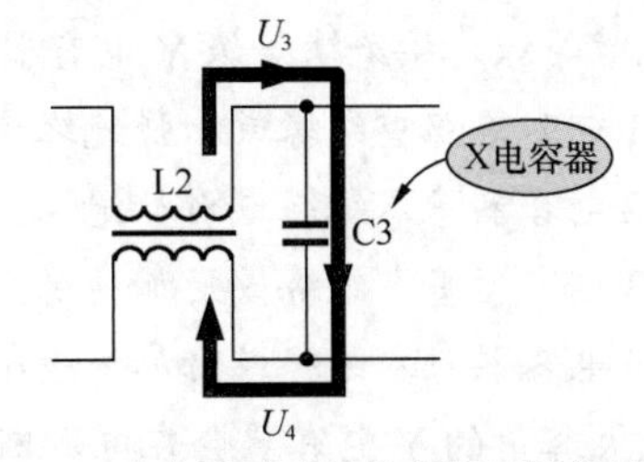

图 6-53 X 电容器消除差模高频干扰信号示意图

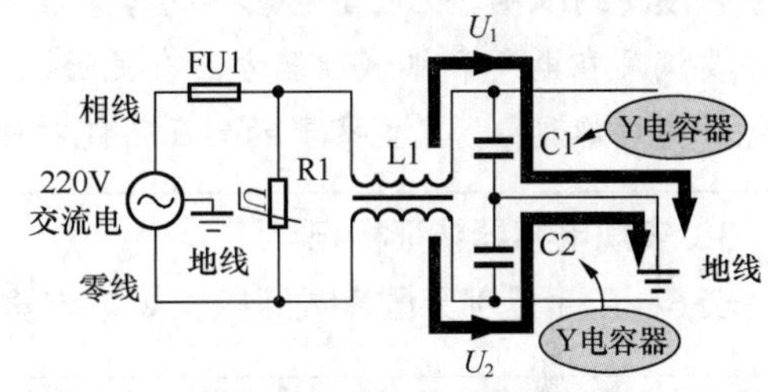

图 6-54 Y 电容器消除共模高频干扰信号示意图

X 电容器要求提示

对安规电容器的基本要求是，X 电容器或 Y 电容器失效后，不会导致电击，也不危及人身安全，为此 X 电容器和 Y 电容器都需要取得安全检测机构的认证，如 UL、CSA 等标识，并在电容器外壳上标出这些标记。图 6-55 是 X 电容器和 Y 电容器实物图。

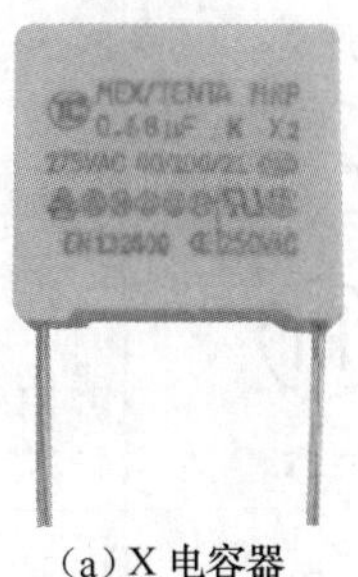

(a) X 电容器

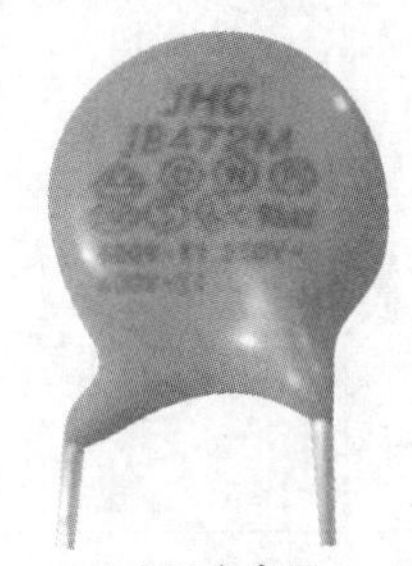

(b) Y 电容器

图 6-55 X 电容器和 Y 电容器实物图

X 电容器通常是黄色的方形电容器，Y 电容器则多为橙色或蓝色的圆形电容器。安规电容器上会标出耐压 AC 250V 或 AC 275V，但是它们真正的直流耐压高达 5000V 以上，所以不得随意使用标称耐压 AC 250V 或者 DC 400V 之类的普通电容器代用。

由于相线与零线之间直接接 X 电容器，X 电容器主要受电压峰值的影响。为了避免短路，重点关注的参数是耐压等级，在电容值上没有定限制值。

在相关标准上，安规电容器分有安全等级，即应用中所允许的峰值脉冲电压。X 电容器按脉冲电压大小分为 X1、X2 和 X3 三种安全等级。它们的区别主要在耐压参数上。

X1 大于 2.5kV，且小于等于 4.0kV。

X2 小于等于 2.5kV。

X3 小于等于 1.2kV。

Y电容器要求提示

相线与地线直接接Y电容器，这时主要涉及漏电安全的问题，因此Y电容器重点关注参数是绝缘等级，按绝缘等级Y电容器分有多种：Y1、Y2、Y3和Y4。

Y1电容器双重绝缘或加强绝缘大于等于250V，耐高压大于8kV。

Y2电容器基本绝缘或附加绝缘大于等于150V、小于等于250V，耐高压大于5kV。

Y3电容器基本绝缘或附加绝缘大于等于150V、小于等于250V。

Y4电容器基本绝缘或附加绝缘小于150V，耐高压大于2.5kV。

太大容量的Y电容器会在电源断电后对人和元器件产生不良影响，所以Y电容器的电容量必须受到限制。规定Y电容器的容量应不大于0.1μF。Y电容除符合相应的电网电压耐压外，还要满足在电气和机械性能方面有足够的安全余量的要求，以避免在极端恶劣环境条件下出现击穿短路现象，Y电容器的耐压性能对保护人身安全具有重要意义。

3．安规电容器认证标记

表6-4所示是部分国家或组织安规电容器认证标记。

表6-4　部分国家或组织安规电容器认证标记

认证标记	UL	CQC	D	SA	VDE
国家或组织	美国	中国	丹麦	加拿大	德国
认证标记	CE	S	FI	S	N
国家或组织	欧盟(EEC)	瑞典	芬兰	瑞士	挪威

6.3.7　退耦电容电路

退耦电路通常设置在两级放大器之间，所以只有多级放大器才有退耦电路，这一电路用来消除多级放大器之间的有害交连。

1．设置退耦电路原因

分析退耦电路工作原理之前，需要了解为什么要在多级放大器中设置退耦电路，也就是各级放大器之间为什么会产生有害的级间交连（一种多级电路之间通过电源内阻的有害信号耦合）。

（1）电源内阻对信号影响。图6-56所示是电源内部电路。理想情况下直流电压+V端对交流而言接地。虚线框内是直流电源，由电压源E和内阻R0串联而成，电流流过这一直流电源时内阻R0上就有压降，当交流信号电流流过这个内阻时也存在交流信号压降，这个压降是造成电路中有害交连的根本原因。

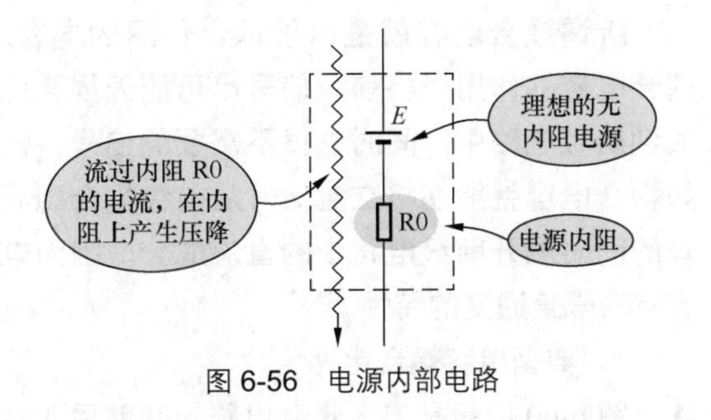

图6-56　电源内部电路

（2）多级放大器之间交连概念。如图6-57所示，VT1和VT2分别构成第一级和第二级共发射极放大器，共发射极放大器的输出信号电压和输入信号电压相位相反。假设电路中没有退耦电容器C1，并假设某瞬间在VT1基极上信号电压在增大，即为+，如电路图中所示，VT1集电极上信号电压相位为−，VT2基极信号电压相位为−，VT2集电极上信号电压相位为+。

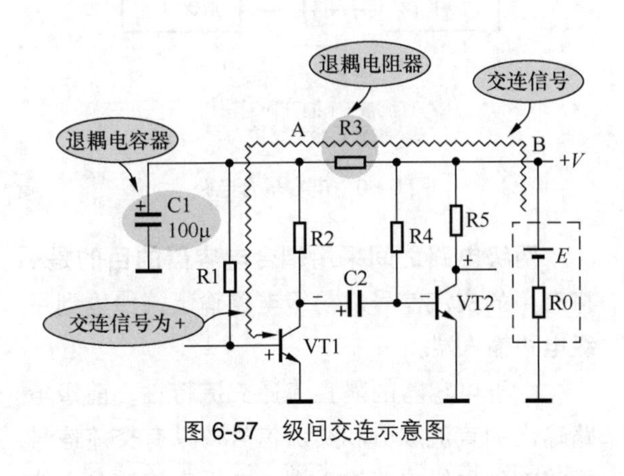

图6-57　级间交连示意图

由于+V直流电源不可避免地存在内阻R0，VT2集电极信号电流流过R0时，在它上面产生了信号压降，即电路中的B点有信号电压，且相位为+。

电路中B点的正极性交流信号经R3加到A点，A点信号电压相位也为+，通过R1加到VT1基极，使VT1基极信号电压更大，通过上述电路的一系列正反馈，使VT1中信号很大而产生自激，出现啸叫声，这是多级放大器中有害交连引起的电路啸叫现象。

重要提示

当放大器电路中出现正反馈时，电路就会出现振荡。

这种振荡的频率是单一的，当这一频率落在音频范围内时我们能听到啸叫声。

当这一振荡频率落在超音频范围内时，将出现超音频振荡，此时我们听不到啸叫声，但电路中的放大器件会发热，严重时会烧坏放大器件。

2．退耦电容电路

图6-58所示是退耦电容电路。多级放大器的两级放大器直流电压供给电路之间加入退耦电容器C1后，电路中A点上的正极性信号被C1旁路到地端，而不能通过电阻R1加到VT1基极，这样，多级放大器中不能产生正反馈，也就没有级间的交连现象，达到了消除级间有害交连的目的。

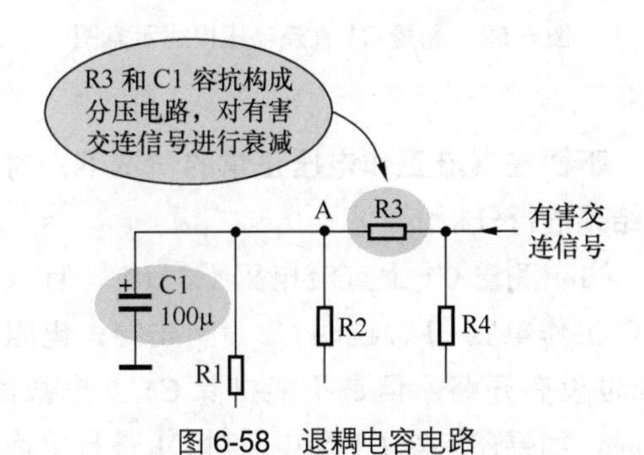

图6-58　退耦电容电路

加入退耦电阻器R3后，可以进一步提高退耦效果，因为电路中B点的信号电压被R3和C1（容抗）构成的分压电路进行了衰减，比不加入R3时的A点信号电压还要小，直流电流流过退耦电阻器R3后有压降，这样降低了前级电路的直流工作电压。

重要提示

多级放大器中，至少每两级共发射极放大器（3种三极管放大器中的一种）要设一节退耦电容电路，因为每一级共发射极放大器对信号电压反相一次，两级放大器进行两次反相后信号电压的相位又成为同相，这就容易产生级间正反馈而出现自激。所以，级数很多的放大器中设有多节退耦电容电路。退耦电容除了起退耦作用外，对直流工作电压还具有滤波的作用。

3．故障处理方法

对于这一电路故障处理主要是测量电容器C1上直流电压，它能反映出C1和R3是否正常，图6-59是测量C1直流电压接线示意图。

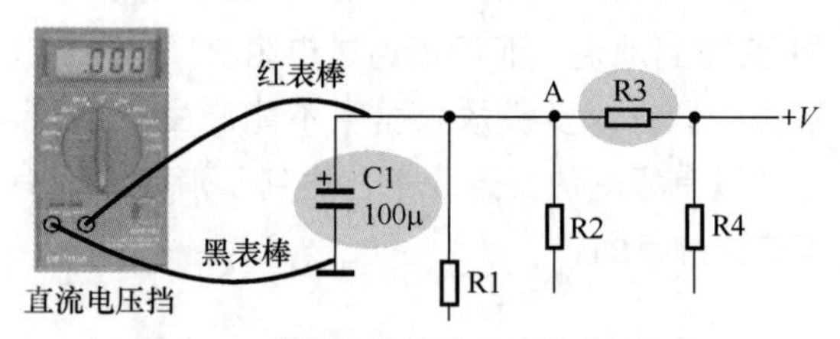

图6-59 测量C1直流电压接线示意图

下面在直流工作电压正常的情况下，对测量结果进行分析。

（1）测量C1上直流电压不为0V，且低于直流工作电压+V，说明C1没有击穿，电阻器R3也没有开路，但是不能排除C1漏电故障。此时，如果还怀疑C1漏电，对C1进行更换试验。

（2）如果测量C1上直流电压为0V，说明C1击穿或是R3开路，改用万用表的欧姆挡在断电下分别检测C1和R3，以确定是哪个元器件出了故障。

（3）对于C1开路故障，用测量C1上直流电压的方法是无法确定的，可以用一只同容量电容器并在C1上进行代替检查。

6.3.8 电容耦合电路

所谓耦合电容就是用于耦合作用的电容，耦合电容的作用是将前级信号尽可能无损耗地加到后级电路中，同时去掉不需要的信号，例如耦合电容就能在将交流信号从前级耦合到后级的同时隔开前级电路中的直流成分，因为电容具有隔直通交的特性。

1．典型电容耦合电路

图6-60所示是电容耦合电路。在前后两级电路（或两个单元电路）之间的是耦合电容器，如果是在两级放大器之间又可以称为级间耦合电容器。

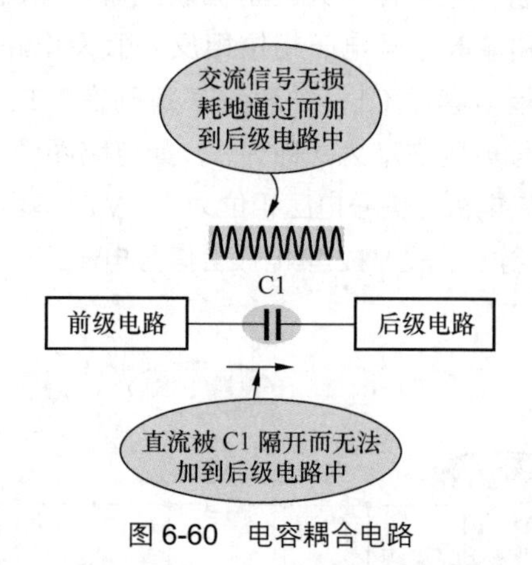

图6-60 电容耦合电路

两级电路之间采用耦合电容器的目的是：将有用的交流信号从前级电路输出端传输到后级电路输入端。

由于电容器的隔直流通交流特性，前级电路输出的直流成分和交流信号，只有交流信号能够加到后级电路输入端。由于直流成分不能加到后级电路中，这对电路设计和检修都是方便的。凡是电路中见到了耦合电容，那么前后级之间的直流电路是彼此独立的。

2．电路分析细节

电容耦合电路在电路中被称为阻容耦合电路。图6-61所示是实用的阻容耦合电路。电路中的C1是级间耦合电容器，从电路中的A点向里看，放大器输入电阻器为R，C1和R构成了阻容耦合电路。

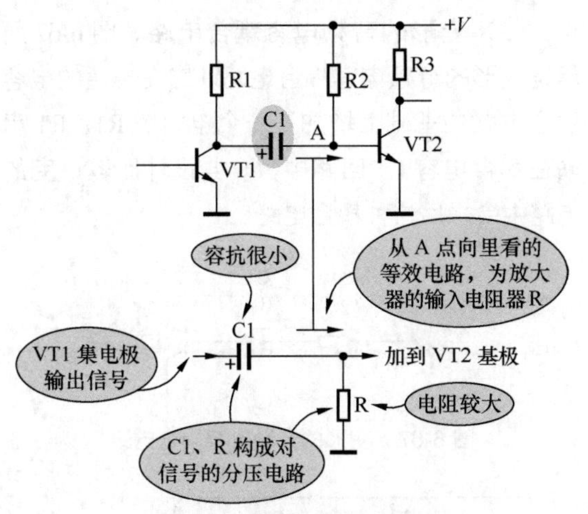

图 6-61　实用阻容耦合电路

（1）理解输入电阻 R 很重要。在阻容耦合电路中，电阻是隐形的，它是下一级放大器的输入电阻，在电路中不能直接看出。一般放大器的输入电阻比较大。

重要提示

图 6-62 所示可以说明放大器输入电阻，放大器输入电阻是加入直流偏置电路后，从放大器输入端向里看的电阻，数值上等于输入端的电压除输入回路电流。

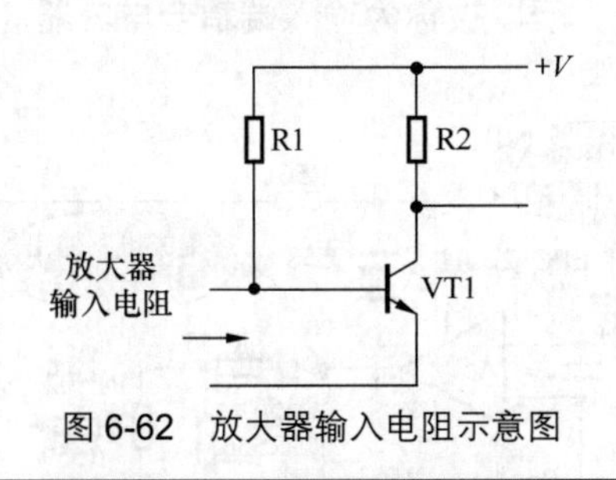

图 6-62　放大器输入电阻示意图

（2）关键是对分压电路的理解。从阻容耦合电路中可以看出，C1 和 R 构成对信号的分压电路，分压后信号加到后级放大器中。读者在理解了 C1 和 R 构成前级电路交流信号的分压电路之后，就不难理解阻容耦合电路工作原理。R 电阻很大，C1 容抗很小，所以耦合电路对信号几乎无衰减。

（3）耦合电容器 C1 对低频特性的影响。图 6-63 是阻容元器件对低频特性的影响示意图。在 R 一定时，加大 C1 容量可以改善低频特性，低频信号通过阻容耦合电路时受到的衰减小，但是 C_1 大后会增大耦合电容的漏电，从而增大电路噪声，反之则相反。

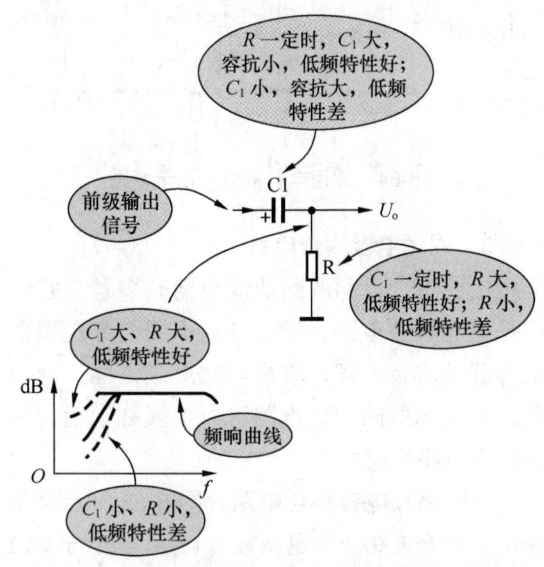

图 6-63　阻容元器件对低频特性的影响示意图

（4）输入电阻 R 对低频特性的影响。放大器的输入电阻 R 大，有利于改善阻容耦合电路的低频特性，所以许多放大器需要提高输入电阻。

（5）耦合电容容量大小选取。不同工作频率的电路对耦合电容容量的要求是不同的。工作频率高，容抗小，耦合电容容量可以取得小些，反之则要大。在同一工作频率的电路中，后级电路输入电阻高时，耦合电容容量可以小些。多级放大器电路中，前级电路的耦合电容容量可以适当小些，以减小耦合电容漏电带来的噪声。

（6）电容耦合电路应用。电容耦合电路的使用面很广，只要是有信号传输的电路都有可能用到电容耦合电路，无论是放大器还是振荡器，或是自动控制电路等都有电容耦合电路。

（7）识别电路中耦合电容器的方法。在两级放大器或两个单元电路之间的电容器通常是耦合电容器，根据这一电路特征可以方便地在电路中找出电容耦合电路。图 6-64 所示是一个实用电路，电路中的 C913 就是耦合电容器，它接在前级集成电路 A901 输出端与后级电路之间。

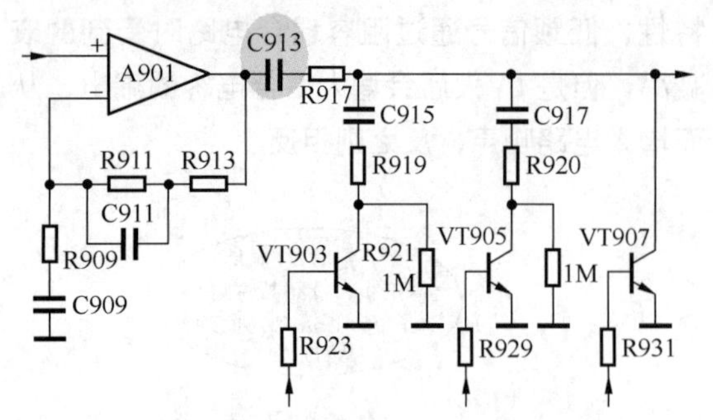

图 6-64　实用电容耦合电路示意图

3．同类电容耦合电路

电容耦合电路的同功能电路有多种，它们都是电容耦合电路，但是各有不同，或是耦合电容器的容量不同，或是电路形式不同，读者通过分析这些同功能电路可以扩展知识面，提高分析电路的能力。

（1）高频电容耦合电路。图 6-65 所示是高频电容耦合电路，这是接在 VT1 集电极与 VT2 基极之间的高频电容耦合电路，C1 是耦合电容器，因为是高频电路，所以 C1 的容量较小，通常为 0.01μF，电路的工作频率越高，耦合电容器的容量可以越小。

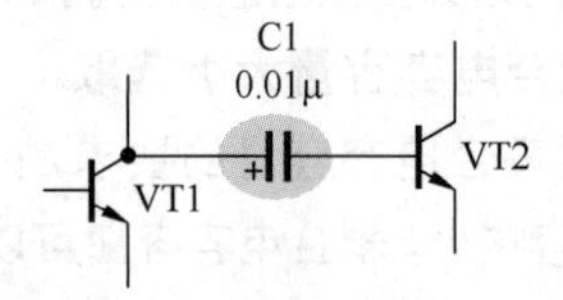

图 6-65　高频电容耦合电路

由于这是高频电路，所以要求耦合电容器采用高频损耗小的高频电容。

（2）音频电容耦合电路。图 6-66 所示是音频电容耦合电路，这是音频电路中的电容耦合电路，音频电路中的耦合电容器容量通常为 1～10μF。由于音频电路的工作频率低，所以要求耦合电容器容量大，可以采用低频电容，通常是有极性电解电容。

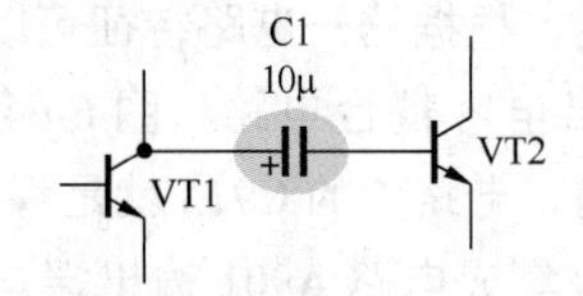

图 6-66　音频电容耦合电路

（3）变形的音频电容耦合电路。图 6-67 所示是变形的音频电容耦合电路，它在普通的电容耦合电路的基础上增加了一个电阻器 R1，R1 串联在耦合电容 C1 回路中，一些设计比较讲究的电路中会采用这种耦合电路。

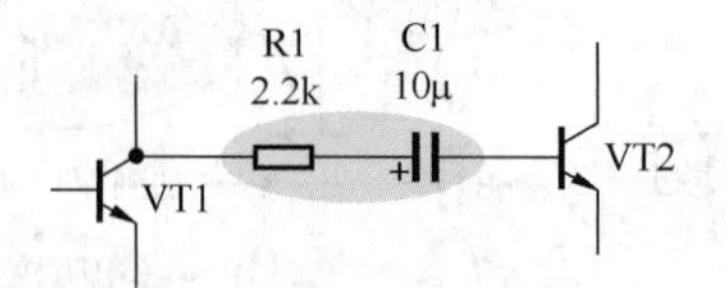

图 6-67　变形的音频电容耦合电路

元器件作用提示

电阻器 R1 的作用是防止可能出现的高频振荡，以提高电路工作的稳定性。

在音频电路中，R_1 通常取 2.2kΩ。

（4）集成电路输入耦合电容电路和输出耦合电容电路。图 6-68 所示是集成电路输入耦合电容电路和输出耦合电容电路，串联在集成电路 A502 输入端（输入引脚①）的电容器 C553 是输入端耦合电容器，因为它是在集成电路的输入端，所以被称为输入端耦合电容器。

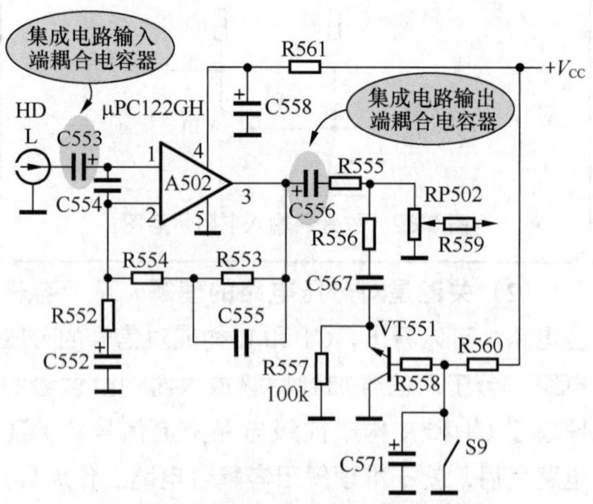

图 6-68　集成电路输入耦合电容电路和输出耦合电容电路

C556 串联在集成电路 A502 的输出（输出引脚③）回路中，所以被称为输出端耦合电容器。

4．故障检测方法

当怀疑耦合电容开路时，直接用一只等容量的电容器并联在原电容上，如果电路功能恢复正常，说明原电容器开路。

如果怀疑电容器漏电，则要拆下原电容器后再并联一只电容器进行通电试验，这一点与怀疑电容器开路故障的检测方法不同。

6.3.9 高频消振电容电路

在音频负反馈放大器中，为了消除可能出现的高频自激，采用这种电容电路，以消除放大器可能出现的高频啸叫。

图 6-69 所示是音频放大器中高频消振电容电路。电路中的 C1 是音频放大器中常见的高频消振电容器，它接在放大管 VT1 的集电极与基极之间，容量为几百皮法。

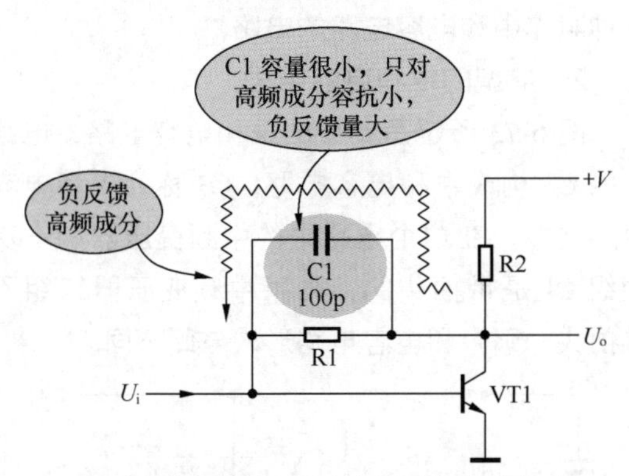

图 6-69 音频放大器中高频消振电容电路

1．电路分析

电容器 C1 对高频信号具有强烈负反馈作用，使放大器对高频信号的放大倍数很小，达到消除放大器高频自激的目的。音频放大器电路中，有 C1 这种作用的电容器叫作高频消振电容器。

2．电路分析细节

（1）无直流负反馈。三极管 VT1 集电极上直流电压不能通过 C1 负反馈到基极，所以 C1 不存在直流负反馈。

（2）不存在音频负反馈。三极管 VT1 构成音频放大器，C1 的容量只有 100pF，这么小的电容器对音频信号的容抗很大而相当于开路，音频信号也就不能通过 C1 加到 VT1 基极，所以 C1 对音频信号也不存在负反馈作用。

3．故障处理方法

对于电容器 C1 的故障处理最简单的方法是，用一只质量好的等容量电容器代替 C1，更换后故障现象消失，故障处理完毕，否则也排除了 C1 出现故障的可能性。

6.3.10 消除无线电波干扰的电容电路

从一些音频放大器中，有时我们会听到广播电台的声音，这说明无线电波对放大器电路造成了干扰。为了防止无线电波对音频放大器的这种干扰，可以设置消除无线电波干扰的电容电路。

1．电路设置原因

图 6-70 所示是单级放大器，是整个放大系统中的第一级电路，在 VT1 基极感应了无线电波信号。

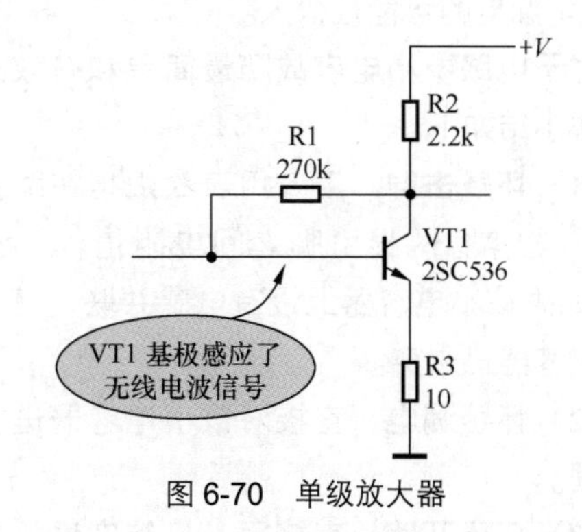

图 6-70 单级放大器

这一信号在被加到了三极管 VT1 中放大的同时还进行了检波，结果在 VT1 集电极输出了广播电台的音频信号，出现无线电波干扰故障。

2．消除无线电波干扰的电容电路

如图 6-71 所示，在三极管 VT1 基极与发射极之间接入一只小电容器 C1（100pF），用来消除无线电波对三极管工作的干扰。

这一电路的工作原理是：加到 VT1 基极的无线电波被电容器 C1 旁路到发射极，再通过 R3 流入地，没有加到 VT1 中，于是这种无线电波就不会被 VT1 检波，从而就不会出现广播电台的声音，达到了消除无线电波干扰的目的。

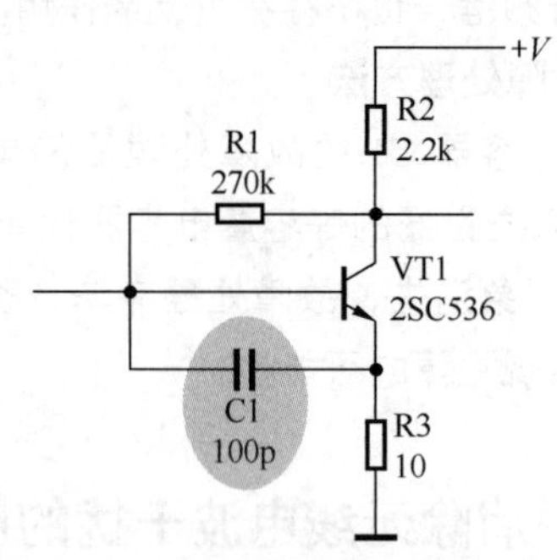

图 6-71　消除无线电波干扰的电容器

由于无线电波的频率相当高，所以电容器 C1 的容量很小就行，通常为 100pF。

3．故障检测方法

对于电路中的电容器 C1 故障检测最好的方法是进行代替检查，更换一只 C1 试试。

如果采用测量 C1 两端直流电压的方法操作会简单一些，但是检查的结果会不够明确。如果测量 C1 两端的电压不为 0V，且小于 0.6V，说明 C1 漏电的可能性很大。

对于电路中小电容故障最简单和有效的检测方法小结如下。

（1）怀疑击穿。用万用表欧姆挡在路直接测量小电容器两根引脚之间电阻值，应该为 0Ω，如果该小电容器上没有电感并联，可以说明小电容器已击穿。

（2）怀疑漏电。直接对该小电容器进行代替处理。

（3）怀疑开路。直接用一只等容量的电容器并联在原电容上。

（4）怀疑性能不好。直接对该小电容器进行代替处理。

6.3.11　中和电容电路

中和电容电路用于收音电路的中频放大器中。

1．设置中和电容电路原因

在三极管的各个电极之间都存在结电容器，在收音电路的中频放大器和高频放大器中，由于工作频率高，三极管基极与集电极之间的结电容器受到的影响大，如图 6-72 所示。

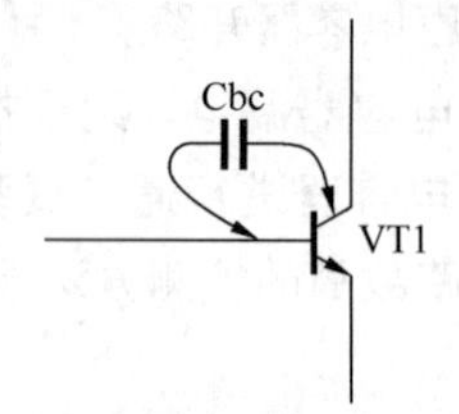

图 6-72　基极与集电极之间结电容器

这一结电容器在三极管的内部，处于基极与集电极之间，即 Cbc。虽然这一结电容器很小，只有几皮法，但是当三极管工作频率高了后，它的容抗也比较小，会导致一部分信号电流从三极管集电极输出，通过这一结电容器在三极管内部流回基极，造成寄生振荡，影响中频放大器或是高频放大器工作稳定性。

为了抑制这种有害的寄生振荡，需要采用一种叫作中和电容电路的电路。

2．典型的中和电容电路

图 6-73 所示是典型的中和电容电路，电路中的 C3 构成中和电容电路，C3 称为中和电容器。注意，在这个电路中的中频变压器的一次绕组 L1 是带抽头的，如果中频变压器绕组不带抽头，则中和电容电路形式与此不同。

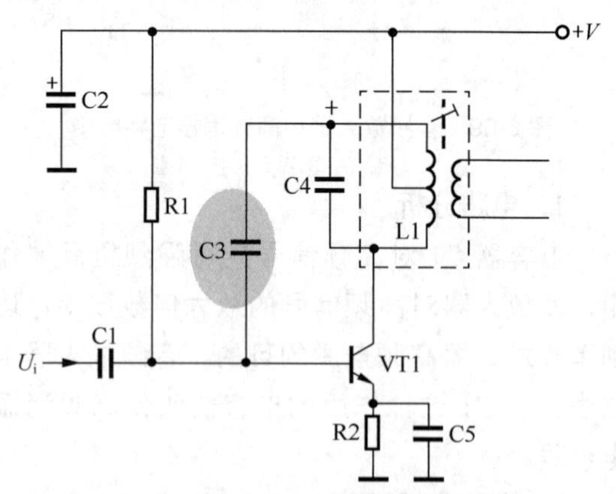

图 6-73　典型中和电容电路

中和电容电路的工作原理可以用图 6-74 所示电路来说明。从电路中可以看，绕组 L1 抽头接直流工作电压 +*V*，这一端对交流信号而言是接地的，这样绕组 L1 的上端和下端信号相位相反，即 L1 上端相位为＋时下端信号相位为－。

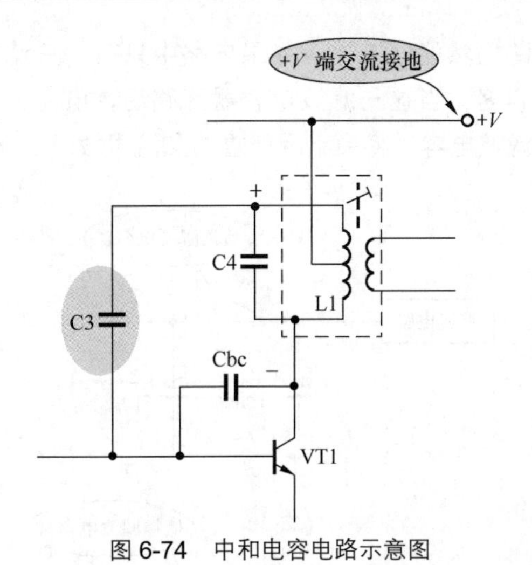

图 6-74　中和电容电路示意图

这一中和电容电路的工作原理是：当绕组 L1 下端信号相位为 − 时，这一端的信号通过三极管内部结电容器 Cbc 加到三极管基极，同时绕组 L1 上端相位 + 的信号经中和电容器 C3 也加到 VT1 基极，这样这两个信号相位相反，相减后加到三极管基极。

如果调整 C3 的容量，使 C3 通路流入 VT1 基极的电流大小等于 Cbc 流入 VT1 基极的电流，那么两电流相减后为零，说明中和电容器抵消了结电容器 Cbc 的影响，达到中和目的。

当绕组 L1 上信号相位反相后，即绕组 L1 上端信号相位为 −，下端为 +，这时一样能进行中和，因为通过 C3 的电流始终与通过 Cbc 的电流相减。

3．另一种中和电容电路

图 6-75 所示是另一种中和电容电路，是利用惠斯顿电桥原理得到的中和电容电路，它的特点是绕组 L1 没有抽头，这时中和电容电路由 C3、C4 两只电容器构成，还增加了一只电阻器 R2。电路中，电容器 C6 与绕组 L1 构成 VT1 集电极谐振电路，同时也是中和电容电路的一部分。

这一电路的工作原理可以用它的等效电路来说明，图 6-76 所示是等效电桥电路。电路中，Cbc、C3、C4 和 C6 构成电桥的 4 个臂。

因为放大器的输出信号是从绕组 L1 两端得到的，所以 L1 是电桥的信号源。

三极管基极 B 和发射极 E 是电桥的输出端，也是三极管 VT1 的输入端。如果电桥平衡，那电路中 B、E 两点之间电压为零，这时放大器的内部反馈被中和了，放大器工作也就稳定了。

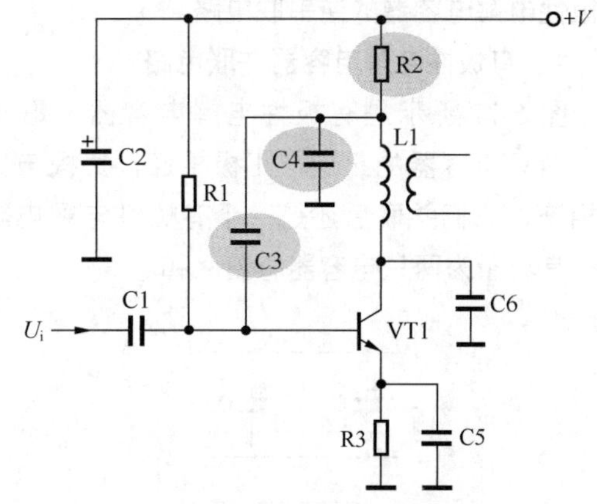

图 6-75　另一种中和电容电路

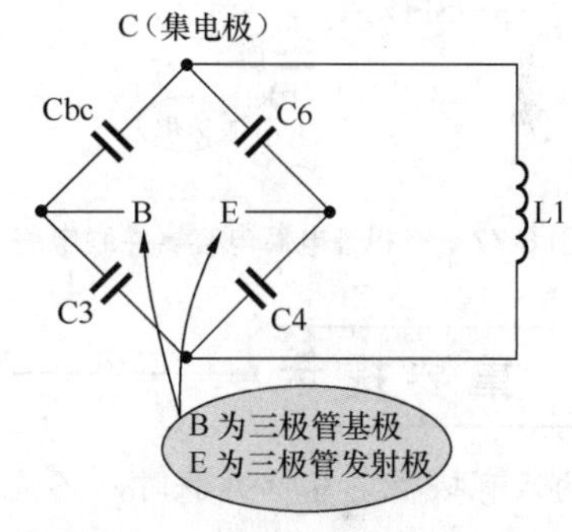

图 6-76　等效电桥电路示意图

电桥平衡状态通过调整中和电容器的容量就能达到，即只要求下式成立：

$$C_{bc}\ C_4 = C_3\ C_6$$

重要提示

并不是所有中频放大器或是高频放大器电路中必须加中和电容器，如果使用结电容很小的中频放大管或高频放大管，可以不需要中和电容电路。不过，中和电容电路可以改善中频放大器谐振曲线的对称性。

6.3.12　实用有极性电解电容器并联电路

有极性电解电容器可以串联也可以并联，有极性电解电容器的串联电路是有变化的，它

有顺串联和逆串联两种形式。有极性电解电容器顺串联电路在电子电路中不多见，常见的是有极性电解电容器的逆串联电路。

1．有极性电解电容器并联电路

图 6-77 所示是有极性电解电容器并联电路，两只电容器的正极与正极相连，负极与负极相连，它们并联后还是一个有极性电解电容器，其容量为两只电容器容量之和。

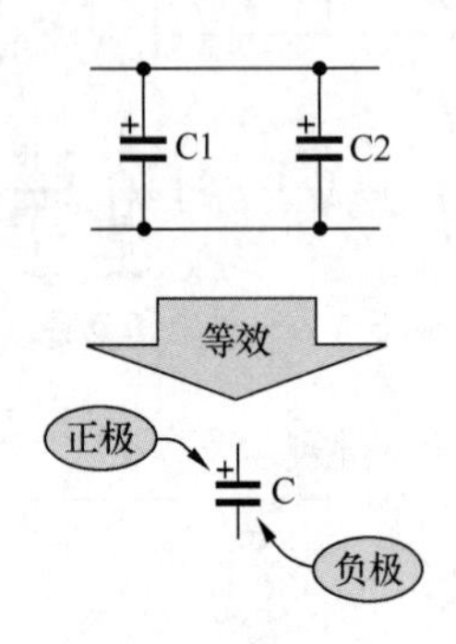

图 6-77　有极性电解电容器并联电路

重要提示

两只有极性电容器并联时，不能一只电容器的正极与另一只电容器的负极相连，否则在电路中会有一只电容器因极性接反而爆炸。

2．两只大电解电容器并联电路

图 6-78 所示是两只大电解电容并联电路。C1 和 C2 都是 510μF 电解电容器，这是容量比较大的电解电容器。这种电容并联电路用于电源滤波电路，或用于 OTL 功放电路输出回路作为输出端耦合电容。

使用这种两只大电容并联电路，主要出于下列几种目的。

（1）降低电容器 *ESR*。

（2）提高电路工作的可靠性，有一只电容器开路后，另一只电容器仍然能够使电路正常工作，这样可降低电路的故障发生率。在图 6-78 所示的电源滤波电路中，如果有一只滤波电容器 C1 或 C2 开路后，另一只滤波电容器仍然能够进行滤波（当然滤波效果要稍微变差），电路仍然能够工作。如果电路中只有一只滤波电容器，当这一滤波电容器开路后，电路中没有滤波电容，将会出现严重的交流声故障。

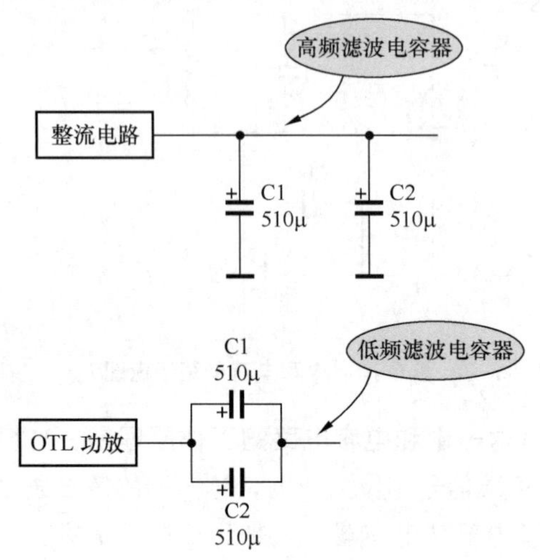

图 6-78　两只大电解电容器并联电路

（3）为了减小电容器漏电流。容量大的电容器漏电流大，用两只容量较小的电容器并联，并联后总的漏电流比用一只大电容器的漏电流要小。

（4）为了加大容量。在采用一只大电容后的电路效果仍然不够理想时，可以再用一只大电容器相并联。

（5）为了降低成本。大电容器的价格较贵，两只容量小一半的电容器的价格加起来还不到一个大电容器的价格。

（6）为了减小电容器的体积。一只容量大一倍的电容器，其体积要大出许多，由于机器内部空间的限制，只能装配体积较小的电容器，但是一只电容器的容量又不够，此时可用两只容量较小电容器相并联。

6.3.13　有极性电解电容器串联电路

有极性电解电容器串联电路有两种：逆串联电路和顺串联电路。

1．有极性电解电容器逆串联电路

有极性电解电容器逆串联主要是为了得到一个无极性的电解电容器。

图 6-79 所示是有极性电解电容器逆串联电路，逆串联电路有两种。图 6-79(a) 所示是两只电容器的正极相连，图 6-79(b) 所示是两只电容器的负极相连。无论哪种逆串联电路，其电路效果是一样的，逆串联后都等效成一只无极性的电解电容器，如图 6-79(c) 所示，其等效电容容量减小。

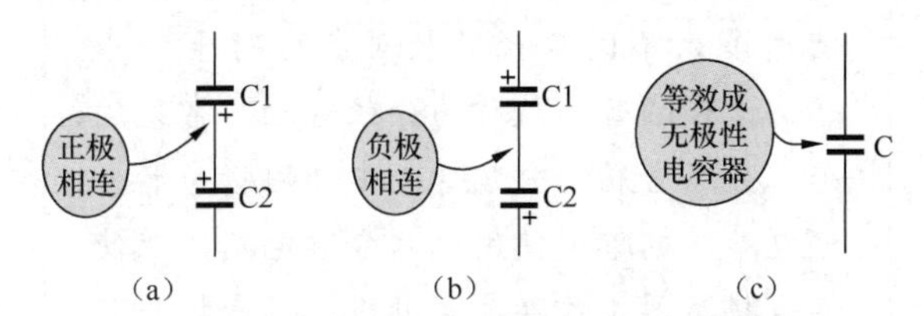

图 6-79 有极性电解电容器逆串联电路

2. 有极性电解电容器顺串联电路

图 6-80 所示是有极性电解电容器的顺串联电路。电路中，C1 和 C2 均是有极性的电解电容器，电容器 C1 的负极与电容器 C2 的正极相连，这种串联方式叫作有极性电解电容器的顺串联。

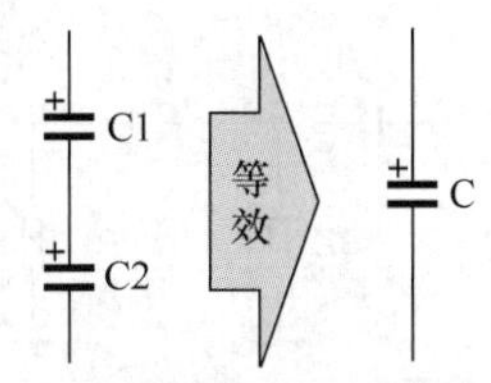

图 6-80 有极性电解电容器顺串联电路

重要提示

有极性电解电容器顺串联之后，仍等效成一只有极性的电容器 C，其极性如等效电路所示，即 C1 的正极为正极，C2 的负极为负极。

有极性电解电容器的顺串联电路，主要是能提高电容器的耐压，但在电子电路中，由于直流工作电压不是很高，所以不常用这种顺串联电路，它主要用于电子管电路。

图 6-81 所示中的 C5 和 C6 组成顺串联电路。因为电子管电路中的直流工作电压比较高，用两只耐压较低的电解电容器顺串联后可提高电容器耐压。

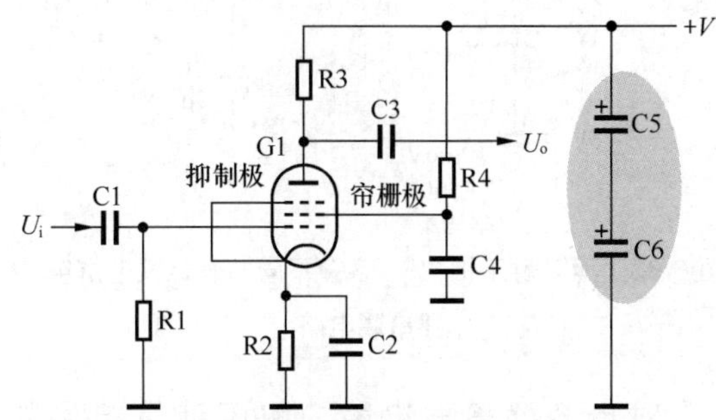

图 6-81 实用有极性电解电容器顺串联电路示意图

3. 电解电容器串联电路的容量和耐压

有极性电解电容器逆串联和顺串联之后，其等效电容器的耐压会升高，但容量则会下降，可以用两个有极性电解电容器的顺串联电路的例子来说明，逆串联电路也是一样的。

如图 6-82 所示，电容器 C1 和 C2 容量和耐压都相同，容量为 10μF，耐压为 6V，它们串联后加到一个 12V 的直流电压上，此时串联等效后的电容器 C0 容量降低为原来的 1/2，为 5μF，耐压则升高一倍，为 12V。

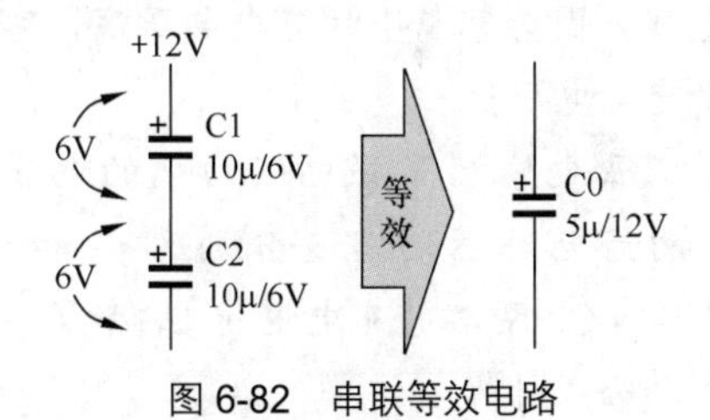

图 6-82 串联等效电路

重要提示

在电解电容串联电路中，通常用两只容量相等、耐压相同的电容器进行串联。如果确实需要不同容量的电容器串联获得所需的容量，耐压将以小容量耐压考虑。

图 6-83 所示是两只耐压相同，但是容量不同的有极性电解电容器串联电路，一只容量为 20μF，另一只容量为 10μF。等效电容器 C0 的容量通过计算可知，即总容量的倒数等于各电容的倒数之和，由此可知，等效电容器 C0 的容量约为 7μF。

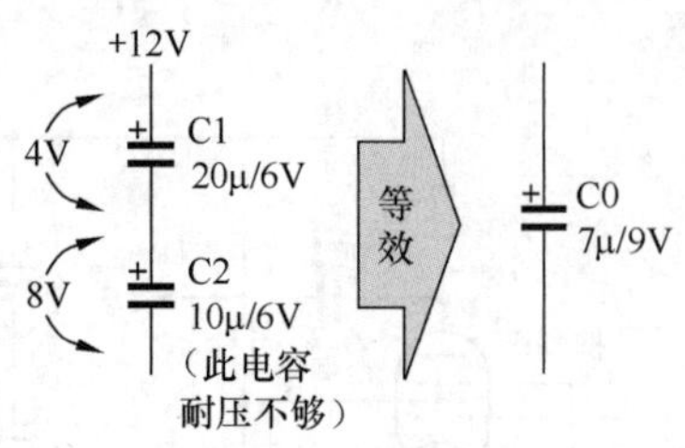

图 6-83　两只耐压相同、容量不同的有极性电解电容器串联电路

对电容器串联电路的耐压计算结果如图 6-83 所示，C1 和 C2 串联后等效电容器耐压为 9V，这说明这只等效电容器的耐压比 C1、C2 的 6V 要高，这一串联等效电容器可以接在一个 9V 电压的电路中，但不能接在 12V 电压的电路中。如果要接在 12V 电压的电路中，电容器 C2 的耐压不能小于 8V，因为在 12V 电压的串联电路中，C2 上的压降会达到 8V。

重要提示

两只容量不同的电容器串联应用时，不能将两只电容器的耐压直接相加作为总的电压，因为容量小的充电电压高，容量大的充电电压低。

假如电容器串联电路两端的电压为 U，两只电容器的容量分别为 C_1 和 C_2，则 C1 和 C2 两端的充电电压 U_{C1} 和 U_{C2} 可由下列公式计算：

$$U_{C1}=U\frac{C_2}{C_1+C_2}$$

$$U_{C2}=U\frac{C_1}{C_1+C_2}$$

显然，在电容器串联电路中，当两只电容器的容量不等时，对两只电容器的耐压要求是不同的，对容量小的电容器要求的耐压高。

可以这样定性理解：C1 和 C2 串联电路中，两电容器充电电荷量相等，由电容器两端电压公式（$U=Q/C$）可知，Q 相等时，C 小时 U 大。

或者可以用容抗来理解：容量小，容抗大，串联电路中在小容量电容器上的压降大。

6.3.14　扬声器分频电容电路

用在分频电路中的电容器叫作分频电容器。

重要提示

在音箱中为了提高重放声音的效果，使用多只不同口径的扬声器进行重放声音，这样的音箱被称为分频音箱，常见的是二分频音箱。分频音箱中使用扬声器分频电路，电路中使用电容分频电路，以使高音扬声器工作在高音频段，低音扬声器工作在中音频段和低音频段。

1. 二分频电路中分频电容电路

图 6-84 所示是二分频电路中的分频电容电路。电路中 C1 是功率放大器输出端耦合电容器，C2 是无极性分频电容器。

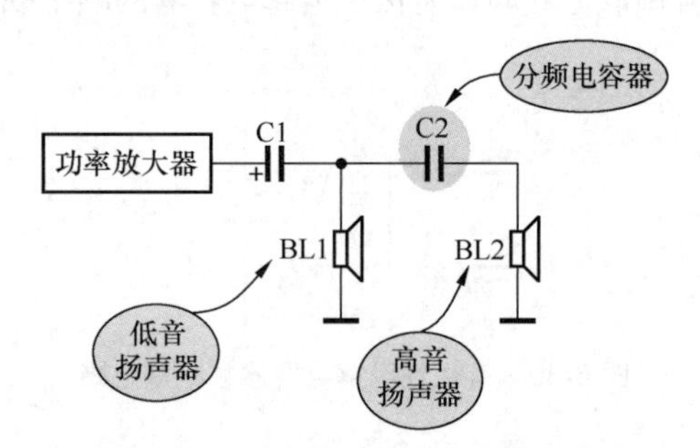

图 6-84　二分频电路中的分频电容电路

（1）全频域音频信号。从功率放大器输出端耦合电容器 C1 输出的是全频域音频信号，即有低音、中音和高音信号，由于分频电容器 C2 的容量设计合理，它对低音和中音信号的容抗大，这样低音和中音信号不能通过 C2 加到高音扬声器 BL2 中，而只能通过低音扬声器 BL1 重放。图 6-85 是低频信号电流回路示意图。

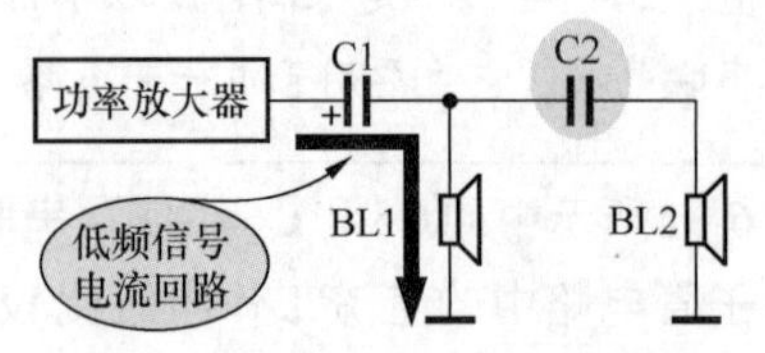

图 6-85　低频信号电流回路示意图

（2）高音信号传输过程。由于高音的频率较高，C2 对此频率的容抗小，这样高音信号顺利通过 C2 加到高音扬声器 BL2 中，使高音由高音扬声器来重放。图 6-86 是高频信号电流回路示意图。

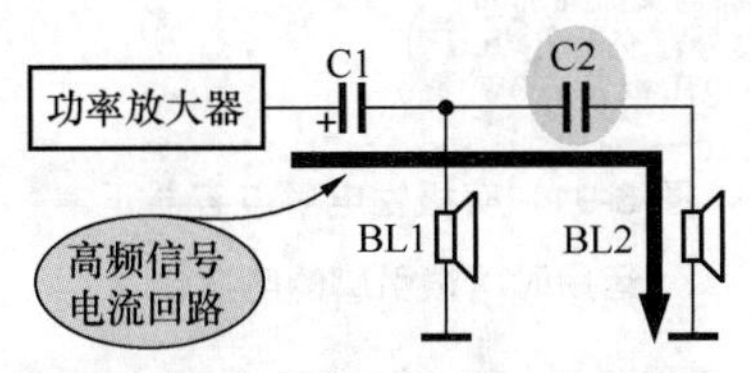

图 6-86　高频信号电流回路示意图

重要提示

（1）低音扬声器高频特性差。高音信号虽然也能加到低音扬声器上，但是低音扬声器的高频特性不好，所以重放高音主要由高音扬声器 BL2 完成。

（2）分频电容器为无极性电容器。由于从C1输出的信号是音频信号（交流信号），而且幅度很大，所以分频电容器必须是无极性电解电容器。有专门的用于分频电路中的无极性电解电容器，如钽电解电容器。

有极性电解电容器在大信号交流电路中无法正常工作，因为交流信号的极性在不断改变。

2．故障处理方法

对于这一电路中的 C2 故障可以通过试听来判断，说明如下。

如果扬声器 BL1 中声音正常，而 BL2 中没有声音，怀疑 C2 是不是开路。

如果扬声器 BL1 中声音正常，而 BL2 中的声音质量不好，怀疑 C2 是不是漏电。

3．有极性电解电容器逆串联构成的分频电容电路

图 6-87 所示是有极性电解电容器逆串联构成的分频电容电路。有极性电解电容器逆串联之后，原先有极性的引脚就没有极性了，这样串联后的电容器可以作为无极性电解电容器来使用。这样的电路没有用真正无极性电解电容器串联的电路的好。

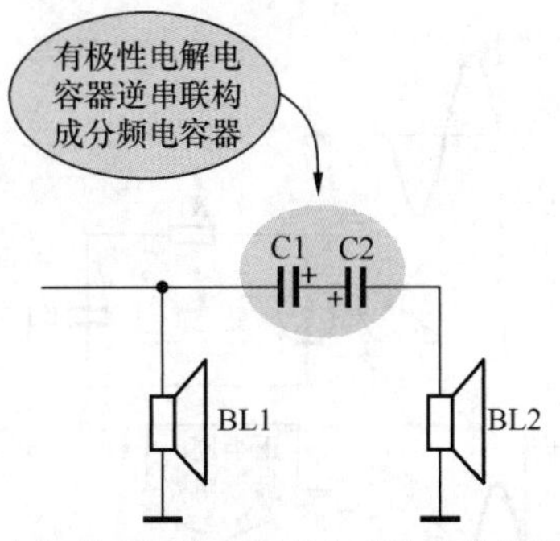

图 6-87　有极性电解电容器逆串联构成的分频电容电路

重要提示

有极性电解电容器不能在纯交流电路中运用。

分频电容器工作在交流电路中，所以只能用无极性电解电容器，图 6-88 所示电路可以说明有极性电解电容器在交流大信号电路中的工作情况。

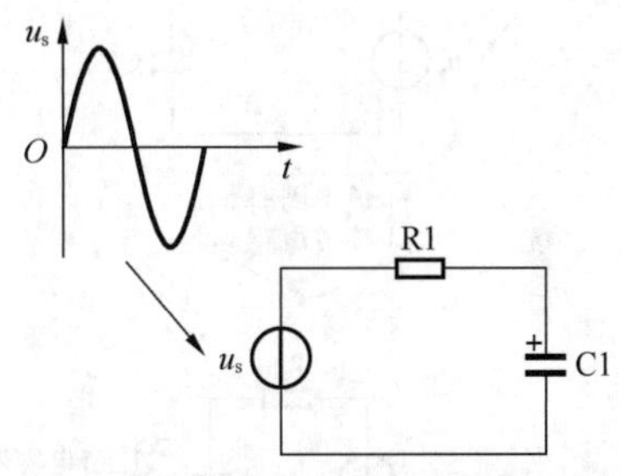

图 6-88　有极性电解电容器在交流大信号电路中的工作状态示意图

（1）大信号正半周工作情况。交流大信号 u_s 在正半周时，其电压极性与 C1 引脚极性一致，图 6-89 所示是正半周等效电路，正极性电压加到 C1 的正极，符合有极性电容器的工作条件，这时的电容器 C1 能够正常工作。

（2）大信号负半周工作情况。在信号为负半周时，交流大信号的电压极性与 C1 引脚极性相反，图 6-90 所示是负半周等效电路，负极性电压加到 C1 的正极，负半周期间 C1 负极的电压始终高于正极电压，因为 C1 是一个有极性的电解电容器，所以此时的电容器 C1 漏电

严重，不能够正常工作。

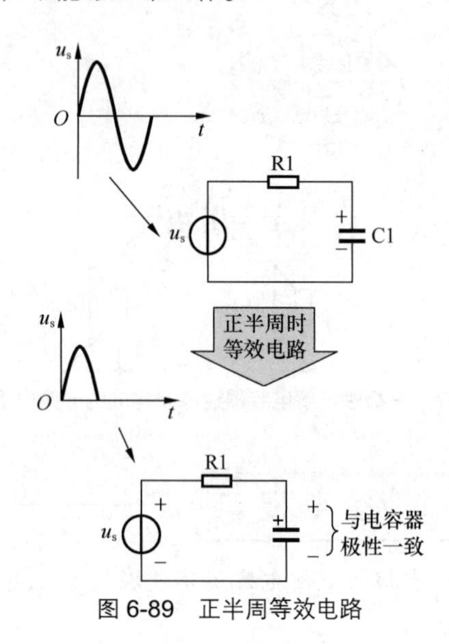

图 6-89　正半周等效电路

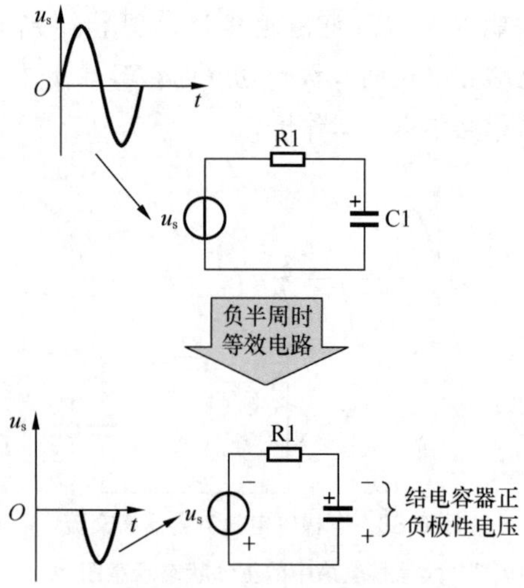

图 6-90　负半周等效电路

4．有极性电解电容器在交直流混合电路中的工作原理

图 6-91 所示电路可以说明有极性电解电容器正常运用时两根引脚的电压情况。

从图中可以看出，信号 U_s 是直流与交流信号叠加的信号，交流信号的负峰值也大于 0V，也为正电压，如图 6-91 所示。

这样，加到 C1 上的电压极性与 C1 的引脚极性始终一致，所以有极性电解电容器能够正常工作。

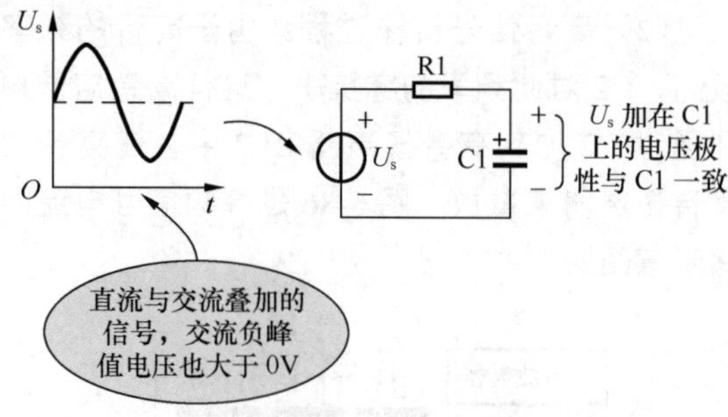

图 6-91　有极性电解电容器正常运用时两根引脚的电压情况

6.3.15　温度补偿型电容器并联电路

图 6-92 所示是两只等容量小电容器并联电路，C1 的容量等于 C2 的容量。这是行振荡器电路中的行定时电容电路，集成电路 A1 的⑥引脚与地之间接有定时电容器 C1 和 C2。其中，C1 是聚酯电容器，其电容是正温度系数电容；C2 是聚丙烯电容器，其电容是负温度系数电容。

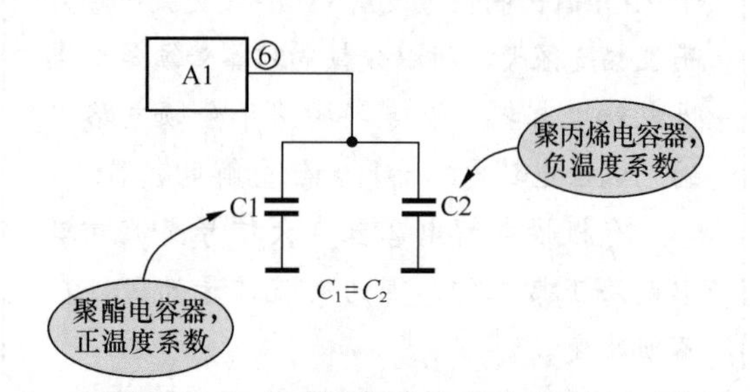

图 6-92　两只等容量小电容器并联电路

1．电路分析

重要提示

在行扫描电路中，由于定时电容器的容量大小决定了行振荡器的振荡频率，所以要求定时电容器的容量非常稳定，不随环境温度变化而变化，这样才能使行振荡器的振荡频率稳定，所以采用正、负温度系数的电容器并联，进行温度互补。

当工作温度升高时，C1 的容量在增大，而 C2 的容量在减小，两只电容器并联后的总电容 $C=C_1+C_2$，由于一只容量在增大而另一只在减小，所以总容量基本不变。

同理，在温度降低时，一只电容器的容量在减小而另一只在增大，总的容量基本不变，稳定了振荡频率，实现了温度补偿的目的。

2．电路分析细节

在分析这一电路工作原理的过程中，要注意下列细节。

（1）在振荡器电路中，定时电容器的容量大小就决定了振荡器的振荡频率，当定时电容器的容量因为温度的变化而大小改变时，振荡器的振荡频率就不会稳定。

（2）在这一电路工作原理分析过程中，如果不了解不同材料的电容器具有不同的温度特性，那么就无法分析电路，也无法理解为什么要使用两只等容量小电容器进行并联，由此可见，电路分析中了解电子元器件的特性相当重要。

（3）温度互补的情况在电路分析中时常运用，不仅是两只不同温度系数的电容器之间具有温度的互补特性，其他电子元器件之间也有温度互补特性。

6.3.16 多只小电容器串并联电路

图 6-93 所示是多只小电容器串并联电路，这是行扫描输出级的逆程电容电路。电路中，C3 与 C4 并联后与 C2 串联，然后再与 C1 并联。这几个电容器经串联、并联后总的等效电容是逆程电容，如图 6-93 所示电路中的等效电路，这一电路中的每一个电容器都是逆程电容器的一部分。

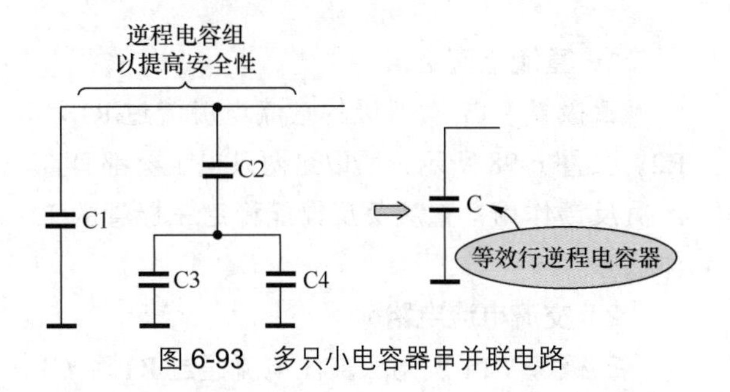

图 6-93 多只小电容器串并联电路

1．准备知识

行扫描电路中，逆程电容器不能开路，否则高压会升高许多而造成打火现象，所以在进行逆程电容电路的设计时采取了安全措施，这就出现了如图 6-93 所示的多只电容器串联、并联的电路。如果不了解这一点，就很难解释清楚为何逆程电容电路如此复杂。

2．电路分析

如果电路中只采用一只电容器作为逆程电容器，万一该电容器出现开路故障，则高压将升高许多。在采用了图中这样许多电容器串联、并联的电路后，即使其中的一个电容器出现开路故障，还有其他电容器在工作，不会造成高压升高许多的现象。

分析方法提示

分析这一电路时可以假设某只电容器开路，然后再进行逆程电容电路的分析。例如，C1 开路，此时电路中的 C2、C3 和 C4 仍然在工作。虽然 C1 开路后总的逆程电容容量下降了，高压有所上升，但是还有其他电容器在工作，高压不会上升到非常高的程度，这时对电路的危害性不大。

同理，当 C2 开路时，C3 和 C4 也不能工作，但是 C1 仍然工作。通过这种电容器串联和并联的设计，较好地保证了逆程电容不会全部开路，所以这种电路设计的目的是提高电路工作的安全性。

6.3.17 发射极旁路电容电路

通常三极管发射极回路都要串联一只电阻器，当这只电阻器上并联一只电容器时就构成发射极旁路电容电路，如图 6-94 所示，电路中 VT1 构成一级音频放大器，C1 为 VT1 发射极旁路电容器。

1．电路分析

（1）旁路电容电路分析。在 VT1 发射极电阻 R1 上并联了一只容量比较大的旁路电容器

C1，对所有音频信号而言其容抗远比发射极电阻器 R1 的阻值小，这样 VT1 发射极输出的交流信号电流全部通过 C1 到地，图 6-95 是交流信号电流回路示意图，这样交流信号电流不流过 R1，C1 起着发射极交流信号旁路的作用。

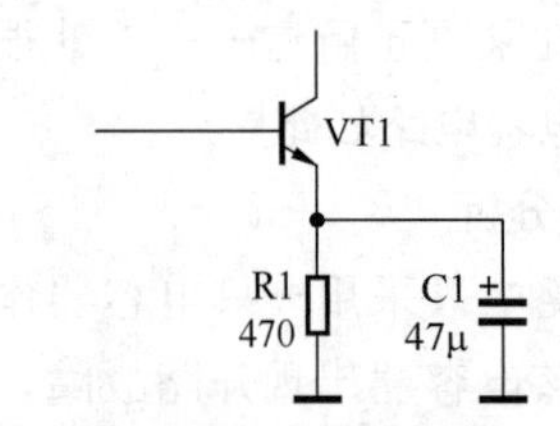

图 6-94　接有旁路电容器的发射极负反馈电路

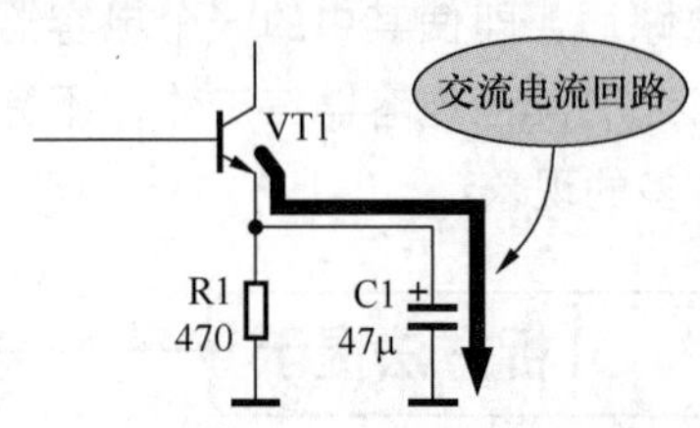

图 6-95　交流信号电流回路示意图

（2）发射极负反馈电阻器 R1 分析。R1 是发射极负反馈电阻器，在没有加入旁路电容器 C1 时，它对交流信号和直流信号都可能起负反馈作用。对直流的负反馈可以稳定 VT1 工作状态，对交流的负反馈可以改善放大器特性，如减小放大器非线性失真等。

加入电容器 C1 后，只有 VT1 发射极输出的直流电流流过电阻器 R1，如图 6-96 所示。电阻器 R1 只存在直流负反馈作用，因为交流信号电流没有流过 R1，所以 R1 对交流信号不起负反馈作用。

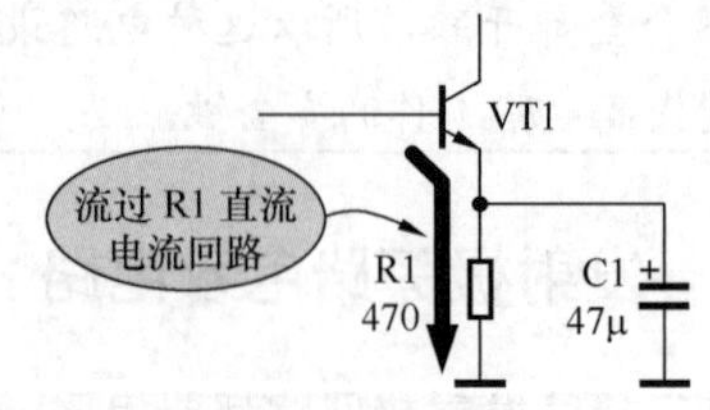

图 6-96　流过 R1 直流电流回路示意图

（3）C1 旁路所有的音频信号。C1 的容量为 47μF，对于音频放大器而言，该电容容量很大了，它对所有音频信号都呈现很小的容抗，所以它能让所有的音频信号通过。

2．故障检测方法

对于电路上 C1 的故障检测方法，可分下列几种情况。

（1）如果 VT1 信号增大且伴有噪声增大现象，此时怀疑 C1 短路，用万用表直流电压挡直接测量 VT1 发射极直流电压，如果是 0V，可以拆下 C1，此时 VT1 输出信号减小，说明 C1 短路。这是因为 C1 短路后 VT1 静态电流增大，放大能力增大，VT1 输出信号增大，同时 VT1 静态电流增大导致噪声增大。

（2）如果 VT1 输出信号减小，可以直接用一只好的等容量电容器与 C1 并联上，如果 VT1 输出信号正常，说明怀疑属实。这是因为 C1 开路后，R1 存在了交流负反馈，使放大器放大能力下降，所以 VT1 输出信号减小。

（3）如果怀疑 C1 漏电，尝试更换一只 C1。

6.3.18　部分发射极电阻加旁路电容电路

图 6-97 所示是部分发射极电阻加接旁路电容电路。**发射极电路中，有时为了获得合适的直流和交流负反馈，将发射极电阻器分成两只电阻器串联。**R1 和 R2 串联起来后作为 VT1 总的发射极负反馈电阻器，构成 R1 和 R2 串联电路的形式是为了方便形成不同量的直流和交流负反馈。

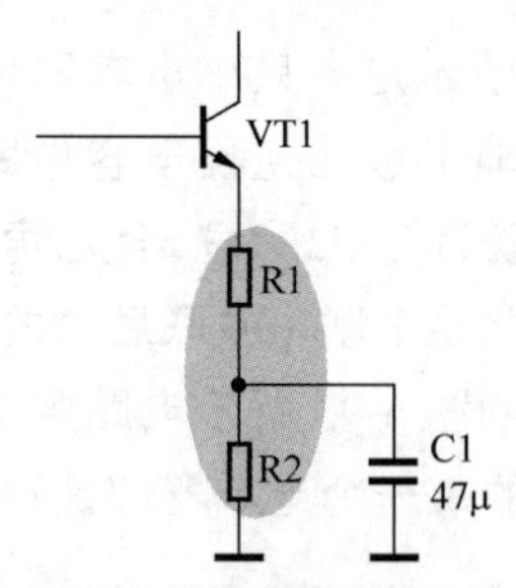

图 6-97　部分发射极电阻加接旁路电容电路

1．直流电流电路

三极管 VT1 发射极的直流电流流过 R1 和 R2，如图 6-98 所示，所以这两只电阻器都有直流负反馈作用，直流负反馈能稳定三极管的工作状态。

2．交流电流电路

三极管 VT1 发射极交流电流通过 R1 和 C1

到地，没有流过R2，所以只有R1存在交流负反馈作用，图6-99是交流电流回路示意图。

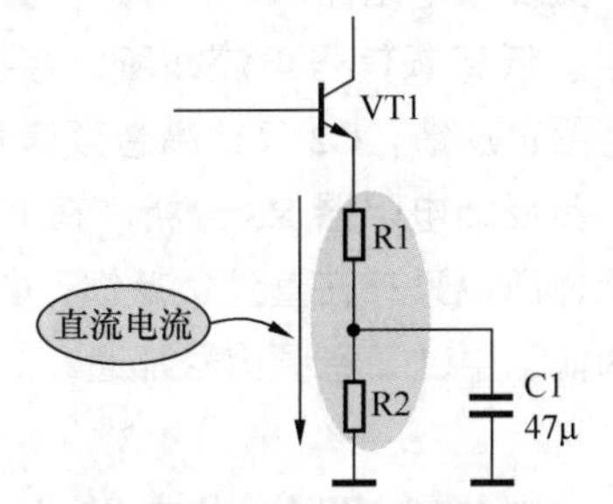

图6-98　直流电流流过R1和R2示意图

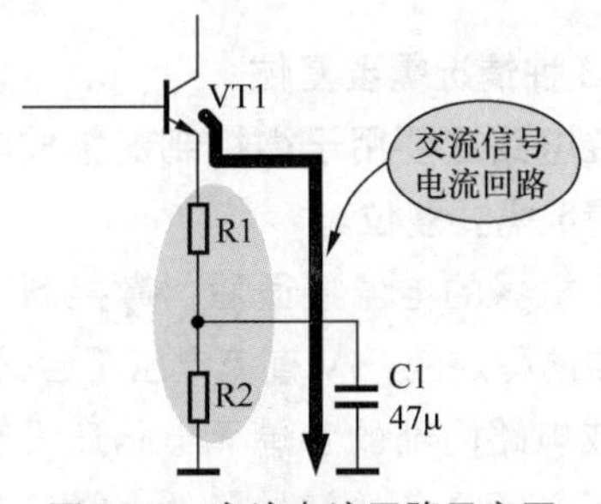

图6-99　交流电流回路示意图

重要提示

采用这种发射极电阻设计的目的是在获得更大的直流负反馈的同时减小交流负反馈，因为交流负反馈量太大，会使放大器的增益下降得太多。

对于这种多个发射极电阻器串联的电路，分析哪只电阻器起直流还是交流负反馈作用，关键看流过该电阻器的电流，如果只有直流电流流过该电阻器，就只有直流负反馈作用。

如果除直流电流外还有交流电流流过该电阻器，则该电阻器有交流和直流的双重负反馈作用。

6.3.19　发射极具有高频旁路电容电路

图6-100所示是发射极具有高频旁路电容电路。由于输入端耦合电容器C1容量为10μF，所以VT1构成音频放大器，若VT1发射极电阻上接有一只容量较小的旁路电容器C2（1μF），C2就是发射极高频旁路电容器。

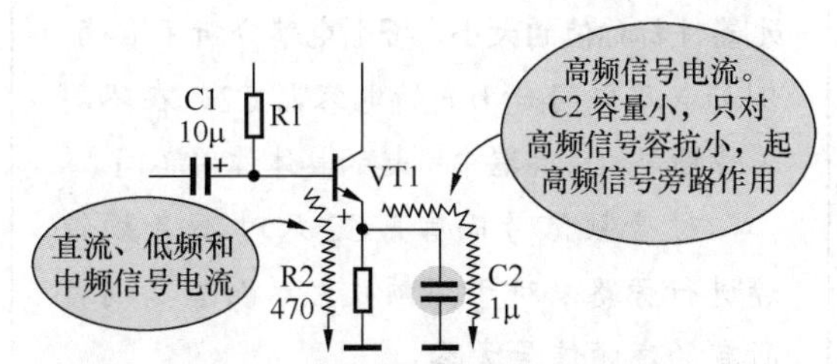

图6-100　发射极具有高频旁路电容电路

1．音频电路

如果这一电路是音频放大器，由于C2容量比较小（1μF），低音频和中音频信号的系统远大于电阻器R2的阻值，这样，C2相当于开路，此时，中、低音频信号因C2容抗很大而流过R2，所以R2对直流和中、低音频信号都起负反馈作用。

2．音频信号中的高音频信号

对于高音频信号而言，C2容抗比较小，C2构成了VT1发射极的高音频信号电流通路，起到高音频旁路的作用，所以R2没有高音频负反馈作用。

这样，放大器对高音频信号的负反馈量较小，对高音频信号的放大倍数大于对低音频和中音频信号的放大倍数，这样的电路叫作高音频补偿电路。

像C2这样只让音频信号中的高音频信号流过的电容器叫作高音频旁路电容器。

3．高频电路

如果VT1构成的是高频放大器（电路中的输入端耦合电容器容量减小到几百皮法），其工作频率远高于音频信号频率，C2容量虽然只有1μF，但是容抗已经很小，远小于发射极负反馈电阻器R2，足以使所有的高频信号通过C2到地。

加入了C2之后，R2没有高频信号负反馈作用，只存在直流负反馈。

电路分析提示

通过对这一电路的分析可知，在进行电路分析时，不仅要了解是什么类型的放大器，了解电路中元器件的特性，有时还需要了解元器件标称值的大小，否则电路分析不准确，例如电路中同是1μF的电容器C2，在不同工作频率的放大器中所起的具体作用不同。

对音频信号而言，C2只对高音频信号进行旁路；对于高频放大器而言，则对所有的高频信号旁路。

6.3.20 发射极接有不同容量旁路电容电路

图6-101所示电路中接有两只不同容量的发射极旁路电容器。电路中的VT1构成音频放大器，它有两只串联起来的发射极电阻器R2和R3，另有两只容量不等的发射极旁路电容器C2和C3。由于C2容量较小，对高音频信号容抗很小，而对中、低音频信号的容抗大。

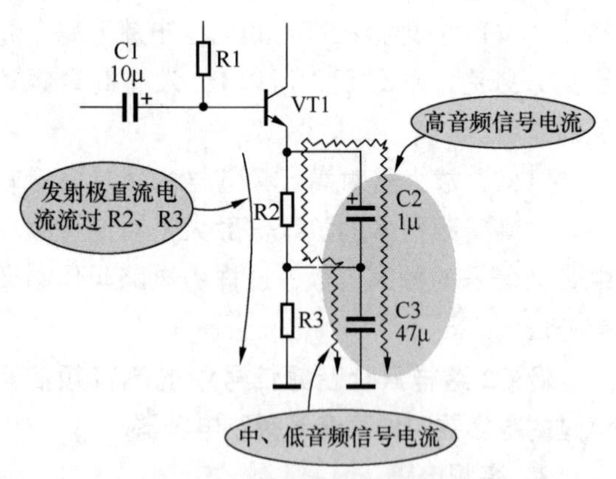

图6-101 发射极接有不同容量旁路电容器的音频放大器电路

（1）高频旁路电容器C2分析。由于它的容量较小，只有1μF，在音频电路中，它只能做高音频信号的旁路电容器，这样，没有高音频信号流过电阻器R2，但是低、中音频信号仍流过R2。

（2）旁路电容器C3分析。由于它的容量较大，为47μF，这一容量对音频信号中的所有频率成分的容抗都非常小，所以它是音频旁路电容，这样R3上没有音频信号流过。

（3）负反馈电阻器R2分析。在R2中流有直流和中、低音频信号电流，所以存在直流和中、低音频负反馈，C2只让高音频信号流过。

（4）负反馈电阻器R3分析。在R3中流有直流电流，所以只存在直流负反馈，C3让音频信号中的低、中、高音频信号都通过。

6.3.21 微控制器集成电路中的电容复位电路分析

1．3种情况需要复位

复位电路主要用于微控制器集成电路，下列3种情况需要复位。

（1）机器的电源接通后，微控制器集成电路所需要的稳定的+5V直流电压不会很快建立，此时集成电路内部的各单元电路还没有进入正常工作所必须具备的初始条件，微控制器电路会出现误动作，这时需要复位。

（2）机器电源切断时，也会出现上述类似情况，必须使微控制器停止工作。

（3）机器工作过程中，由于某种原因，微控制器的工作进入混乱状态，需要重新进入正常工作时，也需要复位电路。

2．电容复位电路分析

图6-102所示是电容复位电路。A1是CPU集成电路，①引脚是集成电路A1的复位引脚，复位引脚一般用$\overline{\text{RESET}}$表示，①引脚内部电路和外部电路中的元器件构成复位电路，C1是复位电容器，S1是手动复位开关。

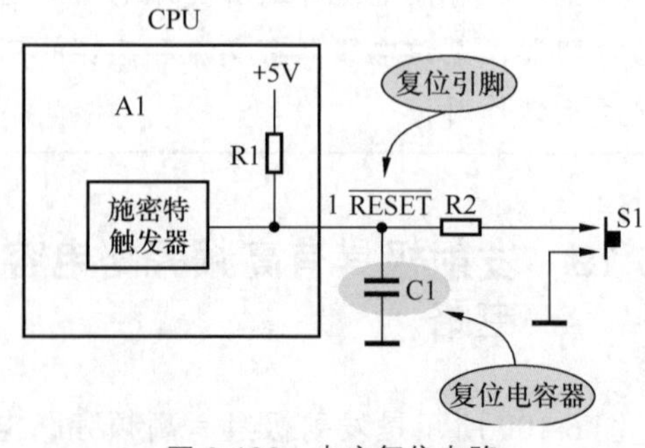

图6-102 电容复位电路

这一复位电路的工作原理：集成电路A1的①引脚内电路有一个施密特触发器和一只提拉电阻器R1，R1一端接在直流电压+5V上，另一端通过A1的①引脚与外部电路中的电容器C1相连。

电路的电源开关接通后，+5V直流电压通过电阻器R1对电容器C1充电，这样在电源接通瞬间，电容器C1两端没有电压（因为电容器两端的电压不能突变），随着对C1的充电，集成电路A1的①引脚上电压开始升高，这样可在A1的①引脚上产生一个时间足够长的复位脉冲，时间常数一般为0.2s。

随着+5V直流电压充电的进行，A1的①引脚上的电压达到了一定程度，集成电路A1内部所有电路均可建立起初始状态，复位工作完成，CPU进入初始的正常工作状态。

这一复位电路的作用：使集成电路A1的复位引脚（①引脚）上直流电压的建立滞后于集成电路A1的+5V直流工作电压一段规定的时间，图6-103所示电压波形可以说明这一问题。

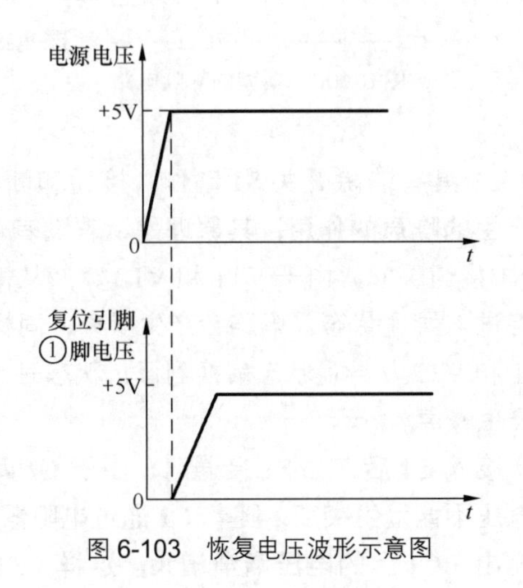

图6-103 恢复电压波形示意图

电源接通后集成电路A1的直流工作电压的上升有一个过程，而复位引脚上的直流电压更加滞后，这样微控制器中的CPU才能进入初始工作状态。所以，复位电路就是要使复位引脚上的直流电压滞后一段时间。

手动复位电路的工作原理：按一下复位开关S1（按钮开关）时，在S1接通期间，C1中电荷通过R2和导通的S1很快放电完毕，使C1中没有电荷，集成电路A1的①引脚电压为0V，此时CPU停止工作。

释放按钮后，S1断开，+5V直流电压通过提拉R1对电容器C1充电，使集成电路A1的①引脚上电压有一个缓慢上升过程，这样可以达到复位的目的。

6.3.22 静噪电容电路

1. 电子音量电位器中的静噪电容电路

图6-104是电子音量电位器中的静噪电容电路，C1是静噪电容器，通常这类静噪电容器的容量为47μF，采用有极性电解电容。

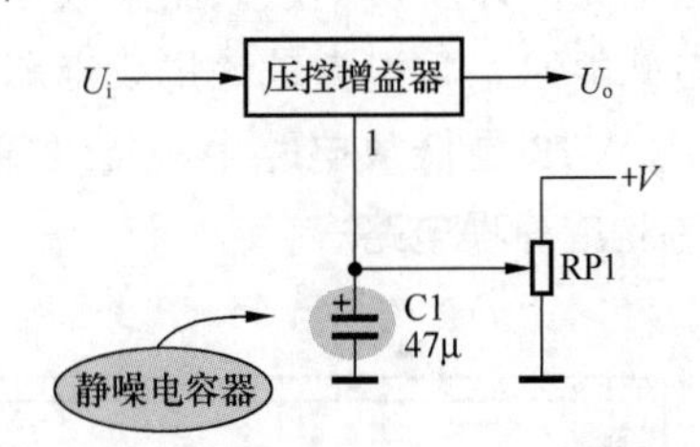

图6-104 电子音量电位器中的静噪电容电路

（1）压控增益器是一种放大倍数受直流电压大小控制的放大器，输入信号U_i大小一定时，如果①引脚上直流电压大小变化，输出信号U_o大小随之改变，这就是电子音量控制器工作的基本原理。

（2）RP1是音量电位器，但是它与普通的音量电位器工作原理不同，RP1中不流过音频信号，当RP1动片上下滑动时，压控增益器的①引脚上的直流电压大小在改变，这样实现音量控制。

电容器C1的工作原理：RP1动片上是直流电压，如果RP1动片滑动过程中出现噪声（一种交流干扰），这一交流信号叠加到直流电压上，加到压控增益器的①引脚上，使其直流电压大小发生波动，结果出现音量控制过程中的噪声。在加入静噪电容器C1后，RP1上的任何交流噪声都被C1旁路到地线，因为C1容量大，对这些交流噪声的容抗很小，达到消除音量电位器转动噪声的目的。

2．开机静噪电路

重要提示

开机静噪电路主要有两种形式。

（1）将静噪电路设在功率放大器电路中，在开机后使功放输出级电路延时输出信号，以避开开机时的冲击噪声。

（2）设在扬声器保护电路中，使扬声器在开机后延迟接入电路，达到消除开机冲击噪声的目的。

图6-105所示是某型号集成电路内部电路中的静噪电路，许多功率放大器集成电路的静噪电路与此类似。⑩引脚是该集成电路的静噪控制引脚，VT3是低放电路中的推动管，VT1和VT2等构成静噪电路。

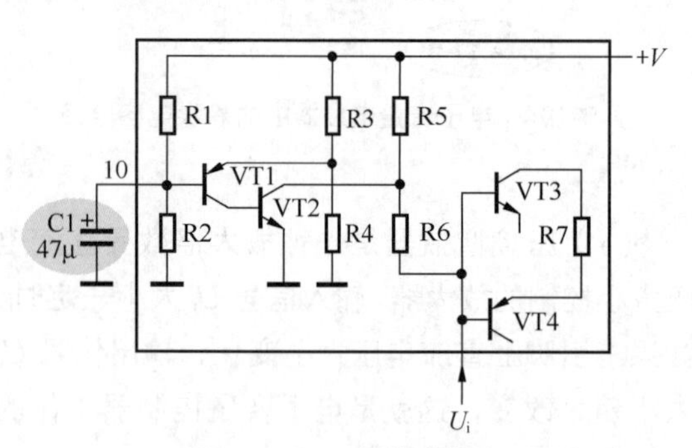

图6-105　开机静噪电路

内部电路中，电阻器R1和R2分压后的电压加到VT1基极，R3和R4分压后的电压加到VT1发射极上，这两个分压电路使VT1基极上直流电压等于发射极上电压，这样在静态时VT1处于截止状态。

开机瞬间，由于C1两端的电压不能突变（C1内原先无电荷），⑩引脚电压为0V，此时VT1处于导通状态，VT1集电极电流流入VT2基极，VT2饱和，VT2集电极为低电位，将推动管VT3、VT4基极通过R6对地端短接，推动级停止工作，功放输出级没有信号输出，这样开机时的冲击噪声不能加到扬声器中，达到开机静噪的目的。

开机后，$+V$通过R1对C1充电，很快使C1充满电荷，C1对直流而言相当于开路，此时VT1基极电压由R1和R2分压后决定，即此时VT1处于截止状态，使VT2也截止，这时VT2对推动管VT3基极输入信号没有影响，没有静噪作用。关机后，C1中的电荷通过R2放电，使下次开机时静噪电路投入工作。

3．静噪电路中消噪电容电路

图6-106所示是典型的静噪电路，电路中C1为消噪电容器，VT1和VT2为静噪三极管。

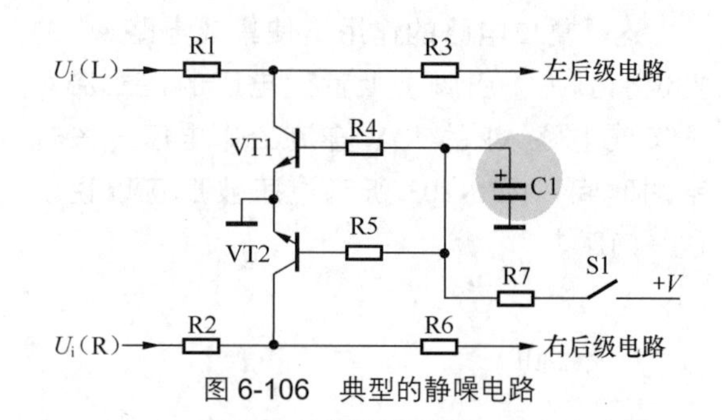

图6-106　典型的静噪电路

C1具有消除开关S1动作（接通和断开）时产生的噪声的作用，其原理是：若没有C1，在S1接通瞬间，由于VT1和VT2突然从截止状态进入导通状态，电路会产生噪声，同样在VT1和VT2从导通状态转换到截止状态时，也会产生噪声。

接入C1后，当S1接通时，由于C1两端的电压不能发生突变，随着C1通过电阻器R7的充电，C1上的电压渐渐增大，这样VT1和VT2由截止状态较缓慢地进入导通状态，这样可以消除上述噪声。

同理，当S1断开之后，C1中的电荷通过R4、R5和两管的发射结放电，使两管渐渐由导通转换成截止，这样可以消除上述噪声。

6.3.23　加速电容电路

图 6-107 所示是脉冲放大器中的加速电容电路。电路中的 VT1 是三极管，是脉冲放大管，C1 并联在 R1 上，C1 是加速电容器。C1 的作用是加快 VT1 导通和截止的转换速度，所以叫作加速电容器。

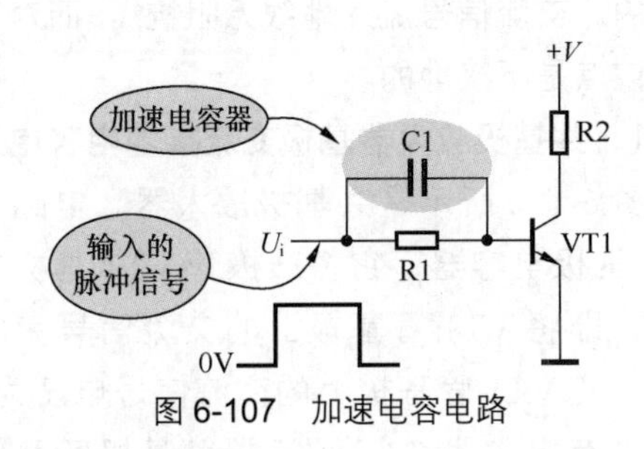

图 6-107　加速电容电路

1．等效电路分析

电路中的三极管 VT1 工作在开关状态下，U_i 为加到三极管 VT1 基极的输入信号电压，是一个矩形脉冲信号，当 U_i 为高电平时三极管 VT1 饱和导通，当 U_i 为低电平时三极管 VT1 截止。

加速电容器 C1 与三极管 VT1 输入电阻器 Ri 构成图 6-108（a）所示的等效电路。

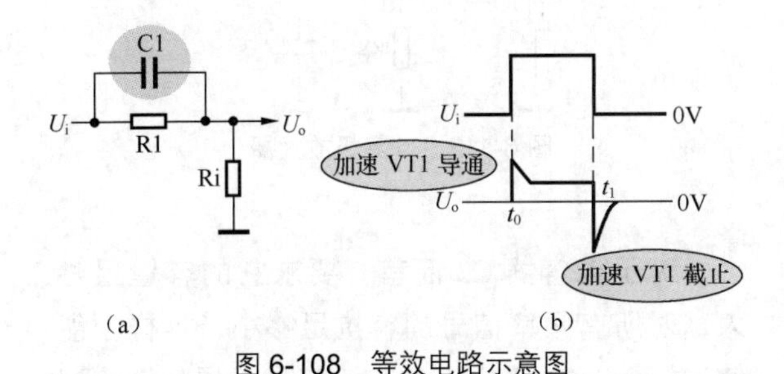

图 6-108　等效电路示意图

2．电路分析

（1）加速导通过程。当输入信号电压 U_i 从 0V 跳变到高电平时，由于 C1 两端的电压不能突变，加到 VT1 基极的电压为一个尖顶脉冲，其电压幅值最大，如图 6-108（b）中 U_o 波形所示。这一尖顶脉冲加到 VT1 基极，使 VT1 基极电流迅速从零增大到很大，这样 VT1 迅速从截止状态进入饱和状态，加速了 VT1 的饱和导通，即缩短了 VT1 饱和导通时间（三极管从截止状态进入饱和状态所需要的时间）。

（2）维持导通过程。在 t_0 之后，对 C1 的充电很快结束，这时输入信号电压 U_i 加到 VT1 基极的电压比较小，维持 VT1 的饱和导通状态。

（3）加速截止过程。当输入信号电压 U_i 从高电平突然跳变到 0V 时 [如图 6-108（b）所示的 t_1 时刻]，由于 C1 上原先充到的电压极性为左 + 右 −，加到 VT1 基极电压为负尖顶脉冲，即加到 VT1 基极的电压为负，加快了 VT1 从基区抽出电荷的过程，使 VT1 以更快的速度迅速从饱和转换到截止状态，即缩短了 VT1 向截止转换的时间。

从上述电路分析中可知，由于接入电容器 C1，VT1 以更快的速度进入饱和状态，同样也以更快的速度进入截止状态，可见 C1 具有加速 VT1 工作状态转换的作用，所以将 C1 称为加速电容器。

应用提示

这种加速电容电路主要出现在电子开关电路或脉冲放大器电路中，音频放大器不用这种电路。

3．故障检测方法

加速电容器的容量通常很小，所以对它的各种故障有效检测方法是对其进行更换。

6.3.24　穿心电容电路

重要提示

在电视机高频头中由于工作信号频率比较高，同时为防止高频头内部电路工作受外界各种干扰影响，将高频头用金属外壳全封闭起来，但是内部电路与外部电路之间需要引脚连接，这时金属外壳需开孔，这个开孔会降低金属外壳的屏蔽作用，为此可以采用穿心电容器来连接金属外壳内外电路的引线。

1．穿心电容电路之一

图 6-109 所示是高频头中的穿心电容电路，使用了 3 只穿心电容器分别连接 AGC 电压、直流工作电压和混频输出信号。

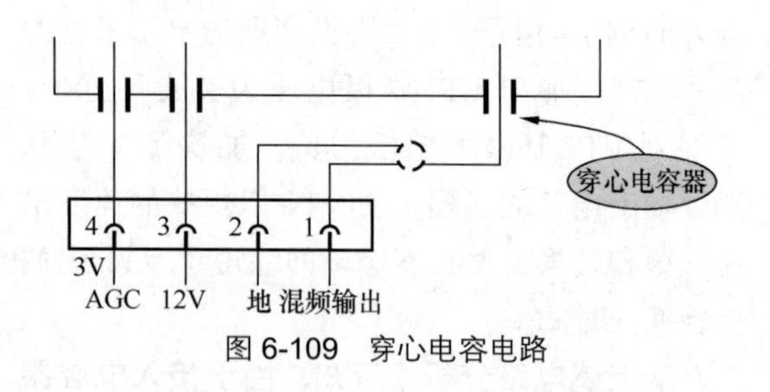

图 6-109　穿心电容电路

图 6-110 所示是几种穿心电容器实物图。

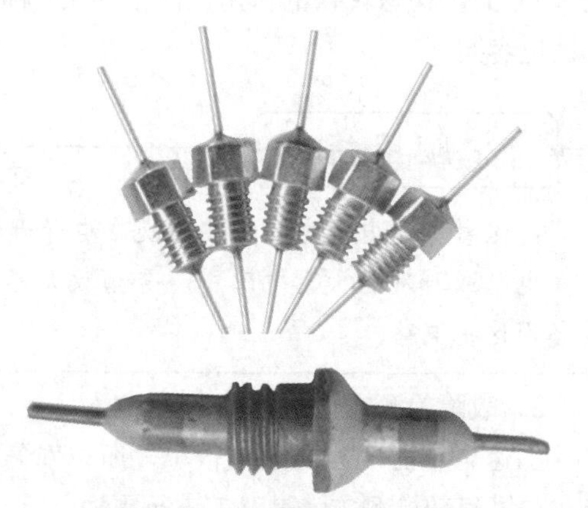
图 6-110　几种穿心电容器实物图

2．穿心电容电路之二

图 6-111 所示是另一种穿心电容实用电路。电路中 C1 是穿心电容器，它对直流工作电压起滤波作用。

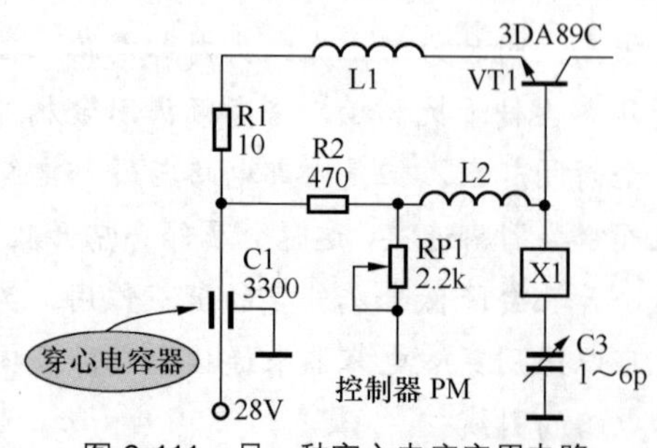

图 6-111　另一种穿心电容实用电路

6.3.25　交流接地电容电路

如果电路中的某一点需要交流接地而不影响直流工作电压时，可以采用电容接地的方式。所谓交流接地就是对交流而言电路中某一点是接地的（交流信号流入地线无阻抗），而对直流而言该点是不接地的。

1．共基极放大器基极交流接地电容电路

图 6-112 所示是共基极放大器。电路中的 C3 为基极电容器，它将三极管 VT1 基极交流接地，即将 VT1 管基极上的交流信号旁路到地线，使 VT1 管基极上的交流信号电压为零。如果没有电容器 C3，那三极管基极回路信号电流要流过电阻器 R2，R2 会对信号产生损耗。

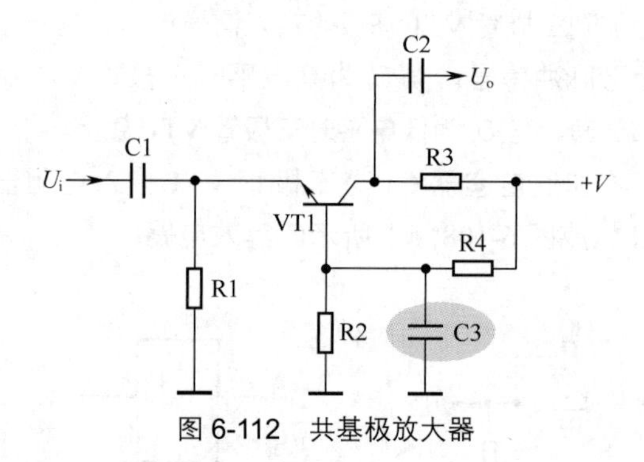

图 6-112　共基极放大器

对于电容器 C3 而言，要求它的容量足够大，对所有频率信号的容抗足够小，这样才能使三极管 VT1 基极上的交流信号无损耗地流到地端。

由于 C3 的隔直作用，C3 不影响三极管 VT1 基极的直流电压。

2．三极管集电极交流接地电容电路

图 6-113 所示是电容三点式振荡器电路。电路中的 C1 是 VT1 管的集电极旁路电容器，将 VT1 管集电极交流接地；VT1 是振荡管；C6 是输出端耦合电容器；L1 和 C5、C4、C3、C2 构成 LC 并联谐振选频电路。

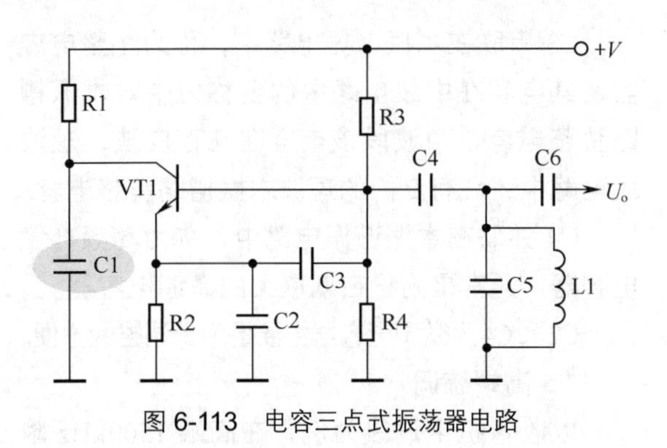

图 6-113　电容三点式振荡器电路

电容器 C1 将 VT1 集电极交流接地后，VT1 管构成了共集电极放大电路。由于 C1 不影响 VT1 管集电极直流工作电压，所以 VT1 管能够工作在放大、振荡状态。

对于 C1 而言，要求它的容量足够大，这样对振荡频率信号的容抗足够小，所以 C1 的容量大小与该振荡器的振荡频率有关，振荡频率高 C1 容量小，反之则大。

6.4　可变电容器和微调电容器应用电路

6.4.1　输入调谐电路

可变电容器和微调电容器最为常见的应用是收音机的输入调谐电路。

1．典型输入调谐电路

图 6-114 所示是典型的输入调谐电路。电路中 L1 是磁棒天线的一次绕组，L2 是磁棒天线的二次绕组。C1-1 是双联可变电容器的一个联，为天线联。C2 是高频补偿电容器，为微调电容器，它通常附设在双联可变电容器上。

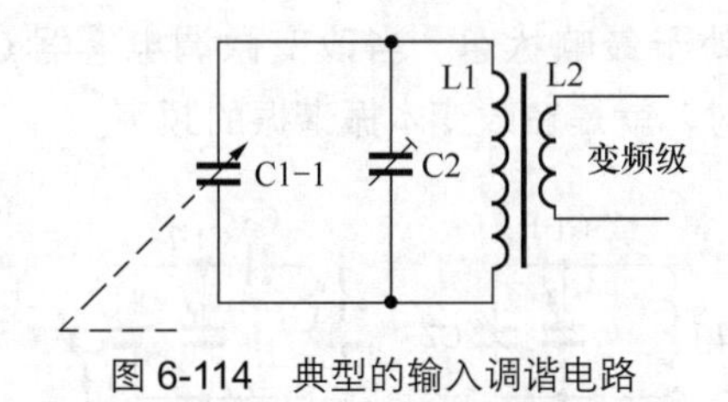

图 6-114　典型的输入调谐电路

磁棒天线中的 L1、L2 相当于一个变压器，其中 L1 是一次绕组，L2 是二次绕组，L2 输出 L1 上的信号。

由于磁棒的作用，磁棒天线聚集了大量的电磁波。由于天空中的各种频率电波很多，为了从众多电波中选出所需要频率的电台高频信号，需要用到输入调谐电路。分析输入调谐电路工作原理的核心是掌握 LC 串联谐振电路特性。

输入调谐电路工作原理：磁棒天线的一次绕组 L1 与可变电容器 C1-1、微调电容器 C2 构成 LC 串联谐振电路。当电路发生谐振时 L1 中能量最大，即 L1 两端谐振频率信号的电压幅度远远大于非谐振频率信号的电压幅度，这样通过磁耦合从二次绕组 L2 输出的谐振频率信号幅度为最大。

重 要 提 示

输入调谐电路采用了串联谐振电路，这是因为在这种谐振电路中，在电路发生谐振时绕组两端的信号电压升高许多（这是串联谐振电路的一个重要特性），可以将微弱的电台信号电压大幅度升高。

在选台过程中，就是改变可变电容器 C1-1 的容量，从而改变输入调谐电路的谐振频率，这样只要有一个确定的可变电容容量，就有一个与之对应的谐振频率，绕组 L2 就能输出一个确定的电台信号，达到调谐之目的。

多波段电路提示

在中波、短波 1 和短波 2 三波段收音机电路中，它们的输入调谐电路是彼此独立的，但是可变电容器则是各波段共用的，通过波段开关可接入所需要的输入调谐电路（主要是各波段的天线绕组）。

电路中的 C2 为高频补偿电容器。

2. 实用输入调谐电路

图 6-115 所示是收音机套件中的实用输入调谐电路。

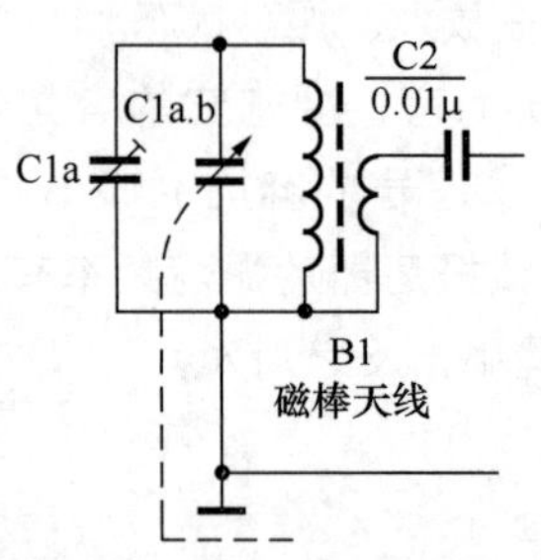

图 6-115 实用输入调谐电路

在掌握了前面的输入调谐电路工作原理之后，分析这一电路就相当简单。电路中，B1 为磁棒天线，C1a 为微调电容器，C1a.b 是调谐联。磁棒天线的一次绕组与 C1a.b、C1a 构成 LC 串联谐振电路，用来进行调谐，调谐后的输出信号从二次绕组输出，经耦合电容器 C2 加到后级电路中，即加到变频级电路中。

6.4.2 微调电容电路

众所周知，收音机变频级有两个调谐电路，即双联所在的两个调谐电路。如图 6-116 所示，一是调谐联调谐电路，它调谐于高频电台信号频率；二是振荡联调谐电路，它调谐在高于高频电台信号频率一个 465kHz 处。对这两个调谐电路频率的理想要求是，振荡联调谐电路的调谐频率在整个频段内始终高出调谐联的调谐电路频率 465kHz。

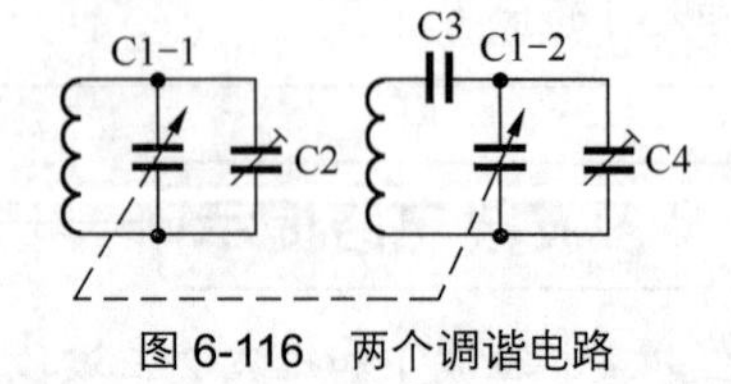

图 6-116 两个调谐电路

电路中，与外差跟踪相关的元器件有 3 只：微调电容器 C2 和 C4，还有电容器 C3。其中，C2 并联在输入调谐电路上，称为调谐高频补偿电容，它通常是附设在双联上的微调电容器。

C3 串联在本振谐振电路中，称为垫整电容器，其电容在中波电路中的全称为中波本振槽路垫整电容，中波段该电容在几百皮法，短波段电路中还会有专门的短波本振槽路垫整电容。

C4 并联在本振谐振电路中，称为高频补偿电容器，通常是附设在双联上的微调电容器。

C2和C4为微调电容器主要是为了调整的方便。

1. 高端统调

以收音机中波段为例，在高端 1500kHz 附近接收某一电台信号，用无感螺丝刀调整输入调谐电路中高频补偿电容器 C2 的容量，使声音达到最响状态，如图 6-117 所示。

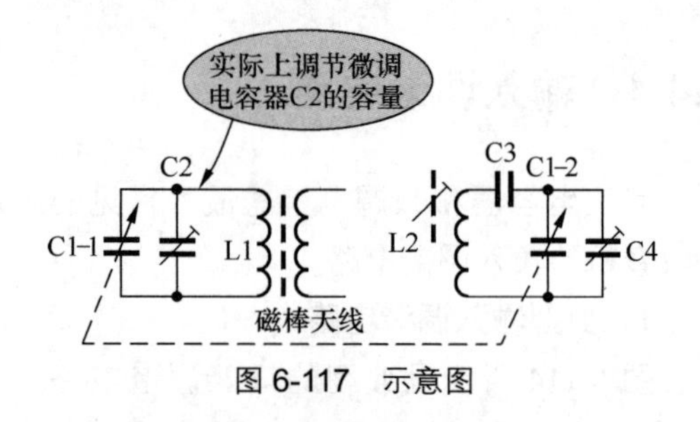

图 6-117 示意图

2. 校对本振高端振荡频率

在高端接收一个中波广播电台信号，这时用无感螺丝刀调整本振谐振电路中的高频补偿电容器 C4 的容量，如图 6-118 所示，使收音机声音处于最响状态。当改变微调电容器 C4 的容量时，就是在改变本振谐振的频率。

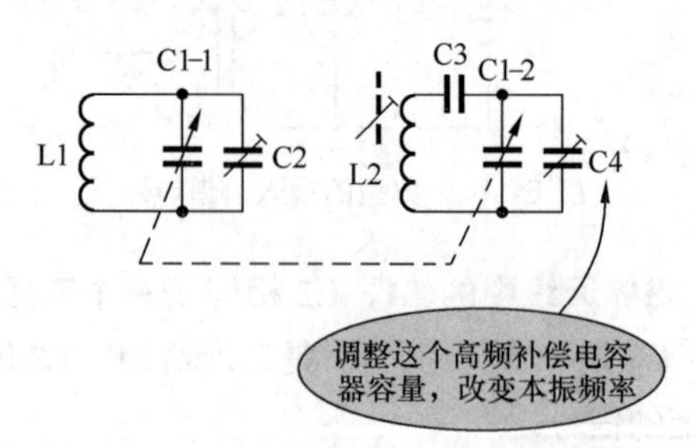

图 6-118 调整本振高频补偿电容示意图

6.4.3 可变电容器其他应用电路

1. 无线供电系统电路

所谓无线供电系统电路就是通过电磁发射

形式，将电能以磁能的形式发出，让一个距离10cm远的用电器进行电能接收，图6-119所示是这种系统电路中的发射电路。电路中，C4是可变电容器，它与发射电感器L1构成一个LC串联谐振电路，通过微调C4的容量，使之谐振在13.56MHz的频率上。

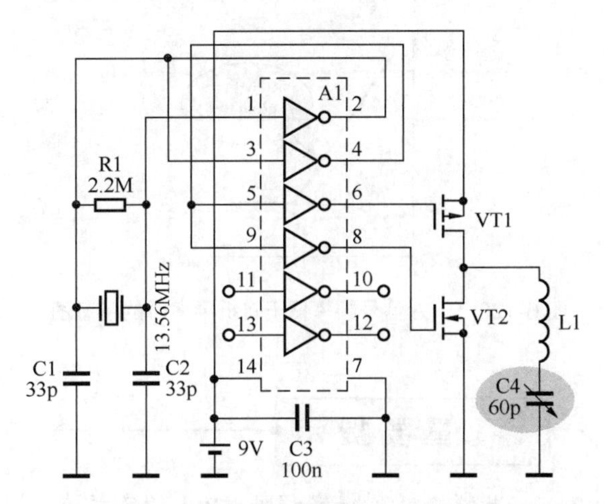

图6-119　无线供电系统的发射电路

图6-120所示是接收电路，电路中C1是可变电容器，它与接收电感器L1构成一个LC串联谐振电路（与收音机中的输入调谐电路原理相同），通过微调C1容量，使之谐振在13.56MHz频率上，这样收到的交流信号能量最大。

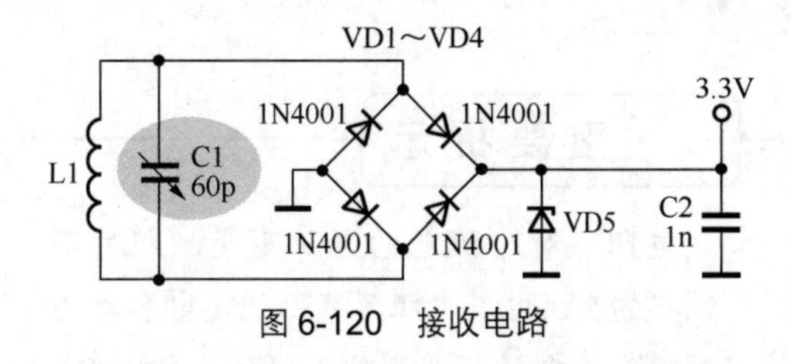

图6-120　接收电路

L1接收到的交流电压加到VD1～VD4桥式整流电路中进行整流，通过VD5稳压和C2滤波，得到3.3V直流工作电压。

2．脉冲信号发生器频率微调电路

图6-121所示是用于石英电子钟的脉冲信号发生器，电路中的C1是5～30pF可变电容器，改变C1容量可以改变这一振荡电路的振荡频率。

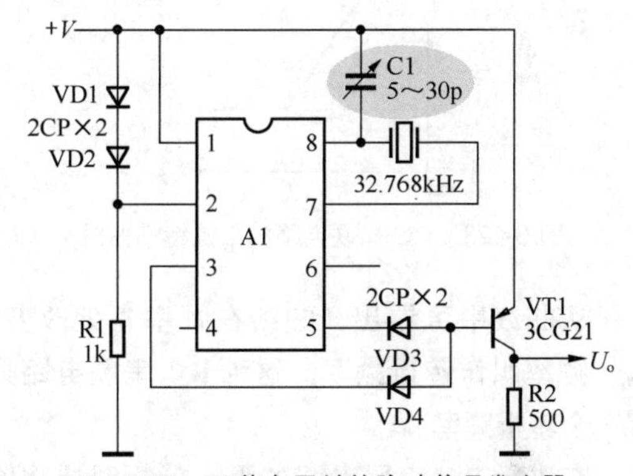

图6-121　石英电子钟的脉冲信号发生器

6.5　RC电路

由电阻器R和电容器C构成的电路叫作阻容电路，简称RC电路，这是电子电路中十分常见的一种电路，RC电路的种类和变化很多，读者有必要认真学习，深入掌握。

6.5.1　RC串联电路

图6-122所示是RC串联电路，RC串联电路由一个电阻器R1和一个电容器C1串联而成。在串联电路中，电容器C1在电阻器R1后面或在电阻器R1前面是一样的，因为串联电路中流过各元器件的电流相同。

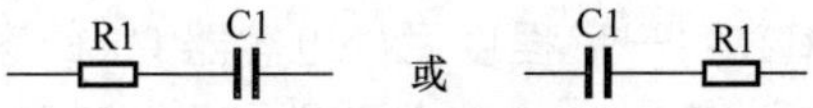

R1　C1　或　C1　R1

图6-122　RC串联电路

1．RC串联电路电流特性

（1）电流特性。由于有电容的存在，电路中是不能流过直流电流的，但是可以流过交流电流，所以这一电路用于交流电路中。

（2）综合特性。这一串联电路具有纯电阻器串联和纯电容器串联电路综合起来的特性。在交流电流通过这一电路时，电阻和电容对电流都存在着阻碍作用，其总的阻抗是电阻和容抗之和。

重要提示

电阻器对交流电的电阻不变，即对不同频率的交流电其电阻不变，但是电容器的容抗随交流电的频率变化而变化，所以RC串联电路总的阻抗是随频率变化而改变的。

2．RC串联电路阻抗特性

图6-123所示是RC串联电路的阻抗特性曲线，图中x轴方向为频率，y轴方向为这一串联网络的阻抗。

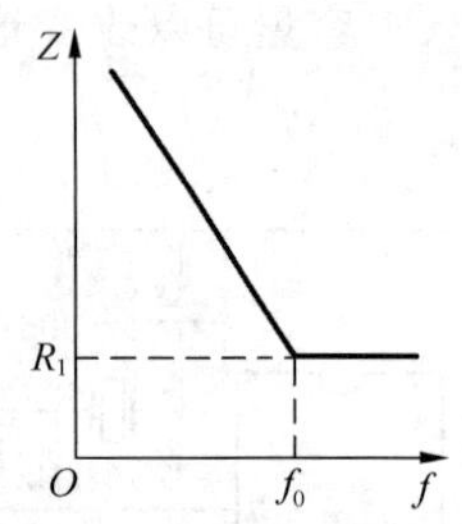

图6-123　RC串联电路的阻抗特性曲线

从曲线中可看出，曲线在频率f_0处改变，这一频率叫作转折频率，这种RC串联电路只有一个转折频率f_0。

在进行RC串联电路的阻抗分析时要将输入信号频率分成两种情况。

（1）输入信号频率$f>f_0$情况。图6-124是输入信号频率高于转折频率时的示意图。当输入信号频率$f>f_0$时，整个RC串联电路总的阻抗不变了，其大小等于R_1，这是因为当输入信号频率高到一定程度后，电容器C1的容抗小到几乎为零，可以忽略不计，而电阻器R1的阻值是不随频率变化而变化的，所以此时无论频率是否在变化，总的阻抗不变而为R_1。

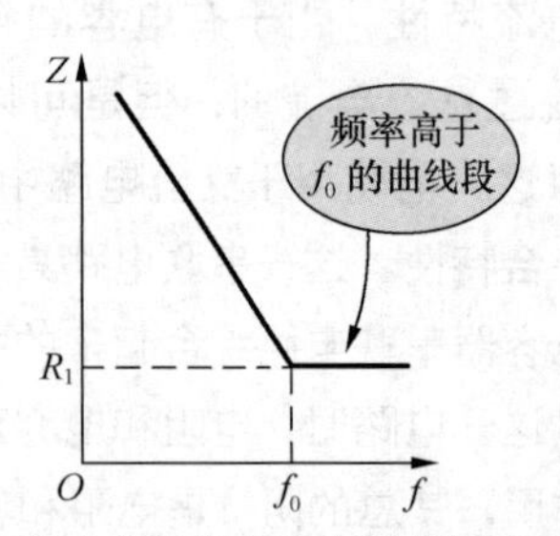

图6-124　输入信号频率高于转折频率时的示意图

（2）输入信号频率$f<f_0$情况。图6-125是输入信号频率低于转折频率时的示意图。当输入信号频率$f<f_0$时，由于交流电的频率低了，电容器C1的容抗大了，大到与电阻器R1的值相比较不能忽略的程度，所以此时要考虑C1容抗的存在。

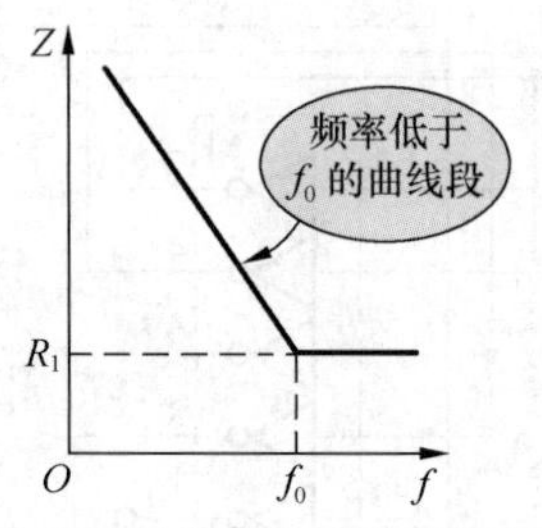

图6-125　输入信号频率低于转折频率时的示意图

重要提示

当频率低到一定程度时C1的容抗在整个RC串联电路中起决定性作用。

从曲线中可看出，随着频率的降低，C1的容抗越来越大，所以该RC电路总的阻抗是R1和C1容抗之和，即是在R1的基础上随频率降低，整个RC串联电路的阻抗在增大。在频率为零（直流电）时，该电路的阻抗为无穷大，因为电容器C1对直流电呈开路状态。

图6-126是这种RC串联电路转折频率示意图。这一RC串联电路只有一个转折频率f_0，计算公式如下：

$$f_0=\frac{1}{2\pi R_1C_1}$$

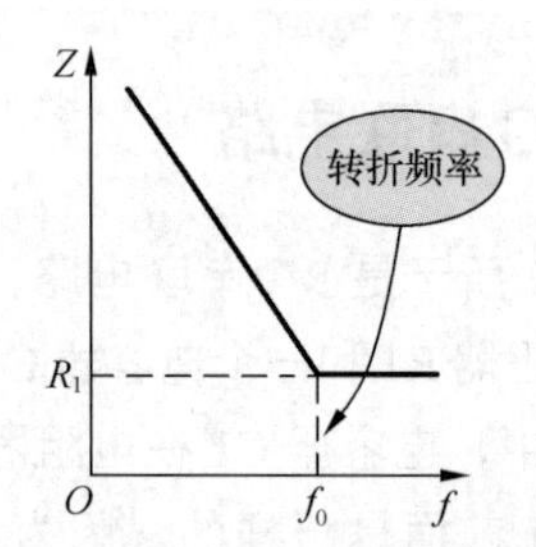

图6-126　RC串联电路转折频率示意图

当电容器 C1 的容量取得较大时，转折频率 f_0 很小，具体讲，如果转折频率低于交流信号的最低频率，则此时该串联电路对信号的总阻抗基本等于 R_1，在一些耦合电路中用到这种情况的 RC 串联电路。

重要提示

如果 f_0 不是低于交流信号的最低频率，那么这种 RC 串联电路就不是用于耦合，而是有其他用途了。

3．故障检测方法

关于 RC 串联电路故障检测总的思路是： 与电阻串联电路故障检测思路一样，当电路中有一只元器件出现开路故障时，这一电路中将无电流；当 C1 短路，电路的阻抗将不随频率变化而变化，只有电阻器 R1 起电阻作用。

由于这一电路中元器件比较少，如果怀疑电路中 R1 和 C1 出现故障，可以直接更换这两只元器件。

6.5.2 RC并联电路

图 6-127 所示是 RC 并联电路，它是由一个电阻器 R1 和一个电容器 C1 相并联而成的电路，这一 RC 并联电路可以接在直流电路中，也可以接在交流电路中。

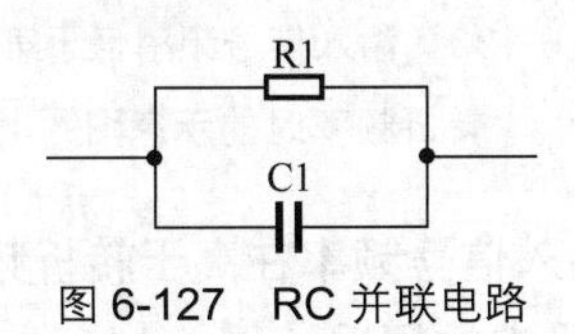

图 6-127 RC 并联电路

重要提示

这一电路接在直流电路中时，直流电流只能流过电阻器 R1 而不能流过电容器 C1。

当这一电路接在交流电路中时，R1 和 C1 中都流过交流电流，具体电流大小要视 R1、C1 容抗的相对大小而定，这里只讨论这一电路接在交流电路中的情况。

1．RC 并联电路阻抗特性

（1）阻抗特性及转折频率。 图 6-128 所示是 RC 并联电路的阻抗特性曲线，它也是只有一个转折频率 f_0。计算公式如下：

$$f_0=\frac{1}{2\pi R_1 C_1}$$

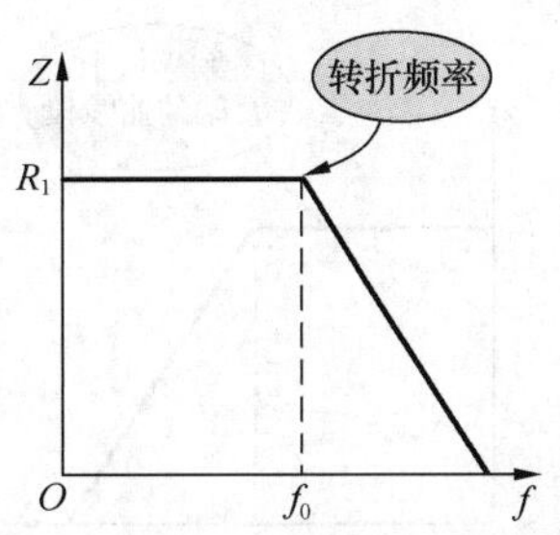

图 6-128 RC 并联电路的阻抗特性曲线

从上式可以看出，这一转折频率公式与串联电路的一样。当电容器 C1 取得较大时，f_0 很小，若转折频率小于信号的最低频率，则此时该电路对信号而言阻抗几乎为零，这种情况的 RC 并联电路在一些旁路电路中时常用到，如放大器电路中的发射极旁路电容。

（2）输入信号频率 $f>f_0$ 情况。 图 6-129 是输入信号频率高于转折频率时的示意图。当输入信号频率 $f>f_0$ 时，由于电容器 C1 的容抗随频率的升高而下降，此时 C1 的容抗小到可以与 R_1 比较了，这样就要考虑 C1 的存在。

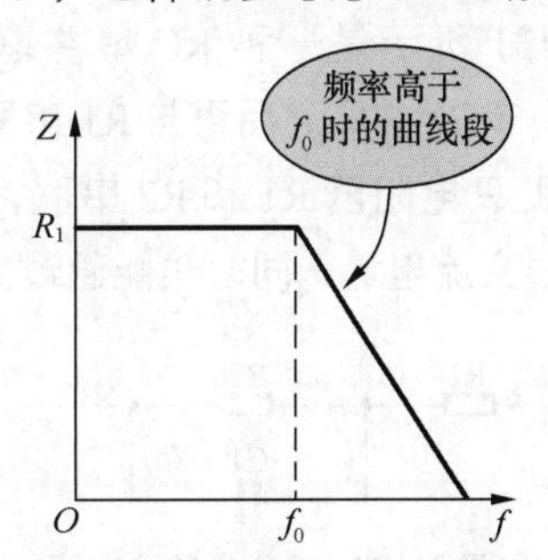

图 6-129 输入信号频率高于转折频率时的示意图

重要提示

在输入信号频率 f 高于转折频率 f_0 后，由于 C1 与 R1 的并联，其总的阻抗下降。

当频率高到一定程度后，总的阻抗为零，如图 6-129 所示。

（3）输入信号频率 $f<f_0$ 情况。图 6-130 是输入信号频率低于转折频率时的示意图。当输入信号频率 $f<f_0$ 时，由于电容器 C1 的容抗很大（与 R_1 相比很大）而相当于开路，此时整个电路的总阻抗等于 R_1，如图 6-130 所示。

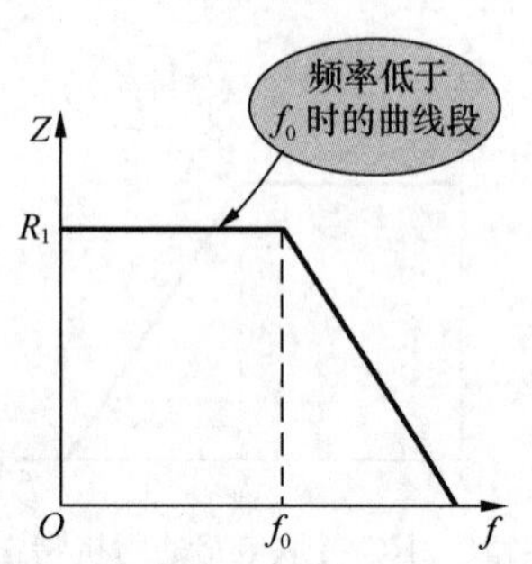

图 6-130　输入信号频率低于转折频率时的示意图

2．故障检测方法

关于这一电路中 R1 和 C1 故障检测说明如下。

（1）如果怀疑电路中的 C1 开路，可以直接在 C1 上并联一只等容量电容。

（2）如果怀疑 C1 短路，可以用万用表欧姆挡在路测量 C1。

6.5.3　RC 串并联电路

图 6-131 所示是一种 RC 串并联电路。电路中的 R2 与 C1 并联之后再与 R1 串联。由于这一电路中两只电阻器 R1 和 R2 串联，所以该电路能够通过交流电流，同时也能通过直流电流。

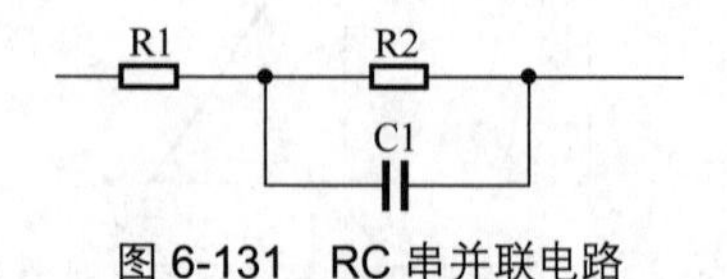

图 6-131　RC 串并联电路

1．RC 串并联电路阻抗特性

（1）阻抗特性及转折频率。图 6-132 是 RC 串并联电路阻抗特性及转折频率示意图，这一电路存在两个转折频率 f_{01} 和 f_{02}，这两个转折频率由下列公式决定：

$$f_{01}=\frac{1}{2\pi R_2C_1}$$

$$f_{02}=\frac{1}{2\pi C_1[R_1R_2/(R_1+R_2)]}$$

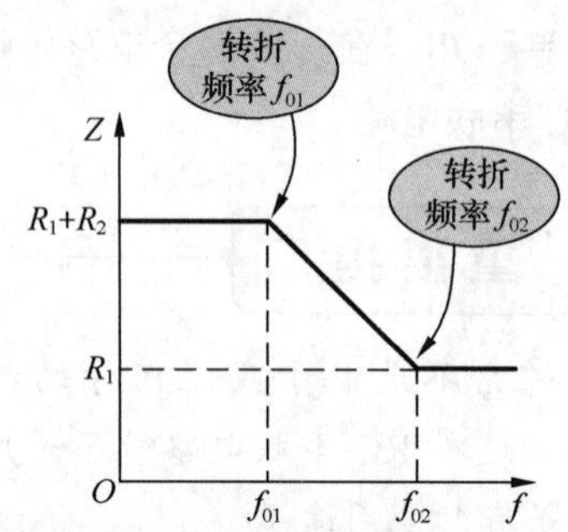

图 6-132　RC 串并联电路阻抗特性及转折频率示意图

（2）输入信号频率低于转折频率 f_{01} 的情况。图 6-133 是输入信号频率低于第一转折频率时的示意图。当信号频率低于转折频率 f_{01} 时，由于 C1 的容抗很大，即远比 R2 的阻值大，这样，C1 相当于开路，此时该电路总的阻抗为 R_1+R_2，如图 6-133 所示。

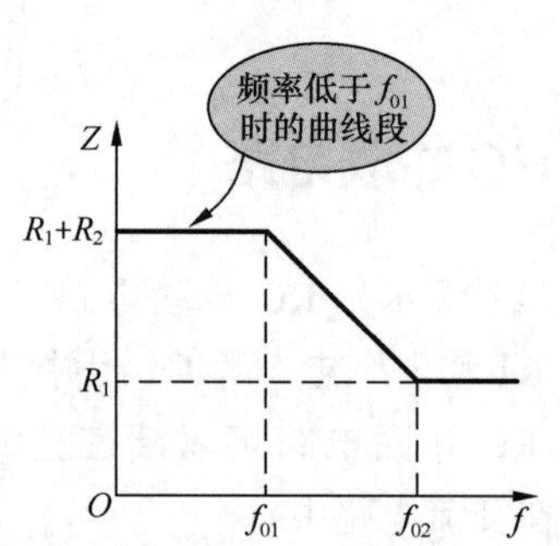

图 6-133　输入信号频率低于第一转折频率时的示意图

（3）输入信号频率在高于转折频率 f_{01} 而低于 f_{02} 的频段内的情况。图 6-134 所示是输入信号频率在高于转折频率 f_{01} 而低于 f_{02} 的频段内情况的示意图。当信号频率在高于转折频率 f_{01} 而低于 f_{02} 的频段时，由于 C1 的容抗不是很大也不是很小，即可以与 R2 的阻值相比拟，这样，C1 不能相当于开路也不能相当于短路，此时该电路总的阻抗在 R_1+R_2 和 R_1 之间变化，随频率升高从 R_1+R_2 降低到 R_1，如图 6-134 所示。

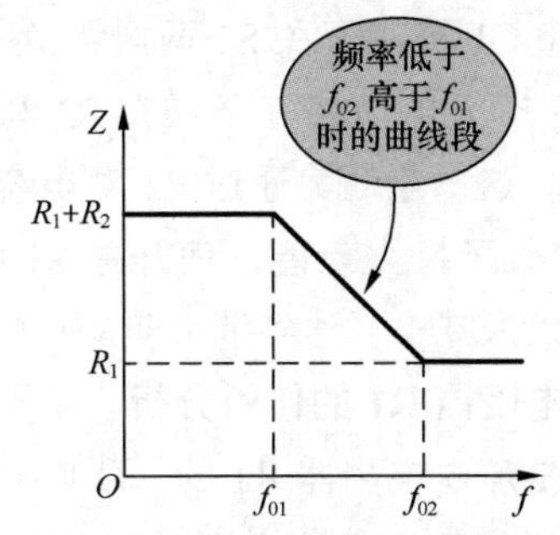

图 6-134　频率在高于转折频率 f_{01} 而低于 f_{02} 的频段内情况的示意图

（4）**输入信号频率高于 f_{02} 的情况。**图 6-135 是输入信号频率高于 f_{02} 情况时的示意图。当信号频率高于转折频率 f_{02} 时，由于 C1 的容抗很小，小到为零的程度，这样，C1 将 R2 短接，此时该电路总的阻抗为 R_1，如图 6-135 所示。

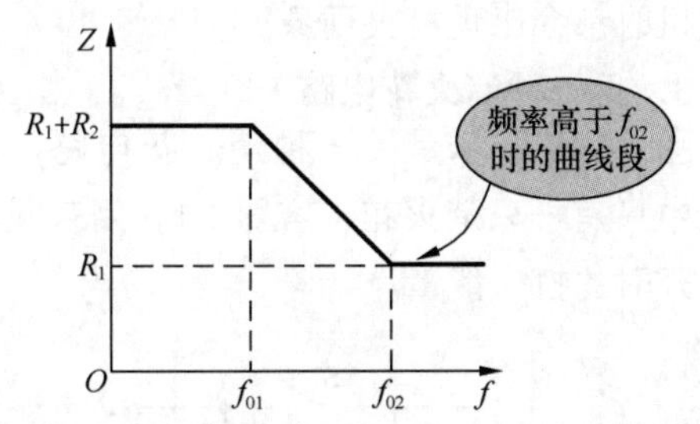

图 6-135　输入信号频率高于 f_{02} 情况时的示意图

2．故障检测方法

关于这一电路中 R1、R2 和 C1 故障检测方法说明如下。

（1）如果测量中发现这一电路没有信号输出，直接用万用表欧姆挡在路测量R1是否开路，因为 R1 开路后这一 RC 串并联电路无信号传输能力，而 R2 和 C1 同时开路的可能性远远小于 R1 开路的可能性。

（2）测量发现这一电路的阻抗特性不随频率变化而变化，那可以直接更换 C1，因为只有 C1 开路或短路后这一电路的阻抗才不随频率变化而变化。

3．其他形式 RC 串并联电路工作原理分析

以下是其他形式 RC 串并联电路的工作原理说明。

（1）**RC 串并联电路之一。**图 6-136 所示是一种 RC 串并联电路及阻抗特性曲线。电路中，要求 R_2 大于 R_1，C_2 大于 C_1。这一 RC 串并联电路有 3 个转折频率，如图 6-136 所示。

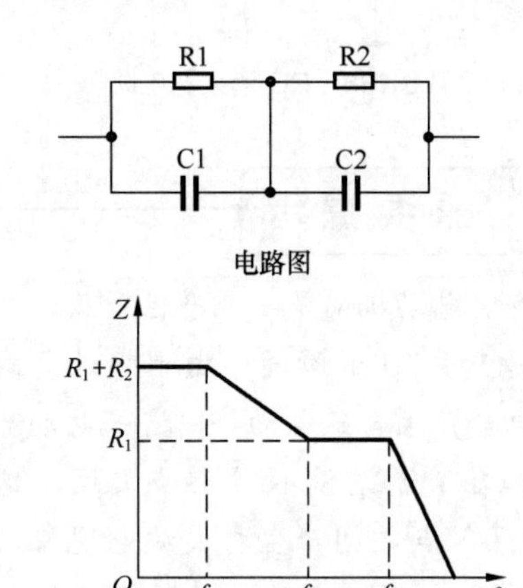

图 6-136　一种 RC 串并联电路及阻抗特性曲线

（2）**RC 串并联电路之二。**图 6-137 所示是另一种 RC 串并联电路及阻抗特性曲线。从这一电路的阻抗特性曲线中可看出，它有两个转折频率。

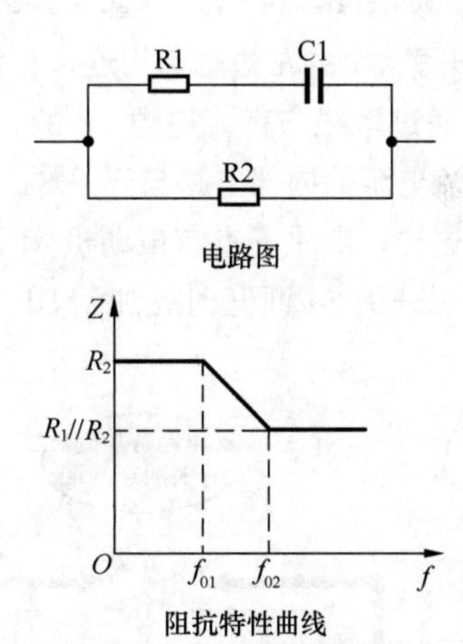

图 6-137　另一种 RC 串并联电路及阻抗特性曲线

6.5.4　RC 消火花电路

图 6-138 所示是 RC 消火花电路。电路中，$+V$ 是直流工作电压，S1 是电源开关，M 是直流电动机，R1 和 C1 构成 RC 消火花电路。

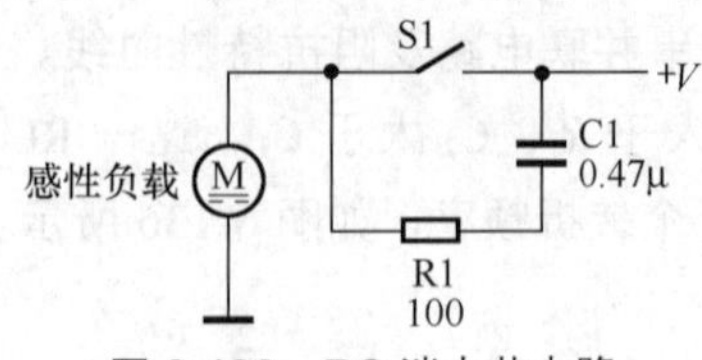

图 6-138　RC 消火花电路

重要提示

直流电动机M是一个感性负载，在切断电源开关 S1 的瞬间，由于感性负载突然断电会产生自感电动势，这一电动势很大且加在了开关 S1 两个触点之间，这会在 S1 两触点之间产生打火放电现象，损伤开关 S1 的两个触点，长时间这样打火会造成开关 S1 的接触不良故障，为此要加入 R1 和 C1 这样的消火花电路，以保护感性负载回路中的电源开关。

开关 S1 断开时，直流电动机 M 两端的自感电动势是通过这样的电路加到开关 S1 两个触点之间的，如图 6-139 所示，直流电动机 M 上端直接与开关 S1 的左边触点相连，直流电动机 M 的下端通过地线与直流电源 +V 的负极相连，再通过直流电源的内部电路与开关 S1 的右边触点相连，这样，产生于直流电动机 M 两端的自感电动势在开关 S1 断开时就加到 S1 的两个触点之间了。

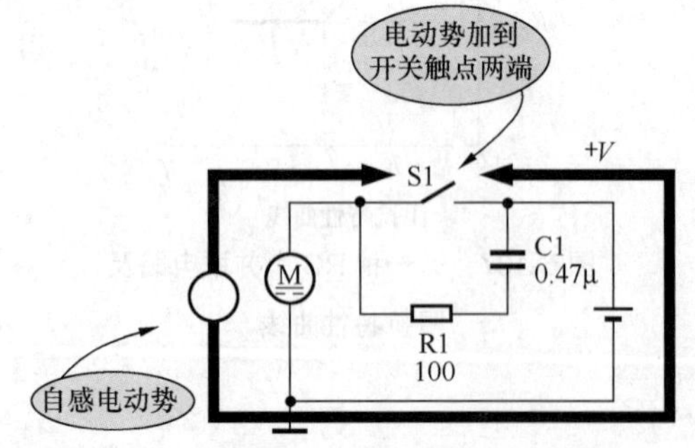

图 6-139　直流电动机 M 两端的自感电动势加到开关 S1 两个触点之间

1．消火花电路分析

（1）消火花原理分析。在开关 S1 断开时，由于 R1 和 C1 接在开关 S1 两触点之间，在开关 S1 上的打火电动势等于加在 R1 和 C1 的串联电路上。这一电动势通过 R1 对电容器 C1 充电，C1 吸收了打火电能，使开关 S1 两个触点的电动势大大减小，达到消火花的目的。

（2）电阻器 R1 的作用分析。由于对 C1 的充电电流是流过电阻器 R1 的，所以 R1 具有消耗充电电能的作用，这样打火的电能通过电阻器 R1 被消耗掉。

（3）元件参数。在这种 RC 消火花电路中，一般消火花电容取 0.47μF，电阻取 100Ω。

2．故障处理方法

对于这一 R1、C1 电路故障处理最好的方法是更换电容器 C1，因为电阻器 R1 通常不会损坏。另外，处理完消火花电路故障后并不能立即试验处理的结果，因为通常情况下不是每次关机时都会出现打火现象。

3．另一种消火花电路

图 6-140 所示是另一种消火花电路，这一电路中只有一只消火花电容器 C1，用来吸收开关断开时的打火能量。

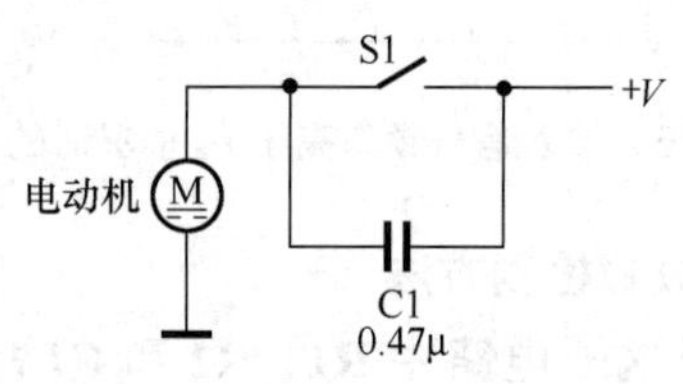

图 6-140　另一种消火花电路

6.5.5　话筒电路中的 RC 低频噪声切除电路

图 6-141 所示是录音机话筒（又称传声器）输入电路中的 RC 低频噪声切除电路。电路中的 MIC 是驻极体电容话筒，为具有两根引脚的话筒。CK1 是外接话筒插座，S1-1 是录放开关（一种控制录音和放音工作状态转换的开关），图示在录音（R）位置。电阻器 R1 和 C1 构成低频噪声切除电路。

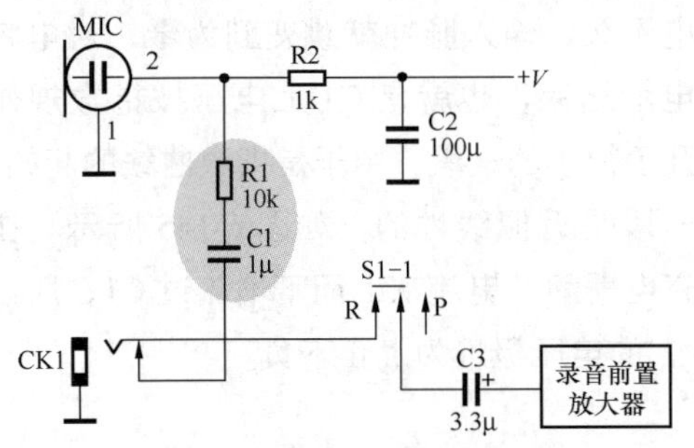

图 6-141　录音机话筒输入电路中的 RC 低频噪声切除电路

1．电路分析

（1）话筒电路工作原理分析。 直流工作电压 +*V* 通过电阻器 R2 给机内驻极体电容话筒 MIC 的②脚加上直流工作电压，这样话筒 MIC 便能进入工作状态。

（2）话筒信号传输分析。 图 6 -142 是话筒信号传输示意图，MIC 的②引脚输出的话筒信号经过 R1、C1 至外接话筒插座 CK1，再通过录放开关 S1-1 和输入端耦合电容器 C3，加到录音前置放大器的输入端，完成机内话筒信号的传输过程。

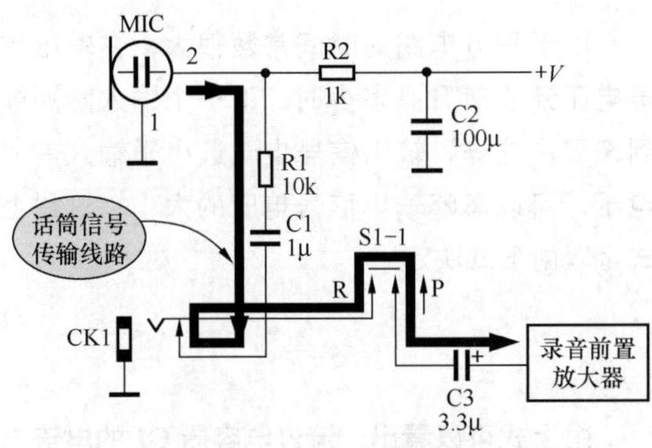

图 6-142　话筒信号传输示意图

另一种分析方式提示

机内话筒信号的传输过程也可以用这样的方式表述：MIC 的②引脚输出话筒信号→ R1 和 C1（低频噪声切除电路）→外接话筒插座 CK1 →录放开关 S1-1 →输入端耦合电容器 C3 →录音前置放大器的输入端。

（3）R1 和 C1 低频噪声切除电路分析。 当机壳振动时将引起机内话筒 MIC 的振动，导致 MIC 输出一个频率很低的振动噪声，从而在机内话筒工作时出现“轰隆、轰隆”的低频噪声，为此要在机内话筒输入电路中加入低频噪声切除电路，以消除这一低频噪声。

R1 和 C1 串联在机内话筒信号的传输电路中，R1 和 C1 构成一个 RC 串联电路，图 6-143 所示是这一 RC 串联电路的阻抗特性曲线。从曲线中可以看出，当话筒输出信号频率低于转折频率 f_0 时，这一 RC 串联电路的阻抗随频率降低而增大，这样，流过 R1 和 C1 电路的低频噪声电流就减小。

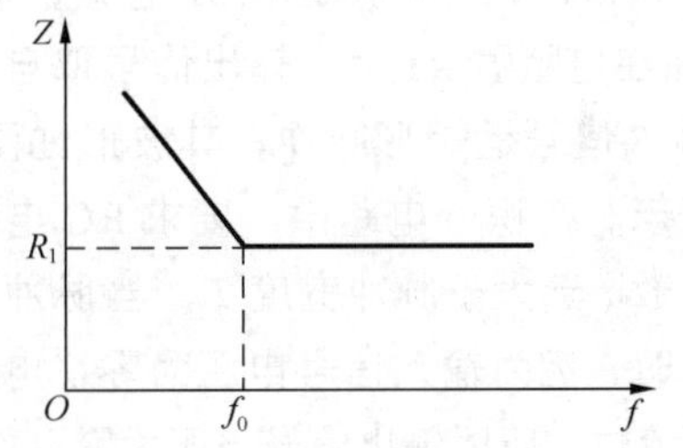

图 6-143　这一 RC 串联电路的阻抗特性曲线

重要提示

只要将这一 RC 串联电路的转折频率 f_0 设计得足够低，就能消除机内话筒产生的“轰隆、轰隆”的低频噪声，而该 RC 串联电路对低频段的有用信号影响不是太大（当然对低频段的有用信号是有影响的），因为“轰隆、轰隆”低频噪声的频率比较低，在这样低频段内的有用信号很少。

2．故障检测方法

关于这一电路中 R1 和 C1 的故障检测主要说明两点。

（1）如果出现机内话筒录不上音而外接话筒录音正常时，用万用表欧姆挡检测 R1 和 C1 是否开路。

（2）如果出现机内话筒录音轻且噪声大而外接话筒录音正常时，直接尝试更换电容器 C1。

6.5.6 积分电路

积分电路由电阻和电容构成，与积分电路非常相近的电路还有微分电路。

重要提示

在RC电路分析中，有时要用到时间常数这一概念。时间常数用τ表示，$\tau=RC$，即电容量与电阻值之积。

在电容量大小不变时，电阻值决定了时间常数的大小。电阻值不变时，电容量的大小决定了时间常数的大小。

图6-144（a）所示是积分电路，输入信号U_i加在电阻器R1上，输出信号取自电容器C1。输入信号是矩形脉冲，其波形如图6-144（b）所示。在积分电路中，要求RC电路中的时间常数τ远大于脉冲宽度T_x。当脉冲信号没有出现时，因为输入信号电压为零，电路中没有电流流过，所以输出信号电压为零。

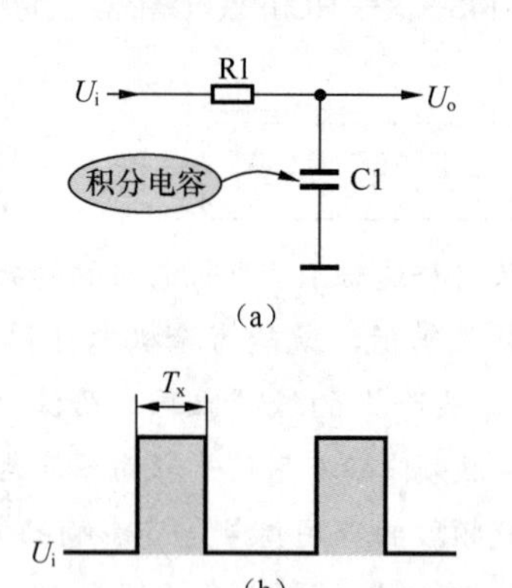

图6-144　积分电路及输入电压波形

1．电路分析

（1）输入脉冲为高电平期间分析。当输入脉冲出现后，输入信号电压开始通过电阻器R1对电容器C1充电，在C1上的电压极性为上正下负。由于这一电路的RC时间常数比较大，所以在C1上的电压上升比较缓慢，是按指数规律上升的。

又因时间常数远大于脉冲宽度，对电容器充电不久，输入脉冲就跳变到为零，对电容的充电就结束，也就是C1上电压按指数规律只上升了很小的一段，由于是指数曲线的起始段，这一段是近似线性的，如图6-145所示。在这一充电期间，电流从上而下地流过C1，所以在C1上的电压极性为上正下负。

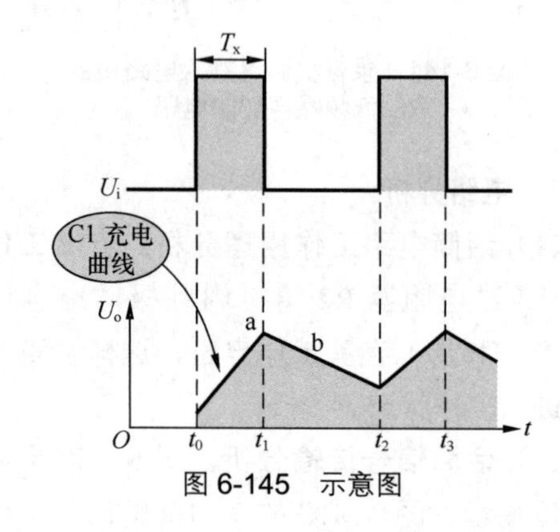

图6-145　示意图

积分电路充电过程中，充电电流I的大小可以近似地由下式决定：

$$I=\frac{U_i-U_o}{R_1}$$

由于积分电路的时间常数很大，在输出信号电压还没有升高多少时，下一个输入脉冲就到来了，这样，输出信号电压远小于输入信号电压，可以忽略输出信号电压的大小，这样上式可以由下式决定：

$$I\approx\frac{U_i}{R}$$

由上式可以看出，流过电容器C1的电流与输入信号电压近似成正比，所以C1上的输出信号电压近似地与输入信号电压U_i的积分成正比，人们将这种电路称为积分电路。

（2）输入脉冲为低电平期间分析。在输入脉冲消失后，输入端电压U_i为零，这相当于输入端对地短接。由于C1上已经充到了上正下负的电压，此时C1开始放电。**放电电流回路是：**C1上端→R1→输入端→输入信号源内部电路→地端→C1下端即地端，如图6-146所示。

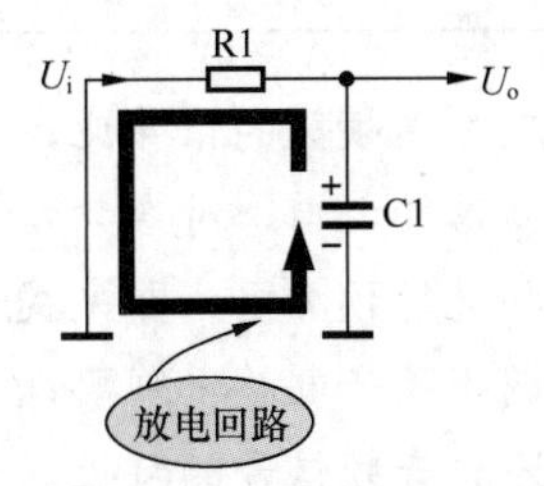

图 6-146 放电回路示意图

放电也是按指数规律进行的，随着放电的进行，C1 上的电压在下降，如图 6-147 所示。由于时间常数比较大，所以放电也是缓慢的。

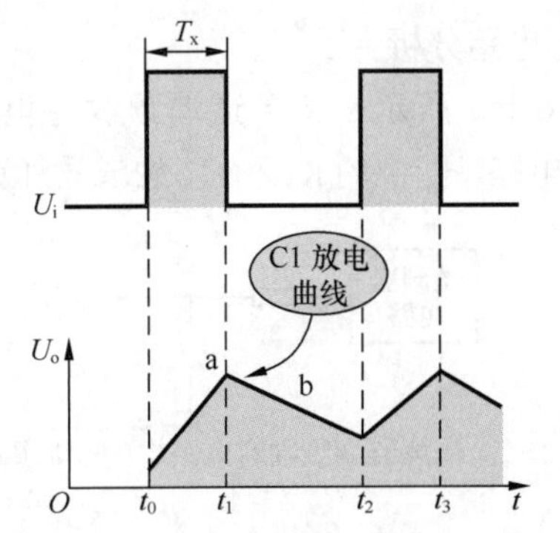

图 6-147 放电按指数规律进行示意图

重要提示

当 C1 中电荷尚未放完时，输入脉冲再次出现，开始对电容器 C1 再度充电，这样依次充电、放电循环下去。

积分电路能够取出输入信号的平均值。

2．故障处理方法

关于这一电路中 R1 和 C1 的故障处理说明如下。

（1）对于积分电路的故障检测主要是测量电路输出端的直流电压，图 6-148 是测量时的万用表接线示意图。测量时最好使用数字式万用表，这样对输出电压的影响小。如果电路没有输出电压，在输入信号电压正常情况下，可直接用万用表欧姆挡检查 R1 是否开路，C1 是否短路。

（2）如果测量的输出电压不是直流电压，而是数字式万用表显示数字在不断变动，这说明电容器 C1 开路，可以直接在 C1 上并联一只等容量电容器。

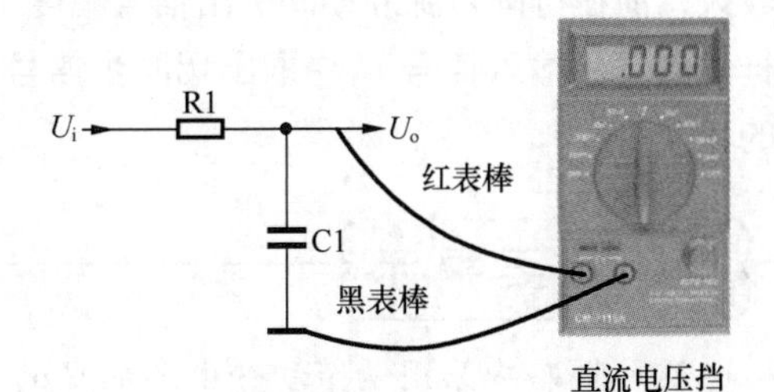

图 6-148 测量直流输出电压时接线示意图

（3）如果怀疑 C1 漏电（这会造成直流输出电压减小），可以直接更换一只 C1。

3．场积分电路工作原理分析

图 6-149 所示是场扫描电路中的场积分电路及信号波形，图 6-149（a）所示是一个两节积分电路（用两节积分电路连接起来的电路），图 6-149（b）所示是行、场复合同步信号（为了保证扫描一致的信号）示意图。

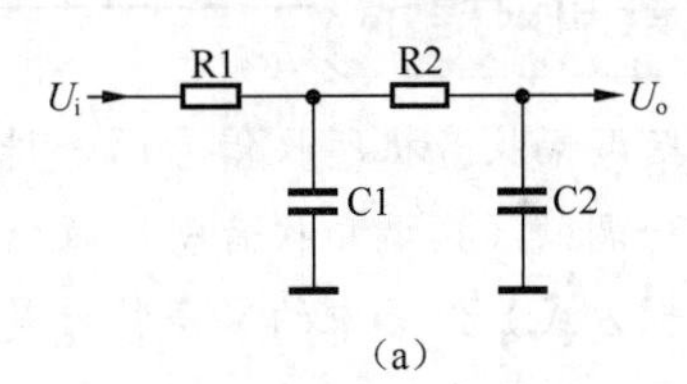

（a）

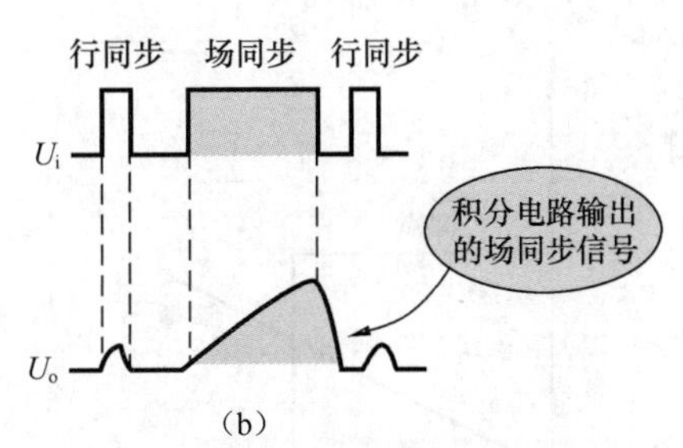

（b）

图 6-149 场积分电路及信号波形

从图 6-149（b）所示输入信号波形中可以看出，行与场同步信号的幅度相等，但宽度不同，行同步脉冲窄，场同步脉冲宽，这里的积分电路就是要从这一复合同步信号中，将行同步脉冲去掉，取出场同步信号。

当这一复合同步信号加到积分电路后，经 R1 和 C1 构成的第一节积分电路积分，其输出

信号再加到由R2和C2构成的第二节积分电路中积分，得到输出信号，如图6-151（b）所示波形，在场同步脉冲期间内，输出信号 U_o 幅度比较大，而在行同步脉冲期间输出信号幅度小，这样达到了从输入信号 U_i 中取出场同步信号的目的。

重要提示

这一电路中采用两节积分电路的目的是进一步减小行同步脉冲出现期间输出信号 U_o 的幅度，以便更好地取出场同步信号。

6.5.7 去加重电路

去加重电路出现在调频收音电路的伴音通道电路中，在分析去加重电路的工作原理之前，先了解有关调频的噪声特性。

背景知识提示

调幅（指调幅收音机所收信号的一种调制方式）和调频（指调频收音机所收信号的一种调制方式）信号中的噪声特性是不同的，如图6-150所示。

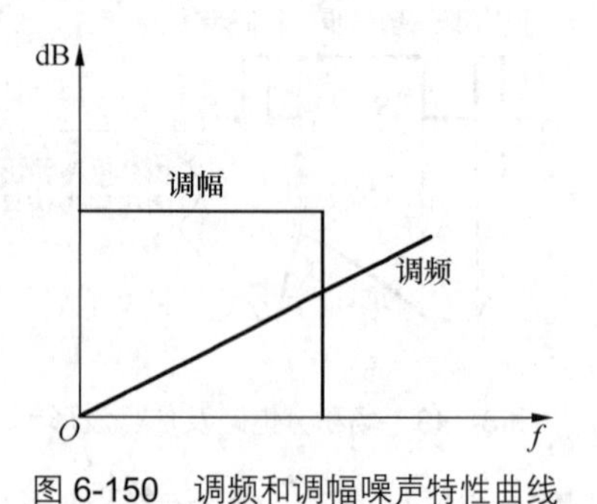

图6-150 调频和调幅噪声特性曲线

从图中可以看出，调幅噪声在不同频率下的大小相等，而调频噪声则是随着频率升高而增大，这说明调频的高频噪声严重（相对于低频和中频而言）。

为了改善高频段的信噪比，调频发射机发射调频信号之前，对音频信号中的高频段信号要进行预加重，即先提升高音频信号，在调频收音电路中则要设置去加重电路，以还原音频信号的特性。在去加重过程中同时也将高频段噪声去除，这就是在调频收音电路中要设置去加重电路的原因。

1. 电路分析

图6-151所示是单声道调频收音电路中的去加重电路。图中的R1和C1构成去加重电路。

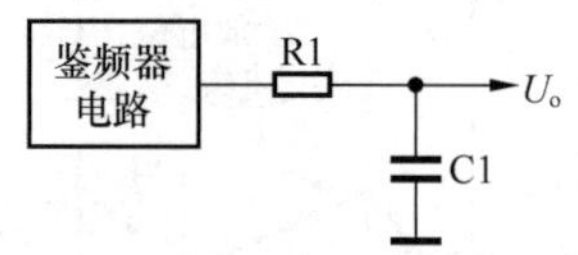

图6-151 单声道调频收音电路中的去加重电路

对于单声道收音电路而言，去加重电路设在鉴频器电路（一种将调频广播信号转换成音频信号的电路）之后，即鉴频器输出的音频信号立即进入去加重电路中。

（1）第一种理解方法。由于电容器C1对高频信号的容抗比较小，对高频信号存在衰减作用，可达到衰减高频段信号的目的，在衰减高频段信号的同时，也将高频段噪声同时消除。

（2）第二种理解方法。从另一个角度也可以理解去加重电路的工作原理，R1和C1构成一个分压电路，对鉴频器输出的各频段音频信号进行分压衰减，由于电阻器R1对不同频率音频信号呈现相同的阻值，而电容器C1随频率升高而容抗下降，这样，这一RC分压电路对频率越高的音频信号分压衰减量越大，达到了去加重的目的。

经过去加重后的音频信号加到音频功率放大器中。

2. 故障处理方法

关于电路中R1和C1的故障处理方法，说

明如下。

（1）如果出现收音无声故障，用万用表欧姆挡直接测量R1是否开路以及检查C1是否短路，R1和C1其他故障不会引起收音无声故障。

（2）如果出现收音声音高音太多，且伴有高频噪声大故障，直接用一只等容量电容器并联在C1上，因为只有C1开路才会出现这种故障，这时就是无去加重电路作用。

3．立体声调频收音电路中去加重电路分析

图6-152所示是立体声调频收音电路中的去加重电路。这是一个双声道去加重电路，其中R1和C1构成左声道去加重电路，U_o(L)是去加重后的左声道音频信号；R2和C2构成右声道去加重电路，U_o(R)是去加重后的右声道音频信号。

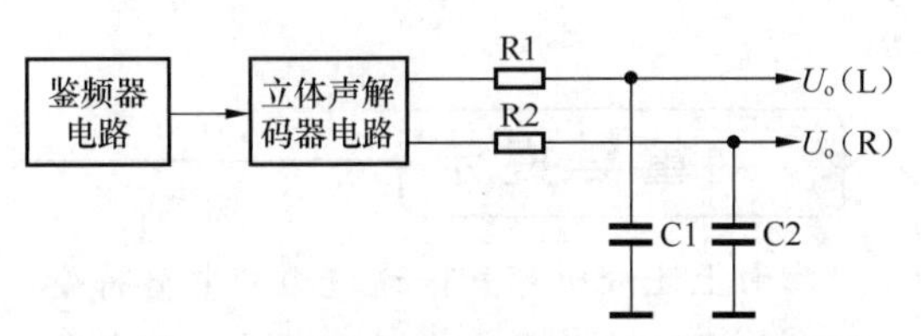

图6-152　立体声调频收音电路中的去加重电路

对于立体声调频收音电路而言，去加重电路必须设在立体声解码器电路（一种还原立体声信号的电路）之后。由于立体声解码后得到了左、右声道两个信号，所以这时需要在左、右声道电路中各设置一个相同的去加重电路。左、右声道去加重电路的工作原理是相同的，并且与前面介绍的单声道去加重电路一样。

重要提示

立体声调频收音电路中的去加重电路不能设置在鉴频器之后，这是因为从鉴频器输出的立体声复合信号中，19kHz导频信号和23～53kHz边带信号会被去加重电路滤掉，这样就无法进行立体声解码，所以要将去加重电路设置在立体声解码器电路之后。

6.5.8　微分电路

重要提示

微分电路和积分电路在电路形式上相近，微分电路输出电压取自电阻，而且RC时间常数与积分电路不同。微分电路中，要求RC时间常数远小于脉冲宽度T_x。

图6-153所示是微分电路及信号波形。从这一电路中可以看出，微分电路与积分电路在电路结构上只是将电阻器和电容器的位置互换了一下。当输入信号脉冲没有出现时，输入信号电压为零，所以输出信号电压也为零。

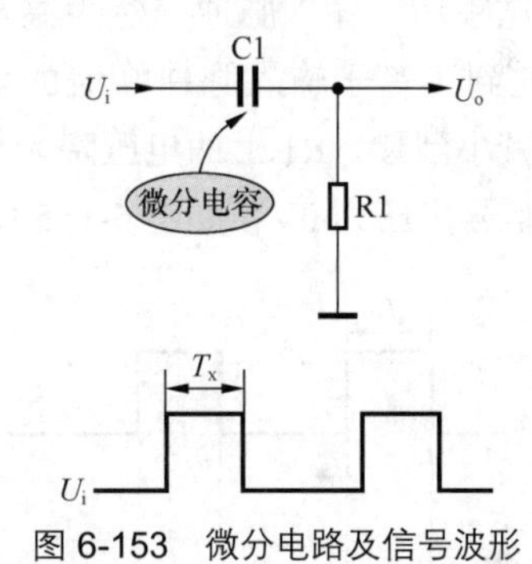

图6-153　微分电路及信号波形

1．电路分析

（1）输入脉冲前沿期间分析。当输入脉冲出现时，输入信号从零突然跳变到高电平，由于电容器C1两端的电压不能突变，C1相当于短接，相当于输入脉冲U_i直接加到R1上，此时输出信号电压等于输入脉冲电压，如图6-154所示。

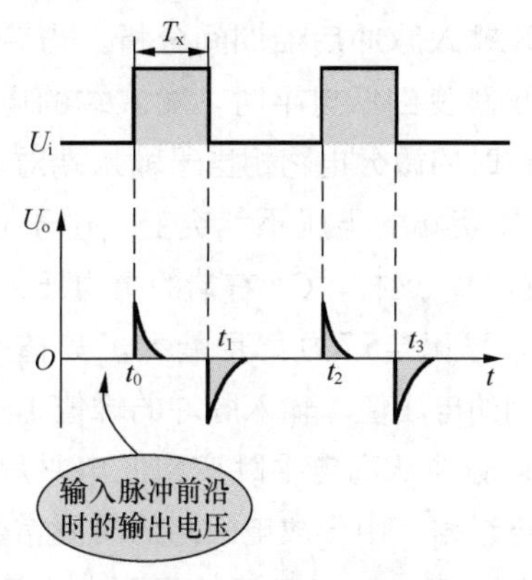

图6-154　输入脉冲前沿期间分析

（2）输入脉冲平顶期间分析。输入脉冲跳变后，输入脉冲继续加在C1和R1上，其充电电流回路仍然是经C1和R1到地，在C1上充到左正右负的电压，流过R1的电流为从上而下，所以输出信号电压为正。

重要提示

由于RC时间常数很小，远小于脉冲宽度，所以充电很快结束。在充电过程中，充电电流是从最大变化到零的，流过R1的电流是充电电流，因此在R1上的输出信号电压也是从最大变化到零的。

充电结束后，输入脉冲仍然为高电平，由于C1上充到了等于输入脉冲峰值的电压，电路中电流减小到零，R1上的电压降为零，所以此时输出信号电压为0V，如图6-155所示。

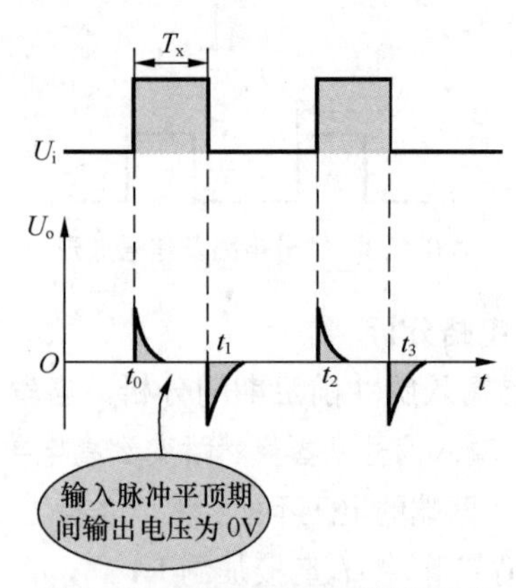

图6-155　输入脉冲平顶期间分析

（3）输入脉冲后沿期间分析。当输入脉冲从高电平跳变到低电平时，输入端的电压跳变为零，这时的微分电路相当于输入端对地短接。此时，C1两端的电压不能突变，由于C1左端相当于接地，这样，C1右端的负电压为输出信号电压，输出电压为负且最大，其值等于C1上已充到的电压值（输入脉冲的峰值）。

输入脉冲从高电平跳变到低电平后，电路开始放电过程，由于放电回路的时间常数很小，放电很快结束。放电电流从下而上地流过R1，输出信号电压为负。放电使C1上电压减小，放电电流减小直至为零，这样，输出信号电压从负的最大减小到零，如图6-156所示。

当第二个输入脉冲到达后，电路开始第二次循环。

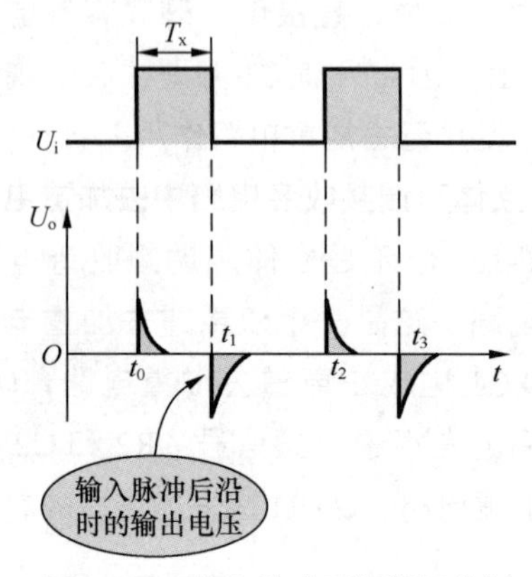

图6-156　输入脉冲后沿期间分析

重要提示

由上述分析可知，通过微分电路将输入的矩形脉冲信号变成了尖脉冲。微分电路能够取出输入信号中的突变成分，即取出输入信号中的高频成分，去掉低频成分，这一点与积分电路相反。

2．故障处理方法

关于这一电路中C1和R1的故障处理方法，说明如下。

（1）如果怀疑电路中C1和R1出现了故障，可以直接进行更换处理，因为这一电路的元器件数量少，操作方便。

（2）通常情况下，电容器的故障发生率远高于电阻器，所以首先更换电容器。

（3）如果采用示波器可以更为精确地进行故障检测，它可以观察到这一电路输出端的输出信号波形，图6-157是采用示波器检测时接线示意图。如果检测结果没有输出波形，在输入信号正常情况下说明C1开路，或是R1短路（可能性较小）。

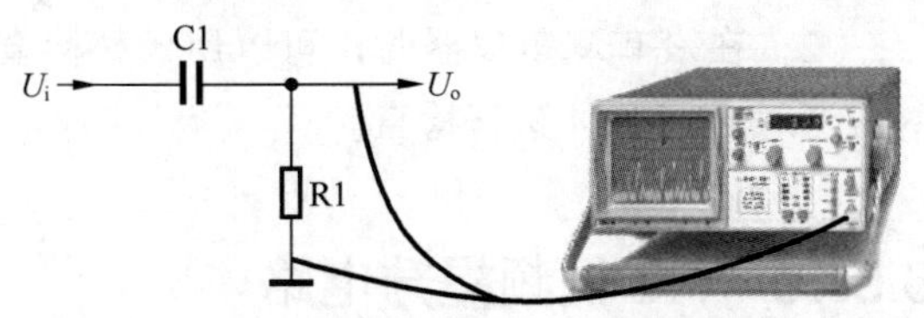

图 6-157　采用示波器检测时接线示意图

（4）用数字式万用表交流电压挡也可以进行简单的输出信号电压测量，图 6-158 是采用数字式万用表检测时接线示意图。如果测量中显示数字能不断跳动，说明这一电路有输出信号，否则可能无输出信号。

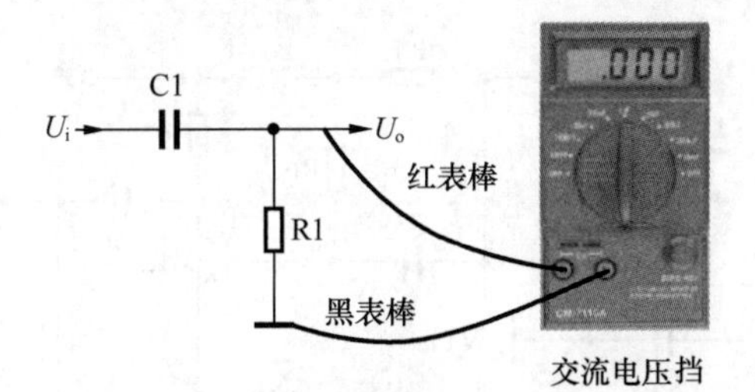

图 6-158　采用数字式万用表检测时接线示意图

3．实用微分电路举例

图 6-159 所示是实用集 - 基耦合双稳态电路。电路中，U_i 为输入触发信号，这是一个矩形脉冲信号，信号波形如图 6-159 所示。这一输入信号加到 C1 和 R7 构成的微分电路中，得到尖顶脉冲，再通过二极管 VD1 和 VD2 分别加到 VT1 和 VT2 基极上，加到 VT1 和 VT2 基极的尖顶脉冲是负脉冲，如图中所示。

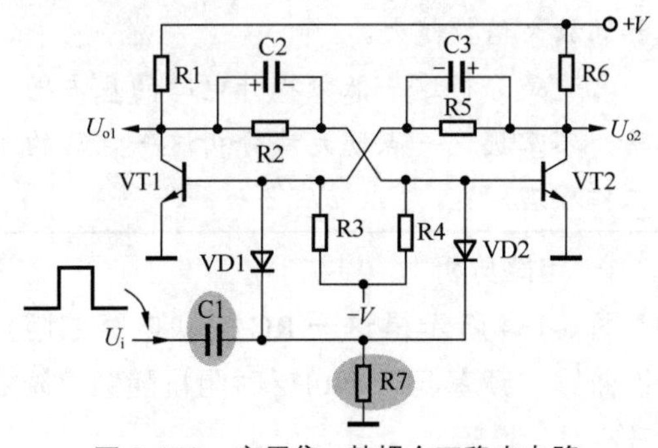

图 6-159　实用集 - 基耦合双稳态电路

图 6-160 所示是这一电路中的输入触发电路。电路中的 C1 和 R1 构成微分电路，输入脉冲信号是矩形脉冲，输入信号经这一微分电路后，变为正、负尖顶脉冲。

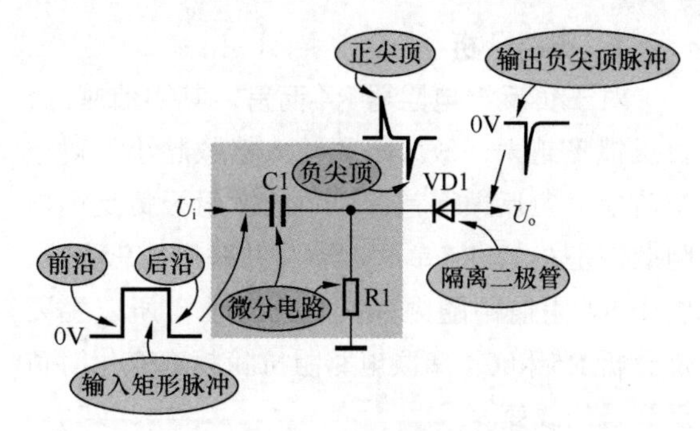

图 6-160　输入触发电路

由于二极管具有单向导电特性，VD1 只能让负尖顶脉冲通过，将正尖顶脉冲去掉。

6.5.9　RC 低频衰减电路

图 6-161 所示是采用 RC 串联电路来衰减低频信号的电路及阻抗特性曲线。电路中，VT1 构成一级共发射极音频放大器，电阻器 R1 和 R2 构成 VT1 基极偏置电路，R3 是 VT1 集电极电阻器，R4 是 VT1 发射极负反馈电阻器，R5 和 C4 的串联电路并联在负反馈电阻器 R4 上，也是负反馈电路的一部分。

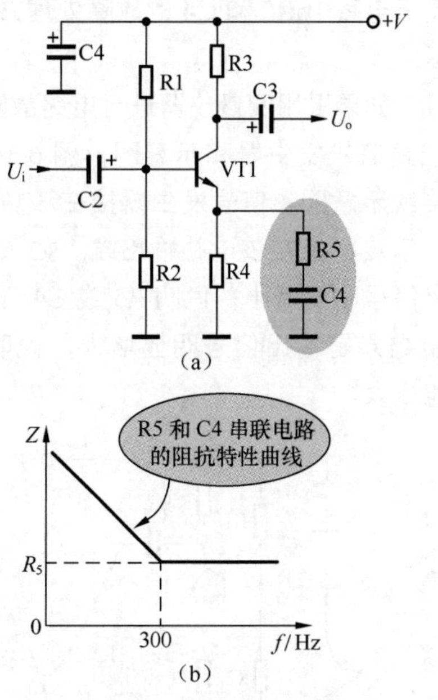

图 6-161　RC 串联低频衰减电路及阻抗特性曲线

1. 电路分析

对于负反馈电阻器R4而言，其阻值越大，负反馈量越大，放大器的放大倍数越小。对于交流信号负反馈而言，VT1的发射极负反馈电阻应该是R4与R5串联，与C4并联后的总阻抗，由于R4阻值不随频率变化而变化，所以主要是分析R5和C4串联电路阻抗随频率变化时负反馈量的改变。

图6-161（b）所示是R5和C4串联电路阻抗特性曲线。**当信号频率低于300Hz时**，该电路的阻抗随频率降低而增大，这样，与R4并联后总的负反馈阻抗仍然是增大的，负反馈量在加大，放大倍数就减小。频率越低，R5和C4电路的阻抗越大，放大器的放大倍数就越小。所以，这一电路是对频率低于300Hz的信号进行衰减的电路。

对频率高于300Hz的信号，由于C4的容抗远小于R5的阻值，这样，这一负反馈电路就仅是R4和R5的并联，由于电阻对不同频率信号的阻值不变，所以该放大器对频率高于300Hz的信号放大倍数不随频率而变化。

2. 故障处理方法

关于电路中R5和C4的故障处理方法，说明如下。

（1）如果采用测量仪器进行电路故障检测，需要音频信号发生器和示意图，图6-162是测量时接线示意图。信号发生器接在该放大器输入端，示波器接在该电路输出端。如果测量显示输出信号明显减小，说明R5或C4开路。如果测量结果是输出信号明显增大，说明C4短路可能很大。

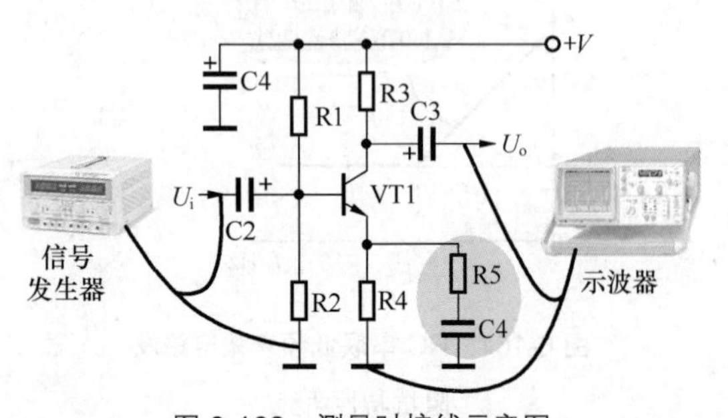

图6-162　测量时接线示意图

（2）在没有测量仪器时，可以用代替检查的方法对R5和C4进行检查。

6.5.10　RC低频提升电路

图6-163所示是采用RC串联电路构成的低频提升电路。电路中的VT1和VT2构成双管音频放大器，两管均接成共发射极电路。R5和C4构成电压串联负反馈电路（一种常见的负反馈电路，详见有关负反馈放大器电路）。

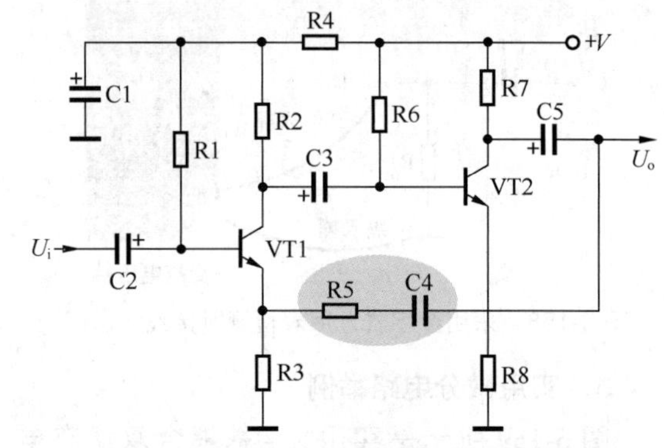

图6-163　采用RC串联电路构成的低频提升电路

电路分析提示

对于电压串联负反馈电路而言，负反馈电路的阻抗越大，负反馈量越小，放大器的放大倍数越大。

这是分析这一低频提升电路的基本思路，不掌握这一点就无法分析这一电路的工作原理。

1. 电路分析

图6-164所示是这一RC串联电路的阻抗特性曲线，频率低于800Hz时阻抗随频率降低而升高。

（1）频率低于800Hz的信号分析。对于频率低于800Hz的信号而言，由于R5和C4负反馈电路的阻抗增大，所以负反馈量减小，放大器的放大倍数增大，这样，频率低于800Hz的低频信号得到了提升。

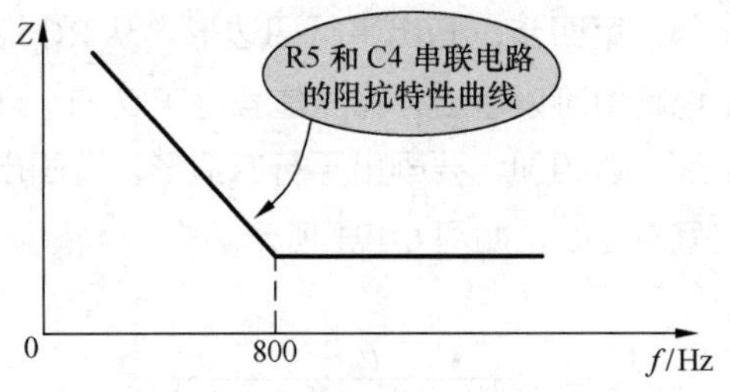

图 6-164　RC 串联电路的阻抗特性曲线

（2）频率高于 800Hz 的信号分析。对于频率高于 800Hz 的信号而言，由于 C4 的容抗已经远小于 R5 的阻值，所以此时负反馈电路的阻抗最小且不变，此时负反馈量最大，放大器的放大倍数最小。

2．故障处理方法

关于这一电路中 R5 和 C4 的故障处理方法：如果整个放大器输出信号增大了，说明 R5 或 C4 开路，可直接用一只等阻值电阻器或等容量电容器进行代替检查。这是因为 R5 或 C4 开路后，负反馈量减小，放大器放大能力增大，所以输出信号增大。

如果整个放大器输出信号减小，且伴有噪声，直接尝试更换电容器 C4。因为 C4 漏电或短路会造成负反馈量增大，放大器放大能力下降，而它漏电又会导致噪声故障出现。

6.5.11　RC 移相电路

RC 电路可以用来对输入信号的相位进行移相，即改变输出信号与输入信号之间的相位差。根据阻容元器件的位置不同有两种 RC 移相电路：RC 滞后移相电路和 RC 超前移相电路。

1．电流与电压之间相位关系

在讨论 RC 移相电路工作原理之前，先要对电阻器、电容器上的电流相位和在电阻器、电容器上电压降的相位之间的关系进行说明。

（1）电阻器上电流与电压之间的相位关系。电压和电流之间的相位是指电压变化时所引起的电流变化的情况。当电压在增大时，电流也在同时增大，并始终同步变化，这说明电压和电流之间是同相位的，即相位差为 0°，如图 6-165 所示。

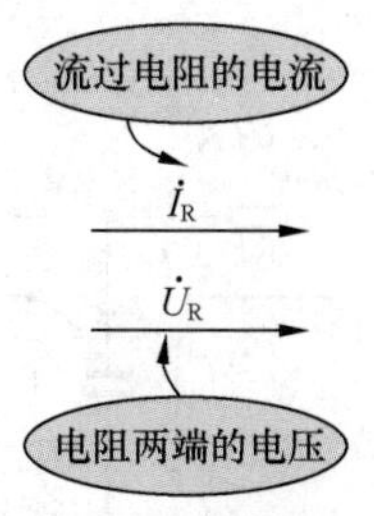

图 6-165　电阻器上电流与电压之间的相位关系示意图

当电压增大时，电流减小，这说明它们是不同相的。电压与电流之间的相位差可以是 0° ～ 360° 的任何值。不同的元器件上的电流与电压的相位差是不同的。

重要提示

电阻器上的电流和电压是同相的，即流过电阻器的电流和电阻器上的电压降相位相同。

（2）电容器上电流与电压之间的相位关系。电容器上的电流和电压相位相差 90°，并且是电流超前电压 90°，如图 6-166 所示。这一点可以这样来理解：只有对电容器充电之后，电容器内部有了电荷，电容器两端才有电压，所以流过电容器的电流是超前电压的。

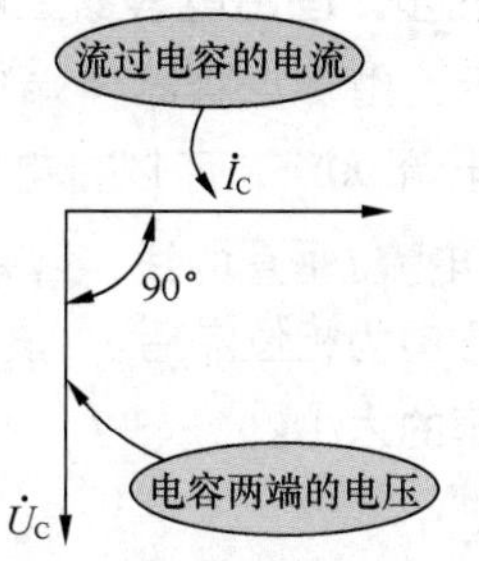

图 6-166　电容器上电流与电压之间的相位关系示意图

2．RC 滞后移相电路

图 6-167 所示是 RC 滞后移相电路。电路

中的 U_i 是输入信号电压，U_o 是经这一移相电路后的输出信号电压，I 是流过电阻器 R1 和电容器 C1 的电流。

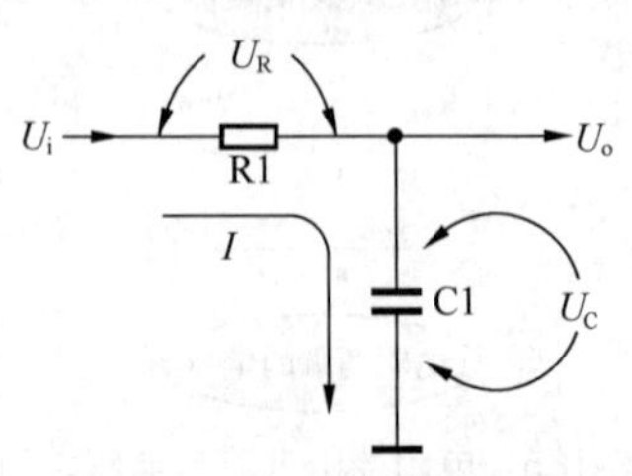

图 6-167　RC 滞后移相电路

分析移相电路时要用到矢量的概念，并且要学会画矢量图。为了方便分析 RC 移相电路的工作原理，可以用画图分析的方法，具体画图步骤如下。

（1）第一步，画出流过电阻和电容的电流 $\dot{I}$。 图 6-168 所示是一条水平线（其长短表示电流的大小）。

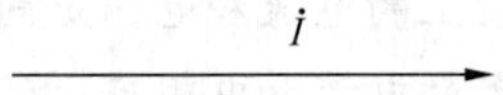

$\dot{I}$

图 6-168　第一步示意图

（2）第二步，画出电阻器上的电压矢量。 如图 6-169 所示，由于电阻器上的电压降 $\dot{U}_R$ 与电流 $\dot{I}$ 是同相位的，所以 $\dot{U}_R$ 也是一条水平线（与 $\dot{I}$ 矢量线之间无夹角，表示同相位）。

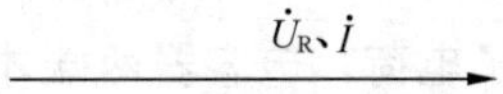

$\dot{U}_R$、$\dot{I}$

图 6-169　第二步示意图

（3）第三步，画出电容器上电压矢量。 如图 6-170 所示，由于电容器两端电压滞后于流过电容器的电流 90°，所以将电容器两端的电压 $\dot{U}_C$ 画成与电流 $\dot{I}$ 垂直的线，且朝下（以 $\dot{I}$ 为基准，顺时针方向为相位滞后），该线的长短表示电容器上电压的大小。

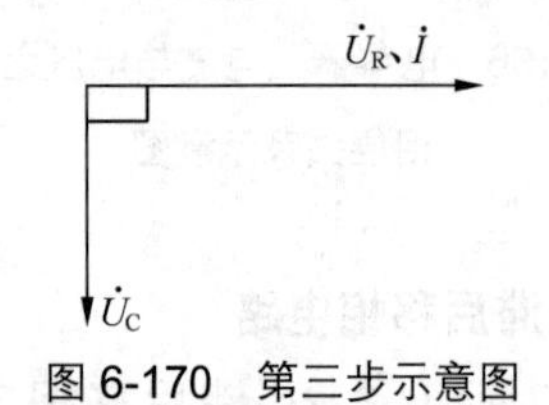

图 6-170　第三步示意图

（4）第四步，画出平行四边形。 从 RC 滞后移相电路中可以看出，输入信号电压 $\dot{U}_i=\dot{U}_R+\dot{U}_C$，这里是矢量相加，要画出平行四边形，再画出输入信号电压 $\dot{U}_i$，如图 6-171 所示。

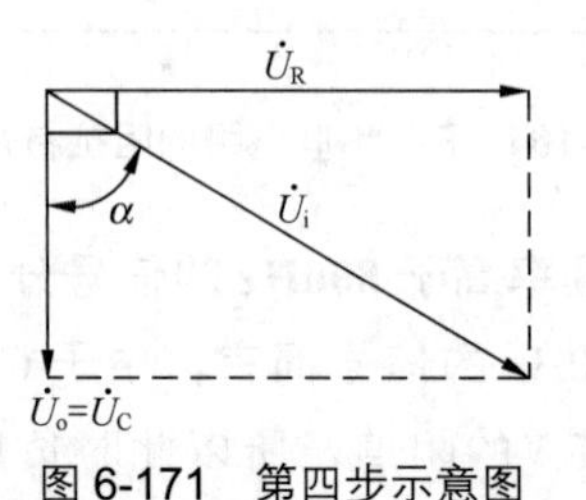

图 6-171　第四步示意图

分 析 提 示

矢量 $\dot{U}_R$ 与矢量 $\dot{U}_C$ 相加后等于输入电压 $\dot{U}_i$，从图中可以看出，$\dot{U}_C$ 与 $\dot{U}_i$ 之间是有夹角的，并且是 $\dot{U}_C$ 滞后于 $\dot{U}_i$，或者讲是 $\dot{U}_i$ 超前 $\dot{U}_C$。

由于该电路的输出电压取自于电容上，所以 $\dot{U}_o=\dot{U}_C$，输出电压 $\dot{U}_o$ 滞后于输入电压 $\dot{U}_i$ 一个角度。由此可见，该电路具有滞后移相的作用。

3．RC 超前移相电路

图 6-172 所示是 RC 超前移相电路，这一电路与 RC 滞后移相电路相比，只是电路中电阻器和电容器的位置变换了，输出电压取自于电阻器 R1。

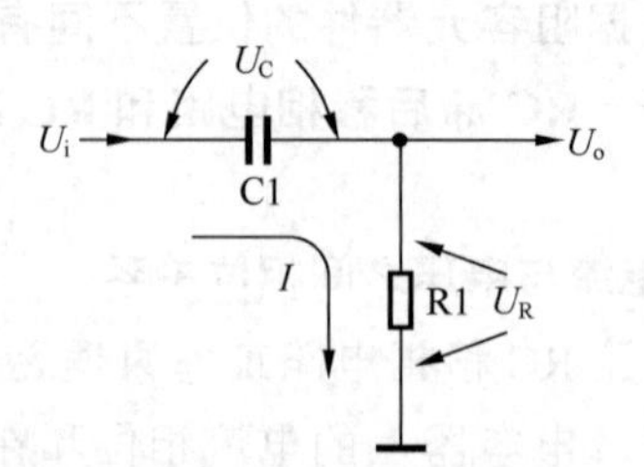

图 6-172　RC 超前移相电路

根据上面介绍的矢量图画图步骤，画出矢量图之后很容易看出，输出信号电压 $\dot{U}_o$ 超前于输入电压 $\dot{U}_i$ 一个角度，如图 6-173 所示。

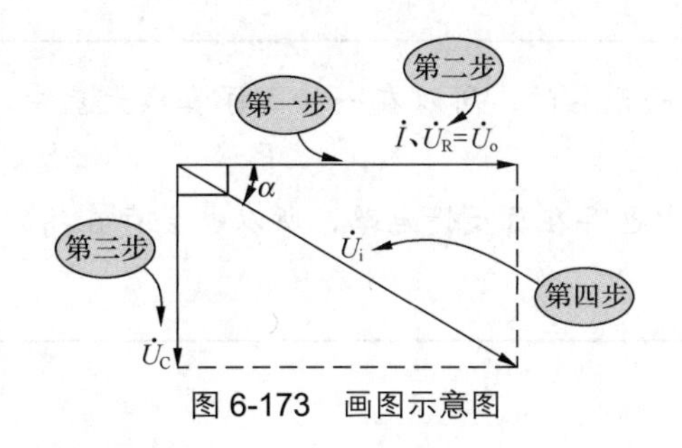

图 6-173 画图示意图

具体的画图步骤是：画出电流$\dot{I}$，再画出电阻器上的压降$\dot{U}_R$，然后画出电容器上压降$\dot{U}_C$，并画出平行四边形，最后画出输入电压$\dot{U}_i$。

重要提示

这种 RC 移相电路的最大相移量小于 90°，如果采用多级 RC 移相电路则总的相移量可以大于 90°。改变电路中的电阻或电容的大小，可以改变相移量。

6.5.12 负载阻抗补偿电路

有些情况下，负反馈放大器的自激是由于放大器负载引起的，此时可以采用负载阻抗补偿电路来消除自激。图 6-174 所示是负载阻抗补偿电路。电路中，BL1 是扬声器，是功率放大器的负载。这一电路中的负载阻抗补偿电路由两部分组成：一是 R1 和 C1 构成的负载阻抗补偿电路，这一电路又叫作茹贝尔电路；二是由 L1 和 R2 构成的补偿电路。

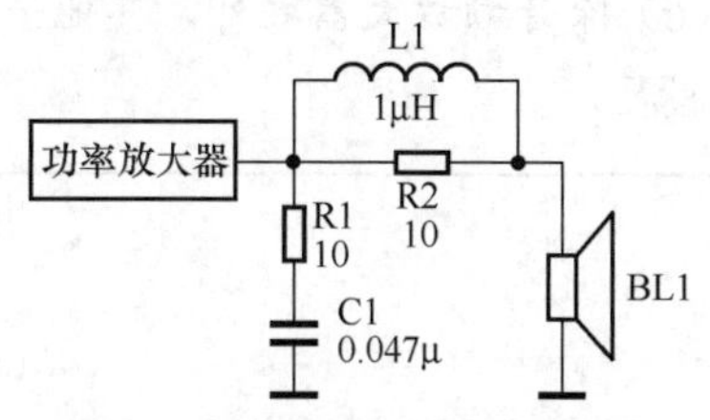

图 6-174 负载阻抗补偿电路

1. 茹贝尔电路分析

电路中的扬声器 BL1 不是纯阻性的负载，是感性负载，它与功率放大器的输出电阻构成对信号的附加移相电路，这是有害的，会使负反馈放大器电路产生自激。

在加入 R1 和 C1 电路后，由于这一 RC 串联电路是容性负载，它与扬声器 BL1 感性负载并联后接近为纯阻性负载，一个纯阻性负载接在功率放大器输出端不会产生附加信号相位移，所以不会产生高频自激。

如果不接入这一茹贝尔电路，扬声器的高频段感抗明显增大，放大器产生高频自激的可能性增大。

2. 消除分布电容影响

电路中的 L1 和 R2 用来消除扬声器 BL1 分布电容引起的功率放大器高频段不稳定影响，也具有消除高频段自激的作用。

电路分析提示

上面介绍了各种负反馈放大器中消振电路的工作原理，以下对这些电路进行小结。

（1）当自激信号的频率落在可听音频范围内时，可以听到啸叫声；当自激信号的频率高于可听音频频率时，为超音频自激，此时虽然听不到啸叫声，但仍然影响放大器的正常工作，例如，可能造成放大管或集成电路发热。

（2）负反馈放大器中，自激现象一般发生在高频段，这是因为放大器对中频信号的附加相移很小，对低频信号虽然也存在附加相移，但对频率低到一定程度的信号，放大器的放大倍数已经很小，不符合自激的幅度条件，所以不会发生低频自激。

（3）对音频放大器而言，放大器电路中容量小于 0.01μF 的小电容器一般都起消振作用，被称为消振电容器。音频放大器中消振电容器容量没有大于 0.01μF 的。

（4）一个多级负反馈放大器中，一般设有多个消振电容器，放大器级数越多，消振电容器数目也会越多。

（5）音频放大器中，消振电容器对音质是有害而无益的，所以在一些高保真放大器中，不设大量的负反馈电路。

（6）除音频放大器之外，其他一些高频放大器中也存在负反馈电路，所以也会存在高频自激问题。

第7章 电感类元器件基础知识及应用电路

7.1 电感类元器件种类和基础知识

电感类元器件外形“丰富多彩”，特征也比较明显，相对于其他电子元器件比较容易识别。图 7-1 所示是一种线绕电感器（贴片元器件），从外形上就能很容易看出它是电感器。

图 7-1 线绕电感器

7.1.1 电感类元器件种类和外形特征

1．普通电感器种类

表 7-1 所示是电感器划分方法及种类。

表 7-1 电感器划分方法及种类

分类方法及种类		实 物 图	说 明
按有无磁芯划分	空心电感器		电感器中没有铁芯或磁芯，是一个空心线圈
	有心电感器		电感器中有铁芯或磁芯

续表

分类方法及种类		实物图	说明
按安装形式划分	立式电感器		电感器垂直安装在电路板上
	卧式电感器		电感器水平安装在电路板上
	小型固定式电感器		它像普通电阻器一样有两根固定引脚，可以方便地安装在电路板上
	贴片式电感器		这种电感器无引脚，直接装配在铜箔线路一面
按工作频率划分	高频电感器	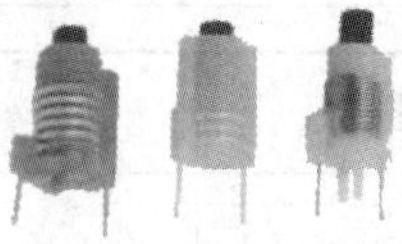	高频电感器的特点是匝数少、电感量较小，用于工作频率比较高的电路中
	低频电感器		低频电感器又叫作低频阻流圈，主要用在低频（音频）电路中，电感量较大
按封装形式划分	普通电感器		这是常见的电感器，俗称线圈

续表

分类方法及种类		实物图	说明
按封装形式划分	色环电感器	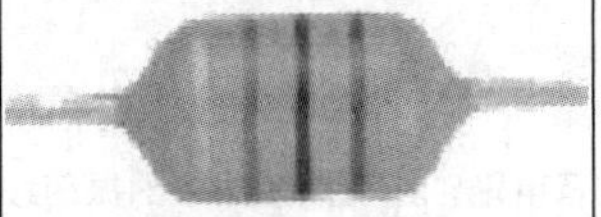	这种电感器的标称值采用色环方法标注
	环氧树脂电感器	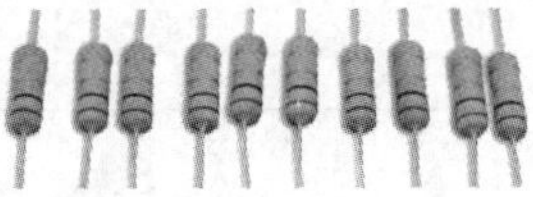	这种电感器的外壳封装材料采用环氧树脂
	贴片电感器		贴片元器件
按电感量是否可调划分	固定电感器		这种电感器的电感是固定不变的
	可调电感器		这种电感器的电感量可以进行微调，旋转顶部的磁芯可以微调电感量的大小，所以又叫作微调电感器

2．部分专用电感类元器件

利用电感器基本原理，可以制成各种专用元器件，如表 7-2 所示，以供初步了解。

表 7-2　专用电感类元器件举例

实物图	说明
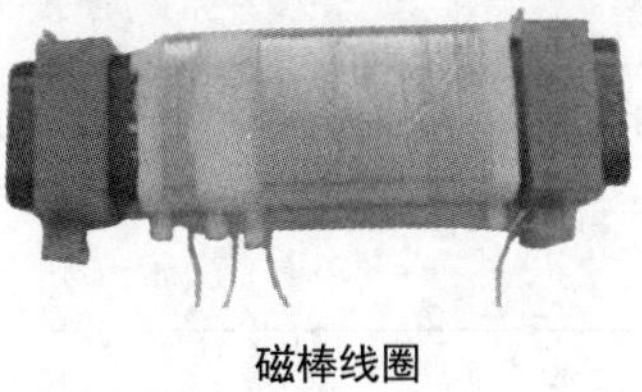 磁棒线圈	用于调幅收音机电路，作为天线线圈，有中波无线线圈及短波天线线圈等

续表

实 物 图	说 明
 振荡线圈	用于收音电路，作为振荡器中的振荡线圈
 行线性线圈	用于电视机电路，补偿行扫描的线性
 消磁线圈	用于扫描电镜，在开机时对显像管进行退磁处理
 偏转线圈	偏转线圈由行和场偏转线圈组成，用于扫描电路，形成水平和垂直扫描磁场
 屏蔽式功率电感器	这是一种贴片功率电感器
 片式绕线电感器	这是一种贴片电感器，能够通过较大的电流

续表

实 物 图	说 明
共模电感器	共模电感器也叫共模扼流圈，常用于计算机的开关电源，过滤共模的电磁干扰信号。 共模电感器由软磁铁芯（铁氧体磁芯）和两组同向绕制的线圈组成。对于共模信号，由于两组线圈产生的磁场不是抵消，而是相互叠加，因此铁芯被磁化。由于铁芯材料的高磁导率，铁芯将产生一个大的电感，线圈的感抗使共模信号的通过受到抑制
电磁式继电器	继电器是利用电流的效应来闭合或断开电路的装置，用于自动保护和自动控制。 在大多数的情况下，继电器就是一个电磁铁，这个电磁铁的衔铁可以闭合或断开一个或数个开关触点。当电磁铁的线圈中有电流通过时，衔铁被电磁铁吸引，因而就改变了触点的状态
电动式扬声器	它是应用电动原理的电声换能器件，通入音频电流后它能发出声音。它是目前运用最广泛的扬声器
动圈式话筒	动圈式话筒以人声通过空气使振膜振动，然后在振膜上的线圈和环绕在动圈麦头的磁铁形成磁力场切割，形成微弱的电流，将声音转换成电信号
直流电机	直流电机中有许多个线圈牢固地嵌在转子铁芯槽中，当导体中通过电流、在磁场中因受力而转动，就带动整个转子旋转，这就是直流电机的基本工作原理

3．电感器外形特征

各种电感器的外形特征不同，相差较大。

电感器一般情况下有两根引脚，这是没有抽头的电感器，这两根引脚是不分正、负极性的，可以互换。如果电感器有抽头，引脚数目就会大于两根。3 根引脚就有头、尾和抽头的分别，不能相互搞错。

除小型固定电感器、贴片式电感器安装比较方便外，其他电感器的安装都不方便。

7.1.2 电感器电路图形符号

表 7-3 所示是电感器电路图形符号及说明，电路中的电感器用大写字母 L 表示。

表 7-3　电感器电路图形符号及说明

电路符号	名称	说　明
L	电感器新的电路图形符号	这是不含磁芯或铁芯电感器的电路图形符号，也是最新规定的电感器电路图形符号
	有磁芯或铁芯的电感器电路图形符号	这一电路图形符号过去只表示低频铁芯的电感器，电路图形符号中一条实线表示铁芯，现在统一用这一符号表示有磁芯或铁芯的电感器
	有高频磁芯的电感器电路图形符号	这是过去表示有高频磁芯的电感器电路图形符号，虚线表示高频磁芯，现在用实线表示有磁芯或铁芯而不分高频和低频。现有的一些电路图中还会出现这种电感器电路图形符号
	磁芯中有间隙的电感器电路图形符号	这是电感器中的一种变形，它的磁芯中有间隙
	微调电感器电路图形符号	这是有磁芯而且电感量可在一定范围内连续调整的电感器，叫作微调电感器，电路图形符号中的箭头表示电感量可调
	无磁芯有抽头的电感器电路图形符号	这一电路图形符号表示该电感器没有磁芯或铁芯，电感器中有一个抽头，这种电感器有 3 根引脚

根据电感器电路图形符号可以识别电路图中的电感器。图 7-2 所示是含有电感器的扬声器分频电路，图中的 L1 和 L2 为电感器，被称为分频电感。

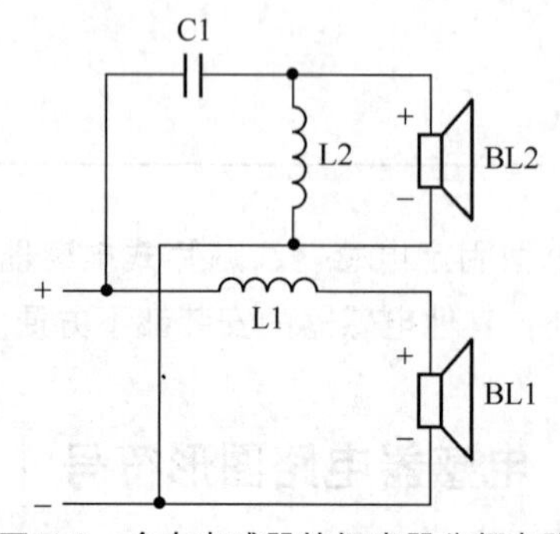

图 7-2　含有电感器的扬声器分频电路

7.1.3　电感器结构及工作原理

1．电感器结构

最简单的电感线圈就是用导线空心地绕几圈而成，有磁芯或铁芯的电感器是在磁芯或铁芯上用导线绕几圈而成。

通常情况下，电感器由铁芯或磁芯、骨架和线圈等组成。其中，线圈绕在骨架上，铁芯或磁芯插在骨架内。图 7-3 是几种线圈的结构示意图。

重要提示

无论哪种电感器，都是用导线绕几圈而成。根据绕的匝数不同、有无磁芯，电感器电感量的大小也不同，但是电感器所具有的特性相同。

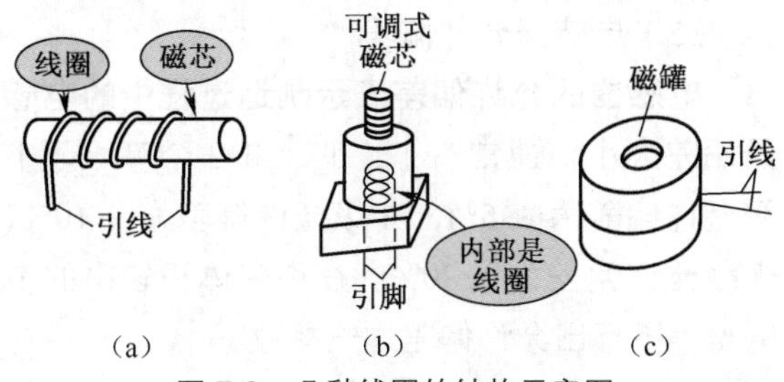

图 7-3　几种线圈的结构示意图

2．贴片电感器结构

图 7-4 是线绕贴片电感器结构示意图。

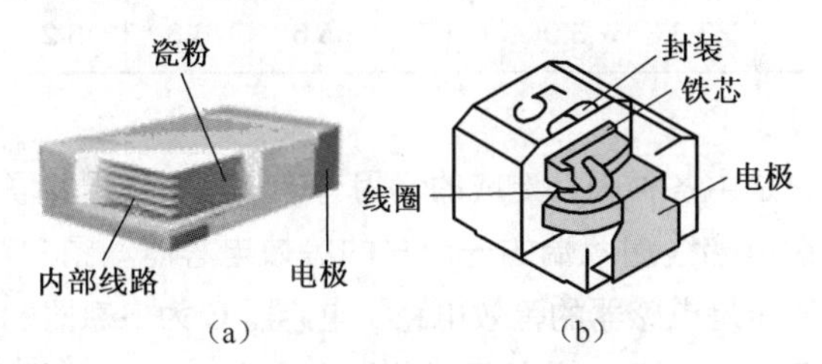

图 7-4　线绕贴片电感器结构示意图

3．电感器工作原理

电感器的工作原理分成两个部分：一是给电感器通电后电感器的工作过程，此时电感器由电产生磁场；二是电感器在交变磁场中的工作过程，此时电感器由磁产生交流电。

关于电感器的工作原理主要说明下列几点。

（1）给电感器中通入交流电流时，在电感器的四周产生交变磁场。这个磁场被称为原磁场。

（2）给电感器通入直流电流时，在电感器四周要产生大小和方向不变的恒定磁场。

（3）由电磁感应定律可知，磁通的变化将在导体内引起感生电动势。因为电感器（线圈）内电流变化（因为通的是交流电流）而产生感生电动势的现象，被称为自感应。电感就是用来表示自感应特性的一个量。

（4）自感电动势要阻碍线圈中的电流变化，这种阻碍作用被称为感抗。

4．磁芯

通常电感器内部都有磁芯，在加入磁芯后电感器的电感量更大。图 7-5 是几种磁芯实物图。

图 7-5　几种磁芯实物图

7.1.4　电感器主要参数和识别方法

1．电感器主要参数

（1）电感器的电感量

电感器的电感量大小如同电容器的电容量大小一样，是电感器使用中的一个重要参数。另外，当电感器中流有较大工作电流时，对它的额定工作电流参数也要格外关注。

电感器的电感量大小与线圈的结构有关，线圈绕的匝数越多，电感量越大。在同样匝数情况下，线圈加了磁芯后，电感量增大。

电感单位为亨，用 H 表示，H 这一单位太大，所以常用毫亨（mH）和微亨（μH）表示。1H= 1000mH，1mH=1000μH。

标称电感量表示了电感器的电感大小，它是人们在使用过程中最为关心的参数，也是电感器最重要的参数之一。

标称电感量会被标注在电感器上，以方便使用，如图 7-6 所示。这是 3 位数表示方法，其识别方法与电容器的 3 位数识别方法一样，单位是 μH，图中 331 为 33×10^1=330μH。

图 7-6　电感量标注实物图

重要提示

一般高频电感器的电感量较小，为 0.1 ～ 100μH，低频电感器的电感量为 1 ～ 30mH。

小型固定电感器的标称电感量采用 E12 系列，如表 7-4 所示。

（2）电感器允许偏差

电感器的允许偏差表示制造过程中的电感量偏差大小，通常有Ⅰ、Ⅱ、Ⅲ 3 个等级，Ⅰ级允许偏差为 ±5%，Ⅱ级允许偏差为 ±10%，Ⅲ级允许偏差为 ±20%。在许多体积较小的电感器上不标出允许偏差这一参数。

表 7-4　小型固定电感器标称电感量系列

名　称	系列值											
E12	1	1.2	1.5	1.8	2.2	2.7	3.3	3.9	4.7	5.6	6.8	8.2

注：上述值再乘 10 的 n 次方即得到电感量标称值。

电感器的电感量允许偏差还可以用字母表示，表 7-5 所示是允许偏差的含义。

表 7-5　电感器字母表示允许偏差的含义

字母	允许偏差	字母	允许偏差	字母	允许偏差
Y	±0.001%	W	±0.05%	G	±2%
X	±0.002%	B	±0.1%	J	±5%
E	±0.005%	C	±0.25%	K	±10%
L	±0.01%	D	±0.5%	M	±20%
P	±0.02%	F	±1%	N	±30%

（3）品质因数

品质因数又叫作 Q 值，用字母 Q 表示。Q 值表示了线圈的“品质”。Q 值越高，说明电感线圈的功率损耗越小，效率越高。

这一参数不标在电感器外壳上。并不是对电路中所有的电感器都有品质因数的要求，主要是对 LC 谐振电路中的电感器有品质因数要求，因为这一参数决定了 LC 谐振电路的有关特性。

（4）额定电流

电感器的额定电流是指允许通过电感器的最大电流，这也是电感器的一个重要参数。当通过电感器的工作电流大于这一电流值时，电感器将有被烧坏的危险。在电源电路中的滤波电感器因为工作电流比较大，加上电源电路的故障发生率比较高，所以滤波电感器容易被烧坏。

（5）固有电容

电感器固有电容又称分布电容和寄生电容，它是由各种因素造成的，固有电容器相当于并联在电感线圈两端的一个总的等效电容器。图 7-7 所示是电感器的等效电路，电容器 C 为电感器的固有电容器，R 为线圈的直流电阻器，L 为电感器。

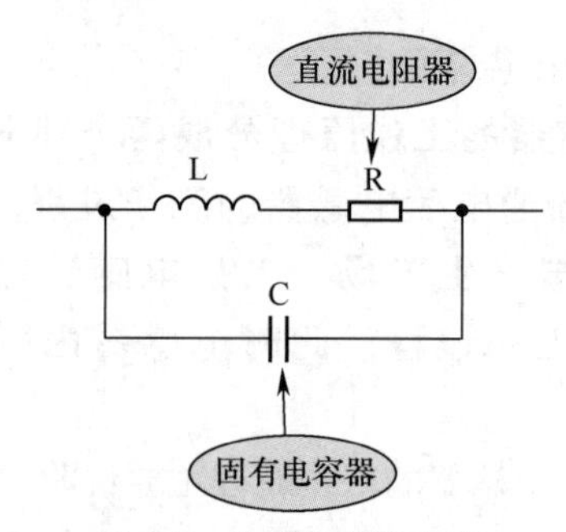

图 7-7　电感器等效电路

电感器 L 与等效电容器 C 构成一个 LC 并联谐振电路，这一电路将影响电感器的有效电感量的稳定性。

重要提示

当电感器工作在高频电路中时，由于频率高、容抗小，所以等效电容器的影响大，为此要尽量减小电感线圈的固有电容。

当电感器工作在低频电路中时，由于等效电容器的容量很小，工作频率低时它的容抗很大，故相当于开路，所以对电路工作影响不大。

不同应用场合对电感器不同参数的要求是不同的，只有了解了这些参数的具体含义，才能正确使用这些参数。

2．电感器识别方法

（1）电感器直标法

直标法是将标称电感量用数字直接标注在电感器的外壳上，同时用字母表示额定工作电流，再用Ⅰ、Ⅱ、Ⅲ表示允许偏差。固定电感器除直接标出电感量外，还标出允许偏差和额定电流参数。

（2）电感器色标法

图7-8(b)是采用色标法标注的电感器实物图。有些固定电感器中，采用色标表示标称电感量和允许偏差，这种固定电感器叫作色码电感器，它的标称电感量标注方法如图7-8(a)所示。

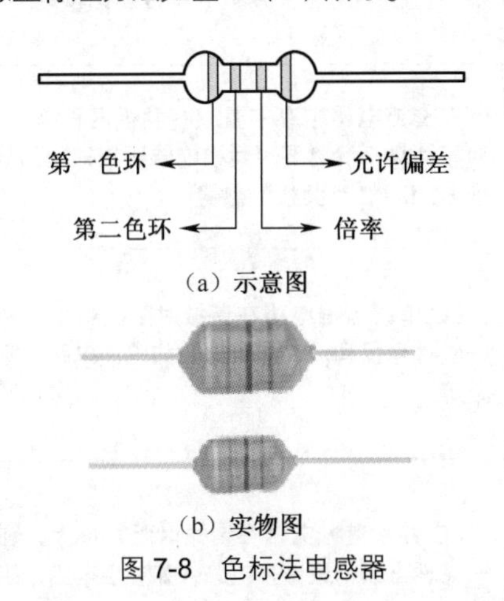

（a）示意图

（b）实物图

图7-8　色标法电感器

色码电感器的读码方式与色标电阻器一样，有效数字为两条，第三条为倍率，最后一条为允许偏差色码。色码电感器的色码含义与色标电阻器的色码含义一样。

（3）电感器数字字母混标法

电感器数字字母混标法采用3位数字和1位字母表示，前两位表示有效数字，第三位表示有效数字后有几个0，最后一位英文字母表示误差范围，单位为pH，遇有小数点时用字母R表示。这与电容器和电阻器的数字字母混标法相同。

例如，220K表示22pH，误差为±10%；8R2J表示8.2pH，误差为±5%。

（4）固定电感器额定电流等级表示方法

固定电感器中，额定电流共有5个等级，用大写字母表示。表7-6所示为固定电感器中字母表示额定电流的具体含义。

表7-6　固定电感器中字母表示额定电流的具体含义

字母	A	B	C	D	E
含义	50mA	150mA	300mA	700mA	1.6A

电感器参数运用提示

（1）在工作电流比较大的电路中，要格外注意电感器的额定电流参数，因为选择的电感器额定电流小了会造成电感器过电流损坏。

（2）振荡器电路中的电感器要格外注意标称电感量的偏差，因为电感量的偏差将影响振荡器的振荡频率。此外，还要关注Q值。

（3）对于工作在高频电路中的电感器，还要注意电感器固有电容和Q值，因为固有电容和Q值将影响所在电路的频率特性等。

7.2　电感器主要特性

重要提示

电感器在电路中有时被单独使用，有时则与其他元器件一起构成一个功能电路或单元电路。电感器典型的应用电路有3种：与电容器构成LC串联谐振电路、与电容器构成LC并联谐振电路和单独使用时构成滤波电路。

在分析含有电感器的电路时，要掌握电感器的主要特性，这对电感电路分析相当重要。

表 7-7 所示是电感器在电路中的作用说明。

表 7-7　电感器在电路中的作用说明

名　称	电 路 图	说　明
电感滤波电路	整流电路 L1 C1 C2	电感滤波电路是用电感器构成的一种滤波电路，其滤波效果相当好。 电源电路中的滤波电路接在整流电路之后，用来滤除整流电路输出电压中的交流成分
抗高频差模干扰电路	L1 T1 220V 交流电 L2	为了防止 220V 交流电网对机器的差模高频干扰，在一些抗干扰要求比较高的电子电器中都设置 L1、L2 这种抗干扰电路。 这一抗干扰电路串联在交流电回路中。L1、L2 不需要接地线，所以安全性能比较好
抗高频共模干扰电路	L1 220V 交流电 L2 整流电路	在交流电网中存在差模和共模两种高频干扰，对于共模干扰需要用共模电感器来抑制，电路中的 L1 和 L2 为共模电感器
LC 串联谐振电路	C1 L1	LC 串联谐振电路在谐振时阻抗最小，利用这一特性可以构成许多电路，如陷波电路、吸收电路等
LC 并联谐振电路	C1 L1	LC 并联谐振电路在谐振时阻抗最大，利用这一特性可以构成许多电路，如补偿电路、阻波电路等

7.2.1　电感器感抗特性和直流电阻

1．电感器感抗特性

电感器的感抗大小与两个因素有关：电感器的电感量 L 和流过电感器的交流电流频率 f。

电感器的感抗 X_L 计算公式如下：

$$X_L=2\pi fL$$

式中：X_L为电感器的感抗；

f为流过电感器交流电流的频率；

L为电感器的电感量。

通过这一计算公式可以进一步理解感抗、电感量、频率三者之间的关系。

当交流电流通过电感器时，感抗对交流电流的影响类似于电阻对电流的阻碍作用，所以在分析电路时可以将电感器的感抗的作用理解为电阻的作用，如图 7-9 所示。等效电路中的“电阻”与频率高低、电感量大小相关，所以是一

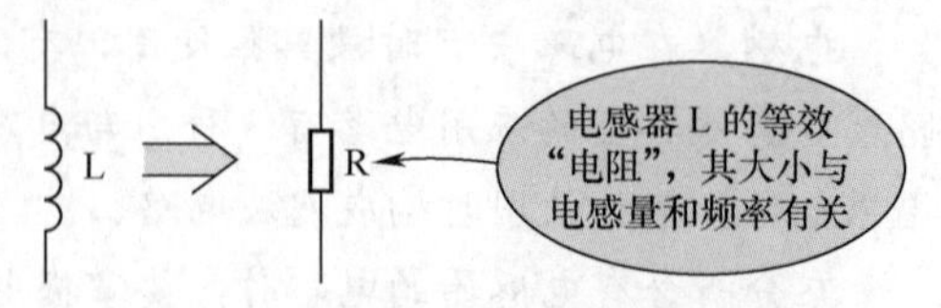

图 7-9　电感器感抗的等效理解电路

个特殊的电感性“电阻”。这样的等效理解如同前面介绍的电容电路中的等效理解，这有利于对电感电路的分析。

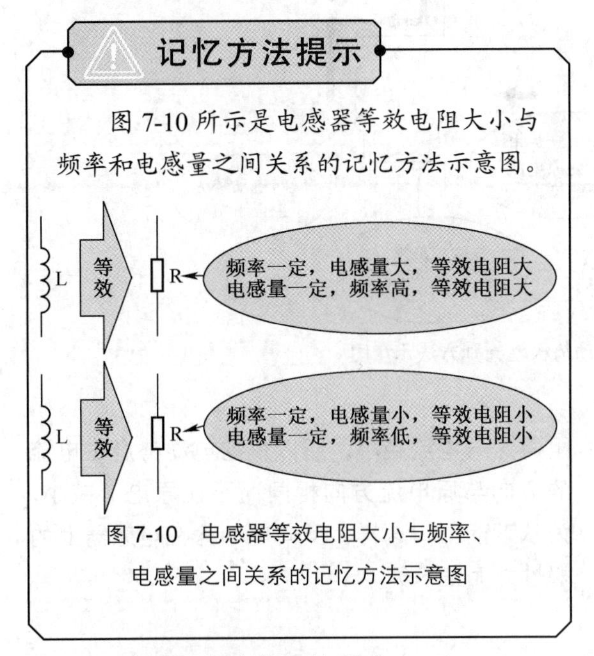

图7-10　电感器等效电阻大小与频率、电感量之间关系的记忆方法示意图

2．电感器直流电阻的影响

从阻碍电流这个角度看，电感器存在感抗和电感器的直流电阻两种因素，在电感电路分析中这两种因素的判断方法如下。

（1）对于交流电流而言，电感器的直流电阻对交流电流也有阻碍作用，但是与感抗所起的阻碍作用相比很小，通常可以忽略不计，而认为只存在感抗的作用，这样有利于简化对电感器所在电路工作原理的分析。

（2）对于直流电流而言，分析电感电路有两种情况：一是根本不考虑电感器的直流电阻对直流电流的影响，这样有利于简化分析，在许多情况下采用这种方法；二是分析电感器所在电路工作原理时，电感器的直流电阻不能忽略，它在电路中起着一定的作用。到底是不是要考虑电感器的直流电阻，要根据具体电路情况而定，这种问题是电路分析中的一个难点。

7.2.2　线圈中的电流不能突变特性

前面讲过电容器两端的电压不能突变，对电感器而言则是电感器中的电流不能突变，这一点电容器和电感器又是有所不同的。

1．特性说明

当流过电感器的电流大小发生改变时，电感器两端要产生一个反向电动势来维持原电流的大小不变，也就是这一反向电动势不让电感器中的电流发生改变。电感器中的电流变化率愈大，其反向电动势愈大。

重要提示

电感器的这一特性对电路的安全工作有危害，为此许多电路中设置了消除这种反向电动势的保护电路。

分析这种保护电路的工作原理时，需要掌握电感器反向电动势的判别方法，这样才能分析保护电路中元器件的工作过程。

2．判断方法

图7-11是电感器中反向电动势极性判断方法示意图。判断反向电动势极性过程中要分成3步画图。

第一步画出电感器中的原电流方向，图中为从上而下地流过电感器L1，并且电流增大。

第二步画出反向电动势所产生的电流及方向，这一步的画图原则是：阻止原电流变化，原电流是从上而下地流过电感器L1且增大，根据这一原则画出反向电动势所产生电流的方向为从下而上地流过电感器L1，如图中所示，两电流方向相反表示阻碍原电流增大。

第三步根据反向电动势产生的电流方向，画出反向电动势极性。这一步有一个原则是：电感器本身是反向电动势的内电路，电动势内电路中的电流从低电位流向高电位，外电路中电流从高电位流向低电位。由于电感器L1中的电流从下而上地流出电感器L1，所以L1的上端为反向电动势的正极，下端为反向电动势的负极，如图7-11所示。

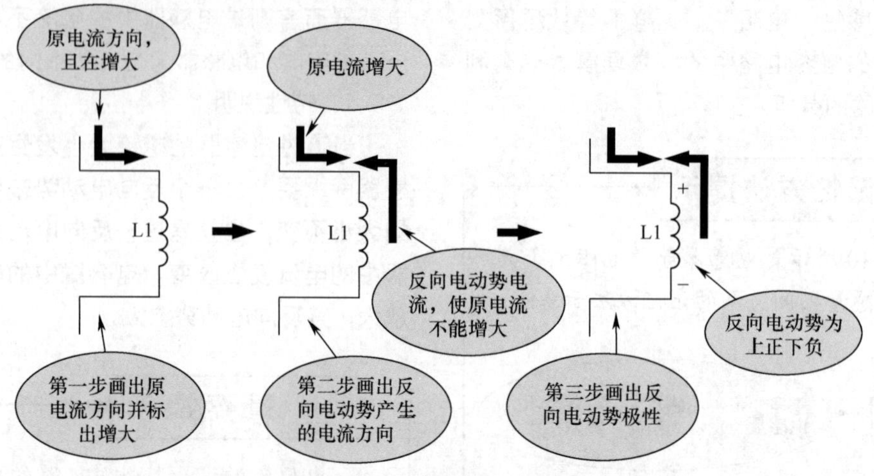

图 7-11　电感器中反向电动势极性判别方法示意图

重要提示

读者要在理解的基础上记忆上述 3 步画图分析电感器反向电动势的方法，所以必须掌握每一步画图中的要点，只有这样才能分析其他各种情况下的反向电动势极性判别方法。

另外 3 种情况下的反向电动势判断方法如下。

（1）第一种情况分析。如图 7-12 所示，**电路中的原电流从下而上流过**电感器，**且原电流增大**。电流增大时反向电动势所产生的电流要阻碍这一电流增大，所以反向电动势产生电流的方向与原电流方向相反以阻止原电流增大，为从上而下，这样，反向电动势在电感器上的极性为下正上负。

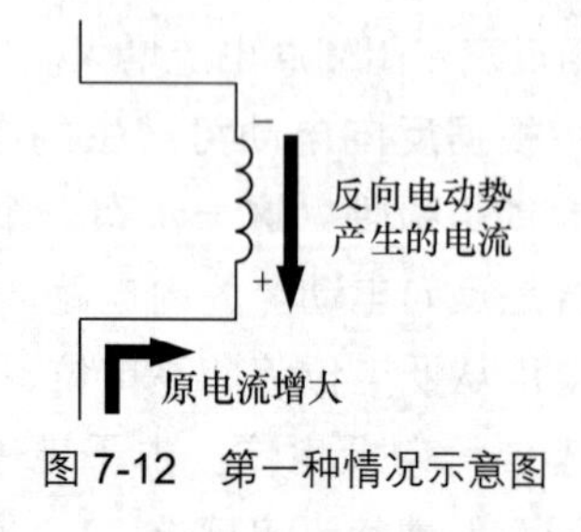

图 7-12　第一种情况示意图

（2）第二种情况分析。如图 7-13 所示，电路中的原电流从下而上流过电感器，且原电流减小。电流减小时反向电动势所产生的电流要阻碍这一电流减小，所以反向电动势产生电流的方向与原电流方向相同而不让原电流减小，为从下而上，这样，反向电动势在电感器上的极性为上正下负。

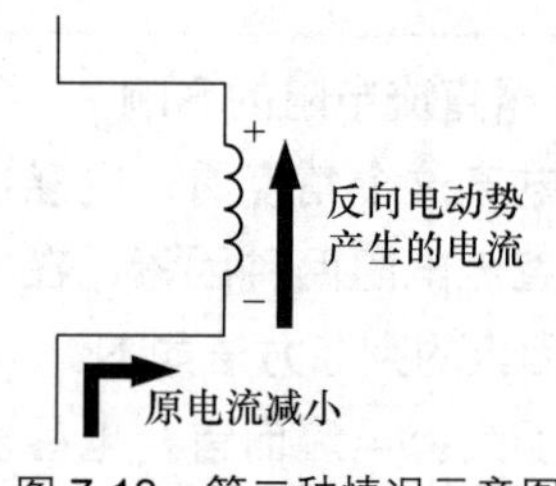

图 7-13　第二种情况示意图

（3）第三种情况分析。如图 7-14 所示，电路中的原电流从上而下流过电感器，且原电流减小。电流减小时反向电动势所产生的电流要阻碍这一电流减小，所以反向电动势产生电流的方向与原电流方向相同以阻止原电流减小，方向为从上而下，这样，反向电动势在电感器上的极性为下正上负。

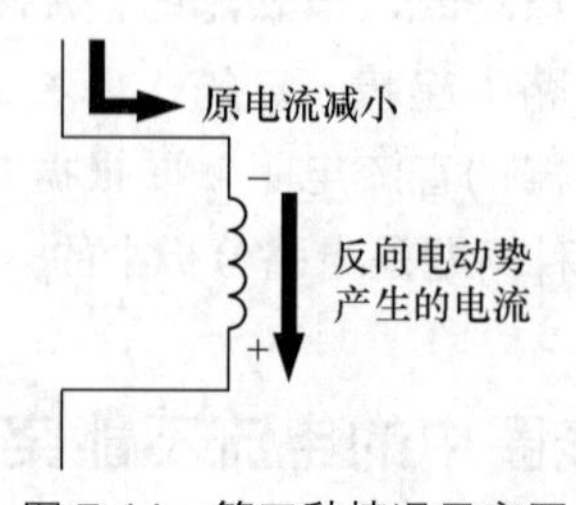

图 7-14　第三种情况示意图

7.3 电感器典型应用电路

纯电感器电路在电子电路中的应用量远远少于纯电阻器电路和纯电容器电路，电感器常见于与电容器构成的 LC 电路。

7.3.1 分频电路中的分频电感电路

1．单 6dB 型二分频扬声器电路

图 7-15 所示是单 6dB 型二分频扬声器电路，它是在前一种电路基础上在低音扬声器回路中接入了电感器 L1，通过适当选取 L1 的电感量大小，使之可以让中频和低频段信号通过，但不让高频段信号通过，这样更好地保证了 BL1 工作在中频和低频段。

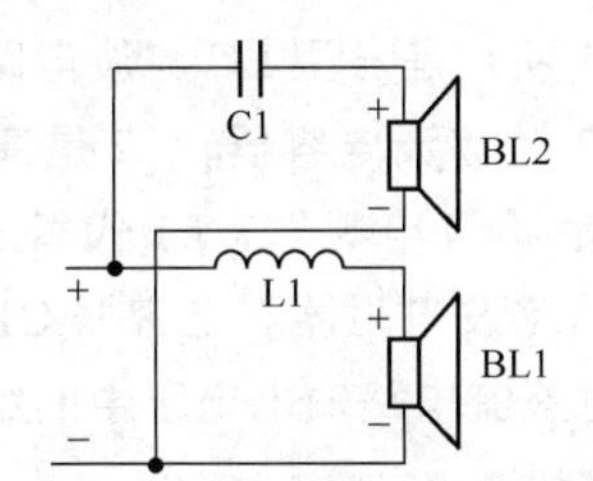

图 7-15　单 6dB 型二分频扬声器电路

这种电路在高音和低音扬声器回路中各设一只衰减元器件，为 6dB 型。

2．单 12dB 型二分频扬声器电路

图 7-16 所示是单 12dB 型二分频扬声器电路，它是在前一种电路基础上在高音扬声器上并接一只电感器 L2，通过适当选取 L2 的电感量大小，让 L2 将中频和低频段信号旁路，**这样高音扬声器回路有两次选频过程**：一是分频电容器 C1，二是分频电感器 L2，使 BL2 更好地在高频段工作。

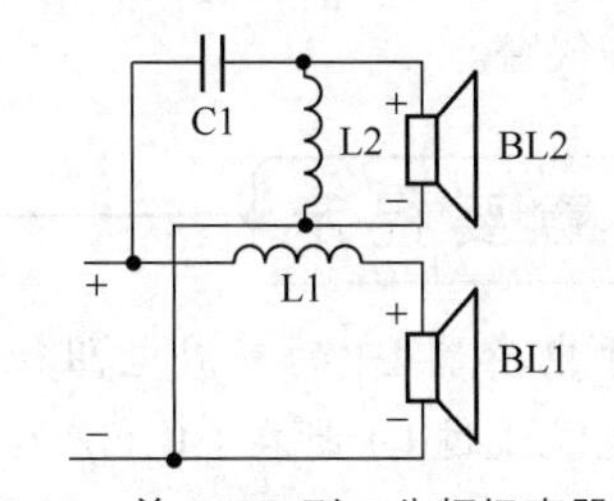

图 7-16　单 12dB 型二分频扬声器电路

这种电路中的 L2 和 C1 对中频、低频段具有各 6dB 共 12dB 的衰减效果，所以为 12dB 型电路。

3．双 12dB 型二分频扬声器电路

图 7-17 所示是双 12dB 型二分频扬声器电路，它是在前一种电路基础上在低音扬声器 BL1 上并联分频电容器 C2，C2 将从 L1 过来的剩余的高频段信号旁路，让 BL1 更好地工作在中频和低频段，这样 C2 与 L1 也具有 12dB 的衰减效果，所以这一扬声器电路是双 12dB 型二分频扬声器电路。

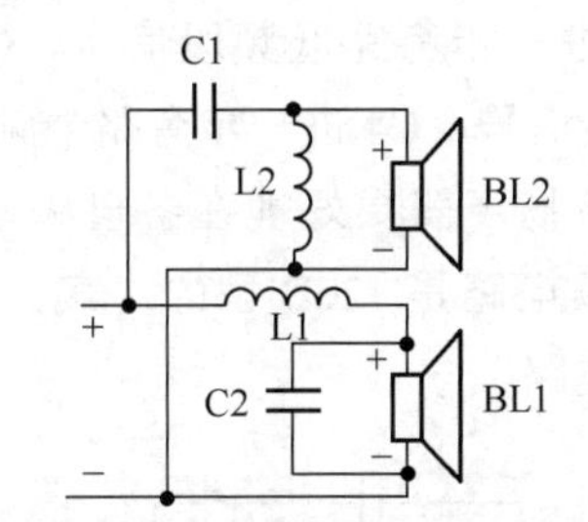

图 7-17　双 12dB 型二分频扬声器电路

4．6dB 型三分频扬声器电路

图 7-18 所示是 6dB 型三分频扬声器电路，BL1 是高音扬声器，BL2 是中音扬声器，BL3 是低音扬声器，电路中的其他电容器是分频电容器，电感器是分频电感器。

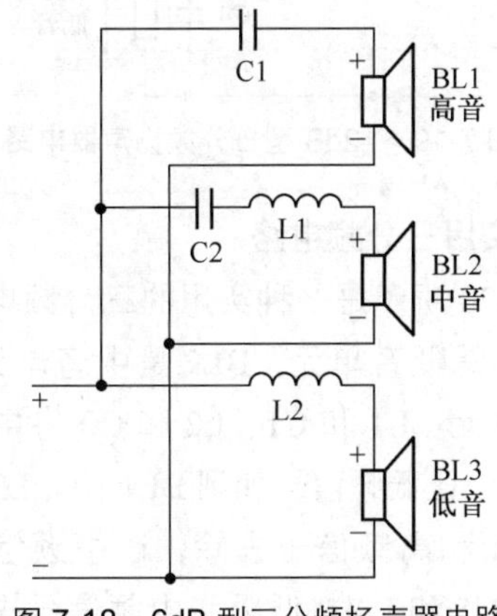

图 7-18　6dB 型三分频扬声器电路

这一电路的分频原理是：分频电容器 C1

让高频段信号通过，不让中频和低频段信号通过，这样，BL1 重放高音声音。分频电容器 C2 让中频和高频段信号通过（C2 容量比 C1 大），但是 L1 让中频段信号通过，因对高频段信号感抗高而不让高频段信号通过，这样，BL2 重放中频段信号。**L2 只让低频段信号通过，**不让高频和中频段信号，这样，BL3 重放低频段信号。

在这一电路中，每一个扬声器回路中都是 6dB 的衰减。

5．12dB 型三分频扬声器电路

图 7-19 所示是 12dB 型三分频扬声器电路，它是在 6dB 型电路基础上再接入分频电感和电容而成的。L4 用来进一步将中频和低频段信号旁路，L3 进一步旁路低频段信号，C3 进一步旁路高频段信号，C4 进一步旁路中频和高频段信号，使各扬声器更好地在各自频段内工作。这种三分频电路是 12dB 型的，其分频效果好于 6dB 型电路。

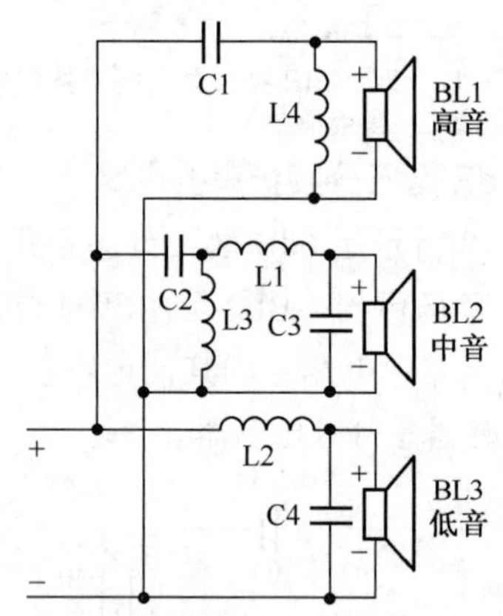

图 7-19　12dB 型三分频扬声器电路

6．实用三分频电路

图 7-20 所示是一种实用的三分频电路。电路中 BL1 是低音单元，BL2 是中音单元，BL3 是高音单元。L1 和 C1、L2 和 C2 将中、高频信号滤除，让低频信号加到 BL1 中。L3 和 C3、C4 将低频和高频信号去除，让中频信号加到 BL2 中。C5 和 L4 将低频和中频信号去除，让高频信号加到 BL3 中。

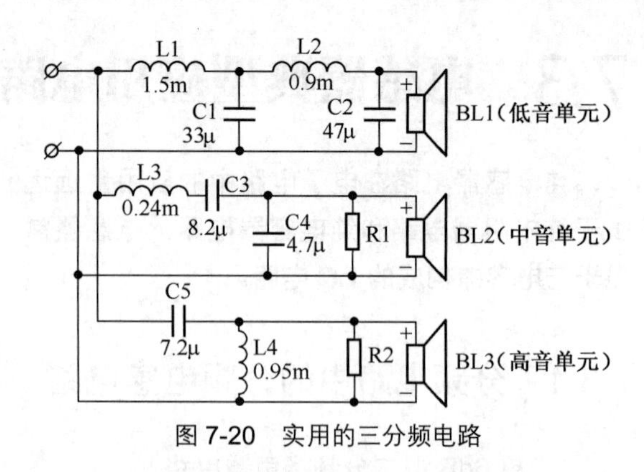

图 7-20　实用的三分频电路

7.3.2　电源电路中的电感滤波电路

电感滤波电路是用电感器构成的一种滤波电路，其滤波效果相当好，只是要求滤波电感的电感量较大，电路的成本比较高。电路中常使用 π 型 LC 滤波电路。

图 7-21 所示是 π 型 LC 滤波电路。电路中的 C1 和 C3 是滤波电容器，C2 是高频滤波电容器，L1 是滤波电感器，L1 代替 π 型 RC 滤波电路中的滤波电阻器。电容器 C1 是主滤波电容器，将整流电路输出电压中的绝大部分交流成分滤波到地。

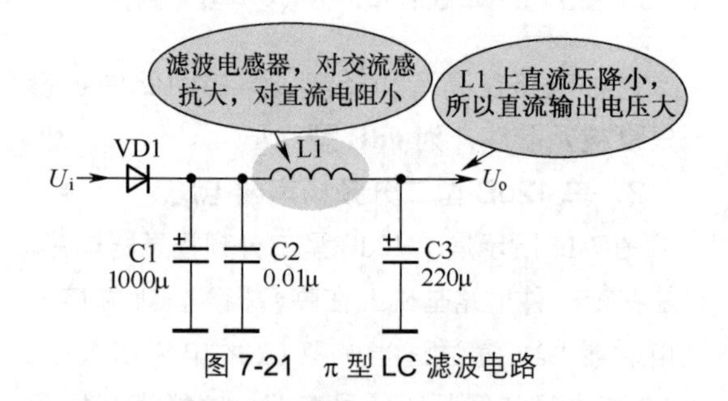

图 7-21　π 型 LC 滤波电路

1．直流等效电路

图 7-22 所示是 π 型 LC 滤波电路的直流等效电路，电感器 L1 的直流电阻小到为零，就用一根导线代替。

重要提示

由于电感器 L1 的直流电阻很小，所以直流电流流过 L1 时在 L1 上产生的直流电压降很小，这一点比滤波电阻要好。

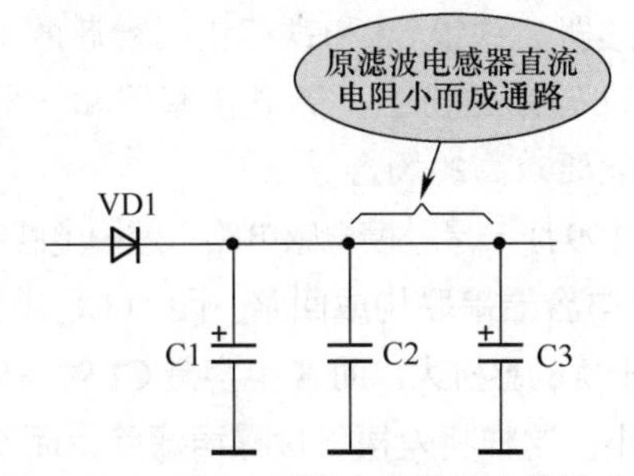

图 7-22 π 型 LC 滤波电路的直流等效电路

2．交流等效电路

图 7-23 所示是 π 型 LC 滤波电路的交流等效电路。

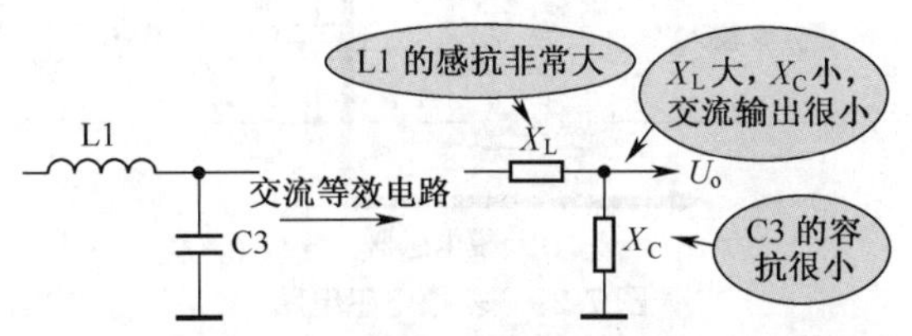

图 7-23 π 型 LC 滤波电路的交流等效电路

对于交流成分而言，因为电感器 L1 感抗的存在，且这一电感很大，这一感抗与电容器 C3 的容抗（容抗很小）构成分压衰减电路（见交流等效电路），对交流成分有很大的衰减作用，达到滤波的目的。

7.3.3 共模和差模电感电路

重要提示

所谓共模信号就是两个大小相等、方向相同的信号。

所谓差模信号就是两个大小相等、方向相反的信号。

图 7-24 所示是共模和差模电感电路，这也是开关电源交流市电输入回路中的 EMI 滤波器，电路中的 L1、L2 是差模电感器，L3 和 L4 为共模电感器，C1 为 X 电容器，C2 和 C3 为 Y 电容器。该电路输入 220V 交流市电，输出电压加到整流电路中。

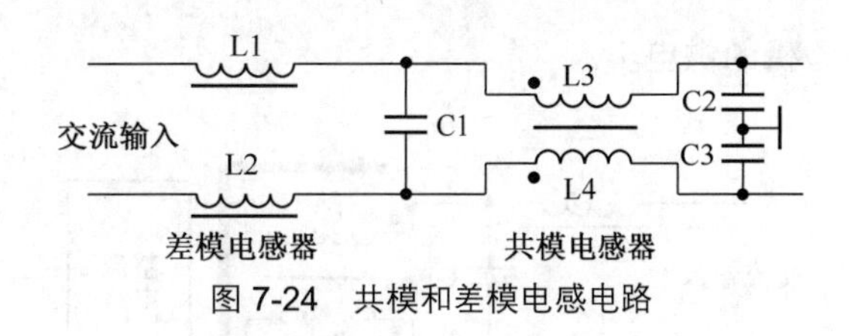

图 7-24 共模和差模电感电路

1．共模电感电路

开关电源产生的共模噪声频率范围为 10kHz ～50MHz 甚至更高，为了有效衰减这些噪声，要求在这个频率范围内共模电感器能够提供足够高的感抗。

了解共模电感器工作原理前应该了解共模电感器结构，这有助于理解共模电感器抑制共模高频噪声。图 7-25 所示是共模电感器实物图和结构示意图。

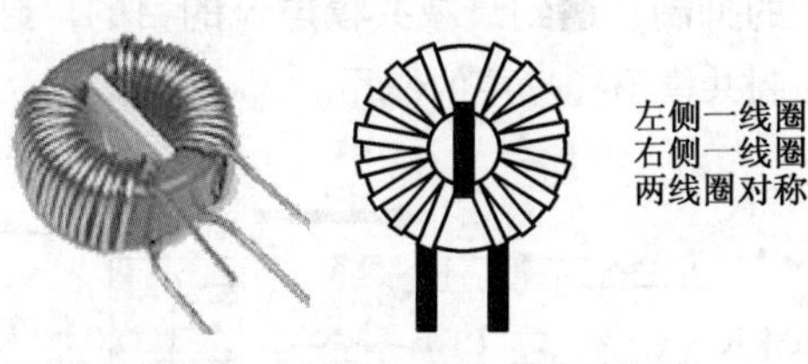

（a）实物图 （b）结构示意图

图 7-25 共模电感器实物图和结构示意图

重要提示

共模电感器的两组线圈绕在磁环上，绕相同的匝数，同一个方向绕制，只是一组线圈绕在左侧，另一组线圈绕在右侧。共模线圈采用高磁导率的锰锌铁氧体或非晶材料，以提高共模线圈性能。

（1）正常的交流电流流过共模电感器分析。如图 7-26 所示，220V 交流电是差模电流，它流过共模线圈 L3 和 L4 的方向如图所示，两线圈中电流产生的磁场方向相反而抵消。这时正常信号电流主要受线圈电阻的影响（这一影响很小），以及少量因漏感造成的阻尼（电感），加上 220V 交流电的频率只有 50Hz，共模电感器电感量不大，所以共模电感器对于正常的 220V 交流电感抗很小，不影响 220V 交流电对整机的供电。

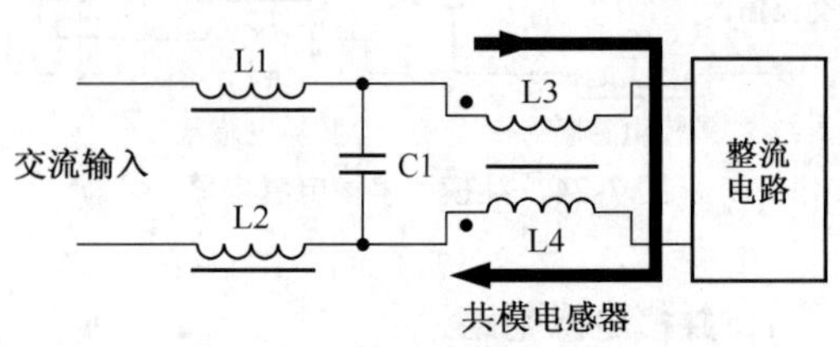

图 7-26　交流电差模电流流过共模电感器示意图

（2）**共模电流流过共模电感器分析**。当共模电流流过共模电感器时，电流方向如图 7-27 所示。由于共模电流在共模电感器中为同方向，**电感器 L3 和 L4 内产生同方向的磁场，这时增大了电感器 L3、L4 的电感量，也就是增大了 L3、L4 对共模电流的感抗，使共模电流受到了更大的抑制，达到衰减共模电流的目的**，起到了抑制共模干扰噪声的作用。

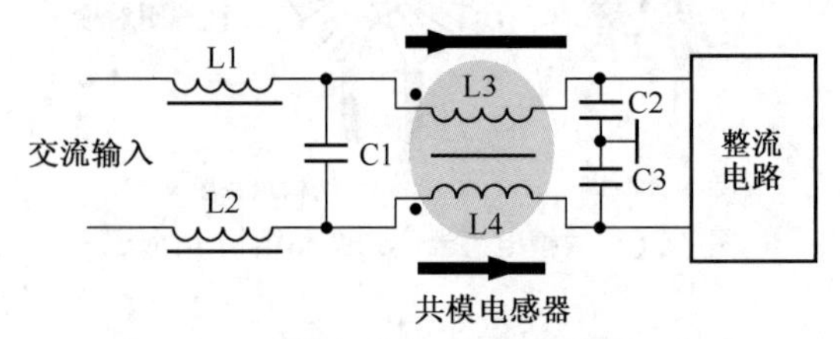

图 7-27　共模电流流过共模电感器示意图

加上两只 Y 电容器 C2 和 C3 对共模干扰噪声的滤波作用，共模干扰得到了明显的抑制。

2．差模电感电路

图 7-28 所示是差模电感器实物图和结构示意图，显然它与共模电感器不同。

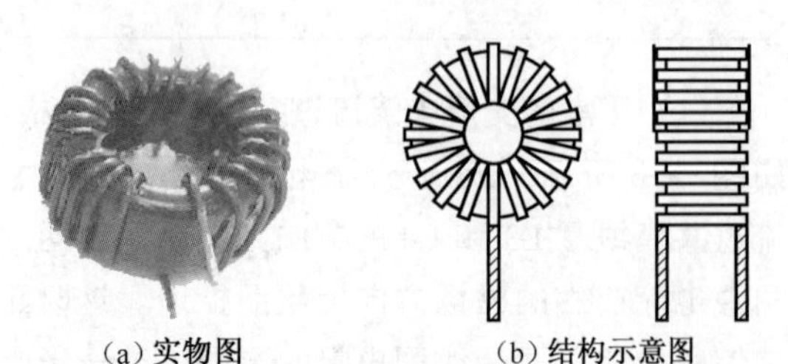

图 7-28　差模电感器实物图和结构示意图

差模电感器磁芯材料有 3 种。铁硅铝磁粉芯的单位体积成本最低，因此最适合制作民用差模电感器。铁镍 50 和铁镍钼磁粉芯的价格远远高于铁硅铝磁粉芯，更适合军用和一些对体积和性能要求高的场合。

图 7-29 所示是差模电感电路，**差模电感器 L1、L2 与 X 电容器串联构成回路，因为 L1、L2 对差模高频干扰的感抗大，而 X 电容器 C1 对高频干扰的容抗小，这样将差模干扰噪声滤除，而不能加到后面的电路中，达到抑制差模高频干扰噪声的目的**。

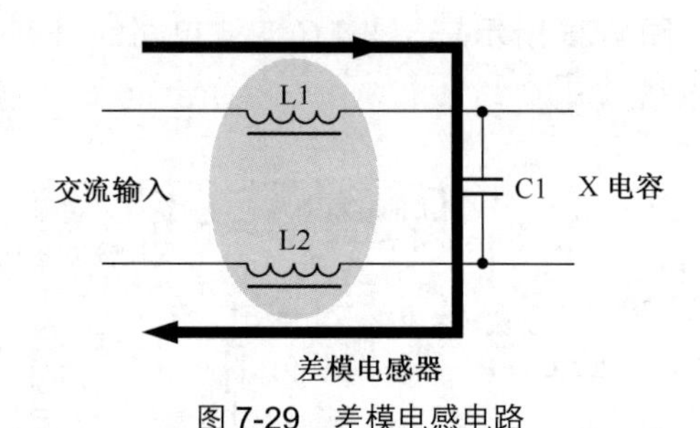

图 7-29　差模电感电路

图 7-30 所示是开关电源电路板中差模电感器和共模电感器位置图，利用这两种电感器外形特征的不同可以方便地区分它们。另外，一些开关电源中人们以共模电感器漏感来代替差模电感器，这时在开关电源电路板上就见不到差模电感器。

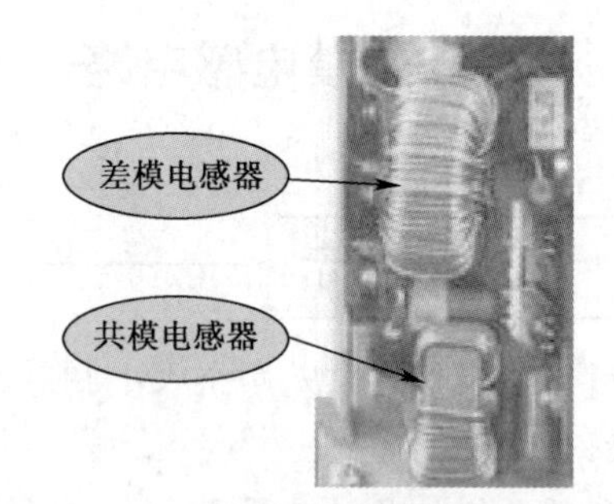

图 7-30　开关电源电路板中差模电感器和共模电感器位置图

7.3.4　储能电感电路

图 7-31 所示电路可以说明储能电感电路工作原理。电路中，L1 是开关电源电路中的储能电感器，VD1 是续流二极管，C1 是滤波电容器。

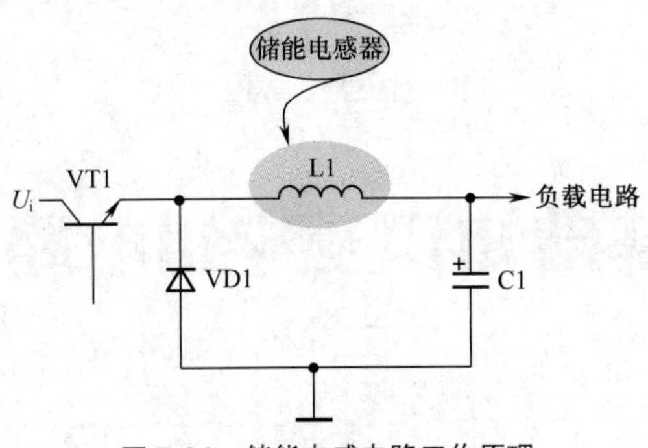

图 7-31　储能电感电路工作原理

开关管 VT1 导通时电路分析如下。

如图 7-32 所示，VT1 管导通后其集电极与发射极之间成通路，直流输入电压 U_i 产生的电流 I 流过储能电感器 L1，这一电流对电容器 C1 充电和流入负载电路中。同时，电流流过储能电感器 L1，电能将以磁能的形式储存在 L1 中，L1 储能电感器之名由此而来。

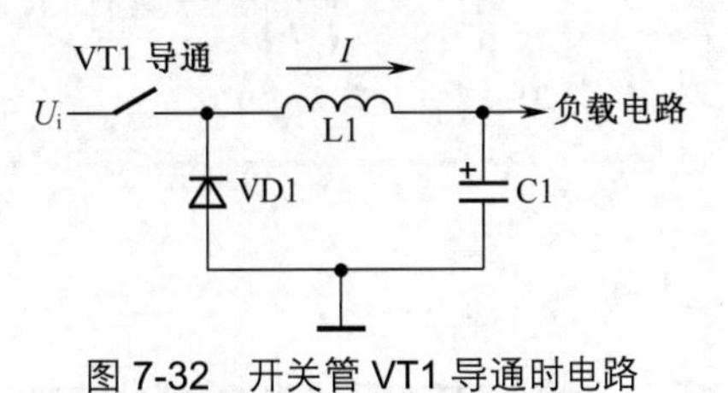

图 7-32　开关管 VT1 导通时电路

第8章 变压器基础知识及应用电路

8.1 变压器基础知识

8.1.1 变压器外形特征

变压器的种类繁多，专用变压器的种类很多，形式变化多，但是基本工作原理相同。

1．变压器外形特征

关于变压器的外形特征主要说明下列几点。

（1）变压器通常有一个外壳，一般是金属外壳，但有些变压器没有外壳，形状也不一定是长方体。

（2）变压器引脚有许多，最少有3根，多的达10多根，各引脚之间一般不能互换使用。

（3）各种类型变压器都有它自己的外形特征，例如，中周有一个明显的方形金属外壳。

（4）变压器与其他元器件在外形特征上有明显的不同，所以在电路板上很容易被识别。

2．认识多种变压器

表8-1所示是部分变压器实物图及特性说明。

表8-1 部分变压器实物图及特性说明

名称	实 物 图	说 明
电源变压器	E形电源变压器	电源变压器是最常用的变压器，用于电源电路，将220V交流市电降为所需要的低电压交流电。 E形电源变压器也称EI形电源变压器，它是最为常用的电源变压器，它的铁芯形状有两种：一是E形，二是I形。铁芯是用硅钢片交叠而成。这种电源变压器的缺点是磁路中的气隙较大，效率较低，工作时电噪声较大。优点是成本低
	环形电源变压器	环形变压器的铁芯是用优质冷轧硅钢片（片厚一般在0.35mm以下）无缝地卷制而成，它的铁芯性能优于传统的叠片式铁芯。 环形变压器的绕组均匀地绕在铁芯上，绕组产生的磁力线方向与铁芯磁路几乎完全重合。 它的电效率高、铁芯无气隙、外形尺寸小、磁干扰较小、振动噪声较小
	R形电源变压器	它又称C形电源变压器，它由两块形状相同的C字形铁芯（由冷轧硅钢带制成）构成。它与E形和环形变压器相比，漏磁最小，体积小，产生的热量最少，不会产生噪声，工作性能更强，可靠性更高，绝缘性能强，安装简便

续表

名称	实物图	说明
音频变压器	 线间变压器	在长距离传输音频功率信号（一种可以直接驱动扬声器的音频信号）时，为了防止音频功率消耗在传输线路上，将音频信号电压升高，这样可降低音频信号电流，在传输线路上的音频信号损失就降低，然后线间变压器与低阻抗的扬声器直接连接。 线间变压器的一次阻抗是 1000Ω，二次阻抗是 8Ω，与 8Ω 扬声器连接，这样扬声器能获得最大功率
	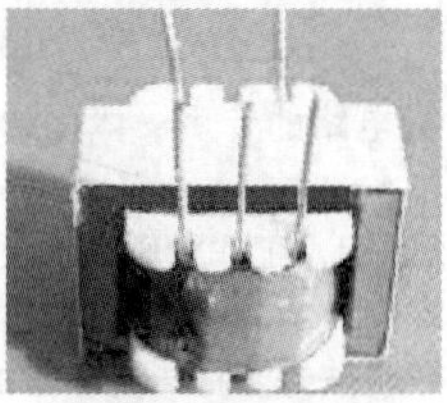 音频输入变压器	在变压器耦合的功率放大器电路中采用这种音频变压器。 由于输入变压器在电路中起连接前置放大级与输出级的作用，而输出级一般采用推挽电路，所以输入变压器的一次绕组无抽头，而二次绕组要么有一个中心抽头，要么有两组匝数相同的二次绕组，以便获得大小相等、方向相反的两个激励信号，分别激励两只推挽输出管
	 音频输出变压器	输出变压器在电路中起输出级与扬声器之间的耦合和阻抗匹配作用，由于采用推挽电路，故输出变压器一次绕组具有中心抽头，而二次绕组没有抽头。加上要起阻抗匹配作用，所以输出变压器的二次绕组匝数远少于一次绕组匝数
高频变压器	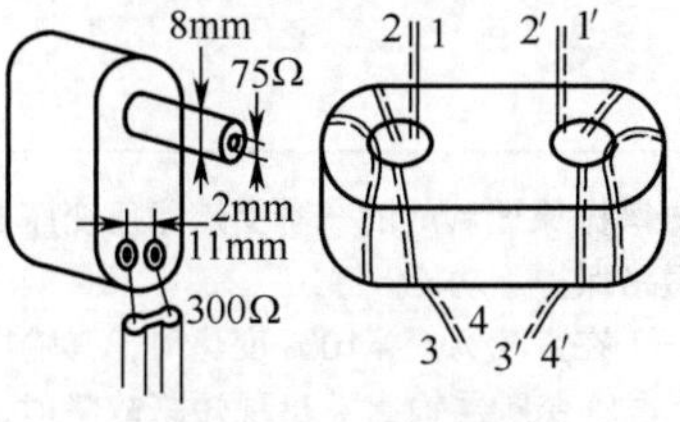 电视机中阻抗变换器	它的输入阻抗为 300Ω，它的输出阻抗为 75Ω。这样通过它将 300Ω 转换成了 75Ω。 阻抗变换器有两个作用，它除了用来进行阻抗的变换外，还要进行平衡和不平衡的变换。 所谓平衡和不平衡是指输入端、输出端的电路结构，通俗地讲，当输入端或输出端中的两个端点有一个接地时，称为不平衡式输入或不平衡式输出
	 磁棒天线	磁棒天线由磁棒、一次绕组和二次绕组组成。磁棒天线如同一个高频变压器，一次和二次绕组之间具有耦合信号的作用。 在磁棒天线中，磁棒采用导磁材料制成，具有导磁特性，它能将磁棒周围的大量电磁波聚集在磁棒内，使磁棒上的绕组感应出更大的信号，所以具有提高收音灵敏度的作用
中频变压器		中频变压器的外形是长方体，为金属外壳。引脚在底部，分成两列分布，最多为 6 根引脚，一般少于 6 根，各引脚之间不能互换使用。顶部有一个可以调整的缺口，并有不同的颜色标记。 中频变压器按照用途划分有调幅收音电路用中频变压器，其谐振频率为 465kHz；还有调频收音机用中频变压器，其谐振频率为 10.7kHz。电视机中也有专门的中频变压器

续表

名称	实 物 图	说 明
脉冲变压器	 开关电源变压器	脉冲变压器用于各种脉冲电路中，其工作电压、电流等均为非正弦脉冲波。常用的脉冲变压器有电视机的开关变压器、行输出变压器、行推动变压器、电子点火器的脉冲变压器等。 开关电源变压器工作在脉冲状态下，它的工作频率高、效率高、体积小、功耗小。 开关电源变压器的一次绕组是储能绕组，其二次绕组结构有多种情况，会有多组二次绕组
	 行输出变压器	行输出变压器是电视机行扫描电路的专用一体化结构变压器，简称FBT，也称为回扫变压器。 它的工作特点是工作在脉冲状态下，工作电压高、频率高。 现在绝大多数情况下采用一体化结构的行输出变压器，其高压绕组、低压绕组、高压整流二极管等均被封灌在一起。它的特点是体积小、重量轻、可靠性高、输出的直流高压稳定。它被广泛应用于目前生产的各种电视机和显示器中
	 行推动变压器	行推动变压器也称行激励变压器。它接在行推动电路与行输出电路之间，起信号耦合、阻抗变换、隔离、缓冲等作用，控制着行输出管的工作状态
恒压变压器	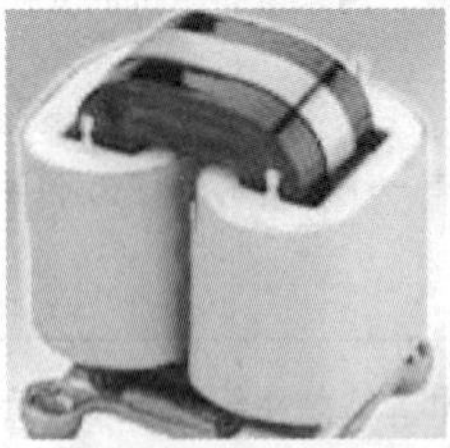	恒压变压器是根据铁磁谐振原理制成的一种交流稳压变压器，它具有稳压、抗干扰、自动短路保护等功能。 当输入电压（电网电压）在 –20%～+10% 变化时，其输出电压的变化不超过 ±1%。即使恒压变压器输出端出现短路故障时，在 30min 内也不会出现任何损坏。 恒压变压器在使用时，只要接上整流桥式整流器和滤波电容，即可构成直流稳压电源，可省去其余的稳压电路
电源隔离变压器	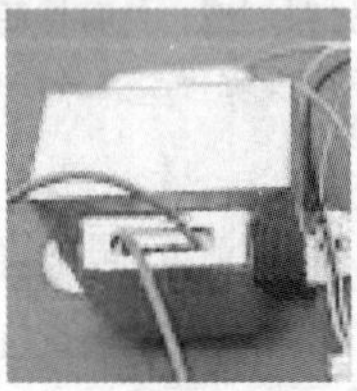	电源隔离变压器又称 1:1 电源变压器。 这种变压器的特点是输出电压等于输入电压，即一次和二次绕组的匝数相等

3．变压器电路图形符号

变压器有一个基本的电路图形符号，图 8-1 所示的变压器有两组绕组，1—2 为一次绕组 3—4 为二次绕组。

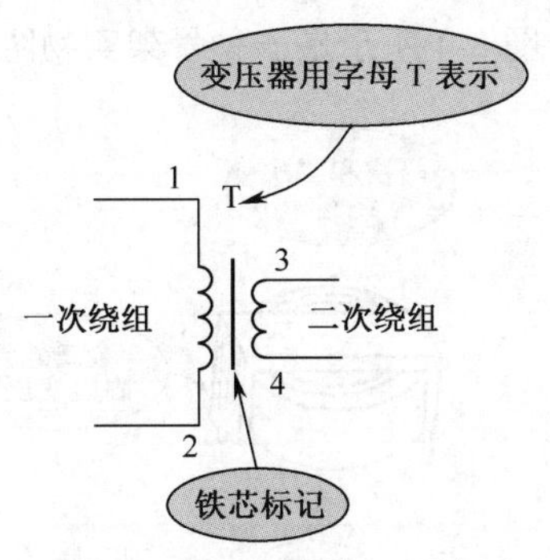

图 8-1　变压器电路图形符号

电路图形符号中的垂直实线表示这一变压器有铁芯。各种变压器的结构是不同的，所以它的电路图形符号也有所不同。在电路图形符号中变压器用字母 **B** 或 **T** 表示，其中 **T** 是英语 **Transformer**（变压器）的缩写。

表 8-2 是几种变压器电路图形符号识图信息说明。

表 8-2　几种变压器电路图形符号识图信息说明

电路图形符号	说　明
	该变压器有两组二次绕组，3—4 为一组，5—6 为另一组。电路图形符号中虚线表示变压器一次绕组和二次绕组之间设有屏蔽层。屏蔽层一端接线路中的地线（绝不能两端同时接地），起抗干扰作用。这种变压器主要用作电源变压器
	一次绕组和二次绕组一端画有黑点，是同名端的标记，表示有黑点端的电压极性相同，同名端点的电压同时增大，同时减小
	变压器一、二次绕组间没有实线，表示这种变压器没有铁芯
	变压器的二次绕组有抽头，即 4 是二次绕组 3—5 间的抽头，可有两种情况：一是当 3—4 之间匝数等于 4—5 之间匝数时，4 叫作中心抽头；二是当 3—4、4—5 之间匝数不等时，4 是非中心抽头
	一次绕组有一个抽头 2，可以输入不同电压大小的交流电
	这种变压器只有一组绕组，2 是它的抽头。这是一个自耦变压器。若 2—3 之间为一次绕组，1—3 之间为二次绕组，则它是升压变压器；当 1—3 之间为一次绕组时，2—3 之间为二次绕组，则它是降压变压器

解说变压器电路图形符号时注意以下几点。

（1）变压器的电路图形符号与电感电路图形符号有着本质的不同，电感器只有一组线圈，变压器有两组以上线圈（绕组）。

（2）变压器电路图形符号没有一个统一的具体形式，变化较多。

（3）从电路图形符号上可以看出变压器的各绕组结构情况，对分析变压器电路及检测变压器都非常有益。

（4）自耦变压器电路图形符号与电感电路图形符号类似，但是前者必有一个抽头，而后者没有抽头，要注意它们之间的这一区别。

图 8-2 所示是一种电源变压器电路，电路中的 T1 为电源变压器。

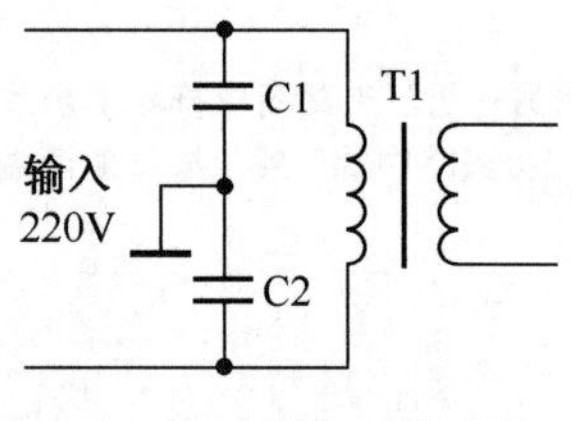

图 8-2　电源变压器电路

8.1.2　变压器结构和工作原理

重要提示

无论哪种变压器，它们的基本结构和工作原理是相似的，只是根据不同的工作需要，在一些细节上有所不同，如高频变压器需要采用高频磁芯等。

1．变压器结构

图 8-3 所示是变压器结构示意图。

（1）绕组。一次和二次绕组是变压器的核心部分，变压器中的电流由它构成回路。一次绕组与二次绕组之间高度绝缘，如果二次绕组有多组时，则各绕组之间也要高度绝缘。各绕组与变压器其他部件之间也要高度绝缘。

（2）骨架。绕组绕在骨架上。一个变压器通常只有一个骨架，一次和二次绕组均绕在骨架上。骨架用绝缘材料制成，骨架套在铁芯或磁芯上。图 8-4 所示是一种骨架实物图。

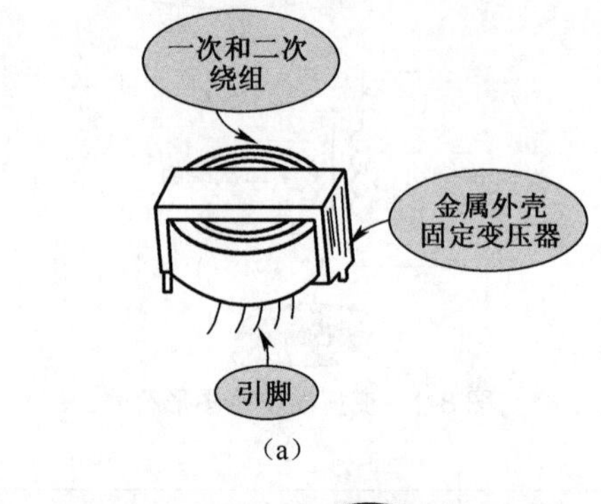

（a）

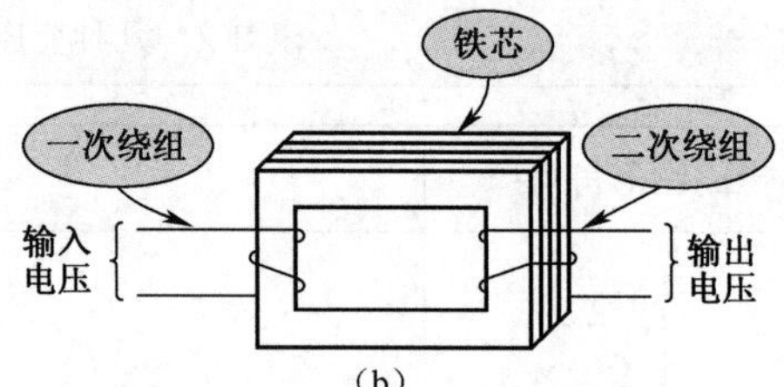

（b）

图 8-3　变压器结构示意图

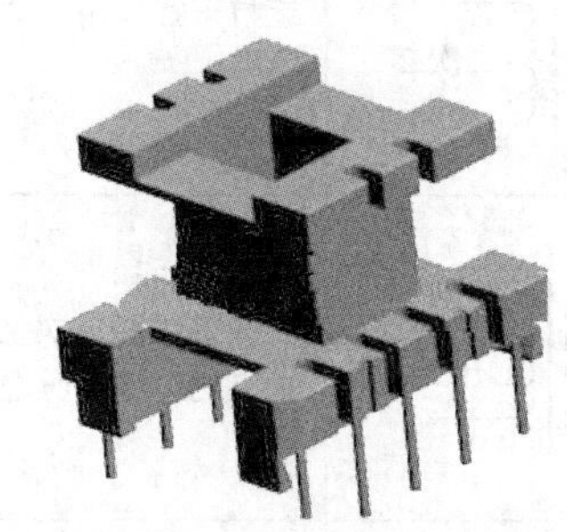

图 8-4　一种骨架实物图

（3）铁芯或磁芯。铁芯或磁芯用来构成磁路。铁芯或磁芯用导磁材料制成，它的磁阻很小。有的变压器没有铁芯或磁芯，这并不妨碍变压器工作，因为各种用途的变压器对铁芯或磁芯有不同的要求。

图 8-5 是几种铁芯实物图。

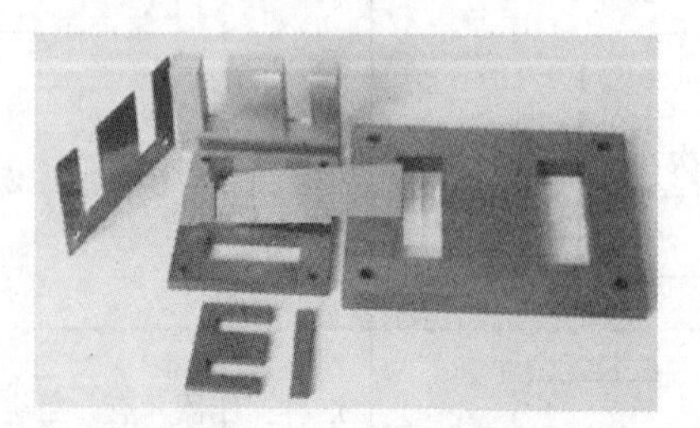

图 8-5　几种铁芯实物图

图 8-6 是几种磁芯实物图。

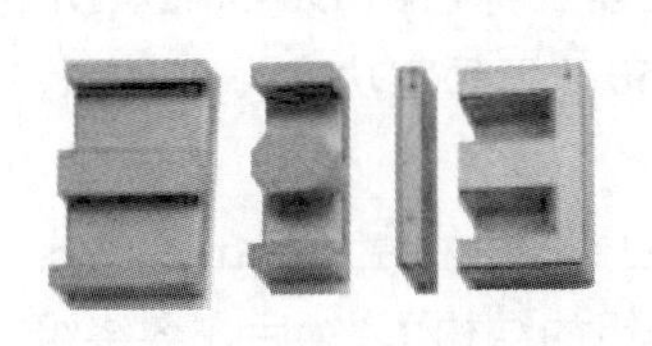

图 8-6　几种磁芯实物图

（4）外壳。外壳用来包住铁芯或磁芯，同时具有磁屏蔽和固定变压器的作用。外壳用金属材料制成。有的变压器没有外壳。

（5）引脚。引脚是变压器一次、二次绕组的引出线，用来与外电路连接。

2．变压器基本工作原理

变压器的工作原理可以用结构示意图来说明，如图 8-7 所示。在图中，左侧是一次绕组，右侧是二次绕组，一次和二次绕组均绕在铁芯上。

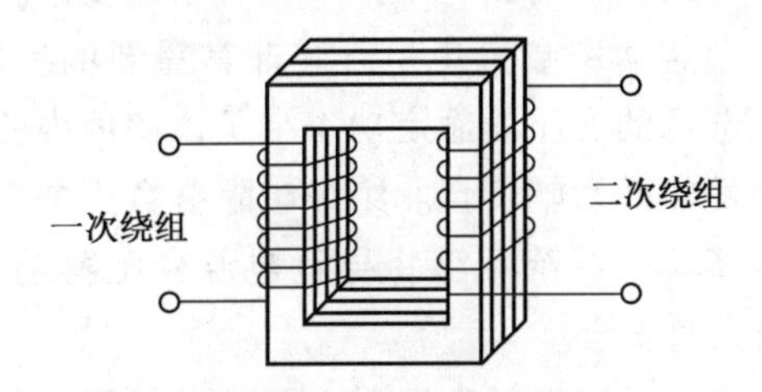

图 8-7　变压器结构示意图

变压器只能输入交流电压。从变压器一次绕组两端输入交流电压，从二次绕组输出交流电压。

工作原理提示

给一次绕组输入交流电压后，一次绕组中有交流电流，一次绕组产生交变磁场，磁场的磁力线绝大多数由铁芯或磁芯构成回路。

因二次绕组也绕在铁芯或磁芯上，变化的磁力线穿过二次绕组，在二次绕组两端产生感应电动势。二次绕组所产生的电压大小与输入电压大小不同（也有相同的情况，如 1:1 变压器），其频率和变化规律与交流输入电压一样。

综上所述，给变压器一次绕组通入交流电压时，它的二次绕组两端输出交流电压，这是变压器的基本工作原理。

8.1.3　变压器常用参数及参数识别方法

1．变压比 n

变压器的变压比表示了变压器一次绕组匝数与二次绕组匝数之间的关系，变压比参数表征是降压变压器、升压变压器，还是 1:1 变压器。变压比 n 由下式计算：

$n = N_1$(一次匝数)$/N_2$(二次匝数)$=U_1$(一次电压)$/U_2$(二次电压)

重要提示

变压比 $n<1$ 时，变压器是升压变压器，一次绕组匝数少于二次绕组匝数。在一些点火器中用这种变压器。

变压比 $n>1$ 时，变压器是降压变压器，一次绕组匝数多于二次绕组匝数。普通的电源变压器是这种变压器。

变压比 $n=1$ 时，变压器是 1:1 变压器，一次绕组匝数等于二次绕组匝数。隔离变压器是这种变压器。

2．频率响应

频率响应是衡量变压器传输不同频率信号能力的重要参数。

重要提示

在低频和高频段，由于各种原因（一次绕组的电感、漏感等）会造成变压器传输信号的能力下降（信号能量损耗），使频率响应变劣。

3．额定功率

额定功率是指在规定频率和电压下，变压器长时间工作而不超过规定温升的最大输出功率，单位为伏安（V·A），一般不用瓦特（W）表示，这是因为在额定功率中会有部分无功功率。

对于某些变压器而言，额定功率是一个重要参数，如电源变压器，因为电源变压器有功率输出的要求；而对另一些变压器而言（如中频变压器等），这一项参数不重要。

4．绝缘电阻

绝缘电阻的大小不仅关系到变压器的性能和质量，在电源变压器中还与人身安全有关，所以这是一项安全性能参数。

理想的变压器在一次和二次绕组之间（自耦变压器除外），各绕组与铁芯之间应完全绝缘，但是实际上这一点无法实现。

绝缘电阻由实验结果获得，如下所示：

$$\text{绝缘电阻}=\frac{\text{施加电压 (V)}}{\text{产生漏电流 (μA)}}\ (\text{M}\Omega)$$

绝缘电阻用1kV摇表（又称兆欧表、绝缘电阻表）测量时，应在10MΩ以上。

5．效率

变压器在工作时对电能有损耗，用效率来表示变压器对电能的损耗程度。

效率用%表示，它的定义如下：

$$\text{效率}=\frac{\text{输出功率}}{\text{输入功率}}\times 100\%$$

变压器不可避免地存在各种形式的损耗。显然，损耗越小，变压器的效率越高，变压器的质量越好。

6．温升

温升指变压器通电后，其温度上升到稳定值时，比环境温度高出的数值。此值越小变压器工作越安全。

这一参数反映了变压器发烫的程度，一般针对有功率输出要求的变压器，如电源变压器，要求变压器的温升越小越好。

有时这项指标不用温升来表示，而是用最高工作温度来表示，其意义一样。

7．变压器标注方法

变压器的参数表示方法通常用直标法，各种用途变压器标注的具体内容不相同，无统一的格式，下面举例加以说明。

（1）某音频输出变压器二次绕组引脚处标出8Ω，说明这一变压器的二次绕组负载阻抗应为8Ω，即只能接阻抗为8Ω的负载。

（2）某电源变压器上标注出DB-50-2。DB表示是电源变压器，50表示额定功率为50V·A，2表示产品的序号。

（3）有的电源变压器在外壳上标出变压器电路图形符号（各绕组的结构），然后在各绕组符号上标出电压数值，说明各绕组的输出电压。

8．变压器参数运用说明

关于变压器参数运用主要说明下列几点。

（1）在更换变压器时，由于不同型号变压器绕组结构等情况不同，需要用同一个型号变压器更换。对于电路设计时的变压器选择，则需要根据不同用途，对变压器参数进行优选。

（2）对于电源变压器主要考虑二次绕组结构和交流输出电压的大小，在采用不同的整流电路（半波还是全波、桥式）时对变压器二次绕组的结构和输出电压大小都有不同要求。此外，额定功率参数也是一个非常重要的参数，如果选择的变压器额定功率小了，使用中变压器会发热而影响安全。绝缘电阻参数更是一项安全指标，绝缘不够将导致电源变压器漏电，危及人身安全。

（3）对于音频变压器主要关心频率响应参数，因为这一参数达不到要求时，整个放大系统的频率响应指标就达不到要求。

8.1.4　变压器屏蔽

1．低频屏蔽

变压器的屏蔽壳不仅可以防止变压器干扰其他电路正常工作，同时也可以防止其他散射磁场对变压器正常工作的干扰。

在低频变压器中，采用铁磁材料制成一个屏蔽盒（如铁皮盒），将变压器包起来。由于铁磁材料的磁导率高、磁阻小，所以变压器产生的磁力线由屏蔽壳构成回路，防止了磁力线穿出屏蔽壳，使壳外的磁场大大减小。

同理，外界的杂散磁力线也被屏蔽壳所阻挡，不能穿到壳内来。

2．高频屏蔽

在高频变压器中，由于铁磁材料的磁介质损耗大，所以人们不用铁磁材料作为屏蔽壳，而是采用电阻很小的铝、铜材料。当高频磁力线穿过屏蔽壳时，产生了感生电动势，此电动势又被屏蔽壳所短路（屏蔽壳电阻很小），产生涡流，此涡流又产生反向磁力线去抵消穿过屏蔽壳的磁力线，使屏蔽壳外的磁场大大减小，达到屏蔽的目的。

8.2 变压器主要特性

掌握变压器主要特性对分析变压器电路有着举足轻重的影响，所以读者有必要掌握变压器的重要特性。

8.2.1 变压器主要应用电路综述

表 8-3 是变压器在电路中的作用说明。电路中最常用的变压器是对 220V 交流电压进行降压的电源变压器，此外还有许多不同的变压器用在不同的电路中。

表 8-3　变压器在电路中的作用说明

名称及电路图	说　　明
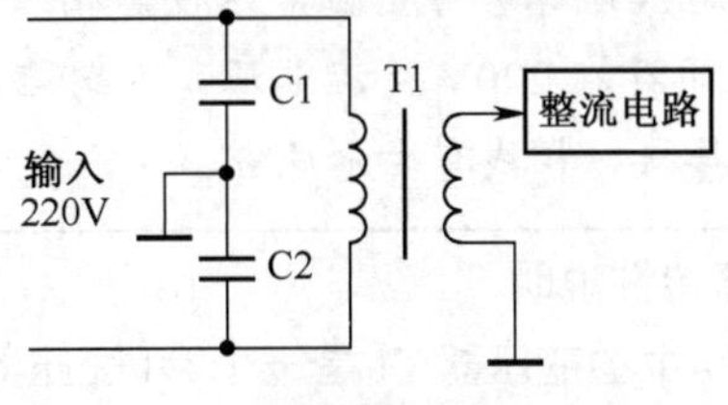 电源降压电路	电路中的 T1 是电源变压器，它将 220V 交流电压降低到适当程度，供给整流电路，这是十分常见的电源变压器降压电路
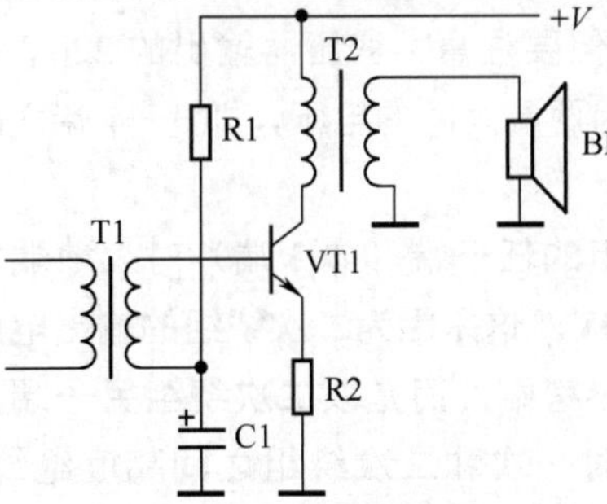 输入和输出变压器电路	这是变压器耦合音频功率放大器。电路中的 T1 是音频输入耦合变压器，T2 是音频输出耦合变压器
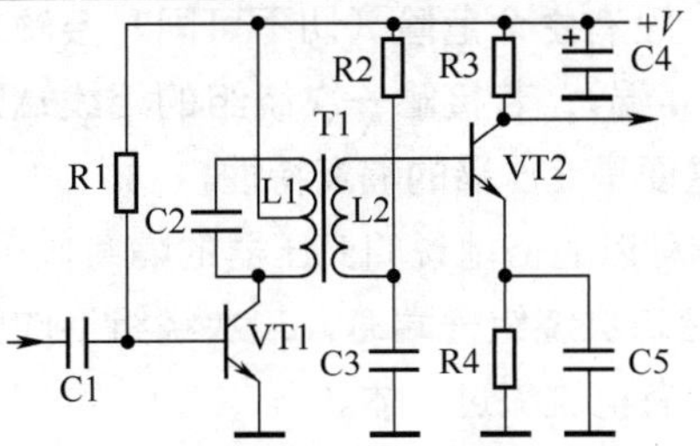 中频变压器电路	电路中的 T1 是中频变压器，它用于收音机或电视机的中频放大器中，T1 不仅起耦合作用，还能起调谐作用，T1 的一次绕组与电容器 C2 构成一个 LC 并联谐振电路

续表

名称及电路图	说　明
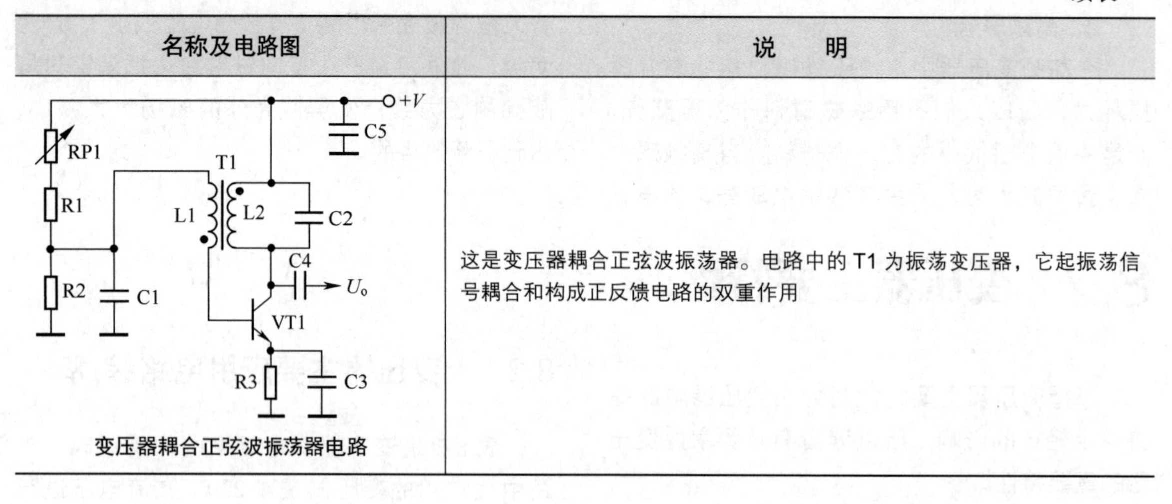 变压器耦合正弦波振荡器电路	这是变压器耦合正弦波振荡器。电路中的 T1 为振荡变压器，它起振荡信号耦合和构成正反馈电路的双重作用

8.2.2 隔离特性

重要提示

所谓变压器隔离特性是指一次与二次回路之间共用参考点可以隔离。隔离特性是变压器重要特性之一，电源变压器的安全是由这一特性决定的。

图 8-8 所示电路中的 T1 是电源变压器，输入电压是 220V 交流市电，该电压加在一次绕组 1—2 之间。

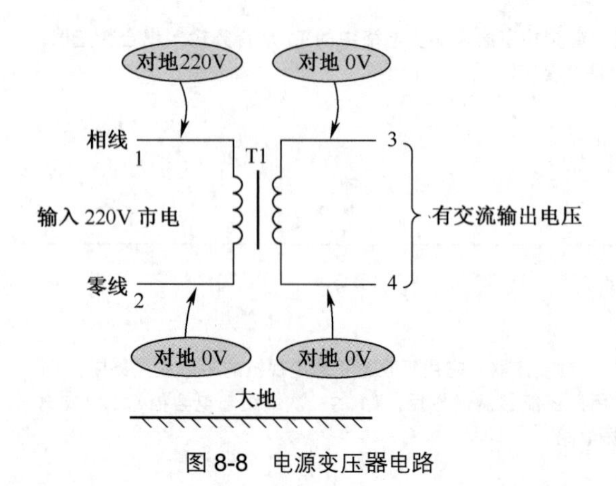

图 8-8　电源变压器电路

重要安全提示

由交流市电电压的相关特性可知，它的相线与零线之间有 220V 交流电压，而零线与大地（地球）等电位，这样，相线与大地之间存在 220V 交流电压。人站在大地上直接接触相线有生命危险。

1．隔离特性说明

假设电路中的变压器 T1 是一个 1:1 变压器，即给它输入 220V 交流电压时，它的输出电压也是 220V，但要注意：变压器输出的 220V 电压指二次绕组两端之间的电压，即 3—4 端之间的电压。

二次绕组的任一端（如 3 端）对大地端之间的电压为 0V，这是因为二次绕组的输出电压不以大地为参考端，而是以二次绕组另一端为参考点，同时一次和二次绕组之间高度绝缘。这样，人站在大地上只接触变压器 T1 二次绕组任一端，没有生命危险（切不可同时接触二次绕组 3、4 端），若接触一次绕组的相线端则会触电。这便是变压器的隔离特性。

图 8-9 可以通俗地说明变压器的隔离作用，人体只接触二次绕组一端时，二次绕组不成回路，所以没有电流流过人体。

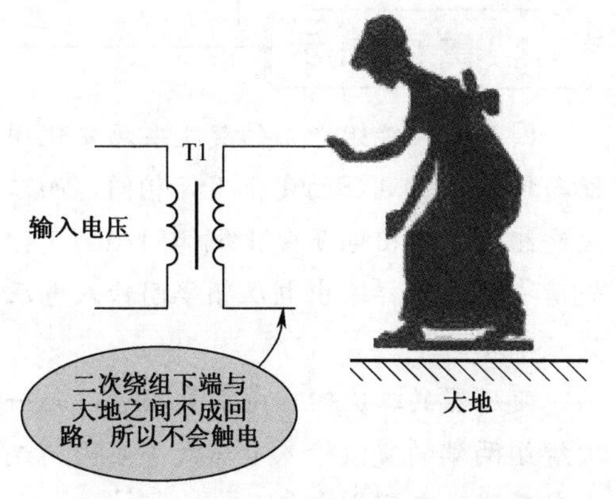

图 8-9 人体接触二次绕组一端时示意图

图 8-10 所示是人体同时接触二次绕组两端时的示意图，这时二次绕组通过人体成回路，便有电流流过人体，有触电危险。

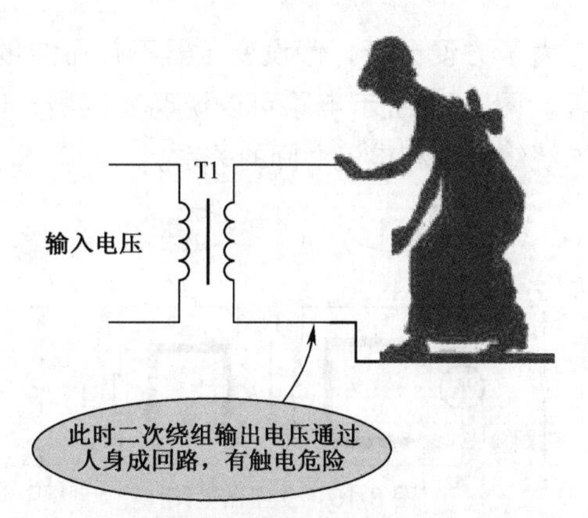

图 8-10 人体同时接触二次绕组两端时示意图

2．电源变压器的隔离作用

在许多电子电器中使用交流 220V 作为电源，为了保证设备使用过程中使用者的人身安全，需要将 220V 交流电源进行隔离，这时用到了电源变压器。同时，电源变压器将 220V 交流电压降低到适合的电压，如图 8-11 所示。电路中的 T1 是具有降压和隔离作用的电源变压器。

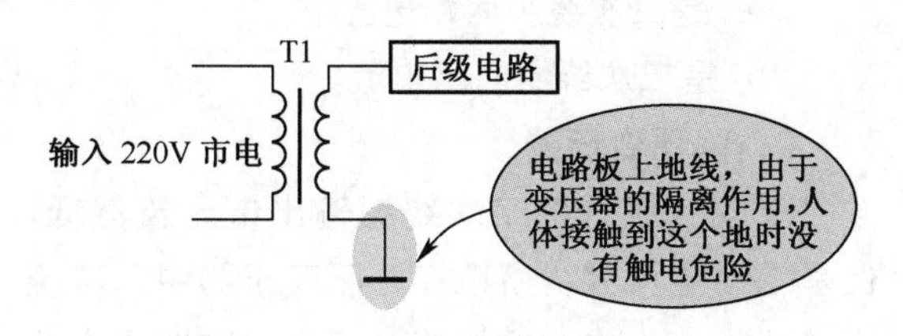

图 8-11 电源变压器隔离作用示意图

在故障检修中，经常需要在通电状态下接触电路中的元器件，或电路中的地线。加入电源变压器之后可以防止触电的危险。

重要提示

当人体同时接触 1:1 变压器二次绕组的两个端点时，220V 电压加到人身上，仍然有生命危险。

大多数电子电器中，电源变压器二次绕组输出的交流电压很低，所以采用变压器之后不存在触电的危险，这对故障检修很有益。

8.2.3 隔直流、通交流及输出信号频率特性

变压器同电容器一样，也具有隔直流、通交流特性，即不让直流电通过变压器，只可以让交流电通过变压器。

图 8-12 所示是变压器隔直流通交流特性示意图。

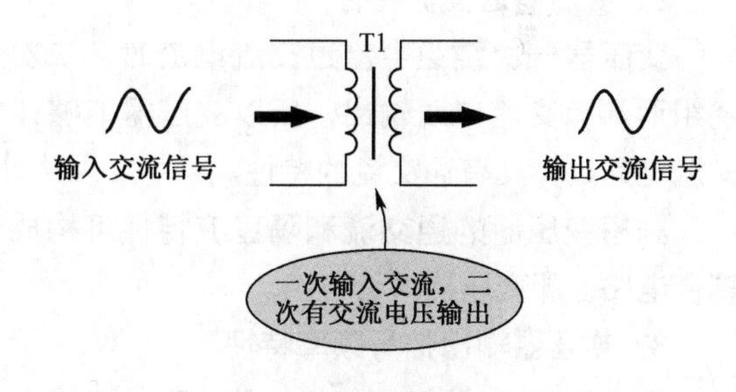

(a) 交流情况示意图

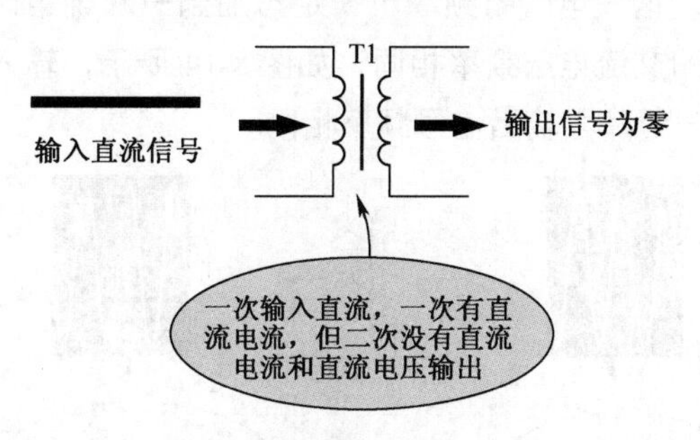

(b) 直流情况示意图

图 8-12 变压器隔直流、通交流特性示意图

1．变压器隔直流特性

给变压器一次绕组加上直流电压时，一次绕组中流过直流电流，一次绕组产生的磁场大小和方向均不变，这时二次绕组不能产生感应电动势，二次绕组两端无输出电压。

由此可知，变压器不能将一次绕组中的直流电耦合到二次绕组中，所以变压器具有隔直流的特性。

重要提示

对直流电而言，在直流刚刚加到变压器一次绕组两端的瞬间，因为变压器一次绕组中流有从零到大的电流，所以变压器二次绕组在这个瞬间有一个脉冲电压输出，如图 8-13 所示。

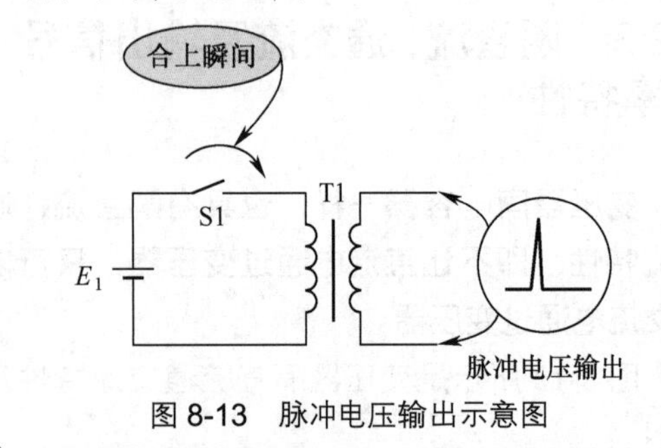

图 8-13　脉冲电压输出示意图

2．变压器通交流特性

变压器一次绕组中流过交流电流时，二次绕组两端有交流电压输出，所以变压器能够让交流电通过，具有通交流的特性。

利用变压器的通交流和隔直流特性可构成耦合电路，即变压器耦合电路。

3．变压器输出信号频率特性

变压器的二次绕组输出电压一定是交流电压，这一电压的频率也一定与加到一次绕组两端的交流电压频率相同，如图 8-14 所示，输入信号频率与输出信号频率相同。

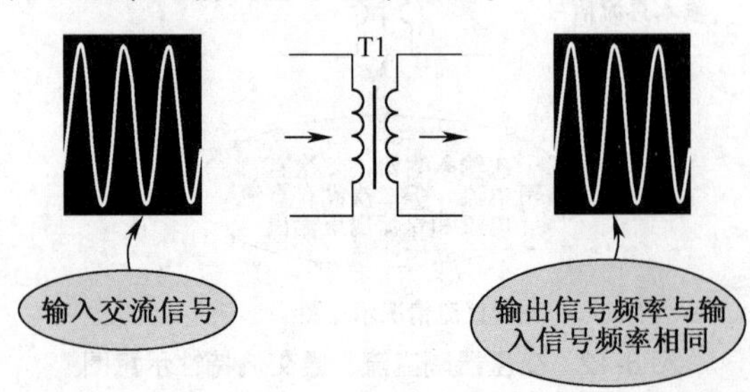

图 8-14　变压器输出信号与输入信号频率相同示意图

重要提示

因为一次绕组产生的交变磁场变化规律与输入交流电压的变化规律相同，而二次绕组交流输出电压变化规律同磁场变化规律一样，这样输出电压频率同输入电压的频率相同。

变压器的二次输出电压大小可以与一次绕组两端的交流输入电压大小不同，这由变压器的变压比决定。

8.2.4　一次、二次绕组电压和电流之间的关系

为了方便分析，假设变压器不存在能量的损耗。图 8-15 所示电路可以说明变压器一次、二次绕组电压和电流之间的关系。

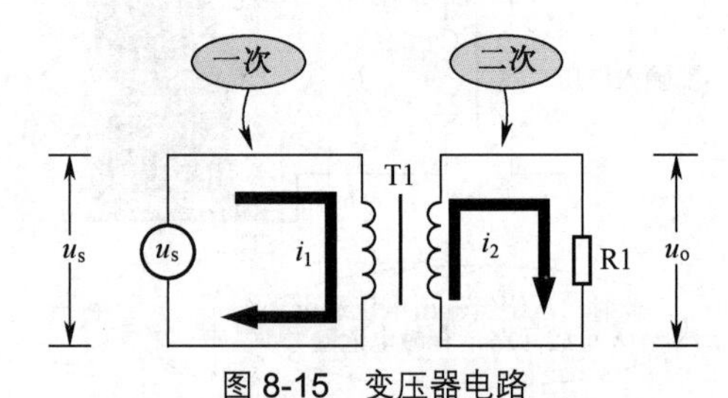

图 8-15　变压器电路

1．变压器一次和二次回路功率相等

在不考虑变压器损耗情况下，变压器一次回路功率 P_1 和二次回路功率 P_2 相等，即下列公式成立：

$$P_1 = P_2$$

将电压和电流代入上述公式后得到

$$i_1 u_s = i_2 u_o$$

式中：u_s 是一次绕组两端电压；

i_1 是一次绕组回路电流；

u_o 是二次绕组两端电压；

i_2 是二次绕组回路电流。

2．降压变压器

降压变压器的二次绕组输出电压虽然低，但是输出电流大，所以在降压变压器中二次绕组的线径比一次绕组要粗，因为二次绕组中的电流大于一次绕组中的电流。

重要提示

因为一次回路功率等于二次回路功率，所以二次绕组两端电压高时，其一次回路中的电流小。同理，二次绕组两端电压低时，其二次回路中的电流大。

3．升压变压器

升压变压器的输出电压虽然高，但是输出电流小，所以在升压变压器中二次绕组的线径比一次绕组的要细，因为二次绕组中的电流小于一次绕组中的电流。

8.2.5　一次和二次绕组之间的阻抗关系

变压器不仅可以进行电压大小的转换，而且还可以进行阻抗的变换。不同变压比 n 情况下一次绕组与二次绕组的阻抗特性如下（Z_1 为一次绕组输入阻抗，Z_2 为二次绕组输出阻抗）。

1．各类变压器阻抗特性

表 8-4 是 3 种不同 n 值情况下阻抗特性说明。

2．实用电路分析

利用变压器的阻抗变换作用可以进行阻抗的匹配。图 8-16 所示是收音电路中的变频级电路，这里有一个振荡器中的阻抗匹配问题，电路中 L2 振荡绕组的抽头通过电容器 C3 与 VT1 发射极相连。这里采用抽头是为了使 L2 所在谐振电路与三极管 VT1 输入回路的阻抗匹配。

表 8-4　3 种不同 n 值情况下阻抗特性说明

变　压　比	变压器名称	阻抗关系说明
$n=1$	1:1 变压器	$Z_1=Z_2$，说明一次绕组的输入阻抗等于二次绕组输出阻抗，变压器无阻抗变换作用
$n>1$	降压变压器	$Z_1>Z_2$，变压器一次绕组输入阻抗大于二次绕组输出阻抗，变压比 n 越大，输入阻抗越是大于二次绕组输出阻抗
$n<1$	升压变压器	$Z_1<Z_2$，说明一次绕组的输入阻抗小于二次绕组输出阻抗，变压比 n 越小，输入阻抗越是小于二次绕组输出阻抗

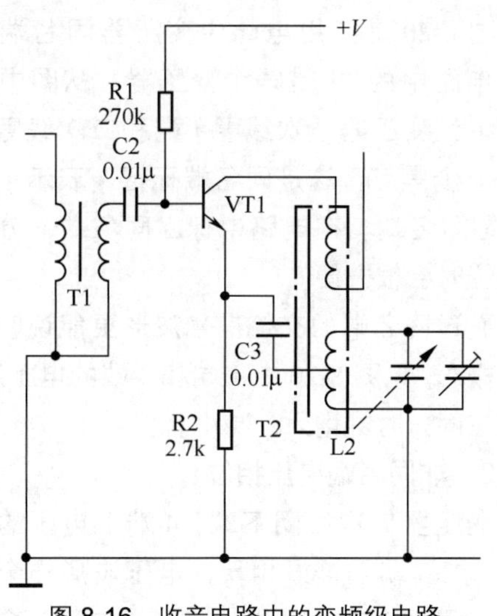

图 8-16　收音电路中的变频级电路

重要提示

VT1 接成共基极放大器电路，而由共基极放大器特性可知，这种放大器的输入阻抗非常小，而 L2 所在谐振电路的阻抗很大，如果这两个电路简单地并接在一起，将严重影响 L2 所在谐振电路的特性，所以需要一个阻抗匹配方式，即电路中绕组 L2 的抽头通过电容器 C3 接在 VT1 发射极上。

图 8-17 所示电路可以说明这一阻抗匹配电路的工作原理。当一个绕组抽头之后就相当于一个自耦变压器，为了更加方便读者理解阻抗变换的原理，这里将等效电路中的自耦变压器画成了一个标准的变压器。

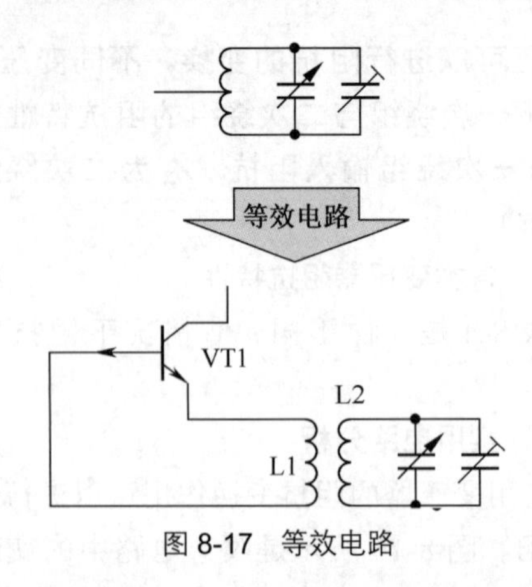

图 8-17　等效电路

电路中，一次 L1（抽头以下绕组）的匝数很少，二次 L2 匝数很多，根据变压器的阻抗变换特性可知，L2 所在回路很高的阻抗在 L1 回路大幅降低，这样 L1 接在 VT1 低输入阻抗回路中时实现了阻抗的良好匹配。

8.2.6　变压器同名端、松耦合和变压器屏蔽

1. 同名端

如图 8-18 是同名端示意图，将线圈绕向一致且感应电动势极性一致的端点称为同名端。图 8-18(a) 所示中，线圈 L1 和线圈 L2 同绕在一个铁芯上，1 端和 4 端是两线圈的头，且两线圈的绕向相同，所以是同名端，电动势的极性一致。2、3 端也是同名端，1、2 端之间极性相反，被称为异名端。

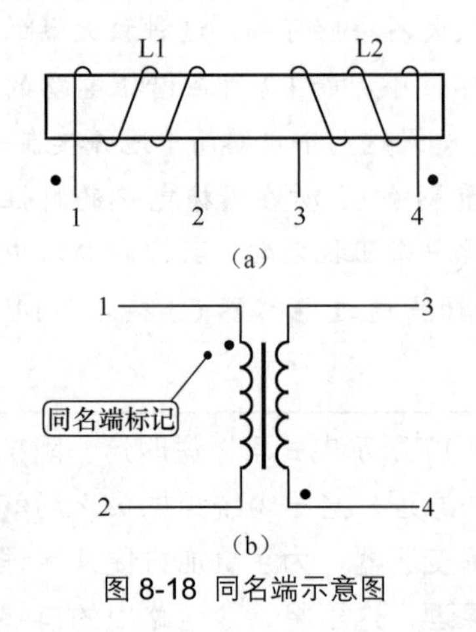

图 8-18 同名端示意图

同名端常用黑点表示，标有黑点的端是同名端，在电路图中的表示方式如图 8-18(b) 所示。

在同名端上的电压方向相同，如图 8-19 所示，即同时增大，同时减小；异名端的电压则是方向相反。

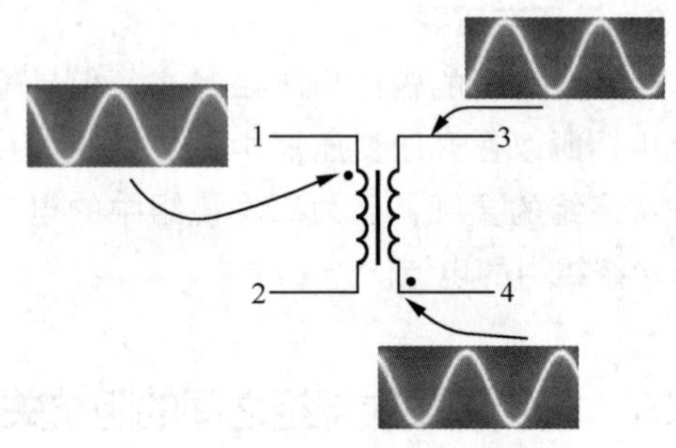

图 8-19　电压方向示意图

重 要 提 示

同名端与变压器的一次、二次线圈的绕制方向有关，当一次和二次线圈以同一个方向绕在铁芯上时，两个线圈的头是同名端，两个线圈的尾也是同名端，同一个线圈的头和尾端电压相位相反。

图 8-20 是实用电路中变压器同名端示意图。电路中的 T1 是一个变压器，从图中可以看出，在变压器一次线圈 1 端和二次线圈 3 端各有一个黑点，这是同名端标记，表示 1 端和 3 端是同名端。在电路中标出同名端，分析电压相位时会很方便。

通过同名端的交流信号波形更能说明同名端的概念，见图 8-20 中 1 端和 3 端的电压波形，它们在同一时刻增大、减小。

2. 非同名端电压相位

变压器二次线圈下端（4 端）电压的相位与上端（3 端）恰好相反，电压波形一个在正半周时另一个在负半周，它们的电压一个在增大，一个在减小，所以是反相的关系。

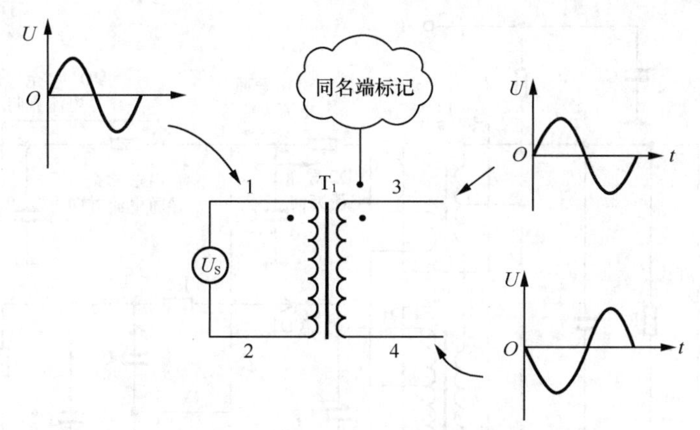

图 8-20　实用电路中变压器同名端示意图

重要提示

如果只考虑变压器输出电压大小而不考虑输出电压相位时，可不标出同名端。但是，在有些振荡器的正反馈电路中，为了方便分析正反馈，要求读者了解变压器一次和二次线圈输出电压的相位，此时要在变压器中标出同名端。

注意，同名端只出现在紧耦合的变压器中。

8.2.7　变压器紧耦合和松耦合

1．变压器松耦合

给变压器一次线圈通入交流电时，一次线圈产生磁场，二次线圈切割磁力线而产生感生电动势，这种现象叫作互感。

变压器在工作过程中有两次能量转换，一次线圈由电励磁过程的转换，二次线圈由磁激励电过程的转换。

变压器二次线圈输出电压大小与一次、二次线圈的互感量有关。一次和二次线圈之间的相互作用称之为耦合，用耦合系数表示其耦合程度。

重要提示

耦合程度与一次、二次线圈的相互安装位置、方式、有无磁芯等有关。

变压器的耦合有紧耦合和松耦合两种，大多数变压器中采用紧耦合，电源变压器采用紧耦合，鉴频变压器采用松耦合。

2．鉴频变压器

调频收音电路或电视机伴音通道中会用比例鉴频器将调频信号中的音频信号解调出来。比例鉴频器会用鉴频变压器，它就是一个松耦合变压器。

图 8-21 所示是常见的对称型比例鉴频器。电路中的 T1、T2 为鉴频变压器，VT1 是末级中放管。U_i 为输入中频放大器的调频中频信号，U_o 为从鉴频输出的音频信号。

（1）两个 LC 谐振电路。电路中，T1 初级线圈和 T2 初级线圈是串联的，串联后的线圈与电容器 C2 构成 LC 并联谐振电路，其谐振频率等于中频频率，R1 是该谐振电路阻尼电阻器，这一谐振电路是 VT1 管集电极负载。

另一个并联谐振电路由 T2 次级线圈和电容器 C5 构成，这一并联谐振电路的谐振频度也等于中频频率。这两个并联谐振电路的谐振频率相等且为中频频率。

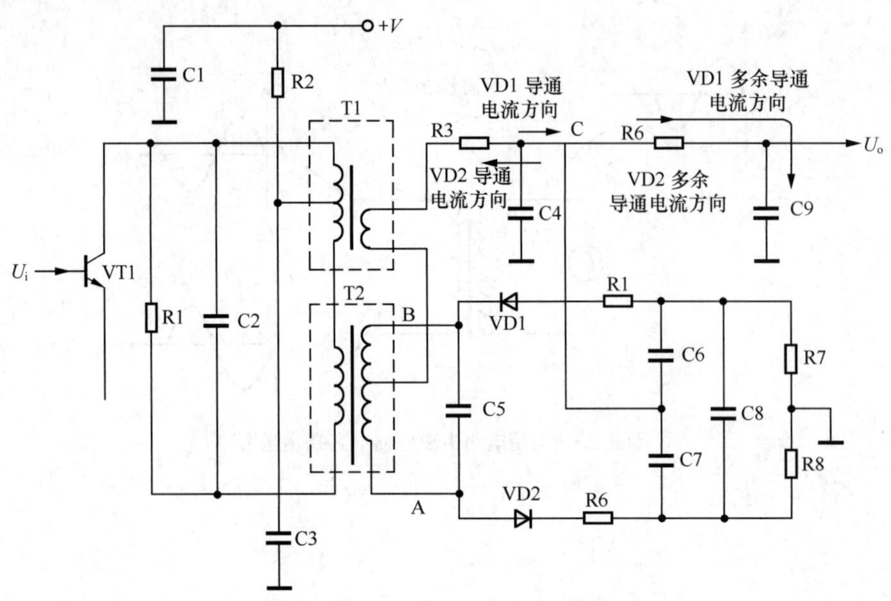

图 8-21　常见的对称型比例鉴频器

（2）电路中重要信号。电路中，A 点和 B 点的信号由两部分组成。

第一是 T1 次级线圈从初级耦合过来的信号。

第二是 T2 次级线圈从初级耦合过来的信号。

所以，在 A 点和 B 点上的信号是这两个信号的合成信号。

（3）信号相位。T1 初级与次级之间是紧耦合，是相位为 0° 的信号，由于这一信号是从 T2 次级线圈中心抽头加到 A 点和 B 点，所以，在 A 点和 B 点的信号相位相同，均为 0° ，如图 8-22(a)、(b) 和 (c) 中的信号电压 U_1。

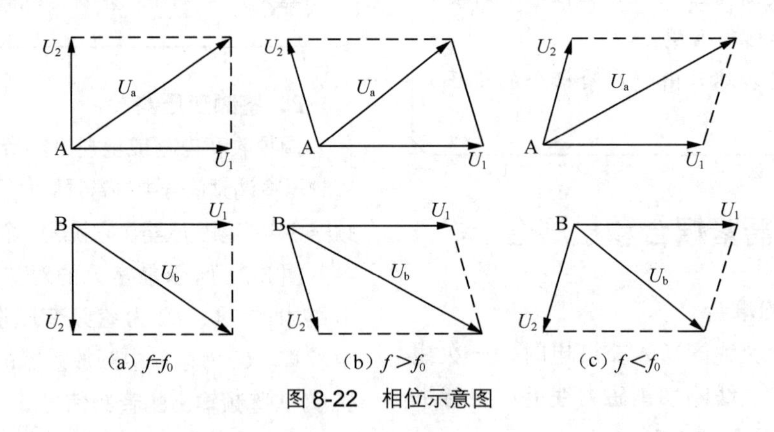

图 8-22　相位示意图

从 T2 次级线圈耦合过来的信号在 A 点和 B 点的信号相位相差 180° 。同时，由于 T2 初级线圈与次级线圈之间耦合不紧，为松耦合，这样次级线圈上的信号相位还与 T2 初级线圈的输入信号频率有关。

（4）当输入信号频率等于中频频率时电路分析。次级线圈上信号相位与初级线圈上信号相位相差 90° ，见图 8-22(a) 中 U_2，在 A 点 U_2 与 U_1 相差 90° ，在 B 点 U_2 相位与 A 点 U_2 相位相反，此时 A 点的总电压 U_a 幅度等于 B 点的总电压 U_b 幅度。

（5）当输入 T2 初级的信号频率高于中频频率时电路分析。从次级耦合到 A 点信号相位为大于 90° ，即 A 点 U_2 与 U_1 相位差大于 90° ，因为 A、B 两点之间相位相反，所以 B 点 U_2 与 U_1 之间相位差小于 90° ，此时 A 点总电压

U_a 幅度小于 B 点总电压 U_b 幅度，如图 8-22(b)所示。

（6）当输入 T2 信号频率低于中频频率时电路分析。从次级耦合到 A 点信号相位差小于 90°，即 A 点 U_2 与 U_1 之间相位差小于 90°，B 点 U_2 与 U_1 之间相位差大于 90°，此时 A 点总电压 U_a 幅度大于 B 点总电压 U_b 幅度，如图 8-22(c)所示。

从上述分析可知，电路中 A 点和 B 点的信号是 U_1、U_2 两个信号合成的，并且当输入 T2 初级信号频率不同时，从 T2 次级传输过来的信号电压 U_2 与由 T1 次级传输过来的信号电压 U_1 之间相位差不同。

重要提示

通过将两个信号电压 U_1 和 U_2 合成后可知：

当信号频率等于中频频率时，A 点总信号电压 U_a 幅度等于 B 点总信号电压 U_b 幅度，如图 8-22(a) 中 U_a、U_b 所示。

当信号频率高于中频频率时，U_a 幅度小于 U_b 幅度，如图 8-22(b) 所示。

当信号频率低于中频频率时，U_a 幅度大于 U_b 幅度，如图 8-22(c) 所示。

8.3 电源变压器应用电路

变压器最多的应用是电源电路中降低 220V 交流市电，此外有许多专用变压器的应用电路。

通常所说的电源变压器电路都是指电子电器中用来降低 220V 交流电压的电路。电源变压器在所有变压器中应用最为广泛。

整机电子电路所需要的直流工作电压通常比较低，为几伏至几十伏，可是我国交流市电的电压为 220V。将 220V 交流电压降低到合适的直流低电压通常有 3 种做法，见表 8-5。

表 8-5　3 种降压电路情况说明

名　称	说　明
220V交流电压输入 → 电源变压器 → 整流滤波 → 直流电压输出 电源变压器电路	如图所示，采用传统的电源变压器将 220V 交流电压降低，降至几伏或几十伏，再用整流和滤波电路将交流电转换成直流电。许多电子电器的整机电路都是采用这种方式获得直流工作电压的，如音响设备等，这是大部分电子电器整机电路所使用的方式
220V 交流电压输入 → 整流滤波 → 开关变压器 → 直流电压输出 开关电源变压器电路	如图所示，为用开关电源方式，它是将 220V 交流电压直接进行整流，然后送至开关电源变压器，通过开关电源电路获得所需要的几伏、几十伏、上百伏直流工作电压。例如，电视机、PC 等就是运用这种方式获得直流工作电压的
220V 交流电压输入 → 电容降压 → 整流滤波 → 直流电压输出 电容降压电路	如图所示，这种降压方式安全性能不好，所以在民用电子电器中应用不多

8.3.1 典型电源变压器电路

图 8-23 所示是一种最简单的电源变压器电路。电路中的 S1 是电源开关，T1 是电源变压器，VD1 是整流二极管。从 T1 一次绕组输入的是 220V 交流市电，二次绕组输出的是电压较低的交流电压，这一电压加到整流二极管 VD1 正极。

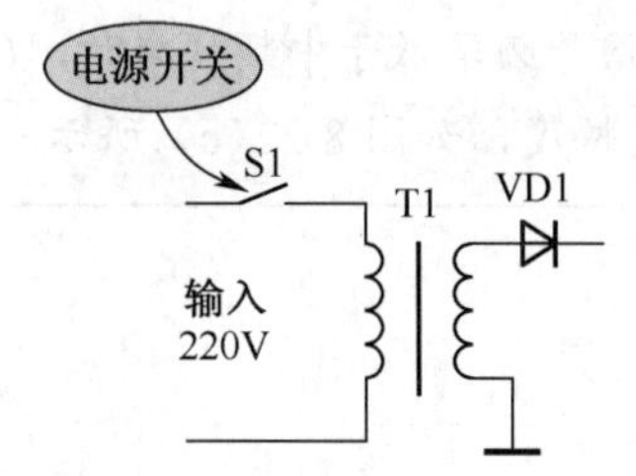

图 8-23 最简单的电源变压器电路

1. 电路工作原理分析

电源开关 S1 闭合时，220V 交流市电电压经 S1（图中未闭合）加到电源变压器 T1 的一次绕组两端，交流电流经 S1 从 T1 二次绕组的上端流入，从二次绕组的下端流出。

在 T1 一次绕组中有交流电流时，T1 二次绕组两端输出一个较低的交流电压。这样，T1 将 220V 交流市电电压降低为合适的低电压。

电路中的电源变压器只有一组一次绕组，所以 T1 输出一个交流电压，这一电压直接加到整流二极管 VD1。图 8-24 所示是变压器 T1 二次输出电压加到 VD1 上示意图。

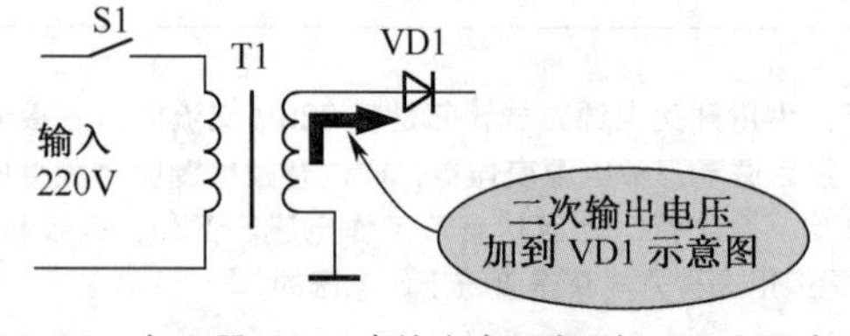

图 8-24 变压器 T1 二次输出电压加到 VD1 上示意图

图 8-25 是这一电源变压器在开关 S1 接通后的一次绕组和二次绕组回路电流示意图。

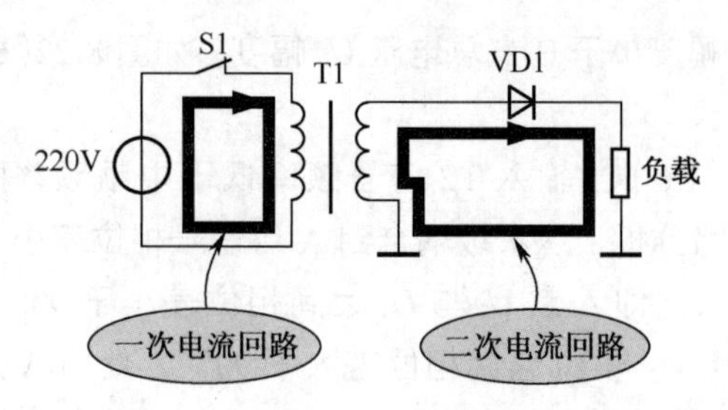

图 8-25 一次绕组和二次绕组回路电流示意图

2. 电路分析关键点

这一电源变压器降压电路工作原理分析主要抓住下列两个关键点。

（1）从电路中看清电源变压器有几组二次绕组，这关系到这一电路能输出几组交流低电压，关系到对电源电路工作原理的进一步分析（分析整流电路等）。上面的电源变压器降压电路中 T1 只有一组二次绕组，所以是最简单的电源变压器降压电路。

（2）分析电源变压器二次电路的另一个关键是找出二次绕组的哪一端接地线。从图 8-25 中可以看出，电源变压器 T1 二次绕组的下端接地，这样二次绕组的其他各端点（图中只有上端）电压大小都是相对于接地端而言的。这一点对检修电源变压器降压电路的故障十分重要，因为电源变压器电路故障检修过程中主要使用测量电压的方法，而测量电压过程中找出电路的地线相当重要。

3. 故障检测方法

图 8-26 是检测电源变压器故障接线示意图。检测电源变压器故障的关键测试点是测量电源变压器的二次输出电压，这是最为方便和有效的检测方法。

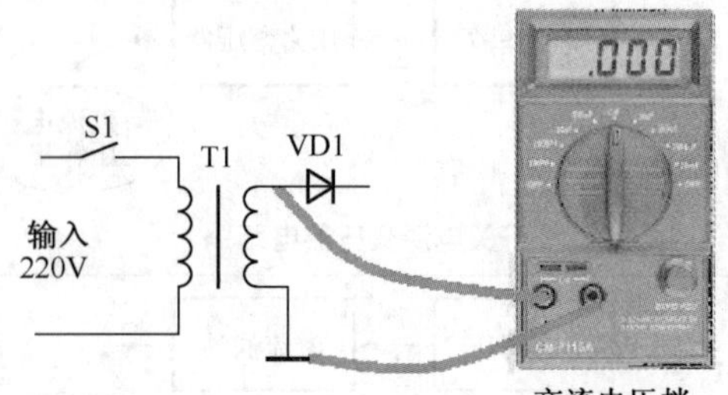

图 8-26 检测电源变压器故障接线示意图

重要提示

如果测量结果正常，即有正常的交流电压输出，说明电源变压器工作正常；如果测量结果没有交流电压输出，在测量220V交流电压输入正常的情况下，说明电源变压器出现了故障（如果电路中有熔断器，则先检测其有没有熔断）。

在确定电源变压器有故障后，可改用万用表欧姆挡测量它的一次和二次绕组电阻，应该均不为无穷大，且一次绕组电阻远大于二次绕组电阻。

如果测量电源变压器的一次输出电压很低，则电源变压器二次侧可能存在匝间短路故障，这时电源变压器应该有响声和发热现象，应对电源变压器进行代替检查。

8.3.2 电源变压器故障综述

电源变压器电路是一个故障发生率相当高的电路。

1．电源变压器故障部位判断逻辑思路

对于电源降压电路故障部位的判断思路主要说明如下**3**点。

（1）当测量电源变压器二次绕组和一次绕组两端都没有交流电压时，可以确定电源变压器没有故障，故障出在电源电路的其他单元电路中。

（2）确定电源变压器故障的原则是：当电源变压器一次绕组两端有正常的220V交流电压，而二次绕组没有交流输出电压时，可以确定电源变压器出了故障。

（3）当电源变压器一次绕组两端的交流电压低于220V时，二次绕组交流输出电压低是正常的；当电源变压器一次绕组两端的交流电压大小正常（为220V）时，二次绕组输出交流电压低很可能是因为负载电路存在短路现象，此时断开负载电路，如果二次绕组交流输出电压仍然低，可以确定电源变压器二次绕组出现匝间短路故障。

2．电源变压器降压电路故障机理

电源变压器降压电路常见故障主要有一次绕组开路、发热、二次交流输出电压低、二次输出电压升高等。

表8-6所示是电源变压器故障机理说明。

表8-6 电源变压器故障机理说明

名 称	说 明
一次开路的故障机理	这是电源变压器的常见故障。一般表现为电源变压器在工作时严重发烫，最后烧成开路，一般是一次烧成开路。从电路上表现为电源电路没有直流电压输出，电源变压器本身也没有交流低电压输出。 造成电源变压器一次开路的主要原因有以下几种。 （1）电源变压器的负载电路（整流电路之后的电路）存在严重短路故障，使流过一次绕组的电流太大。 （2）电源变压器本身质量有问题。 （3）交流市电压意外异常升高。 （4）人为原因：一次绕组引出线根部引脚折断。 一次绕组线径比较细，容易发生开路故障；二次绕组的线径比较粗，一般不容易发生开路故障
发热的故障机理	电源变压器在工作时，它的温度明显升高。在电路上表现为整流电路直流输出电压低，电源变压器二次交流输出电压低，流过变压器一次绕组的电流增大许多

续表

名　称	说　明
二次交流输出电压低的故障机理	如果测量电源变压器一次绕组两端输入的交流市电电压正常，而二次输出的交流电压低，说明电源有输出电压故障。造成二次交流输出电压低故障的根本性原因有两个。 （1）二次绕组匝间短路，出现这种故障的可能性不太大。 （2）电源变压器过载，即流过二次绕组的电流太大
二次输出电压升高的故障机理	电源变压器二次输出的交流低电压增高这一故障对整机电路的危害性大，此时电源电路的直流输出电压将升高。造成二次输出电压升高故障的根本原因有3点。 （1）一次绕组存在匝间短路，即一次绕组的一部分之间短路。 （2）交流市电电压异常升高，这不是电源变压器本身的故障。 （3）有交流输入电压转换开关的电路，其输入电压挡位的选择不正确，应该选择在220V挡位

3．电源变压器降压电路故障检修方法说明

表8-7是电源变压器降压电路的故障检修方法说明。

4．电源变压器二次无交流电压输出故障检修方法说明

表8-8所示是电源变压器二次无交流电压输出的故障检修方法说明。

表8-7　电源变压器降压电路故障检修方法说明

名　称	说　明
关键测试点	（1）电源变压器降压电路出故障，第一关键测试点是二次绕组两端。当二次交流低电压输出正常时，说明电源变压器降压电路工作正常；而当一次绕组两端220V交流电压正常时，电源变压器降压电路工作可能正常，也可能不正常。 （2）电源变压器降压电路出故障，第二关键测试点是一次绕组两端。在电源变压器二次绕组输出不正常时若一次绕组两端220V交流电压正常，则说明电源变压器降压电路工作不正常
检测手段	（1）检修电源变压器电路故障的常用方法是：分别测量一次和二次绕组两端的交流电压，测量一次电压时用交流250V挡，测量二次交流电压时选择适当的交流电压挡，切不可用欧姆挡测量。 （2）对电源变压器进一步的故障检查是：测量绕组是否开路，使用万用表的R×1挡，如果测量结果电阻值无穷大说明绕组已经开路，正常情况下二次绕组电阻值应该远小于一次绕组电阻值
检修综述	（1）当变压器二次侧能够输出正常的交流电压时，说明变压器降压电路工作正常；若不能输出正常的交流电压时，则说明存在故障，与降压电路之后的整流电路等无关。 （2）检测降压电路的常规方法是：测量电源变压器的各二次绕组输出的交流电压，若测量有一组二次绕组输出的交流电压正常，说明电源变压器一次回路工作正常；若每个二次绕组交流输出电压均不正常，说明故障出在电源变压器的一次回路，此时测量一次侧的交流输入电压是否正常。 （3）当一次侧开路时，各二次绕组均没有交流电压输出。当某一组二次绕组开路时，只是这一组二次绕组没有交流电压输出，其他二次绕组输出电压正常。 （4）当一次侧存在局部短路故障时，各二次绕组的交流输出电压全部升高，此时电源变压器会出现发热现象；当某一组二次绕组存在局部短路故障时，该二次绕组的交流输出电压就会下降，且电源变压器会发热。 （5）电源变压器的一次绕组故障发生率最高，主要表现为开路和烧坏（短路故障）。另外，电源变压器一次或二次回路中的熔断器也常出现熔断故障。 （6）当变压器的损耗很大时，变压器会发热；当变压器的铁芯松动时，变压器会发出“嗡嗡”的响声

表 8-8　电源变压器二次无交流电压输出故障检修方法说明

名　称	说　明
测量一次绕组两端电压	直接测量电源变压器一次绕组两端的 220V 交流电压，没有电压说明电源变压器正常，故障出现在 220V 交流市电电压输入回路中，检查交流电源开关是否开路、交流电源输入引线是否开路。 测量电源变压器一次绕组两端的 220V 交流电压正常，说明交流电压输入正常，故障出在电源变压器本身，用万用表的 R×1 挡测量一次绕组是否开路
查熔断器	检查电源电路 220V 市电输入回路中的熔断器是否熔断，用万用表的 R×1 挡测量熔断器，电阻值无穷大则熔断器熔断
查一次侧内部熔断器	电源变压器一次绕组开路后，直接观察，如果发现引出线开路，可以设法修复，否则更换。 注意一种特殊情况，少数的电源变压器一次绕组内部暗藏过流过温熔断器，它熔断的概率比较高，修理这种电源变压器时可以打开变压器，找到这个熔断器，用普通熔断器更换，或直接接通后在外电路中另接入熔断器，这样处理后无过温保险功能
查二次绕组	测量电源变压器一次绕组两端有 220V 交流电压，且一次侧不开路，若二次绕组两端没有交流低电压，说明二次侧开路（发生概率较小），用万用表的 R×1 挡测量二次绕组电阻，阻值无穷大说明二次侧已开路

5．电源变压器二次交流输出电压低故障检修方法说明

表 8-9 所示是电源变压器二次交流输出电压低的故障检修方法说明。

6．电源变压器二次交流输出电压升高故障检修方法说明

表 8-10 所示是电源变压器二次交流输出电压升高的故障检修方法说明。

7．电源变压器工作时响声大的故障检修方法说明

表 8-11 所示是电源变压器工作时响声大的故障检修方法说明。

8．检修电源变压器故障时安全注意事项说明

表 8-12 所示是检修电源变压器故障时的安全注意事项说明。

表 8-9　电源变压器二次交流输出电压低故障检修方法说明

名　称	说　明
主要检查方法	二次绕组还能输出交流电压说明电路没有开路故障，这时主要采用测量交流电压的方法检查故障部位
断开负载测量二次输出电压	断开二次绕组的负载，即将二次绕组的一根引线与电路中的连接断开，再用万用表的适当的交流电压挡测量二次绕组两端电压，恢复正常说明电源变压器没有故障，问题出在负载电路中，即整流电路及之后的电路中。 如果二次绕组两端的输出电压仍然不正常，而测量一次绕组两端 220V 交流电压正常，说明电源变压器损坏，进行更换
测量一次电压是否低	如果加到电源变压器一次绕组两端的 220V 交流电压低，一般情况下可以说明变压器本身正常（电源变压器重载情况例外，此时电源变压器会发热），检查 220V 交流电压输入回路中的电源开关和其他抗干扰电路中的元器件等
伴有变压器发烧现象	如果二次交流输出电压低的同时变压器发热，说明变压器存在过流故障，很可能二次负载回路存在短路故障，可以按上述检查方法查找故障部位

表 8-10　电源变压器二次交流输出电压升高故障检修方法说明

名　称	说　明
一次匝间短路	对于二次交流输出电压高的故障，关键是要检查一次绕组是否存在匝间短路故障。由于通过测量一次绕组的直流电阻大小很难准确判断绕组是否存在匝间短路，所以这时可以采用更换一只新变压器的方法来验证确定
市电电网电压升高	另一个很少出现的故障原因是市电电网的220V电压异常升高，造成二次交流输出电压升高，这不是电源变压器的故障

表 8-11　电源变压器工作时响声大故障检修方法说明

名　称	说　明
夹紧铁芯	电源变压器工作时响声大的原因主要是变压器铁芯没有夹紧，可以通过拧紧变压器的铁芯固定夹螺钉来解决
自制变压器	对于自己绕制的电源变压器，要再插入几片铁芯，并将最外层的铁芯固定好

表 8-12　检修电源变压器故障时安全注意事项说明

名　称	说　明
人身安全	电源变压器的一次输入回路加有220V交流市电电压，这一电压对人身安全有重大影响，人体直接接触将有生命危险，所以必须注重人身安全
保护绝缘层	电源变压器一次绕组回路中的所有部件、引线都是有绝缘外壳的，在检修过程中切不可随意解除这些绝缘套，测量电压后要及时将绝缘套套好
单手操作习惯	养成单手操作的习惯，即不要同时用两手接触电路，必须断电操作时一定要先断电再操作，这一习惯相当重要。测量时不要接触表针裸露部分。 另外，最好穿上绝缘良好的鞋子，脚下放一块绝缘垫，在修理台上垫上绝缘垫
注意万用表使用安全	电源变压器的一次绕组两端交流电压很高，测量时一定要将万用表置于交流250V挡位，切不可置于低于250V的挡位，否则会损坏万用表。更不可用欧姆挡测量交流电压

8.3.3　二次抽头电源变压器电路

前面介绍的电源变压器降压电路是一种基本的电路，实用电路中其电路变化比较丰富。电源变压器降压电路的变化主要有两个方面。

（1）电源变压器二次绕组结构的变化，例如二次绕组的抽头变化、多组二次绕组等，这也是电源变压器降压电路的主要变化电路。

（2）电源变压器的一次绕组的变化，这主要出现在能够使用220V/110V交流市电电压的电子电器中。

1．电路分析

图 8-27 所示是一种二次绕组有抽头，能够输出两组交流电压的电源变压器降压电路。电路中，S1是电源开关，T1是电源变压器。这一电路中的二次绕组有抽头，且二次绕组下端接地线，**这样它有两组交流输出电压，即电路中的 u_{o1} 和 u_{o2}**。这两个交流电压直接加到各自的整流电路中。这样，这一电路可以输出两种大小不同的直流电压。

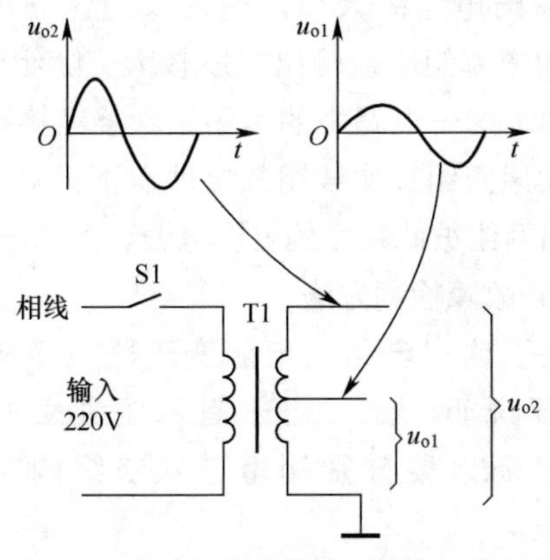

图 8-27 二次绕组有抽头电源变压器电路

重要提示

交流输出电压 u_{o1} 是抽头与地线端之间的输出电压，u_{o2} 是整个二次绕组上的输出电压，所以交流输出电压 u_{o2} 大于 u_{o1}。

由于二次绕组下端接地线，所以二次绕组另两个端点输出的交流电压相位相同，如图 8-27 所示电压波形，只是二次抽头上的输出电压幅度小于二次绕组上端的电压幅度。

这一电路中，流过二次绕组抽头以下的电流要大于流过二次绕组抽头以上绕组的电流。

二次绕组带抽头的电源变压器有两种情况：一是抽头不接电路的地线，二是抽头接电路的地线。

2．故障检测方法

如果测量电源变压器两组二次绕组的输出电压均为 0V 时，要特别注意二次绕组下端接地是不是开路了，可以用万用表欧姆挡进行测量。

3．另一种二次绕组带抽头变压器降压电路

图 8-28 所示是另一种二次绕组带抽头且能够输出两组交流电压的电源变压器降压电路。

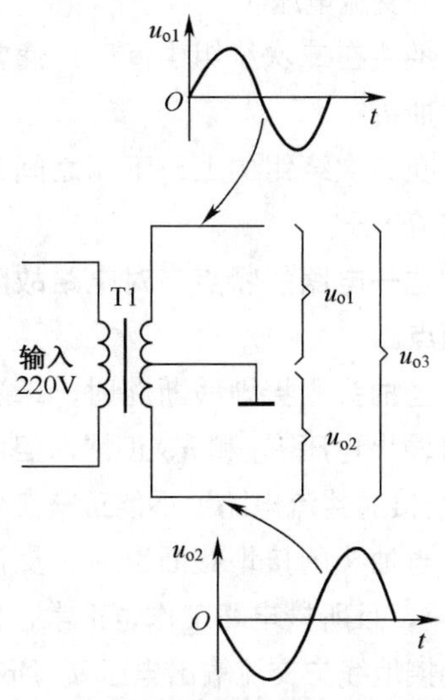

图 8-28 另一种二次绕组带抽头电源变压器电路

重要提示

电路中的 T1 是电源变压器，这一电路中的二次绕组结构不同，二次绕组有抽头，且抽头端接地线，它也有两组交流输出电压，即电路中的 u_{o1} 和 u_{o2}，必要时它还可以输出第三组交流电压，即利用整个二次绕组输出交流电压，如图 8-28 所示电压 u_{o3}。

电源变压器 T1 有一组二次绕组，二次绕组设有一个抽头，抽头接地线，所以也能够输出两组交流电压，这两个交流电压可以直接加到各自的整流电路中。

由于抽头设在二次绕组的中间，所以抽头接地后抽头以上绕组和抽头以下绕组之间能够分别输出两个相位不同的交流电压，如图 8-28 中输出电压 u_{o1}、u_{o2} 波形所示，一个为正半周时另一个为负半周。

关于这一电路的工作原理还要说明下列几点。

（1）这一电路中，根据二次绕组抽头位置的不同分为两种情况：一是抽头不在二次绕组的中心位置，这时输出两组大小不同、相位相反的交流电压；二是抽头设在二次绕组的中心位置（为中心抽头），这时输出两组大小相同、相位相反的交流电压。

（2）抽头在二次绕组中间时，通常这一抽头为中心抽头。

（3）在二次绕组的上、下端之间也可以输出一组交流电压。

根据这一电路的特点，对电路故障分析说明下列两点。

（1）当抽头的接地线断路时，二次绕组的两组交流输出电压 u_{o1} 和 u_{o2} 正常，但所在电路（指后面所接的整流电路）不能正常工作。

（2）当抽头的接地线断路时，交流输出电压 u_{o3} 正常，且所接电路工作也正常，因为二次绕组抽头接地线与交流输出电压 u_{o3} 所在电路的电流回路无关。

8.3.4 两组二次绕组电源变压器电路

1．电路分析

图 8-29 所示是两组二次绕组的电源变压器降压电路。电路中的 T1 是电源变压器，它有两组二次绕组，能够分别输出两组交流电压。

关于这一电路的工作原理主要说明下列几点。

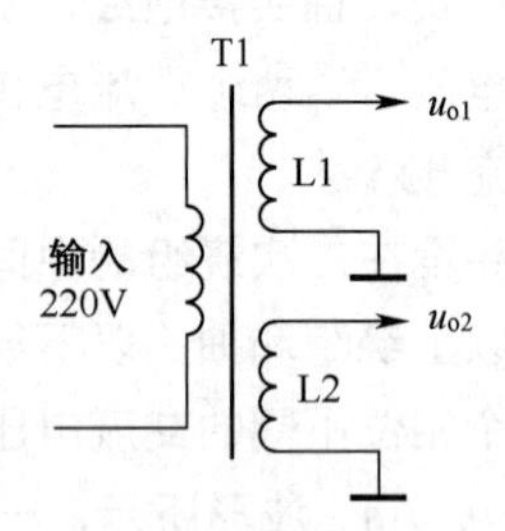

图 8-29 两组二次绕组的电源变压器降压电路

（1）这一电源变压器有两组独立的二次绕组，这样能够输出两组交流电压，即电路中的电压 u_{o1}、u_{o2}。

（2）两组二次绕组中哪一组的匝数多，它的输出交流电压就大。如果电路中没有标出交流输出电压的大小，通常仅凭这一电路图无法知道哪组交流输出电压较大、哪组较小。

（3）这一电路中的两组二次绕组接地点相同。如果两组二次绕组的接地点不相同，则可以输出两组彼此独立的直流电源。

2．故障检测方法

关于这一电路的电源变压器故障检测方法主要说明一点：由于有两组独立的二次绕组，所以要分别测量二次绕组的交流输出电压。

8.3.5 具有交流输入电压转换装置的电源变压器电路

重要提示

在一些整机电路的电源变压器电路中设置了 110V/220V 交流输入电压转换电路，以适合不同国家和地区不同交流市电电压的需要。

图 8-30 所示是具有交流输入电压转换开关的电源变压器电路。电路中的 T1 是电源变压器，交流电压转换电路主要特征是电源变压器一次绕组设置抽头。S1 是交流电压转换开关，这是一个工作在 110V/220V 交流市电电压下的电源转换开关，是一个机械式开关，为单刀双掷式开关。

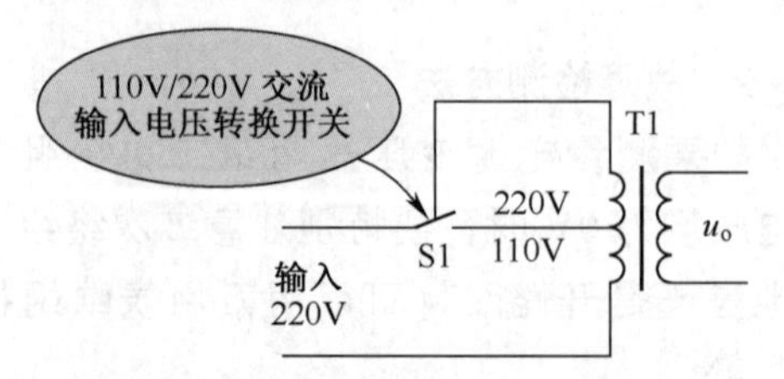

图 8-30 具有交流输入电压转换开关的电源变压器电路

1．交流电压转换原理

关于交流电压转换原理主要说明下列 4 点。

（1）交流电压转换电路利用了变压器的一次绕组抽头。

（2）变压器有一个特性，即一次绕组和二次绕组每伏电压的匝数相同。

（3）假设电源变压器一次绕组共有 2200 匝，二次绕组共有 50 匝，二次绕组输出 5V 交流电压，也就是每 10 匝线圈 1V，一次绕组和二次绕组一样也是每 10 匝线圈 1V。

（4）这种电路中的电源变压器一次侧设有抽头，不同的交流输入电压接入一次绕组的不同位置，只要保证每 1V 电压的匝数相同，就能保证电源变压器二次侧输出的交流低电压相同。

2．电路分析

（1）220V 交流电压输入时分析。图 8-31 所示是输入 220V 时的电路，在交流市电电压为 220V 的地区使用时，交流电压转换开关 S1 在图示的“220V”位置上，这时 220V 交流电压加到 T1 全部的一次绕组上，T1 二次侧输出交流电压为 u_o。

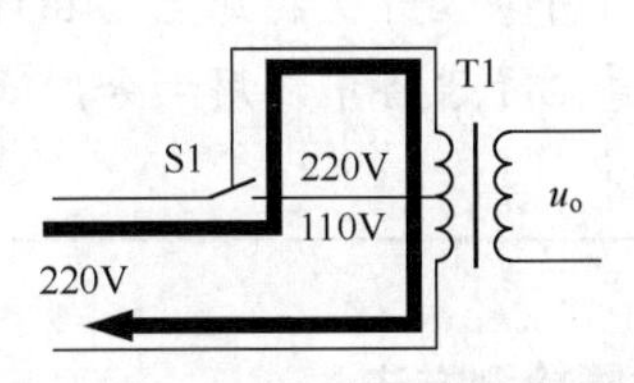

图 8-31　输入 220V 交流电压时电路

（2）110V 交流电压输入时分析。图 8-32 所示是输入 110V 时的电路，在交流市电电压为 110V 的地区使用时，交流电压转换开关 S1 转换到图示“110V”位置上，这时 110V 交流电压加到 T1 的一部分一次绕组上，此时二次绕组输出的交流电压也是为 u_o，大小不变，实现交流电压的转换。

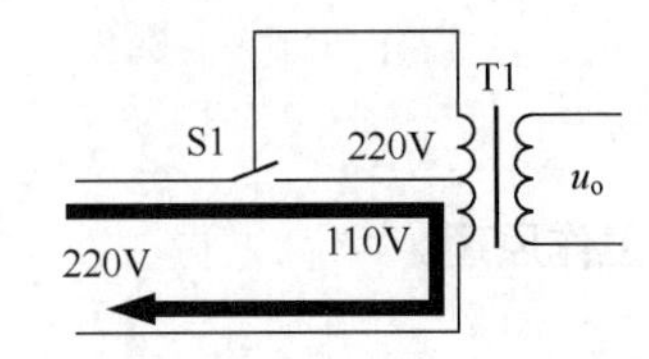

图 8-32　输入 110V 交流电压时电路

重要提示

这种交流电压转换电路利用了变压器的一次绕组抽头。变压器有一个特性，即一次绕组和二次绕组每伏电压的匝数相同。如果这个电源变压器一次绕组共有 2200 匝，二次绕组共有 50 匝，那么二次绕组输出 5V 交流电压，每 10 匝 1V，一次绕组和二次绕组是一样的。

如图 8-33 所示，电源变压器 T1 一次侧全部线圈为 2200 匝时，在 110V 抽头至下端线圈的匝数是 1100 匝，当送入 110V 交流电压时，也是每 1V 为 10 匝线圈，所以二次绕组同样输出 5V，实现了不同交流输入电压下电源变压器 T1 有相同交流输出电压的功能。

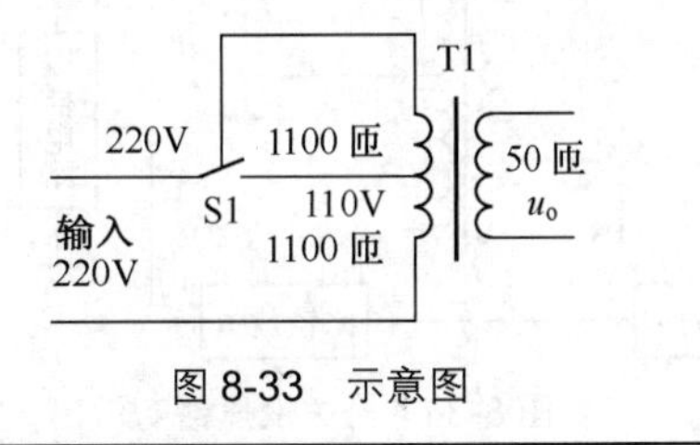

图 8-33　示意图

3．故障检测方法

交流输入电压转换电路的故障检测方法：故障发生率最高的是转换开关接触不良，可以用万用表欧姆挡测量开关的接触电阻是不是小于 0.5Ω。

如果测量结果是接触电阻大于 0.5Ω，说明开关存在接触不良故障，应该清洗该开关。

8.3.6　开关变压器电路

电视机和其他一些电子设备中采用开关电源，开关电源中采用开关变压器。

1．开关变压器工作特点

开关变压器同一般的工频变压器有 3 个明显的不同之处。

（1）工作频率高。工频变压器的工作频率为 50Hz，而开关变压器工作频率在几十千赫以上。

（2）使用高频磁芯。由于开关变压器的工作频率高，所以不使用低频铁芯，而采用高频磁芯。

（3）脉冲式工作。工频变压器一次侧输入为220V、50Hz交流电，而开关变压器工作在脉冲状态下。

2．开关变压器电路分析

图8-34所示是开关变压器电路。电路中的T1为开关变压器，这一变压器由L1、L2和L3 3组绕组构成。其中L1是储能电感器，为一次绕组；L2是二次绕组；L3是正反馈绕组（用来起振）。VT1是开关管，VD1是脉冲整流二极管，C1是滤波电容器，R1是电源电路的负载电阻器。

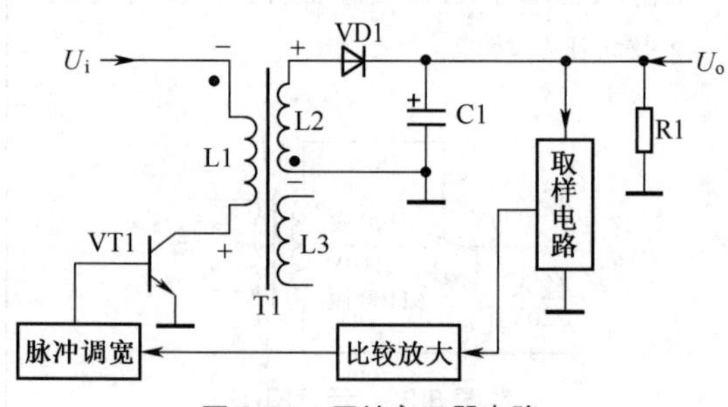

图8-34　开关变压器电路

（1）VT1基极开关脉冲为高电平时电路分析。 VT1导通，输入电压U_i产生的电流通过L1和导通的VT1成回路，此时将电能以磁能的形式储存在L1中。

从电路中L1和L2的同名端标记可以知道，由于此时VT1集电极为低电平，所以VD1正极为低电平，VD1截止，此期间由电容器中的储能为负载提供能量。

（2）VT1基极开关脉冲为低电平时电路分析。 VT1截止，L1产生反向电动势，其极性为上负下正，这一脉冲电压由变压器耦合到二次绕组L2，其极性为上正下负，即这一电动势使VD1导通，电动势所产生的电流流过VD1，对C1充电，此期间完成将L1中的磁能转换成C1中的电能。在这一电路中，改变VT1基极脉冲的特性，便可以改变稳压电路输出电压的大小。

重要提示

由于电路采用了开关变压器，交流电网端与稳压电路的负载电路之间隔离了，使开关变压器二次绕组回路的电路为冷底板，为调试和修理提供了方便。但是，开关管、L1绕组及之前整流电路等仍然为热底板。

这种电路的开关变压器若设有多个不同匝数的二次绕组，就可以获得不同等级的直流输出电压，而电视机等电子设备中需要这种多等级的直流工作电压，所以这种并联型开关稳压电路在计算机、电视机等电子设备中应用十分广泛。

3．故障检测方法

对于电路中开关电源变压器的故障检测方法同一般检测变压器方法一样，通过测量变压器一次和二次绕组电阻来粗略判断其质量好坏。对于开关电源的故障检测是比较复杂的。

8.4　其他变压器电路

变压器的种类很多，本节讲解一些其他类型变压器电路的工作原理。

8.4.1 枕形校正变压器电路

枕形校正变压器用于部分扫描电镜电路中，具体用于行、场偏转线圈电路中，进行光栅的枕形校正。

1．枕形校正变压器外形特征和电路图形符号

图 8-35 所示是枕形校正变压器的外形示意图和电路图形符号，其中，图 8-35(a) 是 BJ 型枕形校正变压器的外形示意图，图 8-35(b) 是电路图形符号。

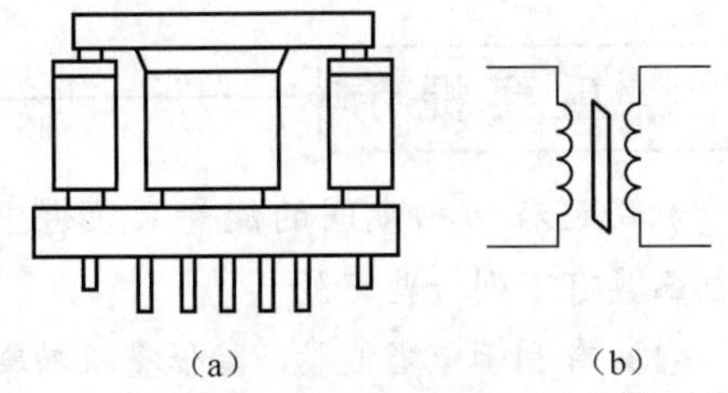

图 8-35 枕形校正变压器外形示意图和电路图形符号

2．枕形校正变压器电路分析

图 8-36 所示是左右枕形失真补偿电路。因为显像管的曲率半径不同，电子束偏转半径也不同，会出现如图 8-36(a) 所示的上下和左右枕形图像。对于自会聚显像管，上下失真小，不必补偿，但要补偿左右失真，要使如图 8-36(b) 所示行扫描电流像中间大两侧小就能消除这一失真。为此将场锯齿波通过积分电路得到抛物线波，再去调制行扫描电流，这样可得到图 8-36(b) 所示行扫描电流。

枕形校正电路工作原理：场锯齿波电压经 C409 耦合，加到 R422、C412、C413 构成的积分电路中，得到抛物线电流，这一电流流过 T502 的一次侧，使 T502 饱和，其饱和程度受到抛物线电流大小的控制，这样二次绕组中的行扫描电流受到控制。

在抛物线顶部时 T502 一次电流最大，饱和最深，二次绕组电感量最小，使行扫描电流幅度最大，得到如图 8-36(b) 所示行扫描电流，实现左右枕形失真补偿。

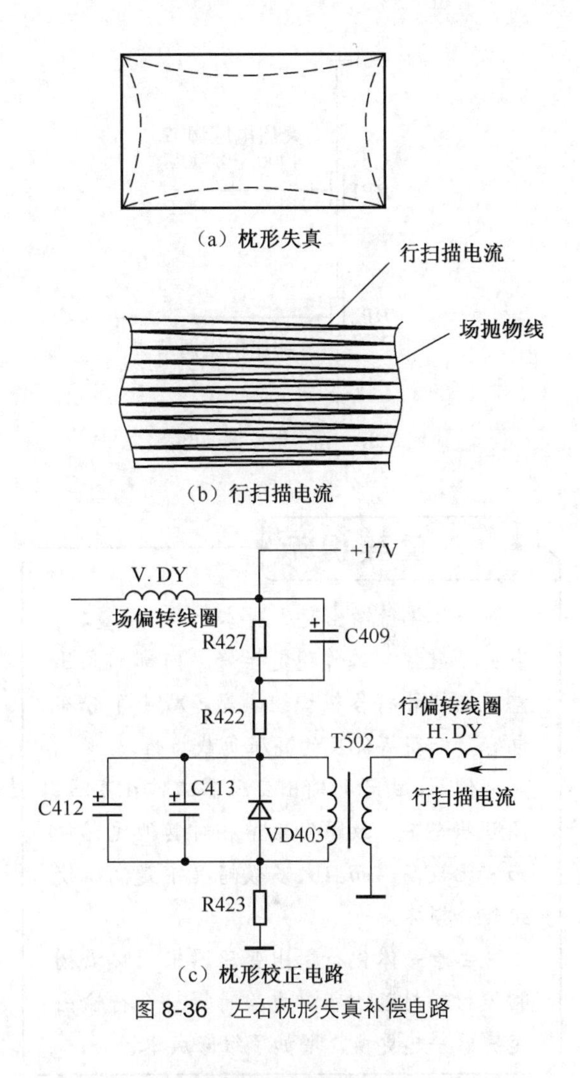

图 8-36 左右枕形失真补偿电路

8.4.2 行输出变压器电路

行输出变压器又称逆程变压器、回扫变压器，俗称行输出，它是显示器中的一个重要的变压器。

1．行输出变压器结构

行输出变压器的全部绕组和高压整流管均密封在其中，底部引出各个绕组的引脚，高压输出采用高压引线直接送至显像管的高压嘴。有的行输出变压器上只有一个电压调节旋钮，那是用来调节显像管聚焦极电压的。记忆行输出变压器两个旋钮位置的方法参考如图 8-37 所示的两个电压调节电路。

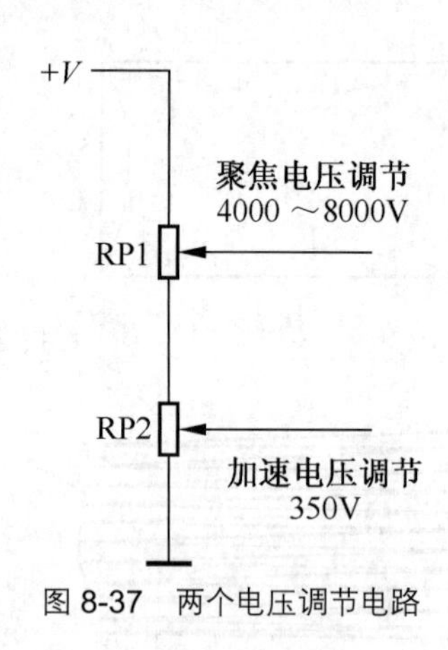

图 8-37　两个电压调节电路

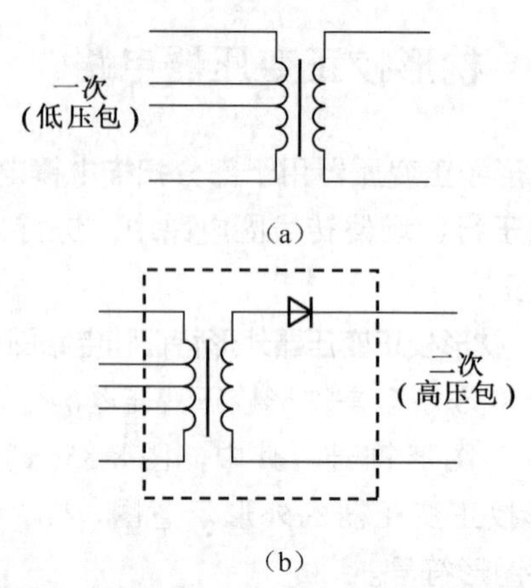

图 8-38　行输出变压器电路图形符号

重要提示

一体化行输出变压器体积小，重量轻，省去了硅柱，工作稳定性好。内部的高压整流二极管将各级绕组隔离，减小了分布电容，能获得优良的高压负载特性。

但是，由于行输出变压器工作在高压、高频状态下，故障发生率相对其他元器件而言比较高，而且大多数情况下是高压绕组部分损坏。

由于一体化行输出变压器采用环氧树脂等材料封装，所以更换时得整个行输出变压器一起更换，增加了维修成本。

2．行输出变压器电路图形符号

图 8-38 所示是行输出变压器电路图形符号。其中，图 8-38(a) 所示为分立式行输出变压器的电路图形符号，图 8-38(b) 所示是一体化行输出变压器的电路图形符号。用虚线框表示两组绕组组合成一体，并在内部设有高压整流管。从行输出变压器的电路图形符号中可以看出一次和二次以及绕组的结构。

行输出变压器是组成行输出高压电路的重要元器件，显像管所需要的高压、中压和其他电路需要的低压要通过行输出高压电路来获得。中、高压是利用行扫描逆程期间产生的半个周期谐振电压，通过行输出变压器的升压经整流后获得的。

重要提示

利用逆程回扫期间的能量来获得中、高电压具有下列一些好处。

（1）有利于节省能量，降低整机功耗。行输出级消耗的能量约占整机功耗的 60%。

（2）由于行频高达 15 625Hz，频率高，有利于滤波，即用较小的滤波电容可获得很好的滤波性能。

（3）逆程脉冲电压较高，较容易获得中、高压。

（4）具有保护显像管的作用。当行振荡发生故障时，逆程脉冲消失，可起保护作用。

（5）通过行输出变压器可以获得上万伏的显像管阳极高压，获得几百伏的显像管加速极电压和聚焦极电压，以及其他电路的低电压。

3．行输出变压器实用电路

图 8-39 所示是行输出变压器电路。输入该变压器的是逆程脉冲。通过多组二次升压绕组、整流电路，可得到多种电压等级的低、中、高直流电压。

从升压绕组上得到 20 ～ 25kV 高压，作为显像管高压。从升压绕组抽头得到直流电压，加到聚焦电位器 RP1，为显像管聚焦极提供直流电压。

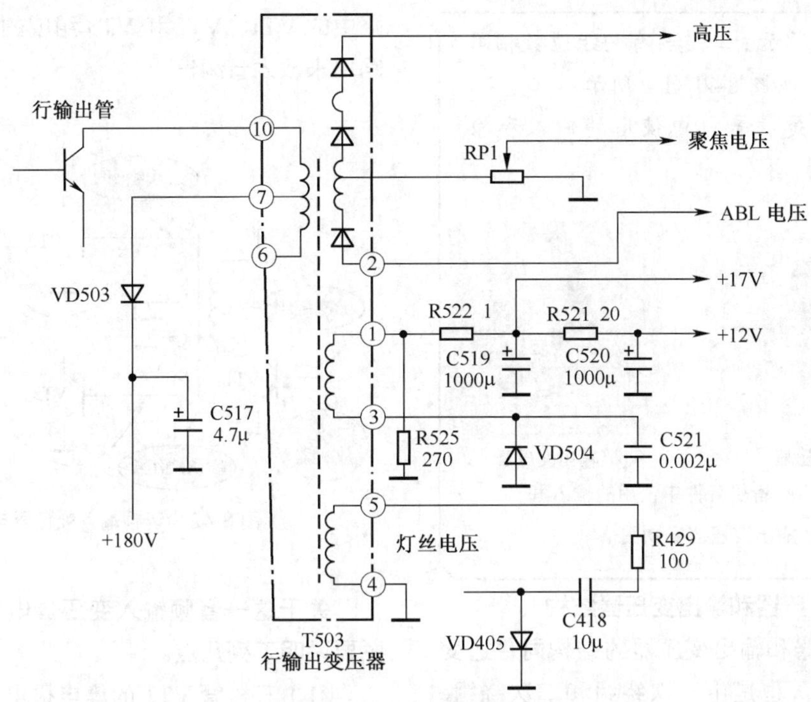

图 8-39 行输出变压器电路

①与③引脚上的逆程脉冲经 **VD504** 整流、**C519** 滤波得到 **+17V** 电压，再经 **C520** 滤波得到 **+12V** 直流电压，为前级电路供电。**C521** 保护 **VD504** 和抗干扰。

④与⑤引脚取出显像管灯丝所需电压。⑤引脚上正脉冲经 **R429**、**C418** 加到 **VD405** 正极，为场中心调整电路提供基准电压，同时，还供给行 **AFC** 电路。

⑦引脚上逆程脉冲经 **VD503** 整流、**C517** 滤波得到 **+180V** 直流电压，供给视放输出级矩阵电路。

8.4.3 音频输入变压器电路

在一些分立元器件的收音机和其他一些小功率音频放大设备中会用到音频输入和输出变压器。

输入变压器和输出变压器通常是成对的，在低放电路中起耦合和阻抗匹配作用。

1. 音频输入、输出变压器电路图形符号

图 8-40 所示是音频输入、输出变压器的电路图形符号，从图中可以看出，它们与普通变压器的电路图形符号基本一样。其中，图 8-40（a）、（b）所示是输入变压器电路图形符号，图 8-40（c）所示是输出变压器的电路图形符号。

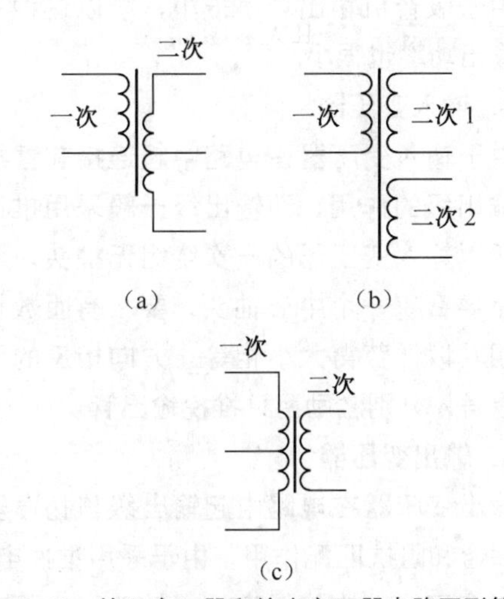

图 8-40 输入变压器和输出变压器电路图形符号

种类提示

这里所介绍的变压器分成输入变压器和输出变压器两种，它们不可互换使用。其中，输入变压器根据二次绕组的结构不同又分成两种：一是带中心抽头的二次绕组，如

图 8-40（a）所示；二是具有两组匝数相同的二次绕组，如图 8-40（b）所示。

图 8-41 是收音机中使用的输入和输出变压器实物图。

（a）输入变压器

（b）输出变压器

图 8-41　收音机套件中使用的输入和输出变压器实物图

2．输入变压器和输出变压器结构

输入变压器和输出变压器的结构同普通变压器基本一样，也是由一次绕组和二次绕组、铁芯、外壳等构成，在此不作赘述，**这里仅给出这种变压器的特点**：体积很小（略比中频变压器大些）；成对出现，在购买时也是成对购买；由于收音机输出功率很小，所以这种变压器的输出功率也很小。

3．输入变压器

由于输入变压器在电路中起连接前置放大级与输出级的作用，而输出级一般采用推挽电路，所以输入变压器的一次绕组无抽头，而二次绕组要么有一个中心抽头，要么有匝数相同的两组，以便获得大小相等、方向相反的两个激励信号，分别激励两只推挽输出管。

4．输出变压器

输出变压器在电路中起输出级与扬声器之间的耦合和阻抗匹配作用，由于采用推挽电路，故输出变压器一次绕组有中心抽头时，而二次绕组没有抽头。加上要起阻抗匹配作用，所以输出变压器的二次绕组匝数远少于一次绕组匝数。

5．音频输入变压器电路分析

图 8-42 所示是音频输入变压器电路。电路中的 T1 是音频输入变压器，它有两组独立的二次绕组，能够分别输出两组音频信号电压。电路中的 VT1、VT2 和 VT3 组成的三极管放大电路用来放大音频信号。

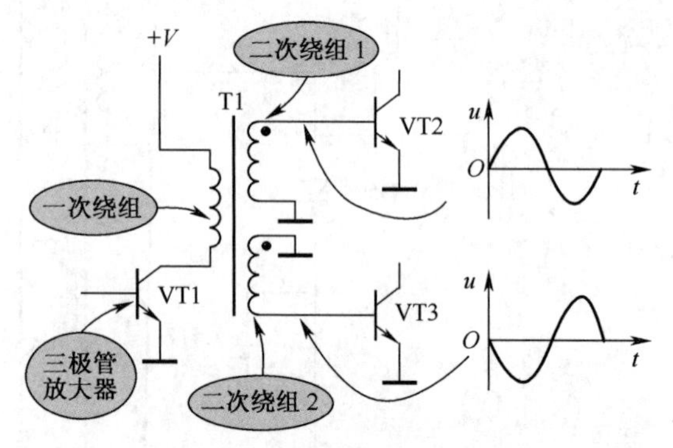

图 8-42　音频输入变压器电路

关于这一音频输入变压器电路的工作原理主要说明下列几点。

（1）三极管 VT1 的集电极电流流过变压器 T1 一次绕组，其两组独立的二次绕组输出两组音频信号电压。

（2）对于音频输入变压器而言，它的两组二次绕组匝数相等，输出的两组音频信号大小相同。同时，从二次绕组的同名端可以看出，加到 VT2 和 VT3 基极的两组音频信号大小相等，但是相位相反，如图 8-42. 所示信号波形。

（3）两组音频信号大小相等、相位相反才能使 VT2 和 VT3 正常工作。

6．故障检测方法

对于这一电路中的耦合变压器 T1，进行故障检测时可以用万用表欧姆挡测量各绕组电阻，检查是否存在开路故障。注意，由于这是一个音频变压器，所以不能用指针式万用表的交流电压挡测量 T1 二次绕组上的音频信号电压。如果是数字式万用表，在交流电压挡上测量 T1 二次绕组音频信号电压时，表会有显示。

如果有示波器，可以直接观察 T1 二次绕组上的输出信号波形，图 8-43 是测试时接线示意图。如果观察到音频信号，再接到另一个二次绕组两端观察信号波形。

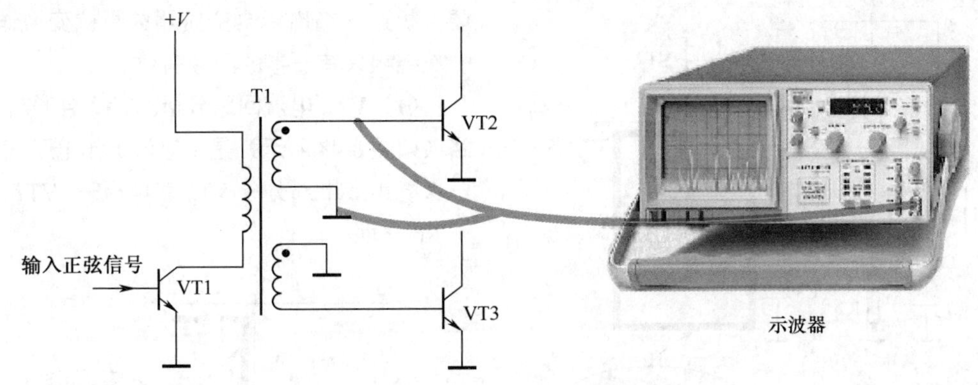

图 8-43　测试时接线示意图

7. 另一种音频输入变压器耦合电路

图 8-44 所示是另一种音频输入变压器耦合电路，这一电路与前面电路的不同点是，耦合变压器 T1 二次绕组有一个中心抽头，而中心抽头通过电容器 C3 交流接地，这样，二次绕组 L2 上端、下端的信号电压相位相反。

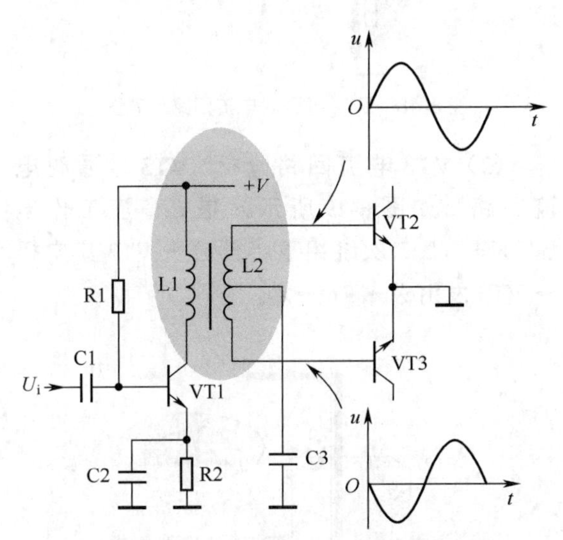

图 8-44　另一种音频输入变压器耦合电路

关于这一变压器耦合电路的工作原理主要说明下列几点。

（1）当二次绕组 L2 上端为正半周期间，L2 绕组的下端为负半周期间；当 L2 上端为负半周期间，L2 下端为正半周期间。

（2）由于这一耦合变压器 T1 的二次绕组 L2 有中心抽头，因此二次绕组能够输出大小相等、相位相反的两个信号，即 L2 上端与抽头之间的绕组输出一个信号加到 VT2 基极，L2 抽头与下端之间的绕组输出另一个相位相反的信号加到 VT3 基极。

（3）由于 VT2 和 VT3 都是 NPN 型三极管，加到 VT2 和 VT3 基极的信号电压大小相等、相位相反，在 VT2 因基极为正半周信号而导通、放大时，VT3 因基极为负半周信号而截止；在 VT2 因基极为负半周信号而截止时，VT3 因基极为正半周信号而导通、放大。

（4）三极管 VT2 基极信号电流回路（如图 8-45 所示）是：二次绕组 L2 上端→ VT2 基极→ VT2 发射极→地端→ C3 →二次绕组 L2 抽头，通过 L2 抽头以上绕组构成回路。

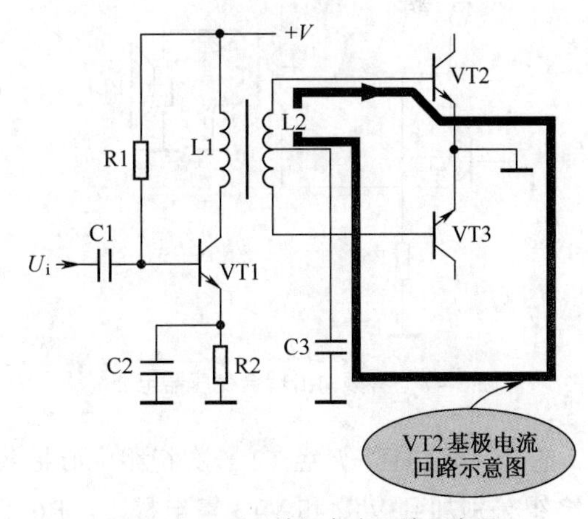

图 8-45　VT2 基极电流回路示意图

（5）三极管 VT3 基极信号电流回路（如图 8-46 所示）是：二次绕组 L2 下端→ VT3 基极→ VT3 发射极→地端→ C3 →二次绕组 L2 抽头，通过 L2 抽头以下绕组构成回路。

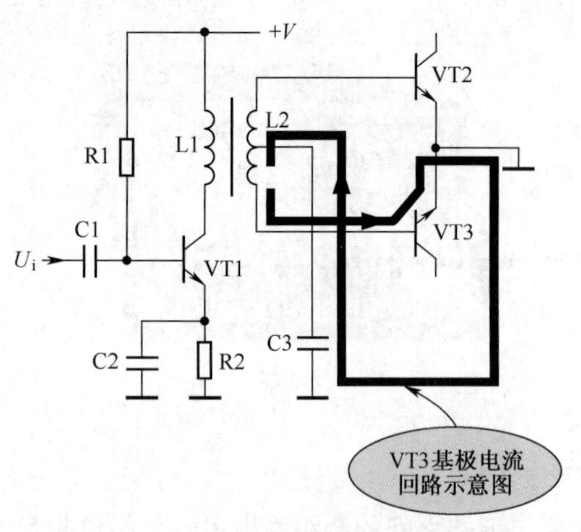

图 8-46　VT3 基极电流回路示意图

8.4.4　音频输出耦合变压器电路

1．电路分析

图 8-47 所示是音频输出耦合变压器电路，T2 是音频输出耦合变压器，VT2 和 VT3 是放大管，BL1 是扬声器。

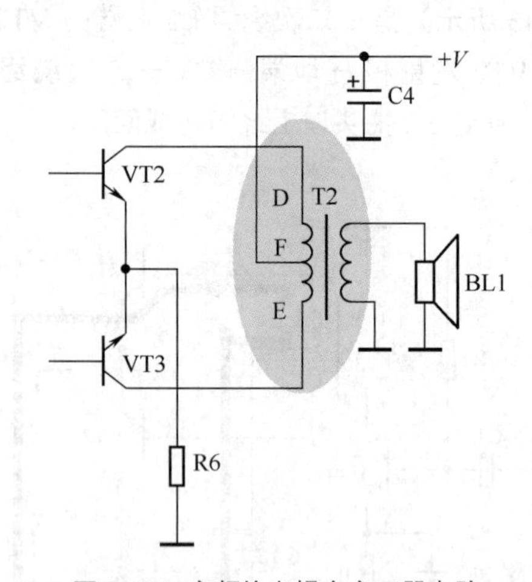

图 8-47　音频输出耦合变压器电路

直流工作电压 +V 经 T2 一次绕组中心抽头及绕组分别加到 VT2 和 VT3 集电极上。R6 是两管共用的发射极负反馈电阻器。

T2 为输出耦合变压器，一次绕组具有中心抽头，它的作用是耦合、隔直和阻抗变换。注意 T2 一次绕组对于某一三极管而言只有一半绕组有效。对于 VT2 而言，只用了 D 和 F 之间的绕组；对于 VT3 而言，只用了 E 和 F 之间的绕组。所以，要分析这一输出耦合变压器的阻抗变换作用时，一次绕组只有一半的匝数有效。

（1）VT2 电流回路分析。VT2 导通时电流回路（如图 8-48 所示）是：直流工作电压 +V→ T2 一次绕组上半部分→ VT2 集电极→ VT2 发射极→ R6 →地。

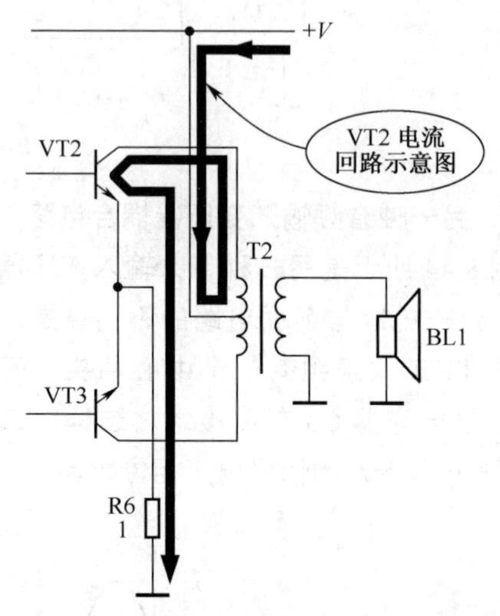

图 8-48　VT2 导通时电流回路示意图

（2）VT3 电流回路分析。VT3 导通时电流回路（如图 8-49 所示）是：直流工作电压 +V→ T2 二次绕组下半部分→ VT3 集电极→ VT3 发射极→ R6 →地。

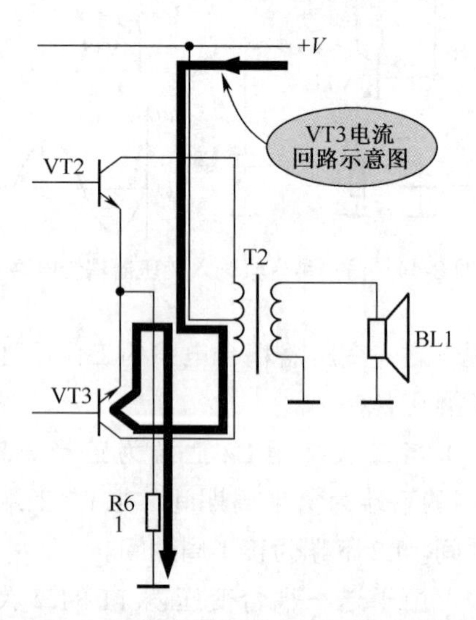

图 8-49　VT3 导通时电流回路示意图

正、负半周信号合成过程是这样的：VT2 导通时信号一个半周电流流过 T2 一次绕组，

VT3导通时信号另一个半周电流流过T2一次绕组，T2二次绕组输出正、负半周一个完整的信号，加到扬声器上。

重要提示

对于直流电路而言，VT2和VT3两管集电极通过T2一次绕组相连，两管发射极直接相连。

当一只三极管开路而另一只正常时，测量任何一只三极管集电极、发射极或基极直流电压都是正常的，不能发现开路故障的三极管，因为两只三极管的3个电极直流电路是并联的。

2．故障检测方法

音频输出变压器的故障发生率比音频输入变压器高，这是因为它的工作电流较大，当功放输出管出现击穿故障时，有可能烧坏音频输出变压器。

用万用表欧姆挡测量音频输出变压器二次绕组电阻，应该只有几欧，否则说明输出变压器损坏了。

8.4.5　中频变压器耦合电路

所谓中频变压器耦合电路就是收音电路或电视机中的中频放大器之间的耦合变压器。

重要提示

超外差式收音机电路中，振荡绕组和中频变压器是重要的元器件。其中，振荡绕组用在本机振荡器中，中频变压器则用在中频放大器中。

中频变压器俗称中周。在调幅和调频收音电路中都有中周，它们的结构相同，但是工作频率不同。

1．振荡绕组和中频变压器外形特征

图8-50是中频变压器外形图和内部结构示意图，大多数的振荡绕组外形和内部结构同此一样。

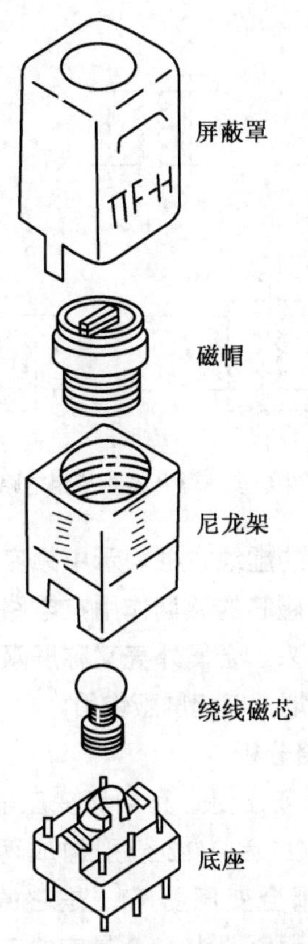

图8-50　中频变压器外形图和内部结构示意图

它的外形是长方体，为金属外壳。引脚在底部，分成两列分布，最多为6根引脚，一般少于6根引脚，各引脚不能互换使用。顶部有一个可以调整的缺口，并有不同的颜色标记。

重要提示

中频变压器按照用途划分有调幅收音机用中频变压器，其谐振频率为465kHz；还有调频收音机用中频变压器，其谐振频率为10.7MHz。

2．振荡绕组和中频变压器电路图形符号

图8-51所示是中频变压器和振荡绕组电路图形符号。

图8-51（a）所示是振荡绕组的电路图形符

号，图 8-51(b)～(e)所示是几种中频变压器的电路图形符号。从图中可以看出，图 8-51(c)、(e)所示的中频变压器中内附谐振电容器 C。

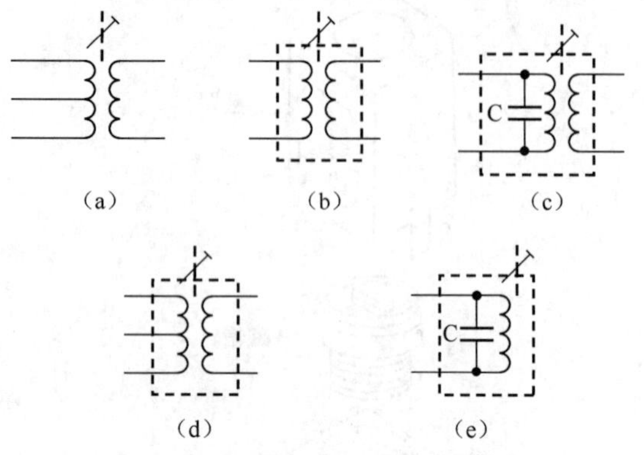

图 8-51　中频变压器和振荡绕组电路图形符号

符号中的虚线方框表示中频变压器的金属外壳，另外磁芯的微调作用在电路图形符号中也已表示出来。金属外壳又称屏蔽外壳，外壳在电路中接地，以起屏蔽作用。

3．电路分析

图 8-52 所示是一种中频变压器耦合电路。电路中的 VT1 和 VT2 分别构成两级放大器，T1 是一个耦合变压器，L1 是它的一次绕组，一次绕组有一个抽头，L2 是它的二次绕组，这一耦合变压器 T1 只有一组二次绕组。

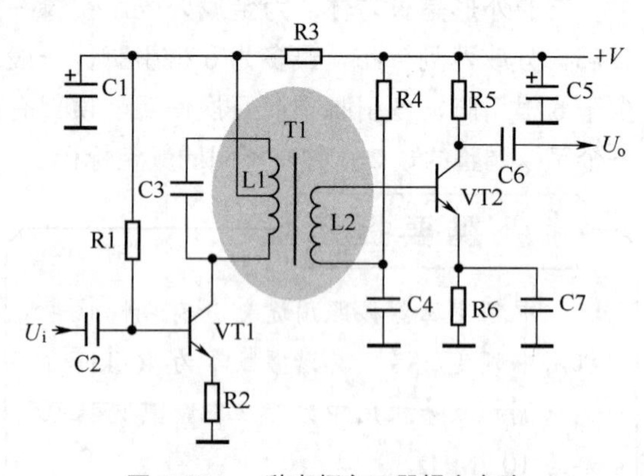

图 8-52　一种中频变压器耦合电路

VT1 集电极信号电流流过 T1 一次绕组 L1 抽头以下绕组，根据变压器原理可知，T1 二次绕组两端便有输出信号电压，这一输出信号电压加到 VT2 基极回路，**其信号电流回路（如图 8-53 所示）是**：二次绕组 L2 上端→VT2 基极→VT2 发射极→发射极旁路电容器 C7→地线→电容器 C4→二次绕组 L2 下端，通过二次绕组 L2 成回路，完成信号的传输。

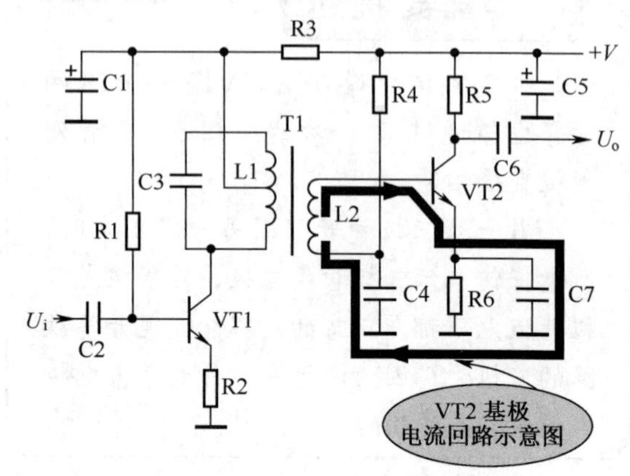

图 8-53　VT2 基极电流回路示意图

8.4.6　线间变压器电路

重要提示

在长距离传输音频功率信号（一种可以直接驱动扬声器的音频信号）时，为了防止音频功率消耗在传输线路上，采用了线间变压器。

图 8-54 是长距离传送信号时的导线电阻示意图。**如果距离在 50m，两根导线的电阻约各为 20Ω，而扬声器的阻抗只有 8Ω，于是大量的音频信号功率降在了导线上。为此要采用高输出阻抗的扩音机，以减小传输线路中的电流。**

图 8-55 所示是线间变压器电路，电路中有 3 只线间变压器并联，然后接在输出阻抗为 250Ω 的扩音机上。线间变压器的一次阻抗是 1000Ω，二次阻抗是 8Ω，与 8Ω 扬声器连接，这样扬声器能获得最大功率。3 只 1000Ω 线间变压器并联后的总阻抗约为 333Ω，与扩音机的输出阻抗匹配。

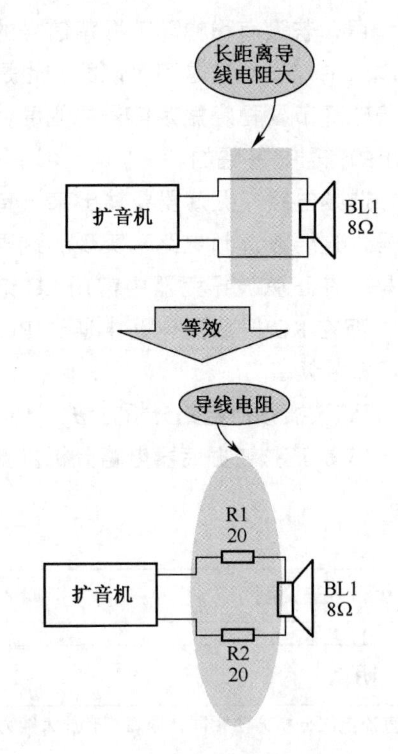

图 8-54　长距离传送信号时的导线电阻示意图

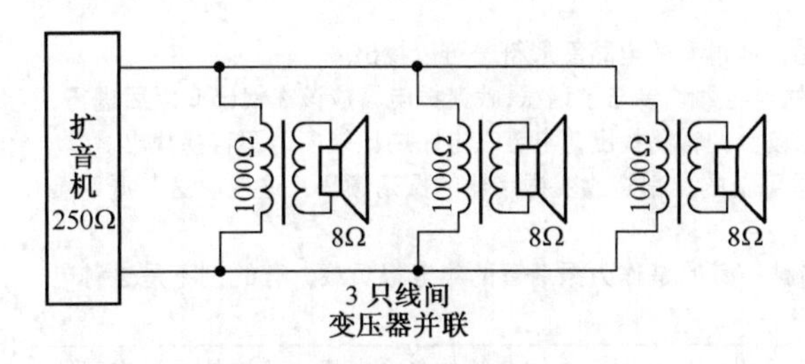

图 8-55　线间变压器电路

8.4.7　变压器耦合正弦波振荡器电路

在变频器电路中含有一个高频的正弦波振荡器，所以读者在学习变频器电路工作原理之前要掌握正弦波振荡器电路工作原理，收音机中主要使用变压器耦合正弦波振荡器。

1．变压器耦合正弦波振荡器电路组成方框图

图 8-56 所示是正弦波振荡器电路组成方框图。从图中可以看出，它主要由放大器及稳幅电路、选频电路和正反馈电路组成。

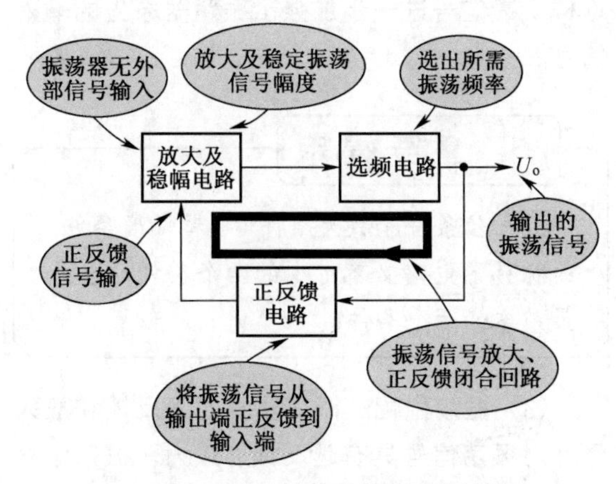

图 8-56　正弦波振荡器电路组成方框图

从方框图中看出，振荡器没有输入信号，但有输出信号，这是振荡器电路的一个明显特征，这一特征在整机电路分析中很重要，有助于我们分辨哪个是振荡器电路，因为其他电路都有输入信号。

（1）放大及稳幅电路作用。这一电路首要作用是放大振荡信号，其次还要稳定振荡信号的幅度。

（2）选频电路作用。这一电路用来从众多频率信号中选出所需要的某一频率信号，使振荡器中的放大器只放大这一频率信号，而不放大其他频率信号。

（3）正反馈电路作用。这一电路的作用是从放大器输出端向输入端送入振荡信号，使放大器中的振荡信号幅度越来越大。

2．振荡器电路工作条件

要使正弦波振荡器电路能够正常工作，必须具备几个条件。

（1）放大条件。振荡器电路中的振荡管对振荡信号要有放大能力，只有这样，通过正反馈和放大电路信号才能不断增大，实现振荡。

（2）相位条件。相位条件具体地讲是要求有正反馈电路。由于是正反馈，从振荡器输出端反馈到振荡器输入端的信号加强了原输入信号，即反馈信号与原输入信号是同相位的关系，这样反馈信号进一步加强了振荡器原先的输入信号。

重要提示

相位条件和放大条件（也称幅度条件）是振荡器电路必不可少的两个条件，也是最基本的两个条件。

（3）振荡稳幅。 振荡器中的正反馈和放大环节对振荡信号具有越反馈、放大，振荡信号越大的作用，若没有稳幅环节振荡信号的幅度是越来越大的，显然这是不可能的，也是不允许的。稳幅环节要稳定振荡信号的幅度，使振荡器输出的信号是等幅的。

（4）选频电路。 振荡器要输出某一特定频率的信号，这要靠选频电路来实现。这里值得一提的是，在正弦波振荡器中常用LC谐振选频电路，而在RC振荡器电路中通过RC电路等来决定振荡频率。

3．正弦波振荡器电路分析方法

表8-13是正弦波振荡器电路分析步骤和方法说明。

表8-13　正弦波振荡器电路分析步骤和方法说明

名　称	说　明
直流电路分析	正弦波振荡器直流电路分析同前面介绍的放大器直流电路分析方法相同，振荡管有放大能力，这由直流电路来保证
正反馈过程分析	正反馈过程分析同负反馈电路分析相同，只是反馈的结果应该是加强了振荡管的净输入信号
选频电路分析	关于LC并联谐振选频电路说明如下。 （1）找出谐振线圈L，这是比较容易的，通过L的电路图形符号可以找出。 （2）找出谐振电容，此时凡是与L并联的电容器均参与了谐振，找谐振电容应该在找出L之后进行，这样就比较方便，因为电感在电路中比较少，容易找出，电容在电路中比较多，不容易找出。 （3）对于选频电路中的电容或电感若是可变的，都将改变振荡器的振荡频率，这说明这一振荡器电路的振荡频率可调整。 （4）LC并联谐振电路选频的方式有多种，有的是作为振荡管的集电极负载，有的则不是这种电路形式
找出振荡器输出端	振荡器电路输出端要与其他电路相连，输出信号可以取自振荡管的各个电极，可以是通过变压器耦合，也可以是通过电容器来耦合
了解稳幅原理	对稳幅原理只要了解即可，不必对每一个具体电路进行分析。 稳幅原理在正反馈和振荡管放大的作用下，信号幅度增大，导致振荡管的基极电流也增大，当基极电流大到一定程度之后，基极电流的增大将引起振荡管的电流放大倍数β减小，振荡信号电流越大β越小，最终导致β很小，使振荡器输出信号幅度减小，即振荡管基极电流减小，这样β又增大，振荡管又具备放大能力，使振荡信号再次增大。这样反复循环总有一点是动平衡的，此时振荡信号的幅度处于不变状态，达到稳幅的目的
了解起振原理	振荡器的起振原理只要了解即可，不必对每一个电路都进行分析。 利用起振原理在分析正反馈过程时，假设某瞬间振荡管的基极信号电压为正，其实振荡器是没有外部信号输入的，而是靠电路本身自激产生振荡信号。 开始振荡时的振荡信号是这样产生的，在振荡器电路的电源接通瞬间，电源电流波动，这一电流波动中含有频率范围很宽的噪声，其中必有一个频率等于振荡频率的噪声（信号），这一信号被振荡器电路放大和正反馈，信号幅度越来越大，形成振荡信号，完成振荡器的起振过程

4．变压器耦合正弦波振荡器电路分析

无论哪种振荡器，电路分析都包括放大器部分、选频部分、正反馈电路部分，而放大器部分与普通放大器电路分析一样。

图 8-57 所示为变压器耦合正弦波振荡器。电路中，VT1 为振荡管，T1 为振荡变压器，L2 和 C2 构成 LC 谐振选频电路，U_o 为振荡器的输出信号。

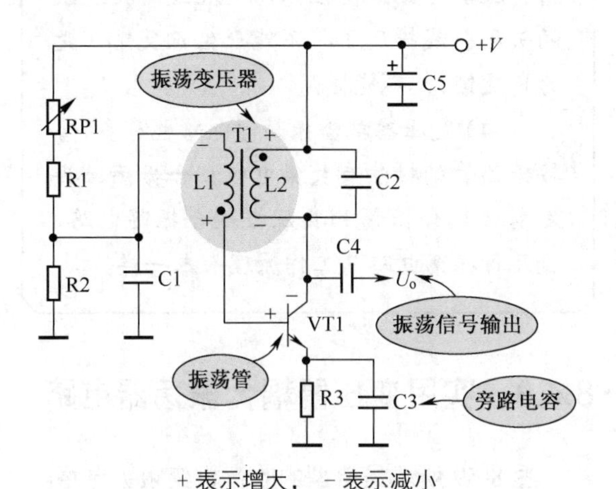

图 8-57　变压器耦合正弦波振荡器

（1）VT1 偏置电路分析。电路中，直流工作电压 +*V* 经 T1 的 L2 绕组加到 VT1 集电极。RP1、R1 和 R2 对 +*V* 分压后的电压加到 VT1 的基极，建立 VT1 的直流偏置电压。

R3 为 VT1 发射极电阻器。这样，VT1 具备放大所需要的直流工作条件。

元器件作用提示

调节 RP1 可改变 VT1 的静态直流偏置电流大小，从而可改变振荡器输出信号 U_o 的大小。电阻器 R1 是保护电阻器，防止 RP1 的阻值调得太小时，使振荡管的工作电流太大而损坏 VT1。

在加了 R1 之后，即使 RP1 的阻值被调到为零，也有 R1 限制 VT1 的基极电压不是很大，达到保护 VT1 的目的。

（2）正反馈电路分析。电路中，T1 是振荡耦合变压器，用它来完成正反馈。从图 8-57 中可以看出，T1 的一次绕组 L1（正反馈绕组）接在 VT1 的输入回路中（基极回路），它的二次绕组接在 VT1 的输出回路中（集电极回路）。T1 的同名端如图中黑点所示。

这一电路的正反馈过程假设振荡信号某瞬间在 VT1 基极为 +，使 VT1 基极电流增大，则集电极为 –，这样 T1 的二次绕组 L2 下端为 –，上端为 +，根据同名端概念，T1 的一次绕组 L1 下端为 +，与基极极性一致，所以 L2 上的输出信号经 T1 耦合到一次绕组 L1，加强了 VT1 的输入信号，这是正反馈过程。

（3）振荡原理。振荡器没有输入信号，振荡器工作后则能输出信号 U_o，前面在分析正反馈过程中，是假设 VT1 基极有振荡信号，振荡信号是怎么产生的，这由振荡器的起振原理来说明。

在振荡器的直流工作电压 +*V* 接通瞬间，VT1 中会产生噪声，这一噪声的频率范围很宽，其中含有所需要的振荡信号频率 f_0。由于 VT1 中的噪声（此时作为信号）被 VT1 放大，经正反馈，噪声又馈入 VT1 的基极，再次放大和再次正反馈，VT1 中的振荡信号便产生了。

（4）选频电路。电路中的 L2 和 C2 构成 LC 并联谐振电路（电路中只有这一个 LC 并联谐振电路），该电路的谐振频率便是振荡信号频率 f_0。

从电路中可以看出，L2 和 C2 并联谐振电路是 VT1 集电极负载电阻，由于并联谐振时该电路的阻抗最大，所以 VT1 集电极负载电阻最大，VT1 对频率为 f_0 的信号放大倍数最大。

对于 f_0 之外的其他频率信号，由于 L2 和 C2 的失谐，电路阻抗很小，VT1 的放大倍数很小，这样输出信号 U_o 是频率为 f_0 的振荡信号，达到选频目的。

电路中，C1 是振荡信号旁路电容器，将 L1 上端振荡信号交流接地，L1 耦合过来的正反馈信号要馈入 VT1 的输入回路，这一回路为 L1 下端→ VT1 基极→ VT1 发射极→发射极旁路电容器 C3 →地端→旁路电容器 C1 → L1 上端，成回路，图 8-58 是正反馈回路示意图。

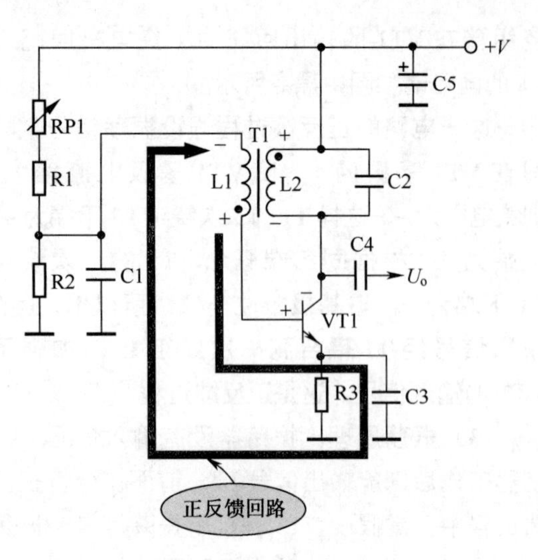

图 8-58　正反馈回路示意图

电路分析提示

（1）要注意振荡变压器的同名端概念，在有些电路中振荡变压器不标出表示同名端的黑点，此时分析正反馈过程时可认为反馈的结果是正反馈，只要分析出正反馈信号传输过程即可。

（2）在振荡器中，凡是容量最小的电容器都是谐振电容器，正反馈耦合电容器的容量其次，旁路电容器的容量最大，利用这一特征可以帮助识别电路中的谐振选频电路。

（3）调整 RP1 的阻值大小，可改变振荡管 VT1 的静态工作电流，从而可以改变振荡输出信号的大小。

（4）这种振荡器的振荡输出信号是从振荡变压器的二次绕组输出的。

电路特点提示

（1）需要一个耦合变压器。

（2）适合在频率较低的场合下使用（几十千赫到几兆赫），通常只用在几十千赫的频率情况下。

（3）由于采用了变压器，可以进行阻抗的匹配，故输出信号电压较大，但在使用变压器时接线要注意，一次或二次绕组的头尾引线接反了将不能产生正反馈（变为负反馈），不能振荡。

（4）变压器耦合振荡器电路也有多种，按振荡管的接法有共集电极耦合振荡、共发射极耦合振荡和共基极耦合振荡电路，这几种振荡电路其工作原理基本一样。

8.4.8　实用变压器耦合振荡器电路

图 8-59 所示是典型的收音机变频级电路。

1．本机振荡器电路

本机振荡器用来产生一个等幅的高频正弦信号，使用一个高频正弦振荡器，由三极管 VT1 和振荡绕组 L2、L3 等构成。

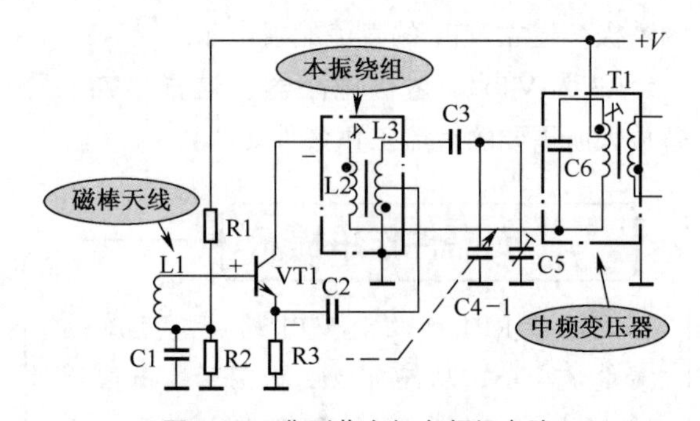

图 8-59　典型收音机变频级电路

我国采用超外差式收音制式，所谓超外差就是本机振荡器超出外来的高频信号一个中频频率，VT1 为变频管兼振荡管，L1 是磁棒天线的二次绕组，L2 和 L3 为本振绕组，T1 是中频变压器，C4-1 是双联可变电容器的振荡联，C5 是微调电容器。

（1）正反馈过程分析。设某瞬间振荡信号相位在 VT1 基极为 +，则集电极为 −，根据图 8-59 中同名端可知，L3 的抽头上振荡信号相位也为 −，经 C2 耦合到 VT1 发射极，由于发射极信号相位为 −，其基极电流增大，等效为

VT1基极振荡信号相位更+，所以这是正反馈过程。

（2）选频原理分析。 选频电路由L3、C3、C5和C4-1构成，这是一个LC并联谐振选频电路。当双联可变电容器容量改变时，选频电路谐振频率也在变化。由于C4-1容量与天线调谐电路中另一个调谐联同步变化，这样便能做到振荡信号频率始终比选频电路的谐振频率高出一个中频465kHz。

2．变频电路分析

直流电压 $+V$ 经R1、R2分压后，由L1加到VT1基极，给VT1提供偏置电流。直流工作电压 $+V$ 经T1一次侧、L2加到VT1集电极，这样VT1建立了静态工作电路。

绕组L1输出的高频信号从基极输入变频管VT1，而本机振荡信号由C2加到VT1发射极，这样，两输入信号在VT1非线性的作用下，从集电极输出一系列新频率信号，这些信号加到中频变压器T1一次回路中，T1一次侧是VT1的集电极负载。

中频选频电路工作原理： 中频选频电路由T1一次侧和C6构成，这是LC并联谐振电路，该电路谐振在中频465kHz上，这一谐振电路相当于VT1集电极负载电阻器。

由于LC并联谐振电路在谐振时阻抗最大，这样VT1集电极负载电阻最大，VT1电压放大倍数最大，而其他频率信号由于谐振电路失谐，其阻抗很小，VT1放大倍数小，这样从T1二次侧输出的信号为465kHz中频信号，即本振信号与L1输出高频信号的差频信号（本振信号减高频信号被称为差频信号），实现从众多频率中选出中频信号。

重要提示

T1设有可调节的磁芯，当磁芯上下位置变动时，可改变T1一次绕组的电感量，从而可以改变中频变压器T1一次侧的谐振频率，使之准确地调谐在465kHz上。

电路中的C1为旁路电容器，将L1绕组的下端交流接地；C3为垫整电容器，用来保证本振频率的变化范围；C5是高频补偿电容器，用来进行高频段的频率跟踪。

8.4.9　电感三点式正弦波振荡器电路

图8-60所示是电感三点式正弦波振荡器。这一电路中，VT1是振荡管，T1的一次绕组是振荡绕组，U_o 是振荡器输出信号，由变压器T1的二次侧输出。

识别方法提示

这是一个电感三点式正弦波振荡器电路，这种振荡器电路中的振荡电感在电路中的接法比较特殊，利用这一点可以识别这种振荡器电路。

从电路中可以看出，T1一次绕组L1有个抽头，它的3个引脚分别与振荡管VT1的3个电极交流相连，它的上端引脚与集电极直接相连，它的下端引脚经振荡耦合电容器C2与VT1的基极交流相连，它的抽头与 $+V$ 端相连，而 $+V$ 端相当于交流接地，这样经电容器C3与VT1发射极交流相连。

由于T1一次绕组的3个引脚分别与VT1的3个电极相连，所以将这种电路称之为电感三点式振荡器电路。在这种振荡器电路中，振荡电感必须有抽头。

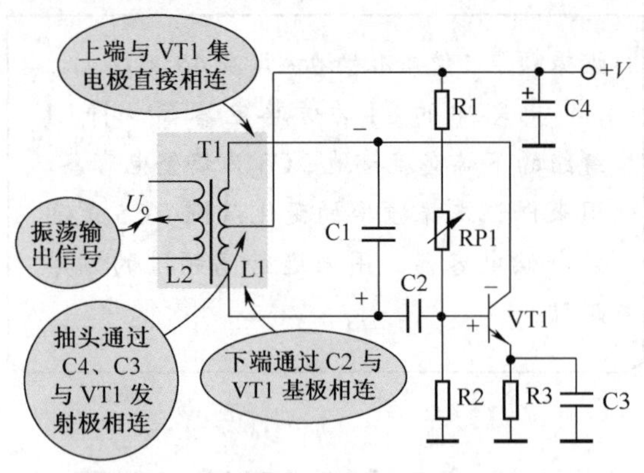

图 8-60　电感三点式正弦波振荡器

1．电路分析

（1）直流电路。直流工作电压 +*V* 经 T1 的一次绕组 L1 抽头及抽头以上绕组加到 VT1 的集电极，R1、RP1 和 R2 构成 VT1 的基极分压式偏置电路，R3 为 VT1 的发射极电阻器。这样，VT1 具备了放大能力。

（2）正反馈过程。假设振荡信号电压某瞬间在 VT1 基极为 +，经 VT1 放大和倒相后，其集电极上的信号电压极性为 -，即 T1 一次绕组上端为 -。

由于 T1 一次绕组的抽头接 +*V* 端，+*V* 相当于交流接地，在它的下端信号电压极性为 +，该信号经 C2 耦合到 VT1 基极，与基极极性相同，加强了输入信号，所以这是正反馈过程。

（3）振荡原理。在接通电源 +*V* 后，电路起振，通过正反馈、放大和稳幅环节，振荡器稳定工作。

L1 和 C1 构成 LC 并联谐振选频电路，振荡器的振荡频率由 L1 和 C1 并联谐振电路的谐振频率决定。

元器件作用提示

电路中的 C2 是正反馈耦合电容器，将 T1 一次绕组上的正反馈信号耦合到 VT1 基极。C2 容量大，振荡器容易起振。另外，C2 具有隔直作用，将 VT1 集电极和基极上的直流电压隔开。

C3 为振荡管 VT1 的发射极旁路电容器，将发射极交流接地。振荡器输出信号取自 T1 的二次绕组，T1 在这里起耦合作用。

2．电路分析说明

（1）正反馈信号的反馈传输线路与变压器耦合振荡器电路不同，正反馈信号只在一次绕组中传输，二次绕组不参与正反馈信号的传输。

（2）振荡绕组一定是有抽头的，振荡绕组的 3 根引脚或是直接与振荡管某个电极相连，或是通过电容器相连，要注意直流电源 +*V* 对交流而言是接地的。

（3）分辨这种电路中的振荡绕组比较容易，带抽头的是振荡绕组，与该绕组相并联的是谐振电容器，振荡电感和谐振电容器构成 LC 并联谐振选频电路。

（4）带抽头的 L1 是一次绕组，因为集电极电流流过 L1 二次绕组 L2 才有振荡信号输出。

电路特点提示

（1）振荡频率一般可以做到几十兆赫。

（2）电路容易起振。

（3）频率调整比较方便，只要将电感 L1 中加入磁芯，调整磁芯位置就能改变 L1 的电感量，就能改变选频电路的谐振频率，从而可以改变振荡频率。

（4）正反馈信号取自 L1 抽头与下端之间的一段绕组上，由于电感不能将高次谐波抑制掉，所以振荡器输出信号中高次谐波成分较多。

（5）电感三点式振荡器电路按照振荡管的接法不同也有多种，可以是发射极交流接地式电路、基极交流接地式电路等，它们的工作原理基本一样。

8.4.10　双管推挽式振荡器电路

图 8-61 所示是双管推挽式振荡器电路，它也是正弦波振荡器电路中的一种。双管推挽式振荡器一般用在 50 ～ 180kHz 的超音频范围内，作为超音频振荡器。电路中，VT1 和 VT2 是振

荡管，T1 是振荡变压器，U_o 是振荡器输出信号。

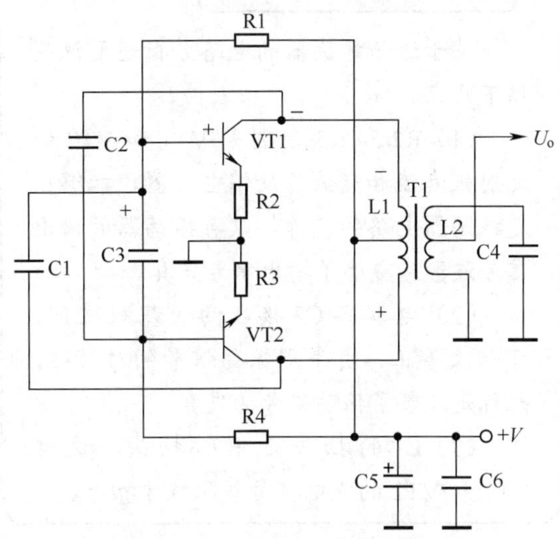

图 8-61　双管推挽式振荡器电路

1．直流电路分析

直流工作电压经绕组 L1 的抽头及绕组分别加到 VT1 和 VT2 的集电极，为两管集电极提供直流电压。

电阻器 R1 和 R4 分别是 VT1 和 VT2 的基极固定式偏置电阻器，R2 和 R3 分别是两管的发射极负反馈电阻器。

这样，VT1 和 VT2 具备了工作在放大和振荡状态所需要的直流工作条件。

2．正反馈过程

这一电路的正反馈过程：图 8-62 是正反馈回路示意图，设某瞬间振荡信号在 VT1 基极的极性为 +，其集电极为 -，即绕组 L1 的上端为 -，L1 的下端为 +，这一极性反馈信号经电容器 C1 耦合，加到 VT1 基极，使 VT1 基极信号更大，所以这是正反馈过程。

VT2 正反馈过程同上，它的正反馈信号是通过电容器 C2 耦合到 VT2 基极。

3．振荡原理

上面已分析过 VT1 和 VT2 都具有正反馈特性，两管本身又具备放大特性，这样两管都可以工作在振荡状态下。

当振荡信号正半周在 VT1 基极的极性为 + 时，其集电极为 -，这一信号经 C2 加到 VT2 基极，使 VT2 基极为 -，VT2 处于截止状态，所以振荡信号的正半周使 VT1 处于放大、振荡状态，而使 VT2 处于截止状态。

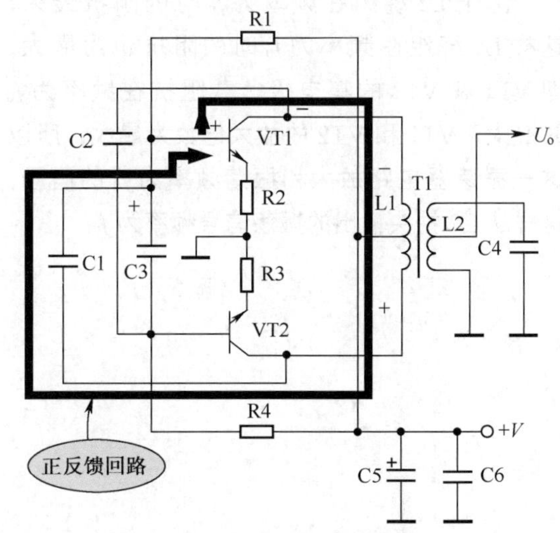

图 8-62　正反馈回路示意图

当振荡信号变化到负半周时，VT1 基极的极性为 -，其集电极为 +，这一信号经 C2 加到 VT2 基极，使 VT2 进入放大和振荡状态，此时 VT2 集电极输出的信号极性为 -，经 C1 加到 VT1 基极，使 VT1 处于截止状态。

重要提示

从上述分析可知，这种振荡器电路中的 VT1 和 VT2 像推挽功率放大器电路中的功放管一样，一只处于振荡状态时，另一只处于截止状态，振荡信号的正、负半周信号是由两只三极管合作完成的。两只三极管的振荡信号电流（各半个周期）流过 T1 的 L1 绕组，通过 T1 从二次绕组 L2 输出，并完成两个半周信号合并成一个完整周期信号的任务。

4．选频电路分析

电路中的选频电路由 L2 和 C4 构成，这是一个 LC 并联谐振电路，设谐振频率信号为 f_0。在谐振时该电路的阻抗最大，即 T1 二次绕组的阻抗为最大。

VT1 的集电极负载是 L1 抽头以上绕组，VT2 的集电极负载是 L1 抽头以下绕组，L1 与 L2 构成一个变压器。

由于 L2 绕组在频率为 f_0 时的阻抗最大，这样 L1 绕组在频率为 f_0 时的阻抗也为最大，即 VT1 和 VT2 的集电极负载阻抗在频率为 f_0 时最大，VT1 和 VT2 的放大倍数为最大，所以这一振荡器电路放大和振荡频率为 f_0 的信号，这样从 L2 抽头输出的振荡信号频率为 f_0。

电路分析提示

关于这一振荡器的电路分析还要说明以下几点。

（1）R2 和 R3 分别是 VT1 和 VT2 的发射极直流和交流负反馈电阻器，能够稳定振荡器电路的工作，改善振荡器的输出信号波形，减小了输出信号失真。

（2）电容器 C3 接在两管基极之间，可以改善正、负半周振荡信号的对称性，也就是改善了振荡信号的失真。

（3）L1 的抽头是中心抽头，这样 VT1 和 VT2 的集电极负载阻抗才相等。

第9章 LC电路和RL电路

LC 电路是指电感器 L 和电容器 C 构成的电路，主要有 LC 串联谐振电路和 LC 并联谐振电路。RL 电路指电阻器 R 和电感器 L 构成的电路，主要有 RL 移相电路等。

9.1 LC谐振电路

根据电路中电感器 L 和电容器 C 的连接方式不同，共有两种基本的 LC 谐振电路：LC 并联谐振电路和 LC 串联谐振电路。

9.1.1 LC自由谐振过程

在放大器电路和其他形式的信号处理电路中，大量使用 LC 并联谐振电路和 LC 串联谐振电路。

表 9-1 是 LC 谐振电路的应用说明。

表 9-1 LC 谐振电路应用说明

名　称	说　明
选频电路或选频放大器	构成选频电路或选频放大器电路，用来在众多频率的信号中选出所要频率的信号进行放大，这种电路在收音机、电视机等电路中有着广泛的应用，在正弦波振荡器电路中也有着广泛的应用
吸收电路	构成吸收电路，在众多频率的信号中将某一频率的信号进行吸收，也就是进行衰减，将这一频率的信号从众多频率信号中去掉
阻波电路	构成阻波电路，从众多频率的信号中阻止某一频率的信号通过放大器电路或其他电路
移相电路	利用 LC 并联电路构成移相电路，对信号进行移相

重要提示

LC 并联、串联谐振电路在应用中的变化较多，是电路分析中的一个难点，只有掌握 LC 并联、串联电路的阻抗特性等基本概念，才能正确、方便地理解含有 LC 并联、串联谐振电路的各种不同电路的工作原理。

1. LC自由谐振全过程

图 9-1 所示是 LC 自由谐振电路。电路中的 L1 是电感器，C1 是电容器，L1 和 C1 构成一个并联电路。

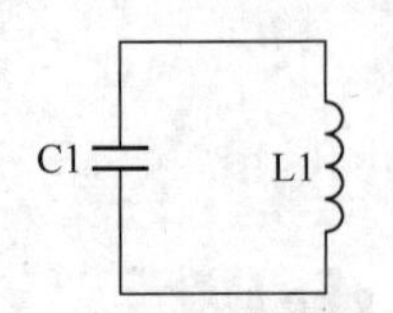

图 9-1　LC 自由谐振电路

（1）**LC 谐振的钟摆等效理解方法**。LC 电路的谐振过程由于看不见摸不着，所以理解起来相当不方便，为此可以用钟摆的左右摆动来说明，如图 9-2 所示。

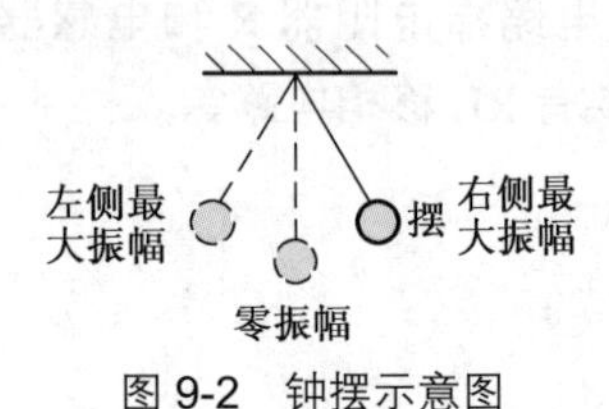

图 9-2　钟摆示意图

在给钟摆一个初始能量后，摆就会左右摆动起来，如果不给钟摆电力或弹簧的机械力，钟摆会在摆动过程中摆幅越来越小，直至停止摆动。若给 LC 自由谐振电路一个初始能量，该电路便会发生自由谐振，这一自由谐振过程如同没有动力的钟摆一样，振荡将逐渐衰减至零。

（2）**LC 谐振的电 - 磁转换过程**。图 9-3 是 LC 谐振的电 - 磁转换过程示意图，**LC 谐振电路的基本谐振过程是**：设一开始电容器 C1 中已经充有电能，这时 C1 中的电能对电感器 L1 放电，这一过程是 C1 中的电能转换成电感器 L1 中磁能的过程，C1 放电结束时，能量全部以磁能的形式储存在 L1 中。

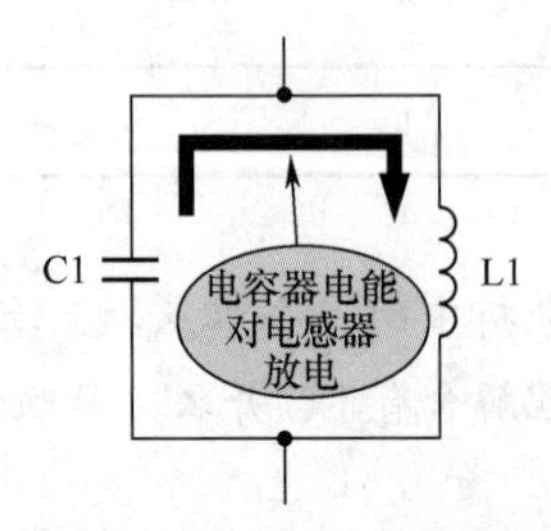

图 9-3　LC 谐振的电 - 磁转换过程示意图

（3）**LC 谐振的磁 - 电转换过程**。图 9-4 所示是 LC 谐振的磁 - 电转换过程示意图，C1 放电完毕之后，L1 中的磁能又以电感两端自感电动势产生电流的方式，开始对 C1 进行充电，这一充电过程是 L1 中磁能转换成 C1 中电能的过程。

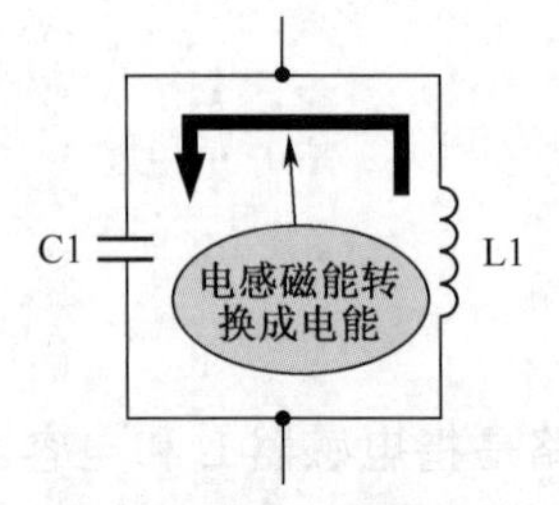

图 9-4　LC 谐振的磁 - 电转换过程示意图

电容器 C1 充电完毕之后，C1 两端的电压再度对电感器 L1 进行放电，开始又一轮新的振荡、能量转换过程。

（4）**LC 谐振的正弦振荡**。如果电路中的电感器 L1 和电容器 C1 不存在能量损耗，则谐振回路的振荡电流将是等幅的，为正弦波形，如图 9-5 所示。

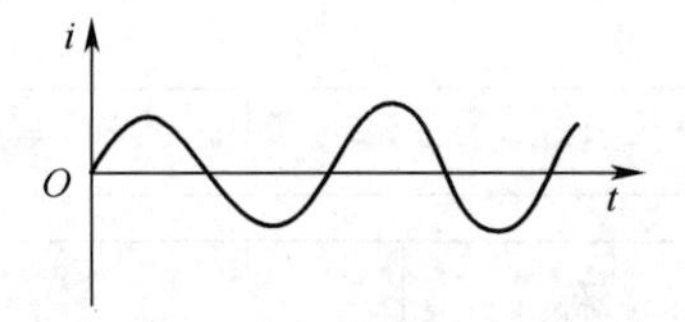

图 9-5　正弦振荡示意图

（5）**LC 谐振的衰减振荡与等幅振荡**。电感器 L1 存在着直流电阻和其他一些因素，对电能是有损耗的，电容器 C1 也存在损耗，这就导致谐振回路的电流不是等幅的，而是逐渐衰减的，如图 9-6 所示。

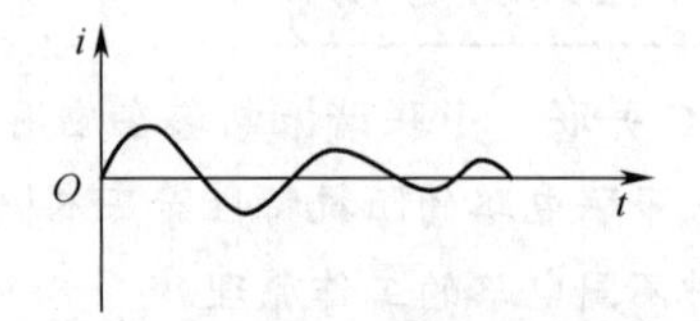

图 9-6　LC 谐振的衰减振荡示意图

重要提示

如果在LC谐振电路的振荡过程中能够不断地给LC电路补充电能，这一振荡将会一直等幅振荡下去，这就是LC谐振电路的振荡过程。

2．LC谐振振荡频率

LC谐振过程中，电容器C1不断重复地充电、放电，它有一个周期，称为振荡周期，也可以用振荡频率来描述。

重要提示

在LC自由谐振电路中，振荡过程中的谐振频率即为f_0，改变L1或C1的标称值，就能改变振荡频率f_0。无论是LC并联谐振电路还是LC串联谐振电路，其谐振频率的计算公式都是相同的。

谐振频率与电感L_1和电容C_1的大小有关，在L_1和C_1的大小确定后，谐振频率就确定了，所以该谐振频率又称为固有频率或自然频率。

对于一个特定参数的LC谐振电路，电感L_1和电容C_1的大小确定后，就有一个确定不变的谐振频率f_0，f_0与电感L_1和电容C_1的大小有关，由下式决定

$$f_0=\frac{1}{2\pi\sqrt{L_1C_1}}$$

式中：L_1是电感量，单位是亨（H）；

C_1是电容量，单位是法（F）；

f_0是谐振频率，单位是赫兹（Hz）。

9.1.2 LC并联谐振电路主要特性

图9-7所示是LC并联谐振电路。电路中的L1和C1构成LC并联谐振电路，R1是电感L1的直流电阻器，i_s是交流信号源，这是一个恒流源。所谓恒流源就是输出电流不随负载大小的变化而变化的电源。为了便于讨论LC并联电路，可忽略电感电阻R_1，简化后（R_1=0Ω）的电路如图9-7中的下图所示。

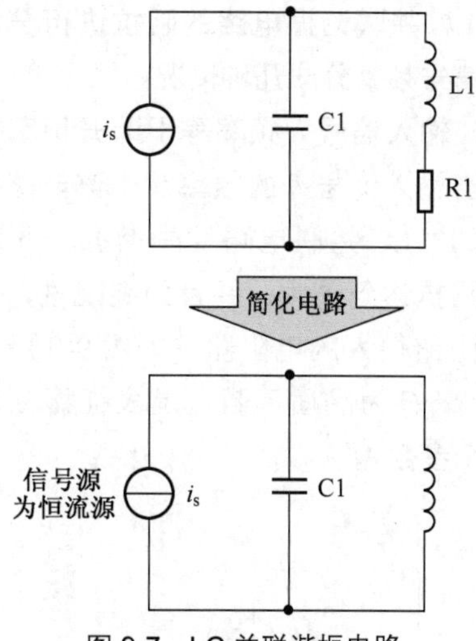

图9-7 LC并联谐振电路

重要提示

LC并联谐振电路的谐振频率为f_0，f_0的计算公式与自由谐振电路中的计算公式一样。

必须掌握LC谐振电路的主要特性，这些特性是分析由LC并联谐振电路构成的各种单元电路和功能电路的依据。

1．LC并联谐振电路阻抗特性

LC并联谐振电路的阻抗可以等效成一个电阻，这是一个特殊电阻，它的阻值大小是随频率高低变化而变化的。这种等效利于读者理解电路工作原理。

图9-8所示是LC并联谐振电路的阻抗特性曲线。图中，x轴方向为LC并联谐振电路的输入信号频率，y轴方向为该电路的阻抗。从图中可以看出，这一阻抗特性以谐振频率f_0为中心轴，左右对称，曲线上面窄，下面宽。

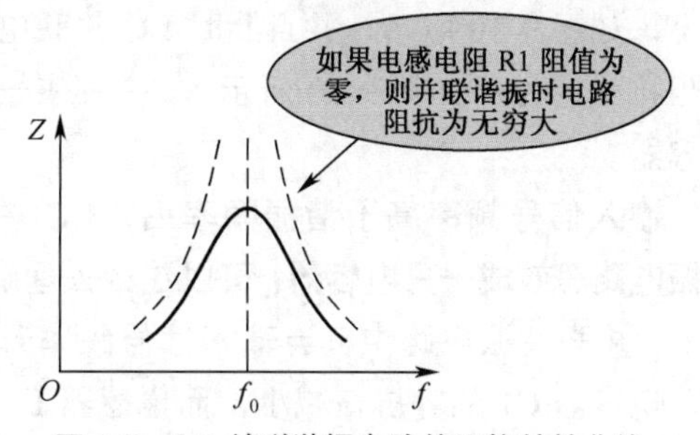

图9-8 LC并联谐振电路的阻抗特性曲线

对 LC 并联谐振电路的阻抗进行分析，要将输入信号频率分成几种情况。

（1）输入信号 i_s 频率等于谐振频率 f_0 情况分析。当输入信号 i_s 的频率等于该电路的谐振频率 f_0 时，LC 并联电路发生谐振，此时谐振电路的阻抗达到最大，并且为纯阻性，即相当于一只阻值很大的电阻器，如图 9-9 所示，其值为 Q^2R_1（Q 为品质因数，是表征振荡电路质量的一个参数）。

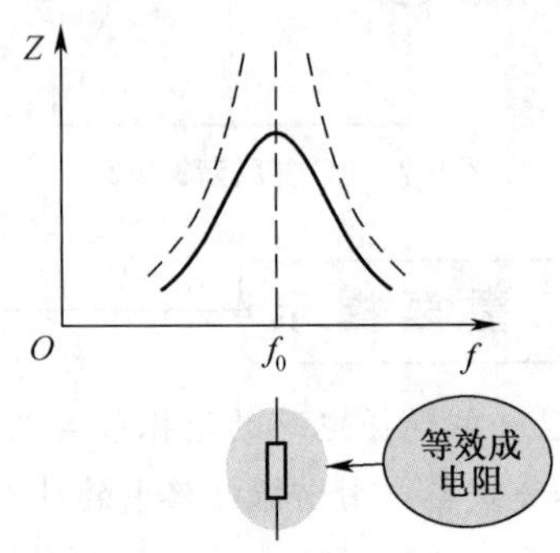

图 9-9　输入信号频率等于谐振频率时阻抗特性曲线

重要提示

如果电感器 L1 的直流电阻 R_1 为零的话，LC 并联谐振电路的阻抗为无穷大，如图 9-9 中虚线所示。

要记住 LC 并联电路的一个重要特性：并联谐振时电路的阻抗达到最大。

（2）输入信号频率高于谐振频率 f_0 情况分析。当输入信号频率高于谐振频率 f_0 后，LC 谐振电路处于失谐状态，电路的阻抗下降（比电路谐振时的阻抗有所减小），而且信号频率越是高于谐振频率，LC 并联谐振电路的阻抗越小，如图 9-10 所示，并且此时 LC 并联电路的阻抗呈容性（如图 9-10 所示），等效成一只电容器。

输入信号频率高于谐振频率后，LC 并联谐振电路等效成一只电容器，可以这么去理解：在 LC 并联谐振电路中，当输入信号频率升高后，电容器 C1 的容抗在减小，而电感器 L1 的感抗在增大，容抗和感抗是并联的。

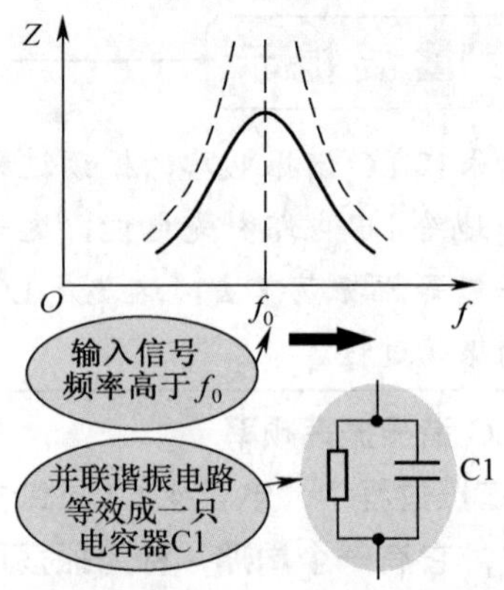

图 9-10　输入信号频率高于谐振频率时阻抗特性曲线

由并联电路的特性可知，并联电路起主要作用的是阻抗小的一个，所以当输入信号频率高于谐振频率之后，这一并联谐振电路中的电容器 C1 的容抗小，起主要作用，整个电路相当于是一只电容器，但等效电容的容量大小不等于 C_1。

（3）输入信号频率低于谐振频率 f_0 情况分析。当输入信号频率低于谐振频率 f_0 后，LC 并联谐振电路也处于失谐状态，谐振电路的阻抗也要减小（比谐振时小），如图 9-11 所示，而且是信号频率越低于谐振频率，电路的阻抗越小，这一点从曲线中可以看出。

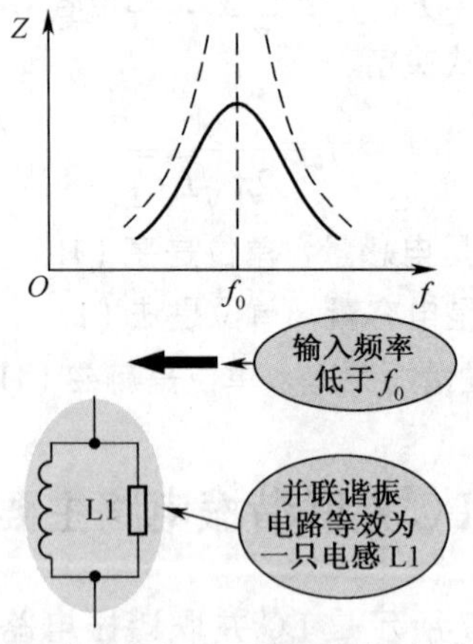

图 9-11　输入信号频率低于谐振频率时阻抗特性曲线

信号频率低于谐振频率时，LC 并联谐振电路的阻抗呈感性，电路等效成一只电感器（但电感量大小不等于 L_1）。

在输入信号频率低于谐振频率后，LC 并

联谐振电路等效成一只电感器可以这样理解：由于信号频率降低，电感器 L1 的感抗减小，而电容器 C1 的容抗则增大，感抗和容抗是并联的，L1 和 C1 并联后电路中起主要作用的是电感器而不是电容器，所以这时 LC 并联谐振电路等效成一只电感器。

2. LC 谐振电路品质因数

LC 谐振电路中的品质因数又称为 Q 值，它是衡量 LC 谐振电路振荡质量的一个重要参数。

Q 值大小对谐振电路的工作特性有许多影响。

当谐振电路的 Q 值不同时，谐振电路的阻抗特性也有所不同，图 9-12 所示是不同 Q 值下的 LC 并联谐振电路的阻抗特性曲线。图中，Q_1 为最大，此时曲线最尖锐，谐振时电路的阻抗为最大；Q_3 为最小，谐振时电路的阻抗小，且曲线扁平。由此可知，不同的 Q 值有不同的阻抗特性。

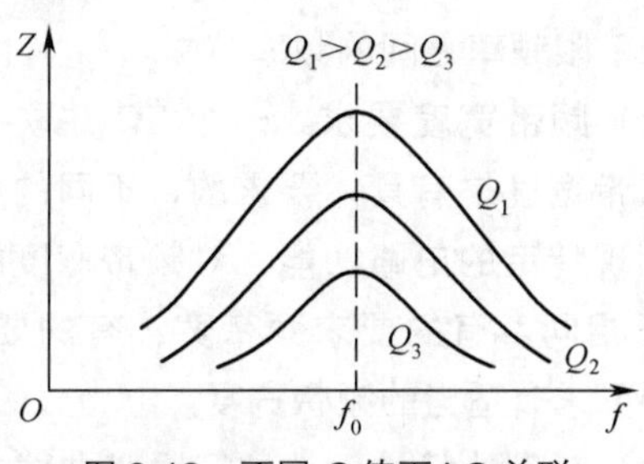

图 9-12 不同 Q 值下 LC 并联谐振电路的阻抗特性曲线

重要提示

由于 Q 值的大小不同，会有不同的阻抗特性曲线，在实用电路中就是通过适当调整 LC 并联谐振电路的 Q 值，来得到所需要的频率特性。

3. LC 并联谐振电路电抗特性

图 9-13 所示是 LC 并联谐振电路的电抗特性曲线，X_L 曲线是电路中电感器 L1 的感抗特性曲线，X_C 是电容器 C1 的容抗特性曲线，X 是电路总的电抗特性曲线。

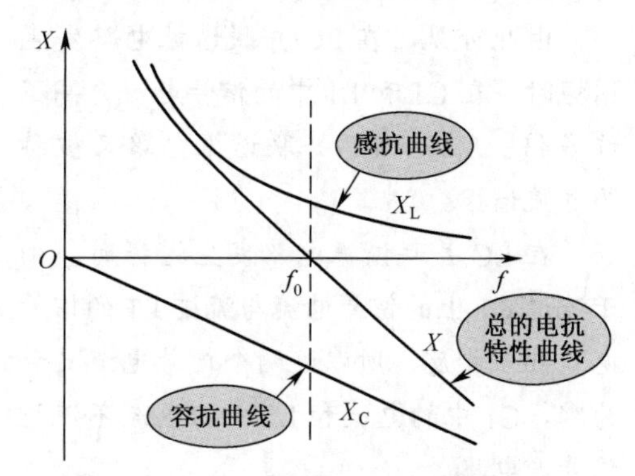

图 9-13 LC 并联谐振电路电抗特性曲线

（1）输入信号频率等于谐振频率。当输入信号频率等于谐振频率时，$X_L = X_C$，此时电抗为零，谐振电路的阻抗为纯阻性。

（2）输入信号频率高于谐振频率。当输入信号频率高于谐振频率时，$X_C>X_L$，此时电抗为容性，谐振电路为容性，相当于一只电容器。

（3）输入信号频率低于谐振频率。当输入信号频率低于谐振频率时，$X_L>X_C$，此时电抗为感性，谐振电路为感性，相当于一只电感器。

4. LC 并联谐振为电流谐振

在 LC 并联谐振电路发生谐振时，电路总的阻抗很大，流过 LC 并联谐振电路的总信号电流很小，相当于 LC 并联谐振电路与输入信号源之间开路。

此时，电容器 C1 与电感器 L1 这两个并联元器件之间发生谐振，C1 和 L1 之间进行电能和磁能的相互转换，这就是谐振现象。

重要提示

在这个谐振过程中，流过C1支路的信号电流等于L1支路的信号电流，而且是等于此时流过整个LC并联电路总电流的Q值，Q为品质因数，Q一般为100左右。

由此可见，在LC并联谐振电路发生谐振时，在C1和L1中的信号电流升高了许多倍。所以，LC并联谐振电路又被称为电流谐振。

在LC并联谐振电路发生谐振时，由于流过C1上的信号电流与流过L1的信号电流相位相反，所以这两个信号电流之和为零，C1中的电流和L1中的电流不流过信号源电路。

5. LC并联谐振电路谐振时总电路电流最小

分析LC并联谐振电路中流过的信号电流大小是电路分析中的一项重要内容，分析时要将输入信号频率分成两种情况。

（1）输入信号频率等于谐振频率f_0时分析。 LC并联谐振电路中，当输入信号的频率等于电路的谐振频率f_0时，电路发生并联谐振，此时电路的阻抗为最大，所以频率为f_0的信号流过LC并联谐振电路的电流最小。

此时的电路电流大小等于并联电路两端的信号电压除以Q^2R_1，Q为电路的品质因数，它一般为100左右，可见此时流过LC并联电路的总电流很小。

（2）输入信号频率高于或低于谐振频率f_0时分析。 对于输入信号频率高于或低于谐振频率f_0的信号电流，因为LC并联谐振电路失谐之后阻抗迅速减小，所以信号电流都有明显增大，信号频率越是偏离电路的谐振频率，其信号电流越大，而且Q值越大，偏离谐振频率的信号电流增大得越迅速。

这是LC并联谐振电路的重要特性，在分析由LC并联谐振电路参与的各种放大器电路、滤波器时都需要运用这一特性。

6. LC谐振电路通频带

通频带简称为频带。图9-14所示是LC并联谐振电路的频率特性曲线。横轴是频率，纵轴是振荡幅度。曲线中，f_0是LC并联谐振电路的谐振频率。

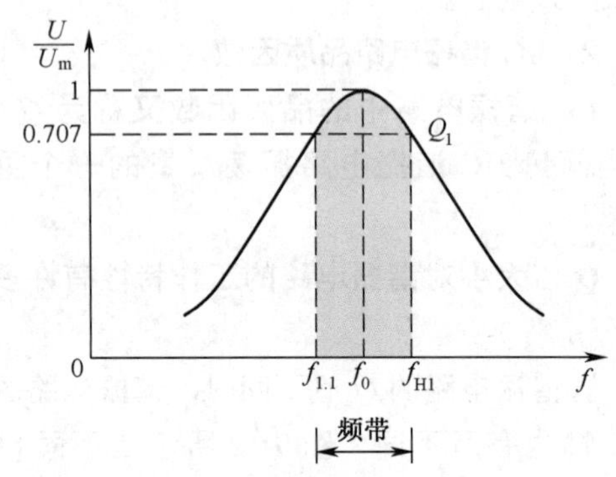

图9-14 LC并联谐振电路的频率特性曲线

（1）频带定义。 在频率为f_0时设振荡幅度为1，当振荡幅度下降到0.707时，对应曲线上有两点，频率较低处的一点是f_L，这一频率被称为下限频率；频率较高处的一点是f_H，这一频率被称为上限频率，频带$\Delta f=f_H-f_L$，即上限频率和下限频率之间的频率范围。

（2）频带宽度要求。 一个LC并联谐振电路的频带宽度是有具体要求的，不同的电路中为了实现特定的电路功能，对频带宽度的要求也大不相同，有的要求频带宽，有的要求窄，有的则要求有适当的频带宽度。

（3）频带外特性。 从这一频带曲线中可以看出，当信号的频率低于下限频率和高于上限频率时，曲线快速下跌，信号幅度大幅减小，这一特性要记牢。

7. 调整LC并联谐振电路频带宽度的电路

实用的LC并联谐振电路中，为了获得所需要的频带宽度，要求对LC并联谐振电路的Q值进行调整，如图9-15(a)所示。电路中的L1和C1构成LC并联谐振电路，电阻器R1并联在L1和C1上，为阻尼电阻器。

并上阻尼电阻后，一部分的谐振信号能量要被电阻器R1所分流，使LC并联谐振电路的品质因数下降，导致频带变宽。

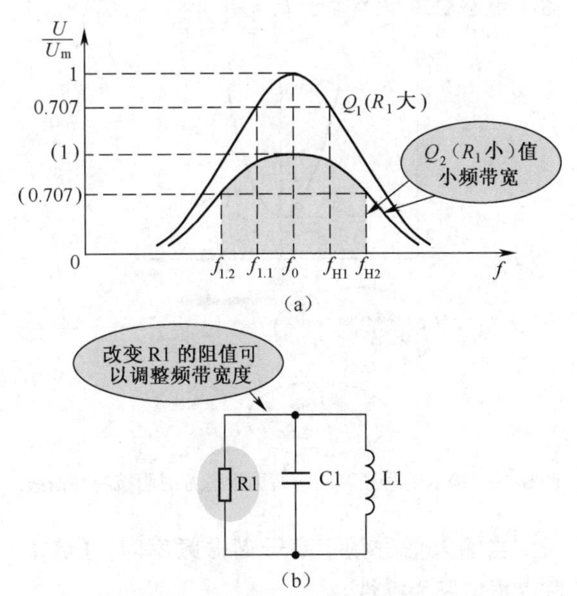

图 9-15 调整 Q 值电路示意图

重要提示

当阻尼电阻器 R1 的阻值越小时，R1 所分流的谐振电流越多，谐振电路的品质因数越小，频带越宽。图中，Q_1 大于 Q_2，Q_2 曲线的频带宽于 Q_1 曲线。Q 值越小，频带越宽，反之则窄。

曲线 Q_1 是阻尼电阻器 R1 的阻值较大时的曲线，因为 R_1 比较大，品质因数 Q_1 较大，对 LC 并联谐振电路的分流衰减量比较小，所以谐振电路振荡质量比较好，此时频带比较窄。

曲线 Q_2 是阻尼电阻器 R1 的阻值较小时的曲线，因为 R_1 比较小，品质因数 Q_2 较小，对 LC 并联谐振电路的分流衰减量比较大，所以频带比较宽。

通过上述分析可知，为了获得所需要的频带宽度，可以通过调整 LC 并联电路中的 R1 来实现。

8．LC 并联谐振电路故障检测方法

对于 LC 谐振电路中的电感器，主要采用欧姆挡测量电阻值来判断其好坏，对于电容器则用更换的方法进行代替检查。

9.1.3 LC 串联谐振电路主要特性

LC 串联谐振电路是 LC 谐振电路中的另一种谐振电路。

图 9-16 所示是 LC 串联谐振电路。电路中的 R1 是 L1 的直流电阻器，也是这一 LC 串联谐振电路的阻尼电阻器，电阻器是一个耗能元器件，它在这里要消耗谐振信号的能量。L1 与 C1 串联后再与信号源 U_s 相并联，这里的信号源是一个恒压源。

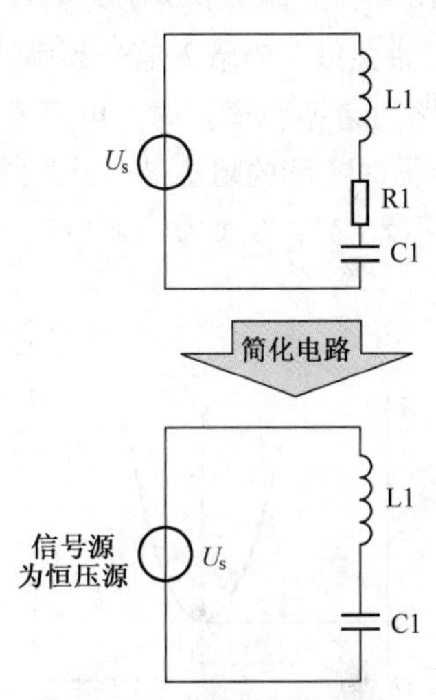

图 9-16 LC 串联谐振电路

在 LC 串联谐振电路中，R1 的阻值越小，对谐振信号的能量消耗越小，谐振电路的品质也越好，电路的 Q 值也越高。当电路中的电感 L_1 越大，存储的磁能也越多，在电路损耗一定时谐振电路的品质也越好，电路的 Q 值也越高。

电路中，信号源与 LC 串联谐振电路之间不存在能量相互转换，只是电容器 C1 和电感器 L1 之间存在电能和磁能之间的相互转换。外加的输入信号只是补充由于电阻器 R1 消耗电能而损耗的信号能量。

LC 串联谐振电路的谐振频率计算公式与并联谐振电路一样。

1．LC 串联谐振电路阻抗特性

图 9-17 所示是 LC 串联谐振电路的阻抗特性曲线。

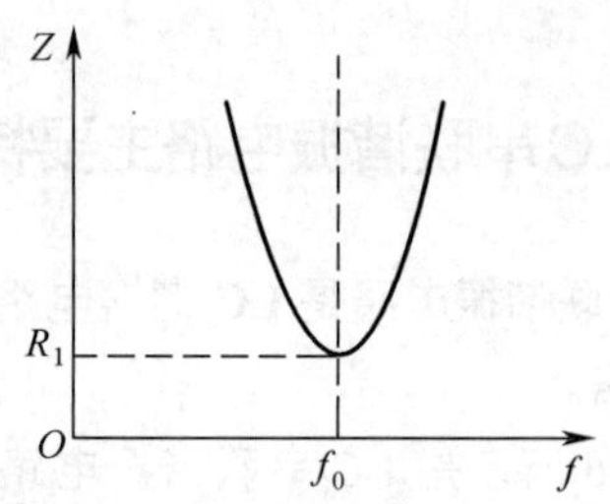

图 9-17　LC 串联谐振电路的阻抗特性曲线

它的阻抗特性分析要将输入信号频率分成多种情况进行。

（1）输入信号频率等于谐振频率 f_0 情况分析。 图 9-18 所示是输入信号频率等于谐振频率 f_0 时阻抗特性曲线。当输入信号频率等于 LC 串联谐振电路的谐振频率 f_0 时，电路发生串联谐振，串联谐振时电路的阻抗最小且为纯阻性（不为容性也不为感性），如图 9-18 所示，其值为 R_1（纯阻性）。

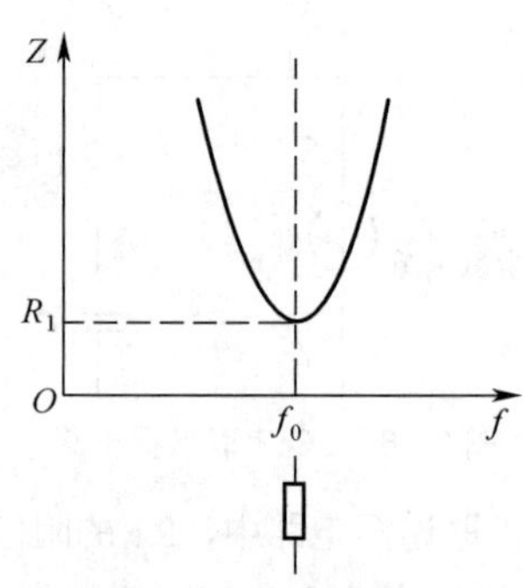

图 9-18　输入信号频率等于谐振频率 f_0 时阻抗特性曲线

重要提示

当输入信号频率偏离 LC 串联谐振电路的谐振频率时，电路的阻抗均要增大，且频率偏离的量越大，电路的阻抗就越大，这一点恰好是与 LC 并联谐振电路相反。

需要注意的是，串联谐振时电路的阻抗最小。

（2）输入信号频率高于谐振频率 f_0 情况分析。 图 9-19 所示是输入信号频率高于谐振频率 f_0 时阻抗特性曲线，此时电路相当于一个电感器（电感量大小不等于 L_1）。

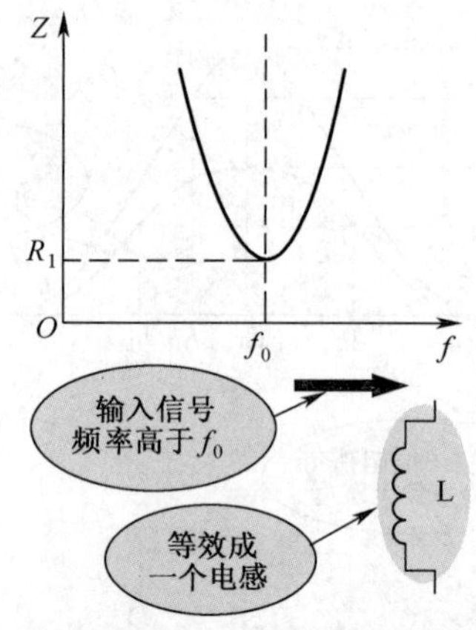

图 9-19　输入信号频率高于谐振频率 f_0 时阻抗特性曲线

当输入信号频率高于谐振频率时，LC 串联谐振电路为感性。

理解方法提示

这一点可以这样理解，当输入信号频率高于谐振频率之后，由于频率升高，C1 的容抗减小，而 L1 的感抗却增大，这样在串联电路中起主要作用的是 L1，所以在输入信号频率高于谐振频率时，LC 串联谐振电路等效于一个电感器。

（3）输入信号频率低于谐振频率 f_0 情况分析。 图 9-20 所示是输入信号频率低于谐振频率 f_0 时阻抗特性曲线。当输入信号频率低于谐振频率时，LC 串联谐振电路为容性，相当于一个电容器（容量大小不等于 C_1）。

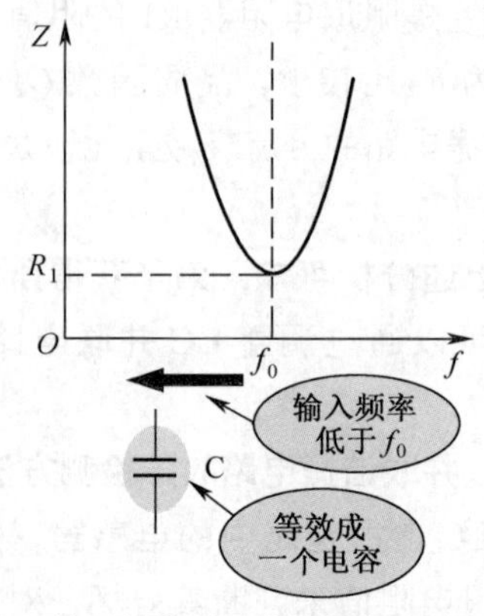

图 9-20　输入信号频率低于谐振频率 f_0 时阻抗特性曲线

理解方法提示

这一点可以这样理解，当输入信号频率低于谐振频率之后，由于频率降低，C1 的容抗增大，而 L1 的感抗却减小，这样在串联电路中起主要作用的是 C1，所以在输入信号频率低于谐振频率时，LC 串联谐振电路等效于一个电容器。

2．品质因数 *Q*

图 9-21 所示是 LC 串联谐振电路阻抗与 Q 值之间关系的示意图。图中 3 条阻抗曲线中，Q_1 曲线的品质因数最大，Q_2 曲线其次，Q_3 曲线最小。Q 值越大曲线越尖锐，谐振时的电路阻抗越小，流过串联谐振电路的信号电流越大。

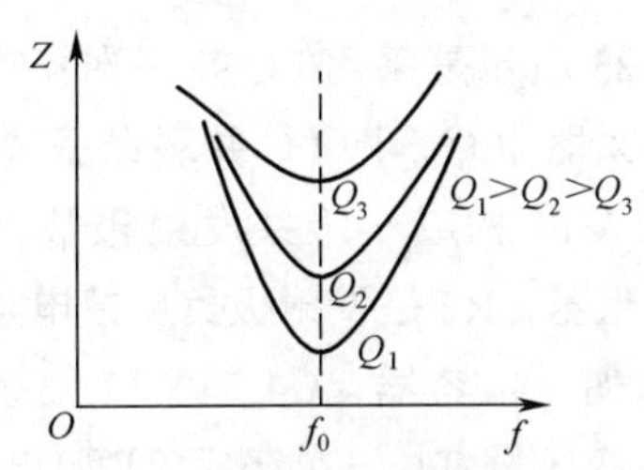

图 9-21　LC 串联谐振电路阻抗与 *Q* 值之间关系的示意图

LC 串联谐振电路的频带特性与并联谐振电路是一样的，也是谐振电路的 *Q* 值越大，频带越窄，反之则越宽。

3．谐振时电流最大特性

LC 串联谐振电路中，当输入信号的频率等于电路的谐振频率 f_0 时，电路发生串联谐振，此时电路的阻抗为最小，所以频率为 f_0 的信号流过 LC 串联谐振的电流最大。此时的电路电流等于外加到 LC 串联谐振电路两端的信号电压除以电阻 R_1。

重要提示

对于其他频率的信号电流，因为 LC 串联谐振电路失谐之后阻抗迅速增大，所以都有明显下降。信号频率越是偏离电路的谐振频率，其信号电流越小，而且 Q 值越大，偏离谐振频率的信号电流下降得越迅速。

这是 LC 串联谐振电路的重要特性，在分析由 LC 串联谐振电路参与的放大器电路、滤波器电路时都需要运用这一特性。

4．电压谐振

LC 串联谐振电路发生谐振时，电容器 C1 上的信号电压等于电感器 L1 上的信号电压，且是加到 LC 串联谐振电路上信号电压的 *Q* 倍。*Q* 为品质因数，*Q* 一般为 100 左右。

由此可见，在 LC 串联谐振电路发生谐振时，在电容器 C1 和电感器 L1 上的信号电压升高了许多倍。所以，LC 串联谐振电路又叫作电压谐振电路。

重要提示

在无线电电路中，由于输入信号通常十分微弱，时常利用 LC 串联谐振电路的这一电压特性，在电容器 C1 和电感器 L1 上获得频率与输入信号频率相同但信号电压幅度比输入信号电压幅度大 100 倍左右的信号电压。

LC 串联谐振电路发生谐振时，电容器 C1 上的信号电压与电感器 L1 上的信号电压相位相反，所以这两个信号电压之和为 0V。此时，加到 LC 串联谐振电路上的信号电压全部加到电阻器 R1 上。

9.2 LC并联谐振电路和串联谐振电路

9.2.1 LC并联谐振阻波电路

图9-22所示是由LC并联谐振电路构成的阻波电路（阻止某频率信号通过的电路），即LC并联谐振阻波电路。电路中的VT1构成一级放大器电路，U_i是输入信号，U_o是这一放大器电路的输出信号。L1和C1构成LC并联谐振电路，其谐振频率为f_0，f_0在输入信号频率范围内。阻波电路的作用是不让输入信号U_i中的某一频率通过，即除f_0频率之外，其他频率的信号可以通过。

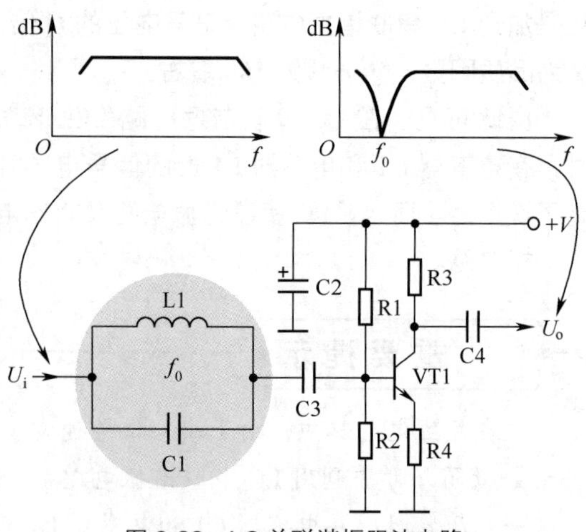

图9-22　LC并联谐振阻波电路

（1）输入信号频率等于谐振频率f_0情况分析。 由于L1和C1的谐振频率为f_0，LC并联谐振电路在谐振时其阻抗最大，而这一谐振电路串联在信号的输入回路中，这样，该电路对输入信号中频率为f_0的信号阻抗很大，不让这一频率信号加到VT1基极。

（2）输入信号频率高于或低于f_0情况分析。 对于频率高于或低于f_0的输入信号，由于L1和C1失谐，其阻抗很小，这些频率的信号可以通过L1和C1的并联电路，经C3耦合，加到VT1基极，经VT1放大后输出。

重要提示

从这一放大器电路的频率响应特性曲线中可看出，由于阻波电路的存在，输出信号中频率f_0的信号受到很大衰减，从而滤除了输入信号中频率为f_0的成分。

这种阻波电路在电视机电路中广泛应用。

9.2.2 LC并联谐振选频电路

图9-23所示是采用LC并联谐振电路构成的选频放大器电路，即LC并联谐振选频电路。电路中的VT1构成一级共发射极放大器，R1是偏置电阻器，R2是发射极负反馈电阻器，C1是输入端耦合电容器，C4是VT1发射极旁路电容器。变压器T1一次绕组L1和电容器C3构成LC并联谐振电路，作为VT1集电极负载。

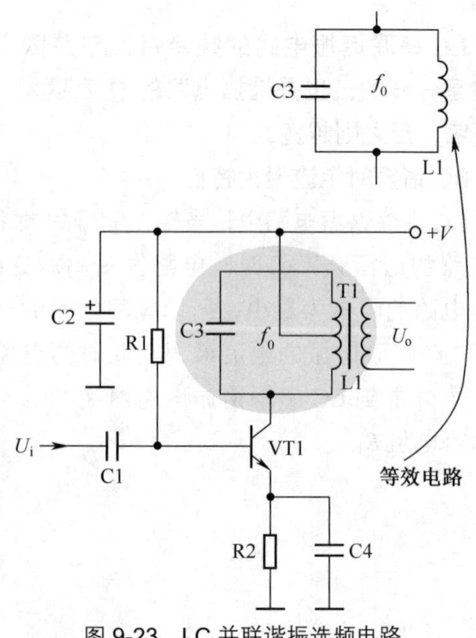

图9-23　LC并联谐振选频电路

1. LC 并联谐振选频电路

（1）输入信号频率等于谐振频率 f_0 情况分析。图 9-24 所示是输入信号频率等于谐振频率 f_0 时频率特性示意图。L1 和 C3 并联谐振电路的谐振频率为 f_0，当输入信号频率为 f_0 时，该电路发生谐振，电路的阻抗最大，即 VT1 集电极负载阻抗最大，放大器的放大倍数最大。这是因为在共发射极放大器中，集电极负载电阻大，其电压放大倍数大。

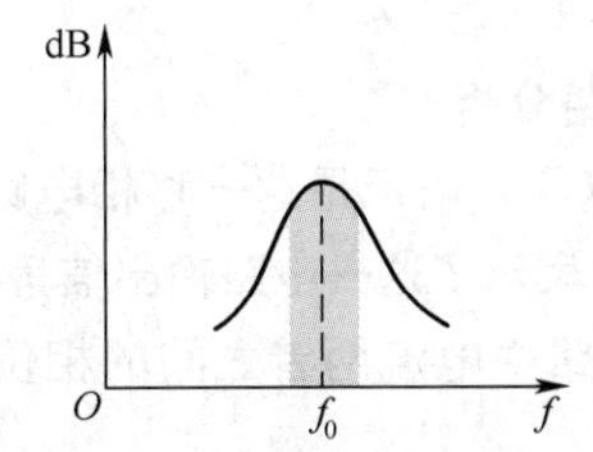

图 9-24　输入信号频率等于谐振频率 f_0 时频率特性示意图

重要提示

从图中可以看出，以 f_0 为中心的很小的一个频带内的信号得到了很大程度的放大。

（2）输入信号频率高于或低于 f_0 情况分析。图 9-25 所示是输入信号频率高于或低于 f_0 时频率特性示意图。对于频率偏离 f_0 的信号，由于该 LC 并联谐振电路失谐，电路的阻抗很小，放大器的放大倍数很小。

通过上述电路分析可知，在这一放大器电路中加入 L1 和 C3 并联谐振电路后，放大器对频率为 f_0 的信号放大倍数最大，所以输出信号 U_o 中主要是频率为 f_0 的信号。

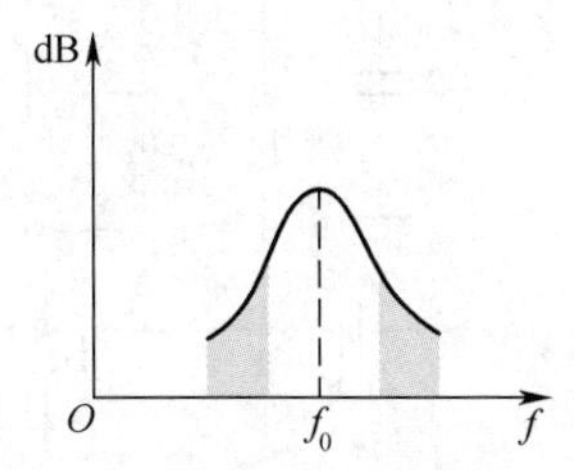

图 9-25　输入信号频率高于或低于 f_0 时频率特性示意图

由于这一放大器对频率为 f_0 的信号放大倍数最大，即它能够从众多频率中选择某一频率的信号进行放大，所以叫作选频放大器。

重要提示

由 LC 并联谐振电路的频率特性可知，这一 LC 并联谐振电路有一定的频带宽度，所以这一放大器放大的信号不仅仅是频率为 f_0 的信号，而且是以 f_0 为中心频率，某一个频带内的信号。

只要控制 LC 并联谐振电路的频带宽度，就能控制这一选频放大器输出信号的频带宽度。

2. 故障检测方法

这一电路中，当 LC 并联谐振电路出现故障时，就不会有正常正弦信号输出。如果有示波器，可以直接观察电路输出端的信号波形，图 9-26 所示是检测时接线示意图。如果检测中没有正常的正弦信号波形，说明电路工作不正常，当然除 LC 并联谐振电路工作不正常之外，其他部分电路不正常也会导致电路无正常的正弦信号输出。

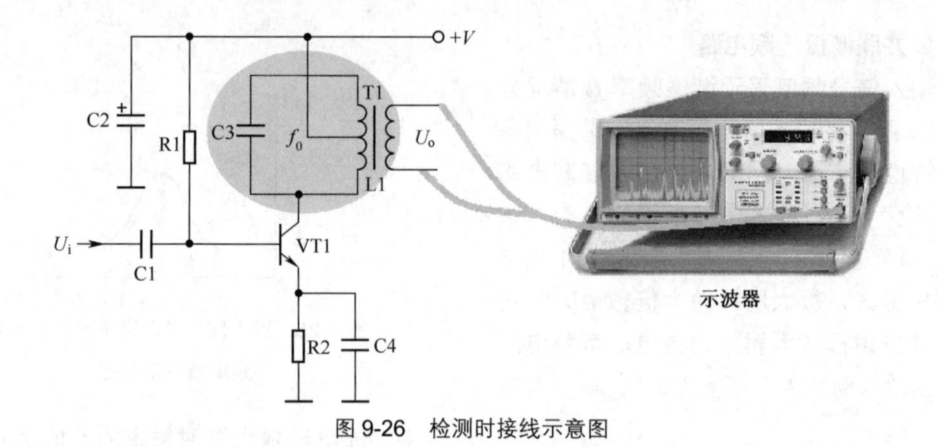

图 9-26　检测时接线示意图

9.2.3　LC 并联谐振移相电路

图 9-27 所示是采用 LC 并联谐振电路构成的移相电路。电路中的 VT1 构成一级放大器，R1 是它的基极偏置电阻器，R3 是它的发射极电阻器，C4 是发射极旁路电容器。L1 和 C3 构成 LC 并联谐振电路，R2 是这一谐振电路的阻尼电阻器。

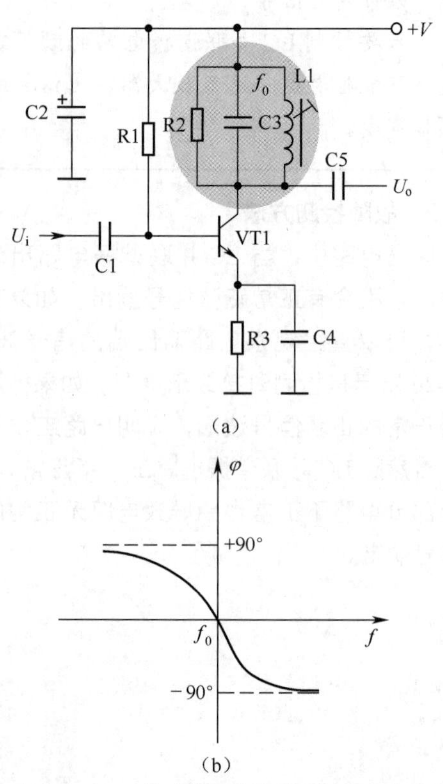

图 9-27　LC 并联谐振电路构成的移相电路

1. 电路分析

图 9-27（b）所示是这一移相电路的相移特性曲线，它表示了这一电路输出信号电压 U_o 与 LC 谐振电路中电流两者之间的相位差与频率的关系。

设输入信号的频率为 f_1，LC 并联谐振电路的谐振频率为 f_0，这一频率信号经 VT1 放大后，其集电极信号电流流过 L1 和 C3 构成的 LC 并联谐振电路。

通过调整 L1 的电感量，使该谐振电路的谐振频率 $f_0=f_1$，这样从图 9-27（b）所示曲线中可以看出，此时这一电路对频率为 f_1 的信号相移量为零，即频率为 f_1 信号的集电极电流与输出电压 U_o 之间同相位。

如果通过调整 L1 的电感量，使谐振频率 f_0 高于输入信号频率 f_1，从图 9-27（b）所示曲线中可看出，此时已有了正相移相，即输出信号电压 U_o 超前集电极信号电流。f_0 频率愈是高于输入信号频率 f_1，超前量愈大。

如果通过调整 L1 的电感量，使谐振频率 f_0 低于输入信号频率 f_1，从图 9-27（b）所示曲线中可看出，有了负相移相，即输出信号电压 U_o 滞后于集电极信号电流。f_0 频率愈是低于输入信号频率 f_1，滞后量愈大。

2. 电路分析小结

由上述分析可知，通过调整 L1 的电感量，可以改变输出信号电压 U_o 的相位，达到移相的目的。

这一移相电路可能对信号在 +90° ～ − 90° 范围内进行移相，但实际使用中只使用 f_0 左右较小范围内的移相特性，因为在较小范围内的移相曲线近似为直线。

9.2.4 LC 串联谐振吸收电路

吸收电路的作用是将输入信号中某一频率的信号去掉。图 9-28 所示是采用 LC 串联谐振电路构成的吸收电路。电路中的 VT1 构成一级放大器，U_i 是输入信号，U_o 是这一放大器的输出信号。L1 和 C1 构成 LC 串联谐振吸收电路，其谐振频率为 f_0，它接在 VT1 输入端与地端之间。

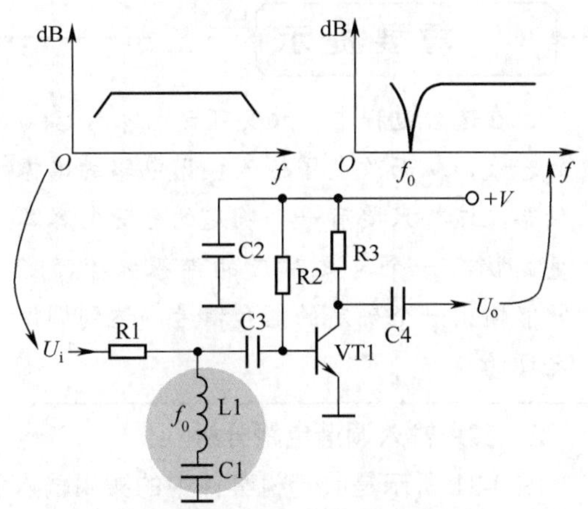

图 9-28 LC 串联谐振吸收电路

1. LC 串联谐振吸收电路分析

（1）输入信号频率为 f_0 情况分析。对于输入信号中频率为 f_0 的信号，由于与 L1 和 C1 的谐振频率相同，L1 和 C1 的串联电路对它的阻抗很小，频率为 f_0 的输入信号被 L1 和 C1 旁路到地而不能加到 VT1 基极，VT1 就不能放大 f_0 信号，当然输出信号中也就没有频率为 f_0 的信号了。

（2）输入信号频率高于或低于 f_0 情况分析。对于输入信号中频率高于或低于 f_0 的信号，由于与 L1 和 C1 的谐振频率不等，这时 L1 和 C1 串联电路失谐，其阻抗很大，其输入信号不会被 L1 和 C1 旁路到地，加到了 VT1 基极，经 VT1 放大后输出。

从这一放大器的频率响应特性中可以看出，输出信号中没有频率为 f_0 的信号存在了。

2. 故障检测方法

检测这一电路中的 L1 和 C1 时，可以用万用表欧姆挡直接在路检测 L1 和 C1 质量，怀疑 C1 有漏电故障时进行代替检查。

9.2.5 串联谐振高频提升电路分析

图 9-29 所示是采用 LC 串联电路构成的高频提升电路。电路中的 VT1 构成一级共发射极放大器，L1 和 C4 构成 LC 串联谐振电路，用来提升高频信号。L1 和 C4 串联谐振电路的谐振频率为 f_0，它高于这一放大器工作信号的最高频率。

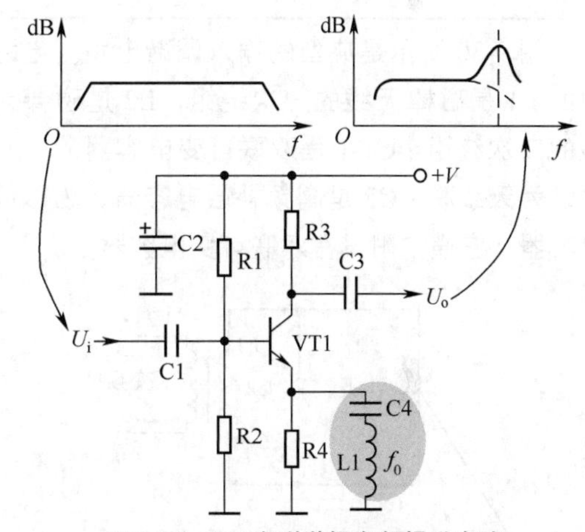

图 9-29 LC 串联谐振高频提升电路

由于 L1 和 C4 电路在谐振时的阻抗最小，与发射极负反馈电阻器 R4 并联后负反馈电阻最小，所以此时的放大倍数最大。

这样，接近 f_0 的高频信号得到提升，如图 9-29 中放大器的频响特性曲线所示。不加 L1 和 C4 时的高频段响应曲线为虚线，加入 L1 和 C4 时的为实线，显然实线的高频段响应好于虚线。

对于频率远低于 f_0 的输入信号，L1 和 C4 电路对它们没有提升作用。因为 L1 和 C4 电路处于失谐状态，其阻抗很大，此时的负反馈电阻器为 R4。

9.2.6 输入调谐电路

重要提示

收音机从众多广播电台中选出所需要的电台是由输入调谐电路来完成的，输入调谐电路又称天线调谐电路，因为这一调谐电路中存在收音机的天线。

中波收音机中，中波段频率范围为535～1605kHz，这一频率范围内有许多中波电台的频率，如600kHz是某一电台频率，900kHz为另一个电台频率，通过输入调谐电路就是要方便选出频率为600kHz的电台，或是频率为900kHz的电台等。

图9-30所示是典型的输入调谐电路。电路中的L1是磁棒天线的一次绕组，L2是磁棒天线的二次绕组；C1-1是双联可变电容器的一个联，为天线联；C2是高频补偿电容器，为微调电容器，它通常附设在双联可变电容器上。

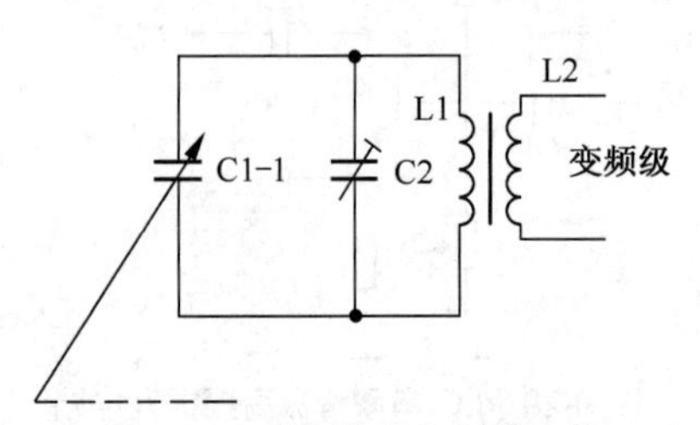

图9-30 典型的输入调谐电路

重要提示

磁棒天线中的L1、L2相当于一个变压器，其中L1是一次绕组，L2是二次绕组，L2输出L1上的信号。

由于磁棒的作用，磁棒天线聚集了大量的电磁波。由于天空中的各种频率电波很多，为了从众多电波中选出所需要频率的电台高频信号，需要用到输入调谐电路。

分析输入调谐电路工作原理的核心是掌握LC串联谐振电路特性。

1．输入调谐电路分析

输入调谐电路工作原理是，磁棒天线的一次绕组L1与可变电容器C1-1、微调电容器C2构成LC串联谐振电路。当电路发生谐振时L1中能量最大，即L1两端谐振频率这个信号的电压幅度远远大于非谐振频率信号的电压幅度，这样通过磁耦合从二次绕组L2输出的谐振频率信号幅度为最大。

输入调谐电路采用了串联谐振电路，这是因为在这种谐振电路中，在电路发生谐振时线圈两端的信号电压升高许多（这是串联谐振电路的一个重要特性），可以将微弱的电台信号电压大幅度升高。

重要提示

在选台过程中，改变可变电容器C1-1的容量，从而改变了输入调谐电路的谐振频率，这样只要有一个确定的可变电容容量，就有一个与之对应的谐振频率，L2就能输出一个确定的电台信号，达到调谐之目的。

2．实用输入调谐电路分析

图9-31所示是收音机套件中的实用输入调谐电路。

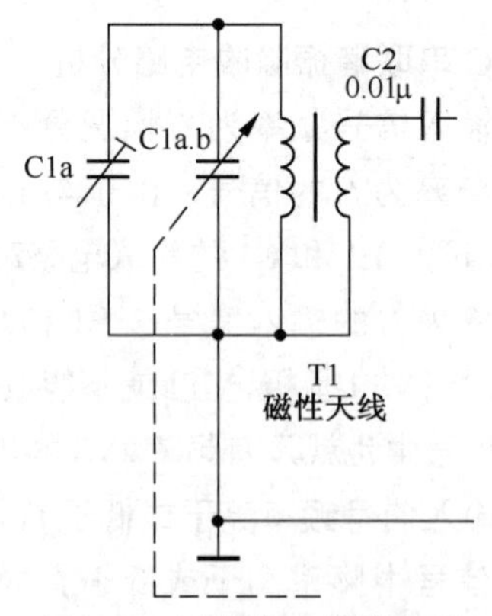

图9-31 实用输入调谐电路

在掌握了前面的输入调谐电路工作原理之后，这一电路的分析就相当简单。电路中，T1为磁棒天线，C1a为微调电容器，C1a.b是调谐电容器。磁棒天线的一次绕组与C1a.b、C1a构成LC串联谐振电路，用来进行调谐，调谐后的输出信号从二次绕组输出，经耦合电容器C2加到后级电路中，即加到变频级电路中。

9.2.7　LC谐振电路小结

表9-2所示是LC谐振电路小结。

表9-2　LC谐振电路小结

关　键　词	小　　结
掌握阻抗特性	了解这两种谐振电路的一些主要特性是分析它们的应用电路的基础，其中最主要的是两种谐振电路的阻抗特性，因为在对各种电路的工作原理进行分析时，主要是依据电路的阻抗。LC并联谐振电路谐振时阻抗为最大，LC串联谐振电路谐振时阻抗为最小，将它们对应起来比较容易记忆
电路分析时注意点	在运用LC并联谐振电路谐振阻抗特性分析电路时要注意几点。 （1）输入LC并联谐振电路的信号频率是很广泛的，其中含有频率为谐振频率的这一信号。 （2）在众多频率的输入信号中，只在频率为谐振频率的这一信号时发生谐振，电路的阻抗为最大。 （3）对于频率偏离谐振频率的信号，因为谐振电路有一个频带宽度，在电路分析中，可以认为频带内的信号都与谐振频率信号一样，受到了同样的电路放大或处理，但对频带之外的信号则认为没有受到放大或处理，这是读者所要掌握的。 （4）频带的宽度与Q值大小有关，Q值大频带窄，Q值小频带宽
LC串联谐振电路谐振时阻抗最小	分析LC串联谐振电路时要注意的事项同并联谐振电路相同，只是谐振时电路的阻抗最小（并联谐振时阻抗最大）。 对于LC串联谐振电路而言，电路失谐时电路的阻抗很大，此时对于频率低于谐振频率的信号主要是因为电容器C1的容抗大了，对于频率高于谐振频率的信号主要是因为电感器L1的感抗大了
LC并联谐振电路失谐时阻抗小	对于LC并联谐振电路而言，电路失谐时电路的阻抗很小，此时对于频率低于谐振频率的信号主要是从电感器L1支路流过的，而对于频率高于谐振频率的信号，主要是从电容器C1支路通过的
输入信号频率分成两种情况	分析这两种LC谐振电路的应用电路时，要将输入信号频率分成两种情况。 （1）输入信号频率等于谐振频率时的电路工作情况。 （2）输入信号频率不等于谐振频率时的电路工作情况
阻尼电阻作用	在并联谐振电路中加入阻尼电阻后，要了解加阻尼电阻的目的，是为了获得所需要的频带宽度。所加电阻的阻值愈小，频带愈宽，反之则愈窄

9.3　RL移相电路

RL电路是由电阻器R和电感器L构成的电路。

电阻器和电感器能构成移相电路，这种移相电路被称为RL移相电路。RL移相电路有超前移相电路和滞后移相电路两种，这两种移相电路都是利用了电感器的电流和电压之间的相位特性。

9.3.1 准备知识

介绍RL移相电路之前，先介绍流过电感电流与电感两端电压之间的相位关系。

电感器的许多特性与电容器相反，在相位关系上也是如此。流过电感器的电流滞后电感器上电压90°，如图9-32所示，或者说电感器上的电压矢量超前电流矢量。电容器电流超前电压90°，将它们的相位关系联系起来记忆是有益的，牢记其中的一个，另一个则相反，一般记忆电容器的特性。

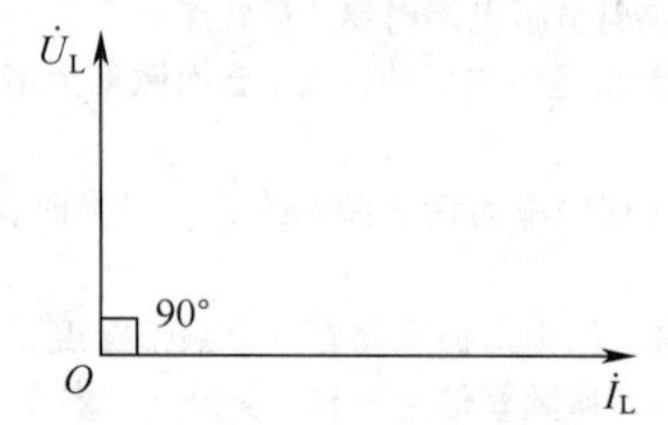

图9-32　流过电感器电流与电感器两端电压之间相位关系

9.3.2 超前式RL移相电路

图9-33（a）所示是RL超前移相电路。从电路中可以看出，交流输入信号加到电阻器R1上，输出信号电压 U_o 是从L1上取出的。

分析RL移相电路也是采用画矢量图的方法，同分析RC移相电路一样，只是要注意画矢量图时，电感器上的电压超前电流90°。

如图9-33（b）所示，先画出流过电阻器和电感器的电流$\dot{I}$，然后画出电阻上的电压$\dot{U}_R$，注意电阻上的电压与流过电阻的电流是同相位的，所以电压$\dot{U}_R$与$\dot{I}$重合。

画出电感器L1上的电压$\dot{U}_L$，它与电流相差90°，而且为超前90°。再画出输出电压$\dot{U}_o$，输出电压就是电感器L1上的电压。

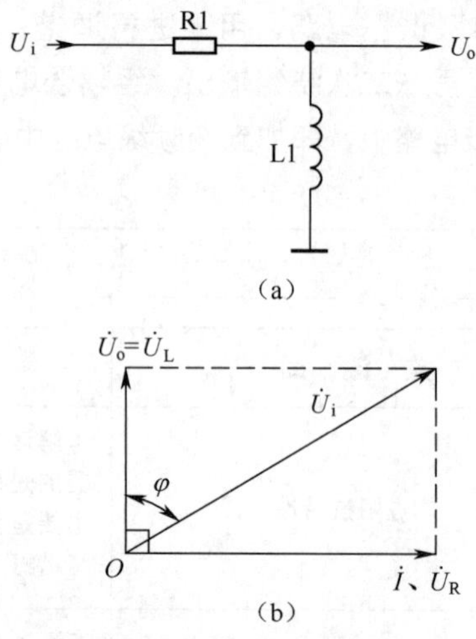

图9-33　超前式RL移相电路

然后，画出平行四边形，画出输入信号电压$\dot{U}_i$，这样可以看出输入信号电压$\dot{U}_i$与输出信号电压$\dot{U}_o$之间的相位关系，输出信号电压$\dot{U}_o$超前输入信号电压$\dot{U}_i$一个角度，所以这是一个超前式RL移相电路。

9.3.3 滞后式RL移相电路

图9-34所示是滞后式RL移相电路，从电路中可以看出，输入信号电压 U_i 加到电感器L1上，输出信号电压 U_o 取自电阻器R1。

同RL超前移相电路的画矢量图方法一样，如图9-34（b）所示，由于输出信号电压 $\dot{U}_o$ 取自电阻器R1，所以输出信号电压 $\dot{U}_o$ 就等于电阻器R1上的电压 $\dot{U}_R$，与电流 $\dot{I}$ 重合。从图中可以看出，输出信号电压 $\dot{U}_o$ 滞后于输入信号电压 $\dot{U}_i$ 一个角度，所以这是一个滞后式RL移相电路。

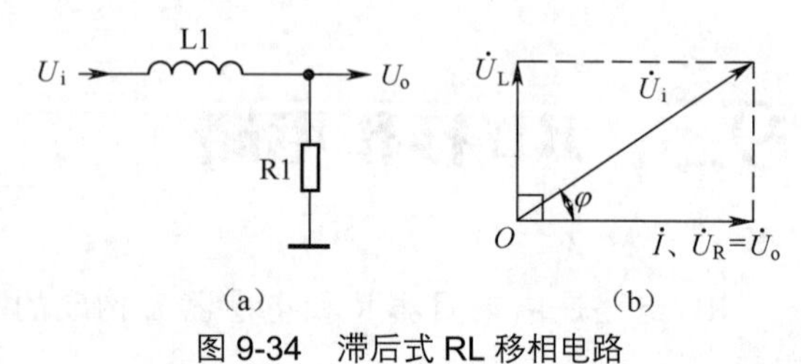

图9-34　滞后式RL移相电路

电路分析提示

关于RL移相电路分析主要说明以下几点。

（1）电路的分析方法同LC移相电路一样，但要注意对于电感器而言电压是超前电流的。

（2）要注意画矢量图的步骤，在分析电路过程中一般只要知道是超前还是滞后式RL移相电路，对于具体的移相量大小不必计算、分析，这种计算是相当复杂的。

（3）RL移相电路的应用没有LC移相电路多。

9.3.4 LC、RL电路特性小结

表9-3是LC、RL电路特性小结。

表9-3 LC、RL电路特性小结

名称	电路图	主要特性小结
LC串联谐振电路	 L1 C1	谐振时电路的阻抗最小，且为纯阻性，电路中的电流最大；失谐时电路阻抗增大，频率愈是偏离谐振频率，电路中的阻抗愈大，电路中电流愈小；Q值愈大，频带愈窄
LC并联谐振电路	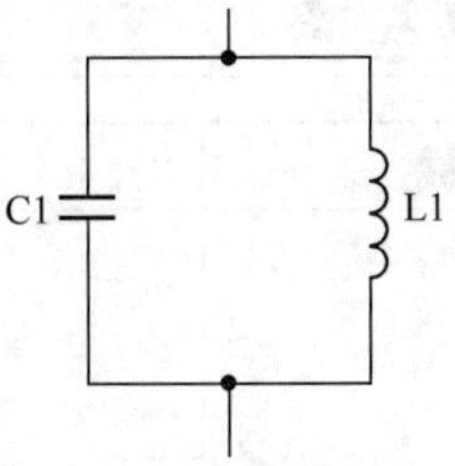 C1 L1	谐振时电路的阻抗最大，且为纯阻性，电路中的电流最小；失谐时电路阻抗减小，频率愈是偏离谐振频率，电路中的阻抗愈小，电路中电流愈大；Q值愈大，频带愈窄
超前式RL移相电路	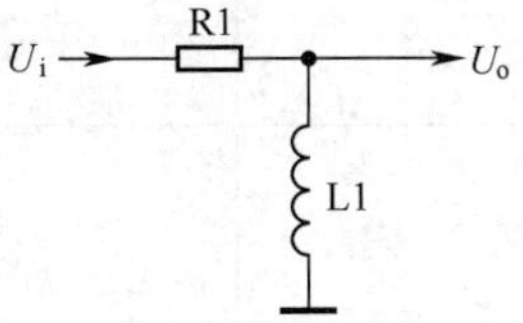 U_i R1 U_o L1	输出信号电压取自电感器L1，输出信号超前输入信号，超前量不大于90°
滞后式RL移相电路	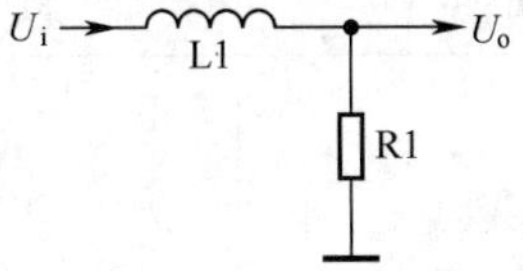 U_i L1 U_o R1	输出信号电压取自电阻器R1，输出信号滞后输入信号，滞后量不大于90°

第10章 常用二极管基础知识

10.1 二极管基础知识

重要提示

半导体器件是继电子管器件之后广泛用于电子电路中的器件，它具有体积小、耗电小、重量轻、寿命长、坚固、不怕振动等优点。半导体二极管简称二极管，它在电子电路中有着广泛的应用。

10.1.1 二极管外形特征和电路图形符号

通常情况下二极管的外形并不复杂，各类二极管在外形上比较相近。

1．部分二极管实物图

部分二极管实物图见表 10-1。

表 10-1 部分二极管实物图

贴片二极管	贴片整流二极管	贴片发光二极管
	 S1M	
普通二极管	**发光二极管**	**稳压二极管**

快恢复二极管	**红外发光二极管**	**大功率整流二极管**
	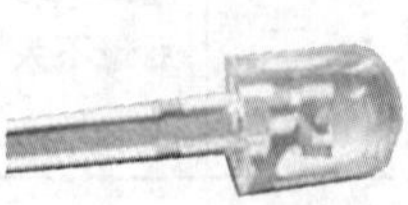	

续表

变容二极管	激光二极管	光敏二极管
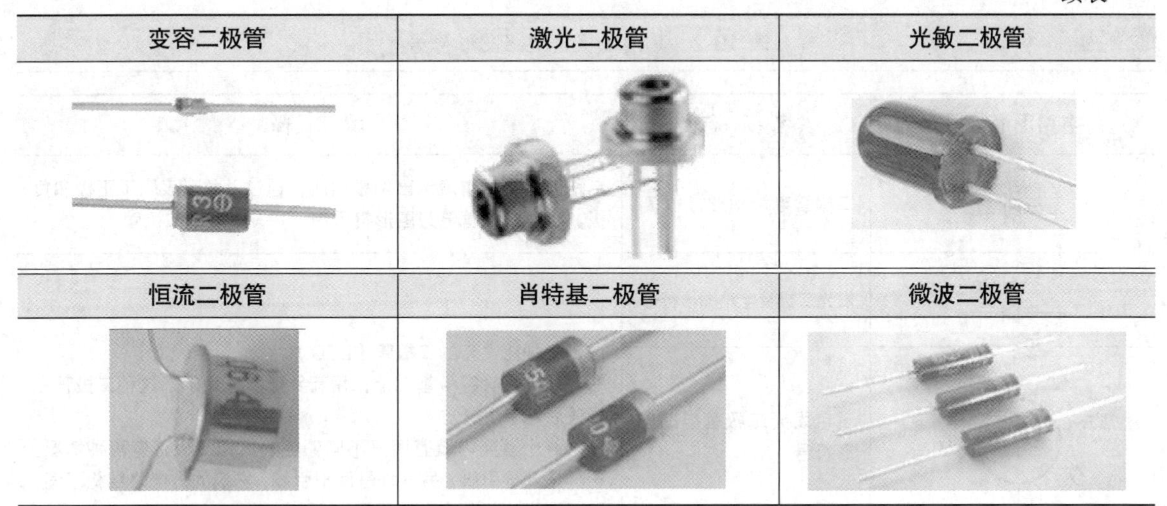		
恒流二极管	肖特基二极管	微波二极管

2．二极管外形特征

二极管共有两根引脚，通常两根引脚沿轴向伸出。常见的二极管体积不大，与一般电阻器相当。有的二极管外壳上会标出二极管的负极，有的还会标出二极管的电路图形符号。

图 10-1 是装配在电路板上的二极管实物图，共有 4 只。

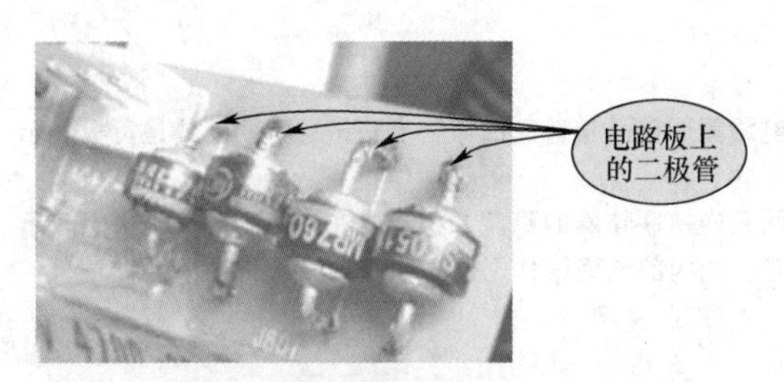

图 10-1　装配在电路板上的二极管实物图

3．普通二极管电路图形符号

图 10-2 是普通二极管电路图形符号识图信息示意图。电路图形符号中用 VD 表示二极管，过去用 D 表示。二极管只有两根引脚，电路图形符号中表示出了这两根引脚。

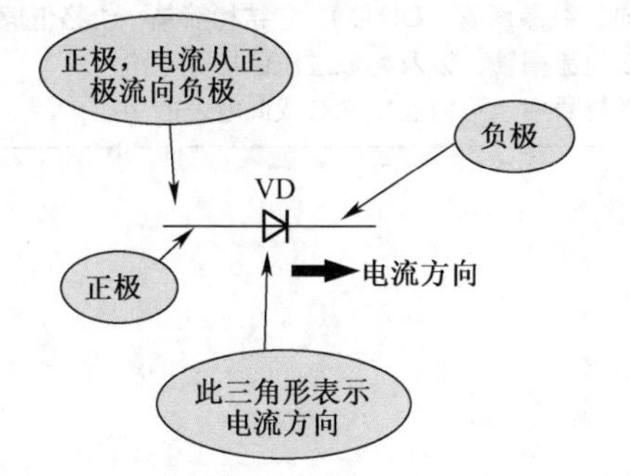

图 10-2　普通二极管电路图形符号识图信息示意图

重要提示

电路图形符号中表示出二极管的正、负极性，三角形底边这端为正极，另一端为负极，如图 10-2 所示。

电路图形符号形象地表示了二极管工作电流流动的方向，流过二极管的电流只能从其正极流向负极，电路图形符号中三角形的指向是电流流动的方向。

图 10-3 所示是一种整流电路，电路中的 VD1 和 VD2 是二极管，它们用来构成全波整流电路。

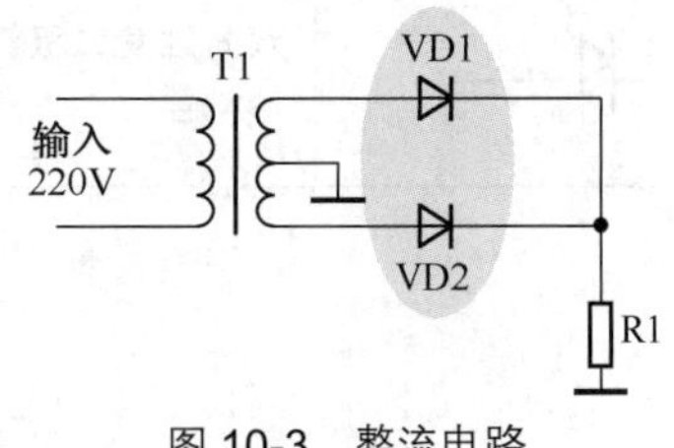

图 10-3　整流电路

4．其他二极管电路图形符号

其他二极管电路图形符号见表 10-2。

表 10-2　其他二极管电路图形符号

电路图形符号	名　　称	解　　释
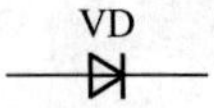 VD	二极管电路图形符号	电路图形符号中表示出两根引脚，通过三角形表明了正极和负极。各类二极管电路图形符号中，用 VD 表示二极管
 VD	发光二极管电路图形符号	这是一种能发光的二极管（LED）。 在普通二极管符号基础上，用箭头形象地表示了这种二极管在导通后能够发光。 在同一个管壳内装有两只不同颜色的发光二极管有两种情况，一种是 3 根引脚，另一种是两根引脚，它们的内电路结构不同，所以发光的颜色也有所不同。 从发光二极管电路图形符号可以看出是单色还是多色发光二极管
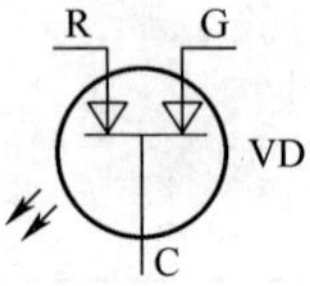 R G VD C	三色发光二极管电路图形符号	
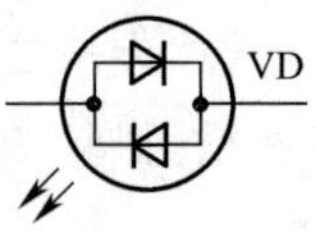 VD	双色发光二极管电路图形符号	
 VD	光敏二极管电路图形符号	光敏二极管电路图形符号中的箭头方向是指向管子的，与发光二极管电路图形符号中的箭头方向不同，它表示受光线照射时二极管反向电流会增大，反向电流大小受控于光线强弱。 光敏二极管电路图形符号中也有用 VP 表示的
 VZ	稳压二极管电路图形符号	它的电路图形符号与普通二极管电路符号不同之处是负极表示方式不同。 对于两只逆串联特殊的稳压二极管，在电路图形符号中也表示出了它们的内部电路结构，这种稳压二极管有 3 根引脚
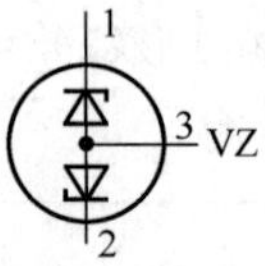 1 3 VZ 2	特殊稳压二极管电路图形符号	
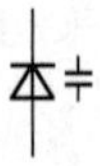	变容二极管电路图形符号	从电路图形符号中可以看出，它将二极管和电容器的电路图形符号有机结合起来，根据这一特征可以方便地识别出变容二极管的电路图形符号
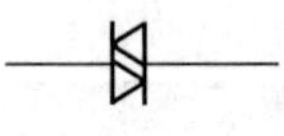	双向触发二极管电路图形符号	它又称双向二级晶闸管（DIAC），它结构简单、价格低廉，常用来触发双向晶闸管，以及构成过压保护等电路。 从电路图形符号中也可以看出它有双向触发的功能

续表

电路图形符号	名称	解释
VD1	单极型瞬态电压抑制二极管电路图形符号	瞬态电压抑制二极管又称为瞬变电压抑制二极管，简称 TVS 管，它是一种新型过压保护器件。 它响应速度极快，钳位电压稳定，体积小，价格低，广泛用于各种仪器仪表、自控装置和家用电器中的过压保护器。 它分单极型和双极型两种
VD1	双极型瞬态电压抑制二极管电路图形符号	
VD	隧道二极管电路图形符号	隧道二极管又称为江崎二极管，由隧道二极管构成的电路结构简单，变化速度快，功耗小，在高速脉冲技术中得到广泛的应用
B1 E B2	双基极二极管电路图形符号	双基极二极管又称单结晶体管，是具有一个 PN 结的三端负阻器件。 它广泛应用于各种振荡器、定时器和控制器电路中
+ VD	恒流二极管电路图形符号	恒流二极管简称 CRD，又称为电流调节二极管或限流二极管（CLD），它属于两端结型场效应恒流器件。恒流二极管在正向工作时存在一个恒流区，所以可以用于恒流源电路中
阳极 阴极	肖特基二极管电路图形符号	在一些应用电路中，肖特基二极管的电路图形符号采用普通二极管的电路图形符号，同时在电路图形符号旁标注 SBD 以表示为肖特基二极管

5. 二极管种类综述

二极管是电子电路中的常用器件，它的分类方法有多种。

（1）二极管种类一般性说明见表 10-3。

表 10-3 二极管种类一般性说明

划分方法及种类		说明
按材料划分	硅二极管	硅材料二极管，常用的二极管
	锗二极管	锗材料二极管，使用量明显少于硅二极管
按外壳封装材料划分	塑料封装二极管	大量使用的二极管采用这种封装材料
	金属封装二极管	大功率整流二极管采用这种封装材料
	玻璃封装二极管	检波二极管等采用这种封装材料

续表

划分方法及种类		说　明
按功能划分	普通二极管	常见的二极管
	整流二极管	专门用于整流的二极管
	发光二极管	专门用于指示信号的二极管，能发出可见光；此外还有红外发光二极管，能发出不可见光
	稳压二极管	专门用于直流稳压的二极管
	光敏二极管	对光有敏感作用的二极管
	变容二极管	这种二极管的结电容比较大，并可在较大范围内变化
	开关二极管	专用于电子开关电路中
	瞬态电压抑制二极管	用于对电路进行快速过压保护，分双极型和单极型两种
	恒流二极管	它能在很宽的电压范围内输出恒定的电流，并具有很高的动态阻抗
	双基极二极管	它是两个基极、一个发射极的三端负阻器件，用于张弛振荡等电路
	其他二极管	还有许多特性不同的二极管
按击穿类型划分	齐纳击穿型二极管	这是可逆的击穿，如稳压二极管具有齐纳击穿特性
	雪崩击穿型二极管	这是不可逆的击穿，如普通二极管

（2）二极管按 PN 结构造分类说明见表 10-4。

表 10-4　二极管按 PN 结构造分类说明

名　称	说　明
点接触型二极管	点接触型二极管是在锗或硅材料的单晶片上压一根金属触丝后，再通过电流法形成的，图 10-4 是点接触型二极管结构示意图。 金属触丝　外壳　N 型锗片　阳极引线　阴极引线　PN 结 图 10-4　点接触型二极管结构示意图 这种二极管 PN 结的静电容量小，适用于高频电路。 点接触型二极管与面结型相比较，正向特性和反向特性都差，因此不能用于大电流和整流。 因为点接触型二极管构造简单，所以价格便宜。对于小信号的检波、整流、调制、混频、限幅等一般用途而言，它是应用范围较广的二极管

续表

名　称	说　明
台面型二极管	台面型二极管 PN 结的制作方法虽然与扩散型相同，但是，只保留 PN 结及其必要的部分，把不必要的部分用药品腐蚀掉，其剩余的部分便呈现出台面形，因而得名。这种台面型叫作扩散台面型。图 10-5 所示是台面型二极管结构示意图。 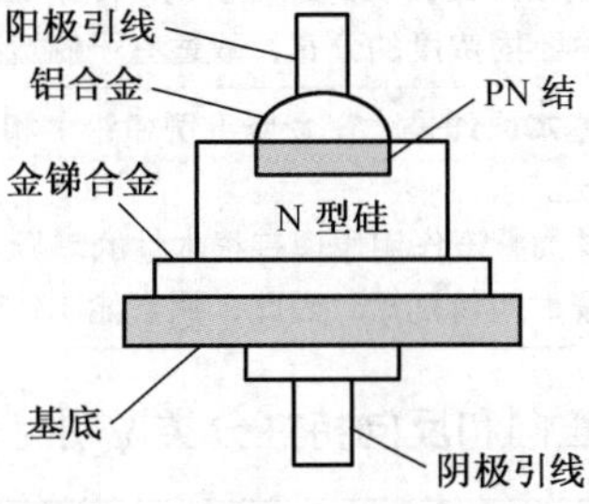 图 10-5　台面型二极管结构示意图 对于这一类型来说，大电流整流用的产品型号很少，而小电流开关用的产品型号却很多
平面型二极管	平面型二极管在半导体单晶片（主要是 N 型硅单晶片）上扩散 P 型杂质，利用硅片表面氧化膜的屏蔽作用，在 N 型硅单晶片上仅选择性地扩散一部分而形成 PN 结。由于半导体表面被制作得平整，故而得名。图 10-6 所示是平面型二极管结构示意图。 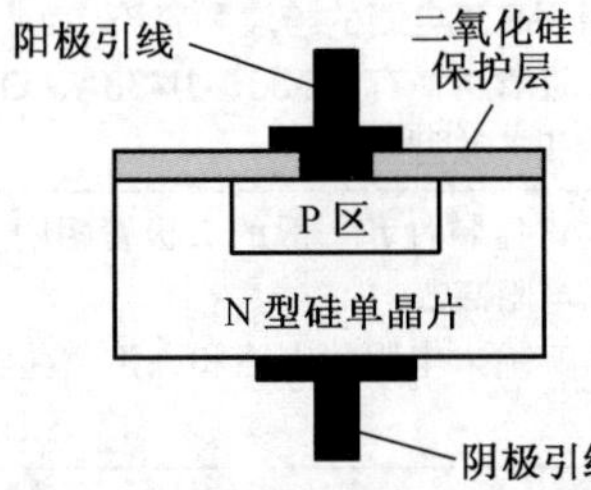 图 10-6　平面型二极管结构示意图 在 PN 结的表面，因为被氧化膜覆盖，所以平面型二极管被公认为是稳定性好和寿命长的类型。最初，被使用的半导体材料是采用外延法形成的，故人们又把平面型称为外延平面型。 对于平面型二极管而言，作大电流整流用的型号很少，而作小电流开关用的型号则很多
合金型二极管	合金型二极管是在 N 型锗或硅的单晶片上，掺杂铟、铝等金属的方法制作 PN 结而形成的。其正向电压降小，适于大电流整流。 因为其 PN 结反向时静电容量大，所以不适于高频检波和高频整流
键型二极管	键型二极管是在锗或硅的单晶片上熔接金或银的细丝而形成的。其特性介于点接触型二极管和合金型二极管之间。 与点接触型相比较，虽然键型二极管的 PN 结电容量稍有增加，但正向特性特别优良。 这种二极管多作开关用，有时也被应用于检波和电源整流（不大于 50mA）。 在键型二极管中，熔接金丝的二极管有时被称为金键型二极管，熔接银丝的二极管有时被称为银键型二极管
扩散型二极管	扩散型二极管在高温的 P 型杂质气体中，加热 N 型锗或硅的单晶片，使单晶片表面的一部分变成 P 型，以此法形成 PN 结。 因为 PN 结正向电压降小，适用于大电流整流。最近，使用大电流整流器的主流已由硅合金型转移到硅扩散型

续表

名　称	说　明
合金扩散型二极管	合金扩散型二极管是合金型的一种。合金材料是容易被扩散的材料。把难以制作的材料通过巧妙地掺配杂质，就能与合金一起扩散，以便在已经形成的 PN 结中获得杂质的恰当的浓度分布。 合金扩散型二极管适用于制造高灵敏度的变容二极管
外延型二极管	外延型二极管是用外延面长的过程制造 PN 结而形成的二极管。制造时需要非常高超的技术。因能随意地控制杂质的不同浓度的分布，故适宜于制造高灵敏度的变容二极管
肖特基二极管	肖特基二极管基本原理是：在金属（例如铅）和半导体（N 型硅片）的接触面上，用已形成的肖特基来阻挡反向电压。 肖特基与 PN 结的整流作用原理有根本性的差异。其耐压程度只有 40V 左右。其特长是：开关速度非常快，反向恢复时间特别短。因此，用它能制作开关二极管和低压大电流整流二极管

（3）点接触型二极管按正向和反向特性分类说明见表 10-5。

表 10-5　点接触型二极管按正向和反向特性分类说明

名　称	说　明
一般点接触型二极管	这种二极管通常被用于检波和整流电路中，是正向和反向特性既不特别好，也不特别差的中间产品。如 SD34、SD46、1N34A 等属于这一类二极管
高反向耐压点接触型二极管	它是最大峰值反向电压和最大直流反向电压很高的二极管，这种型号的二极管一般正向特性不太好或一般，它们用于高压电路的检波和整流。 在点接触型锗二极管中，有 SD38、1N38A、OA81 等。这种锗材料二极管，其耐压受到限制。要求更高时有硅合金和扩散型
高反向电阻点接触型二极管	这种二极管正向电压特性和一般的二极管相同。虽然其反方向耐压也是特别高，但反向电流小，因此其特点是反向电阻高。 这种二极管用于高输入电阻的电路和高阻负荷电阻的电路中，锗材料高反向电阻型二极管有 SD54、1N54A 等
高传导点接触型二极管	它与高反向电阻型二极管相反，其反向特性尽管很差，但是正向电阻足够小。 高传导点接触型二极管有 SD56、1N56A 等。高传导点接触型二极管能够得到更优良的特性。这类二极管在负荷电阻特别低的情况下整流效率较高

（4）二极管按用途分类说明见表 10-6。

表 10-6　二极管按用途分类说明

名　称	说　明
检波二极管	以工作电流的大小作为界线，通常人们把工作电流小于 100mA 的二极管称为检波二极管。 锗材料点接触型检波二极管，工作频率可达 400MHz，正向压降小，结电容小，检波效率高，频率特性好，如 2AP 型二极管。 这种二极管除用于检波外，还能够用于限幅、削波、调制、混频、开关等电路
整流二极管	通常将工作电流大于 100mA 的二极管称为整流二极管。其工作频率低，最高反向电压从 25～3000V 分为 A～X 挡。分类如下：硅半导体整流二极管，如 2CZ 型；硅桥式整流器，如 QL 型；用于电视机高压硅堆，如工作频率近 100kHz 的 2CLG 型
限幅二极管	大多数二极管能作为限幅二极管使用。 有保护仪表用和高频齐纳管那样的专用限幅二极管。为了使这些二极管具有特别强的限制尖锐振幅的作用，通常使用硅材料制造的二极管。 还有组合型的限幅二极管，即根据限制电压需要，将多个整流二极管串联起来形成一个整体

续表

名　称	说　明
调制二极管	它通常指的是环形调制专用的二极管，就是正向特性一致性好的4个二极管的组合件。 变容二极管也有调制功能，但是变容二极管通常是作为调频用，即用于压控振荡器中
混频二极管	使用二极管混频器时，频率范围为500～10000Hz，多采用肖特基型和点接触型二极管
放大二极管	用二极管放大有两种：依靠隧道二极管和体效应二极管那样的负阻性器件的放大以及用变容二极管的参量放大。 因此，放大二极管通常是指隧道二极管、体效应二极管和变容二极管
开关二极管	有小电流下（10mA）使用的逻辑运算和在数百毫安下使用的磁芯激励用开关二极管。 小电流的开关二极管通常有点接触型和键型等二极管，也有在高温下还可能工作的硅扩散型、台面型和平面型二极管。 开关二极管的特长是开关速度快，而肖特基二极管的开关时间特别短，因而是理想的开关二极管。 2AK型点接触型二极管为中速开关电路用，2CK型平面接触型二极管为高速开关电路用，用于开关、限幅、钳位、检波等电路。 肖特基（SBD）硅大电流开关二极管的优点是正向压降小、速度快、效率高
变容二极管	用于自动频率控制（AFC）和调谐用的小功率二极管叫作变容二极管。这些二极管对于不同电压而言，其静电容量的变化率特别大
频率倍增二极管	对二极管的频率倍增作用而言有两种。 一是依靠变容二极管的频率倍增和依靠阶跃（即急变）二极管的频率倍增。 二是频率倍增用的变容二极管，它又称为可变电抗器。 阶跃二极管又被称为阶跃恢复二极管，从导通切换到关闭时的反向恢复时间短，其特点是急速地变成关闭的转移时间短。如果对阶跃二极管施加正弦波，那么，由于转移时间短，所以输出波形急骤地被夹断，故能产生很多高频谐波，实现频率倍增功能
稳压二极管	它为硅扩散型或合金型二极管，是反向击穿特性曲线急骤变化的二极管，动态电阻R_Z很小。 稳压二极管工作时的端电压（又称齐纳电压）为3～150V。 在功率方面，也有为200mW～100W的产品。 主要有2CW型。将两个互补二极管反向串接以减少温度系数则为2DW型
PIN型二极管	PIN管由3层半导体材料构成，即在P区和N区之间夹一层本征半导体（或低浓度杂质的半导体，是很厚的本征半导体层）构造的二极管。PIN中的I是“本征”的英文略写。 当其工作频率超过100MHz时，由于少数载流子的存储效应和“本征”层中的渡越时间效应，其二极管失去整流作用而变成阻抗元件，并且其阻抗值随偏置电压而改变。 在零偏置或直流反向偏置时，“本征”区的阻抗很高。 在直流正向偏置时，由于载流子注入“本征”区，“本征”区呈现出低阻抗状态。因此，可以把PIN型二极管作为可变阻抗器件使用。 PIN型二极管通常应用于高频开关（即微波开关）、移相、调制、限幅等电路中。 PIN型二极管主要应用于射频开关和射频可变电阻，工作频率可以高达50GHz。PIN型二极管的射频电阻可以在直流偏置电压的控制下，从高阻抗的10kΩ变到低阻抗的1Ω以下。它在射频电路中通常用作电子开关，如GSM手机中的双工器电子开关
雪崩二极管	它是在外加电压作用下可以产生高频振荡的晶体管。 产生高频振荡的工作原理是：利用雪崩击穿对晶体注入载流子，因为载流子穿过晶片需要一定的时间，所以其电流滞后于电压，出现延迟时间，若适当地控制载流子穿过芯片的时间，那么，在电流和电压关系上就会出现负阻效应，从而产生高频振荡。 雪崩二极管通常被应用于微波领域的振荡电路中
江崎二极管	它是以隧道效应电流为主要电流分量的二极管。 江崎二极管为双端子有源器件。其主要参数有峰谷电流比（I_P/I_V），其中，下标“P”代表“峰”，而下标“V”代表“谷”。 江崎二极管可以被应用于低噪声高频放大器及高频振荡器中（其工作频率可达毫米波段），也可以被应用于高速开关电路中

续表

名　称	说　明
快速关断（阶跃恢复）二极管	它是一种具有 PN 结的二极管。 阶跃恢复二极管的“自助电场”缩短了存储时间，使反向电流快速截止，并产生丰富的谐波分量。利用这些谐波分量可设计出梳状频谱发生电路。 快速关断（阶跃恢复）二极管用于脉冲和高次谐波电路中
肖特基二极管	它是具有肖特基特性的“金属半导体结”的二极管，其正向起始电压较低，是高频和快速开关的理想器件，工作频率可达 100GHz。并且，MIS（金属—绝缘体—半导体）肖特基二极管可以用来制作太阳电池或发光二极管
阻尼二极管	具有较高的反向工作电压和峰值电流，正向压降小。 主要应用于行扫描中作阻尼和升压整流用，要求其承受较高的反向工作电压和峰值电流，且要求正向压降越小越好，因此它是一种特殊的高频高压整流二极管，也可看作高反压开关二极管的一种
瞬变电压抑制二极管	它可以对电路进行快速过压保护，分双极型和单极型两种，按峰值功率（500～5000W）和电压（8.2～200V）分类
双基极二极管（单结晶体管）	它是有两个基极、一个发射极的三端负阻器件，用于张弛振荡电路、定时电压读出电路中，它具有频率易调、温度稳定性好等优点
发光二极管	它是能发光的二极管，体积小，正向驱动发光，工作电压低，工作电流小，发光均匀，寿命长

10.1.2　二极管型号命名方法

1. 晶体管型号命名方法

二极管不同于电阻器、电容器等，它的参数不标注在二极管的外壳上，而是要通过查阅有关晶体管手册后，才能了解二极管的参数值。

重要提示

二极管的型号命名方法同后面将要介绍的三极管型号命名方法相同，这里将这两种管的型号命名方法放在一起介绍。

我国在对二极管和三极管型号命名中，将管子型号分成 5 个部分。晶体管型号命名方法见表 10-7。

表 10-7　晶体管型号命名方法

第一部分		第二部分		第三部分			
用数字表示器件的电极数目		用汉语拼音字母表示器件的材料和极性		用汉语拼音字母表示器件的类型			
符号	含义	符号	含义	符号	含义	符号	含义
2	二极管	A	N 型，锗材料	P	普通管	D	低频大功率管（f_a<3MHz，$P_c \leqslant$ 1W）
		B	P 型，锗材料	V	微波管		
		C	N 型，硅材料	W	稳压管	A	高频大功率管（$f_a \geqslant$ 3MHz，$P_c \geqslant$ 1W）

续表

第一部分		第二部分		第三部分			
用数字表示器件的电极数目		用汉语拼音字母表示器件的材料和极性		用汉语拼音字母表示器件的类型			
符号	含义	符号	含义	符号	含义	符号	含义
2	二极管	D	P型，硅材料	C	参量管	T	半导体闸流管（可控整流器）
3	三极管	A	PNP型，锗材料	Z	整流器		
		B	NPN型，锗材料	L	整流堆	Y	体效应器件
		C	PNP型，硅材料	S	隧道管	B	雪崩管
		D	NPN型，硅材料	N	阻尼管	J	阶跃恢复管
		E	化合物材料	U	光电器件	CS	场效应器件
		—	—	K	开关管	BT	半导体特殊器件
				X	低频小功率管（f_a<3MHz，P_c<1W）	FH	复合管
						PIN	PIN型管
		—	—	G	高频小功率管（$f_a \geqslant$ 3MHz，P_c<1W）	JG	激光器件

重要提示

实验证明，在金属导体中掺入千分之一的杂质对它导电性能的影响是微不足道的，但是对于半导体材料情况则完全不同。只要掺入万分之一的杂质，半导体材料的导电能力就有10多倍的增加。掺入杂质的半导体被称为杂质半导体。

锗和硅是两种常用的半导体材料，现在更多地使用硅半导体材料制成各种半导体器件。

对于硅半导体材料而言，它可以掺入以下两种情况的杂质。

（1）如果是掺入少量5价元素，例如磷，磷原子掺入硅晶体的结果是，在常温下就会在硅晶体中增加自由电子，这种半导体主要靠电子导电，叫作N型半导体，或电子型半导体。

（2）如果掺入少量3价元素，例如硼，硼原子掺入硅晶体的结果是，在常温下就会在硅晶体中增加空穴，这种半导体主要靠空穴导电，叫作P型半导体，或空穴型半导体。

由此可知，硅材料半导体可以得到P型和N型两种类型的半导体，即硅材料P型和硅材料N型。

同理，对于锗材料半导体也可以得到P型和N型两种类型的半导体。这一共就有4种半导体材料。

2．举例说明

这里举几个二极管例子来说明型号的含义。根据型号可以知道二极管的材料、极性和类型等，见表10-8。

表 10-8　二极管型号识别举例

名称及示意图	识别方法说明
2AP9 检波二极管	二极管外壳上标出 2AP9。2 表示是二极管；A 表示是 N 型半导体，为锗材料二极管；P 表示是普通二极管；9 表示序号。 由此可知 2AP9 是一只普通锗材料二极管，关于它的具体参数从型号上看不出来，要去查有关晶体管手册。2AP9 一般用作检波二极管
2CZ11 硅整流二极管	二极管外壳上标出 2CZ11。其中 2 表示是二极管，C 表示是硅材料、N 型半导体，Z 表示是整流二极管，11 是序号。因此，2CZ11 是一只硅整流二极管

10.1.3　二极管主要参数和引脚极性识别方法

1．二极管主要参数

（1）最大整流电流 I_m。最大整流电流是指二极管长时间正常工作下，允许通过二极管的最大正向电流值。各种用途的二极管对这一参数的要求不同，当二极管用来作为检波二极管时，由于工作电流很小，所以对这一参数的要求不高。

重要提示

当二极管用来作为整流二极管时，由于整流时流过二极管的电流比较大，有时甚至很大，此时，最大整流电流 I_m 是一个非常重要的参数。

当正向电流通过二极管时，PN 结要发热（二极管要发热），电流越大，管子越热，当二极管热到一定程度时就要被烧坏，所以最大整流电流 I_m 参数限制了二极管的正向工作电流，在使用中不能让二极管中的电流超过这一值。在一些大电流的整流电路中，为了帮助整流二极管散热，给整流二极管加上了散热片。

（2）最大反向工作电压 U_{rm}。最大反向工作电压是指二极管正常工作时所能承受的最大反向电压值，U_{rm} 约等于反向击穿电压的一半。反向击穿电压是指给二极管加反向电压，使二极管击穿时的电压值。二极管在使用中，为了保证二极管的安全工作，实际的反向工作电压不能大于 U_{rm}。

重要提示

对于晶体管而言，过压（指工作电压大于规定电压值）比过流（工作电流大于规定电流）更容易损坏晶体管，因为电压稍增大一些，往往电流就会增大许多。

（3）反向电流 I_{co}。反向电流是指给二极管加上规定的反向偏置电压情况下，通过二极管的反向电流值，I_{co} 大小反映了二极管单向导电性能。

给二极管加上反向偏置电压后，没有电流流过二极管，这是二极管的理想情况，实际上二极管在加上反向偏置电压后或多或少地会有一些反向电流。反向电流是从二极管负极流向正极的电流。

重要提示

正常情况下，二极管的反向电流很小，而且是越小越好。这一参数是二极管的一个重要参数，因为当二极管的反向电流太大后，二极管失去了单向导电特性，也就失去了它在电路中的功能。

在二极管反向击穿之前，总是要存在一些反向电流，对于不同材料的二极管这一反向电流的大小不同。对于硅二极管，它的反向电流比较小，一般为1μA，甚至更小；对于锗二极管，反向电流比较大，有几百微安。所以，现在一般情况下不使用锗二极管，而广泛使用硅二极管。

在二极管反向击穿前，反向电流 I_{co} 的大小基本不变，即反向电压只要不大于反向击穿电压值，反向电流几乎不变，所以反向电流又被称为反向饱和电流。

（4）最高工作频率 f_M。二极管可以用于直流电路中，也可以用于交流电路中。在交流电路中，交流信号的频率高低对二极管的正常工作有影响，信号频率高时要求二极管的工作频率也要高，否则二极管就不能很好地起作用，这就对二极管提出了工作频率的要求。

重要提示

由于二极管受材料、结构和制造工艺的影响，当工作频率超过一定值后，二极管将失去良好的工作特性。二极管保持良好工作特性的最高频率，被称为二极管的最高工作频率。

在一般电路和低频电路如整流电路中，对二极管的 f_M 参数是没有要求的，主要是在高频电路中对这一参数有要求。

2．二极管参数运用说明

二极管在不同运用场合下，对各项参数的要求是不同的。

对用于整流电路的整流二极管，重点要求它的最大整流电流和最大反向工作电压参数；对用于开关电路的开关二极管，重点要求它的开关速度；对于高频电路中的二极管，重点要求它的最高工作频率和结电容等参数。

3．二极管正、负引脚标注方法

二极管正极和负极引脚识别是比较方便的，通常情况下通过观察二极管的外形和引脚极性标记，能够直接分辨出二极管两根引脚的正、负极性。

（1）常见极性标注形式。图10-7是二极管常见极性标注形式示意图，这是塑料封装的二极管，一条灰色的色带表示二极管的负极。

图10-7　二极管常见极性标注形式示意图

（2）电路图形符号极性标注形式。图10-8是二极管电路图形符号极性标注形式示意图，根据电路图形符号可以知道正、负极。

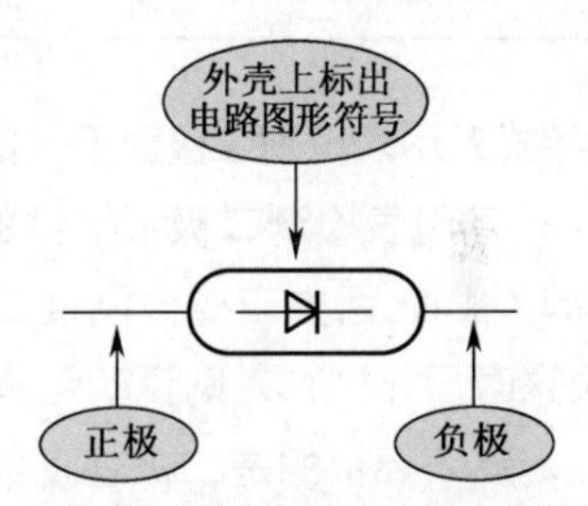

图10-8　二极管电路图形符号极性标注形式示意图

（3）贴片二极管负极标注形式。图10-9是贴片二极管负极标注形式示意图，在负极端用一条灰杠表示。

图10-9　贴片二极管负极标注形式示意图

（4）大功率二极管引脚极性识别方法。图10-10是大功率二极管引脚极性识别示意图，这是采用外形特征识别二极管极性的方法示意图。图10-10所示二极管的正、负极引脚形式不同，这样也可以分清它的正、负极，带螺纹的一端是负极，这是一种工作电流很大的整流二极管。

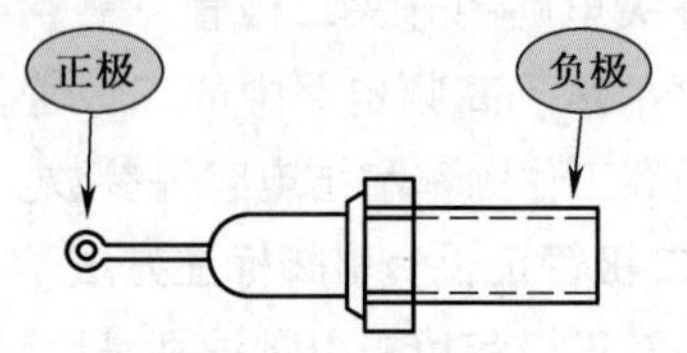

图 10-10　大功率二极管引脚极性识别示意图

4．指针式万用表识别二极管正、负引脚方法

如果二极管上没有正、负引脚标记时，可通过万用表检测的方法来识别。采用指针式万用表识别二极管极性方法说明见表 10-9。

表 10-9　采用指针式万用表识别二极管极性方法说明

接线示意图	表 针 指 示	说　　明
二极管负极 R×1k 挡 黑表棒 红表棒	×1k Ω 0	如果指示阻值只有几千欧，说明黑表棒所接引脚为正极
二极管负极 R×1k 挡 红表棒 黑表棒	×1k Ω 0	如果指示的阻值几乎接近无穷大，即表针几乎不动，则黑表棒所接引脚是二极管的负极

5．数字式万用表识别二极管正、负引脚方法

用数字式万用表检测二极管极性的方法是：将表置于 PN 结挡，两支表棒分别接二极管两根引脚，如果这时显示“1”，则说明红表棒接的是二极管负极，黑表棒接的是二极管正极；如果表显示“600”左右，那红表棒接的是二极管正极，黑表棒接的是二极管负极。

6．片状二极管内部电路结构图

图 10-11 所示是几种多引脚片状二极管的内部电路结构。

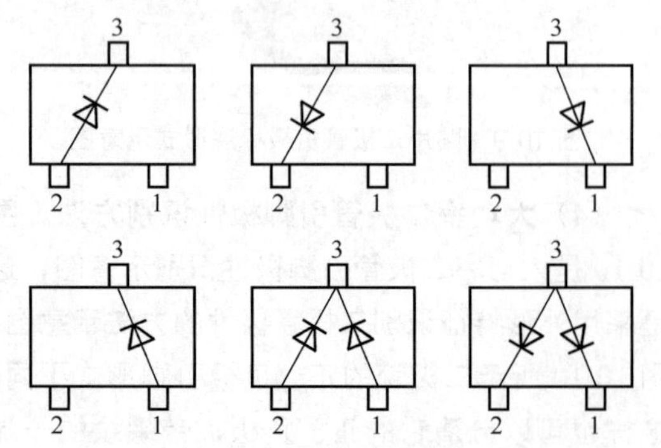

图 10-11　几种多引脚片状二极管的内部电路结构

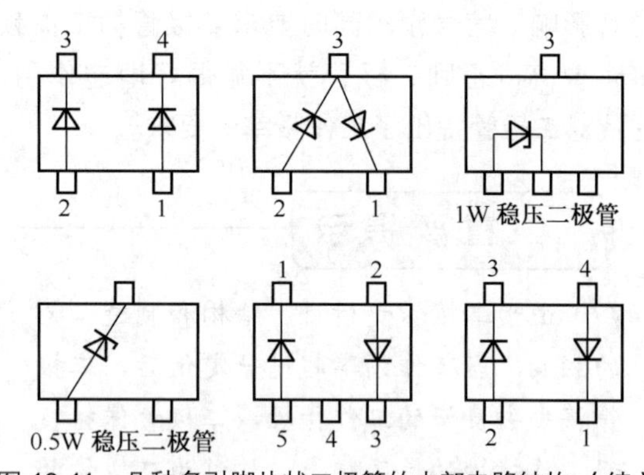

图 10-11　几种多引脚片状二极管的内部电路结构（续）

10.1.4　二极管工作状态说明

二极管共有两种工作状态：截止和导通。二极管导通与截止需要有一定的工作条件。

1．二极管正向导通工作状态

如果给二极管正极加的电压高于负极电压，

这是给二极管加正向偏置电压（简称正向偏压）。图 10-12 所示是给二极管加上正向偏置电压示意图及等效电路。

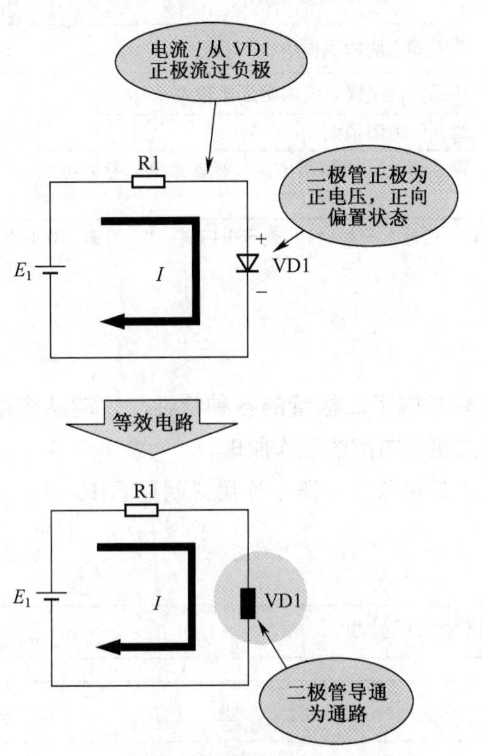

图 10-12　给二极管加上正向偏置电压示意图及等效电路

> **重要提示**
>
> 只要正向偏置电压达到一定的值，二极管便导通，导通后二极管相当于一个导体，二极管的两根引脚之间的电阻很小，相当于接通。
>
> 二极管导通后，所在回路存在电流，这一电流流动方向从二极管正极流向负极，如图 10-12 所示，电流不能从负极流向正极，否则说明二极管已经损坏。

二极管导通的条件为正向偏置电压大到一定程度，对于硅二极管而言为 0.6V，对于锗二极管而言为 0.2V。

2．二极管截止工作状态

如果给二极管正极加的电压低于负极电压，这是给二极管加反向偏置电压（简称反向偏压）。图 10-13 所示是给二极管加上反向偏置电压示意图及等效电路。

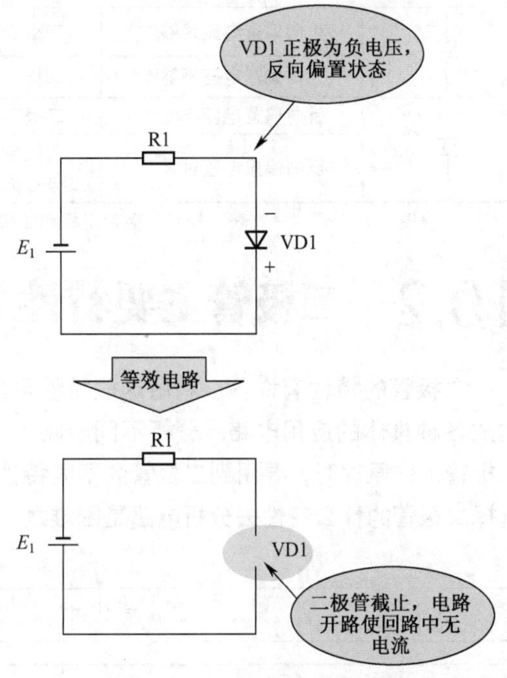

图 10-13　给二极管加上反向偏置电压示意图及等效电路

> **重要提示**
>
> 给二极管加上反向偏置电压后，二极管处于截止状态，二极管两根引脚之间的电阻很大，相当于开路，其等效电路如图 10-13 所示。
>
> 只要是反向偏置电压，二极管中就没有电流流动，如果加的反向偏置电压太大，二极管会被击穿，电流将从负极流向正极，这时二极管已经损坏。

3．二极管导通和截止工作状态判断方法

在分析二极管电路时，重要一环是分析二极管的工作状态，是导通还是截止，二极管工作状态识别方法说明见表 10-10。

表 10-10　二极管工作状态识别方法说明

电压极性及状态		工作状态说明
 + / −	正向偏置电压足够大	二极管正向导通，两引脚之间内阻很小
	正向偏置电压不够大	二极管不足以正向导通，两引脚之间内阻还比较大
 − / +	反向偏置电压不太大	二极管截止，两引脚之间内阻很大
	反向偏置电压过大	二极管反向击穿，两引脚之间内阻很小，二极管无单向导电特性，此时二极管损坏

注：表图中的“+”“−”表示加到二极管正极和负极上的偏置电压极性，符号“+”表示电压高，“−”表示电压低。

10.2　二极管主要特性

二极管的特性有许多，利用这些特性可以构成各种具体的应用电路。分析不同电路中的二极管工作原理时，要用到二极管的不同特性，选择二极管的什么特性去分析电路是困难之一。只有掌握了二极管的各种特性，才能从容地分析二极管电路的工作原理。

二极管在电路中作用说明见表 10-11。

表 10-11　二极管在电路中作用说明

名称及电路图	说　明
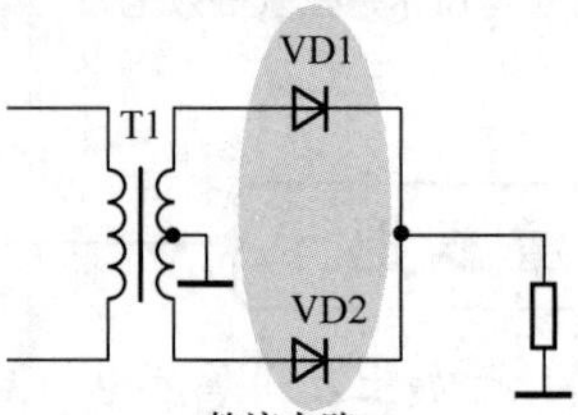 T1、VD1、VD2 整流电路	这是全波整流电路，电路中的 VD1 和 VD2 为整流二极管，在电源电路中都是用整流二极管构成整流电路，整流电路将交流电压转换成单向脉动的直流电压
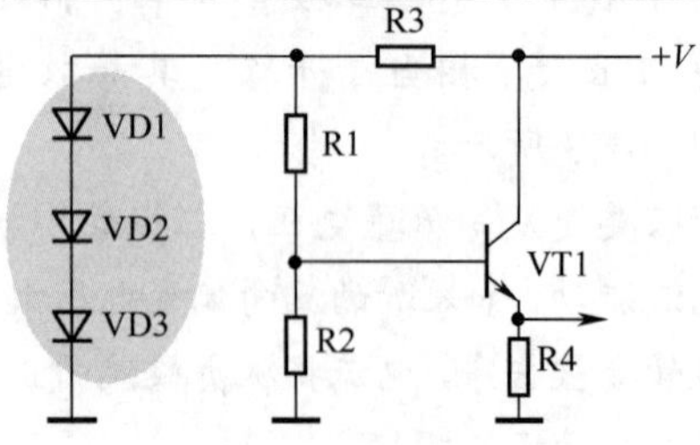 R3、+V、VD1、VD2、VD3、R1、R2、VT1、R4 简易稳压电路	电路中的 3 只二极管 VD1、VD2 和 VD3 构成串联电路，它们在电路中起着直流稳压的作用
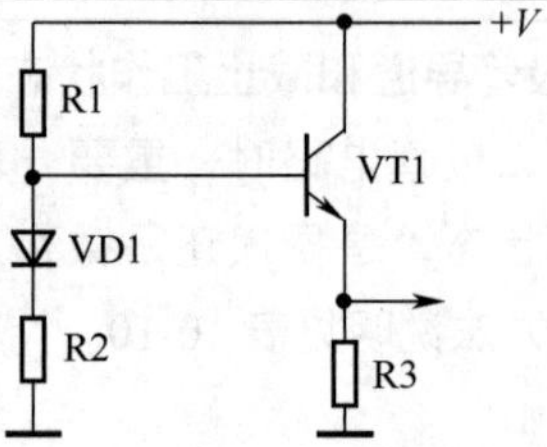 +V、R1、VT1、VD1、R2、R3 温度补偿型偏置电路	这是一种特殊的分压偏置电路，二极管 VD1 用来进行温度补偿，以使三极管 VT1 的工作更加稳定，受温度影响更小

续表

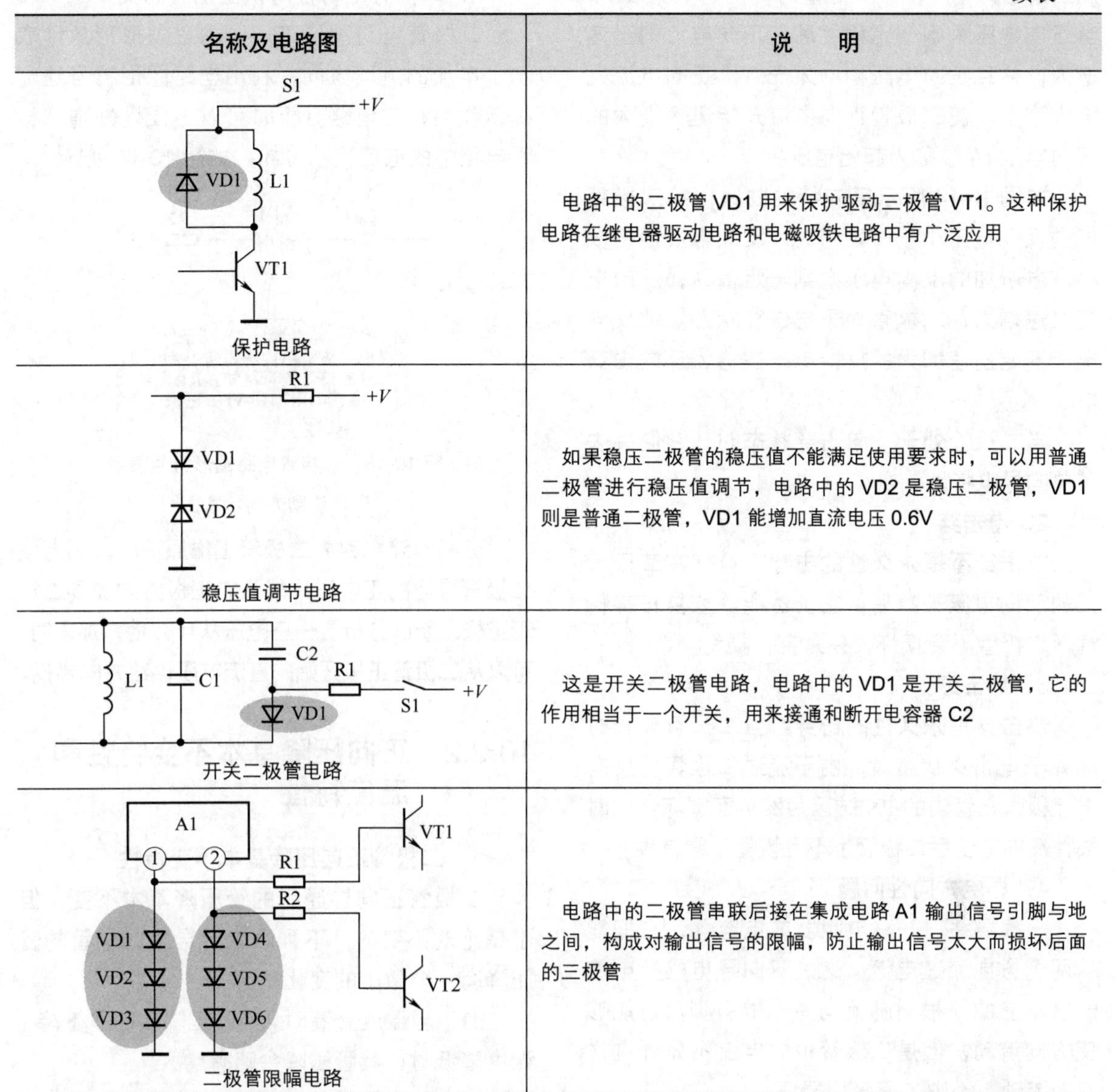

名称及电路图	说　明
保护电路	电路中的二极管 VD1 用来保护驱动三极管 VT1。这种保护电路在继电器驱动电路和电磁吸铁电路中有广泛应用
稳压值调节电路	如果稳压二极管的稳压值不能满足使用要求时，可以用普通二极管进行稳压值调节，电路中的 VD2 是稳压二极管，VD1 则是普通二极管，VD1 能增加直流电压 0.6V
开关二极管电路	这是开关二极管电路，电路中的 VD1 是开关二极管，它的作用相当于一个开关，用来接通和断开电容器 C2
二极管限幅电路	电路中的二极管串联后接在集成电路 A1 输出信号引脚与地之间，构成对输出信号的限幅，防止输出信号太大而损坏后面的三极管

10.2.1　正向特性和反向特性

图 10-14 所示是二极管的伏 - 安（*U-I*）特性曲线，以此说明二极管正向和反向特性。

1．伏 - 安特性曲线

曲线中横轴是电压（*U*），即加到二极管两极引脚之间的电压，正电压表示二极管正极电压高于负极电压，负电压表示二极管正极电压低于负极电压。纵轴是电流（*I*），即流过二极管的电流，正方向表示从正极流向负极，负方向表示从负极流向正极。

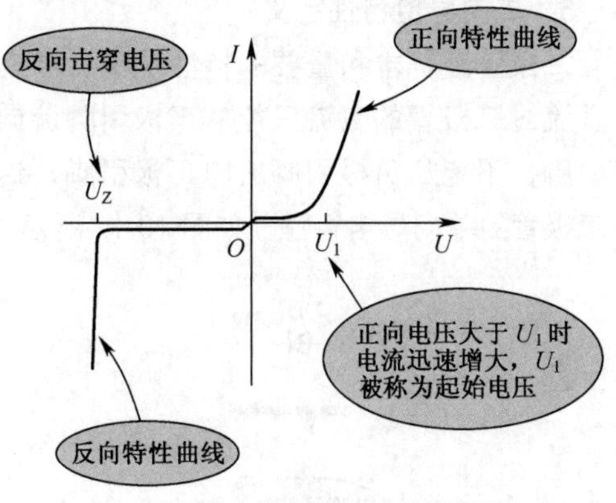

图 10-14　二极管的 *U-I* 特性曲线

如图 **10-14** 所示正向特性曲线，给二极管加上的正向电压小于一定值时，正向电流很小，当正向电压大到一定程度后，正向电流则迅速增大，并且正向电压稍增大一点，正向电流就增大许多。使二极管正向电流开始迅速增大的正向电压 U_1 被称为起始电压。

如图 10-14 所示反向特性曲线，给二极管加的反向电压小于一定值时，反向电流始终很小，当所加的反向电压大到一定值时，反向电流迅速增大，二极管处于电击穿状态。使反向电流开始迅速增大的反向电压被称为反向击穿电压 U_Z。

当二极管处于反向击穿状态时，它便失去了单向导电特性。

2．电击穿

电击穿不是永久性的击穿，将加在二极管上的反向电压去掉后，它仍然能够恢复正常特性，二极管不会损坏，只是存在损伤。

3．热击穿

热击穿是永久性的击穿。当二极管较长时间处于电击穿状态时，由于流过二极管的反向电流很大，管内的 PN 结因为发热而损坏，此时去掉反向电压后二极管也不会恢复正常特性。

4．导电方向性问题

一根导线、一只电阻器或电容器，它们能从两个方向流过电流，这是双向导电的，电流能够从它的一根引脚流向另一根引脚，也能够反方向流动，但是二极管中的电流不允许这样双向流动，否则二极管会损坏。

5．单向导电特性定义

二极管最基本和重要的特性是单向导电特性。流过二极管的电流只能从正极引脚流向负极引脚，不能从负极引脚流向正极引脚，这即为二极管的单向导电特性，如图 10-15 所示。

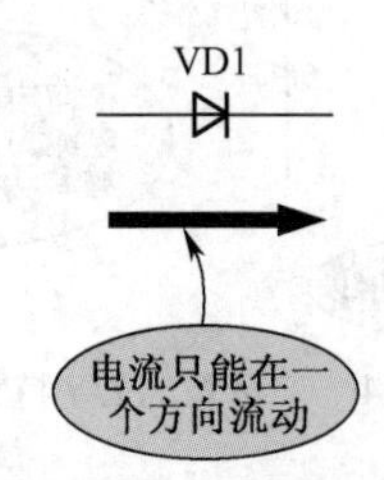

图 10-15　二极管单向导电特性示意图

6．单向导电特性对识图指导意义

二极管电路图形符号中的三角形形象地表示了电流的流动方向，利用电路图形符号这一提示作用，在电路分析时可以方便地知道二极管电路中的电流流动方向，如图 10-16 所示。

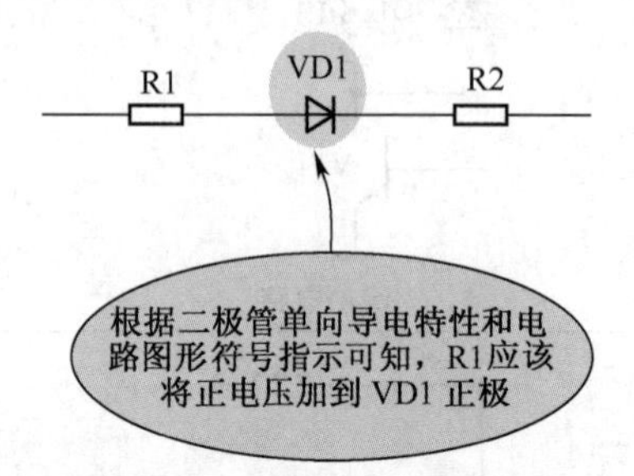

图 10-16　二极管电路图形符号表示电流流动方向示意图

分析直流电路中二极管工作原理时，因为使二极管导通的正电压只能从它正极方向加到二极管正极，所以分析这一正电压从什么地方加来时，可以从二极管正极开始向直流电压供给方向寻找。

10.2.2　正向压降基本不变特性和温度特性

1．二极管正向压降基本不变特性

二极管正向导通后的管压降基本不变，但不是绝对不变的，下列因素会导致二极管的管压降有一个微小的变化。

（1）当温度升高时，其管压降会略有下降；温度降低时，其管压降会略有增大。

（2）正向电流增大许多时，正向压降会有微小的增大。换句话讲，当正向电压有一个微小的增大时，将引起正向电流很大的增大变化，反之则为减小变化。

2．温度特性

利用二极管的管压降随温度微小变化的特性可以设计成温度补偿电路，在分析这种温度补偿电路时不了解二极管这种特性，电路工作原理就无法分析。

10.2.3　正向电阻小、反向电阻大特性

电阻器的标称阻值没有正向和反向之分，二

极管由于具有单向导电特性，所以它的两根引脚之间的电阻分为正向电阻和反向电阻两种。

1．正向电阻和反向电阻

图 10-17 所示是二极管的正向电阻和反向电阻等效电路。

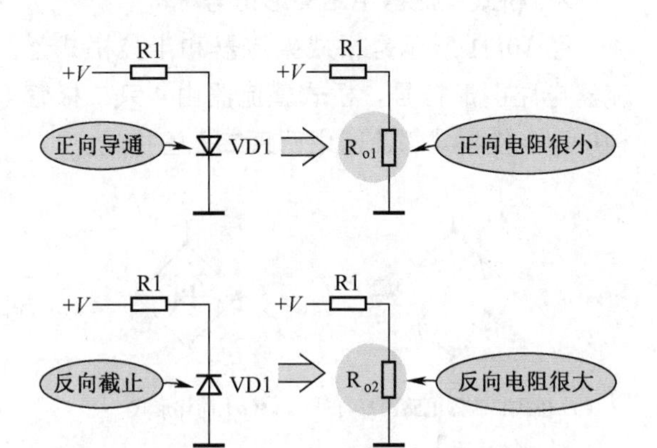

图 10-17　二极管的正向电阻和反向电阻等效电路

> **重要提示**
>
> 正向电阻是二极管正向导通后正、负极之间的电阻（是PN结的正向电阻），这一电阻很小，即正向电阻小。
>
> 反向电阻是二极管处于反向偏置而未击穿时的电阻（是PN结的反向电阻），这一电阻很大，即反向电阻大。
>
> 反向电阻远远大于正向电阻，并且希望越大越好。

2．正向电流与正向电阻之间关系

二极管的正向电阻大小还与正向电流大小相关，当二极管的正向电流变化时，二极管的正向电阻将随之产生微小的变化，正向电流越大，正向电阻越小，如图 10-18 所示，反之则大。

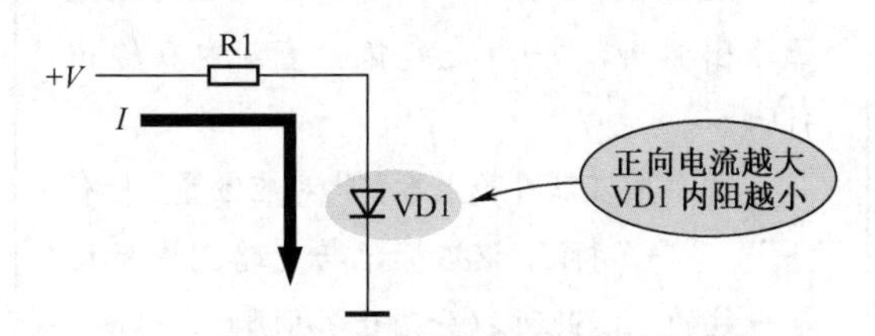

图 10-18　正向电流与正向电阻关系示意图

> **重要提示**
>
> 一些控制电路中，利用二极管的这一特性实现电路的控制功能，如二极管 ALC 电路。

3．二极管开关特性

利用二极管正向电阻和反向电阻相差很大的特性，可以将二极管作为电子开关器件，即所谓的二极管开关电路。

二极管正向导通时，其内阻很小，相当于开关接通；二极管截止时，它两根引脚之间的电阻很大，相当于开关断开。图 10-19 所示是二极管开关特性等效电路。

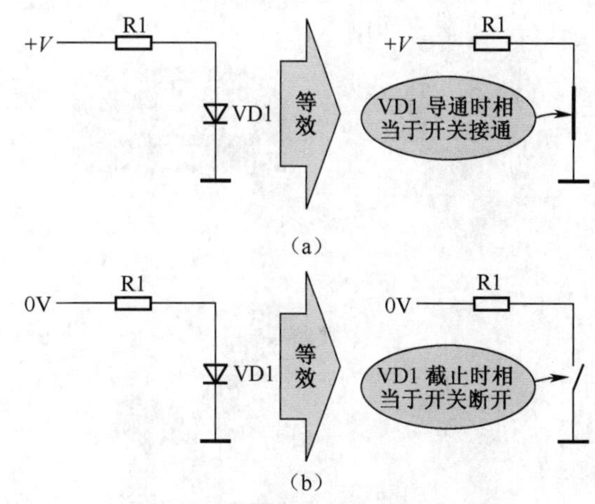

图 10-19　二极管开关特性等效电路

> **重要提示**
>
> 二极管开关与机械式开关相比，二极管导通时的内阻不为零，二极管截止时电阻器没有开路。但是，二极管这两种工作状态下的电阻已经相差很大，在电路中可以起到电路通与断的控制作用。
>
> 这种二极管开关电路（又称二极管电子开关电路）的优点是开关速度快，而机械式开关在开关速度上不能与之相比。所以，在电子电路中，广泛使用各种电子开关电路。

10.3 桥式整流器、高压硅堆和二极管排及红外发光二极管基础知识

10.3.1 桥式整流器基础知识

桥式整流器、半控桥式整流器及全控桥式整流器都是整流二极管的组合器件，这一点可以从它们的结构看出。在许多电源电路中使用桥式整流器或半控桥式整流器构成整流电路。

1．桥式整流器外形特征

图 10-20 是几种桥式整流器实物图。桥式整流器的外形有许多种，其体积大小不一，一般情况下整流电流大的桥式整流器的体积也大。

图 10-20　几种桥式整流器实物图

全控桥式整流器共有 **4** 根引脚，这 **4** 根引脚除标有“～”符号的两根引脚之间可以互换使用外，其他引脚之间不能互换使用。半控桥式整流器为 **3** 根引脚。

> **重要提示**
>
> 桥式整流器的各引脚旁均有标记，但这些标记不一定是标在桥式整流器的顶部，也可以标在侧面的引脚旁。
>
> 在其他电子元器件中，像桥式整流器这样的引脚标记方法是没有的，所以在电路中能很容易识别桥式整流器。桥式整流器主要用于电源电路中。

2．桥式整流器电路图形符号

图 10-21 所示是桥式整流器和半控桥式整流器电路图形符号。桥式整流器由 4 只二极管构成，半控桥式整流器由两只二极管构成。

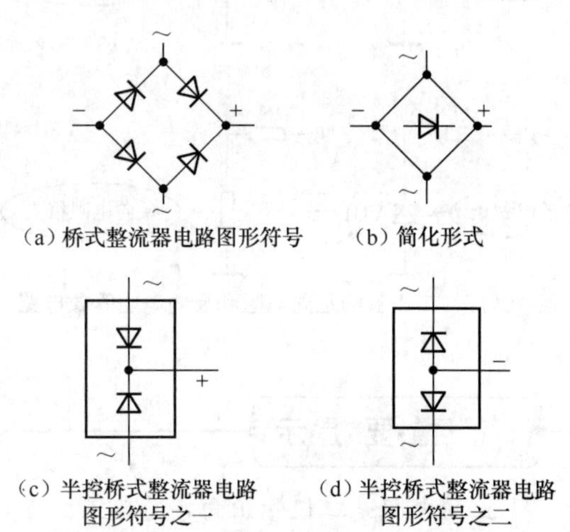

图 10-21　桥式整流器和半控桥式整流器电路图形符号

图 10-21（a）所示是桥式整流器的电路图形符号，图 10-21（b）所示是桥式整流器电路图形符号的简化形式。图 10-21（c）和（d）所示是两种半控桥式整流器的电路图形符号，它们内部的二极管连接方式不同，一个是两只二极管的正极相连，另一个是两只二极管的负极相连。

> **重要提示**
>
> 电路图形符号中“～”表示交流电压输入引脚，每个桥式整流器或半控桥式整流器各有两个交流电压输入引脚，这两个引脚没有极性之分。“+”是正极性直流电压输出引脚，“−”是负极性直流电压输出引脚。
>
> 桥式整流器外壳上各引脚对应位置上标有“～”“−”“+”标记，这些标记与电路图中标记是一致的，以此可以分辨出各引脚。

3．桥式整流器特点

（1）整流电路中采用桥式整流器后，电路的结构得到明显简化。电路中由一个元器件（桥式整流器）构成整流电路，而不是多只二极管构成整流电路。

（2）电路分析比较简单。在了解桥式整流器及半控桥式整流器内部结构和工作原理的情况下，电路工作原理分析得到大大简化。如果不能掌握桥式整流器及半控桥式整流器的内部结构及电路工作原理，电路分析、故障检修难度就较大。所以，掌握桥式整流器及半控桥式整流器的内部结构及电路工作原理是识图和检修的基础。

4．桥式整流器直流输出电压极性

桥式整流器由4只二极管构成，4只二极管封装在一起，形成一个整体，引出4根引脚。桥式整流器通常用来构成桥式整流电路。它的两个引脚作为交流电压输入端，即标有“～”符号的两个引脚。桥式整流器直流输出电压极性说明见表10-12。

表10-12　桥式整流器直流输出电压极性说明

电　路　图	说　　明
~ − + ~ 正电压	在桥式整流器接成正极性直流输出电压的电路时，它的“−”引脚端接地，从“+”引脚端输出正极性的直流电压
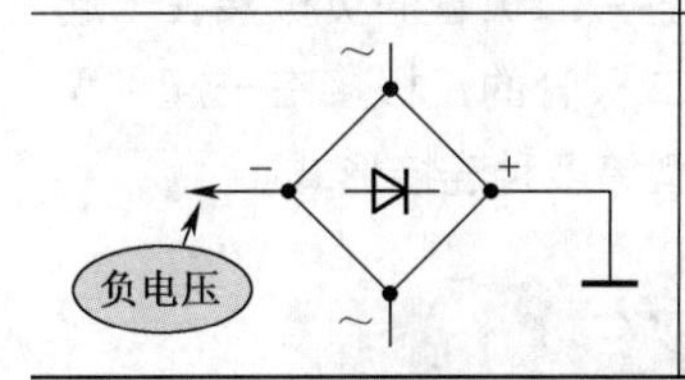	桥式整流器也可以接成负极性直流输出电压的电路，这时，它的“+”引脚端接地，从“−”引脚端输出负极性的直流电压

5．半控桥式整流器

重要提示

半控桥式整流器可以构成全波整流电路，两种不同的半控桥式整流器分别可以构成输出正极性电压的全波整流电路和输出负极性电压的全波整流电路。

两个不同极性的半控桥式整流器合起来构成一个桥式整流器，作为桥式整流电路。

半控桥式整流器有四端和三端之分，图10-22所示是四端半控桥式整流器外形示意图和内电路。内部的两只二极管彼此独立，两只二极管的电极之间不相连接。这种半控桥式整流器在应用时更为灵活，在外电路中可以方便地连接成各种形式的应用电路。根据这种半控桥式整流器内部结构和外形示意图，可以方便地识别出它的各引脚作用。

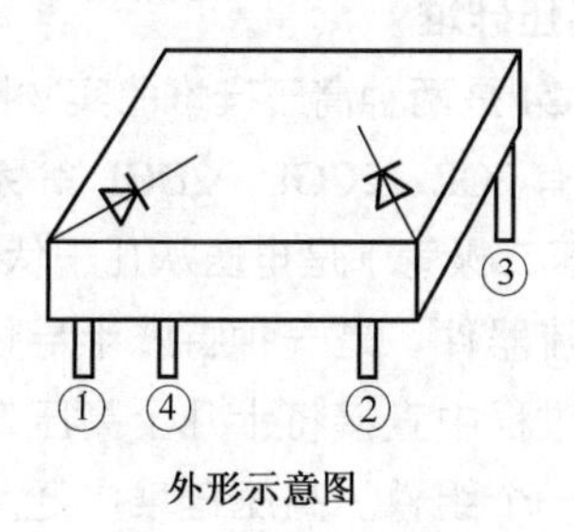

外形示意图

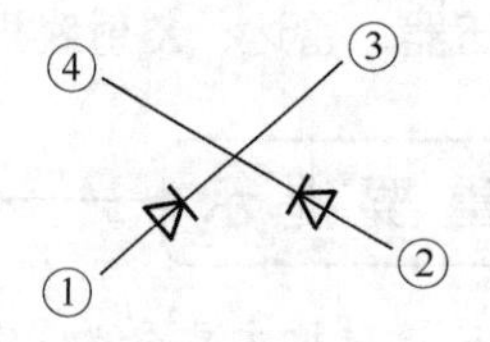

内电路

图10-22　四端半控桥式整流器

图10-23所示是三端半控桥式整流器外形示意图和内电路，三端半控桥式整流器内部的两只整流二极管的负极与负极相连或正极与正

极相连，分为两种电路结构情况。

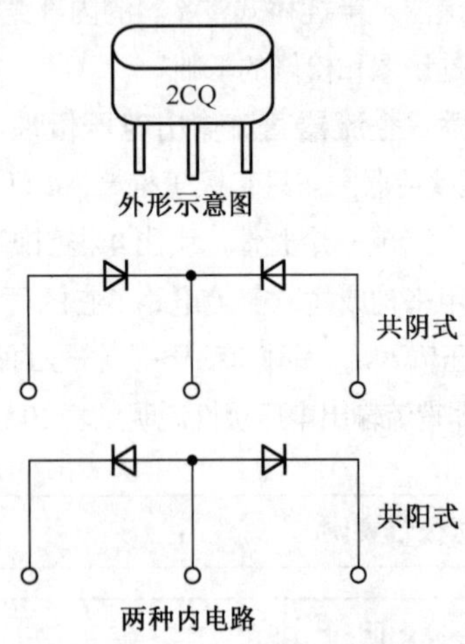

图 10-23　三端半控桥式整流器

用一只半控桥式整流器可以组成全波整流电路，用两只半控桥式整流器可以组成桥式全波整流电路。

6．桥式整流器参数识别方法

桥式整流器的外壳上通常标出 QL-×A，其中 QL 表示是桥式整流器，×A 表示工作电流。例如，某桥式整流器上标出 QL-3A，这表示它是工作电流为 3A 的桥式整流器。

10.3.2　高压硅堆和二极管排

1．高压硅堆

图 10-24 是两种高压硅堆的实物图，常用的高压硅堆有 2CL、2CGL、2DGL 等系列。高压硅堆（高压二极管）是电压从几千伏到 20 000V 的快速整流器件，是一种特殊半导体器件。它是在制作过程中直接将十几个高压二极管串联在一起的一个组件。高压硅堆广泛用于显示器的行输出变压器、雷达、X 射线机等领域。

重要提示

高压整流硅堆主要分为：低频高压硅堆、高频高压硅堆、超高频高压硅堆、耐冲击高压硅堆、脉冲高压硅堆、雪崩高压硅堆、油浸式高压硅堆、X 射线机专用高压硅堆、半桥式高压硅堆、组合式高压硅堆等。

（a）高压硅堆

（b）全桥式高压硅堆

图 10-24　两种高压硅堆实物图

2．二极管排

图 10-25 是二极管排实物图。二极管排是将两只或两只以上的二极管封装在一起组成的，其内电路有共阴（将各只二极管的负极接在一起）型、共阳（将各只二极管的正极接在一起）型、串接型和独立脚点型等多种连接形式。

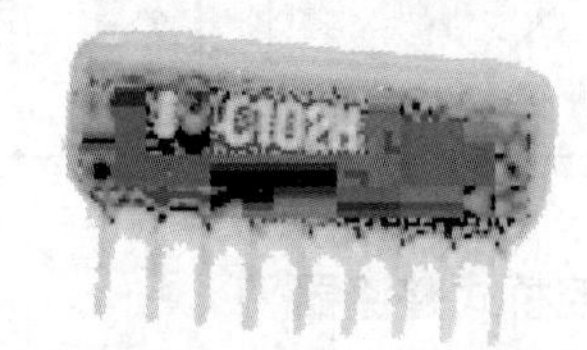

图 10-25　二极管排实物图

图 10-26 所示是五端二极管排外形示意图和内电路，它内含 4 只二极管，型号有 DAN401、DAP401 等。

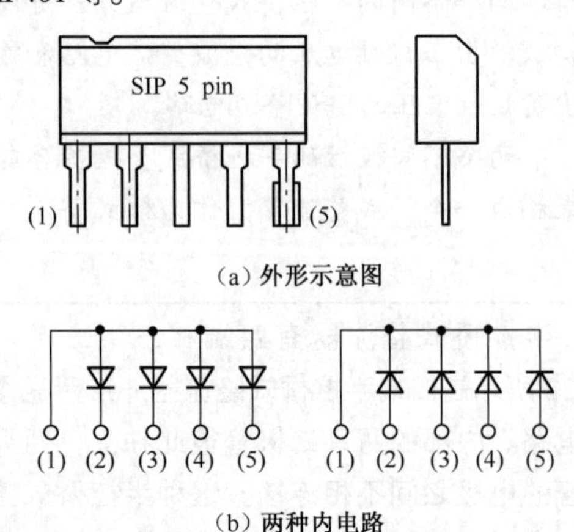

（a）外形示意图

（b）两种内电路

图 10-26　五端二极管排外形示意图和内电路

图 10-27 所示是七端二极管排外形示意图和内电路，它内含 6 只二极管，型号有 DAN601、DAP601 等。

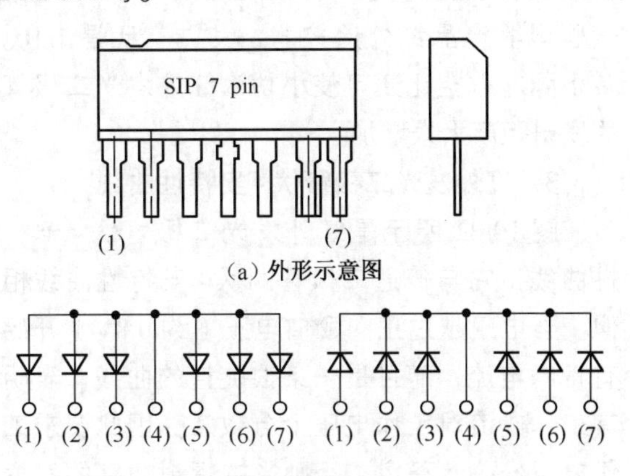

（a）外形示意图

（b）两种内电路

图 10-27 七端二极管排外形示意图和内电路

图 10-28 所示是九端二极管排外形示意图和内电路，它内含 8 只二极管，型号有 DAN801、DAN803、DAP801、DAP803 等。

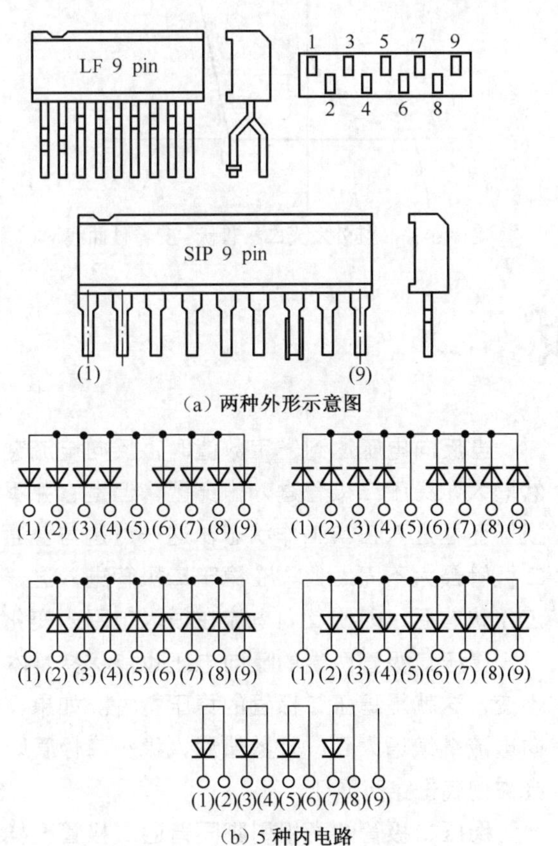

（a）两种外形示意图

（b）5 种内电路

图 10-28 九端二极管排外形示意图和内电路

10.3.3 红外发光二极管基础知识

可见光发光二极管广泛用于各指示器电路中作为指示器件，红外发光（非可见光）二极管则用于遥控器电路中。此外还有激光发光二极管，用于激光头中。

重 要 提 示

红外发光二极管电路图形符号与普通发光二极管电路图形符号一样。红外发光二极管也称红外线发射二极管，它是可以将电能直接转换成红外光（不可见光）并能辐射出去的发光器件，主要应用于各种光控及遥控发射电路中。

1. 实物图

图 10-29 是两种红外发光二极管实物图，它的管壳顶部有一个发光窗。

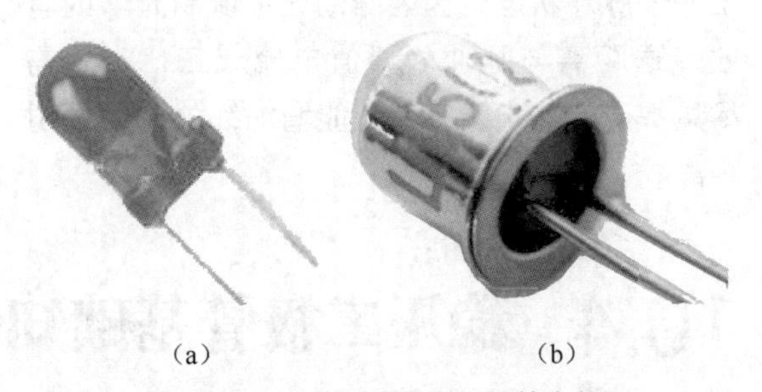

（a） （b）

图 10-29 两种红外发光二极管实物图

常见的红外发光二极管，其功率分为小功率（1～10mW）、中功率（20 ～ 50mW）和大功率（50～100mW 以上）三大类。

2. 红外发光二极管结构及工作原理

红外发光二极管基本结构是一个 PN 结，所以它的两根引脚也有正、负之分。图 10-30 是几种红外发光二极管引脚识别示意图。红外发光二极管的结构、原理与普通发光二极管相近，只是使用的半导体材料不同。

红外发光二极管通常使用砷化镓（GaAs）、砷铝化镓（GaAlAs）等材料，采用全透明或浅蓝色、黑色的树脂封装。

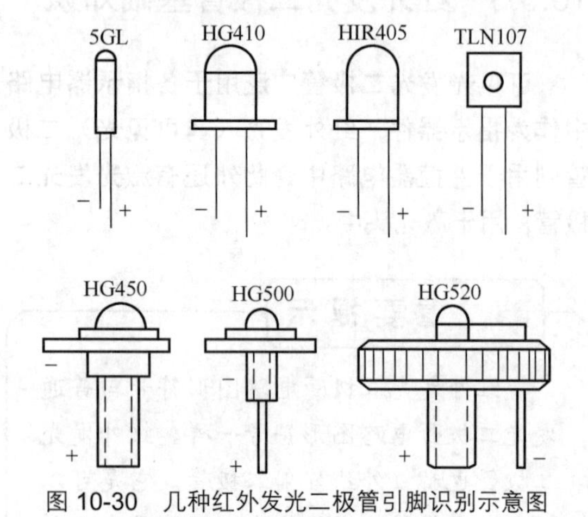

图 10-30　几种红外发光二极管引脚识别示意图

红外发光二极管的管压降约 1.4V，工作电流一般小于 20mA。为了适应不同的工作电压，回路中时常串联限流电阻器。

红外发光二极管发射红外线去控制相应的光敏器件时，其控制的距离与发射功率成正比。为增加红外线控制距离，要使红外发光二极管工作于脉冲状态，因为脉动光（调制光）的有效传送距离与脉冲的峰值电流成正比，只需尽量提高峰值电流 I_P，就能增加红外光的发射距离。

提高峰值电流的方法是减小脉冲占空比，即压缩脉冲的宽度 T，一些电视机等红外遥控器的红外发光二极管工作脉冲占空比为 1/4～1/3；一些电器产品红外遥控器，其占空比是 1/10。减小脉冲占空比还可使小功率红外发光二极管的发射距离大大增加。

3. 红外发光二极管伏 - 安特性曲线

图 10-31 所示是红外发光二极管伏 - 安特性曲线，它与普通二极管的伏 - 安特性曲线相似。当电压越过正向阈值电压（约 0.8V）开始有正向电流，而且是一条很陡直的曲线，表明其工作电流对工作电压十分敏感。因此要求工作电压准确、稳定，否则影响辐射功率的发挥及其可靠性。

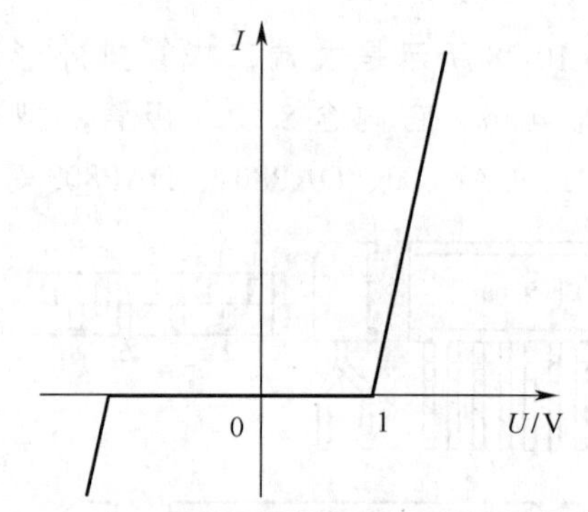

图 10-31　红外发光二极管伏 - 安特性曲线

10.4　稳压二极管基础知识

稳压二极管也称齐纳二极管，或称反向击穿二极管。

重要提示

稳压二极管是二极管中的一种，但是它的工作特性与普通二极管有着很大的不同，稳压二极管主要用来稳定直流工作电压，此外还可以用来对信号进行限幅等。

稳压二极管具有普通二极管的单向导电特性，但是它工作在反向击穿状态（普通二极管反向击穿时将损坏）。

当反向电压达到一定数值时，反向电流突然增大，稳压二极管进入击穿区，但是它并不损坏而是进入正常工作状态，这一点是与普通二极管最大不同之处。在稳压二极管进入这一工作状态后，即使反向电流在很大范围内变化时，稳压二极管两端的反向电压也能保持基本不变，这就是稳压二极管的稳压特性。如果反向电流继续增大到一定数值后，稳压二极管则会被彻底击穿而损坏。

稳压二极管的两根引脚同普通二极管一样也有极性之分，它在电路中的接法与普通二极管恰好相反，PN 结处于反向偏置状态。

10.4.1　稳压二极管种类和外形特征

1．稳压二极管种类

稳压二极管根据外壳包装材料划分有金属封装、玻璃封装、塑料封装，塑料封装稳压二极管又分为有引线型和表面封装两种类型；根据内部结构划分有普通稳压二极管（两根引脚）和温度互补型稳压二极管（3 根引脚）；根据其电流容量可分为大功率稳压二极管（2A 以上）和小功率稳压二极管（1.5A 以下）。

2．稳压二极管外形特征

几种稳压二极管实物图见表 10-13。

表 10-13　几种稳压二极管实物图

玻璃封装稳压二极管	塑料封装稳压二极管	典型稳压二极管
3 根引脚稳压二极管	大功率稳压二极管	贴片稳压二极管

关于稳压二极管的外形特征主要说明以下几点。

（1）稳压二极管的具体形状有多种，外形同普通二极管基本一样。

（2）稳压二极管一般情况下只有两根引脚，在一些特殊的稳压二极管中有 3 根引脚，3 根引脚的稳压二极管外形同三极管一样。

（3）稳压二极管的外壳有金属、玻璃、塑料等多种，有的在外壳上直接标出稳压值。

3．稳压二极管引脚识别方法

识别稳压二极管的各引脚有下列两种方法。

（1）通过稳压二极管外形特征和管壳上的各种标记，可以识别各种稳压二极管的正、负引脚。例如，有的稳压二极管上直接标出电路图形符号，塑料封装的稳压二极管有标记的一端为负极，金属封装稳压二极管半圆面一端为负极，平面一端为正极，如图 10-32 所示。

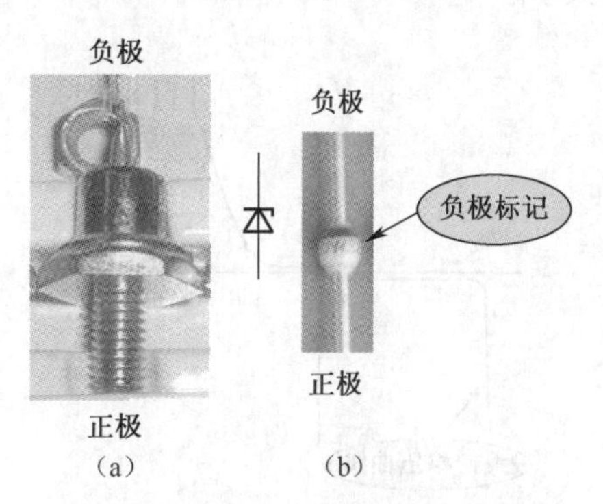

图 10-32　稳压二极管极性识别示意图

（2）用万用表检测的方法。稳压二极管也是一个 PN 结的结构，所以运用万用表电阻挡测量 PN 结的正向和反向电阻可以分辨正、负引脚。

10.4.2 稳压二极管结构和工作原理

1. 普通稳压二极管结构和工作原理

稳压二极管的基本结构同普通二极管一样，是一个 PN 结，但是由于制造工艺不同，当这种 PN 结处于反向击穿状态时，PN 结不会损坏，当稳压二极管用于稳定电压时就是应用它的这一击穿特性。

加在稳压二极管的反向电压增加到一定数值时，形成大的反向电流，此时电压基本不变，这被称为隧道击穿，这个近似不变的电压被称为齐纳电压。对硅稳压二极管而言，稳定电压在 5V 以下的器件靠齐纳电压工作。

当反向电压比较高时，受强电场作用形成大的反向电流，而电压基本不变，这被称为雪崩击穿，这一基本不变的电压被称为雪崩电压。对硅稳压二极管而言，稳定电压在 7V 以上的器件靠雪崩电压工作。

2. 稳压二极管伏 - 安特性曲线

图 10-33 所示是稳压二极管伏 - 安特性曲线，它可以说明稳压二极管的稳压原理。从图中可以看出，这一特性曲线与普通二极管的伏 - 安特性曲线基本一样。横轴方向表示稳压二极管上的电压大小，纵轴方向表示流过稳压二极管的电流大小。

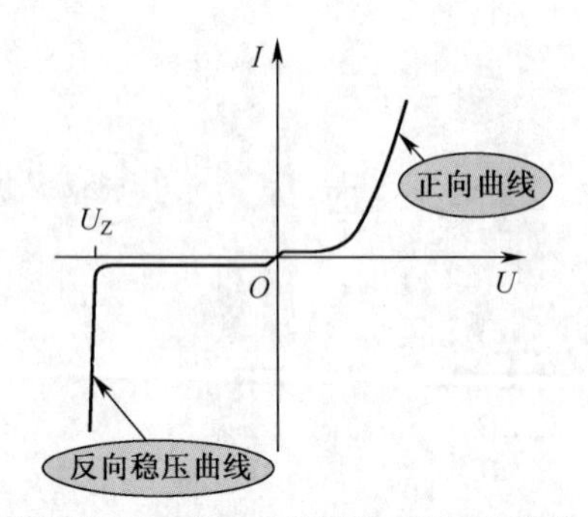

图 10-33 稳压二极管伏 - 安特性曲线

从第一象限的曲线可以看出，它同普通二极管的正向特性曲线一样，此时相当于给稳压二极管 PN 结加正向偏置电压，稳压二极管在进行稳压运用时不用这种偏置方式，这一点与普通二极管明显不同。

从第三象限的曲线可以看出下列几点。

（1）在反向电压较低时，稳压二极管截止，它不工作在这一区域。

（2）反向电压增大到 U_Z 时，曲线很陡，说明流过稳压二极管的电流在大小变化时，稳压二极管两端的电压大小基本不变，电压是稳定的，稳压二极管正是工作在这一状态下。换而言之，当稳压二极管工作在稳压状态时，稳定电压有很微小的变化，就可以引起稳压二极管很大的反向电流变化。

（3）U_Z 是稳压二极管的稳定电压值，被称为稳压值。不同的稳压二极管中，这一稳定电压大小不同。

稳压二极管的 PN 结处于反向击穿状态时，只要流过这一 PN 结的工作电流不大于最大稳定电流，稳压二极管就不会损坏。如果反向电流再增大，则稳压二极管也会损坏。

综上所述，利用稳压二极管构成稳压电路时，必须给稳压二极管的 PN 结加上反向偏置电压。

3. 温度补偿型稳压二极管工作原理

图 10-34 是温度补偿型稳压二极管内部结构示意图。在一些要求电压温度特性较高的场合下，采用多种措施来进行温度补偿。温度补偿型稳压二极管在工作时，①脚和②脚不分，内部的两只稳压二极管的性能相同，两只二极管一只工作在正向，另一只工作在反向，这样两个 PN 结一个正向偏置，另一个反向偏置。

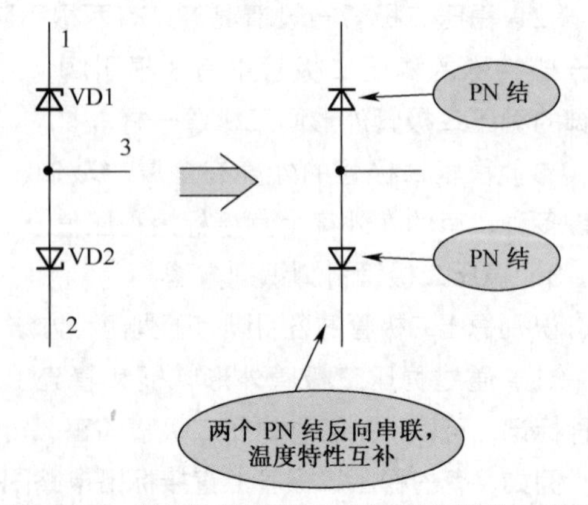

图 10-34 温度补偿型稳压二极管内部结构示意图

重要提示

PN结在正向和反向偏置状态下的压降受温度影响结果相反，当正向偏置的PN结随温度升高而压降增大时，反向偏置的PN结压降则下降，这样，一个压降增大，另一个压降减小，相互抵消，使两个PN结压降之和基本不变，达到温度补偿的目的。

4．稳压二极管电流方向

图10-35是稳压二极管和普通二极管电流方向比较示意图，这是两种二极管正常工作时的电流方向示意图。从图中可以看出，稳压二极管的电流是从负极流向正极，而普通二极管的电流是从正极流向负极。

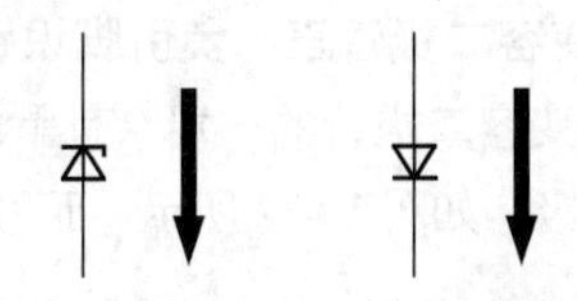

（a）稳压二极管电流方向　（b）普通二极管电流方向

图10-35　稳压二极管和普通二极管电流方向比较示意图

10.4.3　稳压二极管主要参数和主要特性

1．稳压二极管主要参数

稳压二极管的参数较多，有下列几项主要参数。

（1）稳定电压 U_Z。稳定电压 U_Z 就是伏-安特性曲线中的反向击穿电压，它是指稳压二极管进入稳压状态时二极管两端的电压大小。

重要提示

由于生产过程中的离散性，手册中给出的稳定电压不是一个确定值，而是给了一个范围，例如，1N4733A稳压二极管，典型值5.1V，最小值4.85V，最大值5.36V。

（2）最大稳定电流 I_{ZM}。它是指稳压二极管长时间工作而不损坏所允许流过的最大稳定电流值。稳压二极管在实际运用中，工作电流要小于最大稳定电流，否则会损坏稳压二极管。

（3）电压温度系数 C_{TV}。它是用来表征稳压二极管的稳压值受温度影响程度和性质的一个参数。此系数有正、负之分，其值愈小愈好。电压温度系数一般为0.05～0.1。

重要提示

稳压值大于7V，稳压二极管是正温度系数的，当温度升高时稳定电压值升高，反之则下降。

稳压值小于5V，稳压二极管是负温度系数的，当温度升高时稳定电压值下降，反之则升高。

稳压值在5～7V之间，稳压二极管温度系数接近于零，即稳定电压值不随温度变化。

（4）最大允许耗散功率 P_M。它是指稳压二极管击穿后稳压二极管本身所允许消耗功率的最大值。实际使用中稳压二极管如果超过这一值，稳压二极管将被烧坏。

（5）动态电阻 R_Z。动态电阻 R_Z 愈小，稳压性能就愈好，R_Z 一般为几欧到几百欧。

2．稳压二极管主要特性

稳压二极管的基本结构是PN结，所以与普通二极管具有相似的一般特性，但是它也有自己的特性，主要说明如下几点。

（1）加到稳压二极管上的电压达到 U_Z 时，稳压二极管击穿，两引脚之间的电压大小基本不变，利用这一特性可以进行稳压。

（2）稳定电压 U_Z 大小受温度变化影响。

（3）稳压二极管的PN结加上正向偏置电压时，它也可以作为一个普通二极管使用，但由于稳压二极管成本较高，所以电路中不会把稳压二极管作为普通二极管使用。

10.5 变容二极管基础知识

变容二极管首先是一种二极管，具有二极管的一般特性，在应用中则是运用了它的结电容随反向偏置电压大小可变的特性。

变容二极管常用于电调谐和倍频器等电路中。

10.5.1 变容二极管外形特征和种类

1．变容二极管实物图

变容二极管实物图见表10-14。

表10-14 变容二极管实物图

玻璃封装变容二极管	塑料封装变容二极管	典型变容二极管

变容二极管有多种封装形式，共有两根引脚，也同普通二极管一样有正、负极性之分，外壳上有色环标记的一端为负极，也可以通过万用表电阻挡测量PN结正、反向电阻来分辨正、负极引脚。

2．种类

变容二极管按照PN结的结构和结面附近杂质的分布情况不同，可以分成缓变结型、突变结型和超变结型3种类型。图10-36所示是这3种变容二极管的电压-容量特性曲线，图中横轴方向表示变容二极管上的反向偏置电压，纵轴方向表示结电容。

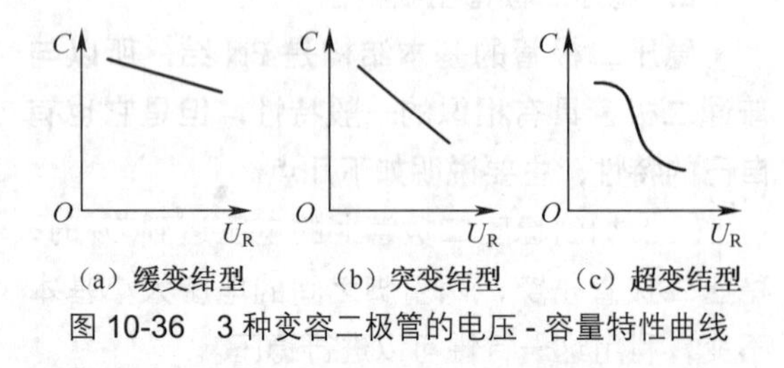

图10-36 3种变容二极管的电压-容量特性曲线

从图中可以看出，它们的结电容随反向偏置电压的增大而减小，各种类型变容二极管的结电容变化速率是不同的，缓变结型的最慢，超变结型的最快。

3．变容二极管正、负引脚识别方法

有的变容二极管的一端涂有黑色标记，这一端即是负极，如图10-37所示，而另一端为正极。

图10-37 变容二极管黑色环负极标记

还有的变容二极管的管壳两端分别涂有黄色环和红色环，或是只涂红色点，红色的一端为正极，黄色的一端为负极。图10-38是变容二极管红色点正极标记示意图。

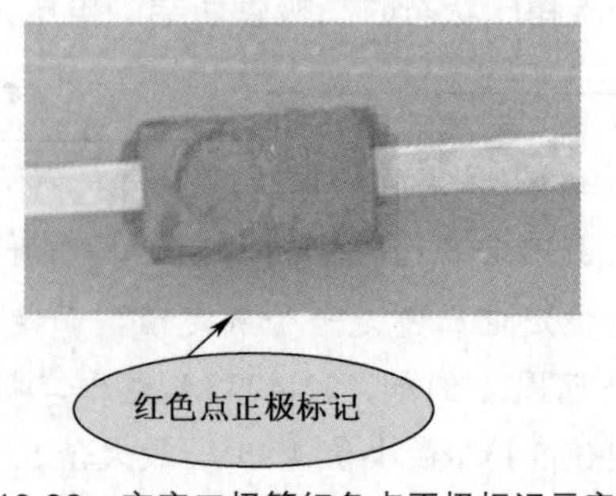

图10-38 变容二极管红色点正极标记示意图

10.5.2　变容二极管工作原理、主要参数和特性曲线

1．变容二极管工作原理

重要提示

变容二极管也是一个PN结的结构，为了获得较大的结电容，变容二极管做成面接触型或阶梯接触型，以扩大接触面，增大结电容。

变容二极管工作时处于反向偏置状态，即负极上的电压大于正极上的电压。当反向偏置电压增大时，PN结的阻挡层变厚，相当于电容器两极板之间的距离增大，这样结电容下降。反向偏置电压愈大，结电容愈小。

图10-39所示是变容二极管等效电路，它等效成一只微调电容器Cd和电阻器Rs的串联电路，其中，电容器Cd就是结电容。在一般电路分析中，可以不计等效电路中的电阻Rs。

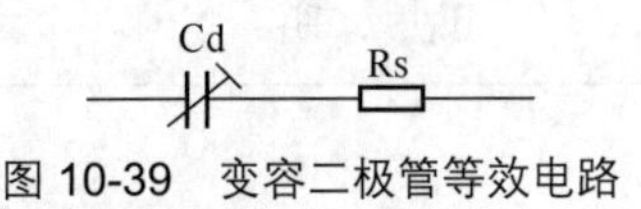

图10-39　变容二极管等效电路

2．变容二极管主要参数

（1）品质因数*Q*。品质因数$Q=1/(2\pi f R_s C_d)$，要求Q值必须足够大，以保证调谐电路的Q值。

串联电阻器Rs会使变容二极管产生损耗，这种损耗愈大，品质因数Q愈小，变容二极管的质量愈差。

（2）截止频率f_t。当频率增高时，Q值要下降，当Q值下降到1时的频率为截止频率。图10-40所示是变容二极管频率与Q值之间的关系特性曲线。

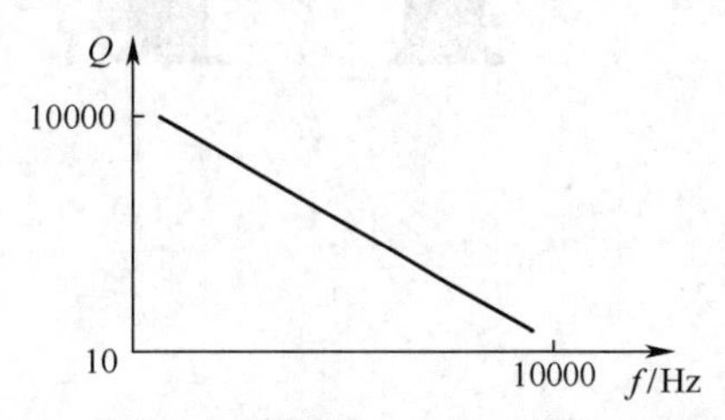

图10-40　变容二极管频率与Q值之间的关系特性曲线

（3）电容变化比。变容二极管在零偏压时的结电容与在击穿电压时的结电容之比叫作电容变化比。电容变化比大，调谐频率范围大。

变容二极管的容量变化范围一般为5～300pF。

（4）击穿电压。变容二极管击穿电压较高，一般为15～90V。

3．变容二极管反向电压-容量特性曲线

图10-41所示是变容二极管反向电压-容量特性曲线，从曲线中可以看出，反向偏置电压愈大，其容量愈小。

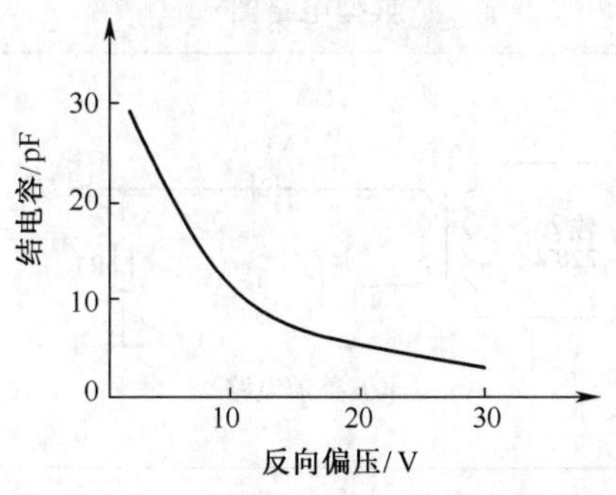

图10-41　变容二极管反向电压-容量特性曲线

第11章 常用二极管应用电路分析

11.1 二极管整流电路

重要提示

二极管电路中整流二极管的应用最为常见。所谓整流二极管就是专门用于将电源电路中的交流电转换成单向脉动直流电的二极管，由整流二极管构成的电路称为二极管整流电路。

4 种常见的二极管整流电路说明见表 11-1。

表 11-1 4 种常见二极管整流电路说明

典型电路图	说　明
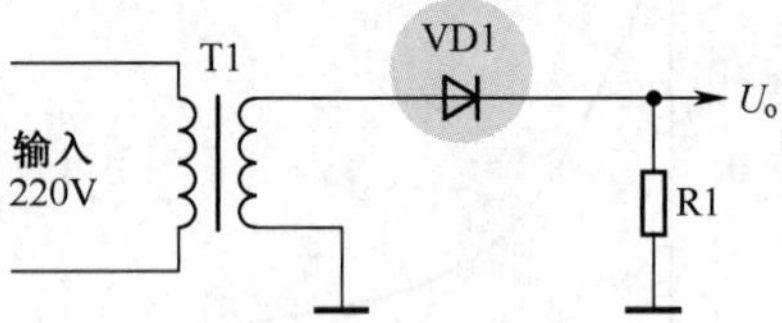 T1 VD1 U_o 输入 220V R1 半波整流电路	半波整流电路中使用一只整流二极管构成一组整流电路。 根据输出的单向脉动直流电压的极性不同，半波整流电路分为两种：正极性半波整流电路和负极性半波整流电路
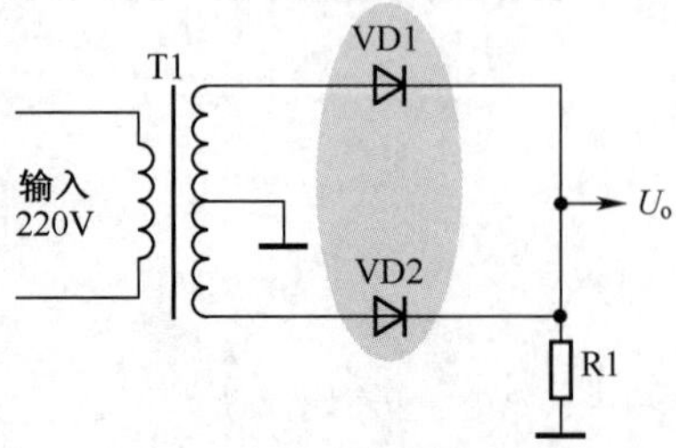 T1 VD1 U_o 输入 220V VD2 R1 全波整流电路	全波整流电路中使用两只整流二极管构成一组整流电路。 根据输出的单向脉动直流电压极性不同，全波整流电路分为两种：正极性全波整流电路和负极性全波整流电路

续表

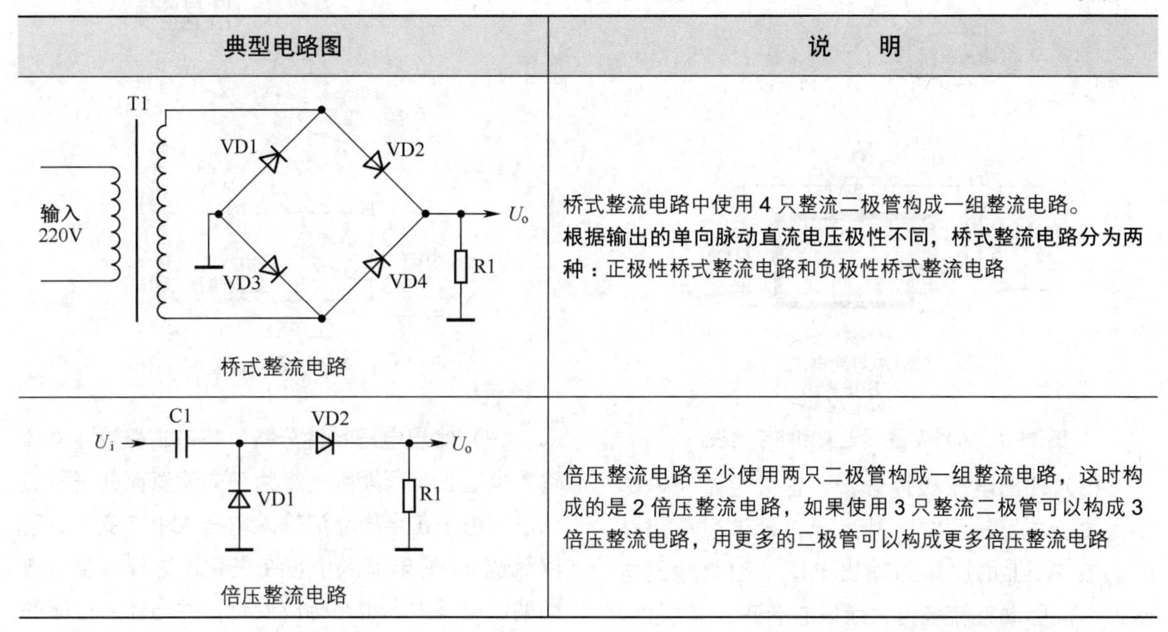

典型电路图	说　明
桥式整流电路	桥式整流电路中使用 4 只整流二极管构成一组整流电路。 根据输出的单向脉动直流电压极性不同，桥式整流电路分为两种：正极性桥式整流电路和负极性桥式整流电路
倍压整流电路	倍压整流电路至少使用两只二极管构成一组整流电路，这时构成的是 2 倍压整流电路，如果使用 3 只整流二极管可以构成 3 倍压整流电路，用更多的二极管可以构成更多倍压整流电路

11.1.1　正极性半波整流电路

图 11-1 所示是经典的正极性半波整流电路。T1 是电源变压器，VD1 是用于整流目的的整流二极管，整流二极管导通后的电流流过负载电阻器 R1。为了方便分析电路，整流电路的负载电路用电阻器 R1 表示，实用电路中负载是某一个具体电子电路。

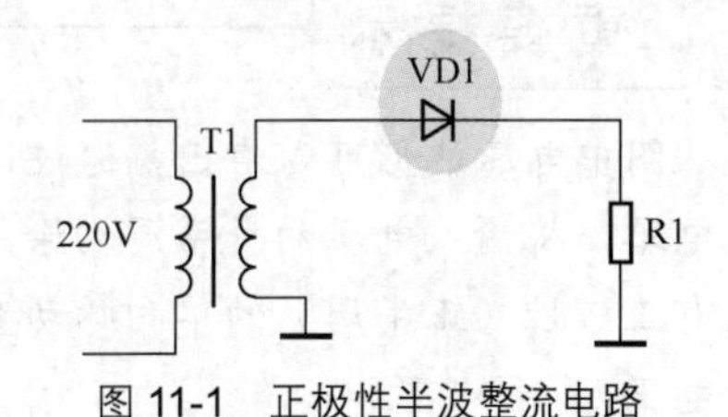

图 11-1　正极性半波整流电路

1．电路分析

输入整流电路的交流电压来自电源变压器 T1 二次绕组输出端。分析整流电路工作原理需要将交流电压分成正、负半周两种情况。

（1）正半周交流电压使整流二极管导通分析。 交流电压正半周期间，交流输入电压使 VD1 正极上电压高于地线的电压，如图 11-2 所示，二极管负极通过 R1 与地端相连而为 0V，VD1 正极电压高于负极电压。由于交流输入电压幅度足够大，VD1 处于正向偏置状态，整流二极管 VD1 导通。

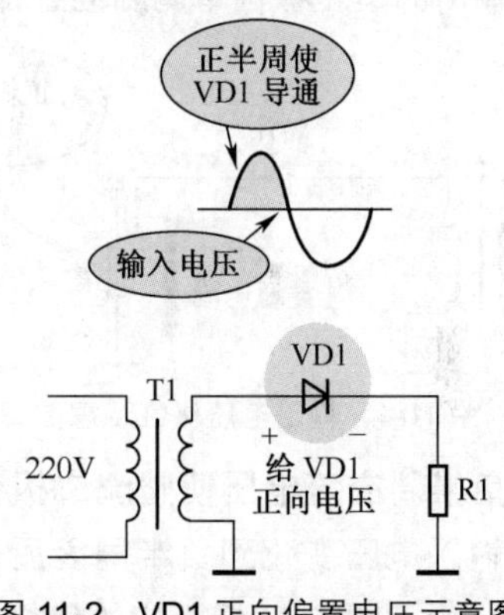

图 11-2　VD1 正向偏置电压示意图

（2）VD1 导通时的电流回路分析。 图 11-3 是 VD1 导通后电流回路示意图，其回路为：T1 二次绕组上端→ VD1 正极→ VD1 负极→电阻器 R1 →地线→ T1 二次绕组下端。

重要提示

通过对整流二极管导通时电流回路的分析，可以进一步理解整流电路的工作原理，同时有利于整流电路的检修和故障分析。在整流电流回路中任意一个点出现开路故障，都将造成整流电流不能构成回路。

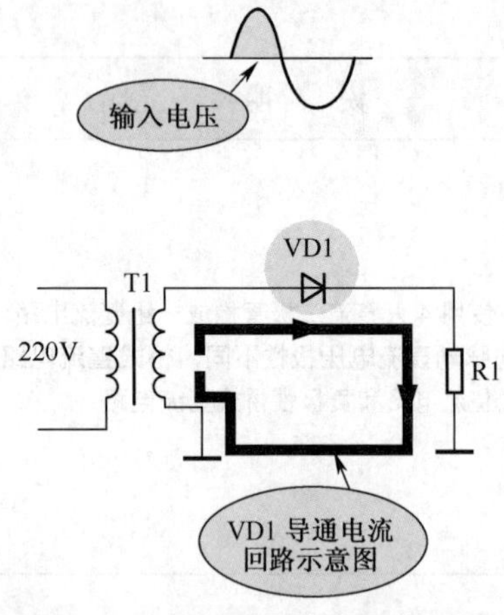

图 11-3　VD1 导通后电流回路示意图

（3）输出电压极性分析。正极性整流电路中，整流电路输出电流从上而下地流过电阻器R1，在R1上的压降为输出电压，因为输出电压为单向脉动直流电压，所以它有正、负极性，在R1上的输出电压为上正下负，如图11-4所示，这里输出的是正极性单向脉动直流电压。

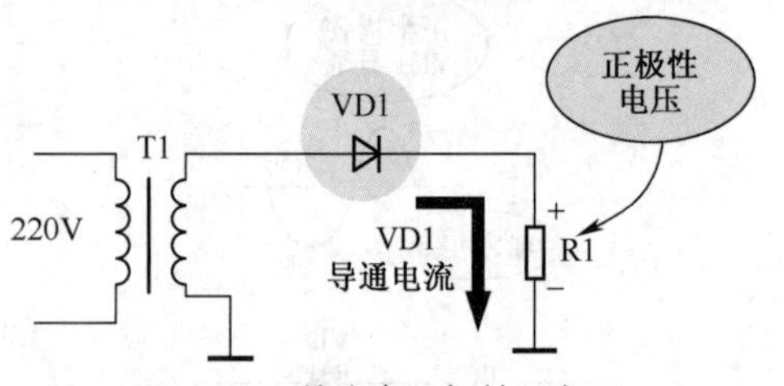

图 11-4　输出电压极性示意图

（4）负半周交流电压使整流二极管截止分析。交流输入电压变化到负半周之后，交流输入电压使VD1正极电压低于它的负极电压，因为VD1正极电压为负，VD1负极接地，电压为0V，所以VD1在负半周电压的作用下处于反向偏置状态，如图11-5所示，整流二极管截止，相当于开路，电路中无电流流动，R1上也无压降，整流电路的输出电压为零。

重要提示

输入电压第二个周期：交流输入电压下一个周期期间，第二个正半周电压到来时，整流二极管再次导通；负半周电压到来时二极管再度截止，如此不断导通、截止。

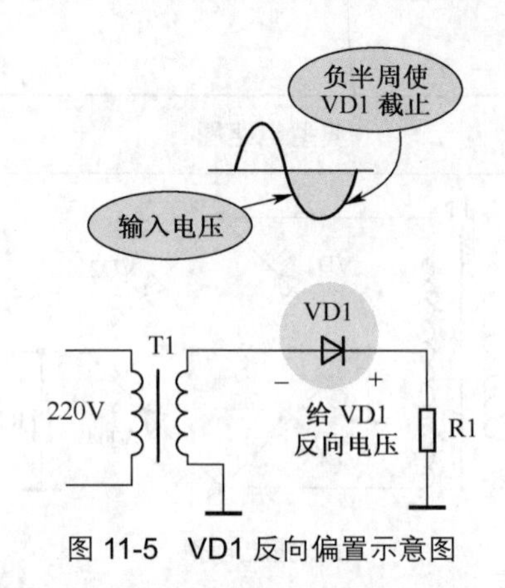

图 11-5　VD1 反向偏置示意图

（5）输出电压特性分析。整流二极管在交流输入电压正半周期间一直为正向偏置而处于导通状态，由于正半周交流输入电压大小在变化，所以流过R1的电流大小也在变化，这样，整流电路输出电压大小也在相应变化，并与输入电压的半周波形相同。图11-6为输出电压波形示意图。

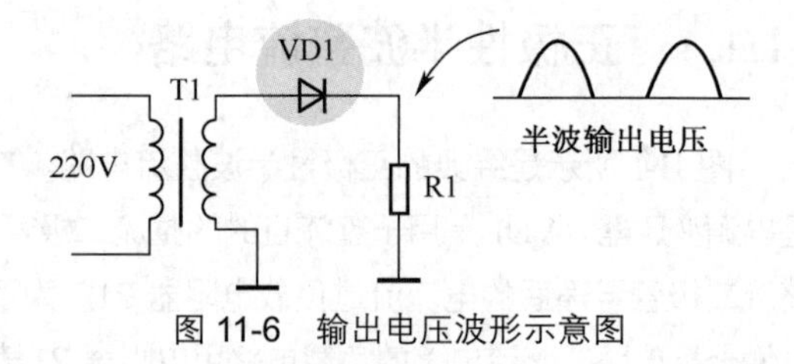

图 11-6　输出电压波形示意图

重要提示

从图中电压波形可以看出，通过这一整流电路，将输入电压的负半周切除，得到只有正极性（正半周）的单向脉动直流输出电压。

所谓单向脉动直流电压就是只有一连串半周的正弦波电压，如果整流电路保留的是正半周，输出则是正极性单向脉动直流电压。

2．整流二极管导通与截止的电路分析判断口诀

交流电压加到整流二极管后，判断其导通还是截止是电路分析的关键。整流二极管导通与截止的电路分析判断口诀说明见表11-2。

表 11-2 整流二极管导通与截止的电路分析判断口诀说明

示 意 图	说 明
VD1 正对正通	所谓“正对正通”是交流电压正半周加到二极管正极时，二极管导通
VD1 负对负通	“负对负通”是交流电压负半周加到二极管负极时，二极管导通
VD1 负对正不通 VD1 正对负不通	“正对负不通”或“负对正不通”是交流电压正半周加到整流二极管负极，或交流电压负半周加到整流二极管正极时，二极管都不能导通

3．整流电路分析的关键点

整流电路分析的关键点说明如下。

（1）单向导电特性最重要。电路分析中主要运用二极管单向导电特性，只有二极管正极上电压大于负极上电压时，二极管才导通，否则二极管处于截止状态。

（2）整流电路工作特点。输入整流电路的电压是交流电压，电路分析时要将交流输入电压分成正半周和负半周两种情况。利用交流电压本身的电压大小来使整流二极管正向偏置（二极管导通）或反向偏置（二极管截止），这是整流电路的特点。

（3）正、负半周情况相反。若输入交流电压的某个半周给二极管加上正向偏置电压，那么输入交流电压的另半周则给二极管加上反向偏置电压。

（4）等效理解中的关键点。当输入交流电压使二极管正向偏置时二极管导通，导通后认为二极管成通路，可以忽略二极管正向导通的管压降；当输入的交流电压使二极管反向偏置时二极管截止，截止时认为二极管开路。

（5）管压降不计。二极管导通后有一个管压降，分析整流电路中的二极管时可以不计管压降对电路工作的影响，因为整流二极管导通后管压降只有 0.6V 左右，而输入交流电压则为几伏甚至几十伏，比起二极管管压降大许多。

（6）电流方向不变。整流二极管导通期间，流过二极管的电流大小在变化，但是方向不变，所以流过负载电路的电流方向不变，输出电压极性不变。

4．故障检测方法

图 11-7 是检查电路中整流二极管接线示意图。第一步通电后用直流电压挡测量整流电压输出端直流电压，即万用表红表棒接整流二极管负极，黑表棒接地线。如果测量出有正常的直流电压，则说明电源变压器和整流二极管工作正常。如果测量出直流输出电压为 0V，再测量电源变压器二次绕组上交流输出电压，如果交流输出电压正常，则说明整流二极管开路。

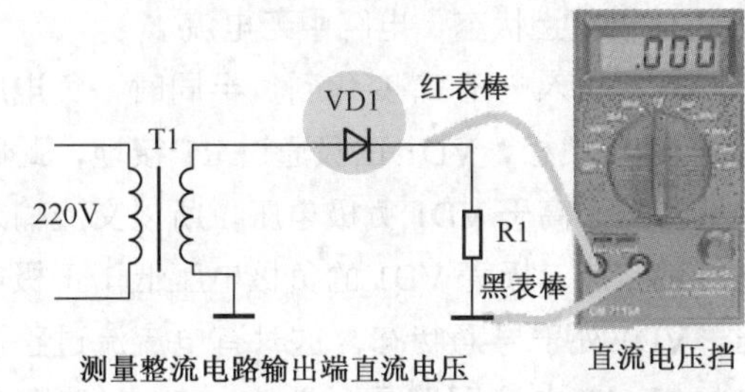

(a)

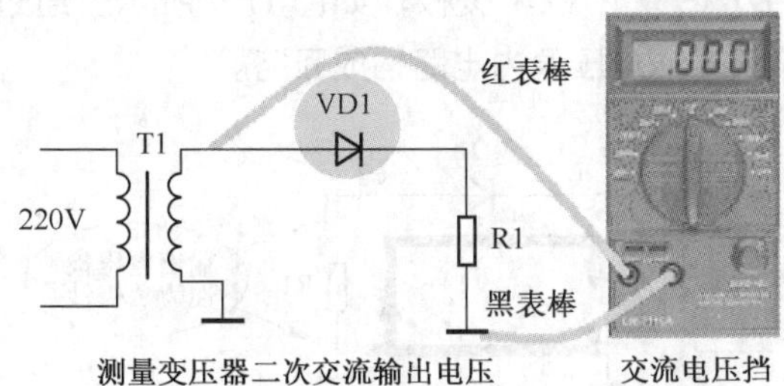

(b)

图 11-7 检查电路中整流二极管接线示意图

如果故障表现为总烧交流电路中的熔断器，

可以用万用表电阻挡在路测量整流二极管反向电阻，如果阻值很小说明二极管被击穿。

11.1.2　负极性半波整流电路

图 11-8 所示是负极性半波整流电路。电路中的 VD1 是二极管，无论是正极性还是负极性，整流二极管只是在电路中的连接方式不同。在负极性半波整流电路中，整流二极管的负极接交流输入电压 U_i 端。R1 是这个整流电路的负载电阻器，U_o 代表整流电路的输出电压。

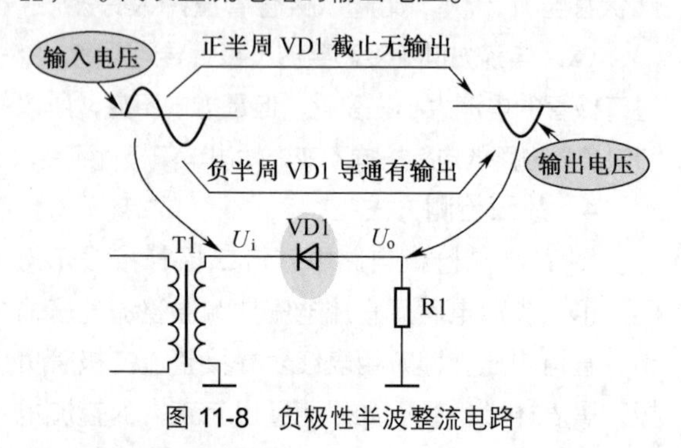

图 11-8　负极性半波整流电路

1．电路分析

负极性半波整流电路与正极性半波整流电路相似，交流输入电压 U_i 正半周电压使整流二极管 VD1 负极电压高于正极电压，整流二极管 VD1 处于截止状态，电路中无电流。

交流输入电压 U_i 变化到负半周时，负电压加到 VD1 负极，VD1 正极通过 R1 接地，此时地线电压远高于 VD1 负极电压，所以交流输入电压使整流二极管 VD1 的负极电压低于正极电压，VD1 处于导通状态，这时有电流流过整流二极管，**其电流回路是**：地线→ R1 →二极管 VD1 正极→ VD1 负极，如图 11-9 所示。通过交流输入电压源内电路构成回路。

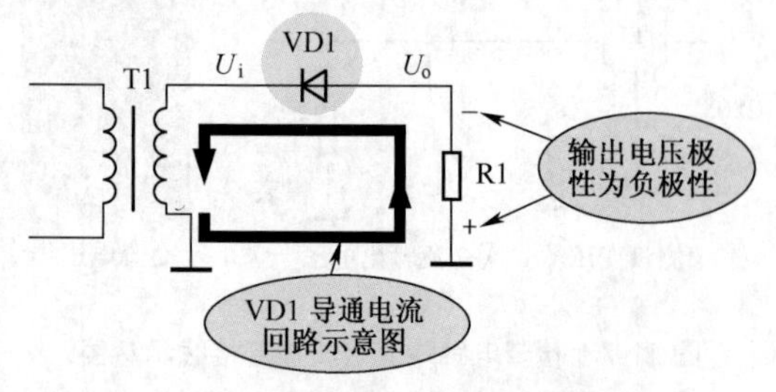

图 11-9　VD1 导通电流回路示意图

这一电流是从下而上地流过电阻器 R1，在 R1 上电压的极性为下正上负，所以是负极性半波整流电路。

重要提示

从输出电压 U_o 波形可以看出，输出电压只是保留了交流输入电压的负半周，而将正半周电压去除。交流电压去掉半周后就是单向脉动直流电压，整流电路中的整流二极管就是要去掉交流输入电压的半周。

2．故障检测方法

负极性半波整流电路的故障检测方法同前面介绍的正极性半波整流电路的故障检测方法一样，只是注意万用表的红、黑表棒接法，在测量整流电路输出端直流电压时，红表棒接地线，否则表针反向偏转，数字式万用表读数时为负值。

11.1.3　正、负极性半波整流电路

重要提示

电子电器中许多情况下需要电源电路能够同时输出正极性和负极性的直流工作电压，正、负极性半波整流电路可以实现这一电路功能。

图 11-10 所示是正、负极性半波整流电路。电路中 T1 是电源变压器，它的二次绕组中有一个抽头，抽头接地，这样抽头之上和之下分

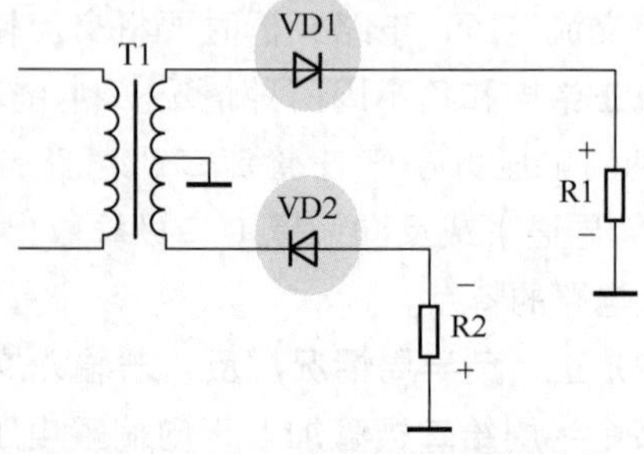

图 11-10　正、负极性半波整流电路

成两个绕组，分别输出两组 50Hz 交流电压。VD1 和 VD2 是两只整流二极管。

1．电路分析

（1）正、负极性半波整流电路特点。这种电路也是半波整流电路，只是将两种极性的半波整流电路整合在一起。

这种半波整流电路有变化，主要是电源变压器二次绕组结构不同，不同结构的二次绕组有不同的正、负极性半波整流电路。

一组半波整流电路中使用一只整流二极管，正、负极性半波整流电路中各使用一只整流二极管。

电路分析方法与半波整流电路一样，只是需要分别分析正、负极性的半波整流电路。

（2）电路分析关键点。确定二次绕组抽头接地，这样将电源变压器二次绕组分成两组，由此可以知道二次绕组可以输出两组交流低电压。

同时，确定整流电路类型。确定两组二次绕组构成的半波整流电路，每组绕组回路中只用了一只二极管。二次抽头以上绕组与 VD1 和 R1 构成一组半波整流电路，二次抽头以下绕组与 VD2 和 R2 构成另一组半波整流电路。

最后，分析电流回路。分析两组整流电路工作原理和电路回路，并确定直流输出电压的极性。

（3）VD1 整流电路分析。流过整流二极管 VD1 的电流回路是：二次绕组上端→整流二极管 VD1 正极→ VD1 负极→负载电阻器 R1 →地线→二次绕组抽头→二次绕组抽头以上绕组，如图 11-11 所示。

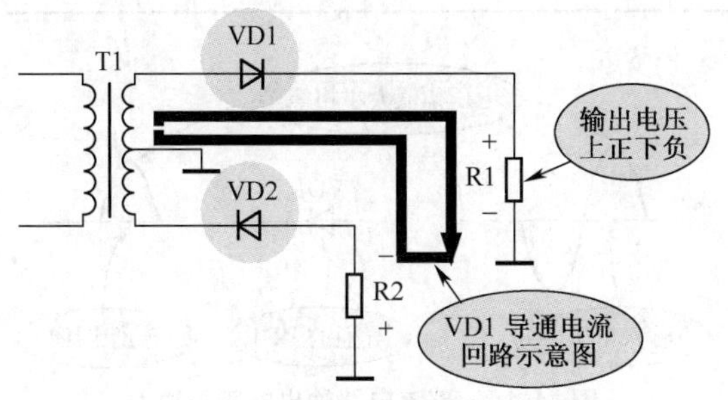

图 11-11　VD1 导通电流回路示意图

重要提示

二极管 VD1 导通时的回路电流从上而下地流过负载电阻器 R1，在 R1 上的电压降方向是上正下负，所以是正极性电压。

（4）VD2 整流电路分析。流过整流二极管 VD2 的电流回路是：地线→负载电阻器 R2 →整流二极管 VD2 正极→ VD2 负极→二次绕组下端→二次抽头以下绕组→二次绕组抽头，如图 11-12 所示。

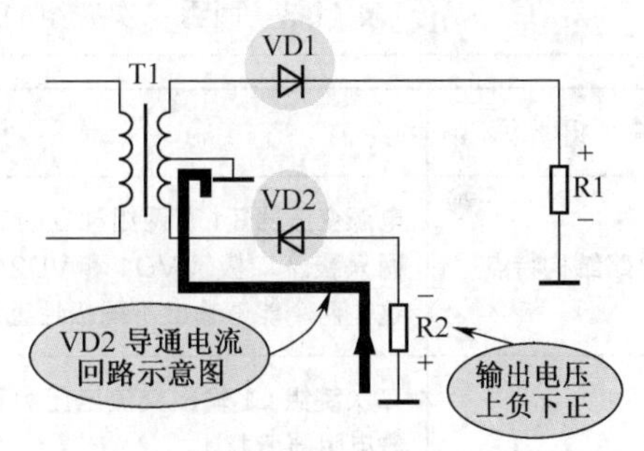

图 11-12　VD2 导通电流回路示意图

重要提示

二极管 VD2 导通时的回路电流从下而上地流过负载电阻器 R2，在 R2 上的电压降方向是上负下正，所以是负极性电压。

由于这一整流电路中的二次绕组上的电压是通过抽头来分成两组交流输出电压的，两组二次绕组之间的耦合较紧，容易相互间引起干扰，所以该整流电路的抗干扰能力较差。

2．故障检测方法

关于这一电路的故障检测方法与前面介绍的检测半波整流电路方法一样，只是提醒一点：如果正、负极性半波整流电路都没有直流电压输出时，用万用表电阻挡测量电源变压器二次抽头与地之间的电阻，检测是否开路。

11.1.4 两组二次绕组的正、负极性半波整流电路

图 11-13 所示是有两组二次绕组的正、负极性半波整流电路。电路中，电源变压器是降压变压器 T1，L1 和 L2 是它的两个二次绕组，分别输出 50Hz 交流电压。VD1 和 VD2 是两只整流二极管。L1、VD1、R1 和 L2、VD2、R2 分别构成两组半波整流电路，R1 和 R2 分别是两个整流电路的负载电阻器。

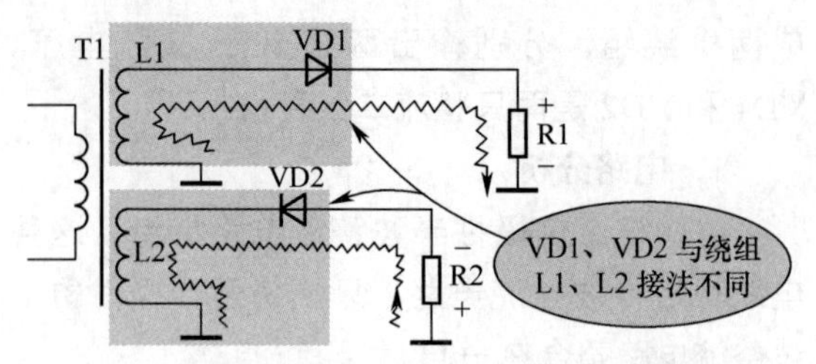

图 11-13 两组二次绕组正、负极性半波整流电路

1．电路分析

两组二次绕组的正、负极性半波整流电路工作原理说明见表 11-3。

表 11-3 两组二次绕组的正、负极性半波整流电路工作原理说明

关 键 词	说 明
电路结构特点	电源变压器 T1 有两组独立的二次绕组 L1 和 L2。 两只整流二极管 VD1 和 VD2 的连接方法不同，VD1 正极接绕组 L1，VD2 负极接绕组 L2，所以这是两个能够输出不同极性直流电压的半波整流电路
VD1 整流电路分析	二次绕组 L1 输出交流电压为正半周期间，正半周交流电压使 VD1 导通，这样正半周电压加到负载电阻器 R1 上。 流过负载电阻器 R1 的电流回路和方向为：二次绕组 L1 的下端→二次绕组 L1 →二极管 VD1 正极→ VD1 负极→负载电阻器 R1 →地线，构成回路。 在二次绕组 L1 输出交流电压的负半周期间，由于加到 VD1 正极上的电压为负半周电压，VD1 截止，这时 VD1 不能导通，负载电阻器 R1 上没有输出电压。 一个周期内，只有交流电压的正半周能够加到负载电阻器 R1 上，因此这一半波整流电路只能输出正半周的单向脉动直流电压
VD2 整流电路分析	在二次绕组 L2 输出负半周交流电压期间，负极性电压加到 VD2 的负极，这样 VD2 导通，负半周交流电压通过 VD2 加到负载电阻器 R2 上。 流过负载电阻器 R2 的电流回路和方向为：地线→ R2 → VD2 正极→ VD2 负极→二次绕组 L2 上端→二次绕组器 L2，构成回路。 在二次绕组 L2 输出交流电压正半周期间，由于加到 VD2 负极上的电压为正，VD2 截止，负载电阻器 R2 上没有输出电压。 交流电压的一个周期内，只有交流电压的负半周能够加到 R2，因此这一半波整流电路只能输出负半周的单向脉动直流电压

注意这一电路分析中的如下两个细节。

（1）整流电路输出的单向脉动直流电压大小与电源变压器二次绕组输出的交流电压大小成正比关系。当电源变压器二次绕组输出的交流电压大时，整流电路输出的单向脉动直流输出电压大，如图 11-14 所示。如果二次绕组 L1 的输出电压大于二次绕组 L2 的输出电压，那么负载电阻器 R1 上的电压大于负载电阻器 R2 上的电压。

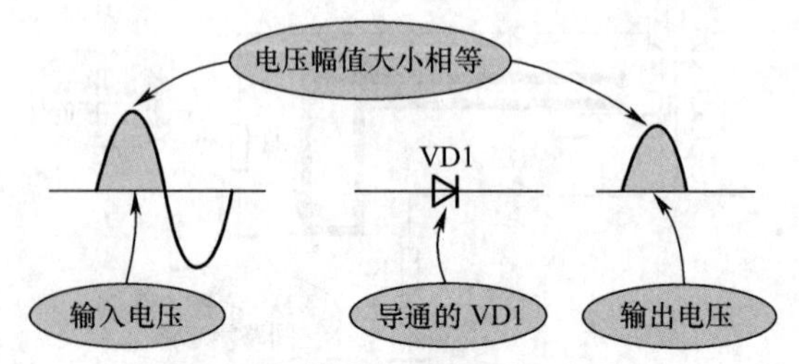

图 11-14 整流电路输出电压与输入电压之间的幅度关系示意图

（2）二次绕组 L1 和 L2 是相互独立的，这样，两个整流电路之间的相互影响比较小，有利于提高电路抗干扰能力和电源负载电路（整机电路）的工作稳定性。电源电路是整机各部分电路的共用电路，所以很容易引起各部分电路之间的有害交连（相互之间影响）。

2. 半波整流电路分析小结

关于半波整流电路分析小结如下。

（1）分析负极性半波整流电路是分析各种负极性整流电路的基础。

（2）分析半波整流电路主要是分别分析交流输入电压正半周、负半周加到整流二极管时，整流二极管导通还是截止。整流二极管导通或截止的电路工作状态是：整流二极管截止时它相当于电路开路，没有电流流过整流二极管，也就没有电流流过负载电路；整流二极管导通时电路形成通路，有电流流过整流二极管，便会有电流流过负载电路。

（3）整流电路分析中，整流二极管导通时的压降可以忽略不计，整流二极管在截止时所承受的最大反向电压是交流输入电压的峰值电压，如图 11-15 所示，因此选择整流二极管的一个重要条件就是反向耐压大于交流输入电压的峰值电压。

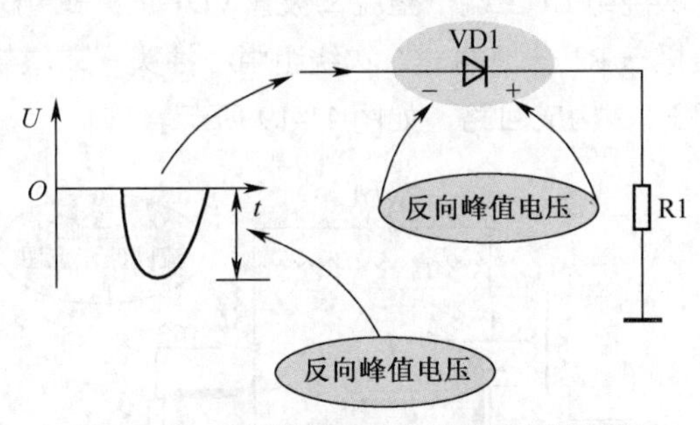

图 11-15　二极管承受反向峰值电压示意图

（4）整流电路工作原理分析中，还要分清整流电路输出什么极性单向脉动直流电压。当整流电流通过负载流向地线时为正极性单向脉动直流电压；当整流电流从地线流入，流过负载时为负极性单向脉动直流电压。

（5）半波整流电路输出的单向脉动直流电压由一个间隔一个的半波正弦电压组成，如图 11-16 所示，其中除含有直流电压成分外，还有交流电压成分。

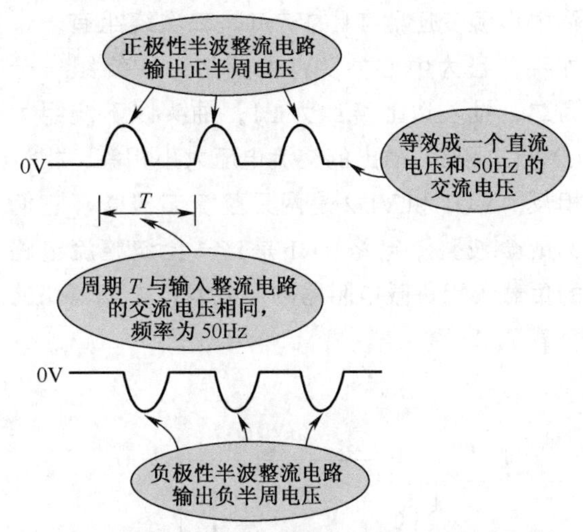

图 11-16　半波整流电路输出电压波形示意图

这一脉动半波正弦电压的频率（即交流成分频率）等于输入整流电路的交流电压的频率。

重要提示

对于电源电路中的整流电路而言，由于输入整流电路的交流电压频率是 50Hz，所以半波整流电路输出的单向脉动直流电压中的主要交流成分频率也是 50Hz。

了解这一点对理解滤波电路工作原理有益，单向脉动直流电压中的交流成分频率越高，对滤波电路的滤波性能要求越低。

半波整流电路输出的单向脉动直流电压中的交流成分频率最低，所以不利于滤波。

11.1.5 正极性全波整流电路

重要提示

牢记全波整流电路下列两个电路特征。

（1）一组全波整流电路中使用两只整流二极管。

（2）电源变压器二次绕组必须有中心抽头。

图 11-17 所示是正极性全波整流电路。电路中电源变压器 T1 的特点是二次绕组有一个抽头，且为中心抽头，抽头将二次绕组一分为二，抽头以上绕组为 L1，抽头以下绕组为 L2，L1 和 L2 输出的交流电压大小相等、相位相反。VD1 和 VD2 是两只整流二极管，它们构成全波整流电路，R1 是这一全波整流电路的负载（用负载电阻器的形式表示整流电路的负载）。

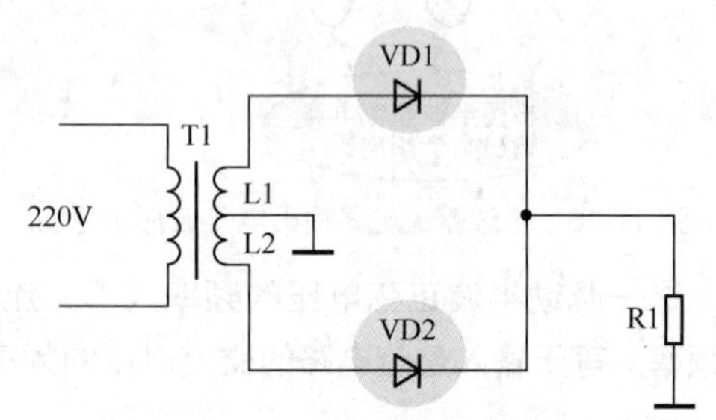

图 11-17　正极性全波整流电路

1．电路分析

（1）T1 二次绕组上端输出正半周交流电压。 当电源变压器 T1 二次绕组上端输出正半周交流电压时，二次绕组下端输出大小相等的负半周交流电压，如图 11-18 所示，这是因为二次绕组是中心抽头，且中心抽头接地。

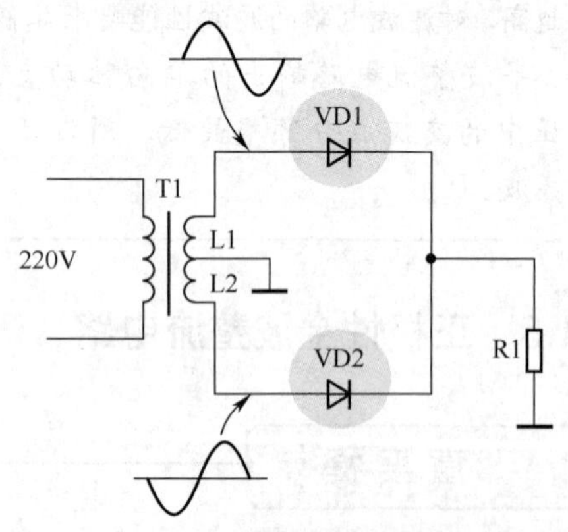

图 11-18　T1 二次绕组两端电压波形示意图

T1 二次绕组上端正半周交流电压使 VD1 导通，VD1 导通后的电流从上而下地流过负载电阻器 R1，所以在交流电压为正半周期间，通过 VD1 输出正极性单向脉动直流电压。

重要提示

在绕组上端输出正半周交流电压的同时，下端输出的负半周交流电压加到整流二极管 VD2 正极，这一负半周交流电压使 VD2 反向偏置，不能使 VD2 导通，这时 VD2 处于截止状态。

（2）T1 二次绕组输出交流电压变化到另一个半周。 在 T1 二次绕组输出的交流电压变化到另一个半周时，二次绕组上端输出的负半周交流电压加到 VD1 正极，使 VD1 反向偏置，VD1 截止。此时，二次绕组下端输出正半周交流电压，给 VD2 提供正向偏置电压而使之导通，这时流过整流电路负载电阻器 R1 的电流仍然是从上而下，所以也是输出正极性的单向脉动直流电压。

交流电第二个周期开始后重复上述整流过程。

2．电路分析细节

这一全波电路的分析过程中要注意下面 5 个电路细节。

（1）整流二极管 VD1 导通时的电流回路是： 二次绕组 L1 上端→整流二极管 VD1 正极→ VD1 负极→ R1 →地端→二次绕组中心抽头→二次绕组 L1，构成回路，如图 11-19 所示。

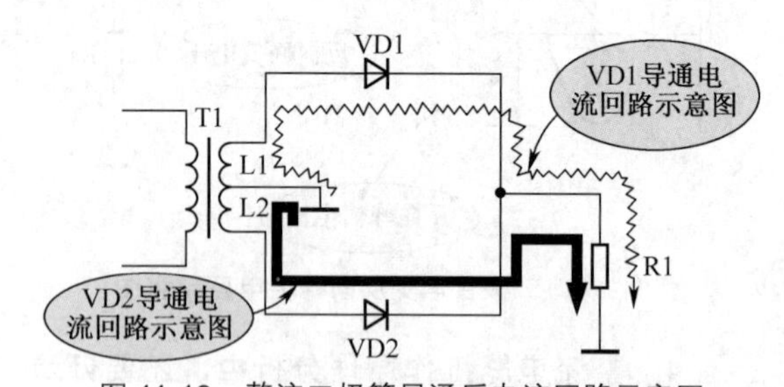

图 11-19　整流二极管导通后电流回路示意图

（2）整流二极管 VD2 导通时的电流回路是： 二次绕组 L2 下端→整流二极管 VD2 正极→ VD2 负极→负载电阻器 R1 →地线→二次绕组中心抽头→二次绕组 L2，构成回路，如图 11-19 所示。

（3）全波整流电路与半波整流电路不同，

全波整流电路能够将交流电压的负半周电压转换成负载上的正极性单向脉动直流电压，如图 11-20 所示。正半周信号“1”和“3”由一只导通的整流二极管提供，负半周信号“2”和“4”却是另一只整流二极管导通时提供的，且将负半周电压转换成正半周。

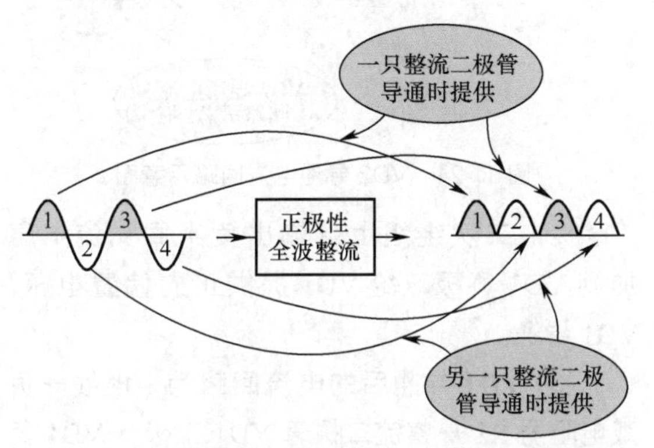

图 11-20　全波整流电路输出电压波形示意图

（4）全波整流电路输出的单向脉动直流电压中会有大量的交流成分，其交流成分的频率是交流输入电压的 2 倍，如图 11-21 所示。因为将交流输入电压的负半周电压转换成了正半周电压，所以频率提高了 1 倍，为 100Hz，全波整流电路的这一点有利于滤波电路的工作。对于滤波电路而言，在滤波电容器的容量一定时，交流电的频率越高，滤波效果越好。

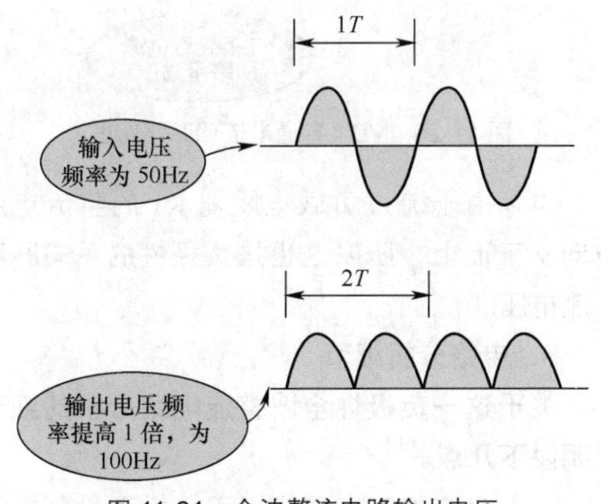

图 11-21　全波整流电路输出电压中交流成分频率为 100Hz

（5）全波整流电路的效率高于半波整流电路，因为交流输入电压的正、负半周都被作为输出电压。

3．故障检测方法

对于这一全波整流电路的故障检测方法主要说明下列几点。

（1）由于两只整流二极管同时开路的可能性很小，所以当整流电路输出端电压为 0V 时，可先检测电源变压器二次绕组中心抽头接地是否开路。

（2）在路检测两只整流二极管时要先脱开一只整流二极管，因为两只整流二极管直流电路是并联的，如图 11-22 所示，VD1 和 VD2 负极直接相连接，正极则是通过电源变压器 T1 二次绕组相连。由于绕组的直流电压很小，相当于两只整流二极管正极直接相连。如果在路测量一只整流二极管时，实际检测的是两只整流二极管并联时的情况。

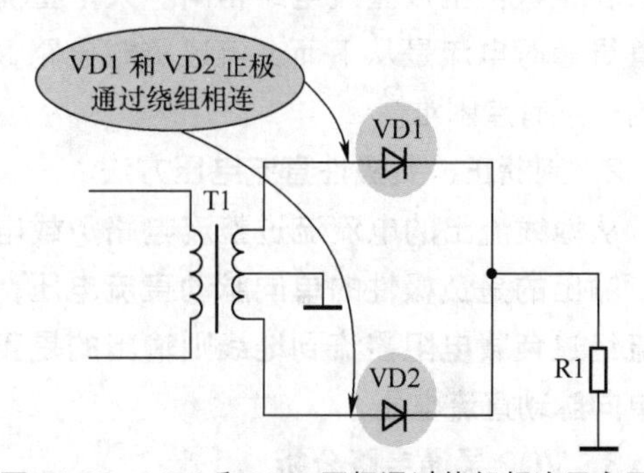

图 11-22　VD1 和 VD2 正极通过绕组相连示意图

（3）对于这一电路的整流电路直流输出电压测量情况也一样，不能准确地确定两只整流二极管存在故障。所以，检测这一电路故障最为准确的方法是分别检查这两只整流二极管。

11.1.6　负极性全波整流电路

图 11-23 所示是负极性全波整流电路。电路中，T1 是电源变压器，与正极性全波整流电路中的电源变压器一样；VD1 和 VD2 是两只整流二极管，它们的负极与电源变压器 T1 的二次绕组相连；R1 是这一全波整流电路的负载。

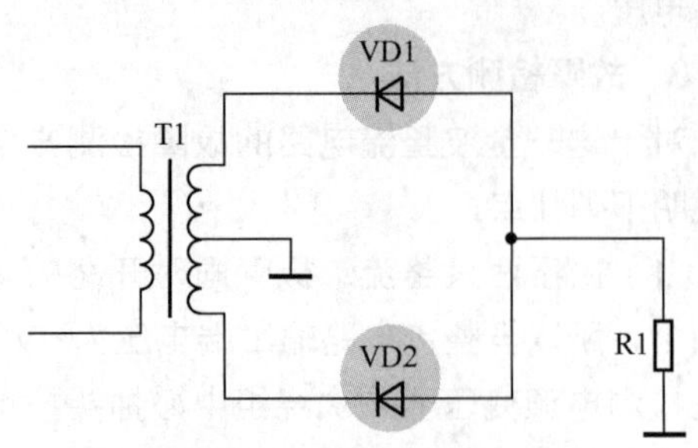

图 11-23　负极性全波整流电路

1．电路特点和电路分析方法

（1）负极性全波整流电路与正极性全波整流电路一样，采用两只整流二极管构成一组整流电路，交流电压输入电路一样，不同之处是两只整流二极管负极与电源变压器的二次绕组两端相连接，而不是正极。

（2）负极性全波整流电路的工作原理分析方法和正极性全波整流电路相同。只是整流二极管导通时电流是从下而上流过负载电路，理解这一点有点困难。

2．判断正、负极性直流电压方法

从地线流出的电流流过整流电路负载电阻时，输出的是负极性的单向脉动直流电压，而电流经过负载电阻器流到地线则输出的是正极性单向脉动直流电压。

3．VD2 导通电路分析

（1）当电源变压器 T1 二次绕组上端输出正半周交流电压时，VD1 截止，同时二次绕组下端输出大小相等的负半周交流电压，使 VD2 导通。

（2）整流二极管 VD2 导通后的电流回路为：地线→负载电阻器 R1 →整流二极管 VD2 正极→ VD2 负极→二次绕组下端→二次抽头以下绕组→二次绕组抽头，构成回路，如图 11-24 所示。

（3）流过负载电阻器 R1 的整流电流方向为从下而上，所以这是负极性的单向脉动直流电压。

4．VD1 导通电路分析

（1）在 T1 二次绕组输出的交流电压变化到另一个半周时，交流电压使 VD2 截止，整流二极管 VD1 导通。

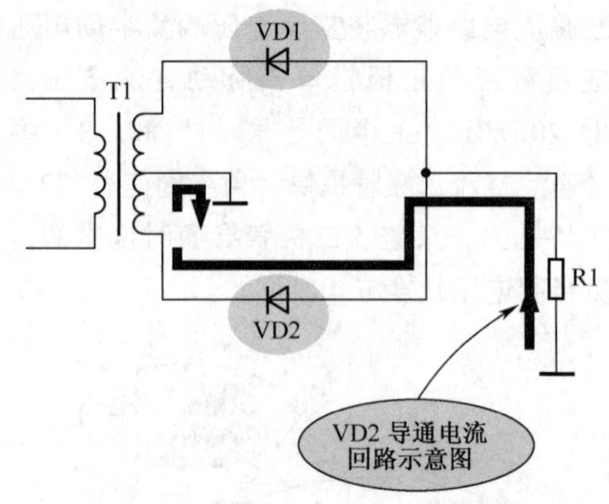

图 11-24　VD2 导通电流回路示意图

（2）二次绕组上端输出负半周交流电压加到 VD1 负极，给 VD1 提供正向偏置电压，VD1 导通。

（3）VD1 导通后的电流回路为：地线→负载电阻器 R1 →整流二极管 VD1 正极→ VD1 负极→二次绕组上端→二次抽头以上绕组→二次绕组抽头，构成回路，如图 11-25 所示。

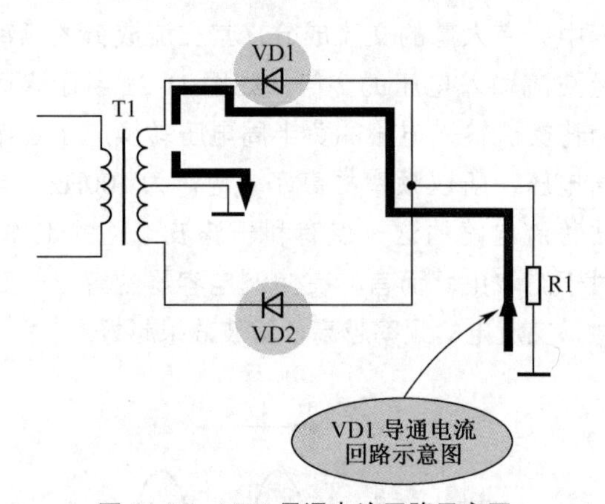

图 11-25　VD1 导通电流回路示意图

（4）由于流过负载电阻器 R1 的整流电流方向从下而上，所以这也是负极性的单向脉动直流电压。

5．电路分析细节

关于这一负极性全波整流电路分析的细节说明以下几点。

（1）全波整流电路输出正极性还是负极性单向脉动直流电压，主要取决于整流二极管的连接方式，**其判断方法是：**整流二极管正极接电源变压器二次绕组时，输出正极性的单向脉动直流电压；整流二极管负极接电源变压器二次绕组时，输出负极性的单向脉动直流电压。

（2）在全波整流电路中，无论是正极性还是负极性的整流电路，电源变压器的二次绕组一定要有中心抽头，否则就不能构成全波整流电路。图 11-26 是负极性全波整流电路输出电压波形示意图，电路将交流输入电压的正半周转换到负半周。

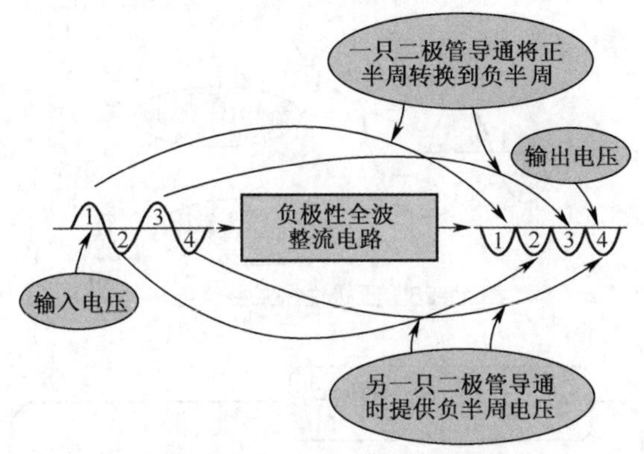

图 11-26　负极性全波整流电路输出电压波形示意图

11.1.7　正、负极性全波整流电路

图 11-27 所示是能输出正、负极性单向脉

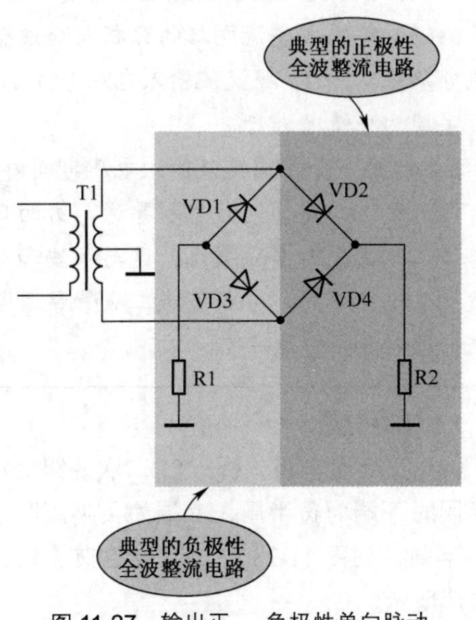

图 11-27　输出正、负极性单向脉动直流电压的全波整流电路

动直流电压的全波整流电路。电路中，T1 是电源变压器，它的二次绕组有一个中心抽头，抽头接地。电路由两组全波整流电路构成，VD2 和 VD4 构成一组正极性全波整流电路，VD1 和 VD3 构成另一组负极性全波整流电路，两组全波整流电路共用二次绕组。

1．电路分析方法

关于正、负极性全波整流电路分析方法说明下列两点。

（1）在确定了电路结构之后，电路分析方法和普通的全波整流电路一样，只是需要分别分析两组不同极性全波整流电路，如果已经掌握了全波整流电路的工作原理，则只需要确定两组全波整流电路的组成，而不必具体分析电路。

（2）确定整流电路输出电压极性的方法是：两只二极管负极相连的是正极性输出端（VD2 和 VD4 连接端），两只二极管正极相连的是负极性输出端（VD1 和 VD3 连接端）。

2．正极性整流电路分析

正极性整流电路由电源变压器 T1 和整流二极管 VD2、VD4 构成。

在电源变压器二次绕组上端输出正半周电压期间，VD2 导通，VD2 导通时的电流回路为： T1 二次绕组上端→ VD2 正极→ VD2 负极→负载电阻器 R2 →地线→ T1 的二次绕组抽头→二次抽头以上绕组，构成回路。流过负载电阻器 R2 的电流方向是从上而下，输出正极性单向脉动直流电压。

在交流电压变化到另一个半周后，电源变压器二次绕组上端输出负半周电压，使 VD2 截止。这时，二次绕组下端输出正半周电压使 VD4 导通，**其电流回路为：** T1 二次绕组下端→ VD4 正极→ VD4 负极→负载电阻器 R2 →地线→ T1 二次绕组抽头→二次抽头以下绕组，构成回路。流过负载电阻器 R2 的电流方向是从上而下，输出正极性单向脉动直流电压。

3．负极性整流电路分析

负极性整流电路由电源变压器 T1 和整流二极管 VD1、VD3 构成。

电源变压器二次绕组下端输出负半周电压加到 VD3 负极，给 VD3 提供正向偏置电压，使之导通，**VD3 导通时的电流回路为：**地端→负载电阻器 R1 → VD3 正极→ VD3 负极→ T1 二次绕组下端→二次绕组抽头以下绕组→二次绕组抽头→地线，构成回路。这一整流电流流过负载电阻器 R1 的方向是从下而上，输出负极性单向脉动直流电压。

当 T1 二次绕组上的交流输出电压变化到另一个半周时，二次绕组上端为负半周交流电压，使 VD1 导通，**其导通时的电流回路为：**地端→负载电阻器 R1 → VD1 正极→ VD1 负极→ T1 二次绕组上端→二次绕组抽头以上绕组→二次绕组抽头→地线，构成回路。这一整流电流流过负载电阻器 R1 的方向是从下而上，输出负极性单向脉动直流电压。

4．故障检测方法

关于这一电路的故障检测方法说明下列几点。

（1）如果正极性和负极性直流输出电压都不正常时，不必检查整流二极管，而是检测电源变压器，因为几只整流二极管同时出现相同故障的可能性较小。

（2）对于某一组整流电路出现故障时，可按前面介绍的故障检测方法进行检查。这一电路中整流二极管中的 VD1 和 VD3、VD2 和 VD4 是并联的，进行在路检测时会相互影响，所以为了准确地检测应该将二极管脱开电路。

11.1.8　正极性桥式整流电路

桥式整流电路是电源电路中应用量最大的一种整流电路。

图 11-28 所示是典型的正极性桥式整流电路，VD1～VD4 是一组整流二极管，T1 是电源变压器。

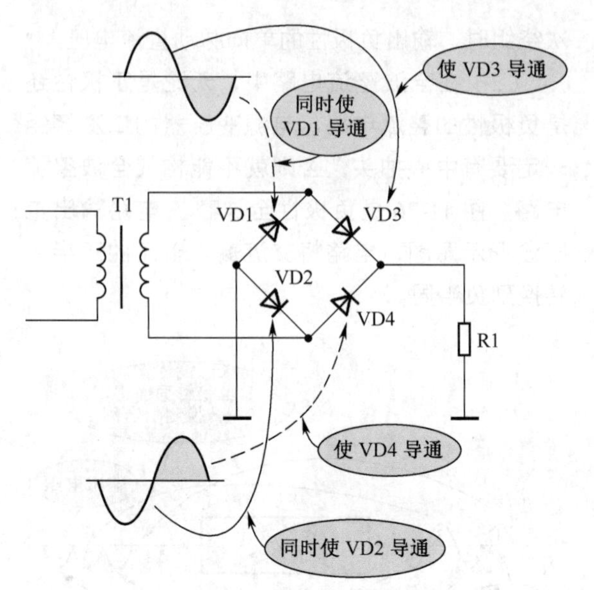

图 11-28　正极性桥式整流电路

重 要 提 示

桥式整流电路具有下列几个明显的电路特征和工作特点。

（1）每一组桥式整流电路中要用 4 只整流二极管，或用一只桥式整流器（一种 4 只整流二极管组装在一起的器件）。

（2）电源变压器二次绕组不需要抽头。

（3）对桥式整流电路的分析与全波整流电路基本一样，将交流输入电压分成正、负半周两种情况进行。

（4）每一个半周交流输入电压期间内，有两只整流二极管同时串联导通，另两只整流二极管同时串联截止，这与半波和全波整流电路不同，分析整流二极管导通电流回路时要了解这一点。

1．电路分析

（1）正半周电路分析。T1 二次绕组上端为正半周时下端为负半周，上端为负半周时下端为正半周，如图 11-28 中二次绕组交流输出电压波形所示。

当 T1 二次绕组上端为正半周期间，上端的正半周电压同时加在整流二极管 VD1 负极和 VD3 正极，给 VD1 加反向偏置电压而使之截止，给 VD3 加正向偏置电压而使之导通。

与此同时，T1 二次绕组下端的负半周电压同时加到 VD2 负极和 VD4 正极，给 VD4 加反向偏置电压而使之截止，给 VD2 加正向偏置电压而使之导通。

重要提示

由上述分析可知，T1 二次绕组上端为正半周、下端为负半周期间，VD3 和 VD2 同时导通。

（2）负半周电路分析。T1 二次绕组两端的输出电压变化到另一个半周时，二次绕组上端为负半周电压，下端为正半周电压。

二次绕组上端的负半周电压加到 VD3 正极，给 VD3 反向偏置电压而使之截止，这一电压同时加到 VD1 负极，给 VD1 加正向偏置电压而使之导通。

与此同时，T1 二次绕组下端的正半周电压同时加到 VD2 负极和 VD4 正极，给 VD2 加反向偏置电压而使之截止，给 VD4 加正向偏置电压而使之导通。

由上述分析可知，当 T1 二次绕组上端为负半周、下端为正半周期间，VD1 和 VD4 同时导通。

2．电路分析细节

在典型的正极性桥式整流电路分析过程中，为了对电路工作原理深入掌握，需要了解下列 7 个电路分析的细节。

（1）整流二极管 VD3 和 VD2 导通电流回路为：T1 二次绕组上端→ VD3 正极→ VD3 负极→负载电阻器 R1 →地端→ VD2 正极→ VD2 负极→ T1 二次绕组下端→通过二次绕组回到绕组的上端，如图 11-29 所示。流过整流电路负载电阻器 R1 的电流方向为从上而下，在 R1 上的电压为正极性单向脉动直流电压。

（2）VD4 和 VD1 的导通电流回路为：T1 二次绕组下端→ VD4 正极→ VD4 负极→负载电阻器 R1 →地端→ VD1 正极→ VD1 负极→ T1 二次绕组上端→通过二次绕组回到绕组的下端，如图 11-30 所示。流过整流电路负载电阻器 R1 的电流方向为从上而下，在 R1 上的电压为正极性单向脉动直流电压。

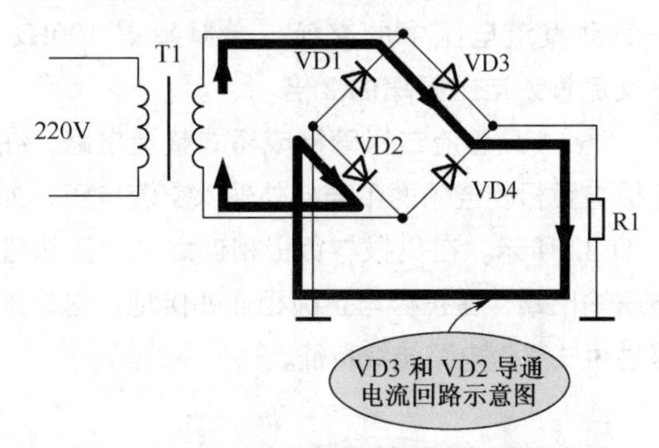

图 11-29　VD3 和 VD2 导通电流回路示意图

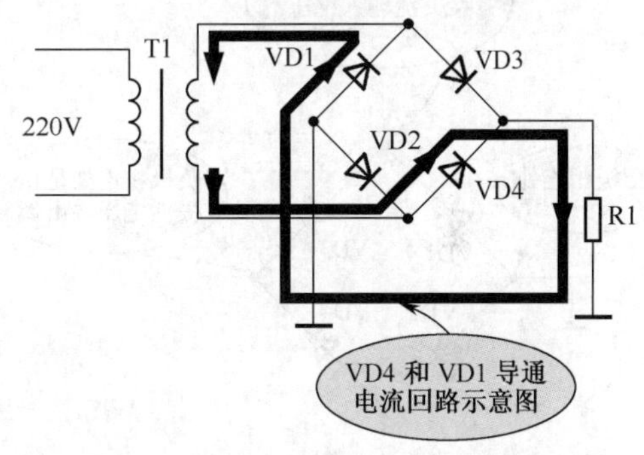

图 11-30　VD4 和 VD1 导通电流回路示意图

（3）在交流输入电压的一个半周内，桥路的对边两只整流二极管同时导通，另一组对边的两只整流二极管同时截止，交流输入电压变化到另一个半周后，两组整流二极管交换导通与截止状态。

（4）图 11-31 是正极性桥式整流电路的输出电压波形示意图，通过桥式整流电路，将交流输入电压负半周转换到正半周，桥式整流电路作用同全波整流电路一样。

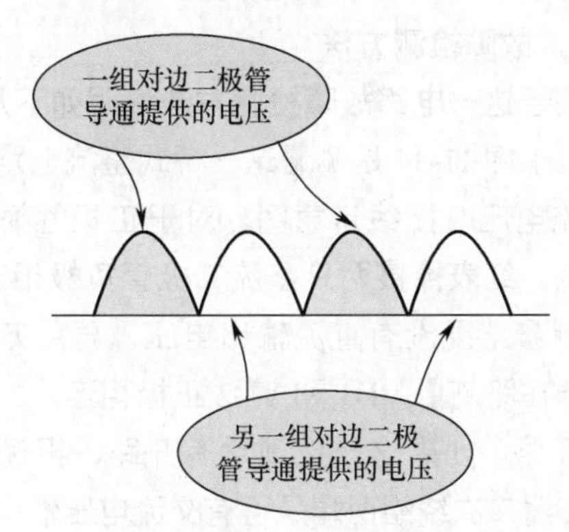

图 11-31　正极性桥式整流电路的输出电压波形示意图

（5）桥式整流电路输出的单向脉动直流电压利用了交流输出电压的正、负半周，所以这一脉动直流电压中的交流成分频率是100Hz，是交流输入电压频率的2倍。

（6）4只整流二极管接成桥式整流电路，在正极与负极相连的两个连接处输入交流电压，如图11-32所示。在负极与负极相连之处为正极性电压输出端，在正极与正极相连处接地，这是正极性桥式整流电路接线特征。

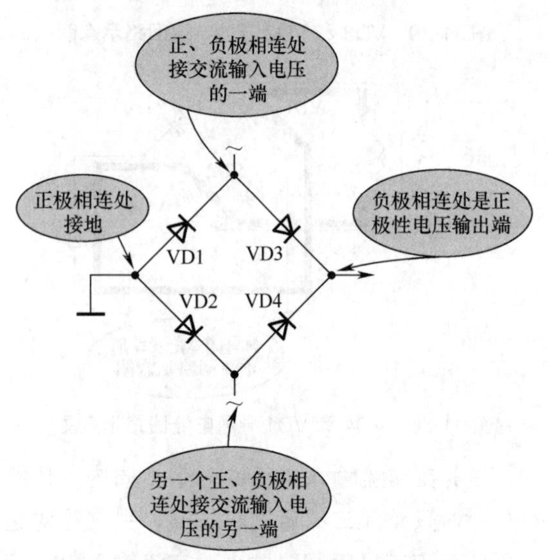

图11-32　正极性桥式整流电路接线特征示意图

（7）分析流过导通整流二极管的回路电流时，从二次绕组上端或下端出发，找出正极与绕组端点相连的整流二极管，进行电流回路的分析，如图11-33所示，沿导通二极管电路图形符号中箭头方向进行分析。

3．故障检测方法

关于这一电路故障检测方法说明如下几点。

（1）图11-34是测量这一桥式整流电路输出端直流电压时接线示意图。对于正极性桥式整流电路，红表棒接两只整流二极管负极相连处。如果测量结果没有直流输出电压，再用万用表电阻挡在路测量VD1和VD2正极相连处的接地是否开路。如果这一接地没有开路，再测量电源变压器二次绕组两端是否有交流电压输出。

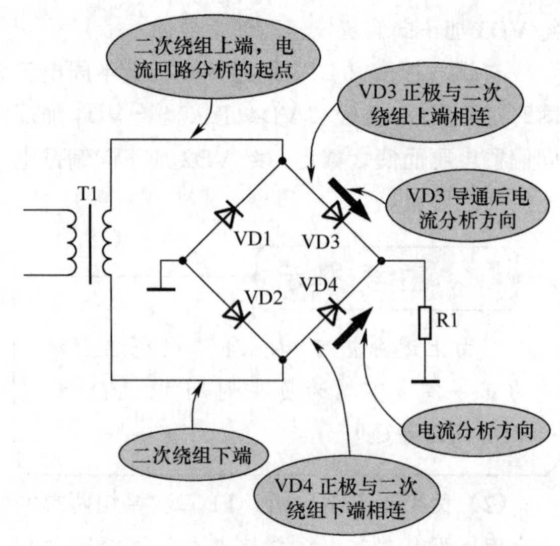

图11-33　分析整流二极管导通时电流回路的方法

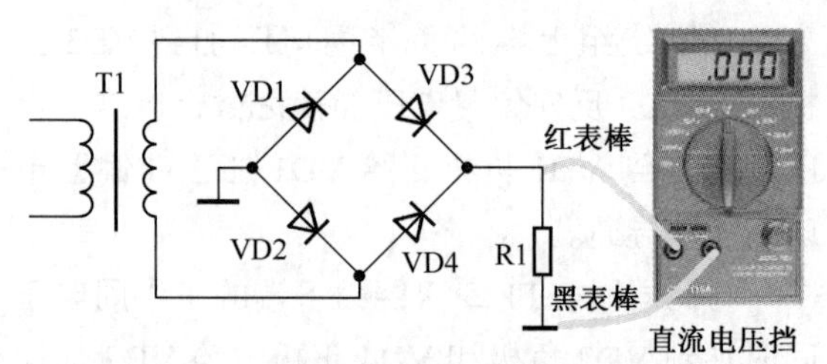

图11-34　测量桥式整流电路输出端直流电压时接线示意图

（2）图11-35是测量电源变压器二次绕组交流输出电压时接线示意图。由于这是桥式整流电路，所以电源变压器二次绕组两端没有一个是接地的，万用表的两根表棒要直接接在电源变压器二次绕组两端。

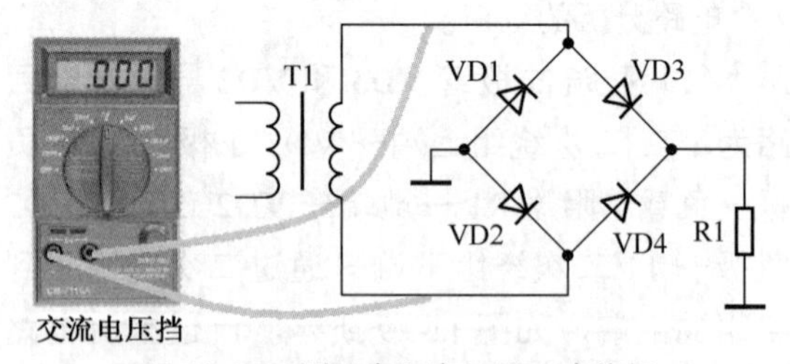

图11-35　测量电源变压器二次绕组交流输出电压时接线示意图

11.1.9　负极性桥式整流电路

图11-36所示是负极性桥式整流电路。电

路中的VD1～VD4整流二极管构成桥式整流电路，T1是电源变压器。电路结构与正极性电路基本相同，只是桥式整流电路的接地引脚和直流电压输出引脚不同，两只整流二极管负极相连处接地，两只整流二极管正极相连处作为负极性直流电压输出端，与正极性桥式整流电路恰好相反。

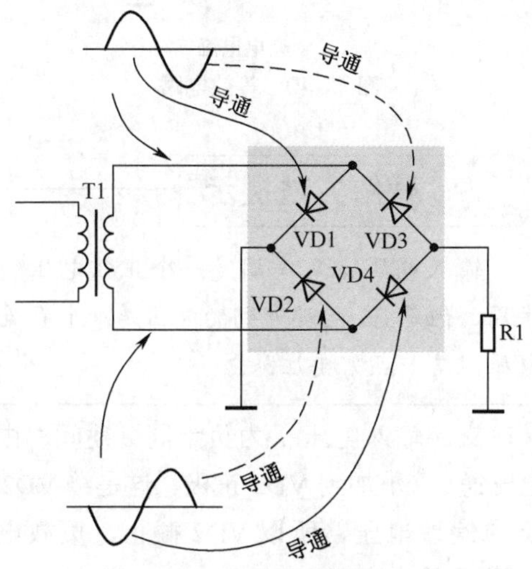

图 11-36 负极性桥式整流电路

电路分析方法提示

关于负极性桥式整流电路分析方法说明下列两点。

（1）流过整流电路负载电阻器R1的电流从地端流出，从下而上地流过R1，所以输出负极性直流电压。

（2）判断是正极性还是负极性桥式整流电路的方法是：两只整流二极管负极相连处接地时为负极性电路，两只整流二极管正极相连处接地时为正极性电路。

（1）正半周电路分析。电源变压器T1二次绕组上端输出正半周交流电压时，VD1导通，VD3截止，同时二次绕组下端输出负半周电压，使VD4导通，VD2截止。

（2）负半周电路分析。二次绕组的交流电压变化到另一半周后，二次绕组上端输出负半周交流电压，使VD3导通，VD1截止。同时，二次绕组下端输出正半周电压，使VD2导通，VD4截止。

（3）VD1和VD4两只整流二极管导通时的电流回路。如图11-37所示，二次绕组上端→VD1正极→VD1负极→地端→R1→VD4正极→VD4负极→二次绕组下端，通过二次绕组构成回路。

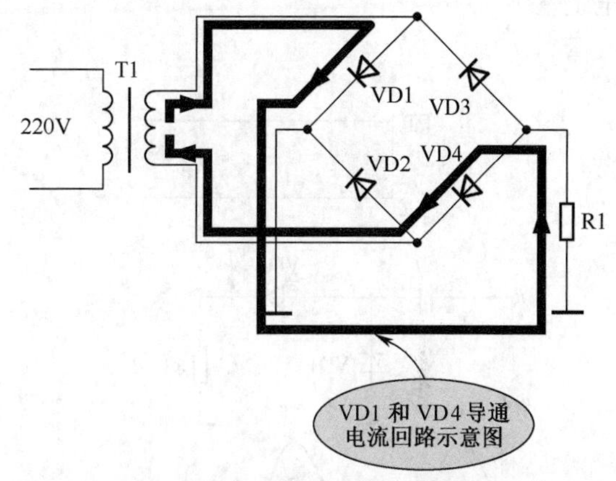

图 11-37 VD1 和 VD4 导通电流回路示意图

由于整流电流从下而上地流过R1，所以输出负极性电压。

（4）VD2和VD3两只整流二极管导通时的电流回路。如图11-38所示，二次绕组下端→VD2正极→VD2负极→地端→R1→VD3正极→VD3负极→二次绕组上端，通过二次绕组构成回路。

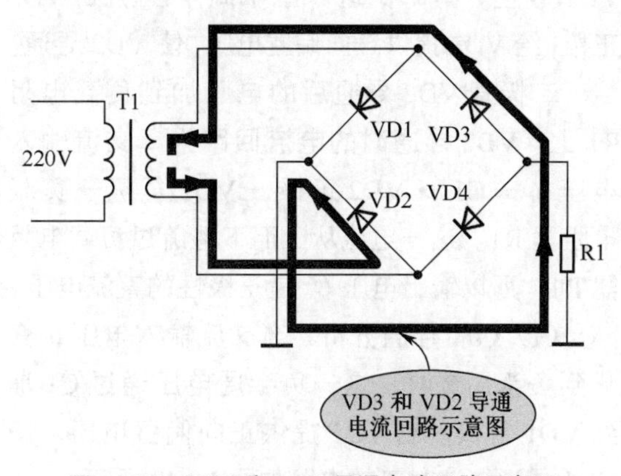

图 11-38 VD2 和 VD3 导通电流回路示意图

由于整流电流从下而上地流过R1，所以也是输出负极性电压。

11.1.10 2倍压整流电路

图 11-39 所示是经典的 2 倍压整流电路。电路中，u_i 为交流输入电压，是正弦交流电压；U_o 为直流输出电压；VD1、VD2 和电容器 C1 构成 2 倍压整流电路；R1 是这一倍压整流电路的负载电阻器。

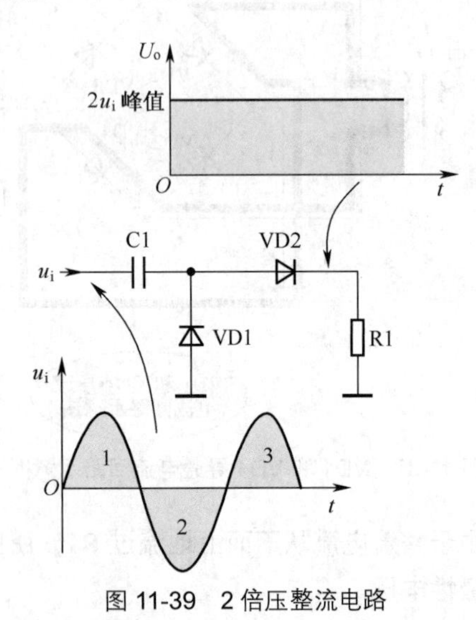

图 11-39 2 倍压整流电路

1．电路分析

这一电路的工作原理是：交流输入电压 u_i 为正半周 1 时，这一正半周电压通过 C1 加到 VD1 负极，给 VD1 提供反向偏置电压，使 VD1 截止。同时，这一正半周电压加到 VD2 正极，给 VD2 提供正向偏置电压，使 VD2 导通。

二极管 VD2 导通后的电压加到负载电阻 R1 上，**VD2 导通时的电流回路为**：交流输入电压 u_i → C1 → VD2 正极→ VD2 负极→负载电阻器 R1。这一电流从上而下地流过负载电阻器 R1，所以输出电压 U_o 是正极性的直流电压。

（1）**VD1 导通分析**。当交流输入电压 u_i 变化到负半周 2 时，这一负半周电压通过 C1 加到 VD1 负极，给 VD1 提供正向偏置电压，使 VD1 导通，这时等效电路如图 11-40 所示。

VD1 导通时电流回路为：地端→ VD1 正极→ VD1 负极→ C1 → 输入电压 u_i 端，这一回路电流对 C1 进行充电，其充电电流如图 11-40 中电流 I 所示。在 C1 上充到右 + 左 - 的直流电压，充电电压的大小为输入电压 u_i 负半周的峰值电压大小。

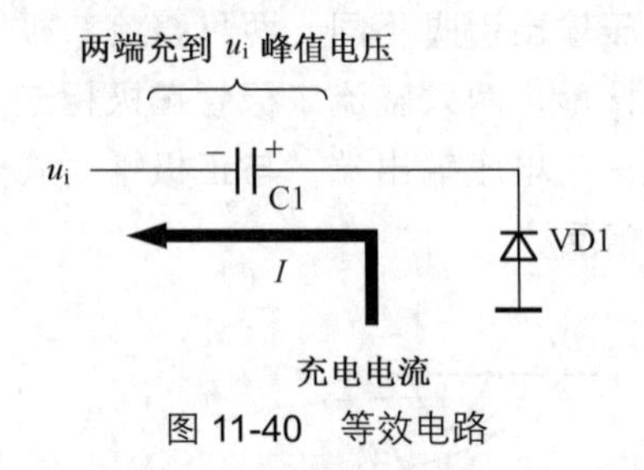

图 11-40 等效电路

理解方法提示

输入电压 u_i 负半周是一个正弦电压的半周，但是 C1 两端充到的电压是一个直流电压，这一点需要注意。

在交流输入电压 u_i 为负半周 2 期间，由于负电压通过 C1 加到 VD2 正极，这是给 VD2 加的反向偏置电压，所以 VD2 截止，负载电阻 R1 上没有输出电压。

（2）**VD2 导通分析**。交流输入电压 u_i 变化到正半周 3 期间，这一正半周电压经 C1 加到 VD1 的负极，这是给 VD1 加的反向偏置电压，所以 VD1 截止。同时，这一输入电压的正半周电压和 C1 上原先充到的右 + 左 - 充电电压极性一致，即为顺串联，这时的等效电路如图 11-41 所示，图中将充电的电容器用一个电池 E 表示，VD1 已开路。

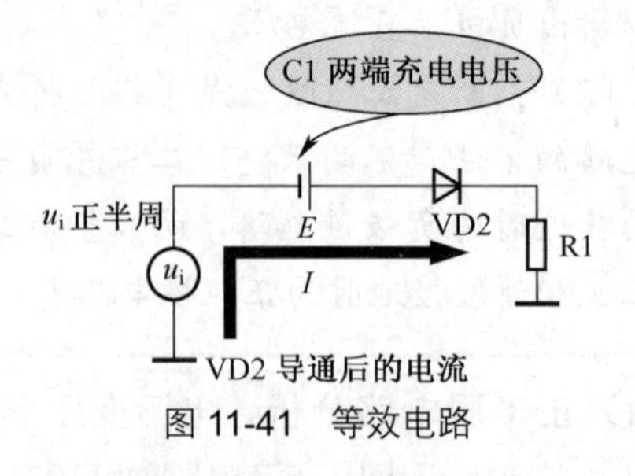

图 11-41 等效电路

从这一等效电路中可以看出，输入电压 u_i 的正半周电压和 C1 上的充电电压 E 顺串联之后加到二极管 VD2 的正极，这时给 VD2 加的是正向偏置电压，所以 VD2 导通，**其导通后的电流回路为**：输入电压 u_i 端→ C1 → VD2 正极→ VD2 负极→ R1 →地端，构成回路，其电流如图 11-41 中电流 I 所示，这一电流从上而下地流过负载电阻R1，所以输出的是正极性直流电压。

重要提示

由于 VD2 导通时，在负载电阻器 R1 上是两个电压之和，即为交流输入电压 u_i 峰值电压和 C1 上原充上的电压，在 R1 上得到了交流输入电压峰值2倍的直流电压，所以称此电路为 2 倍压整流电路。

2．电路分析小结

（1）倍压整流电路可以有N（N为整数）倍电压整流电路，在电子电路中常用2倍压整流电路。

（2）倍压整流电路的特点是在交流输入电压不高的情况下，通过多倍压整流电路，可以获得很高的直流电压。

（3）倍压整流电路有一个不足之处，就是整流电路输出电流的能力比较差，具有输出电压高、输出电流小的特点，所以带负载的能力比较差，在一些要求有足够大输出电流的情况下，这种整流电路就不合适了。

（4）倍压整流电路在电源电路中的应用比较少，主要用于交流信号的整流电路中，例如在音响电路中用于对音频信号的整流，在电平指示器电路中就常用 2 倍压整流电路。

（5）掌握 2 倍压整流电路的工作原理之后，分析 3 倍压或 N 倍压整流电路的工作原理就相当方便了。

（6）2 倍压整流电路中使用两只整流二极管，3 倍压整流电路中使用 3 只整流二极管，依次类推。图 11-42 所示是 3 倍压整流电路。

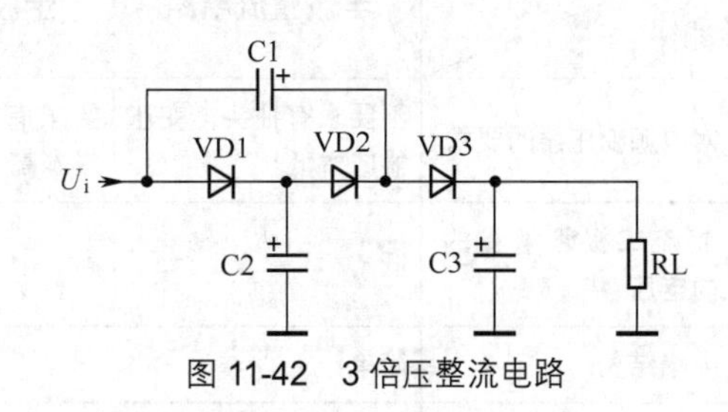

图 11-42　3 倍压整流电路

3．故障检测方法

这个电路中故障发生率最高的是电容器 C1，当测量这一整流电路输出端的直流输出电压低时，可以试试更换 C1。图 11-43 是测量倍压整流电路输出端直流电压时接线示意图。

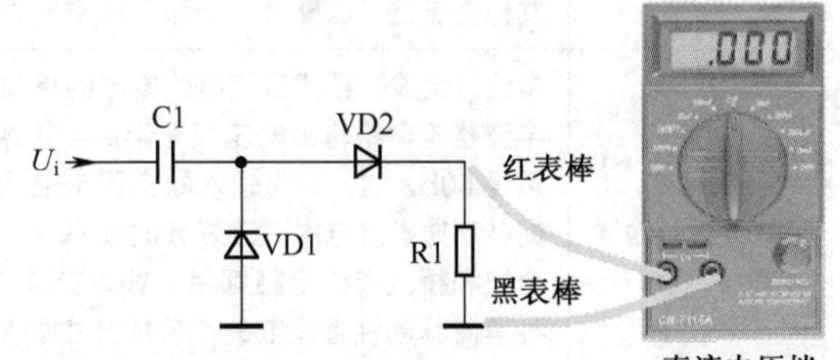

图 11-43　测量倍压整流电路输出端直流电压时接线示意图

11.1.11　整流电路小结

1．4 种整流电路的性能比较

4 种整流电路的性能比较见表 11-4。

2．4 种整流电路分析小结

半波、全波、桥式和倍压整流电路的分析小结见表 11-5。

表 11-4　4 种整流电路的性能比较

性能 \ 电路名称	半波整流电路	全波整流电路	桥式整流电路	倍压整流电路
脉动性直流电的频率	50Hz，不利于滤波	100Hz，有利于滤波	100Hz，有利于滤波	—
整流效率	低，只用半周交流电	高，使用正、负半周交流电	高，使用正、负半周交流电	高，使用正、负半周交流电

续表

性能 \ 电路名称	半波整流电路	全波整流电路	桥式整流电路	倍压整流电路
对电源变压器的要求	不要求有抽头，变压器成本低	要求有抽头，变压器成本高	不要求有抽头，变压器成本低	不要求有抽头，变压器成本低
整流二极管承受的反向电压	低	高	低	低
电路结构	简单	一般	复杂	一般
所用二极管数量	1只	2只	4只	最少2只

表11-5 半波、全波、桥式和倍压整流电路的分析小结

名　称	说　明
4种整流电路用处	电源电路中的整流电路主要有半波整流电路、全波整流电路和桥式整流电路3种，倍压整流电路用于其他交流信号的整流，例如，用于发光二极管电平指示器电路中，对音频信号进行整流
整流后脉动波频率	半波、全波、桥式整流电路输出的单向脉动性直流电特性有所不同。 半波整流电路输出电压只有半周（正或负半周），所以这种单向脉动性直流电中的主要交流电成分仍然是50Hz的，因为输入的交流市电频率是50Hz，半波整流电路去掉了交流电的半周，没有改变单向脉动性直流电中交流成分的频率。 全波和桥式整流电路都用了输入交流电压的正、负半周，使频率提高了1倍而成为100Hz，所以这种单向脉动性直流电的交流成分主要是100Hz的，这是因为整流电路将输入交流电压的半个周期转换了极性，使输出的直流脉动性电压的频率比输入交流电压的频率提高了1倍，这一频率的提高有利于滤波电路的滤波
分辨半波、全波、桥式3种整流电路方法	全波整流电路要求电源变压器的二次绕组设有中心抽头，其他两种电路对电源变压器没有抽头的要求。 另外，半波整流电路中只需要一只二极管，全波整流电路中要用两只二极管，而桥式整流电路中则要用4只二极管。根据上述两个特点，可以方便地分辨出3种整流电路的类型，但要注意以电源变压器有无抽头这一点来分辨3种整流电路比较准确
整流二极管承受反向电压情况	在相同的直流输出电压情况下，在半波整流和桥式整流电路中的整流二极管截止时承受的反向电压相等，且等于交流电压峰值电压。 对于全波整流电路而言，要求整流二极管的反向耐压值更高，因为它需要承受的反向电压是半波或桥式整流电路中整流二极管的2倍
直流输出电压大小问题	在要求直流电压相同的情况下，全波整流电路的电源变压器二次绕组抽头至上端和下端的交流电压相等，且等于桥式整流电路中电源变压器二次绕组的输出电压，这样，全波整流电路中的电源变压器相当于绕了两组二次绕组
输入交流电压正、负半周转换	在全波和桥式两种整流电路中，都是将输入交流电压的负半周转换到正半周（在负极性整流电路中是将正半周转换到负半周），这一点与半波整流电路不同。在半波整流电路中，将输入交流电压的半个周期去除了
管压降不计	在整流电路中，输入交流电压的幅值远大于二极管导通后的管压降，所以整流二极管导通之后，二极管的管压降与交流输入电压相比很小，管压降对直流输出电压大小的影响可以忽略不计
倍压整流电路特性	对于倍压整流电路，它能够输出比输入交流电压更高的直流电压，但是这种电路输出电流的能力较差，所以它具有高电压、小电流的输出特性
二极管特性运用	分析各种整流电路时，主要用二极管的单向导电特性，整流二极管的导通电流由输入交流电压提供

11.2　二极管其他应用电路

重要提示

提起二极管的特性，许多初学者会首先想到它的单向导电特性，说到它在电路中的应用则会想到整流，对二极管的其他特性和应用了解不多。实际上无法用单向导电特性来解释许多二极管电路的工作原理。

二极管除单向导电特性外，还有许多特性，掌握二极管更多的特性才能正确分析这些电路，例如，二极管简易直流稳压电路、二极管温度补偿电路等。

11.2.1　二极管简易直流稳压电路

二极管简易直流稳压电路主要用于一些局部的直流电压供给电路中，由于电路简单，成本低，所以应用比较广泛。

二极管简易直流稳压电路中主要利用二极管的管压降基本不变特性。

二极管的管压降特性：二极管导通后其管压降基本不变，对硅二极管而言管压降是0.6V左右，对锗二极管而言管压降是0.2V左右。

图11-44所示是由3只普通二极管构成的简易直流稳压电路。电路中的VD1、VD2和VD3是普通二极管，它们串联起来后构成一个简易直流电压稳压电路。

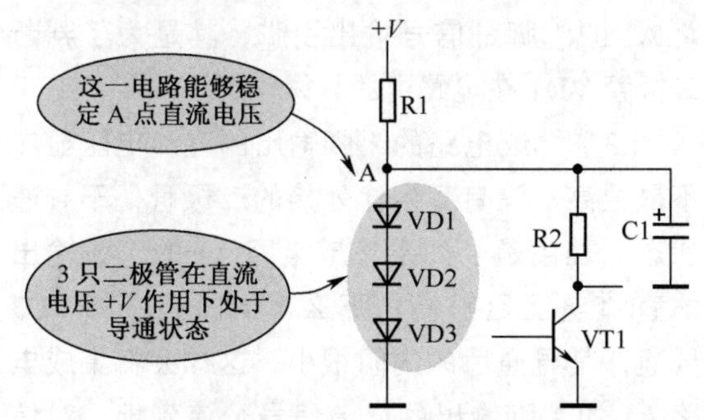

图11-44　3只普通二极管构成的简易直流稳压电路

1．电路分析思路

关于这一电路的分析思路主要说明如下。

（1）从电路中可以看出3只二极管串联，根据串联电路特性可知，这3只二极管如果导通会同时导通，如果截止会同时截止。

（2）根据二极管是否导通的判断原则分析，在二极管的正极接有比负极高得多的电压，无论是直流还是交流的电压，此时二极管均处于导通状态。从电路中可以看出，在VD1正极通过电阻器R1接电路中的直流工作电压+*V*，VD3的负极接地，这样在3只串联二极管上加有足够大的正向直流电压。由此分析可知，3只二极管VD1、VD2和VD3是在直流工作电压+*V*作用下导通的。

（3）从电路中还可以看出，3只二极管上没有加入交流信号电压，因为在VD1正极即电路中的A点与地之间接有大容量电容器C1，将A点的任何交流电压旁路到地端。

2．二极管能够稳定直流电压原理

电路中，3只二极管在直流工作电压的正向偏置作用下导通，导通后对这一电路的作用是稳定了电路中A点的直流电压。

众所周知，二极管内部是一个PN结的结构，PN结除单向导电特性之外还有许多特性，其中之一是二极管导通后其管压降基本不变，对于常用的硅二极管而言导通后正极与负极之间的电压降为0.6V。

根据二极管的这一特性，可以很方便地分析由普通二极管构成的简易直流稳压电路工作原理。3只二极管导通之后，每只二极管的管压降是0.6V，那么3只串联之后的直流电压降是$0.6\times3=1.8$V。

3．故障检测方法

检测这一电路中的3只二极管最为有效的方法是测量二极管上的直流电压，图11-45是测量时接线示意图。如果测量直流电压结果是1.8V左右，说明3只二极管工作正常；如果测量结果是直流电压为0V，要测量直流工作电压+*V*是否正常和电阻器R1是否开路，与3只二极管无关，因为3只二极管同时击穿的可能性较小；如果测量出直流电压大于1.8V，检查

3 只二极管中是否有一只存在开路故障。

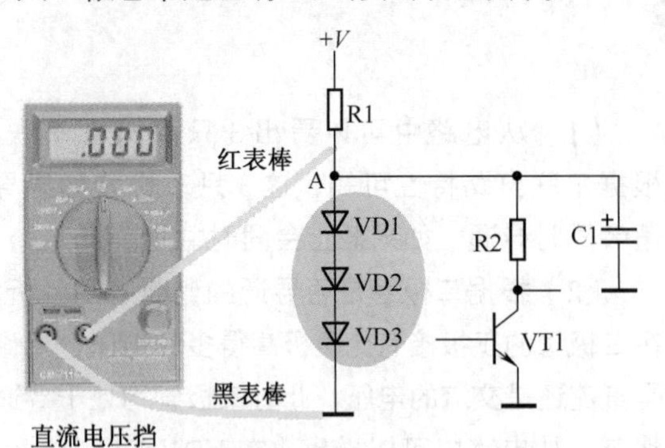

图 11-45　测量二极管上直流电压接线示意图

4．电路分析细节

关于上述二极管简易直流电压稳压电路分析细节说明如下。

（1）在电路分析中，利用二极管的单向导电性可以知道二极管处于导通状态，但是并不能说明这几只二极管导通后对电路有什么具体作用，所以只利用单向导电特性还不能够正确分析电路工作原理。

（2）二极管众多的特性中只有导通后管压降基本不变这一特性能够最为合理地解释这一电路的作用，所以依据这一点可以确定这一电路是为了稳定电路中 A 点的直流工作电压。

（3）电路中有多只元器件时，一定要设法搞清楚实现电路功能的主要元器件，然后围绕它展开分析。分析中运用该元器件主要特性，进行合理解释。

11.2.2　二极管限幅电路

重要提示

二极管最基本的工作状态是导通和截止两种，利用这一特性可以构成限幅电路。所谓限幅电路就是限制电路中某一点的信号幅度大小，让信号幅度大到一定程度时，不让信号的幅度再增大，当信号的幅度没有达到限制的幅度时，限幅电路不工作。利用二极管来完成这一功能的电路被称为二极管限幅电路。

图 11-46 所示是二极管限幅电路。在电路中，A1 是集成电路（一种常用元器件），VT1 和 VT2 是三极管（一种常用元器件），R1 和 R2 是电阻器，VD1～VD6 是二极管。

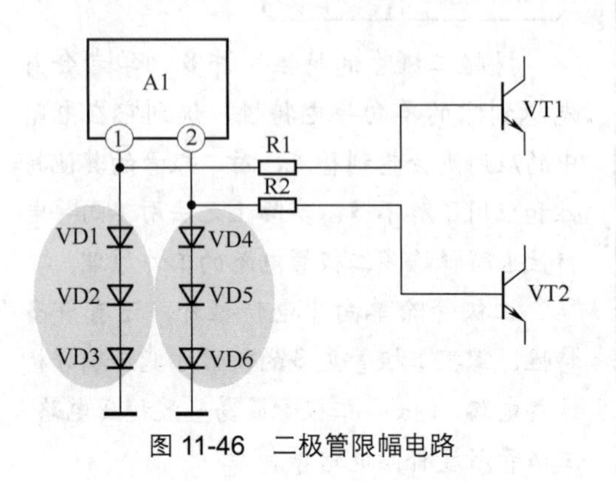

图 11-46　二极管限幅电路

1．电路分析思路

对电路中 VD1 和 VD2 作用分析的思路主要说明下列几点。

（1）从电路中可以看出，VD1、VD2、VD3 和 VD4、VD5、VD6 两组二极管的电路结构一样，这两组二极管在这一电路中所起的作用是相同的，所以只要分析其中一组二极管电路工作原理即可。

（2）集成电路 A1 的①脚通过电阻器 R1 与三极管 VT1 基极相连，显然 R1 是信号传输电阻器，将①脚上输出信号通过 R1 加到 VT1 基极。由于在集成电路 A1 的①脚与三极管 VT1 基极之间没有隔直电容器，根据这一电路结构可以判断：集成电路 A1 的①脚是输出信号引脚，而且输出直流和交流的复合信号。集成电路 A1 的①脚是信号输出引脚，其是为了判断二极管 VD1 在电路中的具体作用。

（3）集成电路的①脚输出的直流电压显然不是很高，没有高到让外接的二极管处于导通状态，理由是：如果集成电路 A1 的①脚输出的直流电压足够高，那么 VD1、VD2 和 VD3 导通，其导通后的内阻很小，这样会将集成电路 A1 的①脚输出的交流信号分流到地，对信号造成衰减，显然这一电路中不需要对信号进行这样的衰减，所以从这个角度分析得到的结论是：集成电路A1的①脚输出的直流电压不会高到让VD1、VD2和VD3导通的程度。

（4）从集成电路A1的①脚输出的是直流和交流叠加信号，通过电阻器R1与三极管VT1基极，VT1是NPN型三极管，如果加到VT1基极的正半周交流信号幅度变得很大，会使VT1的基极电压很大而有烧坏VT1的危险。加到VT1基极的交流信号负半周信号幅度很大时，对VT1没有烧坏的影响，因为VT1基极上负极性信号使VT1基极电流减小。

（5）通过上述电路分析思路可以初步判断，电路中的VD1、VD2、VD3是限幅保护二极管电路，防止集成电路A1的①脚输出的交流信号正半周幅度太大而烧坏VT1。

从上述思路出发对VD1、VD2、VD3二极管电路进一步分析。

2．二极管限幅电路

电路分析提示

分析各种限幅电路工作状态是有方法的，将信号的幅度分两种情况。

（1）信号幅度比较小时的电路工作状态，即信号幅度没有大到让限幅电路动作的程度，这时限幅电路不工作。

（2）信号幅度比较大时的电路工作状态，即信号幅度大到让限幅电路动作的程度，这时限幅电路工作，将信号幅度进行限制。

用画出信号波形的方法分析电路工作原理有时相当管用，用于分析限幅电路尤其有效。图11-47是电路中集成电路A1的①脚上信号波形示意图。

图11-47所示波形图中，U_1是集成电路A1的①脚输出信号中的直流电压，①脚输出信号中的交流电压是“骑”在这一直流电压上的。U_2是限幅电压值。

结合上述信号波形来分析这个二极管限幅电路，**当集成电路A1的①脚输出信号中的交流电压比较小时，**交流信号的正半周加上直流输出电压U_1也没有达到VD1、VD2和VD3导通的程度，所以各二极管全部截止，对①脚输出的交流信号没有影响，交流信号通过R1加到VT1中。

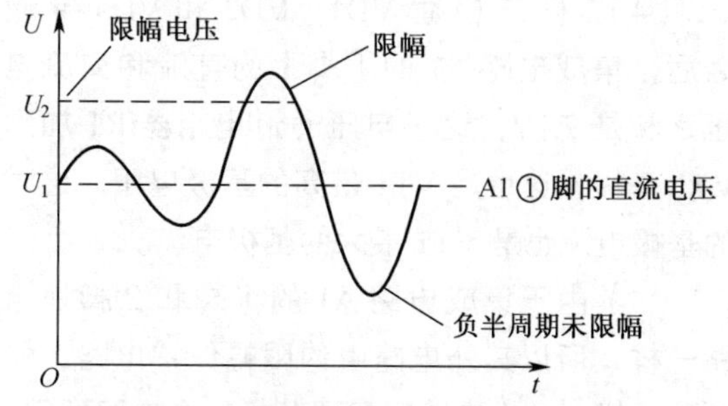

图11-47　集成电路A1的①脚上信号波形图

假设集成电路A1的①脚输出的交流信号其正半周幅度在某期间很大，由于此时交流信号的正半周幅度加上直流电压已超过二极管VD1、VD2和VD3正向导通的电压值，如果每只二极管的导通电压是0.7V，那么3只二极管的导通电压是2.1V。由于3只二极管导通后的管压降基本不变，即集成电路A1的①脚最大为2.1V，所以交流信号正半周超出部分被去掉（限制），其超出部分信号其实降在了集成电路A1的①脚内电路中的电阻器上。

当集成电路A1的①脚直流和交流输出信号的幅度小于2.1V时，这一电压又不能使3只二极管导通，这样3只二极管再度从导通转入截止状态，对信号没有限幅作用。

3．电路分析细节

对于这一电路的具体分析细节说明如下。

（1）集成电路A1的①脚输出的负半周大幅度信号不会造成VT1过电流，因为负半周信号只会使NPN型三极管的基极电压下降，基极电流减小，所以无须加入对于负半周的限幅电路。

（2）上面介绍的是单向限幅电路，这种限幅电路只能对信号的正半周或负半周大信号部分进行限幅，对另一半周信号不限幅。另一种是双向限幅电路，它能同时对正、负半周信号进行限幅。

（3）引起信号幅度异常增大的原因是多种多样的，例如，偶然的因素（如电源电压的波动）

导致信号幅度在某瞬间增大许多，外界的大幅度干扰脉冲窜入电路也是引起信号某瞬间异常增大的常见原因。

（4）3只二极管VD1、VD2和VD3导通之后，集成电路A1的①脚上的直流和交流电压之和是2.1V，这一电压通过电阻器R1加到VT1基极，这也是VT1最高的基极电压，这时的基极电流也是VT1最大的基极电流。

（5）由于集成电路A1的①脚和②脚外电路一样，所以其外电路中的限幅保护电路工作原理一样，分析电路时只要分析一个电路即可。

（6）根据串联电路特性可知，串联电路中的电流处处相等，这样可以知道VD1、VD2和VD3这3只串联二极管同时导通或同时截止，绝不会出现串联电路中的某只二极管导通而某几只二极管截止的现象。

4．故障检测方法

对这一电路中的二极管故障检测主要采用万用表电阻挡在路测量其正向和反向电阻大小，因为这一电路中的二极管不工作在直流电路中，所以采用测量二极管两端直流电压降的方法不合适。

11.2.3　二极管温度补偿电路

重要提示

众所周知，PN结（指硅材料PN结）导通后有一个约为0.6V的压降，同时PN结还有一个与温度相关的特性：PN结导通后的压降基本不变，但不是稳定不变，PN结两端的压降随温度升高而略有下降，温度愈高其下降的量愈多，当然PN结两端电压下降量的绝对值对于0.6V而言相当小，利用这一特性可以构成温度补偿电路。

图11-48所示是利用二极管温度特性构成的温度补偿电路。

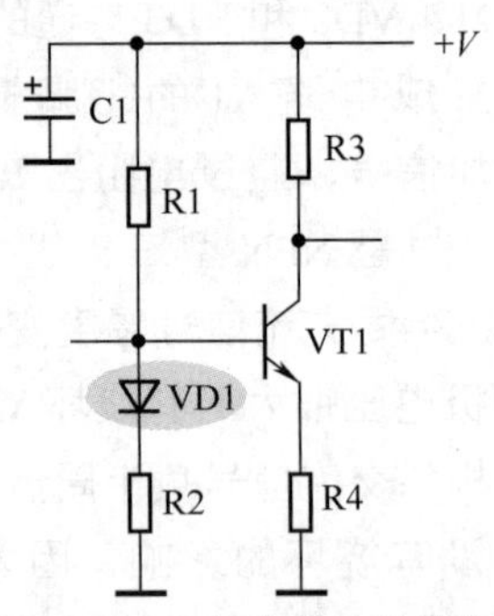

图11-48　二极管温度补偿电路

在电路分析中，熟悉VT1等元器件所构成的单元电路功能（VT1等元器件构成的是一种放大器），对分析VD1工作原理有积极意义。了解了单元电路的功能，一切电路分析就可以围绕它进行展开，做到有的放矢、事半功倍。

1．需要了解的深层次电路工作原理

分析这一电路工作原理需要了解下列两个深层次的电路原理。

（1）VT1等构成一种放大器电路，对于放大器而言要求它的工作稳定性好，其中有一条就是温度高低变化时三极管的静态电流不能改变，即VT1基极电流不能随温度变化而改变，否则就代表工作稳定性不好。了解放大器的这一温度特性，对理解VD1构成的温度补偿电路工作原理非常重要。

（2）三极管VT1有一个与温度相关的不良特性，即温度升高时，三极管VT1基极电流会增大，温度愈高基极电流愈大，反之则小，显然三极管VT1的温度稳定性能不良。由此可知，放大器的温度稳定性能不良是三极管温度特性造成的。

2．三极管偏置电路分析

电路中，三极管VT1工作在放大状态时要给它一定的直流偏置电压，这由偏置电路来完成。

电路中的R1、VD1和R2构成分压式偏置电路，为三极管VT1基极提供直流工作电压，基极电压的大小决定了VT1基极电流的大小。

重要提示

如果不考虑温度的影响，而且直流工作电压 +*V* 的大小不变，那么 VT1 基极直流电压是稳定的，则三极管 VT1 的基极直流电流是不变的，三极管可以稳定工作。

在分析二极管 VD1 工作原理时还要搞清楚一点：VT1 是 NPN 型三极管，其基极直流电压高，则基极电流大；反之则小。

3．二极管 VD1 温度补偿电路分析

根据二极管 VD1 在电路中的位置，针对它的工作原理分析思路主要说明下列几点。

（1）VD1 的正极通过 R1 与直流工作电压 +*V* 相连，而它的负极通过 R2 与地线相连，这样 VD1 在直流工作电压 +*V* 的作用下处于导通状态。理解二极管导通的要点是：正极上电压高于负极上电压。

（2）利用二极管导通后有一个 0.6V 管压降来解释电路中 VD1 的作用是行不通的，因为通过调整 R1 和 R2 的阻值大小可以达到 VT1 基极所需要的直流工作电压，没有必要通过串入二极管 VD1 来调整 VT1 基极电压大小。

（3）利用二极管的管压降温度特性可以正确解释 VD1 在电路中的作用。假设温度升高，根据三极管特性可知，VT1 的基极电流会增大一些。当温度升高时，二极管 VD1 的管压降会下降一些，VD1 管压降的下降导致 VT1 基极电压下降一些，结果使 VT1 基极电流下降。由上述分析可知，加入二极管 VD1 后，原来温度升高使 VT1 基极电流增大的，现在通过 VD1 电路可以使 VT1 基极电流减小一些，这样起到稳定三极管 VT1 基极电流的作用，所以 VD1 可以起温度补偿的作用。

（4）三极管的温度稳定性能不良还表现在温度下降的过程中。在温度降低时，三极管 VT1 基极电流要减小，这也是温度稳定性能不良的表现。接入二极管 VD1 后，温度下降时，它的管压降稍有升高，使 VT1 基极直流工作电压升高，结果 VT1 基极电流增大，这样也能补偿三极管 VT1 温度下降时的不稳定性。

4．电路分析细节

电路分析的细节说明如下。

（1）在电路分析中，若能运用元器件的某一特性去合理地解释它在电路中的作用，说明电路分析很可能是正确的。例如，在上述电路分析中，只能用二极管的温度特性才能合理解释电路中 VD1 的作用。

（2）温度补偿电路的温度补偿是双向的，即能够补偿由于温度升高或降低而引起的电路工作的不稳定性。

（3）分析温度补偿电路工作原理时，要假设温度的升高或降低变化，然后分析电路中的反应过程，得到正确的电路反馈结果。在实际电路分析中，可以只假设温度升高进行电路补偿的分析，不必再分析温度降低时电路补偿的情况，因为温度降低与温度升高的电路分析思路、过程是相似的，只是电路分析的每一步变化相反。

（4）在上述电路分析中，VT1 基极与发射极之间 PN 结（发射结）的温度特性与 VD1 温度特性相似，因为它们都是 PN 结的结构，所以温度补偿的效果较好。

（5）在上述电路中的二极管 VD1，对直流工作电压 +*V* 的大小波动无稳定作用，所以不能补偿由直流工作电压 +*V* 大小波动造成的 VT1 基极直流工作电流的不稳定性。

5．故障检测方法

这一电路中的二极管 VD1 故障检测方法比较简单，可以用万用表电阻挡在路测量 VD1 正向和反向电阻大小的方法。

11.2.4　二极管控制电路

重要提示

二极管导通之后，它的正向电阻大小随电流大小变化而有微小改变，正向电流越大，正向电阻越小；反之则大。

利用二极管正向电流与正向电阻之间的特性，可以构成一些自动控制电路。

图 11-49 所示是一种由二极管构成的自动控制电路，又称ALC电路(自动电平控制电路)，它在磁性录音设备（如卡座）电路中经常被使用。

1．电路分析准备知识

二极管的单向导电特性只是说明了正向电阻小、反向电阻大，没有说明二极管导通后还有哪些具体的特性。

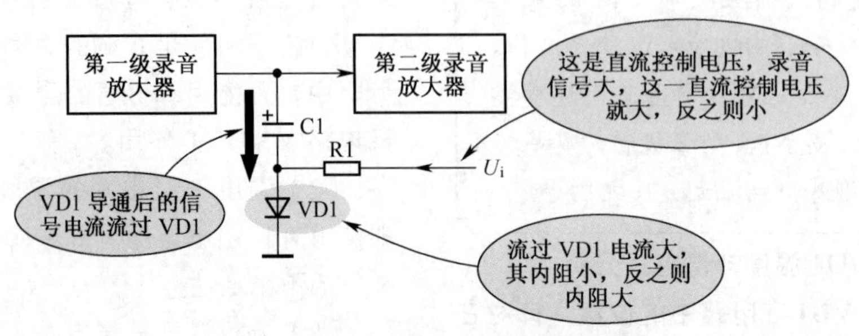

图 11-49　二极管构成的自动控制电路

重要提示

二极管正向导通之后，它的正向电阻大小还与流过二极管的正向电流大小相关。尽管二极管正向导通后的正向电阻比较小（相对反向电阻而言），但是如果增加正向电流，二极管导通后的正向电阻还会进一步下降，即正向电流越大，正向电阻越小，反之则大。

不熟悉电路功能对电路工作原理分析很不利，在了解电路功能的背景下能有的放矢地分析电路工作原理或电路中某元器件的作用。

ALC 电路在磁性录音设备（如卡座）电路中会对录音信号的大小幅度进行控制，**了解下列几点具体的控制要求有助于分析二极管 VD1 自动控制电路。**

（1）在录音信号幅度较小时，不控制录音信号的幅度。

（2）当录音信号的幅度大到一定程度后，开始对录音信号幅度进行控制，即对信号幅度进行衰减，对录音信号幅度控制的电路就是 ALC 电路。

（3）ALC 电路进入控制状态后，要求录音信号越大，对信号的衰减量越大。

通过上述说明可知，电路分析要求我们具备比较全面的知识，这需要在不断的学习中日积月累。

2．电路分析思路

关于这一电路工作原理的分析思路主要说明下列几点。

（1）如果没有 VD1 这一支路，从第一级录音放大器输出的录音信号全部加到第二级录音放大器中。但是，有了 VD1 这一支路之后，从第一级录音放大器输出的录音信号有可能会经过 C1 和导通的 VD1 流到地端，形成对录音信号的分流衰减。

（2）电路分析的第二个关键是 VD1 这一支路对第一级录音放大器输出信号的对地分流衰减的具体情况。显然，支路中的电容器 C1 是一只容量较大的电容器（C1 电路图形符号中标出极性，说明 C1 是电解电容器，而电解电容器的容量较大），所以 C1 对录音信号呈通路，说明这一支路中 VD1 是对录音信号进行分流衰减的关键元器件。

（3）从分流支路电路分析中要明白一点：从第一级录音放大器输出的信号，如果从 VD1 支路分流得多，那么流入第二级录音放大器的录音信号就小，反之则大。

（4）VD1 存在导通与截止两种情况，在 VD1 截止时对录音信号无分流作用，在导通时则对录音信号进行分流。

（5）在 VD1 正极上接有电阻器 R1，它给 VD1 一个控制电压，显然这个电压控制着 VD1 导通或截止。所以，R1 送来的电压是分析 VD1 导通、截止的关键所在。

分析这个电路的关键是在 VD1 导通后，利用了二极管导通后其正向电阻与导通电流之间的关系特性进行电路分析，即二极管的正向电流越大，其正向电阻越小，流过 VD1 的电流愈大，其正极与负极之间的电阻愈小，反之则大。

3．控制电路的一般分析方法

对于控制电路的分析通常要分成多种情况，例如将控制信号分成大、中、小等。就这一电路而言，**控制电压 U_i 对二极管 VD1 的控制要分成下列几种情况。**

（1）电路中没有录音信号时，直流控制电压 U_i 为 0V，二极管 VD1 截止，VD1 对电路工作无影响，第一级录音放大器输出的信号可以全部加到第二级录音放大器中。

（2）当电路中的录音信号较小时，直流控制电压 U_i 较小，没有大于二极管 VD1 的导通电压，所以不足以使二极管 VD1 导通，此时二极管 VD1 对第一级录音放大器输出的信号也没有分流作用。

（3）当电路中的录音信号比较大时，直流控制电压 U_i 较大，使二极管 VD1 导通，录音信号愈大，直流控制电压 U_i 愈大，VD1 导通程度愈深，VD1 的内阻愈小。

（4）VD1 导通后，VD1 的内阻下降，第一级录音放大器输出的录音信号中的一部分通过电容器 C1 和导通的二极管 VD1 被分流到地端，VD1 导通程度愈深，它的内阻愈小，对第一级录音放大器输出信号的对地分流量愈大，实现自动电平控制。

（5）二极管 VD1 的导通程度受直流控制电压 U_i 控制，而直流控制电压 U_i 随着电路中录音信号大小的变化而变化，所以二极管 VD1 的内阻变化实际上受录音信号大小控制。

4．故障检测方法

对于这一电路中的二极管故障检测最好的方法是进行代替检查，因为二极管如果性能不好也会影响到电路的控制效果。

11.2.5　二极管开关电路

开关电路是一种常用的功能电路，例如家庭中的照明电路中的开关，各种民用电器中的电源开关等。

在开关电路中有两大类开关。

（1）机械式开关。采用机械式的开关件作为开关电路中的元器件。

（2）电子开关。所谓的电子开关，是采用二极管、三极管这类器件构成开关电路的开关。

1．开关二极管开关特性

开关二极管同普通的二极管一样，也是 PN 结的结构，不同之处是要求这种二极管的开关特性要好。

重要提示

当给开关二极管加上正向电压时，二极管处于导通状态，相当于开关的通态；当给开关二极管加上反向电压时，二极管处于截止状态，相当于开关的断态。二极管的导通和截止状态实现开与关功能。

开关二极管就是利用这种特性，且通过制造工艺使开关特性更好，即开关速度更快，PN 结的结电容更小，导通时的内阻更小，截止时的电阻很大。

关于开关二极管的开关时间概念说明下列几点。

（1）开通时间。开关二极管从截止到加上正向电压后的导通要有一段时间，这一时间叫作开通时间。要求这一时间愈短愈好。

（2）反向恢复时间。开关二极管在导通后，去掉正向电压，二极管从导通转为截止所需要的时间被称为反向恢复时间。要求这一时间愈短愈好。

（3）开关时间。开通时间和反向恢复时间之和，被称为开关时间。要求这一时间越短越好。

2．二极管开关电路等效电路

二极管开关电路中要使用二极管，由于普通二极管的开关速度不够高，所以在这种开关电路中所使用的二极管为专门的开关二极管。图 11-50 所示是开关二极管的等效电路。

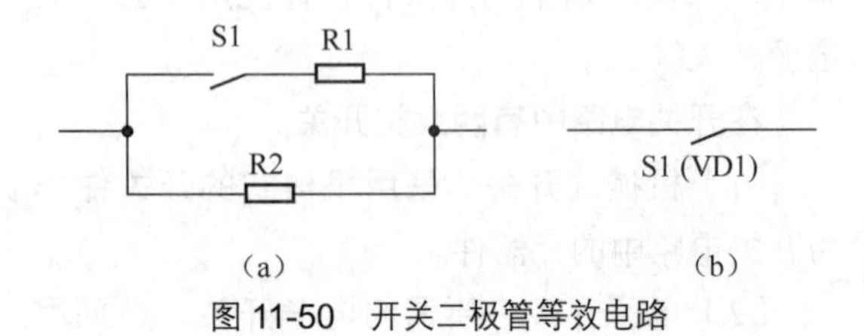

图 11-50　开关二极管等效电路

图 11-50(a) 所示是开关二极管的等效电路，从图中可看出，此时开关二极管在等效成一只开关 S1 的同时，还有两只电阻器。等效电路中的开关 S1 可被视作一个理想的开关，即其接通电阻小到为零，其断开电阻大到为无穷大。

重要提示

开关二极管在实际电路中并不是一个理想的开关，这是因为等效电路中存在电阻器 R1 和 R2。电阻器 R1 与 S1 串联，它是开关 S1 接通时的接通电阻器，R1 阻值小（远小于 R2)，这样当开关二极管导通时的接通电阻器就是 R1。

当开关二极管截止时（开关 S1 断开)，由于电阻器 R2 的存在，开关二极管并不像机械式开关那样断开电阻为无穷大，但是电阻 $R2$ 的值相当大。

由于开关二极管接通时的 $R1$ 远小于截止时的电阻 $R2$，这样开关二极管也有一个开与关的动作差别，尽管这种差别不像机械式开关那么理想，但是在电路中已经能够满足使用要求，所以开关二极管可作为电子开关来使用。

在分析电子开关电路时，为了方便电路的分析，通常将二极管的开关作用等效成一个理想的电子开关，即可以用图 11-50（b）所示的开关电路图形符号来等效开关二极管。

3．二极管开关电路原理分析

图 11-51(a) 所示是采用开关二极管构成的电子开关电路，电路中 VD1 是开关二极管，U_i 是输入电压，R1 是负载电阻，U_o 为负载电阻 R1 上的电压，输入电压 U_i 和输出电压 U_o 波形如图 11-51(b) 所示。

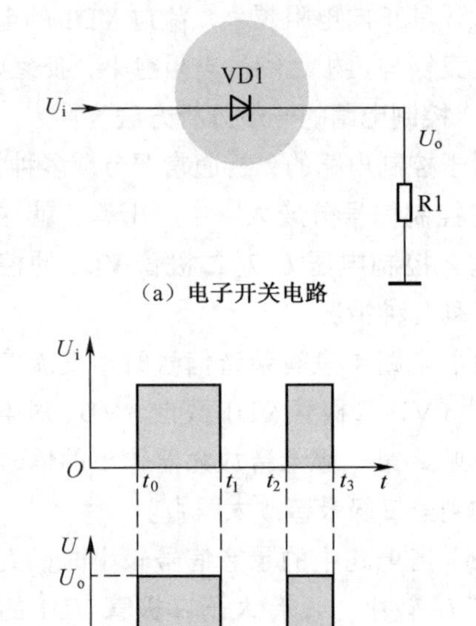

图 11-51　二极管电子开关电路及电压波形

电路的工作原理是：输入电压 U_i 为一个矩形脉冲电压，在 t_0 之前这一输入电压为 0V，此时开关二极管 VD1 的正极上没有电压，所以 VD1 处于截止状态，其内阻很大，VD1 相当于断开，这样输入电压 U_i 就不能加到负载电阻 R1 上，此时的输出电压 U_o 为 0V，如图 11-51(b) 所示的 t_0 之前波形。

当输入电压 U_i 从 t_0 到 t_1 时刻到来前期间为正脉冲，这一足够大的电压加到 VD1 正极，使 VD1 从截止状态转换到导通状态，此时 VD1 的内阻很小（可以认为小到为零），这样输入电压 U_i 就全部加到负载电阻 R1 上。

当输入电压 U_i 在 t_1 时刻从高电平跳变到低电平时，输入电压 U_i 为 0V，这时开关二极管 VD1 截止，VD1 相当于开路，这时负载电阻器

R1 上没有电压。

从上述电路分析可知，当有电压加到 VD1 正极时，VD1 导通，负载电阻 R1 上有电压；当没有电压加到 VD1 正极时，VD1 截止，负载电阻 R1 上没有电压。由此可见，VD1 起到了一个开关的作用。

开关二极管在导通与截止之间的转换速度很快，即所谓的开关速度高。

4．二极管典型应用开关电路分析

二极管构成的电子开关电路形式多种多样，图 11-52 所示是一种常见的二极管开关电路。

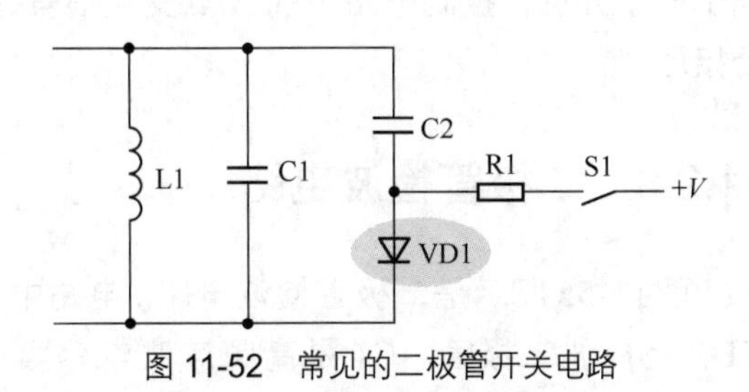

图 11-52　常见的二极管开关电路

通过观察这一电路，可以熟悉下列几个问题，以利于分析电路工作原理。

（1）了解这个单元电路功能是第一步。从图 11-52 所示电路中可以看出，电感器 L1 和电容器 C1 并联，这显然是一个 LC 并联谐振电路，这是这个单元电路的基本功能，明确这一点后可以知道，电路中的其他元器件应该是围绕这个基本功能的辅助元器件，是对电路基本功能的扩展或补充等，以此思路可以方便地分析电路中的元器件作用。

（2）C2 和 VD1 构成串联电路，然后再与 C1 并联，从这种电路结构可以得出一个判断结果：C2 和 VD1 这个支路的作用是通过该支路来改变与电容器 C1 并联后的总容量大小。这样判断的理由是：C2 和 VD1 支路与 C1 并联后总电容量改变了，与 L1 构成的 LC 并联谐振电路其振荡频率改变了。所以，这是一个改变 LC 并联谐振电路频率的电路。

重要提示

关于二极管电子开关电路分析思路说明如下几点。

（1）电路中，C2 和 VD1 串联，根据串联电路特性可知，C2 和 VD1 要么同时接入电路，要么同时断开。如果只是需要 C2 并联在 C1 上，可以直接将 C2 并联在 C1 上，可是串入二极管 VD1，说明 VD1 控制着 C2 的接入与断开。

（2）根据二极管的导通与截止特性可知，当需要 C2 接入电路时让 VD1 导通，当不需要 C2 接入电路时让 VD1 截止，二极管的这种工作方式叫作开关方式，这样的电路叫作二极管开关电路。

（3）二极管的导通与截止要有电压控制，电路中 VD1 正极通过电阻器 R1、开关 S1 与直流电压 +*V* 端相连，这一电压就是二极管的控制电压。

（4）电路中的开关 S1 用来控制工作电压 +*V* 是否接入电路。根据 S1 开关电路更容易确认二极管 VD1 工作在开关状态下，因为 S1 的开、关控制了二极管的导通与截止。

关于二极管电子开关电路分析说明下列两点。

（1）开关 S1 断开时电路分析。直流电压 +*V* 无法加到 VD1 的正极，这时 VD1 截止，其正极与负极之间的电阻很大，相当于 VD1 开路，这样 C2 不能接入电路，L1 只是与 C1 并联构成 LC 并联谐振电路。

（2）开关 S1 接通时电路分析。直流电压 +*V* 通过 S1 和 R1 加到 VD1 的正极，使 VD1 导通，其正极与负极之间的电阻很小，相当于 VD1 的正极与负极之间接通，这样 C2 接入电路，且与电容器 C1 并联，L1 与 C1、C2 构成 LC 并联谐振电路。

在上述两种状态下，由于 LC 并联谐振电路中的电容器不同，一种情况是只有 C1，另一种情况是 C1 与 C2 并联，在电容量不同的情况下 LC 并联谐振电路的谐振频率不同。所以，VD1 在电路中的真正作用是控制 LC 并联谐振电路的谐振频率。

电路分析细节提示

关于二极管电子开关电路分析细节说明下列两点。

（1）当电路中有开关件时，电路的分析就以该开关接通和断开两种情况为例，分别进行电路工作状态的分析。所以，电路中出现开关件时能为电路分析提供思路。

（2）LC并联谐振电路中的信号通过C2加到VD1正极上，但是由于谐振电路中的信号幅度比较小，所以加到VD1正极上的正半周信号幅度很小，不会使VD1导通。

5．故障检测方法

图11-53是检测电路中开关二极管时接线示意图。在开关接通时测量二极管VD1两端直流电压降，应该为0.6V，如果远小于这个电压值说明VD1短路，如果远大于这个电压值说明VD1开路。另外，如果没有明显发现VD1出现短路或开路故障时，可以用万用表电阻挡测量它的正向电阻。

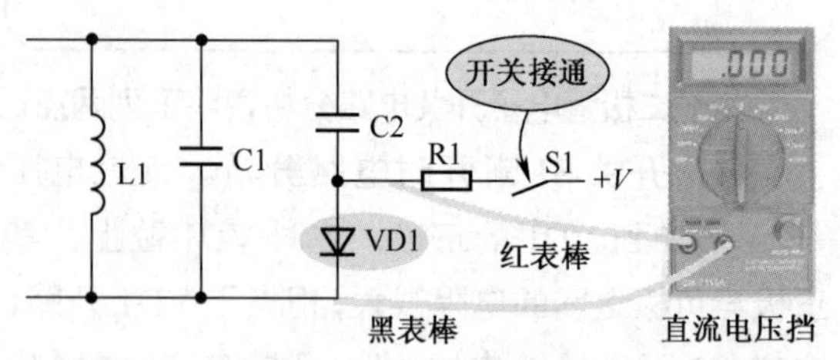

图11-53 检测电路中开关二极管时接线示意图

6．同类电路分析

图11-54所示电路中的VD1为开关二极管，控制电压通过R1加到VD1正极，控制电压是一个矩形脉冲电压。

当控制电压为0V时，VD1不能导通，相当于开路，这时对L1和C1、L2和C2电路没有影响。**当控制电压为高电平时，**控制电压使开关二极管VD1导通，VD1相当于通路，电路中A点的交流信号通过导通的VD1和电容器C3接地，等于将电路中的A点交流接地，使L2和C2电路不起作用。

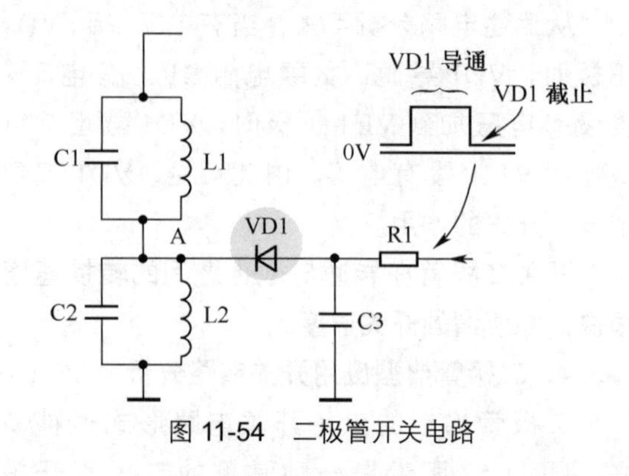

图11-54 二极管开关电路

从上述分析可知，电路中的二极管VD1相当于一个开关，控制电路中的A点交流信号是否接地。

11.2.6 二极管检波电路

图11-55所示是二极管检波电路。电路中，VD1是检波二极管；C1是高频滤波电容器；R1是检波电路的负载电阻器；C2是耦合电容器。

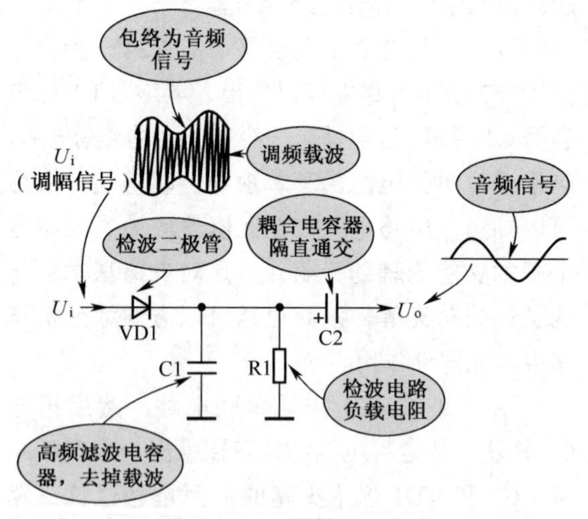

图11-55 二极管检波电路

1．电路分析准备知识

众所周知，收音机有调幅收音机和调频收音机两种，调幅信号就是调幅收音机中处理和放大的信号。**对这一信号波形主要说明下列几点。**

（1）从调幅收音机天线接收的就是调幅信号。

（2）信号的中间部分是频率很高的载波信

号，它的上下端是调幅信号的包络，其包络就是所需要的音频信号。

（3）上包络信号和下包络信号对称，但是信号相位相反，收音机最终只要其中的上包络信号，而不需要中间的高频载波信号。

2．电路中各元器件作用分析

（1）检波二极管VD1。将调频信号中的下半部分去掉，留下上包络信号上半部分的高频载波信号。

（2）高频滤波电容器C1。将检波二极管输出信号中的高频载波信号去掉。

（3）检波电路负载电阻R1。检波二极管导通时的电流回路由R1构成，在R1上的压降就是检波电路的输出信号电压。

（4）耦合电容器C2。检波电路输出信号中有不需要的直流成分，还有需要的音频信号，这一电容的作用是让音频信号通过，不让直流成分通过。

3．检波电路分析

检波电路主要由检波二极管VD1构成。

在检波电路中，调幅信号加到检波二极管的正极，这时的检波二极管工作原理与整流电路中的整流二极管工作原理基本一样，利用信号的幅度使检波二极管导通。图11-56是调幅信号波形时间轴展开示意图。

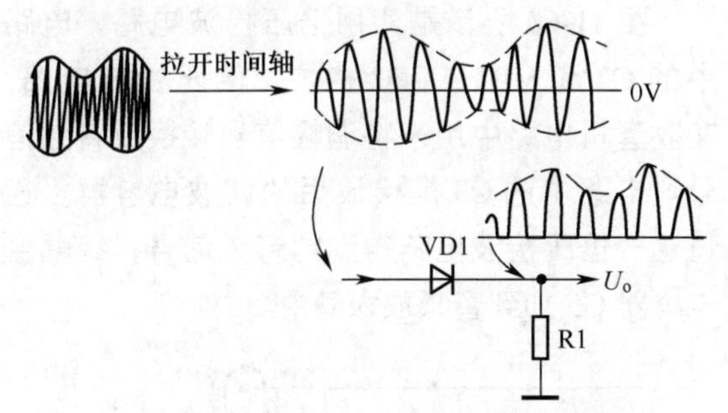

图11-56 调幅信号波形时间轴展开示意图

从展开后的调幅信号波形中可以看出，它是一个交流信号，只是信号的幅度在变化。这一信号加到检波二极管正极，正半周信号使二极管导通，负半周信号使二极管截止，这样相当于整流电路工作一样，在检波二极管负载电阻R1上得到正半周信号的包络，即信号的虚线部分，如图11-56中检波电路输出信号波形（不加高频滤波电容器时的输出信号波形）所示。

> **重要提示**
>
> 检波电路输出信号由音频信号、直流成分和高频载波信号3种信号成分组成，详细的电路分析需要根据3种信号情况进行展开。
>
> 这3种信号中，最重要的是音频信号处理电路的分析和工作原理的理解。

（1）所需要的音频信号，它是输出信号的包络，如图11-57所示，这一音频信号通过检波电路输出端电容器C2耦合，送到后级电路中进一步处理。

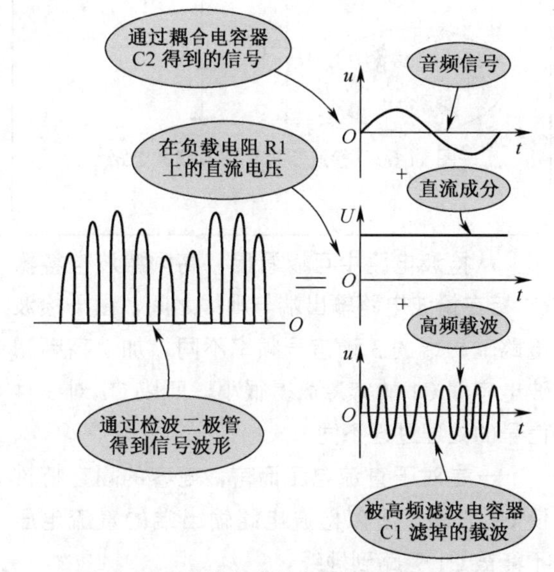

图11-57 检波电路输出端信号波形示意图

（2）检波电路输出信号的平均值是直流成分，它的大小表示了检波电路输出信号的平均幅值大小。检波电路输出信号幅度大，其平均值大，这一直流电压值就大，反之则小。这一直流成分在收音机电路中用来控制一种叫作中频放大器的放大倍数（也可以称为增益），被称为AGC（自动增益控制）电压。AGC电压被检波电路输出端耦合电容器隔离，不能与音频信号一起加到后级放大器电路中，而是专门加到AGC电路中。

（3）检波电路输出信号中还有高频载波信号，这一信号无用，通过接在检波电路输出端的高频滤波电容器 C1 被滤波到地端。

重要提示

一般检波电路中不给检波二极管加入直流电压，但在一些小信号检波电路中，由于调幅信号的幅度比较小，不足以使检波二极管导通，所以给检波二极管加入较小的正向直流偏置电压，如图 11-58 所示，使检波二极管处于微导通状态。

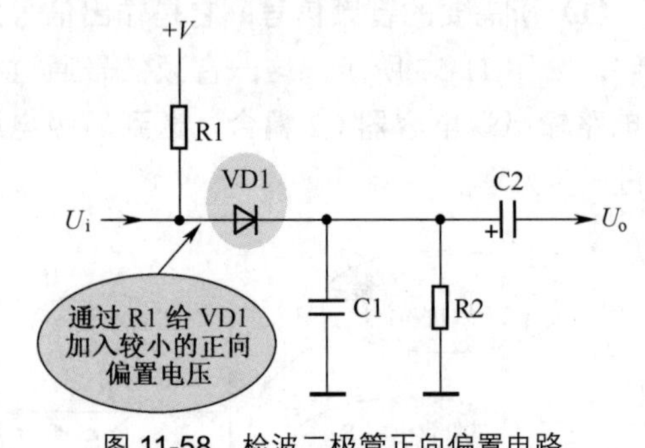

图 11-58　检波二极管正向偏置电路

从检波电路中可以看出，高频滤波电容器 C1 接在检波电路输出端与地线之间，由于检波电路输出端的 3 种信号频率不同，加上高频滤波电容器 C1 的容量取得很小，所以 C1 对 3 种信号的处理过程不同。

一是对于直流电压而言，电容的隔直特性使 C1 开路，所以检波电路输出端的直流电压不能被 C1 旁路到地线。

二是对于音频信号而言，由于高频滤波电容器 C1 的容量很小，它对音频信号的容抗很大，相当于开路，所以音频信号也不能被 C1 旁路到地线。

三是对于高频载波信号而言，其频率很高，C1 对它的容抗很小而呈通路状态，这样唯有检波电路输出端的高频载波信号被 C1 旁路到地线，起到高频滤波的作用。

图 11-59 是检波二极管导通后的 3 种信号电流回路示意图。负载电阻构成直流电流回路，耦合电容器取出音频信号。

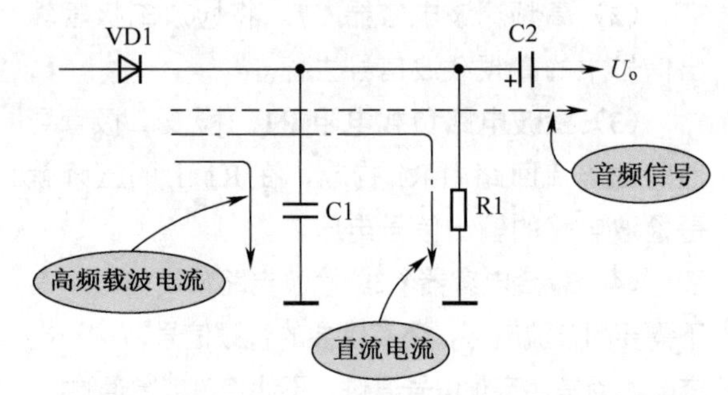

图 11-59　检波二极管导通后的 3 种信号电流回路示意图

4．故障检测方法

对于检波二极管不能用测量直流电压的方法来进行检测，因为这种二极管不工作在直流电压中，所以要采用测量正向电阻和反向电阻的方法来判断检波二极管的质量。

5．实用倍压检波电路分析

图 11-60 所示是实用倍压检波电路，**电路中的 C2 和 VD1、VD2 构成 2 倍压检波电路，**在收音机电路中用来将调幅信号转换成音频信号。电路中的 C3 是检波后的滤波电容器。通过这一倍压检波电路得到的音频信号，经耦合电容器 C5 加到音频放大管中。

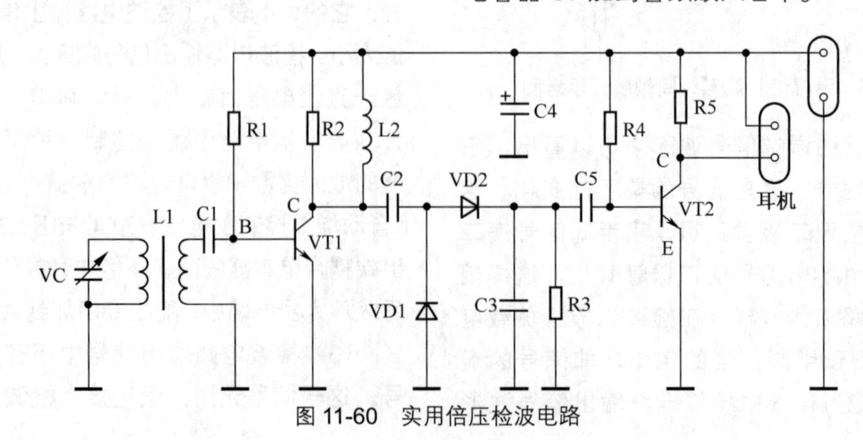

图 11-60　实用倍压检波电路

11.2.7　继电器驱动电路中的二极管保护电路

重要提示

继电器内部具有线圈的结构，所以它在断电时会产生电压很大的反向电动势，会击穿继电器的驱动三极管，为此要在继电器驱动电路中设置二极管保护电路，以保护继电器驱动管。

图 11-61 所示是继电器驱动电路中的二极管保护电路，电路中的 K1 是继电器，VD1 是驱动管 VT1 的保护二极管，R1 和 C1 构成继电器内部开关触点的消火花电路。

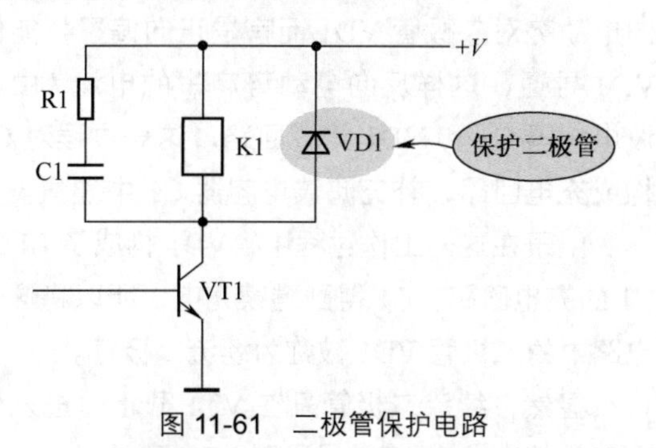

图 11-61　二极管保护电路

1．电路分析

继电器内部有一组线圈，图 11-62 所示是等效电路。在继电器断电前，流过继电器线圈 L1 的电流的方向为从上而下，在断电后线圈产生反向电动势阻碍这一电流变化，即产生一个从上而下流过的电流，如图中虚线所示。根据前面介绍的线圈两端反向电动势判别方法可知，反向电动势在线圈 L1 上的极性为下正上负。

（1）正常通电情况下电路分析。直流电压 +V 加到 VD1 负极，VD1 处于截止状态，VD1 内阻相当大，所以二极管在电路中不起任何作用，也不影响其他电路工作。

（2）电路断电瞬间电路分析。继电器 K1 两端产生下正上负、幅度很大的反向电动势，这一反向电动势正极加在二极管正极上，负极加在二极管负极上，使二极管处于正向导通状态，反向电动势产生的电流通过内阻很小的二极管 VD1 构成回路。二极管导通后的管压降很小，这样继电器 K1 两端的反向电动势幅度被大大减小，达到保护驱动管 VT1 的目的。

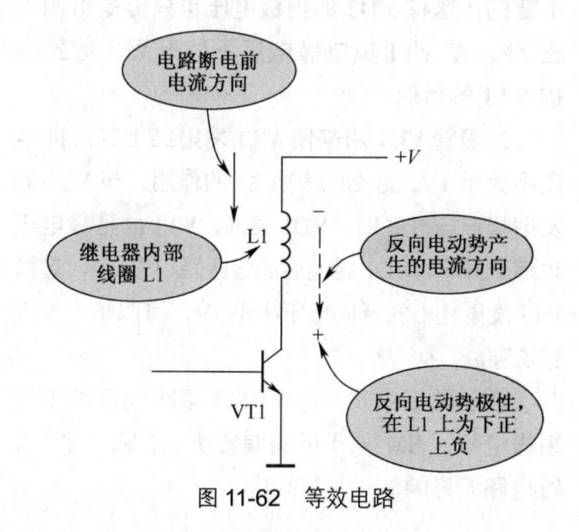

图 11-62　等效电路

2．故障检测方法

对于这一电路中的保护二极管不能采用测量二极管两端直流电压降的方法来判断、检测故障，也不能采用在路测量二极管正向和反向电阻的方法，因为这一二极管两端并联着继电器线圈，这一线圈的直流电阻很小，所以无法通过测量电压降的方法来判断二极管质量。应该采用代替检查的方法。

3．二极管过压保护电路

图 11-63 所示是视放输出管的保护电路。电路中，VD1 和 VD2 是保护二极管。在正常情况下，显像管的阴极电压不是很高，二极管 VD2 处于反向偏置状态，VD2 截止，对电路无影响。

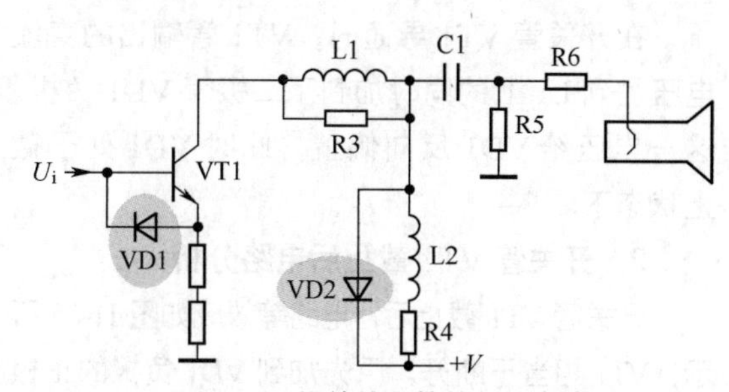

图 11-63　视放输出管的保护电路

当因为显像管打火而使阴极电压升高到一定程度时，**VD2 的正极电压大于负极电压，VD2 导通。VD2 导通后，打火电压通过 VD2 对电源 +*V* 充电，由于电源的容量大，VD2 的负极电压不能升高，二极管导通后的管压降是不变的，这样 VD2 的正极电压也只能是电源电压 +*V*，使 VT1 集电极电压不能升高，达到保护 VT1 的目的。**

二极管 VD1 用来使 VT1 发射结上的反向电压不大于 1V，起到保护 VT1 的作用。当 VT1 的发射极电压升高时，VD1 导通，VT1 的基极电压也随之升高，VD1 导通后的管压降小于 1V，这样 VT1 发射结上的反向电压小于 1V，可以防止 VT1 被击穿。

在正常工作时，由于 VT1 基极电压高于发射极电压，VD1 处于反向偏置状态，VD1 截止，对电路无影响。

11.2.8 续流二极管电路

图 11-64 所示电路可以说明续流二极管电路工作原理。电路中，L1 是开关电源电路中的储能电感器，VD1 是续流二极管，C1 是滤波电容器。

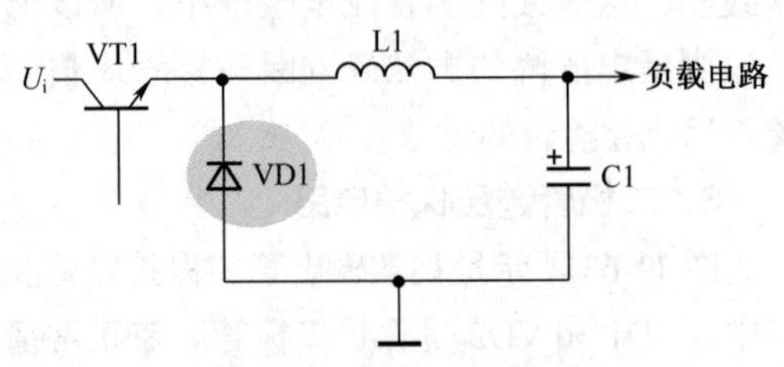

图 11-64 续流二极管电路

1．开关管 VT1 导通时电路分析

在开关管 VT1 导通时，VT1 管输出的直流电压加到 L1 上的同时加到了二极管 VD1 负极，这一电压给 VD1 反向偏置，此时 VD1 处于截止状态下。

2．开关管 VT1 截止后电路分析

开关管 VT1 截止后，电路等效成如图 11-65 所示，VT1 相当于断开，原先加到 VD1 负极的正极性电压消失，直流输出电压 U_i 不能再加到储能电感器 L1 上，输入电压与后面的稳压电路暂时脱开。

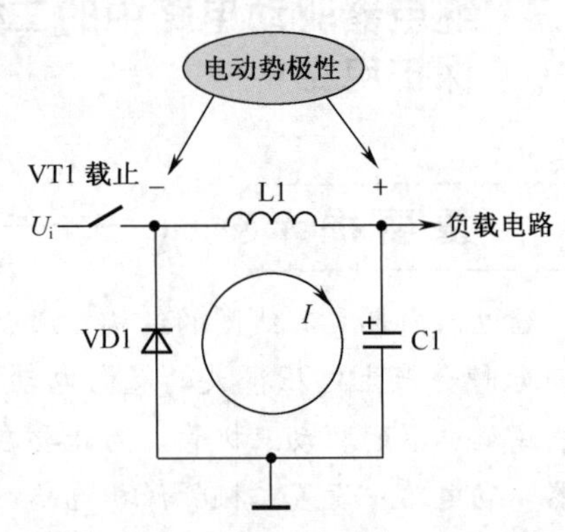

图 11-65 开关管 VT1 截止时等效电路

由于开关管 VT1 从饱和导通突然转为截止，储能电感器 L1 中的电流不能发生突变，在 L1 两端产生了反向电动势，其极性为 L1 的右端为正，左端为负，如图 11-65 所示。这一反向电动势对二极管 VD1 而言是正向偏置，能使 VD1 导通，这样反向电动势产生的电流 *I* 由滤波电容器 C1 和 VD1 构成回路，这一过程对 C1 构成充电回路，补充滤波电容器 C1 中能量。

由于在这一工作过程中，VD1 构成了 L1 对 C1 的充电回路，C1 得到继续充电，所以将这一电路中的二极管 VD1 被称为续流二极管。

显然，续流二极管只在 VT1 截止时进入导通工作状态，在 VT1 导通时 VD1 截止。

11.2.9 二极管或门电路

1．或门电路图形符号

图 11-66（a）所示为过去规定的或门电路图形符号，方框中 + 号表示或逻辑。图 11-66（b）所示最新规定的或门电路图形符号，注意新规定中的符号与旧符号不同。

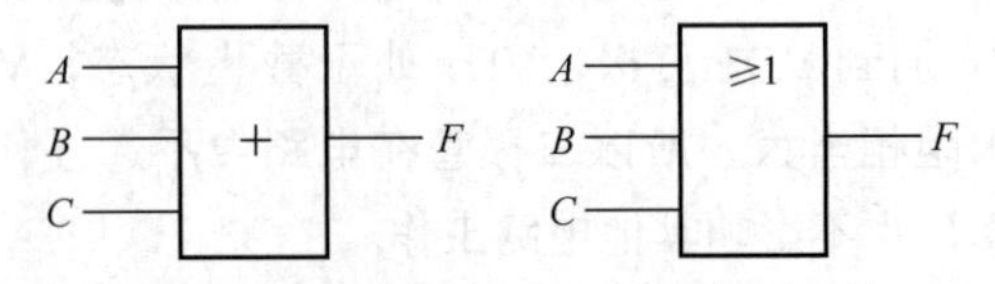

（a）旧或门电路图形符号 （b）新或门电路图形符号

图 11-66 或门电路图形符号

重要提示

从或门电路图形符号中可以知道或门电路有几个输入，图 11-66 所示是由二极管构成的有 3 个输入的或门电路，还有两个输入或更多输入的或门电路，但是无论或门电路有多少个输入，其输出只有一个。

2．二极管或门电路

图 11-67 所示是二极管构成的或门电路，这里的或门电路共有 3 个输入 *A*、*B*、*C*，输出是 *F*。分析或门电路工作原理要将或门电路的输入分成下列几种情况。

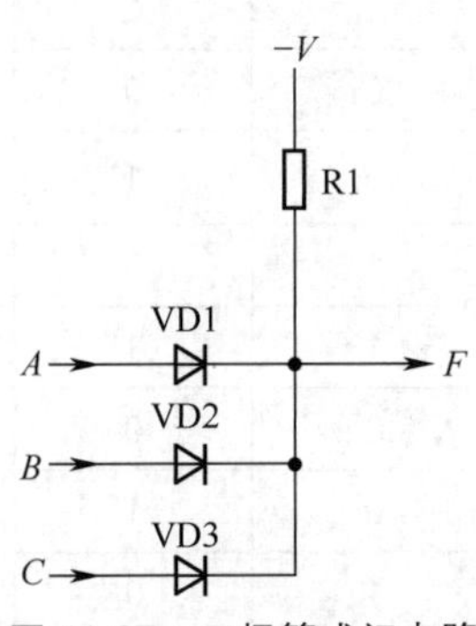

图 11-67 二极管或门电路

（1）设 *A*、*B*、*C* 3 个输入均为逻辑 0（逻辑 0 为低电平，简称 0，此 0 不是算术中的 0），此时 VD1、VD2 和 VD3 正极电压全部为低电平，这样 3 只二极管全部导通，此时输出 *F* 通过电阻 R1 与电源 −*V* 相连，这样输出 *F* 输出低电平，即 *F* 输出 0。

（2）设只有输入 *A* 为高电平 1（此为逻辑 1，简称 1，不是算术中 1），设这一高电平的电压为 +3V，*B*、*C* 输入仍为 0，由于 *A* 为 1，+3V 电压加到 VD1 正极，使 VD1 导通，VD1 导通后其负极也为 +3V（不计 VD1 导通后管压降），使或门电路输出 *F* 为 +3V，为高电平（即为 1）。此时，由于 VD2、VD3 正极为 0，而负极为 1（VD1 导通后使 *F* 为 1），所以 VD2、VD3 因反向偏置电压而处于截止状态。

（3）设输入有两个同时为 1，但有一个输入仍然为 0 时，同样的道理或门电路的输出 *F* 输出 1。

（4）设 3 个输入 *A*、*B*、*C* 同时为 1，VD1、VD2、VD3 均导通，或门电路输出 *F* 也为 1。

3．或逻辑真值表

或门电路的输入与输出之间的逻辑关系为或逻辑，或逻辑可以用真值表来表示各输入与输出之间的逻辑关系，有 3 个输入的或门电路真值表见表 11-6。

表 11-6 3 个输入的或门电路真值表

输入			输出
A	*B*	*C*	*F*
0	0	0	0
0	0	1	1
0	1	0	1
0	1	1	1
1	0	0	1
1	0	1	1
1	1	0	1
1	1	1	1

重要提示

从表 11-6 中可以看出，只有第一种情况，即各输入都是 0 时，输出才为 0；只要输入有一个为 1，则输出 *F* 就为 1。为了帮助读者记忆或门电路的逻辑关系，这里将它概括为“有 1 出 1”，也就是只要或门电路中的任意一个输入为 1，不管其他输入是 0 还是 1，输出 *F* 都是 1。

11.2.10 二极管与门电路

1．与门电路图形符号

图 11-68 所示是与门电路图形符号，图 11-68（a）所示为旧的与门电路图形符号，最新规定的与门电路图形符号如图 11-68（b）所示，从这一符号中可以知道与门电路中有几个

输入。当然与门电路可以有更多的输入，但输入至少为两个。

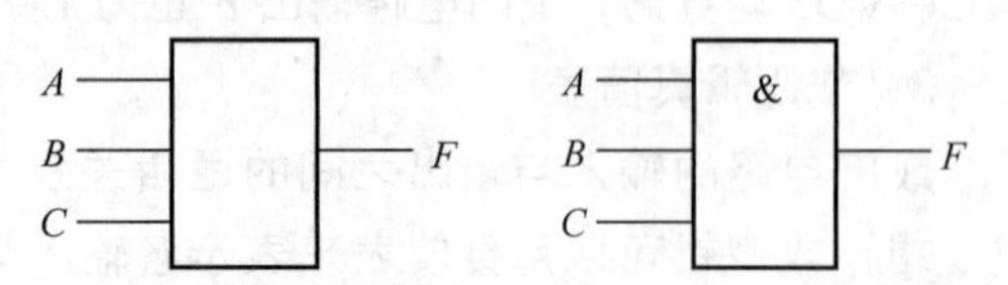

（a）旧与门电路图形符号　（b）新与门电路图形符号

图 11-68　与门电路图形符号

2．二极管与门电路

图 11-69 所示是二极管构成的与门电路，这是具有 3 个输入的与门电路，图中 *A*、*B*、*C* 为这一与门电路的 3 个输入，*F* 为输出。

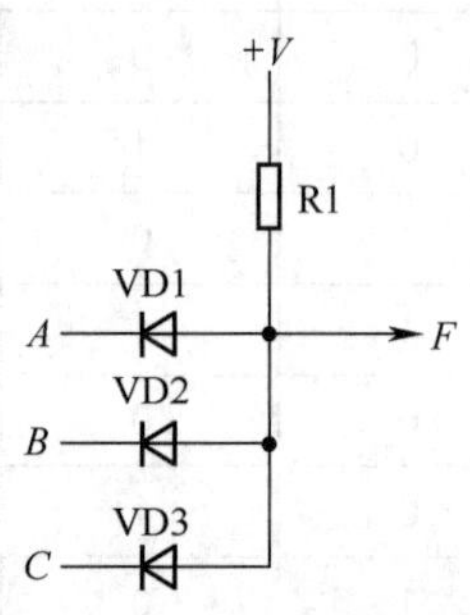

图 11-69　二极管与门电路

关于与门电路的工作原理分成下列几种情况进行分析。

（1）设输入 *A*、*B*、*C* 都是 0 时，VD1、VD2、VD3 正极通过电阻器 R1 接在直流工作电压 + *V* 上，这样 3 只二极管都具有正向偏置电压，3 只二极管都处于导通状态，因为二极管导通后其管压降均很小，此时与门电路的输出 *F* 为低电平，即此时 *F* 为 0。

（2）设输入 *A* 为 +3V，*B*、*C* 仍然为低电平 0，此时 VD2、VD3 导通，与门电路输出 *F* 仍为 0。此时，因为 VD1 正极为低电平 0，而其负极为 +3V，VD1 处于截止状态。

（3）设任何一个输入端只要是输入低电平 0 时，总有一只二极管导通，而使与门电路输出 *F*=0。

（4）设输入 *A*、*B*、*C* 都为高电平 1（+3V），VD1、VD2、VD3 都导通，因为直流工作电压 +*V* 远大于 +3V，在不计导通后二极管的管压降情况下，此时与门电路输出 *F* 为 +3V，即此时 *F* = 1（为高电平）。

重要提示

从上述有 3 个输入的与门电路的分析中可知，只有与门各输入都为 1 时，与门输出端才为 1。

3．与逻辑真值表

有 3 个输入的与门电路真值表见表 11-7。

表 11-7　三输入与门电路真值表

输　入			输　出
A	*B*	*C*	*F*
0	0	0	0
0	0	1	0
0	1	0	0
0	1	1	0
1	0	0	0
1	0	1	0
1	1	0	0
1	1	1	1

重要提示

从表 11-7 中可以看出，在与门电路中，只有当输入都为 1 时，输出才为 1。

当输入有一个为 0 时，输出为 0。

为了便于记忆与门电路的逻辑关系，可说成“全 1 出 1”，即只有与门电路的全部输入为 1 时，输出才为 1，否则与门电路输出为 0。

从或门电路和与门电路的真值表中可以看出：对于与门电路，对 1 状态而言是与逻辑，而对 0 状态而言是或逻辑。在或门电路真值表中，对 1 状态而言是或逻辑，而对 0 状态而言是与逻辑。所以，与逻辑、或逻辑是相对的，不是绝对的，是有条件的。

通常，在未加说明时是指 1 状态的逻辑关

系，可称为正逻辑。正的或门电路是负的与门电路，而正的与门电路是负的或门电路。正逻辑指输出高电平为 1 状态，负逻辑指输出低电平为 0 状态。

11.3 桥式整流器、稳压二极管和变容二极管电路

11.3.1 桥式整流器构成的整流电路

1. 桥式整流器构成正极性桥式整流电路

桥式整流器构成的桥式整流电路与 4 只二极管构成的整流电路相同，如图 11-70 所示。电路中的 ZL1 是桥式整流器，它的内电路为 4 只接成桥式电路的整流二极管。如果将桥式整流器 ZL1 的内电路插入电路中，此电路就是一个标准的正极性桥式整流电路，电路分析方法同正极性桥式整流电路。

在掌握了分立元器件的正极性桥式整流电路工作原理之后，只需要围绕桥式整流器 ZL1 的 4 根引脚进行电路分析。

（1）两根交流电压输入脚“～”与电源变压器二次绕组相连，这两根引脚没有正、负极性之分。

（2）正极性端“+”与整流电路负载连接，输出正极性直流电压。

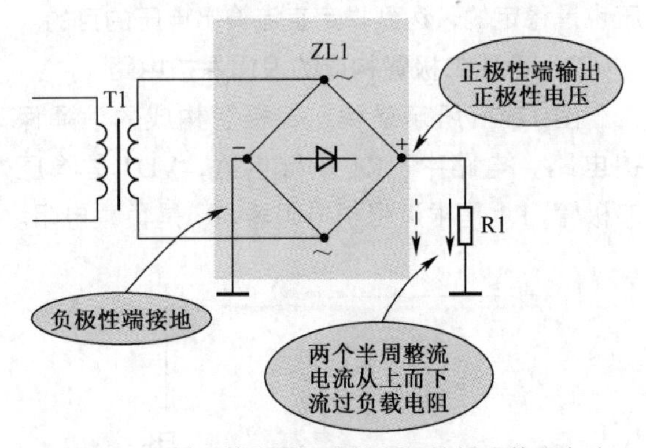

图 11-70　桥式整流器构成的正极性桥式整流电路

（3）负极性端“-”与地线连接，在输出正极性电压的电路中，负极性端必须接地。

2. 桥式整流器构成负极性桥式整流电路

图 11-71 所示是桥式整流器构成的负极性桥式整流电路。电路中，ZL1 是桥式整流器，它的内电路中 4 只整流二极管接法与前一种电路中的桥式整流器相同，但是桥式整流器的“+”“-”端接法不同，正极性端“+”接地，负极性端“-”接整流电路负载。

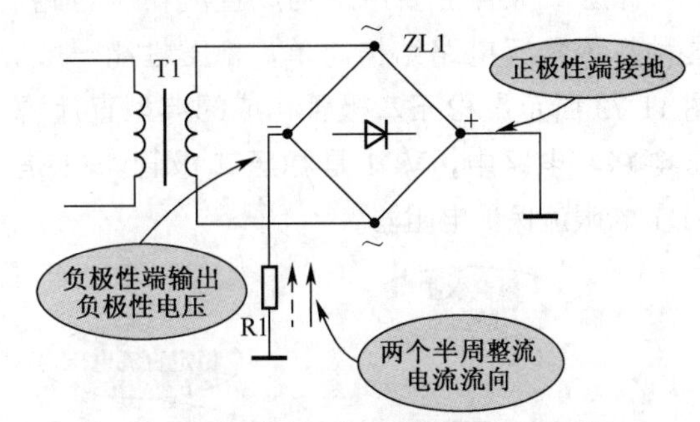

图 11-71　桥式整流器构成的负极性桥式整流电路

> **重要提示**
>
> 流过整流电路负载电阻的电流方向是电流从地线流出，经过负载电阻 R1 流入桥式整流器 ZL1，所以输出是负极性的直流电压。

3. 桥式整流器构成正、负极性全波整流电路

图 11-72 所示是桥式整流器构成的正、负极性全波整流电路。电路中，ZL1 是桥式整流器，T1 是带中心抽头的电源变压器，且这一抽头接地。

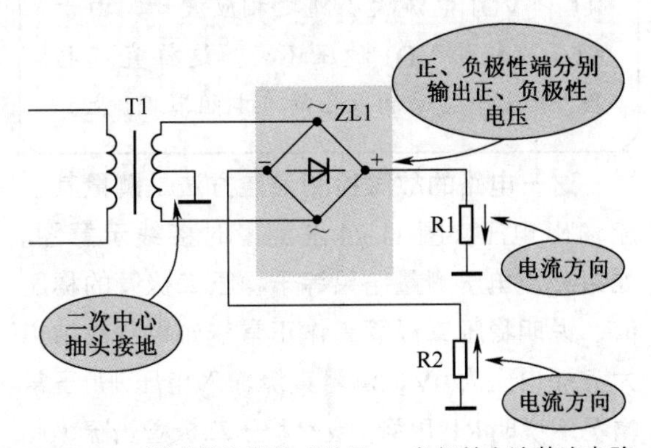

图 11-72　桥式整流器构成的正、负极性全波整流电路

将桥式整流器 ZL1 画成 4 只整流二极管后，此电路与标准的正、负极性全波整流电路相同，电路分析方法也一样。

桥式整流器 ZL1 的正极性端输出正极性电压，负极性端输出负极性电压。

11.3.2 稳压二极管应用电路

1. 稳压二极管典型直流稳压电路

稳压二极管主要用来构成直流稳压电路，这种直流稳压电路结构简单，稳压性能一般。图 11-73 所示是稳压二极管构成的典型直流稳压电路。电路中，VD1 是稳压二极管，R1 是 VD1 的限流保护电阻器。

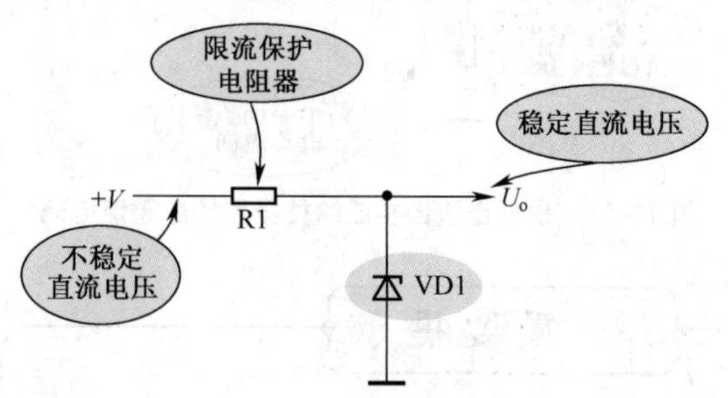

图 11-73　稳压二极管构成的典型直流稳压电路

未经稳定的直流工作电压 +*V* 通过 R1 加到稳压二极管上，由于 +*V* 远大于 VD1 稳压值，所以 VD1 进入工作状态，其两端得到稳定的直流电压，作为稳压电路的输出电压。

重要提示

当直流工作电压大小波动时，流过 R1 和 VD1 电流大小随之相应波动，由于稳压二极管 VD1 稳压不变，这样直流电压 +*V* 大小波动的电压降在电阻器 R1 上。

这一电路的故障检测最佳方法是测量其直流输出电压。图 11-74 是测量时接线示意图。如果直流电压测量结果等于稳压二极管的稳压值，说明稳压二极管工作正常；如果测量结果为直流电压为 0V，测量直流输入电压 +*V* 正常情况下说明 R1 开路，或是稳压二极管击穿（此时 R1 很烫）；如果测量结果直流电压等于直流输入电压 +*V*，说明稳压二极管已开路。

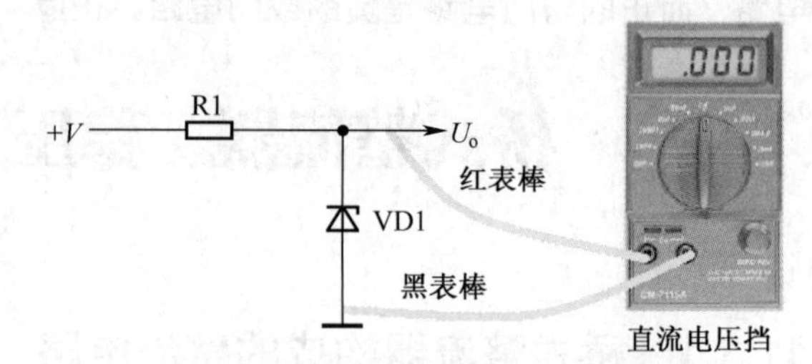

图 11-74　测量时接线示意图

2. 电子滤波器中稳压二极管电路

图 11-75 所示是电子滤波器中的稳压二极管应用电路。电路中，VD1 是稳压二极管，VT1 是电子滤波管，C1 是 VT1 基极滤波电容器，R1 是 VT1 偏置电阻器。

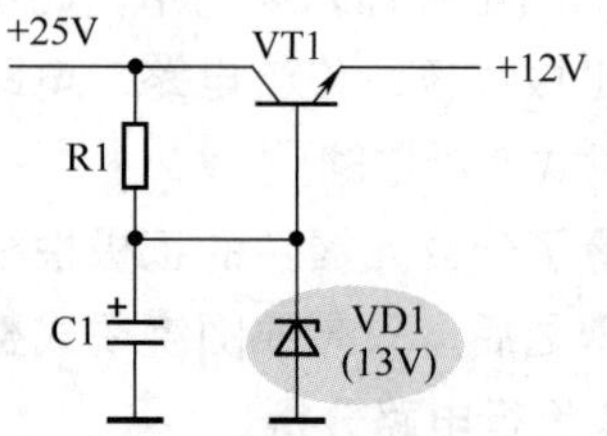

图 11-75　电子滤波器中的稳压二极管应用电路

在稳压二极管导通后，将 VT1 基极电压稳压在 13V，根据三极管发射结导通后的结电压基本不变特性可知，这时 VT1 发射极直流输出电压也是稳定的，达到稳定直流输出电压的目的。

3. 稳压二极管构成的浪涌保护电路

图 11-76 所示是稳压二极管构成的浪涌保护电路。电路中，K1 是继电器，VD1 是稳压二极管，R1 是限流保护电阻器，R_L 是负载电阻。

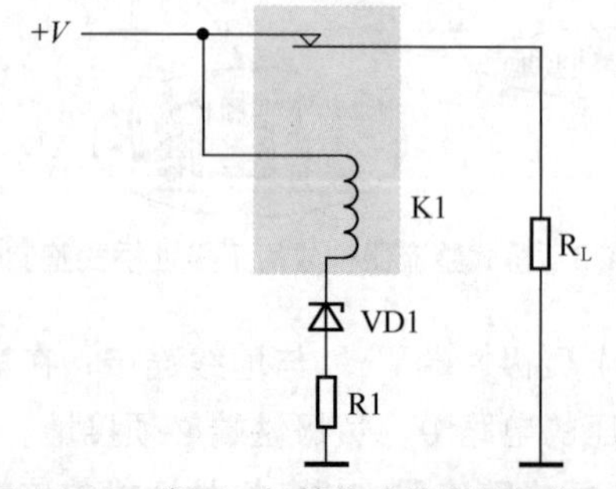

图 11-76　稳压二极管构成的浪涌保护电路

当工作电压 +*V* 没有浪涌出现时，+*V* 电压没有高到足以使稳压二极管 VD1 导通的程度，这时 VD1 截止，没有电流流过继电器 K1，K1 的触点保持接通状态，+*V* 通过继电器触点为负载电阻 R_L 正常供电。

当工作电压 +*V* 出现浪涌时，由于电压升高，稳压二极管 VD1 导通，这时有电流流过继电器 K1，K1 的触点断开，电压 +*V* 不能通过继电器触点为负载电阻 R_L 供电，达到保护负载电阻 R_L 的目的。

4．稳压二极管构成的过压保护电路

图 11-77 所示是稳压二极管构成的过压保护电路，这是电视机中的具体应用电路。电路中 VD1 是稳压二极管，VT1 是控制管，+115V 是主工作电压。

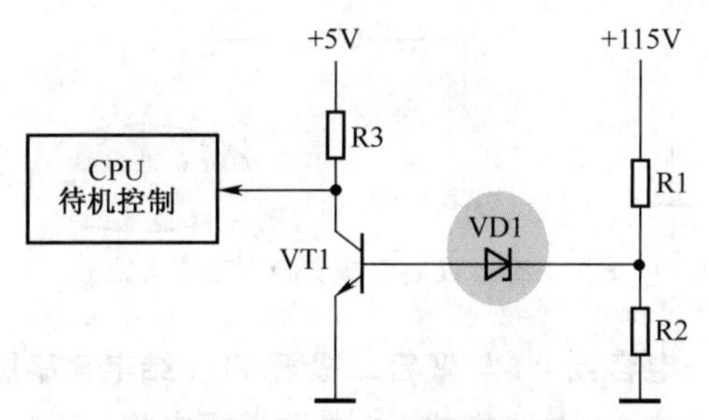

图 11-77 稳压二极管构成的过压保护电路

电阻器 R1 和 R2 构成 +115V 直流工作电压的分压电路，分压后的电压通过稳压二极管加到 VT1 基极。当 +115V 电压大小正常时，R1 和 R2 分压后的电压不足以使稳压二极管导通，这时 VT1 基极电压为 0V，VT1 截止，其集电极为高电平，此时待机保护电路不动作，电视机正常工作。

当 +115V 过高时，R1 和 R2 分压后的电压足以使稳压二极管 VD1 导通，这时 VT1 饱和导通，其集电极为低电平，通过待机控制线的控制使电视机进入待机保护状态。

图 11-78 所示是一种功率放大器中的过压保护电路。电路中，VD1 和 VD2 是保护二极管，是稳压比较高的稳压二极管；VT1 和 VT2 是功率放大器中的两只输出管。

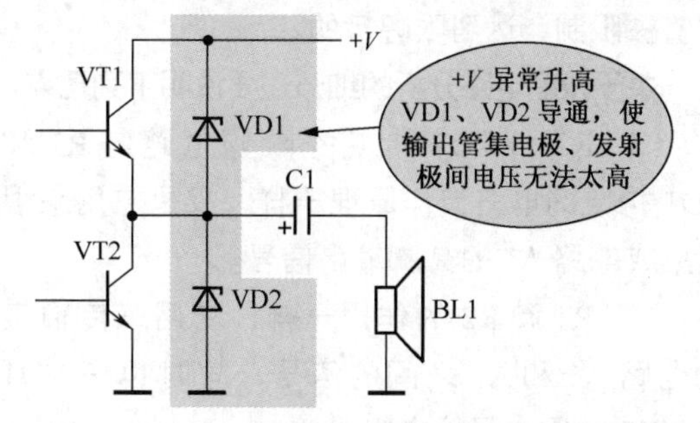

图 11-78 一种功率放大器中的过压保护电路

（1）直流工作电压 +*V* 正常时分析。稳压二极管 VD1 和 VD2 的击穿电压取略大于直流工作电压 +*V* 的一半，正常工作时 VD1、VD2 不导通，相当于开路，对功率放大器正常工作无影响。

（2）保护时电路分析。直流电压 +*V* 异常升高，稳压二极管 VD1、VD2 便击穿，钳住 VT1 和 VT2 集电极与发射极之间直流工作电压，使 VT1 和 VT2 集电极与发射极之间直流工作电压不会进一步增大，以达到保护功放输出管的目的。

5．稳压二极管限幅电路

图 11-79 所示是稳压二极管构成的限幅电路。电路中，A1 和 A2 是集成电路，VD1 和 VD2 是稳压二极管。

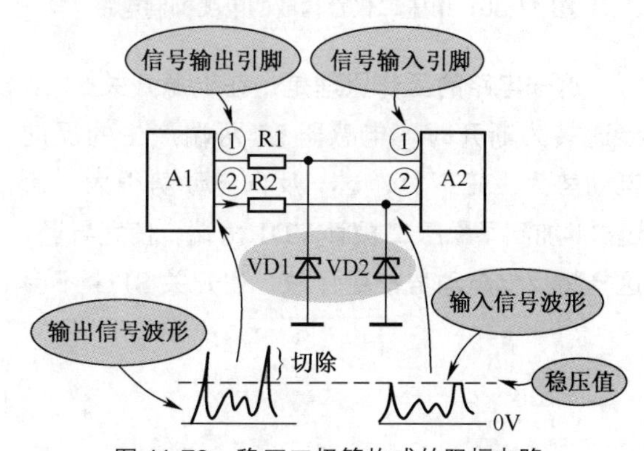

图 11-79 稳压二极管构成的限幅电路

从集成电路 A1 的①脚输出信号通过 R1 加到集成电路 A2 的①脚。当集成电路 A1 的①脚输出信号幅度没有超过 VD1 稳压值时，这一信号完整地加到集成电路 A2 的①脚上；当集成电路 A1 的①脚输出信号幅度超过 VD1 稳压值时，幅度超过部分使 VD1 导通，信号幅度的最大值被限制，达到限幅目的。

关于限幅电路分析的细节还要说明下列几点。

（1）R2 和 VD2 构成的限幅电路与 R1 和 VD1 构成的电路工作原理一样，只是它用来限幅集成电路 A1 的②脚输出信号。

（2）R1 和 R2 的作用一样，它用来传输集成电路 A1 和 A2 之间的信号，同时也是 VD1 和 VD2 的限流保护电阻器。

（3）限幅电路只是限去电压值超过稳压二极管稳压值的部分，对于信号电压幅度小于稳压二极管稳压值的部分无限幅作用。

6．稳压二极管构成的电弧抑制电路

图 11-80 所示是稳压二极管构成的电弧抑制电路，这种电路通常用于一些功率较大的电磁吸铁控制电路中。电路中，VD1 是稳压二极管，L1 是电感器，R1 是限流保护电阻器，S1 是电源开关。

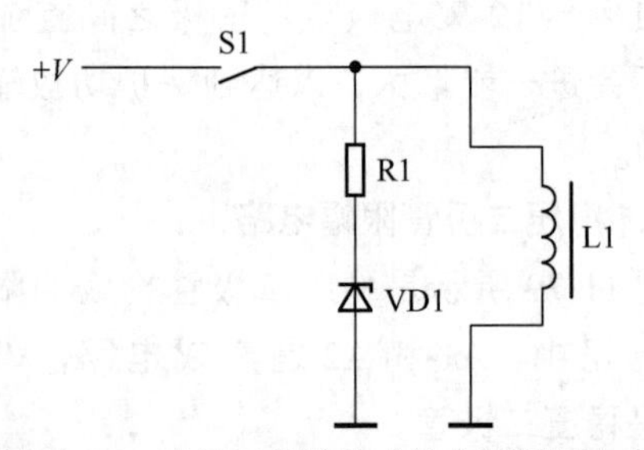

图 11-80　稳压二极管构成的电弧抑制电路

这一电路的工作原理是：在电源开关 S1 从接通转为断开时，电感器 L1 两端产生的反向电动势为上正下负，这一反向电动势很大，通过 R1 加到了稳压二极管 VD1 两端，使之导通，这样将反向电动势能量释放，使开关 S1 上不会产生很大的电动势，从而不能产生电弧，达到了消弧目的。

电源开关 S1 正常接通时，+*V* 通过 R1 加到 VD1 上的电压不够大，不足以使 VD1 导通，所以 VD1 处于截止状态，不影响电路正常工作。

11.3.3　变容二极管应用电路

1．变容二极管典型应用电路

图 11-81 所示是变容二极管典型应用电路，电路中的 VD1 是变容二极管。

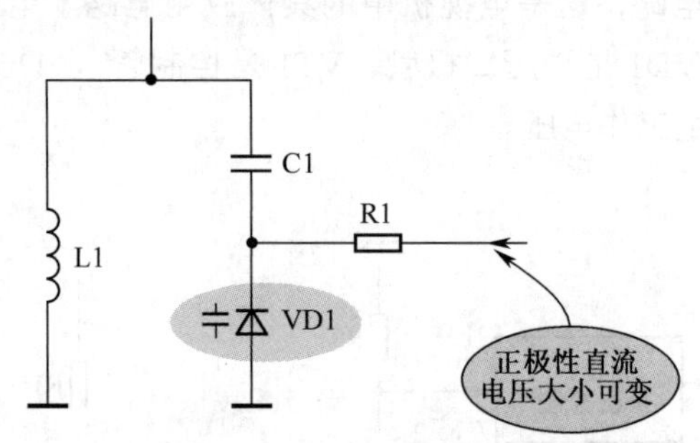

图 11-81　变容二极管典型应用电路

电容器 C1 与变容二极管 VD1 结电容串联，然后与 L1 并联构成 LC 并联谐振电路。正极性的直流电压通过电阻器 R1 加到 VD1 负极，当这一直流电压大小变化时，给 VD1 加的反向偏置电压大小改变，其结电容也大小改变，这样 LC 并联谐振电路的谐振频率也随之改变。

2．故障检测方法

对于这一电路中的变容二极管故障检测最简单的方法是在路进行正向电阻和反向电阻测量，当对测量结果有怀疑时进行代替检查。

第12章 发光二极管基础知识及应用电路分析

12.1 发光二极管基础知识

发光二极管简称LED。发光二极管指示器是由发光二极管构成的指示器，可以用来指示电路的工作状态和各种信号的大小等。

重要提示

发光二极管是二极管中的一种，广泛用于各种无线电设备的指示电路中作为指示器件。

白色发光二极管技术的成熟，使发光二极管应用于另一个重要领域，即照明领域。

12.1.1 发光二极管外形特征和种类

发光二极管是一种由磷化镓（GaP）等半导体材料制成的、能直接将电能转变成光能的发光指示器件。当发光二极管内部有一定电流通过时，它就会发光，不同发光二极管能发出不同颜色的光，常见的有红色、黄色等。

1．发光二极管外形特征

图12-1是几种常用发光二极管实物图。

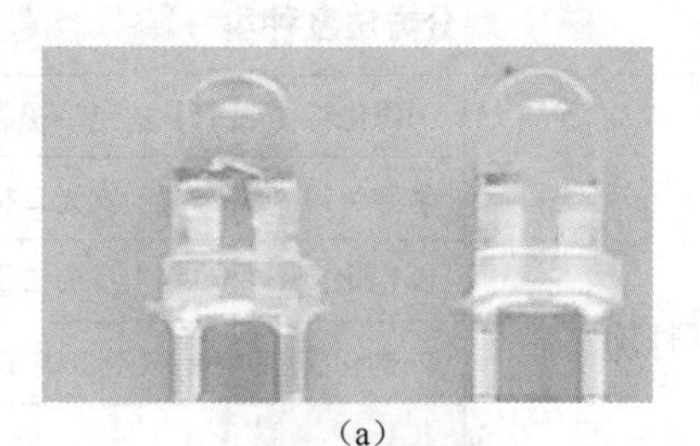

(a)

(b)

(c)

(d)

图12-1 发光二极管实物图

重要提示

关于发光二极管外形特征主要说明下列几点。

（1）单色发光二极管的外壳颜色表示了它的发光颜色。发光二极管的外壳是透明的。

（2）单色发光二极管只有两根引脚，这两根引脚有正、负极之分。多色的发光二极管有3根引脚。

（3）发光二极管外形很有特色，所以可以方便地识别出发光二极管。

2．发光二极管种类

发光二极管种类说明见表12-1。

表12-1　发光二极管种类说明

划分方法及种类		说　明
按材料划分	磷化镓（GaP）发光二极管	给发光二极管加上足够的正向偏置电压后，由于材料和工艺的不同，在空穴和电子复合时释放出的能量主要是光能，这就是发光二极管能够发光的原因。 普通单色发光二极管的发光颜色与发光的波长有关，而发光的波长又取决于制造发光二极管所用的半导体材料。 红色发光二极管的波长一般为650～700nm，琥珀色发光二极管的波长一般为630～650nm，橙色发光二极管的波长一般为610～630nm，黄色发光二极管的波长一般为585nm，绿色发光二极管的波长一般为555～570nm
	磷砷化镓（GaAsP）发光二极管	
	砷铝化镓（GaAlAs）发光二极管	
	砷化镓(GaAs)发光二极管	
	磷铟砷化镓(GaAsInP)发光二极管	
按发光颜色划分	红色发光二极管	蓝色发光二极管的使用量少。 红色发光二极管的压降为2.0～2.2V； 黄色发光二极管的压降为1.8～2.0V； 绿色发光二极管的压降为3.0～3.2V； 白色发光二极管的压降约为3.5V
	黄色发光二极管	
	绿色发光二极管	
	白色发光二极管	
	蓝色发光二极管	
按发光是否可见划分	可见光发光二极管	可见光发光二极管能发出各种颜色可见光，红外发光二极管所发出的光在红外波段，为不可见光
	红外发光二极管	
按发光强度划分	普通亮度发光二极管	普通亮度发光二极管发光强度小于10mcd
	高亮度发光二极管	高亮度发光二极管发光强度为10～100mcd
	超高亮度发光二极管	超高亮度发光二极管发光强度大于100mcd
按工作电流划分	普通发光二极管	这种发光二极管使用直流电流来驱动
	交流发光二极管	这种发光二极管直接使用交流电流来驱动，不需要像普通发光二极管那样将交流电整流
按发光颜色是否改变划分	单色发光二极管	单色发光二极管只能发出一种颜色光，双色和三色能够分别发出两种和3种颜色光。变色发光二极管的发光颜色能够改变
	双色发光二极管	
	三色发光二极管	
	变色发光二极管	

续表

划分方法及种类		说　明
按封装结构及封装形式划分	金属封装发光二极管	在小型化电子设备中使用无引线表面封装发光二极管，即贴片发光二极管
	陶瓷封装发光二极管	
	塑料封装发光二极管	
	树脂封装发光二极管	
	无引线表面封装发光二极管	
	加色散射封装（D）发光二极管	
	无色散射封装（W）发光二极管	
	有色透明封装（C）发光二极管	
	无色透明封装（T）发光二极管	
按封装外形划分	圆柱形发光二极管	最常见的发光二极管是圆柱形的，组合发光二极管用来制作成各种符号形状
	矩形发光二极管	
	三角形发光二极管	
	方形发光二极管	
	组合发光二极管	

除上述各类发光二极管外，还有闪烁发光二极管、电压控制型发光二极管、负阻发光二极管等。

近几年，发光二极管应用愈来愈广泛，开始广泛应用于节能灯领域。图12-2是由白色发光二极管构成的照明灯实物图。

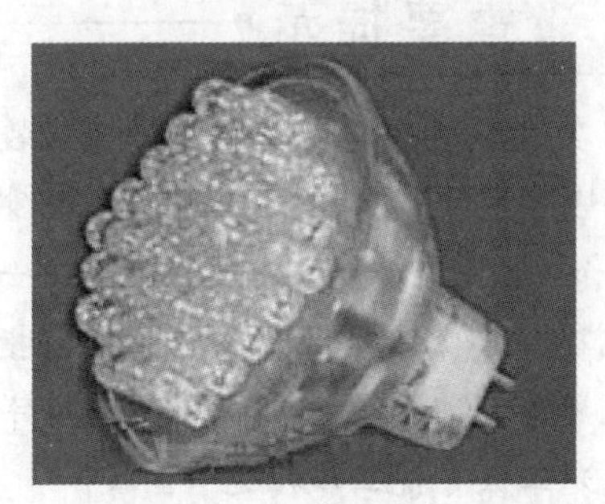

图12-2　白色发光二极管构成的照明灯实物图

12.1.2　发光二极管参数

1．电参数

（1）正向工作电流 I_F。它指发光二极管正常发光时的正向电流值。发光二极管工作电流一般为10～20mA。

（2）正向工作电压 U_F。它是在给定正向电流下发光二极管两端的正向工作电压。一般是在 I_F=20mA时测量，发光二极管正向工作电压为1.4～3V。外界温度升高时，发光二极管正向工作电压会下降。

（3）伏-安特性。它指发光二极管电压与电流之间的关系。

2．极限参数

（1）允许功耗 P_m。它是允许加于发光二极管两端正向直流电压与流过它的电流之积的最大值，超过此值时发光二极管发热、损坏。

（2）最大正向直流电流 I_{Fm}。它是允许加的最大正向直流电流，超过此值二极管会损坏。

（3）最大反向电压 U_{Rm}。它是所允许加的最大反向电压，超过此值发光二极管可能被击穿损坏。

（4）工作环境 t_{opm}。它是发光二极管可正常工作的环境温度范围。低于或高于此温度范围，发光二极管将不能正常工作，效率大大降低。

12.1.3 发光二极管主要特性

1．伏 - 安特性

发光二极管与普通二极管的伏 - 安特性相似，只是发光二极管的正向导通电压值较大。小电流发光二极管的反向击穿电压很小，为 6V 至十几伏，比普通二极管的小。图 12-3 所示是发光二极管正向伏 - 安特性曲线。

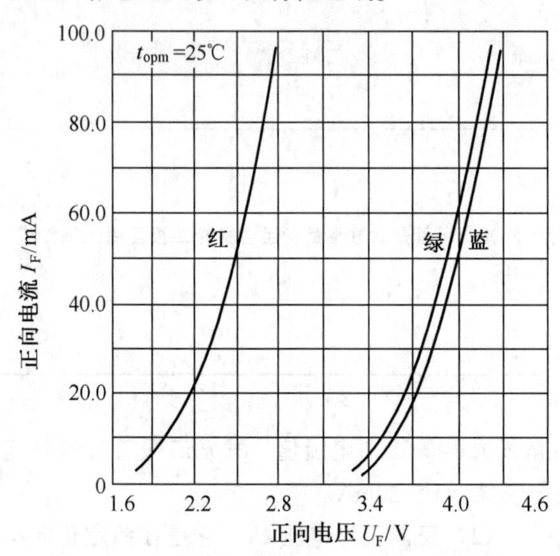

图 12-3 发光二极管正向伏 - 安特性曲线

图 12-4 所示是发光二极管伏 - 安特性曲线，它含正向和反向特性。发光二极管具有与一般半导体三极管相似的输入伏 - 安特性曲线。

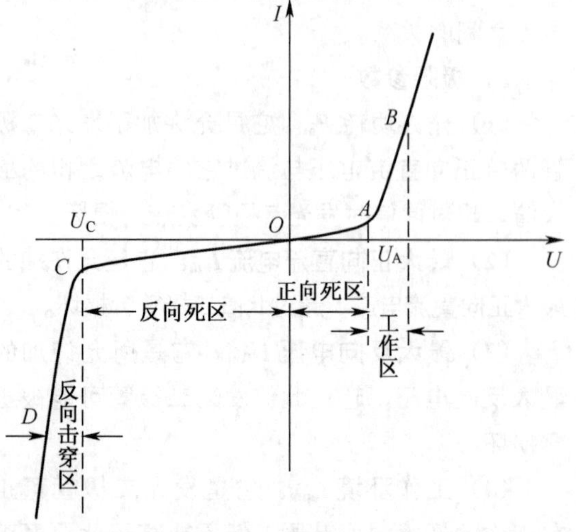

图 12-4 发光二极管伏 - 安特性曲线

伏 - 安特性曲线各区段说明如下。

(1) *OA* **段**。这是正向死区。U_A 为开启发光二极管发光的电压。

(2) *AB* **段**。这是工作区。在这一区段，一般随着电压增加电流也跟着增加，发光亮度也跟着增大。

重要提示

在这个区段内要特别注意，如果不加任何保护，当正向电压增加到一定值后，那么发光二极管的正向电压减小，而正向电流加大。

如果没有保护电路，会因电流增大而烧坏发光二极管。

(3) *OC* **段**。这是反向死区，发光二极管加反向电压是不发光的（不工作），但有反向电流。这个反向电流通常很小，一般在几微安之内。目前反向电流一般是在 3μA 以下，但是基本上是 0μA。

(4) *CD* **段**。这是反向击穿区，发光二极管的反向电压一般不要超过 10V，最大不得超过 15V。超过这个电压，就会出现反向击穿现象，导致发光二极管报废。

重要提示

在这个区段，发光二极管存在较大的反向击穿电流（为几毫安）。这种击穿不是热击穿，不会使发光二极管损坏，一部分交流插座、交流电源开关上的交流指示灯就采用发光二极管，在交流电的负半周期间发光二极管就工作在这一区段。

2．正向电阻和反向电阻特性

发光二极管正向和反向电阻均比普通二极管的大得多，了解这一点对检测二极管有重要指导意义。

3．工作电流与发光相对强度关系

图 12-5 所示是发光二极管工作电流与发光

相对强度关系特性曲线。**对于红色发光二极管而言，**正向工作电流增大时发光相对强度也在增大，当工作电流大到一定程度后，曲线趋于平坦（饱和），说明发光相对强度趋于饱和；**对于绿色发光二极管而言，**工作电流增大，发光相对强度增大，但是没有饱和现象。

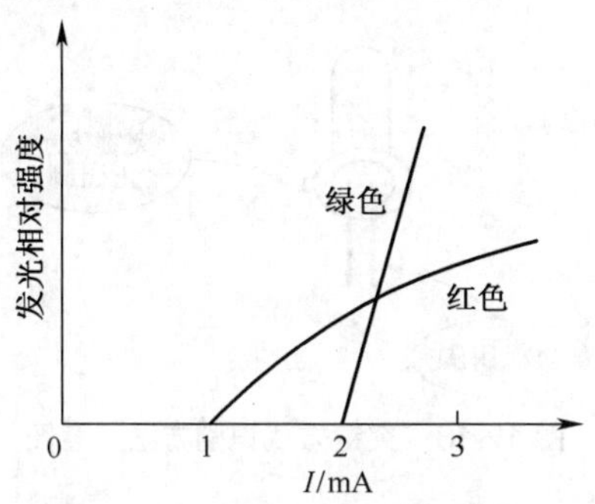

图 12-5　发光二极管工作电流与发光相对强度关系特性曲线

4．发光强度与环境温度关系

图 12-6 所示是发光二极管发光强度与环境温度关系特性曲线。**温度愈低，发光强度愈大。当环境温度升高后，发光强度将明显下降。**

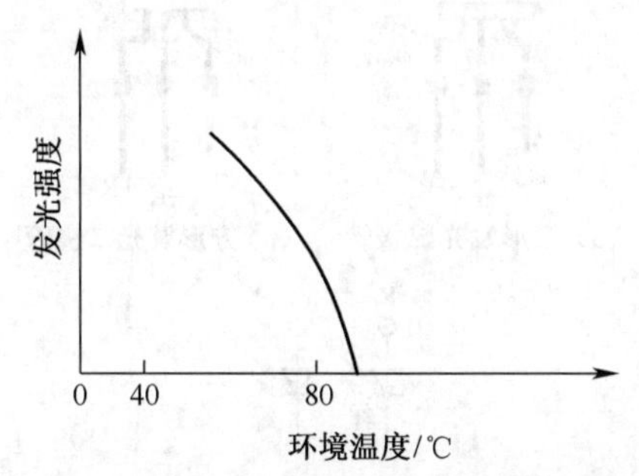

图 12-6　发光二极管发光强度与环境温度关系特性曲线

5．最大允许工作电流与环境温度关系

图 12-7 所示是最大允许工作电流与环境温度关系特性曲线。**当环境温度大到一定程度后，**最大允许工作电流迅速减小，最终为零，说明在环境温度较高场合下，发光二极管更容易损坏，这也是发光二极管怕烫的原因。

6．其他 3 种特性曲线

图 12-8 所示是发光二极管正向电流与正向管压降之间关系特性曲线。

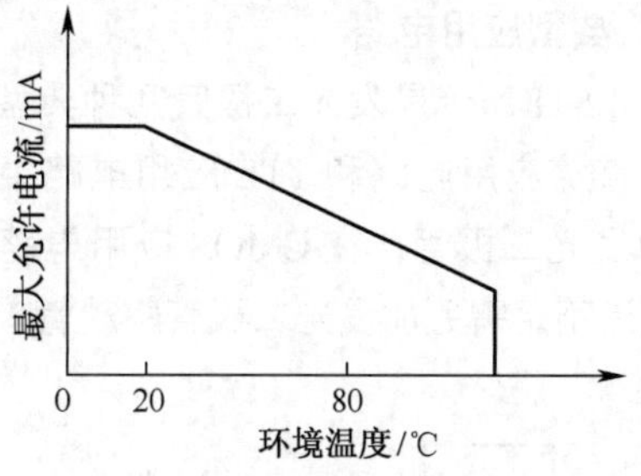

图 12-7　最大允许工作电流与环境温度关系特性曲线

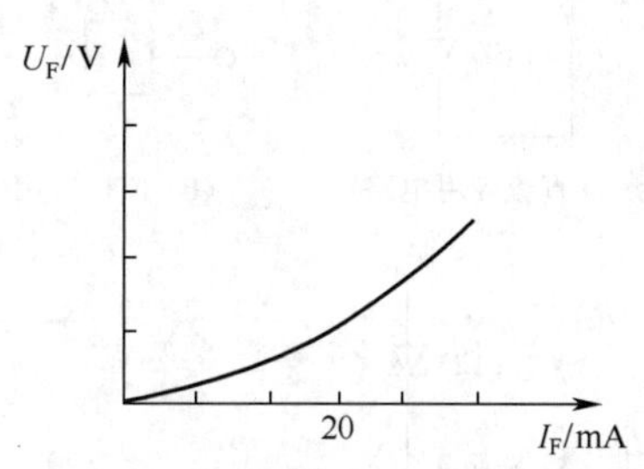

图 12-8　发光二极管正向电流与正向管压降之间关系特性曲线

图 12-9 所示是发光二极管正向电流与波长之间关系特性曲线。

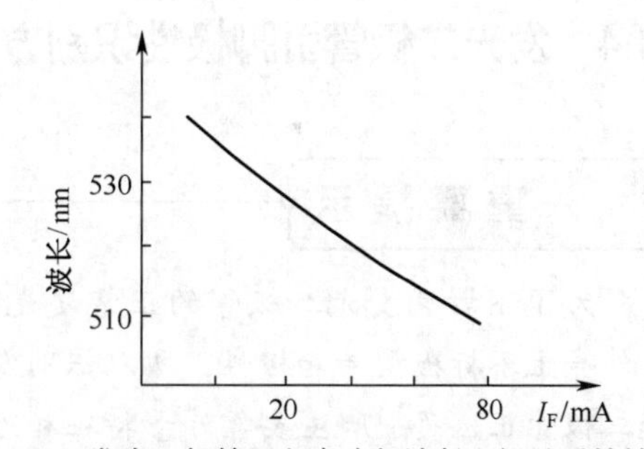

图 12-9　发光二极管正向电流与波长之间关系特性曲线

图 12-10 所示是发光二极管工作温度与波长之间关系特性曲线。

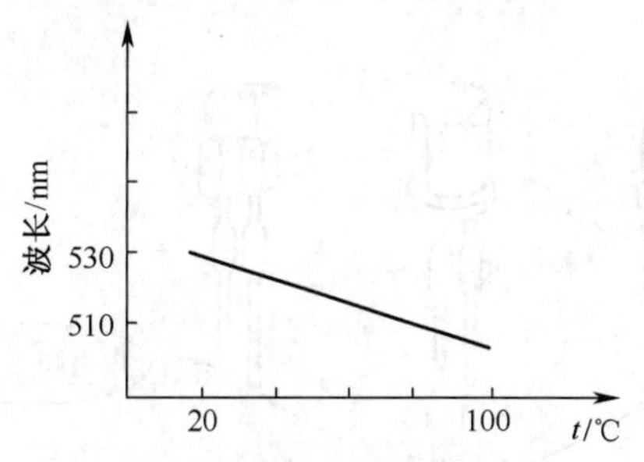

图 12-10　发光二极管工作温度与波长之间关系特性曲线

7．典型应用电路

图 12-11 所示是发光二极管几种典型应用电路。在直流应用电路和 TTL 应用电路中可以直接驱动发光二极管，在 CMOS 应用电路中由于驱动电流不足需另加发光二极管驱动管 VT1。

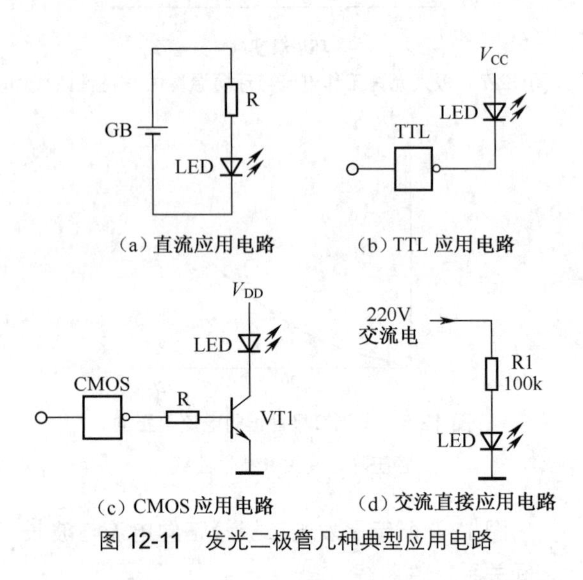

图 12-11　发光二极管几种典型应用电路

12.1.4　发光二极管引脚极性识别方法

重要提示

为了不影响发光二极管的正常发光，在外壳上不标出型号和极性。所以识别发光二极管正、负引脚主要靠外形特征和万用表的检测来进行。

1．引脚长短识别方法

图 12-12 是用引脚长短区别正、负极性引脚的发光二极管示意图，它的两根引脚一长一短，长的一根是正极，短的为负极。

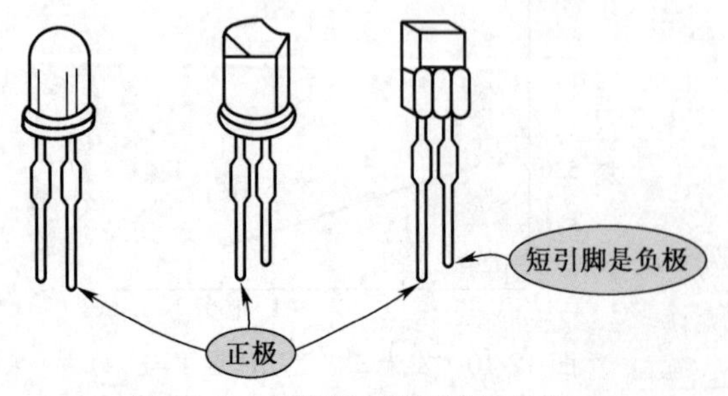

图 12-12　引脚长短识别方法示意图

2．突键方式识别方法

图 12-13 是突键方式识别方法示意图，发光二极管底座上有一个突键，靠在此键最近的一根引脚为正极。

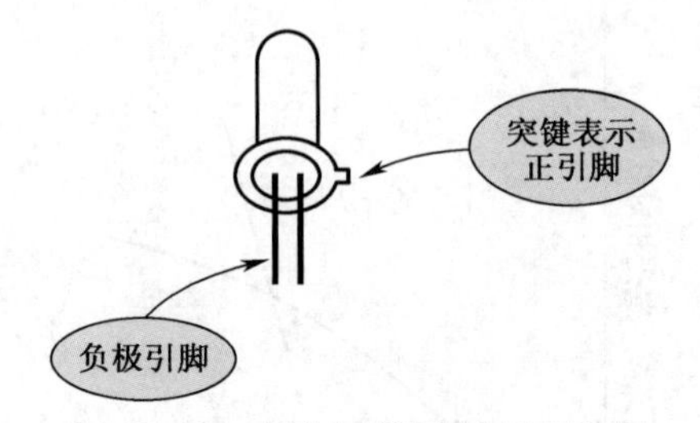

图 12-13　突键方式识别方法示意图

3．3 根引脚发光二极管引脚识别方法

图 12-14 是一种 3 根引脚发光二极管引脚分布规律和内电路示意图。内设两只不同颜色发光二极管。K 为共同引脚。

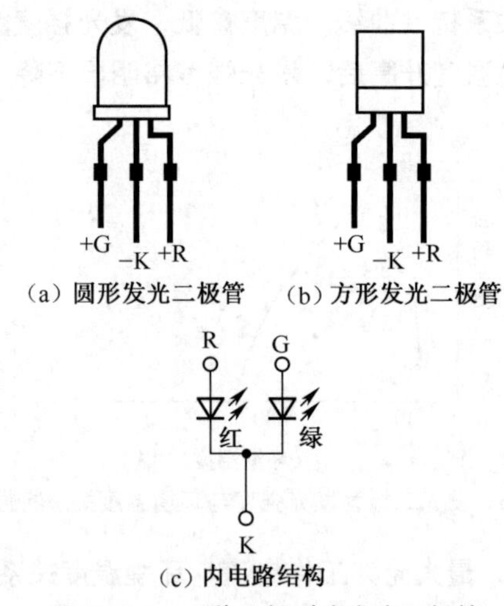

图 12-14　一种 3 根引脚发光二极管引脚分布规律和内电路示意图

图 12-15 是另一种 3 根引脚的变色发光二极管引脚识别方法示意图，**它有一个突键，根据它的这一外形特征可以方便地确定各引脚。**

4．6 根引脚发光二极管引脚识别方法

图 12-16 是 6 根引脚发光二极管引脚分布规律和内电路示意图。它内有两组 3 根引脚的发光二极管。

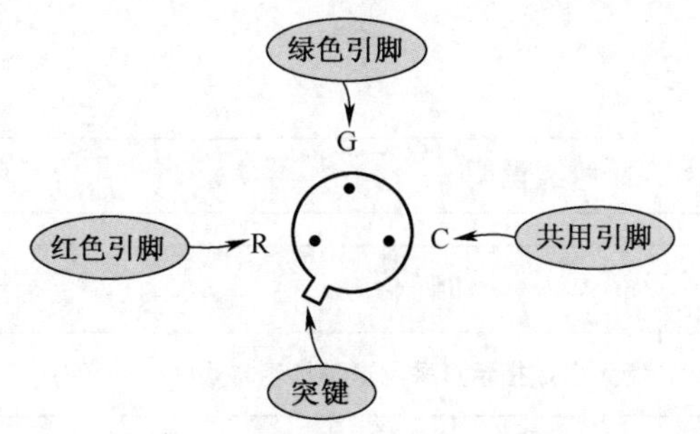

图 12-15　另一种 3 根引脚发光二极管引脚识别方法示意图

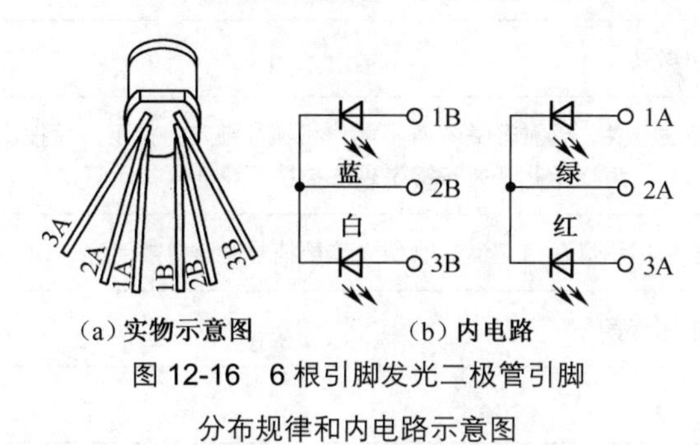

图 12-16　6 根引脚发光二极管引脚分布规律和内电路示意图

12.1.5　电压控制型和闪烁型发光二极管

1．电压控制型发光二极管

发光二极管本身属于电流控制型器件，即有电流流过时它会发光，在使用时需串接适当阻值的限流电阻，为了使用的方便将发光二极管和限流电阻制作为一体，使用时可直接并接在电源两端，这样形成了电压控制型发光二极管。图 12-17 所示是电压控制型发光二极管实物图和内电路。

电压控制型发光二极管的发光颜色有红、黄、绿等，工作电压有 5V、9V、12V、18V、19V、24V 共 6 种规格，常用的是 BTV 系列。

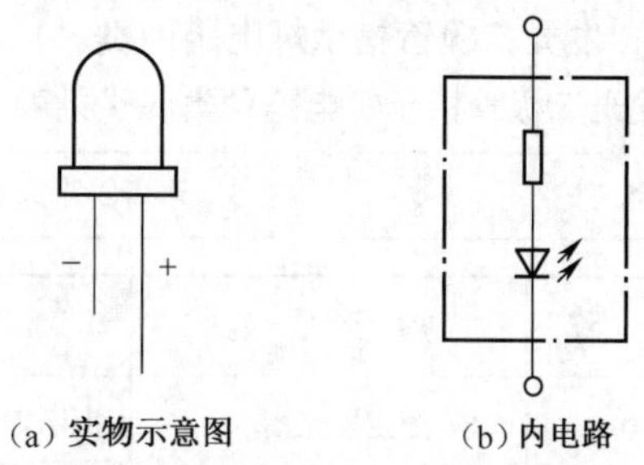

图 12-17　电压控制型发光二极管实物图和内电路

2．闪烁型发光二极管

闪烁型发光二极管是一种由 CMOS 应用电路和发光二极管组成的特殊发光器件。图 12-18 所示是闪烁型发光二极管实物图和内电路，它可用于报警指示及欠压、超压指示等。

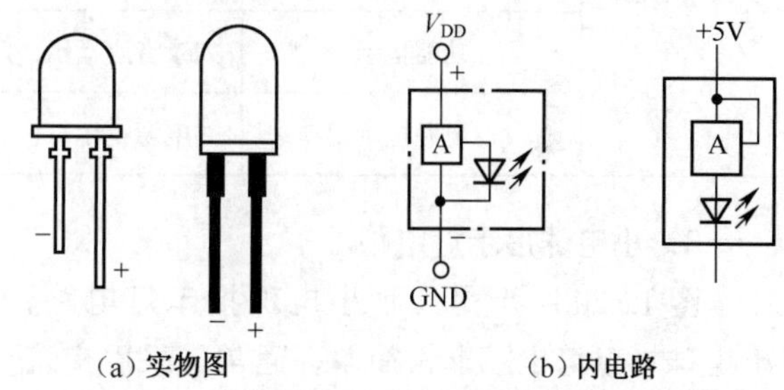

图 12-18　闪烁型发光二极管实物图和内电路

图 12-19 所示是闪烁型发光二极管内电路方框图。闪烁型发光二极管在使用时，无须外接其他元器件，只要在其引脚两端加上适当的直流工作电压（5V）即可闪烁发光，常用的闪烁型发光二极管是 BTS 系列。

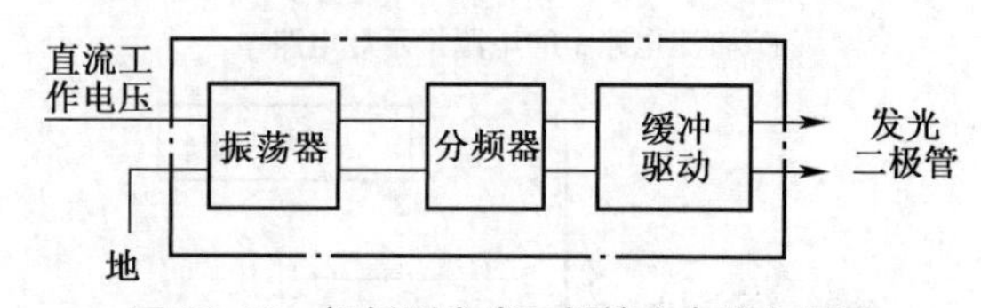

图 12-19　闪烁型发光二极管内电路方框图

12.2　发光二极管指示灯电路

在各种电子电器中采用了许多指示灯，以指示机器的操作和工作状态等，这里介绍各类发光二极管指示灯电路的工作原理。

12.2.1　指示灯电路种类

1．指示器件

指示灯电路中所用的指示器件主要是下列两种。

（1）发光二极管指示器件。采用发光二极管作为指示器件（指示灯），这种指示灯的特点是体积小、耗电少、指示醒目、颜色变化多等。组合音响中的绝大多数指示灯都是发光二极管。

（2）小电珠。小电珠一般只用于调谐刻度指示，有时也用作电源的指示。这种指示灯可以用交流供电，也可以用直流供电。

2．发光二极管指示灯电路种类

发光二极管指示灯电路种类说明见表 12-2。

表 12-2　发光二极管指示灯电路种类说明

名　称	指 示 功 能	说　明
指示状态	恒定发光指示	指示灯的发光亮度不变化，绝大多数指示灯采用这种指示方式
	闪烁发光指示	指示灯一闪一灭地闪烁发光
	延时式指示	指示灯点亮几秒后自动熄灭
指示功能	按键指示	有些机器采用自复式按键开关，这种开关本身不能作机械性锁定，按下开关按键后手松开，按键便抬起。为指示此开关按键是否已被按下设一只指示灯
	电路状态指示	如调谐器中的立体声信号指示灯，当调谐器收到立体声信号时该灯才点亮
	功能指示	如录音座指示、调谐器指示等
	电源指示	如电源指示灯

3．小电珠指示灯电路

图 12-20 所示是几种小电珠指示灯电路。小电珠指示灯电路非常简单，通常是采用交流供电，由电源变压器的一组二次绕组直接供给小电珠，有时也用几只小电珠并联起来作为指示灯。小电珠的缺点是耗电较大、体积大。

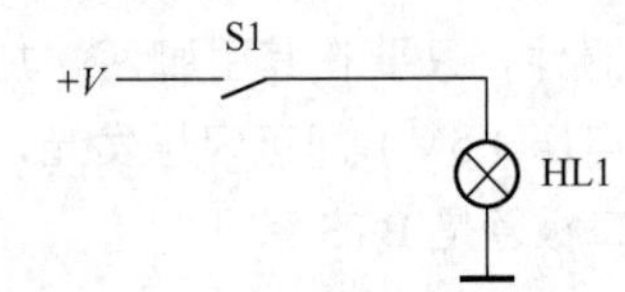

（a）直流电路中的电源指示灯电路

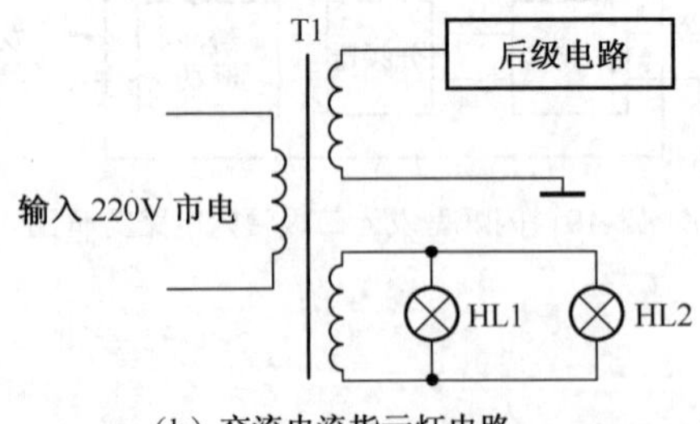

（b）交流电流指示灯电路

图 12-20　几种小电珠指示灯电路

电路中的 HL1、HL2 为小电珠。图 12-20（a）所示为直流电路中的电源指示灯电路，图 12-20（b）所示为交流电流指示灯电路，由电源变压器 T1 的一组二次绕组单独供电。这种指示灯电路往往用来进行电源的指示。

12.2.2　发光二极管直流电源指示灯电路

1．直流发光二极管电源指示灯电路

图 12-21 所示是两种最常见、最简单的直流发光二极管电源指示灯电路。

图 12-21（a）所示电路中的 VD1 是发光二极管，R1 是限流保护电阻器。直流电压 +*V* 通过 R1 加到 VD1 上，使 VD1 导通，这时便有电流流过发光二极管 VD1，图 12-22 是电流回路示意图，这样 VD1 便能发光指示。这一指示电路用来指示直流工作电压 +*V* 的有或没有，亮时表示有 +*V*，不亮时表示没有 +*V*。

图 12-21（b）所示电路中串联了一个稳压二极管 VD2，VD2 用来降低加到 VD1 上的直流电压。这一电路中的直流工作电压 +*V* 太高，所以通过稳压二极管 VD2 来降低。

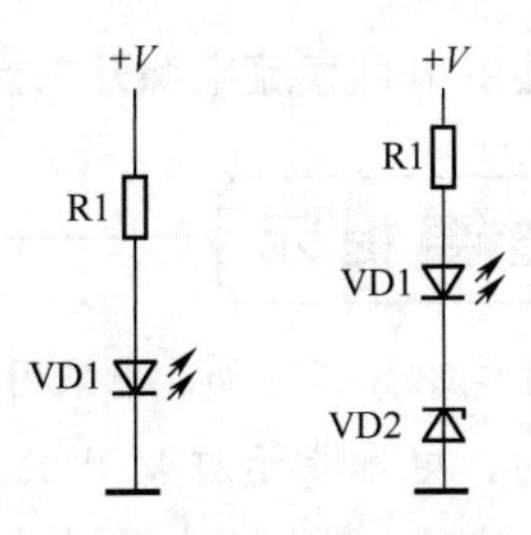

(a) 电路图 1　(b) 电路图 2

图 12-21　两种基本直流发光二极管指示灯电路

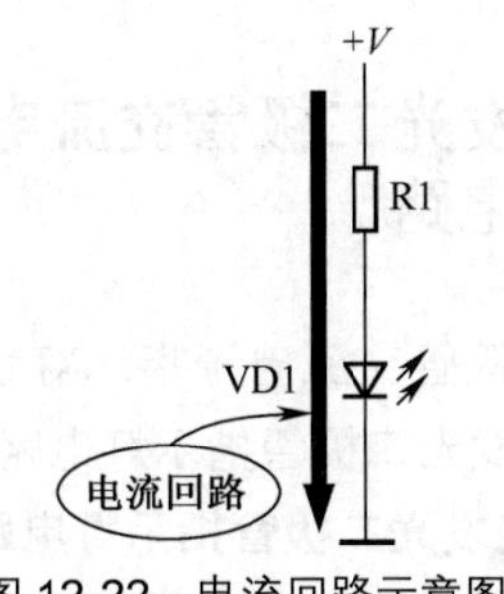

图 12-22　电流回路示意图

2．采用单色发光二极管构成的电源指示灯电路

现代电子电器中大量采用发光二极管作为电源指示灯，图 12-23 所示是发光二极管电源指示灯电路。采用发光二极管作为指示器件具有许多优点，如发光醒目、耗电小、指示颜色可变等。

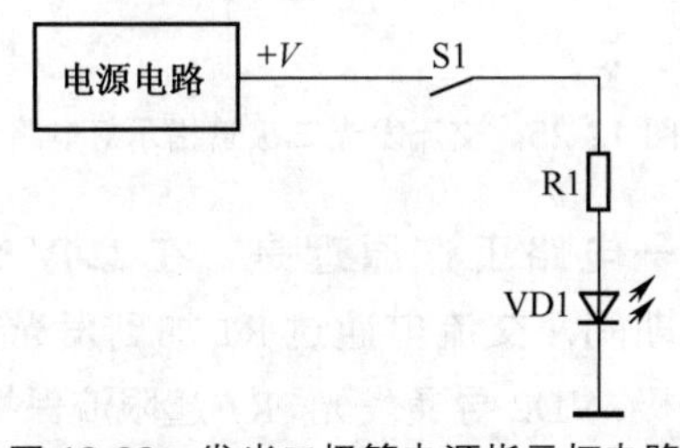

图 12-23　发光二极管电源指示灯电路

电路中的 VD1 是发光二极管，当它发光时表示电路中已有了直流工作电压 +V，当 VD1 不发光时表示电路中没有直流电压 +V(除非 VD1 本身损坏或电路存在故障)。S1 是电源开关，R1 是 VD1 的限流保护电阻器。整流、滤波电路输出的是直流电压 +V。

开关 S1 接通后，直流电压 +V 经 S1 和 R1 加到 VD1 的正极上，VD1 的负极直接接地，这样给 VD1 加正向偏置电压，有电流流过 VD1，所以 VD1 发光指示，表明电路中有正常的直流电压 +V。

S1 断开时，由于 +V 不能加到 VD1 上，所以没有电流流过 VD1，VD1 不能发光，这表明电路中没有直流电压 +V。

+V 变大或变小时，流过 VD1 的电流大小也会相应变化。

当 +V 变大时，流过 VD1 的电流在增大，所以 VD1 发出的光更强；当 +V 变小时，流过 VD1 的电流变小，所以 VD1 发出的光比较弱。

重要提示

这一电源指示灯电路不仅能够指示是否有电源电压，还能指示电源电压的大小情况，对于采用电池供电的机器这一指示功能更实用，当 VD1 发光强度不足时说明电池的电压已经不足。

电路中的 R1 是 VD1 的限流保护电阻器，以防止由于 +V 太大而损坏 VD1。它的保护原理是：当 +V 增大时，流过 VD1 的电流在增大。由于 VD1 和 R1 串联，这样流过 R1 的电流也在增大，在 R1 上的电压增大，加到 VD1 上的电压增大量有所减小，不会使 VD1 的工作电流太大，达到保护 VD1 的目的。

3．采用三色发光二极管构成的多功能电源指示电路

图 12-24 所示是采用三色发光二极管构成的指示电路，这也是一个电源指示灯电路，它能指示电源供电的 3 种状态。电路中的 VD1 是三色发光二极管，R1 和 R2 分别是 VD1 内部两只发光二极管限流保护电阻器，S1 是直流电源开关，S2 是交、直流电源转换开关，G 是电池。

（1）采用交流电源供电。交、直流转换开关 S2 处于 2、3 接通状态，此时 S2 的 2 与 1 之间断开，电池 G 的电压不能加到 VD1 上。

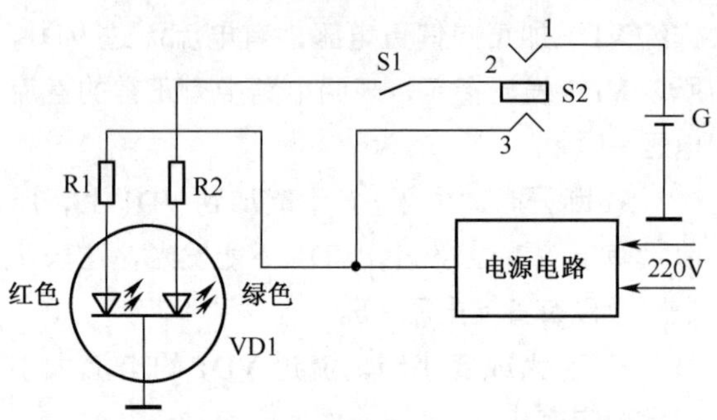

图 12-24　采用三色发光二极管构成的指示灯电路

在交流供电时，直流开关 S1 处于断开状态，虽然 S2 的 2 与 3 之间接通，但由于 S1 断开，所以 VD1 中的绿色发光二极管上无电压，不能发光。

从整流、滤波电路输出的直流电压直接经 R1 加到 VD1 的红色发光二极管上，这样红色发光二极管发光。

重要提示

由此可知，当 VD1 发出红色光时，表示电源电压由交流电源提供，同时直流电源开关 S1 处于断开状态。

这种指示状态的作用是，说明机器已经接上交流电源，但直流电源开关未接通，长时间不用机器时要去掉交流电源线。

（2）交流供电且 S1 处于接通状态。在上述电路工作的基础上由于 S1 接通，整流、滤波电路输出的直流电压经 S1 和 R2 也加到 VD1 的绿色发光二极管上，这时 VD1 中的两只发光二极管同时发光，一个为红色光，另一个为绿色光，利用空间混色原理（两种光的合成）可知，此时 VD1 发出橙色光。

由此可知，当 VD1 发出橙色光时，说明机器处于交流供电且直流电源开关已经接通的状态。

（3）采用电池供电。交、直流转换开关 S2 处于 2 与 3 断开、1 与 2 接通的状态，此时没有交流电压加到整流、滤波电路中，所以无直流电压输出。

电池电压经 S2 的 1 与 2、S1 和 R2 加到 VD1 的绿色发光二极管上，此时只有绿色发光二极管发光，所以 VD1 发出的是绿色光，说明机器处于电池供电且直流电源开关接通的状态。

重要提示

从上述电路分析可知，当采用不同电源进行供电时，电源指示灯 VD1 会发出不同颜色的光，这种电源指示电路的功能比前一种电源指示灯电路所指示的功能更加具体。

12.2.3　发光二极管交流电源指示灯电路

发光二极管交流电源指示灯就是直接用于交流电路的发光二极管指示灯电路。

1．交流发光二极管指示灯电路

发光二极管在交流电源下使用时，应接反向保护二极管，保护二极管的反向耐压要大于交流电源电压的峰值。保护二极管的连接电路如图 12-25 所示。

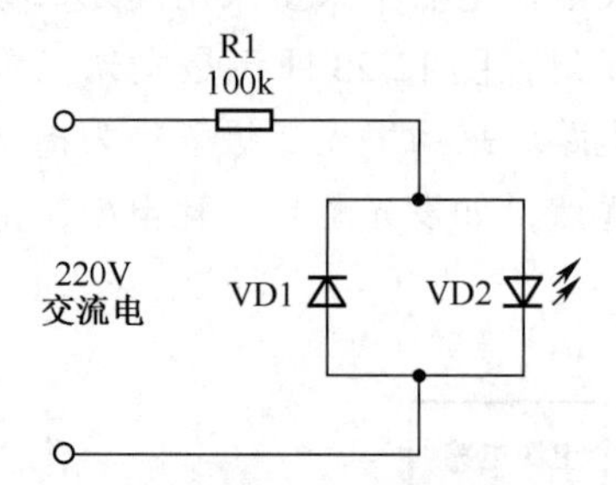

图 12-25　交流发光二极管指示灯电路

这一电路工作原理是：在 220V 交流电正半周期间，交流电通过 R1 加到发光二极管 VD2 正极，VD2 导通发光，R1 起限流保护作用。这时，保护二极管 VD1 处于反向截止状态。

在 220V 交流电负半周期间，交流电通过 R1 加到保护二极管 VD1 正极，VD1 导通，其导通后两端的 0.6V 管压降加到发光二极管 VD2 上，使发光二极管两端的反向电压很小，达到保护发光二极管的目的。电阻器 R1 仍然起着限流保护作用，这时保护二极管 VD1。

重要提示

发光二极管只在交流电的正半周期间导通发光，在交流电的负半周期间发光二极管不发光。由于交流电的频率为50Hz，这样发光二极管在1s内发光、截止变化25次。

2．具有降压电容器的交流发光二极管指示灯电路

图12-26所示是两种具有降压电容器的交流发光二极管指示灯电路。电路中VD1是保护二极管，VD2是发光二极管，C1是降压电容器，R1是限流保护电阻器。

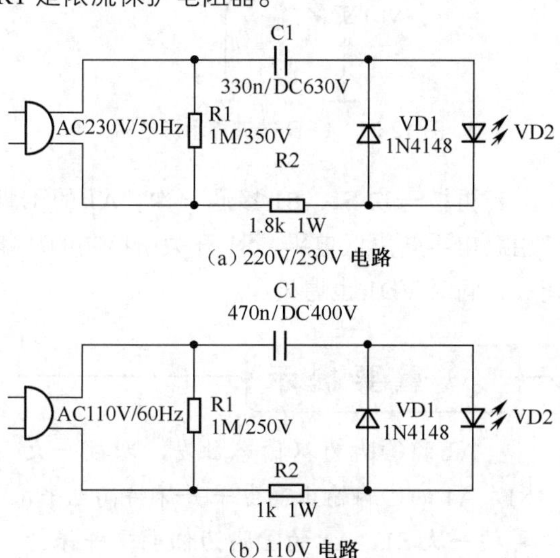

图12-26　两种交流发光二极管指示灯电路

电容器C1利用容抗来进行降压，这样加到发光二极管上的交流电压减小，可以减小限流保护电阻器R1的阻值，这样可以减小整个指示灯电路的耗电量。

重要提示

电路中的发光二极管平均电流约为10mA。

电阻器R1是电容器C1的泄放电阻，不能省略，否则会造成电击。

由于这一电路中没有电源变压器的隔离，所以整个电路带电，要注意安全。

3．最简单的发光二极管指示灯电路

图12-27所示是最简单的发光二极管指示灯电路，这一电路中没有设置保护二极管，这样发光二极管在交流电的反向期间最大电流约为2mA。

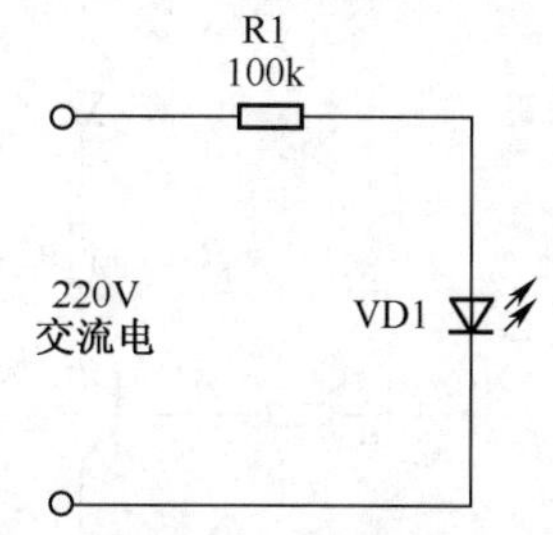

图12-27　最简单的发光二极管指示灯电路

4．其他交流发光二极管

如图12-28所示是一种直接插电于110V交流电压使用的交流发光二极管，简称AC LED，使用时它可以直接插入交流电插座中，作为交流电源指示灯等。

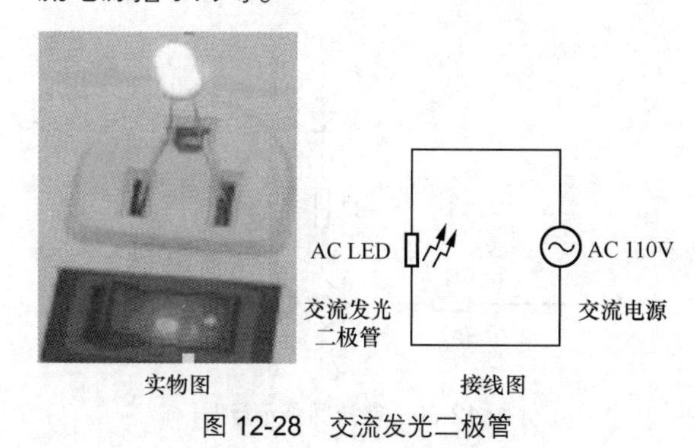

图12-28　交流发光二极管

12.2.4　发光二极管按键指示灯电路

1．发光二极管（LED）驱动电路

重要提示

当LED用作电源指示灯时，可以不设驱动电路，因为LED的工作电流是直流电流，直接由直流工作电压+*V*给LED供电。但是，当用LED来指示一些小信号时，则需要设置驱动电路，这是因为尽管LED的工作电流仅为几毫安，但因为这些信号太小，无法直接驱动LED发光，所以要加一级LED驱动电路。

图 12-29 所示是典型的 LED 驱动电路。电路中，VT1 是驱动管，起放大 U_i 的作用，U_i 是所要指示的信号，VD1 是 LED。

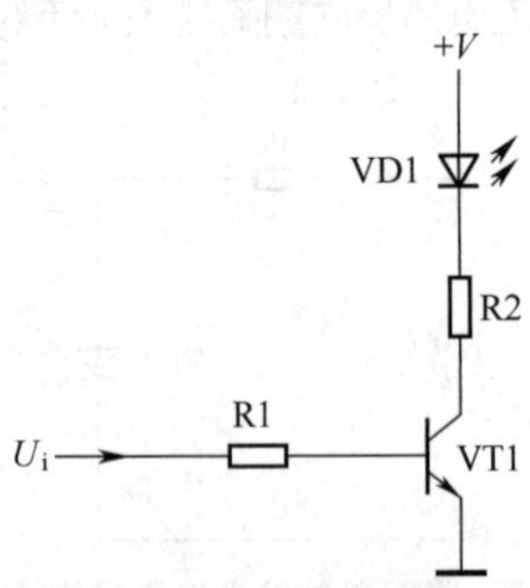

图 12-29　LED 驱动电路

输入信号 U_i 经 R1 加到 VT1 基极，VT1 导通。VT1 导通后，其集电极电流流过了 VD1，如图 12-30 所示，VT1 集电极电流就是流过 VD1 的电流，这一电流使 VD1 发光指示。

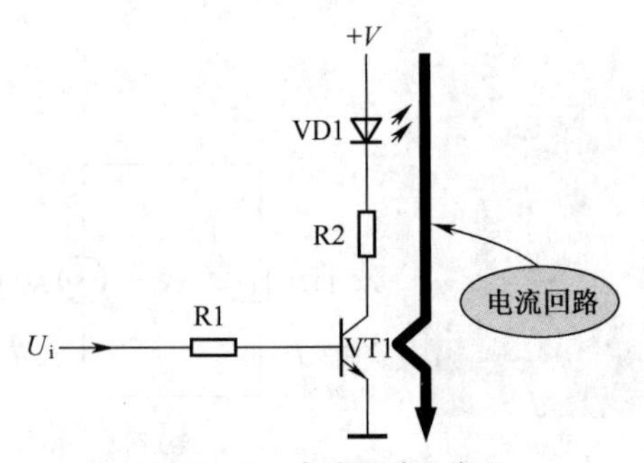

图 12-30　电流回路示意图

注意，使 VD1 发光的电流由直流工作电压 +V 提供，而不是输入信号 U_i，U_i 只是控制了流过 VD1 的电流。

重 要 提 示

R2 为 VT1 的限流保护电阻器，用来防止流过 VD1 的电流太大而损坏 VD1，在 LED 指示灯电路中都设有这一作用的电阻器。

2．常见 LED 按键指示灯电路

图 12-31 所示是 LED 按键指示灯电路。电路中，S1 是按钮式开关，VD1 是 LED 指示灯，R1 是 LED 的限流保护电阻器，A1 是集成电路。

按下 S1 后再松开，A1 的①脚获得一个低电平的有效触发，即 S1 接通时将 A1 的①脚接地，使①脚有低电平触发，这样 A1 电路动作。A1 触发动作后，触发了 A1 的①脚内电路中的 LED 驱动电路，使①脚输出高电平，这一高电平经 R1 加到 VD1 上，使 VD1 发光指示，表示开关 S1 已被按下。

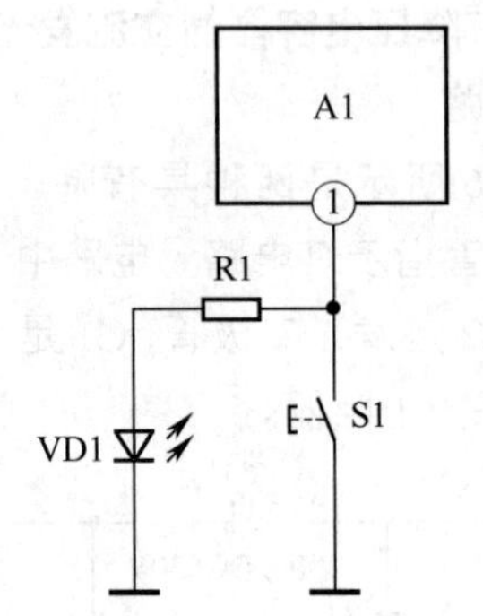

图 12-31　LED 按键指示灯电路

若再按一次 S1，S1 接通一次，A1 的①脚则由高电平转为低电平，S1 开关所控制的功能消失，同时 VD1 也熄灭。

重 要 提 示

A1 的①脚为双稳态触发，即按一次 S1，A1 的①脚输出高电平并保持高电平，再按一次 S1，A1 的①脚为低电平并保持低电平。有的电路是单稳态的，即按下 S1 松开后的一段时间内，S1 输出高电平，VD1 发光，很快 A1 的①脚自动变为低电平，VD1 则熄灭。

图 12-32 所示是另一种 LED 按键指示灯电路，电路中由 S1 控制 A1 的②脚的电位高低，从而控制 VD1 的发光与否。

按下一次 S1，①脚得到一个低电平有效触发，使②脚输出高电平，这样 VD1 发光指示，说明 S1 已经接通。

再按一次 S1 时，①脚又获得一次有效的低电平触发，②脚从高电平转换成低电平，这样 VD1 不发光，表示开关 S1 处于断开状态。

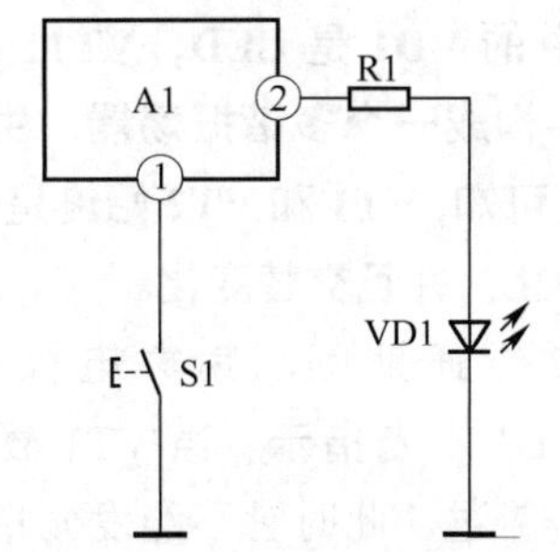

图 12-32　另一种 LED 按键指示灯电路

3．功能键 LED 指示灯实用电路

图 12-33 所示是功能键 LED 指示灯实用电路。电路中的 A903 是微处理器。集成电路 A903 的㊱脚为功能操作数据输出端，按下组合音响上的有关功能按键后，A903 发出各种指令，其中有一项点亮按键指示灯的指令从㊱脚输出，加到集成电路 A506 的数据接收端②脚。

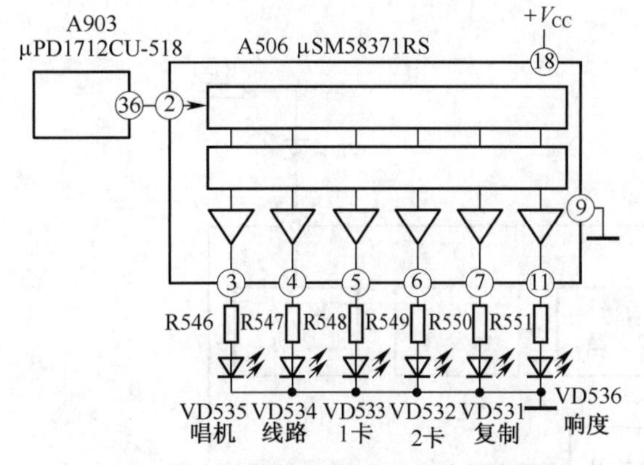

图 12-33　功能键 LED 指示灯实用电路

从②脚送入的数据经 A506 的处理和相应的 LED 驱动电路，使 A506 的③～⑦、⑪脚的相应引脚输出高电平，去驱动 LED 发光指示。

电路中的 VD531～VD536 是 6 只 LED 按键指示灯，R546～R551 是各 LED 的限流保护电阻器。

图 12-34 所示是分立元器件构成的功能键指示灯电路。电路中，A651 是微处理器。集成电路 A651 的㉟、㊲脚分别是磁带（TAPE）和激光唱盘（CD）功能键指示灯指令输出脚。

按下 TAPE 键后，A651 的㉟脚输出高电平，加到带阻三极管 VT654 基极，VT654 导通，VD678 导通发光指示，表示此时机器进入磁带工作状态。

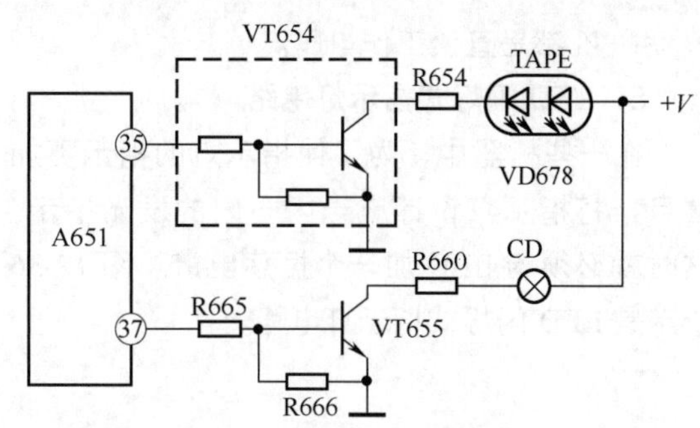

图 12-34　分立元器件构成的功能键指示灯电路

VT654 是 VD678 的驱动管，R654 是 VD678 的限流保护电阻器。

4．带指示的功能转换电路

图 12-35 所示是一种带功能指示电路的集成电路功能转换开关电路。电路中，S1～S4 是 4 个功能开关，它们分别控制集成电路内部的左、右声道电子开关 S1～S4，㉔～㉗脚外接 4 个指示灯，当按下 S1～S4 中某一个功能开关时，㉔～㉗相应引脚从高电平转换成低电平，使 LED 发光指示。

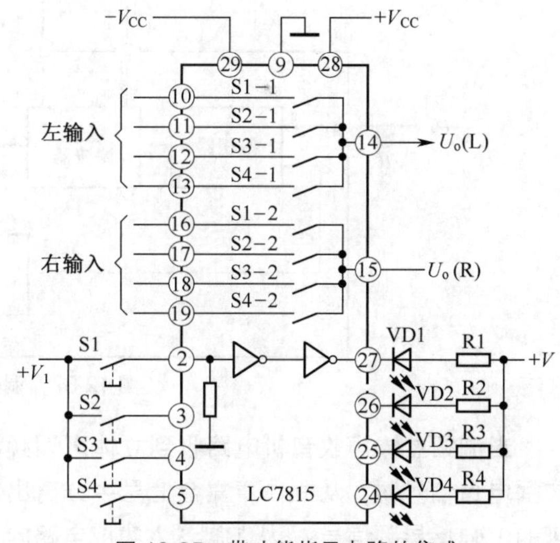

图 12-35　带功能指示电路的集成电路功能转换开关电路

电路中的集成电路 LC7815 采用正、负电源供电，㉘脚为 V_{CC} 端，㉙脚是 $-V_{CC}$ 端。⑩～⑬脚是左声道的 4 个输入引脚，⑭脚是左声道信号输出引脚。⑯～⑲脚是右声道输入引脚，⑮脚是右声道信号输出引脚。

电路中，$+V_{CC}$ 是集成电路的直流工作电压，

$+V$ 和 $+V_1$ 都是直流工作电压。

5．LED 闪烁式指示灯电路

在一些机器中，为了使指示灯的指示更加醒目，将指示灯设计成一闪一闪的发光指示，这时就必须给 LED 加一个振荡电流。图 12-36 所示是 LED 闪烁式指示灯电路。

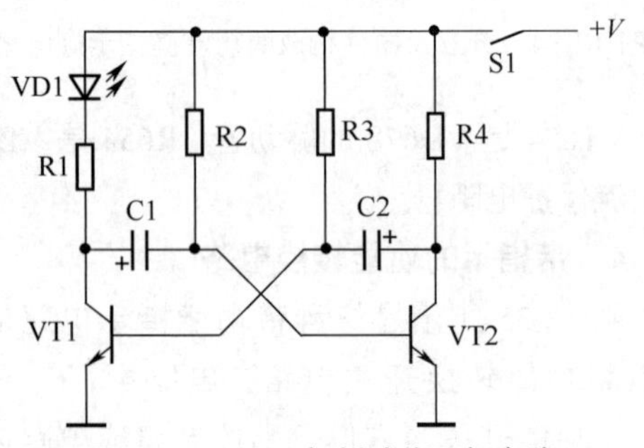

图 12-36　LED 闪烁式指示灯电路

电路中的 VD1 是 LED，VT1、VT2 和其他阻容元件构成一个多谐振荡器。由多谐振荡器工作原理可知，VT1 和 VT2 始终是一只导通，另一只为截止，并且交替变化。

在 VT2 导通期间，其集电极电流流过 VD1，使 VD1 发光指示。当 VT1 截止时 VD1 中没有电流流过，此时它不能发光指示。只要振荡器的振荡频率不高，VD1 便会一闪一闪地闪烁发光指示。

6．LED 调频立体声指示电路

立体声指示灯采用 LED，它用来指示是否已收到立体声调频广播。这一电路的工作原理可用图 12-37 所示电路来说明。

调频立体声指示电路中的主要电路均设在集成电路的内电路中，外电路中只有一只 VD1（LED），R1 是 VD1 的限流保护电阻器。

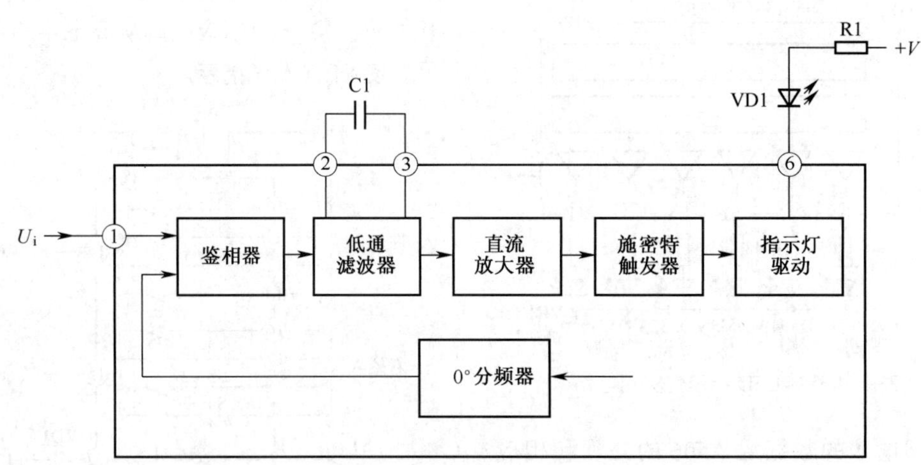

图 12-37　调频立体声指示电路

当调频立体声收音机电路收到立体声调频广播电台信号时，从立体声复合信号中分离出来的 19kHz 导频信号 U_i 从①脚送入集成电路内电路鉴相器中，由 VCO 输出的振荡信号经两次 1/2 分频后获得 19kHz 信号也加到鉴相器中，这一 19kHz 信号的相位为 0°。

由于加到鉴相器中的两个 19kHz 信号同频率和同相位，所以鉴相器有最大的误差电压输出。这一误差电压经低通滤波器滤波后，加到直流放大器中放大，再送到施密特触发器中。由触发器输出一个控制信号到指示灯电路中，使⑥脚为低电位，VD1 发光指示，完成立体声指示。

当未收到立体声调频信号时，便没有 19kHz 导频信号 U_i，这时鉴相器无输出，⑥脚为高电位，VD1 不能发光指示。当收到的立体声调频信号比较小时，19kHz 导频信号也比较小，此时鉴相器也没有输出电压，VD1 也不能发光指示。当②脚回路开路时，或将②脚用一只电阻器接地，解码器工作在单声道状态，VD1 也不发光指示。

12.3 LED电平指示器

12.3.1 LED电平指示器种类

LED电平指示器可以指示信号电平的大小，同时它能起到装饰、美化面板的作用。

LED电平指示器就是采用LED构成的电平指示器，这种电路的作用是指示信号电平的大小。LED电平指示器电路繁多。

1．按指示器形式划分

LED电平指示器电路按指示器的形式划分有下列3种。

（1）多级LED光柱式。这是目前用得最多的一种电平指示器电路。它由一组（通常为5级）LED作为指示器件，根据电平的大小决定发光级数的多少，电平愈大LED发光的级数愈多，反之则少。

（2）LED光点式。这种电平指示器的指示形式是：输入信号时，多只LED中始终只有一只在亮，其他的LED熄灭，随着输入信号电平大小变化时，亮一只熄一只，好像一个光点在移动。

（3）LED频谱式。这是一种大量用在中、高档组合音响中的电平指示器电路。常见的有10×10形式的LED频谱式电平指示器。图12-38是这种指示器面板示意图。

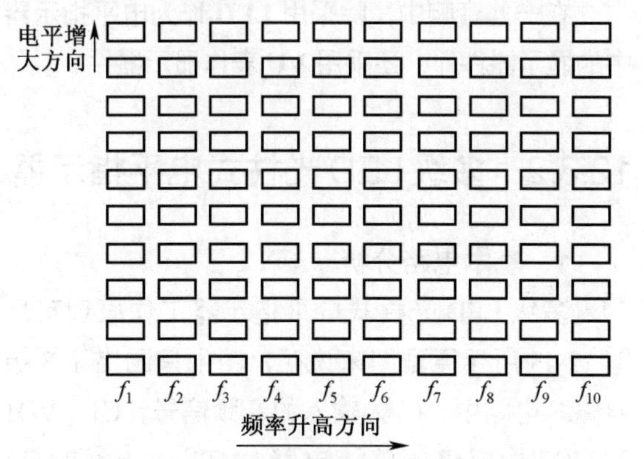

图12-38　LED频谱式电平指示器面板示意图

它共有10列，每列代表一个频率点，共10个频率点。每列中，共有10行指示每个频率点信号的电平大小，即分成10级来指示某一频率点信号的大小。

前面两种LED电平指示器在全频段范围内指示信号电平的大小，而这种频谱式电平指示器在音频范围内划分成若干频段并分别指示信号电平的大小。这种指示器就某一个频率点信号指示而言，其原理同多级LED光柱式电平指示器的指示原理一样。

重要提示

一些频谱式电平指示器还设有记忆功能，即按下记忆按键后，指示器不再瞬时指示信号电平大小，而是保持按下按键瞬间各频段信号电平的大小（各列指示器不变化），保持几秒后再进入瞬时指示状态。

2．按所指示信号种类划分

LED电平指示器按所指示信号的种类划分主要有下列4种。

（1）重放信号电平指示器。它可以指示各种节目源在重放过程中的信号电平大小，这一指示器设在音调、音量控制器之前，如图12-39所示。

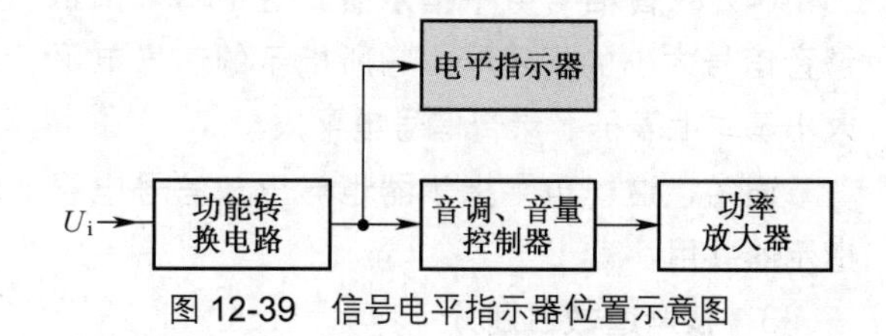

图12-39　信号电平指示器位置示意图

由于这一电平指示器设在音调、音量控制器电路之前，所以电平指示器所指示的信号电平大小不受音调、音量电位器控制，反映了节目源本身信号电平的大小情况。

（2）功率电平指示器。这种电平指示器能够指示信号的功率电平大小情况，它设在音调、音量控制器之后，在功率放大器输出端，与扬声器并联，如图 12-40 所示。

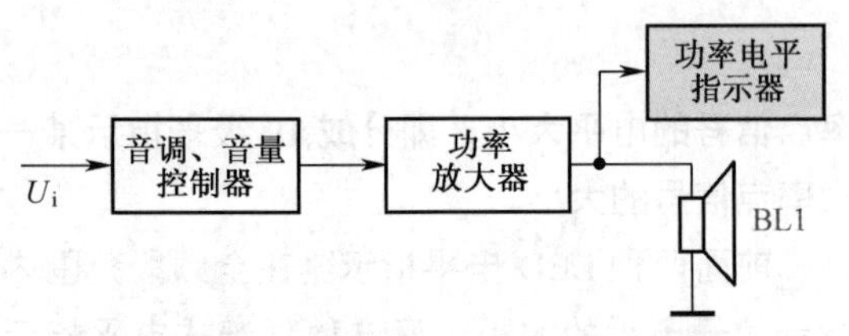

图 12-40　功率电平指示器位置示意图

由于这一电平指示器与扬声器并联，所以它反映了功率放大器送入扬声器的电信号功率大小的实际情况。注意，这种电平指示器所指示的信号电平大小受音调和音量电位器的控制。

重要提示

一些组合音响中，除具有前面的重放信号电平指示器外，还设有功率电平指示器，显示两种电平指示器所指示的电平大小可以不一样。

（3）调谐电平指示器。这是设在调谐器中的电平指示器。调谐愈准确时，该电平指示器指示的信号电平愈大，当然与正在收音的电台信号大小有关。

有的组合音响中，不专门设置调谐电平指示器，而是以重放信号电平指示器或功率电平指示器作为调谐电平指示器。

（4）录音信号电平指示器。这是用来指示录音信号大小的指示器，它所指示的信号电平大小基本上表征了录音信号电平大小。

通常，这一电平指示器也与重放信号电平指示器共用。

3．按声道数目划分

电平指示器按声道数目可分为下列两种。

（1）单声道电平指示器。这种指示器电路结构如图 12-41 所示。左、右声道信号电平分别通过 R1、R2 合并后，由一个电平指示器来指示，显然此时指示左、右声道信号电平的平均值。通常，LED 频谱式电平指示器采用这种结构。

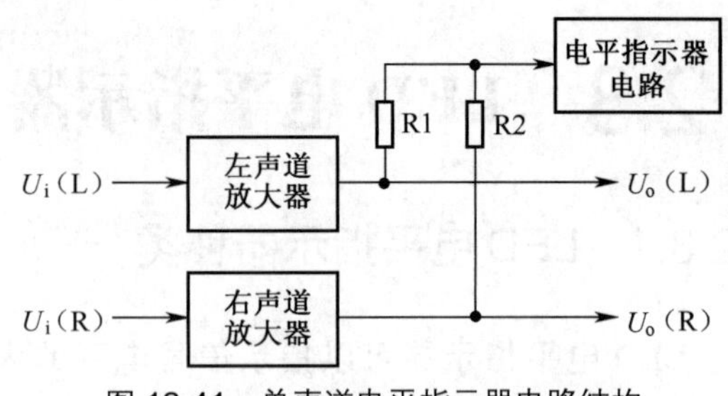

图 12-41　单声道电平指示器电路结构

（2）双声道电平指示器。这种指示器的电路结构如图 12-42 所示。它有两套彼此独立的指示器电路，并且电路结构对称，分别指示左、右声道信号电平大小。通常，一些多级 LED 光柱式电平指示器采用这种结构。

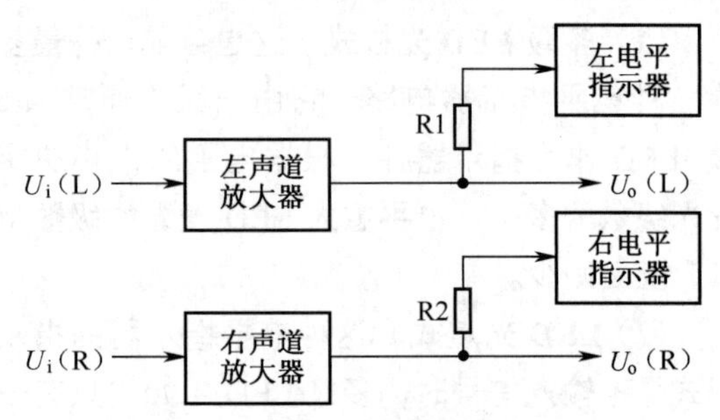

图 12-42　双声道电平指示器电路结构

4．按指示信号峰值与平均值划分

电平指示器按照指示信号峰值、平均值来划分主要有两种：平均值电平指示器，它用来指示信号的平均电平大小；峰值电平指示器，它用来指示信号的峰值电平大小。

在一些音响中，除采用 LED 作为电平指示器中的显示器件外，还采用 VU 表作显示器件。

12.3.2　多级LED光柱式电平指示器

1．基本电路分析

多级 LED 光柱式电平指示器工作原理可用图 12-43 所示原理图来说明，图中只画出了 3 级电路。电路中，U_i 为输入的音频信号，C1、VD1 和 VD2 构成倍压整流电路，VT1、VT2 和 VT3 是 LED 驱动管，VD3、VD5、VD7 是 3 只 LED。

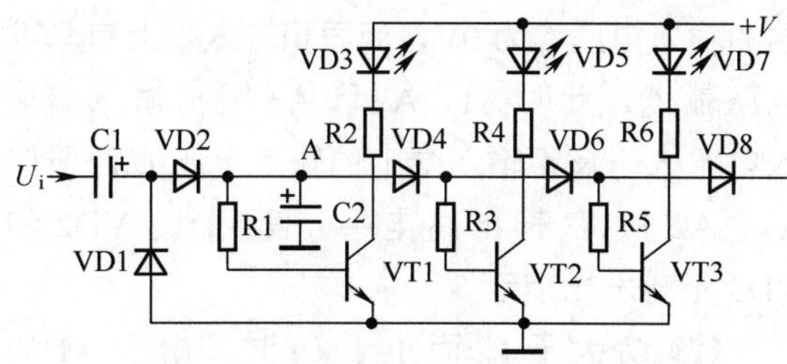

图 12-43　多级 LED 光柱式电平指示器

（1）倍压整流。输入信号 U_i 是音频信号，经 C1 加到 VD1、VD2 构成的倍压整流电路中，在 A 点获得直流电压，输入信号 U_i 愈大，A 点的直流电压愈大，反之则愈小。

（2）VT1 导通。当 A 点的直流电压约为 0.7V 时，这一电压可以使 VT1 导通，其电流回路为：A 点→ R1 → VT1 基极→ VT1 发射极→地，导通电流回路示意图如图 12-44 所示。

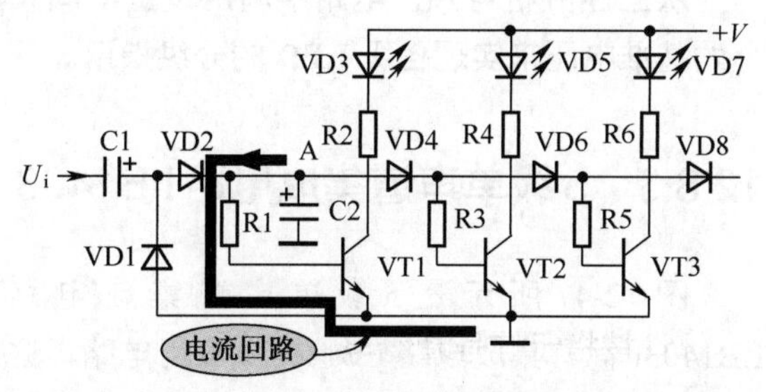

图 12-44　导通电流回路示意图

由于 VT1 导通，其集电极电流流过 VD3，使 VD3 发光指示，VD3 导通电流回路为：直流工作电压 +V → VD3 → R2 → VT1 集电极 → VT1 发射极→地，流过 VD3 电流回路示意图如图 12-45 所示。

（3）VT2 导通。由于 A 点的电压只有 0.7V，所以还不足以使 VD4 等导通，这样除 VD3 发光外，VD5 等不能发光。

当 A 点的直流电压约为 1.4V 时，这一电压除使 VT1 导通外，又使 VD4 导通，这样直流电压经 R3 加到 VT2 基极，使 VT2 导通，第二级 VD5 随之发光指示。这样，VD3 和 VD5 两级 LED 同时发光指示。

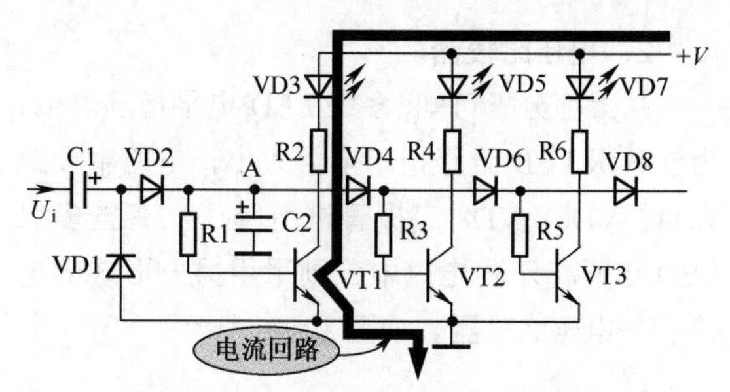

图 12-45　流过 VD3 电流回路示意图

（4）信号继续增大。当输入信号 U_i 信号继续增大，使 A 点的直流电压约为 2.1V 时，除 VD3、VD5 继续导通发光外，VD6 导通，使 VT3 导通，VD7 也发光指示。

同理可知，当 U_i 信号进一步增大时，后面各级陆续导通发光指示。当 U_i 减小，LED 发光级数会相应减少。

元器件作用提示

关于电路中主要元器件作用说明如下。

（1）二极管。电路中的 VD4、VD6 和 VD8 用来降掉 0.6V 电压后使后级 LED 驱动管导通，以拉开各级 LED 导通发光的电平，使各 LED 能随输入信号 U_i 的大小变化而一级级导通发光。

（2）驱动管保护电阻器。R1、R3、R5 是 LED 驱动管基极回路的限流保护电阻器，当输入信号 U_i 进一步增大时，前级的 LED 驱动管导通程度加深，设置基极限流电阻后不会因为电流太大而烧坏 LED 驱动管。

（3）限流保护电阻器。R2、R4、R6 是 LED 的限流保护电阻器，以保护各级 LED 免受大电流而造成的损害。

（4）平滑电容器 C2。电路中的 C2 是整流电路输出端的平滑电容器，或称滤波电容器。如果不加 C2，电平指示器可指示输入信号 U_i 峰值电平。加入较大的 C2 后，由于 C2 的平滑作用，在 C2 上的直流电压是输入信号的平均大小，所以此时电平指示器指示输入信号 U_i 的平均值。

根据 C2 容量大小可判别是峰值电平指示器还是平均值电平指示器。

2．电压比较器

从上面分析可知，多级 LED 电平指示器中，为使各级 LED 分级指示电平大小，电路中设置 VD4、VD6、VD8 二极管进行降压。有些多级 LED 电平指示器电路中，则采用另一形式的电路——电压比较器，如图 12-46 所示。

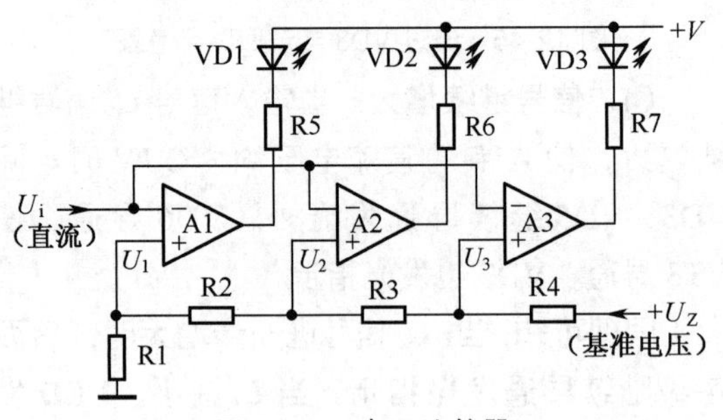

图 12-46　电压比较器

电路中的 A1～A3 是 3 个运算放大器构成的电压比较器，R1～R4 构成基准电压电路，VD1～VD3 3 只 LED 构成 3 级电平指示器。

正电压（$+U_z$）是一个恒压源，作为 A1～A3 各同相输入端的基准电压 U_1～U_3。R1～R4 构成的 3 个分压电路的分压比不同，给 A1～A3 各比较器的基准电压大小不等，其中 A1 的基准电压最小，A3 的最大。

U_i 是音频信号经过整流后的直流电压，U_i 的大小代表音频信号的大小。下面将输入电压分成几种情况进行分析。

（1）U_i ＝ 0V 时。A1、A2 和 A3 反相输入端的输入电压均为 0V，而同相输入端上有基准电压输入，此时 A1、A2 和 A3 同相输入端输入电压大于反相输入端上的输入电压 U_i，所以 A1、A2 和 A3 输出高电平，使 VD1、VD2 和 VD3 不能发光指示。

（2）U_i 大于 U_1 而小于 U_2 时。由于 A1 的反相输入端电压大于同相输入端上的基准电压，A1 输出低电平，使 VD1 导通发光。此时，由于 A2 和 A3 同相输入端基准电压 U_2、U_3 大于输入电压 U_i，所以 A2 和 A3 仍然输出高电压，VD2 和 VD3 仍然不能发光指示。

（3）U_i 进一步增大。当输入电压 U_i 进一步增大，达到 $U_2 < U_i < U_3$ 时，A1、A2 的反相输入端电压大于同相输入端电压，此时 A1、A2 输出低电平，使 VD1 和 VD2 均导通发光。同理，U_i 进一步增大后，VD3 也导通发光。

从上述分析可知，电路中利用设置不同大小的基准电压来实现各级 LED 的分级指示。

12.3.3　5级单声道集成电路LB1403

图 12-47 所示是 5 级单声道集成电路 LB1403（简称集成电路 LB1403）应用电路，这是一个单声道指示电路，为多级 LED 光柱式电平指示电路。电路中的 A4（LB1403）构成 LED 驱动电路。VT403、VT404 是左、右声道前置放大管。

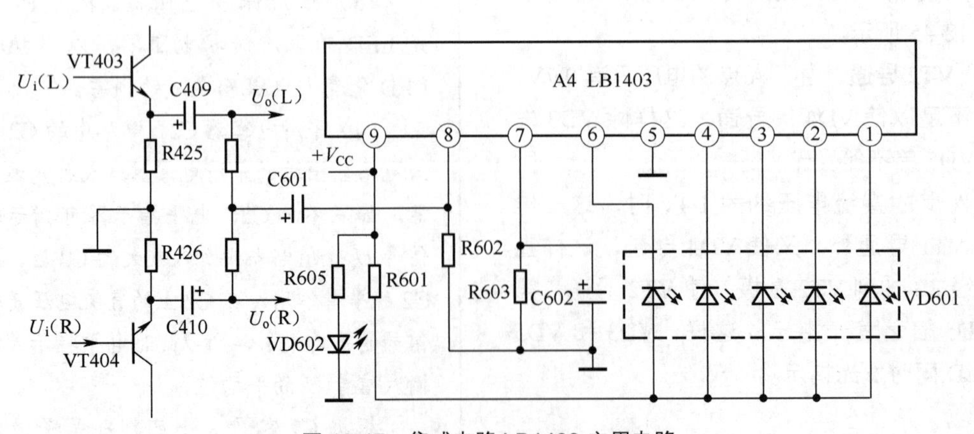

图 12-47　集成电路 LB1403 应用电路

1．集成电路 LB1403 内电路方框图

图 12-48 是集成电路 LB1403 的内电路方框图。内电路中，A1 是一个整流、放大器，A2～A6 是 5 个电压比较器。VD1 是一个稳压二极管，它为 A2～A6 提供稳定的基准电压。R1～R5 构成分压电路，给 A2～A6 同相输入端提供不同大小的基准电平，其中 A2 为最小，A6 为最大。R6 和 R7 为 A1 提供直流偏置和负反馈。

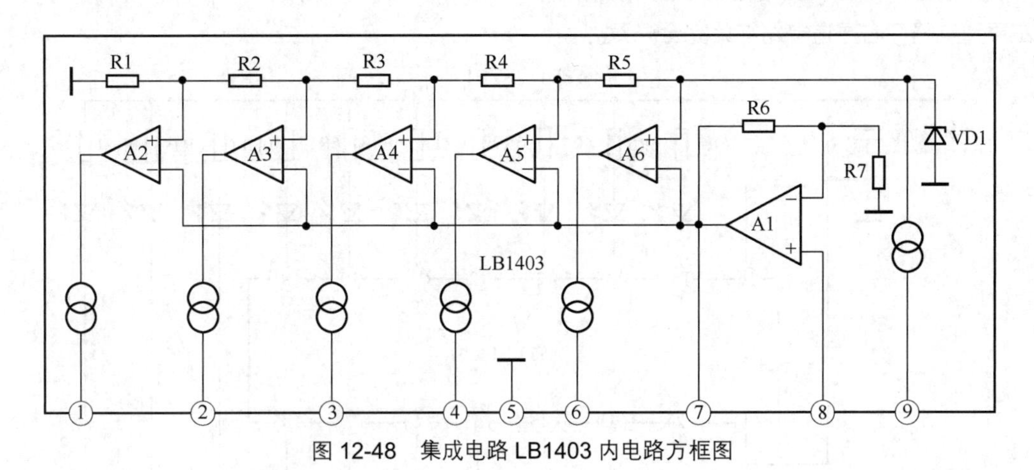

图 12-48　集成电路 LB1403 内电路方框图

2．集成电路 LB1403 引脚作用

集成电路 LB1403 是一个专门用来驱动 5 级 LED 光柱式电平指示器的集成电路，共 9 根引脚，采用单列结构，各引脚作用说明见表 12-3。

表 12-3　集成电路 LB1403 各引脚作用说明

引　脚	说　明
①	第一级 LED 驱动输出端
②	第二级 LED 驱动输出端
③	第三级 LED 驱动输出端
④	第四级 LED 驱动输出端
⑤	地端
⑥	第五级 LED 驱动输出端
⑦	滤波端，外接滤波电容器
⑧	输入端，输入音频信号
⑨	电源端，典型值 + 6V

3．电路分析

结合集成电路 LB1403 内电路方框图，分析这一电路的工作原理。

直流工作电压 $+V_{CC}$ 从集成电路 LB1403 的⑨脚送入内电路，使稳压二极管 VD1 导通（见方框图），VD1 上稳定的直流电压经电阻器 R1～R5 分压后，分别加到 A2～A6 同相输入端。

从 VT403、VT404 发射极输出的左、右声道信号，分别经 C409、C410 耦合分成两路：一路送到后级电路中继续放大，另一路由 R426、R425 混合后得到左、右声道之和信号，经 C601 耦合从 A4 的⑧脚送入内电路中，以激励电平指示器。电路中的 R425、R426 取值较大（10kΩ），以减小对左、右声道分离度的影响。

从 LB1403 ⑧脚送入的音频信号，经内电路中的整流、放大器 A1 的处理，又经⑦脚外接的滤波电容器 C602 滤波，获得直流控制电压。

重要提示

集成电路 A4 ⑦脚上的直流控制电压加到 A2 ～ A6 反相输入端，这一电压从零开始增大时，由于 A2 的基极电压最小，所以 A2 首先输出低电平，使①脚上外接的 LED 发光指示。随着⑦脚上的直流控制电压不断增大，LB1403 各输出端依次由高电位变为低电位，点亮各级 LED 发光指示。

VD601 是一个组合型 LED 器件，R601 是它们的共用限流保护电阻器。VD602 是电源指示灯，它的工作电压通过 R605 取自 $+V_{CC}$。

12.3.4 9级单声道集成电路LB1409

图 12-49 所示是 9 级单声道集成电路 LB1409（简称集成电路 LB1409）应用电路，图中只画了它的左声道电路，右声道电路与此完全一致。

1．集成电路 LB1409 内电路方框图

图 12-50 是集成电路 LB1409 内电路方框图。电路中，它有一个整流、放大器 A10，有 A1～A9 共 9 个电压比较器。

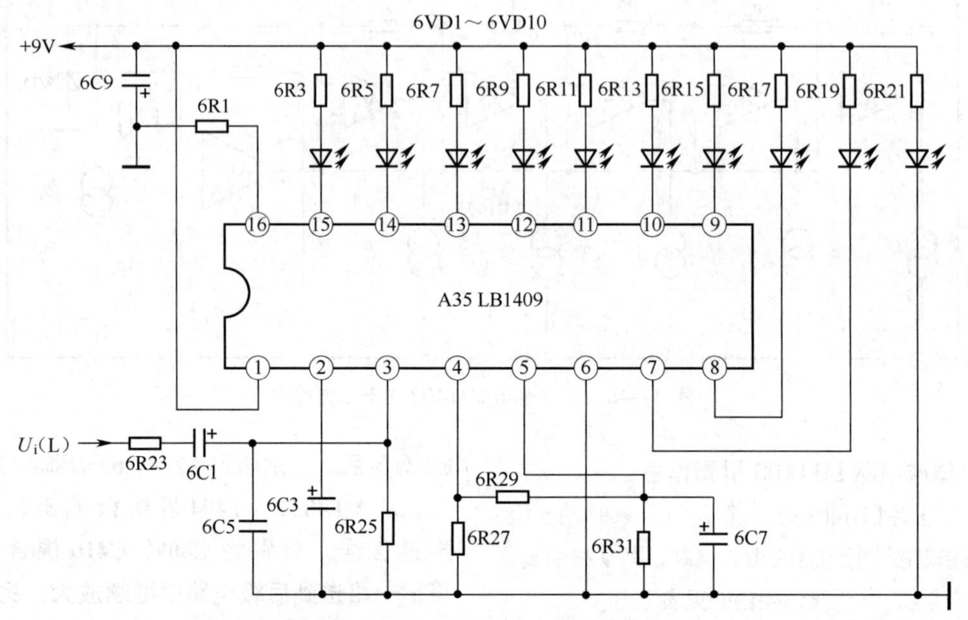

图 12-49 集成电路 LB1409 应用电路

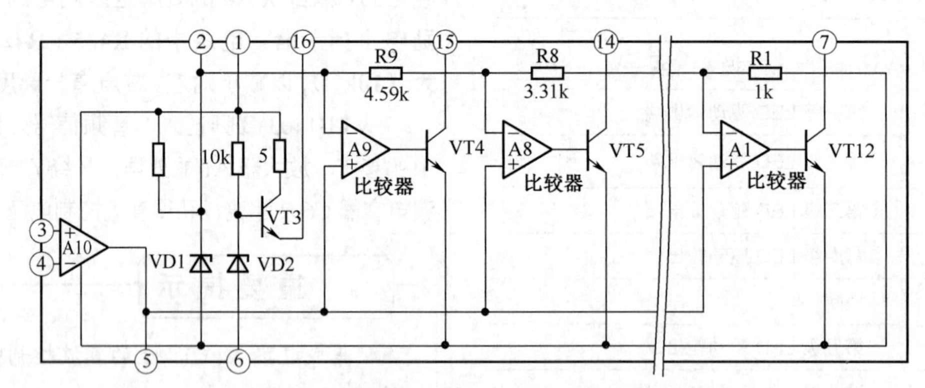

图 12-50 集成电路 LB1409 内电路方框图

内电路中，VD1 和 VD2 是稳压二极管，其中 VD1 用来获得基准电压，VD2 为 VT3 基极提供基准电压，从而使 VT3 的发射极输出电压（⑯脚电压）稳定。

R1 ～ R9 构成基准电压分压电路，为 A1 ～ A9 各电压比较器的反相输入端提供基准电压。由于在电路内设置了 LED 驱动管 VT4 ～ VT12，所以基准电压应加在 A1 ～ A9 的反相输入端（集成电路 LB1403 则加在同相输入端），因为 VT4 ～ VT12 用来推动⑦～⑮脚外接的 LED。

2．集成电路 LB1409 引脚作用

集成电路 LB1409 共 16 根引脚，采用双列结构，各引脚作用说明见表 12-4。

表 12-4　集成电路 LB1409 各引脚作用说明

引　脚	说　明
①	电源端，典型值+12V
②	基准电压 1，提供给比较器
③	同相输入端，输入音频信号
④	反相输入端（负反馈端）
⑤	整流、放大器输出端，滤波
⑥	地端
⑦	第一级 LED 驱动输出端
⑧	第二级 LED 驱动输出端
⑨	第三级 LED 驱动输出端
⑩	第四级 LED 驱动输出端
⑪	第五级 LED 驱动输出端
⑫	第六级 LED 驱动输出端
⑬	第七级 LED 驱动输出端
⑭	第八级 LED 驱动输出端
⑮	第九级 LED 驱动输出端
⑯	基准电压 2，一般不用

3．电路分析

由于这一指示器电路的输入信号（音频信号）U_i 取自音调、音量电位器之前，所以它所指示的电平大小不受音调和音量电位器控制。

6VD1～6VD10 是 10 只 LED，其中最后一只 6VD10 是电源指示灯，接通电源后它始终亮着。

左声道音频信号 U_i(L) 经 6R23 和 6C1 耦合，从③脚送入集成电路 LB1409 内电路中，经整流、放大后从⑤脚输出。⑤脚上的 6C7 为滤波电容器，6R29 和 6R27 构成整流放大器的直流通路和交、直流负反馈。②脚上的 6C3 是基准电压滤波电容器。

内电路⑤脚上的直流控制电压加到 A1～A9 同相输入端。当这一电压从零增大时，首先是 A1 同相输入端电压大于反相输入端电压，A1 输出高电平加到 VT12 基极，VT12 导通，其集电极（⑦脚）为低电位，⑦脚上外电路的 LED 首先发光指示。

同理，当⑤脚上的直流控制电压进一步增大时，⑧～⑮脚依次从高电位转为低电位，各级 LED 依次发光指示。

12.3.5　5级双声道集成电路D7666P

图 12-51 所示是某型号组合音响的重放信号电平指示器电路，这是一个双声道 5 级 LED 光柱式电平指示器电路，采用一块双声道 LED 驱动集成电路 D7666P。电路中，上面一排是 LED 右声道电路，下面一排是左声道电路，左、右声道电路结构对称。

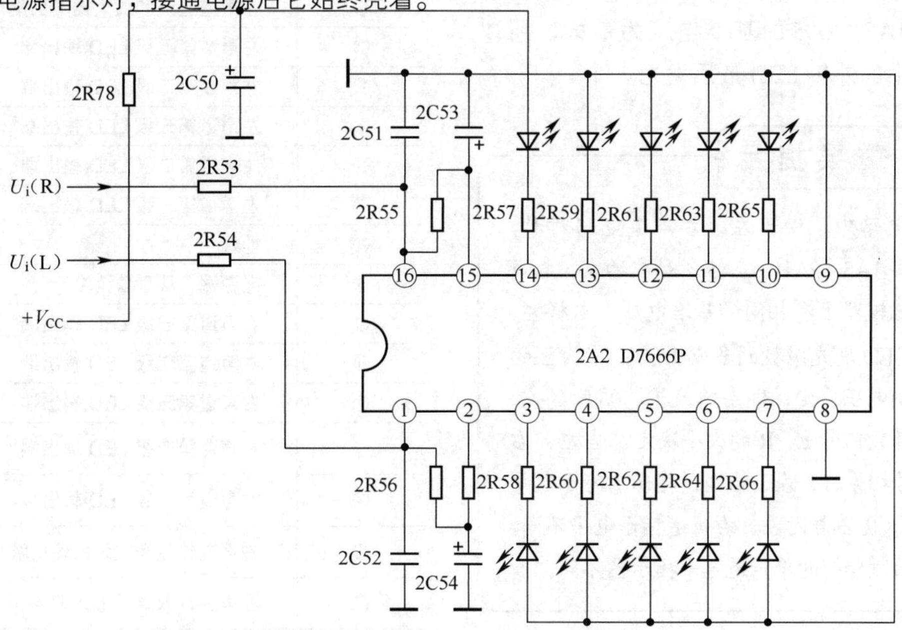

图 12-51　集成电路 D7666P 应用电路

1．集成电路 D7666P 内电路方框图

图 12-52 是集成电路 D7666P 内电路方框图。

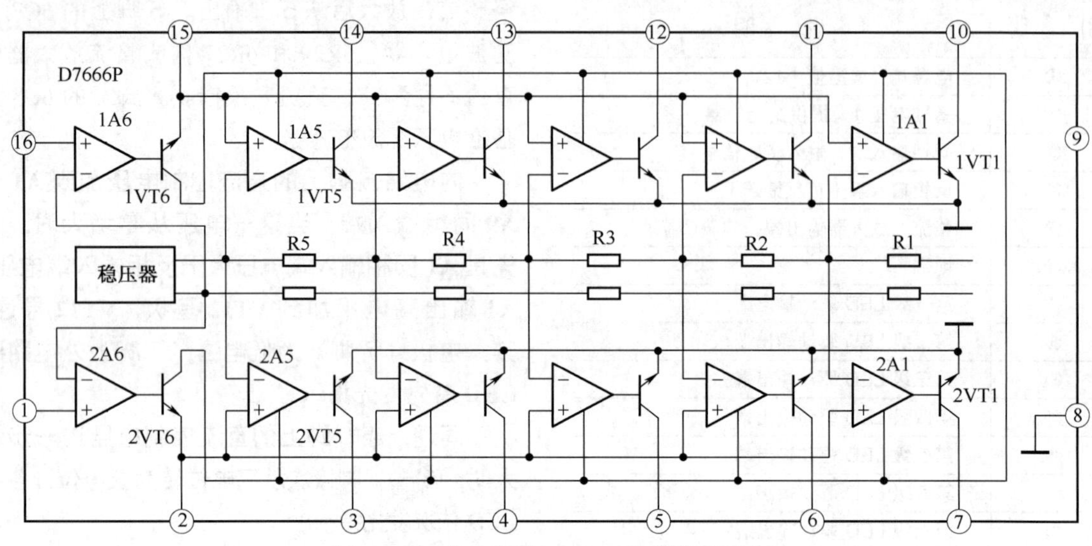

图 12-52　集成电路 D7666P 内电路方框图

内电路中，1A1～1A5 是右声道的 5 个电压比较器，1VT1～1VT5 是相应的 5 只 LED 驱动管。1A6 是右声道整流、放大器，1VT6 是驱动管。2A1～2A5 是左声道的 5 个电压比较器。R1～R5 构成稳压器的分压电路，同时给左、右声道各电压比较器的反相输入端提供基准电压。1A1、2A1 的基准电压相等，且为最小，所以⑩、⑦脚上外接 LED 为第一级 LED，首先发光。1A5、2A5 的基准电压为最大，所以⑭、③脚上的外接 LED 最后发光。

重要提示

内电路中，由于左、右声道电路对称，且 1A1～1A5、2A1～2A5 所对应的左、右声道电压比较器上有相同的基准电压，这样左、右声道 LED 发光级数的多少由②、⑮脚上的直流控制电压决定，即由馈入①、⑯脚的左、右声道音频信号 L、R 的大小决定。当左、右声道信号相等时，左、右声道指示器指示电平相等，L、R 不等时左、右声道指示电平不同，这与前面所介绍的单声道电平指示器不同。

2．集成电路 D7666P 引脚作用

集成电路 D7666P 共 16 根引脚，采用双列结构，各引脚作用说明见表 12-5。

表 12-5　集成电路 D7666P 各引脚作用说明

引　脚	说　明
①	左声道输入端，输入 L 信号
②	左声道整流和放大器输出端
③	左声道第五级 LED 输出端
④	左声道第四级 LED 输出端
⑤	左声道第三级 LED 输出端
⑥	左声道第二级 LED 输出端
⑦	左声道第一级 LED 输出端
⑧	地端
⑨	电源端，典型值为 9V
⑩	右声道第一级 LED 输出端
⑪	右声道第二级 LED 输出端
⑫	右声道第三级 LED 输出端
⑬	右声道第四级 LED 输出端
⑭	右声道第五级 LED 输出端
⑮	右声道整流和放大器输出端
⑯	右声道输入端，输入 R 信号

3．电路分析

左、右声道音频信号 U_i(L)、U_i(R) 分别由2R54、2R53送到集成电路D7666P的①、⑯脚内电路中，它们经整流、放大处理后转换成直流控制电压，分别由②、⑮脚上的电容器2C54、2C53滤波，然后去控制LED的发光级数。

电路中的2R56、2R55分别是左、右声道整流、放大器的直流偏置电阻器和负反馈电阻器。

4．电平指示器灵敏度调整电路

有的电平指示器输入回路中设有灵敏度调整电路，如图12-53所示。电路中的RP1、RP2分别是左、右声道电平指示器灵敏度微调电阻器，A1是双声道LED驱动集成电路。当一个声道指示灵敏度略低于另一个声道时，可将RP1（或RP2）动片向上调节一些，但是调整时左、右声道信号 U_i(L)、U_i(R) 大小要一样。

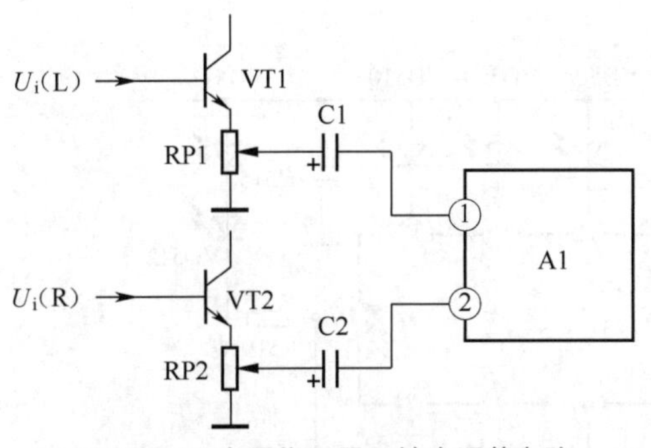

图12-53　电平指示器灵敏度调整电路

12.3.6　功率电平指示器

功率电平指示器大多采用多级LED光柱式指示器电路，有分立元器件构成的电路，也有集成电路构成的电路。这一电路的工作原理与多级LED光柱式电平指示器相似。

1．分立元器件应用电路

图12-54所示是某型号组合音响中的功率电平指示器，图中只画出了左声道电路，右声道与此对称，这是由分立元器件构成的3级LED光柱式电平指示器，在组合音响功率电平指示器中较为常见。

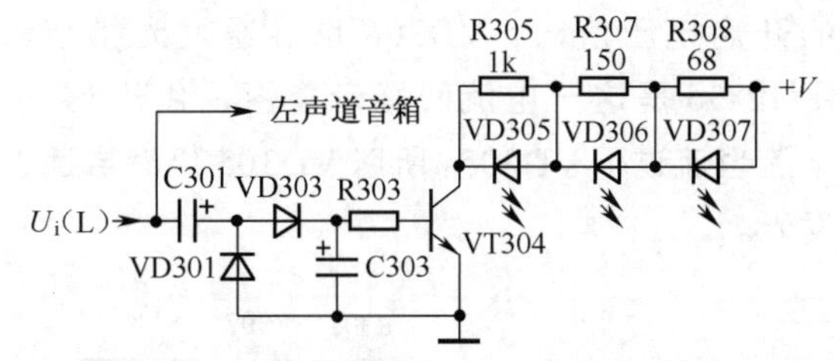

图12-54　分立元器件构成的3级LED光柱式电平指示器

U_i(L) 为左声道功率放大器输出端的音频功率信号，它一方面送到左声道音箱中，另一方面经C301耦合到VD301、VD303构成的倍压整流电路中。

音频信号经整流电路后转换成直流控制电压，C303为滤波电容器。这一直流控制电压经R303加到VT304基极，VT304是3只LED的控制驱动管。

（1）没有 U_i(L) 信号时。VT304基极电压为0V，VT304截止，R305、R307和R308上无压降，3只LED处于截止状态而不发光。

（2）U_i(L) 信号从零增大时。VT304基极有较小的电压，便有集电极电流流过R305、R307和R308。由于R305的阻值最大（1kΩ），在R305上电压最大，当R305上的电压降大于VD305的开启电压时，VD305导通、发光。图12-55是这一电流回路示意图。

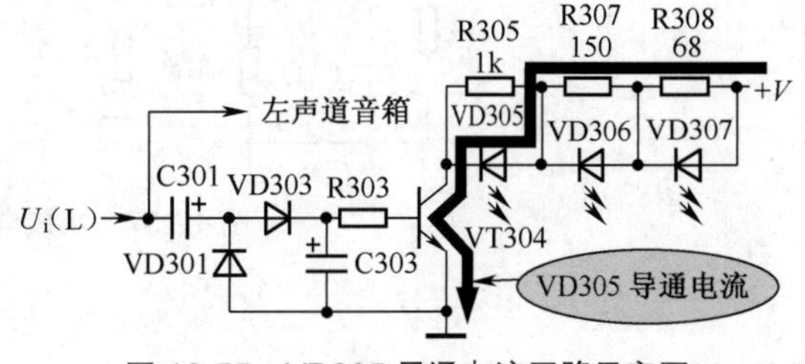

图12-55　VD305导通电流回路示意图

此时，由于R307、R308的阻值小，电阻器两端压降小（流过R305、R307和R308的电流相等，均为VT304的集电极电流），故VD306、VD307截止，不发光。

（3）U_i(L) 信号进一步增大时。VT304 集电极电流增大，在 3 只集电极电阻器上的压降也增大。当 R307 上的压降值达到 VD306 的开启电压值时，VD306 也导通发光指示。图 12-56 是这一电流回路示意图，由于这一电流也流过了 VD305，所以 VD305 仍然导通、发光。

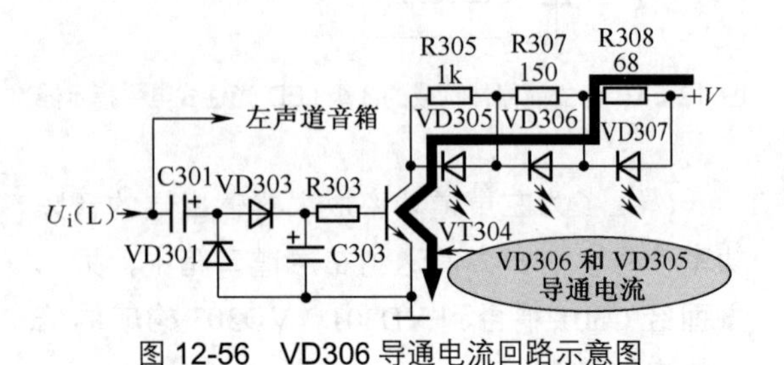

图 12-56　VD306 导通电流回路示意图

如果 U_i(L) 信号再增大，R308 上的压降也增大，使 VD307 也发光指示。

重要提示

从以上分析可知，这一电路让多级 LED 分级发光靠 VT304 集电极回路中 R305、R307、R308 的阻值大小不等实现。当 LED 导通、发光后，它的正向压降为 1.7～3.1V 不等，这样 VT304 集电极电流进一步增大时，流过电阻器的电流不变，流过已导通 LED 的电流在增大，使 LED 更亮。这种多级 LED 光柱式电平指示器中的级数不宜太多，否则要求直流工作电压高。

2．集成电路 AN6877 应用电路

图 12-57 所示是某型号组合音响中的功率电平指示器电路，电路中只画出了它的右声道电路，其左声道电路与此对称。这是一个 7 级 LED 光柱式电平指示器电路，采用集成电路 AN6877。

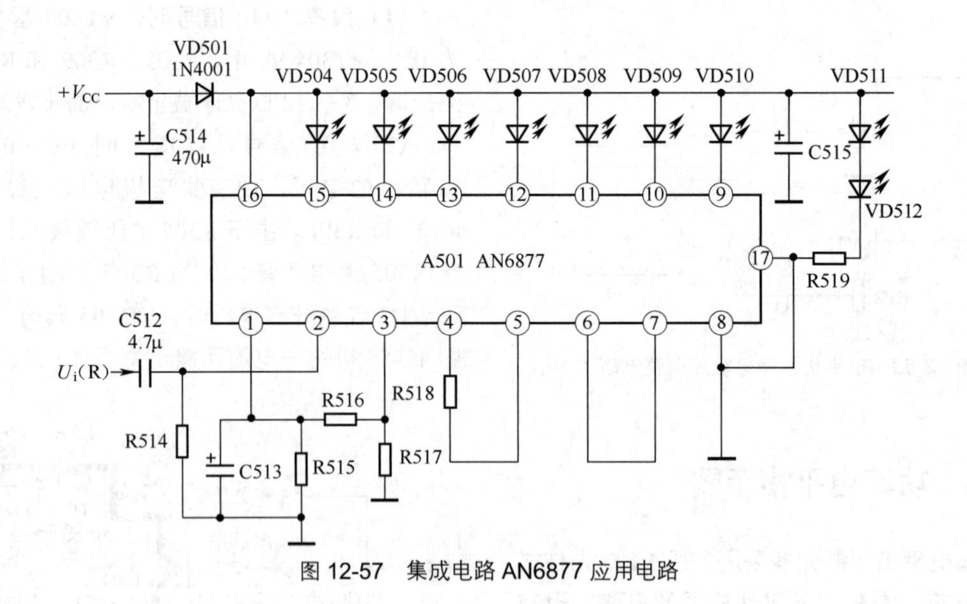

图 12-57　集成电路 AN6877 应用电路

图 12-58 是集成电路 AN6877 内电路方框图。内电路中，共有 A1～A7 7 个电压比较器，A8 为整流、放大器，R1～R7 构成基准电压电路，当⑧脚接地，⑥、⑦脚相连时，A1 反相输入端的基准电压为最低，A7 为最高，所以当信号逐渐增大时，从⑨脚开始依次从高电位转为低电位。

集成电路 AN6877 共 16 根引脚，采用双列结构，为单声道 7 级 LED 光柱式电平驱动电路，各引脚作用说明见表 12-6。

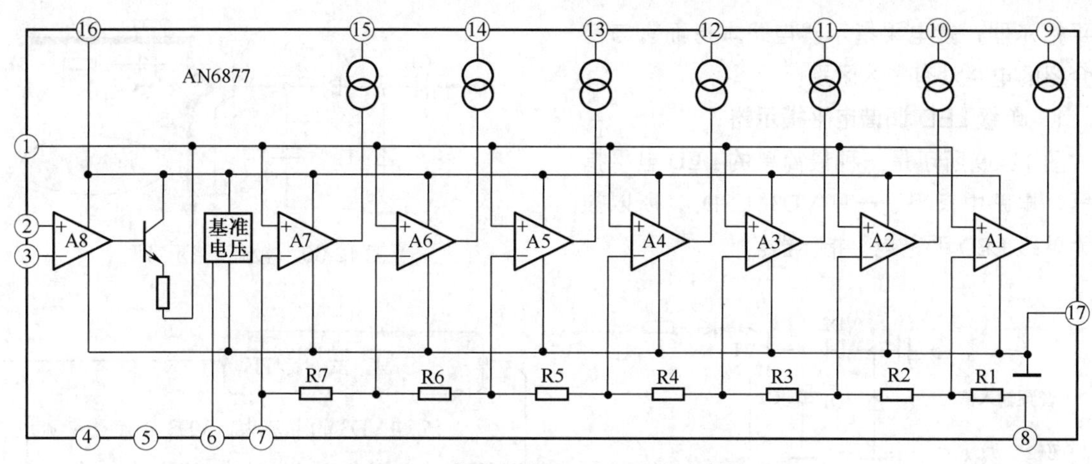

图 12-58　集成电路 AN6877 内电路方框图

表 12-6　集成电路 AN6877 各引脚作用说明

引　脚	说　明
①	整流和放大器输出端
②	整流和放大器反相输入端
③	整流和放大器同相输入端
④	LED 电流控制端
⑤	LED 电流控制端
⑥	基准电压输出端
⑦	基准电压输入端
⑧	基准电压分压电路接地端
⑨	第一级 LED 驱动输出端
⑩	第二级 LED 驱动输出端
⑪	第三级 LED 驱动输出端
⑫	第四级 LED 驱动输出端
⑬	第五级 LED 驱动输出端
⑭	第六级 LED 驱动输出端
⑮	第七级 LED 驱动输出端
⑯	电源端

结合集成电路 AN6877 内电路方框图，分析它的应用电路。

直流工作电压 $+V_{CC}$ 经 VD501 加到 AN6877 的⑯脚和各 LED 的正极，建立电路的直流工作状态。

来自右声道功率放大器输出端的音频信号 U_i（R）经 C512 耦合，从②脚送入集成电路 AN6877 内电路整流、放大器中，其输出电压经①脚外接的 C513 滤波后获得直流控制电压，加到内电路 A1 ～ A7 电压比较器的同相输入端，以控制各级 LED 分级发光指示。

R516 是内电路中整流、放大器的负反馈电阻器，它的阻值大小决定了该放大器的闭环增益。R518 的阻值大小决定了各 LED 的电流大小。当放大器增益为 20dB，R518 为 10kΩ 时 LED 电流为 5.5mA，R518 为 560Ω 时，LED 电流为 17.5mA。

集成电路 AN6877 的⑥、⑦脚直接相连，使⑥脚输出的基准电压加到电阻分压电路中，经各电压比较器建立基准电压。

重要提示

功率电平指示器电路结构和工作原理与重放信号电平指示器电路基本一样，但指示器的指示电平大小不同。功率电平指示器指示了音箱发声大小情况，当音量开大后它所指示的信号电平也大。

12.3.7　调谐电平指示器

调谐电平指示器大多采用多级 LED 光柱式

电平指示器，就电平指示器电路本身而言与前面介绍的电路没有多大区别。

1．单级 LED 调谐电平指示器

图 12-59 所示是一种最简单的 LED 电平指示器，电路中只用了一只 VD3(LED)，所以被称为单级 LED 调谐电平指示器。

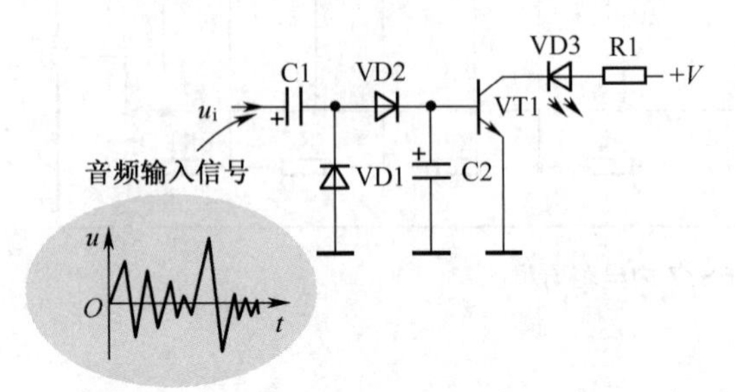

图 12-59　单级 LED 调谐电平指示器

电路中的 VD3 是 LED，R1 是它的限流保护电阻器，VT1 是 VD3 的驱动放大管，C1 是输入端耦合电容器，C2 是滤波电容器，u_i 是输入的交流信号，+V 是直流工作电压。

电路中的 VT1 没有静态偏置电流，但集电极上通过 R1 和 VD3 加有正电压，要使 VT1 导通，还必须使 VT1 的基极上有大于发射极的电压。

输入信号 u_i 是一个交流信号，通过耦合电容器 C1 加到由 VD1 和 VD2 构成的倍压整流电路，经整流和 C2 滤波后获得直流电平，该直流电平加到 VT1 基极。当输入信号 u_i 比较大时，整流、滤波后的直流电平使 VT1 基极电压大于地端（发射极电压），这样 VT1 有正向偏置电压而处于导通放大状态，有基极电流和集电极电流。

VT1 集电极电流由直流电压 +V 提供，这一电流的回路是：+V → R1 → VD3 → VT1 集电极→ VT1 发射极→地端，电流回路示意图如图 12-60 所示。由于集电极电流流过 VD3，所以 VD3 发光指示。又因为输入信号电压 U_i 是一个大小在变化的交流信号，它引起 VT1 基极电流的大小变化以及集电极电流的大小变化，使流过 VD3 的电流产生大小变化。

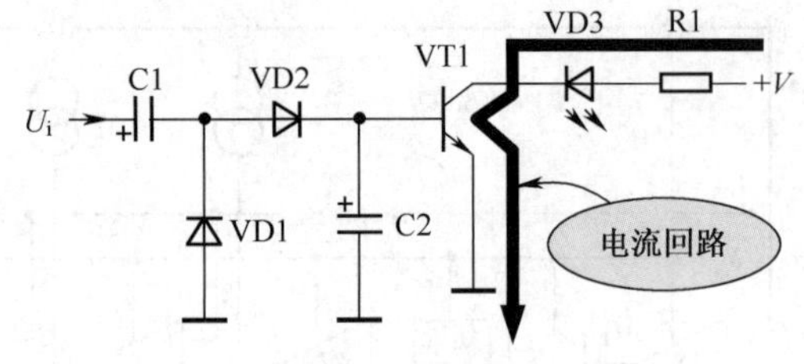

图 12-60　电流回路示意图

> **重要提示**
>
> 流过 VD3 的电流大，VD3 发光亮；流过 VD3 的电流小，它发光比较暗。输入信号愈大，流过 VD3 的电流就愈大，VD3 发光愈亮，这样通过 VD3 的发光强弱变化可以知道输入信号的大小，达到指示信号电平大小的目的。当然，根据 VD3 发光强度的变化判断输入信号大小只是一种粗略的判断方法。

2．分立元器件调谐电平指示器

图 12-61 所示是个分立元器件调谐电平指示器。U_i 是来自调谐器的直流调谐电压，VT107 是 LED 推动管。VD116、VD117、VD118 3 只 LED 构成 3 级电平指示器。

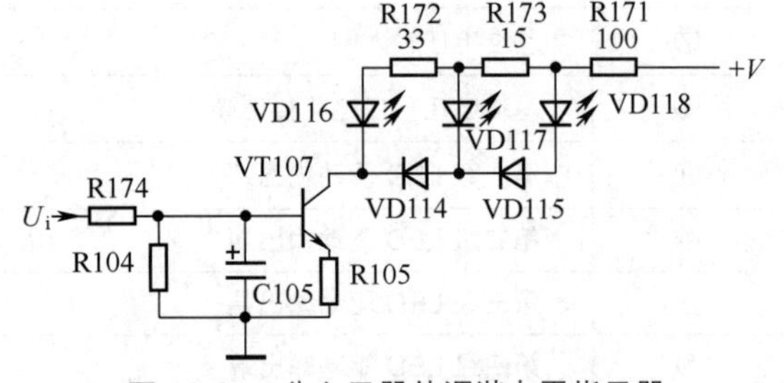

图 12-61　分立元器件调谐电平指示器

直流调谐电压 U_i 经 R174 加到 VT107 基极，使 VT107 导通，VD116 发光指示，其电流回路为：+V → R171 → R173 → R172 → VD116 → VT107 集电极→ VT107 发射极→ R105 →地端，如图 12-62 所示。

U_i 进一步增大时，VT107 集电极电流增大，除使 VD116 继续导通发光外，由于在 R172 上的压降增大，VD117 也发光指示。同理，当输入电压 U_i 进一步加大时，VT107 的导通电流更

大，R173上的压降增大，使VD118获得正向偏置电压而导通发光。

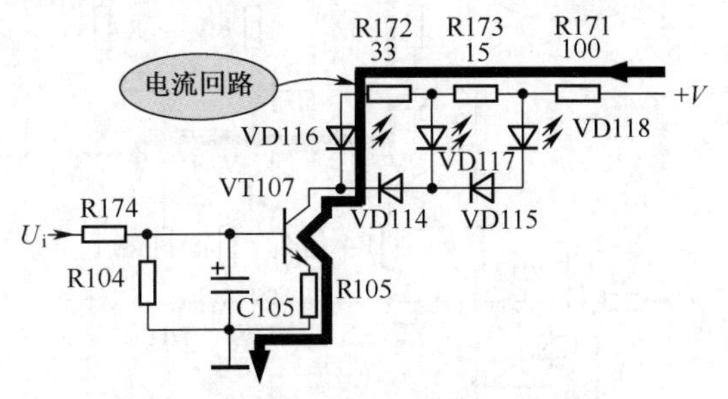

图12-62　VD116导通电流回路示意图

R172是VD116的限流保护电阻器，R173是VD117的限流保护电阻器，R171是VD118的限流保护电阻器。加入二极管VD114、VD115目的是利用二极管导通后有一个管压降，拉开3只LED的导通电平。

3．调谐电平指示器

图12-63所示是某型号组合音响中的调谐电平指示器电路。电路中，U_i是来自调谐器的直流调谐电压，当调谐准确时，U_i为最大（当然还与电台节目信号电平有关）；调谐不准确时U_i较小，且调谐愈是不准确U_i愈小；未收到电台时，U_i为零。

这一电路的工作原理与前面介绍的多级LED光柱式电平指示器电路一样。AN6884是一个5级LED光柱式电平指示器驱动集成电路。

输入电压U_i经1R45加到1VT9基极，经放大后从其发射极输出，加到AN6884输入端⑧脚，去控制5只LED依次发光指示。

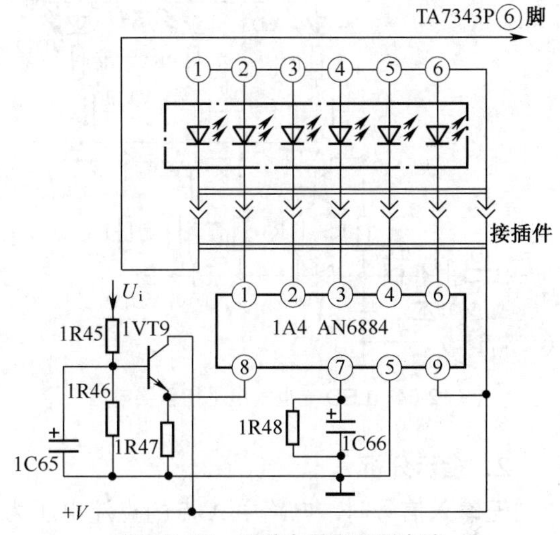

图12-63　调谐电平指示器电路

最左侧的LED是立体声信号指示灯，当电路收到立体声调频信号时，这一指示灯点亮。

> **重要提示**
>
> 调谐电平指示器电路无单、双声道之分，均为单声道电路，可以用来分别指示各波段的调谐情况。当然并不是所有调谐器中都专设调谐电平指示器电路，有的音响设备中利用重放信号电平指示器兼作调谐电平指示器。

12.4　其他形式LED电平指示器

除前面的形式外，LED电平指示器还有许多种类。

12.4.1　LED光点式电平指示器

在LED光点式电平指示器中，由于要求各级LED中只有一只发光，其他全部熄灭，即亮一只LED熄一只，或熄一只LED亮一只，所以电路结构上要比多级LED光柱式电平指示器电路结构复杂。

图12-64所示是多级LED光点式电平指示器电路。电路中，VD3、VD7、VD12是3只LED。VT4、VT8和VT13分别是它们的驱动管，VT5、VT9则是电子开关管，起控制作用。

1．倍压整流

音频信号u_i经R1、C1加到VD1、VD2构

成的倍压整流电路，其输出电压经C2滤波后在A点获得直流控制电压。

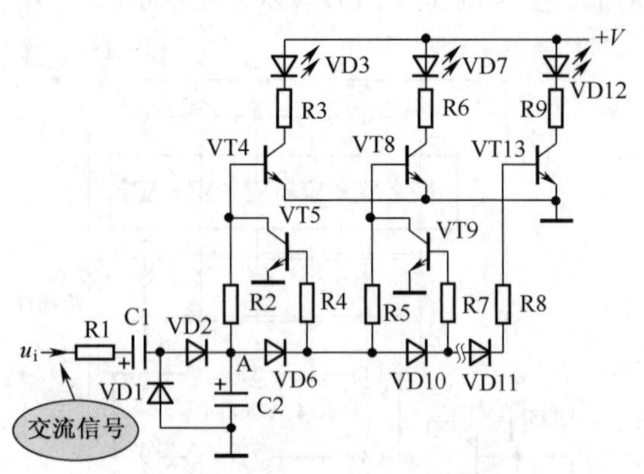

图12-64　LED光点式电平指示器电路

2．指示分析

无输入信号时，电路中A点的直流电压为0V，各三极管处于截止状态，LED不发光。

u_i 增大到一定程度后，电路中A点直流电压经R2加到VT4基极，使VT4有基极电流。图12-65是VT4基极电流回路示意图。

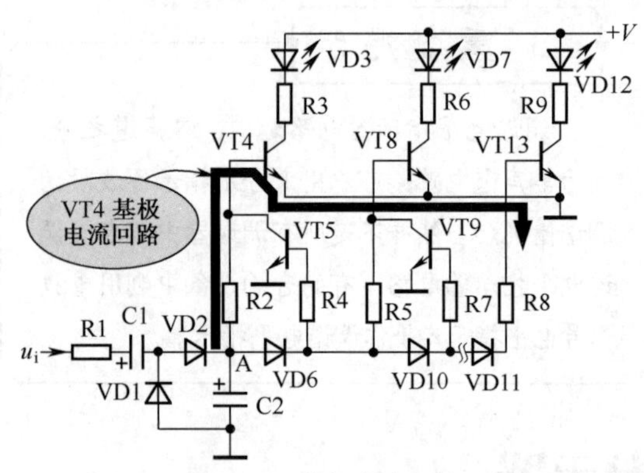

图12-65　VT4基极电流回路示意图

由于VT4已饱和导通，这样VT4集电极与发射极之间内阻很小，为VD3提供了导通电流回路。图12-66是VD3导通电流回路示意图，这样VD3首先发光指示。

u_i 进一步增大时，电路中A点直流电压又使VD6导通，这一电压经R5加到VT8基极，使VT8导通，这样VD7发光指示。

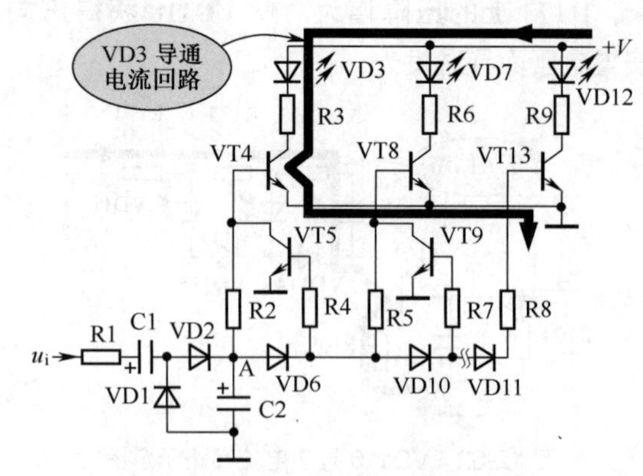

图12-66　VD3导通电流回路示意图

在VD7发光的同时，由于VD6导通，VD6负极上的电压经R4加到VT5基极，使VT5处于饱和导通状态。

VT5饱和后其集电极、发射极之间的压降只有0.2V，使VT4基极只有0.2V，迫使VT4处于截止状态，从而使VD3熄灭。这样，在第二级VD7导通发光时，第一级的VD3熄灭。

输入信号 u_i 再增大时，电路中A点的直流电压使VD10也导通，R7将VD10负极上电压加到VT9基极，VT9饱和，使VT8截止，VD7熄灭，下一级LED发光指示。

重要提示

从上面分析可知，LED光点式电平指示器电路在光柱式电路基础上，加入VT5、VT9等控制管构成，利用VT5、VT9等导通后使前一级LED驱动管截止，达到亮一只LED熄一只。

同理，在 u_i 从大减小时，例如，原先 u_i 较大，VT9饱和，使VT8截止，VD7不发光。u_i 减小后，VD10截止，VT9从饱和变为截止，VT8基极不被VT9钳位，导通的VD6将高电平加到VT8基极，VT8从截止变为导通，VD7发光指示。此时，由于VT6导通，VT5饱和，使VT4截止，VD3不发光。

12.4.2　动态扫描式LED频谱式电平指示器

LED 频谱式电平指示器种类提示

LED 频谱式电平指示器是一种新型信号电平指示器，它与前面介绍的几种电平指示器最大的不同是，它能对音频信号的若干频段信号幅度大小进行分别显示。

常见的是 10×10 型频谱式电平指示器，它能对音频信号范围内的 10 频率点信号分成 10 个等级进行幅度显示，能瞬时显示音频信号的能量分布状态，同时也美化了面板的布置，所以其在中、高档音响设备中有着广泛的应用。

LED 频谱式电平指示器按工作原理划分主要有下列 3 种。

（1）动态扫描式 LED 频谱式电平指示器。这种电平指示器又分瞬时电平指示器和具有短暂记忆功能的瞬时电平指示器两种。

（2）频压法 LED 频谱式电平指示器。按照频谱式电平指示器的行、列数目划分，主要有 10 列 ×10 行形式、7 列 ×10 行形式等。10×10 形式中共有 10 个频率点分 10 挡电平大小指示，是目前常见的一种；7×10 形式中只有 7 个频率点分 10 挡电平大小指示。

（3）全发光式电平指示器。这种指示器电路工作原理最简单，基本上同多级 LED 光柱式电平指示器一样。

图 12-67 是动态扫描式 LED 频谱式电平指示器电路方框图，这是一个 7×10 形式的电平指示器。电路中，整个电平指示器由混合器、7 个分频器、7 只整流二极管 VD1～VD7、7 个电子开关、时钟及脉冲分配器、LED 驱动器和 7×10 形式的 LED 矩阵显示器构成。

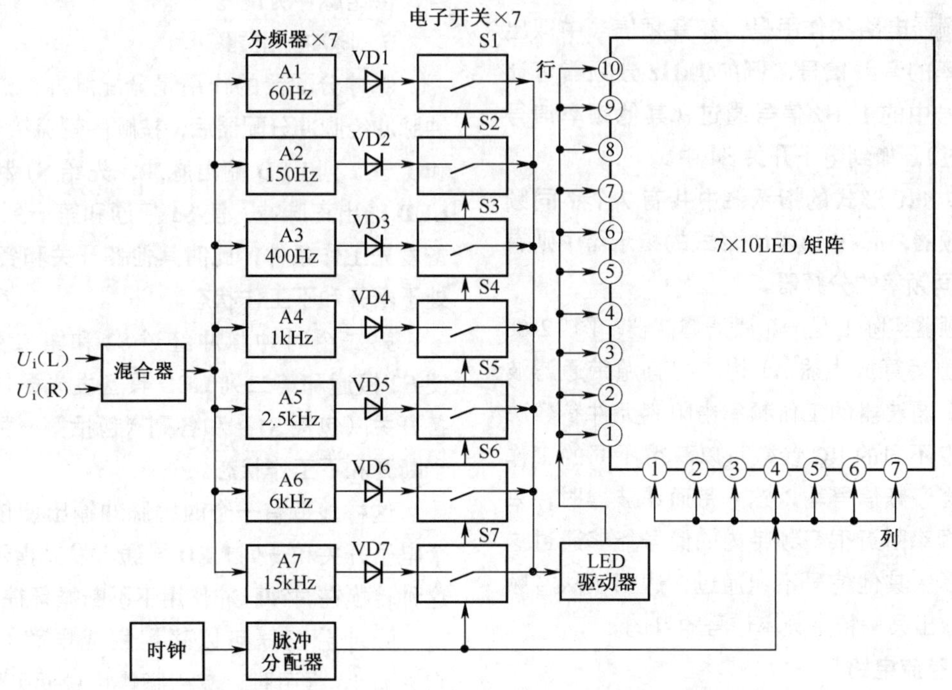

图 12-67　动态扫描式 LED 频谱式电平指示器电路方框图

采用动态扫描方式是为了降低电源消耗。如果让 7×10(70 只)LED 同时发光，对电源的消耗很大。

重要提示

采用如同电视机的扫描方式，让每一列的 LED 轮流导通（在某一时刻 7 列中只有一列 LED 在导通发光），先让一列 LED 导通发光，其他各列不导通。

然后，让两列导通发光，其他各列不导通，这样对每一列轮流循环扫描。只要这种扫描的频率高到一定的程度，因为人眼的视觉暂留效应，便能感觉到每一列都在发光指示，这满足了电平指示要求，又能降低电能消耗。

1．混合器

混合器电路的作用是将左、右声道音频信号 U_i(L)、U_i(R) 混合后加以放大，其输出信号送到 7 个分频器电路的输入端。

2．分频器

分频器电路的作用是，在音频信号中取出相应频率的音频信号，例如 1kHz 分频器可让音频信号中的 1kHz 信号通过（其他频率信号不能通过），加到电子开关 S4 中。

在 7×10 形式的指示器中共有 7 个不同频率的分频器，而在 10×10 形式的指示器中则有 10 个不同频率的分频器。

分频器实际上是一个带通滤波器。图 12-68 所示是由运算放大器 A1 构成的有源带通滤波器电路。滤波器的工作频率由阻容元件参数决定，选取不同的 RC 参数可以获得不同的工作频率。当音频信号输入这一带通滤波器时，只有工作频率附近很窄频带内的信号能够通过这一滤波器，其他信号不能通过，达到了从音频信号中取出某一特定频率信号的目的。

3．整流电路

从各分频器输出的信号，是特定频率点的音频信号，这一信号送到各自的整流二极管中，将音频信号转换成直流电压，然后加到各自的电子开关输入端。

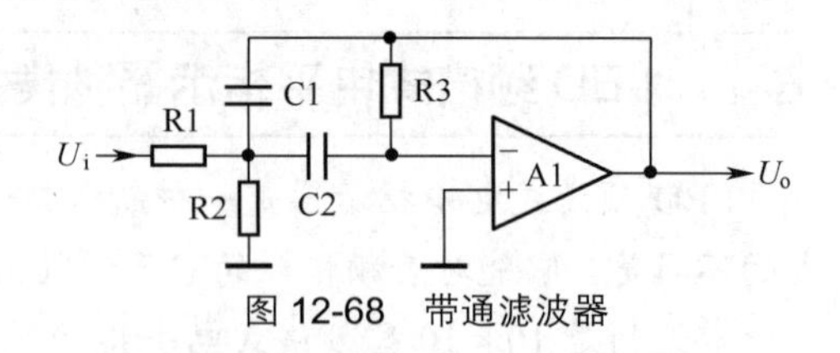

图 12-68　带通滤波器

4．电子开关电路

各个分频器电路中都设有一个电子开关，图 12-67 所示方框图中共有 7 只电子开关，它们的输出端并联，其输出信号送到 LED 驱动器中。

每个电子开关受脉冲分配器控制，当某只电子开关接通时，它对应的分频器输出信号，经整流和电子开关，加到 LED 驱动器输入端。

电子开关一般采用集成电路电子开关，如 CD4066 等。

5．时钟电路

时钟电路用来产生约 1kHz 的时钟脉冲信号，供给脉冲分配器。

6．脉冲分配器

脉冲分配器的作用是分配脉冲，送入的时钟脉冲经脉冲分配器后，按顺序轮流给 S1 ～ S7 和 1 ～ 7 列 LED 输出脉冲，先给 S1 和第一列 LED 输出正脉冲，使 S1 接通和第一列 LED 具备发光工作条件，此时其他各开关和各列 LED 处于断开和不工作状态。

第二个时钟脉冲经过 S2 和第二列 LED，使 S2 接通和第二列 LED 具备发光条件，其他各开关（包括 S1）和各列（包括第一列）均处于断开和不工作状态。

这样，每有一个时钟脉冲输出便依次有一个电子开关和一列 LED 导通、发光指示，并且这种转换在时钟脉冲作用下不断循环往复。

脉冲分配器可以采用集成电路 CD4017，它共有 16 根引脚，其引脚作用说明见表 12-7。

表 12-7　集成电路 CD4017 引脚作用说明

引　脚	说　明
①	脉冲输出端 Q5，当第六个脉冲出现时此引脚输出高电平
②	脉冲输出端 Q1，当第二个脉冲出现时此引脚输出高电平
③	脉冲输出端 Q0，当第一个脉冲出现时此引脚输出高电平
④	脉冲输出端 Q2，当第三个脉冲出现时此引脚输出高电平
⑤	脉冲输出端 Q6，当第七个脉冲出现时此引脚输出高电平
⑥	脉冲输出端 Q7，当第八个脉冲出现时此引脚输出高电平
⑦	脉冲输出端 Q3，当第四个脉冲出现时此引脚输出高电平
⑧	负电源端（$-V_{cc}$），在单电源 $+V_{cc}$ 供电时此引脚接地
⑨	脉冲输出端 Q8，当第九个脉冲出现时此引脚输出高电平
⑩	脉冲输出端 Q4，当第五个脉冲出现时此引脚输出高电平
⑪	脉冲输出端 Q9，当第十个脉冲出现时此引脚输出高电平
⑫	负载输出端，空脚
⑬	时钟禁止端，接地
⑭	时钟脉冲输入端
⑮	复位端，当有高电平触发此引脚时使计数器复合，从 Q0 端再开始轮流输出
⑯	正电源端（$+V_{CC}$）

7．LED 驱动器

LED 驱动器与普通多级 LED 光柱式电平指示器的驱动电路一样，它的输出信号用来控制和驱动每一列的 1～10 行 LED 发光的行数多少。当输入信号较大时，某一列发光的行数便多，反之则少。

8．LED 矩阵电路

用图 12-69 所示 5×5 LED 矩阵电路来说明其工作原理。电路中，每一行中各 LED 由 LED 驱动器的一个输出端控制，每一列的 LED 由相应的电子开关管控制，而每只电子开关管由脉冲分配器相应输出引脚控制。

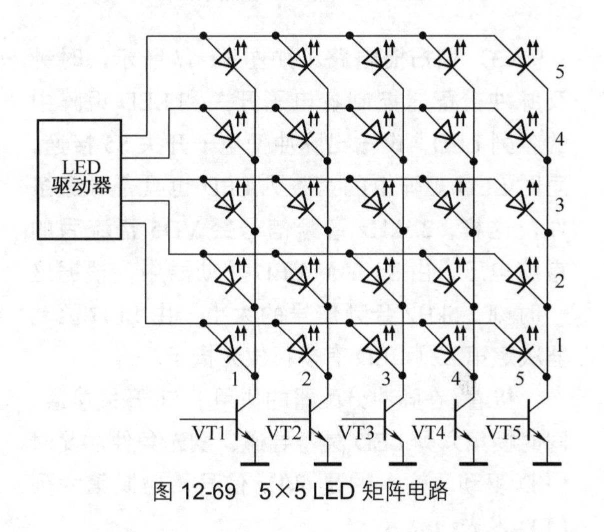

图 12-69　5×5 LED 矩阵电路

LED 矩阵电路是一个显示组合器件，其工作原理是：当 VT1 导通时使第一列 LED 具备导通、发光的条件，LED 驱动器控制着第一列中 5 只（行）LED 的发光级数。然后，轮到 VT2 导通，使第二列中 LED 具备发光条件，由 LED 驱动器决定第二列的 LED 发光级数，其他各列的 LED 发光级数控制情况同上。

9．电路分析

（1）混合器。如图 12-70 所示，左、右声道音频信号送入混合器后，其输出信号为 L+R 信号，送到各分频器的输入端，由各分频器取出相应频率信号，例如 A1 是 60Hz 的带通滤波器，所以 A1 输出 60Hz 音频信号。

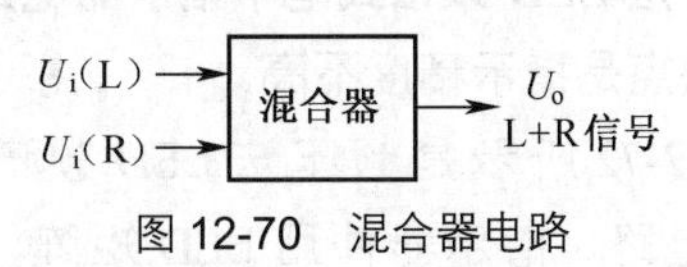

图 12-70　混合器电路

（2）整流电路。图 12-71 所示是 60Hz 整流电路，以此为例说明整流电路工作原理。每个分频器输出的各频率音频信号经各自的整流电路，转换成表征音频信号大小的直流电压，加到各自的电子开关输入端。

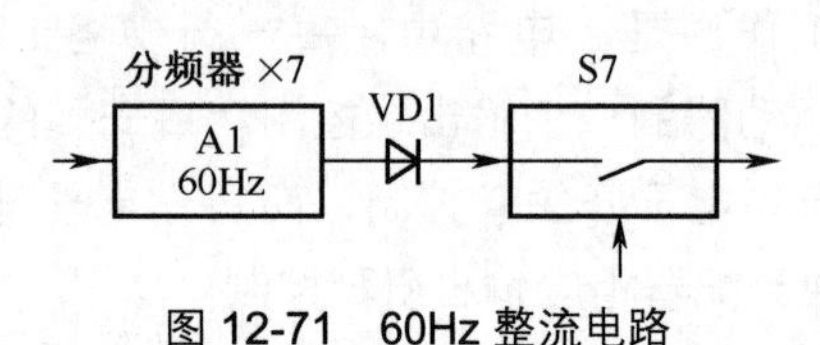

图 12-71　60Hz 整流电路

（3）列扫描电路。如图 12-67 所示，时钟及脉冲分配器控制各电子开关和 LED 矩阵中的各列 LED，设输出脉冲使电子开关 S5 接通，同时 LED 矩阵中的第五列 LED 也具备导通条件，这样，2.5kHz 音频信号经 VD5 整流后的直流电压，由 S5 加到 LED 驱动器中，根据这一时刻 2.5kHz 音频信号的大小，由 LED 驱动器决定第五列 LED 有多行发光指示。

接着，在脉冲分配器的作用下 S6 开关接通，同时使第六列 LED 具备导通、发光条件，此时 LED 驱动器输入的是 6kHz 信号，控制第六列 LED 发光级数。

接下来脉冲分配器输出脉冲使 S7 接通和使第七列 LED 具备导通、发光条件。在扫描完第七列 LED 后，重新回到扫描第一列使 S1 接通。

由于扫描频率比较高，所以看上去 LED 矩阵显示器上的每一列都在发光指示。

12.4.3　频压法LED频谱式电平指示器

频压法 LED 频谱式电平指示器电路结构较简单，缺点是指示精度不高。

图 12-72 所示是频压法 LED 频谱式电平指示器电路。指示器件用 LED 矩阵，图中为 10×10 形式。对 LED 矩阵的控制也分成行和列两方面，其中行是由某一频率信号大小来控制垂直方向 LED 发光级数，列是由瞬时输入信号频率来决定由哪一列 LED 发光、指示。

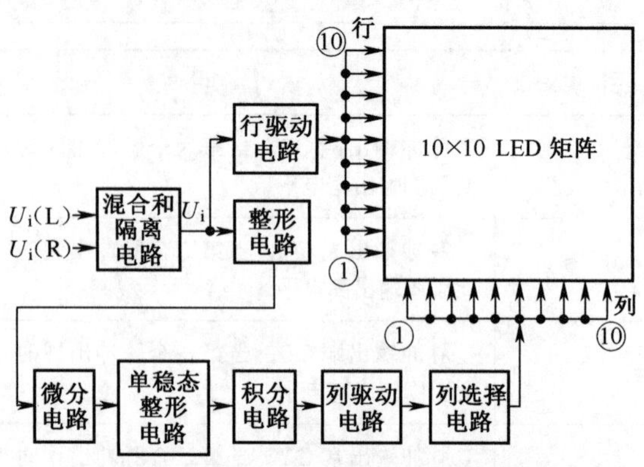

图 12-72　频压法 LED 频谱式电平指示器电路

1．混合和隔离电路

这一电路的作用是将左、右声道的音频信号 U_i(L)、U_i(R) 混合成 L+R 信号，并与前级电路加以隔离，以防止前级电路与电平指示器之间相互影响。

混合和隔离电路可以采用图 12-73 所示电路。电路中，U_i(L)、U_i(R) 分别经 R1 和 C1、R2 和 C2 加到 VT1 基极混合，从其发射极输出 L+R 信号。

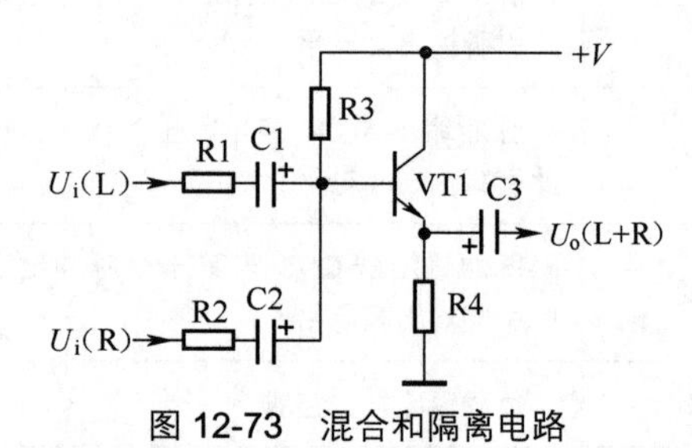

图 12-73　混合和隔离电路

由于 VT1 接成射极输出器电路，因此 VT1 输入阻抗高、输出阻抗低，具有隔离的作用。

2．行驱动器电路

从混合和隔离电路输出的 L+R 信号分成两路：一路加到整形电路中，另一路加到行驱动电路中。这是一个普通的多级光柱式 LED 驱动电路，根据 U_i 信号幅度的大小来控制某一列 LED 中发光的级数。

3．整形电路

整形电路的作用是将音频信号 U_i 转换成频率相同的脉冲信号。图 12-74 所示是一种整形电路。

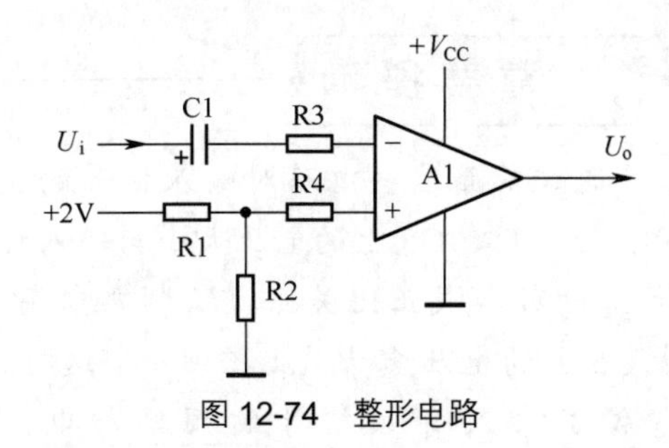

图 12-74 整形电路

电路中的 A1 是运算放大器，它的同相输入端经 R1、R2、R4 从 +2V 处得到一个基准电压，这一基准电压为 0.2V。A1 的反相输入端由 R3、C1 馈入输入信号 U_i。

当 A1 的反相输入端输入电压 U_i 小于 0.2V 的基准电压时 A1 输出高电平，当 U_i 大于 0.2V 时 A1 输出低电平，如图 12-75 所示，这样将输入电压 U_i 转换成脉冲电压。很显然，U_i 的一个周期便有一个脉冲，说明 U_i 与 U_{o1} 的频率相同。

4．微分电路和单稳态整形电路

如图 12-76 所示，电路中 C1 和 R1 构成微分电路。从整形电路输出的脉冲信号 U_{o1} 加到这一微分电路中，经微分后的输出信号为正、负尖顶脉冲，如图 12-75 中 U_{o2} 波形所示，在 U_{o1} 脉冲的前沿得到正尖顶脉冲，在 U_{o1} 脉冲的后沿得到负尖顶脉冲。这样，经过微分电路后，脉冲信号形状改变，但是 U_{o1}、U_{o2} 的频率没有改变。

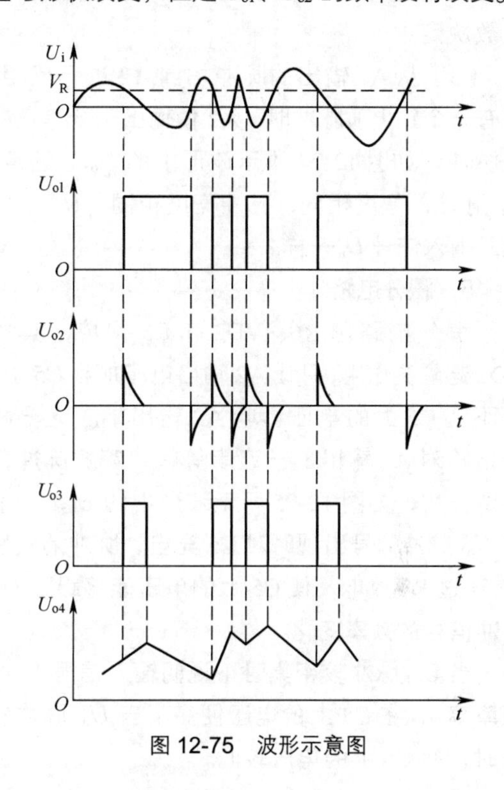

图 12-75 波形示意图

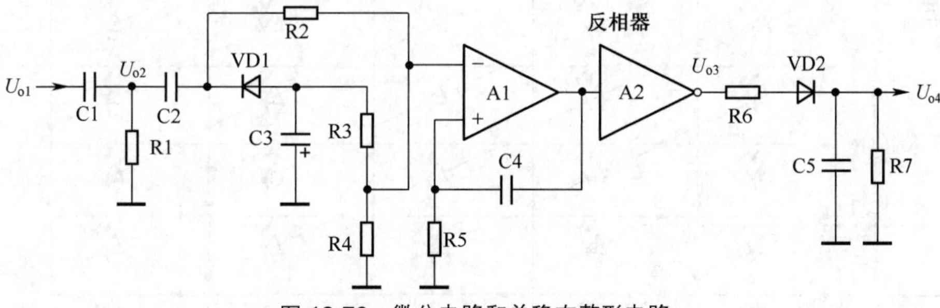

图 12-76 微分电路和单稳态整形电路

从微分电路输出的正、负尖顶脉冲加到由运算放大器构成的单稳态整形电路中，由运算放大器 A1 等构成单稳态整形电路，A2 为反相器。

关于单稳态整形电路的工作原理说明下列几点。

（1）正、负尖顶脉冲 U_{o2} 经 C2 耦合，一路加到 VD1、C3 构成的半波整流电路中，当 U_{o2} 为负尖顶脉冲时使 VD1 导通，经 C3 滤波，在 C3 上获得一个负电压。该负电压经 R3、R4 分压后加到了 A1 的反相输入端，使 A1 在常态下输出高电平。

（2）C2 送来的正、负尖顶脉冲另一路经 R2 也加到 A1 的反相输入端，当正尖顶脉冲出现时，A1 输出低电平，在正尖顶脉冲作用后，经过一段时间（由 R5 和 C4 时间常数决定），A1 输出端由低电平重新回到高电平状态，A1 又输出一个一定宽度的低电平脉冲（此低电平脉冲宽度由 R5、C4 电路时间常数决定）。

（3）从 A1 输出的脉冲加到 A2 进行反相，当有一个正尖顶脉冲时，A2 便输出一个等宽的正脉冲，如图 12-74 所示波形中的 U_{o3}。注意，U_{o3} 脉冲的幅度相同、脉冲宽度相同，U_{o3} 的频率同输入信号 U_i 一样。

5．积分电路

积分电路由 R6、VD2 和 C5 构成，其中 VD2 起隔离作用，只让 A2 输出电压加到 C5 上，而不让 C5 上的电压影响 A2 输出端。这一积分电路对 A2 输出的一连串等幅、等宽脉冲起平滑作用，如图 12-75 所示波形中的 U_{o3}、U_{o4}。当 U_{o3} 脉冲信号出现时对 C5 充电，脉冲消失后 C5 通过 R7 放电，使 C5 上的电压能够跟踪 U_{o3} 脉冲信号的频率变化。

当 U_{o3} 脉冲较密集时（说明输入信号 U_i 的频率高），在 C5 上的电压便高；当 U_{o3} 脉冲较疏时，在 C5 上的电压较低。

重要提示

通过前面这些电路对输入信号的变换、处理后，C5 上的电压大小与输入信号 U_i 的频率成正比关系，U_i 频率愈高，在 C5 上的电压愈大，反之则小。这样，完成了输入音频信号的频率与电压转换。

整形、微分、单稳态整形和积分电路被称为频压转换电路。

6．列驱动电路

图 12-77 所示是行驱动、列驱动、列选择和 LED 矩阵电路，图中只画出了 5×5 LED 矩阵及相关电路。

列驱动电路由集成电路 A2 构成，这是一个常见的多级 LED 光柱式驱动电路。直流控制电压 U_{o4} 加到 A1 的输入端①脚，当 U_{o4} 较小时 A2 的②脚首先输出高电平，当 U_{o4} 增大后 A2 的③、④、⑤、⑥脚依次由低电平转换成输出高电平。

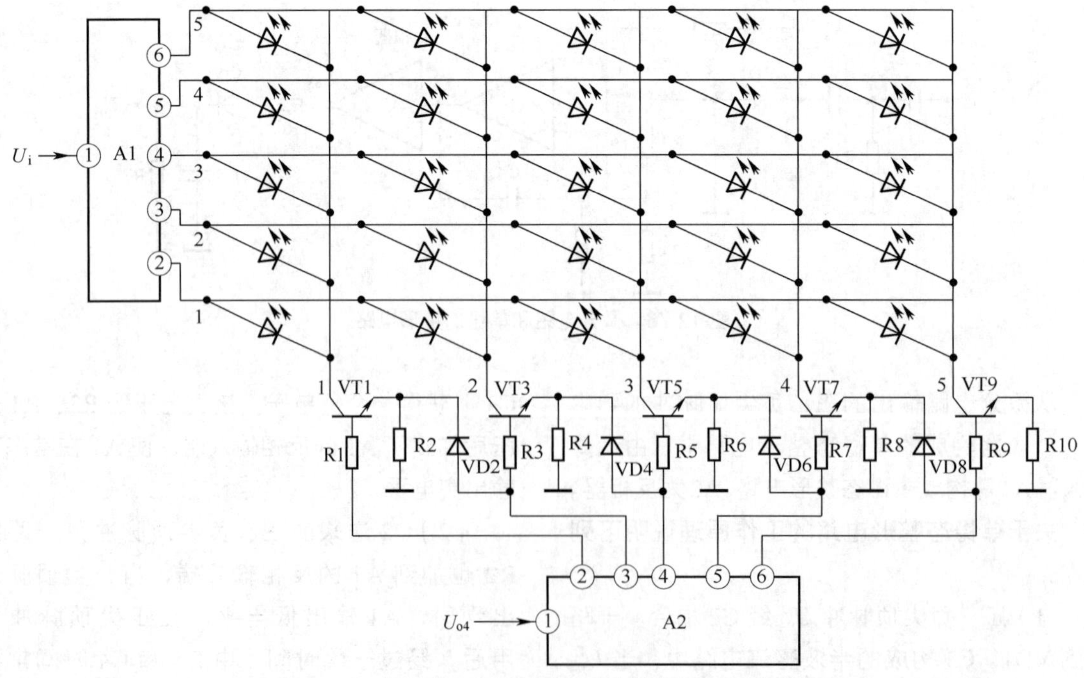

图 12-77　行驱动、列驱动、列选择和 LED 矩阵电路

（1）输入信号 U_i 频率较低时。U_{o4} 较小，A2 的②脚先输出高电平。这一高电平经 R1 加到驱动管 VT1 基极，VT1 导通，使第一列的 LED 具备发光条件，此时输入信号 U_i 同时加到行驱动电路 A1 输入端①脚，根据此时输入信号 U_i 幅度大小决定第一列中 LED 发光级数。

A1 的②脚首先输出高电平，根据输入信号 U_i 的大小 A1 的③、④、⑤、⑥脚依次从低电平输出高电平，驱动各行 LED 发光指示。

（2）输入信号 U_i 频率增高时。U_{o4} 增大，除 A2 的②脚输出高电平外，A2 的③脚也输出高电平，这一高电平经 A2 加到 VT3 基极，VT3 导通，这样第二列中的 LED 也具备发光条件，有多少级 LED（行）发光仍由此时的输入信号 U_i 幅度大小通过 A1 控制后决定。

第二列 LED 发光指示的同时，由于 A2 的③脚输出的高电平通过 VD2 加到了 VT1 的发射极，VT1 发射极电压升高，导致 VT1 截止，使第一列的 LED 不能发光。

7．列选择电路

列选择电路由电路中的三极管、二极管构成。这相当于前面介绍的光点式电平指示器，使 1～5 列中始终只有一列 LED 在发光指示。

由于接入 VD2、VD4、VD6、VD8 二极管，当下一列 LED 发光时，VD2、VD4、VD6 和 VD8 二极管便导通，使前一列 LED 驱动管截止。

例如，当输入信号 U_i 频率比较高时，A2 的②～⑤脚均输出高电平，此时 VD2、VD4 和 VD6 均导通，分别使 VT1、VT3、VT5 截止，只有 VT7 导通，这样只有第四列 LED 导通、发光，其他各列 LED 不能发光，达到列选择的目的。

12.4.4　全发光 LED 频谱式电平指示器

这里介绍的全发光 LED 频谱式电平指示器在某一时刻各列 LED 均具备发光条件，不对各列的发光指示加以控制，这是用得较多的 LED 频谱式电平指示器。

图 12-78 所示是全发光 LED 频谱式电平指示器电路，图中只画出了 5×5 形式的电路。电路中，这种电平指示器的结构与前面介绍的多级 LED 光柱式电平指示器基本相同，只是将多组多级 LED 光柱式电平指示器组合在一起。

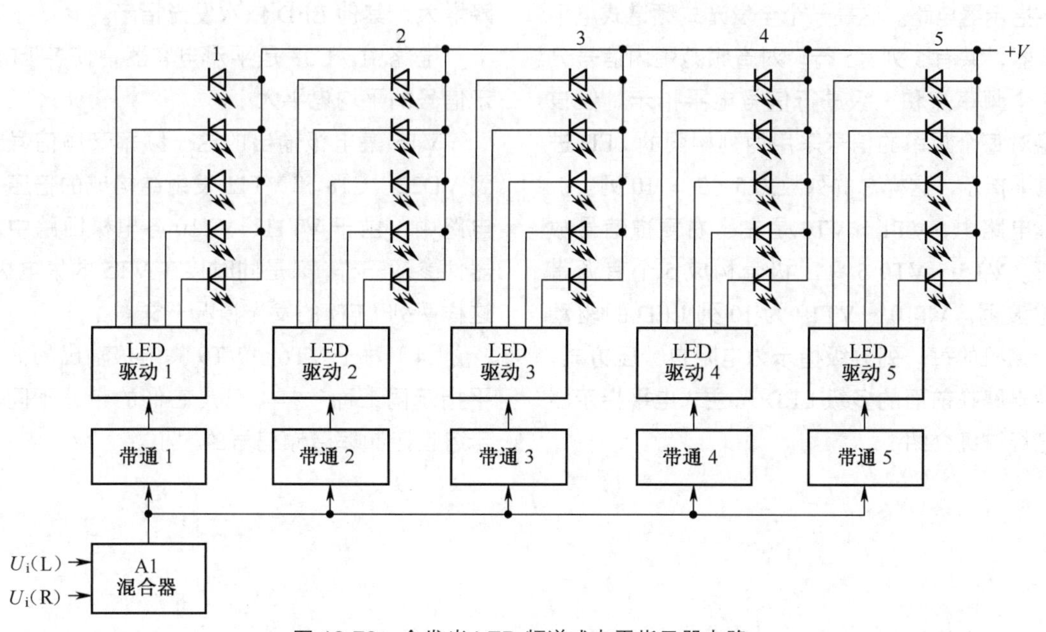

图 12-78　全发光 LED 频谱式电平指示器电路

1．混合器

混合器A1的作用是将左、右声道混合，获得L+R信号。

2．带通滤波器

带通滤波器1～5是5个不同工作频率的滤波器，它们分别要在音频信号（L+R）中取出5个频率点的信号。

3．LED驱动器

LED驱动器1～5是5个相同的多级光柱式驱动器，它们的作用是根据各带通滤波器输出的信号大小，去控制各列LED的发光级数。

4．整机电路分析

某瞬间，左、右声道音频信号U_i(L)、U_i(R)在A1中混合后获得L+R信号，这一信号同时加到5个带通滤波器中，它们各自取出5个频率点上的音频信号。

取出的5个频率点音频信号加到各自的LED驱动器中，由各自的LED驱动器根据输入驱动器的信号大小去控制、驱动本列LED的发光级数。

12.4.5 实用频谱式电平指示器

图12-79所示是某型号组合音响中的频谱式电平指示器电路。这是一个全发光式频谱式电平指示器，共有5列、5行，对音频范围内信号分成5个频率点和5级进行信号电平指示。但该电路对每个频率的信号采用两列相同的LED进行电平指示，这样总的列数为5×2 = 10列。

电路中，VT1～VT4是左、右声道信号放大管。VT5～VT9 5只三极管构成5个有源带通滤波器。VT10～VT19为10列LED的驱动管。该机的每一列分级指示为电阻自分压方式，这种电路在前面的多级LED光柱式电平指示器中已经详细介绍。

关于这一电路的工作原理主要说明下列几点。

（1）左、右声道音频信号分别由R1和C1、R2和C2加到VT1、VT2基极。VT1、VT2接成共发射极电路。

（2）两管放大后的信号分别加到VT4、VT3的基极。VT4、VT3接成射极输出器。VT4、VT3两管输出的左、右声道信号分别通过R15、R16混合，获得L+R信号，这一信号同时加到VT5～VT9有源带通滤波器中。

（3）从VT5～VT9集电极取出的5个频率音频信号，分别加到各自的LED驱动电路中，这里以VT5输出信号为例，分析电路工作原理。

VT5集电极输出信号加到VD21、C17和VT10发射结构成的倍压整流电路中，将这一频率的音频信号转换成相应的直流电平，并驱动VT10的集电极回路中的6只电阻器和与之并联的5只LED，由于R36的阻值最大，故在R36上的电压降最大，所以R36两端的LED首先发光指示。

随着输入VT10基极直流控制电压增大，VT10的集电极电流增大，R37等电阻器上的压降增大，其他LED依次发光指示。

电路中，C33是平滑电容器，使各LED指示信号的平均电平大小。

VT5集电极输出的这一频率音频信号还加到VD22、C18和VT11发射结构成的倍压整流电路中，由于VT11、VT10各电极回路中的元器件参数一样，又是同时接在VT5的集电极上，这样两列LED的发光情况一样。

（4）对于VT6～VT9集电极输出的信号电平指示同上面一样，只是它们的带通不同，指示各设定频率音频信号的大小。

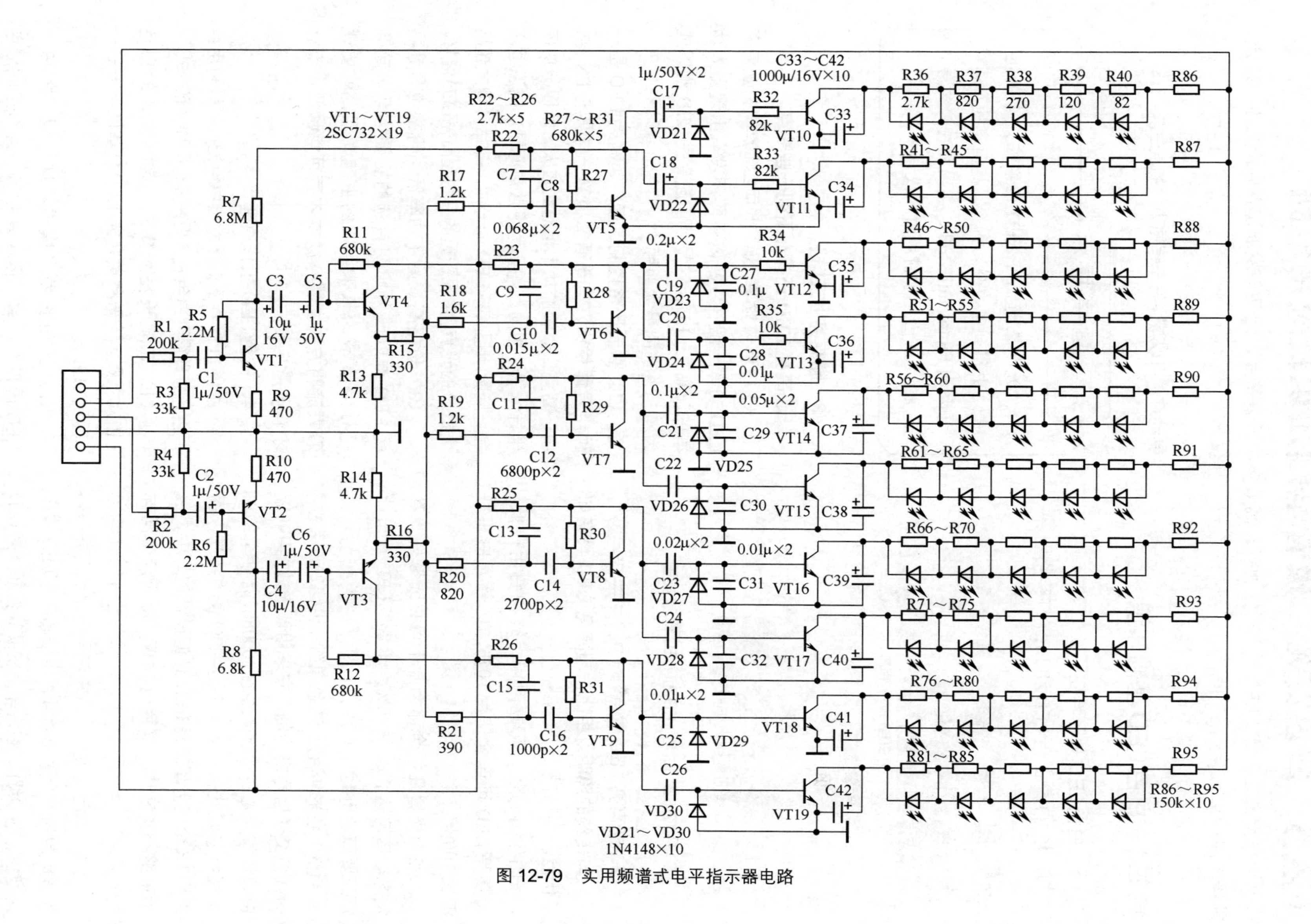

图 12-79　实用频谱式电平指示器电路

12.5 白色发光二极管基础知识及应用电路

白色发光二极管（LED）由于低功耗、高效率的显著特点，近几年发展迅速，应用十分广泛，前景广阔。

12.5.1 白色LED基础知识

1. 白色 LED 外形特征

图 12-80 是白色 LED 和 LED 灯实物图。

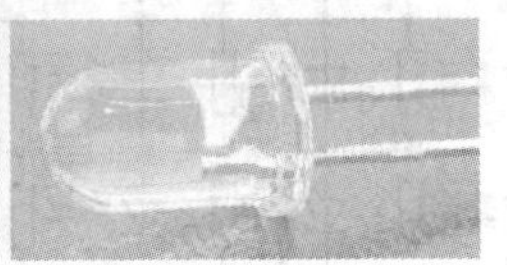

（a）白色LED实物图

（b）LED灯实物图

图 12-80 白色 LED 和 LED 灯实物图

2. 超高亮 LED 优点

与传统的照明灯相比，超高亮 LED 具有如下优点。

（1）寿命长，可靠耐用，维护费用极低。超高亮 LED 可连续使用 105h，比普通白炽灯泡长 100 倍。

（2）光谱几乎全部集中于可见光频段，其发光效率可达 80%～90%，超高亮 LED 比节能灯还要节能 1/4。

（3）色彩鲜艳，光色单纯。以 12in（英寸）的红色交通信号灯为例，它采用低光效的 140W 白炽灯作为光源，所产生的 2000lm（流明）的白光经红色滤光片后，只剩下 200lm 的红光，而采用 18 个红色超高亮 LED 光源设计的灯中，包括电路损失在内，仅耗电 14W，即可产生同样的光效。

（4）点亮速度快。汽车信号灯是超高亮 LED 光源应用的一个重要领域，由于超高亮 LED 响应速度快（纳秒级），在汽车上安装高位超高亮 LED 制动灯，可以减少汽车追尾事故的发生。

> **重要提示**
>
> 近年来超高亮 LED 已经在汽车的近光灯中得到了应用，例如，德国奥迪公司、意大利 Fioravanti 公司、美国福特公司等，高亮 LED 已用于前照灯的设计中。

3. 超高亮 LED 缺点

超高亮 LED 还存在下列一些缺点。

（1）单体功率低。市面上的单体超高亮 LED 功率一般在 5W 以下，还没有出现更大功率的超高亮 LED，这是目前超高亮 LED 难以成为照明首选的最大瓶颈。

（2）需要严格控制温度。超高亮 LED 是一种半导体材料，与普通二极管一样具有 PN 结，由于高亮二极管的功率相对比较大，所以与功率半导体器件相同，需要考虑散热问题。结温过高会直接影响超高亮 LED 的寿命，并且会增大超高亮 LED 的光衰，情况严重的会将超高亮 LED 烧坏。

（3）价格高。除了功率低，价格也是超高亮 LED 难以成为照明首选的主要因素。超高亮 LED 要成为未来照明的主流光源，就要朝着大流明方向发展，成本才有可能降低，市场才有可能突破。

4. 白色 LED 工作原理

白色 LED 并不直接发出白色光，而是利用空间混色原理得到白色光，现在其有两种发光模式。

（1）二波长发光模式。这种模式的白色 LED 内设蓝色光和黄色光 LED，基础部分是一只蓝色 LED。

（2）三波长发光模式。这种模式的白色 LED 内设红、绿、蓝 3 只 LED，通过空间混色得到白光，这种模式的白色 LED 也称全彩色 LED。它成本较高，不用于照明中，而用于全彩色显示屏。

5．超高亮 LED 特性曲线

（1）正向压降 U_F 和正向电流 I_F 特性曲线。 图 12-81 所示是一种超高亮 LED 的正向压降（U_F）和正向电流（I_F）特性曲线。从曲线中可以看出，当正向电压超过某个阈值（约 2V，导通电压）后，可近似认为 I_F 与 U_F 成正比。当前超高亮 LED 的最高 I_F 可达 1A，而 U_F 通常为 3～4V。

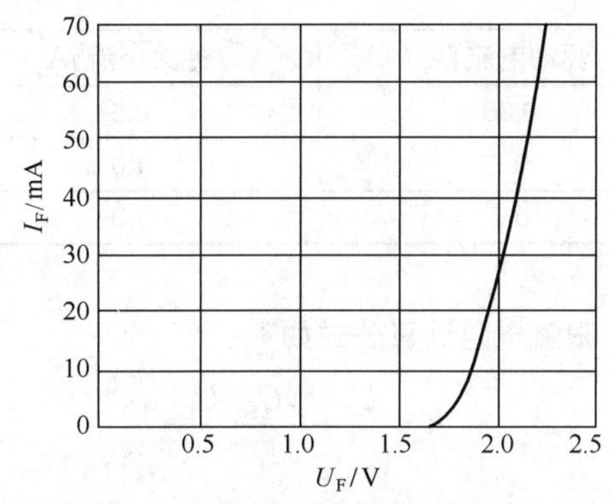

图 12-81　一种超高亮 LED 的正向压降（U_F）和正向电流（I_F）的特性曲线

（2）光通量（Φ_V）与正向电流（I_F）特性曲线。 图 12-82 所示是一种超高亮 LED 的光通量（Φ_V）与正向电流（I_F）特性曲线。

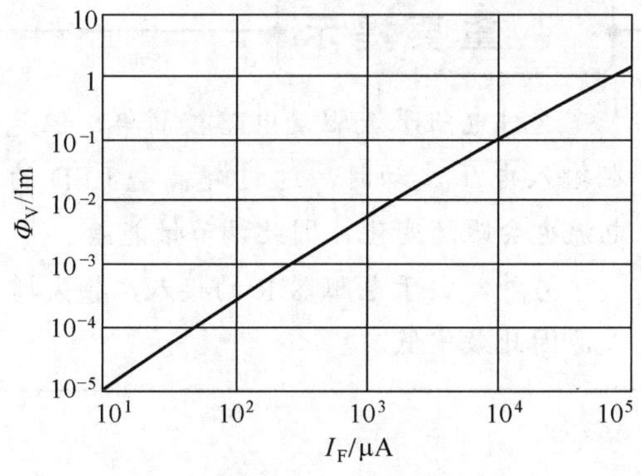

图 12-82　一种超高亮 LED 的光通量（Φ_V）与正向电流（I_F）特性曲线

重要提示

由于 LED 的光特性通常都描述为电流的函数，而不是电压的函数，因此采用恒流源驱动可以更好地控制亮度。

此外，LED 的正向压降变化范围比较大（最大可达 1V 以上），正向电压 U_F 的微小变化会引起较大的正向电流 I_F 变化，从而引起亮度的较大变化。所以，采用恒压源驱动不能保证 LED 亮度的一致性，并且影响 LED 的可靠性、寿命和光衰。

上述就是 LED 为何用电流源驱动的原因。

（3）温度与光通量（Φ_V）特性曲线。 图 12-83 所示是一种超高亮 LED 的温度与光通量（Φ_V）特性曲线。从曲线中可以看出，光通量与温度成反比，85℃时的光通量是 25℃时的一半，而 -40℃时光通量是 25℃时的 1.8 倍。温度的变化对波长也有一定的影响，因此，良好的散热是超高亮 LED 保持恒定亮度的保证。

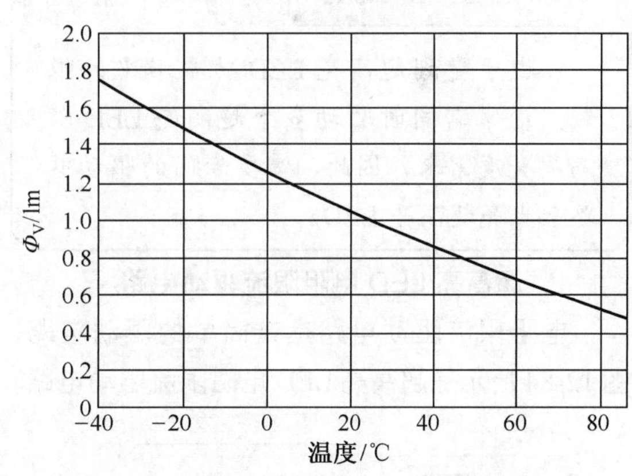

图 12-83　一种超高亮 LED 的温度与光通量（Φ_V）特性曲线

部分国外产超高亮 LED 电气性能参数见表 12-8。

3 种不同大功率 LED 典型驱动电流和电压见表 12-9。

表 12-8　部分国外产超高亮 LED 电气性能参数

公　司	型　号	I_F/mA	U_F/V		
			最 小 值	典 型 值	最 大 值
日亚化工	NCCU001	500	—	4.0	4.5
	NCCW023	500	—	3.8	4.3
亮锐	Luxeon	350	2.79	3.42	3.99
	Luxeon V	700	5.43	6.84	8.31
欧司朗	LYG67B	140	1.9	2.2	2.5
	LA W57B	400	1.8	2.2	2.6

表 12-9　3 种不同大功率 LED 典型驱动电流和电压

输出功率 /W	正向直流电压 /V	驱动电流 /A	最大电流 /A
1	2.9	0.35	0.5
3	4.3	0.7	1.0
5	7.2	0.7	1.0

12.5.2　超高亮LED驱动电路

由于受到超高亮 LED 功率水平的限制，通常需同时驱动多个超高亮 LED 以满足亮度需求，因此，需要专门的驱动电路来点亮超高亮 LED。

1．超高亮 LED 电阻限流驱动电路

电阻限流驱动电路是最简单的驱动电路，图 12-84 所示是超高亮 LED 电阻限流驱动电路。

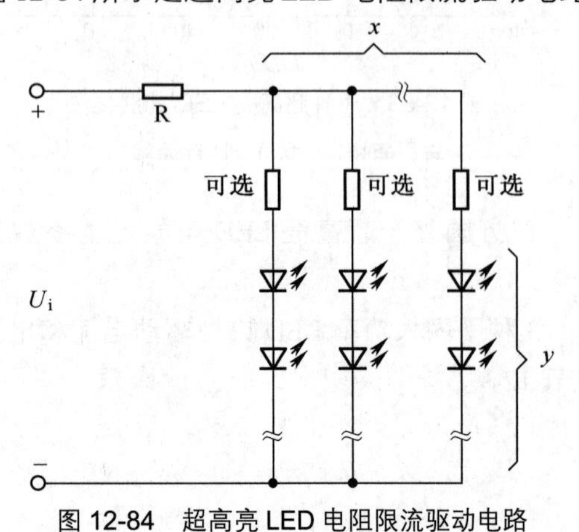

图 12-84　超高亮 LED 电阻限流驱动电路

限流电阻计算公式如下：

$$R = \frac{U_i - yU_F - U_D}{xI_F}$$

式中：U_i为电路的输入电压；

I_F为LED的正向电流；

U_F为LED在正向电流为I_F时的压降；

U_D为防反二极管的压降（可选）；

y为每串LED的数目；

x为并联LED的串数。

重要提示

这种电阻限流驱动电路较简单，但是在输入电压波动时，通过超高亮 LED 的电流也会跟随变化，因此调节性能差。

另外，由于电阻器 R 的接入，损失增大，因此效率低。

2．超高亮 LED 线性调节器

重要提示

线性调节器的核心工作原理是利用工作于线性区的功率三极管或场效应晶体管作为动态可调电阻器来控制负载。

线性调节器有并联型和串联型两种。

（1）并联型线性调节器。这种线性调节器又叫作分流调节器。图 12-85 所示是超高亮 LED 并联型线性调节器，电路中 VD1 是超高亮 LED，电路中只画出一只 LED，实际上电路中可以有多个超高亮 LED 串联。R1 为限流保护电阻器，VT1 为分流管，A1 为运放，R2 为取样电阻器。

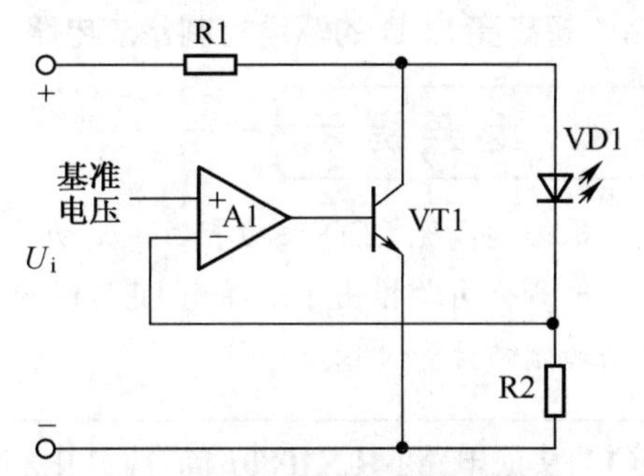

图 12-85 超高亮 LED 并联型线性调节器

这一电路的工作原理是：分流三极管 VT1 与超高亮 LED（VD1）并联，当输入电压增大时，通过 A1 的控制，流过 VT1 的电流将会增大，这时会增大限流电阻器上的压降，使流过 VD1 的电流保持恒定。同理，当输入电压减小时，流过 VT1 的电流会减小，使电阻器 R1 上的压降减小，保持流过 VD1 的电流恒定。

重要提示

由于分流调节器需要串联一个电阻器 R1，所以效率不高，并且在输入电压变化范围比较宽的情况下很难做到恒定调节。

由于分流管 VT1 与 VD1（LED）并联，所以叫作并联型线性调节器。

（2）串联型线性调节器。图 12-86 所示是超高亮 LED 串联型线性调节器，电路中三极管 VT1 与 VD1（LED）串联，用 VT1 集电极与发射极之间的内阻作为超高亮 LED 的限流保护电阻。

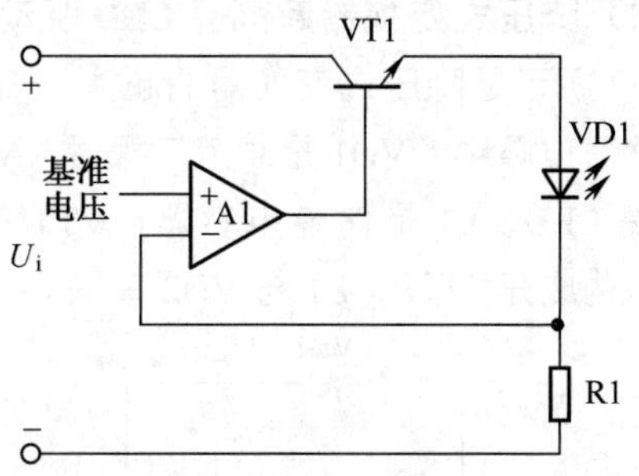

图 12-86 超高亮 LED 串联型线性调节器

这一电路的工作原理是：当输入电压增大时，通过 A1 的控制，VT1 集电极与发射极之间内阻增大，使流过 VD1 的电流保持恒定。同理，当输入电压减小时，VT1 集电极与发射极之间内阻减小，保持流过 VD1 的电流恒定。

重要提示

由于功率三极管或场效应晶体管都有一个饱和导通电压，因此，串联型线性调节器电路中的输入最小电压必须大于该饱和电压与负载电压之和，电路才能正常地工作。

3．超高亮 LED 开关调节器

重要提示

上述两种超高亮 LED 驱动电路不仅受输入电压范围的限制，而且效率低。

在用于低功率的普通 LED 驱动时，由于电流只有几毫安，因此损耗不明显，当 LED 工作电流有几百毫安甚至更高时，功率电路的损耗就成了比较严重的问题，为此需要采用开关调节器。

开关电源是目前能量变换中效率最高的，可以达到 90% 以上。

开关电源功率级变换器电路主要有 3 种：降压式（Buck）、升压式（Boost）、降压 - 升压式（Buck-Boost）。这几种功率变换器都可以用于 LED 的驱动，只是为了满足超高亮 LED 的恒流驱动，采用检测输出电流而不是检测输出电压进行反馈控制，以达到恒流驱动的目的。

（1）降压式变换器超高亮 LED 驱动电路。 图 12-87 所示是降压式变换器的超高亮 LED 驱动电路。电路中，VD1 是续流二极管，VD2 是超高亮 LED，L1 是储能电感器，VT1 是场效应管（构成开关管），L1 与 VD2 串联。

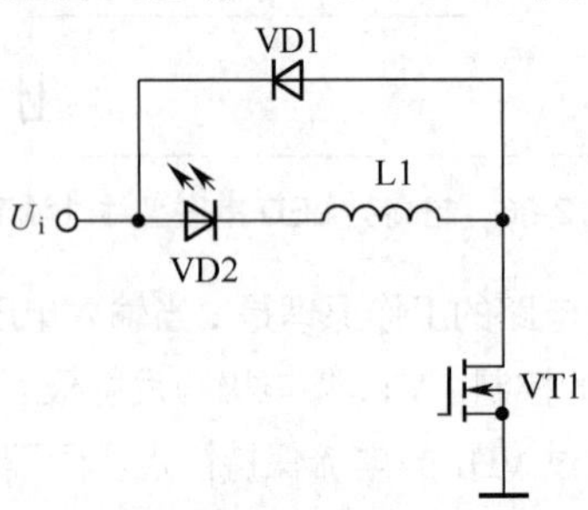

图 12-87　降压式变换器的超高亮 LED 驱动电路

重要提示

这种电路中的开关管 VT1 接在电感器 L1 后面，这样场效应管 VT1 的源极直接接地线，方便了场效应管 VT1 的驱动。

续流二极管 VD1 与超高亮 LED 和电感器 L1 串联电路反向并联，驱动电路简单，而且不需要输出滤波电容，降低了成本。

这种电路是降压式变换器，不适用于输入电压低或者多个超高亮 LED 串联的电路。

（2）升压式变换器超高亮 LED 驱动电路。 图 12-88 所示是升压式变换器超高亮 LED 驱动电路。这一驱动电路的特点是能将输入电压 U_i 升到所需要的电压值，实现在低输入电压下对超高亮 LED 的驱动，可以用来驱动许多只超高亮 LED 串联的电路。

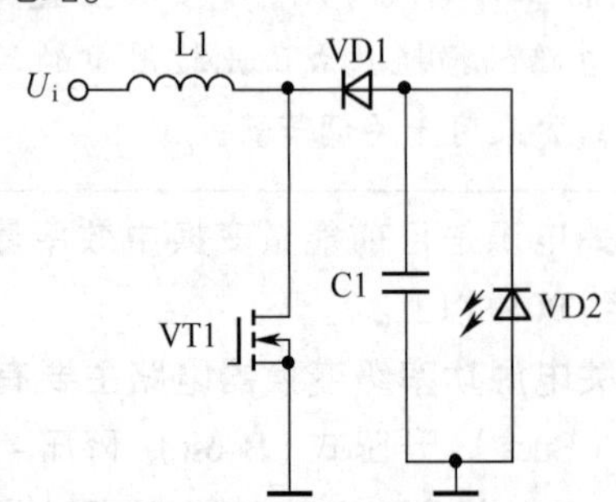

图 12-88　升压式变换器超高亮 LED 驱动电路

（3）降压 - 升压式变换器超高亮 LED 驱动电路。 图 12-89 所示是降压 - 升压式变换器的超高亮 LED 驱动电路。这一电路与降压式电路相比多了一只电容器 C1，这样可以提升输出电压的绝对值，因此在输入电压低，并且需要驱动多个超高亮 LED 时降压 - 升压式变换器应用较多。

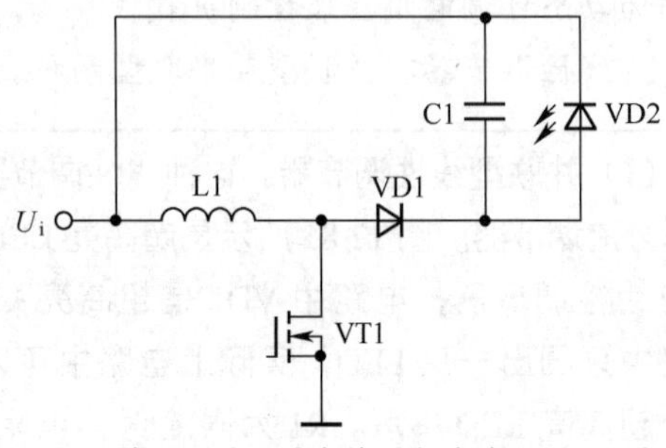

图 12-89　降压 - 升压式变换器超高亮 LED 驱动电路

4．超高亮 LED 的驱动控制集成电路

重要提示

根据超高亮 LED 大功率恒流驱动的特点，很多公司都推出了超高亮 LED 的专用驱动控制芯片。

（1）集成电路 MLX10801 简介。 MLX10801 是 Melexis 公司的一款针对汽车应用的超高亮 LED 驱动控制集成电路，该集成电路还可以用于继电器等线圈的驱动以及用作电子熔断器。图 12-90 所示是集成电路 MLX10801 内部电路方框图，它集成了功率场效应管，最大驱动电流为 350mA。

重要提示

集成电路 MLX10801 用于超高亮 LED 驱动具有如下特点。

（1）外部应用电路简单。

（2）内部 / 外部温度检测保护。

（3）高效率的开关电源驱动。

（4）可以通过脉冲宽度调制（PWM）输入控制亮度。

（5）超高亮 LED 的参数可以调节，并可以存储到片内 NV 存储器中。

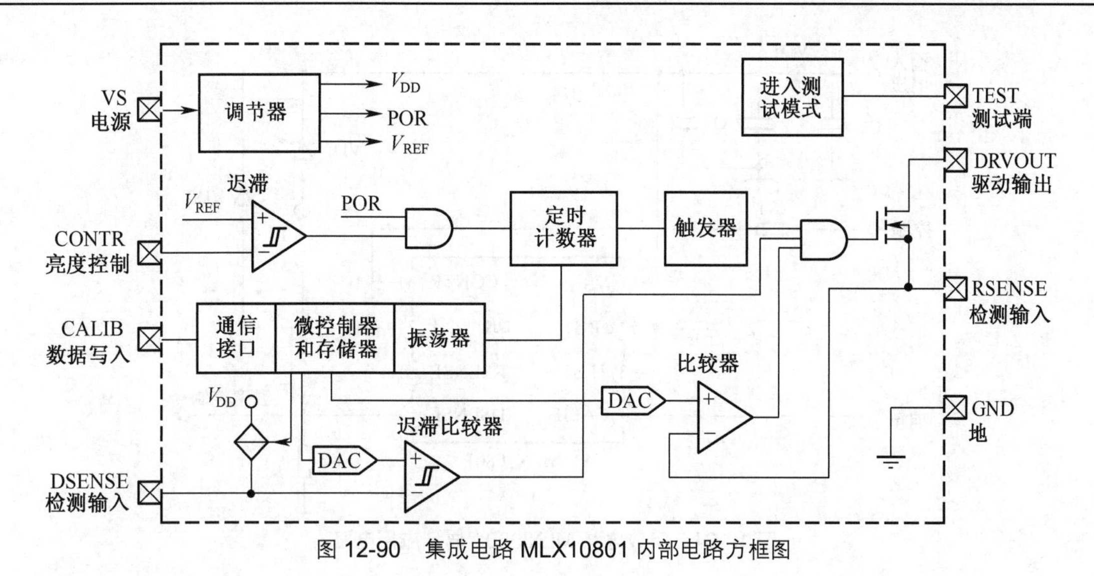

图 12-90　集成电路 MLX10801 内部电路方框图

集成电路 MLX10801 为 8 脚，功能强大，其引脚功能说明见表 12-10。

表 12-10　集成电路 MLX10801 引脚功能说明

引　　脚	符　　号	I/O（输入 / 输出）	作　　用
①	VS	1	电源输入
②	GND	1	地端
③	TEST	1	当测试模式使能时进行 Melexis 测试，在具体应用时接地
④	CALIB	1	串行时钟 / 数据写入，可以设定超高亮 LED 的驱动电流、开关频率、上电复位延迟时间、温度保护值、内部 / 外部温度检测选择等
⑤	DSENSE	1	外部温度检测输入
⑥	RSENSE	1	外部电流峰值检测输入，用于恒流源的反馈控制
⑦	DRVOUT	0	PWM 信号输出，用于开关电源的开关驱动
⑧	CONTR	1	亮度控制输入，开 / 关控制，或者 PWM 信号亮度控制，或者睡眠状态

图 12-91 所示是集成电路 MLX10801 典型应用电路，超高亮 LED（VD2）、L1、VD3、R2 和 MLX10801 内集成的场效应管组成一个典型的降压型超高亮 LED 驱动电路，电路中可以根据亮度需要采用多个超高亮 LED 串联。

电路中，**通过检测电阻器 R2 上的电压来检测通过超高亮 LED 的峰值电流**，将该电流值与设定的基准值比较，通过控制端⑦脚（DRVOUT）的脉宽，来控制超高亮 LED（VD2）电流的大小。

集成电路 A1 的⑧脚（CONTR）可以用作外部的开 / 关控制，或者输入 PWM 信号来控制超高亮 LED 闪烁。**当不需要控制时，**可以将⑧脚通过电阻器与①脚（VS）电源端相连。

集成电路 A1 的⑤脚（DSENSE）用于连接外部的热敏电阻器，以检测超高亮 LED 温度，保护超高亮 LED。虽然集成电路 MLX10801 内部具有内置热敏电阻器，但是为了保证集成电路与超高亮 LED 相距较远时仍能够正确检测到温度，MLX10801 仍然设置了⑤脚（DSENSE）来实现远距离温度的检测。

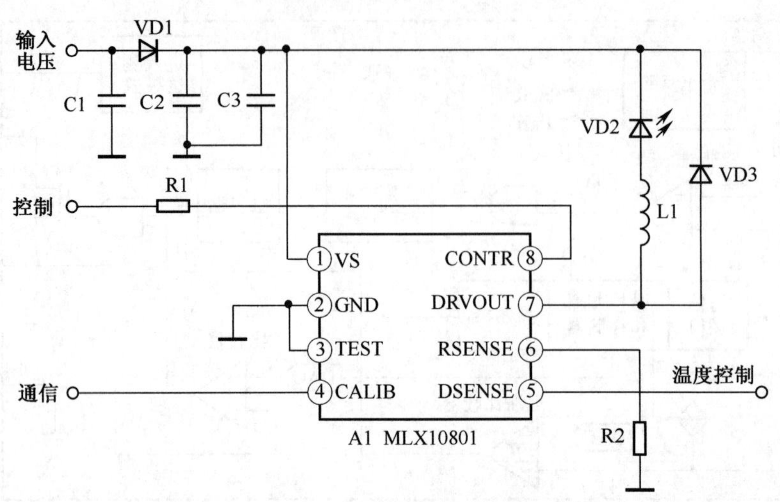

图 12-91　集成电路 MLXI0801 典型应用电路

集成电路 A1 的④脚（CALIB）用来与控制器通信，接收控制器设定超高亮 LED 的电流、允许最高温度、采用内部温度检测还是外部温度检测、是否防抖、软启动时间等参数。

（2）大功率超高亮 LED 驱动控制集成电路比较。几种主要大功率超高亮 LED 驱动控制集成电路性能比较见表 12-11。

表 12-11　几种主要大功率超高亮 LED 驱动控制集成电路性能比较

产 品 型 号	MLX10801	TLE4242G	NUD4001
生产公司	Melexis	Infineon	Onsemi
恒流输出	有	有	有
PWM 亮度控制	有	有	没有
输入电压 / V	6～28	4.5～42	5～30
最大输出电流 / A	0.4	0.5	0.5
温度保护	有	有	没有
开关电源（S）/ 线性电源（L）	开关电源	线性电源	线性电源
功率器件在片内	是	是	是
故障检测和报警输出	没有	有	没有
产 品 型 号	HV9910	LT3466	AD8240
生产公司	Supertex	Linear	ADI
恒流输出	有	有	没有
PWM 亮度控制	有	有	有
输入电压 / V	8～450	2.7～24	12.5～27
最大输出电流 / A	>1	0.4	>0.5
温度保护	没有	没有	没有
开关电源（S）/ 线性电源（L）	开关电源	开关电源	线性电源
功率器件在片内	不是	是	不是
故障检测和报警输出	没有	没有	没有

重要提示

当需要较高功率时可选择功率器件没有集成在芯片内的控制器，这样就可以按照实际的功率需求单独选择功率器件。

当需要较高的变换效率时，如便携式设备等，可选择开关电源类的驱动电路。

当应用于可靠性高的设备中，可选择具有温度保护、故障报警等控制功能的芯片。

5．LED 手电筒电路

图 12-92 所示是简易的 LED 手电筒电路，它用 1.5V 电池供电，最低直流工作电压是 0.5V。

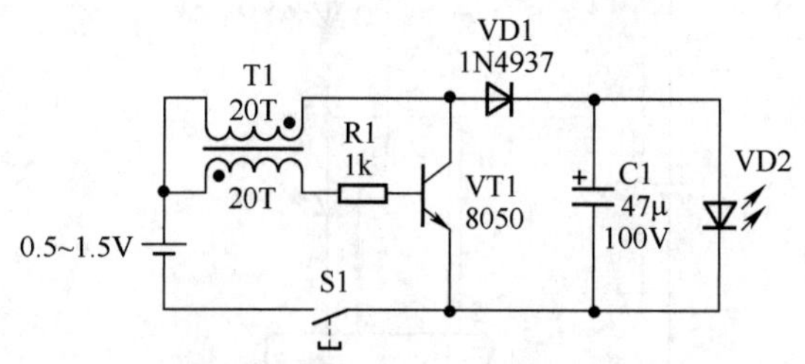

图 12-92　简易的 LED 手电筒电路

电路中，变压器 T1 和 VT1 构成一个振荡器，用来将直流电压转换成振荡信号，再通过 VD1 整流和 C1 滤波电容器，将很低的直流电压升高，以便达到 LED 能够正常工作的较高直流电压，VD2 为 LED。

12.5.3　线性恒流 LED 驱动集成电路典型应用电路

这里以 EG501 为例，系统地讲解线性恒流 LED 驱动集成电路各种类型的典型应用电路。图 12-93 所示是 EG501 集成电路引脚分布、功能示意图。从图中可以看出，它只有 3 根引脚，分别是电源引脚、输出引脚和接地引脚。

线性恒流 LED 驱动集成电路主要应用于手机、MP3/MP4 播放器、GPS 接收机、LED 灯、数码相机、笔记本电脑和手电筒等。

1．内电路方框图

图 12-94 是 EG501 集成电路方框图。

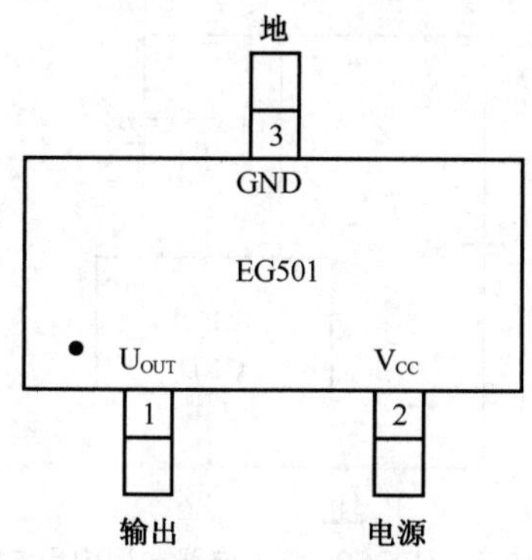

图 12-93　EG501 集成电路引脚分布、功能示意图

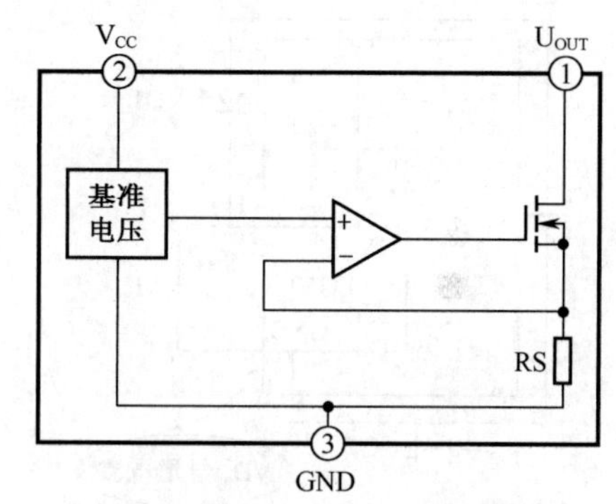

图 12-94　EG501 集成电路方框图

EG501 集成电路各引脚作用如下。

① 脚为恒流输出引脚，它用来接 LED 的负极。

② 脚是电源引脚，其输入的直流电压为 1.6 ~ 5.5V。

③ 脚是接地引脚。

2．典型应用电路

图 12-95 所示是 EG501 集成电路典型应用电路，这是驱动一只 LED 的电路，外电路十分简单，使用方便。电路中，有一个 5V 直流电源，VD1 是 LED，A1 是线性恒流 LED 驱动集成电路。

5V 直流电压加到 A1 的电源引脚②脚，使集成电路 A1 工作，A1 的①脚与③脚之间的内电路导通，这时 VD1 在 5V 直流电压供电下导通，有电流流过 VD1，VD1 发光。图 12-96 是流过 VD1 的电流回路示意图。

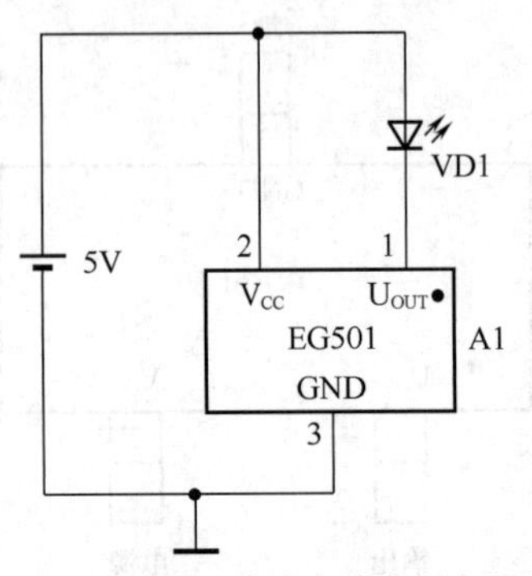

图 12-95　EG501 集成电路典型应用电路

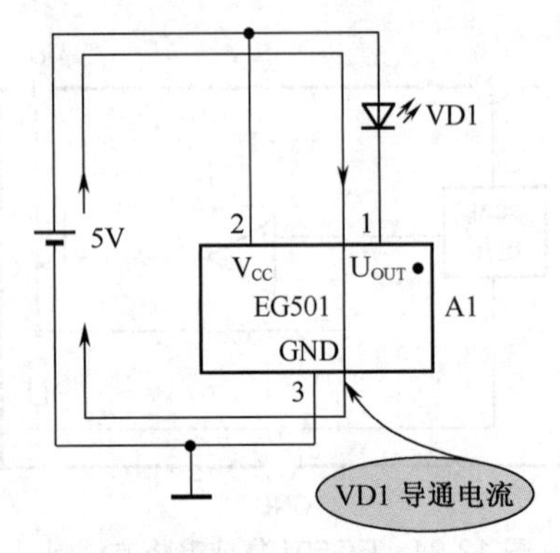

图 12-96　流过 VD1 的电流回路示意图

3．多只 LED 驱动电路（LED 降压）

图 12-97 所示是多只 LED 驱动电路，电路中用一只线性恒流 LED 驱动集成电路 A1 驱动 3 只 LED（VD1、VD2 和 VD3）。

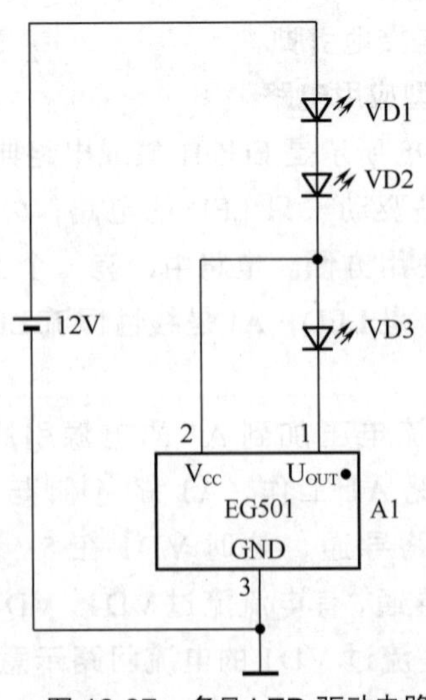

图 12-97　多只 LED 驱动电路

电路中，直流工作电压是 12V，它通过 VD1 和 VD2 加到集成电路 A1 的电源引脚①脚上，这样在 VD1 和 VD2 导通发光的同时集成电路 A1 也进入工作状态。

VD1 和 VD2 导通后的电压加到了 VD3 的正极，使 VD3 也导通发光，这样 3 只 LED 全部导通发光。图 12-98 所示是 3 只 LED 导通后的电流回路示意图，注意 VD1 和 VD2、VD3 的电流回路是不同的。

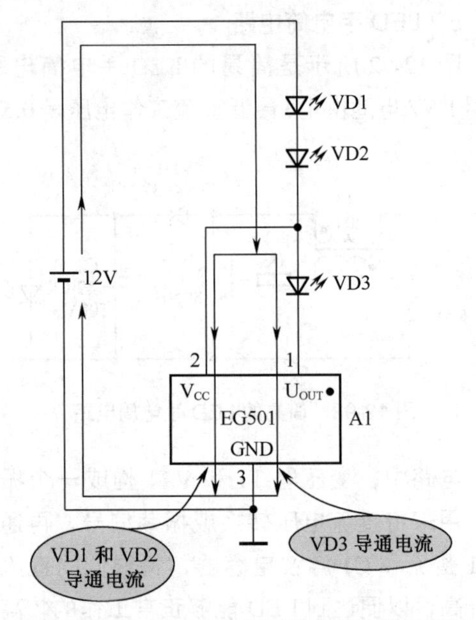

图 12-98　3 只 LED 导通后的电流回路示意图

这里要注意一点，VD1 和 VD2 导通后的管压降将 12V 降低后加到集成电路 A1 的电源引脚②脚，以保证集成电路 A1 的②脚上直流电压不要超过 6V，否则有损坏集成电路 A1 的危险。

如果 VD1 和 VD2 导通后的电压降比较小，加到集成电路 A1 的②脚电压大于 6V，可以在 VD1 回路中串联一只或是多只普通二极管 VD4（1N4007），如图 12-99 所示，以保证加到集成电路 A1 的②脚上直流电压不大于 6V。当然，集成电路 A1 的②脚上直流电压也不能太低，否则集成电路 A1 无法正常工作，这时就会导致 VD1、VD2 和 VD3 无法发光。

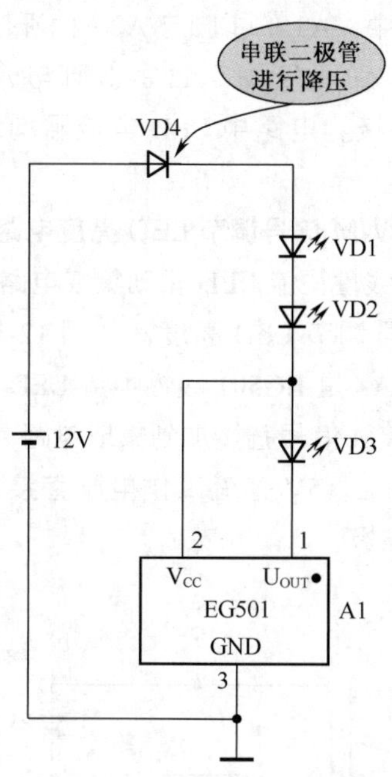

图 12-99　串联 LED 降压电路

4．多只 LED 驱动电路（电源引脚稳压）

图 12-100 所示是另一种多只 LED 驱动电路，因为要驱动许多只 LED，这时要求直流工作电压 E_1 比较高。由于直流工作电压 E_1 远高于集成电路 A1 的工作电压，在 A1 的电源引脚②脚电路上接入由 R1 和 VD3 构成的简易直流稳压电路，使集成电路 A1 的②脚稳定在额定工作电压范围内。

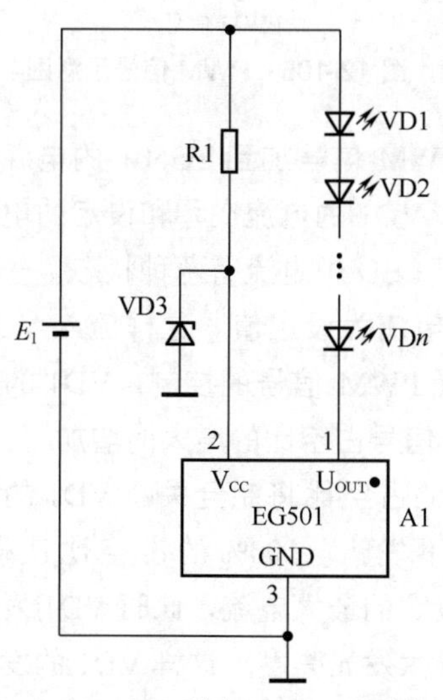

图 12-100　另一种多只 LED 驱动电路

电路中，通过电阻器 R1 和稳压二极管 VD3 使集成电路 A1 的电源引脚上有合适的直流工作电压，这样集成电路 A1 就能进入工作状态。VD3 可以选用 3.6V 的稳压二极管，要求流过电阻器 R1 的电流为 1mA，R_1 取值≤（E_1−3.6V）/1mA。

当串联在集成电路 A1 的①脚回路中的 LED 数量愈多，要求直流工作电压 E_1 愈大，以保证 LED 能够导通发光。注意，各 LED 是串联的，所以所有 LED 是同时导通发光的。图 12-101 是 LED 导通后的电流回路示意图。

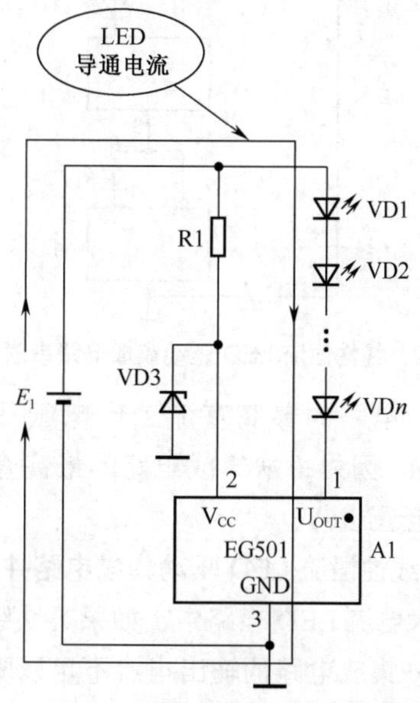

图 12-101　LED 导通后的电流回路示意图

5．线性恒流 LED 驱动集成电路串联运用

图 12-102 所示是线性恒流 LED 驱动集成电路串联运用电路，电路中的 A1、A2、A3 和 A4 是相同型号的 EG501 线性恒流 LED 驱动集成电路，VD1、VD2、VD3 和 VD4 是 4 只 LED，直流电源 E_1 的电压范围为 8 ~ 22V。

当直流电源 E_1 电压波动范围比较大时，可以采用这种串联驱动的方式，以使每只 LED 均能得到恒流驱动。

这一电路的工作原理与单块集成电路运用时是相近的，相当于 4 块集成电路的电源电路串联起来后接到总电源 E_1 上，每块集成电路平均分配到 1/4 的直流工作电压 E_1。同时，4 块集成电路的地线回路也是串联的，流过每只 LED 的电流是相等且恒定的。

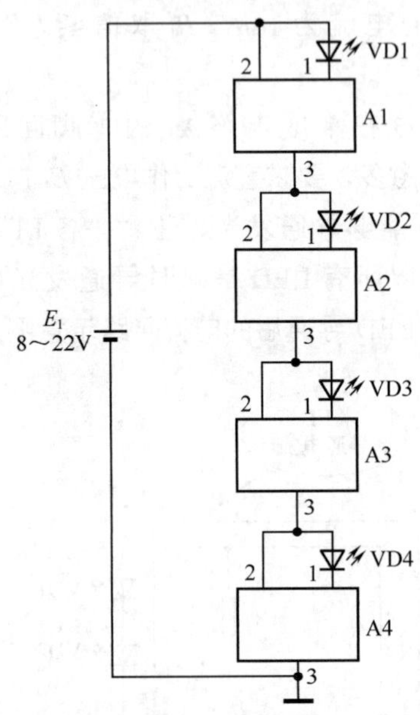

图 12-102　线性恒流 LED 驱动集成电路串联运用电路

这一电路的最高直流工作电压不能超过 6×4=24V，因为每块集成电路的最高直流工作电压不能超过 6V。

6．线性恒流 LED 驱动集成电路并联运用

在大电流 LED 电路中，如果一块线性恒流 LED 驱动集成电路的输出电流不足以驱动大电流 LED 时，可以采用线性恒流 LED 驱动集成电路并联运用电路。图 12-103 所示是两块线性恒流 LED 驱动集成电路并联运用的电路。

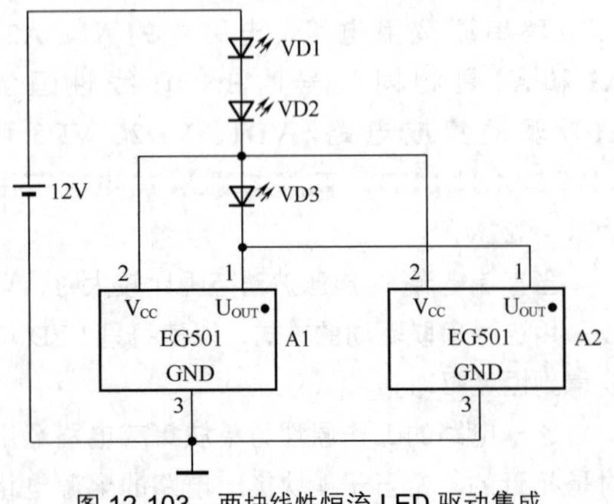

图 12-103　两块线性恒流 LED 驱动集成电路并联运用电路

电路中，A1 的①脚与 A2 的①脚相连，A1 的②脚与 A2 的②脚、A1 的③脚与 A2 的③脚直接相连接。电路中 LED 电流平均地流过了 A1 和 A2。

7．PWM 信号调节 LED 亮度电路

运用线性恒流 LED 驱动集成电路可以实现 PWM 信号调节 LED 亮度，如图 12-104 所示。电路中，A1 是 EG501 线性恒流 LED 驱动集成电路，PWM 信号直接加到集成电路 A1 的电源引脚②脚上，5V 直流工作电压直接加到 VD1（LED）正极。

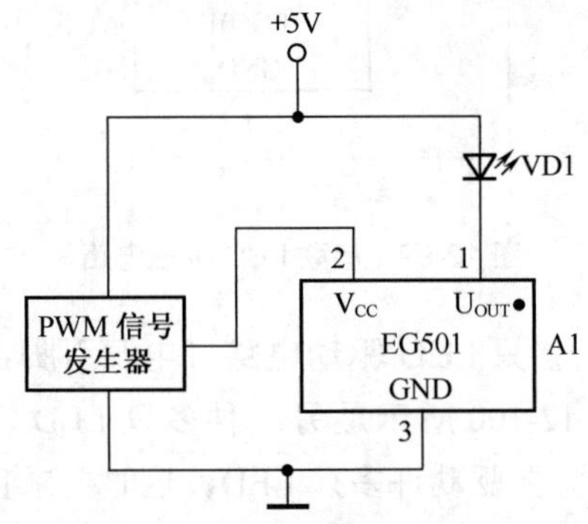

图 12-104　PWM 信号调节 LED 亮度电路

图 12-105 是 PWM 信号示意图。

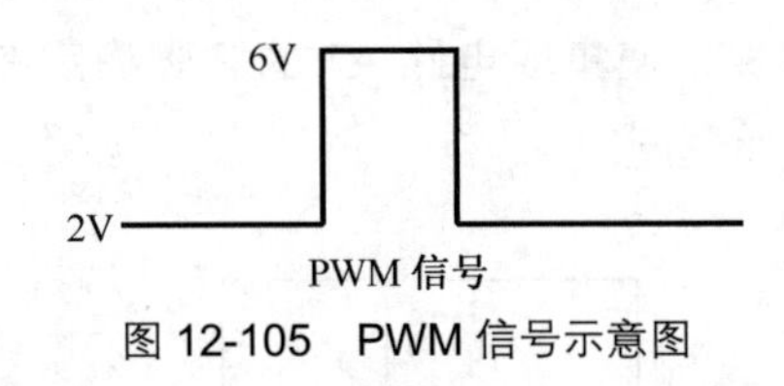

图 12-105　PWM 信号示意图

当 PWM 信号加到 EG501 的电源引脚②脚时，流入 VD1 的电流在零和设定的电流值之间变化，即 LED 中电流有两种状态：一是电流为 0，二是电流为设定值。这样流入 VD1 的平均电流就受 PWM 信号的控制，VD1 的平均电流随 PWM 信号占空比的增大而增加。

0% 的占空比将完全关断 VD1 的电流，此时 VD1 不发光。100% 的占空比使得 VD1 的电流为设定的最大电流，此时 VD1 发光亮度为设定的最大发光亮度。这样 VD1 的发光亮度受 PWM 信号控制，出现受 PWM 信号控制的亮、不亮的变化，借助于视觉惰性，我们可以主观

感觉到亮度的连续变化。

电路对PWM信号发生器有一定要求，为确保集成电路A1（EG501）的电源引脚②脚工作电压正常，要求PWM信号的电平在+2～+6V，输出电流能力需大于70μA，PWM信号的频率应该小于10kHz。

第13章 其他二极管实用知识及应用电路分析

13.1 肖特基二极管基础知识及应用电路

肖特基二极管分为点触式肖特基二极管（肖特基势垒二极管，SBD）和面触式肖特基二极管（也称硅功率肖特基二极管）。

重要提示

点触式肖特基二极管反向恢复时间短（小于1ns），工作频率高（大于2GHz），额定正向电流通常在1A以下，主要用于示波器取样、计算机的门电路或微波通信电路中作混频器、检波器、高速开关或小电流的高频整流。

面触式肖特基二极管反向恢复时间稍长，但仍在10ns以内，额定正向电流通常在数百安，主要用于开关电源及在保护电路中作续流和整流二极管。

13.1.1 肖特基二极管外形特征和应用说明

1．肖特基二极管外形特征

肖特基二极管分为引线式和贴片式两种封装形式。采用引线式封装的肖特基二极管有单管式（两根引脚）和对管式（双二极管，3根引脚）两种封装形式，如图13-1所示。单管中，标有色环的一端为负极。双管中，型号正面对着我们时，从左向右依次是①、②、③脚。

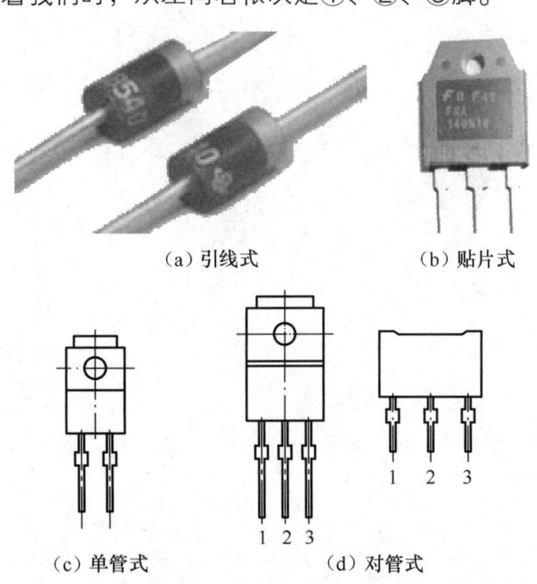

图13-1 单管式和对管式肖特基二极管外形示意图

图13-2是贴片式肖特基二极管外形示意图，贴片式肖特基二极管有单管型、双管型和三管型多种。

2．肖特基二极管应用说明

肖特基二极管广泛应用于开关电源、变频器、驱动器等电路，作高频、低压、大电流整流二极管，续流二极管，保护二极管使用，或在微波通信等电路中作整流二极管、小信号检波二极管使用。

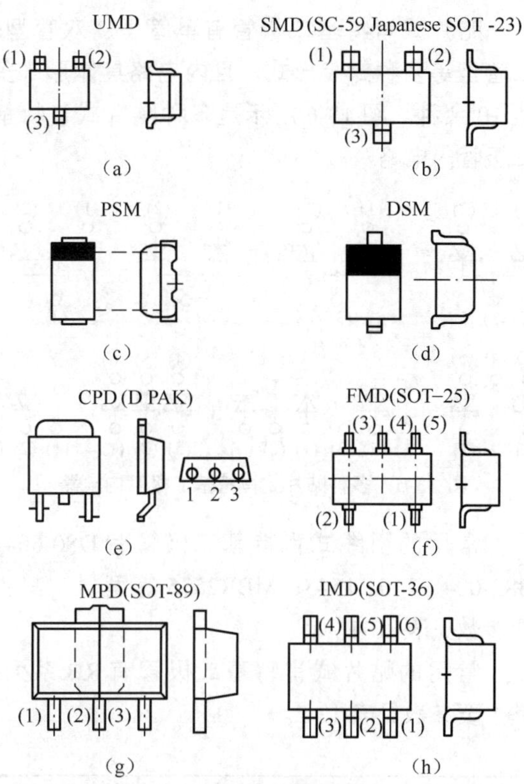

图 13-2　贴片式肖特基二极管外形示意图

> **重要提示**
>
> 同普通硅二极管一样，肖特基二极管也具有单向导电特性，不同的是普通二极管的工作是利用半导体 PN 结的单向导电特性，而肖特基二极管则是利用金属和半导体接触产生的势垒而起到单向导电作用，它是以多数载流子工作的整流器件，所以肖特基二极管低功耗、大电流、超高速，它的反向恢复时间极短（可以小到几纳秒），正向导通压降仅为 0.4V 左右，而整流电流却可达到几千安。
>
> 通常人们将 PN 结整流管称为结整流管，而把金属 - 半导体整流管称为肖特基整流管。
>
> 肖特基二极管有两个缺点：一是反向耐压较低，一般只有 100V 左右；二是反向漏电流较大。

13.1.2　肖特基二极管结构和内电路

1．肖特基二极管结构

图 13-3 是肖特基二极管内部结构示意图。肖特基二极管具有更低的串联电阻和更强的非线性，适合在射频电路中应用。

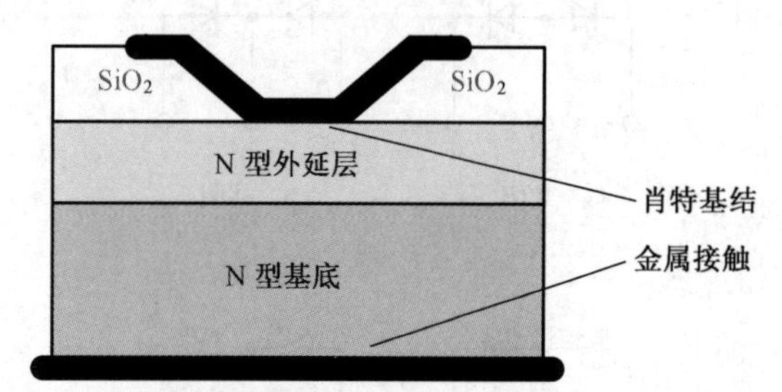

图 13-3　肖特基二极管内部结构示意图

> **重要提示**
>
> 某些金属和 N 型半导体材料接触后，电子会从 N 型半导体材料中扩散进入金属从而在半导体材料中形成一个耗尽层，具有和常规 PN 结类似的特性，这种由金属和半导体材料接触形成类似 PN 结势垒的结构被称为肖特基结。
>
> 当在肖特基势垒两端加上正向偏压（阳极金属接电源正极，N 型基片接电源负极）时，肖特基势垒层变窄，其内阻变小。如果在肖特基势垒两端加上反向偏置电压时，肖特基势垒层则变宽，其内阻变大，如图 13-4 所示。
>
> 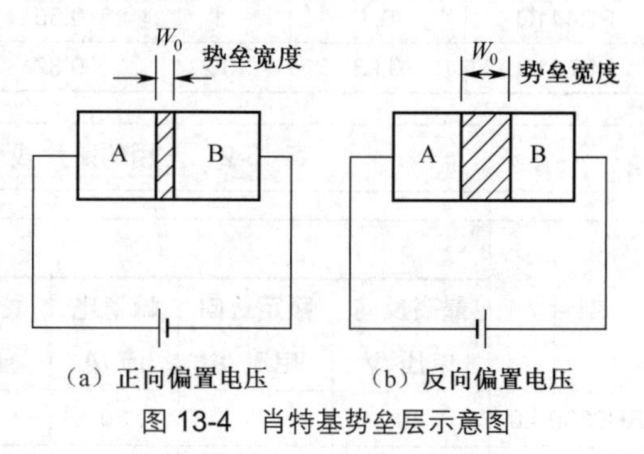
>
>
> 图 13-4　肖特基势垒层示意图

2．肖特基二极管内电路

引线式肖特基对管又有共阳（两管的正极相连）、共阴（两管的负极相连）和串联（一只二极管的正极接另一只二极管的负极）3 种引脚引出方式。图 13-5 是引线式肖特基对管内电路结构示意图。

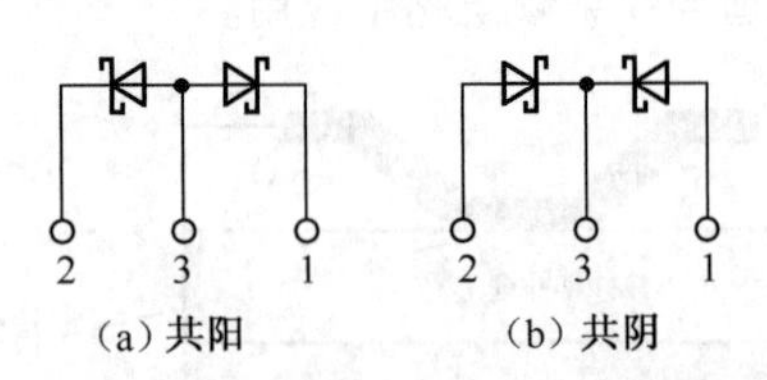

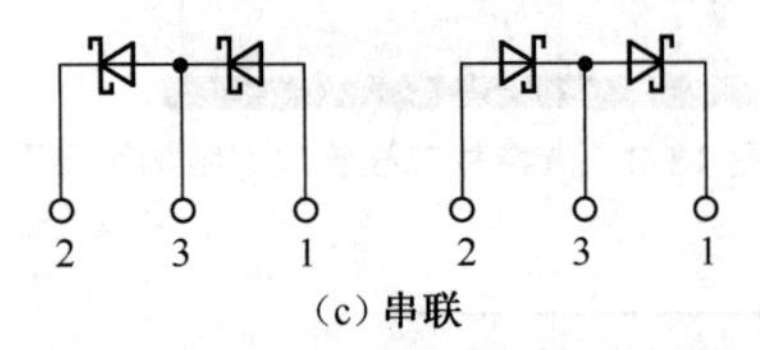

图 13-5　引线式肖特基对管 3 种内电路结构示意图

贴片式肖特基二极管有单管型、双管型、三管型等多种封装形式，且内电路具体形式多达 10 余种。图 13-6 所示是多种贴片式肖特基二极管内电路。

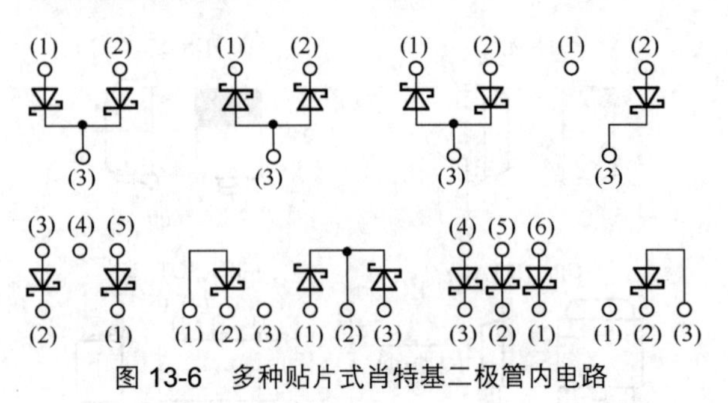

图 13-6　多种贴片式肖特基二极管内电路

常用的引线式肖特基二极管有 D80-004、B82-004、MBR1545、MBR2535 等型号，其主要参数见表 13-1。

常用的贴片式肖特基二极管有 RB 系列，其主要参数见表 13-2。

表 13-1　常用的引线式肖特基二极管主要参数

型号	参数						
	额定整流电流 /A	峰值电流 /A	最大正向压降 /V	反向击穿电压 /V	反向恢复时间 /ns	内部封装结构	封装形式
D80-004	15	250	0.55	40	<10	单管	TO-3P
B82-004	5	100	0.55	40	<10	共阴对管	TO-220
MBR1545	15	150	0.7	45	<10	共阴对管	TO-220
MBR2535	30	300	0.73	35	<10	共阴对管	TO-220
RB015T-40	10	60	0.55	40	—	—	TO-220FP
RB025T-40	5	60	0.55	40	—	—	TO-220FP
RB100A	1	40	0.55	40	—	—	MSR
RB441Q	0.1	1	0.55	20	—	—	DO-34
RB721Q	0.03	0.2	0.37	25	—	—	DO-34

表 13-2　常用的贴片式肖特基二极管 RB 系列主要参数

型号	参数							
	最高反向电压 /V	额定正向电流 /A	峰值电流 /A	最大正向压降 /V	最大反向电流 /μA	封装结构及形式	引脚引出方式	用途
RB035B-40	40	4	30	0.55	3500	CPD(D PAK)	G	整流
RB031R-40	40	3	40	0.55	2000	CPD(D PAK)	I	
RB160L-40	40	1	30	0.55	1000	PSM	J	

续表

型号	参数							
	最高反向电压 /V	额定正向电流 /A	峰值电流 /A	最大正向压降 /V	最大反向电流 /μA	封装结构及形式	引脚引出方式	用途
RB110C	40	1	5	0.6	80	MPD(SOT-89)	F	整流
RB401D	40	0.5	3	0.5	70	SMD(SC-59/SOT-23)	D	
RB111C	40	1	5	0.5	100	MPD(SOT-89)	F	
RB435C	20	0.5	3	0.55	30	MPD(SOT-89)	G	
RB400D	20	0.5	3	0.5	30	SMD(SC-59/SOT-23)	D	
RB411D	20	0.5	3	0.5	30	SMD	D	
RB420D	25	0.1	1	0.45	1	SMD	D	
RB421D	20	0.1	1	0.55	30	SMD	D	
RB425D	20	0.1	1	0.55	30	SMD	A	
RB450F	25	0.1	1	0.45	1	UMD	D	
RB451F	20	0.1	1	0.55	30	UMD	D	
RB471E	20	0.1	1	0.55	30	FMD(SOT-25)	E	
RB701D	25	0.03	0.2	0.37	1	SDM(SC-59/SOT-23)	D	
RB705D	25	0.03	0.2	0.37	1	SMD	A	小信号检波
RB706D	25	0.03	0.2	0.37	1	SMD	C	
RB715F	25	0.03	0.2	0.37	1	UMD	A	
RB717F	25	0.03	0.2	0.37	1	UMD	B	
RB751H	25	0.03	0.2	0.37	1	DSM	J	
RB731U	25	0.03	0.2	0.37	1	IMD(SOT-36)	H	
RB500H	25	0.1	1	0.45	1	DSM	J	
RB501H	25	0.1	1	0.55	30	DSM	J	

肖特基二极管、超快恢复二极管、快恢复二极管、硅高频整流二极管、硅高速开关二极管的性能比较见表 13-3。

表 13-3　性能比较

半导体器件名称	典型产品型号	平均整流电流 I_d/A	正向导通电压		反向恢复时间 t_{rr}/ns	反向峰值电压 V_{RM}/V
			典型值 V_F/V	最大值 V_{FM}/V		
肖特基二极管	161CMQ050	160	0.4	0.8	<10	50
超快恢复二极管	MUR30100A	30	0.5	1.0	35	1000
快恢复二极管	D25-02	15	0.6	1.0	400	200
硅高频整流二极管	PR3006	8	0.6	1.2	400	800
硅高速开关二极管	1N4148	0.15	0.6	1.0	4	100

13.1.3　肖特基二极管特性曲线和应用电路

1．肖特基二极管伏 - 安特性曲线

图 13-7 所示是肖特基二极管伏 - 安特性曲线。

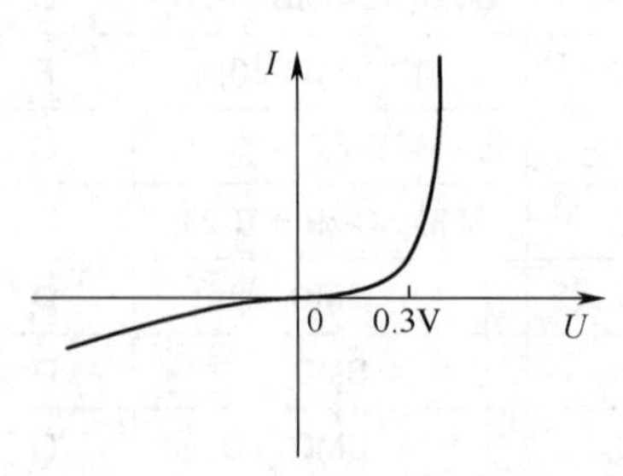

图 13-7　肖特基二极管伏 - 安特性曲线

2．肖特基二极管应用电路分析

图 13-8 所示是肖特基二极管的一种应用电路，这是肖特基二极管在步进电动机驱动电路中的应用，VD1、VD2、VD3 和 VD4 为肖特基二极管。

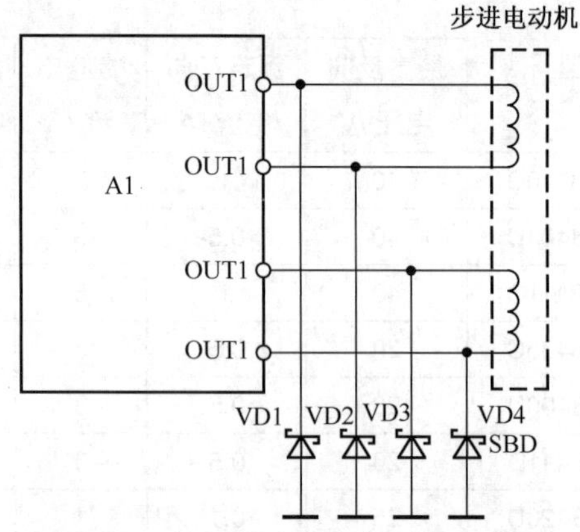

图 13-8　肖特基二极管的一种应用电路

利用肖特基二极管的管压降小、恢复时间短的特点，大部分电流流过外部的肖特基二极管，集成电路 A1 内部的功耗从而小了很多，提高了热稳定性能，也就提高了可靠性。

13.2　快恢复二极管和超快恢复二极管基础知识及应用电路

13.2.1　快恢复二极管和超快恢复二极管外形特征及特点

1．快恢复二极管和超快恢复二极管外形特征

几种快恢复二极管和超快恢复二极管实物图见表 13-4。

2．快恢复二极管和超快恢复二极管特点及应用说明

（1）快恢复二极管（FRD）是一种新型半导体器件，具有开关特性好、反向恢复时间短、正向电流大、体积小、安装简便等优点。

（2）超快恢复二极管（SRD）是在快恢复二极管基础上发展而成的，其反向恢复时间（t_{rr}）值已接近于肖特基二极管的指标。

（3）快恢复二极管的显著特点是它的反向恢复时间在几百纳秒（ns) 以下，超快恢复二极管甚至能达到几十纳秒。

反向恢复时间的定义是：电流通过零点由正向转换成反向，再由反向转换到规定值的时间间隔。它是衡量高频续流及整流器件性能的重要技术指标。

应用提示

它们可广泛用于开关电源、脉冲宽度调制器、不间断电源（UPS)、交流电动机变频调速（VVVF)、高频加热等装置中，作为高频、大电流的续流二极管或整流管。

3．快恢复二极管和超快恢复二极管种类

快恢复二极管和超快恢复二极管有单管和双管之分。双管的引脚引出方式又分为共阳和共阴，如图 13-9 所示。

表 13-4　几种快恢复二极管和超快恢复二极管实物图

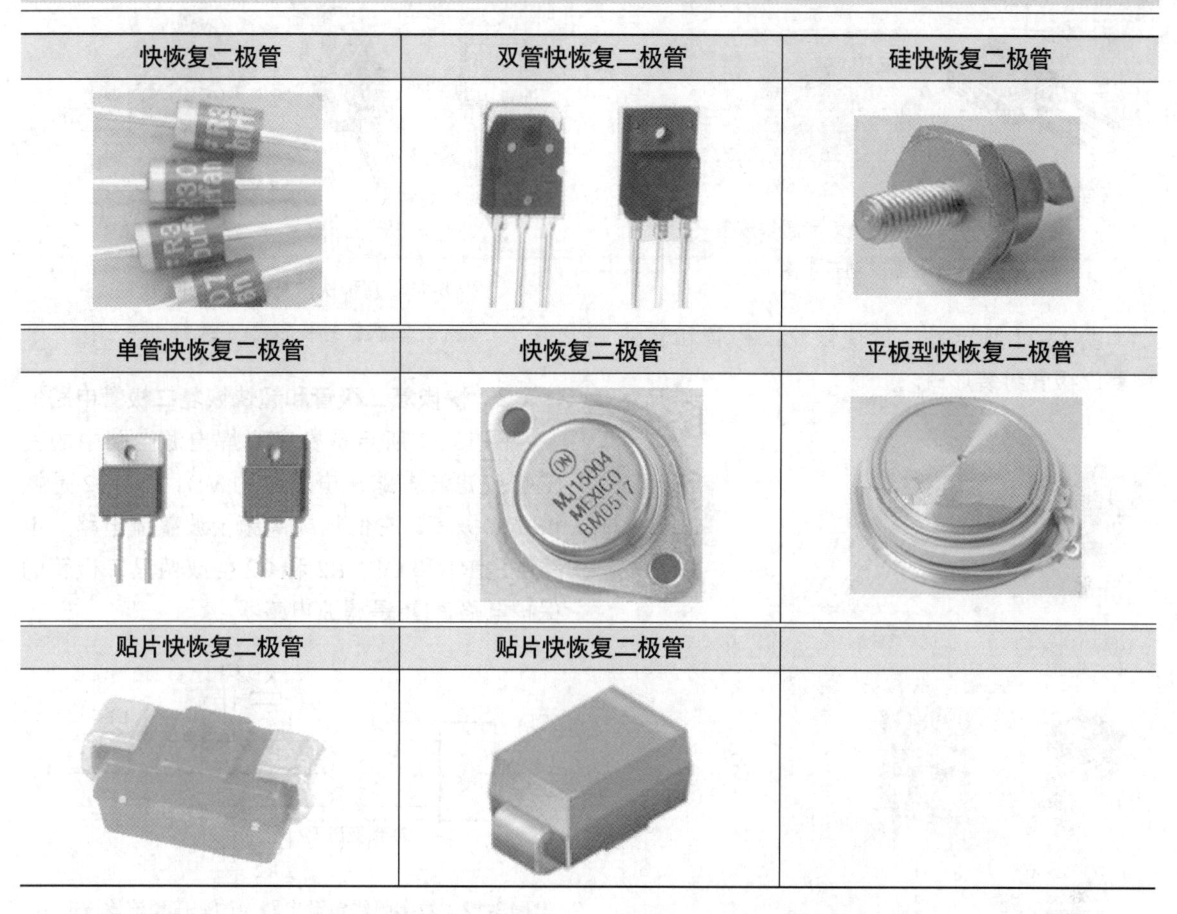

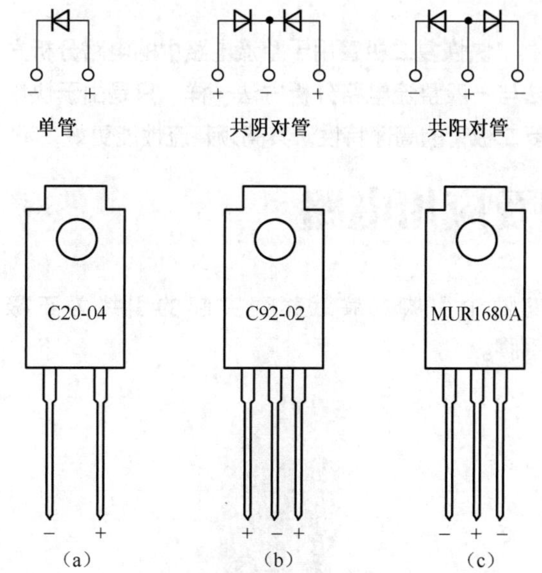

图 13-9　快恢复二极管和超快恢复二极管内电路结构

常用的小功率快恢复二极管有 FR 系列、PFR 系列等，常用的中、大功率快恢复二极管有 RC 系列、MUR 系列、CTL 系列等。

重 要 提 示

（1）有些单管共 3 个引脚，中间的为空脚，一般在出厂时剪掉，但也有不剪的。

（2）若对管中有一只管损坏，则可作为单管使用。

13.2.2　快恢复二极管和超快恢复二极管应用电路

1．快恢复二极管和超快恢复二极管引脚识别方法

图 13-10 是快恢复二极管和超快恢复二极管引脚识别示意图，带有色环的一端为负极引脚。

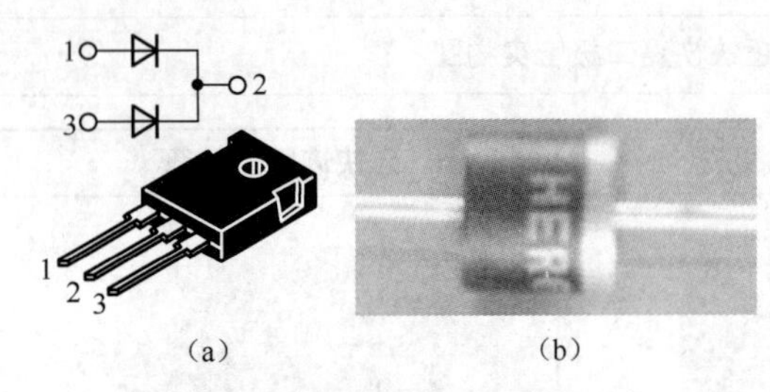

图 13-10 快恢复二极管和超快恢复二极管引脚识别示意图

图 13-11 所示是几种快恢复二极管和超快恢复二极管封装形式。

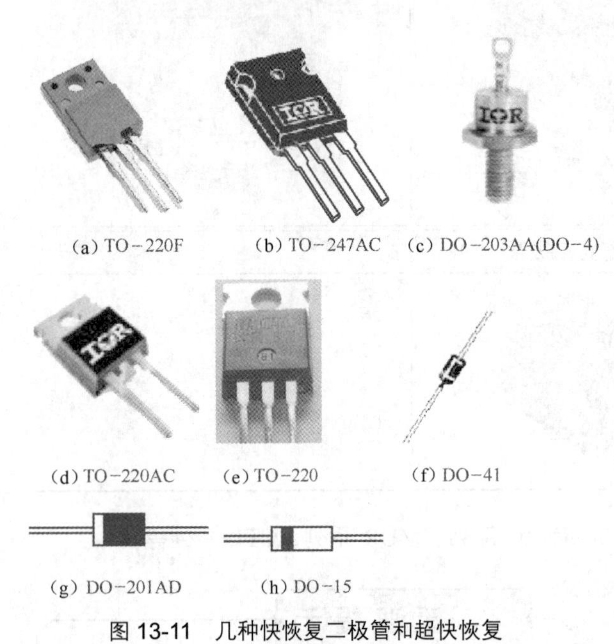

图 13-11 几种快恢复二极管和超快恢复二极管封装形式

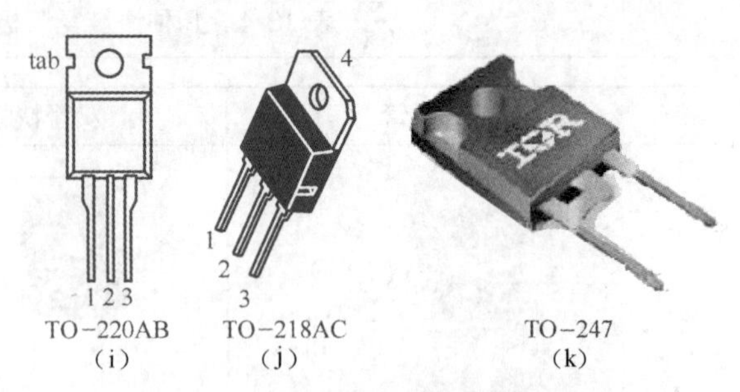

图 13-11 几种快恢复二极管和超快恢复二极管封装形式（续）

2．快恢复二极管和超快恢复二极管电路

图 13-12 所示是数字弧焊电源电路中的变压整流滤波电路，电路中的 VD1 和 VD2 是快恢复二极管，它们构成高频全波整流电路。电路中的 R1 和 C1、R2 和 C2 构成两只二极管的保护电路，L1 是滤波电感器。

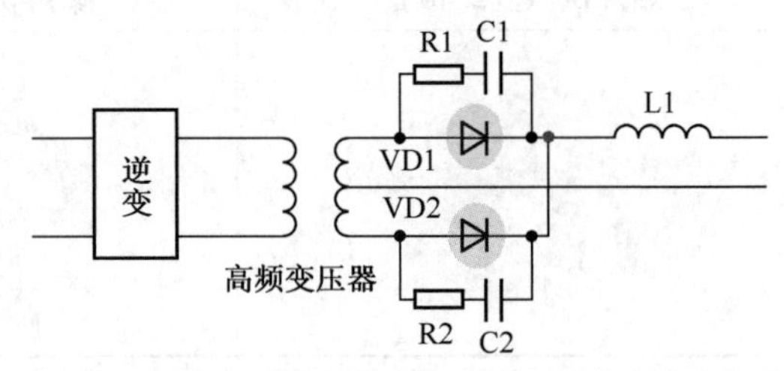

图 13-12 数字弧焊电源电路中的变压整流滤波电路

快恢复二极管用于整流电路中的电路分析方法与一般整流电路分析方法一样，只是由于快恢复二极管的高速特性，其高频整流性能更好。

13.3 恒流二极管基础知识及应用电路

恒流二极管（CRD）属于两端结型场效应恒流器件。恒流二极管和恒流三极管是近年来问世的半导体恒流器件，而恒流三极管又是在恒流二极管的基础上发展而成的。

13.3.1 恒流二极管外形特征和主要特性

1．恒流二极管外形特征

图 13-13 是恒流二极管实物图，它只有两个引脚，靠近管壳突起的引线为正极引脚。

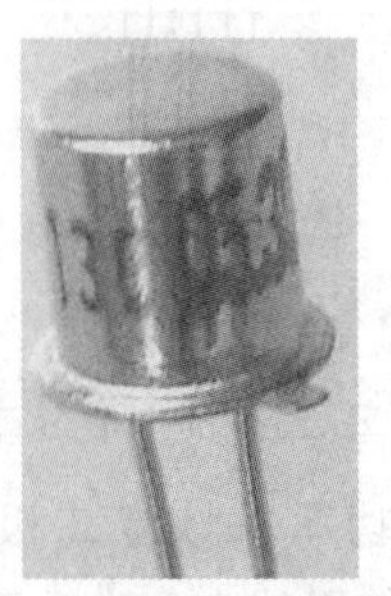

图 13-13 恒流二极管实物图

2．恒流二极管特点

恒流二极管能在很宽的电压范围内输出恒定的电流，并具有很高的动态阻抗。它可用于稳定和限制电流，是一种能为电路提供持续电流的二极管，即使出现电源电压供应不稳定或是负载电阻变化很大的情况，也能确保电路电流稳定。

重要提示

恒流二极管的恒流性能好、价格较低、使用简便，主要应用在低功率方面，如恒流源、稳压源、放大器以及电子仪器的保护电路中，以及电话线路电路模块、PC板的某些电路中。

3．恒流二极管伏 - 安特性

图 13-14 所示是恒流二极管伏 - 安特性曲线。从曲线中可以看出，恒流二极管在正向工作时存在一个恒流区，在此区域内电流不随正向电压变化。它的反向工作特性则与普通二极管的正向特性有相似之处。

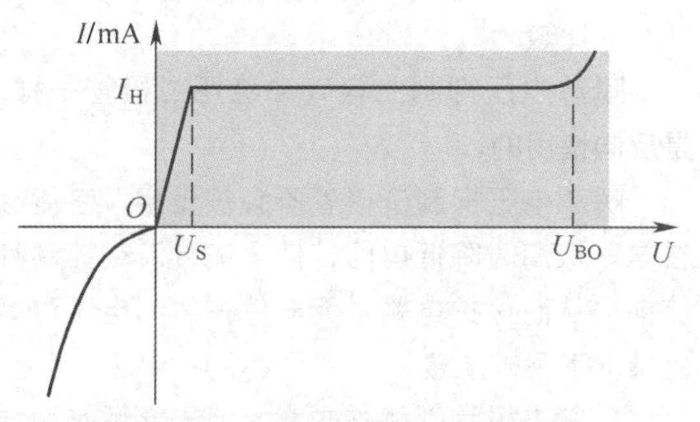

图 13-14　恒流二极管伏 - 安特性曲线

4．恒流二极管主要参数

恒流二极管的主要参数有：恒定电流 I_H，起始电压 U_S，正向击穿电压 U_{BO}，动态阻抗 Z_H，电流温度系数 α_T。

恒定电流一般为 0.2～6mA。起始电压表示恒流二极管进入恒流区所需要的最小电压。恒流二极管的正向击穿电压通常为 30～100V。动态阻抗的定义是工作电压变化量与恒定电流值变化量之比，对恒流二极管的要求是 Z_H 愈大愈好，当 I_H 较小时 Z_H 可达数兆欧，I_H 较大时 Z_H 降至数百千欧。

恒流二极管在零偏置下的结电容近似为 10pF，进入恒流区后降至 3～5pF，其频率响应大致为 0～500kHz。当工作频率过高时，由于结电容的容抗迅速减小，动态阻抗就降低，导致恒流特性变差。

13.3.2　恒流二极管应用电路

1．恒流二极管并联法扩流、串联法升压电路

一只恒流二极管只能提供几毫安的恒定电流，将几只恒流管并联使用，则可以扩大输出电流。图 13-15(a) 所示是恒流二极管并联法扩流电路，两只恒流二极管并联后电流可扩大 1 倍。但是，将几只恒流二极管并联使用时，恒流源的起始电压值等于这些管中的最大起始电压值，而正向击穿电压值则等于这些管中的最小起始电压值。此外，在扩展电流的同时，恒流源的动态阻抗将变小。

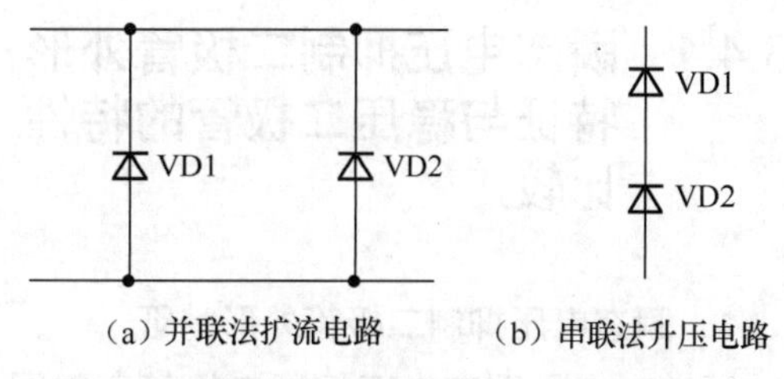

(a) 并联法扩流电路　(b) 串联法升压电路

图 13-15　恒流二极管并联法扩流、串联法升压电路

利用串联法可以提升电压，如图 13-15(b) 所示。将几只性能相同的恒流二极管串联使用，可将耐压值提高到 100V 以上。假如每只管的恒流值不等，这样恒流值较小的恒流二极管将首先进入恒流状态。必要时可给 I_H 值较小的恒流二极管并联一只分流电阻器，使各管同时进入恒流状态。

2．恒流二极管构成的恒流源电路

图 13-16 所示是运用恒流二极管构成的恒流源电路。电路中 VD1 是恒流二极管，它接在三极管 VT1 基极回路中，为 VT1 提供恒流的基极电流，这样 VT1 集电极和发射极电流就会恒定，且恒定电流大小等于恒流二极管 VD1 恒定电流的 β(VT1 电流放大倍数) 倍。

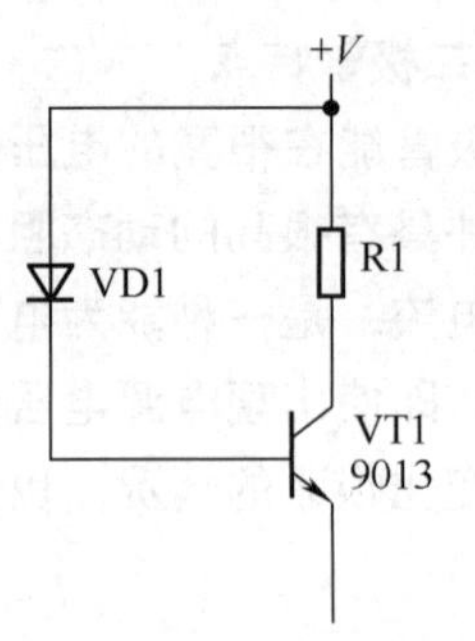

图 13-16　运用恒流二极管构成的恒流源电路

13.4　瞬态电压抑制二极管基础知识及应用电路

瞬态电压抑制二极管又名瞬变电压抑制二极管、双向击穿二极管，简称 TVS 管。

重要提示

瞬态电压抑制二极管是在稳压二极管工艺基础上发展起来的一种新器件，其电路图形符号和普通稳压二极管相同，外形也与普通二极管无异。

这种二极管在电路中和稳压二极管一样，是反向使用的。

13.4.1　瞬态电压抑制二极管外形特征与稳压二极管的特性比较

1．瞬态电压抑制二极管外形特征

图 13-17 是瞬态电压抑制二极管实物图。

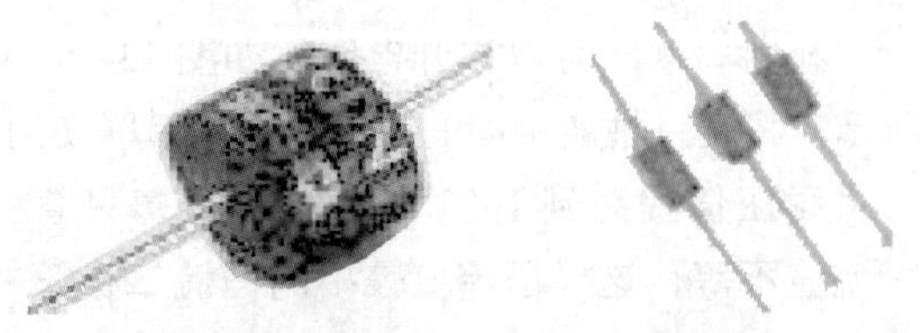

图 13-17　瞬态电压抑制二极管实物图

重要提示

瞬态电压抑制二极管按极性分为单极性及双极性两种，双极性瞬态电压抑制二极管尾标中缀以 C；按瞬态电压抑制二极管击穿电压值对标称值的离散程度划分有两类，即离散程度为 ±5% 和 ±10%，离散程度为 ±5% 的瞬态电压抑制二极管尾标缀以 A，如 SA5.0 CA。

2．瞬态电压抑制二极管与稳压二极管特性比较

瞬态电压抑制二极管和稳压二极管一样，是反向使用的。

瞬态电压抑制二极管不会被击穿，它能够在电压极高时降低电阻，使电流分流或控制其流向，从而保护电路中元器件在瞬间电压过高的情况下不被烧毁。

稳压二极管则能被击穿，但击穿后其两端的电压保持不变，使电路稳定，电压稳定，从而保护电路中元器件。

电压及电流的瞬态干扰是造成电子电路及设备损坏的重要原因，时常带来无法估量的损失。这些干扰通常来自电力设备的启停操作、交流电网的不稳定、雷击干扰及静电放电等，瞬态干扰几乎无处不在、无时不有，防不胜防，瞬态电压抑制二极管则能高效地抑制这种瞬态干扰，从而保护电子电路。

重要提示

当瞬态电压抑制二极管两端经受瞬间的高能量冲击时，它能以极高的速度使其阻抗骤然降低，同时吸收一个大电流，将其两端间的电压钳位在一个预定的数值上，从而确保后面的电路元器件免受瞬态高能量的冲击而损坏。

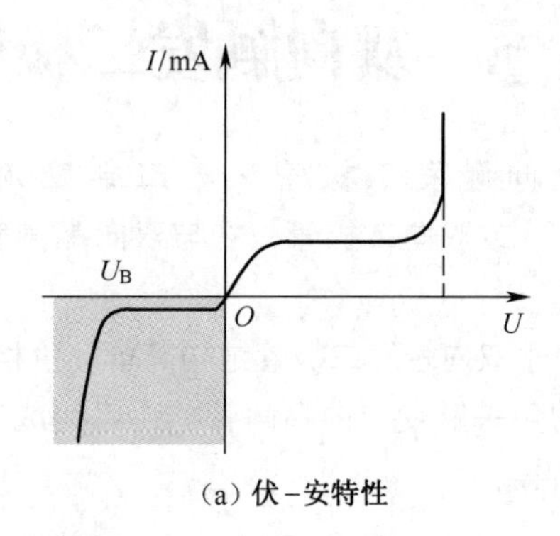

(a) 伏－安特性

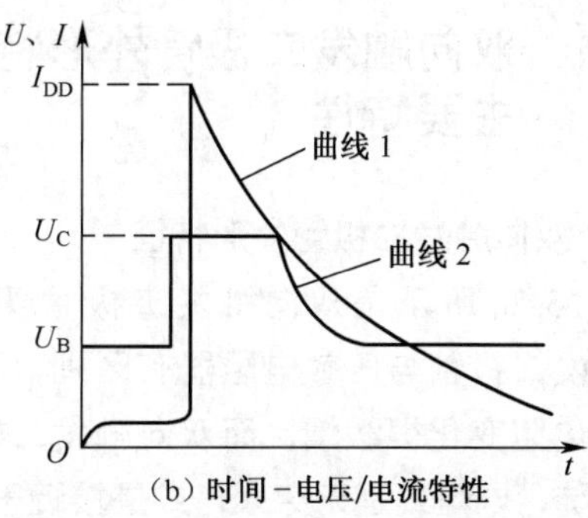

(b) 时间－电压/电流特性

图 13-18　瞬态电压抑制二极管特性曲线

13.4.2　瞬态电压抑制二极管主要特性和应用电路

1. 瞬态电压抑制二极管主要特性

图 13-18 所示是瞬态电压抑制二极管特性曲线，其伏 - 安特性曲线与普通稳压二极管的击穿特性没有什么区别，为典型的 PN 结雪崩器件。

时间 - 电压 / 电流特性曲线中，曲线 1 是瞬态电压抑制二极管中的电流波形，它表示流过二极管的电流突然上升到峰值，然后按指数规律下降，造成这种电流冲击的原因可能是雷击、过压等。

曲线 2 是瞬态电压抑制二极管两端电压的波形，它表示二极管中的电流突然上升时，二极管两端电压也随之上升，但是最大只上升到 U_C 值，这个值比击穿电压略大，从而起到保护元器件的作用。

2. 瞬态电压抑制二极管应用电路

图 13-19 所示是几种瞬态电压抑制二极管实用电路，电路中的 VD1 为瞬态电压抑制二极管，它们都在电路中起着瞬态电压保护的作用。

在浪涌保护电路中，也可以采用压敏电阻器，但是瞬态电压抑制二极管比压敏电阻器的性能优越得多，反应速度快。

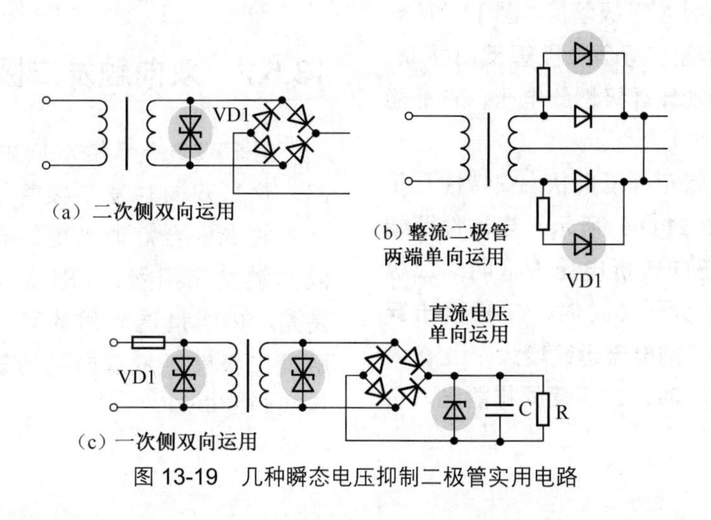

图 13-19　几种瞬态电压抑制二极管实用电路

13.5 双向触发二极管基础知识及应用电路

双向触发二极管又名二端交流器件（DIAC）或双向二极管，它与双向晶闸管同时问世。

由于双向触发二极管结构简单、价格低廉，所以常用来触发双向晶闸管，还可构成过压保护电路等。

13.5.1 双向触发二极管外形特征和主要特性

1．双向触发二极管外形特征

图 13-20 所示是双向触发二极管实物图。双向触发二极管与压敏电阻器有区别，压敏电阻器的电阻变化很缓慢，而双向触发二极管变化特别陡，电阻或是无穷大，或是接近于零。

图 13-20　双向触发二极管实物图

2．双向触发二极管结构及特性

双向触发二极管是 3 层二端且为对称性的半导体器件，可以等效为基极开路时，发射极与集电极对称的 NPN 型三极管，如图 13-21（a）所示。从结构上相当于两个二极管反向并联，因此无论给其两端加什么极性的电压，它都能导通。

双向触发二极管正、反向伏 - 安特性几乎完全对称，如图 13-21（b）所示。当器件两端所加电压 U 低于正向转折电压 U_{BO} 时，二极管呈高阻态；当 U 大于 U_{BO} 时，二极管击穿导通进入负阻区，正向电流迅速增大；当 U 大于反向转折电压 U_{BR} 时，二极管同样能进入负阻区。

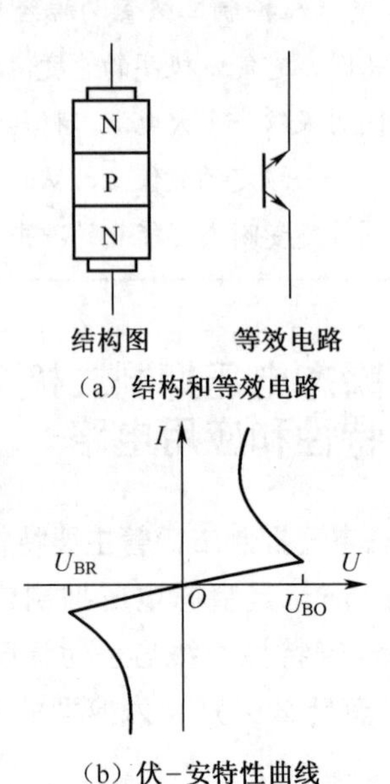

图 13-21　双向触发二极管等效电路和特性曲线

重要提示

在一般情况下双向触发二极管处于高阻的截止状态，只有当外加的电压（不论正向或反向）加到双向触发二极管上，且外加电压高于双向触发二极管击穿电压时，双向触发二极管才击穿导通。

一般的双向触发二极管击穿电压为几十伏。

13.5.2 双向触发二极管应用电路

图 13-22 所示是双向触发二极管应用电路，这是双向触发二极管与双向晶闸管等元器件构成的台灯调光电路。电路中，VD1 是双向触发二极管，VS1 是双向晶闸管，HL1 是灯，RP1 是调光用的可变电阻器。用双向触发二极管触发双向晶闸管是一个典型而常用的触发电路。

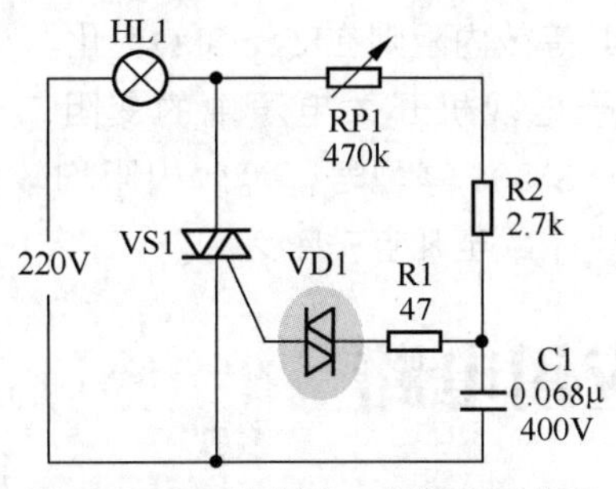

图 13-22　双向触发二极管应用电路

1．电路分析

这一电路工作原理是：接通交流电源后，**在交流电正半周，**220V 交流通过 RP1、R2 对电容器 C1 充电，当 C1 上的充电电压升高到高于双向触发二极管击穿电压时，电容器 C1 便通过限流电阻器 R1、双向触发二极管 VD1 向晶闸管控制极放电，触发双向晶闸管导通，构成灯 HL1 的电流回路，灯亮。

在交流电的负半周，由于双向触发二极管在正、反向电压下均能工作，负半周期间也能触发双向晶闸管导通，HL1 亮。双向触发二极管的特点是在交流电的正、负两个半周内都能工作，且工作特性相同。

2．调节原理

改变可变电阻器 RP1 的阻值时，就改变了对电容器 C1 的充电时间常数，这样就可以改变 C1 上充电电压的上升速度，而改变双向晶闸管导通时间长短（改变了双向晶闸管的导通角），达到调节一个交流电周期内流过灯的电流平均值，从而调节灯亮度的目的。

13.6　变阻二极管基础知识及应用电路

13.6.1　变阻二极管基础知识

1．变阻二极管主要特性

变阻二极管是利用 PN 结之间等效电阻可变的原理制成的半导体器件，主要应用于 10～1000MHz 高频电路或开关电源等电路中作可调衰减器，起限幅、保护等作用。

重要提示

普通二极管的 PN 结等效电阻随 PN 正向偏置电压大小变化而变化，变阻二极管的这一等效电阻特性更加明显。

当二极管两端的正向偏置电压增高时，二极管的正向电流将增大，其等效内阻将减小。

当二极管两端的正向偏置电压降低时，二极管的正向电流也随之减小，其等效内阻将增大。

当二极管的外加偏置电压固定时，二极管的等效电阻会保持稳定。

2．变阻二极管引脚识别方法

变阻二极管一般采用轴向塑料封装，如图 13-23 所示，它的负极色标为浅色，而普通二极管的色标一般为黑色。

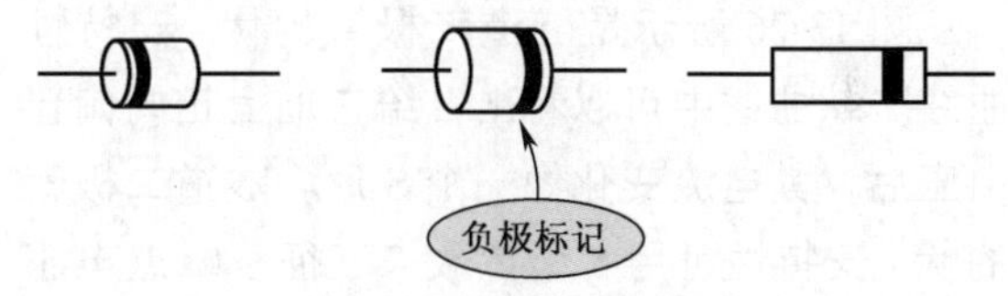

图 13-23　变阻二极管

13.6.2　变阻二极管应用电路

图 13-24 是实用电路中的变阻二极管电路。

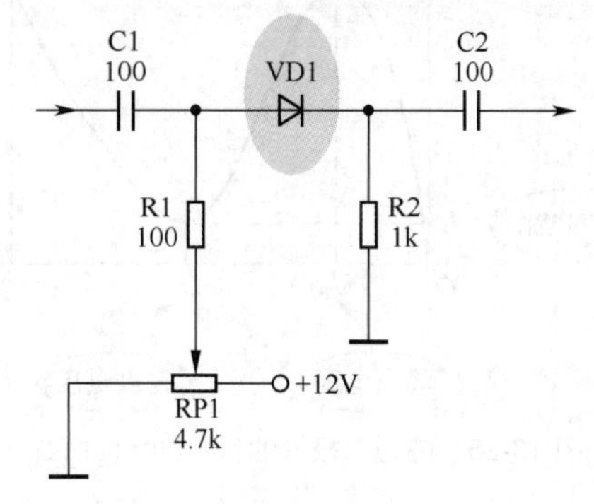

图 13-24　实用电路中的变阻二极管电路

电路中的VD1是变阻二极管，调节可变电阻器RP1的阻值可改变VD1内阻大小。常见的用于高频电路中的高频变阻二极管有1SV121和1SV99等型号，其正向偏置电流在0～10mA变化时，其等效内阻则在8Ω～3kΩ变化。

用于电视机开关电源中的变阻二极管有SV-02～SV-08等型号，等效内阻均较大，通常在几十千欧至几百千欧之间。

13.7 其他二极管基础知识及应用电路

1. 隧道二极管

隧道二极管又名江崎二极管，它是以隧道效应电流为主要电流分量的二极管。由隧道二极管构成的电路结构简单，变化速度快，功耗小，因此在高速脉冲技术中得到广泛的应用，可以用隧道二极管构成双稳电路、单稳电路、多谐振荡器，以及用于整形和分频电路等。

图13-25是两种隧道二极管外形特征示意图。

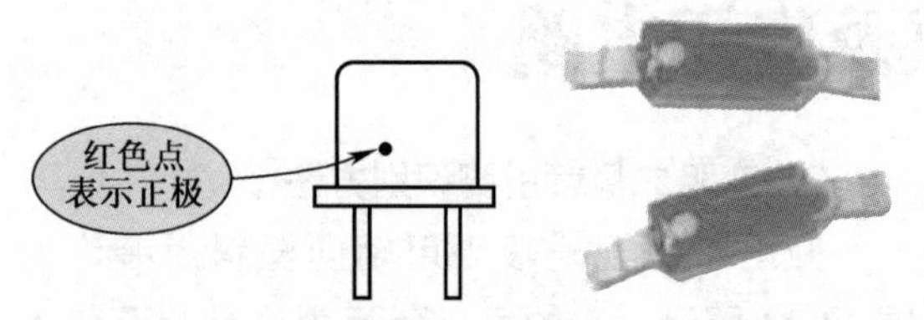

图13-25 两种隧道二极管外形特征示意图

图13-26所示是隧道二极管的伏-安特性曲线。从曲线中可以看出，给它加上正向偏置电压后，其电流变化像一个S形。隧道二极管的伏-安特性可用5个参数来表征：峰点电压U_P、谷点电压U_V、峰点电流I_P、谷点电流I_V和前向电压U_F。

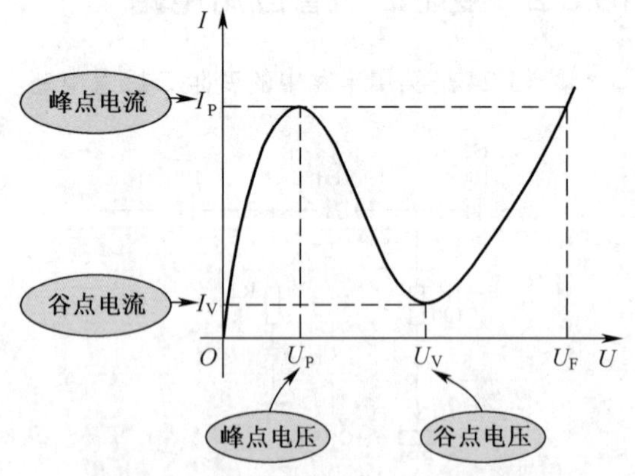

图13-26 隧道二极管的伏-安特性曲线

它与普通二极管特性曲线有很大的不同。当正向偏置电压从零增大时，流过隧道二极管的电流从小增大，而且是电压U很小时电流I已经相当大。当正向偏置大到一定程度时，电流达到最大值而开始下降，即正向电压增大电流减小，这时进入负阻区。

随着正向偏置电压的进一步增大，电流进一步减小到一个最小值（谷点电流），然后正向偏置电压增大，电流又开始增大。

电压U为负值并且不大时，也有相当大的反向电流。

2. 双基极二极管

双基极二极管又被称为单结晶体管，是具有一个PN结的三端负阻器件。图13-27所示是双基极二极管实物图和等效电路，它有3个电极：E(发射极)、基极B1和基极B2。

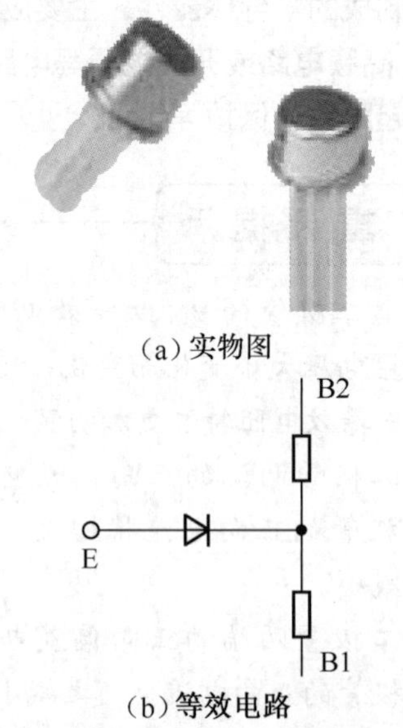

图13-27 双基极二极管实物图和等效电路

双基极二极管由一个PN结和一个N型硅片构成，在硅片的两端分别引出两个基极B1和B2，在PN结的P型半导体上引出的电极为

发射极 E。基极 B1 和基极 B2 之间的 N 型区域可以等效为一个纯电阻器，即基区电阻器，该电阻器的阻值随着发射极电流的变化而改变。

双基极二极管广泛应用于各种振荡器、定时器和控制器电路中。常用的双基极二极管有 BT31 系列、BT32 系列和 BT33 系列。

3．磁敏二极管

磁敏二极管是一种磁－电转换半导体器件，它比霍尔元件的探测灵敏度高，且具有体积小、响应快、无触点、输出功率大及线性好的优点。

重要提示

磁敏二极管可以在较弱的磁场作用下，产生较高的输出电压，并随着磁场方向的变化同步输出变化的正、负电压。

磁敏二极管在磁力探测、电流测量、无触点开关、位移测量、转速测量、无电刷直流电动机的自动控制等各种自动化设备上得到广泛的应用。

常用的磁敏二极管有 2DCM 系列和 2ACM 系列。

在电路中，给磁敏二极管加上正电压，即 P^+ 区接直流工作电压正电极，N^+ 区接直流工作电压负电极。关于磁敏二极管工作原理主要说明下列 3 种情况。

（1）在没有外加磁场时，如图 13-28 所示，这时磁敏二极管有固定的阻值，磁敏二极管呈稳定状态。

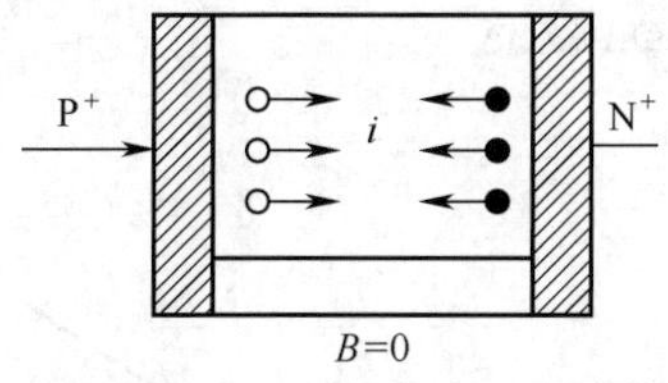

图 13-28　没有外加磁场示意图

（2）在正向磁场的作用下，如图 13-29 所示，此时磁敏二极管的正向电流减小，电阻增大。

（3）在反向磁场的作用下，如图 13-30 所示，此时磁敏二极管的正向电流增大，电阻减小。

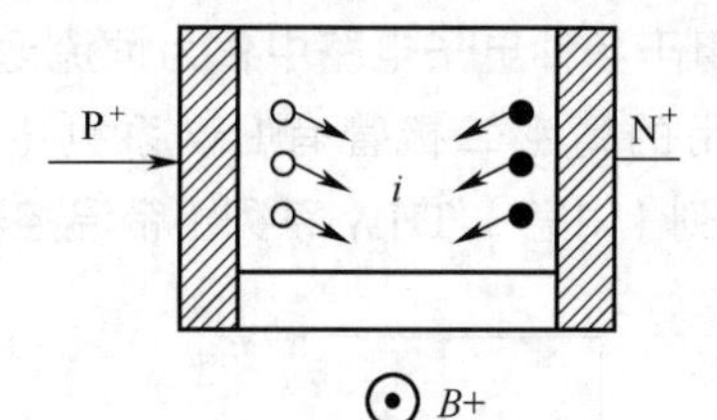

图 13-29　正向磁场的作用示意图

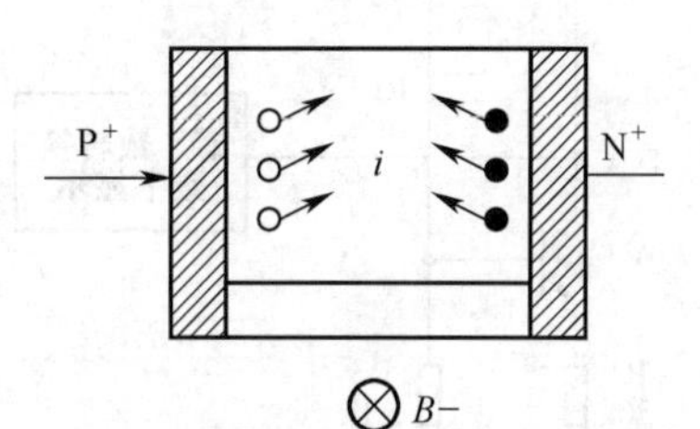

图 13-30　反向磁场的作用示意图

重要提示

从以上的工作过程可知，由于磁敏二极管在正、负磁场作用下，其输出信号增量的方向不同，因此利用这一点可以判别磁场方向。

4．温敏二极管

在一定偏置电流下，温敏二极管 PN 结的压降是温度的函数，这个函数的曲线近似为直线。温度每升高 1℃，温敏二极管 PN 结正向压降就下降 2mV。

用于测温的温敏二极管，不宜使用锗材料制作，因为锗二极管的反向电流大、线性度差。用于制造温敏二极管的半导体材料大多选用硅及砷化镓材料。

图 13-31 所示是由温敏二极管 VD1 担任测温元件的数字式温度计电路。它主要由 A/D(模 / 数) 转换器、显示器等电路构成。

当温度高低变化时，电路中 A 点的电压大小也相应变化，这样通过温敏二极管 VD1 将温度变化转换成电压变化。这一电压信号再加到模 / 数转换电路等电路中，进行数字式温度显示。

5．精密二极管

精密二极管简称 PD，它是一种具有稳定电压和稳定电流功能的高精度二极管，它的工作温度适应范围较宽、线性好、稳定性非常高，主要应用于各种电子电路中作为恒流源或恒压源。常用的精密二极管有HW系列（单管）、SHW系列（对管）、THW系列（带温控器）等。

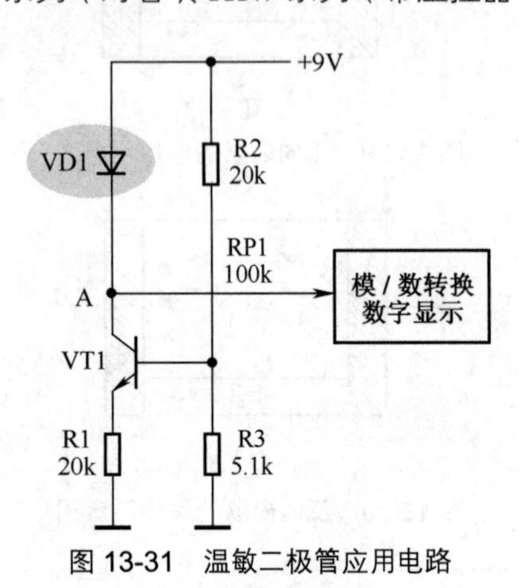

图 13-31　温敏二极管应用电路

6. 补偿二极管

补偿二极管是一种具有良好的温度特性和稳压特性的半导体二极管，广泛应用于各种半导体收音机、音响系统和通信设备中作温度补偿及电源降压补偿。常用的补偿二极管有2CB系列等，2CB系列补偿二极管采用环氧树脂陶瓷圆片封装。

7. 光敏二极管

光敏二极管是由一个PN结构成的硅二极管，也具有单向导电特性。但是它与普通二极管不同的是，它工作在反向偏置电压下。

重要提示

光敏二极管的管芯没有光照时，电阻大，反向电流只有几至几百微安，这种电流叫作暗电流。

在受到光线照射时，由于光激发，在反向电压作用下，形成较大的反向电流，这种电流叫作光电流，有光照时光敏二极管的电阻小。

光的强度越大，产生的光电流也越大，当在外电路接上负载时，光电流就在负载上产生电压降，光信号就转换成电信号。

光敏二极管的结构与一般二极管相似，它装在透明玻璃外壳中，它的PN结装在管顶，可直接受光照射。图13-32是光敏二极管结构示意图。

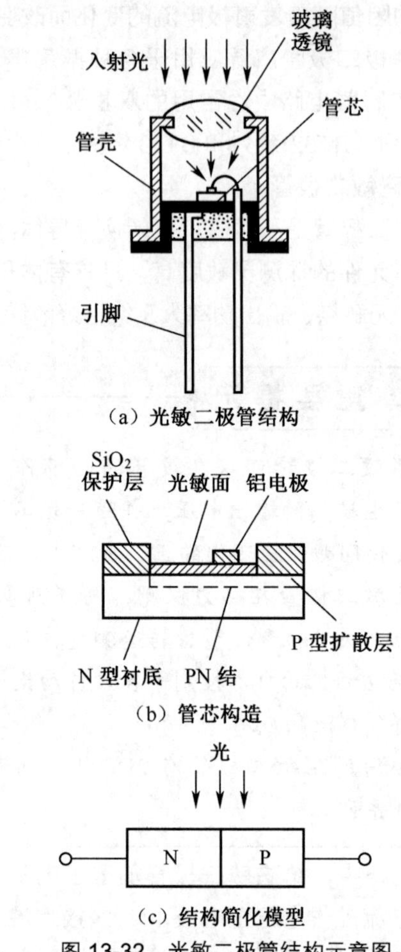

图 13-32　光敏二极管结构示意图

光敏二极管基本特性很多，如光谱特性、伏-安特性、温度特性等，图13-33所示是光敏二极管光照特性曲线。从图中可以看出，光敏二极管的光照特性曲线线性比较好。

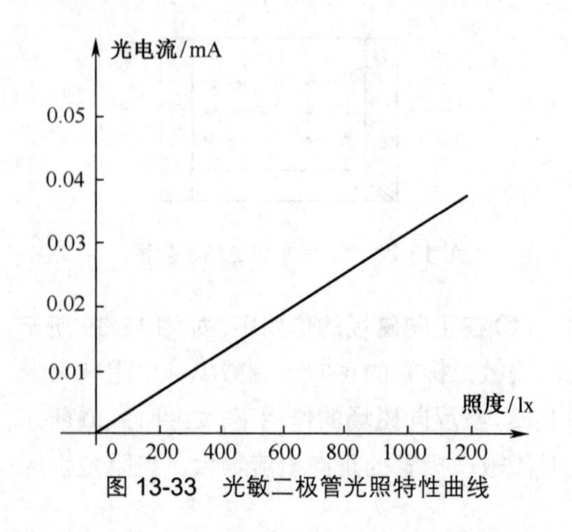

图 13-33　光敏二极管光照特性曲线

图 13-34 所示是光敏二极管典型应用电路。电路中，VD1 是光敏二极管，它工作在反向偏置电压下，光线强度不同时将引起工作电流 I_0 的大小变化，在电阻器 R1 上得到大小变化的输出信号电压。

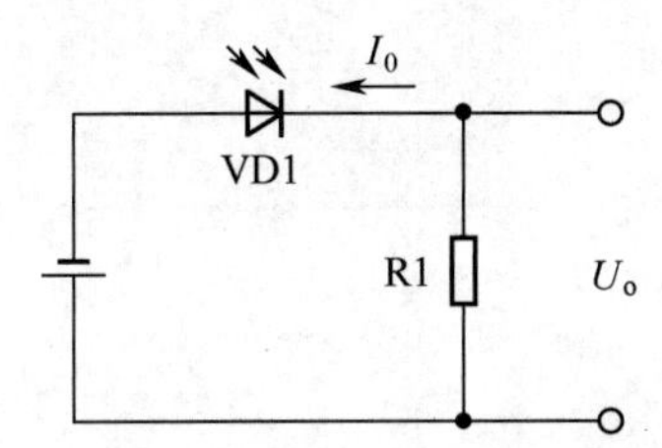

图 13-34　光敏二极管典型应用电路

重要提示

除光敏二极管外还有光敏三极管。光敏二极管的光电流小，输出特性线性度好，响应快。

光敏三极管的光电流大，输出特性线性度较差，响应慢。

一般要求灵敏度高、工作频率低的开关电路选用光敏三极管，而要求光电流与照度成线性关系或要求在高频率下工作时应采用光敏二极管。

第14章 三极管基础知识和直流电路分析

14.1 三极管基础知识

重要提示

讲起电子电路、电子元器件当然离不开“主角”三极管。电路中的许多元器件也都是为三极管服务的。

值得提醒的是：虽然三极管的主要功能是放大电信号，但是电子电路中的许多三极管并不是用来放大电信号，而是起信号控制、处理等多种多样的作用，这样的三极管电路分析难度较大。

图14-1(a)是三极管实物图。三极管有3根引脚：即基极(B)、集电极(C)和发射极(E)，各引脚不能相互代用。

(a) 三极管实物图

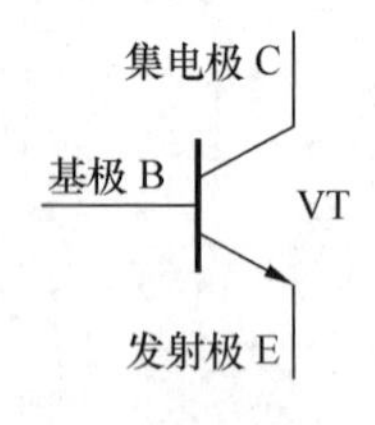

(b) 电路图形符号

图14-1 三极管实物图和电路图形符号

3根引脚中，基极是控制引脚，基极电流大小控制着集电极和发射极电流的大小。基极电流最小，且远小于另外两根引脚的电流，发射极电流最大，集电极电流略小于发射极电流。

14.1.1 三极管种类和外形特征

1. 三极管种类

三极管是一个“大家族”，品种齐全。三极管按极性划分有两种：NPN型三极管（常用三极管）和PNP型三极管。三极管种类说明见表14-1。

（1）低频小功率三极管。低频小功率三极管一般指特征频率在3MHz以下、功率小于1W的三极管，一般用于小信号放大。

（2）高频小功率三极管。高频小功率三极管一般指特征频率大于3MHz、功率小于1W的三极管，主要用于高频振荡、放大电路中。

（3）低频大功率三极管。低频大功率三极管指特征频率小于3MHz、功率大于1W的三极管。低频大功率三极管品种比较多，主要应用于电子音响设备的低频功率放大电路中，在各种大电流输出稳压电源中作为调整管。

（4）高频大功率三极管。高频大功率三极管指特征频率大于3MHz、功率大于1W的三极管，主要用于通信等设备中进行功率驱动、放大。

（5）开关三极管。开关三极管是利用控制饱和区、截止区相互转换而工作的。开关三极管的开关过程需要一定的响应时间，开关响应时间的长短反映了三极管开关特性的好坏。

表 14-1　三极管种类说明

划分方法及名称		说　明
按极性划分	NPN 型三极管	这是目前常用的三极管，电流从集电极流向发射极
	PNP 型三极管	电流从发射极流向集电极。它通过电路图形符号与 NPN 型三极管区别，两者的不同之处是发射极的箭头方向不同
按材料划分	硅三极管	简称为硅管，这是目前常用的三极管，工作稳定性好
	锗三极管	简称为锗管，反向电流大，受温度影响较大
按极性和材料组合划分	PNP 型硅管	最常用的是 NPN 型硅管
	NPN 型硅管	
	PNP 型锗管	
	NPN 型锗管	
按工作频率划分	低频三极管	工作频率比较低，用于直流放大器、音频放大器电路
	高频三极管	工作频率比较高，用于高频放大器电路
按功率划分	小功率三极管	输出功率很小，用于前级放大器电路
	中功率三极管	输出功率较大，用于功率放大器输出级或末级电路
	大功率三极管	输出功率很大，用于功率放大器输出级
按封装材料划分	塑料封装三极管	小功率三极管常采用这种封装
	金属封装三极管	一部分大功率三极管和高频三极管采用这种封装
按安装形式划分	普通方式三极管	大量的三极管采用这种形式，3 根引脚通过电路板上的引脚孔伸到背面铜箔电路上，用焊锡焊接
	贴片三极管	三极管引脚非常短，三极管直接装在电路板铜箔电路一面，用焊锡焊接
按用途划分	放大管、开关管、振荡管等	用来构成各种功能电路

（6）差分对管。差分对管是把两只性能一致的三极管封装在一起的半导体器件，它能以最简单的方式构成性能优良的差分放大器。

（7）复合三极管。复合三极管是分别选用各种极性的三极管进行复合连接。在组合复合三极管时，不管选用什么样的三极管，这些三极管都按照一定的方式连接，可以看成是一个高 β 的三极管。

重要提示

组合复合三极管时，应注意第一只管子的发射极电流方向必须与第二只管子的基极电流方向相同。复合三极管的极性取决于第一只管子。复合三极管的最大特点是电流放大倍数很高，所以多用于较大功率输出电路中。

2．三极管外形特征

目前用得最多的是塑料封装三极管，其次为金属封装三极管。**关于三极管的外形特征主要说明以下几点。**

（1）一般三极管只有3根引脚，它们不能相互代替。这3根引脚可以按等腰三角形分布，也可以按一字形排列，各引脚的分布规律在不同封装类型的三极管中不同。

（2）三极管的体积有大有小，一般功率放大管的体积较大，且功率越大其体积越大。体积大的三极管约有手指般大小，体积小的三极管只有半个黄豆大小。

（3）一些金属封装的功率三极管只有两根引脚，它的外壳是集电极，即第三根引脚。有的金属封装高频放大管有4根引脚，第四根引脚接外壳，这一引脚不参与三极管内部工作，接电路中的地线。如果是对管，即外壳内有两只独立的三极管，则有6根引脚。

（4）有些三极管外壳上需要加装散热片，这主要是功率放大管。

3．熟悉常用三极管

常用三极管说明见表14-2。

表14-2　常用三极管说明

实物图及名称	说　明
金属封装大功率三极管	大功率三极管是指它的输出功率比较大，用来对信号进行功率放大。通常情况下，三极管输出的功率越大，其体积越大。 这是金属封装大功率三极管，体积较大，结构为帽子形状，帽子顶部用来安装散热片，其金属的外壳本身就是一个散热部件，两个孔用来固定三极管。 这种金属封装的三极管只有基极和发射极两根引脚，集电极就是三极管的金属外壳
塑料封装大功率三极管	这是塑料封装大功率三极管，它有3根引脚，在顶部有一个开孔的小散热片。因为大功率三极管的功率比较大，三极管容易发热，所以要设置散热片，根据这一特征也可以分辨是不是大功率三极管
塑料封装小功率三极管	这是塑料封装小功率三极管，也是电子电路中用得最多的三极管，它的具体形状有许多种，3根引脚的分布也不同。 小功率三极管在电子电路中主要用来放大信号电压和做各种控制电路中的控制器件
金属封装三极管	这是金属封装的三极管

续表

实物图及名称	说　明
 金属封装高频三极管	这是金属封装高频三极管，所谓高频三极管就是它的工作频率很高。高频三极管采用金属封装，其金属外壳可以起到屏蔽的作用
 带阻尼管的三极管	这是带阻尼管的三极管，它将阻尼二极管和电阻封装在管壳内。三极管内的基极和发射极之间还接入了一只25Ω的小电阻。 将阻尼二极管设在行输出管的内部，减小了引线电阻，有利于改善行扫描线性和减小行频干扰。基极与发射极之间接入电阻以适应行输出三极管工作在高反向耐压状态
 带阻三极管	带阻三极管是一种内部封装有电阻器的三极管，它主要构成中速开关管，这种三极管又叫作反相器或倒相器。 带阻三极管按照三极管的极性划分有PNP型和NPN型两种，按照内置几只电阻分，有含R1和R2两种电阻器的带阻三极管和只含一只电阻器R1的带阻三极管。按照封装形式分，有SOT-23型、TO-92S型、M型等多种带阻三极管
 达林顿三极管	达林顿三极管又称达林顿结构的复合管，有时简称复合管。这种复合管由内部的两只输出功率大小不等的三极管按一定接线规律复合而成。 根据内部两只三极管复合的不同可构成4种具体的达林顿三极管，同时管内还会有电阻。它主要作为功率放大管和电源调整管
 贴片三极管	贴片三极管与其他贴片器件一样，它的3根引脚非常短，它安装在电路板的铜箔电路一面。 这是一只封装形式为TO-263的大功率贴片三极管
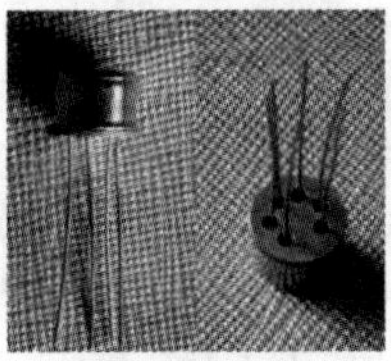 差分对管	差分对管又称双三极管，它是将两只性能、参数相同的三极管封装在一起构成的电子器件，一般用在音频放大器或仪器、仪表的输入电路中作为差分放大管。 在差分放大器中，要求两只三极管的性能、参数最好完全相同，这样差分放大器的性能才非常优越，如果使用两只同型号的三极管来构成差分放大器，由于三极管制造过程中的离散性，两只三极管性能、参数很难做到非常相近，实际使用中还要进行三极管参数的配对，而且性能、参数还很难保证高度的一致性，为此出现了差分对管。 由于差分对管在同一环境下生产，所以差分对管中两只三极管的性能一致性要比分别制造两只同型号三极管要好得多。图示是硅差分对管实物图，如S3DG3C、S3DG3D

续表

实物图及名称	说　明
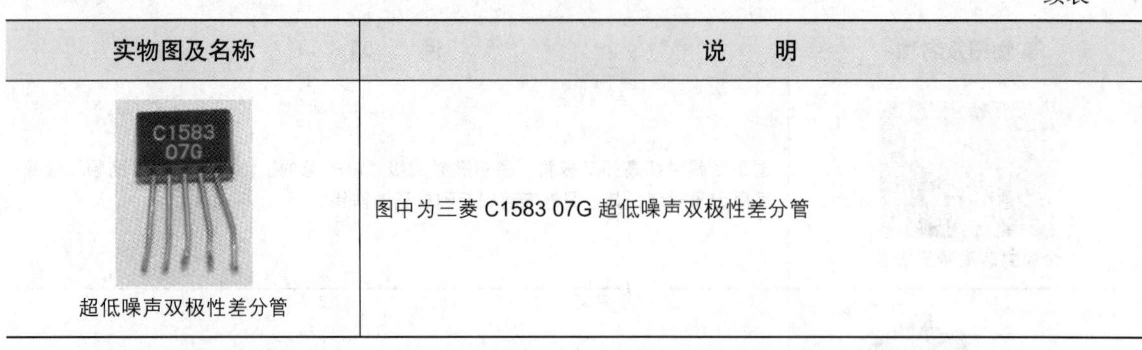 超低噪声双极性差分管	图中为三菱 C1583 07G 超低噪声双极性差分管

4．熟悉电路板上的三极管

图 14-2 所示是电路板上的三极管。从图中可以看出，这块电路板上的三极管采用的是立式安装方式。

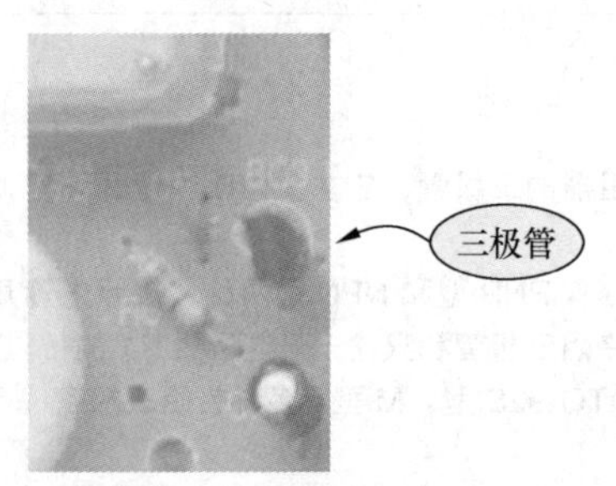

图 14-2　电路板上的三极管

14.1.2　三极管电路图形符号

1．两种极性三极管电路图形符号

（1）NPN 型三极管电路图形符号。图 14-3 所示是 NPN 型三极管电路图形符号，电路图形符号表示了三极管的 3 个电极，VT1 表示三极管，过去用 T 表示。

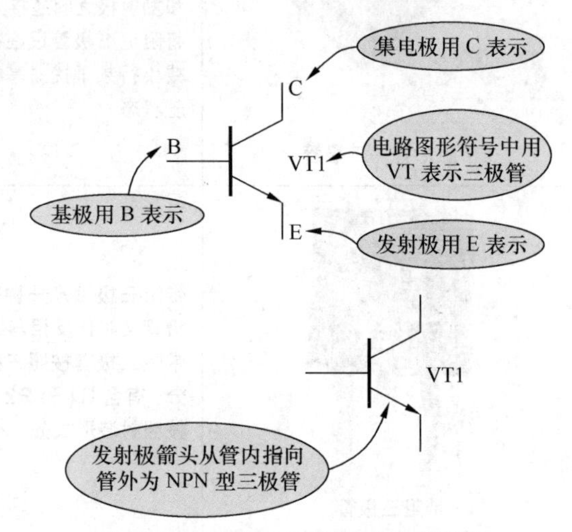

图 14-3　NPN 型三极管电路图形符号

（2）PNP 型三极管电路图形符号。图 14-4 所示是 PNP 型三极管电路图形符号，它与 NPN 型三极管电路图形符号的不同之处是发射极箭头方向不同。

图 14-4　PNP 型三极管电路图形符号

2．三极管电路图形符号中的识图信息说明

图 14-5 所示是根据三极管电路图形符号记忆 3 个电极的方法。

重要提示

PNP 型三极管电路图形符号中的发射极箭头朝管内，而 NPN 型三极管电路图形符号中的发射极箭头朝管外，以此可以方便地区别电路中这两种极性的三极管。

重要提示

电子元器件的电路图形符号中包含了一些识图信息，三极管电路图形符号中的识图信息比较丰富，掌握这些识图信息能够轻松地分析三极管电路的工作原理。

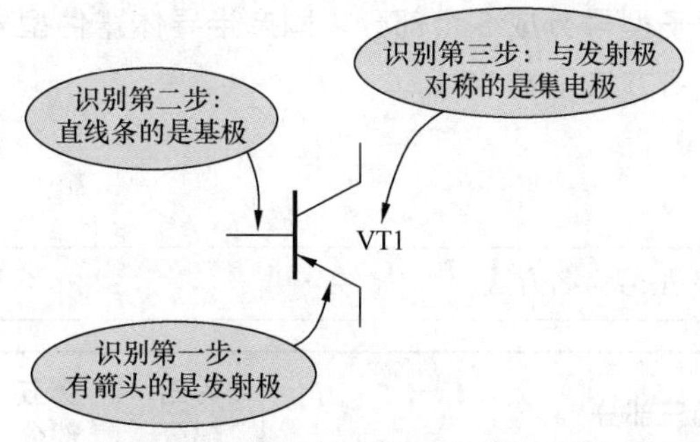

图 14-5　根据三极管电路图形符号记忆3个电极的方法

（1）NPN 型三极管电路图形符号识图信息

图 14-6 是 NPN 型三极管电路图形符号识图信息示意图，电路图形符号中发射极箭头的方向指明了三极管 3 个电极的电流方向，分析三极管直流电压时，这个箭头指示方向非常有用。

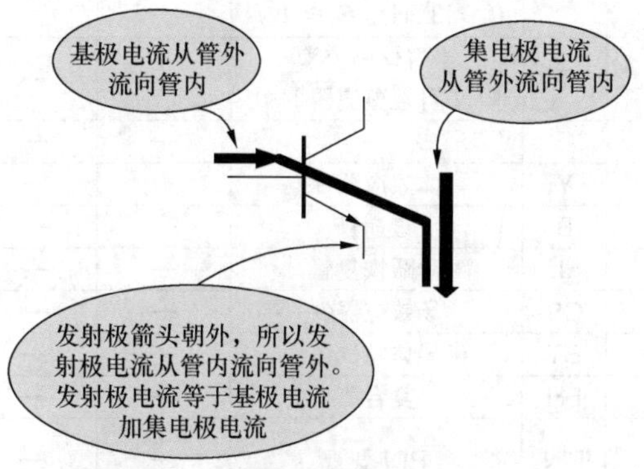

图 14-6　NPN 型三极管电路图形符号识图信息示意图

重 要 提 示

判断各电极的电流方向时，首先根据发射极箭头方向确定发射极电流的方向，再根据基极电流加集电极电流等于发射极电流，判断基极和集电极电流方向。

（2）PNP 型三极管电路图形符号识图信息

图 14-7 是 PNP 型三极管电路图形符号识图信息示意图，根据电路图形符号中的发射极箭头方向可以判断出 3 个电极的电流方向。

注意，判断各电极电流方向时要记住，流入三极管内的电流应该等于流出三极管的电流，三极管内部不能存放电荷。

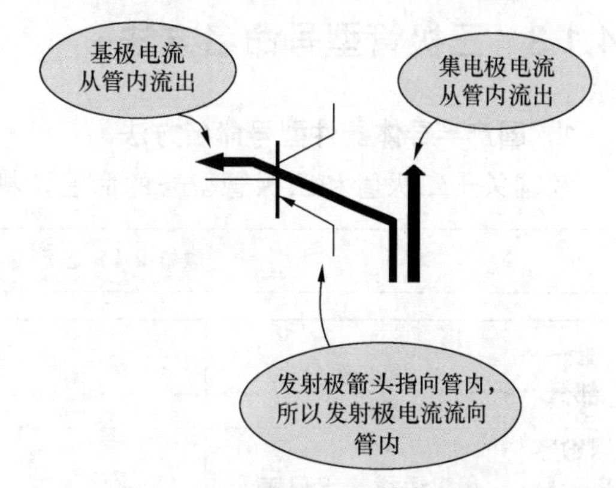

图 14-7　PNP 型三极管电路图形符号识图信息示意图

3．其他几种三极管电路图形符号

其他几种三极管电路图形符号说明见表 14-3。

表 14-3　其他几种三极管电路图形符号说明

电路图形符号及名称		说　　明
T	旧 NPN 型三极管电路图形符号	旧三极管电路图形符号外面有个圆圈，电路图中用字母 T 表示
T	旧 PNP 型三极管电路图形符号	两种不同极性三极管的电路图形符号主要的不同之处是发射极箭头方向不同，NPN 型三极管发射极箭头方向朝管外，PNP 型三极管发射极箭头方向朝管内
VT	新 PNP 型三极管电路图形符号	新 PNP 型三极管电路图中，用 VT 表示

4．熟悉实际电路中的三极管电路图形符号

图 14-8 所示是三极管放大器，电路中的 VT1 和 VT2 是三极管。

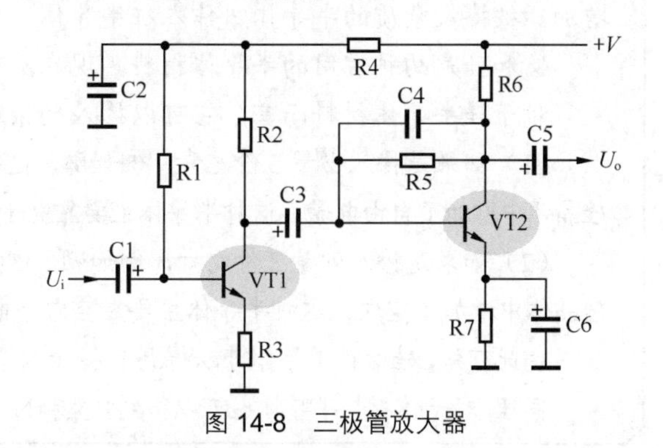

图 14-8　三极管放大器

14.1.3 三极管型号命名方法

1．国产半导体器件型号命名方法

我国关于二极管和三极管型号的命名，将管子型号分成5个部分，国产半导体器件型号命名方法见表14-4。

表14-4 国产半导体器件型号命名方法

第一部分		第二部分		第三部分				第四部分	第五部分
用数字表示器件的电极数目		用汉语拼音字母表示器件的材料和极性		用汉语拼音字母表示器件的类型				用数字表示器件序号	用汉语拼音字母表示区别代号
符号	含义	符号	含义	符号	含义	符号	含义		
2	二极管	A	N型，锗材料	P	普通管	D	低频大功率管（f_a<3MHz，$P_c \geqslant$ 1W）	—	—
		B	P型，锗材料	V	微波管			—	—
		C	N型，硅材料	W	稳压管	A	高频大功率管（$f_a \geqslant$ 3MHz，$P_c \geqslant$ 1W）	—	—
		D	P型，硅材料	C	参量管	T	半导体闸流管（可控整流器）	—	—
3	三极管	A	PNP型，锗材料	Z	整流器		—	—	—
		B	NPN型，锗材料	L	整流堆	Y	体效应器件	—	—
		C	PNP型，硅材料	S	隧道管	B	雪崩管	—	—
		D	NPN型，硅材料	N	阻尼管	J	阶跃恢复管	—	—
		E	化合物材料	U	光电器件	CS	场效应器件	—	—
		—	—	K	开关管	BT	半导体特殊器件	—	—
				X	低频小功率管	FH	复合管	—	—
				D	低频小功率管（f_a<3MHz,P_c<1W）	PIN	PIN型管	—	—
		—	—	G	高频小功率管（$f_a \geqslant$ 3MHz, P_c<1W）	JG	激光器件	—	—

重要提示

实验证明，在金属导体中掺入千分之一的杂质对它的导电性能的影响是微不足道的，但是对于半导体材料则情况完全不同，只要掺入万分之一的杂质，它的导电能力就有10多倍的增加。被掺入杂质的半导体叫作本征半导体。

锗和硅是两种常用的半导体材料，现在更多地使用硅半导体材料制成各种半导体器件。

对于硅半导体材料而言，它可以掺入的杂质分为两种。

（1）如果是掺入少量5价元素，例如磷，这样，磷原子掺入硅晶体的结果是，在常温下就会在硅晶体中增加了自由电子，这种半导体主要靠电子导电，被称为N型半导体或电子型半导体。

（2）如果是掺入少量3价元素，例如硼，这样，硼原子掺入硅晶体的结果是，在常温下就会在硅晶体中增加了空穴，这种半导体主要靠空穴导电，被称为P型半导体或空穴型半导体。

由此可知，硅材料半导体可以得到P型和N型两种类型的半导体，即硅材料P型和硅材料N型。同理，对于锗材料半导体也可以得到P型和N型两种类型的半导体。这样，一共有4种半导体材料。

对国产三极管的型号命名方法说明以下两点。

（1）从型号中可以知道三极管的极性、材料和类型。

（2）三极管型号中用 3 开头，表示该器件是三极管。

三极管型号解读举例：图 14-9 所示是 3AD50C 三极管，型号中的 3 表示三极管，A 表示 PNP 型锗材料，D 表示低频大功率管，50C 是序号和区别代号，所以这是一只 PNP 型锗材料的低频大功率三极管。

2．日本产半导体器件型号命名方法

日本产半导体器件型号命名方法见表 14-5。

图 14-9　三极管型号

表 14-5　日本产半导体器件型号命名方法

<table>
<tr><th colspan="2">第一部分</th><th colspan="2">第二部分</th><th colspan="2">第三部分</th><th>第四部分</th><th>第五部分</th></tr>
<tr><th colspan="2">用数字表示器件的电极数目</th><th colspan="2">用字母表示半导体器件</th><th colspan="2">用拉丁字母表示器件的结构和类型</th><th rowspan="2">用 2～3 位数字表示器件登记顺序号</th><th rowspan="2">用拉丁字母表示同一种型号器件的改进型</th></tr>
<tr><th>符号</th><th>含义</th><th>符号</th><th>含义</th><th>符号</th><th>含义</th></tr>
<tr><td>0</td><td>光电器件</td><td rowspan="11">S</td><td rowspan="11">半导体器件</td><td rowspan="2">A</td><td rowspan="2">高频 PNP 型快速开关三极管</td><td rowspan="11">—</td><td rowspan="11">—</td></tr>
<tr><td>1</td><td>二极管</td></tr>
<tr><td>2</td><td>三极管</td><td>B</td><td>低频大功率 PNP 型三极管</td></tr>
<tr><td rowspan="8">3</td><td rowspan="8">有 3 个 PN 结的器件</td><td>C</td><td>高频及快速开关 NPN 型三极管</td></tr>
<tr><td>D</td><td>低频大功率 NPN 型三极管</td></tr>
<tr><td>F</td><td>P 控制极晶闸管</td></tr>
<tr><td>G</td><td>N 控制极晶闸管</td></tr>
<tr><td>H</td><td>N 基极单结管</td></tr>
<tr><td>J</td><td>P 沟道场效应管</td></tr>
<tr><td>K</td><td>N 沟道场效应管</td></tr>
<tr><td>M</td><td>双向晶闸管</td></tr>
</table>

型号解读举例：2SA53 表示高频 PNP 型三极管，1S92 表示半导体二极管。

重要提示

（1）在日本产品体管中，型号第一部分的数字表示的是 PN 结数量，因为三极管中有两个 PN 结，所以三极管型号中用 2 表示，二极管因为只有一个 PN 结而用 1 表示，这一点与国产晶体管有明显的不同。

（2）一般型号中共有 5 个部分，但有的会出现 7 部分，其第六部分和第七部分各公司是不相同的。

（3）第二部分用大写字母 S 表示，只要是在日本电子工业协会注册的器件，均要用 S 表示。

（4）第三部分用大写字母表示器件的极性和类型，这一点也与我国的型号有所不同。

（5）第四部分用两位以上的整数表示登记号，它不表示具体的性能、参数等，但有一点是明确的，序号大的是最新产品。

（6）第五部分用大写字母表示改进产品。

（7）有时在三极管上采用省略标注方法，即将 2 S 省略去，只从第三部分开始标注。

（8）型号中没有表示出器件的材料，这一点是与我国不同的。

（9）P_{CM} > 1W 的三极管被称为大功率三极管。

（10）低频类三极管中也有工作频率较高的三极管，所以不要认为 2SB、2SD 类三极管都是低频三极管。

3．美国半导体器件型号命名方法

美国半导体器件型号命名方法见表 14-6。

表 14-6　美国半导体器件型号命名方法

第一部分		第二部分		第三部分		第四部分		第五部分	
用符号表示器件的等级		用数字表示 PN 结数目		用字母表示注册标志		用数字表示器件登记序号		用字母表示同一器件的不同档次	
符号	含义	符号	含义	符号	含义	符号	含义	符号	含义
J	军品	1	二极管	N	该元器件已在美国电子工业协会注册登记	2 ～ 4 位数字	登记顺序号	A、B、C…	表示器件改进型
无	非军品	2	三极管						
		3	四极管						

型号解读举例：1N4148 表示开关二极管，2N3464 表示高频大功率 NPN 型硅管。

4．半导体器件型号命名方法

由于目前欧洲各国没有明确统一的标准半导体器件型号命名方法，半导体器件的型号一般由 4 个部分组成，其基本含义见表 14-7。

重要提示

补充说明：欧洲半导体器件型号除以上基本组成部分外，为进一步标明器件的特性，或对器件进一步分类，有时还加有后缀，后缀用破折号与基本部分分开。

表 14-7　国际电子联合会半导体器件型号命名方法

第一部分		第二部分				第三部分		第四部分	
用字母表示器件使用的材料		用字母表示器件的类型及主要特性				用数字或字母加数字表示登记号		用字母表示对同一型号器件的改进	
符号	含义	符号	含义	符号	含义	符号	含义	符号	含义
A	锗材料	A	检波二极管、开关二极管、混频二极管	P	光敏器件	3 位数字	代表半导体器件的登记序号（同一类型器件使用一个登记号）	A B C D E	表示同一型号的半导体器件在某一参数方面的分挡标志
B	硅材料	B	变容二极管	Q	发光器件				
C	砷化镓	C	低频小功率三极管	R	小功率晶闸管				
D	锑化铟	D	低频大功率三极管	S	小功率开关管				
R	复合材料	E	隧道二极管	T	大功率晶闸管				
—	—	F	高频小功率三极管	U	大功率开关管	一个字母两位数字	代表专用半导体器件的登记序号（同一类型器件使用一个登记号）		
—	—	G	复合器件、其他器件	X	倍增二极管				
—	—	H	磁敏二极管	Y	整流二极管				
—	—	K	霍尔器件	Z	稳压二极管				
—	—	L	高频大功率三极管	—	—				

14.1.4　三极管结构和基本工作原理

1．三极管结构

（1）NPN 型三极管结构。图 14-10 是 NPN 型三极管结构示意图，三极管由 3 块半导体构成，即由两块 N 型和一块 P 型半导体组成，P 型半导体在中间，两块 N 型半导体在两侧，这两块半导体所引出的电极名称如图中所示。

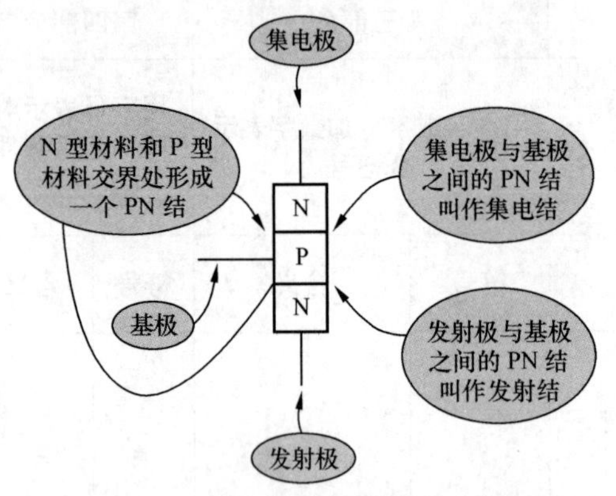

图 14-10　NPN 型三极管结构示意图

在 P 型和 N 型半导体的交界面处形成两个 PN 结，这两个 PN 结与前面介绍的二极管 PN 结具有相似的特性。

（2）PNP 型三极管结构。图 14-11 是 PNP 型三极管结构示意图，它与 NPN 型三极管基本相似，只是用了两块 P 型半导体，一块 N 型半导体，也形成了两个 PN 结，但极性不同。

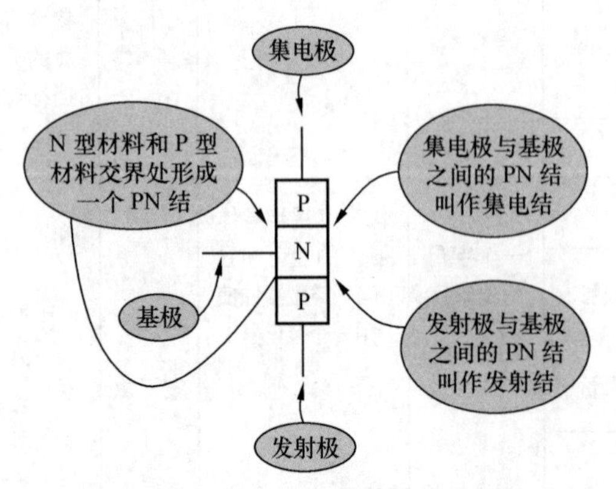

图 14-11　PNP 型三极管结构示意图

2．三极管 3 个电极的电流

三极管共有 3 个电极，各电极的电流分别是：基极电流，用 I_B 表示；集电极电流，用 I_C 表示；发射极电流，用 I_E 表示。

各电极电流之间的关系说明见表 14-8。无论是 NPN 型还是 PNP 型三极管，3 个电极电流之间关系相同，但是各电极电流方向不同。

表 14-8　三极管各电极电流之间关系说明

电流关系	示　意　图	说　　明
$I_C=\beta I_B$ 集电极与基极之间电流关系	I_B　I_C　I_E NPN 型 I_C　I_B　I_E PNP 型	β 为三极管电流放大倍数。 集电极电流是基极电流的 β 倍。三极管的电流放大倍数 β 一般大于几十，由此说明只要用很小的基极电流，就可以控制较大的集电极电流
$I_E=I_B+I_C=(1+\beta)I_B$ 3 个电极之间电流关系		3 个电流中，I_E 最大，I_C 其次，I_B 最小。I_E 和 I_C 相差不大，它们远比 I_B 大

3．三极管能够放大信号的理解方法

三极管具有电流放大作用，它是一个电流控制器件。

电流控制器件用很小的基极电流 I_B 来控制比较大的集电极电流 I_C 和发射极电流 I_E，没有 I_B 就没有 I_C 和 I_E。

在 $I_C=\beta I_B$ 中，β 是大于几十的，只要有一个很小的输入信号电流 I_B，就有一个很大的输出信号电流 I_C 出现。由此可见，三极管能够对输入电流进行放大。在各种放大器电路中，就是用三极管的这一特性来放大信号的。

重要提示

在三极管电路中，三极管的输出电流 I_C 或 I_E 是由直流电源提供的，基极电流 I_B 则是一部分由所要放大的信号源电路提供，另一部分也是由直流电源提供。

如果没有电流 I_B，三极管就处于截止状态，直流电源就不会为三极管提供 I_C 和 I_E，而 I_C 和 I_E 都是由直流电源直接提供的（除了 I_E 中很小的 I_B 是基极输入电流）。

基极电流 I_B 由两部分组成：直流电源提供的静态偏置电流和由信号源提供的信号电流。

由上述分析可知，三极管能将直流电源的电流按照输入电流 I_B 的要求（变化规律）转换成相应的电流 I_C 和 I_E，并不是对输入三极管的基极电流进行直接放大，从这个角度上讲三极管是一个电流转换器件，即用基极电流来控制直流电源流过三极管集电极和发射极的电流。图 14-12 是三极管电流控制作用示意图。

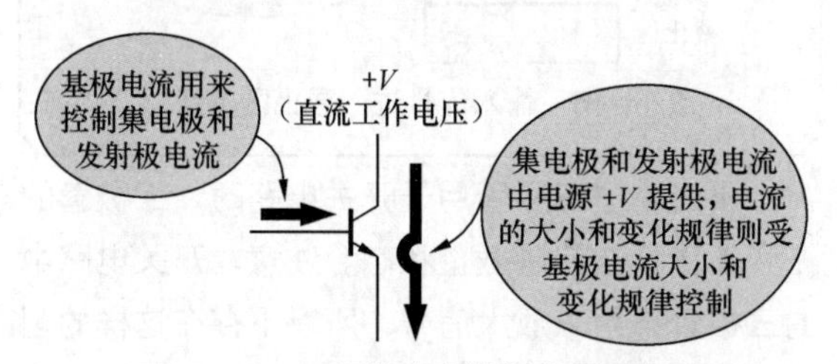

图 14-12　三极管电流控制作用示意图

重要提示

所谓三极管的电流放大作用，就是将直流电源的电流按输入电流 I_B 的变化规律转换成 I_C、I_E。由于基极电流 I_B 很小，而集电极电流 I_C 和发射极电流 I_E 很大，所以三极管具有电流放大作用。

4．三极管 3 种工作状态电流特征

三极管共有 3 种工作状态：截止状态、放大状态、饱和状态。用于不同目的的三极管其工作状态不同。

三极管 3 种工作状态定义和电流特征说明见表 14-9。

表 14-9　三极管工作状态定义和电流特征说明

工作状态	定义	电流特征	说　明
截止状态	集电极与发射极之间内阻很大	I_B = 0 或很小，I_C 和 I_E 也为零或很小	利用电流为零或很小的特征，可以判断三极管已处于截止状态
放大状态	集电极与发射极之间内阻受基极电流大小控制，基极电流大，其内阻小	$I_C = \beta I_B$，$I_E = (1+\beta) I_B$	有一个基极电流就有一个对应的集电极电流和发射极电流，基极电流能够有效地控制集电极电流和发射极电流
饱和状态	集电极与发射极之间内阻很小	各电极电流均很大，基极电流已无法控制集电极电流和发射极电流	电流放大倍数 β 已很小，甚至小于 1

14.1.5　三极管工作状态说明

1．信号的放大和传输

图 14-13 是三极管在共发射极放大器中的信号放大和传输示意图，经过三极管放大器的放大后，输出信号幅度增大。在共发射极放大器中，原来的输入信号正半周变成了输出信号的负半周，原来的输入信号负半周变成了输出信号的正半周。

2．信号的非线性失真

所谓非线性可以这样理解：给三极管输入一个标准的正弦信号，从三极管输出的信号已不是一个标准的正弦信号，输出信号与输入信号不同就是失真。图 14-14 所示是非线性失真信号波形示意图，其中输入信号是一个标准的正弦信号，可是经过放大器后的输出信号有一个半周产生了削顶。

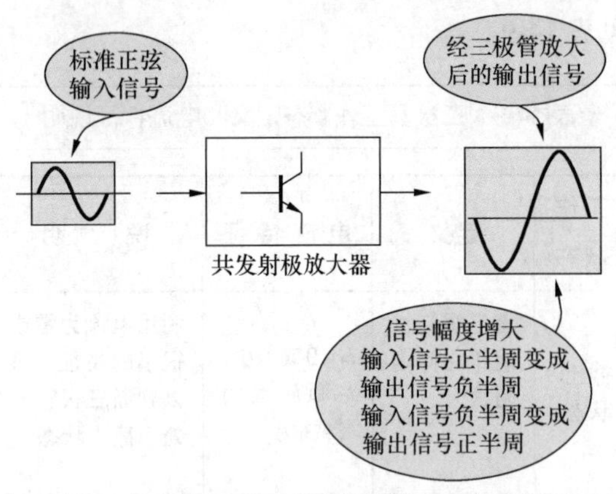

图 14-13　三极管在共发射极放大器中的信号放大和传输示意图

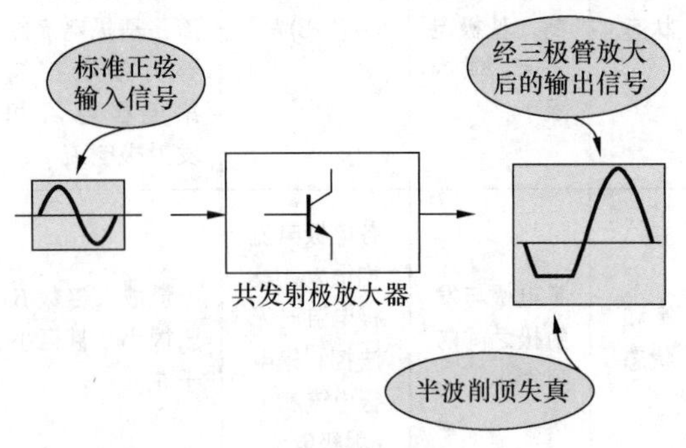

图 14-14　非线性失真信号波形示意图

重要提示

产生这一失真的原因是三极管的非线性，这在三极管放大器电路中是不允许的，需要通过三极管直流电路的设计加以减小和克服。

3．三极管截止工作状态

用来放大信号的三极管不应工作在截止状态。若部分输入信号进入了三极管特性的截止区，则输出信号会产生非线性失真。

如果三极管基极上输入信号的负半周进入三极管截止区，将引起削顶失真。注意，在共发射极放大器中，三极管基极上的负半周信号对应于三极管集电极的是正半周信号，所以三极管集电极输出信号的正半周被三极管的截止区去掉，如图 14-15 所示。

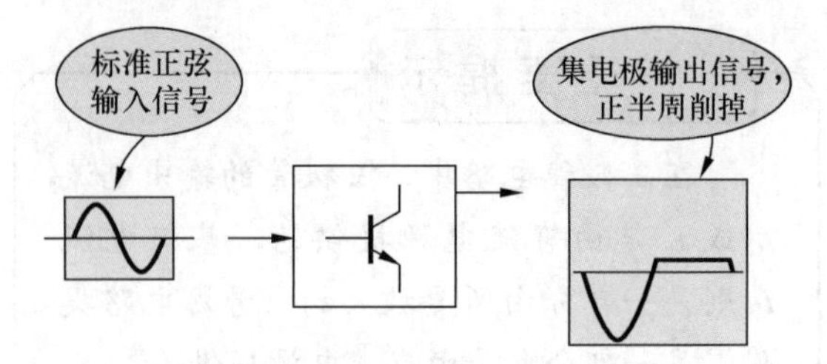

图 14-15　三极管截止区造成的削顶失真

重要提示

三极管截止区主要会引起三极管输入信号的负半周削顶失真，可以用图 14-16 所示三极管输入范围来说明。从图中可以看出，由于输入信号设置不恰当，其负半周信号的一部分进入三极管的截止区，这样负半周部分信号被削顶，出现非失真问题。

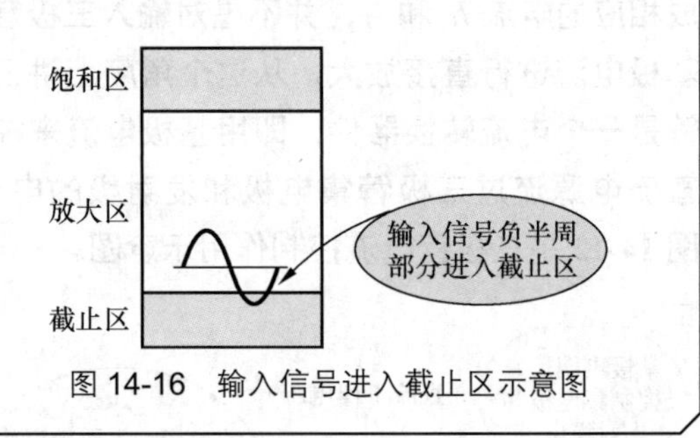

图 14-16　输入信号进入截止区示意图

不过，当三极管用于开关电路时，三极管的一个工作状态就是截止状态。注意，开关电路中的三极管不用来放大信号，所以不存在这样的削顶失真问题。

4．三极管放大工作状态

当三极管用来放大信号时，三极管工作在放大状态，输入三极管的信号进入放大区，如图 14-17 所示。这时的三极管是线性的，信号不会出现非线性失真。

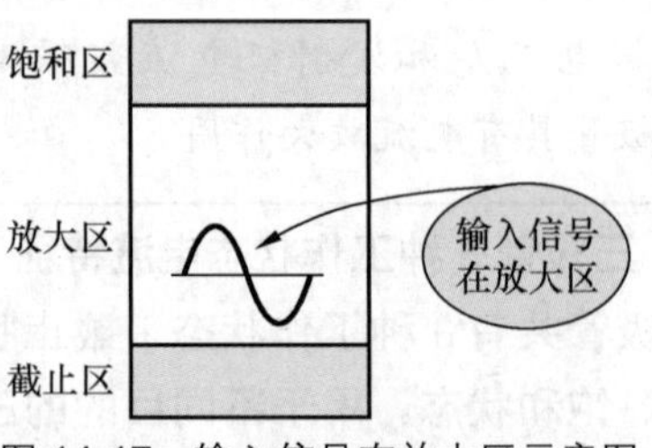

图 14-17　输入信号在放大区示意图

在放大状态下，$I_C = \beta I_B$ 中 β 的大小基本不

变，有一个基极电流就有一个与之相对应的集电极电流。β值基本不变是放大区的一个特征。

在线性状态下，给三极管输入一个正弦信号，三极管输出的也是正弦信号，此时输出信号的幅度比输入信号要大，如图14-18所示，说明三极管对输入信号已有了放大作用，但是正弦信号的特性未改变，所以没有非线性失真。

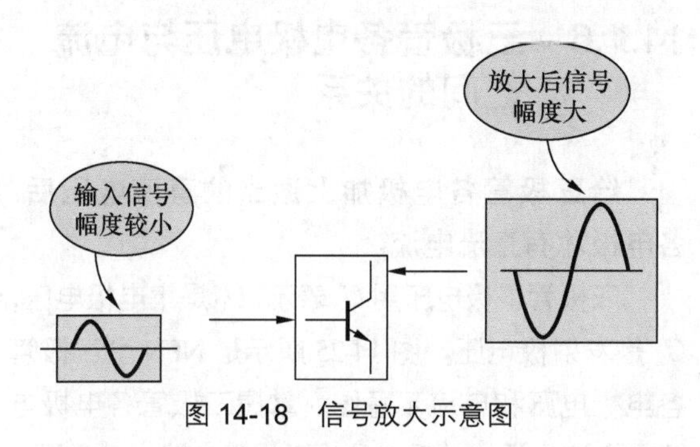

图14-18　信号放大示意图

重 要 提 示

输出信号的幅度变大，这也是一种失真，叫作线性失真，在放大器中这种线性失真是必要的，没有这种线性失真放大器就没有放大能力。显然，线性失真和非线性失真不同。

要想让三极管进入放大区，无论是NPN型三极管还是PNP型三极管，必须给三极管各个电极一个合适的直流电压，归纳起来是两个条件：给三极管的集电结加反向偏置电压，给三极管的发射结加正向偏置电压。图14-19所示是放大状态下两个PN结的偏置状态示意图。

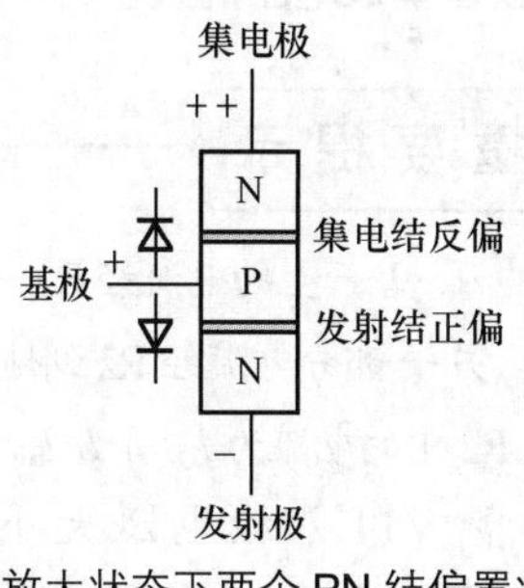

图14-19　放大状态下两个PN结偏置状态示意图

放大状态下，集电结反向偏置后，集电结内阻大，使三极管输出端的集电极电流不能流向三极管的输入端基极，如图14-20所示，使三极管进入正常放大状态。

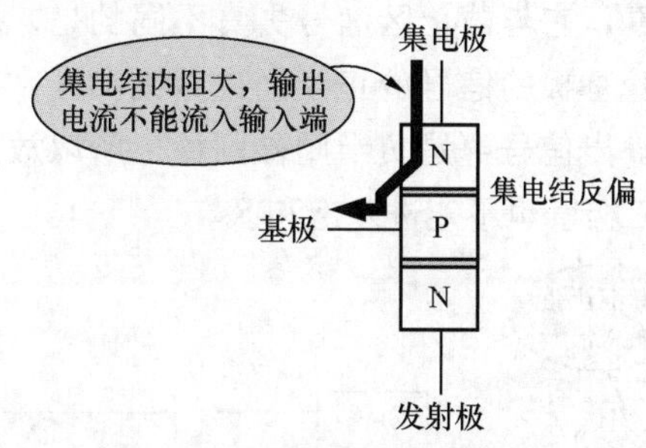

图14-20　集电结反偏后示意图

放大状态下，发射结正向偏置后，发射结内阻很小，使三极管基极输入信号电流通过导通的发射结流入三极管的发射极，如图14-21所示，使放大器进入正常放大状态。

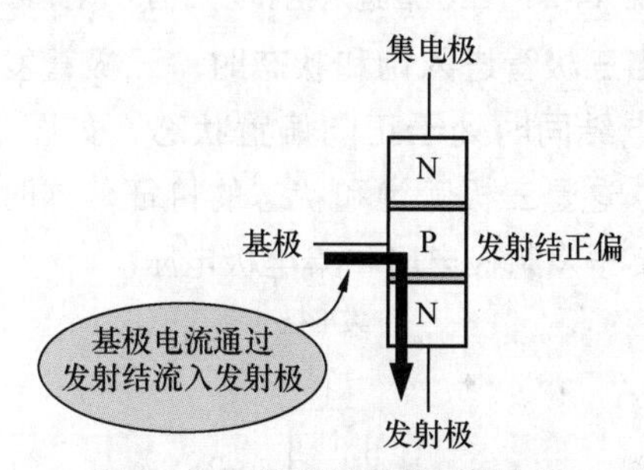

图14-21　发射结正偏后示意图

5．三极管饱和工作状态

三极管在放大工作状态的基础上，如果基极电流进一步增大许多，三极管将进入饱和状态，这时的三极管电流放大倍数β要下降许多，饱和得越深其β值越小，电流放大倍数β一直能到小于1的程度，这时三极管没有放大能力。

图14-22是输入信号正半周进入三极管饱和区示意图，通常是输入信号的正半周信号或是部分正半周信号进入三极管饱和区。

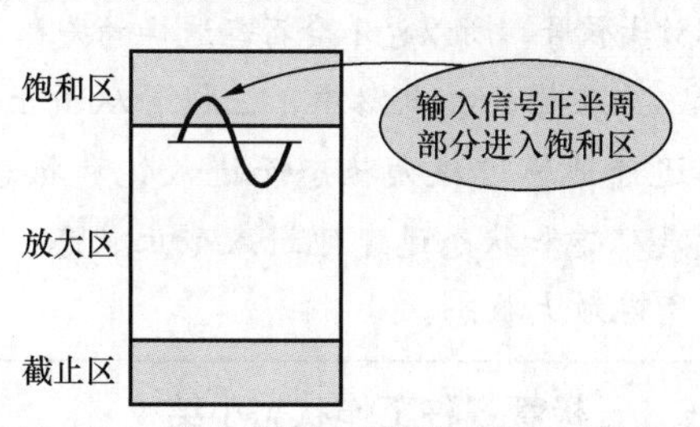

图14-22　输入信号正半周进入饱和区示意图

在三极管处于饱和状态时，输入三极管的信号要进入饱和区，这也是一个非线性区。图 14-23 所示是三极管进入饱和区后造成信号的失真，它与截止区信号失真不同的是，加在三极管基极的信号的正半周进入饱和区，在集电极输出信号中是负半周被削掉，所以放大信号时三极管也不能进入饱和区。

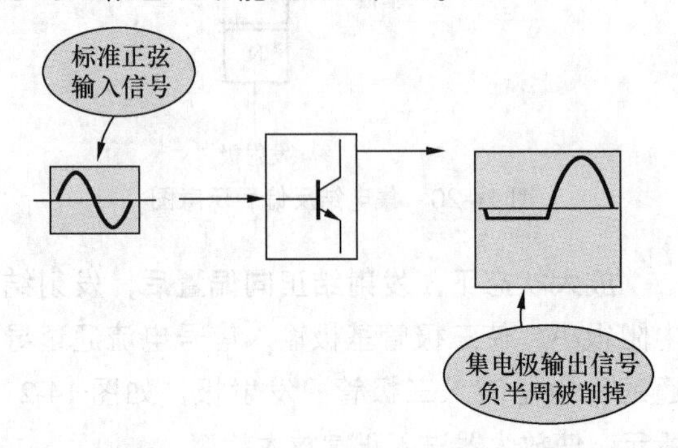

图 14-23　三极管进入饱和区后信号的失真

当三极管进入饱和状态时，三极管发射结和集电结同时处于正向偏置状态，如图 14-24 所示。这是三极管饱和状态的特征，这时基极电压高于发射极电压和集电极电压。

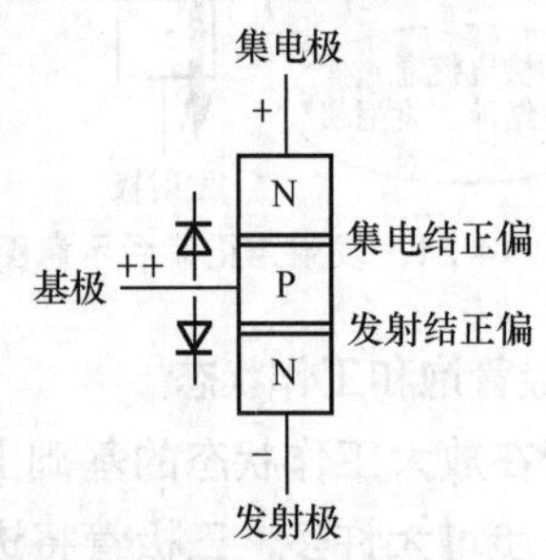

图 14-24　饱和状态下两个 PN 结偏置状态示意图

重要提示

在三极管开关电路中，三极管的另一个工作状态是饱和状态。由于三极管开关电路不放大信号，所以也不会存在这样的失真。

三极管开关电路中，三极管从截止状态迅速地通过放大状态而进入饱和状态，或是从饱和状态迅速地进入截止状态，不停留在放大状态。

6．三极管 3 种工作状态小结

三极管的 3 种工作状态中，三极管工作电流都有一定的范围，其中截止区的电流范围为最小，放大区的范围最大，饱和区其次，当然通过外电路的调整也可以改变各工作区的电流范围。

三极管 3 种工作状态的放大倍数 β 也不同，截止区、饱和区中的 β 很小，放大区中的 β 大且大小基本不变。

14.1.6　三极管各电极电压与电流之间的关系

给三极管各电极加上适当的直流电压后，各电极才有直流电流。

三极管基极电压用 U_B 表示，U_C 是集电极电压，U_E 是发射极电压。图 14-25 所示是 NPN 型三极管各电极电压和电流示意图。掌握三极管各电极电压、电流之间的关系对分析三极管电路十分重要。

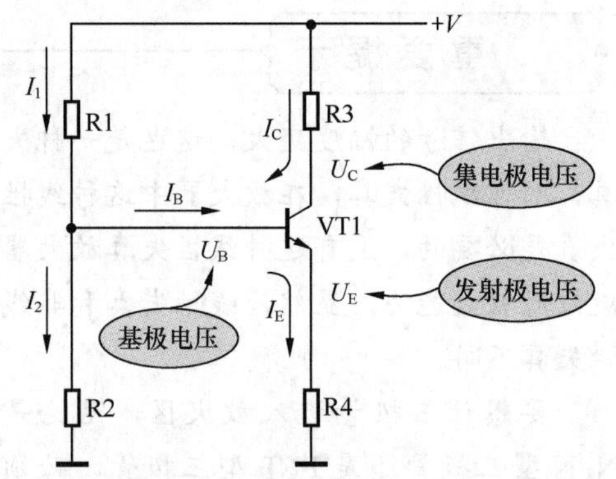

图 14-25　NPN 型三极管各电极电压和电流示意图

1．三极管基极电压

在电路中，直流工作电压 +V 通过电阻器 R1 和 R2 分压，加到三极管 VT1 基极，作为 VT1 的基极直流电压。改变电阻器 R1 或 R2 的阻值大小，可以改变三极管基极电压的大小。

重要提示

直流电压 +V 产生的电流经 R1 送入三极管 VT1 基极，另一部分电流经 R2 到地。R1 中的电流为 I_1，R2 中的电流为 I_2，I_1=I_2+I_B。

三极管 VT1 基极电压大小与 R1 和 R2 的阻值大小有关，而 VT1 基极电流大小与基极电压有关。

2．三极管集电极电压

图 14-26 是三极管集电极电压示意图，这一电压非常容易被理解错。直流工作电压 $+V$ 经 R3 加到三极管 VT1 集电极上，R3 两端的电压 $U_3=I_CR_3$，集电极电压 $U_C=+V-U_3$。掌握集电极电压大小的分析方法，对分析三极管集电极电路非常重要。

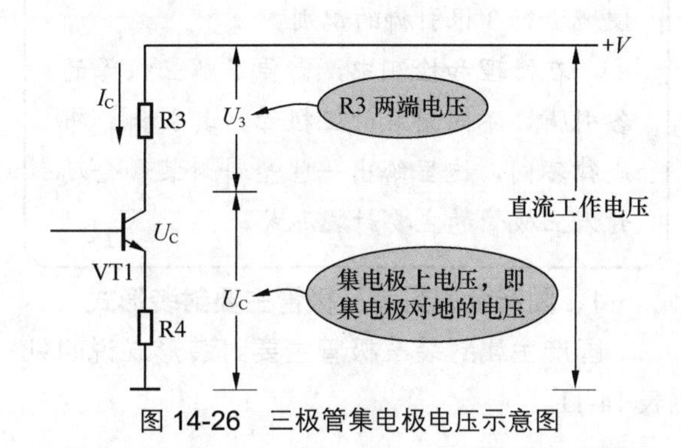

图 14-26　三极管集电极电压示意图

当直流工作电压 $+V$ 和 R3 确定后，集电极电压只与集电极电流 I_C 的大小有关，而集电极电流受基极电流控制，所以最终三极管的集电极电压由基极电流决定。

3．三极管发射极电压

发射极电压与发射极电流 I_E、发射极电阻器 R4 的阻值大小有关，如图 14-27 所示。由于发射极电流受基极电流控制，所以发射极电压大小由基极电流大小决定。

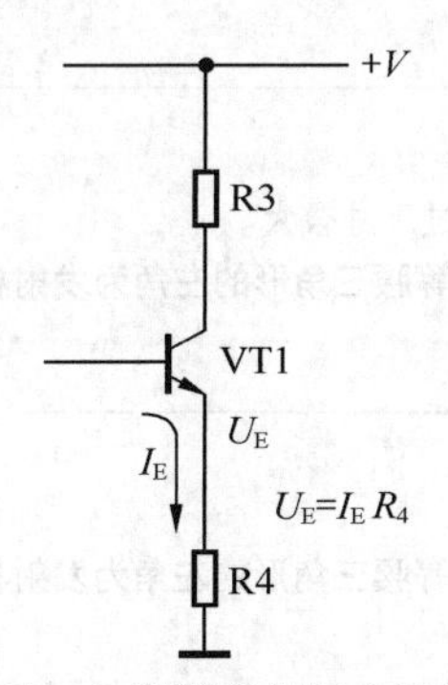

图 14-27　三极管发射极电压示意图

4．三极管 3 种工作状态下各电极电压特征

NPN 型三极管 3 种工作状态下各电极电压的特征说明见表 14-10，根据各电极电压特征可以判断电路处于什么工作状态。

表 14-10　NPN 型三极管 3 种工作状态下各电极电压特征说明

3 种工作状态	各电极电压特征	说　明
截止状态	集电极电压等于直流工作电压 $+V$	集电极电流为零，集电极电阻器上的电压降为零
放大状态	集电极电压大于基极电压（集电结反偏），基极电压大于发射极电压（发射结正偏）	集电极电流大则集电极电压低，集电极电流小则集电极电压高
饱和状态	集电极与发射极之间电压等于 0.2V	基极电压高于集电极电压，基极电压高于发射极电压

14.1.7　三极管主要参数

三极管的具体参数很多，可以分成三大类：直流参数、交流参数和极限参数。

1．直流参数

（1）共发射极直流放大倍数。它是指在共发射极电路中，没有交流电流输入时，集电极电流 I_C 与基极电流 I_B 之比。

（2）集电极－基极反向截止电流 I_{CBO}。发射极开路时，集电结上加有规定的反向偏置电压，此时的集电极电流被称为集电极－基极反向截止电流。

（3）集电极－发射极反向截止电流 I_{CEO}。它也叫作穿透电流，它是基极开路时，流过集电极与发射极之间的电流。

2．交流参数

（1）共发射极电流放大倍数 β。它是指三极管接成共发射极放大器时的交流电流放大倍数。

（2）共基极电流放大倍数。它是指三极管接成共基极放大器时的交流电流放大倍数。

（3）特征频率。三极管工作频率高到一定程度时，电流放大倍数β要下降，β下降到1时的频率为特征频率。

3．极限参数

（1）集电极最大允许电流。 集电极电流增大时三极管电流放大倍数β下降，当β下降到低中频段电流放大倍数的1/2或1/3时所对应的集电极电流叫作集电极最大允许电流。

（2）集电极 - 发射极击穿电压。 它是指三极管基极开路时，加在三极管集电极与发射极之间的允许电压。

（3）集电极最大允许耗散功率。 它是指三极管因受热而引起的参数变化不超过规定允许值时，集电极所消耗的最大功率。大功率三极管中设置散热片，这样三极管的功率可以提高许多。

14.1.8　三极管封装形式

重要提示

三极管3根引脚的分布有一定规律（即封装形式），根据这一规律可以非常方便地进行3根引脚的识别。

在修理和检测中，需要了解三极管的各引脚。不同封装的三极管，其引脚分布规律不同。这里给出一些塑料封装和金属封装三极管的主要封装形式。

1．国产金属封装三极管主要封装形式

国产金属封装三极管主要封装形式说明见表14-11。

表14-11　国产金属封装三极管主要封装形式说明

封装图	说明
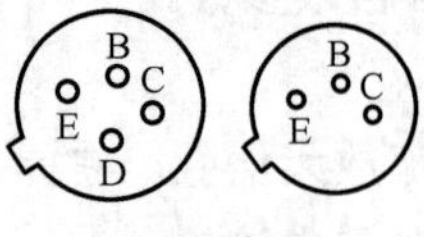 B C E D / B C E B型	B型金属封装主要用于1W及以下小功率三极管。 有的B型金属封装三极管有4根引脚，其中一个接外壳，和三极管电路没有关系。 左图中，靠近突出键的是发射极E
 B E C C型	C型金属封装主要用于小功率锗三极管。 左图中，靠近突出键的是发射极E
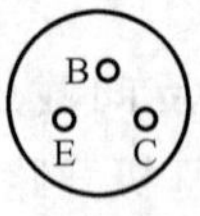 B E C D型	D型金属封装的外形和B型相似，只不过尺寸较大。 3根引脚E、B、C呈等腰三角形分布。等腰三角形的左角为发射极E
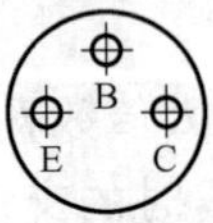 B E C E型	3根引脚E、B、C呈等腰三角形分布。等腰三角形的左角为发射极E
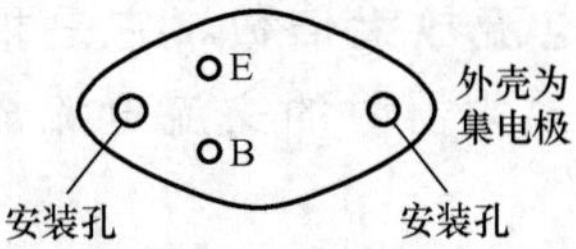 E B 外壳为集电极 安装孔 安装孔 F型	F型金属封装主要用于低频大功率三极管。 这种封装的三极管只有两根引脚，另一根集电极引脚是金属外壳

续表

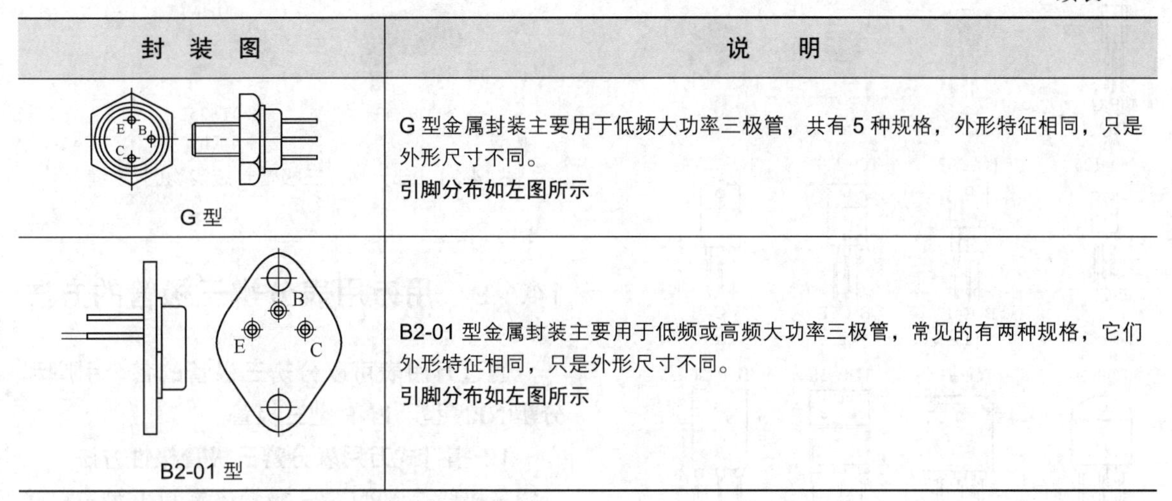

封　装　图	说　　明
G 型	G 型金属封装主要用于低频大功率三极管，共有 5 种规格，外形特征相同，只是外形尺寸不同。 引脚分布如左图所示
B2-01 型	B2-01 型金属封装主要用于低频或高频大功率三极管，常见的有两种规格，它们外形特征相同，只是外形尺寸不同。 引脚分布如左图所示

2．国产塑料封装三极管主要封装形式

图 14-28 所示是国产塑料封装三极管主要封装形式示意图。S-1、S-2 和 S-4 型塑料封装形式主要用于小功率三极管，S-5～S-8 型塑料封装形式主要用于大功率三极管。

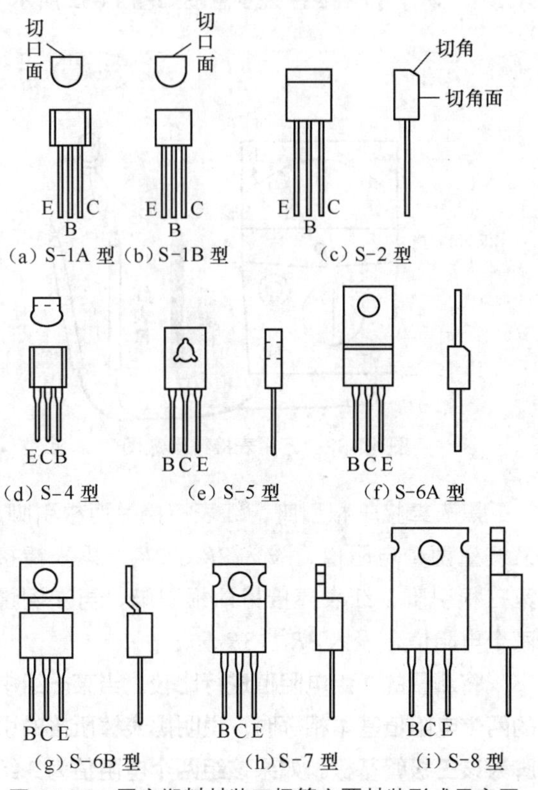

图 14-28　国产塑料封装三极管主要封装形式示意图

3．微型三极管封装形式

微型三极管又称芝麻管，它们的外形封装形式有陶瓷封装、环氧封装及玻璃封装。图 14-29 所示是几种微型三极管封装形式示意图。

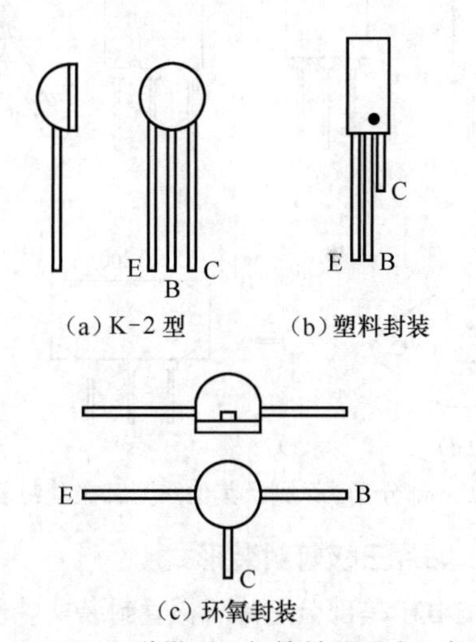

图 14-29　几种微型三极管封装形式示意图

4．进口三极管封装形式

进口三极管多为日本、美国及欧洲的产品，这些进口三极管普遍采用 TO 系列的外形封装，以及其他形式的封装。

TO 系列及其他系列主要有：TO-92、TO-92S、TO-92NL、TO-126、TO-251、TO-251A、TO-252、TO-263（三线）、TO-220、SOT-23、SOT-143、SOT-143R、SOT-25、SOT-26、TO-50。图 14-30 所示是部分 TO 系列及其他系列三极管封装示意图。

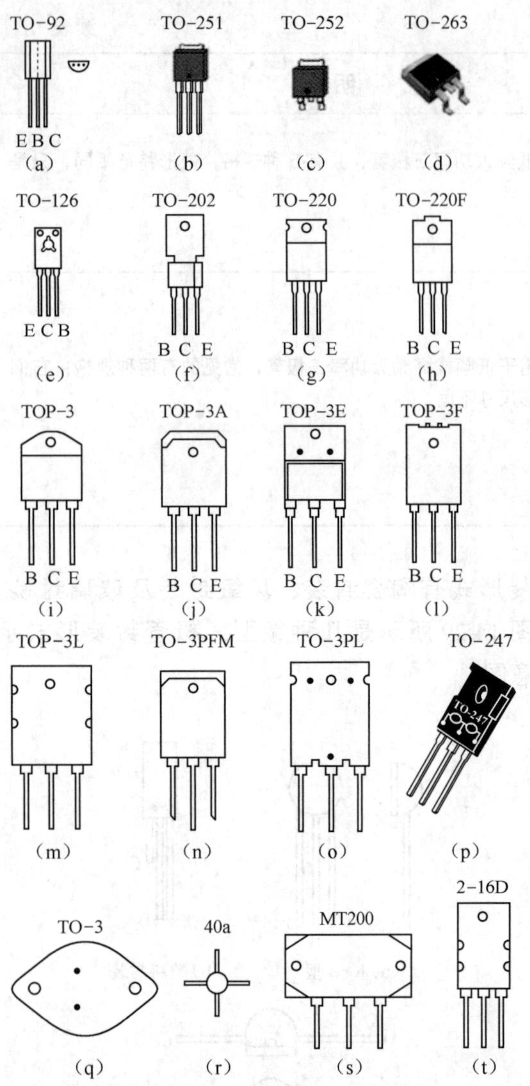

图 14-30　部分 TO 系列及其他系列三极管封装示意图

5．贴片三极管封装形式

图 14-31 是部分贴片三极管封装实物图。

图 14-31　部分贴片三极管封装实物图

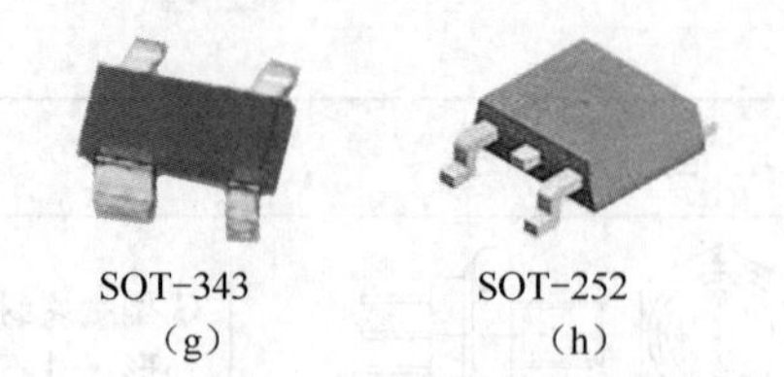

图 14-31　部分贴片三极管封装实物图（续）

14.1.9　用万用表分辨三极管的方法

通过万用表可以分辨三极管的各个引脚和分辨 NPN 型、PNP 型三极管。

1．指针式万用表分辨三极管极性方法

三极管是 NPN 型三极管还是 PNP 型三极管可以根据型号，也可以通过万用表的检测来确定。

利用指针式万用表的电阻挡可以分辨出三极管 NPN 型还是 PNP 型三极管，**具体方法是：**万用表置于 R×1k 挡，用黑表棒接一根引脚，红表棒分别接另两根引脚，测量的两个电阻值设为 $1R_1$、$1R_2$，万用表接线示意图如图 14-32 所示。

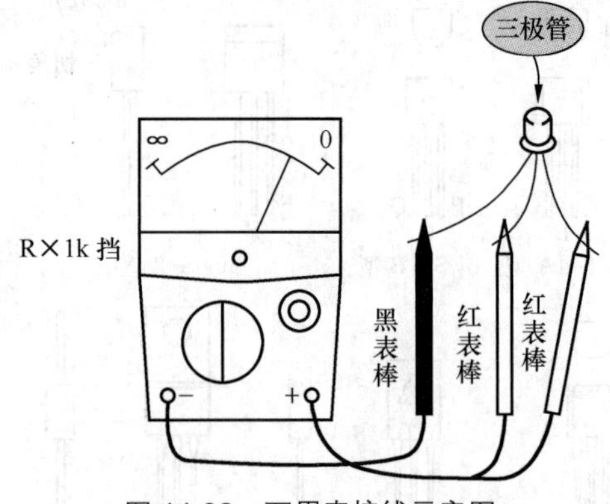

图 14-32　万用表接线示意图

黑表棒接一根引脚，红表棒接另两根引脚，又测量两个电阻值，设为 $2R_1$、$2R_2$；黑表棒接第三根引脚，红表棒接另两根引脚，再次测量两个电阻值，设为 $3R_1$、$3R_2$。

将测量的 3 组电阻值进行比较，当某一组中的两个电阻值基本相等时，说明黑表棒所接的引脚为该三极管基极。如果该组两个电阻值为 3 组中的最小值，说明是 NPN 型三极管；如果该组的两个电阻值为最大值，说明是 PNP 型三极管。

检测原理提示

这一检测过程和方法看起来比较复杂，但是了解它的检测原理后，便能快速地记住这一检测方法。

图 14-33（a）所示是NPN型三极管，它有两正极相连的PN结，当黑表棒接基极、红表棒分别接另两根引脚后，因为表内电池的正极与黑表棒相连，这样给集电结和发射结加正向偏置电压，所以测量电阻值基本相等，而且为最小值，其他两种检测状态下均不可能有两个相等且为最小的电阻值，这样可以确定是NPN型三极管。

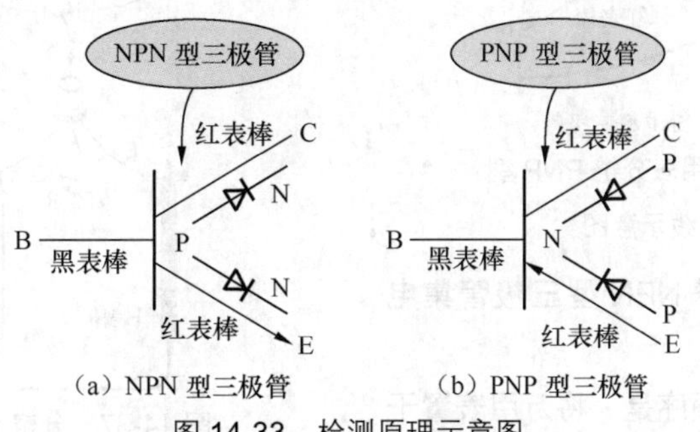

图 14-33　检测原理示意图

图 14-33（b）所示是PNP型三极管，两个PN结负极相连。黑表棒接基极、红表棒分别接其他两根引脚后，表内电池给两个PN结加反向偏置电压，两个PN结反向电阻值大小一样，这样可以确定三极管是PNP型。

2．数字式万用表分辨三极管极性的方法

图 14-34 是用数字式万用表分辨NPN型三极管极性时的接线示意图，这时采用表的PN结挡。

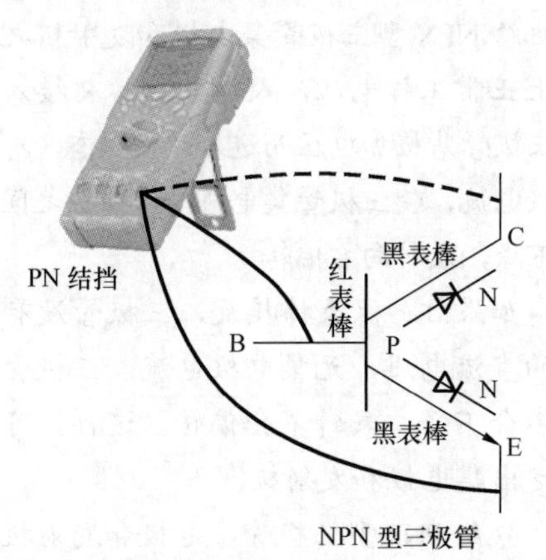

图 14-34　用数字式万用表分辨NPN型三极管极性时接线示意图

红表棒接一根引脚，黑表棒分别接另两根引脚，测量一组数据；然后，红表棒接另一根引脚，黑表棒分别接另两根引脚，再测量一组数据；再将红表棒接第三根引脚，黑表棒分别接另两根引脚，又测量一组数据。在3组测量数据中，如果有一组中的两个数据都是600左右（这是PN结的压降），那说明红表棒所接引脚是基极，且该三极管为NPN型三极管。

重 要 提 示

对于NPN型三极管而言，只有当红表棒接基极，黑表棒接另两个引脚时，数字式万用表才会显示600左右的二极管导通后的正向电压降。

由于目前大量使用NPN型三极管，为方便起见应该以红表棒接一根引脚为主，以确定是不是NPN型三极管。

如上述测量中没有出现一组数据中为相同的600值，而是出现了一组数据中均为“1”数值，那说明是PNP型三极管，红表棒所接引脚为三极管基极。这时也可以将黑表棒接三极管基极，红表棒接另两根引脚。图14-35是用数字式万用表分辨PNP型三极管极性时的接线示意图，这时测量的两个数据都是600左右。

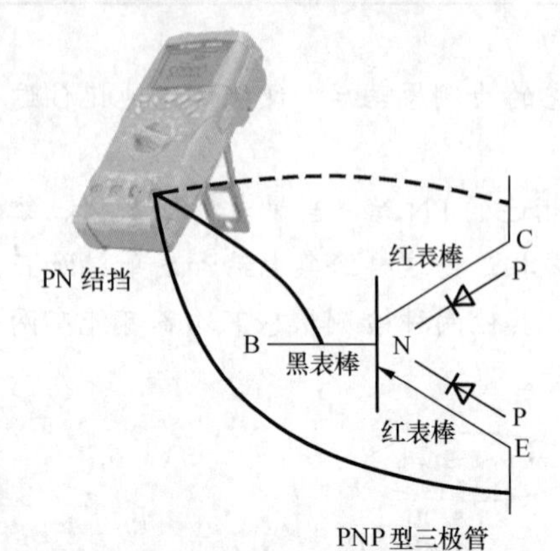

图 14-35　用数字式万用表分辨 PNP 型三极管极性时接线示意图

3．指针式万用表分辨 NPN 型三极管集电极和发射极方法

分辨三极管各引脚的顺序是：将万用表置于 R×1k 挡，先确定基极，再确定集电极和发射极。

前面分辨 NPN 型还是 PNP 型三极管时已经确定了三极管基极。图 14-36 所示是分辨 NPN 型三极管集电极和发射极时的接线示意图。

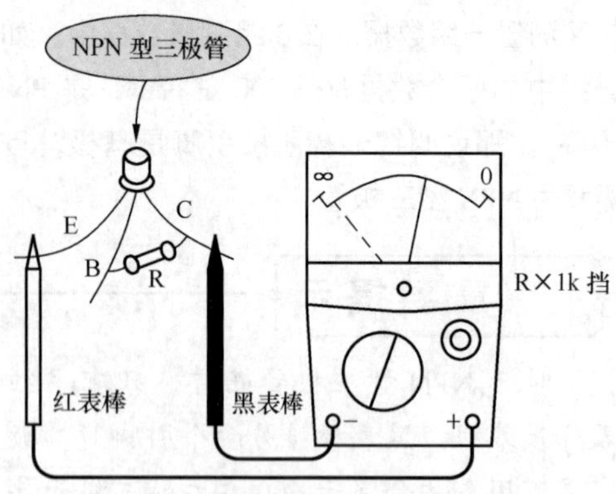

图 14-36　分辨 NPN 型三极管集电极和发射极时接线示意图

红、黑表棒任意接基极之外的另两根引脚，然后用嘴唇去同时接触黑表棒和基极，图 14-36 所示示意图中集电极和基极之间电阻器 R 值等效为人体电阻值。**如果表针向右偏转一个角度（阻值减小许多），说明黑表棒所接引脚为集电极，另一个为发射极。**

如果嘴唇接触时表针没有偏转，将红、黑表棒互换一次接线，再用同样方法测量一次，只要三极管是好的，必有表针偏转现象，这样可以确定集电极和发射极。

4．指针式万用表分辨 PNP 型三极管集电极和发射极方法

图 14-37 所示是分辨 PNP 型三极管集电极和发射极时接线示意图，用嘴唇去接触基极和红表棒（不是黑表棒），如表针向右偏转，则红表棒所接为集电极，另一个为发射极。

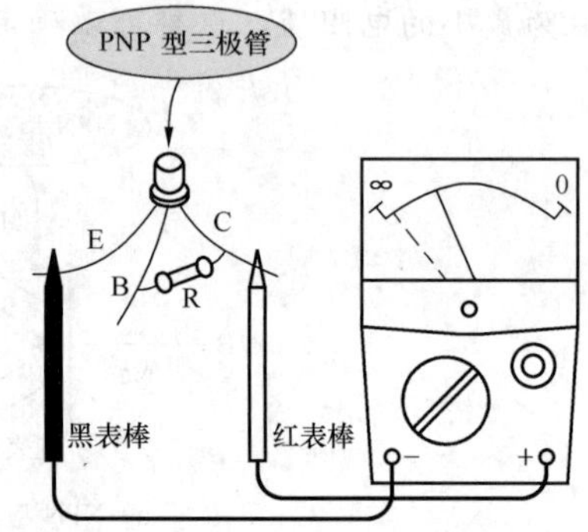

图 14-37　分辨 PNP 型三极管集电极和发射极时接线示意图

检测原理提示

分辨 NPN 型三极管集电极和发射极引脚的原理是：利用万用表内的电池给三极管集电极和发射极加上一个正确的直流电压，黑表棒接集电极、红表棒接发射极后，表内电池给 NPN 型三极管集电极和发射极之间加上正常工作电压，人体电阻器 R 接入后给三极管基极加电压而进入放大状态，有集电极电流，使三极管集电极与发射极之间内阻下降，表针向右偏转。

如果红、黑表棒接反，三极管没有正常的直流电压，无集电极电流，三极管内阻不会下降，表针不会偏转。这样，可以确定出集电极和发射极。

分辨 PNP 型三极管集电极和发射极引脚的原理是：对于 PNP 型三极管，使它进入放大状态必须使给发射极加的电压高于集电极电压，黑表棒接发射极、红表棒接集电极后，三极管获得正常的直流电压，人体电阻器 R 接入后有集电极电流，集电极与发射极之间内阻下降，表针向右偏转。

5. 万用表测量三极管电流放大倍数 h_{FE} 方法

一部分万用表设有测量三极管电流放大倍数 h_{FE} 的功能，可以用这一功能来测量 h_{FE} 值。通过测量三极管 h_{FE} 值可以了解三极管质量情况，当三极管的电流放大倍数 h_{FE} 正常时，通常三极管是能够正常工作的。同时，通过这一测量还可以确定三极管的集电极和发射极。

图 14-38 是数字式和指针式万用表中的三极管测量孔示意图，NPN 型和 PNP 型三极管要插入不同的孔中进行测量。

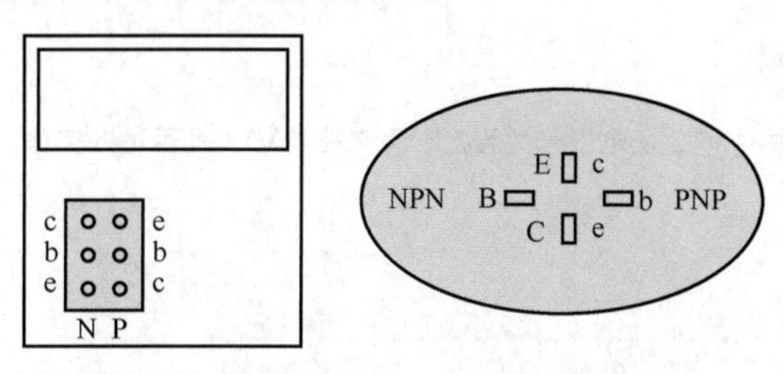

（a）指针式万用表　（b）数字式万用表

图 14-38　数字式和指针式万用表测量三极管 h_{FE} 值测量孔示意图

数字式万用表设有专门的转换插座，插座上的三极管引脚孔如图 14-38（b）所示，共 4 个引脚孔，两个孔共用。测量 NPN 型三极管时用左边 3 个，测量 PNP 型三极管时用右边 3 个。

重要提示

在测量三极管电流放大倍数 h_{FE} 时，需要先确定三极管的基极和 NPN 型、PNP 型的极性，否则会出错。

利用数字式万用表测量三极管电流放大倍数 h_{FE} 可以分辨三极管集电极和发射极。在正确测量到三极管电流放大倍数 h_{FE} 时，就可以知道哪根引脚是集电极、发射极，因为在引脚插错时不能测量到正确的三极管电流放大倍数 h_{FE}。

14.2　三极管主要特性

三极管电路种类极为繁多，三极管除了在电路中起基本放大作用外，还有许多的应用，三极管在电路中的主要作用说明见表 14-12。

表 14-12　三极管在电路中的主要作用说明

电路图及名称	说　明
+V C1 R1 R2 C3 C2 VT1 R3 C4 放大电路	三极管有 3 种基本的放大电路，即共发射极放大器、共集电极放大器和共基极放大器，它还可以组成多级放大器等许多放大电路。 电路中的 VT1 构成共发射极放大器，VT1 是放大管

续表

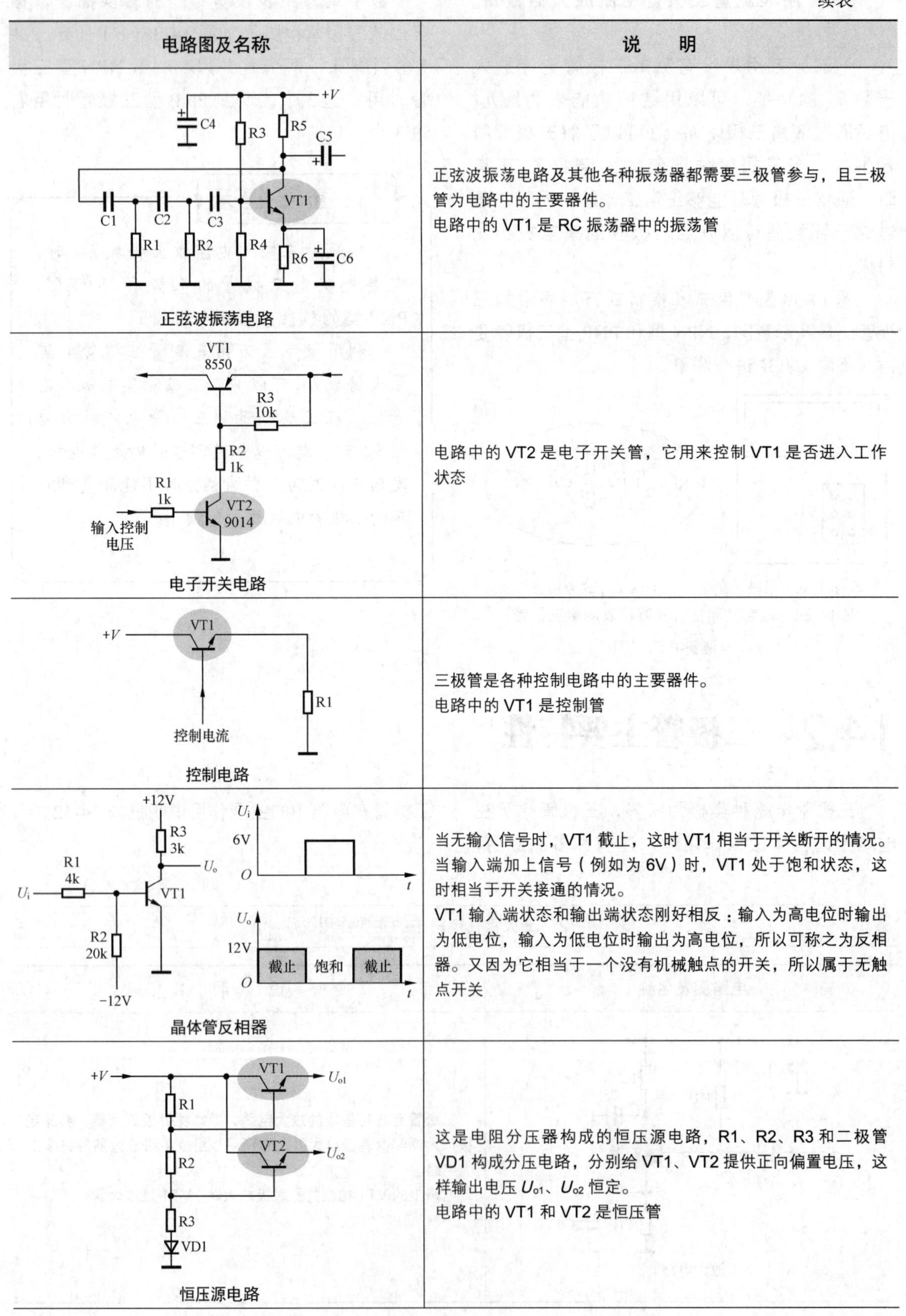

电路图及名称	说　明
正弦波振荡电路	正弦波振荡电路及其他各种振荡器都需要三极管参与，且三极管为电路中的主要器件。 电路中的 VT1 是 RC 振荡器中的振荡管
电子开关电路	电路中的 VT2 是电子开关管，它用来控制 VT1 是否进入工作状态
控制电路	三极管是各种控制电路中的主要器件。 电路中的 VT1 是控制管
晶体管反相器	当无输入信号时，VT1 截止，这时 VT1 相当于开关断开的情况。当输入端加上信号（例如为 6V）时，VT1 处于饱和状态，这时相当于开关接通的情况。 VT1 输入端状态和输出端状态刚好相反：输入为高电位时输出为低电位，输入为低电位时输出为高电位，所以可称之为反相器。又因为它相当于一个没有机械触点的开关，所以属于无触点开关
恒压源电路	这是电阻分压器构成的恒压源电路，R1、R2、R3 和二极管 VD1 构成分压电路，分别给 VT1、VT2 提供正向偏置电压，这样输出电压 U_{o1}、U_{o2} 恒定。 电路中的 VT1 和 VT2 是恒压管

续表

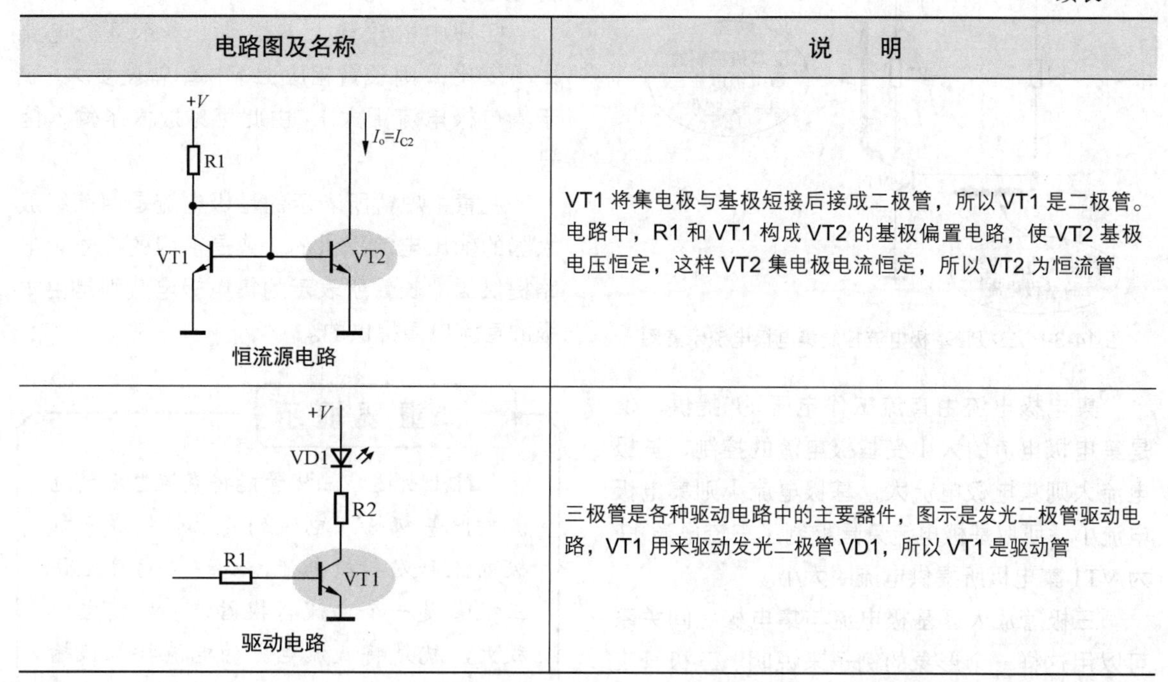

电路图及名称	说　明
恒流源电路	VT1 将集电极与基极短接后接成二极管，所以 VT1 是二极管。电路中，R1 和 VT1 构成 VT2 的基极偏置电路，使 VT2 基极电压恒定，这样 VT2 集电极电流恒定，所以 VT2 为恒流管
驱动电路	三极管是各种驱动电路中的主要器件，图示是发光二极管驱动电路，VT1 用来驱动发光二极管 VD1，所以 VT1 是驱动管

14.2.1　三极管电流放大和控制特性

分析三极管电路工作原理，需要掌握三极管的重要特性，这样才能轻松自如地分析三极管电路。

重要提示

三极管是一个电流控制器件，它用基极电流来控制集电极电流和发射极电流，没有基极电流就没有集电极电流和发射极电流。

1．三极管电流放大特性

三极管电流放大能力很容易理解和记忆。只要有一个很小的基极电流，三极管就会有一个很大的集电极和发射极电流，这是由三极管特性所决定的，不同的三极管有不同的电流放大倍数，所以不同三极管对基极电流的放大能力是不同的。

基极电流是信号输入电流，集电极电流和发射极电流是信号输出电流，信号输出电流远大于信号输入电流，说明三极管能够对输入电流进行放大。在各种放大器电路中，就是用三极管的这一特性来放大信号的。

重要提示

三极管在正常工作时，它的基极电流、集电极电流和发射极电流同时存在，同时消失。

2．三极管基极电流控制集电极电流特性

当三极管工作在放大状态时，三极管集电极电流和发射极电流由直流电源提供，三极管本身并不能放大电流，只是用基极电流去控制由直流电源为集电极和发射极提供的电流，这样等效理解成三极管放大了基极输入电流。

图 14-39 所示电路可以说明三极管基极电流控制集电极电流的过程。电路中的 R2 为三极管 VT1 集电极提供电流通路，**流过 VT1 集电极的电流回路是：直流工作电压 +V→集电极电阻器 R2→VT1 集电极→VT1 发射极→地线。**

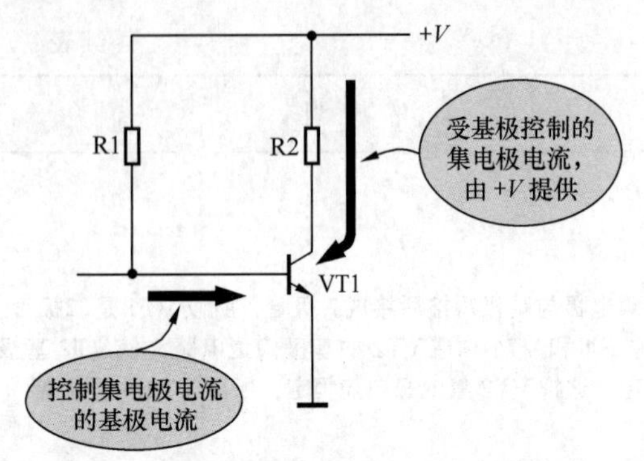

图 14-39　三极管基极电流控制集电极电流示意图

集电极电流由直流工作电压 +V 提供，但是集电极电流的大小受基极电流的控制，基极电流大则集电极电流大，基极电流小则集电极电流小，所以基极电流只是控制了直流电源 +V 为 VT1 集电极所提供电流的大小。

三极管放大区基极电流与集电极之间关系可以用这样一个形象的例子来说明。三极管工作在放大区时，集电极电流比基极电流大 β 倍（电流放大倍数，远大于 1），图 14-40 所示杠杆可以说明基极电流与集电极电流之间的关系。

杠杆中的短臂是基极电流，长臂是集电极电流，集电极电流比基极电流大 β 倍，所以长臂比短臂长 β 倍。

杠杆中的短臂上下摆动（表示基极电流大小变化），则长臂相应上下摆动幅度更大（表示集电极电流更大），由此可见放大了输入信号。

注意，短臂所表示的基极电流是由前级放大器的输出电流提供的，或是前级的信号源电路提供的。长臂所表示的集电极电流则是由本级的直流电源提供的。

重要提示

综上所述，三极管能将直流电源的电流按照基极输入电流的要求转换成集电极电流和发射极电流，从这个角度上讲三极管是一个电流转换器件。所谓电流放大，就是将直流电源的电流按基极输入电流的变化规律转换成集电极电流和发射极电流。

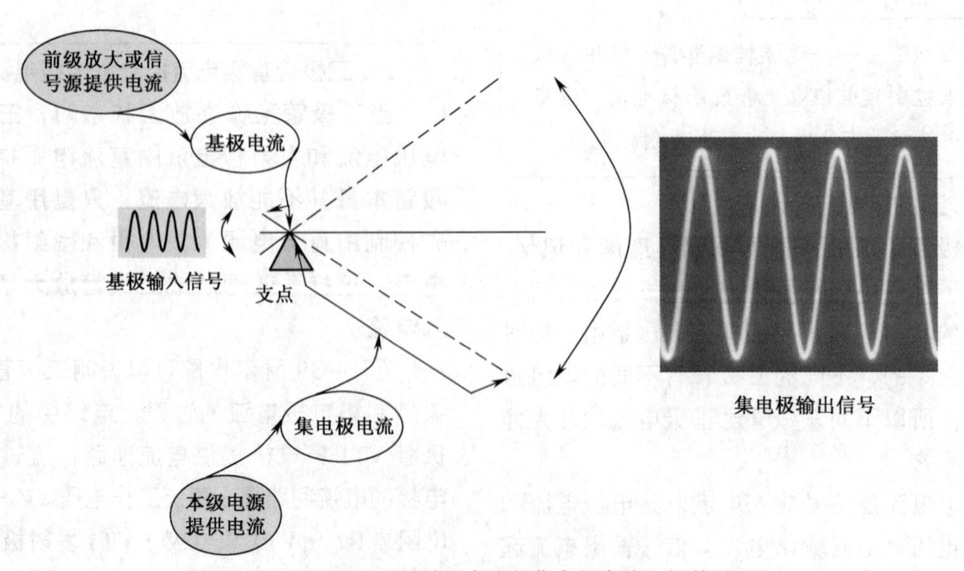

图 14-40　用杠杆说明基极电流与集电极电流之间的关系

14.2.2 三极管集电极与发射极之间内阻可控特性和开关特性

1．三极管集电极与发射极之间内阻可控特性

图 14-41 所示是三极管集电极和发射极之间内阻可控特性的等效电路。

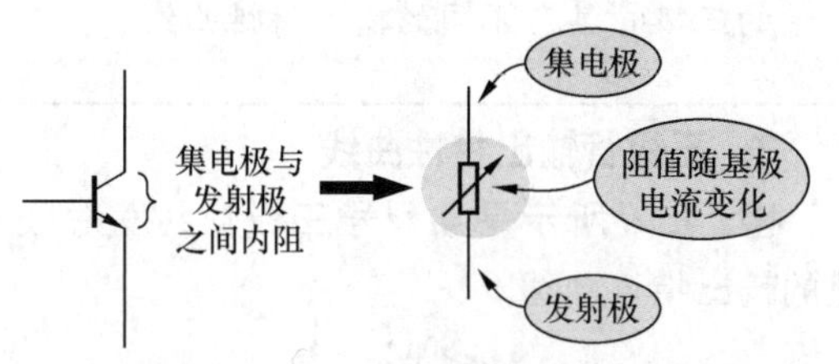

图 14-41 三极管集电极和发射极之间内阻可控特性等效电路

三极管集电极和发射极之间的内阻随基极电流大小变化而变化，基极电流越大，三极管的这一内阻越小，反之则大。利用三极管集电极和发射极之间的内阻随基极电流大小而变化的特性，可以设计出各种控制电路。

2．三极管开关特性

三极管同二极管一样，也可以作为电子开关器件，构成电子开关电路。当三极管用于开关电路中时，三极管工作在截止、饱和两种状态下。

(1) 开关接通状态。这时三极管处于饱和状态，集电极与发射极之间内阻很小。图 14-42 所示是开关接通等效电路。

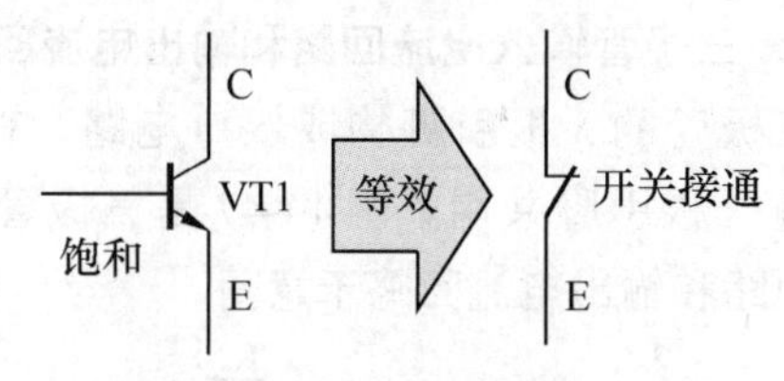

图 14-42 开关接通等效电路

重 要 提 示

三极管基极是控制极，基极电流很大，三极管进入饱和状态。

(2) 开关断开状态。这时三极管处于截止状态，集电极与发射极之间内阻很大。图 14-43 所示是开关断开等效电路。

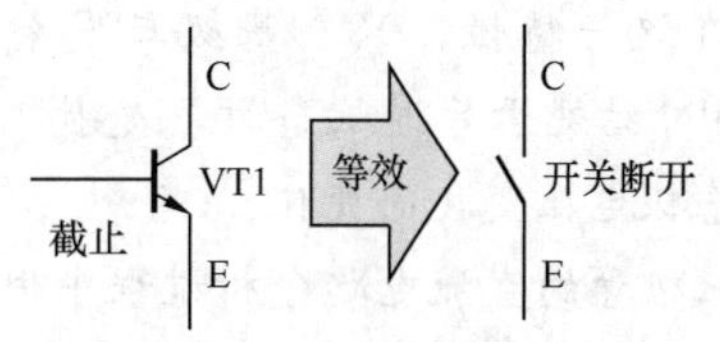

图 14-43 开关断开等效电路

重 要 提 示

基极电流为零，三极管处于截止状态。三极管在截止、饱和时集电极与发射极之间的内阻相差很大，可以将三极管作为电子开关器件。

14.2.3 发射极电压跟随基极电压特性和输入、输出特性

1．三极管发射极电压跟随基极电压特性

图 14-44 所示电路可以说明三极管发射极电压跟随基极电压特性。

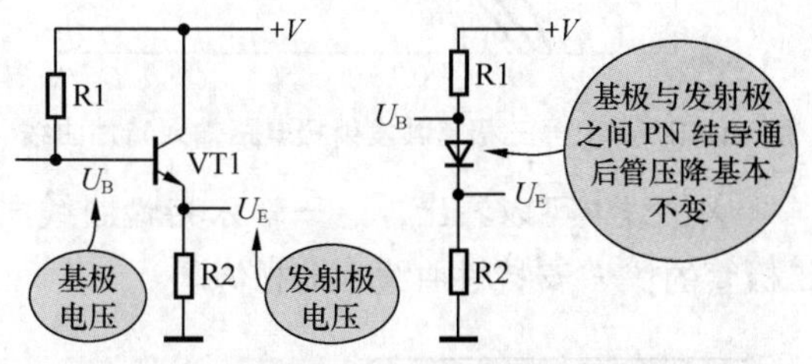

图 14-44 三极管发射极电压跟随基极电压示意图

三极管进入放大工作状态后，基极与发射极之间的 PN 结已处于导通状态，这一 PN 结导通后压降大小基本不变。这样，基极电压升高时发射极电压也升高，基极电压下降时发射极电压也下降，显然发射极电压跟随基极电压变化而变化。

重要提示

三极管的发射极电压跟随基极电压特性有一定条件，并不是在任何电压下均存在这一特性，只在基极与发射极之间的 PN 结处于导通状态时，发射极电压才随基极电压变化而变化。

三极管的直流电路分析过程中用到这一特性。无论是 NPN 型还是 PNP 型三极管都具有这样的特性。

2．三极管输入特性曲线

图 14-45 所示是某型号三极管共发射极电路输入特性曲线。图中，横轴为发射结的正向偏置电压大小，对于 NPN 型三极管而言，这一正向偏置电压用 U_{BE} 表示，即基极电压高于发射极电压；对于 PNP 型三极管而言为 U_{EB}，即发射极电压高于基极电压。纵轴为基极电流大小。

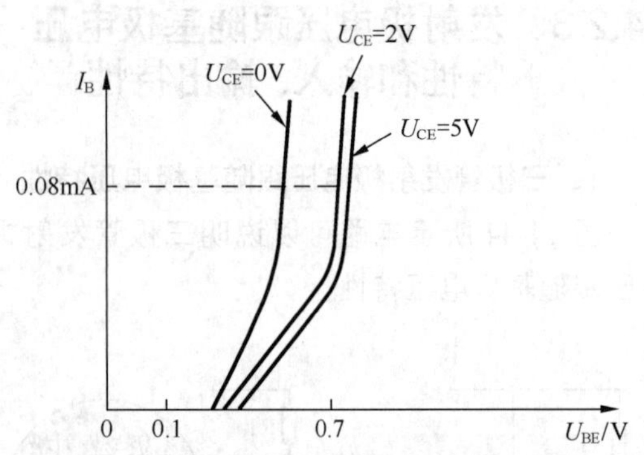

图 14-45　某型号三极管共发射极电路输入特性曲线

从曲线中可以看出，这一输入特性曲线同二极管的伏 - 安特性曲线十分相似。

重要提示

输入特性曲线与集电极和发射极之间直流电压 U_{CE} 大小有关。当 U_{CE}=0V 时，曲线在最左侧，这说明有较小的发射结正向电压时，便能有基极电流。当 U_{CE} 大到一定程度后，对输入特性的影响就明显减小了。

三极管输入特性说明了发射结正向偏置电压与基极电流之间的关系。当 U_{CE} 大小一定时，U_{BE} 大，基极电流大；当 U_{BE} 大到一定值时（图中是 0.6V 左右），U_{BE} 只要再大一点，基极电流就会增大许多。对于硅三极管而言，这一 U_{BE} 值为 0.6V 左右，对于锗三极管而言为 0.2V 左右。另外，不同型号的三极管具有不同的输入特性曲线。

3．三极管输出特性曲线

图 14-46 所示是某型号三极管共发射极电路的输出特性曲线。

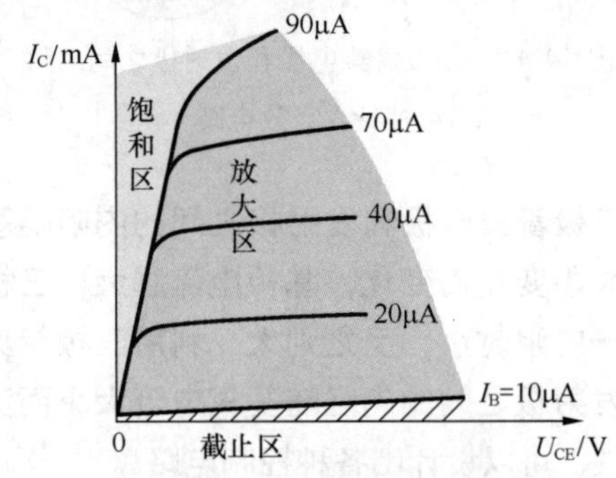

图 14-46　某型号三极管共发射极电路的输出特性曲线

三极管的输出特性表示的是在基极电流 I_B 大小一定时，输出电压 U_{CE} 与输出电流 I_C 之间的关系。从图中可以看出，在不同的 I_B 下，有不同的输出曲线。

图中，横轴为 U_{CE} 的大小，纵轴为 I_C 的大小。从这一图中还可以看出三极管的截止区、放大区、饱和区。不同型号三极管有不同的输出特性曲线。

4．三极管输入电流回路和输出电流回路

三极管的 3 根引脚构成双口电路，3 根引脚中有一根引脚共用。图 14-47 是三极管输入电流回路和输出电流回路示意图。

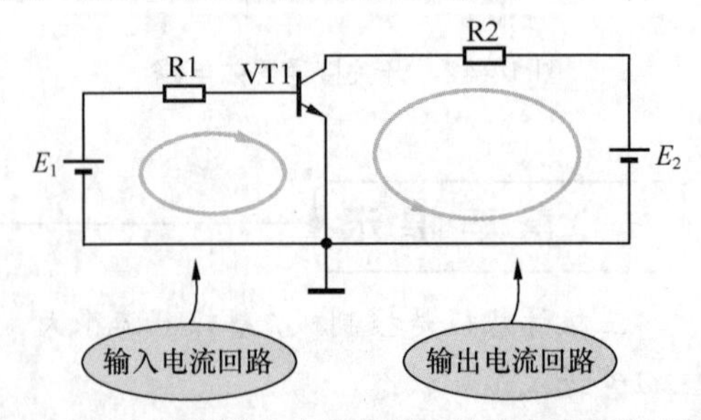

图 14-47　三极管输入电流回路和输出电流回路示意图

重要提示

从电路图中可以看出，基极和发射极构成输入电流回路，输入电流回路中的电流流向是：E_1 正极→ R1 → VT1 基极→ VT1 发射极→ E_1 负极，通过 E_1 内电路构成回路。

集电极和发射极构成输出电流回路，输出电流回路中的电流流向是：E_2 正极→ R2 → VT1 集电极→ VT1 发射极→ E_2 负极，通过 E_2 内电路构成回路。

这是共发射极放大器的输入电流回路和输出电流回路，三极管 3 个电极中共用发射极。

在分析三极管电路工作原理时，部分初学者会进入一个误区，即在什么分析过程中都要进行电流回路的分析，例如分析三极管放大器信号传输过程时，也要分析三极管的输入电流回路和输出电流回路，这种分析方法是错误的。

重要提示

在掌握了三极管输入电流回路和输出电流回路工作原理后，不必再分析这个电流回路，可直接去分析信号的传输过程，直接理解为信号从基极输入三极管中，经过三极管放大后从其集电极或发射极输出。

14.3　三极管直流电路和分析方法

重要提示

三极管的工作离不开直流电路，若三极管直流电路工作不正常，三极管交流电路就不可能正常工作。另外，由于测量条件的限制，对三极管电路的故障检查就是通过测量三极管各电极直流工作电压来进行的，用三极管直流电路工作状态来推理三极管的交流工作状态，所以掌握三极管直流电路工作原理是学习三极管电路的重中之重。

三极管直流偏置电路是：为了使三极管工作在放大状态下，必须给三极管一定的工作条件，即给三极管各电极提供合适的直流工作电压，以使三极管各电极有适当的直流电流，三极管直流偏置电路就是提供这种直流工作电压和电流的电路。

14.3.1　三极管电路分析方法

三极管有静态和动态两种工作状态。未加信号时三极管的直流工作状态被称为静态，此时各电极电流被称为静态电流。给三极管加入交流信号之后的工作电流被称为动态工作电流，这时三极管是交流工作状态，即动态。

一个完整的三极管电路分析有 4 步：直流电路分析、交流电路分析、元器件作用分析和基极偏置电路分析。

1．三极管直流电路分析方法

重要提示

直流工作电压加到三极管各个电极上，主要涉及两条直流电路。

（1）三极管集电极与发射极之间的直流电路。

（2）基极直流电路。通过这一步分析可以搞清楚直流工作电压是如何加到集电极、基极和发射极上的。

图 14-48 是放大器直流电路分析示意图。对于一个单级放大器而言，其直流电路分析主要是图中所示的 3 个部分。

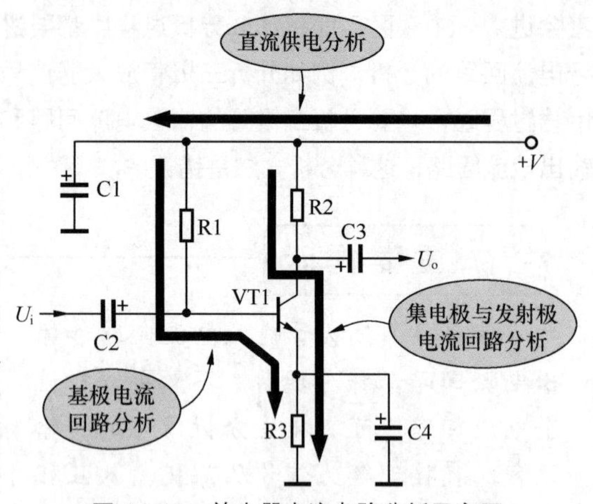

图 14-48　放大器直流电路分析示意图

在分析三极管直流电路时，由于电路中的电容器具有隔直流特性，所以可以将它们看成开路，这样这一电路就可以画成如图 14-49 所示的直流等效电路。用这一电路进行直流电路分析就相当简便。

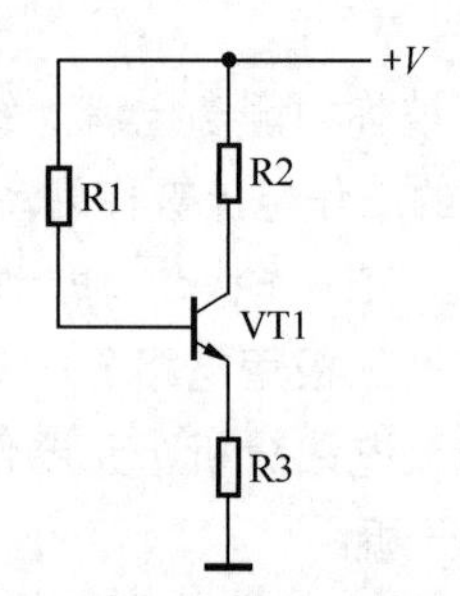

图 14-49　三极管直流等效电路

2．三极管交流电路分析方法

交流电路分析主要是交流信号的传输路线分析，即信号从哪里输入放大器中，信号在这级放大器中具体经过了哪些元器件，信号最终从哪里输出等。图 14-50 是交流信号传输路线分析示意图。

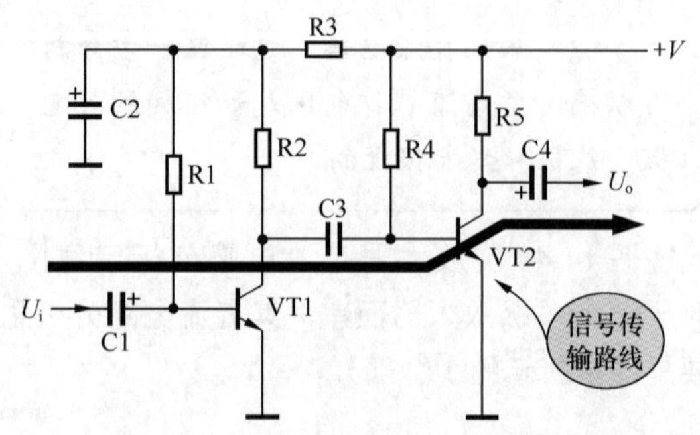

图 14-50　交流信号传输路线分析示意图

分析信号在传输过程中经过了哪些处理环节，如信号在哪个环节放大，在哪个环节受到衰减，哪个环节不放大也不衰减，信号是否受到了补偿等。

这一电路中的信号经过了 C1、VT1、C3、VT2 和 C4。其中 C1、C3 和 C4 是耦合电容器，对信号没有放大和衰减作用，只是起着将信号传输到下级电路中的耦合作用；VT1 和 VT2 对信号起了放大作用。

3．元器件作用分析方法

（1）元器件的特性是电路分析的关键。分析电路中元器件的作用时，应依据该元器件的主要特性来进行。例如，耦合电容器让交流信号无损耗地通过，同时隔断直流通路，这一分析的理论根据是电容器的隔直通交特性。

（2）元器件在电路中的具体作用分析。电路中的每个元器件都有它的特定作用，通常一个元器件起一种特定的作用，当然也有一个元器件在电路中起两个作用的。在电路分析中要求搞懂每一个元器件在电路中的具体作用。

（3）元器件作用简化分析方法。对元器件作用的分析可以进行简化，掌握了元器件在电路中的作用后，不必每次对各个元器件都进行详细分析。例如，掌握了耦合电容器的作用之后，不必对每一个耦合电容器都进行分析，只要分析电路中哪只是耦合电容器即可。图 14-51 是耦合电容器示意图。

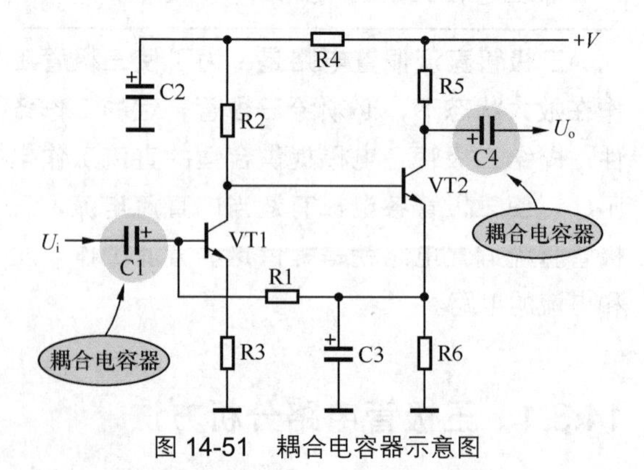

图 14-51　耦合电容器示意图

4．三极管基极偏置电路分析方法

三极管基极偏置电路分析最为困难，掌握

一些电路分析方法可以方便基极偏置电路的分析。

（1）第一步。电路分析的第一步是在电路中找出三极管的电路图形符号，如图 14-52 所示。然后在三极管电路图形符号中找出基极，这是分析基极偏置电路的关键一步。

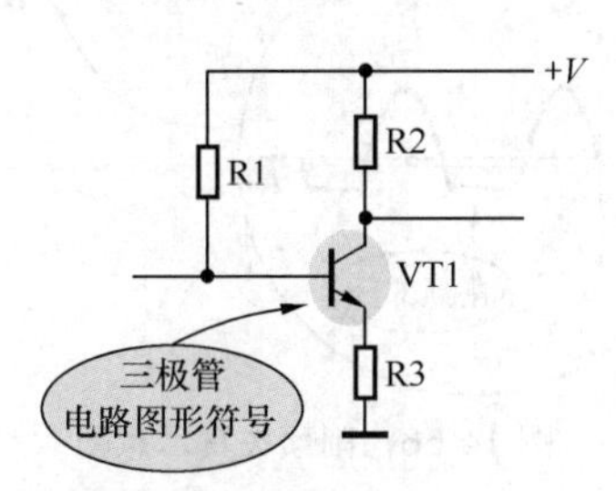

图 14-52　分析第一步示意图

（2）第二步。从基极出发，将基极与电源端（+V 端或 -V 端）相连的所有元器件找出来，如电路中的 R1；再将基极与地线端相连的所有元器件找出来，如电路中的 R2，如图 14-53 所示。这些元器件构成基极偏置电路的主体电路。

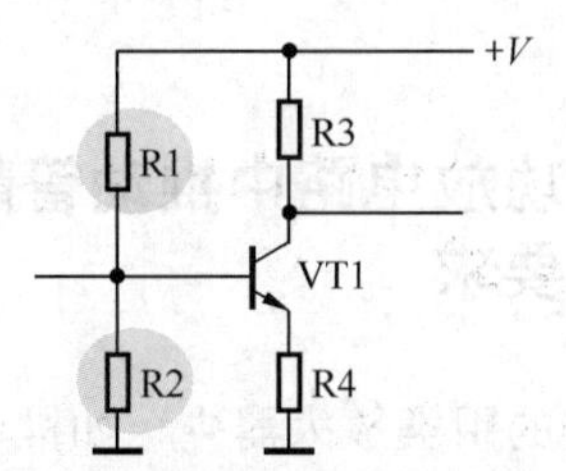

图 14-53　分析第二步示意图

重要提示

上述与基极相连的元器件中，要区别哪些元器件可能是偏置电路中的元器件。电阻器有可能构成偏置电路，电容器具有隔直作用而被视为开路，所以在分析基极直流偏置电路时，不必考虑电容器。

（3）第三步。确定偏置电路中的元器件后，进行基极电流回路的分析，如图 14-54 所示。**基极电流回路是**：直流工作电压 +V → 偏置电阻器 R1 → VT1 基极 → VT1 发射极 → VT1 发射极电阻器 R3 → 地线。

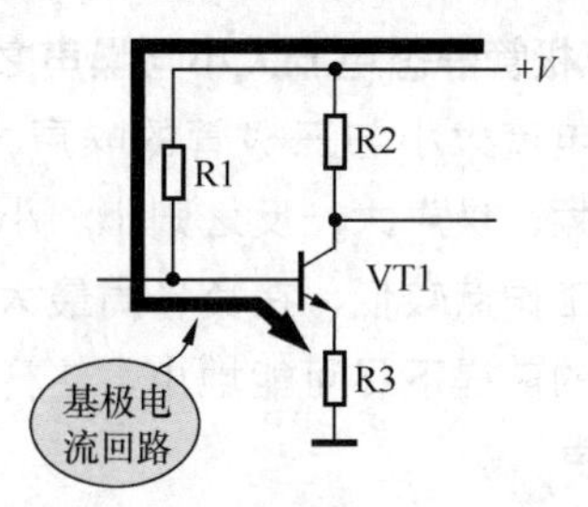

图 14-54　分析第三步示意图

偏置电路分析提示

偏置电路小结：三极管偏置电路中，基极偏置电压极性与集电极一致，无论何种偏置电路，集电极电压低于发射极电压时，基极电压也低于发射极电压；集电极电压高于发射极电压时，基极电压也高于发射极电压。

14.3.2　三极管静态电流作用及其影响

1．三极管静态电流作用

偏置电路的作用是给三极管提供基极直流电流，这一电流又被称为基极静态偏置电流。静态工作电流就是没有信号输入时三极管的直流工作电流，这一电流由放大器电路中的直流电源来提供。

重要提示

三极管的静态工作点其实是相当复杂的，总的来讲静态电流大小在放大器中与放大倍数、噪声、非线性失真等有关，在三极管的各种应用中还与静态工作电流有与无、大与小有关。

当三极管工作在放大状态下时，必须给三极管提供静态偏置电流，它是保证三极管工作在放大状态下的必要条件，静态电流不正常，三极管放大信号的工作就一定不正常。

2．三极管静态电流大小与噪声之间关系

静态电流大小与三极管的噪声大小有关，静态电流大，噪声大，反之则小。小信号放大器中静态工作点较低，在负半周最大信号不落入截止区的前提下尽可能地小，这样可以抑制三极管噪声。

一个多级放大器中，有数级单级放大器，这时要求前级放大器的三极管静态电流较小，如图14-55所示，以降低整个放大器的噪声，因为前级电路的微小噪声都将被后级放大器所放大。

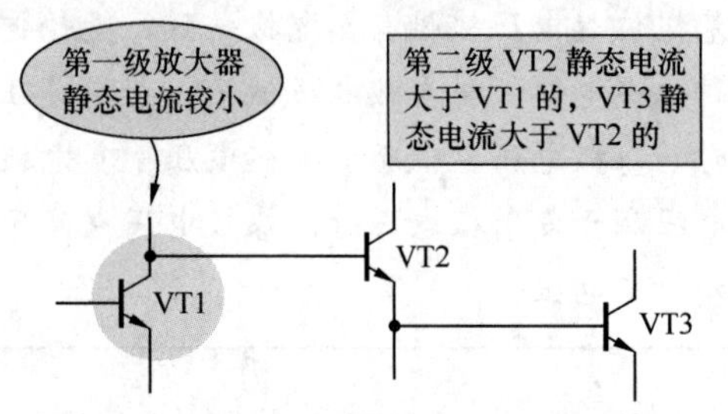

图14-55 前级放大器中的三极管采用低噪声高β三极管

重要提示

前级放大器静态电流较小会使三极管放大倍数β减小，此时为了补偿放大能力，可以采用低噪声高β的三极管。后级放大器中三极管静态电流较大。

后级放大器的三极管静态电流较大，这样，三极管放大倍数β可以较大，放大能力较强，同时可以防止输入信号进入三极管截止区，因为后级放大器的信号幅度已经较大了。对于NPN型三极管而言，其输入信号负半周峰值部分将会进入三极管截止区，产生削顶失真，如图14-56所示。

3．三极管静态电流大小与放大倍数之间关系

静态电流大小还与三极管的放大倍数有关，图14-57所示是基极电流与放大倍数β之间的关系曲线。从图中可以看到，在基极电流为某一值时，放大倍数β为最大；基极电流大于或小于这一值时，放大倍数β要都下降。不同型号的三极管的这一特性曲线不同，但是很相似。

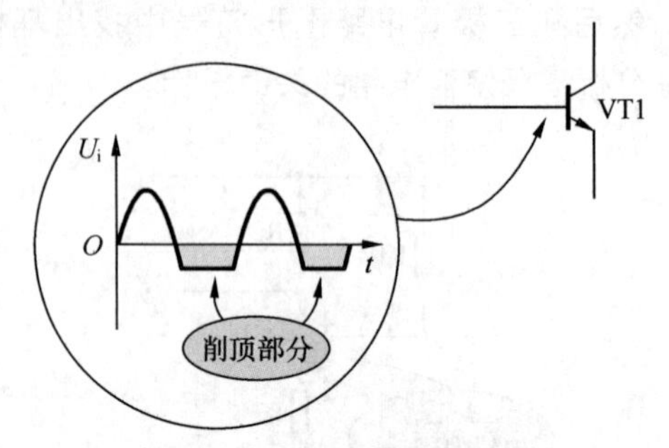

图14-56 削顶失真示意图

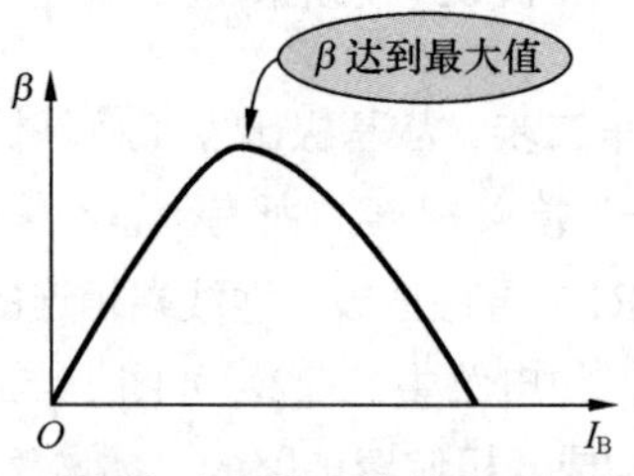

图14-57 基极电流与放大倍数β之间的关系曲线

14.3.3 功放电路中推动管静态电流要求

大信号的甲类放大器中，如推动级放大管工作点要调整在交流负载线中间，这样非线性失真会最小，如图14-58所示。这是因为在正、负半周对称削顶的情况下，信号的非线性失真小于非对称（如大小头失真，正半周削顶量大于负半周削顶量）时的非线性失真。

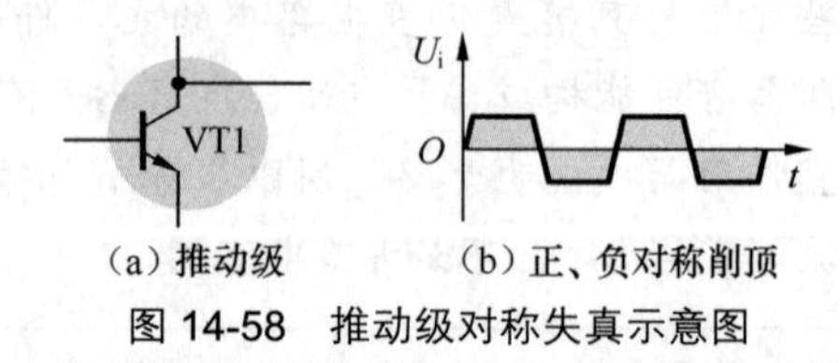

图14-58 推动级对称失真示意图

图14-59所示是一种OTL功率放大电路，电路中的Q1就是推动管，它的静态工作电流就需要设置在交流负载线的中间。

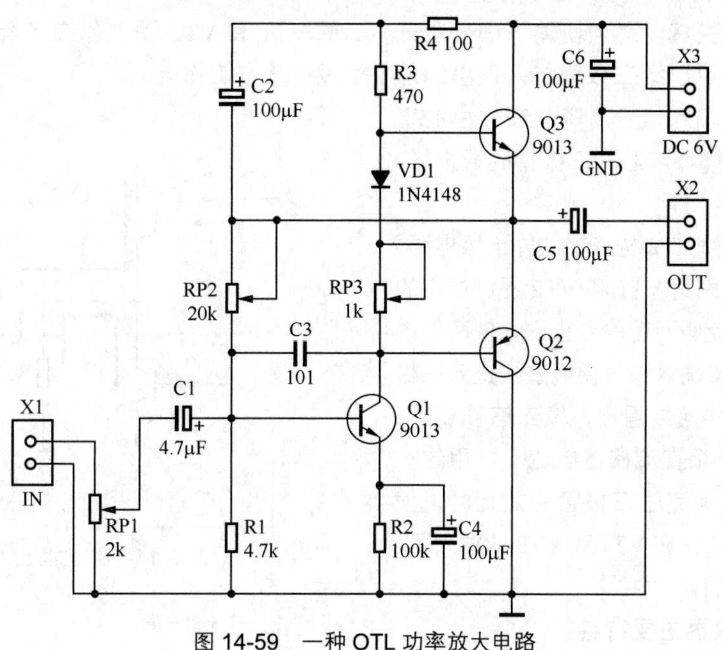

图 14-59　一种 OTL 功率放大电路

14.3.4　甲乙类放大器中三极管静态工作电流很小

1．静态电流设置要求

在甲乙类放大器中三极管静态工作电流很小，只要克服交越失真即可。这种放大器应用广泛，如 OTL、OCL、BTL 功率放大器、变压器耦合功率放大器中均采用这种方式，甲乙类放大器中用两只三极管分别放大交流信号的正、负半周。图 14-60 是甲乙类放大器中三极管静态工作电流示意图，VT1 和 VT2 两管工作在甲乙类放大状态下，其静态电流很小。

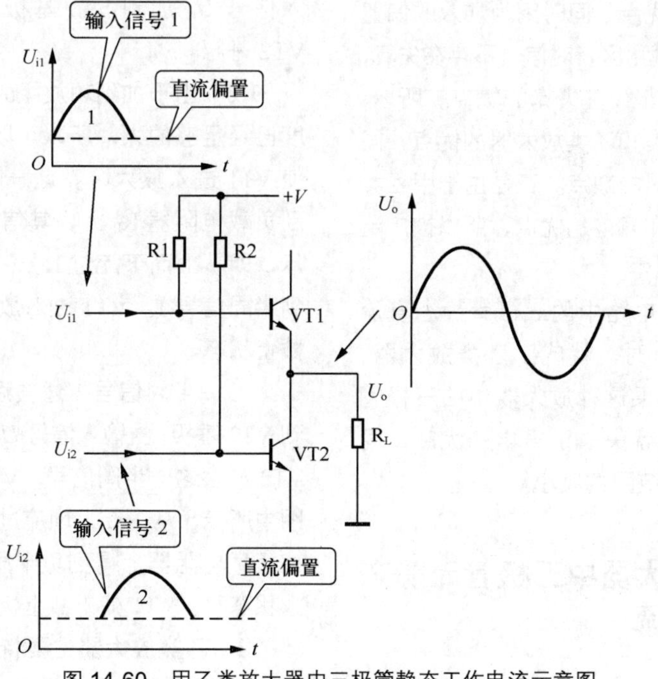

图 14-60　甲乙类放大器中三极管静态工作电流示意图

为了克服交越失真，必须使输入信号避开三极管的截止区。可以给三极管加入很小的静态偏置电流，以使输入信号“骑”在很小的直流偏置电流上，这样可以避开三极管的截止区，使输出信号不失真。

电路中，VT1和VT2构成功放输出级电路，电阻器R1和R2分别给VT1和VT2提供很小的静态偏置电流，以克服两管的截止区，使两管进入微导通状态，这样输入信号便能直接进入三极管的放大区。从图中可以看出，输入信号 U_{i1} 和 U_{i2} 分别“骑”在一个直流偏置电流上，用这一很小的直流偏置电流克服三极管的截止区，使两个半周信号分别工作在VT1和VT2的放大区，达到克服交越失真的目的。

2．甲乙类放大器主要特点

关于甲乙类放大器的特点主要说明下列几点。

（1）甲乙类放大器同乙类放大器一样，用两只三极管分别放大输入信号的正、负半周信号，但是给两只三极管加入了很小的直流偏置电流，以使三极管刚刚进入放大区。

（2）由于给三极管所加的静态直流偏置电流很小，在没有输入信号时放大器对直流电源的消耗比较小（比起甲类放大器要小得多），这样具有乙类放大器省电的优点；同时因为加入的偏置电流克服了三极管的截止区，对信号不存在失真，又具有甲类放大器无非线性失真的优点。所以，甲乙类放大器具有甲类和乙类放大器的优点，同时克服了这两种放大器的缺点。正是由于甲乙类放大器无非线性失真和省电的优点，所以被广泛应用于音频功率放大器中。

（3）当这种放大电路中的三极管静态直流偏置电流太小或没有时，就成了乙类放大器，将产生交越失真；如果这种放大器中的三极管静态偏置电流太大，就失去了省电的优点，同时也会造成信号动态范围的减小。

14.3.5 乙类放大器中三极管无静态工作电流

如图14-61所示是乙类放大电路。电路中的VT1和VT2管工作在乙类放大状态，它们没有静态工作电流。

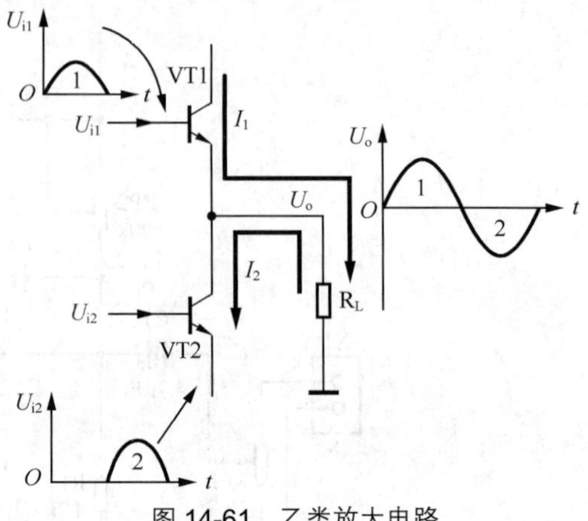

图14-61　乙类放大电路

1．工作原理

乙类放大器的特点是不给三极管加静态偏置电流，而且用两只性能对称的三极管来分别放大信号的正半周和负半周，在放大器的负载上将正、负半周信号合成一个完整周期的信号。

关于乙类放大器工作原理主要说明下列几点。

（1）VT1和VT2构成功率放大器输出级电路，两只放大管基极没有静态工作电流。输入信号 U_{i1} 加到VT1基极，输入信号 U_{i2} 加到VT2基极。

（2）由于加到功放级的输入信号 U_{i1}、U_{i2} 幅度已经足够的大，所以可以用输入信号 U_{i1} 本身使VT1进入放大区。这一信号经VT1放大后加到负载电阻器 R_L 上，其信号电流方向如图中所示，即从上而下流过 R_L，在负载电阻器 R_L 上得到半周信号1。VT1进入放大状态时，VT2处于截止状态。

（3）半周信号1过去后，另半周信号 U_{i2} 加到VT2基极，由输入信号 U_{i2} 使VT2进入放大区，VT2放大这一半周信号，VT2的输出电流方向如图中所示，从下而上地流过负载电阻器 R_L，这样在负载电阻器上得到负半周信号2。VT2进入放大状态时，VT1处于截止状态。

2．乙类放大器主要特点

关于乙类放大器特点主要说明如下。

（1）输入信号的正、负半周各用一只三极管放大，可以有效地提高放大器的输出功率，即乙类放大器的输出功率可以做得很大。

（2）输入功放管的信号幅度已经很大，可以用输入信号自身电压使功放管正向导通，进入放大状态。

（3）在没有输入信号时，三极管处于截止状态，不消耗直流电源，这样比较省电，这是这种放大器的主要优点之一。

（4）由于三极管工作在放大状态下，三极管又没有静态偏置电流，而是用输入信号电压给三极管加正向偏置电压。这样在输入较小的信号时或大信号的起始部分，信号落到了三极管的截止区，由于截止区是非线性的，将产生如图 14-62 所示的失真。

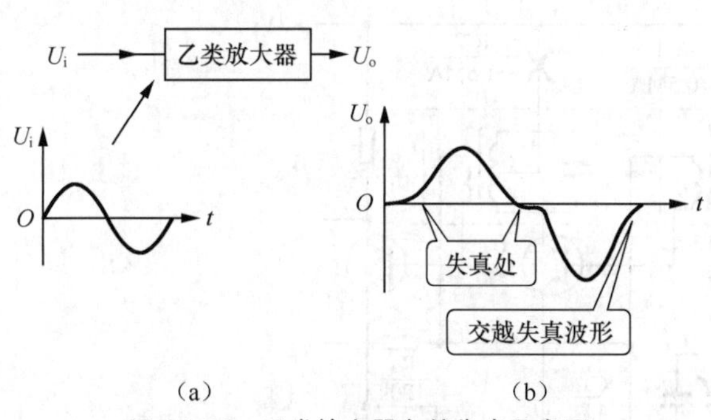

图 14-62　乙类放大器交越失真示意图

从乙类放大器输出信号波形中可以看出，其正、负半周信号在幅度较小时存在失真，放大器的这种失真被称为交越失真。这种失真是非线性失真中的一种，对声音的音质破坏严重，所以乙类放大器不能用于音频放大器中，只用于一些对非线性失真没有要求的功率放大场合。

14.3.6　差分放大器中两只三极管静态电流相等

图 14-63 所示是一级典型的双端输入、双端输出式差分放大器，VT1 和 VT2 是两只同型号三极管，两只三极管构成一级差分放大器。电路中，U_{i1} 和 U_{i2} 是两个输入信号，这两个信号必须大小相等、相位相反。从电路中可以看出，两个输入信号分别从 VT1、VT2 基极与地线之间输入；U_o 是这一差分放大器的输出信号，它取自 VT1 和 VT2 集电极之间，不是取自某三极管的集电极与地线之间。

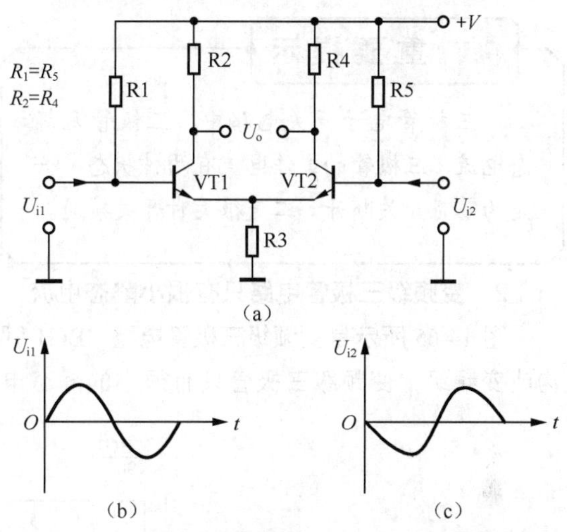

图 14-63　一级典型的双端输入、双端输出式差分放大器

重要提示

差分放大器中的两只三极管直流电路是对称的，这样在静态时对于共模信号而言（漂移就是一种共模信号），两管集电极直流电压相等，在采用双端输出式电路后输出信号电压 U_o 为 0V，即零点漂移的结果对输出信号电压 U_o 没有影响，说明该电路具有抑制零点漂移的作用。

14.3.7　其他电路中三极管静态电流要求

各种功能电路中，对三极管的静态电流的要求是不同的，了解和掌握这些要求对电路设计很重要。

1．三极管电子开关电路无静态电流

图 14-64 所示是三极管电子开关电路，电路中 VT1 工作在开关状态下。在电源开关 S1 接通的状态下，如果开关 S2 接通，则 VT1 饱

和导通，S2断开时VT1截止。VT1在S1断开时，它没有静态电流，以保证在VT1截止时它的集电极与发射极之间的内阻足够，保证电子开关的断开电阻足够大。

重要提示

三极管电子开关电路中，三极管无静态电流，三极管的工作电流有两种状态：一是为零时开关断开，二是很大时开关接通。

2．变频级三极管电路只有很小静态电流

图14-65所示是变频级三极管电路，BG1管构成变频级，变频级三极管只有很小的静态电流，三极管工作在非线性区，利用非线性特性实现差频，这样三极管才具有变频功能，才能得到中频信号。变频管有较小的静态直流电流，所以它又具有一定的放大作用。

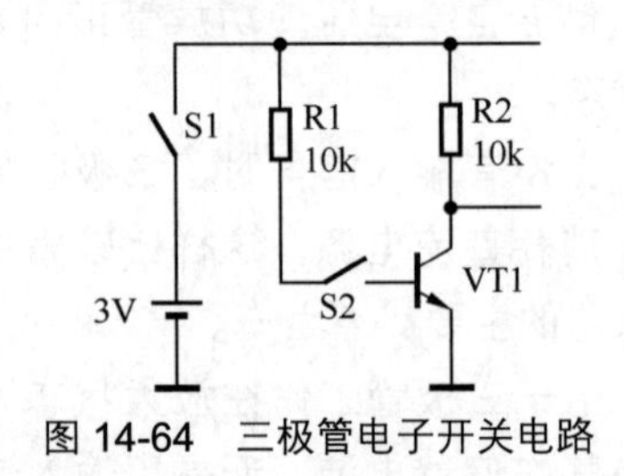

图14-64　三极管电子开关电路

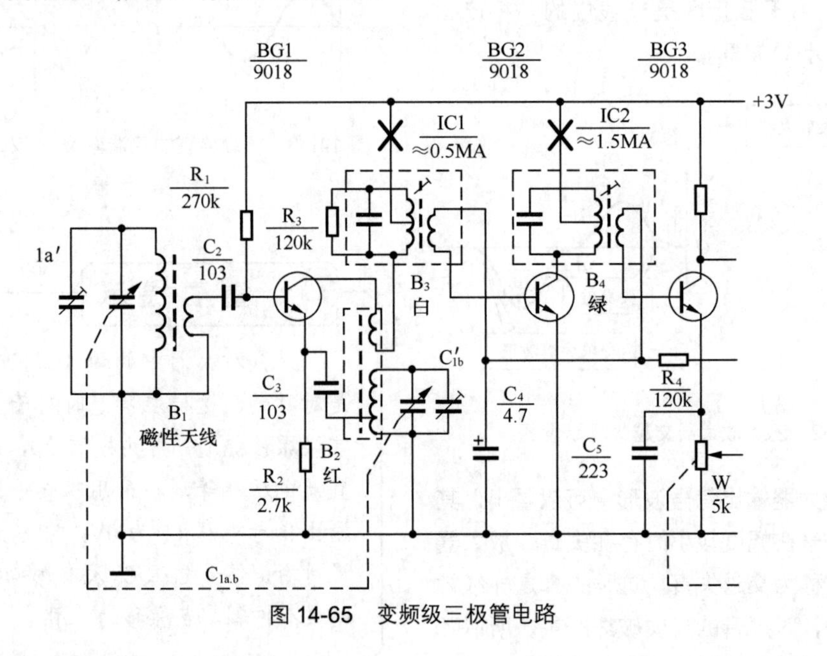

图14-65　变频级三极管电路

电路中，电阻器R1是BG1管固定式偏置电阻器，由它的阻值决定BG1管合适的静态电流大小。

重要提示

变频管的静态直流电流设置兼顾了变频的非线性（静态电流要小）要求和放大作用（静态电流要较大）的直流偏置电流要求。

3．三极管检波电路只有很小静态电流

图14-66所示是三极管检波电路，其中BG3构成检波放大管，对检波而言希望BG3静态电流很小，对于放大管而言则希望BG3管静态电流能大一些，以便有足够的放大能力，所以要二者兼顾，取较小的静态直流工作电流。

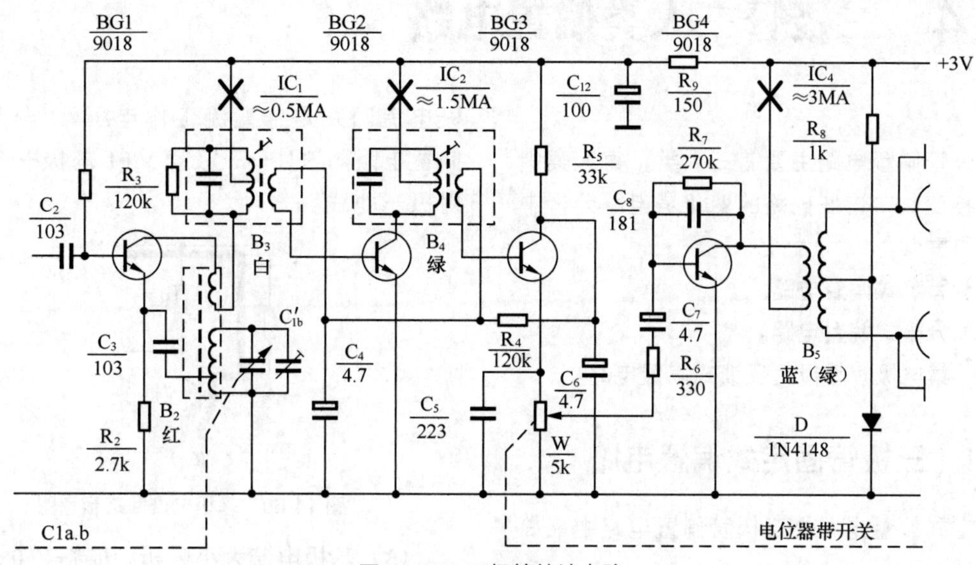

图 14-66 三极管检波电路

电路中，直流工作电压 +3V 通过退耦电阻器 R9、BG3 集电极负载电阻器 R5、偏置电阻器 R4 和中频变压器 B4 二次线圈加到 BG3 管基极，R4 提供 BG3 管的集电极 - 基极负反馈式偏置电阻，即为检波放大管 BG3 提供较小的静态直流电流。

4．驱动管没有静态电流

图 14-67 所示是继电器驱动电路，VT1 是驱动管，当 VT1 基极上驱动电压为 0V 时，VT1 管截止，继电器不动作；当 VT1 管基极上有高电平驱动电压时，VT1 管导通，VT1 管集电极电流流过继电器线圈，使继电器开关 K1 吸合。

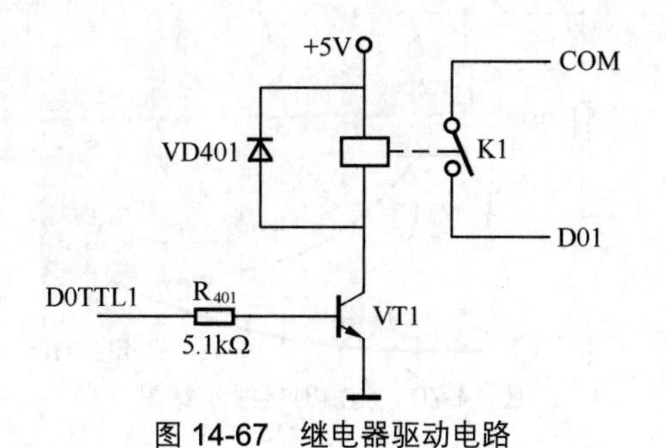

图 14-67 继电器驱动电路

重要提示

在这一驱动电路中，驱动管 VT1 是无静态电流的，它的驱动电流来自输入端的驱动电压。

5．其他三极管电路中的静态电流要求

其他一些三极管电路中静态电流要求如下。

（1）正弦波振荡器中的振荡管静态电流大小影响起振和振荡输出信号的幅度大小。

（2）在一些对温度稳定时要求很高的放大器中，要求设置温度补偿电路，以稳定三极管的静态工作电流。

（3）在一些电路中为了防止直流工作电压波动造成三极管静态电流的不稳定，要求在三极管直流工作电压电路中设置直流稳压电路。

14.4 三极管三大类偏置电路

三极管偏置电路主要有三大类，每大类中都有多种变化，这些电路的变化是电路分析中的难点和重点。

（1）固定式偏置电路。

（2）分压式偏置电路。

（3）集电极－基极负反馈式偏置电路。

14.4.1 三极管固定式偏置电路

固定式偏置电路是三极管偏置电路中最简单的一种电路。

重要提示

固定式偏置电路特征是：固定式偏置电阻器的一根引脚必须与三极管基极直接相连，另一根引脚与正电源端或地线端直接相连。

1. 典型固定式偏置电路

图 14-68 所示是典型固定式偏置电路。电路中的 VT1 是 NPN 型三极管，采用正极性电源 +*V* 供电。

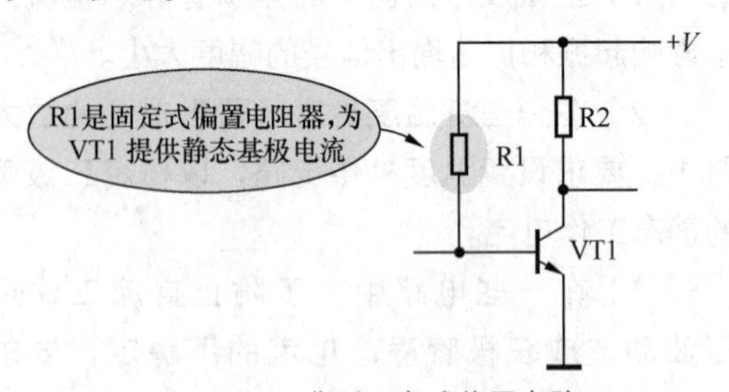

图 14-68　典型固定式偏置电路

（1）固定式偏置电阻。在直流工作电压 +*V* 和电阻器 R1 的阻值大小确定后，流入三极管的基极电流就是确定的，所以 R1 被称为固定式偏置电阻器。

（2）基极电流回路。从图 14-69 所示电路中可以看出，直流工作电压 +*V* 产生的直流电流通过 R1 流入三极管 VT1 内部，其基极电流回路是：直流工作电压 +*V* →固定式偏置电阻器 R1 →三极管 VT1 基极→ VT1 发射极→地线。

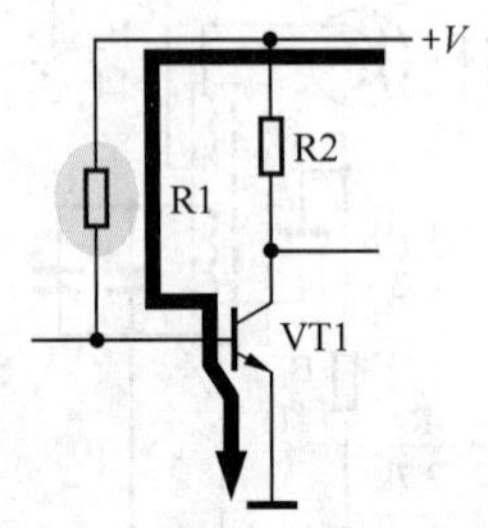

图 14-69　基极电流回路示意图

（3）基极电流大小分析。$I_B=(+V-0.6V)/R_1$，式中的 0.6V 是 VT1 发射结压降。

电路分析提示

无论是采用正极性直流电源还是负极性直流电源，无论是 NPN 型三极管还是 PNP 型三极管，三极管固定式偏置电阻器只有一个。

对于这一电路中偏置电阻器 R1 的故障，有效的检测方法是测量三极管 VT1 集电极直流工作电压，图 14-70 是测量时接线示意图。测量结果 VT1 集电极电压等于直流工作电压 +*V*，说明 R1 开路；如果测量结果 VT1 集电极直流电压等于 0.2V 左右，说明 R1 短路。

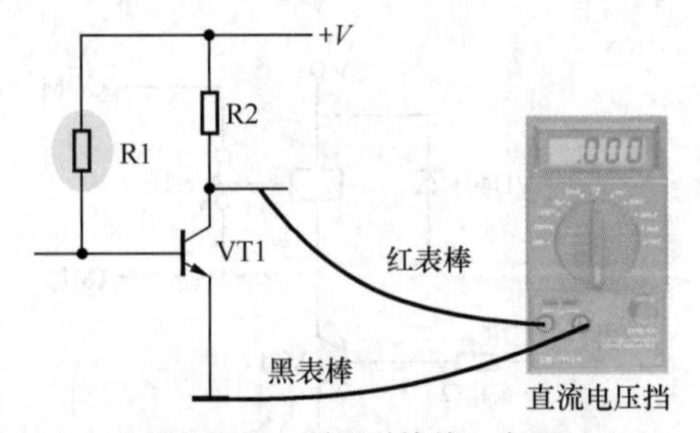

图 14-70　测量时接线示意图

2. 采用负极性电源供电的 NPN 型三极管固定式偏置电路

图 14-71 所示是采用负极性电源供电的

NPN 型三极管固定式偏置电路。电路中的 VT1 是 NPN 型三极管，-V 是负极性直流电源，R1 是基极偏置电阻器。R1 构成 VT1 的固定式基极偏置电路，可以为 VT1 提供基极电流。基极电流从地线（也就是电源的正极端）经电阻器 R1 流入三极管 VT1 基极。

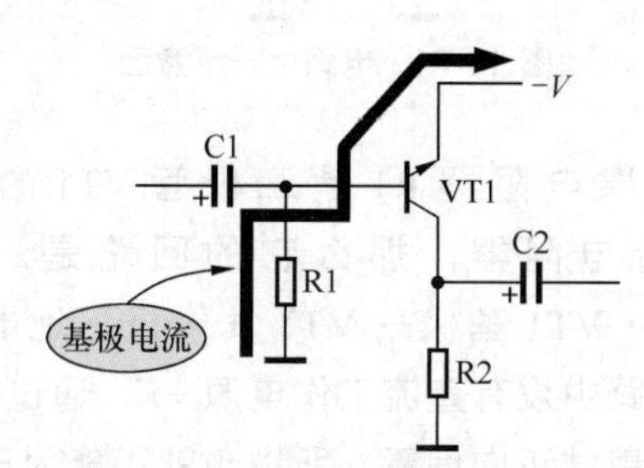

图 14-71 采用负极性电源供电的 NPN 型三极管固定式偏置电路

重要提示

对于采用负极性电源供电的 NPN 型三极管固定式偏置电路而言，偏置电阻器 R1 的电路特征是：它的一端与三极管基极相连，另一端与地线相连，根据电阻器 R1 的这一电路特征，可以方便地在电路中确定哪个电阻器是固定式偏置电阻器。

在负极性电源供电 NPN 型三极管固定式偏置电路中，电路地线的直流电压最高，而 VT1 发射极接负极性电源 -V 端，这样 VT1 基极电压高于发射极电压，给 VT1 发射结提供正向偏置电压。

3．采用正极性电源供电的 PNP 型三极管固定式偏置电路

图 14-72 所示是采用正极性电源供电的 PNP 型三极管固定式偏置电路。电路中的 VT1 是 PNP 型三极管，+V 是正极性直流电源，R1 是基极偏置电阻器。R1 构成 VT1 的固定式基极偏置电路，可以为 VT1 提供基极电流。基极电流从正极性电源 +V 端流入发射极，从基极流出再经电阻器 R1 到达地线。

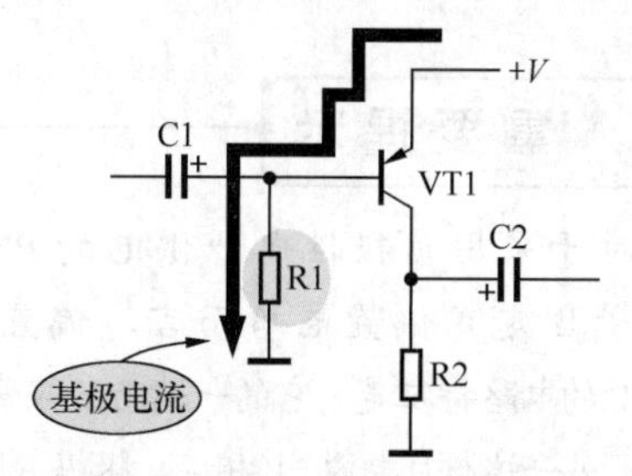

图 14-72 采用正极性电源供电的 PNP 型三极管固定式偏置电路

重要提示

对于采用正电源供电的 PNP 型三极管固定式偏置电路而言，偏置电阻器 R1 的电路特征是：它的一端与三极管基极相连，另一端与地线相连，根据电阻器 R1 的这一电路特征，可以方便地在电路中确定哪个电阻器是固定式偏置电阻器。

地线在这一电路中的直流电压最低，而 VT1 发射极接正极性电源 +V 端，这样 VT1 发射极电压高于基极电压，给 VT1 发射结提供正向偏置电压。

4．采用负极性电源供电的 PNP 型三极管固定式偏置电路

图 14-73 所示是采用负极性电源供电的 PNP 型三极管固定式偏置电路。电路中的 VT1 是 PNP 型三极管，-V 是负极性直流电源，R1 是基极偏置电阻器。R1 构成 VT1 的固定式基极偏置电路，可以为 VT1 提供基极电流。基极电流从地线流入发射极，从基极流出再经电阻器 R1 到达负极性电源 -V 端。

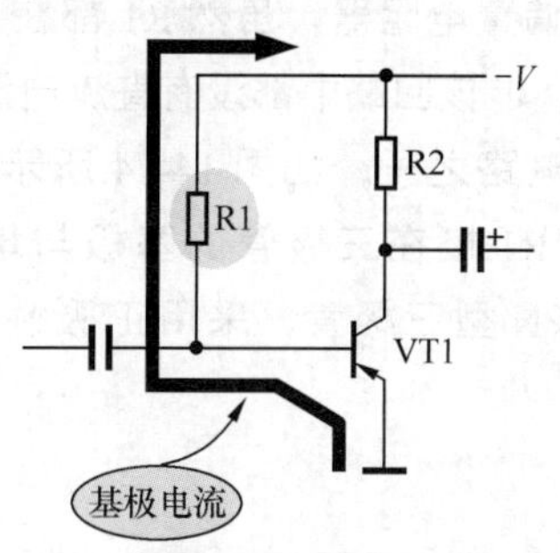

图 14-73 采用负极性电源供电的 PNP 型三极管固定式偏置电路

重要提示

对于采用负极性电源供电的PNP型三极管固定式偏置电路而言，偏置电阻器R1的电路特征是：它的一端与三极管基极相连，另一端与负电源 $-V$ 相连，根据R1的这一电路特征，可以方便地在电路中确定哪个电阻器是固定式偏置电阻器。

地线在这一电路中的直流电压最高，而VT1发射极接地线，这样VT1发射极电压高于基极电压，给VT1发射结提供正向偏置电压。

5．固定式偏置电路分析细节和容易出错电路

电路分析提示

分析固定式偏置电路时，判断三极管基极上的电阻器是否为偏置电阻器，主要是看这一电阻器能否给三极管提供基极电流，这就要特别注意两点。

一是固定式偏置电阻器应该在基极电流回路中。

二是这一回路中要有电源，这一点最容易搞错。

实际电路分析中，固定式偏置电路的分析比较容易出错。下面的5种电路中电阻器R1均不能给VT1提供基极电流，所以R1不是VT1基极偏置电阻器，虽然R1都在VT1的基极回路中，但该回路中都没有直流电源。

（1）电路之一，如图14-74所示。电路中的电阻器R1接在三极管的基极与地端之间，VT1是NPN型三极管，采用正极性直流电源 $+V$ 供电。

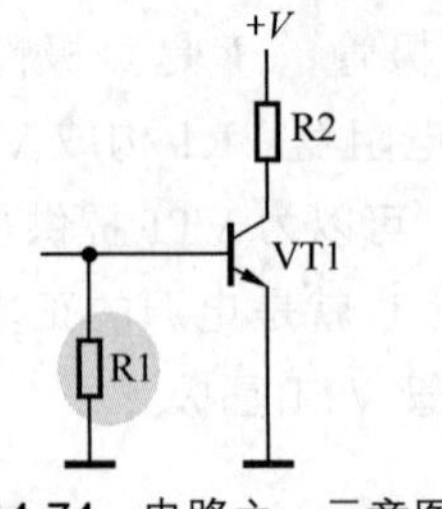

图14-74　电路之一示意图

如果电阻器R1是三极管VT1的固定式偏置电阻器，**那么它的回路是：**地端→R1→VT1基极→VT1发射极→地端，而在此回路中没有直流工作电源 $+V$，通过R1不能使发射结正向偏置，所以也就不能为三极管VT1提供基极电流 I_B，电路中的VT1也就没有基极电流。

重要提示

由于电路中的三极管VT1没有基极偏置电流，所以这只三极管不能工作在放大状态下。

通过识别三极管是否有基极偏置电路，可以知道这只三极管是否工作在放大状态下。

（2）电路之二，如图14-75所示。电路中的电阻器R1接在三极管VT1基极与地端之间，VT1是PNP型三极管，采用负极性直流电源 $-V$ 供电。

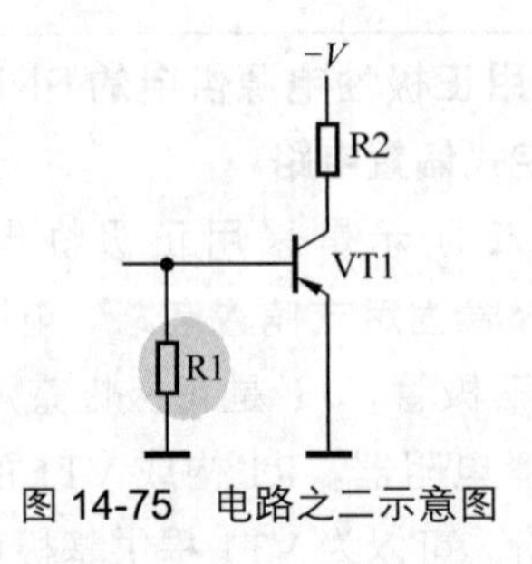

图14-75　电路之二示意图

重要提示

如果电阻器R1是三极管VT1的固定式偏置电阻器，R1和发射结形成的回路是：地端→VT1发射极→VT1基极→R1→地端，而在此回路中没有直流工作电源-*V*，所以电阻器R1不能为三极管VT1提供基极电流I_B，R1不是VT1的基极偏置电阻器。

（3）电路之三，如图14-76所示。电路中的电阻器R1接在三极管的基极与+*V*端之间，VT1是PNP型三极管，采用正极性直流电源+*V*供电。电阻器R1虽然接在VT1基极和直流电源+*V*端之间，但是VT1是PNP型三极管。

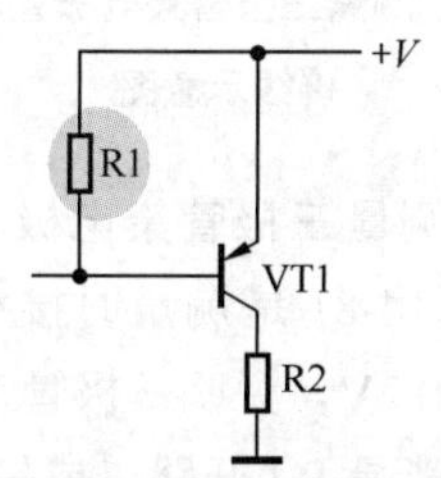

图14-76　电路之三示意图

重要提示

如果电阻器R1是三极管VT1的固定式偏置电阻器，它提供基极电流的回路是：+*V*端→VT1发射极→VT1基极→R1→+*V*端，而在此回路中没有直流工作电源的地端，R1所在回路只是有一个端点与直流工作电压+*V*端相连，所以电阻器R1不能为三极管VT1提供基极电流I_B，R1不是VT1的基极偏置电阻器。

（4）电路之四，如图14-77所示。电路中的电阻器R1接在三极管的基极与-*V*端之间，VT1是NPN型三极管，采用负极性直流电源-*V*供电。在电阻器R1回路中没有直流电源，所以R1也不是三极管VT1的偏置电阻器。

（5）电路之五，如图14-78所示。电路中的电阻器R1接在三极管的基极与发射极之间，VT1是NPN型三极管，采用正极性直流电源+*V*供电。R1如果能提供三极管VT1基极电流，其电流回路是：R1→VT1基极→VT1发射极。在这一回路中没有电源+*V*，所以R1也不是三极管VT1的偏置电阻器。

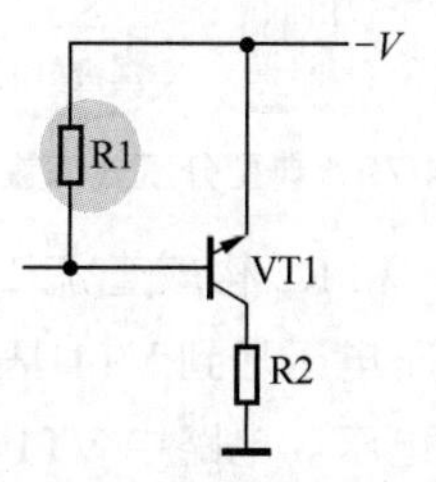

图14-77　电路之四示意图

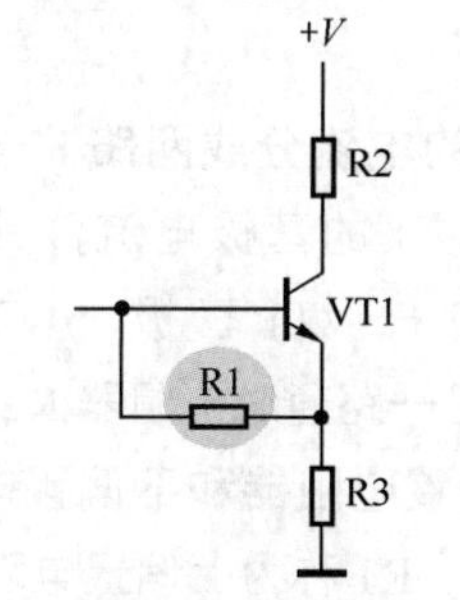

图14-78　电路之五示意图

重要提示

从上述5种情况可知，固定式偏置电路中虽然只有一只偏置电阻器，但是识图时如果不注意就会出错，误将与三极管基极相连的电阻器当作固定式偏置电阻器。

14.4.2　三极管分压式偏置电路

分压式偏置电路是三极管另一种常见的偏置电路。这种偏置电路的形式固定，所以识别方法相当简单。

1．三极管典型分压式偏置电路

图14-79所示是典型的分压式偏置电路。电路中的VT1是NPN型三极管，采用正极性直流电压+*V*供电。由于R1和R2这一分压电路为VT1基极提供直流电压，所以将这一电路称为分压式偏置电路。

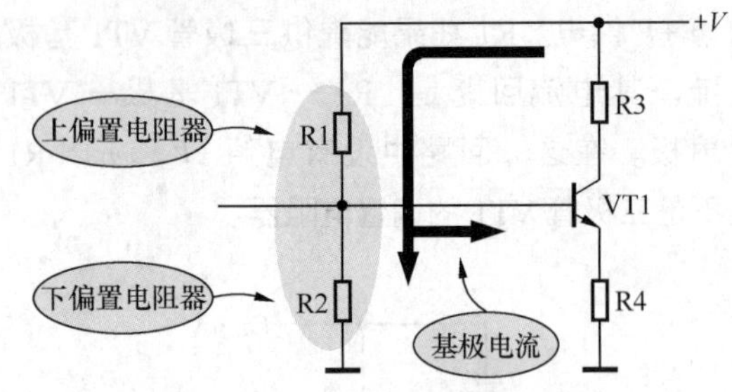

图 14-79 典型分压式偏置电路

电阻器 R1 和 R2 构成直流工作电压 +V 的分压电路，分压电压加到 VT1 基极，建立 VT1 基极直流偏置电压。电路中 VT1 发射极通过电阻器 R4 接地，基极电压高于地端电压，所以基极电压高于发射极电压，发射结处于正向偏置状态。

流过 R1 的电流分成两路：一路流入基极作为三极管 VT1 的基极电流，其基极电流回路是 +V → R1 → VT1 基极 → VT1 发射极 → R4 → 地端；另一路通过电阻器 R2 流到地线。

（1）上偏置电阻器和下偏置电阻器。分压式偏置电路中，R1 称为上偏置电阻器，R2 叫作下偏置电阻器，虽然基极电流通过上偏置电阻器 R1 构成回路，但是 R1 和 R2 分压后的电压决定了 VT1 基极电压的大小，在三极管发射极电阻器 R4 阻值大小确定的情况下，也就决定了基极电流的大小，所以 R1 和 R2 同时决定 VT1 基极电流的大小。

（2）分析基极电流大小的关键点。分析分压式偏置电路中三极管基极电流的大小时要掌握：R1 和 R2 对直流工作电压 +V 分压后，将电压加到三极管基极，该直流电压的大小决定了该管基极直流电流的大小，基极直流电压大基极电流大，反之则小。

电路分析提示

无论是 NPN 型还是 PNP 型三极管，无论是采用正极性电源还是负极性电源供电，一般情况偏置电路用两个电阻器构成，记住这一点对识别分压式偏置电路十分有利。

针对电路中的偏置电阻器 R1、R2 开展故障检测的最佳方法如下。

第一步，测量三极管 VT1 集电极直流电压。图 14-80 是测量时接线示意图。如果测量结果 VT1 集电极直流电压等于直流工作电压 +V，说明三极管 VT1 进入了截止状态，可能是 R1 开路，也可能是 R2 短路，通常情况下 R2 发生短路情况的可能性很小。

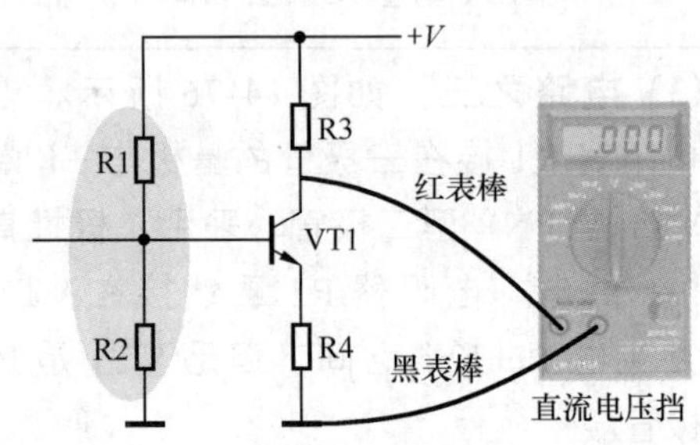

图 14-80 测量三极管集电极直流电压时接线示意图

第二步，测量三极管集电极与发射极之间的电压降。图 14-81 是测量时接线示意图。如果测量结果是 0.2V，说明三极管 VT1 进入了饱和状态，很可能是 R2 开路，或是 R1 短路，但是 R1 短路的可能性较小。

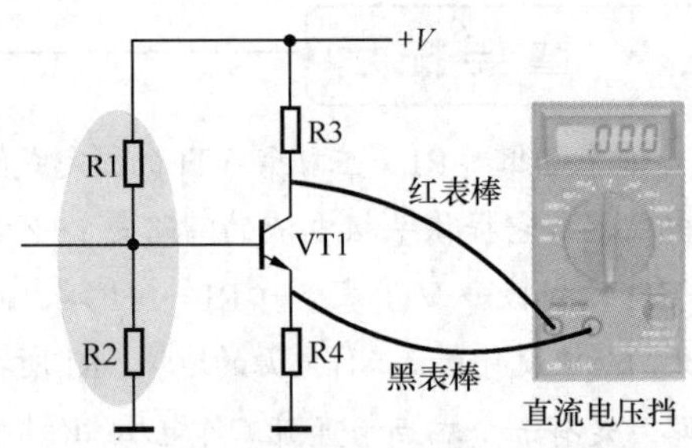

图 14-81 测量三极管集电极与发射极之间电压降时接线示意图

2. 采用正极性电源供电的 PNP 型三极管分压式偏置电路

图 14-82 所示是采用正极性电源供电的 PNP 型三极管分压式偏置电路。电路中的 VT1 是 PNP 型三极管，+V 是正极性直流工作电压，R1 和 R2 构成分压式偏置电路，R3 是三极管 VT1 的发射极电阻器，R4 是三极管 VT1 的集电极负载电阻器。

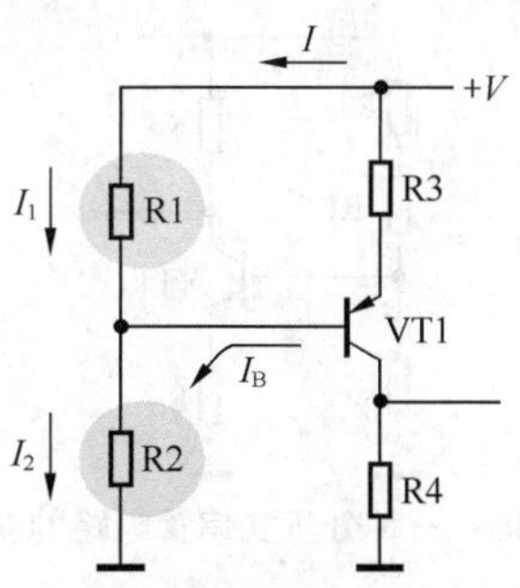

图 14-82 采用正极性电源供电的 PNP 型三极管分压式偏置电路

在采用正极性电源供电的 PNP 型三极管电路中，人们往往习惯于将三极管的发射极画在上面，如图 14-82 所示。

（1）直流电路分析。电阻器 R1 和 R2 构成对直流电压 $+V$ 的分压电路，分压后的电压直接加到 VT1 基极，给基极提供直流偏置电压。

VT1 发射极通过电阻器 R3 接在正极性直流工作电压 $+V$ 端，三极管 VT1 的发射极直流电压最高，高于三极管 VT1 的基极直流电压，所以三极管 VT1 发射结（基极与发射极之间的 PN 结）处于正向偏置状态，满足三极管 VT1 工作在放大状态下所必须具备的条件之一。

（2）直流电流回路分析。流出直流电源 $+V$ 的直流电流为 I，如图 14-82 所示。

流过电阻器 R1 的电流为 I_1，流过 R2 的电流为 I_2，流出基极的电流为 I_B（因为 VT1 是 PNP 型三极管，它的基极电流是从管内流出的），$I_2=I_1+I_B$，电阻器 R2 构成了基极电流回路，**这一电流回路是。**$+V$ → R3 → VT1 发射极→ VT1 基极→ R2 →地端。

电路特征提示

采用正极性电源供电的 PNP 型三极管分压式偏置电路，其特征与采用正极性电源供电的 NPN 型三极管分压式偏置电路的特征一样。

3．采用负极性电源供电的 NPN 型三极管分压式偏置电路

图 14-83 所示是采用负极性电源供电 NPN 型三极管分压式偏置电路。电路中的 VT1 是 NPN 型三极管，$-V$ 是负极性直流工作电压，R1 和 R2 构成分压式偏置电路，R3 是三极管 VT1 的发射极电阻器，R4 是三极管 VT1 的集电极负载电阻器。

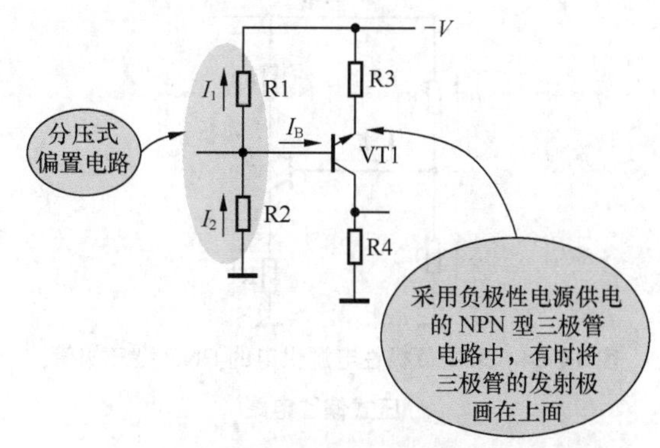

图 14-83 采用负极性电源供电的 NPN 型三极管分压式偏置电路

该分压式偏置电路的电路特征同前面电路一样，R1 和 R2 构成对直流工作电压 $-V$ 的分压电路，分压后的电压加到三极管 VT1 基极，这一电路特征与正极性直流电压供电电路一样，所以电路分析中很容易确定是分压式偏置电路。这一电路中，各电流之间的关系是 $I_2=I_1+I_B$，NPN 型三极管的基极电流流向管内，如图 14-74 所示。

重要提示

电路分析中要注意：由于采用负极性的直流电源供电，所以电路中的地线直流电压为最高，$-V$ 端的直流电压最低，这样所有的电流都是从地线端（实际上地线端是负极性直流电源的正极）流出，流到 $-V$ 端（这是负极性直流电源的负极）。

4．采用负极性电源供电 PNP 型三极管分压式偏置电路

图 14-84 所示是采用负极性电源供电的 PNP 型三极管分压式偏置电路。电路中的 VT1 是 PNP 型三极管，$-V$ 是负极性直流工作电压，R1 和 R2 构成分压式偏置电路，R3 是三极管

VT1的集电极负载电阻器，R4是三极管VT1的发射极电阻。电路中，各电流之间的关系是$I_1=I_2+I_B$，PNP型三极管的基极电流从管内流出，如图14-84所示。

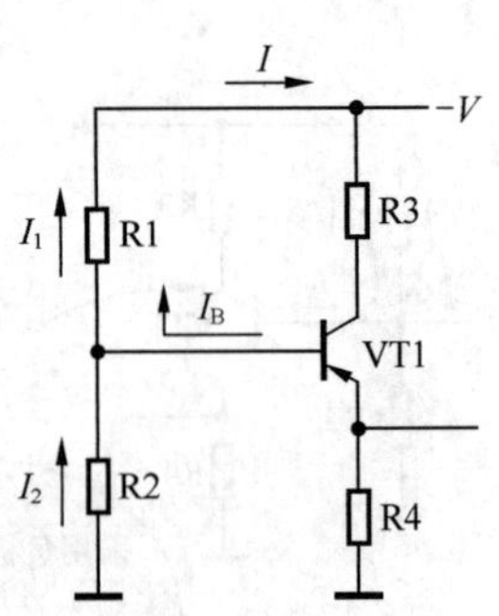

图14-84　采用负极性电源供电的PNP型三极管分压式偏置电路

重要提示

各种分压式偏置电路的电路特征基本一样，所以分压式电路在各种极性电源、各种极性三极管电路中的电路特征是相同的，这对识别电路中的分压式偏置电路十分有利，比固定式偏置电路更为容易。

5．分压式偏置电路变形电路

分压式偏置电路变形电路主要有两种，它们都属于分压式偏置电路的范畴，只是电路的具体形式发生了变化。在电路分析中，同功能不同电路形式的电路（变形电路）分析是电路分析的一个难点，有的电路其变形电路“丰富多彩”。下面讲解3种三极管分压式偏置电路变形电路的工作原理。

（1）可变电阻器方便基极电流调整电路

图14-85所示是一种分压式偏置电路的变形电路。电路中的RP1是可变电阻器，R1、RP1和R2构成三极管VT1的分压式偏置电路。

R1和RP1串联后作为上偏置电阻器，由于RP1的阻值可以进行微调，所以这一电路中上偏置电阻器的阻值可以方便地调整。

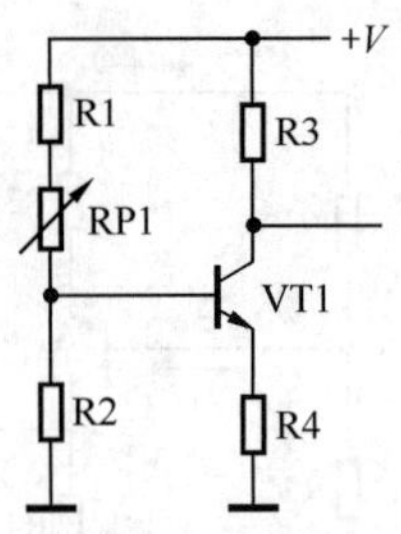

图14-85　一种分压式偏置电路的变形电路

串联可变电阻器RP1的目的是进行上偏置电阻器的阻值调整，其目的是进行三极管VT1的基极直流偏置电流的调整，从而可以调整三极管VT1的静态工作状态。

重要提示

在调整RP1的阻值时，实际上改变了分压电路的分压比，即改变了三极管VT1基极上的直流偏置电压，从而可以改变三极管VT1的静态电流。

改变三极管的静态工作电流，可以改变三极管的动态工作情况，有时可以在一定范围内调整三极管VT1这一级放大器的放大倍数等，例如一些收音机电路中的第一级放大器就采用这种变形分压式偏置电路。

（2）提高输入电阻的电路

图14-86所示是一种为了提高放大器输入电阻的分压式偏置电路。电路中的R1和R2构成分压式偏置电路，其分压后的电压不是直接加到三极管VT1基极，而是通过电阻器R3加到VT1基极。

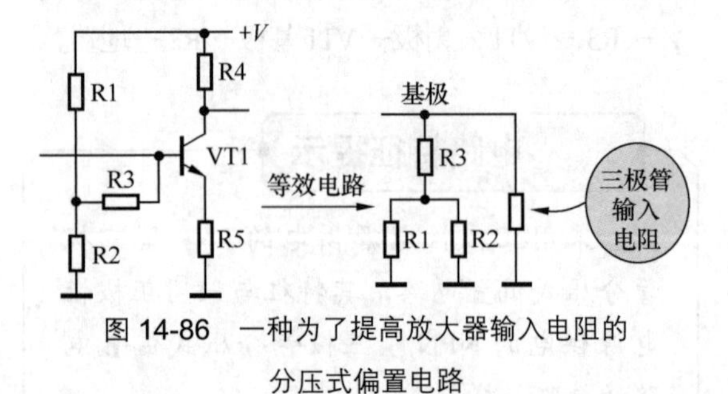

图14-86　一种为了提高放大器输入电阻的分压式偏置电路

从等效电路中可以看出，由于加入了电阻器R3，电阻器R1和R2并联后与R3串联（串联电阻电路总电阻增大），然后再与三极管VT1的输入电阻器并联，这样提高了这一级放大器的输入电阻。所以，这种变形的分压式偏置电路中，电阻器 R3 是为了提高放大器输入电阻而设置的。

（3）具有温度补偿特性的分压式偏置电路

图 14-87 所示是具有温度补偿特性的分压式偏置电路。电路中的 R1 和 R2、VD1 构成 VT1 基极分压式偏置电路。R1 是上偏置电阻器，R2 是下偏置电阻器，VD1 串联在下偏置电阻器 R2 电路中。

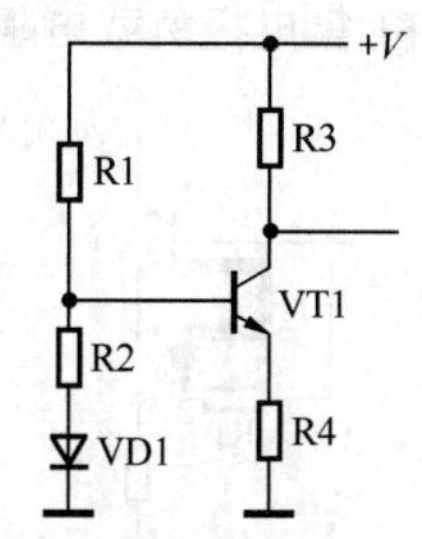

图 14-87 具有温度补偿特性的分压式偏置电路

R1、R2、VD1 分压后的电压加到 VT1 基极，作为 VT1 基极直流偏置电压。二极管 VD1 处于导通状态。

当工作温度升高时， VT1 基极电流会增大一些，这说明 VT1 受温度的影响而工作不能稳定。加入 VD1 后，温度升高时，VD1 正、负极之间的管压降略有下降，这使 VT1 基极电压略有下降，使 VT1 基极电流略有下降，这一基极电流下降正好抵消由于温度升高引起的 VT1 基极电流的增大，所以 VD1 能对 VT1 进行温度补偿。

当工作温度下降时， VT1 基极电流略有下降，而 VD1 管压降略有上升，使 VT1 基极电压略有上升，VT1 基极电流略有增大，也能稳定 VT1 基极电流。

重要提示

普通二极管在导通后，它的管压降（正极与负极之间的电压）基本不变，但不是绝对不变。当二极管的工作温度变化时，它的管压降会发生微小的变化。当工作温度升高时，它的管压降会下降一些；当工作温度降低时，它的管压降会增大一些。这是二极管管压降受温度影响的特性。

14.4.3 三极管集电极-基极负反馈式偏置电路

集电极-基极负反馈式偏置电路是三极管偏置电路中用得最多的一种偏置电路，它只用一只偏置电阻器构成偏置电路。

1. 典型三极管集电极-基极负反馈式偏置电路

图 14-88 所示是典型的三极管集电极-基极负反馈式偏置电路。电路中的 VT1 是 NPN 型三极管，采用正极性直流电源 +*V* 供电，R1 是集电极-基极负反馈式偏置电阻器。

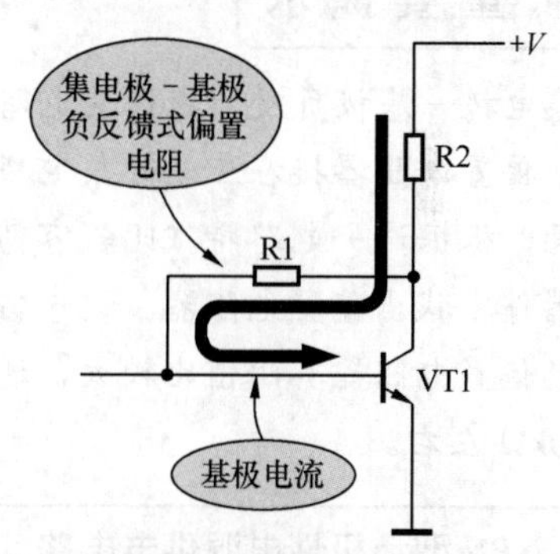

图 14-88 典型的三极管集电极-基极负反馈式偏置电路

电阻器 R1 接在 VT1 集电极与基极之间，这是偏置电阻器，R1 为 VT1 提供了基极电流回路，其基极电流回路是：直流工作电压 +*V* 端 → R2 → VT1 集电极→ R1 → VT1 基极→ VT1 发射极→地端。这一回路中有电源 +*V*，所以能有基极电流。

重要提示

由于 R1 接在集电极与基极之间，并且 R1 具有负反馈的作用，所以该电路被称为集电极-基极负反馈式偏置电路。

这一电路中偏置电阻器 R1 故障检测最方便的方法是测量三极管 VT1 集电极直流电压，图 14-89 是测量时接线示意图。如果测量结果是集电极直流电压等于直流工作电压 +*V*，说明电阻器

R1 开路。

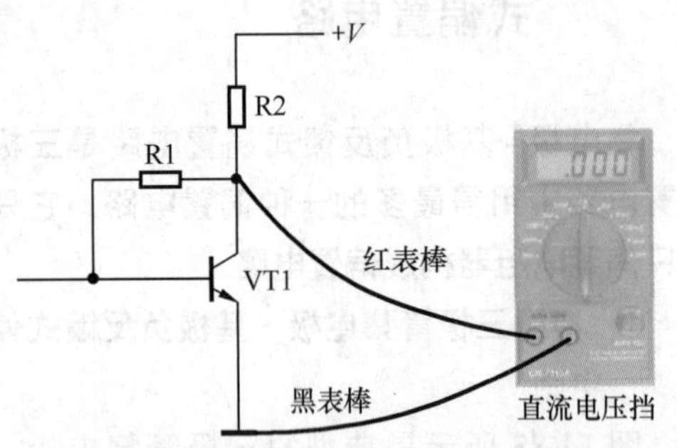

图 14-89　测量三极管集电极直流电压时接线示意图

2．其他 3 种集电极－基极负反馈式偏置电路

重要提示

集电极－基极负反馈式偏置电路的特征是：偏置电阻器接在三极管集电极与基极之间，根据这一电路特征比较容易从众多元器件中找出偏置电阻器。这一偏置电路中的偏置电阻器其阻值比较大，通常要在 100kΩ 左右。

（1）NPN 型负极性电源供电电路。图 14-90 所示是一种变形的集电极－基极负反馈式偏置电路。电路中的 R1 是集电极－基极负反馈偏置电阻器，它接在三极管 VT1 集电极与基极之间；R2 是 VT1 集电极负载电阻器。

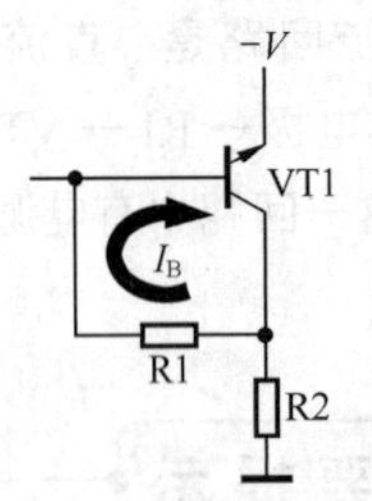

图 14-90　变形的集电极－基极负反馈式偏置电路之一

电流 I_B 是基极电流，其电流回路是：地端→ R2 → VT1 集电极→ R1 → VT1 基极→ VT1 发射极→ -V 端。

（2）PNP 型正极性电源供电电路。图 14-91 所示是另一种变形的集电极－基极负反馈式偏置电路。电路中的 R1 是集电极－基极负反馈偏置电阻器，它接在三极管 VT1 集电极与基极之间。R2 是 VT1 集电极负载电阻器。

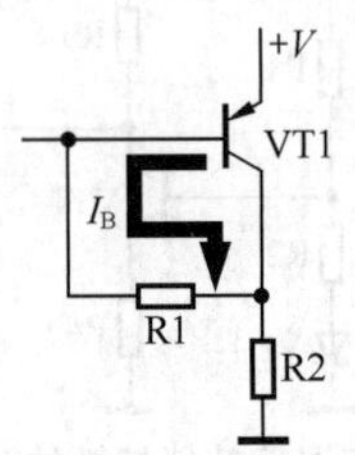

图 14-91　变形的集电极－基极负反馈式偏置电路之二

基极电流 I_B 的电流回路是：+V 端→ VT1 发射极→ VT1 基极→ R1 → VT1 集电极→ R2 →地端。

（3）PNP 型负极性电源供电电路。图 14-92 所示也是一种变形的集电极－基极负反馈式偏置电路。电路中的 R1 是集电极－基极负反馈偏置电阻器，它接在三极管 VT1 集电极与基极之间。R2 是 VT1 集电极负载电阻器。

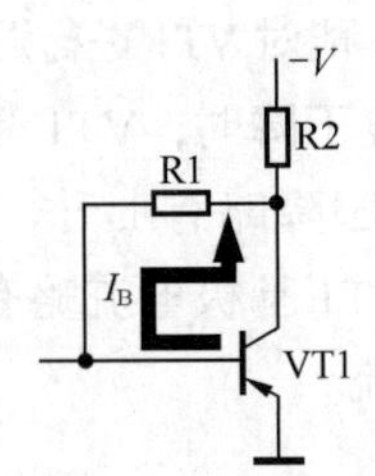

图 14-92　变形的集电极－基极负反馈式偏置电路之三

电流 I_B 是基极电流，其电流回路是：地端→ VT1 发射极→ VT1 基极→ R1 → VT1 集电极→集电极负载电阻器 R2 → -V 端。

14.5　三极管集电极直流电路

典型的集电极直流电路和发射极电路比较简单，但是它们的电路变化较多，是电路分析的难点。

14.5.1　三极管集电极直流电路特点和分析方法

三极管集电极直流电路就是集电极与直流工作电压端之间的电路，这一直流电路是三极管 3 个电极直流电路中变化最少的电路。

1．三极管集电极直流电路特点

工作在放大状态下的三极管，无论集电极电路如何变化，三极管的集电极必须与直流工作电压端或地线之间成直流回路，构成集电极的直流通路。只要是能够构成集电极直流电流回路的元器件都可以是三极管集电极直流电路中的元器件。

三极管集电极与直流电压端之间，或是与地线之间有如下两种情况。

（1）集电极直接与直流电压端相连（之间没有元器件）。

（2）通过一个电阻器或其他元器件相连。

这两种集电极直流电路与该三极管构成何种类型的放大器有关。

2．电路分析方法

分析这一直流电路时，首先在电路中找到三极管电路图形符号，然后找到三极管的集电极，从集电极出发向直流电压端或是地线端查找元器件，这些元器件中的电阻器或是电感器、变压器很可能是构成集电极直流电路的元器件，特别是电阻器。

可以不考虑电容器，因为电容器具有隔直特性，它不能构成直流电路。

14.5.2　常见的集电极直流电路

1．电路之一

图 14-93 所示是正极性电源供电 NPN 型三极管典型集电极直流电路之一。电路中的 VT1 是 NPN 型三极管，+*V* 是正极性直流工作电压，电阻器 R2 接在三极管 VT1 集电极与正极性直流工作电压 +*V* 端之间，集电极电阻器 R2 构成三极管 VT1 集电极电流回路。

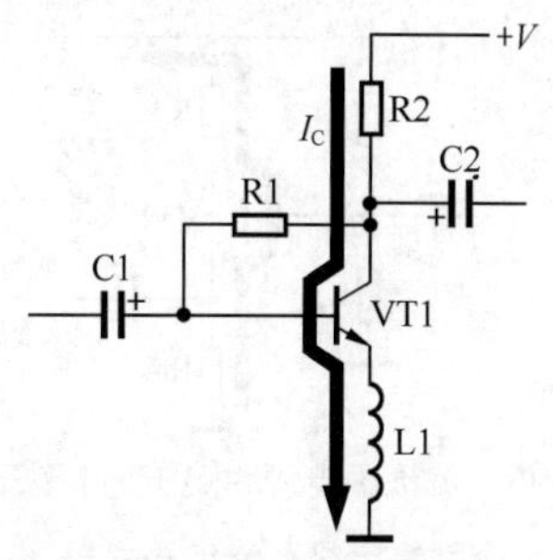

图 14-93　正极性电源供电 NPN 型三极管典型集电极直流电路之一

集电极电流回路是：正极性直流工作电压 +*V* 端→ R2 → VT1 集电极→ VT1 发射极→ L1 →地端。

三极管集电极直流电流回路是从电源端经过三极管集电极、发射极到地线，再由电源内电路（电路中未画出）构成的闭合回路。

2．电路之二

图 14-94 所示是正极性电源供电 NPN 型三极管典型集电极直流电路之二。当三极管接成共集电极放大器时，三极管的集电极将直接接在直流工作电压 +*V* 端，而没有集电极负载电阻器，此时必须在三极管 VT1 的发射极接上发射极电阻器 R2。

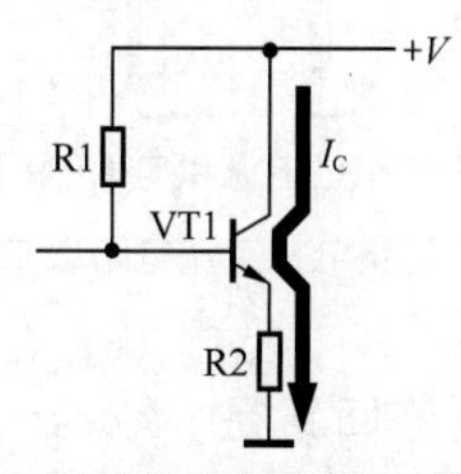

图 14-94　正极性电源供电 NPN 型三极管典型集电极直流电路之二

集电极电流回路是：正极性直流工作电压 +*V* 端→ VT1 集电极→ VT1 发射极→ R2 →地端。

3．电路之三

图 14-95 所示是负极性电源供电 NPN 型三极管典型集电极直流电路之一。电路中的 VT1 是 NPN 型三极管，−*V* 是负极性直流工作电压，电阻器 R4 接在三极管 VT1 集电极与地线之间，这样构成三极管 VT1 集电极电流回路。

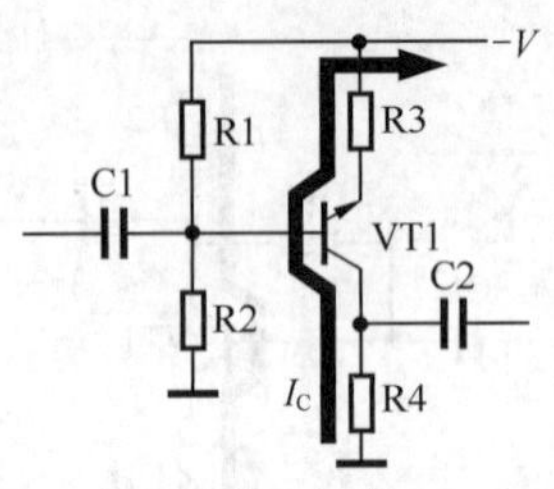

图 14-95　负极性电源供电 NPN 型三极管典型集电极直流电路之一

集电极电流回路是：地端→ R4 → VT1 集电极→ VT1 发射极→ R3 →负极性直流工作电压 -*V* 端。

4．电路之四

图 14-96 所示是负极性电源供电 NPN 型三极管典型集电极直流电路之二。电路中的 VT1 是 NPN 型三极管，采用负极性直流工作电压 -*V*，R2 是 VT1 发射极电阻器。VT1 集电极直接接地线，没有集电极负载电阻器，三极管 VT1 构成共集电极放大器。

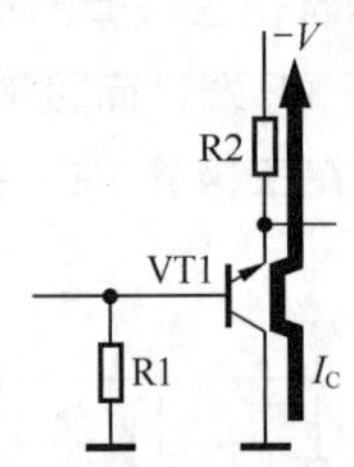

图 14-96　负极性电源供电 NPN 型三极管典型集电极直流电路之二

集电极电流回路是：地端→ VT1 集电极→ VT1 发射极→ R2 →负极性直流工作电压 -*V* 端。

5．电路之五

图 14-97 所示是正极性电源供电 PNP 型三极管集电极直流电路。电路中的 VT1 是 PNP 型三极管，+*V* 是正极性直流工作电压，电阻器 R4 接在三极管 VT1 集电极与地线之间，集电极电阻器 R4 构成三极管 VT1 集电极电流回路。

集电极电流回路是：正极性直流工作电压 +*V* 端→ R3 → VT1 发射极→ VT1 集电极→ R4 →地端。

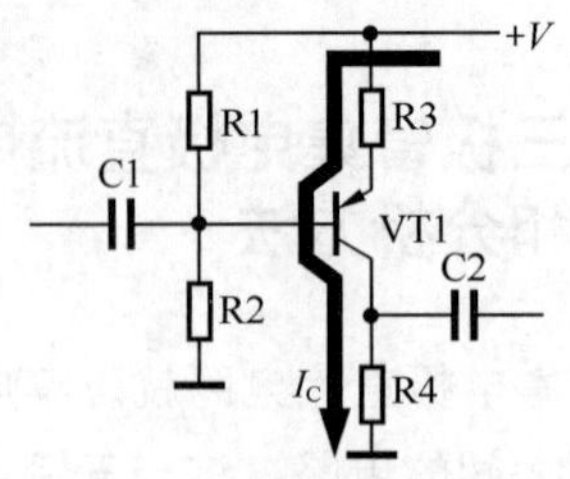

图 14-97　正极性电源供电 PNP 型三极管集电极直流电路

6．电路之六

图 14-98 所示是负极性电源供电 PNP 型三极管集电极直流电路。电路中的 VT1 是 PNP 型三极管，-*V* 是负极性直流工作电压，电阻器 R3 接在三极管 VT1 集电极与负极性直流工作电压 -*V* 端之间，这样构成三极管 VT1 集电极电流回路。

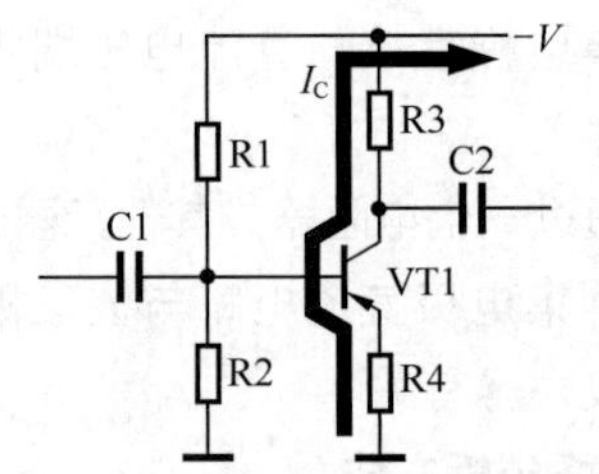

图 14-98　负极性电源供电 PNP 型三极管集电极直流电路

集电极电流回路是：地端→ R4 → VT1 发射极→ VT1 集电极→ R3 →负极性直流工作电压 -*V* 端。

7．三极管集电极直流电路故障检测方法

这里以图 14-99 所示的三极管典型集电极直流电路为例，讲解其故障检测方法。

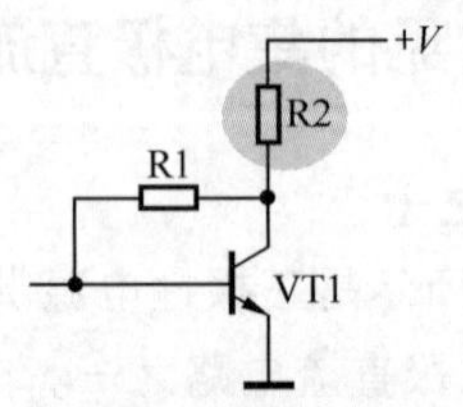

图 14-99　三极管典型集电极直流电路

检测这一集电极直流电路（电阻器 R2 构成）最有效和方便的方法是测量三极管直流电压，

图 14-100 是测量时接线示意图。如果测量结果是 VT1 集电极直流电压等于 0V，说明 R2 开路；如果测量结果是 VT1 集电极直流电压等于直流工作电压 +*V*，说明 R2 短路。

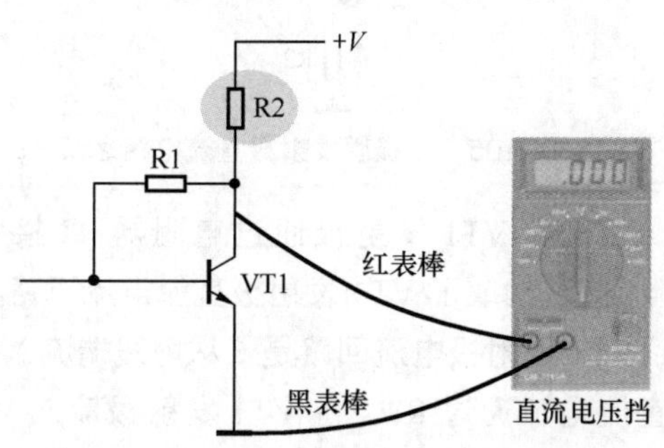

图 14-100　测量三极管直流电压接线示意图

14.5.3　三极管集电极直流电路变形电路

图 14-101 所示是一种三极管集电极直流电路变形电路。电路中的 VT1 是 NPN 型三极管，采用正极性直流电压 +*V* 供电，R1 是三极管 VT1 固定式偏置电阻器，T1 是变压器，它的一次绕组 L1 接在三极管 VT1 集电极回路中。

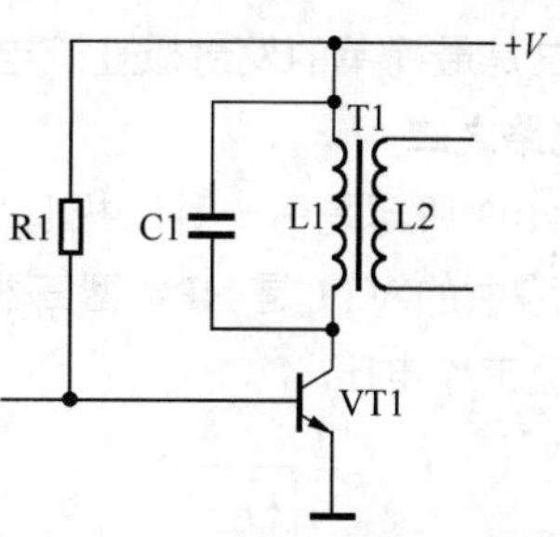

图 14-101　一种三极管集电极直流电路变形电路

根据集电极直流电路分析方法可知，VT1 集电极与直流工作电压 +*V* 端之间有两个元件，一是变压器 T1 的一次绕组 L1，二是电容器 C1，在这一电路中，集电极回路中没有电阻器。

重要提示

由于电容器具有隔直特性，所以电容器 C1 不能构成 VT1 集电极直流电流回路。根据绕组的特性可知，绕组 L1 可以让直流电流流过，所以 T1 的一次绕组 L1 构成了这一电路中三极管 VT1 的集电极直流电路。

14.6　三极管发射极直流电路

重要提示

三极管发射极直流电路就是发射极与直流电压端，或发射极与地线端之间的电路，这一直流电路的变化比集电极直流电路多。

14.6.1　常见的三极管发射极直流电路

1．电路之一

图 14-102 所示是一种三极管发射极直流电路。电路中的 VT1 是 NPN 型三极管，采用正极性直流工作电压 +*V*。

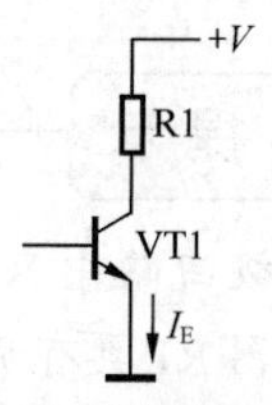

图 14-102　三极管发射极直流电路之一

三极管 VT1 发射极直接接地线，构成发射极直流电流回路：从 VT1 内部流出的发射极电流经发射极直接流到地线。

图 14-93 所示 VT1 发射极电路中没有任何

元器件，这是最简单的发射极直流电路。

2．电路之二

图 14-103 所示是另一种三极管发射极直流电路。电路中的 VT1 是 NPN 型三极管，采用负极性直流工作电压 $-V$。

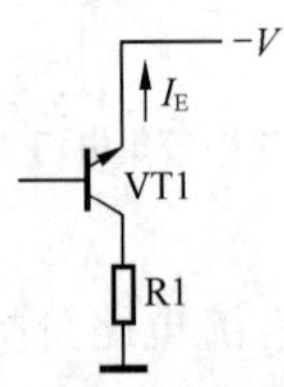

图 14-103　三极管发射极直流电路之二

三极管 VT1 发射极直接接在负极性直流工作电压 $-V$ 端，**构成发射极直流电流回路**：从 VT1 内部流出的发射极电流经发射极直接流到 $-V$ 端。

3．电路之三

图 14-104 所示也是一种三极管发射极直流电路。电路中的 VT1 是 PNP 型三极管，采用正极性直流工作电压 $+V$。

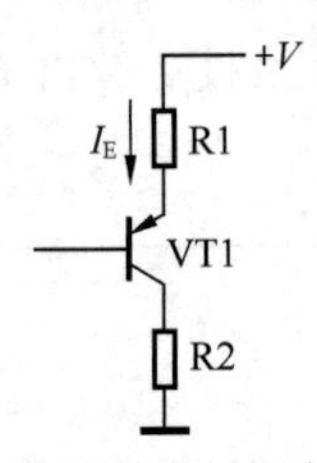

图 14-104　三极管发射极直流电路之三

三极管 VT1 发射极通过电阻器 R1 接直流工作电压 $+V$ 端，电阻器 R1 构成了发射极直流电流回路。从直流工作电压 $+V$ 端流出的直流电流，经过 R1，从 VT1 发射极流入 VT1 内。

重要提示

VT1 发射极回路中只有一只电阻器 R1。因为电阻器 R1 具有负反馈作用，所以 R1 被称为发射极负反馈电阻器。

4．电路之四

图 14-105 所示是另一种三极管发射极直流电路。电路中的 VT1 是 PNP 型三极管，采用负极性直流工作电压 $-V$。

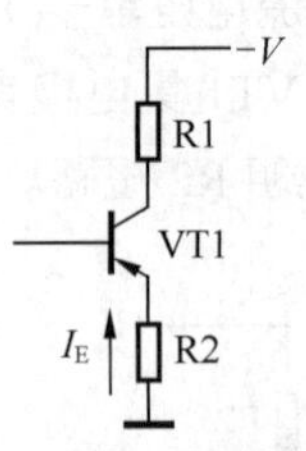

图 14-105　三极管发射极直流电路之四

三极管 VT1 发射极通过电阻器 R2 接地，电阻器 R2 构成了 VT1 发射极直流电流回路。

VT1 发射极电流回路是：从地线端流入 R2 的直流电流通过 R2，由 VT1 发射极流入 VT1 内部。

5．三极管发射极直流电路故障检测方法

这里以图 14-06 所示典型的三极管发射极直流电路（R2 构成发射极电路）为例，讲解故障检测方法。

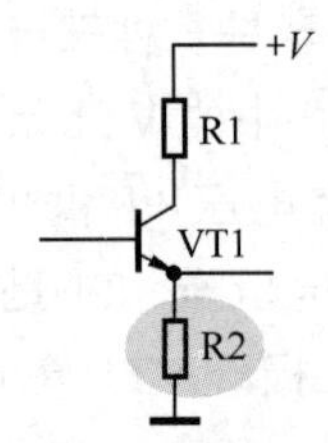

图 14-106　典型的三极管发射极直流电路

对于这一电路最简单、有效的故障检测方法是测量三极管 VT1 发射极直流电压，图 14-107 是测量时接线示意图。如果测量结果 VT1 发射极直流电压等于 $+V$，说明电阻器 R2 开路；如果测量结果 VT1 发射极直流电压等于 0V，说明电阻器 R2 短路。

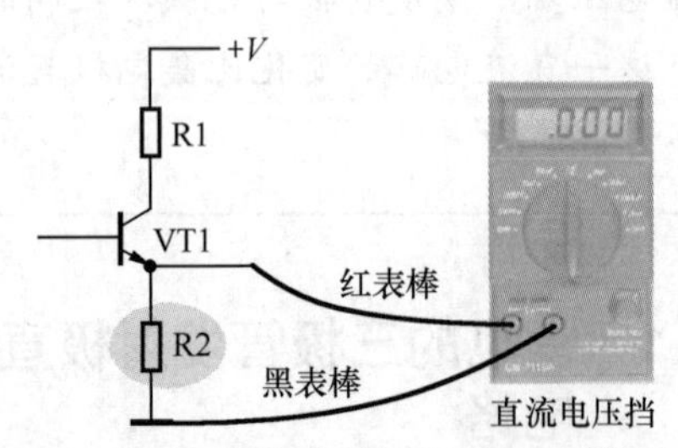

图 14-107　测量三极管发射极直流电压时接线示意图

14.6.2 三极管发射极直流电路变形电路

三极管发射极直流电路变形电路“丰富多彩”，电路分析时只要抓住根本的一点，就是发射极直流电流主要通过了哪个元器件，该元器件就是构成发射极直流电路的主要元器件，在这一电路分析中主要运用并联电路的阻抗特性。

1．变形电路之一

图 14-108 所示是一种三极管发射极直流电路变形电路。电路中的 VT1 是 NPN 型三极管，采用正极性直流工作电压 +*V* 供电。从电路中可以看出，VT1 发射极回路中有电阻器 R4 和电容器 C1。

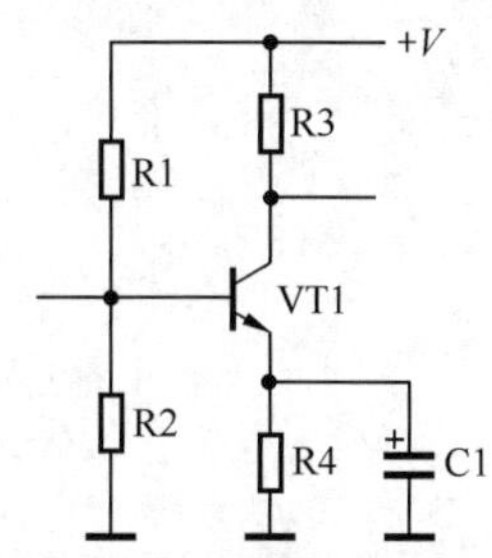

图 14-108　三极管发射极直流电路变形电路之一

根据电容器的隔直特性可知，VT1 发射极直流电流不能通过电容器 C1，只能流过电阻器 R4。

在这一电路分析中，如果不了解电容器的有关特性，电路分析就比较困难，甚至会出错。

2．变形电路之二

图 14-109 所示是另一种三极管发射极直流电路变形电路。电路中的 VT1 是 NPN 型三极管，电阻器 R1 构成 VT1 集电极－基极负反馈偏置电路，采用正极性直流工作电压供电。

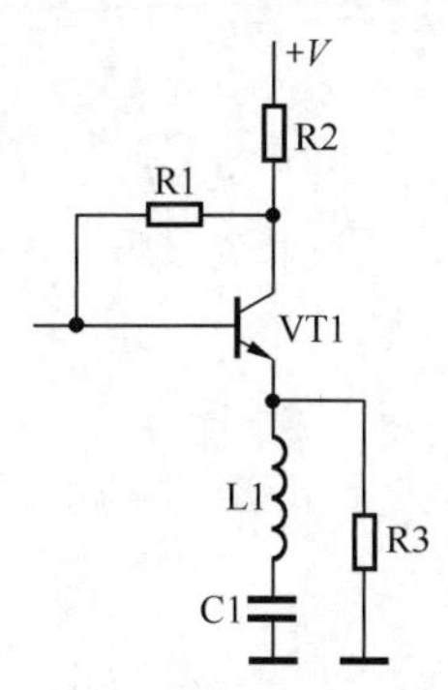

图 14-109　三极管发射极直流电路变形电路之二

从电路中可以看出，VT1 发射极回路中有电感器 L1、电容器 C1、电阻器 R3。

电感器 L1 虽然能够让直流电流通过，但是 C1 不能让直流电流通过，因为 L1 和 C1 串联，所以 L1 和 C1 这个串联支路不能让三极管 VT1 发射极直流电流通过。

这样，这一电路中只有电阻器 R3 构成了 VT1 发射极直流电路，VT1 发射极直流电流通过 R3 流到地端。

3．变形电路之三

图 14-110 所示是另一种发射极直流电路变形电路。电路中的 VT1 是 NPN 型三极管，电阻器 R1 构成 VT1 固定式偏置电路，采用正极性直流工作电压供电。从电路中可以看出，VT1 发射极回路中有电感器 L1、电容器 C1、电阻器 R3，这 3 个元件是并联的。

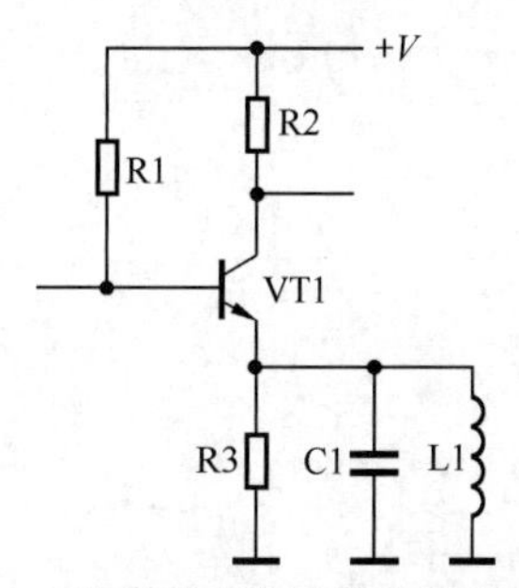

图 14-110　三极管发射极直流电路变形电路之三

从电路中可以看出，电阻器 R3 和电感器 L1 都可以流过 VT1 发射极直流电流，但是 L1 的直流电阻非常小，远远小于电阻器 R3 的阻值，所以在这一电路中从 VT1 发射极流出的直流电流通过 L1 流到地端，而不是通过 R3 流到地端。

构成这一电路中 VT1 发射极直流电流回路的主要元件是电感器 L1。

4．三极管发射极直流电路分析小结

（1）三极管发射极直流电路特征。工作在放大状态下的三极管，无论发射极电路如何变化，三极管的发射极必须与直流工作电压端，或是与地线相通，以构成发射极的直流通路。

只要是能够构成发射极直流电流回路的元器件都有可能是三极管发射极直流电路中的元

器件。

（2）电路分析方法。分析电路时，在电路中找到三极管电路图形符号，然后找到三极管的发射极，从发射极出发向地线端查找元器件，或是向直流工作电压端查找元器件。

发射极回路中的元器件往往比较多（比集电极回路中的元器件多），这些元器件应该能够通过直流电流，才是有可能构成三极管发射极直流电路的元器件。

找出发射极回路中能够通过直流电流的元器件后，如果元器件比较多，还要根据并联电路的阻抗特性，找到哪个或哪些元器件是构成三极管发射极直流电路的主要元器件，通常构成直流电路的主要元器件只有一两个。

第15章 基本的单级放大器电路分析

15.1 共发射极放大器

图 15-1 所示是共发射极放大器，VT1 是放大管，u_i 是需要放大的输入信号，U_o 是经过该单级放大器放大后的输出信号。

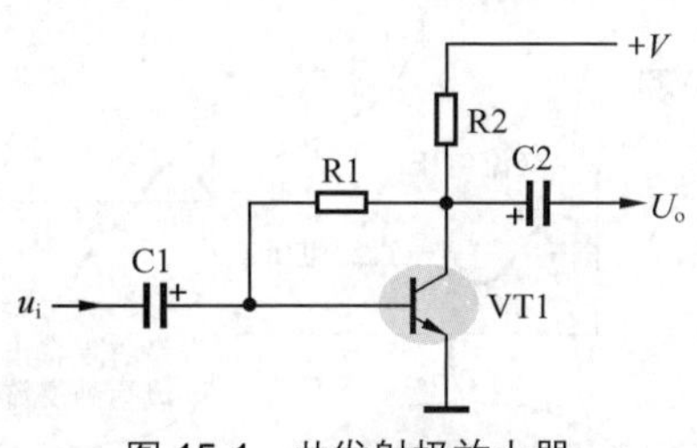

图 15-1 共发射极放大器

15.1.1 直流和交流电路分析

1．直流电路分析

在掌握了前面讲述的三极管直流电路工作原理之后，这一单级放大器直流电路的分析就会比较简单。

这一单级放大器的直流电路是：+V 是直流工作电压，VT1 集电极通过 R2 得到直流工作电压，R1 是 VT1 基极偏置电阻器，VT1 发射极直接接地，这样 VT1 建立了放大状态所需要的直流电路。

> **重要提示**
>
> 如果已经掌握和理解了偏置电阻器的作用，那么在电路分析中只要认出哪只电阻器是偏置电阻器就可以了，不必再对偏置电阻器的具体工作原理进行分析。例如，知道了电路中的 R1 是 VT1 偏置电阻器即可。

2．共发射极放大器信号传输过程

图 15-2 是共发射极放大器信号传输过程示意图。三极管 VT1 是这一电路的中心器件，R1 是偏置电阻器，R2 是集电极负载电阻器，C1 和 C2 分别是输入端和输出端耦合电容器。输入信号 u_i 从 VT1 基极和发射极之间输入，输出信号 U_o 取自于集电极和发射极之间。

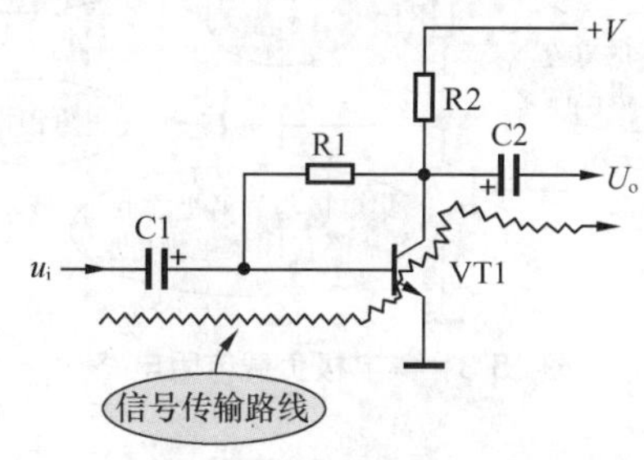

图 15-2 共发射极放大器信号传输过程示意图

输入信号 u_i 由三极管 VT1 放大为输出信号 U_o，信号在这一放大器中的传输路线为：

输入信号 u_i → 输入端耦合电容器 C1 → VT1 基极→ VT1 集电极→输出端耦合电容器 C2 → 输出信号 U_o。

3．信号放大和处理过程

（1）输入端耦合电容器 C1。它起耦合信号的作用，即对信号进行无损耗的传输，对信号无放大、无衰减。它在放大器输入端，所以叫作输入端耦合电容器。

（2）放大管 VT1。对输入信号具有放大作用。加到 VT1 基极的输入信号电压引起基极电流变化，基极电流被放大 β 倍后作为集电极电流输出，所以信号以电流形式得到了放大。

（3）输出端耦合电容器 C2。它起耦合信号的作用，因为在放大器的输出端，所以叫作输出端耦合电容器。

15.1.2 共发射极放大器中元器件作用的分析

掌握了单级共发射极放大器中各元器件的作用后，可以轻松地分析其他类型的放大器电路，了解其各元器件作用和工作原理。

1．集电极负载电阻作用分析

图 15-3 所示是集电极负载电阻电路。R1 是 VT1 的集电极负载电阻器，它有两个具体作用。

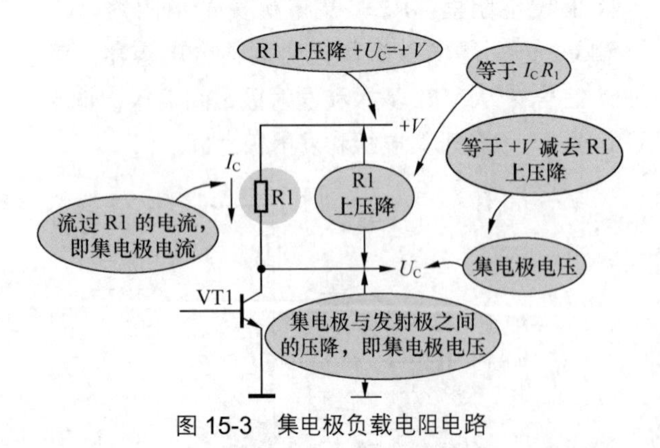

图 15-3　集电极负载电阻电路

（1）为三极管提供集电极直流工作电压和集电极电流。

（2）将三极管集电极电流的变化转换成集电极电压的变化。

集电极电压 U_C 等于直流电压 +V 减去 R1 上的压降。**当集电极电流 I_C 变化时，集电极负载电阻器 R1 上的压降也变化，由于 +V 不变，所以集电极电压 U_C 相应变化，可见通过集电极负载电阻器能将集电极电流的变化转换成集电极电压的变化。**

2．输出端耦合电容器作用分析

图 15-4 是输出端耦合电容器作用示意图。VT1 集电极上是交流叠加在直流上的复合电压。由于 C1 的隔直流通交流作用，集电极上的直流电压被隔离，通过 C1 后只有交流电压，其电压幅度与 VT1 集电极上的交流电压幅度相等。

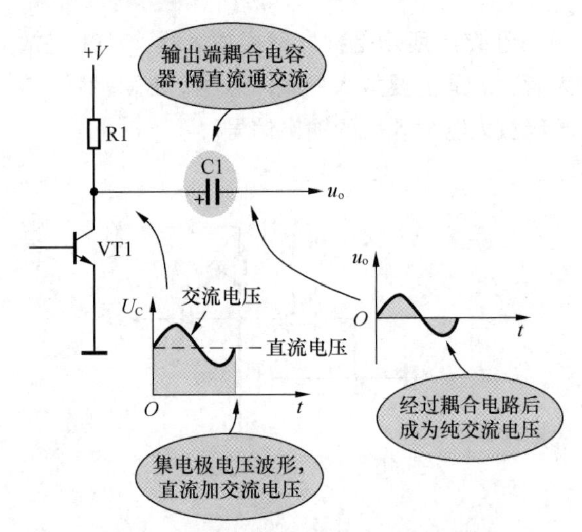

图 15-4　输出端耦合电容器作用示意图

输出端耦合电容器容量大，对交流信号容抗近似为零，所以电路分析中认为耦合电容器对信号传输无损耗。

3．输入端耦合电容器作用分析

图 15-5 所示是输入端耦合电容器作用示意图，C1 是输入端耦合电容器。

如果没有 C1 的隔直流作用（相当于 C1 两根引脚接通），VT1 基极上的直流电压会被 L1 短路到地。

如果没有 C1 的通交流作用（相当于 C1 两根引脚断开），信号源 L1 上的信号无法加到 VT1 基极。

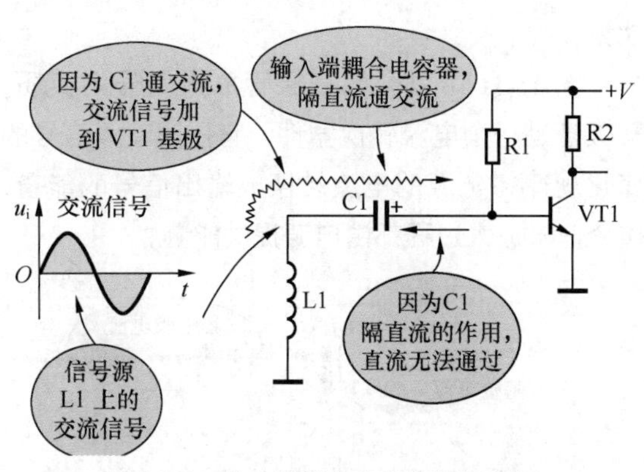

图 15-5　输入端耦合电容作用示意图

从图中可以看出，加到 VT1 基极的交流输入信号电压与 R1 提供的直流电压叠加，一起送入 VT1 基极，交流输入信号是“骑”在直流电压上的，如图 15-6 所示。

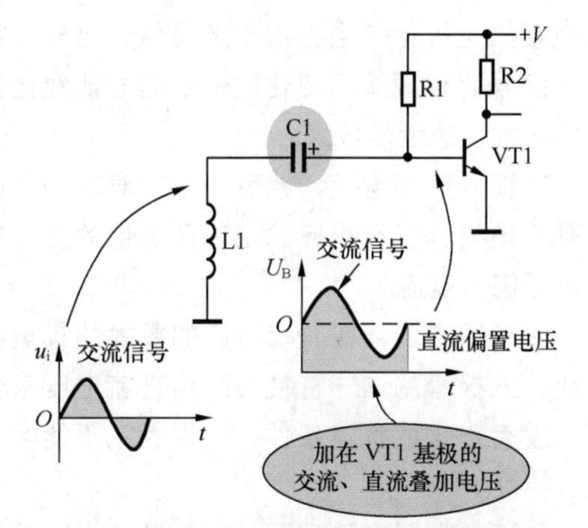

图 15-6　VT1 基极直流和交流信号叠加示意图

4．耦合电容器对交流信号的影响

图 15-7 是输入端耦合电容器对交流信号的影响示意图，输出端耦合电容器也一样。

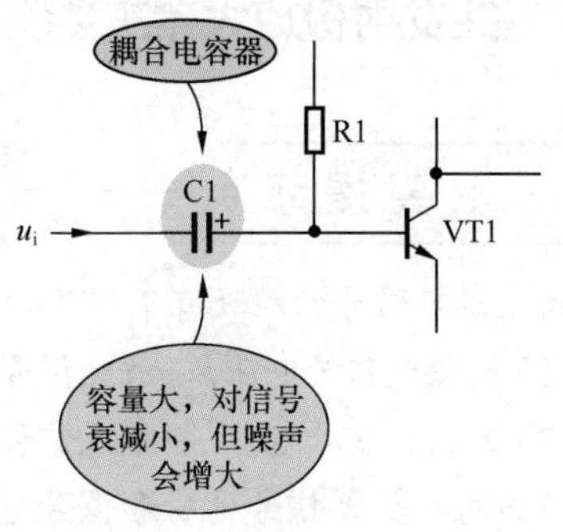

图 15-7　输入端耦合电容器对交流信号的影响示意图

输入端和输出端耦合电容器对交流信号的影响是多方面的，有时还是相互矛盾的，例如，耦合电容器的容量增大了，对低频信号有益，但是增大了电路的噪声。

（1）对信号幅度的影响。耦合电容器的容量大，则容抗小，对信号幅度衰减小，反之则大。放大器工作频率低，则要求的耦合电容器容量大，因为频率低，电容器的容抗大，加大容量才能降低容抗。音频放大器中耦合电容器的容量比高频放大器中的大，因为音频信号频率低，高频信号频率高。

（2）对噪声的影响。耦合电容器串联在信号传输回路中，它产生的噪声直接影响放大器的噪声，特别是前级放大器中的耦合电容器；输入端耦合电容器比输出端耦合电容器的影响更大，因为耦合电容器产生的噪声被后级放大器所放大。由于耦合电容器的容量越大，其噪声越大，所以在满足了足够小容抗的前提下，耦合电容器容量要尽可能小。

（3）对各频率信号的影响。放大器工作频率有一定范围，耦合电容器主要对低频率信号幅度衰减有影响，因为频率低，它的容抗大，所以选择耦合电容器时其容量要使它对低频信号的容抗足够小。

5．基极偏置电阻器 R1 作用分析

基极偏置电阻器 R1 构成 VT1 固定式偏置电路，R1 的阻值大小决定了 VT1 静态偏置电流的大小，而静态偏置电流的大小就决定了三极管对信号的放大状态。根据 R1 阻值大小不同，共有下列 3 种情况。

（1）基极偏置电阻器 R1 阻值恰当。基极偏置电阻器 R1 阻值恰当时，VT1 基极电流（电压）、集电极电流（电压）恰当，交流信号叠加在直流上的位置恰当，交流电压不失真，如图 15-8 所示。

（2）R1 阻值偏小。当 R1 阻值偏小时，VT1 基极电流偏大，输入信号的正半周顶部容易进入三极管的饱和区，造成削顶失真，如图 15-9 所示。

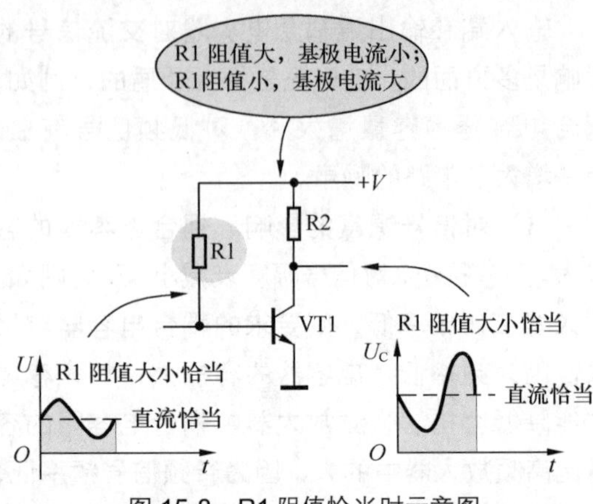

图 15-8　R1 阻值恰当时示意图

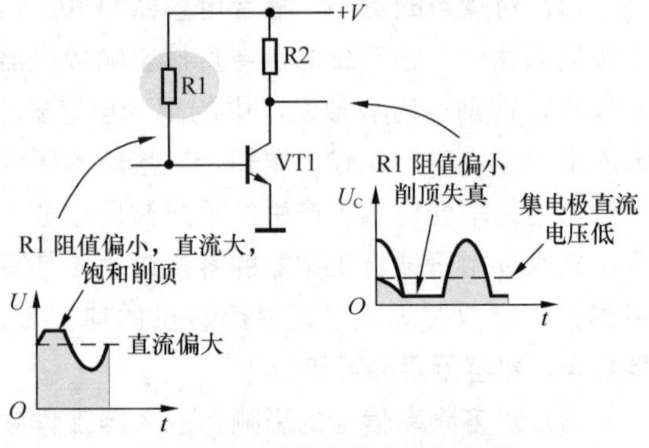

图 15-9　R1 阻值偏小时示意图

（3）R1 阻值偏大。当 R1 阻值偏大时，VT1 基极电流偏小，输入信号的负半周顶部容易进入三极管的截止区，造成削顶失真，如图 15-10 所示。

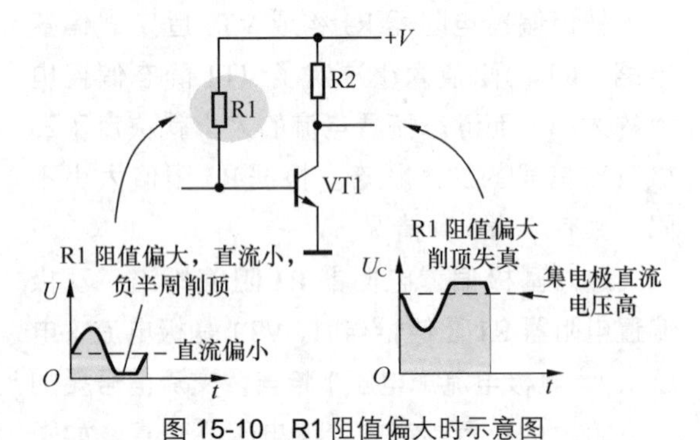

图 15-10　R1 阻值偏大时示意图

6．三极管 VT1 作用分析

在放大器电路中，三极管是核心器件，放大作用主要靠三极管。

（1）放大作用的实质。在放大器中，输出信号比输入信号大，也就是说输出信号能量比输入信号能量大，而三极管本身不能增加信号能量，它只是将电源的能量转换成输出信号的能量。

图 15-11 可以说明三极管放大信号的实质。三极管是一个电流转换器件，它按照输入信号的变化规律将电源的电流转换成输出信号的能量，整个信号放大过程都由电源提供能量。

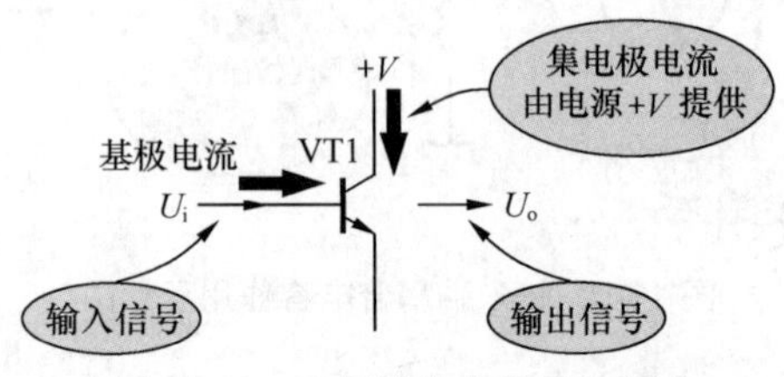

图 15-11　三极管放大信号示意图

（2）直流条件作用。三极管有一个特性：集电极电流大小由基极电流大小控制。三极管基极电流大小的变化规律是受输入信号控制的，三极管集电极电流由直流电源提供，这样，按输入信号变化规律而变化的输出信号能量比输入信号大，这就是放大。

有输入信号电流，就有一个相对应的三极管基极电流，就有相应的由电源提供的更大的集电极信号电流。

有基极电流，就有相对应的更大的集电极电流，三极管的这一特性必须由直流电压来保证，没有正常的直流条件，三极管就不能实现这一特性。

（3）放大器中的问题。三极管放大器放大信号的过程中会出现一些问题，这些问题通过精心的电路设计可以得到不同程度的解决：如降低噪声、减小非线性失真和相位失真、抗干扰等。

15.1.3　共发射极放大器主要特性

重要提示

放大器对信号的放大有下列几种情况。

（1）只放大信号电压，不放大信号电流。

（2）只放大信号电流，不放大信号电压。

（3）同时放大信号电压和信号电流。

3 种类型的放大器对信号放大情况是不同的，只有共发射极放大器能够同时放大信号的电流和电压。

1．共发射极放大器具有信号电流和电压放大能力

（1）电流放大能力。 输入信号电流是输入三极管基极的信号电流，输出信号电流是三极管的集电极信号电流。

共发射极放大器能够放大信号电流可以这样理解： 因为输入三极管的基极电流是很小的，只要有很小的基极电流变化，就会引起很大的（比基极电流大 β 倍）集电极电流变化，因此共发射极放大器具有信号电流放大的能力。

（2）电压放大能力。 共发射极放大器中，输入信号电压是加在三极管基极上的信号电压，输出信号电压是三极管集电极上的信号电压。

这种放大器具有信号电压放大能力可以这样理解： 加到三极管基极上的输入信号电压，通过三极管的输入回路会引起基极电流的相应变化，基极电流经放大后成为集电极电流，集电极电流流过集电极负载电阻器转换成集电极电压，由于集电极电流比基极电流大得多，集电极负载电阻也比较大，这样集电极上的输出信号电压比基极上的输入信号电压大得多，完成了信号电压的放大。

共发射极放大器对信号电压的放大能力还可以通过下列共发射极放大器电压放大倍数计算公式来说明：

$$A_V = \frac{U_o}{U_i} = \beta \times \frac{R_C}{r_{be}}$$

式中：A_V 为共发射极放大器电压放大倍数；

R_C 为三极管集电极负载电阻；

β 为三极管共发射极交流电流放大倍数；

r_{be} 为三极管输入电阻。

由于 β 和 R_C 远大于 1，且 R_C 大于 r_{be}，所以 A_V 是大于 1 的，说明共发射极放大器有信号电压放大能力。

2．共发射极放大器输出信号电压相位与输入信号电压相位相反特性

共发射极放大器具有电压放大作用，同时输出信号电压与输入信号电压反相，这一特性要牢记，在分析振荡器和负反馈放大器时需要这一特性。

图 15-12 是共发射极放大器输出信号电压与输入信号电压反相特性示意图。当基极电压增大时，集电极电压在减小；当基极信号电压为正半周时，集电极信号电压为负半周。

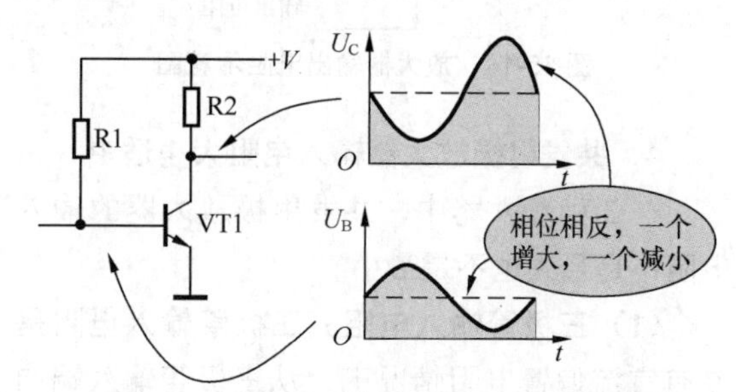

图 15-12 共发射极放大器输出信号电压与输入信号电压反相特性示意图

必须掌握共发射极放大器输出信号电压与输入信号电压反相这一特性，对这一特性的理解方法为：**基极电压增大时，导致基极电流增大，集电极电流增大，集电极负载电阻器上的电压降增大，使集电极电压下降。**

3．共发射极放大器输出电阻大小适中

在 3 种放大器中，共发射极放大器的输出电阻不是最大，也不是最小。放大器输出电阻概念与三极管输出电阻概念不同。

（1）三极管输出电阻。 三极管的输出电阻是从三极管输出端向三极管内部看时的等效电阻，如图 15-13 所示，这时没有任何的三极管直流偏置电阻。

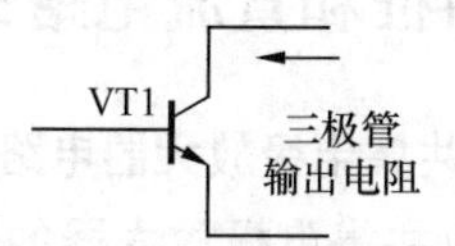

图 15-13 三极管输出电阻示意图

三极管输出电阻是很大的，一般大于几百千欧。

（2）放大器输出电阻。 放大器输出电阻是从放大器输出端向放大器内部看时的等效电阻，如图 15-14 所示。放大器输出电阻等于三极管

的输出电阻与三极管集电极负载电阻的并联值，由于三极管的输出电阻远大于集电极负载电阻，所以放大器的输出电阻就约等于三极管的集电极负载电阻。

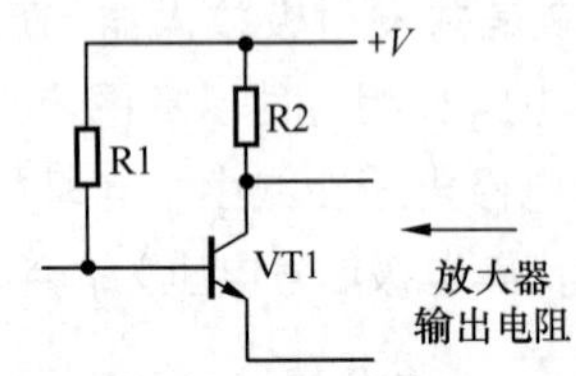

图 15-14　放大器输出电阻示意图

4．共发射极放大器输入电阻大小适中

在 3 种放大器中，共发射极放大器的输入电阻不是最大也不是最小。

（1）三极管输入电阻。三极管输入电阻是没有直流偏置电阻情况下，从三极管输入端向里看的电阻，如图 15-15 所示。

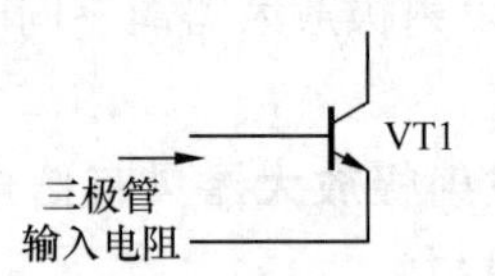

图 15-15　三极管输入电阻示意图

（2）放大器输入电阻。放大器输入电阻是加入直流偏置电路后，从放大器输入端向里看的电阻，如图 15-16 所示。

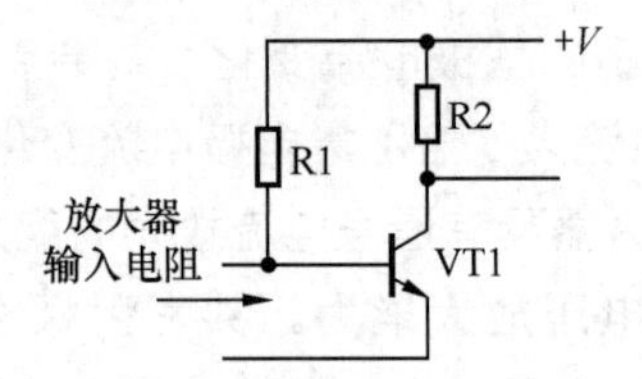

图 15-16　放大器输入电阻示意图

15.2　共集电极放大器

共集电极放大器是另一种十分常见的三极管放大器，图 15-17 所示是单级共集电极放大器。

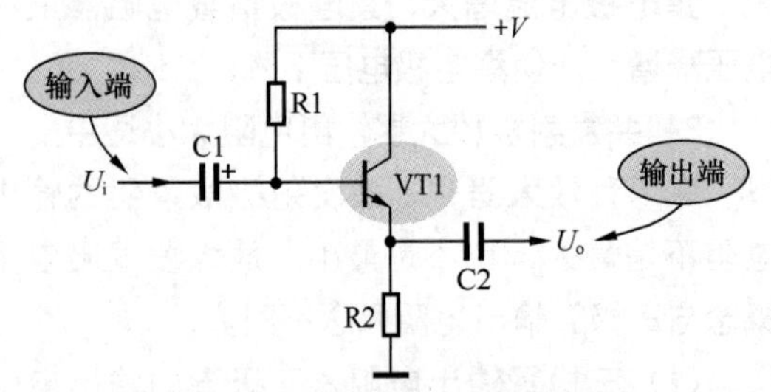

图 15-17　单级共集电极放大器

15.2.1　单级共集电极放大器电路特征和直流电路分析

1．单级共集电极放大器电路特征

观察单级共集电极放大器的电路结构，与前面介绍的共发射极放大器相比较，存在 3 点明显不同之处。

（1）无集电极负载电阻器。三极管 VT1 集电极直接与直流电压 +*V* 相连，没有共发射极放大器中的集电极负载电阻器。

（2）输出信号取自发射极。放大器输出信号取自三极管 VT1 发射极，而不是像共发射极放大器中那样取自 VT1 集电极。

（3）发射极上不能接有旁路电容器，否则发射极输出的交流信号将被发射极电容旁路到地。

2．单级共集电极放大器直流电路分析

这一放大器的直流电路比较简单。R1 构成 VT1 固定式偏置电路，为 VT1 提供静态工作电流，VT1 可以进入放大工作状态。

VT1 集电极直接与直流电压 +*V* 端相连，发射极通过发射极电阻器 R2 接地。

15.2.2　共集电极放大器交流电路和发射极电阻分析

1．共集电极放大器交流电路分析

这一电路的信号传输过程是：如图 15-18 所示，输入信号 U_i（需要放大的信号）→输入端耦合电容器 C1（隔直流通交流，对信号无放大、无衰减）→ VT1 基极→ VT1 发射极（对信号进行了电流放大）→输出端耦合电容器 C2（隔直流通交流，对信号无放大、无衰减）→输出端信号 U_o。

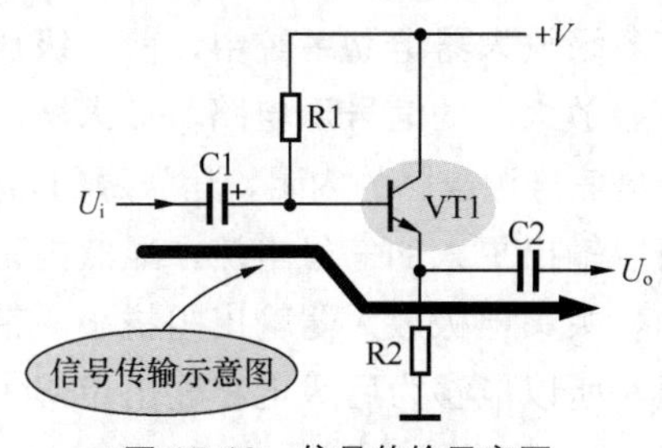

图 15-18　信号传输示意图

发射极电阻器的作用是：为 VT1 提供直流电流回路，将发射极电流的变化转换成发射极电压的变化，具有负反馈作用。

2．发射极电阻器将电流变化转换成电压变化原理

图 15-19 是三极管发射极电阻器将发射极电流变化转换成发射极电压变化的示意图。

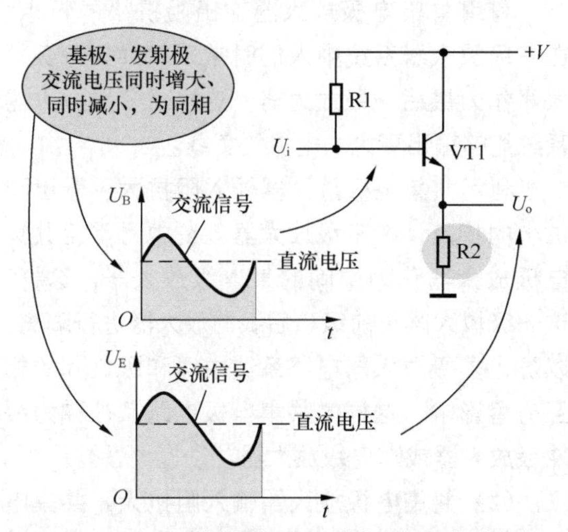

图 15-19　三极管发射极电阻器将发射极电流变化转换成发射极电压变化的示意图

VT1 发射极电压等于发射极电流与发射极电阻之积，当流过发射极电阻器的电流大小变化时，发射极电压大小也随之变化。

电路中的三极管 VT1 为 NPN 型，发射极电压跟随基极电压变化的过程分析分成以下几步。

（1）基极电压增大。当 VT1 基极电压增大时，引起基极电流增大。理由是 NPN 型三极管具有基极电压增大则基极电流增大的特性。

（2）基极电流增大。基极电流增大则发射极电流增大。理由是三极管 3 个电极之间的电流关系特性。

（3）发射极电流增大。发射极电流增大则发射极电压增大。理由是发射极电压等于发射极电流乘以发射极电阻。

重 要 提 示

发射极电压与基极电压同时增大或同时减小，说明发射极电压与基极电压同相，这是共集电极放大器的一个重要特性。

15.2.3　共集电极放大器主要特性

1．共集电极放大器放大电流而无电压放大能力的特性

共集电极放大器只有电流放大能力，没有电压放大能力。

具有电流放大能力的理解方法

共集电极放大器的输入信号电流是三极管基极电流，而输出信号电流是发射极电流，由于发射极电流远大于基极电流，即发射极电流 I_E 等于 $(1+\beta)I_B$（I_B 是基极电流），所以共集电极放大器具有电流放大能力，即电流放大倍数大于 1。

没有电压放大能力的理解方法

在共集电极放大器电路中，输入信号电压是基极上的电压，而输出信号电压是发射极上的电压，对于 NPN 型三极管而言，发射极上电压总是比基极上电压低 0.6 V 左右（硅管），这样，VT1 发射极电压低于基极电压，所以电压放大倍数小于 1 而非常接近于 1，这说明共集电极放大器只有电流放大而没有电压放大能力。

2．共集电极放大器输出信号电压与输入信号电压同相位特性

在共集电极放大器中，输出信号电压相位

与输入信号电压相位相同；即输入信号电压在增大时，输出信号电压也在增大；输入信号电压在减小时，输出信号电压也在减小。

相位特性理解方法

当输入信号电压在增大时，即基极上信号电压增大，使VT1基极电流增大，发射极电流也随之增大，流过发射极电阻器R2的电流增大，在电阻器R2上的电压降增大，即发射极上输出信号电压在增大。

由此可知，基极信号电压增大时，发射极上的信号电压也在增大，所以它们是同相位的。

如果VT1基极上信号电压在减小，使VT1基极电流减小，发射极电流也随之减小，流过发射极电阻器R2的电流相应地减小，在电阻器R2上的电压降减小，即发射极输出信号电压在减小。所以它们是同相位的。

另一种理解方法是：当三极管VT1发射结（基极与发射极之间的PN结）正向导通之后，在这一PN结上的电压降基本不变，在一定范围内基极电压增大时，发射极电压也增大，基极电压减小时，发射极电压也减小，这说明共集电极放大器的输出信号电压与输入信号电压相位相同。

共集电极放大器的这种特性叫作发射极电压跟随特性，即发射极电压跟随基极电压的变化而变化，所以共集电极放大器电路又被称为射极跟随器。又由于共集电极放大器的输出信号是从三极管发射极上取出的，所以它还有一个名称是射极输出器。

射极跟随器、射极输出器都是指共集电极放大器。

3．共集电极放大器输出阻抗小和输入阻抗大特性

（1）共集电极放大器输出阻抗小。共集电极放大器的输出阻抗比较小，这是这种放大器的一个优点。

在多级放大器电路系统中，前一级放大器是后一级放大器的信号源电路，放大器的输出阻抗就是信号源电路的内阻，信号源的内阻小，说明可以输出更大的信号电流，显然内阻小是有益的。共集电极放大器输出阻抗小、带负载能力强，所以能够为后级电路输出足够大的信号电流。

这里可以举一个日常生活中常见的例子说明信号源内阻对输出电流的影响：对于一节旧电池，若用万用表测量它的电压，会发现其电压在1.2V左右，但它不能使小电珠发光，这是因为旧电池内阻已经很大，能够输出的电流很小；而新电池内阻很小，可以输出足够大的电流给负载。

利用共集电极放大器输出阻抗小的特点，在多级放大器系统中人们时常采用共集电极放大器作为最后一级放大器，这样，多级放大器系统能够输出更大的电流给负载。

利用共集电极放大器输入阻抗大、输出阻抗小的特点，在多级放大器系统中时常用共集电极放大器作为中间的某一级放大器，这样，这一级放大器将前级和后级的放大器进行隔离，以防止多级放大器电路系统中级和级之间的相互有害影响，这样的共集电极电路又被称为缓冲级放大器或隔离级放大器。

（2）共集电极放大器输入阻抗大。共集电极放大器的输入阻抗比较大，这也是这种放大器的一个优点。

放大器的输入阻抗是前一级放大器或信号源电路的负载，当负载阻抗大时（就是放大器的输入阻抗大），要求前级放大器输出的信号电流就小，这样前级放大器的负载就轻。换言之，当放大器输入阻抗比较大时，只要有比较小的前级输入信号电流，放大器就能够正常地工作。

利用共集电极放大器输入阻抗大的特点，在多级放大器系统中时常采用共集电极放大器作为第一级放大器，这样，输入级放大器的输入阻抗比较大，信号源电路的负载就轻，使多级放大器与信号源电路之间的相互影响比较小。

共集电极放大器电路分析小结

（1）共集电极放大器电路分析方法与共发射极放大器电路分析方法相同。

（2）前面介绍了采用正极性直流电压供电的NPN型三极管构成的共集电极放大器，对于采用负极性直流工作电压供电的NPN型三极管共集电极放大器，以及采用PNP型三极管构成的共集电极放大器，其电路工作原理、电路分析步骤、分析方法等都是相同的。

（3）共集电极放大器虽然只有电流放大作用，没有电压放大作用，但对输入信号具有放大作用，因为信号能量的大小可以用功率来表示，而功率等于电流与电压之积，不放大信号电压只放大信号电流也能放大信号功率，在功率放大器中就是采用共集电极放大器进行信号电流的放大。

（4）共集电极放大器具有输入阻抗大、输出阻抗小的特点，所以这种放大器电路常用在多级放大器电路的输入级或输出级，以及用来作缓冲级、隔离级。共集电极放大器的应用量仅次于共发射极放大器。

15.3 共基极放大器

图15-20所示是共基极放大器。共基极放大器电路图中的三极管习惯性地画成图中所示，即基极朝下。由于共基极放大器电路图中的三极管采用这种画法，不符合习惯画法，给直流电路和交流电路分析带来了不便。

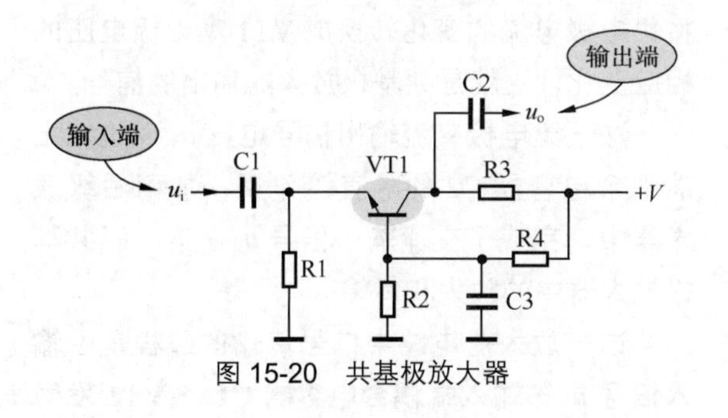

图15-20　共基极放大器

15.3.1 共基极放大器直流电路

电路中，由于VT1是NPN型三极管，当它工作在放大状态下时，集电极直流电压为最高，其次为基极电压，发射极电压最低。

1．集电极回路分析

共基极放大器中也有集电极负载电阻器R3，它将直流电压+V加到VT1集电极，同时将集电极电流的变化转换成集电极电压的变化，如图15-21所示。

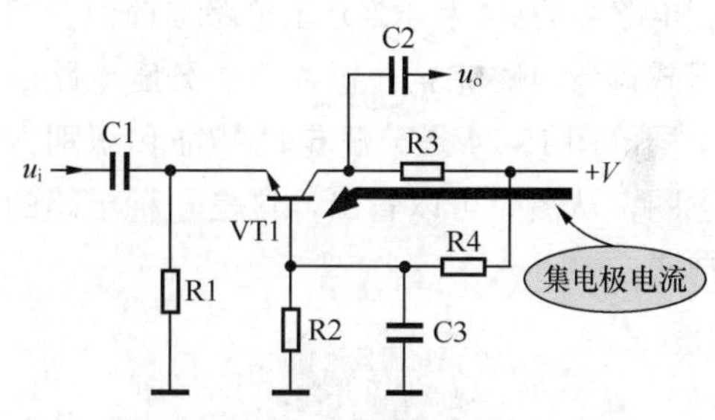

图15-21　集电极回路分析示意图

集电极直流电流回路是：**直流工作电压+V→集电极负载电阻器R3→VT1集电极**，流入三极管内。

2．发射极回路分析

R1是VT1发射极电阻器，构成发射极直流电流回路。发射极直流电流回路是：**VT1发射极→发射极电阻器R1→地端**，如图15-22所示。

3．基极偏置电路分析

电阻器R4和R2构成VT1典型的分压式偏置电路，其分压后的输出电压加到VT1基极，为 VT1 提供基极偏置电压。基极电流回路是：**直流工作电压 +V→电阻器 R4→VT1 基极，流入三极管内**，如图 15-23 所示。

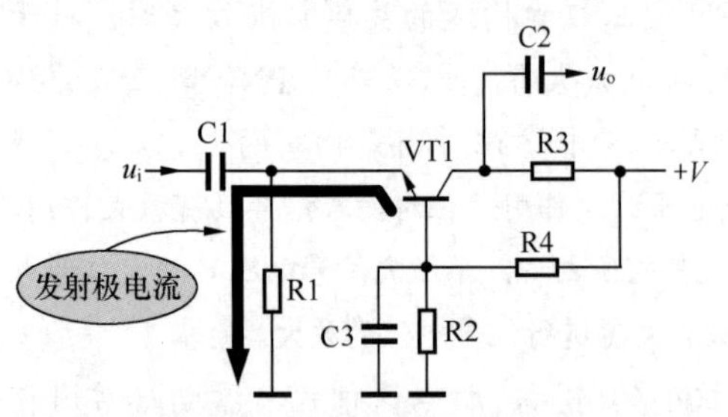

图 15-22　发射极回路分析示意图

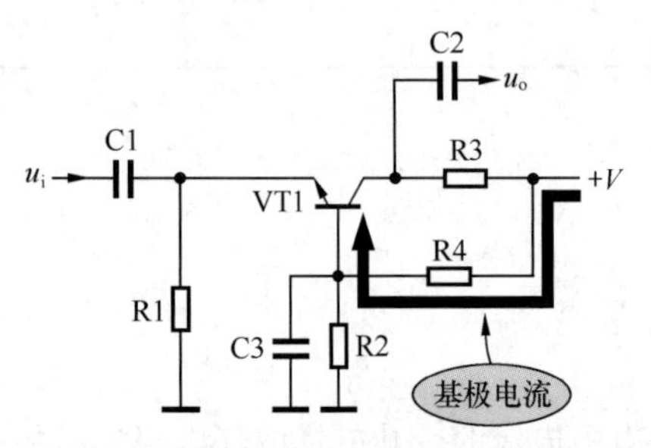

图 15-23　基极偏置电路分析示意图

电路中的 R4 和 R2 分压电路与前面介绍的分压式偏置电路完全一样，只是分压电路的画法不同。图 15-24 是分压电路特征和识别方法示意图，从图中可以看出，这是一种电路的两种画法。

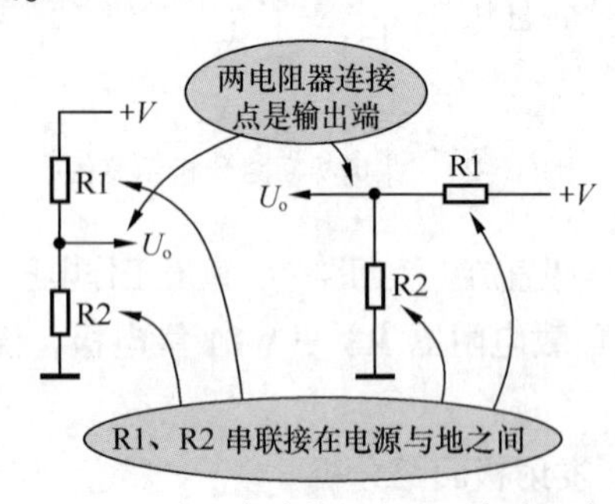

图 15-24　分压电路特征和识别方法示意图

15.3.2　共基极放大器交流电路及元器件作用分析

1．共基极单级放大器的交流电路工作原理分析

如图 15-20 所示，交流输入信号 u_i 经输入端耦合电容器 C1 加到 VT1 发射极上，输入信号的正、负半周的电压变化将引起发射极电压的变化。由于 VT1 基极电压不变（VT1 基极交流电压为零，因为电容器 C3 将 VT1 基极交流接地），当 VT1 发射极上的交流电压大小变化时，将引起 VT1 基极电流大小的变化，输入交流信号。

（1）VT1 发射极电压减小时。VT1 发射结（发射极与基极之间的 PN 结）正向偏置电压增大（因为 VT1 是 NPN 型三极管），VT1 基极电流增大。

（2）VT1 发射极电压增大时。VT1 发射结正向偏置电压减小，VT1 基极电流减小。这样，加到 VT1 发射极上的交流输入电压变化时，将引起 VT1 基极电流的相应变化，这说明输入信号 u_i 加到了三极管 VT1 上。

在共基极放大器电路中，输入信号电压 u_i 与基极电流、发射极电流之间是反相的关系，即 u_i 增大时，基极电流和发射极电流在减小。

由于 VT1 发射极上的输入信号电压引起了三极管 VT1 基极电流和发射极电流的相应变化，便有相应的集电极电流的变化。

集电极电流流过集电极负载电阻器 R3，R3 将集电极电流的变化转换成 VT1 集电极电压的相应变化，这就是共基极放大器输出的信号。

这一集电极交流输出信号电压 u_o 通过输出端耦合电容器 C2 的隔直流作用，加到后级放大器中，完成了交流输入信号 u_i 在这一级共基极放大器中的放大和传输。

这一放大器电路中信号传输的过程是：**输入信号 u_i→输入端耦合电容器 C1→VT1 发射极→VT1 集电极→输出端耦合电容器 C2→输出信号 u_o**。

2．电路中元器件作用分析

（1）基极旁路电容器 C3。基极旁路电容器 C3 将 VT1 基极交流接地，即将 VT1 基极上的交流信号旁路到地线，使 VT1 基极上的交流信号电压为零。

（2）发射极电阻器 R1。发射极电阻器 R1 的作用有两个：电阻器 R1 构成 VT1 发射极的直流电流回路，因为这一电阻器对交流输入信号有一定的分流作用，所以通常取值比较大；电阻器R1将基极和发射极的交流电路隔开，因为VT1基极是交流接地的，如若VT1发射极也直接接地，VT1发射极和基极交流信号就等电位，输入信号就无法加到三极管VT1的输入回路中。

（3）集电极负载电阻器R3。R3是VT1集电极负载电阻器，它的作用同前面共发射极放大器中的集电极负载电阻器一样，将VT1集电极电流的变化转换成相应的集电极电压的变化，将放大后的交流信号以电压形式传输到后一级电路。

（4）耦合电容器C1和C2。C1是这一放大器的输入端耦合电容器，C2是这一放大器的输出端耦合电容器，这两只电容器的作用相同，起隔直流通交流的作用。

15.3.3 共基极放大器主要特性

共基极放大器有它自己的特性，且与另两种放大器不同。

（1）具有电压放大能力。共基极放大器具有电压放大能力，其电压放大倍数远大于1。

输入信号电压加在基极与发射极之间，只要有很小的输入信号电压，就会引起基极电流的变化，从而引起放大了的集电极电流的变化，并通过R3转换成集电极电压的变化。因为电阻器R3阻值较大，所以输出信号电压远大于输入信号电压，这样共基极放大器具有电压放大能力。

（2）没有电流放大能力。共基极放大器没有电流放大能力，其电流放大倍数小于1而接近于1。

共基极放大器没有电流放大能力这一特性可以这么理解：这一输入信号电流是VT1发射极电流（信号从发射极输入），而输出信号电流是集电极电流，由三极管的各电极电流大小特性可知，集电极电流小于发射极电流，因此这种放大器的输出信号电流小于输入信号电流，所以没有电流放大能力。

由于三极管集电极电流略小于发射极电流，所以共基极放大器的电流放大倍数小于1而接近于1。

（3）输出信号电压和输入信号电压相位相同。共基极放大器的输出信号电压和输入信号电压相位相同，**这一特性可以这样理解**：当VT1发射极上输入信号电压在增大时，VT1发射极电压增大，由于VT1是NPN型三极管，所以发射结正向偏置电压（发射极与基极之间的电压）在减小，使基极电流减小，发射极电流也随之减小，集电极电流也在减小。

由于集电极和发射极电流减小，VT1集电极电压增大，这说明共基极放大器中的集电极电压和发射极电压同时增大。同理可证，当VT1发射极电压下降时，VT1集电极电压也在下降。所以共基极放大器的输出信号电压和输入信号电压是同相位的。

（4）输出阻抗大。输出阻抗大是共基极放大器的一个缺点。当放大器的输出阻抗大时，放大器带负载的能力差，也就是放大器输出信号电流的能力差。

共基极放大器电路的输入阻抗和输出阻抗特性与共集电极放大器的输入阻抗和输出阻抗特性恰好相反，将这两种放大器的阻抗特性联系起来记忆比较方便，首先记住共集电极放大器的阻抗特性。

（5）输入阻抗小。输入阻抗小是这种放大器的另一个缺点。

当放大器的输入阻抗小时，要求前级放大器或信号源电路输出更大的信号电流，也就是要有更大的输入信号电流才能使共基极放大器正常工作。当前级放大器不能输出更大的信号电流时，就要同时影响前级放大器和这一级共基极放大器的正常工作了。

（6）高频特性好。高频特性好是共基极放大器的优点。

由三极管频率特性可知，当三极管的工作频率高到一定程度时（三极管中所放大的信号频率很高时），三极管的放大能力明显下降。同一只三极管，当接成共基极放大器时，它的工作频率比接成其他形式的放大器时要高，所以共基极放大器主要用在高频信号的放大电路中。

共基极放大器电路分析小结

（1）绘制共基极放大器电路图时，电路中的三极管水平绘制，不像其他类型放大器中的三极管那样垂直绘制，但并不是说水平绘制的三极管电路就一定是共基极放大器（电源滤波电路中的电子滤波管也是水平绘制的），主要是看输入信号是否从三极管的发射极输入，输出信号是否从三极管的集电极输出。

（2）由于共基极放大器主要用在高频放大电路中，所以电路中的电容器容量均很小，在音频放大器中不用共基极放大器。共基极放大器在民用电子电器中常用于调频收音电路中，作为调频高频放大器。

（3）在理解共基极放大器电路工作原理时，一个难点是输入信号加到发射极上，习惯上认为发射极是用来输出信号的，其实共基极放大器的输入信号是从三极管基极与发射极之间输入的，只是基极被交流接地了。

15.4 类型的放大器小结

15.4.1 类型放大器综述

了解3种类型放大器的主要特性有利于更清晰地理解和分析放大电路。

1．3种类型放大器特性比较

三极管构成的共发射极放大器、共集电极放大器和共基极放大器的主要特性比较见表15-1。

表15-1 共发射极、共集电极和共基极放大器主要特性比较

项 目	共发射极放大器	共集电极放大器	共基极放大器
电压放大倍数	远大于1	小于、接近于1	远大于1
电流放大倍数	远大于1	远大于1	小于、接近于1
输入阻抗	一般	大	小
输出阻抗	一般	小	大
输出、输入信号电压相位	反相	同相	同相
应用情况	最多	其次	最少
频率响应	差	较好	好
高频特性	一般	一般	好

2．应用情况

（1）3种放大器中，共发射极放大器应用最为广泛，在各种频率的放大系统中都有应用，是信号放大的首选电路。

（2）共集电极放大器由于它的输入阻抗大、输出阻抗小这一特点，主要用在放大系统中起隔离作用，例如用作多级放大系统中的输入级、输出级和缓冲级，使共集电极放大器的前级电路与后级电路之间的相互影响减至最小。

（3）共基极放大器由于它的高频特性优良，所以它主要用在工作频率比较高的高频电路中，例如视频电路中，而不用于一般音频放大电路中。

15.4.2　类型放大器的判断方法

通过判断三极管接成哪种类型，可以知道放大器的特性，如对信号电压和电流的放大情况等。

1．判断原理和方法

（1）判断原理。**判断三极管接成什么类型放大器的原理是：**放大器有一个输入回路，一个输出回路，每一个回路需要两根引脚，而三极管只有3根引脚，这样三极管3根引脚中必有一根引脚被输入和输出回路所共用，共用哪根引脚就是共该极的放大器。例如，共用发射极时，就是共发射极放大器。

（2）判断方法。**实用有效的判断方法是：**三极管有一根引脚被共用。放大器的地线是电路中的共用参考点，所以三极管的这根引脚应该交流接地（注意不是直流接地），只要看出三极管的哪根引脚交流接地，就可以知道是什么类型的放大器。

2．判断共发射极放大器的方法

图15-25所示是两种共发射极放大器的电路。

图15-25(a)所示电路中的VT1发射极直接接地，图15-25(b)所示电路中的三极管VT1的发射极通过电容器C3接地，因为C3的容量较大，对交流信号的容抗很小而呈通路，这样对交流信号而言VT1发射极相当于接地，所以这是一级共发射极放大器。

从共发射极放大器中可以看出，VT1基极和集电极不接地。输入信号从基极与地之间输入到三极管中，为方便起见说成输入信号从基极输入；输出信号从VT1集电极与地之间输出，说成从集电极输出。

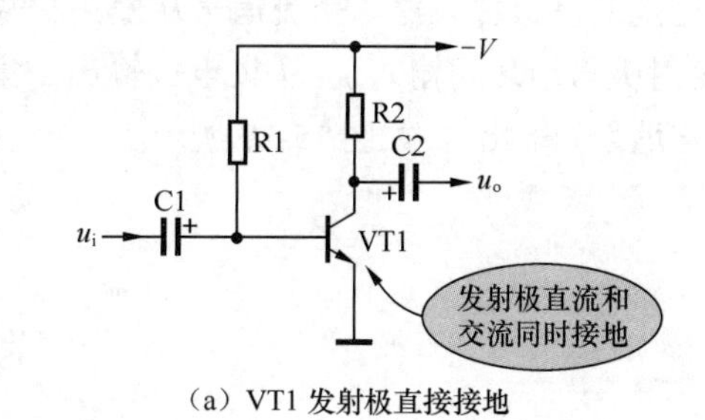

（a）VT1发射极直接接地

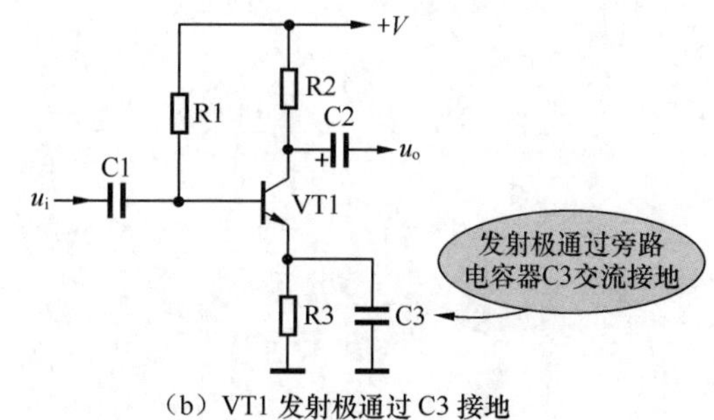

（b）VT1发射极通过C3接地

图15-25　共发射极放大器电路

3．判断共集电极和共基极放大器的方法

（1）判断共集电极放大器方法。集电极接直流电源+V，对交流而言+V端等效接地（C1将+V端交流接地），所以VT1集电极交流接地，是共集电极放大器，如图15-26所示。

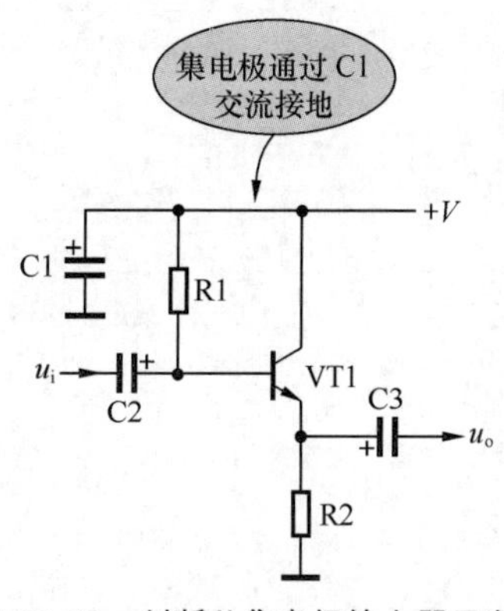

图15-26　判断共集电极放大器示意图

交流信号从基极输入（基极与地之间输入），信号从发射极输出（发射极与地之间输出）。发射极与地之间不能接入旁路电容器，否则放大器交流短路，无信号输出。

（2）判断共基极放大器方法。基极通过旁路电容器 C2 交流接地，这样基极被共用，所以这是共基极放大器。交流信号从发射极输入（发射极与地之间输入），从集电极输出（集电极与地之间输出），如图 15-27 所示。

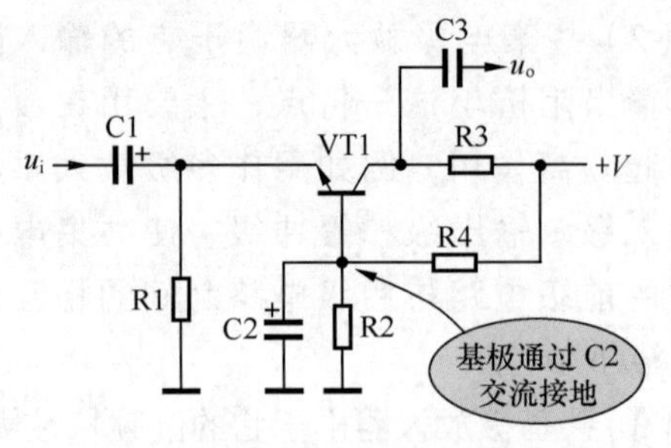

图 15-27　判断共基极放大器示意图

第16章 集成电路基础知识

16.1 集成电路基础知识ABC

特别提示

电子电路可分为两大类：其一是分立电子元器件电路，初学者非常熟悉这种电子电路，且对这种电子电路往往有一种偏爱，认为电路具体、直观，易于分析；其二是集成电路，初学者觉得集成电路很神秘，因为只见到集成电路的一个个方框（集成电路的图形符号），不见其内部的具体电路，于是认为分析集成电路相当困难。其实，这是初学者在认识上的误区。无论是电子电路系统的分析，还是电路故障的分析与检修，在实现同等功能的情况下，集成电路构成的电子电路要比分立电子元器件电路简单得多。

16.1.1 集成电路应用电路的识图方法

在信息化时代的今天，各种电子电器无不大量地使用集成电路构成形形色色的电路系统，且新的、功能更强大的集成电路层出不穷，学习电子电路就必须掌握关于集成电路的方方面面的知识。

1．集成电路应用电路图的功能

集成电路应用电路图具有下列一些功能。

（1）它表达了集成电路各引脚的外电路结构、电子元器件参数等，从而展现某一集成电路的完整工作情况。

（2）有些集成电路应用电路图画出了集成电路的内电路方框图，这对分析集成电路应用电路是相当方便的，但这种表示方式并不多见。

（3）集成电路应用电路图有典型应用电路图和实用电路图两种，前者在集成电路手册中可以查到，后者出现在实际电路中，这两种应用电路图相差不大。根据这一特点，在没有实际应用电路图时，可以用典型应用电路图作参考，在修理中常常采用这种方法。

（4）一般情况下，集成电路应用电路图表达了一个完整的单元电路或一个电路系统，但有些情况下一个完整的电路系统要用到两个或更多的集成电路。

2．集成电路应用电路的特点

无内电路方框图	大部分应用电路不给出集成电路内电路方框图，这对识图不利，给初学者进行电路分析带来很大困难
方便性	初学者分析集成电路的应用电路比分析分立元器件电路难度更大，这是对集成电路内部电路不了解的缘故。实际上在入门以后，对于识图、修理，集成电路比分立电子元器件电路更为方便

续表

规律性	在分析集成电路应用电路时，大致了解集成电路内部电路和详细了解各引脚作用后，识图是比较方便的。因为同类型集成电路具有规律性，在掌握了它们的共性后，就可以方便地分析许多同功能不同型号的集成电路应用电路

3．集成电路应用电路的识图方法和识图注意事项

集成电路应用电路的识图方法和识图注意事项主要有下列几点。

（1）了解各引脚的作用是识图的关键。可以通过查阅有关集成电路应用手册了解各引脚的作用。知道了各引脚作用后，分析各引脚外电路工作原理和电子元器件的作用就方便了。例如，知道①脚是输入引脚，那么与①脚所串联的电容器就是输入端耦合电容器，与①脚相连的电路则是输入电路。

（2）了解集成电路各引脚的作用有3种方法：一是查阅有关资料，二是根据集成电路的内电路方框图进行分析，三是根据集成电路应用电路中各引脚外电路的特征进行分析。第三种方法要求读者有比较好的电路分析基础。

（3）电路分析的步骤。集成电路应用电路分析可以大致分为以下步骤。

直流电路分析	这一步主要是进行电源和接地引脚外电路的分析。需要注意，若电源引脚有多个，要分清这几个引脚之间的关系。例如，是否是前级电路、后级电路的电源引脚，或是左声道、右声道的电源引脚；对多个接地引脚也要按照这样分清。分清多个电源引脚和接地引脚，对修理工作是十分有用的
信号传输分析	这一步主要分析信号输入引脚和输出引脚的外电路。当集成电路有多个输入、输出引脚时，要厘清它们是前级还是后级电路的输入、输出引脚；对于双声道电路还应分清左、右声道的输入和输出引脚。

续表

其他引脚外电路的分析	例如，找出负反馈引脚、消振引脚等，这一步的分析是最困难的，对初学者而言要借助于介绍引脚作用的资料或内电路方框图
电路规律分析	初学者有了一定的识图能力后，要学会总结各种集成电路引脚外电路的规律，并要掌握这种规律，这对提高识图速度是很有用的。例如，输入引脚外电路的规律是：通过一个耦合电容器或一个耦合电路与前级电路的输出端相连；输出引脚外电路的规律是：通过一个耦合电路与后级电路的输入端相连
电路方框图分析	在分析集成电路内电路对信号进行放大、处理的过程中，最好查阅该集成电路内电路方框图。分析内电路方框图时，可以通过信号传输线路中的箭头指示，知道信号经过了哪些电路的放大或处理，最后信号从哪个引脚输出
关键测试点和引脚直流工作电压分析	了解集成电路的一些关键测试点和引脚直流工作电压规律对检修电路是十分有用的。例如，OTL电路输出端的直流工作电压等于集成电路直流工作电压的一半；OCL电路输出端的直流工作电压等于0V；BTL电路两个输出端的直流工作电压是相等的，单电源供电时输出端电压等于直流工作电压的一半，双电源供电时等于0V。 当集成电路两个引脚之间接有电阻时，该电阻将影响这两个引脚上的直流电压；当两个引脚之间接有线圈时，这两个引脚的直流工作电压是相等的，如不相等必定是线圈开路了；当两个引脚之间接有电容或接RC串联电路时，这两个引脚的直流工作电压肯定不相等，若相等说明该电容已经被击穿
注意点	一般情况下不必去分析集成电路内电路的工作原理

16.1.2 集成电路的外形特征和图形符号

1．外形特征

集成电路的外形识别比较简单，其外形比其他电子元器件更有特点。图16-1是几种常用集成电路的外形示意图。

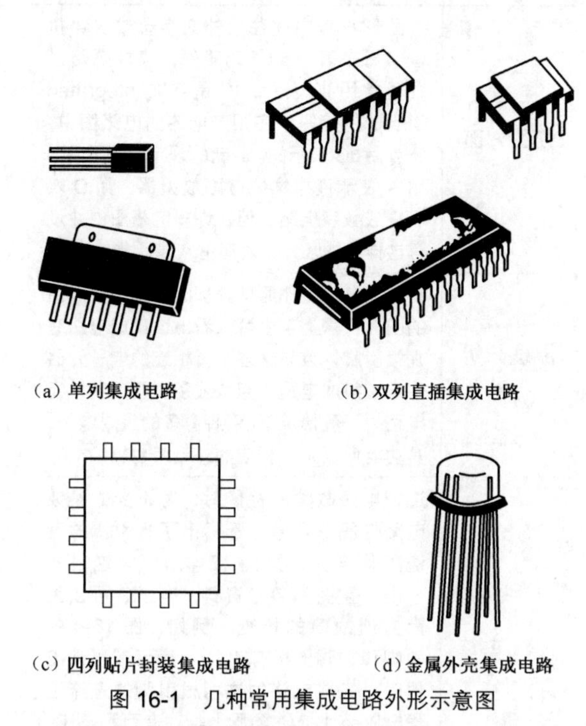

图 16-1 几种常用集成电路外形示意图

图 16-1（a）所示	单列的集成电路，所谓单列是指集成电路的引脚只有一列（单列集成电路的外形还有许多种）
图 16-1（b）所示	双列直插的集成电路，其引脚分成两列对称排列，双列集成电路产品最为常见
图 16-1（c）所示	四列贴片封装的集成电路，贴片引脚分成四列对称排列，每一列的引脚数目相等，集成度高的集成电路和数字集成电路常采用这种引脚排列方式
图 16-1（d）所示	金属外壳的集成电路，其引脚分布呈圆形，现在这种集成电路已较少见到

关于集成电路的外形特征需要说明以下几点。

引脚材质	集成电路的引脚为金属导体材料，引脚很细，长度仅为几毫米，贴片式集成电路的引脚更短。除了金属封装的集成电路引脚是呈圆形，其他集成电路的引脚都是呈很薄的扁平状
安装形式	集成电路装在电路板上一般有两种形式：一是把集成电路装在电路板电子元器件一面，引脚穿过电路板，引脚焊点在铜箔线路一面；二是集成电路本身就装在电路板的铜箔线路一面，引脚焊点也在铜箔线路一面
引脚数量	引脚数量最少的集成电路只有 3 根引脚。集成电路的引脚一般比较多，且引脚分布均匀。集成度愈高、功能愈完善的集成电路，其引脚数量愈多
外 观	集成电路的外观一般是长方形或方块形，比较薄，最常见的集成电路大多采用黑色塑料封装形式
散热片	有的集成电路还带有金属的散热片，这些是有功率输出要求的集成电路，工作在大信号状态下，即输出功率比较大，这类集成电路的体积相对也比较大。工作在小信号状态的集成电路则没有散热片

续表

在设备中，根据集成电路的上述外形示意图和特征，很容易在电路板中识别出集成电路。图 16-2 是 25 种常见集成电路的外形示意图，供识别时参考。

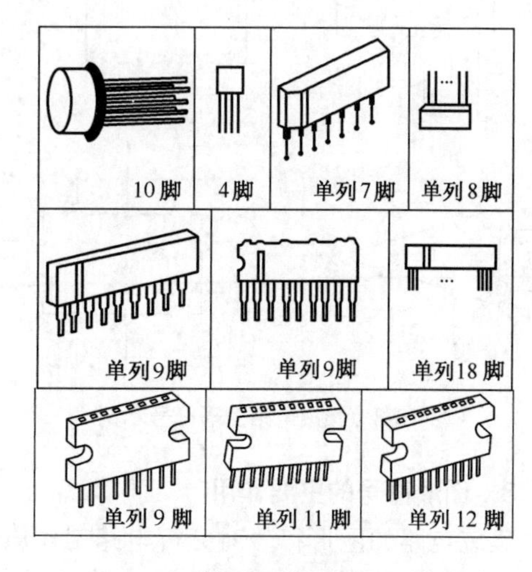

图 16-2 常见集成电路外形示意图

双列 14 脚	双列 16 脚	双列 8 脚
双列 14 脚	双列 14 脚	双列 16 脚
双列 16 脚	双列 18 脚	双列 24 脚
双列 28 脚	双列 29 脚	双列 10 脚
双列 10 脚	双列 18 脚	双列 24 脚

图 16-2　常见集成电路外形示意图（续）

2．图形符号

集成电路的图形符号比较复杂，变化也比较多。图 16-3 所示是集成电路常见的几种图形符号。集成电路的图形符号所表达的具体含义很少（这一点不同于其他电子元器件的图形符号），通常只能表达这种集成电路有几根引脚，至于各个引脚的作用、集成电路的功能是什么等，图形符号均不能表示出来。

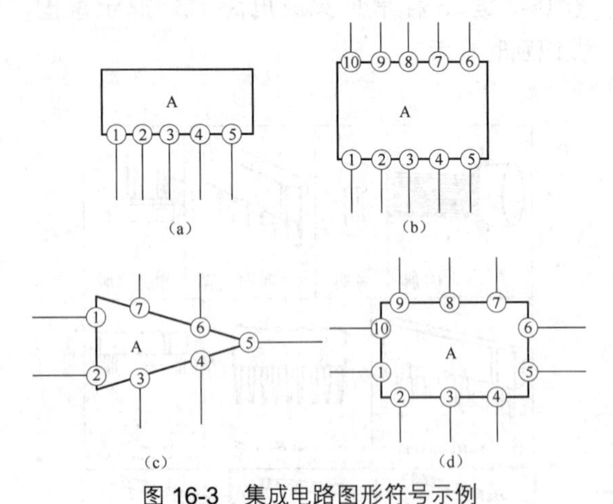

图 16-3　集成电路图形符号示例

3．图形符号的主要作用

集成电路的图形符号对分析电路工作原理和故障检修的作用主要表现在以下几方面。

读图方面	在图形符号中往往用外文字母或汉语拼音字母来表示电子元器件，集成电路过去通常用 IC 表示，IC 是英文 Integrated Circuit 的缩写。在国产电器的电路图中，还有用 JC 表示的。最新的规定分为几种：用 A 表示模拟集成电路放大器，用 D 表示集成数字电路。但在许多电路图中并没有这样具体区分，大都用 A 表示集成电路
原理分析方面	在进行电路工作原理分析时，从集成电路的图形符号上至少可以看出该集成电路有几根引脚，且与这些引脚相连的电子元器件与该集成电路一起构成了一个完整单元电路。一般情况下，引脚愈多的集成电路，其功能愈复杂，相应的外电路也复杂
故障检修方面	进行电路故障的检修时，有不少的集成电路在图形符号上都标出了各引脚的直流工作电压，如图 16-4 所示。这是一个十分重要的参考资料，有了它可以大大方便故障的检查。例如，图 16-4 中①脚和②脚上标有 1.1V，表示在正常工作时，集成电路的这两根引脚的直流工作电压为 1.1V；④脚上标注有两种电压，这是指该引脚在不同工作状态下的两个直流电压值，通常主要工作状态电压值为 3V，在非主要工作状态下电压值为 0V。所谓主要工作状态是指电子电路大部分时间所处的工作状态，例如，在录音和放音电路中，放音是主要工作状态，录音则是非主要工作状态。 2.7V　7.2V　1.1V　A1　4.5V　1.1V　0V　3V/0V 图 16-4　集成电路直流工作电压标注示意图

16.1.3　集成电路的分类

集成电路的种类很多，按照不同的分类方法有不同类型的集成电路。

1．按照使用功能划分

根据使用功能划分集成电路可以分成四大

类近20种。

（1）模拟集成电路。模拟集成电路就是用于处理模拟信号的集成电路，模拟信号是一种连续变化的信号。模拟集成电路按照电路功能划分可以分成下列多种。

运算放大器集成电路	这是应用数量最多的一种模拟集成电路，简称集成运放，是一种高增益、低漂移的直流放大电路
音响集成电路	这是用于各类音响设备中的集成电路，例如，用于录音机、收音机、组合音响、音响组合等设备中的集成电路，还有视频播放设备中的音频处理电路等
视频集成电路	这是用于各类视频设备中的集成电路，例如，用于电视机、录像机等设备中的集成电路
稳压集成电路	这是用于稳压电路中的集成电路，有各种电压等级的稳压集成电路
非线性集成电路	这是运算集成电路的一种非线性运用方式。此时，集成运放处于无反馈或者带正反馈状态。其输出量与输入量之间不成线性关系，输出量不是处于正饱和状态就是处于负饱和状态

（2）数字集成电路。数字集成电路是用于数字电路中的集成电路，它所处理的都是数字信号（例如影碟机中的解码器集成电路等），数字集成电路的应用十分广泛。

所谓数字信号是一个离散量，具体地说数字信号的电压或电流在时间和数值上都是离散的、不连续的。例如，普通指针式万用表在测量电阻时，是通过表针的摆动和表面的刻度来指示电阻值的，而数字式万用表则通过数字来指示电阻值。数字集成电路按功能可分成多种，这里举两例说明。

微机集成电路	这是用于计算机中的集成电路，例如，CPU就是这种数字集成电路
存储器集成电路	在数字电路系统中，常使用这种具有存储功能的集成电路，它是由门电路和触发器组合起来的集成电路

（3）接口集成电路。接口集成电路是一种重要的电路，既可用于各类信号之间的转换，也可用于不同类型电路之间的连接。这类集成电路主要有下列几种。

电压比较器集成电路	这是一种将模拟量按量值的大小转换成逻辑代码的集成电路
电平转换器集成电路	这是一种可以用来衔接不同类型器件的集成电路，是一种转换电平的专用集成电路
外围驱动器集成电路	这是一种微机与外围接口电路的驱动电路

（4）特殊集成电路。特殊集成电路有许多的类型，举例如下。

消费类集成电路	这是为适应消费品而专门设计的各种功能的集成电路，应用面相当广泛
通信集成电路	这是为通信系统而设计的专用集成电路
传感器集成电路	这是为了配合各类传感器件而设计的专用集成电路，不同的传感器用不同的集成电路与之配合

2．按制作工艺划分

集成电路按照制作工艺可划分为三大类7种，分别介绍如下。

（1）半导体集成电路。根据晶体管是双极型还是单极型，它可分为双极型集成电路、MOS型集成电路和兼容型集成电路，具体分为以下4种。

双极型集成电路	这种集成电路是在半导体衬底硅片上制作双极型晶体管、电阻器、电容器、连线等，参与导电的是电子和空穴两种载流子
NMOS型集成电路	这种集成电路是在半导体衬底硅片上以N型沟道MOS器件构成的电路。集成电路内电路的放大管参与导电的载流子是电子
PMOS型集成电路	这种集成电路是在半导体衬底硅片上以P型沟道MOS器件构成的电路。集成电路内电路的放大管参与导电的载流子是空穴
CMOS型集成电路	这种集成电路中采用P型沟道MOS场效应晶体管和N型沟道MOS场效应晶体管互补运用

（2）膜集成电路。这种集成电路可分为下列两种。

厚膜集成电路	这种集成电路采用膜工艺制造，其中采用丝网漏印工艺制作厚膜电阻器、电容器等，焊上晶体管芯，构成集成电路的内电路
薄膜集成电路	这种集成电路采用真空镀膜或溅射工艺制作薄膜电子元器件，或由薄膜电子元器件与平面工艺为基本制作工艺

（3）混合集成电路。凡是一个完整的电路，其不能单独由膜工艺或半导体集成工艺制作，而利用半导体集成工艺、膜工艺和分立电子元器件工艺3种中的任何两种或全部工艺制作的集成电路都被称为混合集成电路。

3．按封装形式划分

集成电路按照封装的形式划分主要有以下4种。

单列直插扁平封装集成电路	这种集成电路的外壳采用陶瓷、低熔玻璃及塑料制成。采用这种封装形式的集成电路外形有多种，可参见图16-1（a）中的单列集成电路，有的像晶体三极管的外形，只有3根引脚（集成电路最少得有3根引脚，如三端稳压集成电路）；有的引脚比较多，且排为一列。 单列直插扁平封装集成电路的引脚数目一般少于12根，小规模、中规模集成电路大多采用这种封装形式。在这种封装的集成电路中还有一种是单列曲插集成电路，即引脚排成单列，但引脚却呈弯曲状
双列直插集成电路	集成电路的外壳采用陶瓷、低熔玻璃或塑料制成。采用这种封装形式的集成电路外形有多种，见图16-1（b）中的双列集成电路，它的引脚呈对称的两列排列，引脚数目一般在12根以上（也有少于12根引脚的），24根以下，引脚数目必是2的倍数。通常大规模集成电路多采用这种封装形式
贴片封装集成电路	集成电路的外壳采用陶瓷、低熔玻璃或塑料制成。采用这种封装形式的集成电路外形有双列封装和四列封装两种。双列或四列的引脚均对称排列。这种集成电路在安装时与前面介绍的集成电路不同，由于引脚相当短，它可直接贴在电路板铜箔线路面。通常数字集成电路和超大规模集成电路（四列形式）多采用这种封装形式
金属壳封装集成电路	集成电路的外壳是金属的，如同中功率三极管。这种集成电路的引脚数目比较多，最多可达十几根，如图16-1（d）所示。这种封装形式的集成电路现在已经很少见到了

4．按集成度划分

集成电路的集成度是指在一块基片上能制作的最多电子元器件数量，按此可以将集成电路划分为以下4种。

小规模集成电路（SSI）	小规模集成电路又叫作普通集成电路，用英文缩写字母SSI表示。在小规模集成电路中，模拟电路中的电子元器件数目一般少于100个，数字电路中的门电路数目一般少于30个
中规模集成电路（MSI）	中规模集成电路用英文缩写字母MSI表示。在中规模集成电路中，模拟电路中的电子元器件数目一般为100～1000个，数字电路中的门电路数目为30～100个
大规模集成电路（LSI）	大规模集成电路用英文缩写字母LSI表示。在大规模集成电路中，模拟电路中的电子元器件数目一般为1000个以上，数字电路中的门电路数目为100个以上
超大规模集成电路（ULSI）	超大规模集成电路用英文缩写字母ULSI表示。在超大规模集成电路中，模拟电路中的电子元器件数目一般为10万个以上，数字电路中的门电路数目为1000个以上

在民用无线电设备中，一般使用大规模集成电路以下集成度的集成电路。在民用无线电设备中，大量使用的是模拟集成电路，还有为数不少使用的是数字集成电路，如一些数字伺服集成电路、影碟机中的许多小信号处理集成电路等。

16.1.4 集成电路的特点

1．集成电路的内电路特点

由于制造工艺等因素，集成电路的内电路具有下列一些特点。

（1）在集成电路内电路中，各级电路之间全部采用直接耦合形式，如若需要大容量电容器进行级间耦合或用于其他用途，则要通过引脚来外接。

（2）内电路中制造阻值很大的电阻器所占的硅芯片面积比较大，阻值愈大电阻器所占的面积愈大。为此，集成电路内电路中常常使用一个三极管，构成恒流源电路作为大电阻器来使用。此外，也可以通过引脚来外接大电阻器（这种情况较少）。总之，集成电路内电路中不方便制造阻值很大的电阻器。

（3）在集成电路内电路中，不制造容量较大的电容器。对于容量很小的电容器，可以通过 PN 结的结电容器等方式来获得，不过这种方式获得的电容器容量很小。

（4）在集成电路内电路中，电感也被制造，需要电感时通过引脚外接，因为制造电感十分不方便，且不经济。

（5）在集成电路内代替电路中，若需要二极管则通常使用一个三极管代替，利用三极管的一个 PN 结作为二极管，所以在集成电路内部电路图中，常会看到将三极管接成二极管使用的电路，这将在后面介绍集成电路内电路时详细分析。

2．集成电路的主要优点

集成电路有其独特的优点，归纳起来有以下几点。

电路方面	由于采用了集成电路，大大地简化了整机电路的设计、调试和安装，特别是采用一些专用集成电路后，整机电路显得更为简洁
性能指标方面	相对于分立元器件电路，采用集成电路构成的整机电路性能指标更高。例如，集成运放电路的增益之高、零点漂移之小是分立电子元器件电路无法达到的
可靠性方面	集成电路具有可靠性高的优点，从而提高了整机电路工作的可靠性，提高了电路的工作性能和一致性。另外，采用集成电路后，电路中的焊点大幅度减少，整机电路出现虚焊的可能性大大下降，使整机电路工作更为可靠
生产成本方面	与分立电子元器件电路相比，集成电路的成本比较低，这就降低了工业化大批量生产的成本
能耗方面	集成电路还具有耗电小、体积小、经济等优点。同一功能的电路，采用集成电路要比采用分立电子元器件的电路功耗小许多
故障率方面	由于集成电路的故障发生率相对分立元器件电路比较低，所以降低了整机电路的故障发生率

3．集成电路的主要缺点

集成电路的主要缺点有下列几个方面。

电路拆卸方面	集成电路的引脚很多，给修理中的集成电路拆卸带来了很大的困难，特别是引脚很多的四列集成电路，拆卸很不方便
修理成本方面	当集成电路内电路中的部分电路出现故障时，通常必须整块更换，增加了修理成本
故障判断方面	相对分立电子元器件电路，在检修某些特殊故障时，准确地判断集成电路故障很不方便

16.2 TTL 和高速 CMOS 数字集成电路知识点及集成电路命名方法

16.2.1 TTL 和高速 CMOS 数字集成电路知识点“微播”

1．TTL 和 CMOS 数字集成电路

数字集成电路分 TTL 和 CMOS 两种类型。

TTL 数字集成电路以速度见长，CMOS 数字集成电路以功耗低而著称。

CMOS 数字集成电路以其功耗低、工作电压范围宽、扇出能力强等优良的特性成为目前应用最广泛的数字集成电路。

TTL 是 Transistor-transistor-logic 的缩写，TTL 电路意为晶体管－晶体管－逻辑电路。

CMOS 是 Complementary Metal Oxide-Semiconductor 的缩写，意思是互补金属氧化物半导体。

2．TTL 数字集成电路种类

TTL 数字集成电路有 6 类，如下所示。

标准型	低功耗肖特基	肖特基
54/74××	54/74LS××	54/74S××
先进低功耗肖特基	先进肖特基	快速
54/74ALS××	54/74AS××	54/74F××

例如，54/74162、54/74ALS162B、54/74LS162为十进制同步计数器。

图16-5是TTL数字集成电路的电源和接地引脚表示方法示意图。电源引脚用Vcc表示，接地引脚用Gnd表示。

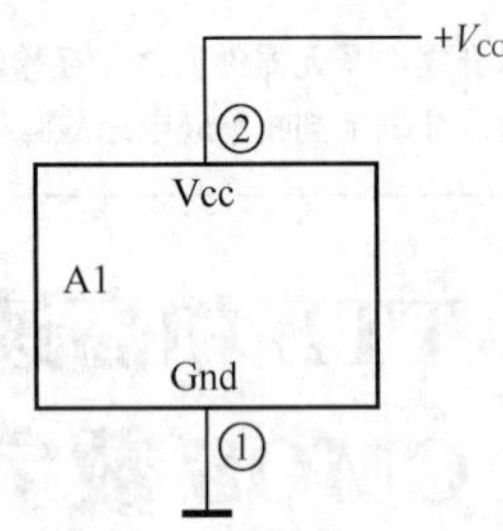

图16-5 TTL数字集成电路的电源和接地引脚表示方法示意图

3．高速CMOS数字集成电路

高速CMOS数字集成电路主要有54/74HC××、54/74HCT××、54/74AHC××、54/74AHCT××和54/74HCU××系列。例如，74HC137/74HCT137为3线/8线译码器集成电路（带锁定功能，反码输出）。

图16-6是高速CMOS数字集成电路的电源和接地引脚表示方法示意图。

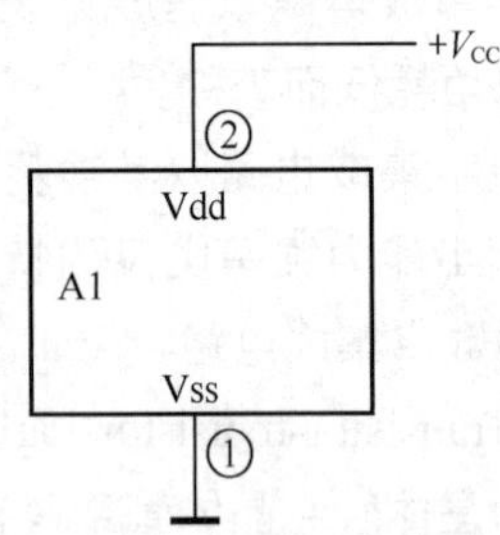

图16-6 高速CMOS数字集成电路的电源和接地引脚表示方法示意图

TTL和CMOS数字集成电路电源引脚和接地引脚标记如下所示。

集成电路类型	接地引脚标记	电源引脚标记
TTL数字集成电路	Gnd	Vcc
CMOS数字集成电路	Vss	Vdd

这两类集成电路的电源引脚和接地引脚标记不同，根据这一标记的不同可以在电路图中区别是集成电路类型。但是，在有些TTL和CMOS数字集成电路电路图中，它们都采用Vcc表示电源引脚，Gnd表示接地引脚。

4．CMOS数字集成电路低功耗

CMOS数字集成电路采用场效应管，而且都是互补结构，工作时两个串联的场效应管总是处于一个管导通，另一个管截止的状态，电路静态功耗理论上为零。但是，因为漏电流存在，CMOS数字集成电路尚有微量静态功耗。单个门电路的功耗典型值仅为20mW，动态功耗（在1MHz工作频率时）也仅为几毫瓦。

5．CMOS数字集成电路工作电压范围宽

CMOS数字集成电路供电简单，供电电源体积小，基本上不需稳压。

国产CC4000系列的集成电路可在3~18V电压下正常工作。

6．CMOS数字集成电路逻辑摆幅大

CMOS数字集成电路的逻辑高电平“1”、逻辑低电平“0”分别接近于电源高电位V_{dd}及电源低电位V_{ss}。当V_{dd}=15V，V_{ss}=0V时，输出逻辑摆幅近似15V。

因此，CMOS数字集成电路的电压利用系数在各类集成电路中指标是较高的。

7．CMOS数字集成电路输入阻抗高

CMOS数字集成电路的输入端绝大多数有保护二极管和串联电阻器构成的保护电路。

图16-7所示是CMOS数字集成电路的输入端保护电路，在正常工作电压范围内，这些保护二极管均处于反向偏置状态，通常情况下等效输入阻抗高达10^3~10^{11}Ω，因此CMOS数字集成电路几乎不消耗驱动电路的功率。

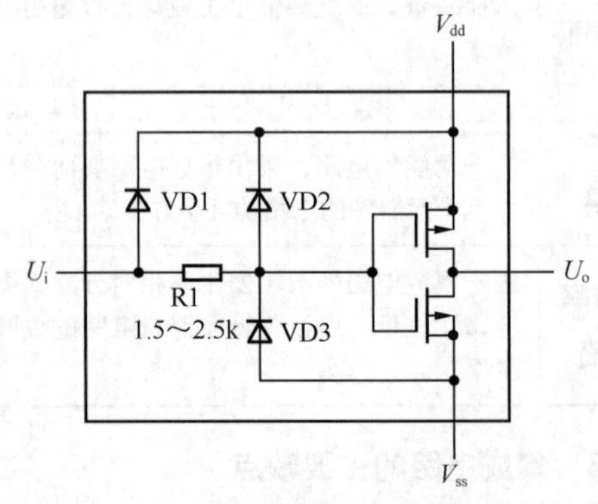

图16-7 CMOS数字集成电路的输入端保护电路

8．CMOS 数字集成电路扇出能力强

CMOS 数字集成电路扇出能力是用电路输出端所能带动的输入端数来表示的。

由于 CMOS 数字集成电路的输入阻抗极高，因此电路的输出能力受输入电容的限制，但是，当 CMOS 数字集成电路用来驱动同类型电路或器件时，如不考虑速度，一般可以驱动 50 个以上的输入端。

9．CMOS 数字集成电路接口方便

因为 CMOS 数字集成电路的输入阻抗高和输出摆幅大，所以易于被其他电路所驱动，也容易驱动其他类型的电路或器件。

10．CMOS 数字集成电路抗辐射能力强

CMOS 数字集成电路中的基本器件是 MOS 晶体管，属于多数载流子导电器件。各种射线、辐射对其导电性能的影响都有限。

11．CMOS 数字集成电路抗干扰能力强

CMOS 数字集成电路的电压噪声容限的典型值为电源电压的 45%，保证值为电源电压的 30%。

随着电源电压的增加，噪声容限电压的绝对值将成比例增加。

对于 V_{dd}=15V 的供电电压（当 V_{ss}=0V 时），电路将有 7V 左右的噪声容限。

12．CMOS 数字集成电路温度稳定性能好

由于 CMOS 数字集成电路的功耗很低，内部发热量少，而且，CMOS 数字集成电路线路结构和电气参数都具有对称性，在温度环境发生变化时，某些参数能起到自动补偿作用，因而 CMOS 数字集成电路的温度特性非常好。

一般陶瓷金属封装的电路，工作温度范围为 −55 ~ +125℃；塑料封装的电路工作温度范围为 −45 ~ +85℃。

13．CMOS 数字集成电路可控性好

CMOS 数字集成电路输出波形的上升和下降时间可以控制，其输出的上升和下降时间的典型值为电路传输延迟时间的 125%~140%。

14．CMOS 数字集成电路电源注意事项

（1）CMOS 数字集成电路的工作电压一般在 3 ~ 18V，但是应用电路中有门电路的模拟应用（如脉冲振荡、线性放大）时，最低电压则不应低于 4.5V。

由于 CMOS 数字集成电路工作电压宽，故使用不稳压的电源电路时，CMOS 数字集成电路也可以正常工作，但是工作在不同电源电压的器件，其输出阻抗、工作速度和功耗是不相同的，在使用中一定要注意。

（2）CMOS 数字集成电路的电源电压必须在规定范围内，不能超压，也不能反接。因为在制造过程中，许多寄生二极管自然形成，在正常电压下这些二极管均处于反向偏置状态，对逻辑功能无影响，但一旦电源电压过高或电压极性接反，就会使电路产生损坏。

15．CMOS 数字集成电路多余输入端的处理方法

CMOS 数字集成电路的输入端不允许悬空，因为悬空会使电位不定，破坏正常的逻辑关系。悬空时输入阻抗高，输入端易受外界噪声干扰，使电路产生误动作，而且也极易造成栅极感应静电而被击穿。

所以“与”门和“与非”门的多余输入端要接高电平，“或”门和“或非”门的多余输入端要接低电平。如果电路的工作速度不高，功耗也不需特别考虑，则可以将多余输入端与使用端并联。

16．CMOS 数字集成电路输入端接长导线时保护电路

应用 CMOS 数字集成电路时，有时输入端需要接长的导线，而长输入线必然有较大的分布电容和分布电感，易形成 LC 振荡，特别是当输入端一旦发生负电压，极易破坏 CMOS 中的保护二极管。

图 16-8 所示是输入端接长导线时的保护电路，在输入端串联一只保护电阻器 R1，其取值大小为 V_{dd}/1mA。

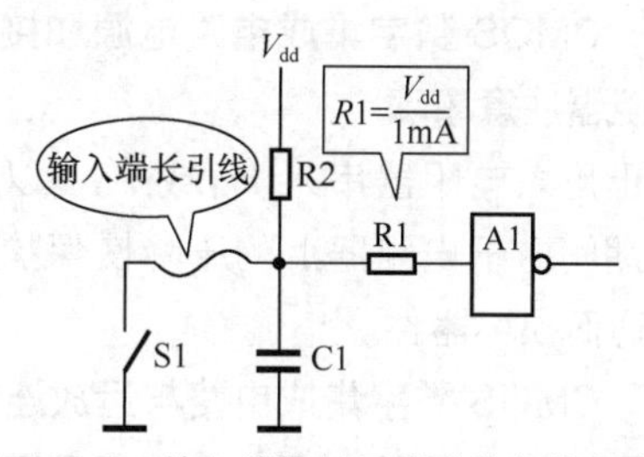

图 16-8　输入端接长导线时的保护电路

17．CMOS 数字集成电路输入信号注意事项

输入信号不可大于 V_{dd} 或小于 V_{ss}，否则输入保护二极管会因正向偏置而引起大电流。

基于这一点，在工作或测试时，必须按照先接通电源后加入信号，先撤除信号后再关闭电源顺序进行操作。

18．CMOS 数字集成电路输入端静电防护措施

虽然各种电路输入端有抗静电的保护措施，但仍需小心对待，在存储和运输中最好用金属容器或者导电材料包装，不要将输入端放在易产生静电高压的化工材料或化纤织物中。

组装、调试时，工具、仪表、工作台等均应良好接地。要防止操作人员的静电干扰造成的损坏，如不宜穿尼龙、化纤衣服，手或工具在接触集成块前最好先接一下地。

对器件引线矫直弯曲或人工焊接时，使用的设备必须良好接地。

19．CMOS 数字集成电路驱动能力注意事项

CMOS 数字集成电路驱动能力的提高，除选用驱动能力较强的缓冲器来完成之外，还可将同一个芯片几个同类电路并联起来，这时驱动能力提高到 *N* 倍（*N* 为并联门的数量）。

20．CMOS 数字集成集成电路引脚焊接注意事项

CMOS 数字集成电路具有很高的输入阻抗，致使器件易受外界干扰、冲击和静电击穿，虽然在其内部输入端接有二极管保护电路，由于保护电路吸收的瞬变能量有限，太大的瞬变信号和过高的静电电压将使保护电路失去作用。

在焊接 CMOS 管时，电烙铁必须可靠接地，以防电烙铁漏电击穿器件输入端。一般可利用电烙铁断电后的余热焊接，并先焊接其接地脚。

21．CMOS 数字集成电路电源和接地引脚串联电阻器注意事项

防止用大电阻器串入 V_{dd} 或 V_{ss}，以免在电路开关期间由于电阻器上的压降使保护二极管瞬时导通而损坏器件。

22．CMOS 数字集成电路与运放连接

如果运放采用双电源，CMOS 采用独立的另一组电源。

图 16-9 所示是采用不同电源时的连接电路，电路中的 VD1 和 VD2 为钳位保护二极管，使 CMOS 输入电压处在 10V 与地电压之间。15kΩ 的电阻既作为 CMOS 的限流电阻，又对二极管进行限流保护。如果运放使用单电源，而且与 CMOS 使用的电源一样，则可直接相连。

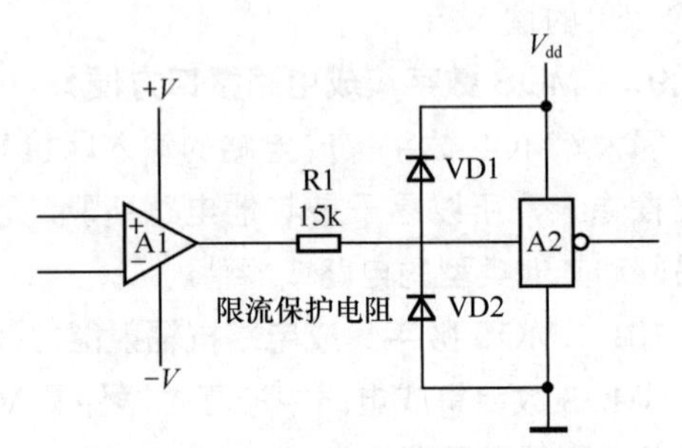

图 16-9　采用不同电源时的连接电路

16.2.2　国内外集成电路的型号命名方法

重 要 提 示

集成电路的型号命名有国家标准，这些标准是 1979 年后陆续制定的。标准中集成电路的功能、引脚排列和电特性均与国外同类产品一致。

在使用、检修、识别和进行电路分析时，都要了解集成电路的型号。集成电路的型号印在集成电路的正面，通常需要查阅集成电路手册获得。

1．国家标准规定的集成电路的型号命名方法

国家标准规定，我国生产的集成电路型号由 5 个部分组成，以前各生产厂家的规定全部作废。国产集成电路的型号具体组成情况如下。

C	B	××××	C	B
第一部分	第二部分	第三部分	第四部分	第五部分
字头符号	电路类型	电路型号数	温度范围	封装形式

第一部分含义	集成电路型号中的第一部分用字母 C 表示，该集成电路符合国家标准
第二部分含义	集成电路型号中的第二部分用字母表示电路的类型，可以是一个大写字母，也可是两个大写字母，具体含义如表 16-1 所示
第三部分含义	集成电路型号中的第三部分用数字或字母表示产品的代号，与国外同功能集成电路保持一样的代号，即国产的集成电路与国外的集成电路第三部分代号一样时，其电路结构、引脚分布规律等同国外产品相同
第四部分含义	集成电路型号中的第四部分用一个大写字母表示工作温度，具体含义如表 16-2 所示
第五部分含义	集成电路型号中的第五部分用一个大写字母表示封装形式，具体含义如表 16-3 所示，共有 7 种

表 16-1　集成电路第二部分字母含义

字母	第二部分表示的含义（电路的类型）
AD	模 / 数转换器
B	非线性电路（模拟开关、模拟乘、除法器、时基电路、锁相器、取样保持电路等）
C	CMOS 电路
D	音响类电路、电视机类电路
DA	数 / 模转换器
E	ECL 电路
F	运算放大器、线性放大器
H	HTL 电路
J	接口电路（电压比较器、电平转换器、线电路、外围驱动电路）
M	存储器
S	特殊电路（机电仪表电路、传感器、通信电路、消费类电路）
T	TTL 电路
W	稳压器
μ	微型计算机电路

表 16-2　集成电路第四部分字母含义

字母	第四部分表示的含义（工作温度范围，℃）
C	0 ～ 70
E	−40 ～ 85
R	−55 ～ 85
M	−55 ～ 125

表 16-3　集成电路第五部分字母含义

字母	第五部分表示的含义（封装形式）
D	多层陶瓷，双列直插
F	多层陶瓷，扁平
H	黑瓷低熔玻璃，扁平
J	黑瓷低熔玻璃，双列直插
K	金属，菱形
P	塑料，双列直插
T	金属，圆形

国家标准还规定，凡是家用电器专用集成电路（音响类、电视类）的型号，一律由 **4** 个部分组成，即将第一部分的字母省去，采用 **D**×××××× 形式。

2．国外集成电路生产厂家字头符号的含义

表 16-4 所示是国外集成电路生产厂家的字头符号含义。

表 16-4　国外集成电路生产厂家的字头符号含义

字 头 符 号	生 产 厂 家
AD	美国模拟器件公司
AN、DN	日本松下电器公司
CA、CD、CDP	美国无线电公司
CX、CXA	日本索尼公司
CS	美国齐瑞半导体公司
HA	日本日立公司
ICL、D、DG	美国英特锡尔公司
LA、LB、STK、LC	日本三洋公司
LC、LG	美国通用仪器公司
LM、TBA、TCA	美国国家半导体公司

续表

字头符号	生产厂家
M	日本三菱电机公司
MB	日本富士通有限公司
MC	美国摩托罗拉公司
MK	美国英斯特卡公司
MP	美国微功耗系统公司
ML、MH	加拿大米特尔半导体公司
N、NE、SA、SU、CA	美国西格尼蒂公司
NJM、NLM	日本新日元公司
RC、RM	美国 RTN 公司
SAT、SAJ	美国 ITT 公司
SAB、SAS	德国 SIEG 公司
TA、TD、TC	日本东芝公司
TAA、TBA、TCA、TDA	欧洲电子联盟
TL	美国得克萨斯仪器公司
U	德国德律风根公司
ULN、ULS、ULX	美国史普拉格公司
UA、F、SH	美国仙童公司、FSC 公司
UPC、UPB	日本电气公司、美国电子公司

3．日本三洋公司集成电路的型号命名方法

日本三洋公司集成电路型号由两部分组成，如下所示。

```
    LA          ××××
    |            |
 第一部分      第二部分
 字头符号     电路型号数
```

在该公司集成电路型号中，第一部分的字头采用两个或 3 个大写字母表示集成电路的类型；第二部分是产品的序号，无具体含义。表 16-5 给出了该公司集成电路型号中第一、二部分字符的具体含义。

表 16-5　日本三洋公司集成电路型号的具体含义

第一部分		第二部分
LA	单块双极线性	用数字表示电路型号数
LB	双极数字	
LC	CMOS	
LE	MNMOS	
LM	PMOS、NMOS	
STK	厚膜	

4．日本日立公司集成电路的型号命名方法

日本日立公司生产的集成电路型号由以下 5 个部分组成。

```
  HA        13         92        A        P
  |          |          |        |        |
第一部分  第二部分   第三部分  第四部分  第五部分
字头符号 电路使用范围 电路型号数 电路性能 封装形式
```

表 16-6 所示是日本日立公司集成电路型号的具体含义。

表 16-6　日本日立公司集成电路型号的具体含义

第一部分		第二部分		第三部分	第四部分		第四部分	
字头	含义	数字	含义		字母	含义	字母	含义
HA	模拟电路	11	高频用	用数字表示电路型号	A	改进型	P	塑料
HD	数字电路	12	高频用					
HM	存储器（RAM）	13	音频用					
HN	存储器（ROM）	14	音频用					

5. 日本东芝公司集成电路的型号命名方法

日本东芝公司集成电路型号由以下 3 个部分组成。

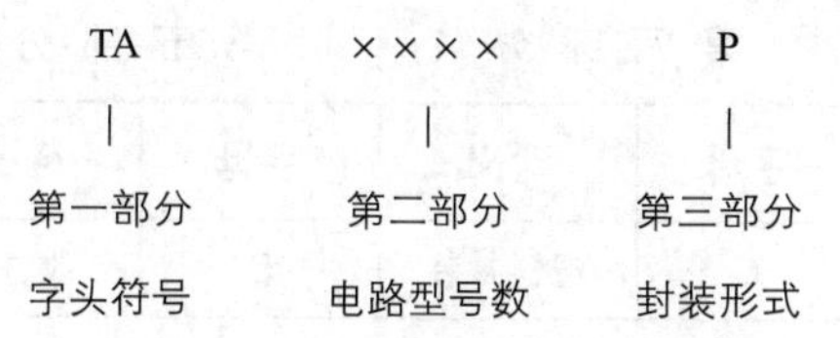

表 16-7 所示是日本东芝公司集成电路型号的具体含义。

表 16-7　日本东芝公司集成电路型号的具体含义

第一部分		第二部分	第三部分	
字母	含义		字母	含义
TA	双极线性	用数字表示电路型号数	A	改进型
TC	CMOS		C	陶瓷封装
TD	双极数字		M	金属封装
TM	MOS		P	塑料封装

6. 日本松下电器公司集成电路的型号命名方法

日本松下电器公司集成电路型号由以下两部分组成。

AN　　　××××
|　　　|
第一部分　　　第二部分
字头符号　　　电路型号数

表 16-8 所示是日本松下电器公司集成电路型号的具体含义。

表 16-8　日本松下电器公司集成电路型号的具体含义

第一部分		第二部分
字母	含义	
AN	模拟电路	用数字表示电路型号数
DN	双极性数字电路	

7. 日本三菱电机公司集成电路的型号命名方法

日本三菱电机公司集成电路型号由以下 5 个部分组成。

M　　5　　1　　95　　P
|　　|　　|　　|　　|
第一部分　第二部分　第三部分　第四部分　第五部分
字头符号　温度范围　电路类型　电路型号数　封装形式

表 16-9 所示是日本三菱电机公司集成电路型号的具体含义。

8. 日本电气公司集成电路的型号命名方法

日本电气公司集成电路型号由以下 5 个部分组成。

UP　　C　　××××　　C　　X(S)
|　　|　　|　　|　　|
第一部分　第二部分　第三部分　第四部分　第五部分
字头符号　电路类型　电路型号数　封装形式　电路性能

表 16-10 所示是日本电气公司集成电路型号的具体含义。

表 16-9　日本三菱电机公司集成电路型号的具体含义

第一部分		第二部分		第三部分		第四部分	第五部分	
字母	含义	数字	含义	数字	含义		字母	含义
M	三菱公司产品	5	工业、商用	0	CMOS	用数字表示电路型号数	K	玻璃 - 陶瓷
		9	军用	1	线性		P	塑料
				3	TTL		S	金属 - 陶瓷
				10～19	线性电路			

表 16-10 日本电气公司集成电路型号的具体含义

第一部分		第二部分		第三部分	第四部分		第五部分	
字母	含义	字母	含义		字母	含义	字母	含义
UP	微型器件	C	线性	用数字表示电路类型号	C	塑料封装	S	改进型
		A	分立器件		D	陶瓷双列	—	—
		B	数字双极					
		D	CMOS 数字					

第17章 集成电路常用引脚外电路分析

17.1 集成电路引脚分布规律及引脚识别方法

在集成电路的引脚排列图中，可以看到它的各个引脚编号，如①、②、③脚等。在检修、更换集成电路过程中，往往需要在集成电路实物上找到相应的引脚。

例如，在一个9根引脚的集成电路中，要找到③脚。由于集成电路的型号很多，不可能根据型号去记忆相应各引脚的位置，只能借助于集成电路的引脚分布规律，来识别形形色色集成电路的引脚号。

这里根据集成电路的不同封装形式，介绍各种集成电路的引脚分布规律和引脚号的识别方法。

17.1.1 识别引脚号的两方面意义

重要提示

每一个集成电路的引脚都是确定的，这些引脚的序号与集成电路电路图中的编号是一一对应的。识别集成电路的引脚号对分析集成电路的工作原理和检修集成电路故障有重要意义。

1．对电路工作原理分析的意义

分析集成电路工作原理时，根据电路图中集成电路的编号进行外电路分析，仅对这一点而言是没有必要进行集成电路的引脚号识别的。但是，在一些情况下由于没有集成电路及其外围电路的原理图，而需要根据电路实物画出外电路原理图时，就得用到集成电路的引脚号。

例如，先找出集成电路的①脚，再观察电路板上哪些电子元器件与①脚相连，这样可以先画出①脚的外电路图。用同样的方法，画出集成电路的各引脚外电路，就能得到该集成电路的外电路原理图。

2．对故障检修的意义

对集成电路进行故障检修时，更需要识别集成电路的引脚号。在下列几种情况下我们都需要知道集成电路的引脚号。

（1）测量某引脚上的直流工作电压，或观察某引脚上的信号波形。在故障检修中，往往依据电路原理图进行分析，先确定测量某根引脚上的直流工作电压或观察信号波形，这时就得在集成电路的实物上找出该引脚。

（2）查找电路板上的电子元器件时需要知道集成电路的引脚号。例如，若检查某集成电路⑨脚上的电容器1C7。因电路板上电容器太多不容易找到，此时可先找到集成电路的⑨脚（因为电路板上的集成电路往往比较少），沿⑨脚铜箔线路就能比较方便地找到1C7。

（3）更换集成电路时，新的集成电路要对准原来的各引脚孔安装，方向装反了就会导

致第一根引脚装在了最后一根引脚孔上。在一些电路板上，会标出集成电路的引脚号，如图17-1所示。从图中可看出，①脚在左边，⑨脚在右边，安装新集成电路时要识别出第一根引脚①脚，然后将第一根引脚对准电路板上的①脚孔。

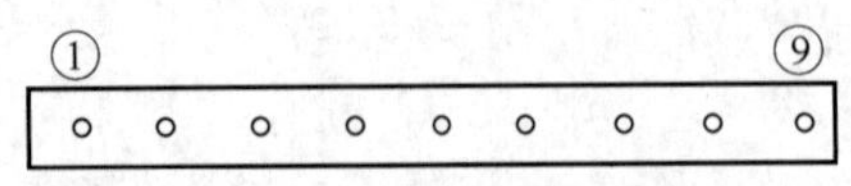

图 17-1　电路板上集成电路引脚号示意图

（4）选配集成电路时需要知道引脚号。如果是同型号集成电路，进行直接代替时只要搞清楚引脚的方向即可，但有时需要进行改动代替，即新换上的集成电路与原集成电路之间的引脚号可能不对，或需要进行调整，或是在某引脚上另加电子元器件，这时就必须先识别集成电路的引脚号。

17.1.2　单列集成电路引脚分布规律及识别方法

单列集成电路有直插和曲插两种。两种单列集成电路的引脚分布规律相同，但在识别引脚号时则有所差异。

1．单列直插集成电路引脚分布规律

所谓单列直插集成电路就是指其引脚只有一列，且引脚为直的（不是弯曲的）。这类集成电路的引脚分布规律可以用图17-2来说明。

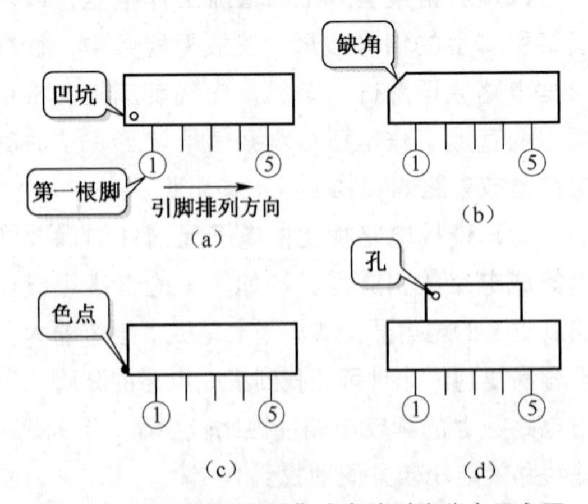

图 17-2　几种单列直插集成电路引脚分布示意图

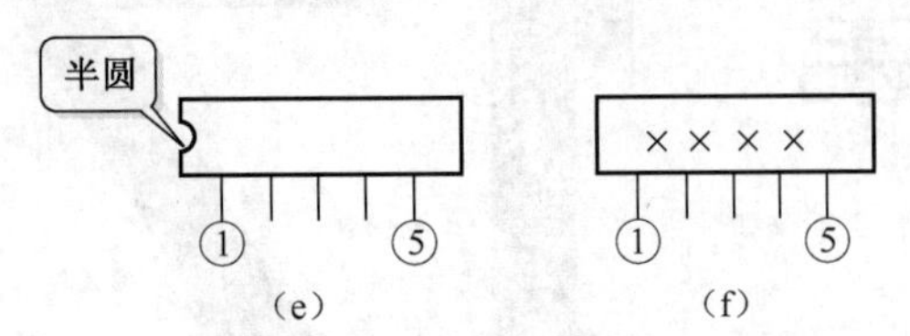

图 17-2　几种单列直插集成电路引脚分布示意图（续）

在单列直插集成电路中，一般都有一个用来指示第一根引脚的标记。

图 17-2（a）所示	集成电路正面朝着自己，引脚向下。集成电路左侧端有一个小圆坑或其他标记，是用来指示第一根引脚位置的，即左侧端点的第一根引脚为①脚，然后依次从左向右为各引脚
图 17-2（b）所示	集成电路的左侧上方有一个缺角，说明左侧端点第一根引脚为①脚，依次从左向右为各引脚
图 17-2（c）所示	集成电路左侧有一个色点，用色点表示左侧第一根引脚为①脚，也是从左向右依次为各引脚
图 17-2（d）所示	集成电路在散热片左侧有一个小孔，说明左侧端第一根引脚为①脚，依次从左向右为各引脚
图 17-2（e）所示	集成电路中左侧有一个半圆缺口，说明左侧端第一根引脚为①脚，依次从左向右为各引脚
图 17-2（f）所示	在单列直插集成电路中，会出现如图17-2（f）所示的集成电路。在集成电路的外形上无任何第一根引脚的标记，此时可将印有型号的一面朝着自己，且将引脚朝下，则最左端的第一根引脚为①脚，从左向右依次为各引脚

识别方法提示

根据上述几种单列直插集成电路引脚分布规律［除图17-2(f)所示集成电路外］，可以看出集成电路都有一个较为明显的标记（如缺角、孔、色点等）来指示第一根引脚的位置，并且都是自左向右依次为各引脚，这是单列直插集成电路的引脚分布规律，以此规律可以很方便地识别各引脚号。

2．单列曲插集成电路引脚分布规律

单列曲插集成电路的引脚也呈一列排列，但引脚不是直的，而是弯曲的，即相邻两根引脚弯曲方向不同。

图 17-3 是两种单列曲插集成电路的引脚分布规律示意图。在单列曲插集成电路中，将集成电路正面对着自己，引脚朝下，一般情况下集成电路的左边也有一个用来指示第一根引脚的标记。

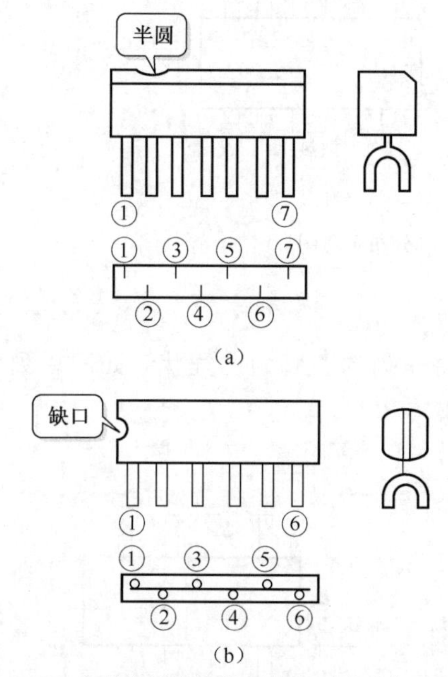

图 17-3　两种单列曲插集成电路引脚分布示意图

图 17-3(a) 所示	集成电路左侧顶端上有一个半圆口，表示左侧端点第一根引脚为①脚，然后自左向右依次为各引脚，如图中引脚分布所示。从图中可以看出，①、③、⑤、⑦单数引脚在弯曲一侧，②、④、⑥双数引脚在弯曲另一侧
图 17-3(b) 所示	集成电路左侧有一个缺口，此时最左端第一根引脚为①脚，自左向右依次为各引脚，也是单数引脚在一侧排列，双数引脚在另一侧排列

单列曲插集成电路的外形远不止上述两种，但都有一个标记来指示第一根引脚的位置，然后依次从左向右为各引脚。单数引脚在一侧，双数引脚在另一侧，这是单列曲插集成电路的引脚分布规律，以此规律可以很方便地分辨出集成电路的各引脚号。

识别方法提示

当单列曲插集成电路上无明显标记时，可将集成电路印有型号的一面朝着自己，引脚向下，则最左侧第一根引脚是集成电路的①脚，从左向右依次为各引脚，且也是单数的引脚在一侧，双数引脚在另一侧。

17.1.3　双列集成电路引脚分布规律及识别方法

重要提示

双列直插集成电路是使用量最大的一种集成电路，这种集成电路的外封装材料最常见的是塑料，也可以是陶瓷。双列集成电路的引脚分成两列，两列引脚数相等，引脚可以是直插的，也可以是曲插的，但曲插的双列集成电路很少见到。两种双列集成电路的引脚分布规律相同，但在识别引脚号时则有所差异。

1．双列直插集成电路引脚分布规律

图 17-4 是 4 种双列直插集成电路的引脚分布示意图。**在双列直插集成电路中，将印有型号的一面朝上，并将型号正对着自己，这时集成电路的左侧下方会有不同的标记来表示第一根引脚。**

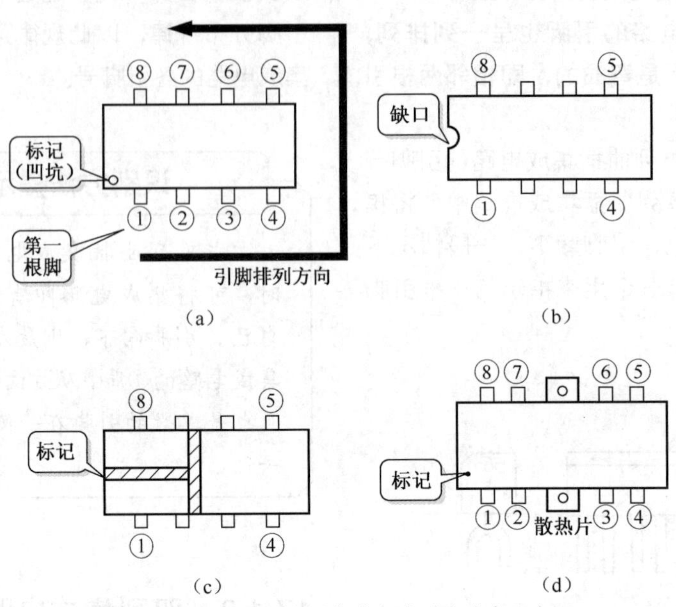

(a) (b) (c) (d)

图 17-4　4 种双列直插集成电路引脚分布示意图

图 17-4（a）所示	集成电路左下端有一个凹坑标记，用来指示左侧下端点第一根引脚为①脚，然后从①脚开始以逆时针方向沿集成电路的一圈，依次排列各引脚，见图中的引脚排列示意图
图 17-4（b）所示	集成电路左侧有一个半圆缺口，此时左侧下端点的第一根引脚为①脚，然后沿逆时针方向依次为各引脚，具体引脚分布如图中所示
图 17-4（c）所示	这是陶瓷封装双列直插集成电路，其左侧有一个标记，此时左下方第一根脚为①脚，然后沿逆时针方向依次为各引脚，如图中引脚分布所示。注意，如果将这一集成电路标记放到右边，引脚识别方向就错了
图 17-4（d）所示	集成电路引脚被散热片隔开，在集成电路的左侧下端有一个黑点标记，此时左下方第一根引脚为①脚，沿逆时针方向依次为各引脚（散热片不算）

2．双列曲插集成电路引脚分布规律

图 17-5 是双列曲插集成电路引脚分布示意图，其特点是引脚在集成电路的两侧排列，每一列的引脚为曲插状（如同单列曲插一样）。

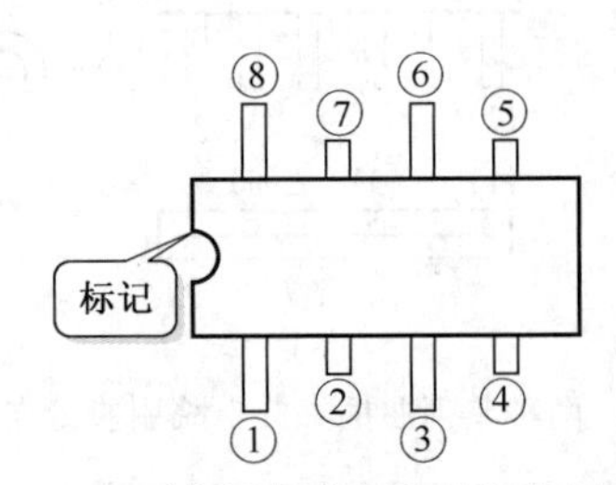

图 17-5　双列曲插集成电路引脚分布示意图

将集成电路印有型号的一面朝上，且将型号正对着自己，可见集成电路的左侧有一个半圆缺口，此时左下方第一根引脚为①脚，沿逆时针方向依次为各引脚。在每一列中，引脚是依次排列的，如同单列曲插一样。

3．无引脚识别标记双列直插集成电路引脚分布规律

图 17-6 是无引脚识别标记双列直插集成电路引脚分布示意图，该集成电路无任何明显的引脚识别标记，此时可将印有型号的一面朝着自己，则左侧下端第一根引脚为①脚，沿逆时针方向依次为各引脚，参见图中引脚分布。

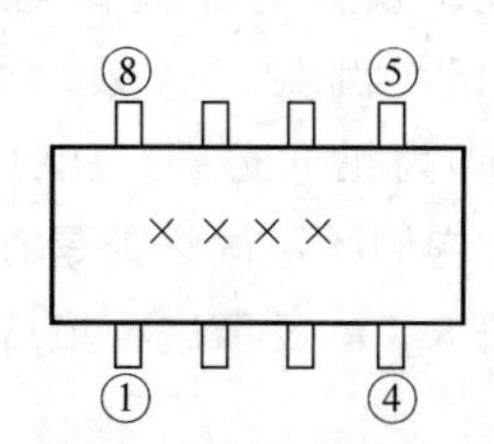

图 17-6　无引脚识别标记双列直插集成电路引脚分布示意图

识别方法提示

上面介绍的几种双列集成电路外形仅是众多双列集成电路中的几种，除最后一种集成电路外，绝大多数有各种形式的明显引脚识别标记来指明第一根引脚的位置，且沿逆时针方向依次为各引脚，这是双列直插集成电路的引脚分布规律。

17.1.4　四列集成电路引脚分布规律及识别方法

四列集成电路的引脚分成四列，且每列的引脚数相等，所以这种集成电路的引脚是 4 的倍数。四列集成电路常见于贴片式集成电路、大规模集成电路和数字集成电路中，图 17-7 是四列集成电路引脚分布示意图。

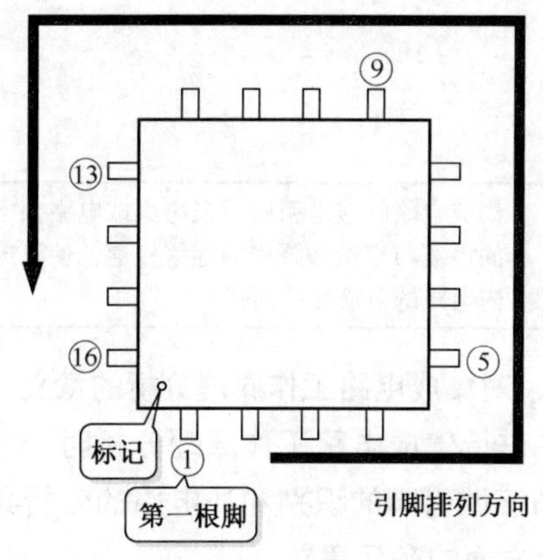

图 17-7　四列集成电路引脚分布示意图

识别方法提示

将四列集成电路印有型号的一面朝着自己，可见集成电路的左下方有一个标记，则左下方第一根引脚为①脚，然后逆时针方向依次为各引脚。

如果集成电路左下方没有引脚识别标记，也可将集成电路按图 17-7 所示放好，将印有型号的一面朝着自己，此时左下角的第一根引脚即为①脚。

这种四列集成电路许多是贴片式的，或称无引脚集成电路，其实这种集成电路还是有引脚的，只是很短，引脚不伸到电路板的背面，所以这种集成电路直接焊在印制线路这一面上，引脚直接与铜箔线路相焊接。

17.1.5　金属封装集成电路引脚分布规律及识别方法

采用金属封装的集成电路现在已经比较少见，过去生产的集成电路常用这种封装形式。图 17-8 是金属封装集成电路引脚分布示意图。这种集成电路的外壳是金属圆帽形的，引脚识别方法为：将引脚朝上，从突出键标记端起为①脚，顺时针方向依次为各引脚。

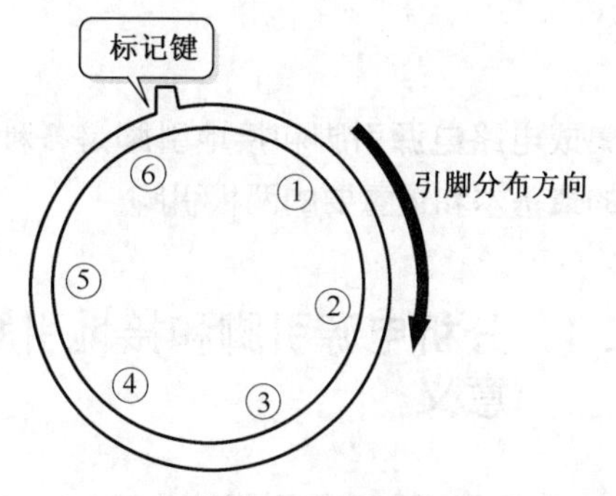

图 17-8　金属封装集成电路引脚分布示意图

17.1.6 反向分布集成电路引脚分布规律及识别方法

重要提示

前面介绍的集成电路引脚分布规律和识别方法均为引脚正向分布的集成电路，即引脚是从左向右依次分布，或从左下方第一根引脚沿逆时针方向依次分布，集成电路的这种引脚分布为正向分布，但集成电路引脚还有反向分布的。

引脚反向分布的单列集成电路	对于反向分布的单列集成电路，将集成电路印有型号的一面正向对着自己，引脚朝下时第一根引脚在最右下方，从右向左依次分布各引脚，这种分布规律恰好与正向分布的单列集成电路相反
引脚反向分布的双列集成电路	对于反向分布的双列集成电路，将集成电路印有型号的一面朝上，且正向对着自己，引脚朝下时第一根引脚在左侧上方（即引脚正向分布双列集成电路的最后一根引脚），沿顺时针方向依次分布各引脚，这种引脚分布规律与引脚正向分布的双列集成电路相反

引脚正向、反向分布规律可以从集成电路型号上看出，例如，音频功放集成电路HA1366W引脚为正向分布，HA1366WR引脚为反向分布，它们的不同之处是在型号最后多一个大写字母R，R表示这种集成电路的引脚为反向分布。

像HA1366W和HA1366WR这样引脚正、反向分布的集成电路，其内部电路结构、性能参数相同，只是引脚分布相反。HA1366W的第一根引脚为HA1366WR的最后一根引脚，HA1366W的最后一根引脚为HA1366WR的第一根引脚。

代换方法提示

同型号的正向、反向分布集成电路之间进行直接代换时，对于单列直插集成电路可以反个方向装入即可，对于双列集成电路则要将新集成电路装到原电路板的背面。

17.2 集成电路电源引脚和接地引脚识别方法及外电路分析

集成电路电源引脚和接地引脚是各种集成电路的最基本和最重要的两根引脚。

17.2.1 分析电源引脚和接地引脚的意义

1．电源引脚和接地引脚的功能

电源引脚	集成电路的电源引脚用来将整机整流滤波电路输出的直流工作电压加到集成电路的内部电路中，为整个集成电路的内电路提供直流电源
接地引脚	集成电路的接地引脚用来将集成电路内电路中的地线与整机线路中的地线接通，使集成电路内电路的电流形成回路

2．对集成电路工作原理分析的意义

在进行集成电路工作原理分析时，对电源引脚和接地引脚的识别和外电路的分析具有下列几个方面的实际意义。

（1）分析集成电路的直流电源电路工作原理时，首先要找出集成电路的电源引脚，在有多个电源引脚时，要分清各根电源引脚的具体作用。

（2）功率放大器集成电路的电源引脚在外电路与整机电源电路相连，这样在知道了集成电路的电源引脚后即可以分析整机的直流电压供给电路；反过来在知道了整机直流电压供给电路后，可以找出功率放大器集成电路的电源引脚。

（3）在分析整机电路的直流电压供给电路时，为方便起见可以先找出附近电路中的集成电路电源引脚，这样就能找出整机直流电压供给电路。

（4）集成电路的接地引脚接整机电路的地线，找到了集成电路的接地引脚，就能方便地找出整机电路的地线。

3．对故障检修的意义

在进行集成电路故障检修时，对电源引脚和接地引脚的识别和外电路的分析具有下列几个方面的实用意义。

（1）在检修集成电路故障时，重点是检查其直流工作电压供给情况，首先要测量集成电路电源引脚上的直流工作电压，它的直流工作电压在集成电路各引脚中最高，这一点要记住。有一个特殊情况是，具有自举电路的功率放大器集成电路，在大信号时自举引脚上的直流工作电压可以高于电源引脚上的直流工作电压。

（2）当集成电路各个引脚上（除电源引脚）均没有直流工作电压时，要检查集成电路电源引脚上是否有直流工作电压；当某些引脚上的直流工作电压偏低或偏高时，要测量电源引脚上的直流工作电压是否正常，因为电源引脚直流工作电压不正常，将会影响集成电路其他引脚上的直流工作电压大小。

（3）有时为了进一步证实集成电路有无故障，需要测量集成电路的静态工作电流，此时要找出集成电路的电源引脚。

（4）当集成电路电源引脚上有直流工作电压但没有电流流过集成电路时，要检查集成电路的接地引脚是否正常接地。因为当集成电路的接地引脚与电路板地线开路后，电路会因构不成回路而无电流。

17.2.2 电源引脚和接地引脚的种类

1．电源引脚的种类

除开关电源集成电路、稳压集成电路外，每一种集成电路都有电源引脚。该引脚用来给集成电路的内部电路提供直流工作电压。

一般情况下，集成电路的电源引脚只有一根，但是在下列几种情况下可能有多根电源引脚，或有与电源相关的引脚，或者集成电路没有电源引脚。

关于集成电路的电源引脚种类，有下面几点需要说明。

（1）多于一根的电源引脚。集成电路在下列两种情况下有多于一根的电源引脚。

① 一般情况下，双声道的集成电路也只有一根电源引脚，但部分双声道音频功率放大器的集成电路，左、右声道各有一根电源引脚，这时集成电路就会有两根电源引脚。

② 在采用正、负电源供电的电路中，集成电路有两根电源引脚，一根是正电源引脚，另一根是负电源引脚。关于正、负电源引脚的情况将在后面详细介绍，电源引脚与接地引脚之间的组合也有许多种。

（2）负电源引脚。负电源引脚是相对于正电源引脚而言的，集成电路在正常工作时使用直流工作电压，这种电压是有极性的。当采用正极性直流工作电压供电时，集成电路的电源引脚接直流电源的正极；当采用负极性直流电压供电时，集成电路的电源引脚接直流电源的负极，此时集成电路电源引脚就是负电源引脚。

（3）没有电源引脚。集成电路工作时都需要直流工作电压，所以必须有一个正的或负的电源引脚。但是对于电源开关集成电路和稳压集成电路，因为输入信号就是直流电压，所以这种集成电路就可以没有电源引脚，如图17-9所示，这一点与其他类型集成电路有所不同。

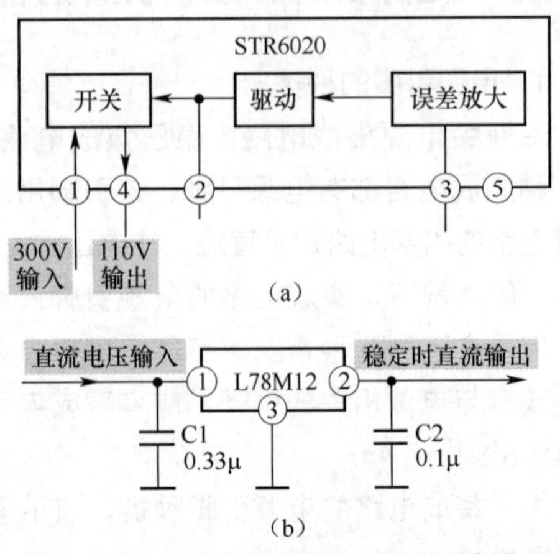

图 17-9　没有电源引脚的两种集成电路

图 17-9(a) 所示	这是电源开关集成电路 STR6020 的内电路方框图，它共有 5 根引脚，没有电源引脚，300V 的直流电压从①脚输入，经过这个集成电路控制后的 110V 直流电压从④脚输出。在这种集成电路中，集成电路内部的电子电路也是需要直流工作电压的，只是不再专门设置电源引脚，而是用了①脚所输入的直流电压，通过内电路的降压电路得到所需要的直流工作电压。这样，集成电路就没有专门的电源引脚
图 17-9(b) 所示	这是常见的三端稳压集成电路示意图，图中为 L78M12，这种电源集成电路只有 3 根引脚。①脚是未经稳压的直流工作电压输入引脚，②脚是经过这一集成电路稳压后的直流工作电压输出引脚，③脚是接地引脚。这个集成电路内电路所需要的直流工作电压是由①脚输入电压提供的

（4）前级电源输入引脚。在部分集成电路中，除了有一个电源引脚外，还有一个前级电源输入引脚，可用图 17-10 所示电路来说明这两种电源引脚的作用和外电路。这是一个厚膜音频功率放大器集成电路，⑦脚是该集成电路的电源引脚，**直流工作电压 $+V_{CC}$ 通过⑦脚加到内电路的输出级放大器电路中。**

从这种集成电路的内电路方框图中可以看出，前级电路与输出级电路之间的直流工作电压没有联系，前级电路所需要的直流工作电压是通过⑨脚提供的，直流工作电压 $+V_{CC}$ 通过 R1 和 C1 构成的退耦电路，从⑨脚加到内电路的前级电路中。**无论是单声道的集成电路还是双声道的集成电路，其前级电源输入引脚都只有一根。**

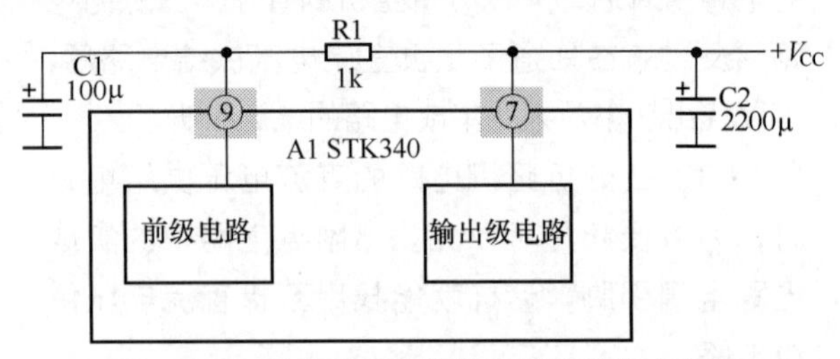

图 17-10　具有前级电源输入引脚的集成电路

（5）前级电源输出引脚。在部分集成电路中设置了电子滤波电路，这样可以输出经过电子滤波器后的直流工作电压，供给前级电路使用。图 17-11 所示是具有前级电源输出引脚的集成电路。

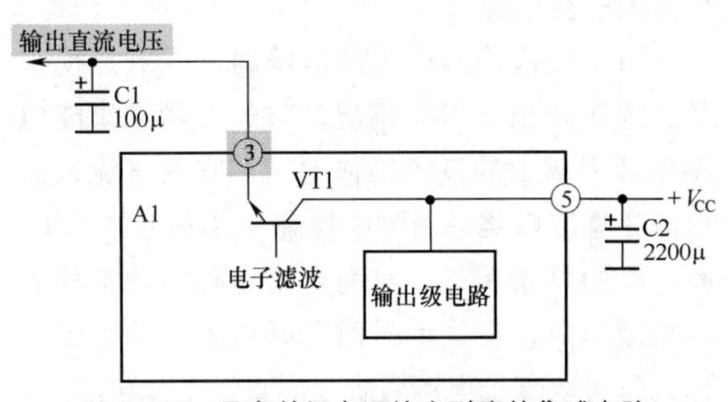

图 17-11　具有前级电源输出引脚的集成电路

图 17-11 中，⑤脚是这个集成电路的电源引脚，直流工作电压 $+V_{CC}$ 经⑤脚加到集成电路内电路中，一方面给内电路供电，同时加到了电子滤波器 VT1 的集电极，经过电子滤波器后的直流工作电压从 VT1 发射极输出，**即从集成电路的③脚输出，供给前级的电路使用**。所以，③脚是具有输出直流工作电压功能的电源输出引脚。

电路中的 C1 为前级电源的滤波电容器，C2 为集成电路 A1 的电源滤波电容器。

（6）开关电源集成电路、稳压集成电路没有电源引脚。因为这两种集成电路处理的信号就是直流电压，内电路所需要的直流工作电压由输入引脚的直流电压提供，所以就不必再另设电源引脚。

（7）部分电子开关集成电路也没有电源引脚。这一点将在本章信号输入引脚一节中说明。

2．接地引脚的种类

接地引脚用来将集成电路内部电路的地线与外电路中的地线接通，集成电路内电路的地线与内电路中的各接地点相连，然后通过接地引脚与外电路地线相连，构成电路的电流回路。

关于集成电路接地引脚的种类需要说明下列几点。

（1）一般情况下集成电路只有一根接地引脚。如图 17-9（b）所示电路，③脚是集成电路 L78M12 的接地引脚。

（2）左、右声道接地引脚。在部分双声道的集成电路中，左、右声道的接地引脚是分开的，即左声道一个接地引脚，右声道一个接地引脚，这两个接地引脚在集成电路内电路中互不相连。在集成电路的外电路中，将这两根引脚分别接地。图 17-12 是这种集成电路接地引脚示意图。

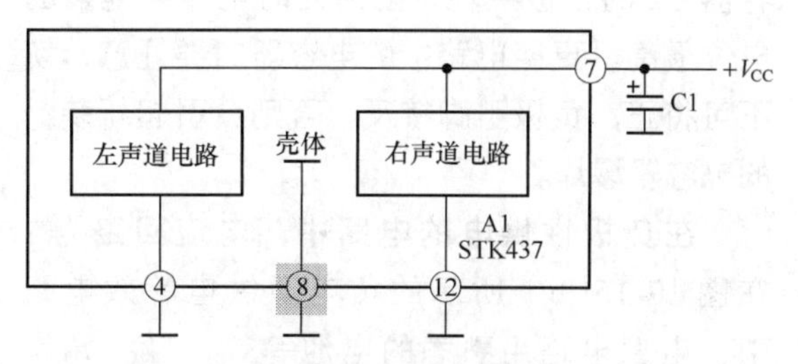

图 17-12　双声道集成电路左、右声道各一根接地引脚示意图

电路中，厚膜音频功率放大器集成电路 STK437 的④脚是左声道电路接地引脚，⑫脚是右声道电路的接地引脚，⑦脚是两声道共用的电源引脚，⑧脚也是一个接地引脚（为集成电路的壳体接地引脚，集成电路工作时这个引脚也要接电路板的地线）。

（3）前、后级电路接地引脚。在一些大规模集成电路中，由于内电路非常复杂，为了防止前级电路和后级电路之间的相互干扰，分别在前级电路和后级电路设置接地引脚。图 17-13 是这种集成电路的前、后级电路接地引脚示意图。

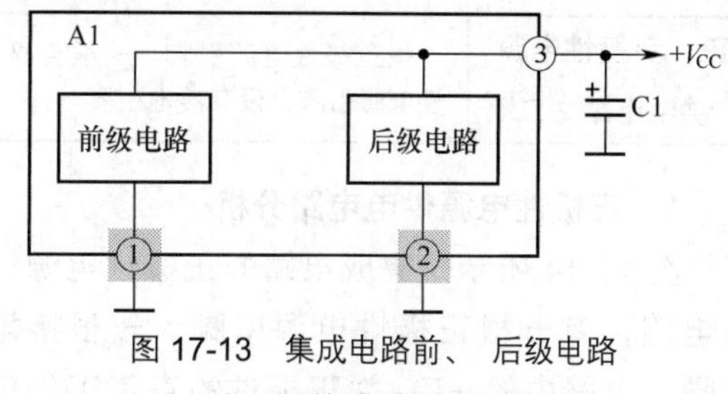

图 17-13　集成电路前、后级电路各一根接地引脚示意图

图 17-13 中，①脚是集成电路的前级电路接地引脚，②脚则是后级电路的接地引脚，③脚是电源引脚。

一些复合功能的集成电路中，两个接地引脚不是分成前级接地和后级接地，而是一个功能电路有一个接地引脚，另一个功能电路再设置另一个接地引脚。

（4）衬底接地引脚。在一些集成电路中会另设一个衬底接地引脚。图 17-12 所示电路中的⑧脚为壳体接地引脚。这个接地引脚与集成电路的内电路不相连，在使用时将这个接地引脚接电路板的地线。这时，集成电路可能有两根接地引脚，也可能有 3 根接地引脚。图 17-12 所示集成电路就有 3 根接地引脚。

（5）个别集成电路中可以没有接地引脚。在部分采用正、负对称电源供电的集成电路中就可以没有接地引脚，这类电路将在后面介绍。

17.2.3　电源引脚和接地引脚的电路组合形式及外电路分析

集成电路的电源引脚和接地引脚有下列 4 种电路组合形式。

正极性电源供电电路	一根正极性电源引脚，一根接地引脚
负极性电源供电电路	一根负极性电源引脚，一根接地引脚
正、负极性电源供电电路之一	一根正极性电源引脚，一根负极性电源引脚，一根接地引脚

正、负极性电源供电电路之二	一根正极性电源引脚，一根负极性电源引脚，没有接地引脚

1．正极性电源供电电路分析

图 17-14 所示是集成电路的正极性电源供电电路，有一根正极性电源引脚，一根接地引脚。电路中的 $+V_{CC}$ 为正极性的直流工作电压，A1 为集成电路。②脚是电源引脚，$+V_{CC}$ 通过②脚加入内电路中，为内电路提供所需要的直流工作电压。②脚外电路是与整机直流工作电压供给电路相连的，C1 是直流工作电压的高频滤波电容器，C2 是直流工作电压滤波电容器。注意，C1 是一只容量很小的电容器，在电路中起高频滤波的作用，即当电源回路中有高频干扰时，由这只电容器将高频干扰旁路到地线。在前级电路中的集成电路的外电路不会出现这种作用的电容器，它一般只出现在功率放大集成电路的电源电路中。①脚是接地引脚，与外电路中的地线相连。③脚是集成电路 A1 的信号输入引脚，④脚是信号输出引脚。

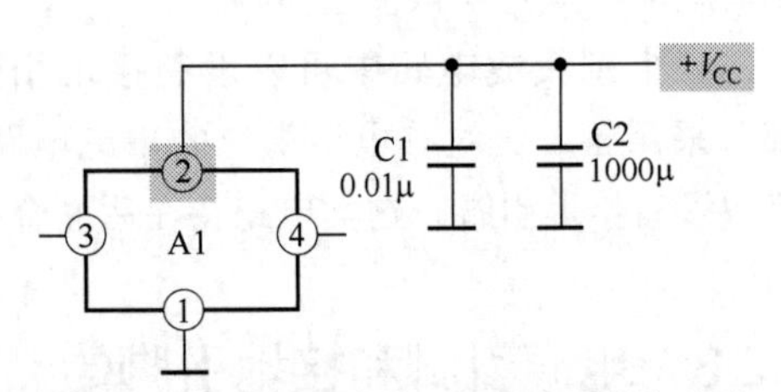

图 17-14　集成电路的正极性电源供电电路

在这种结构的电路中，电流的回路为：直流电流从 $+V_{CC}$ 端出发，经集成电路 A1 的②脚进入内电路，然后从①脚流出，经地线到达电源的负极形成回路（在正极性供电的电路中，电源的负极是接地的）。

2．负极性电源供电电路分析

集成电路除可以采用正极性直流电压供电外，还可以采用负极性的直流电压供电，如图 17-15（a）所示。电路中，①脚是接地引脚；②脚是负电源引脚，接负电源 $-V_{CC}$；③脚是 A1 的信号输入引脚，④脚是信号输出引脚；C1 和 C2 分别是电源的高频滤波电容器和低频滤波电容器。

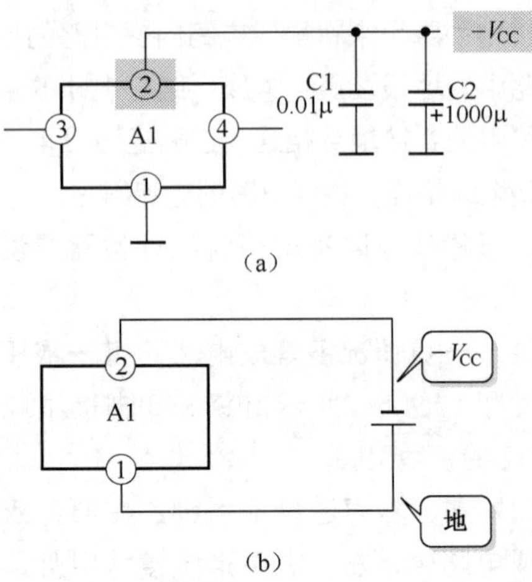

图 17-15　集成电路的负极性电源供电电路

负极性电源供电的情况不是很多，通常采用正极性的电源供电。**在分析负极性电源供电的集成电路时要注意**：电源引脚上所接滤波电容器 C2 的正极接地，因为此时电路中地端的电位最高。更换电路中的电容器时要注意，切不可将正、负极引脚接反，否则会引起新装上的电容器爆炸。

在负极性供电的电路中，电流回路为：在图 17-15（b）所示的负电源供电等效电路中，电源电路用熟悉的电池等效，$-V_{CC}$ 端就是电池的负极，地线端就是电源的正极，所以电流从地线端流出，经集成电路 A1 的①脚流入内电路，然后内电路中所有的电流从负电源端②脚流出，回到电池的负极端（$-V_{CC}$）形成回路。

3．正、负极性电源供电电路之一分析

集成电路除可以单独采用正电源或负电源供电外，还可以采用正、负极直流电源同时供电。在正、负电源供电电路中，一般是采用正、负对称电源供电，即正电源电压大小的绝对值等于负电源电压大小的绝对值。图 17-16（a）所示是采用正、负对称电源供电的集成电路，为没有接地引脚的电路。

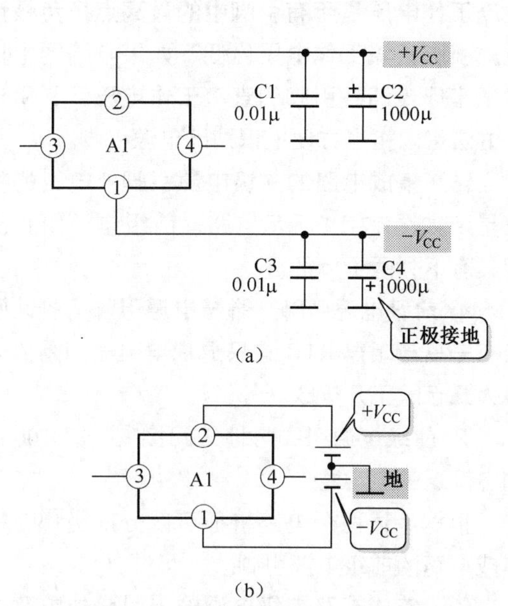

图 17-16　集成电路采用正、负对称电源供电没有接地引脚的电路

在图 17-16(a) 所示的电路中，①脚是 A1 的负电源引脚，与负极性直流工作电压 $-V_{CC}$ 相连；②脚是 A1 的正电源引脚，与电源的 $+V_{CC}$ 相连；③脚是 A1 的信号输入引脚，④脚是 A1 的信号输出引脚；C1 和 C2 分别是正电源的高频滤波电容器和低频滤波电容器，C3 和 C4 分别是负电源的高频滤波电容器和低频滤波电容器。

这一电路的电流回路见图 17-16(b)，由于集成电路没有接地引脚，所以流过集成电路的电流只有一路，即从 $+V_{CC}$ 经②脚流入集成电路，内电路的电流从①脚流出到 $-V_{CC}$，构成回路。

4．正、负极性电源供电电路之二分析

图 17-17(a) 所示电路是另一种采用正、负极性对称电源供电的集成电路，是有接地引脚的电路。电路中，①脚是 A1 的负极性电源引脚，③脚是 A1 的正极性电源引脚；②脚是 A1 的接地引脚；④脚是 A1 的信号输入引脚，⑤脚是 A1 的信号输出引脚；C1 和 C2 分别是正极性电源的高频滤波电容器和低频滤波电容器，C3 和 C4 分别是负极性电源的高频滤波电容器和低频滤波电容器。

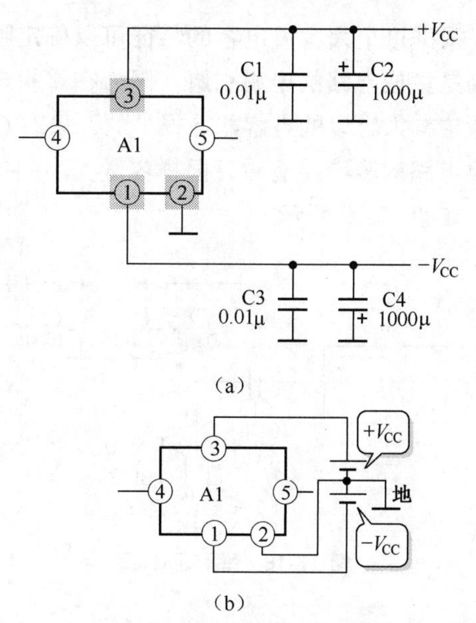

图 17-17　集成电路采用正、负对称电源供电有接地引脚的电路

对于电路中的直流电流回路，由于集成电路有接地引脚，所以整个电流回路共有下列 3 种情况，如图 17-17(b) 所示。

(1) 流过集成电路的电流从 $+V_{CC}$ 端经③脚和集成电路的内电路从①脚流出，到 $-V_{CC}$ 端，形成回路。

(2) 流过集成电路的电流从 $+V_{CC}$ 端经③脚和集成电路的内电路从②脚接地引脚流出，经外电路中的地线到正极性电源的负极（即地线），构成回路。

(3) 从地端流出，即负极性电源的正极端，经②脚流入集成电路的内电路，再由①脚流出，到 $-V_{CC}$ 端，构成回路。

17.2.4　电源引脚和接地引脚外电路特征及识图方法

1．电源引脚外电路特征和识图方法

(1) 功率放大器集成电路电源引脚外电路的特征是：电源引脚外电路与整机整流滤波电路直接相连，是整机电路中直流工作电压最高点，并且该引脚与地之间接有一只容量较大的滤波电容器（1000μF 以上），在很多情况下还并联有一只小电容器（0.01μF），如图 17-14 所示。

根据这个大容量电容的特征可以确定哪根引脚是集成电路的电源引脚，因为在整机电路中像这样大容量的电容器是很少的，只有OTL功放电路的输出端有一只同样容量大小的电容器，如图17-18所示。

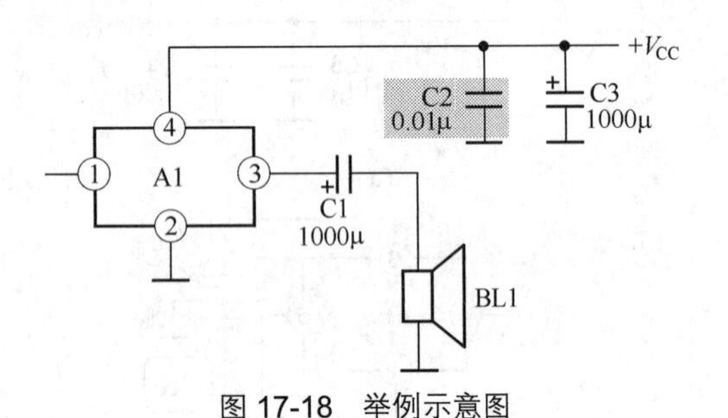

图17-18　举例示意图

图17-18中，④脚是该集成电路的电源引脚，该引脚与地之间接有一只大容量电容器C3；③脚是该集成电路的信号输出引脚，该引脚上也接有一只大容量电容器C1。虽然C1和C3的容量都很大，但它们在电路中的连接是不同的，C3一端接地线，而C1不接地线，根据这一点可分辨出④脚是电源引脚。

（2）其他集成电路的电源引脚外电路的特征是：电源引脚与整机直流电压供给电路相连，除功率放大器集成电路外，其他集成电路的电源引脚外电路特征基本相同，也与功率放大器集成电路电源的电路特征相似，只是有下列两点不同。

① 电源引脚与地之间接有一只有极性的电解电容器，但容量没有那么大，一般为100～200μF。

② 电源引脚与地之间接有一只0.01μF的电容器。

（3）负极性电源引脚外电路的特征与正极性电源引脚的外电路特征相似，只是负极性电源引脚与地之间的那只有极性电源滤波电容器的正极是接地的。

（4）无论是哪种集成电路的电源引脚，其外电路都有一个明显的特征，即电源引脚与地之间接有一只电源滤波电容器。

（5）在集成电路中，正极性电源引脚上的直流工作电压是所有引脚中的最高点，负极性电源引脚直流工作电压最低。如果电路图中标出了集成电路各引脚的直流工作电压，利用这一方法可以相当方便地识别出电源引脚。

（6）集成电路的前级电源引脚外电路的特征是：如图17-10所示电路，前级电源引脚⑨脚具有下列两个特征。

① 前级电源引脚⑨脚与电源引脚⑦脚之间接有一只电阻器R1，这只退耦电阻器的阻值一般为几百欧至几千欧。

② 前级电源引脚与地之间接有一只100μF的电源退耦电容器。

根据上述两个电路特征可以分辨出哪个是集成电路的前级电源引脚。

（7）集成电路前级电源输出引脚外电路的特征是：如图17-11所示电路，前级电源输出引脚③脚有下列两个外电路特征。

① 前级电源输出引脚③脚与地线之间接有一只100μF的电源滤波电容器。

② 从这个引脚输入的直流工作电压要供给整机电路的前级电路，所以③脚要与前级电路相连（图中未画出这部分电路）。

根据上述两个电路特征即可以分辨出哪一个引脚是集成电路的前级电源输出引脚。

（8）分析集成电路的电源引脚主要有下列两种方法。

① 根据上面介绍的电源引脚外电路特征来识别。

② 可以查阅有关集成电路的引脚作用资料。

由于电源引脚的外电路比较简单，且特征明显，所以常用第一种方法来识别。

2. 接地引脚外电路特征和识图方法

关于接地引脚的外电路特征和识图方法主要说明下列几点。

（1）接地引脚是很容易识别出来的，此类引脚与地端直接相连，以此特征很容易识别出集成电路的接地引脚。

（2）这里有一个识别的误区，一些集成电路在某个具体应用电路中，当某一根或几根引脚不使用时，会将这几根引脚直接接地。这会给接地引脚的识别造成困难，此时必须查阅集成电路的引脚作用资料或集成电路手册。

（3）在正极性电源供电的集成电路中，接地引脚的直流工作电压最低，为0V；在负极性电源供电的集成电路中，接地引脚的直流工作电压最高，也为0V。

（4）如果电路图中标出集成电路各引脚的直流工作电压，那么无论什么情况，接地引脚的直流工作电压都是0V，但不能说明直流工作电压为0V的引脚都是接地引脚，因为有的引脚直流工作电压为0V，但不是接地引脚。

17.3 集成电路信号输入引脚和信号输出引脚识别方法及外电路

重要提示

集成电路信号输入引脚用来给集成电路输入信号，信号输出引脚用来输出集成电路放大和处理后的信号。

17.3.1 分析信号输入引脚和信号输出引脚的两方面意义

1. 信号输入引脚和信号输出引脚的功能

信号输入引脚	集成电路的信号输入引脚用来将需要放大或处理的信号送入集成电路的内部电路中，信号输入引脚是处于集成电路最前端的引脚
信号输出引脚	集成电路的信号输出引脚用来将经过集成电路内电路放大、处理后的信号送出集成电路，信号输出引脚是处于集成电路最后端的引脚

2. 对电路工作原理分析的意义

了解信号输入引脚和信号输出引脚对分析集成电路工作原理的具体意义如下。

（1）在进行集成电路工作原理分析时，最基本的信号传输分析是找出信号从哪根引脚输入集成电路，又是从哪根引脚输出集成电路，这是集成电路工作原理分析的最基本要求，完成这一分析需要找出集成电路的信号输入引脚和信号输出引脚。

（2）只有知道了集成电路的信号输入引脚，才能知道信号从哪个引脚输入集成电路内电路，对于信号在集成电路内部的处理只要知道结果即可。例如放大还是衰减，不必详细分析，这样电路分析就会简单得多。

（3）信号输入引脚与前面一级电路输出端电路相连，或是与整机电路的信号源电路相连，这样如果知道了集成电路的信号输入引脚，就可以从后级向前级方向进行电路分析，这在整机电路分析中时常采用。

（4）只有知道了集成电路的信号输出引脚，才能知道信号经过放大或处理后是从哪个引脚输出，才能知道信号要传输到后级的什么电路中，所以识图时要找出集成电路的信号输出引脚。

3. 对故障检修的意义

了解信号输入引脚和信号输出引脚对检修集成电路故障的具体意义如下。

（1）在集成电路的许多故障检修中，例如检修电视机的无图像、无声音等故障，只有确定了集成电路的信号输出引脚，才能进行下一步检修，所以在集成电路中找出信号输出引脚是相当重要的。

（2）故障检修时，要给集成电路的信号输入引脚人为地加入一个信号，以检查集成电路工作是否正常，这是常规条件下检修集成电路故障最方便且最为有效的方法，所以这时需要找出集成电路的信号输入引脚。

（3）为了确定信号是否已经加到集成电路的内电路，就要找出集成电路的信号输入引脚；如果要用示波器观察信号输入引脚上的信号波形，此时也需要找出信号输入引脚；对于电源集成电路，更要找出信号输入引脚，因为此时的输入信号就是输入集成电路的直流工作电压，没有这一电压的输入，肯定没有直流工作电压的输出。

（4）故障检修中，在确定信号已进入集成电路内之后，下一步就要知道信号从哪根引脚输出到外电路中。为了检查信号是否已经从集成电路的信号输出引脚输出，需要了解信号输出引脚。

（5）故障检修过程中，如果能够确定信号已从信号输入引脚端输入集成电路，又能检测到信号已经从信号输出引脚正常输出，则可以证明这一集成电路工作正常。所以，信号输入引脚和信号输出引脚的识别在检修中必不可少，对确定集成电路是否有故障，或排除集成电路的故障都有重要作用。

17.3.2 信号输入引脚和信号输出引脚的种类

1. 信号输入引脚的种类

重要提示

一般情况下，集成电路都有信号输入引脚和信号输出引脚，这是集成电路的基本引脚。一个集成电路有几个信号输入引脚和几个信号输出引脚，与该集成电路的功能、内电路结构、外电路等情况直接相关。

关于集成电路的信号输入引脚种类，需要说明下面几点。

（1）通常情况下，集成电路只有一根信号输入引脚，如图17-19所示。在图17-19中，①脚是集成电路A1的信号输入引脚。由于该集成电路只有一根信号输入引脚，那么该引脚若没有信号输入，则该集成电路就一定没有输出信号。

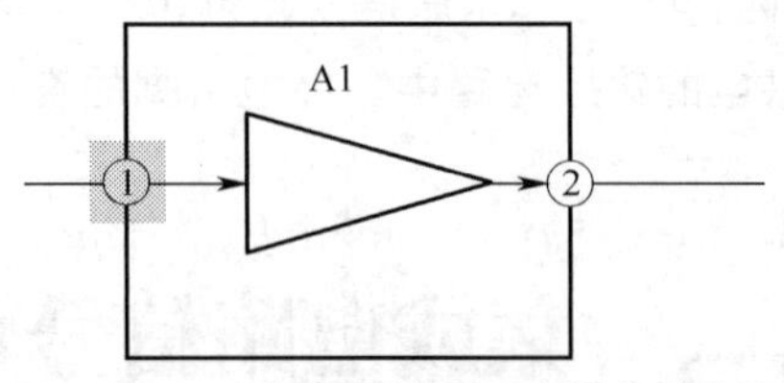

图17-19 一根信号输入引脚的集成电路

（2）一般情况下双声道集成电路左、右声道各有一根信号输入引脚，图17-20是这种集成电路的信号输入引脚示意图。电路中，①脚是该集成电路的左声道电路的信号输入引脚，③脚是该集成电路的右声道电路的信号输入引脚。

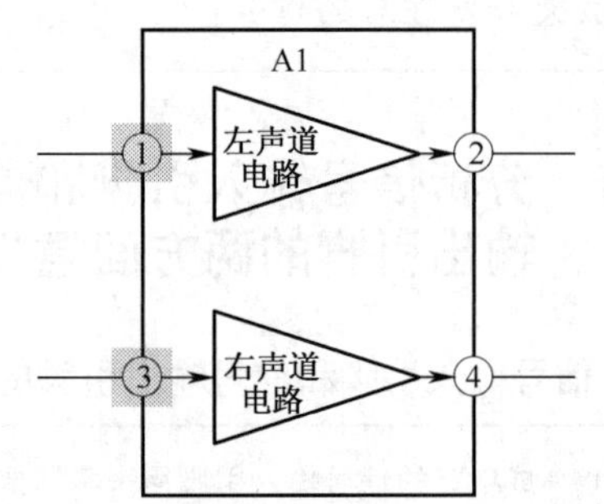

图17-20 双声道集成电路左、右声道各一根信号输入引脚示意图

由于左、右声道电路是相互独立的，所以各声道有自己的信号输入引脚。同理，如果是四声道的集成电路，则会有与此相同的4根信号输入引脚，每个声道都有一根信号输入引脚。

从集成电路的内电路结构可以看出，当某一声道的信号输入引脚没有信号输入时，设左声道没有信号输入，只会影响左声道电路没有信号输出；只要右声道电路工作正常且有右声道信号的正常输入，就不会影响到右声道电路的正常信号输出，这一点与单声道电路不同的。

（3）特殊情况下，双声道集成电路有4个

信号输入引脚，图 17-21 是这种集成电路的信号输入引脚示意图。A1 是一个双声道集成电路，但它有 4 个信号输入端，每个声道电路有两个信号输入引脚。

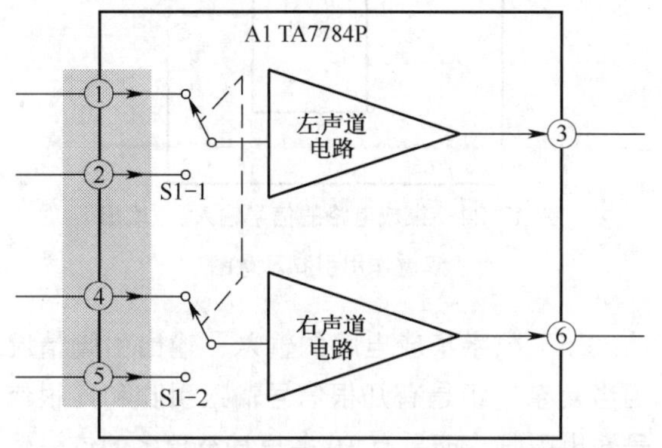

图 17-21　双声道集成电路 4 个信号输入引脚示意图

电路中的①、②和③脚构成一个声道电路，④、⑤和⑥脚构成另一个声道电路。其中，①脚是左声道信号输入引脚 1，②脚是左声道信号输入引脚 2；④脚是右声道信号输入引脚 1，⑤脚是右声道信号输入引脚 2。

S1-1 和 S1-2 是内电路中的电子转换开关，两开关之间用虚线相连表示这两个开关是联动的，即同步转换，图示在①脚和④脚信号的输入状态，当 S1-1、S1-2 开关转换到另一位置时，处于②脚和⑤脚信号的输入状态。

（4）没有信号输入引脚的振荡器集成电路。通常集成电路都应该至少有一根信号输入引脚，**但是振荡器集成电路就没有信号输入引脚**。设置信号输入引脚是因为集成电路要放大或处理外部的信号，而振荡器电路本身不需要外部信号。振荡器集成电路是主要用来产生振荡信号的电路，所以没有信号输入引脚，但一定有信号输出引脚，这是振荡器集成电路的与众不同之处。

（5）电子转换开关集成电路有多个信号输入引脚，一个信号输出引脚，图 17-22 所示是一种 4 根信号输入引脚、1 根信号输出引脚的电子转换开关集成电路。①、②、③和④脚分别是 4 根信号输入引脚，⑤脚是信号输出引脚，⑥、⑦、⑧和⑨脚分别是内电路中 S1、S2、S3 和 S4 这 4 个电子开关的控制引脚。

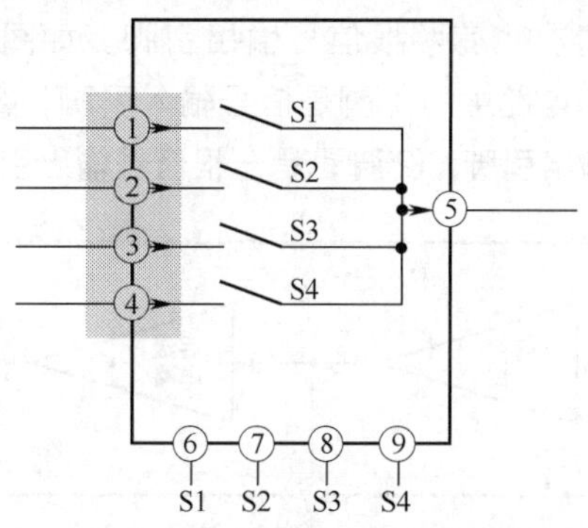

图 17-22　4 根信号输入引脚、 1 根信号输出引脚的电子转换开关集成电路

这种电子转换开关电路的工作原理是：当⑥脚获得低电平触发后，内电路的电子开关 S1 接通，此时①脚作为集成电路的有效信号输入引脚，从⑤脚输出由①脚输入的信号；当⑦脚获得低电平有效触发后，S1 断开，S2 自动接通，②脚作为这一集成电路的有效信号输入引脚，从⑤脚输出由②脚输入的信号；同理，⑧脚和⑨脚分别控制内电路中的电子开关 S3 和 S4，以控制相应的有效信号输入引脚。

2．信号输出引脚的种类

重要提示

信号输出引脚是集成电路必有的引脚，经过集成电路放大、处理后的信号从该引脚输出到外电路中。集成电路可以没有信号输入引脚，但必须有信号输出引脚。

关于集成电路的信号输出引脚种类，有下面几点需要说明。

（1）通常集成电路只有一根信号输出引脚。如图 17-19 所示，②脚是集成电路 A1 的信号输出引脚。

（2）双声道集成电路有两根信号输出引脚，左、右声道各一根信号输出引脚。如图 17-20 所示，②脚是左声道信号输出引脚，④脚是右声道信号输出引脚。双声道电路在音响设备中最为常见。

（3）集成电路的前级和后级信号输出引脚，

这种情况也有两根信号输出引脚。如图 17-23 所示，电路中的①脚是信号输入引脚，③脚是信号输出引脚，②脚也是一根信号输出引脚。

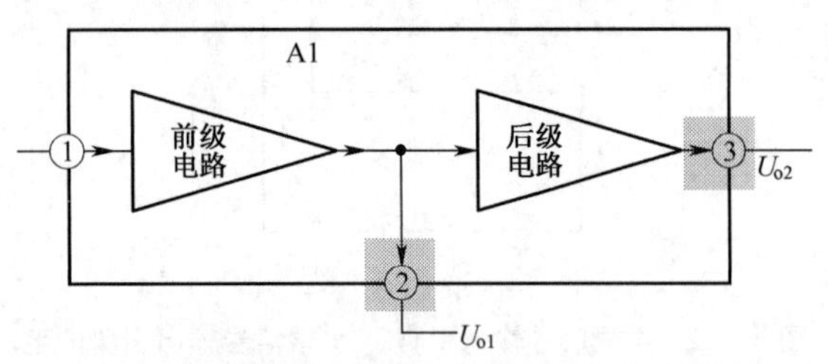

图 17-23　集成电路的前级和后级信号输出引脚示意图

从集成电路的内电路中可以看出，这两根信号输出引脚在内电路中的信号输出位置是不同的，从①脚输入的信号经内电路前级放大器放大后从②脚输出，同时该信号还要继续传输到内电路中的后级放大器电路中放大，放大后的信号从③脚输出。显然，在这种集成电路中，②脚和③脚均输出同一个信号，但两引脚输出信号大小不同，从②脚输出的信号 U_{o1} 要小于从③脚输出的信号 U_{o2}。

这里要说明一点，②脚对集成电路的前级电路而言是信号输出引脚，对后级电路而言就成了信号输入引脚。

因为从②脚也能输入信号，信号传输到集成电路的后级放大器电路，经放大后从③脚输出。所以，集成电路 A1 采用不同的运用方式时，②脚可以是信号输入引脚，也可以是信号输出引脚，具体电路要进行具体分析，主要是根据②脚外电路进行分析。通常，②脚作为信号输出引脚。

（4）集成电路的信号输入、输出双重作用引脚，在数字集成电路中常见到这种功能的引脚。某引脚可以作为信号输入引脚为集成电路输入信号，也可以作为信号输出引脚，从集成电路内部输出信号，如图 17-24 所示。

电路中的⑦脚是一般的信号输出引脚；⑨脚是具有信号输入、输出双重作用的引脚，从该引脚的箭头上可以看出，这是一个双向箭头，可以输出信号也可以输入信号。**在数字集成电路中常用这样的双向箭头表示能够双向传输数据的引脚。**

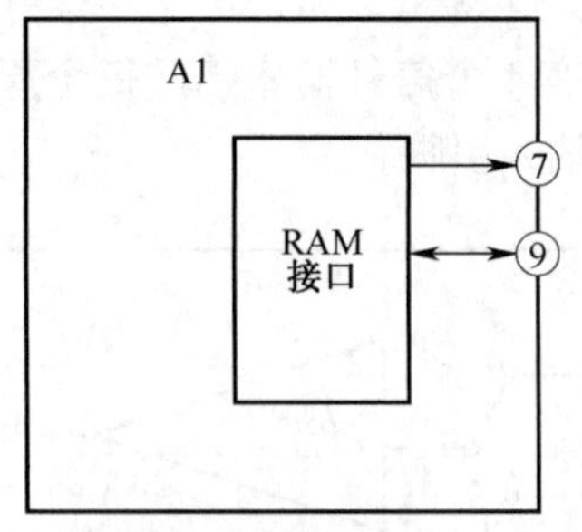

图 17-24　集成电路的信号输入、输出双重作用引脚示意图

（5）数字集成电路的输入、输出引脚情况相当复杂，不是有几根信号输入引脚和几根信号输出引脚，而是有 10 多根甚至更多的信号输入引脚和信号输出引脚。

17.3.3　信号输入引脚外电路特征及识图方法

各种功能的集成电路信号输入引脚的外电路特征各有不同，这里就常见集成电路信号输入引脚外电路特征和识图说明下列几个方面。

1．音频前置放大器集成电路信号输入引脚外电路分析

音频前置放大器集成电路信号输入引脚外电路特征是：音频前置放大器集成电路的信号输入引脚通过耦合电路与信号电路相连。图 17-25（a）、（b）所示是两种音频前置放大器集成电路信号输入引脚外电路，电路中的 A1 是音频前置放大器集成电路，①脚为信号输入引脚，②脚为信号输出引脚。A1 的前级电路是信号源电路，在不同的整机电路中，具体的信号源电路是不同的。

图 17-25（a）所示电路中，集成电路 A1 的信号输入引脚①脚与信号源电路之间只有一只电容器 C1。由于该电路是音频前置放大器电路，所以信号源电路与 A1 之间的耦合电容器 C1 容量比较大，为 2.2μF。

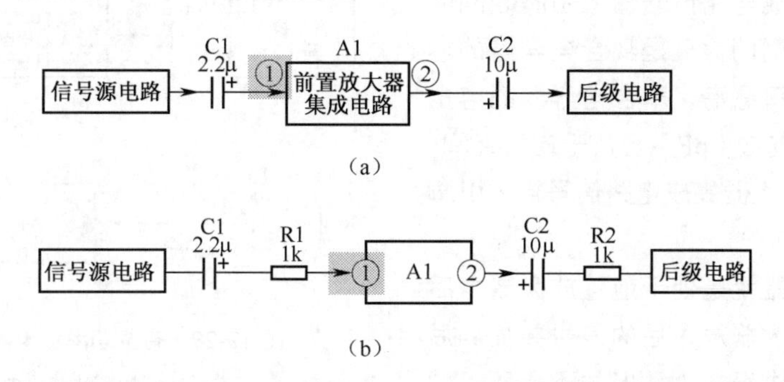

图 17-25 集成电路的信号输入、输出双重作用引脚示意图及信号输入引脚外电路图

耦合电容器 C1 的作用有下列两个方面。

通交作用	将信号源电路输出的信号以最小的损耗输入到集成电路 A1 的①脚内电路中。由于所输入的信号是音频信号，频率比较低，为了做到耦合信号时对信号的损耗比较小，所以要求耦合电容器 C1 的容量比较大。在音频前置放大器电路中的耦合电容器，其容量一般为 2.2～10μF。依据这一耦合电容器的容量特点，可以知道是不是音频电路
隔直作用	耦合电容器的另一个作用是，利用电容器可以隔直流的特性，将信号源电路与集成电路①脚内电路之间的直流电路隔开，使它们之间的直流电路不能相互影响。具有电容隔直的电路，检修起来比较方便

另一种音频前置放大器集成电路信号输入引脚外电路特征是：如图 17-25（b）所示，A1 的信号输入引脚①脚与信号源电路之间只有 C1 和 R1，R1 为 1kΩ。该电路与图 17-25（a）所示电路不同之处是，在信号源与 A1 的①脚之间的耦合电路中多了一只电阻器 R1。加入 R1 可以防止电路出现高频自激，可以进一步提高整机电路的工作可靠性，这种电路一般出现在设计比较完善的电路中。

2．特殊的双声道音频前置放大器集成电路信号输入引脚外电路分析

特殊的双声道音频前置放大器集成电路信号输入引脚外电路的特征是：图 17-26 所示是特殊的双声道音频前置放大器集成电路信号输入引脚外电路。电路中的集成电路 A1 是一个双声道音频前置放大器电路，①脚是左声道信号输入引脚，②脚是右声道信号输入引脚，③脚是左声道信号输出引脚，④脚是右声道信号输出引脚，R/P1 是左声道放音输出，R/P2 是右声道放音输出。

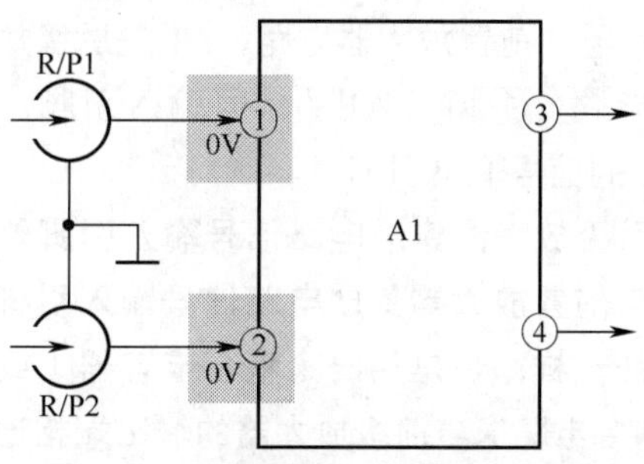

图 17-26 特殊的双声道音频前置放大器集成电路信号输入引脚外电路

这种信号输入引脚外电路的与众不同之处是：信号输入引脚①脚与信号源 R/P1 之间采用直接耦合，即集成电路 A1 的①脚与 R/P1 直接相连，它们之间没有耦合电容器。这是因为 A1 的内电路比较特殊，信号输入引脚①脚内电路要求①脚直流接地（这一点与一般的音频前置放大器集成电路有很大的不同，一般集成电路的信号输入引脚不能直流接地），图中标出①脚的直流工作电压为 0V。

A1 的②脚内电路和外电路与①脚情况一样，这里不再说明②脚内、外电路的工作原理。

3．高频前置放大器集成电路信号输入引脚外电路分析

高频前置放大器集成电路信号输入引脚外电路特征是：在频率比较高的电路中（如收音机的前级电路、电视机高频和中频电路等），信号源电路与前置集成电路信号输入引脚之间的电路特征是基本相同的，只是耦合电容器的容量很小，且信号频率愈高，耦合电容器的容量愈小，一般为几百皮法（pF）至几千皮法之间。

4．音频后级放大器集成电路信号输入引脚外电路分析

所谓后级放大器就是处于前置放大器之后的放大器，前置放大器放大后的信号要加到后级放大器中进一步进行放大，但并不是所有的系统电路中都设有后级放大器，一些设计简单的电路系统中只设有前置放大器，而不设置后级放大器。

图 17-27 所示是音频后级放大器集成电路信号输入引脚外电路。电路中的 VT1 构成分立电子元器件前置放大器电路，A1 是后级放大器集成电路，①脚为 A1 的信号输入引脚，②脚为 A1 的信号输出引脚。

后级放大器集成电路信号输入引脚外电路特征与前置放大器集成电路信号输入引脚外电路特征一样，也是用一个耦合电容器（或一个 RC 耦合电路）与前级放大器的输出端相连。在这个电路中，是通过电容器 C1 与前置放大器 VT1 的集电极相连。

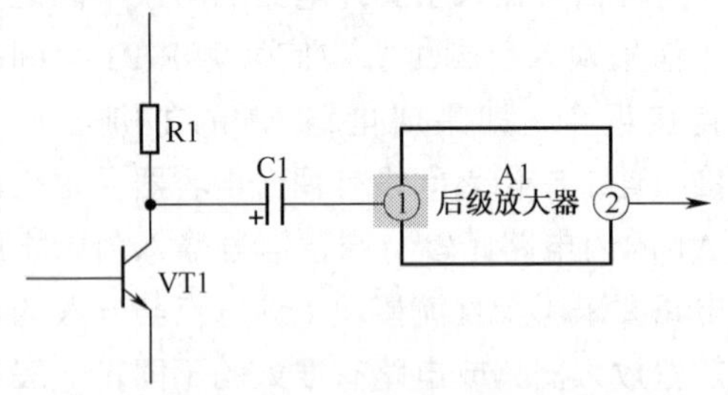

图 17-27　音频后级放大器集成电路信号输入引脚外电路

5．音频功率放大器集成电路信号输入引脚外电路分析

图 17-28 所示是音频功率放大器集成电路信号输入引脚外电路。电路中的 A1 是音频功率放大器集成电路，①脚是信号输入引脚，②脚是信号输出引脚。

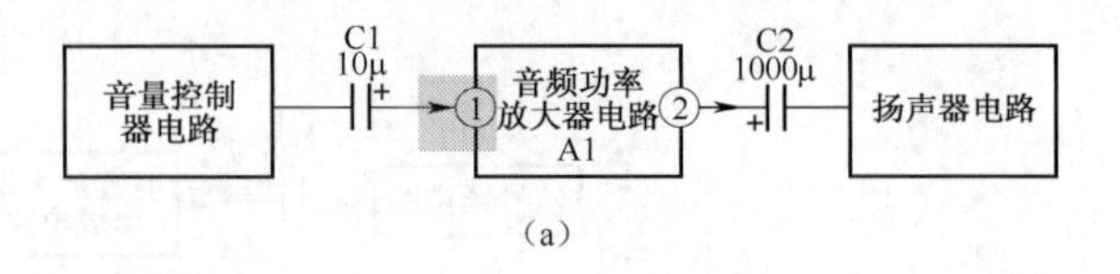

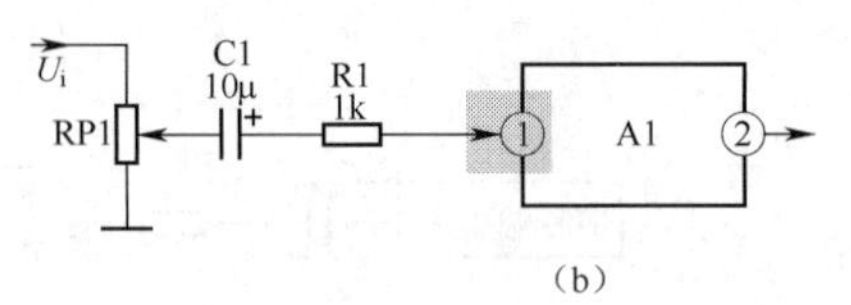

图 17-28　音频功率放大器集成电路信号输入引脚外电路

一般情况下，音频功率放大器集成电路信号输入引脚通过耦合电容器与前级的电子音量控制器电路相连，如图 17-28（a）所示。

耦合电路还可以是阻容电路，如图 17-28（b）所示，A1 通过 C1 和 R1 与电位器的动片相连，C1 起耦合作用，R1 用来消除可能出现的高频自激。

6．特殊音频功率放大器集成电路信号输入引脚外电路分析

图 17-29 所示是特殊音频功率放大器集成电路信号输入引脚外电路。电路中的 A1 是集成电路 LA4505 双声道音频功率放大器集成电路，图中只画出一个声道电路；⑧脚是一个声道的信号输入引脚，④脚是同一声道的信号输出引脚；RP1 是音量电位器。

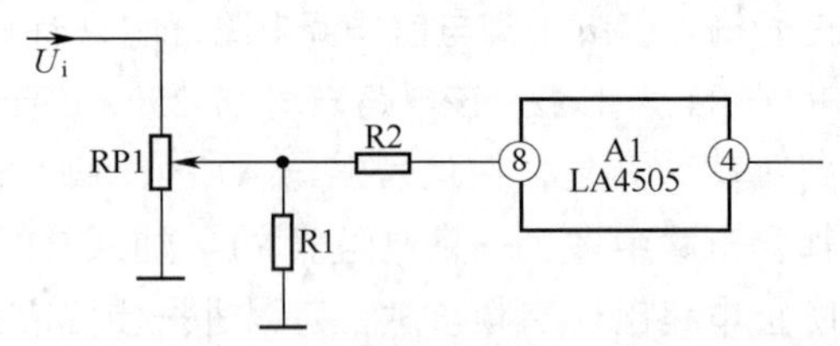

图 17-29　特殊音频功率放大器集成电路信号输入引脚外电路

在电路中，从音量电位器 RP1 动片输出的音频信号，经 R2 加到 A1 的信号输入引脚⑧脚。在这个电路中没有耦合电容器，这是因为 A1 的⑧脚内电路比较特殊，可以用图 17-30 所示 A1 的⑧脚局部内电路来说明这一问题。

从⑧脚内电路中可以看出，因为 VT1 是一只 PNP 型的三极管，在内电路中基极与地之间没

有电阻器，所以VT1的基极电流不成回路，这样VT1只靠内电路没有基极偏置电流，所以要通过⑧脚外电路中的R2、R1和RP1构成VT1的基极偏置电流回路，这样信号输入引脚⑧脚回路中不能设置耦合电容器，因为耦合电容器会隔开直流电流的回路，使VT1无偏置电流，这就是这种集成电路的信号输入引脚回路不设置耦合电容器的原因。

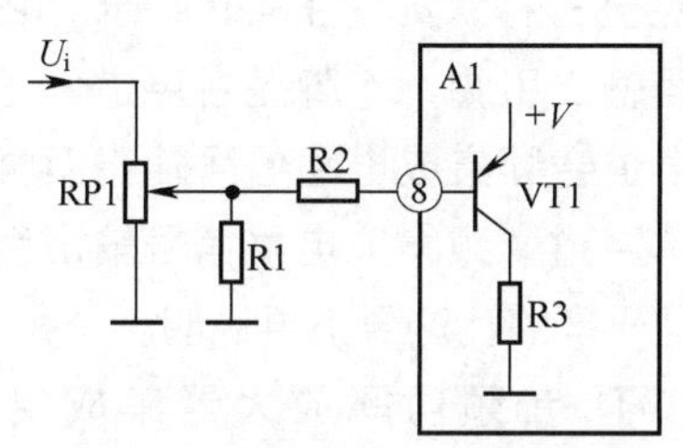

图17-30 ⑧脚局部内电路示意图

7．双声道集成电路信号输入引脚外电路分析

双声道集成电路信号输入引脚示意图如图17-20所示。A1是双声道集成电路，一般双声道集成电路用于音频信号放大和处理，其信号输入引脚外电路特征是左、右声道信号输入引脚外电路完全相同，且与单声道电路一样，分析双声道信号输入引脚外电路时，只需分析一个声道电路即可。

8．集成电路多根信号输入引脚外电路分析

图17-22给出了4根信号输入引脚集成电路，集成电路的各个信号输入引脚外电路基本一样，且与前面介绍的信号输入引脚外电路相同。在整机电路中4根信号输入引脚分别与4个信号源电路相连，引脚在整机电路图中的分布比较广，这给识图造成了一定的困难。此时应以集成电路的信号输入引脚为识图的起点，反向地向前级电路进行识图。

9．三端稳压集成电路信号输入引脚外电路分析

图17-31所示是三端稳压集成电路信号输入引脚外电路。电路中的A1是三端稳压集成电路，①脚是信号输入引脚，②脚是信号输出引脚，③脚是接地引脚。

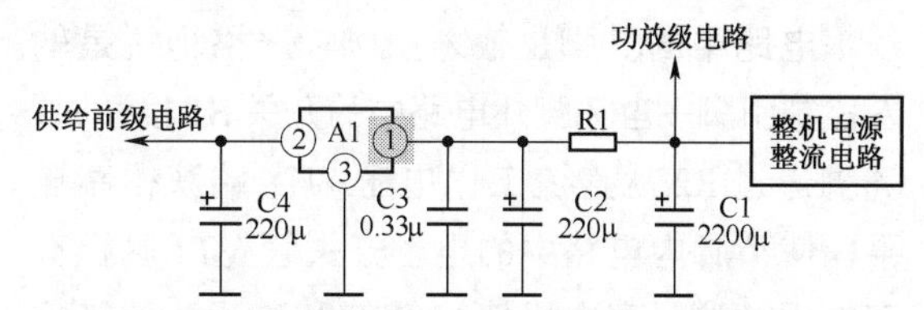

图17-31 三端稳压集成电路信号输入引脚外电路

稳压集成电路的信号输入引脚①脚输入的不是交流信号，而是直流工作电压。在电路中，整机电源电路输入的直流工作电压经C1滤波后，一路直接输入整机电路的功放级电路中，另一路经滤波电阻器R1输入集成电路A1的信号引脚①脚，从①脚输入的是不稳定的直流工作电压，从②脚输出的是经过A1稳压后的直流工作电压，该稳定的直流工作电压输入整机电路的前级电路中。

重要提示

三端稳压集成电路的信号输入引脚与整机电源的整流电路相连，这是三端稳压集成电路信号输入引脚外电路的特征。

与前面所介绍的集成电路的不同之处是，三端稳压集成电路的信号输入、输出引脚串联在整机的直流供电回路中。

10．开关集成电路信号输入引脚外电路分析

图17-32所示是开关集成电路信号输入引脚外电路，A1是开关集成电路，图中只画出了其中一组开关。图17-32(a)所示是应用电路；图17-32(b)所示是该集成电路的⑦、⑧和⑩脚局部的内电路，VT1是电子开关管，工作在开关状态(三极管处于饱和导通和截止两种状态)下。

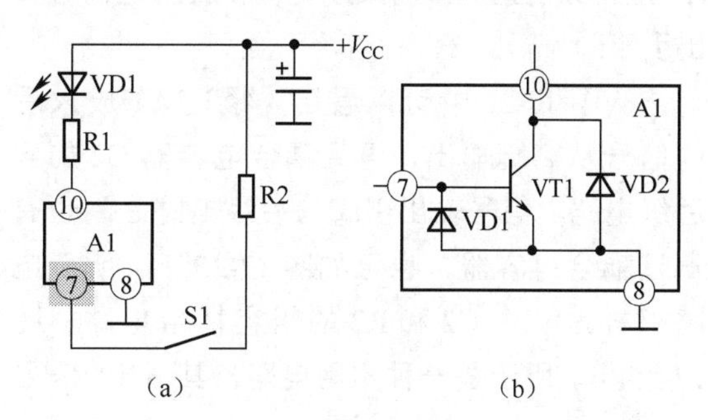

图17-32 开关集成电路信号输入引脚外电路

电路中的⑦脚是输入引脚，严格地说是输入控制引脚。当⑦脚外电路中的开关 S1 接通时，⑦脚通过 R2 从直流工作电压 $+V_{CC}$ 端获得高电平，使⑦脚内电路中的电子开关管 VT1 基极有高电平，这一高电平使 VT1 饱和导通，使其集电极即⑩脚为低电平。这样，发光二极管导通而发光指示，流过 VD1 的电流回路为：**直流工作电压 $+V_{CC}$ 端→ VD1 正极→ VD1 负极→限流保护电阻器 R1 →集成电路 A1 的⑩脚→内电路中的 VT1 集电极→ VT1 的发射极→集成电路 A1 的⑧脚→外电路的地线，构成回路。**

电子开关 A1 内电路中设有多组开关管，这里只画出一组电路，其他电路的工作原理与此一样。

17.3.4 信号输出引脚外电路特征及识图方法

重要提示

集成电路可以没有电源引脚、信号输入引脚、接地引脚，但不会没有信号输出引脚。一般情况下，集成电路只有一根信号输出引脚，但信号输出引脚也会有许多变化（例如，可以是两根甚至更多的信号输出引脚）。

下面说明常见集成电路的信号输出引脚外电路特征及识图方法。

1．音频前置放大器集成电路信号输出引脚外电路分析

音频前置放大器集成电路如图 17-25 所示。A1 是音频前置放大器集成电路，②脚是信号输出引脚。

从图 17-25 中可以看出，经过 A1 放大后的信号从②脚输出，再经耦合电容器 C2 加到后级电路。信号输出引脚与后级电路之间也有一只耦合电容器，也可如图 17-25(b）所示电路那样是一个 C2 和 R2 的阻容耦合电路。图 17-25(c）所示是一种实用电路，其 A1 的信号输出引脚②脚输出的信号，通过耦合电容器 C2 加到音量电位器 RP1 上（由于电路中没有设置后级放大器，所以集成电路 A1 的②脚输出信号直接加到音量电位器）。

2．双声道音频集成电路有两根信号输出引脚外电路分析

双声道音频集成电路通常有两根信号输出引脚，左、右声道各有一根信号输出引脚，且外电路完全一样，如图 17-20 所示。②脚是左声道信号输出引脚，④脚是右声道信号输出引脚。双声道音频集成电路信号输出引脚外电路特征和单声道音频集成电路信号输出引脚外电路特征是一样的，这里不再说明。

3．OTL 音频功率放大器集成电路信号输出引脚外电路分析

常见的音频功率放大器集成电路有下列 3 种。

OTL 音频功率放大器集成电路	这是最常见的一种功率放大器集成电路，广泛地应用在各种功率放大器电路中
OCL 音频功率放大器集成电路	这是一种输出功率很大的功率放大器集成电路，应用比较广泛
BTL 音频功率放大器集成电路	这是一种输出功率更大的功率放大器集成电路

重要提示

这 3 种音频功率放大器集成电路信号输出引脚外电路完全不同，相差很大。利用 3 种信号输出引脚外电路特征，可以方便地分辨出这 3 种类型的音频功率放大器集成电路，对识图和故障检修都有重要的意义。

图 17-33 所示是 OTL 音频功率放大器集成电路信号输出引脚外电路。电路中的 A1 是 OTL 音频功率放大器集成电路；②脚是信号输

出引脚，OTL音频功率放大器集成电路A1的信号输出引脚②脚通过一只容量很大的电容器C1与扬声器BL1相连；C1是输出端耦合电容器，其容量在510～2200μF；③脚是该集成电路的电源引脚，其直流工作电压为15V；而信号输出引脚②脚的直流工作电压是电源引脚的一半，为7.5V。

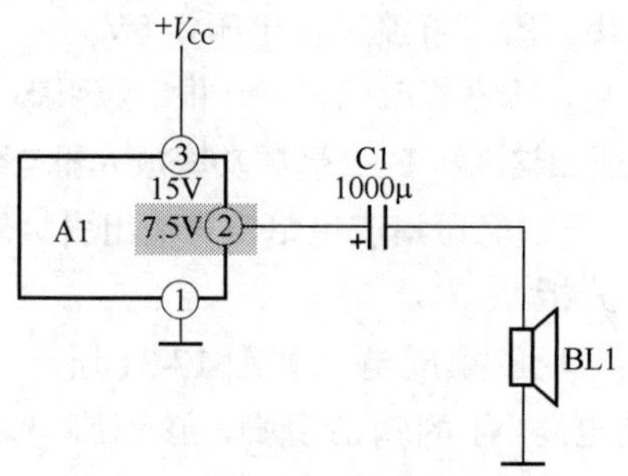

图17-33 OTL音频功率放大器集成电路信号输出引脚外电路

重要提示

无论是什么类型的OTL音频功率放大器集成电路（这种电路也有多种类型），信号输出引脚的直流工作电压都是电源引脚直流电压的一半，这也是检修这种功率放大器集成电路故障的关键测试点。

只要测量出OTL音频功率放大器集成电路信号输出引脚的静态直流工作电压等于电源引脚直流电压的一半，就表明该集成电路工作正常。在双声道OTL音频功率放大器集成电路中，当两个声道的信号输出引脚的静态直流工作电压都等于电源引脚直流电压的一半时，集成电路工作正常。如果有一个信号输出引脚的静态直流工作电压不等于电源引脚直流电压的一半，说明集成电路已出现故障。

4．OCL音频功率放大器集成电路信号输出引脚外电路分析

图17-34所示是OCL音频功率放大器集成电路信号输出引脚外电路。电路中的A1是OCL音频功率放大器集成电路，②脚是信号输出引脚。

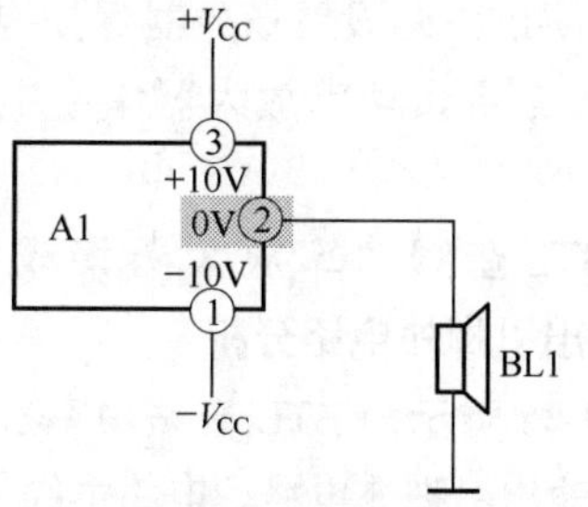

图17-34 OCL音频功率放大器集成电路信号输出引脚外电路

重要特征提示

OCL音频功率放大器集成电路A1的信号输出引脚②脚与扬声器直接相连，没有耦合元器件，这是OCL音频功率放大器集成电路信号输出引脚与OTL音频功率放大器集成电路输出引脚不同的一个明显特征。

OCL音频功率放大器集成电路采用正、负对称电源供电。集成电路A1的①脚是负电源引脚，为-10V；③脚是正电源引脚，为+10V；信号输出引脚②脚的直流工作电压为0V，这是OCL音频功率放大器集成电路的另一个特征。由于②脚的直流工作电压为0V，所以扬声器BL1可以直接地接在信号输出引脚②脚与地线之间，这时在扬声器两端没有直流电压，所以不会有直流电流流过BL1。

当OCL音频功率放大器集成电路出现故障时，信号输出引脚②脚上的直流电压很可能不是0V，由于BL1的直流电阻很小，这样会有很大的直流电流流过BL1，烧坏扬声器BL1。为此，**在实用电路中常在信号输出引脚②脚与BL1之间接有扬声器保护电路**。这种扬声器保护电路可以是一个简单的过流熔丝（熔断器），也可以是专用的扬声器保护电路，所以在识图时要注意这一点。在OTL音频功率放大器集成

电路的信号输出引脚回路设有一只大电容器，因为电容器的隔直作用，不会出现烧坏扬声器的现象，所以不必设置扬声器保护电路，这是OCL与OTL音频功率放大器集成电路的另一个不同之处。

5. BTL音频功率放大器集成电路信号输出引脚外电路分析

图17-35所示为BTL音频功率放大器集成电路信号输出引脚外电路。电路中的A1是BTL音频功率放大器集成电路，这种功放集成电路有两根信号输出引脚②脚和③脚，如果是双声道BTL音频功率放大器集成电路，则左、右声道各有两根信号输出引脚，这一点与OTL、OCL音频功率放大器集成电路均不同。

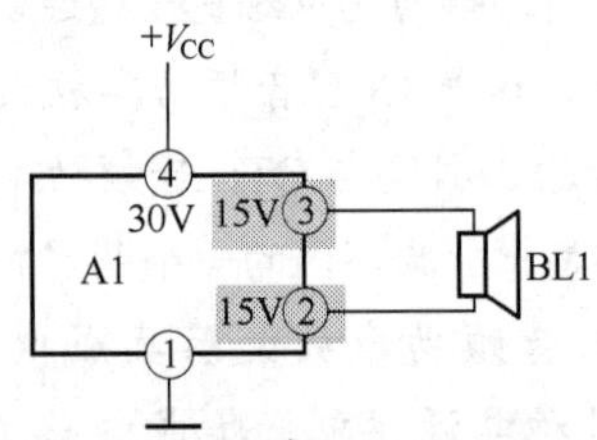

图17-35　BTL音频功率放大器集成电路信号输出引脚外电路示意图

重要特征提示

扬声器直接接在两根信号输出引脚之间，没有耦合元器件，与OCL音频功率放大器集成电路相同。在实用电路中，扬声器回路也要接入扬声器保护电路。

BTL音频功率放大器集成电路有以下两种构成方式。

（1）采用两组OTL音频功率放大器集成电路构成一组BTL音频功率放大器集成电路，图17-35所示就是这种形式，此时集成电路中只有一根电源引脚，即④脚是集成电路A1的电源引脚，①脚是接地引脚。这时，两根信号输出引脚的直流工作电压是电源引脚直流电压的一半。④脚直流工作电压为30V，两个信号输出引脚②、③脚的直流工作电压均为15V。由于②、③脚的直流工作电压相等，所以扬声器可以直接接在②、③脚之间。

（2）采用两组OCL音频功率放大器集成电路构成一组BTL音频功率放大器集成电路，此时集成电路具有正、负两根电源引脚，而两根信号输出引脚的直流工作电压为0V。

可见，根据集成电路有几根电源引脚可以方便地分辨出这两种BTL音频功率放大器电路。

6. 三端稳压集成电路信号输出引脚外电路分析

三端稳压集成电路如图17-31所示。②脚是集成电路A1的输出引脚，该引脚与地线之间接一只滤波电容器C4，其输出的直流电压供给前级电路作为直流工作电压。

7. 电子开关集成电路信号输出引脚外电路分析

电子开关集成电路如图17-32所示，⑩脚是集成电路A1的输出控制引脚，该电路用来控制发光二极管VD1是否导通发光。电子开关集成电路的输出控制引脚外电路变化很丰富，在不同的控制电路中有不同的外电路特征，可根据电子开关集成电路的内电路进行输出控制引脚外电路的分析。

8. 其他功能的集成电路信号输出引脚外电路分析

不同功能的集成电路其信号输出引脚外电路特征也不同，这里需要说明如下几点。

（1）在工作频率比较高的集成电路应用电路中，信号输出引脚外电路回路中的耦合电容器容量比较小，这一点与工作频率比较高的集成电路其信号输入引脚外电路中的耦合电容器一样。

（2）一些集成电路的信号输出引脚被用来输出控制信号。例如，电子开关集成电路的输出引脚是一个控制引脚。

（3）数字集成电路中的输出引脚情况相当复杂，有的为一组两根输出引脚，例如，触发器都有两个输出端，它们之间在正常工作情况下总是反相的关系，当一个引脚输出高电平时，另一个引脚输出低电平。

17.3.5 集成电路输入和输出引脚外电路识图小结和信号传输分析

1．识图小结

上面介绍了常见功能集成电路的10多种信号输入引脚和信号输出引脚外电路特征及识图方法。分析集成电路的工作原理或检修集成电路故障，除要分析电源引脚和接地引脚外，信号输入引脚和信号输出引脚的分析也是很重要的。在电路故障检修时，如果能够正确找出和分析出集成电路信号输入引脚和信号输出引脚，便能高效地处理故障，达到事半功倍的效果。所以，对集成电路的信号输入引脚和信号输出引脚外电路的分析显得尤其重要。

集成电路信号输入引脚和输出引脚外电路识图小结如下。

（1）前面介绍的10多种集成电路的信号输入引脚和信号输出引脚外电路是整机电路最常见的电路，应用广泛，须熟练掌握。

（2）分析集成电路信号输入引脚和信号输出引脚外电路的目的是了解信号从哪根引脚输入集成电路，经过集成电路的放大和处理后又是从哪根引脚输出集成电路。对于电路分析而言，这是整机电路信号传输分析的重点；对于故障检修而言，这是检查中跟踪信号踪迹的关键所在。

（3）由于振荡器集成电路在工作时不需要输入信号，所以这种集成电路没有信号输入引脚，其他功能的集成电路则必有信号输入引脚。

（4）一般集成电路的信号输入引脚和信号输出引脚都是串联在信号传输回路中的（指交流信号回路），但稳压集成电路、开关电源集成电路的信号输入和输出引脚却是串联在整机直流电压回路中的，所以与整机的交流信号回路无关。另外，电子开关集成电路的信号输入和输出引脚情况比较复杂，有串联也有并联，有与直流电路相关的，也有与交流电路相关的，具体情况不同电路变化也不相同。

（5）集成电路可以没有信号输入引脚，但一定要有信号输出引脚。

（6）除振荡器集成电路外，信号输出引脚与信号输入引脚之间存在着必然的因果关系，有一个对应的输入信号，就会有一个与之对应的输出信号。

2．信号传输分析

重要提示

信号传输分析是指信号在电路环节中一节节传输过程的分析，是一种重要的电路分析。通过信号传输过程分析，可以清楚地知道信号应该出现在哪些电路环节，信号在这些电路环节上的幅度大小、相位等特性。

这里对前面介绍的常见集成电路输入、输出的信号传输分析归纳如下。

图17-25（a）所示电路	信号传输分析：信号源电路的输出信号→C1（起耦合作用，让信号源的信号无损耗地传输到集成电路A1中）→A1的①脚（信号输入引脚，用来输入信号）→A1放大和处理→A1的②脚（信号输出引脚，用来输出经放大和处理的信号）→C2（后级耦合电容器，作用同C1）→后级电路
图17-25（b）所示电路	信号传输分析：信号源电路输出的信号→C1（输入端耦合电容器）→消振电阻器R1（用来防止可能出现的高频自激，以稳定电路的工作）→A1的①脚（信号输入引脚）→A1的放大和处理→②脚（信号输出引脚）→C2（输出端耦合电容器）→R2（消振电阻器）→后级电路

图 17-27 所示电路	信号传输分析：前置放大器 VT1 集电极输出信号→ C1（耦合电容器）→ A1 的①脚→ A1 的后级放大和处理→②脚→送到后面电路中
图 17-28（a）所示电路	信号传输分析：电子音量控制器电路输出信号→ C1（耦合电容器）→ A1 的①脚→ A1 的音频功率放大器放大→ A1 的②脚→ C2（功率放大器输出端耦合电容器）→扬声器电路中推动扬声器发声
图 17-28（b）所示电路	信号传输分析：来自前级电路的信号 U_i →音量电位器 RP1 控制后信号从其动片输出→ C1（耦合）→ R1（消振）→ A1 的①脚→ A1 的音频功率放大器放大→ A1 的②脚
图 17-31 所示电路	直流电压传输分析：整机电源整流电路输出直流电压→ R1（与 C2、C3 构成退耦电路）→ A1 的①脚→ A1 的稳压处理→ A1 的②脚（输出稳定的直流电压）→前级电路，为前级电路提供直流工作电压

17.4 多层次全方位讲解低压差线性稳压器集成电路（专题）

17.4.1 低压差线性稳压器集成电路工作原理

1. 低压差线性稳压器集成电路特点

重要提示

在线性稳压器集成电路众多指标中有一个非常重要的技术指标，就是线性稳压器的输入端与输出端之间的电压差，在低压供电、电池供电的电子电器中，线性稳压器的这一指标显得更为重要。

线性稳压器的输入端与输出端之间的电压差，与流过线性稳压器的电流之积就是这个线性稳压器的自身损耗。在低压供电、电池供电的电子电器中，从提高系统效率、降低损耗的角度看，稳压器本身的电压降应尽可能小。

输入电压端与输出电压端电压之差比较小的线性稳压器被称作低压差线性（LDO）稳压器。目前，在相关英文资料中常常把 LDO 稳压器简写成 LDO，把 LDO 稳压器系列产品缩写成 LDOs。

低压差线性稳压器是相对于传统的线性稳压器来说的。传统的线性稳压器，如 78×× 系列的集成电路都要求输入电压要比输出电压高出 2 ～ 3V 以上，否则就不能正常工作。但是在低压供电、电池供电的电子电器中，这样的条件显然太苛刻了，许多情况下无法满足这个条件，如 5V 转 3.3V，即将 5V 直流电压转换成 3.3V 直流电压，稳压器输入端与输出端的压差只有 1.7V，普通的线性稳压器显然不能满足条件，所以才有了低压差线性稳压器这类的电源转换集成电路。

所以低压差线性稳压器的主要优点是可最大限度地降低调整管压降，从而大大减小了输入、输出电压差，使稳压器能在输入电压略高于额定输出电压的条件下工作。

2. 低压差线性稳压器集成电路内电路及工作原理

图 17-36 所示是低压差线性稳压器集成电路内电路。从电路中可以看出，它主要由调整管 VT1、取样电阻器 R1 和 R2、比较放大器 A1 和基准电压电路等组成。

这一电路的稳压原理与普通的串联调整管电路相同，取样电阻器 R1 和 R2 将输出端的直流输出电压分压后加到比较放大器 A1 的同相输入端，当输出电压 U_o 大小变化时，加到比较放大器 A1 同相输入端的直流电压大小也相应变化。比较放大器 A1 的反相输入端接基准电压，基准电压是大小不变的直流电压。

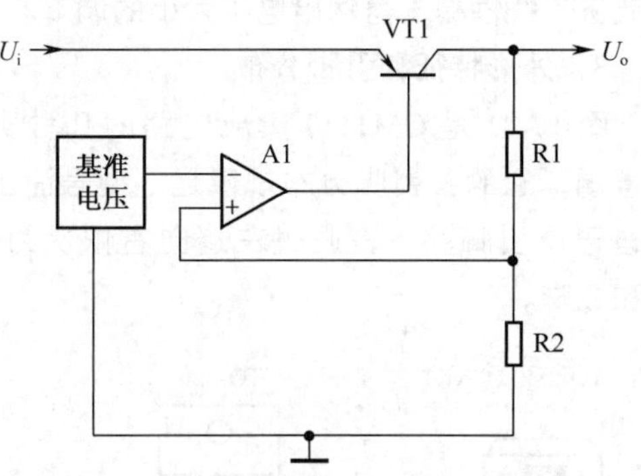

图 17-36　低压差线性稳压器集成电路内电路

当稳压电路输出端的直流电压升高时，经取样分压电路后的直流电压也在升高，即加到比较放大器 A1 同相输入端的直流电压在升高，而比较放大器 A1 的反相输入端直流电压不变，这时比较放大器 A1 输出电流减小，使调整管 VT1 基极电流下降，调整管 VT1 集电极与发射极之间的电压降增大，从而使稳压器输出端直流电压下降，达到稳压的目的。

注意，输入电压 U_i 等于调整管 VT1 集电极与发射极之间电压降加输出电压 U_o。

同理，当输出端直流电压 U_o 下降时，通过取样电路、比较放大器 A1、调整管 VT1 使输出端直流电压升高，达到稳压目的。

供电过程中，输出电压校正连续进行，调整时间只受比较放大器和输出晶体管回路反应速度的限制。

实际的低功率低压差线性稳压器集成电路还具有负载短路保护、过压关断、过热关断、反接保护功能等。

3．低压差线性稳压器输出电压公式

低压差线性稳压器集成电路的直流输出电压 U_o 由下列公式决定：

$$U_o=U_{REF}\ (1+R_1/R_2)$$

式中：U_o 为稳压集成电路直流输出电压；

U_{REF} 为基准电压；

R_1 和 R_2 为取样电阻。

17.4.2　固定型低压差线性稳压器集成电路典型应用电路

1．典型应用电路分析

图 17-37 所示是 GM1117-3.3 固定型低压差线性稳压器集成电路典型应用电路，这种集成电路共有 3 根引脚，分别是输入电压端③脚，输出电压端②脚和接地端①脚。没有稳定的直流电压从③脚输入，这一输入电压要求大于 4.75V，经过稳压器集成电路 A1 的稳压，输出 3.3V 稳定的直流电压。

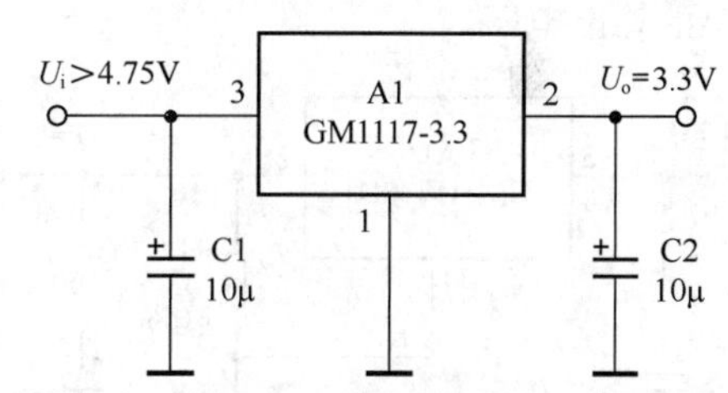

图 17-37　GM1117-3.3 固定型低压差线性稳压器集成电路典型应用电路

电路中的 C1 和 C2 为滤波电容器，需采用钽电容器。

2．内电路方框图

图 17-38 所示是 GM1117-3.3 固定型低压差线性稳压器集成电路内电路，它的两只取样电阻器 R1 和 R2 内置在集成电路内部。

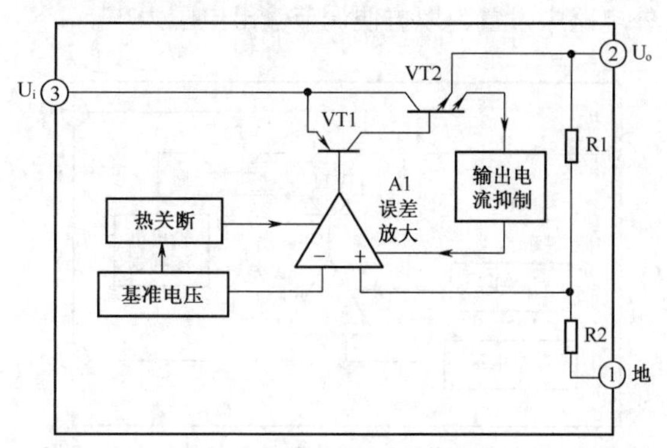

图 17-38　GM1117-3.3 固定型低压差线性稳压器集成电路内电路

固定型低压差线性稳压器集成电路的输出电压有1.2V、1.8V、2.5V、2.85V、3.0V、3.3V、5.0V等规格。

17.4.3 调节型低压差线性稳压器集成电路典型应用电路

1. 典型应用电路分析

图17-39所示是GM1117-ADJ调节型低压差线性稳压器集成电路典型应用电路，这一电路与前面固定型电路的不同之处是将取样电阻器设置在外电路中，即R1和R2，这是两只精密电阻器。当R_1=133Ω、R_2=232Ω时，输出电压为3.45V。$R1$、$R2$取值不同时，可以得到不同大小的输出电压。

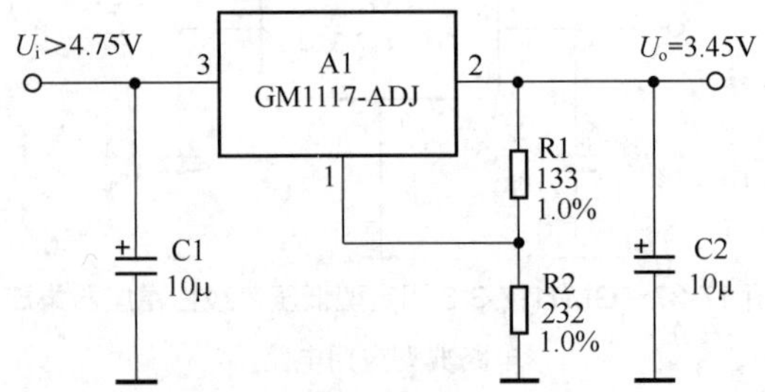

图17-39 GM1117-ADJ调节型低压差线性稳压器集成电路典型应用电路

2. 内电路方框图

图17-40所示是GM1117-ADJ调节型低压差线性稳压器集成电路内电路。从内电路中可以看出，它没有取样电阻器，取样电阻器需要在外电路中设置，以方便调节输出电压大小。

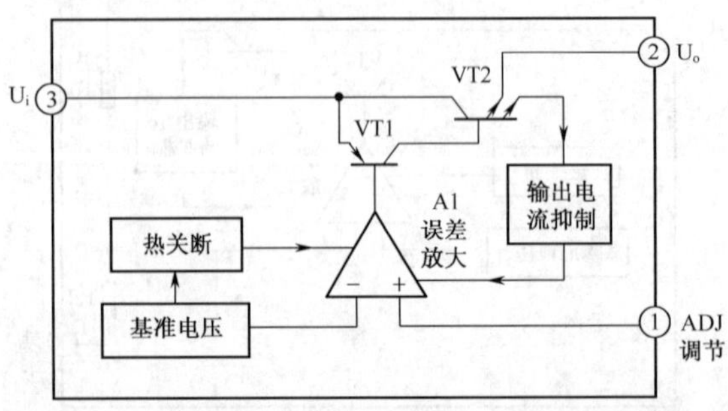

图17-40 GM1117-ADJ调节型低压差线性稳压器集成电路内电路

调节型低压差线性稳压器能够改变输出电压大小的原理是：通过改变取样电阻器的阻值比大小，就能改变比较放大器输出大小，从而能够改变调整管电流大小，这样就可以改变调整管集电极与发射极之间的电压降，实现调节型低压差线性稳压器输出电压大小的调节。

3. 外形特征和引脚分布

图17-41是GM1117集成电路的几种实物示意图，它的各引脚分布规律是：型号面正对着自己，引脚朝下，此时左端向右依次为①、②和③脚。

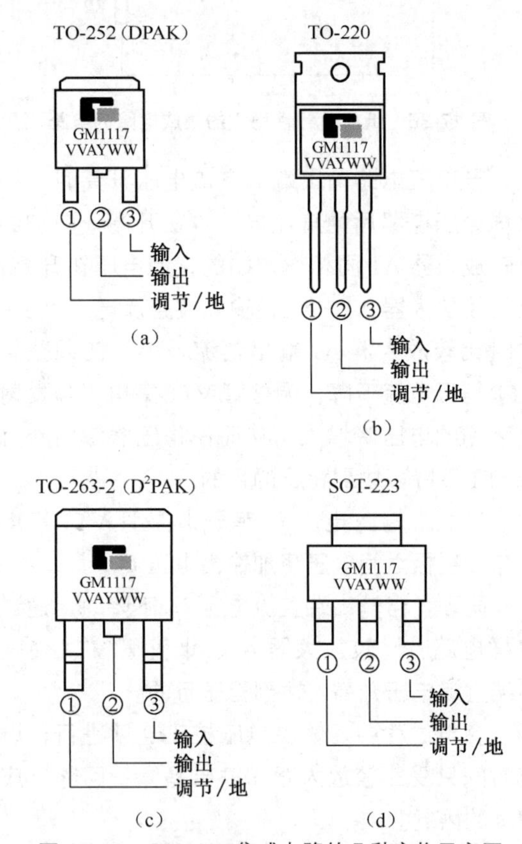

图17-41 GM1117集成电路的几种实物示意图

17.4.4 5脚调节型低压差线性稳压器集成电路

1. 典型应用电路分析

图17-42所示是MIC29712调节型低压差线性稳压器集成电路，它有5根引脚，其中①脚用于通/断的控制，当①脚为高电平时电路处于接通状态，稳压器有直流电压输出，如果

需要电路始终处于接通状态时，可将电路中的①脚和②脚在外电路中连接在一起。当①脚为低电平时，电路关断，稳压器无直流电压输出。

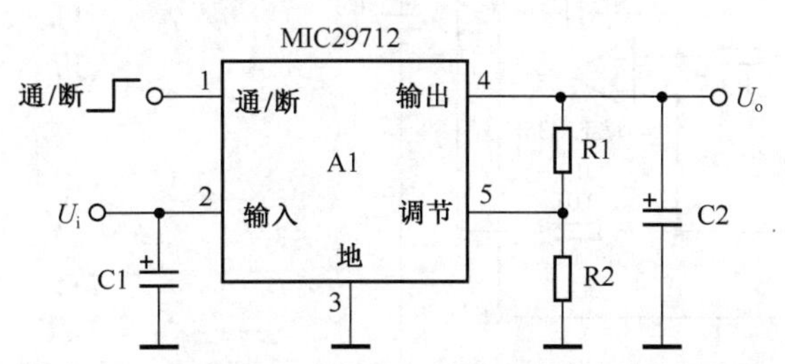

图 17-42 MIC29712 调节型低压差线性稳压器集成电路

2．引脚功能

图 17-43 是 MIC29712 调节型低压差线性稳压器集成电路外形和引脚分布、功能示意图。

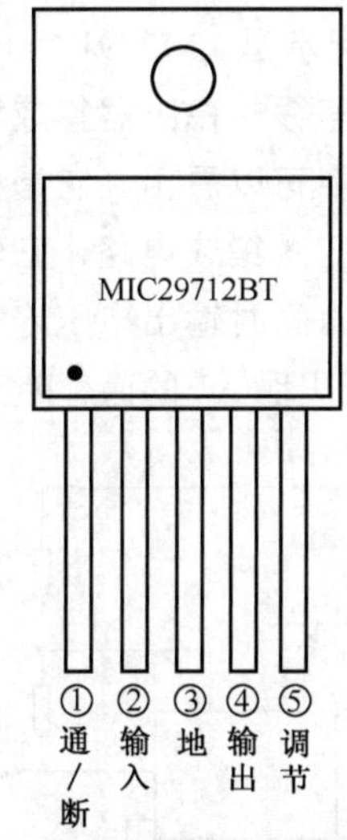

图 17-43 MIC29712 调节型低压差线性稳压器集成电路外形和引脚分布、功能示意图

3．另一种电路

图 17-44 所示是 MIC29712 调节型低压差线性稳压器集成电路典型应用电路（始终接通运用）。

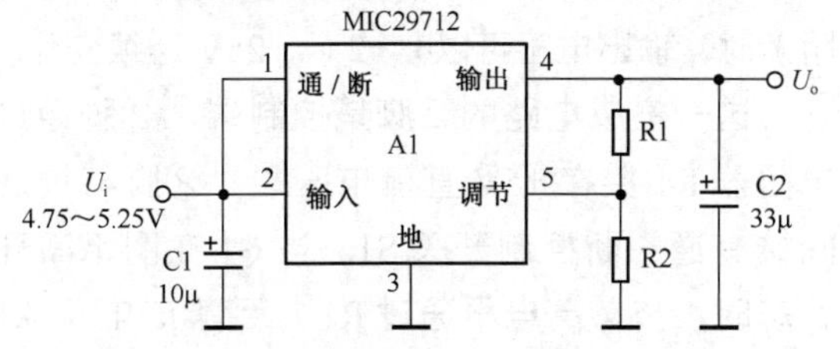

图 17-44 MIC29712 调节型低压差线性稳压器集成电路典型应用电路

输出电压 U_o 计算公式如下：

$$U_o = 1.240\left(\frac{R_1}{R_2}+1\right)$$

电阻 R_1 计算公式如下：

$$R_1 = R_2 \cdot \left(\frac{U_o}{1.240}-1\right)$$

表 17-1 所示是输出电压 U_o 与电阻 R_1、R_2 之间关系。

表 17-1 输出电压 U_o 与电阻 R_1、R_2 之间关系

输出电压 U_o / V	R_1 / kΩ	R_2 / kΩ
2.85	100	76.8
2.9	100	75.0
3.0	100	69.8
3.1	100	66.5
3.15	100	64.9
3.3	100	60.4
3.45	100	56.2
3.525	93.1	51.1
3.6	100	52.3
3.8	100	48.7
4.0	100	45.3
4.1	100	43.2

17.4.5 低压差线性稳压器集成电路并联运用电路

图 17-45 所示是采用两块 MIC29712 低压差线性稳压器集成电路并联后构成的大电流输出稳压器电路。电路中，A1 和 A2 为 MIC29712 低压差线性稳压器集成电路，它们接成并联形式。在需要输出大电流时，可以采用这种并联运用的方式。

电路中的单运放 A3 用来解决线性稳压器并联运行时的均流问题。

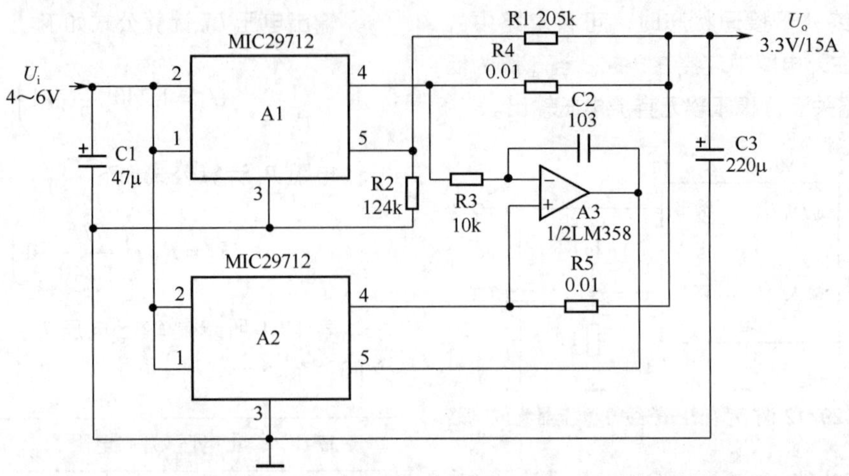

图 17-45　MIC29712 低压差线性稳压器集成电路并联运用电路

17.4.6　负电压输出低压差线性稳压器集成电路

1．负电压输出固定式低压差线性稳压器集成电路

低压差线性稳压器集成电路除能够输出正极性直流电压的集成电路外，还有能够输出负极性直流电压的集成电路，图 17-46 所示是 LM2990 低压差线性稳压器集成电路典型应用电路。从电路中可以看出，它输出 $-U_o$。这一电路的工作原理与正极性的低压差线性稳压器集成电路工作原理基本相同，只是要注意输入电压为负极性直流电压，同时输入端和输出端滤波电容器的正极性引脚接地线。

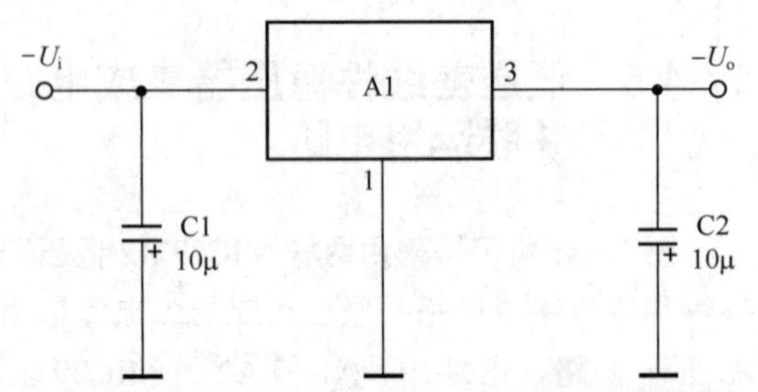

图 17-46　LM2990 负电压输出低压差线性稳压器集成电路典型应用电路

LM2990 系列集成电路是 1A 的负电压稳压器，其固定输出电压为 −5V、−5.2V、−12V、−15V，例如，LM2990T-12 为输出 −12V 的低压差线性稳压器集成电路。

2．负电压输出可调节可关断低压差线性稳压器集成电路

图 17-47 所示是 LM2991 负电压输出可调节可关断低压差线性稳压器集成电路典型应用电路。从电路中可以看出，它是一个 5 根引脚低压差线性稳压器集成电路，它输出负极性的稳定直流电压，同时输出电压连续可调，并且通过开关 S1 可实现 A1 的通、断控制。

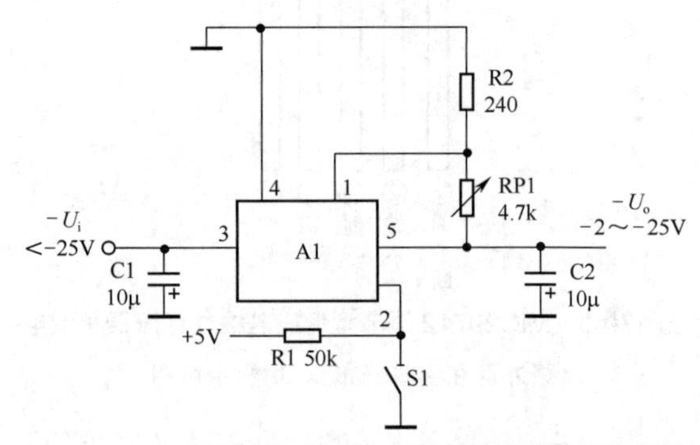

图 17-47　LM2991 负电压输出可调节可关断低压差线性稳压器集成电路典型应用电路

当调节电路中可变电阻（电阻器 RP1 的电阻）时，输出电压可以在 −2 ～ −25V 连续变化。

这一集成电路的②脚是控制端，②脚通过电阻器 R1 接在 +5V 直流电压端，②脚与地之间接有通、断控制开关 S1。当 S1 在图示断开状态时，+5V 高电平通过 R1 加到集成电路 A1 的②脚上，使集成电路 A1 关断，这时 A1 无直流电压输出。

当开关 S1 接通时，集成电路 A1 的②脚上直流电压为 0V，这时集成电路 A1 可以输出负极性直流电压，通过 S1 实现对集成电路 A1 的通、断控制。此外，集成电路 A1 的②脚还能接 TTL 或是 CMOS 电平进行遥控。

3．引脚功能

图 17-48 所示是 LM2991S 实物图和引脚功能说明。

图 17-48 LM2991S 实物图和引脚功能说明

17.4.7 带电源显示的低压差线性稳压器集成电路

1．典型应用电路分析

图 17-49 所示是带电源显示的低压差线性稳压器集成电路 ADP7102 典型应用电路，这一电路接成固定输出式电路，即输出电压是固定的，为 5V。集成电路的⑦脚用来显示电源状态。

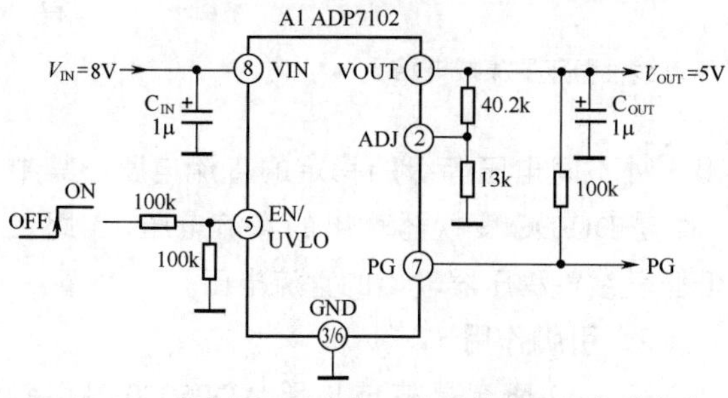

图 17-49 带电源显示的低压差线性稳压器集成电路 ADP7102 典型应用电路

2．两种封装形式

图 17-50 所示是 ADP7102 集成电路的两种封装形式。

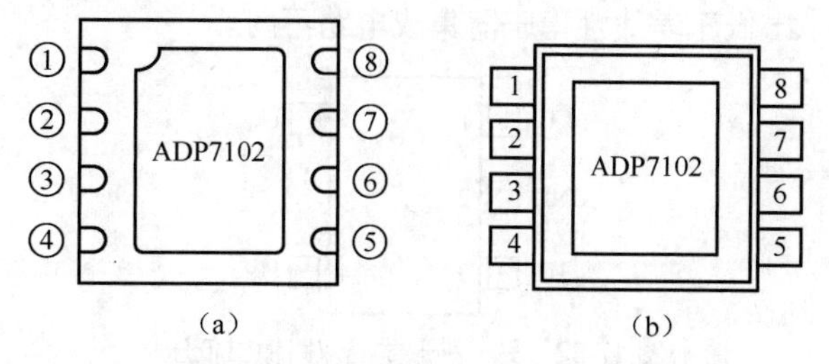

图 17-50 ADP7102 集成电路的两种封装形式

17.4.8 双路输出低压差线性稳压器集成电路

1．典型应用电路分析

双路输出低压差线性稳压器集成电路能够输出两种独立的稳定直流电压，且可以进行每路直流输出电压的控制。图 17-51 所示是典型的双路输出低压差线性稳压器集成电路应用电路。

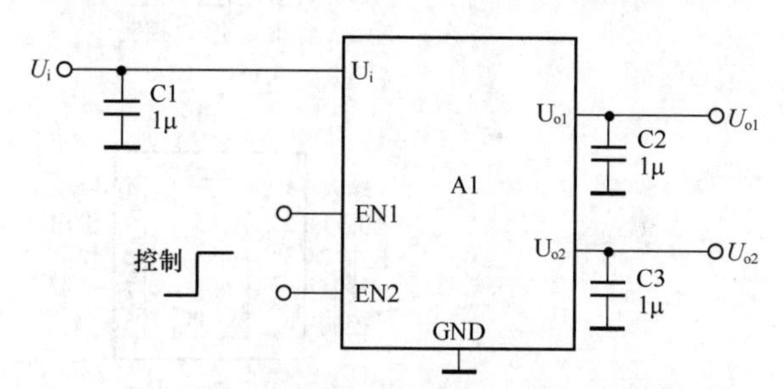

图 17-51 典型的双路输出低压差线性稳压器集成电路应用电路

电路中，U_i 是不稳定的直流输入电压，U_{o1} 和 U_{o2} 分别是经过集成电路 A1 稳定后得到的两个直流输出电压。C1 是输入端滤波电容器，C2 和 C3 分别是两路输出端的滤波电容器。GND 是接地端。

EN1 是第一路控制端，当它为高电平时第一路有直流电压 U_{o1} 输出，当它为低电平时第一路无直流电压输出。EN2 是第二路控制端，当它为高电平时第二路有直流电压 U_{o2} 输出，当它为低电平时第二路无直流电压输出。

2．另一种集成电路

图 17-52 所示是另一种形式的双路输出低

压差线性稳压器集成电路（TQ6411），它采用SOT23-5封装。这一集成电路的特点是输入直流电压是两个（U_{i1}和U_{i2}），与前面一种双路输出低压差线性稳压器集成电路不同。

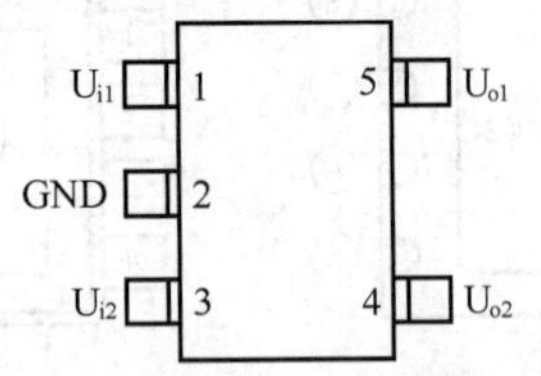

图17-52　另一种形式的双路输出低压差线性稳压器集成电路

双路输出低压差线性稳压器集成电路有多种规格的输出电压值，例如，有1.8/2.8V、1.5/3.3V、1.5/3.0V等规格。

3．封装和引脚功能

图17-53是6脚的贴式双路输出低压差线性稳压器集成电路实物图。

图17-53　6脚的贴式双路输出低压差线性稳压器集成电路实物图

双路输出低压差线性稳压器集成电路有多种封装形式和多种引脚规格，如图17-54所示。

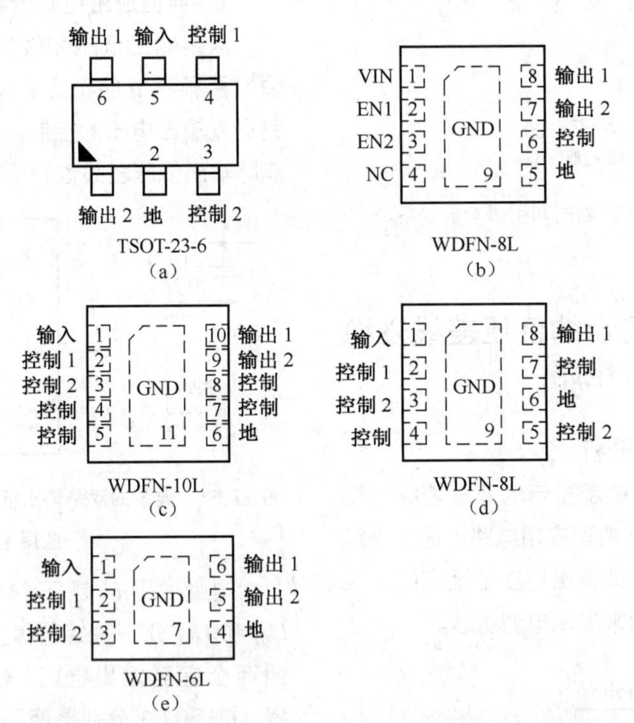

图17-54　其他封装双路输出低压差线性稳压器集成电路

17.4.9　3路（1LDO+2DC/DC）输出低压差线性稳压器集成电路

1．典型应用电路分析

图17-55所示是3路输出低压差线性稳压器集成电路ADP5020典型应用电路。这一集成电路输入一个未稳定的直流电压，能够同时输出3种不同电压等级的稳定的直流电压，其中2路是DC/DC变换器输出的直流电压，1路是低压差线性稳压器输出的直流电压。

2．引脚作用

表17-2所示是集成电路ADP5020各引脚作用说明。

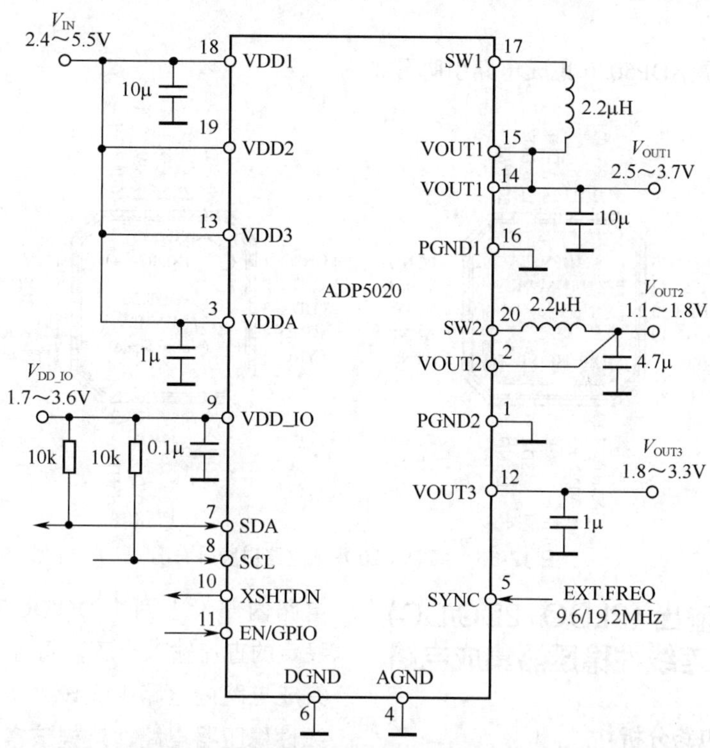

图 17-55　3 路输出低压差线性稳压器集成电路 ADP5020 典型应用电路

表 17-2　集成电路 ADP5020 各引脚作用说明

引脚	符号	作 用 说 明
①	PGND2	降压变换器 2 接地引脚
②	VOUT2	直流电压输出 2。这是一个 DC/DC 变换器的直流电压输出端
③	VDDA	电源引脚。它是内电路中模拟电路的电源引脚，为模拟电路提供直流工作电压。同时，它也是直流电压输入引脚
④	AGND	接地引脚。这是内电路中模拟电路的接地引脚
⑤	SYNC	频率同步引脚。它用来外接一个 19.2MHz 或 9.6MHz 的时钟信号，以同步集成电路 ADP5020 内部的振荡器
⑥	DGND	接地引脚。这是内电路中数字电路的接地引脚
⑦	SDA	串行数据线引脚
⑧	SCL	串行时钟线引脚
⑨	VDD_IO	电源引脚。它为集成电路内部的逻辑输入 / 输出电路提供直流工作电压
⑩	XSHTDN	关断输出引脚。该引脚为低电平时为关断状态
⑪	EN/GPIO	使能端口 / 通用可编程 IO 接口引脚。当电源启动后,该引脚作为使能端口。当该引脚为高电平时，成为通用可编程的输出引脚
⑫	VOUT3	电压输出引脚。该引脚为低压差线性稳压器直流电压输出引脚
⑬	VDD3	电源引脚。该引脚为内电路中低压差线性稳压器提供直流工作电压，也是直流电压输入引脚
⑭	VOUT1	电压输出引脚。这是变换器 1 直流电压输出引脚
⑮	VOUT1	电压输出引脚。这是变换器 1 直流电压输出引脚
⑯	PGND1	接地引脚。降压变换器 1 接地引脚
⑰	SW1	开关引脚。变换器 1 的开关引脚
⑱	VDD1	电源引脚。变换器 1 电源引脚，也是变换器 1 的直流电压输入引脚
⑲	VDD2	电源引脚。变换器 2 电源引脚，也是变换器 2 的直流电压输入引脚
⑳	SW2	开关引脚。变换器 2 的开关引脚

3．引脚分布

图 17-56 所示是 ADP5020 集成电路引脚分布图。

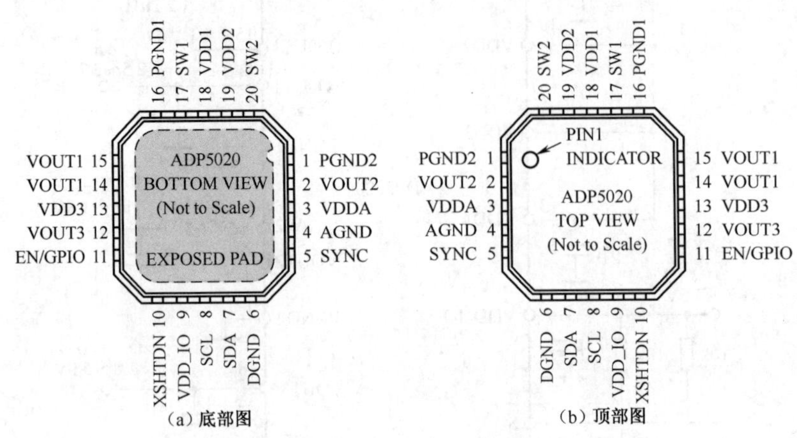

图 17-56　ADP5020 集成电路引脚分布图

17.4.10　4 路输出（2LDO+2DC/DC）低压差线性稳压器集成电路

1．典型应用电路分析

图 17-57 所示是 4 路输出低压差线性稳压器集成电路 ADP5034 典型应用电路。这一集成电路内部设有两个 DC/DC 变换器，用一个未稳定的直流输入电压，同时输出两路直流电压。集成电路内电路中还设置了两个独立的低压差线性稳压器电路，这样该集成电路可以同时输出 4 路直流电压，且可以实现各路直流输出电压的关断和接通控制。

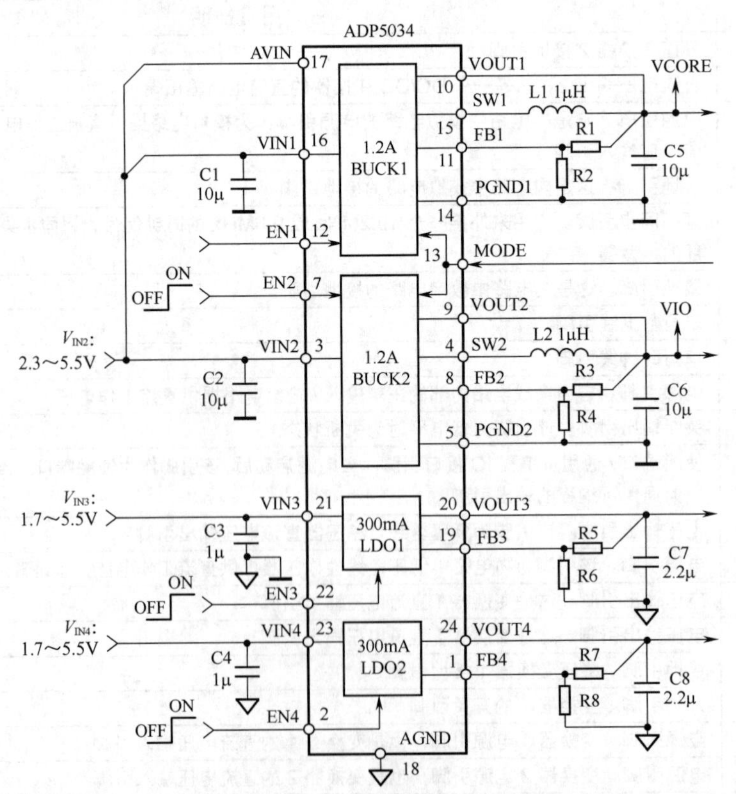

图 17-57　4 路输出低压差线性稳压器集成电路 ADP5034 典型应用电路

2．引脚作用

表 17-3 所示是集成电路 ADP5034 各引脚作用说明。

表 17-3 集成电路 ADP5034 各引脚作用说明

引脚	符号	作 用 说 明
①	FB4	LDO2 反馈输入引脚
②	EN4	LDO2 使能引脚。当它为高电平时启用 LDO2；当它为低电平时关断 LDO2
③	VIN2	降压变换器 2 输入电压电源引脚
④	SW2	降压变换器 2 开关引脚
⑤	PGND2	降压变换器 2 接地引脚
⑥	NC	未用
⑦	EN2	降压变换器 2 使能引脚。当它为高电平时启用降压变换器 2；当它为低电平时关断降压变换器 2
⑧	FB2	降压变换器 2 反馈输入引脚
⑨	VOUT2	降压变换器 2 输出电压引脚
⑩	VOUT1	降压变换器 1 输出电压引脚
⑪	FB1	降压变换器 1 反馈输入引脚
⑫	EN1	降压变换器 1 使能引脚。当它为高电平时启用降压变换器 1；当它为低电平时关断降压变换器 1
⑬	MODE	降压变换器 1/ 降压变换器 2 控制引脚。当它为高电平时为 PWM 方式；当它为低电平为自动 PWM/PSM 方式
⑭	PGND1	降压变换器 1 接地引脚
⑮	SW1	降压变换器 1 开关引脚
⑯	VIN1	降压变换器 1 输入电压电源引脚
⑰	AVIN	模拟输入电压电源引脚
⑱	AGND	模拟电路接地引脚
⑲	FB3	LDO1 反馈输入引脚
⑳	VOUT3	LDO1 输出电压引脚
㉑	VIN3	LDO1 输入电压引脚
㉒	EN3	LDO1 使能引脚。当它为高电平时启用 LDO1；当它为低电平时关断 LDO1
㉓	VIN4	LDO2 输入电压引脚
㉔	VOUT4	LDO2 输出电压引脚

3．引脚分布

图 17-58 是 ADP5034 集成电路引脚分布图。

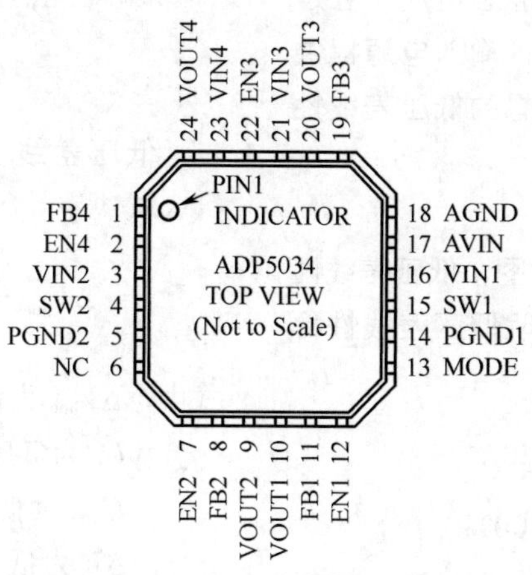

图 17-58 ADP5034 集成电路引脚分布图

17.4.11 低压差线性稳压器集成电路主要参数

1．输入输出电压差

输入输出电压差是低压差线性稳压器最重要的参数。在保证输出电压稳定的条件下，该电压的压差越低，线性稳压器的性能就越好。比如，5.0V 的低压差线性稳压器，只要输入 5.5V 电压，就能使输出电压稳定在 5.0V。

2．输出电压

输出电压是低压差线性稳压器最重要的参数，也是电子设备设计者选用稳压器时首先应考虑的参数。低压差线性稳压器有固定输出电压和可调节输出电压两种类型的电压。

固定输出电压稳压器使用比较方便，而且由于输出电压是经过生产厂家精密调整的，所以稳压器精度很高。但是其设定的输出电压数值均为常用电压值，不可能满足所有的应用要求。

注意，外接元器件参数的精度和稳定性将影响稳压器的稳定精度。

3．最大输出电流

用电设备的功率不同，要求稳压器输出的最大电流也不相同。通常，输出电流越大的稳压器成本越高。为了降低成本，在多只稳压器组成的供电系统中，应根据各部分所需的电流值选择适当的稳压器。

4．接地电流

接地电流 I_{GND} 有时也叫作静态电流，它是指串联调整管输出电流为零时，输入电源提供的稳压器工作电流。通常较理想的低压差线性稳压器的接地电流很小。

5．负载调整率

图 17-59 是负载调整率示意图，低压差线性稳压器的负载调整率越小，说明低压差线性稳压器抑制负载干扰的能力越强。

ΔV_{load} 由下列公式决定：

$$\Delta V_{load}=\frac{\Delta V}{U_o\times I_{max}}\times 100\%$$

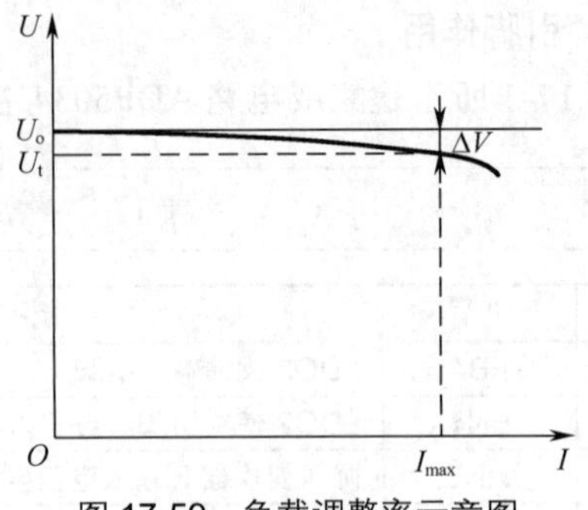

图 17-59 负载调整率示意图

式中：ΔV_{load} 为负载调整率；

I_{max} 为低压差线性稳压器最大输出电流；

U_o 为输出电流为 0.1mA 时，低压差线性稳压器的输出电压；

ΔV 为负载电流分别为 0.1mA 和 I_{max} 时的输出电压之差。

图 17-59 中，U_t 为输出电流为 I_{max} 时，低压差线性稳压器的输出电压。

6．线性调整率

图 17-60 是线性调整率示意图。低压差线性稳压器的线性调整率越小，输入电压变化对输出电压影响越小，低压差线性稳压器的性能越好。

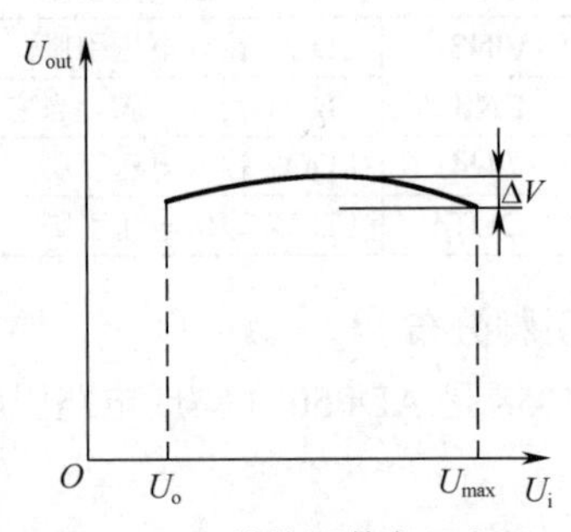

图 17-60 线性调整率示意图

低压差线性稳压器线性调整率 ΔV_{line} 由下列公式决定：

$$\Delta V_{line}=\frac{\Delta V}{U_o\times(U_{max}-U_o)}\times 100\%$$

式中：ΔV_{line} 为低压差线性稳压器线性调整率；

U_o 为低压差线性稳压器名义输出电压；

U_{max} 为低压差线性稳压器最大输入电压；

ΔV 为低压差线性稳压器输入电压从 U_o

增大到 U_{max} 时输出电压最大值和最小值之差。

7．电源抑制比（PSRR）

低压差线性稳压器的输入源往往存在许多干扰信号。PSRR 反映了低压差线性稳压器对于这些干扰信号的抑制能力。

低压差线性稳压器最重要的指标有4个：输入输出电压差、电源抑制比（PSRR）、接地电流、噪声。

17.4.12 低压差线性稳压器与开关稳压器比较

低压差线性稳压器与开关稳压器相比，主要有以下优点。

（1）稳压性能好。

（2）外围电路简单，使用方便。

（3）成本低廉。

（4）低噪声（可达几十微伏，无开关噪声），低纹波（电源抑制比可达 60 ~ 70dB），这对于无线电和通信设备至关重要。

（5）低静态电流（超低压差线性稳压器的静态电流可低至几微安至几十微安），低功耗，当输入电压与输出电压接近时可达到很高的效率。

（6）具有快速响应能力，能对负载或输入电压的变化做出快速反应。

17.4.13 稳压器分类

根据压差大小可以将稳压器分为4类：标准稳压器、准低压差线性稳压器、低压差线性稳压器和超低压差线性稳压器。

1．标准稳压器

标准稳压器通常使用 NPN 调整管，通常输出管的压降大约为 2V。例如，常见的输出正电压的 78×× 系列和输出负电压的 79×× 系列集成电路稳压器。

标准稳压器比其他类型稳压器具有较大的压差，较大的功耗和较低的效率。

2．准低压差线性稳压器

准低压差线性稳压器通常使用达林顿复合管结构，以便实现由一只 NPN 三极管和一只 PNP 三极管组成调整管。这种复合管的压降通常大约为 1V，比低压差线性稳压器高但是比标准稳压器低。

3．低压差线性稳压器

低压差线性稳压器压差通常在 100 ~ 200mV。

4．超低压差线性稳压器

超低压差线性稳压器比低压差线性稳压器有更低的压差。

17.4.14 超低压差线性稳压器

低压差线性稳压器电路具有架构简单、外部组件少等特点。一般的低压差线性稳压器架构为：一个误差放大器驱动一个 P 型 MOSFET（P-MOSFET），利用反馈电位与参考电位作比较，使输出电压保持稳定。

当系统中需求的是超低压差、低输出电压（0.8 ~ 1.8V）、高输出电流时，用传统单电源、P-MOSFET 的架构来设计低压差线性稳压器就变得相当困难，因此出现了超低压差线性稳压器。

超低压差线性稳压器采用 N-MOSFET 来当驱动器，以相同大小的驱动器来说，N-MOSFET 的驱动特性一般优于 P-MOSFET。但是，在低输入电压时，N-MOSFET 的驱动特性又不足，且可能不适合整个集成电路的工作电压。为此，采用了另一组电源输入来提供集成电路稳定的工作电压，并且大大提升了 N-MOSFET 驱动能力。这样能够实现低电压输入转换低电压输出，并且能够具有大的输出电流。

1．典型应用电路

图 17-61 所示是 LTC3409 超低压差线性稳压器集成电路的典型应用电路，它的未稳定的直流输入电压为 1.6 ~ 5.5V，输出稳定的直流电压为 1.5V。当改变电路中电阻 $R1$、$R2$ 大小时可以得到更多的输出电压等级。

电路中的电容器 C1 为输入端滤波电容器，C3 为输出端滤波电容器，均为陶瓷电容器。

表 17-4 所示是不同输出电压 U_o 情况下的 $R1$、$R2$ 大小。

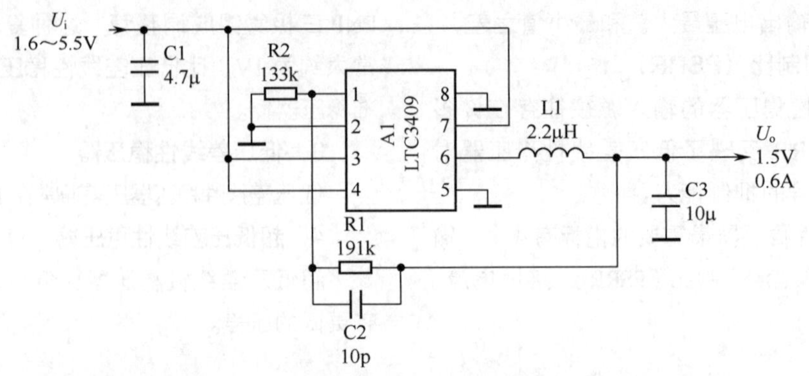

图 17-61　LTC3409 超低压差线性稳压器集成电路的典型应用电路

表 17-4　不同输出电压 U_o 情况下的电阻 R_1、 R_2 大小

U_o	R_1	R_2
0.85V	51.1kΩ	133kΩ
1.2V	127kΩ	133kΩ
1.5V	191kΩ	133kΩ
1.8V	255kΩ	133kΩ

2．引脚分布

图 17-62 是另一种超低压差线性稳压器集成电路 MPC33 外形示意图。

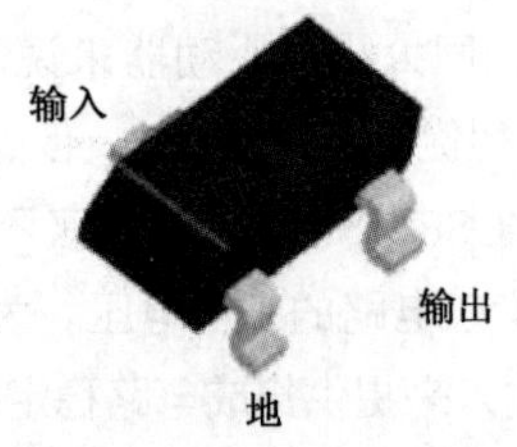

图 17-62　超低压差线性稳压器集成电路 MPC33 外形示意图

17.4.15　稳压器调整管类型和输入、输出电容

1．稳压器调整管类型

图 17-63 所示是 4 种类型的稳压器调整管，图 17-63(a) 所示是 NPN 型单管，图 17-63(b) 所示是 NPN 型复合管，图 17-63(c) 所示是 PNP 型单管，图 17-63(d) 所示是 PMOS 管（PMOS 管是指 N 型衬底、P 沟道，靠空穴的流动运送电流的 MOS 管）。

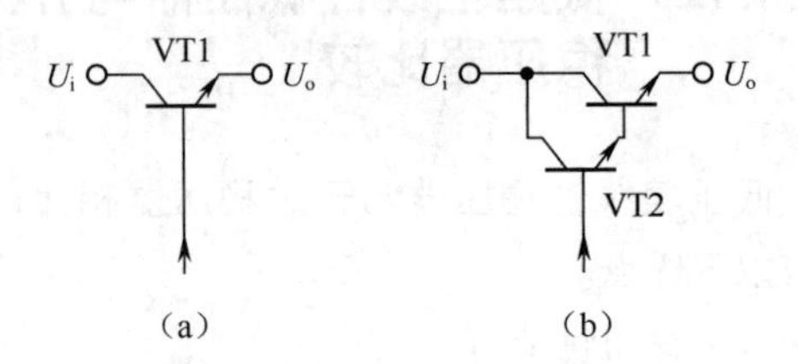

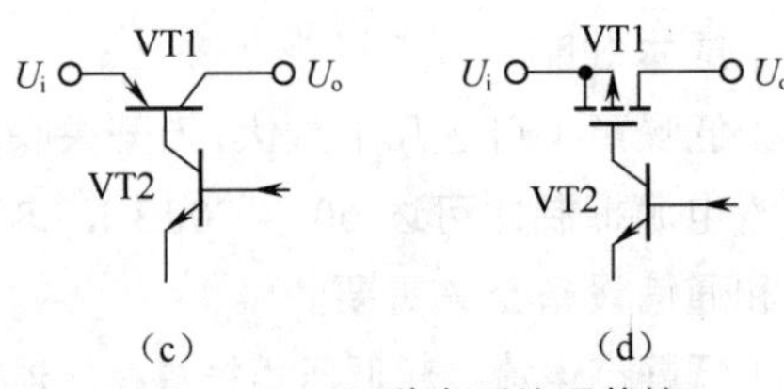

图 17-63　4 种类型的调整管

在输入电压确定的情况下，双极型调整管可以提供最大的输出电流。PNP 型三极管更优于 NPN 型三极管，这是因为 PNP 型三极管的基极可以直接接地，必要时使三极管完全饱和。对于 NPN 型三极管而言，三极管的基极只能尽可能地接高的电源电压，这样最小压降限制到一个 PN 结电压降，所以 NPN 管和复合管不能提供小于 1V 的压差。

PMOS 管和 NPN 三极管可以快速达到饱和，这样能使调整管电压损耗和功率损耗最小，可以实现低压差和低功耗。

PMOS 管可以提供尽可能低的电压降。

2．低压差线性稳压器集成电路输入和输出电容器

在低压差线性稳压器集成电路应用电路中需要接入输入端滤波电容器和输出端滤波电容器，这两只滤波电容器对整个电路性能有影响。

使用较低 ESR（等效串联电阻）的大电容

器一般可以全面提高电源抑制比、噪声及瞬态性能。

输入端和输出端滤波电容器首选陶瓷电容器，这是因为这种电容器价格低，ESR比较低（10mΩ量级），而且故障模式是断路，即陶瓷电容器出现故障时表现为开路故障，对稳压器电路危害不大。采用陶瓷电容器时，最好使用X5R和X7R电介质材料，这是因为它们具有较好的温度稳定性。

这两只滤波电容器也可以采用钽电容器，不过钽电容器价格比较高，而且它的故障模式是短路，这对稳压器的危害比较大。

17.4.16　低压差线性稳压器应用类型

1．AC/DC电源中的运用

图17-64是低压差线性稳压器在AC/DC电源中的运用示意图。这一电路中，交流电通过电源变压器降压得到交流低电压，再经过整流滤波电路得到不稳定的直流电压，再通过LDO得到稳定的直流电源，并且通过LDO消除了电源电路中的交流声，抑制了纹波电压。

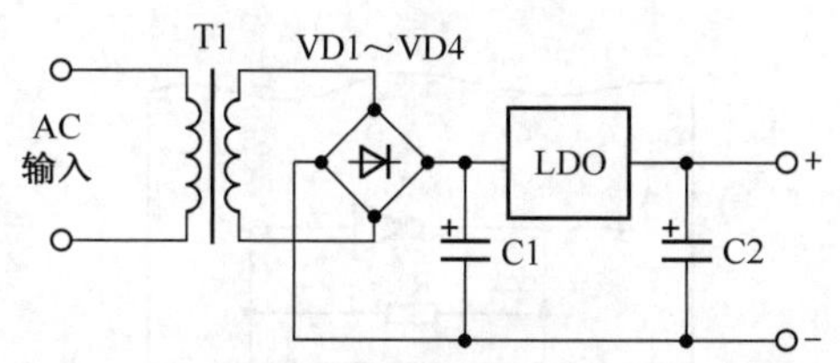

图17-64　低压差线性稳压器在AC/DC电源中的运用示意图

2．电池或蓄电池电源电路中的运用

图17-65是低压差线性稳压器在电池或蓄电池电源电路中运用示意图。

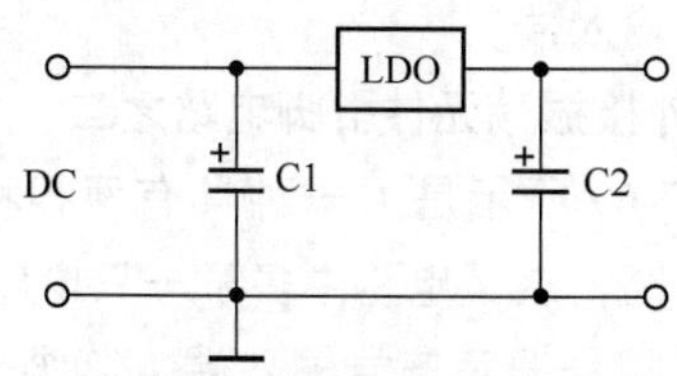

图17-65　低压差线性稳压器在电池或蓄电池电源电路中运用示意图

电池或蓄电池的供电电压都会在一定范围内变化，电池或蓄电池随着使用时间增加，输出电压都要下降，在电路中增加了低压差线性稳压器后，直流工作不仅能够稳定，而且在电池或蓄电池接近放电完毕时，直流输出电压都保持稳定，延长了电池或蓄电池的使用寿命。

3．开关电源电路中的运用

图17-66是低压差线性稳压器在开关电源电路中运用示意图。当输入直流电压远远高于所需要的直流工作电压时，可以在低压差线性稳压器电路之前加一个开关电源电路。

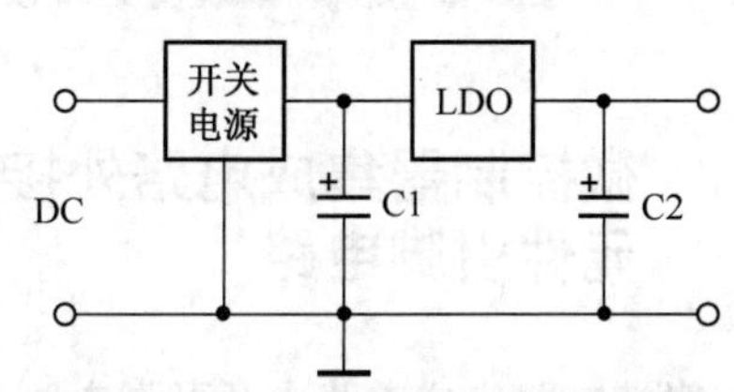

图17-66　低压差线性稳压器在开关电源电路中运用示意图

众所周知，开关电源有其独特的优点，如效率很高，输入电压和输出电压可以相差很大等，但是它也有许多缺点，特别是运用于模拟电路中时它的缺点更加明显，如输出纹波电压较高，噪声大，电压调整率较差等。

在开关电源电路之后加入低压差线性稳压器，可以集两种电路的优点于一体，低压差线性稳压器可以实现有源滤波，去除干扰，同时大幅度提高了稳压精度，此外电源系统的效率也没有明显下降。

4．多路相互隔离电源电路中的运用

图17-67是低压差线性稳压器在多路相互隔离电源电路中运用示意图。在一些应用中，例如，通信设备中，往往由一只电源供电，但是需要多组小电源，并且要求这些小电源相互隔离，即其中的一些小电源工作，另外的小电源不工作时为了节电需要关断，这时就可以采用多组低压差线性稳压器电路，通过低压差线性稳压器集成电路（5根引脚的集成电路）中的控制端进行该集成电路的通、断控制。

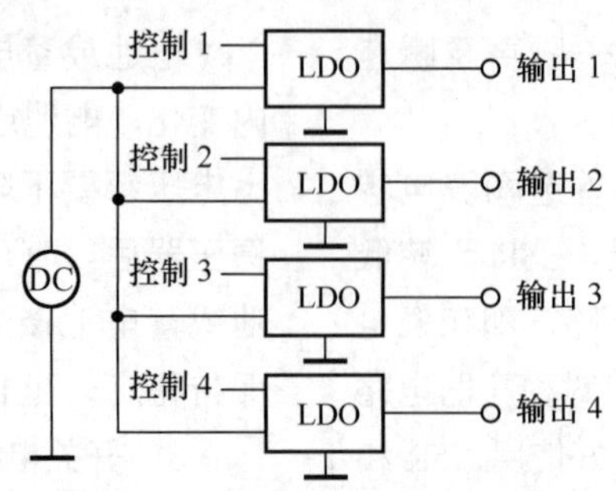

图 17-67　低压差线性稳压器在多路相互隔离电源电路中运用示意图

17.5 微控制器集成电路外接振荡元件引脚电路和复位引脚电路知识点“微播”

17.5.1　微控制器集成电路外接振荡元件引脚电路

1．微控制器集成电路电源引脚电路

重要提示

微控制器集成电路的电源引脚一般有3根，采用单一的+5V直流电压供电。

（1）主电源引脚（V_{cc}）。微控制器集成电路的主电源引脚一般用V_{cc}表示，其直流电压是+5V，这一直流电压给微控制器集成电路内部的单元电路供电。

（2）编程电源引脚（V_{DD}）。编程电源引脚一般用V_{DD}表示，它是专用给读/写存储器（RAM）供电的。

（3）接地引脚（V_{SS}）。接地引脚一般用V_{SS}表示，它是微控制器集成电路内电路中各单元电路的总地线，用来接外电路中的地线。

2．外接振荡元件引脚电路之一

重要提示

微控制器集成电路少不了外接振荡元件，因为微控制器工作中不可缺少时钟脉冲信号。微控制器集成电路的外接振荡元件引脚有多种情况。

图 17-68 所示是外接振荡元件引脚电路之一，它是具有两根振荡元件引脚的电路。电路中，X1 是晶体，它接在集成电路 A1 的①脚和②脚之间，在集成电路 A1 的内电路中设有一个反相器电路，这一反相器电路与外接的 X1 和 C1、C2 构成一个振荡器电路，其振荡频率主要由晶体 X1 决定，电容器 C1 和 C2 对振荡频率略有影响，可以起到对振荡频率的微调作用。

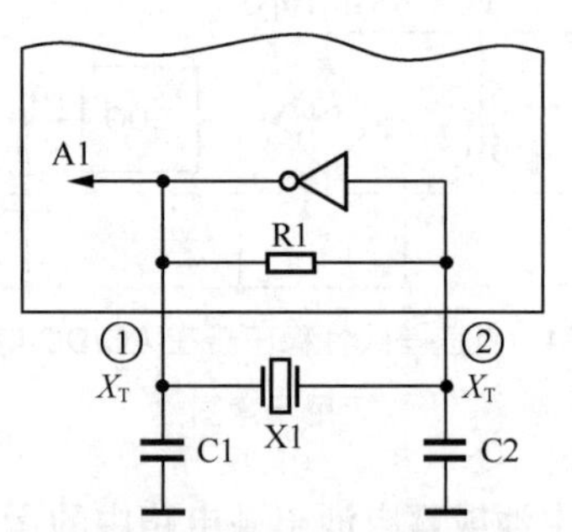

图 17-68　外接振荡元件引脚电路之一

电路中，①脚是振荡信号输出端，②脚是振荡信号输入端。

3．外接振荡元件引脚电路之二

图 17-69 所示是另一种具有两根振荡元件引脚的电路，这一电路中多了一只电路 R1。电路中，①脚是振荡信号输入端，②脚是振荡信号输出端。

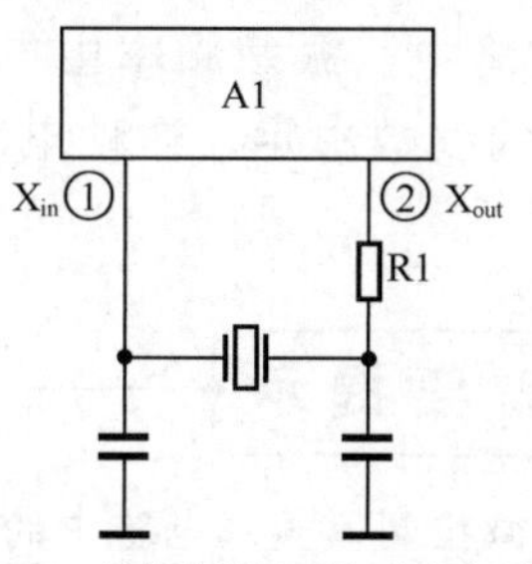

图 17-69 外接振荡元件引脚电路之二

如果时钟信号采用外接方式时，将②脚外电路断开，外部的时钟信号从①脚输入到集成电路 A1 的内电路中。

4．外接振荡元件引脚电路之三

图 17-70 所示是另一种形式的电路，这一电路的特点是在晶体 X1 上并联了一只电阻器，实际上该电阻器在许多电路中是设置在集成电路 A1 内电路中的。

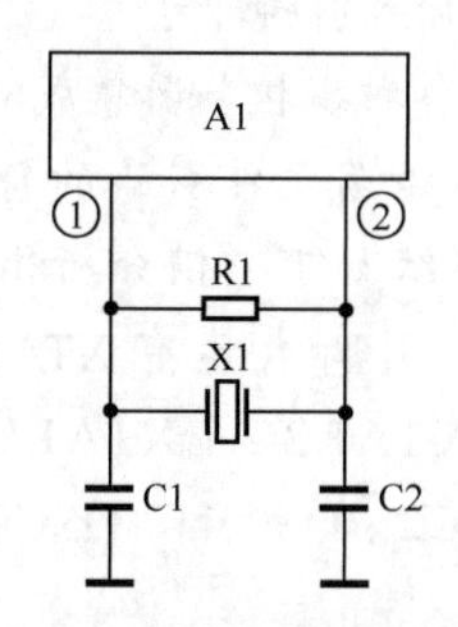

图 17-70 外接振荡元件引脚电路之三

5．外接振荡元件引脚电路之四

图 17-71 所示是另一种形式的电路，该电路特点是电容器 C1 和 C2 不是直接接地，而是接在直流电源 $+V_{cc}$ 端。

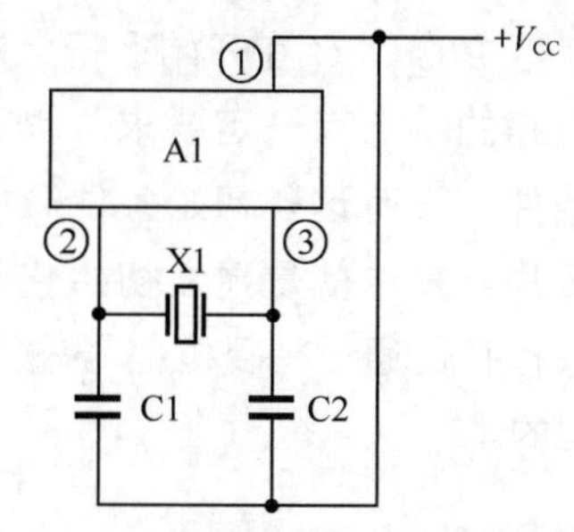

图 17-71 外接振荡元件引脚电路之四

由于直流电源端对交流而言是等效接地的，所以对交流（振荡信号）而言，电容器 C1 和 C2 仍然是一端接地的，其振荡电路的工作原理同前面几种一样。

6．外接振荡元件引脚电路之五

图 17-72 所示是另一种形式的电路，该电路的特点是电容器 C1 和 C2 连接起来后接在集成电路 A1 的③脚，集成电路 A1 的③脚在内电路中与接地引脚④脚相连，这样 C1 和 C2 的一端还是相当于接地的。

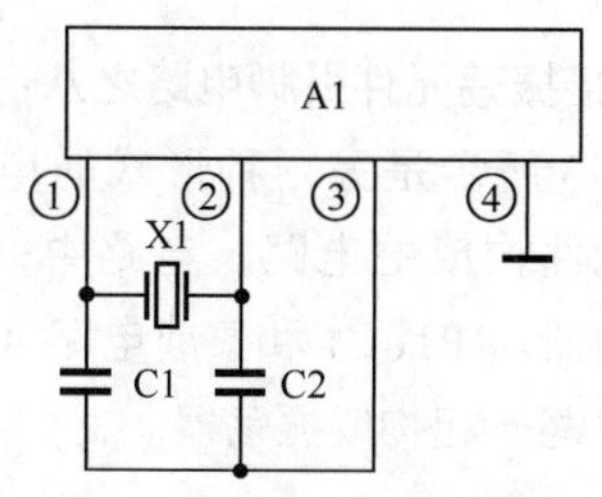

图 17-72 外接振荡元件引脚电路之五

7．外接振荡元件引脚电路之六

图 17-73 所示是另一种形式的电路，该电路的特点是电路中没有电容器 C1 和 C2。

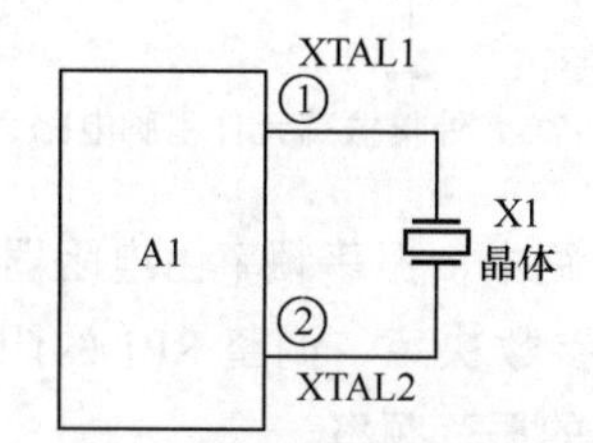

图 17-73 外接振荡元件引脚电路之六

电路中，引脚 XTAL1 是内部振荡器的外接晶体输入端，这一引脚也用来直接接入外部振荡源电路的输出信号，也就是外部时钟脉冲源的输入端。

XTAL2 是内部振荡器的输出端，用来外接晶体的另一端。

8．外接振荡元件引脚电路之七

图 17-74 所示是另一种形式的电路，它是单根引脚的电路，从图中可看出，电路中只有一根引脚用来外接晶体 X1，图 17-74（a）和图 17-74（b）所示电路不同之处是，一个 X1 串接有电阻器 R1，一个则没有这一电阻器。

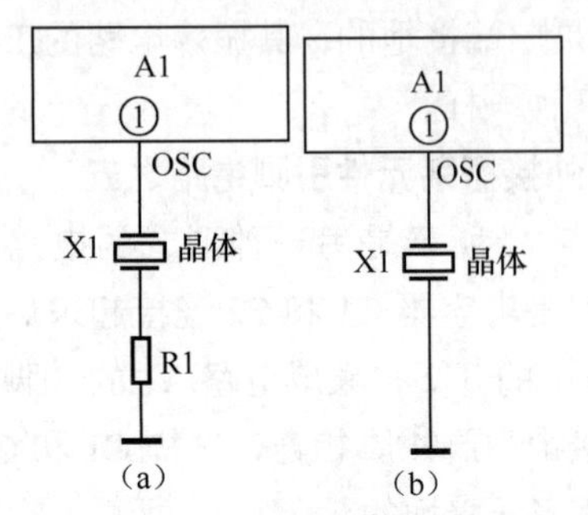

图 17-74　外接振荡元件引脚电路之七

9．外接振荡元件引脚电路之八

图 17-75 所示是另一种形式的电路，它是采用 RC 元件构成的电路。电路中，RP1 是一个可变电阻器，RP1、C1 和集成电路 A1 的①脚、②脚、内电路一起构成振荡器。

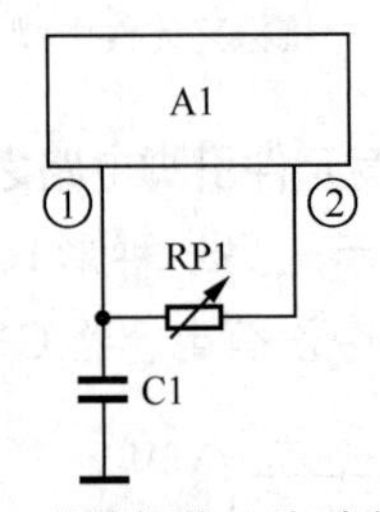

图 17-75　外接振荡元件引脚电路之八

这种电路中，振荡频率由电阻器 RP1 和电容器 C1 的参数决定，调整 RP1 的阻值可以改变该振荡器的振荡频率。

这种电路由于没有采用晶体作为振荡元件，所以振荡性能不够理想。

10．外接振荡元件引脚电路之九

图 17-76 所示是另一种形式的电路，它是一种采用 LC 元件构成的电路。电路中，电感器 L1、电容器 C1、C2 和集成电路 A1 的①脚、②脚、内电路一起构成振荡器电路。

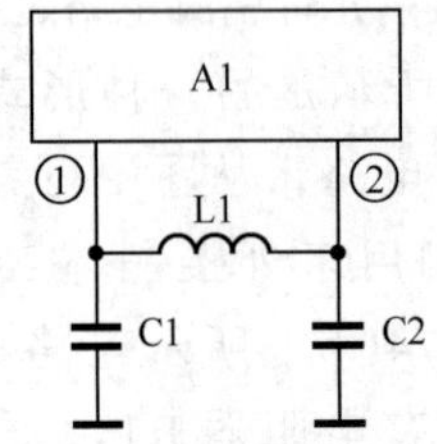

图 17-76　外接振荡元件引脚电路之九

这种电路中，振荡频率由电感器 L1 和电容器 C1 的参数决定，这种电路的性能也不够理想。

重要提示

关于微控制器集成电路中的外接晶体元件引脚外电路主要说明下列几点。

（1）各种微控制器集成电路中都有外接振荡元件引脚，上述几种电路情况基本包括了所有的情况。

（2）有的微控制器集成电路本身不设时钟振荡器，在系统控制电路中有一个专门的时钟脉冲发生器集成电路，它所需要的时钟脉冲信号是通过这一专门时钟电路供给的，此时微控制器集成电路中只设一个时钟信号输入引脚即可。

（3）在各种微控制器集成电路中，用来表示外接振荡元件引脚的符号是不同的，这里小结如下：供分析微控制器集成电路时，引脚表示有 XTA1、XTA2；XTAL1、XTAL2；EXTAL、XTAL；OSC1、OSC2；OSCIN、OSCOUT；XI、XO 和 $\overline{X_T}$、X_T 几种。

17.5.2　微控制器集成电路复位引脚电路

1．复位概念和复合电路功能

微控制器中的 CPU 在开始运行之前，对内部各部分电路的状态有一定要求，也就是必须建立初始条件，没有这些初始条件微控制器则不能正常工作。复位就是建立初始化条件的一种工作方式，它是通过将复位信号输入 RESET 引脚来实现的。

重要提示

复位操作完成后，微控制器有关部件所处状态（或称为微控制器必须建立的初始条件）主要有：程序计数器（PC）清零、栈指针（SP）清零、选择寄存器区 0、选择存储区 0、置总线为高阻状态、定时器停止工作等。

2．3 种情况下需要复位

（1）机器电源接通时。微控制器集成电路所需要的稳定 +5V 直流电压不会很快建立，此时集成电路内部的各单元电路还没有进入正常工作所必需的初始状态，微控制器电路会出现误动作，这时需要复位。

（2）机器电源切断时。这时也会出现上述类似情况，必须使微控制停止工作。

（3）机器工作过程中。由于某种原因使微控制器的工作进入混乱状态，需要重新进入正常工作状态时，也需要复位电路。

3．复位电路基本工作原理

图 17-77 所示电路可以说明复位原理。电路中的 A1 是 CPU 集成电路，①脚是复位引脚，一般用 $\overline{\text{REST}}$ 表示，①脚内电路和外电路中元件构成复位电路，S1 是手动复位开关。

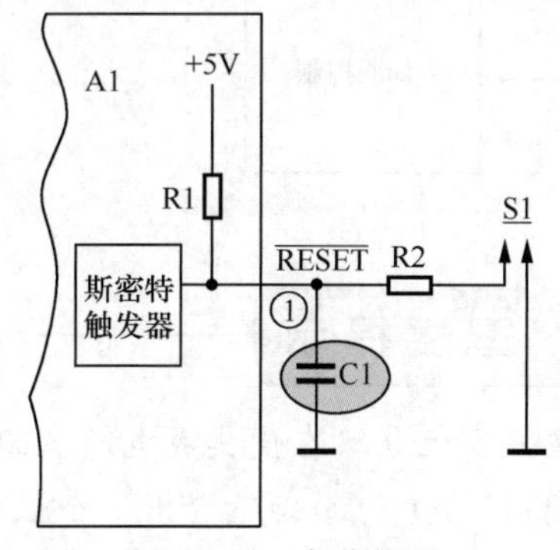

图 17-77 复位原理

集成电路 A1 的内电路有一个斯密特触发器和一个提拉电阻器 R1，电阻器 R1 一端接在直流电压 +V 上，另一端通过 A1 的①脚与外电路中的电容器 C1 相连。

机器的电源开关接通后，+5V 直流电压通过电阻器 R1 对电容器 C1 充电，这样在电源接通瞬间电容器 C1 两端没有电压（因为电容两端的电压不能突变），随着对电容器 C1 的充电，集成电路 A1 的①脚上有升高的电压，这样可在 A1 的①脚上产生一个时间足够长的复位脉冲，时间常数一般为 0.2s。在这一段时间里，集成电路 A1 内部所有电路均可建立起初始状态。

随着 +5V 直流电压的充电进行，A1 的①脚上电压达到了一定程度，复位工作完成，CPU 进入初始的正常工作状态。

这一复位电路的目的就是使集成电路 A1 的复位引脚上直流电压的建立滞后于集成电路 A1 的 +5V 直流工作电压一段规定的时间，图 17-78 所示电压波形可说明这一问题。

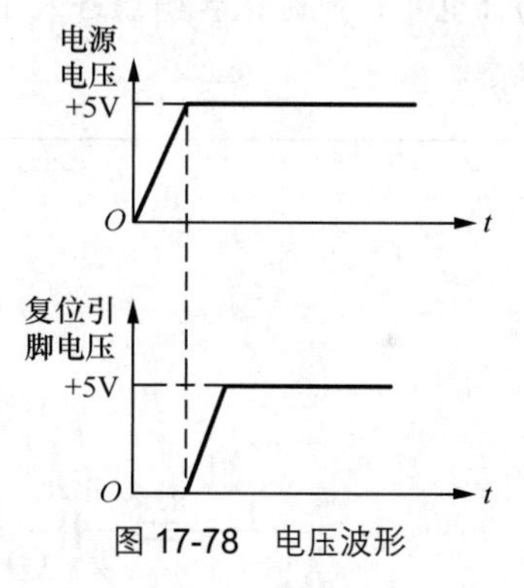

图 17-78 电压波形

重要提示

从波形中可看出，在电源接通后，集成电路 A1 的直流工作电压上升有一个过程，而复位引脚上的直流电压更要滞后，这样微控制器中 CPU 才能进入初始工作状态。所以，复位电路就是要使复位引脚上的直流电压滞后一段时间。

手动复位电路的工作原理是：当按一下复位开关 S1（按钮开关）时，在 S1 接通期间，电容器 C1 中电荷通过电阻器 R2 和导通的 S1 很快放电完毕，使 C1 中没有电荷，也就是集成电路 A1 的①脚电压为 0V，此时 CPU 停止工作。

在释放按钮 S1 后，S1 断开了，+5V 直流电压通过提拉电阻器 R1 对电容器 C1 充电，使集成电路 A1 的①脚上电压有一个缓慢上升的过程，这样可以达到复位的目的。

4．外部复位脉冲复位电路

图 17-79 所示是外部复位脉冲复位电路。电路中的 A1 是微控制器集成电路，①脚是复位引脚，F 是一个非门电路。当给非门输入一个高电平脉冲时，非门输出低电平，使 A1 的复位引脚处于低电平状态。

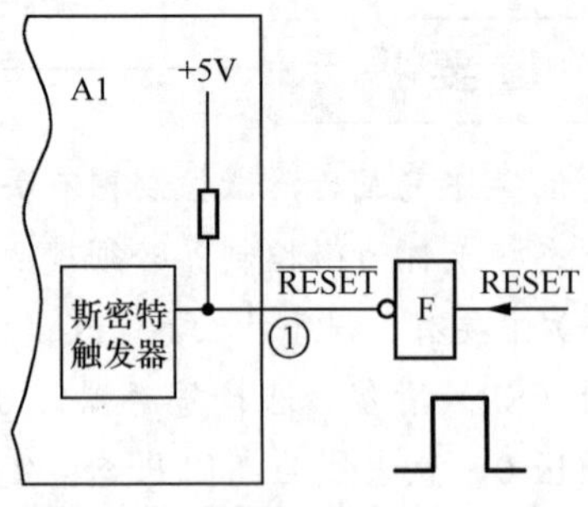

图 17-79　外部复位脉冲复位电路

重要提示

只要输入非门电路的复位脉冲足够宽，①脚保持低电平的时间足够长，就能完成复位过程。在非门电路输入端的复位脉冲消失后，非门输出高电平，即 A1 的①脚为高电平，此时微控制器进入了正常工作状态。

5．复位电路之一

图 17-80 所示是微控制器中的一种实用复位电路。电路中，A105 是机芯微控制器集成电路，A101 是主轴伺服控制和数字信号处理集成电路，A104 是伺服控制集成电路。

这一电路的工作原理是：在电源接通后，+5V 直流电压通过电阻器 R216 和电容器 C128 加到集成电路 A105 的复位信号输入引脚⑨脚，开机瞬间由于电容器 C128 两端的电压不能突变，所以 A105 的⑨脚上是高电平，随着 +5V 直流电压对 C128 的充电进行，使⑨脚电压下降。

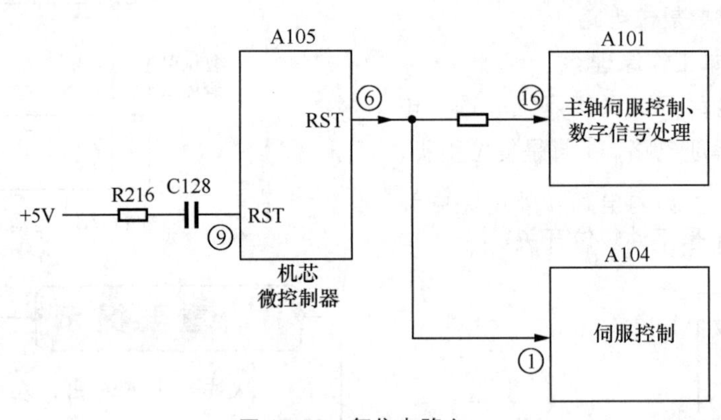

图 17-80　复位电路之一

由此可见，加到集成电路 A105 的复位引脚⑨脚上的复位触发信号是一个正脉冲。这一正脉冲复位信号经集成电路⑨脚内电路反相处理，使内电路完成复位，这一复位电路的原理同上面介绍的第二种复位电路相同。

重要提示

这一复位电路在使集成电路 A105 复位的同时，A1 的⑥脚还输出一个低电平复位脉冲信号，分别加到集成电路 A101 的复位信号输入端⑯脚和集成电路 A104 的复位信号输入端①脚，使 A101 和 A104 两个集成电路同时复位。

6．复位电路之二

图 17-81 所示是微控制器中的另一种实用复位电路。电路中，A1 是微控制器集成电路，其㊼脚是电源引脚，㉝脚是复位引脚。

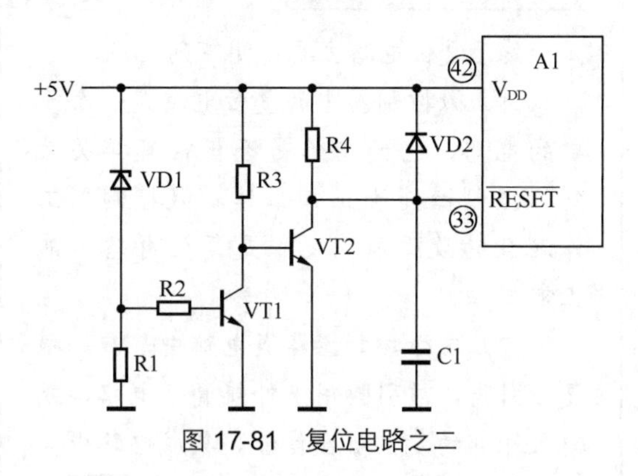

图 17-81 复位电路之二

这一电路的工作原理是：在电源开关接通后，+5V 直流电压给集成电路 A1 的电源引脚㊷脚供电，当电源开关刚接通时，+5V 电压还没有上升到稳压二极管 VD1 的击穿电压，所以 VD1 处于截止状态，此时 VT1 管截止，这样 +5V 电源电压经电阻器 R3 加到 VT2 管的基极，使 VT2 管饱和导通，其集电极为低电平，使集成电路 A1 的复位引脚㉝脚为低电平。

随着 +5V 电压升到稳定的 +5V 后，这一电压使稳压二极管 VD1 击穿，导通的 VD1 和 R1 给 VT1 管的基极加上足够大的直流偏置电压，使 VT1 饱和导通，其集电极为低电平，这一低电平加到 VT2 管基极，使 VT2 管处于截止状态，其集电极电压为高电平，这样 +5V 电压经电阻器 R4 加到复位引脚㉝脚上，使㉝脚为高电平。

重要提示

通过上述分析可知，在电源开关接通后，复位引脚㉝脚上的稳定直流电压建立滞后一段时间，这就是复位信号，使集成电路 A1 内电路复位。

断电后，电容器 C1 充得的电荷通过二极管 VD2 放电，因为在电容器 C1 上的电压为上正下负，+5V 端相当于接地，C1 上的充电压加到 VD2 上是正向偏置电压，使 VD2 导通放电，将 C1 中的电荷放掉，以供下一次开机时能够起到复位作用。

7．复位电路之三

图 17-82 所示是微控制器中的另一种实用复位电路。电路中，A1 是微控制器集成电路，其㊶脚是电源引脚，㉔脚是复位引脚，VD002 是稳压二极管，VT002 是 PNP 型三极管。

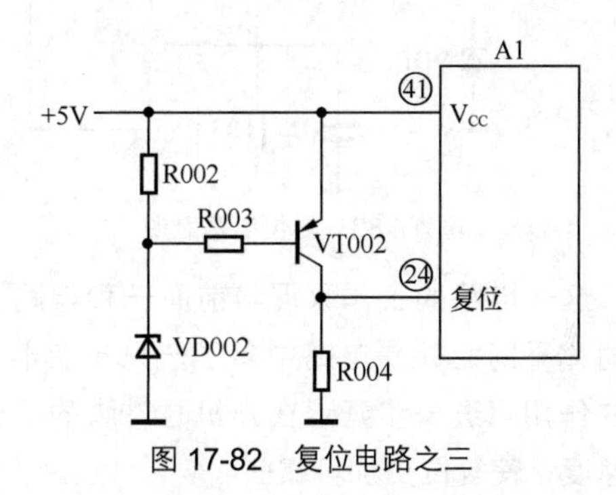

图 17-82 复位电路之三

这一电路的工作原理是：当电源开关刚接通时，+5V 电压还没有上升到稳压二极管 VD002 的击穿电压，所以 VD002 处于截止状态，此时 +5V 电压通过 R002 和 R003 加到 VT002 管的基极，使 VT002 管截止，其集电极输出低电平，这一低电平加到集成电路 A1 的复位引脚㉔脚上。

重要提示

当 +5V 电压上升到稳定的 +5V 电压时，这一直流电压通过 R002 使稳压二极管 VD002 击穿，这样为 VT002 管的基极提供了基极电流回路，即 VT002 基极电流回路为 +5V → VT002 管发射极 → VT002 管基极 → R003 → 导通的 VD002 → 地端，这时 VT002 管饱和导通，其集电极为高电平，这一高电平加到复位引脚㉔，即此时复位引脚为高电平。

从上述电路可知，集成电路 A1 的复位引脚电压滞后一段时间，起到复位的作用。

8．复位电路之四

图 17-83 所示是微控制器中的另一种实用复位电路。电路中，A1 的㉔脚是电源引脚，㉓脚是复位引脚，VD1 是稳压二极管。

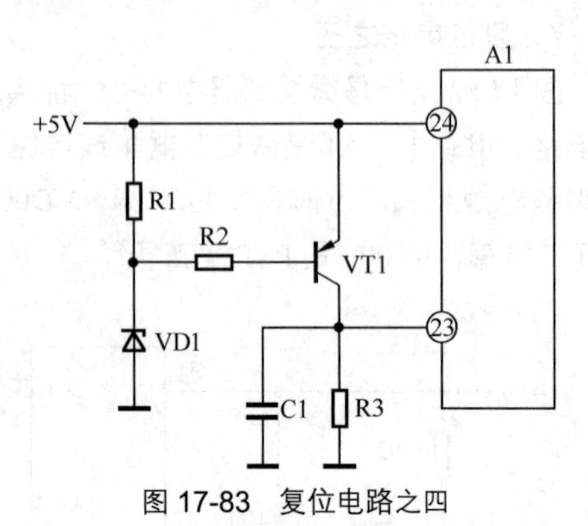

图 17-83　复位电路之四

这一电路的工作原理与前面一种电路基本相同，不同之处是电路中多了一只电容器 C1，它的作用可进一步延迟在开机时㉓脚的电压上升速度，使复位更加可靠些。

电阻器 R3 是电容器 C1 的泄放电阻器，在机器关机后，电容器 C1 中的电荷通过电阻器 R3 泄放，以供下一次开机时起复位作用。

9．复位电路之五

图 17-84 所示是微控制器中的另一种实用复位电路。电路中，A1 是微控制器集成电路，其㉝脚是复位引脚，VD1 是二极管。

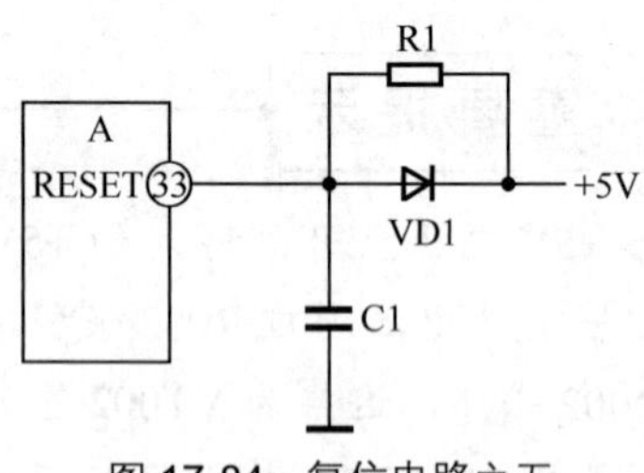

图 17-84　复位电路之五

这一电路的工作原理是：开机时，+5V 直流电压通过电阻器 R1 对电容器 C1 充电，使 A1 的复位引脚㉝脚电压为低电平，随着充电的进行，㉝脚直流电压升高，当㉝脚上直流电压高到一定程度时，复位完成。

关机后，电容器 C1 中的电荷通过二极管 VD1 放电，由于 C1 上的充电电压极性为上正下负，对 VD1 而言是正向偏置，所以 VD1 导通，导通的 VD1 其内阻相当小，所以放电很快结束，为下次开机做好准备。

重要提示

关于复位电路主要说明下列几点。

（1）微控制器中的复位电路是一个重要的电路，它的工作是否正常直接关系到微控制器能否正常工作，微控制器工作混乱的故障原因之一是复位电路不能正常工作。

（2）在微控制器集成电路中，有一根复位引脚，该引脚用来外接复位电路，或输入外部的复位触发信号。集成电路中复位引脚的标注有几种情况：标注 $\overline{\text{REST}}$、RESET、RET 和用中文标注“复位”。

（3）加到复位引脚的复位信号可以是低电平复位信号，也可以是高电平复位信号，前者情况多些。在正常情况下，若复位引脚标注成 $\overline{\text{REST}}$，这说明该引脚输入的复位信号是低电平复位信号；若标注成 RESET（没有非号），则说明是高电平复位触发信号。但是，由于许多电路图都没有按照这一要求去标注，所以不能只根据这一标注来判断复位信号的电平情况。

（4）复位信号是高电平还是低电平从复位引脚外电路工作原理中可以分析出来。

（5）电子电器微控制器集成电路中的复位电路一般都是自动复位电路，在机器电源开关接通时进行复位，手动复位电路情况很少。

（6）由于复位电路在开机使用一次后，必须关机后一段时间后才能进行第二次复位，如果刚关机就立即开机，复位电路将无法正常复位，微控制器也无法进行正常工作。

（7）除微控制器中有复位电路外，在红外遥控电路中也有这样的电路。

第18章 开关件及插接件和应用电路

> **重要提示**
>
> 开关件和接插件是十分常用的电子元器件，绝大多数电子电器中都要用到各种形式的开关件，它们进行各种信号电路的控制和转换。
>
> 由开关件构成的电路被称为开关电路。开关电路最基本的功能是进行电路的通与断控制。
>
> 接插件是用来进行机器与机器之间、电路板与电路板之间连接的电子元器件，应用广泛。

电子电路中的开关件种类许许多多，图18-1是常见的开关件实物图。

（a）拨动式开关

（b）波段开关

（c）微型贴片开关

图 18-1 常见的开关件实物图

电子电路中的接插件种类繁多，图18-2是几种常见接插件实物图。

（a）双声道插座

（b）单声道插座

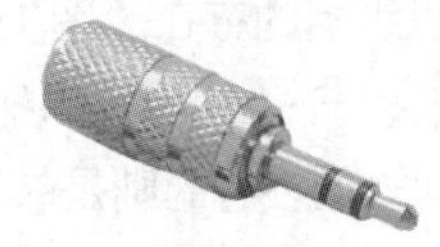

（c）单声道插头

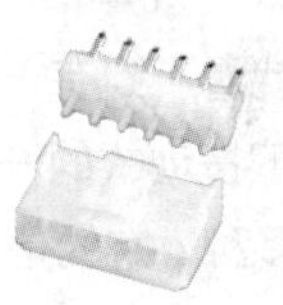

（d）接插件

图 18-2 几种常见接插件实物图

18.1 普通开关件

开关件通俗地讲是能够实现电路开与关的控制件，最常见的开关件是家庭中电灯的电源开关（件），它控制电灯的点亮与熄灭，属于强电类的开关件。本书只讨论用于电子电路中的开关件。

由于电子电路的工作电压通常比较低，工作电流比较小，所以电子电路中除电源开关外，一般均是处于小信号工作状态下的开关件。当然，一些整机功率很小的电子电器，其电源开关也属于小信号工作类开关件。

> **重要提示**
>
> 在电子电路中有下列两大类的开关件。
>
> （1）机械式开关件。电子电路中没有加入说明的开关件是这种机械式开关件，由这种开关件构成的电路被称为开关电路。

（2）电子开关件。如三极管构成的电子开关件（这样的三极管被称为开关三极管），或用二极管构成的电子开关件（开关二极管），由这类开关件构成的电路称为电子开关电路。

所以，电子电路中的机械式开关电路与电子开关电路不同。

18.1.1 开关件外形特征和图形符号

开关件外形特征和图形符号可以用“五花八门”来形容。

1．开关件外形特征

形形色色的开关件都有不同的具体外形，体积大小不同，开关的引脚数目不同，操纵柄操作方式也不尽相同。尽管各种开关件有许多不同之处，但还是有下列一些外形特征的共同点。

（1）一般开关件都有一个操纵柄，它用来控制开关件的开与关工作状态。这个操纵柄或体积比较大，或是很小（微型开关），甚至从外形上根本就看不到有一个操纵柄的存在。图18-3所示是上下按动式的开关件。开关件的操纵柄控制形式有多种，有的是拨动式的，有的则是转动式的，有的是上下按动的，向下按动时开关件接通，手松开后开关为断开。

图18-3　上下按动式的开关件

（2）开关件的引脚至少是两根。只有两根引脚的开关件在电路中引脚的接法可以不分。大量应用的开关件引脚多于两根，多于两根引脚的开关件中各引脚都有它特定的作用，一般情况下各引脚之间不能互换。

（3）开关件的外壳作用之一是用来固定开关件，外壳与各引脚之间绝缘。同时，开关件的金属外壳接电路中的地线，这样还有屏蔽抗干扰作用。

2．开关件基本图形符号

图18-4所示是开关件的图形符号。这一开关件图形符号表示了多个识图信息，它表示了该开关件有两根引脚，在图形符号中还明确表示了一根为定片引脚（与定片触点相连），一根为刀片引脚（与刀片触点直接相连），刀片在开、关转换过程中能够改变接触位置。

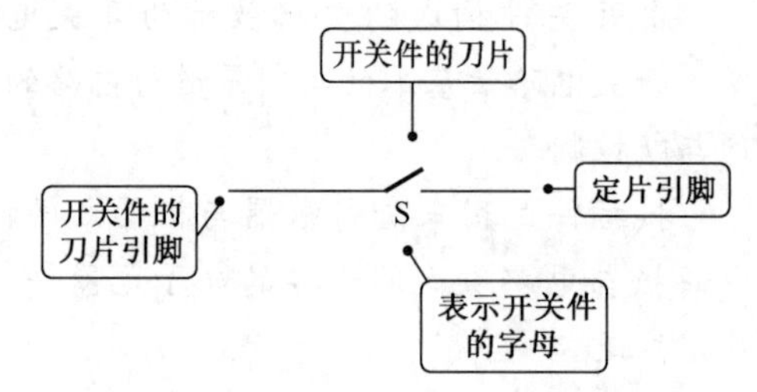

图18-4　开关件电路图形符号

不同的开关件具有不同的图形符号，但是各种开关的图形符号都能够准确地表达下列两点识图信息。

（1）能够表示开关件有几根引脚，如果是多组开关件能表示每组开关件中有几根引脚。

（2）能够表示有几个刀片，一个或多个，从而可以识别是几刀几掷的开关件。

开关件的图形符号有很多，表18-1列举了几种开关件图形符号。

表18-1　几种开关件图形符号

电路符号	说明
S	国家标准规定的一般开关件图形符号，用大写字母S表示开关件
K	过去使用的一般开关件图形符号，即字母K。老式图形符号中用小圆圈表示开关件触点

续表

电路符号	说　明
S	最新规定的单刀多掷开关（图中的开关是三掷的）图形符号，三掷是指它有一个刀片，却同时有 3 个定片
K	过去使用的单刀三掷式开关件的图形符号
S	最新规定的按钮式开关件（不闭锁）图形符号
	过去使用的按钮式开关件图形符号
S1-1　S1-2	最新规定的双刀三掷式开关件的图形符号。图形符号中用两组相同的符号表示了两组开关件，通过虚线表示两组开关件之间联动，即两个刀片同步转换

18.1.2　开关件基本工作原理和特性、参数

开关件的种类很多，表 18-2 所示为按照结构和工作原理划分的开关件。

表 18-2　按照结构和工作原理划分的开关件

开关件名称	说明
单刀开关件	这种开关件只有一个刀组
多刀开关件	这种开关件有多个刀组，每个刀组中定片触点引脚数可以不等
单刀数掷开关件	这种开关件只有一个刀组，但是可以有数个定片触点引脚
多刀数掷开关件	这种开关件有多个刀组，每个刀组中可以有数个定片触点引脚

1．单刀单掷开关工作原理

图 18-5 是单刀单掷开关件工作原理示意图，该种开关件中只有一个刀片触点和一个定片触点。刀片触点在开关操纵柄的控制下动作，共有两个状态。

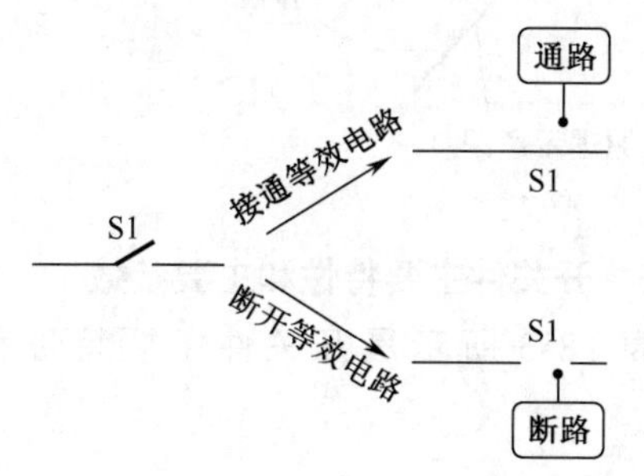

图 18-5　单刀单掷开关件工作原理示意图

（1）刀片触点与定片触点接通状态，这时为开关件接通工作状态。在开关件接通后，刀触点与静触点之间的电阻应该小到为零，这是开关件的接触电阻，接触电阻愈小愈好。

（2）刀片触点与定片触点断开状态，这时开关件处于断开工作状态。在开关件断开后，刀触点与静触点之间的电阻应该为无穷大，这是开关件的断开电阻，这一电阻愈大愈好。

单刀单掷开关件只能进行电路的通、断控制，即只有通和断两个状态，不能进行更多的转换控制，它实现了开关件中最基本的功能。

2．单刀双掷开关件工作原理

单刀双掷开关件有一个刀片触点和两个静触点，由于刀片触点可以变动接触位置，所以又被称为动片触点。这种开关件也有两个工作状态。图 18-6 所示是单刀双掷开关件两种状态下的等效电路。

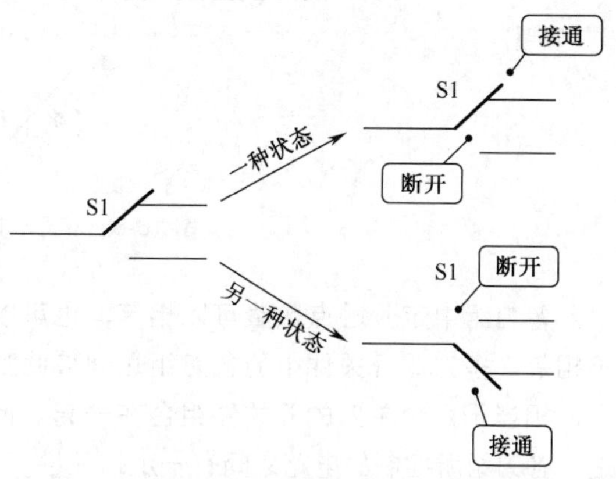

图 18-6　单刀双掷开关件两种状态下的等效电路

（1）当开关件操纵柄处于一个位置时，刀片触点与一个定片触点之间呈接通状态，而与另一个定片触点之间呈断开状态，这时开关件接通一路电路。

（2）当将操纵柄转换到另一个位置时，开关件接通另一路电路。

单刀双掷开关件有两种不同的接通状态，这一点与单掷开关件不同，所以双掷开关件可以进行更多的电路工作状态转换。

3．按钮开关件工作原理

按钮开关件（不闭锁）有两种工作状态。图 18-7 是按钮开关件工作原理示意图。这种开关件有两个定片触点、一个刀片，刀片在常态下不与任何一个定片触点接触。

（1）当按下开关件的按钮时，开关件内部的两个定片触点与刀片（一个金属片）同时接触，两个定片触点之间处于接通状态，电路接通，见图中的接通状态，这是开关件的一种工作状态。

（2）当手松开按钮后，由于开关件不能闭锁，开关件的按钮在内部簧片弹性力作用下自动弹起，两个定片触点与刀片断开，开关件又处于断开状态。这样的开关件是一种常断（开）式开关件。

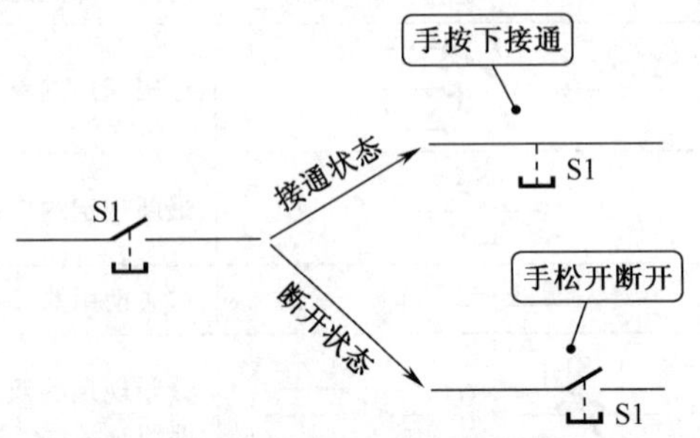

图 18-7　按钮开关件工作原理示意图

4．双刀三掷开关件工作原理

图 18-8 是双刀三掷开关件工作原理示意图。这种开关件的每组刀片都有 3 种工作状态，操纵柄转换时，两组刀同步转换，刀片触点与其中一个定片接通时，与其他两个定片触点断开。多刀组式开关中，每一个刀组中可以只有一个定片触点，也可以有多个，图中是 3 个定片触点，这样它可以转换 3 种工作状态。

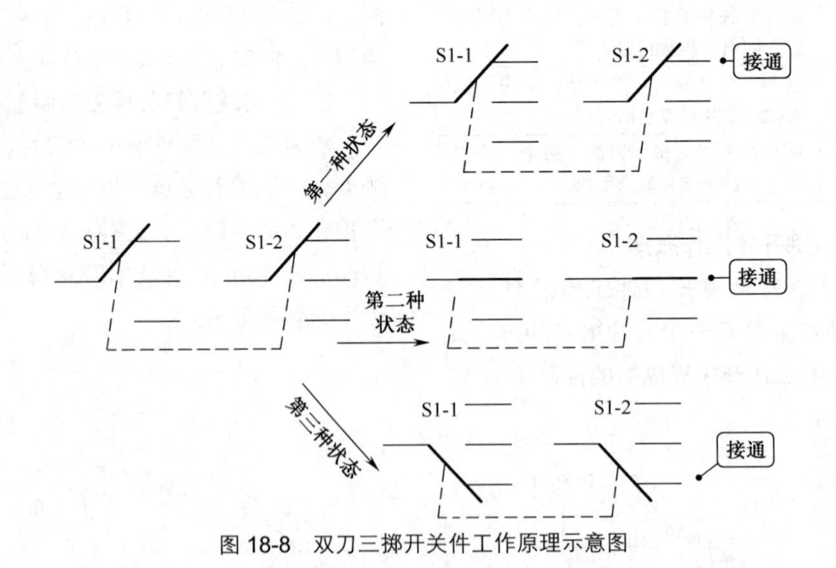

图 18-8　双刀三掷开关件工作原理示意图

各刀组中定片触点数量可以相等，也可以不相等。多刀组开关件中的各刀组之间彼此独立，相当于几个单刀的开关件组合在一起。但是，各刀组所控制的电路之间有一定相关性。

5．开关件主要特性和主要参数

表 18-3 所示是开关件主要特性和参数说明。

表 18-3　开关件主要特性和参数说明

特性和参数		说　　明
主要特性	通断控制特性	开关件接通时两触点之间呈通路，开关件断开时两触点之间呈开路。 机械式开关件对直流电、交流电的控制特性相同，对不同频率交流电通断控制特性一样
主要参数	额定工作电压	它是开关件断开时加在开关件两端的最大安全电压。如果加在开关件两端的工作电压大于这一值时，由于电压太高而造成开关件两个触点之间打火击穿，使开关件失去正常开、关特性。这一参数往往只对工作电压较高场合下的开关件有要求
	额定工作电流	开关件接通时所允许通过开关件的最大安全工作电流。当实际工作电流超过这一值时，开关件的触点会因工作电流太大而被烧坏
	其他	漏电阻大小是指开关件断开时两触点之间的电阻大小。 接触电阻大小是指开关件接通时要求两触点之间的电阻值小于 0.5Ω，该阻值愈小愈好

18.2　开关电路

开关电路是整机电路中一种常见电路，简单的开关电路其工作原理非常简单，但是复杂的开关电路相当复杂。

18.2.1　电源开关电路

电源开关电路是开关电路中最为常见的电路，这里对各类常见电源开关电路工作原理进行详细分析。

1．直流电源开关电路

图 18-9 所示是一种直流电源开关电路。直流电源采用电池 E1，S1 是整机的电源开关，由于 S1 控制的是直流电源，所以被称为直流电源开关电路。

关于这一电源开关电路主要说明下列几点。

（1）S1 是一个单刀单掷开关，它只有开关接通与断开两种状态。

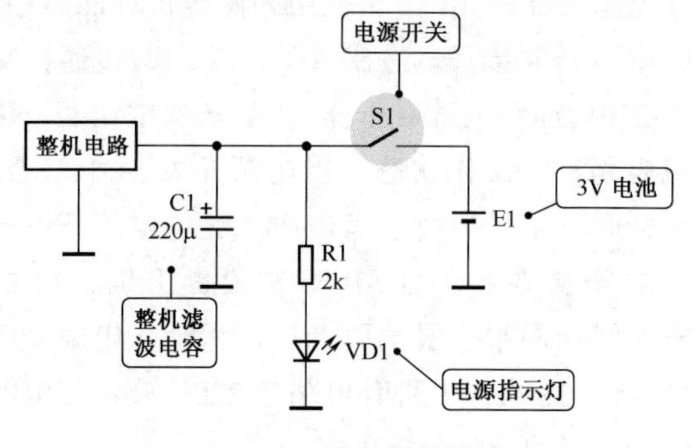

图 18-9　直流电源开关电路

（2）S1 接在直流电源 E1 的正极回路中，所以它控制的是正极性直流电源，有的电源开关接在直流电源的负极回路中，对电源的控制作用一样，但是比较少见。

（3）S1 图示在断开状态，直流电源 E1 的电压不能加到整机电路中，电路中的电源指示灯 VD1 因为没有电压而不亮，整机电路不工作。

（4）S1 置于接通状态后，直流电源 E1 正极上的电压通过闭合的电源开关 S1（S1 两触点接通）加到整机电路中，整机电路进入工作状态。

（5）电源开关 S1 的根本作用是控制整机电路得到直流工作电压。

（6）S1 接通后，直流电压还要经过限流保护电阻器 R1 加到 VD1 正极，使 VD1 导通发光，指示电源已接通，通过电源指示灯指示电路进入工作状态。

（7）图 18-10 所示是控制直流电源负极回路的电源开关电路。电路中的 S1 是电源开关，它接在电池 E1 的负极回路中。E1 的正极虽然与整机电路相连，但是当 S1 断开时，整机电路的电流不能形成回路，所以整机电路仍然不能工作，达到电源控制的目的。这种直流电源负极性回路的电源开关电路就是一种变形电路，变形电路的识图比较困难，但是掌握了电源开关电路的控制原理就能容易许多。

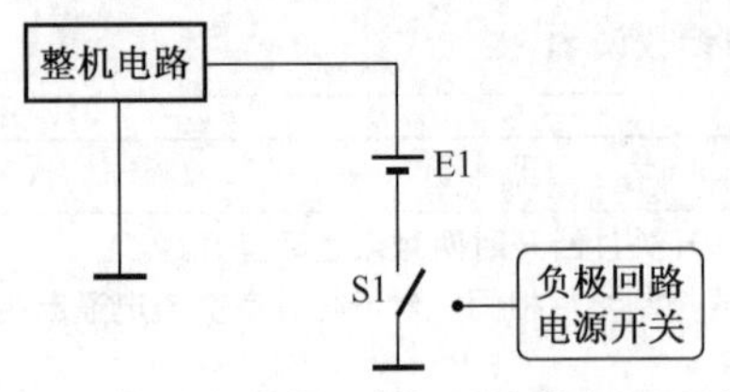

图 18-10　控制直流电源负极回路的电源开关电路

表 18-4 所示是直流电源开关 S1 电路故障分析。

表 18-4　直流电源开关 S1 电路故障分析

故障名称	故障分析
开路故障	整机不工作，电源指示灯不亮
接触电阻大故障	整机直流工作电压低，如果接触电阻太大，使整机工作电流下降许多，整机电路将无法正常工作
接触不良故障	整机电路一会儿工作正常，一会儿工作不正常
开关漏电故障	在开关处于断开状态时仍然有一些电流流过整机电路，这些电流虽然不足以使整机电路进入工作状态，但是消耗了电池电能

2．单刀交流高压电源开关电路

图 18-11 所示是单刀交流高压电源开关电路。所谓交流高压电源，是指电子电器中的 220V 交流市电，S1 串联在交流 220V 市电回路中。当电源开关闭合时，220V 交流电压可加到电源变压器 T1 一次绕组两端，整机电路进入通电后的工作状态。当 S1 断开后，220V 交流电压不能加到电源变压器 T1 一次绕组两端，整机电路没有电压，不能进入工作状态。

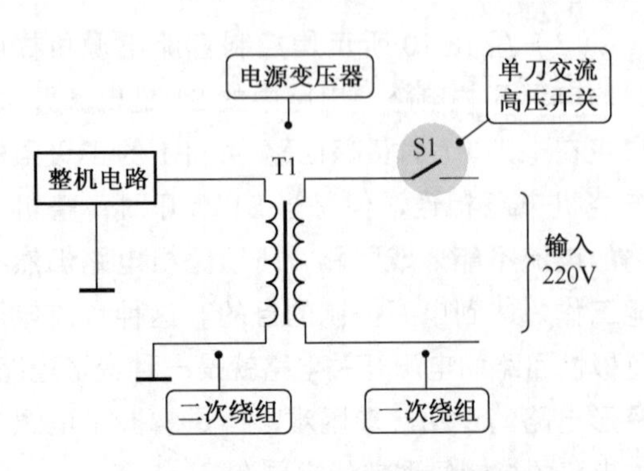

图 18-11　单刀交流高压电源开关电路

人体接触交流 220V 电压有触电危险，所以机器中这一电源开关的两根引脚用绝缘套管套住裸露部分，以防止人体触电，对这种电源开关进行故障检修时要特别注意安全第一。

表 18-5 所示是单刀交流高压电源开关 S1 电路故障分析。

表 18-5　单刀交流高压电源开关电路故障分析

故障名称	故障分析
开路故障	整机电路不工作
接触电阻大故障	加到电源变压器一次绕组两端的交流电压低，整机电路将无法正常工作，同时开关 S1 有发热现象
开关漏电故障	开关处于断开状态时仍然有一些电流流过电源变压器，使机器的安全性能下降，接触到电源变压器一次绕组时有触电危险

3．双刀双掷交流高压电源开关电路

图 18-12 所示是双刀双掷交流高压电源开关电路，开关 S1-1、S1-2 是双刀双掷电源开关，两组刀受一个开关柄控制，同时接通或断开。电视机电路中常用这种电源开关电路。

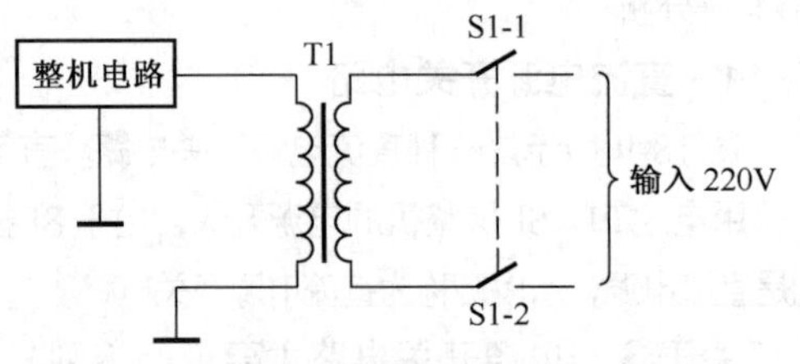

图 18-12　双刀双掷交流高压电源开关电路

从电路中可以看出，S1-1、S1-2 分别串联在电源变压器 T1 一次绕组的两根进线回路中，当电源开关接通时，S1-1、S1-2 同时接通，交流 220V 加到电源变压器 T1 的一次绕组上，整机电路进入工作状态；当电源开关 S1-1、S1-2 断开时，整机电路没有电压。这种电源开关电路的安全性好，当 S1-1、S1-2 断开时，T1 的一次绕组两根引脚同时断电，保证从电源变压器 T1 开始的整机所有电路与 220V 交流市电网断开。它的故障分析见表 18-6。

表 18-6　双刀双掷交流高压电源开关电路故障分析

故障名称	故障分析
S1-1 或 S1-2 开路故障	S1-1 或 S1-2 中有一只开关出现开路故障，整机不工作
S1-1 或 S1-2 接触电阻大故障	S1-1 或 S1-2 中有一只开关接触电阻大，整机电路将无法正常工作
S1-1 或 S1-2 接触不良故障	S1-1 或 S1-2 中有一只开关接触不良，整机电路一会儿工作正常，一会儿不正常
S1-1 或 S1-2 开关漏电故障	由于 S1-1 和 S1-2 同时漏电的可能性较小，所以有一只开关发生漏电故障时不影响关机功能，但是安全性能下降

4．单刀交流低压电源开关电路

图 18-13 所示是单刀交流低压电源开关电路。所谓低压电路，在电子电器中以电源变压器为界划分，电源变压器 T1 二次绕组及之后的电路为低压电路，因为电子电器中的电源变压器是一个降压变压器，它将 220V 交流电压降低到几伏或几十伏。电源变压器的一次绕组回路为高压电路。

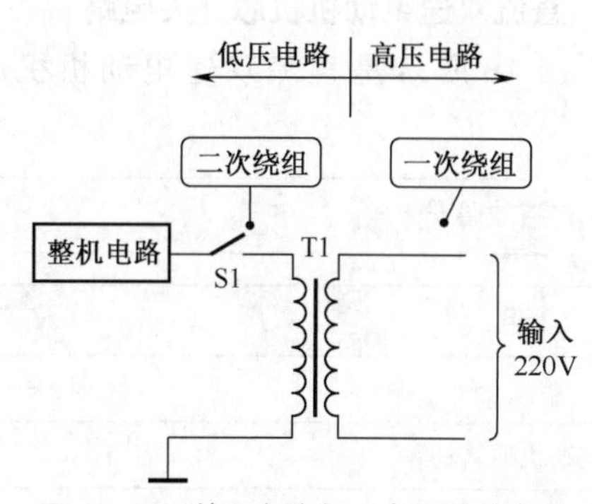

图 18-13　单刀交流低压电源开关电路

电路中，S1 是电源开关，它接在电源变压器的二次绕组回路中。当 S1 断开时，整机电路没有工作电压；当它接通时，整机电路进入工作状态。

5．单刀直流低压电源开关电路

在交流供电的电子电器中，电源开关除了设置在交流高压或低压回路之外，许多情况下设置在直流低压回路中。

图 18-14 所示是单刀直流低压电源开关电路。电路中的 S1 是电源开关，它接在降压（电源变压器）、整流和滤波电路之后，因为之后的电路是直流电路，所以这一开关是直流电源开关。

从电路中看出，在 220V 交流市电回路中没有设置电源开关，这样通入 220V 交流电压之后，电源电路中的降压电路、整流电路和滤波电路都处于工作状态。

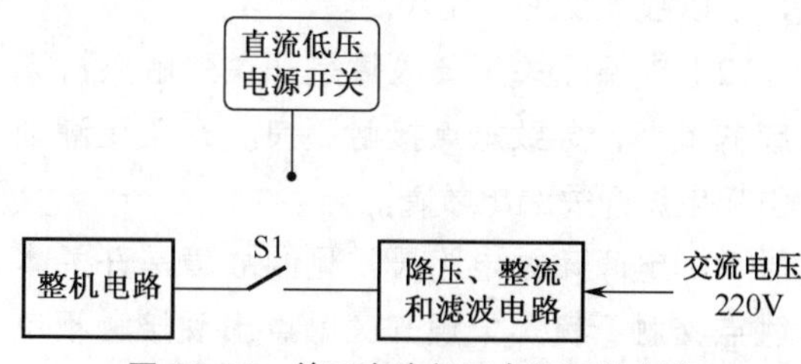

图 18-14　单刀直流低压电源开关电路

整流、滤波电路输出的直流工作电压加到电源开关 S1 上。当 S1 接通时，为后面的整机电路供给直流工作电压，整机电路进入正常工作状态。

当电源开关 S1 断开时，后面的整机电路没有直流工作电压，整机电路不能进入工作状态。但是，此时 S1 开关之前的电路仍然在正常工作状态，这是这种电源开关电路的特点。

盒式录音机中使用这种形式的电源开关电路。当拔掉盒式录音机电源线时，才能将全部电源断掉。

电源开关电路分析要点提示

关于电源开关电路识图主要说明以下 3 点。

（1）电源开关电路控制整机的工作电压是否加到电路中，这类电路有交流电源开关电路和直流电源开关电路两种，它们的工作原理相同，都是控制电压传输回路的接通与断开。交流电源开关电路有安全性问题，直流电源开关不存在这个问题。

（2）电源开关可以设置在不同的回路中，主要有：交流高压回路电源开关电路、交流低压回路电源开关电路、直流低压回路电源开关电路和地线回路电路中的电源开关电路。

（3）电路分析时，设电源开关处于接通和断开两个状态，分别分析电路在电源开关接通和断开状态下的开关电路工作原理，分析的结果应该是：电源开关接通时整机电路工作，电源开关断开时整机电路停止工作。

6．电源开关电路故障分析要点小结

关于电源电路故障分析主要说明以下 3 点。

（1）电源开关的使用频率比较高，流过开关的工作电流也比较大，是整机的最大工作电流，所以故障发生率比较高。

（2）电源开关主要故障是开关的触点打火造成的损坏，导致触点接触不良。开关受潮则会引起电源开关漏电故障。

（3）电源开关电路最常见的故障是开关本身触点接触不良。电源开关触点出现接触不良后，两触点之间的接通电阻增大，在开关两端的电压降增大，导致整机工作电压下降，下降严重时整机电路将无法工作。

18.2.2 机芯开关电路

1．直流单速电动机机芯开关电路

图 18-15 所示是直流单速电动机机芯开关电路。电路中的 M 是直流单速电动机，它采用直流工作电压，转速恒定，而且为单向转动（只向一个方向转动）。

当机芯开关 S1 接通时，直流工作电压 $+V$ 通过开关 S1 加到电动机 M 两端，电动机转动；当开关 S1 断开时，电动机无工作电压而停止转动。

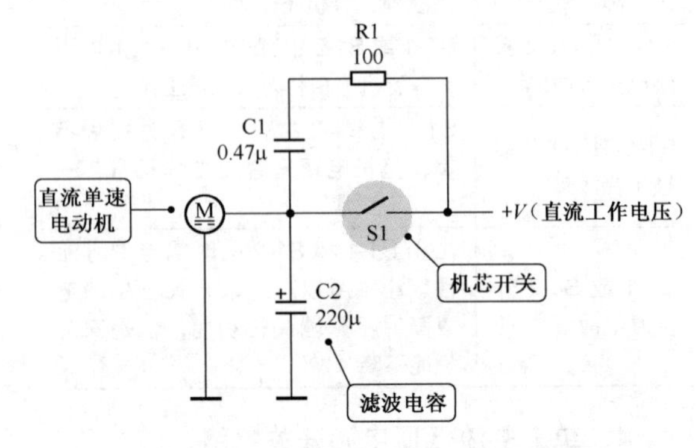

图 18-15　直流单速电动机机芯开关电路

C2 为滤波电容器，它对直流工作电压 $+V$ 进行进一步的滤波。同时，也能滤除直流电动机 M 转动中产生的脉冲对整机电路的干扰。

表 18-7 所示是直流单速电动机机芯开关电路故障分析。

2．直流双速电动机机芯开关电路

图 18-16 所示是直流双速电动机机芯开

表 18-7　直流单速电动机机芯开关电路故障分析

元器件及故障现象		说　明
S1	开路	电动机 M 无法转动
	断不开	只要整机电路加电，没有按下机器的任何键电动机便转动
	接触不良	或是电动机转转停停，或是电动机转速慢，因为加到电动机两端的直流电压不稳定或太低
$+V$	无电压	电动机 M 不转动
	电压太低	电动机 M 无法转动或转速慢，转矩小，因为直流电压大小与电动机 M 的转速存在正比关系
	电压太高	电动机转速快
C2	开路	无滤波作用，机器中可能会出现干扰噪声
	短路	电动机 M 无法转动，会熔断电源电路中的保险丝
	漏电	会使电动机 M 两端直流电压下降，C2 严重漏电会使电动机 M 转速慢或不能转动
电动机 M	转子卡死	电动机 M 无法转动，而且会使直流工作电压下降，电动机 M 回路电流大幅增大
	不稳速	电动机 M 是一只电子稳速电动机，不稳速时放音怪腔怪调
	转速慢	声音变低，女声变成男声
	转速快	声音变高，男声变成女声

关电路，电路中的电动机 M 有 4 根引脚，所以它是直流双速电动机。其中一根为正电源引脚，一根为接地引脚，另两根为电动机转速控制引脚。

这一电路中的机芯开关 S1 控制原理与前面的电路一样，无论双速电动机 M 转动在哪种转速下，只控制电动机 M 的直流工作电压，不控制电动机 M 的转速。

图 18-17 所示是另一种直流双速电动机机芯开关电路，不同之处是它的机芯开关 S1 接在机芯的地线回路中。S1 接通时，电动机 M 的电流成回路而转动；S1 断开时，因为电动机 M 的地线不成回路，电动机电流不能成回路，所以电动机 M 无法转动，达到控制电动机 M 停止转动的目的。

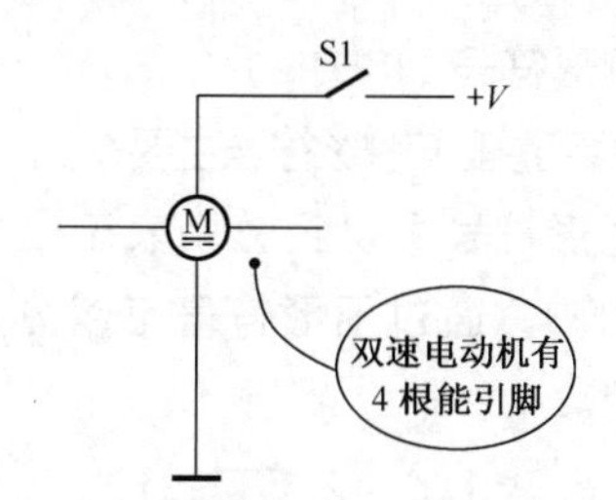

图 18-16　直流双速电动机机芯开关电路

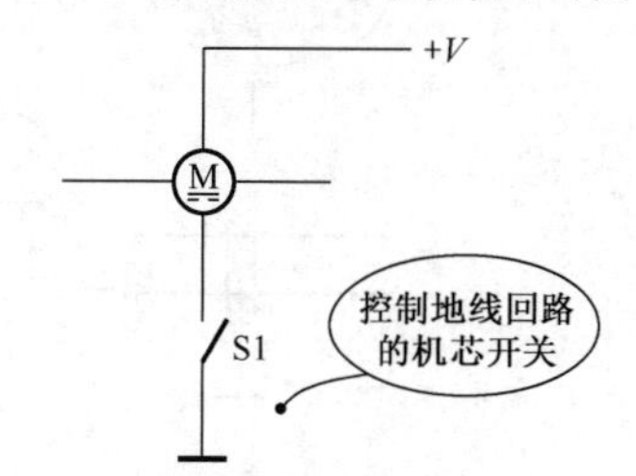

图 18-17　另一种直流双速电动机机芯开关电路

18.3　通用接插件知识及应用电路

接插件有两大类：用于电子电器与外部设备连接的接插件和用于电子电器内部电路板之间线路连接的接插件。

18.3.1　ϕ3.5 插座 / 插头

1．单声道 ϕ3.5 插座 / 插头外形特征和图形符号

图 18-18 所示是单声道 ϕ3.5 插座 / 插头外

（a）单声道 ϕ3.5 插座

（b）单声道 ϕ3.5 插头

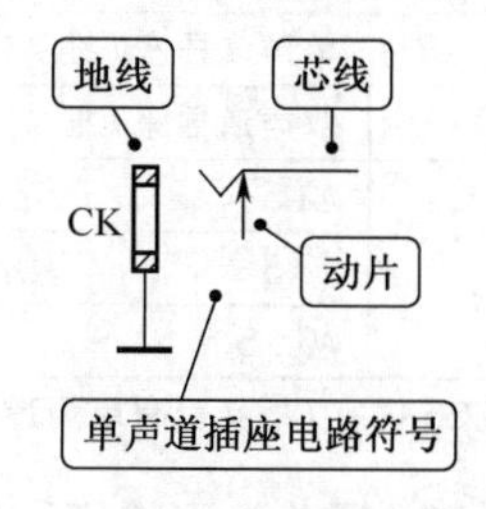

（c）单声道插座图形符号

图 18-18　单声道 ϕ3.5 插座 / 插头外形特征和图形符号

表 18-8 所示是单声道插座和插头各引脚作用说明。

表 18-8　单声道插座和插头各引脚作用说明

引　脚		作 用 解 说
单声道插座	地线引脚	它接电路中的地线
	芯线引脚	电路中它是信号热端的传输线路，它与地线引脚构成信号电流的回路
	动片引脚	它用来作为辅助控制引脚，一些插座电路中该引脚可以不用
单声道插头	芯线触点引脚	它在插头的顶部，为金属导体，呈半球形。芯线触点通过插头的内部导体与插头两根引脚中的一根相连
	地线触点引脚	它是插头的杆体部分，为金属导体，是空心的圆柱形结构，内部是芯线导体，芯线导体与外部地线导体之间是绝缘层，使两导体之间绝缘。插头两根引脚中的另一根是地线

形特征和图形符号。

关于单声道插座图形符号主要掌握下列两点。

（1）图形符号中已经分别表示出单声道插座的 3 根引脚，通过图形符号可以分辨这 3 根引脚的作用。

（2）地线引脚接地，芯线引脚与动片引脚在常态下处于接通状态。

2．单声道 ϕ3.5 插座 / 插头工作原理

图 18-19 所示是单声道插头插入插座后的各触点状态示意图。

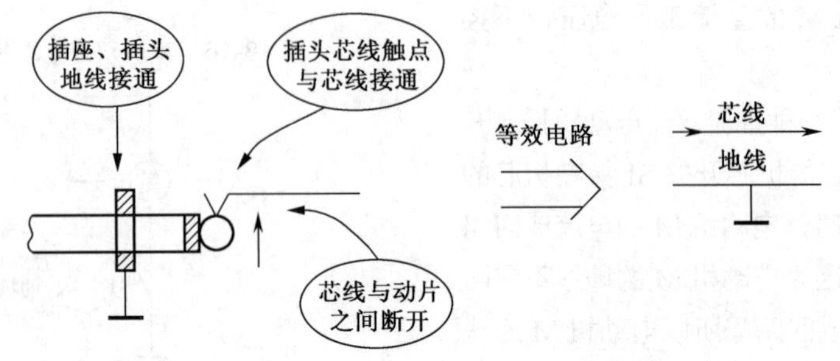

图 18-19 单声道插头插入插座后的各触点状态示意图

从图中可以看出，单声道插头插入插座后两地线相接触，插头芯线触点与插座芯线接通，这样有两条通路供输入信号或输出信号电流构成回路。当插头从插座中拔出后，插座各引脚恢复常态。

插座通过槽纹螺母固定在机壳上，常态下插头不与机器相连接。

3．同类插座 / 插头

表 18-9 所示是与 ϕ3.5 插座 / 插头同类的接插件说明。

表 18-9 同类插座 / 插头说明

划分方法及名称		说　明
按声道数目划分	单声道插座 / 插头	只能用来传一个声道的信号
	双声道插座 / 插头	可以同时用来传两个声道的信号，如左声道和右声道信号
按插头直径划分	ϕ2.5	常用在直流稳压电源的连接插口中
	ϕ3.5	这是用得最多的一种，常用于音频信号的传输
	ϕ6.25	这种插座 / 插头常用于话筒、调音台等设备中传输音频信号

注：ϕ3.5 和 ϕ6.25 插座 / 插头都有单声道和双声道两种，ϕ3.5 和 ϕ6.25 插座 / 插头结构相似，工作原理一样。

4．双声道插座 / 插头外形特征和图形符号

图 18-20 所示是双声道插座 / 插头外形特征和图形符号。从实物图中可以看出，双声道插座、插头与单声道插座、插头十分相似，只是引脚数目不同。双声道插座上共有 5 根引脚，双声道插头共有 3 个触点，引出 3 根引线。

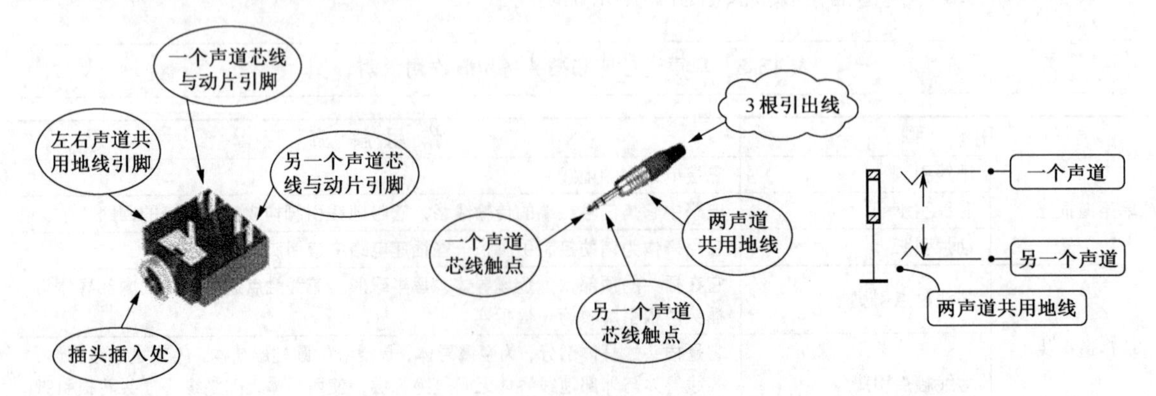

图 18-20 双声道插座 / 插头外形特征和图形符号

关于双声道插座 / 插头主要掌握下列几点。

（1）图形符号与单声道插座图形符号相似，符号中表示出插座的 5 根引脚，地线是两声道共用的，两个声道的芯线引脚和动片引脚相互之间独立。

（2）双声道插头与双声道插座配套使用才能发挥出双声道接插件的功能。

（3）双声道插头、插座也有 $\phi3.5$ 和 $\phi6.25$ 规格之分。

5．双声道插座 / 插头工作原理

图 18-21 是双声道插头插入双声道插座后的各触点接触状态示意图。关于这一工作状态主要说明下列几点。

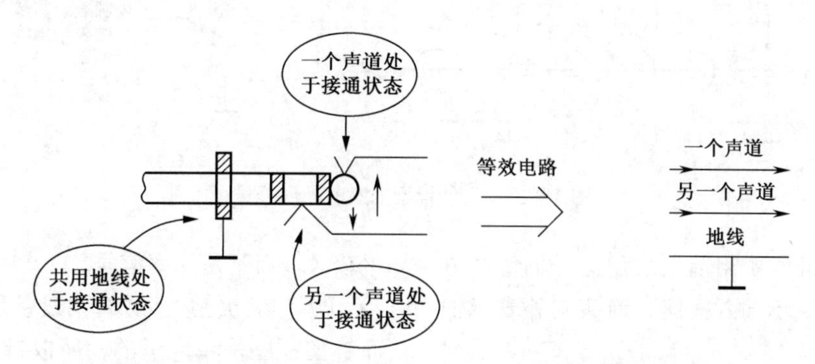

图 18-21　双声道插头插入双声道插座后的各触点接触状态示意图

（1）双声道插头插入双声道插座后，插头上的地线与插座的地线接触上，插头上两个芯线触点与插座上对应的两个芯线接触上，这样形成两条独立的信号传输线，如等效电路所示，构成双声道传输电路。

（2）如果单声道插头插入双声道插座，那么只能形成一路信号传输线路，即单声道插头芯线触点这一条线路，双声道的插座另一条线路不能使用。

（3）如果是双声道插头插入单声道插座，也只能构成一条信号传输线路，即单声道插座芯线这条线路能构成回路，插头的另一条线路不能使用。

18.3.2　针型插座 / 插头

针型插座 / 插头广泛用于各种音响和视频设备中，用来传输音频信号、数码音频流和视频信号等。图 18-22 是针型插座 / 插头实物图。

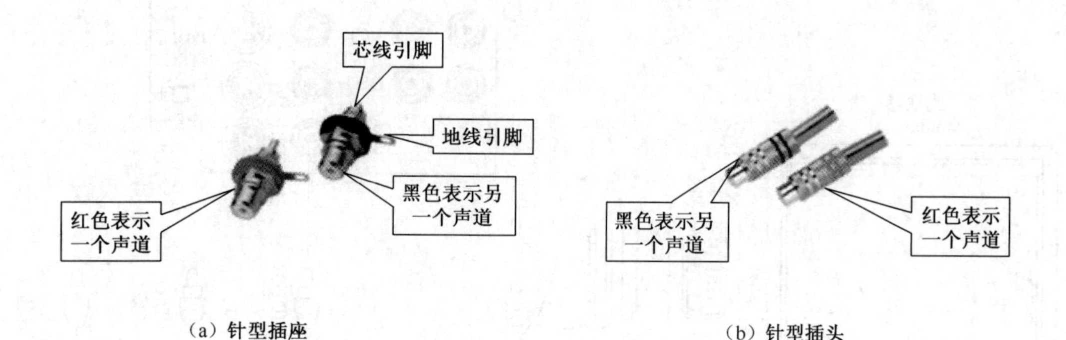

图 18-22　针型插座 / 插头实物图

针型插头又称莲花插头或 RCA 插头，这种插头只有两根引脚，所以只能用于信号的不平衡传送，各设备之间的信号大多数是以不平衡方式传送的。

1．针型插座 / 插头外形特征

关于针型插座 / 插头外形特征主要说明下列几点。

（1）针型插座 / 插头是圆形的，插座通过螺母紧固在机壳上，插座的头部伸出机壳外。

（2）针型插座/插头是单声道的，没有双声道的。

（3）插座外面的金属部分是地线，里面的是芯线部分；插头外面的金属部分也是地线，里面的也是芯线部分。

2．针型插座/插头图形符号

针型插座/插头图形符号没有统一的规定，图18-23所示是几种针型插座的图形符号。

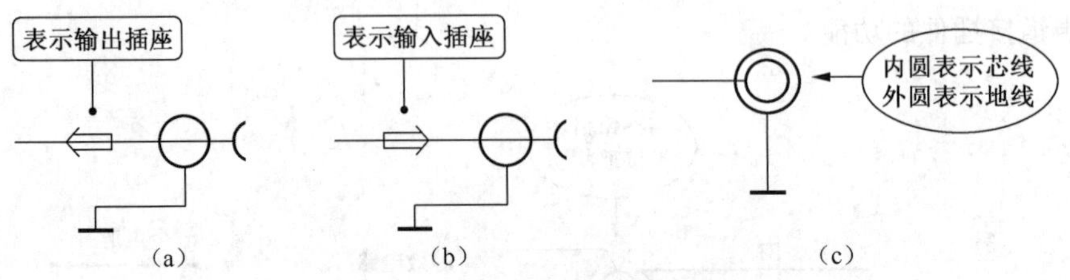

图18-23 几种针型插座的图形符号

有的图形符号中用箭头表示信号的传输方向，箭头向里表示输入插座，箭头向外表示输出插座。

3．针型插座作用

关于针型插座作用主要说明下列几点。

（1）针型插座主要用于组合音响、音响组合、电视机、录像机等设备中。

（2）这种插座可以用来输入信号，也可以用来输出信号，信号都是线路信号，即信号电平较大，但不是功率信号。

（3）因为绝大多数音响设备是双声道结构，而针型插座是单声道的，所以针型插座在音响设备中是成对出现的，在多声道结构的家庭影院设备中，这种针型插座则更多。图18-24是某型号AV功率放大器上的插座板示意图，共有13只针型插座，用于功率放大器与外部设备的连接。

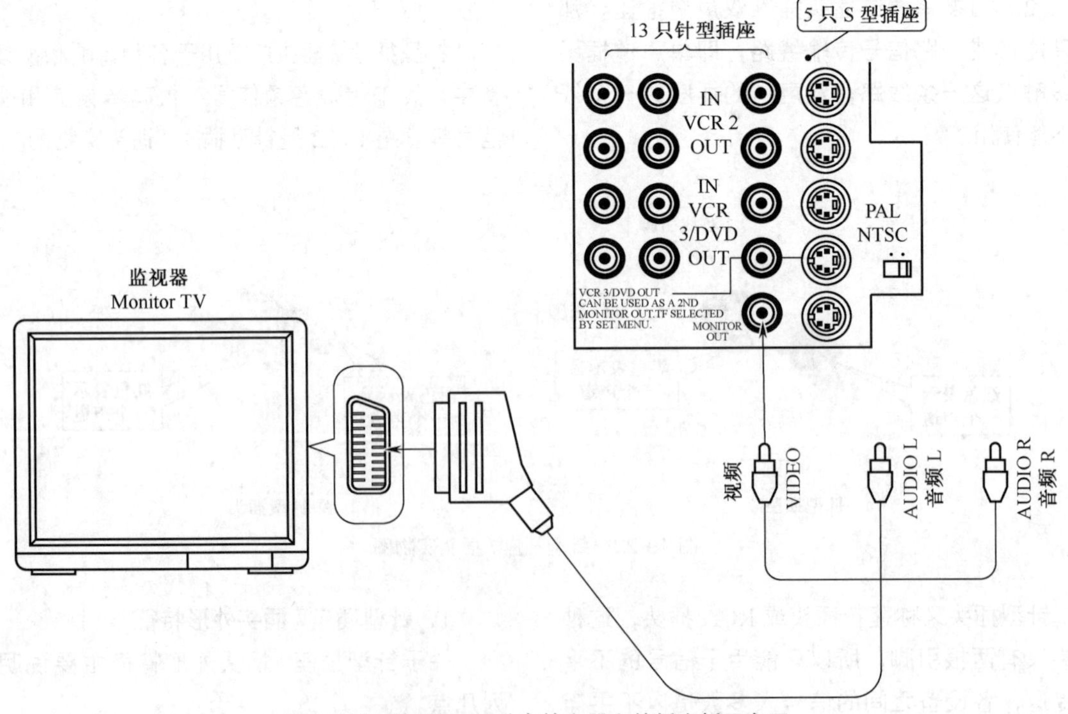

图18-24 某型号AV功率放大器上的插座板示意图

（4）视频信号传输时只用一只针型插头，如电视机、录像机中的视频输入插座和输出插座，用来输入或输出视频信号。

18.3.3 其他插座/插头

电子电器中用于信号传输的插座/插头种类很多，下面介绍几种比较常见的插座/插头。

1．卡侬插座/插头

卡侬插头又称 XLR 插头，这种插头体积较大，有公插头和母插头之分，两者不能互换使用，国际上通用的做法是公插头作为信号的输出端插头，母插头作为信号的输入端插头。图 18-25 是卡侬插头实物图。

卡侬插头共有 3 根引脚，所以用于平衡式输入或输出，平衡传输比不平衡传输质量要高，主要是抗干扰能力大大增强，只是电路比较复杂。卡侬插头也可以用于不平衡转送的线材上。卡侬插头常用于话筒上，用于专业器材上，一些顶级的家用音响器材上也使用这种插头。

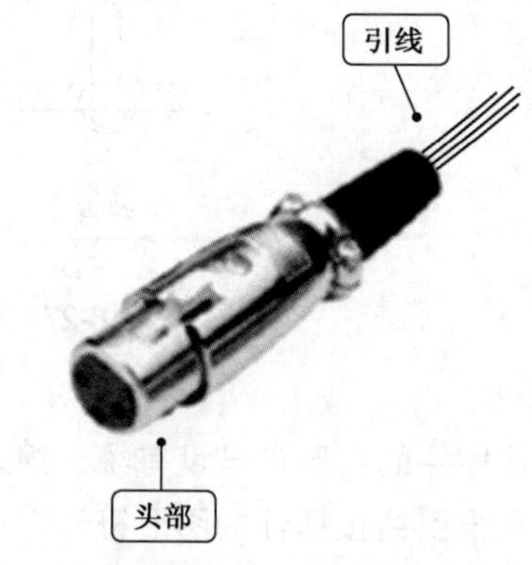

图 18-25 卡侬插头实物图

2．连接叉

连接叉是一种单芯线材的接插件，用于组合音响的音箱连接中。图 18-26 是连接叉两种使用方法示意图。

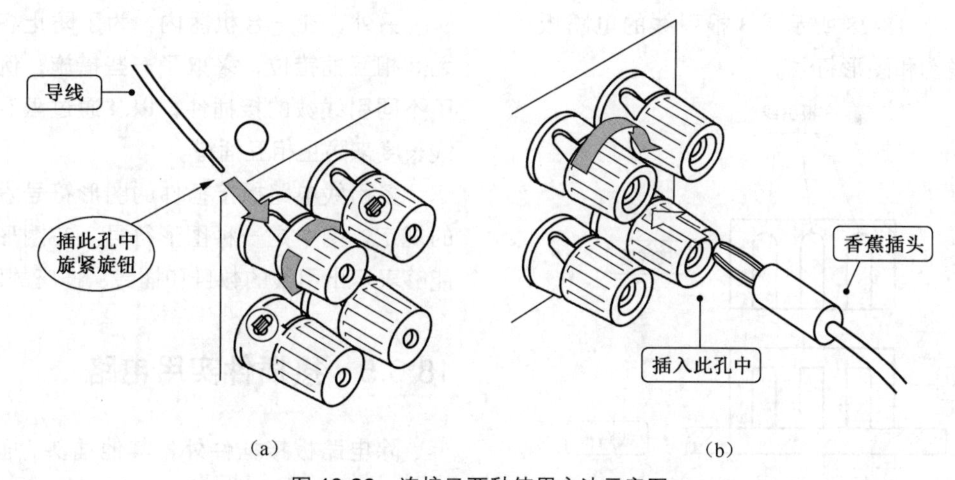

图 18-26 连接叉两种使用方法示意图

图 18-26(a）是导线（音箱线）直接插入的使用示意图，导线插入孔中后旋紧旋钮即可。图 18-26(b）是采用香蕉插头时的使用示意图，香蕉插头插入孔中即可。

由于连接叉是一种单芯线，所以传输一路信号时就得使用两只，在双声道信号传输电路中则需要 4 只这样的接插件。

18.3.4 电路板常用接插件

1．单引线接插件

图 18-27 所示是单引线接插件示意图和图形符号。从图中可以看出，它的插座部分直接焊在电路板的铜箔印刷线路上，插头引出引线。

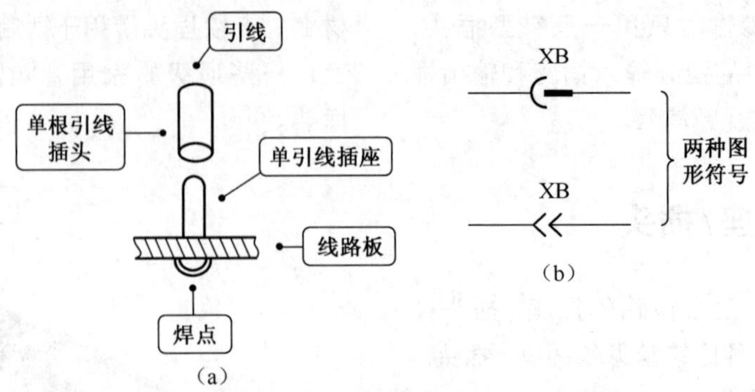

图 18-27　单引线接插件示意图和图形符号

这种接插件的图形符号没有统一规定，图中是两种单根引线接插件的图形符号，单引线的接插件通常用字母 XB 表示。

当插头插入插口时，线路可接通，拔下时便断开。这种单引线接插件主要用于天线、电池引线中。

2．多引线接插件

多引线的电路板接插件根据引脚数目不同有许多，图 18-28 所示是 3 根引线的电路板接插件示意图和图形符号。

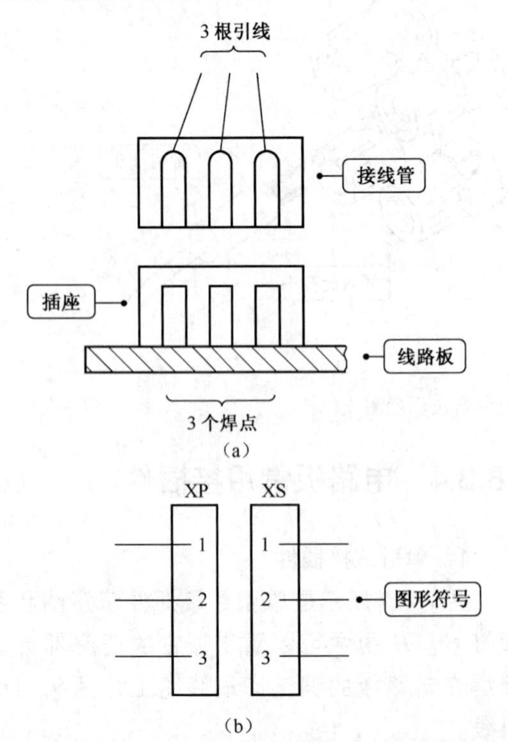

图 18-28　3 根引线的电路板接插件示意图和图形符号

3 根引线的电路板接插件结构稍复杂一些，从图中可以看出，它的插座也固定在电路板上，插座内部有 3 根引线接线片，插头内有 3 根引线接线管。

这种引线接插件在电路板中较多，特别是机器内有多块电路板时它用得更多。为了防止插头插错方向，这类引线接插件为非对称结构，即插头只有在一个方向、位置下才能插入插座，反方向或移动一个位置均不能插入。

另外，在一台机器内，为了防止各接插件之间相互插错位，采取了一些措施，例如采用了不同引线数的接插件，以及通过限制插头引线长度来防止相互插错。

多引线电路板接插件的图形符号没有统一的规定，图中是一种图形符号。在图形符号中能够表示出引线的数目和插头、插座的区别。

18.3.5　接插件实用电路

除电路板接插件外，其他插头 / 插座式接插件在电路中可以构成输出插座电路，用来从机器内部向外部输出信号；也可以构成输入插座电路，从机器外部向机器内部输入信号。

1．扬声器插座电路

图 18-29 所示是扬声器插座电路，CK-L、CK-R 构成左、右声道扬声器插座电路，这是一个输出信号插座电路，由于功率放大器输出的信号是功率信号，所以这是一个大信号输出插座电路，在一些音响设备中使用这种扬声器插座电路。

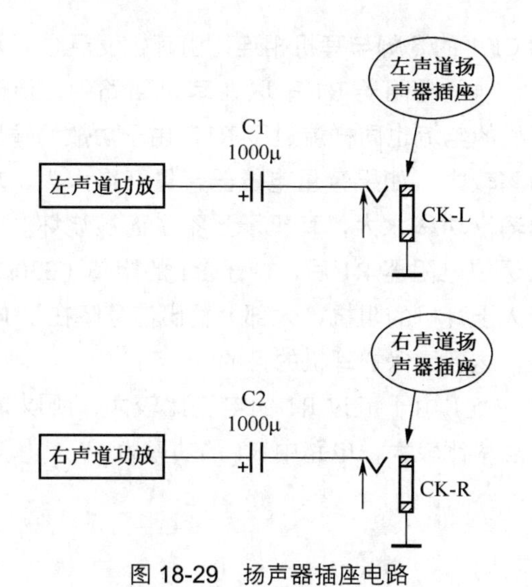

图 18-29 扬声器插座电路

这一电路的工作原理是：当左、右声道音箱插头分别接入 CK-L 和 CK-R 之后，左、右声道扬声器通过 CK-L、CK-R 接入左、右声道功率放大器，扬声器发声。这里的 CK-L、CK-R 只起着功率放大器与音箱之间的连接作用。

2．外接扬声器插座电路

图 18-30 所示是外接扬声器插座电路，这里只画出了一个声道电路，另一个声道电路与此相同。电路中的 CK1 为外接扬声器插座，BL1 为机内扬声器。

这一电路的工作原理分析要分成两种情况。

（1）当外接扬声器插头没有插入 CK1 时，机内扬声器 BL1 通过 CK1 接在功率放大器输出端，这时由机内扬声器发出声音。插头没有插入 CK1 时，CK1 内部动片触点与芯线触点为接通状态。

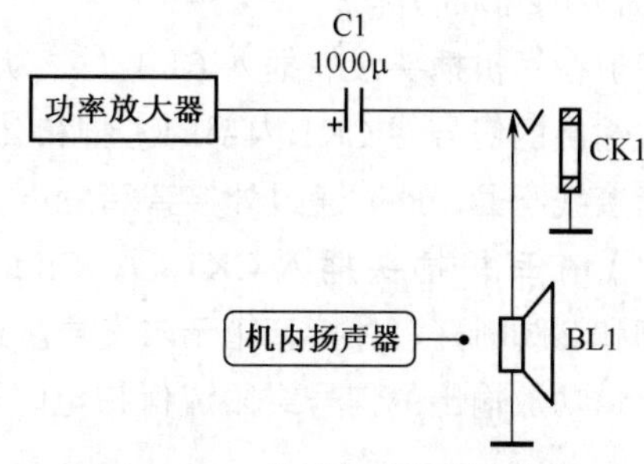

图 18-30 外接扬声器插座电路

（2）当外接扬声器的插头插入 CK1 时，CK1 内部的动片触点与芯线触点断开，使机内扬声器 BL1 与功率放大器的输出端断开，机内扬声器不能发出声音，而是由接入的外接扬声器发声。在外接扬声器插头拔出 CK1 后，恢复机内扬声器的工作状态。

一些音响设备中，为了方便接入外接音箱而采用这种电路。外接音箱的音响效果一般比机内扬声器的音响效果好，所以通过外接音箱可以改善音响效果。

3．外接耳机插座电路

图 18-31 所示是外接耳机插座电路，电路中的 CK1 是立体声耳机插座，CK2 是左、右声道音箱接线座。关于这一插座电路的工作原理说明下列几点。

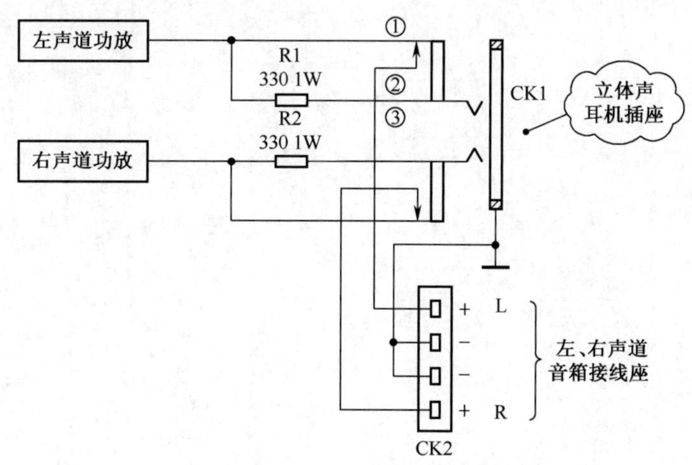

图 18-31 外接耳机插座电路

（1）电路中的立体声耳机插座工作原理是：当耳机插头没有插入 CK1 时，CK1 内部的①脚和②脚接通；当耳机插头插入 CK1 时，CK1 内部的①脚和②脚断开。

（2）在耳机插头没有插入 CK1 时，从左声道功放输出的信号经 CK1 内部的①脚和②脚加到音箱接线座上，此时通过外接音箱发声。

（3）在耳机插头插入 CK1 后，CK1 内部的①脚和②脚断开，外接音箱无法发声。这时，从左声道功放输出的信号经限流保护电阻器 R1 和 CK1 的③脚与耳机相连，由耳机发声。

（4）电阻器 R1 串联在耳机回路中，流过耳机的电流也同样流过了 R1，由于功放的输出功率较大，如果音量电位器音量开得太大，功放输出功率太大，耳机承受不了而被烧坏。串入保护电阻器 R1 后，由于 R1 的阻值（330Ω）远大于耳机的阻抗，大部分输出信号降在了 R1 上，达到了保护耳机的目的。

（5）由于流过 R1 的电流比较大，所以 R1 的功率比较大，电路中 R1 的功率为 1W。

第19章 晶体闸流管、场效应管和电子管及应用电路

19.1 晶体闸流管基础知识和应用电路

晶体闸流管简称晶闸管，过去常被称为可控硅。晶闸管的英文为 Thyristor，可控硅的英文缩写为 SCR。

19.1.1 晶闸管外形特征和电路图形符号

1. 晶闸管种类

表 19-1 所示是晶闸管种类。

表 19-1 晶闸管种类

分类方法	说明
按关断、导通及控制方式	有普通晶闸管、门极关断晶闸管、逆导晶闸管、双向晶闸管、四极晶闸管、BTG 晶闸管、温控晶闸管、光控晶闸管和晶闸管模块
按引脚和极性	有二极晶闸管、三极晶闸管和四极晶闸管
按封装形式	有金属封装晶闸管、塑封晶闸管和陶瓷封装晶闸管 3 种。 金属封装晶闸管又分为螺栓形、平板形、圆壳形等多种。 塑封晶闸管又分为带散热片型和不带散热片型两种
按电流容量	有大功率晶闸管、中功率晶闸管和小功率晶闸管 3 种。 通常，大功率晶闸管多采用金属壳封装，而中、小功率晶闸管则多采用塑封或陶瓷封装
按关断速度	有普通晶闸管和高频（快速）晶闸管

2. 晶闸管外形特征

表 19-2 所示是数种晶闸管实物图。

表 19-2 数种晶闸管实物图

名称	普通晶闸管	平板双向晶闸管	双向晶闸管	快速晶闸管
实物图				

续表

名称	门极关断晶闸管	光控晶闸管	小功率双向晶闸管
实物图			

从表 19-2 可以看出晶闸管的外形特征有下列几点。

（1）有的晶闸管像三极管，有的则与三极管不像。

（2）它与三极管一样也有 3 个电极，电极的名称与三极管叫法不同，分别是阳极、阴极和控制极。

（3）它的体积大小不一，工作电流大的体积也大。

3．普通晶闸管电路图形符号说明

图 19-1 所示是晶闸管的电路图形符号。

电路图形符号中，现在规定用字母 VS 表示晶闸管，过去是用字母 T，还有的用 KP 等表示。晶闸管共有 3 个电极：阳极用字母 A 表示，阴极用字母 K 表示，控制极用字母 G 表示。

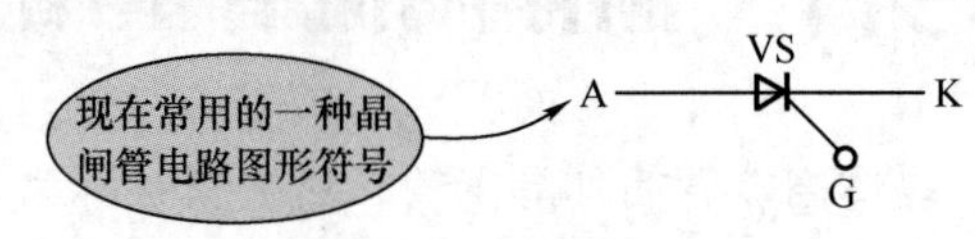

图 19-1　晶闸管的电路图形符号

4．其他晶闸管电路图形符号

表 19-3 所示是其他晶闸管的电路图形符号、结构与等效电路。

表 19-3　其他晶闸管的电路图形符号、结构与等效电路

名　称	电路图形符号、结构与等效电路
普通晶闸管	A G K P 型门极；A G K N 型门极；电路图形符号；A P N G P N K 结构示意图；A VT1 VT2 G K 等效电路
门极关断晶闸管	A G K 电路图形符号；A P N G P N K 结构示意图
逆导晶闸管	注意电路图形符号中用了稳压二极管的电路图形符号；A G K 电路图形符号；A SCR G VD K 结构示意图

续表

名　称	电路图形符号、结构与等效电路
双向晶闸管	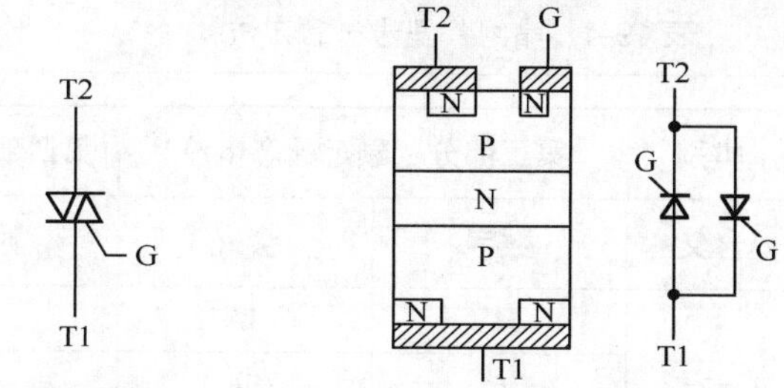 T2 G T1；N P N P N N；T2 G G T1；电路图形符号　结构示意图　等效电路
四极晶闸管	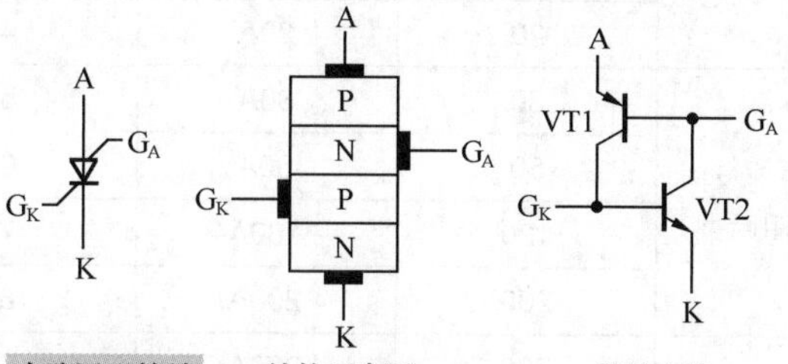 A G_A G_K K；A P N P N K G_A G_K；A VT1 G_A G_K VT2 K；电路图形符号　结构示意图　等效电路
BTG 晶闸管	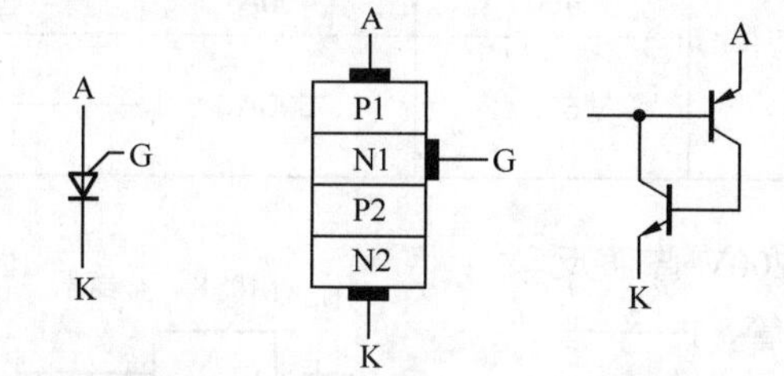 A G K；A P1 N1 P2 N2 K G；A K；电路图形符号　结构示意图　等效电路
温控晶闸管	 A G K；一般单向晶闸管是 P 型控制极，阴极侧受控；而温控晶闸管为 N 型控制极，阳极侧受控。电路图形符号中 G 极位置有所不同
光控晶闸管	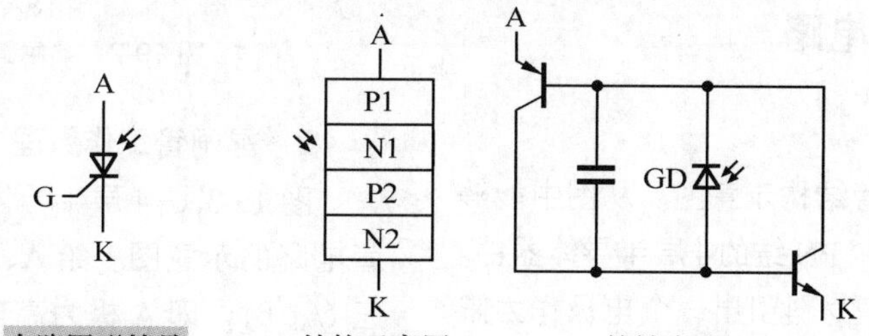 A G K；A P1 N1 P2 N2 K；A GD K；电路图形符号　结构示意图　等效电路
晶闸管模块	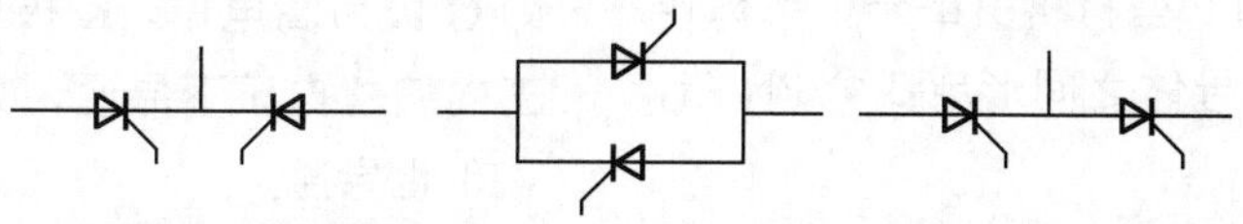

5．晶闸管型号命名方法

表 19-4 所示是晶闸管型号命名方法。

表 19-4　晶闸管型号命名方法

第一部分：主称		第二部分：类别		第三部分：额定通态电流		第四部分：重复峰值电压级数	
字母	含义	字母	含义	数字	含义	数字	含义
K	晶闸管（可控硅）	P	普通反向阻断型	1	1A	1	100V
				5	5A	2	200V
				10	10A	3	300V
				20	20A	4	400V
		K	快速反向阻断型	30	30A	5	500V
				50	50A	6	600V
				100	100A	7	700V
				200	200A	8	800V
		S	双向型	300	300A	9	900V
				400	400A	10	1000V
				500	500A	12	1200V
						14	1400V

举例说明 1：KP1-2 表示 1A/200V 普通反向阻断型晶闸管，其中 K——晶闸管，P——普通反向阻断型，1——通态电流 1A，2——重复峰值电压 200V。

举例说明 2：KS5-4 表示 5A/400V 双向晶闸管，其中 K——晶闸管，S——双向型，5——通态电流 5A，4——重复峰值电压 400V。

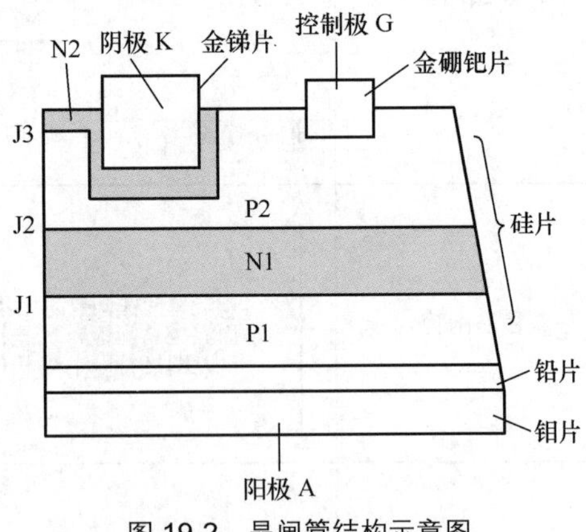

图 19-2　晶闸管结构示意图

19.1.2　普通晶闸管工作原理、特性和应用电路

1．晶闸管结构

图 19-2 是晶闸管结构示意图。从图中能够看出，它是一个有 3 个 PN 结的 4 层半导体器件。由最外面一层的 P 型材料引出一个电极作为阳极 A。由最外面一层的 N 型材料引出一个电极作为阴极 K。中间的 P 型材料引出一个电极作为控制极 G。4 层半导体之间形成 3 个 PN 结，分别是 J1、J2 和 J3。

2．晶闸管工作原理

图 19-3 是 4 层半导体结构等效成两只三极管电路的示意图。给 A、K 极之间加上正向电压 U_{AK} 时，即 A 极为高电位，K 极为低电位；然后，再给 G、K 极之间加上正向电压 U_{GK} 时，即 G 极为高电位，K 极为低电位，VT2 在 U_{GK} 正向偏置电压下导通，其集电极电压下降，使 VT1 也导通。

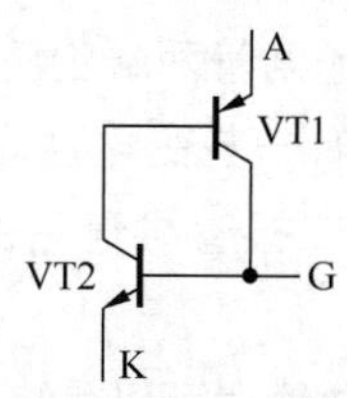

图 19-3　4 层半导体结构等效成两只三极管电路示意图

设 VT1 电流放大倍数为 β_1，VT2 电流放大倍数为 β_2，在 U_{GK} 作用下，VT2 有基极电流 I_{B2}，其集电极电流为 I_{C2}，I_{C2} 即为 VT1 的基极电流 I_{B1}，$I_{B1}=I_{C2}=\beta_1\times I_{B2}$。经 VT1 的放大，其集电极电流 $I_{C1}=\beta_1\times\beta_2\times I_{B2}$。$I_{C1}$ 又作为 VT2 的基极电流馈入 VT2 基极。显然，此时的 I_{B2} 已大得多，说明 VT1、VT2 构成正反馈电路，经正反馈很快使 VT1 和 VT2 处于饱和导通状态。

重要提示

在晶闸管导通后，去掉 U_{GK}，VT1 和 VT2 仍然处于导通状态。

这里将晶闸管的工作原理归纳成以下几点，如表 19-5 所示。

表 19-5　晶闸管的工作原理小结

名　称	说　明
A、K 极之间加上一个正向电压	在 G、K 之间不加正向电压，VT1 和 VT2 仍然处于截止状态，此时晶闸管 A、K 电极之间的内阻很大，电流很小； 在 G、K 电极之间加上正向电压 U_{GK}，则 VT1、VT2 通过正反馈，很快两管处于饱和导通状态。此时，晶闸管的 A、K 极之间的内阻很小
在晶闸管导通后	去掉正向电压 U_{GK}，晶闸管仍然处于导通状态。其实，U_{GK} 的作用时间只要很短（几毫秒），便可使晶闸管导通。然后，U_{GK} 便不起作用了，可以去掉。所以，U_{GK} 为触发信号
晶闸管导通后使它回到截止状态	减小 A、K 电极之间的正向电压，此时晶闸管的导通电流也在减小。当电流小到一定程度（小于维持电流 I_H），晶闸管便处于截止状态

通过以上分析可知，晶闸管相当于一个导通与截止受控制极触发电压控制的电子开关器件。

3．晶闸管导通条件

要使晶闸管导通，必须同时满足下列两个条件。

（1）A、K 极之间加一定大小的正向电压。

（2）在 G、K 极之间加上一定大小和时间的正向电压。

给晶闸管的 G、K 极之间加上反向电压时，即 K 极为高电位，G 极为低电位，无论给晶闸管的 A、K 极之间加上什么电压，晶闸管均不能导通而处于截止状态。

给晶闸管的 A、K 极之间加上反向电压时，即 K 极为高电位，A 极为低电位，无论给晶闸管的 G、K 极之间加上什么电压，晶闸管也不能导通，处于截止状态。

晶闸管导通后，去掉控制极上的电压，不影响晶闸管的导通状态，由此可见，在晶闸管导通后控制极已不起作用。

4．晶闸管伏 - 安特性

图 19-4 所示是晶闸管的伏 - 安特性曲线，分为正向特性曲线和反向特性曲线两部分。

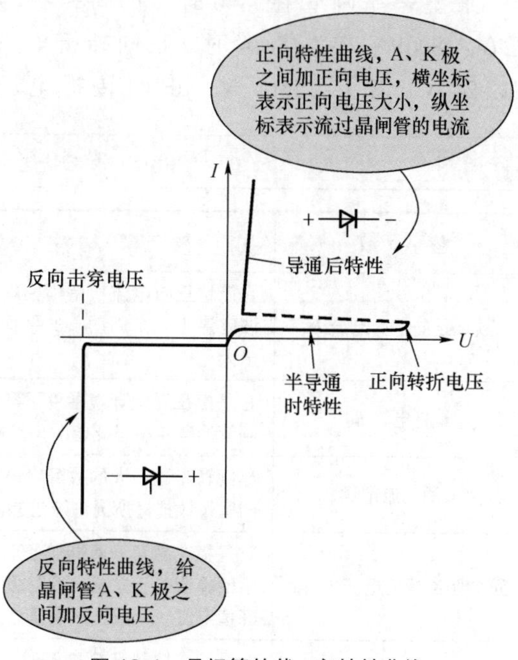

图 19-4　晶闸管的伏 - 安特性曲线

重要提示

正向特性曲线是在控制极开路的情况下，电压、电流之间的关系特性曲线；反向特性曲线与普通二极管的反向特性曲线相似，在反向电压大到一定程度时，反向电流迅速增大。

正向特性曲线分成两部分。

（1）未导通的特性曲线。正向电压在加到很大时，晶闸管的电流仍然很小。这相当于二极管的正向电压小于开启电压时的特性曲线。

（2）导通后的特性曲线。当正向电压大到正向转折电压时，曲线突然向左，而电流很快增大。导通后，晶闸管两端的压降很小，为0.6～1.2V，电压稍有一些变化时，电流变化很大，这一特性曲线同二极管导通后的伏-安特性曲线相似。

从正向特性曲线上可以得知，在G、K极之间不加正向电压时，晶闸管也能导通，但是要在A、K极之间加上很大的正向电压才行。这种使晶闸管导通的方法在电路中是不允许使用的，因为这样很可能造成晶闸管不可逆的击穿，损坏晶闸管。所以，在使用中要避免这种情况的发生。

5．晶闸管控制极电流的影响

在晶闸管G、K极之间加上正向电压后，晶闸管便容易导通。图19-5所示是控制极电流I_G对晶闸管正向转折电压影响的曲线。

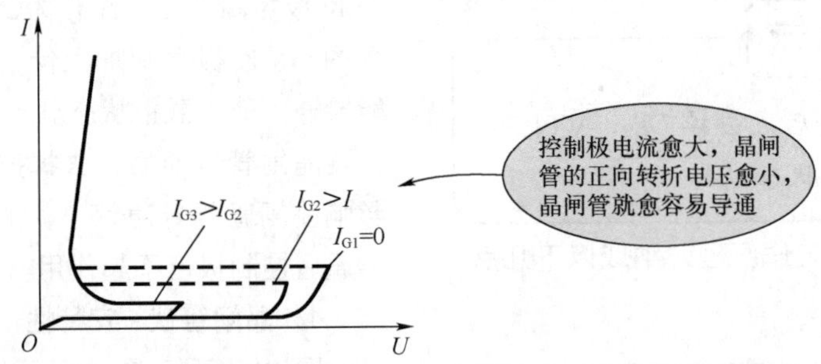

图19-5　晶闸管控制极电流I_G对晶闸管正向转折电压影响的曲线

某型号晶闸管在I_G=0时，正向转折电压U_{BO}=800V；在I_G=5mA时，正向转折电压U_{BO}=200V；在I_G=15mA时，正向转折电压U_{BO}=5V。

6．晶闸管主要参数

表19-6所示是晶闸管主要参数。

表19-6　晶闸管主要参数

参　数	说　明
额定正向平均电流I_F	它简称正向电流，是指在规定的环境温度和散热标准下，晶闸管可连续通过的工频正弦半波电流（一个周期）的平均值。在使用中，说某只晶闸管是几毫安的，就是指正向电流有多大
维持电流I_H	它是指在规定环境温度下和控制极G断开时，维持晶闸管继续导通的最小电流。当流过晶闸管的电流小于此值时，晶闸管将自动处于截止（断开）状态
浪涌电流定额	晶闸管流过很大的故障电流时，PN结的温度会升高会导致晶闸管损坏。一定时间内保证晶闸管不致损坏所允许流过晶闸管的故障电流倍数，称之为浪涌电流定额
正向阻断峰值电压U_{FDM}	它是指在晶闸管两端加上正向电压，即A、K极之间为正向电压，而未导通时的状态。正向阻断峰值电压是指在控制极G断开和正向阻断下，可以重复加在晶闸管A、K极之间的正向峰值电压。一般这一电压比正向转折电压小100V
反向阻断峰值电压U_{RDM}	它是指在控制极G断开时，可以重复加在晶闸管A、K极之间的反向峰值电压。一般这一电压比反向击穿电压小100V

续表

参　数	说　明
通态平均电压 U_F	它是指晶闸管导通后，通过正弦半波额定电流时，晶闸管 A、K 极之间在一个周期内的平均电压值，为管压降，一般为 0.6～1.2V。它的大小反映了晶闸管的管耗大小，此值愈小愈好
正向转折电压 U_{BO}	它的定义见正向特性曲线
控制极触发电压 U_G	它是指在晶闸管 A、K 极之间加上一定的正向电压下，使晶闸管从截止转为导通所需要的在 G、K 极之间加的最小正向电压值，一般为 1.6～5V
控制极触发电流 I_G	它是指在晶闸管 A、K 极之间加上一定的正向电压下，使晶闸管从截止转为导通所需要的最小控制极电流，一般为几十到几百毫安
擎住电流 I_{La}	它是指晶闸管从断态到通态的临界电流，它为 2～4 倍的 I_H

7．晶闸管典型应用电路

图 19-6 所示是普通晶闸管典型应用电路，这是一个交流调压电路。电路中的 VS1 为普通晶闸管，RP1 为可变电阻器，VD1～VD4 为整流二极管，M 为负载。

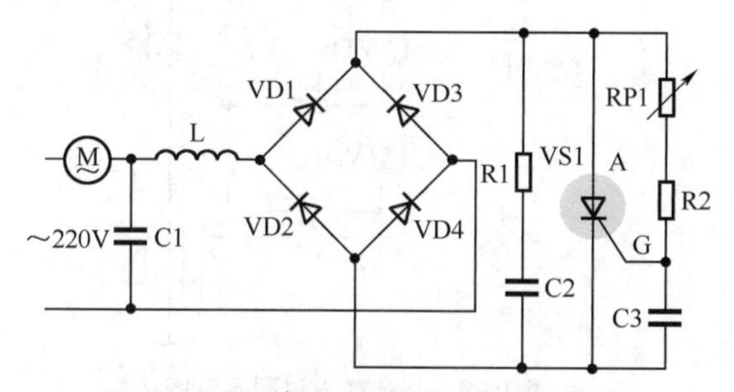

图 19-6　普通晶闸管典型应用电路

负载 M 串联在交流回路中。220V 交流电压经过 VD1～VD4 桥式整流后得到的脉冲性直流电压加到晶闸管 VS1 的阳极和阴极之间，为它提供直流工作电压。同时，这一脉冲直流电通过 RP1 和 R2 对电容器 C3 进行充电，当 C3 上电压充到一定大小时，晶闸管 VS1 控制极电压达到一定电压值，触发晶闸管 VS1 导通，VS1 阳极与阴极之间内阻很小，这时相当于 VD1～VD4 桥式整流电路负载回路接通，便有交流电流流过负载 M，负载获得工作电压而工作。当晶闸管 VS1 控制极上没有足够的触发电压时，VS1 不能导通，负载 M 回路没有电流，负载 M 不能正常工作。

调压的原理是：改变可变电阻器 RP1 阻值大小时，就能改变 RP1、R2、C3 的充电时间常数，就改变了对 C3 的充电速度。RP1 的阻值小，充电时间常数小，C3 上充电电压升高速度快，VS1 很快就导通，即 VS1 导通角 θ 大，这样负载 M 一个周期内的平均电压就高。反之，RP1 阻值大，负载 M 一个周期内平均电压就低，达到调压的目的。

19.1.3　门极关断晶闸管知识及栅极驱动电路

门极关断晶闸管也称栅控晶闸管。以 P 型门极为例，它由 PNPN 4 层半导体材料构成，其 3 个电极分别为阳极 A、阴极 K 和门极 G。

1．重要特点

门极关断晶闸管也属于 PNPN 4 层三端器件，其结构及等效电路和普通晶闸管相同。门极关断晶闸管与普通晶闸管一样也具有单向导电特性，即当其阳极 A、阴极 K 两端为正向电压，在栅极 G 上加正的触发电压时，晶闸管将导通，电流导通方向为 A→K。

重要提示

普通晶闸管在靠栅极正电压触发后，去掉触发电压后也能维持导通，只有切断电源使正向电流低于维持电流或加上反向电压才能使其关断。但是，门极关断晶闸管导通状态下，如果在其栅极 G 上加一个适当的负电压，则能使导通的晶闸管自行关断，这是它与普通晶闸管的不同之处。

2．关断原理

门极关断晶闸管与普通晶闸管触发导通原理相同，但是二者的关断原理及关断方式不同。普通晶闸管在导通之后处于深度饱和状态，而门极关断晶闸管在导通后只能达到临界饱和，所以门极关断晶闸管栅极上加负向触发信号即可关断。

门极关断晶闸管的一个重要参数就是关断增益 β_{off}，它等于阳极最大可关断电流与栅极最大负向电流之比。

β_{off} 一般为几倍至几十倍。β_{off} 值愈大，说明栅极电流对阳极电流的控制能力愈强。

3．栅极驱动电路要求

门极关断晶闸管栅极驱动电路的一般要求是：当信号要求可关断晶闸管导通时，驱动电路提供上升率足够大的正栅极脉冲电流（其幅度视晶闸管容量不同，通常在 0.1A 到几安），其正栅极脉冲宽度应保证门极关断晶闸管可靠导通。

重要提示

当信号要求门极关断晶闸管关断时，驱动电路提供上升率足够大的负栅极脉冲电流，脉冲幅度要求大于可关断晶闸管阳极电流的 1/5，脉冲宽度应大于可关断晶闸管的关断时间和尾部时间。

根据对驱动门极关断晶闸管的特性、容量、应用场合、电路电压、工作频率、可靠性和性价比等方面的不同要求，有多种形式的栅极驱动电路。

4．单电源门极关断晶闸管栅极驱动电路

图 19-7 所示是单电源门极关断晶闸管栅极驱动电路，电路中的 VS2 为门极关断晶闸管，VS1 为普通晶闸管，VT1 为导通脉冲放大管。

（1）导通触发过程分析。在导通脉冲到来时，正脉冲加到 NPN 型三极管 VT1 基极，使之饱和导通，其发射极输出的正脉冲通过 R1 加到 VS2 栅极，VS2 触发而导通。此时，因为关断脉冲没有出现，所以 VS1 不能导通而处于截止状态。

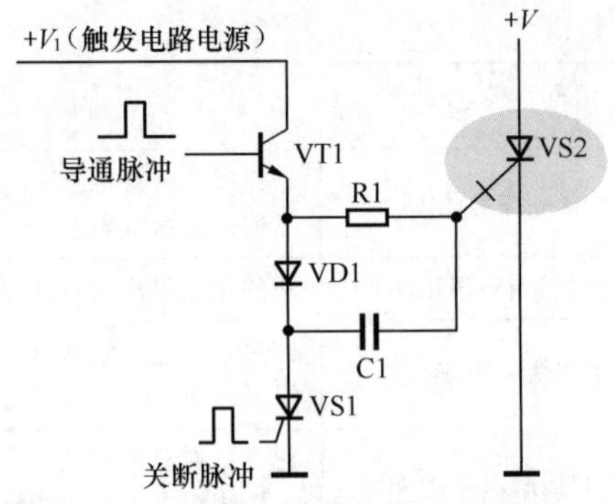

图 19-7　单电源门极关断晶闸管栅极驱动电路

VT1 和 VS2 导通后（VS1 截止），VT1 管发射极输出电流通过导通的 VD1 对电容器 C1 进行充电，充电电流回路如图 19-8 所示，在电容器 C1 上充到的电压极性为左正右负。

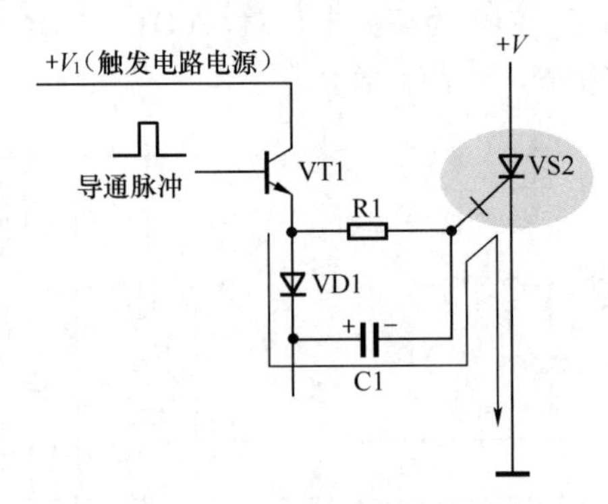

图 19-8　导通触发过程示意图

（2）关断触发过程分析。关断触发脉冲出现，导通触发脉冲消失，VT1 截止，关断触发正脉冲加到 VS1 栅极，使 VS1 导通，如图 19-9 所示。VS1 导通后，相当于将电容器 C1 左端接地，这样原先电容器 C1 上充到的左正右负电压加到 VS2 栅极，这是负极性电压，即 VS2 栅极对地加有负极性电压，将 VS2 关断。

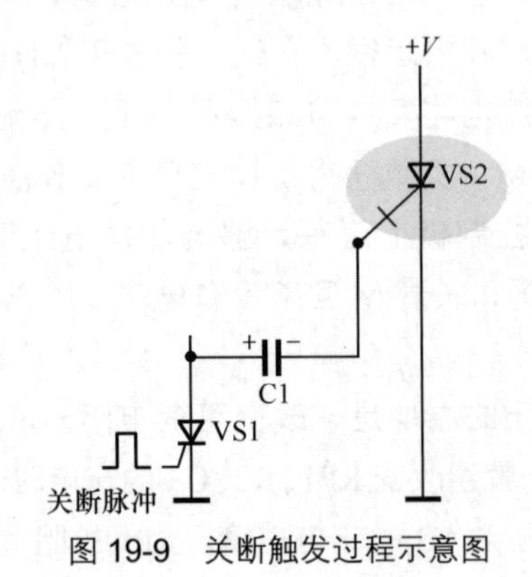

图 19-9　关断触发过程示意图

19.1.4　逆导晶闸管知识及应用电路

逆导晶闸管（RCT）又称反向导通晶闸管。

1．逆导晶闸管特点

逆导晶闸管的特点是，在晶闸管的阳极与阴极之间反向并联一只二极管，使阳极与阴极的发射结均呈短路状态。这种特殊电路结构，使之具有耐高压、耐高温、关断时间短、通态电压低等优良性能。

逆导晶闸管的关断时间仅几微秒，工作频率达几十千赫，优于快速晶闸管。逆导晶闸管适用于开关电源、不间断电源（UPS）中。一只逆导晶闸管可代替晶闸管和续流二极管各一只，电路简单。

逆导晶闸管较普通晶闸管的工作频率高，关断时间短、误动作小，广泛应用于电磁灶、开关电源、电子镇流器、超声波电路中等。

2．逆导晶闸管伏 - 安特性

图 19-10 所示是逆导晶闸管伏 - 安特性曲线。逆导晶闸管伏 - 安特性曲线具有不对称性，正向特性与普通晶闸管相同，实际上正向特性由逆导晶闸管内部的普通晶闸管正向特性决定。反向特性与硅整流管的正向特性相同，这也是反向并联在普通晶闸管上的二极管正向特性。

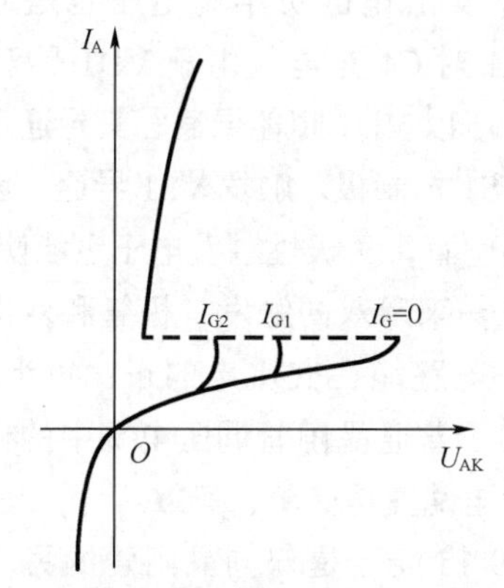

图 19-10　逆导晶闸管伏 - 安特性曲线

3．逆导晶闸管应用电路

图 19-11 所示是逆导晶闸管应用电路，这是斩波器调压电车电路，电路中的 VS1 是主逆导晶闸管，VS2 是辅助逆导晶闸管，M 是电动机。主逆导晶闸管 VS1 导通时，电动机两端为最大电压，当 VS1 导通与截止时间各一半时电动机两端电压为输入电压一半，通过控制 VS1 导通与截止时间可以改变电动机两端的电压大小。

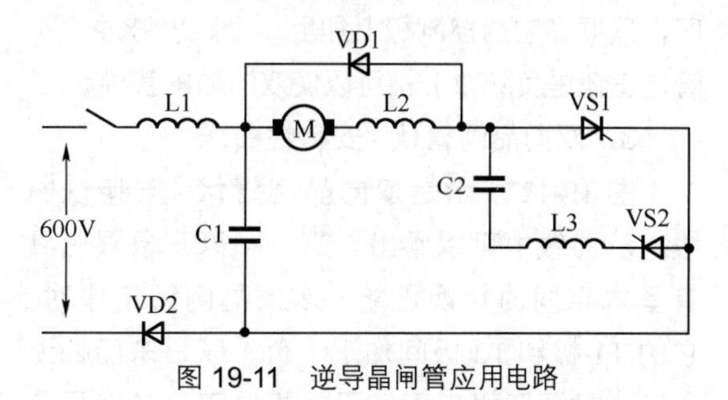

图 19-11　逆导晶闸管应用电路

辅助逆导晶闸管 VS2 和换流元件 L3、C2 用来关断主逆导晶闸管 VS1。VS1 导通后，C2 中已充的电通过 VS1、VS2、L3 和 C2 振荡放电，并对其进行反向充电。电路中的 L1 和 C1 用来防止斩波器与电网电路引起共振。

所谓斩波器是接在恒定直流电源和负载电路之间的，是用来改变加到负载电路两端的直流电压平均值的一种变流装置，斩波器也叫直流断续器。

19.1.5　双向晶闸管知识及应用电路

1．双向晶闸管特点

双向晶闸管由 NPNPN 5 层半导体材料制成，也有 3 个电极。双向晶闸管实际是由两个单向晶闸管反向并联构成，双向晶闸管在阴、阳两个电极间接任何极性的工作电压都可以实现触发控制。这两个电极实际上已经没有阳极和阴极之分，通常这两个主电极被称为 T1 电极和 T2 电极，接在 P 型半导体材料上的主电极被称为 T1 电极，接在 N 型半导体材料上的主电极被称为 T2 电极。

双向晶闸管另一个电极仍被称为控制极 G 或门极。

双向晶闸管是为了实现交流功率控制而开发的。它的发展方向是高压、大电流。大功率双向晶闸管主要用于功率调节、电压调节、调光、焊接、温度控制、交流电动机调速等方面。

2．双向晶闸管触发特性

双向晶闸管与单向晶闸管一样，也具有触发控制特性。但是，其触发控制特性与单向晶闸管不同，即无论在阳极和阴极间接入何种极性的电压，只要在它的控制极上加上一个触发脉冲（不管是正还是负脉冲），都可以使双向晶闸管导通。

3．双向晶闸管伏 - 安特性曲线

图 19-12 所示是双向晶闸管伏 - 安特性曲线。从曲线中可以看出，第一和第三象限内具有基本相同的转换性能。双向晶闸管工作时，它的 T1 极和 T2 极间加正（负）压，若门极无电压，只要阳极电压低于转折电压，它就不会导通，处于阻断状态。若门极加一定的正（负）压，则双向晶闸管在阳极和阴极间电压小于转折电压时被门极触发导通。

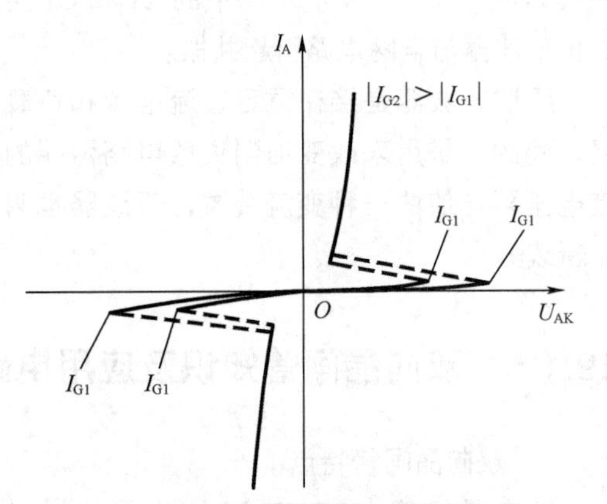

图 19-12　双向晶闸管伏 - 安特性曲线

4．双向晶闸管的 4 种触发状态

图 19-13 是 4 种触发状态下的各电极电流流动方向示意图。

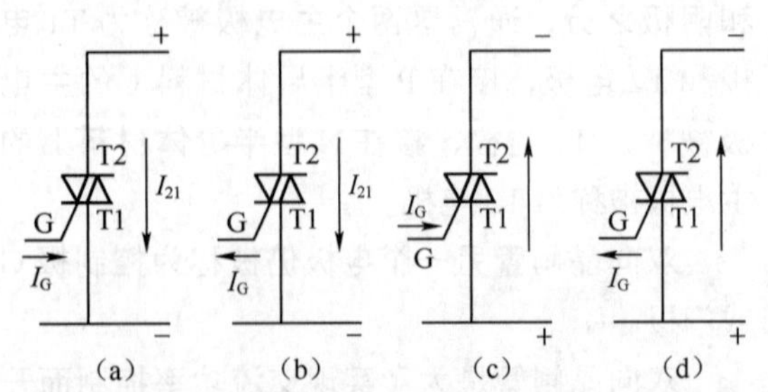

图 19-13　4 种触发状态下各电极电流流动方向示意图

5．双向晶闸管应用电路

图 19-14 所示是典型的双向晶闸管应用电路，这是交流调压电路。电路中的 VS1 为双向晶闸管，VD1 为双向触发二极管，RL 是负载电阻器。采用双向触发二极管 VD1 触发双向晶闸管 VS1 是一个典型而常用的触发 形式。

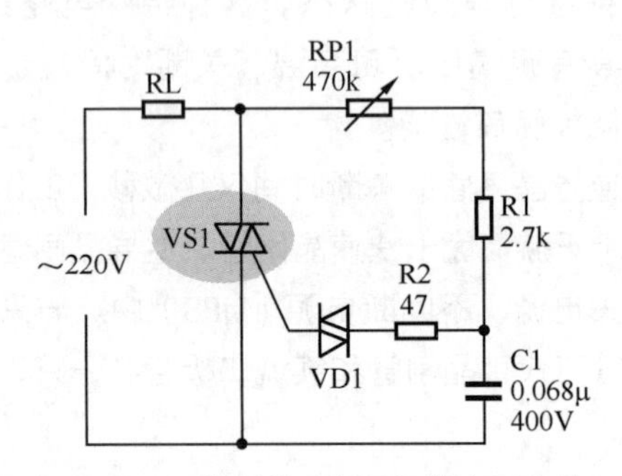

图 19-14　典型的双向晶闸管应用电路

电路中，RP1、R1、R2、C1 和 VD1 构成 VS1 的触发电路，其中 RP1 是电压调整可变电阻器。220V 交流电的正半周电压通过 RL、RP1 和 R1 对 C1 充电，当 C1 上的充电电压上升到一定程度时，C1 上的电压通过 R2 加到双向触发二极管 VD1，使 VD1 导通，导通的 VD1 再将电压加到 VS1 控制极，触发 VS1 导通。VS1 导通后构成负载电阻器 RL 的电流回路，RL 工作。

220V 交流电的负半周电压也是通过 RL、RP1 和 R1 对 C1 充电，由于 VD1 是双向触发二极管，所以 VD1 也能导通，其导通后的负电压加到 VS1 控制极，触发 VS1 导通，因为 VS1 是双向晶闸管，负极性触发电压也能使其导通。由此可见，采用双向触发二极管和双向晶闸管后，这一电路能在交流电的正、负半周工作，而且省去了普通晶闸管调压电路中的桥式整流电路，使电路变得简单、可靠。

图 19-15 所示是双向晶闸管的另一种应用电路。MOC3021 是双向晶闸管输出型的光电耦合器，它的作用是隔离单片机系统和触发外部的双向晶闸管 VS1。VS1 用来控制 RL。

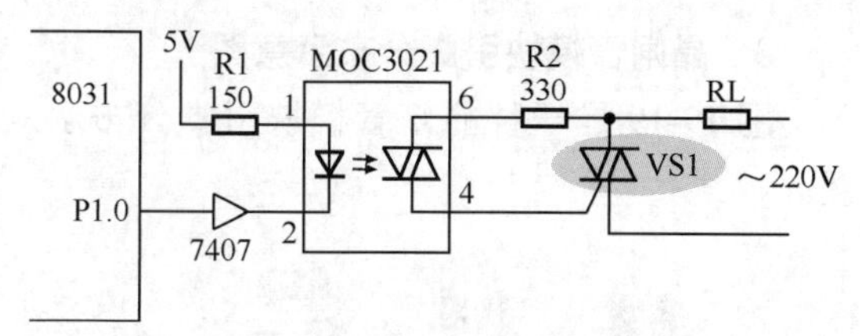

图 19-15　双向晶闸管的另一种应用电路

单片机 8031 的 P1.0 端输出低电平时，7407 输出低电平，MOC3021 的输入端为低电平，这样光电耦合器输入回路有工作电流，光电耦合器输出端的双向晶闸管导通，触发外部的双向晶闸管 VS1 导通，RL 进入工作状态。

当 P1.0 端输出高电平时，7407 输出高电位，光电耦合器输入回路没有工作电流，MOC3021 输出端的双向晶闸管关断，外部双向晶闸管 VS1 被关断。

电阻器 R1 用来限制流过 MOC3021 输入回路的电流，电阻器 R2 用来限制流过 MOC3021 输出回路的电流。

19.1.6　温控晶闸管知识及应用电路

温控晶闸管是一种新型开关型温度控制器件，也是一种特殊的晶闸管，又被称为温度开关。

1．温控晶闸管特性

温控晶闸管与普通晶闸管的不同之处是无须外加触发电流使其导通，而是受温度控制。当温度低于开关温度（又称阈值温度）时，温控晶闸管处于截止状态。当温度达到或超过开关温度时温控晶闸管导通。温控晶闸管仍然有控制极，它用来调节温控晶闸管的开关温度。

温控晶闸管与普通晶闸管的相同之处是，一旦温控晶闸管导通后，只有导通电流降到维持电流以下时才能关断。另外，普通晶闸管是 P 型控制极（阴极侧受控），温控晶闸管通常为 N 型控制极（阳极侧受控）。

2．温控晶闸管应用电路

图 19-16 所示是温控晶闸管应用电路。

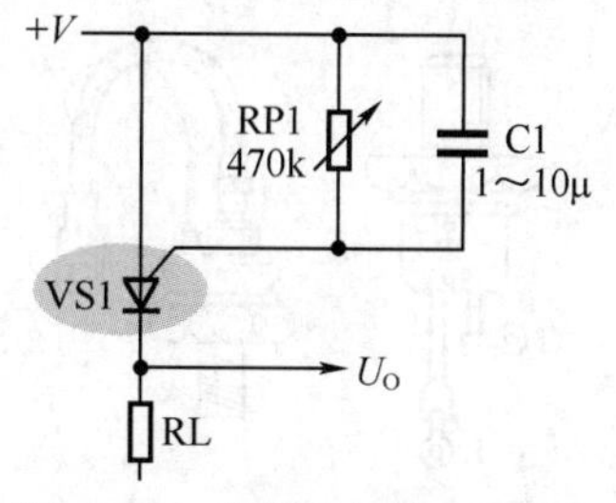

图 19-16　温控晶闸管应用电路

+V 是直流工作电压，为了保证开关温度的稳定性，+V 应采取稳定的直流工作电压。改变可变电阻器 RP1 的阻值大小时，可以得到不同的开关温度。

当温度未达到开关温度时，温控晶闸管 VS1 截止，输出电压 U_o 为低电平；当温度达到或超过开关温度时，温控晶闸管 VS1 导通，输出电压 U_o 为高电平。

19.1.7　部分晶闸管引脚分布规律

1．部分双向晶闸管引脚分布示意图

图 19-17 是部分双向晶闸管引脚分布示意图。

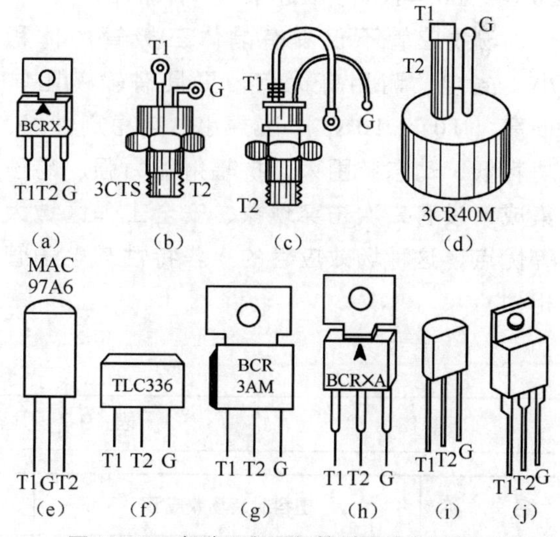

图 19-17　部分双向晶闸管引脚分布示意图

2．其他部分双向晶闸管引脚分布示意图

图 19-18 是其他部分双向晶闸管引脚分布示意图。

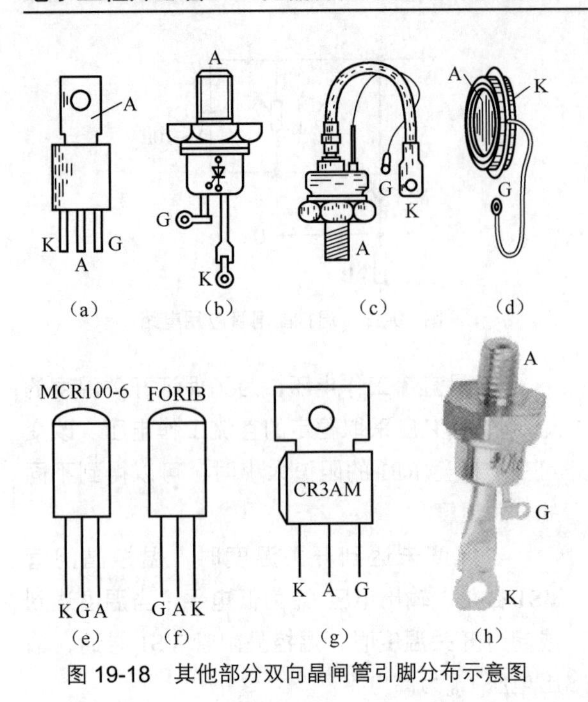

图 19-18　其他部分双向晶闸管引脚分布示意图

3．晶闸管模块引脚分布示意图

图 19-19 是一种晶闸管模块引脚分布示意图。

图 19-19　一种晶闸管模块引脚分布示意图

19.2　场效应管基础知识和偏置电路

场效应晶体管简称场效应管，英文缩写为 FET。场效应管是一种半导体放大器件，它是 20 世纪 60 年代后发展起来的一种器件。

场效应管不仅具有晶体三极管的体积小、省电、耐用等优点，更具有输入阻抗很高（$10^8 \sim 10^9\Omega$）、噪声小、热稳定性好、功耗低、动态范围大、抗辐射能力强、易于集成、没有二次击穿现象、安全工作区域大等优点，这种场效应管的一些特性与电子管相似。

重要提示

晶体三极管的载流子为空穴和电子，所以晶体三极管又被称为双极型晶体管。场效应管载流子只有空穴或只有电子，因此场效应管又被称为单极晶体管。

19.2.1　认识场效应管

1．场效应管实物图

表 19-7 所示是几种场效应管实物图。

表 19-7　几种场效应管实物图

名　称	塑料封装场效应管	金属封装场效应管	MOS 场效应管
实物图			

场效应管的外形特征主要有下列几点。

（1）它与三极管的外形和体积大小基本相同，所以在没有场效应管型号时不易分清是哪种场效应管。

（2）场效应管有多种封装形式，如金属封装、塑料封装等。

（3）场效应管一般有3根引脚，另外还有4根引脚和6根引脚等多种外形。

2．场效应管种类

场效应管分结型、绝缘栅型两大类。绝缘栅型场效应管的栅极G与源极S、漏极D是绝缘的，因此称它为绝缘栅型场效应管。

（1）结型场效应管用JFET表示，结型场效应管有两个PN结。

（2）绝缘栅型场效应管用JGFET表示。绝缘栅型场效应管栅极与其他电极完全绝缘。在绝缘栅型场效应管中，应用最为广泛的是MOS场效应管，简称MOS管，还有PMOS、NMOS和VMOS功率场效应管，以及最新的πMOS场效应管、VMOS功率模块等。

表19-8所示是结型和绝缘栅型场效应管分类与结构示意图。

表19-8　结型和绝缘栅型场效应管分类与结构示意图

名　称	结构示意图	
结型场效应管	N沟结构  漏极 D　G 栅极　S 源极	P沟结构 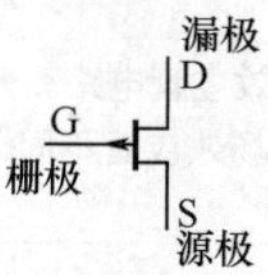 漏极 D　G 栅极　S 源极
MOS场效应管（耗尽型）	N沟耗尽型 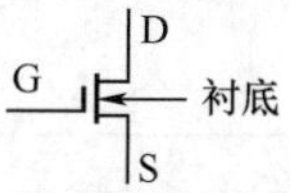 D　G　衬底　S	P沟耗尽型 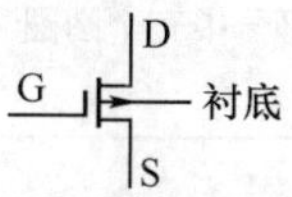 D　G　衬底　S
MOS场效应管（增强型）	N沟增强型 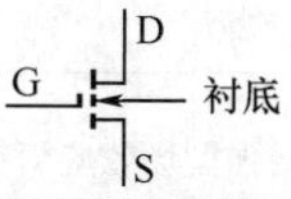 D　G　衬底　S	P沟增强型 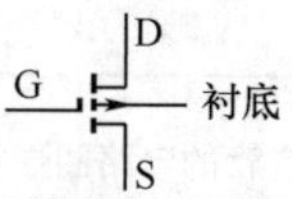 D　G　衬底　S

各种场效应管按照导电沟道所用的材料不同又分为两类：N沟道和P沟道。N沟道，它的载流子为电子；P沟道，它的载流子为空穴。

重要提示

增强型和耗尽型的区别是：当U_{GS}=0V时，源极和漏极之间存在导电沟道，属于耗尽型；必须使$|U_{GS}|>0$时才有导电沟道的，属于增强型。

所谓增强型是指当$U_{GS}=0$时场效应管呈截止状态，加上正确的U_{GS}后，多数载流子被吸引到栅极，从而“增强”了该区域的载流子，形成导电沟道。耗尽型则是指当$U_{GS}=0$时即形成沟道，加上正确的U_{GS}时，能使多数载流子流出沟道，因而“耗尽”了载流子，使场效应管转向截止。

3．场效应管作用

场效应管在电路中可以起下列作用。

（1）场效应管可以用作电子开关。

（2）场效应管可以用作有源可变电阻器。

（3）场效应管可应用于放大。由于场效应管放大器输入阻抗非常高，耦合电容器容量可以较小，不必使用电解电容器，从而可以降低电路成本和减小电路噪声。

（4）场效应管很高的输入阻抗非常适合用作阻抗变换，常用于多级放大器的输入级作阻抗变换。

（5）场效应管可以方便地用作恒流源。

4．场效应管与三极管比较

为了方便记忆场效应管，场效应管3个电极可以与三极管的3个电极联系起来：栅极G相当于基极B，漏极D相当于集电极C，源极S相当于发射极E。

关于场效应管与三极管的比较主要说明下列几点。

（1）场效应管也可以像三极管一样接成3种放大器：共源极放大器（相当于共发射极放大器）、共栅极放大器（相当于共基极放大器）和共漏极放大器（相当于共集电极放大器）。

（2）场效应管能在很小电流和很低电压的条件下工作，而且它的制造工艺可以很方便地把很多场效应管集成在一块硅片上，因此场效应管在大规模集成电路中得到了广泛的应用。

（3）场效应管是电压控制器件，三极管是电流控制器件。只允许从信号源取较少电流的情况下，应选用场效应管；而在信号电压较低，又允许从信号源取较多电流的条件下，应选用三极管。

（4）有些场效应管的源极和漏极可以互换使用，栅压可正可负，灵活性比三极管好。

（5）场效应管的噪声系数小，在高性能的前级放大器中采用场效应管作为放大器件。

（6）场效应管的缺点是工作频率不够高。绝缘栅型场效应管受外界感应电荷的影响而易被击穿，这使得场效应管在拆、装过程中不够方便，在储运过程中都要采取保护措施，如图19-20所示，引脚用套管套起来，使各电极连接在一起。

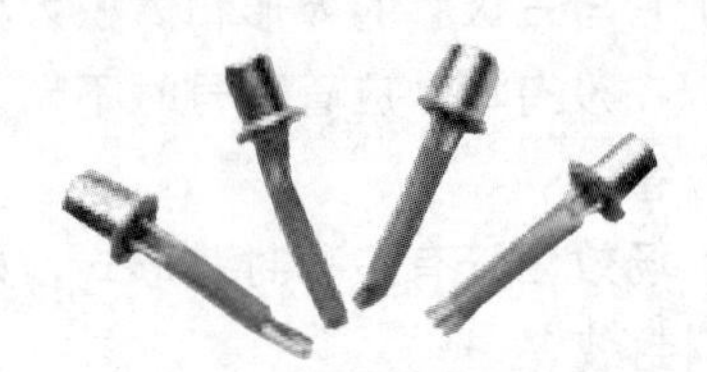

图 19-20　引脚用套管套起来的场效应管

19.2.2　场效应管电路图形符号识图信息

1．场效应管电路图形符号

表19-9所示是场效应管电路图形符号，场效应管的电路图形符号能够表示出它的种类。

表 19-9　场效应管电路图形符号

符　号	说　明
G S D	N型沟道结型场效应管电路图形符号如左图所示，场效应管共有3个电极，电路图形符号中用字母表示各电极，栅极用G表示，源极用S表示，漏极用D表示。电路图形符号中表示出了结型与N型沟道，G极的箭头方向表示是P型还是N型沟道，N型沟道场效应管其G极箭头朝里。
G S D	P型沟道结型场效应管电路图形符号如左图所示，它的G极箭头向外，以表示是P型沟道
G S D	左图为增强型P沟道绝缘栅场效应管电路图形符号，符号可表示出它是绝缘栅型场效应管（见栅极G的画法与结型场效应管不同）
G S D	增强型N沟道绝缘栅型场效应管电路图形符号中箭头朝里表示它是N沟道，旧N沟道绝缘栅型场效应管电路图形符号中有个圆圈
G S D	耗尽型N沟道绝缘栅型场效应管的电路图形符号与增强型场效应管电路图形符号的不同之处是用实线表示
G S D	耗尽型P沟道绝缘栅型场效应管的电路图形符号与增强型场效应管符号的不同之处是用实线表示

续表

符　号	说　明
G1 G2 S D	耗尽型双栅 N 沟道绝缘栅型场效应管的电路图形符号如左图所示，这种场效应管有两个栅极 G1、G2
D1 D2 G1 G2 S1 S2	N 沟道结型场效应对管的电路图形符号如左图所示，它是在一个管壳内装上两只性能参数相同（十分相近）的场效应管

2．场效应管电路图形符号理解和记忆方法

从场效应管的电路图形符号中可以看出多项识图信息，图 19-21 所示是场效应管电路图形符号识图信息。

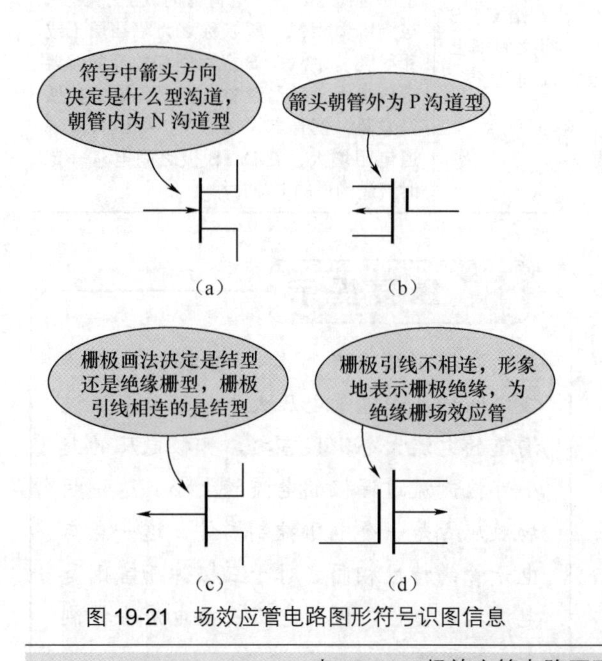

图 19-21　场效应管电路图形符号识图信息

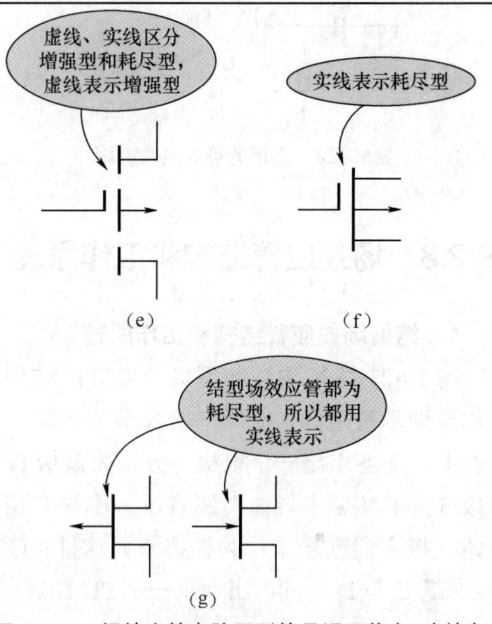

图 19-21　场效应管电路图形符号识图信息　（续）

场效应管电路图形符号的理解和记忆从 3 个方面进行，表 19-10 所示是场效应管电路图形符号理解和记忆方法说明，掌握了场效应管

表 19-10　场效应管电路图形符号理解和记忆方法说明

名　称	符　号	说　明
两种栅极符号		栅极符号的画法决定了是结型还是绝缘栅型场效应管，相连的是结型，不相连的是绝缘栅型
箭头符号		箭头方向在电路图形符号中用来表示沟道类型，箭头朝管内的是 N 沟道型，箭头朝管外的是 P 沟道型
实线和虚线符号		电路图形符号中的实线和虚线用来表示增强型还是耗尽型，实线表示耗尽型，虚线表示增强型

电路图形符号就掌握了场效应管的种类，可以方便场效应管电路的工作原理分析。

3．实用电路中的场效应管电路图形符号

图 19-22 所示是实用的场效应管电路，电路中的 VT1 是场效应管。

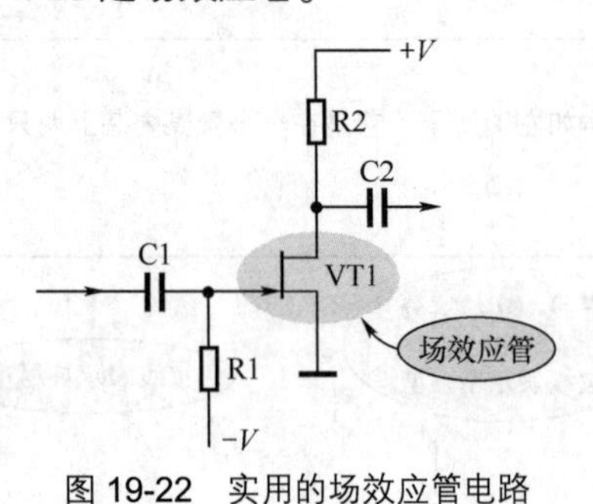

图 19-22　实用的场效应管电路

19.2.3　场效应管结构和工作原理

1．结型场效应管结构和工作原理

图 19-23 是 N 沟道结型场效应管的结构及工作原理示意图，它使用一块 N 型半导体，在它的上、下各引出一个电极，分别为漏极 D 和源极 S。在 N 型半导体两侧各设一小块 P 型半导体，将它们连起来作为栅极 G。这样，G 与 S 之间、G 与 D 之间各出现了一个 PN 结。

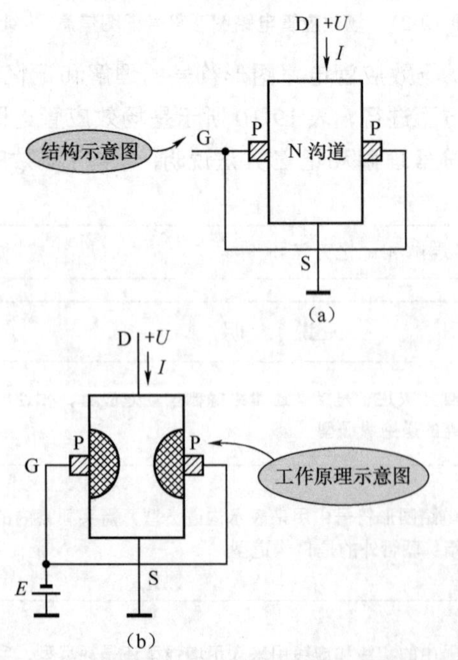

图 19-23　N 沟道结型场效应管的结构及工作原理示意图

表 19-11 所示是 3 种直流电压偏置情况。

表 19-11　3 种直流电压偏置情况

名　称	说　明
G 极断开	S、D 极之间的沟道相当于一个电阻器，其阻值在几百欧到几千欧，视各型号管子而不等
给 G、S 极之间加上正向电压	D 极接正电压，S 极接地，G 极电压高于 S 极电压，这时有电流流过沟道，沟道的电阻愈小流过的电流愈大，D、S 极之间的电压愈大流过沟道的电流愈大
给 G、S 极之间加上反向电压	给 P 型材料加上负电压，S 极（N 型材料）加上正电压，即给两个 PN 结加的是反向偏置电压，这样沟道两侧形成了空间电荷区。由于电荷区内载流子很少，与绝缘体相似，所以称之为阻挡层（或耗尽区）。给 G、S 极之间加的反向偏置电压愈大，耗尽区愈大，向沟道中扩展得愈宽，使导电沟道愈窄，导致导电沟道电阻增大，在 D、S 极之间电压一定时流过沟道的电流愈小

重要提示

通过上述分析可知，通过改变 G、S 极之间的反向偏置电压大小，可改变流过沟道的电流大小，换言之，栅极电压的大小可控制流过漏极的电流的大小。这说明场效应管是一个电压控制器件，这一点与电子管的特性相同。对于三极管而言则是电流控制器件，因为它用基极电流去控制集电极电流。

2．绝缘栅型场效应管结构和工作原理

图 19-24 是 N 沟道绝缘栅型场效应管结构示意图。在两个 N 型区之间再形成一个 N 型硅薄层，于是形成 N 型沟道。在 N 沟道上面加一层绝缘材料二氧化硅，在绝缘层上面加一个铝层电极，作为 G 极。

在 G、S 极之间加一个电压，那么 G 极铝层与 P 型衬底之间如同是以绝缘层为介质的平行板电容器。改变 G、S 极之间的电压大小，可以改变 N 型沟道的电阻。

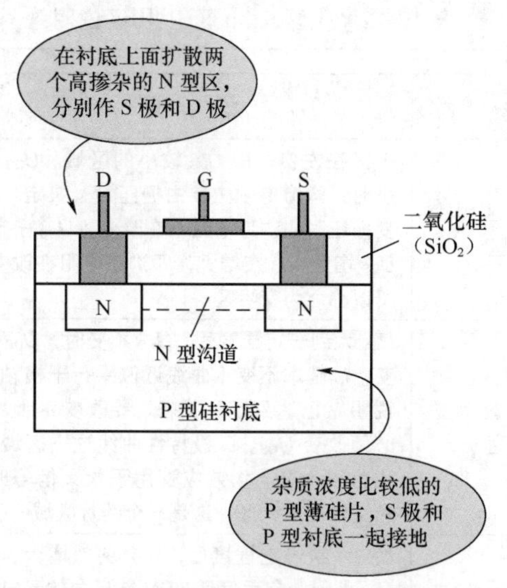

图19-24　N沟道绝缘栅型场效应管结构示意图

G、S极之间电压增大时，N型导电沟道变厚，沟道电阻减小，在相同的D、S极电压下流过沟道的电流便增大。G、S极之间电压减小时，N型导电沟道变薄，沟道电阻增大，流过沟道的电流便减小。改变G、S极之间的电压大小，可控制流过沟道的电流大小，即控制D极电流的大小。

19.2.4　场效应管主要特性和主要参数

掌握场效应管的主要特性，有利于场效应管放大器工作原理的分析。

1．场效应管输入电阻大

输入电阻大可以减轻前级放大器、信号源的负载。换言之，输入电阻大可以减轻前级放大器、信号源的输出电流。

重要提示

场效应管G、S极之间的PN结处于反向偏置状态或绝缘状态，所以G极电流很小很小，或几乎为零，这使得管子的输入电阻很大。结型场效应管的输入电阻达$10^8\Omega$以上，而绝缘栅型场效应管则更大。

2．场效应管电压控制特性

场效应管与三极管的根本不同在于，前者是电压控制器件，即G极电压的变化可以引起D极电流的变化，则不需要G极电流就能获得D极电流；而后者则是电流控制器件，要求信号源必须有电流流入管子，即必须有基极电流的变化才能引起集电极电流的变化。

3．场效应管转移特性

图19-25所示是场效应管的转移特性曲线，它是用来说明G、S极之间电压U_{GS}对D极电流I_D控制的特性曲线。横轴表示G、S极之间的电压U_{GS}大小，纵轴表示D极电流I_D的大小。

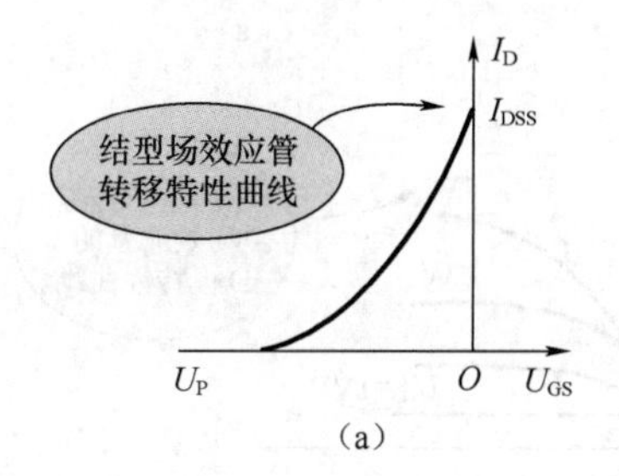

（a）

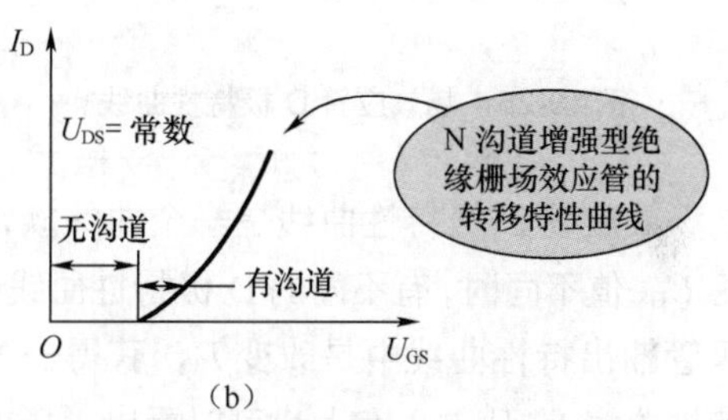

（b）

图19-25　场效应管的转移特性曲线

对结型场效应管而言，G极与S极之间加反向偏置电压。

反向偏置电压U_{GS}大到一定程度时，I_D=0A，说明沟道已被夹断；反向偏置电压U_{GS}=0V时，I_D=最大，此时的I_D称为饱和漏电流，用I_{DSS}表示。

当D极与S极之间电压大小变化时，转移曲线要左、右平移，但是曲线的形状基本不变。

对于N沟道增强型绝缘栅场效应管而言，U_{GS}加正向偏置电压，且U_{GS}较小时电流I_D为零，当U_{GS}大到一定程度时才有电流I_D。

4．场效应管D极特性

图19-26所示是场效应管D极特性曲线，

它与三极管的输出特性曲线相似。电压 U_{GS} 一定时，D 极电流 I_D 会随 D、S 极之间电压 U_{DS} 变化而改变，这一特性被称为 D 极特性。图中，横轴表示 D、S 极之间电压 U_{DS}，纵轴表示 D 极电流 I_D。

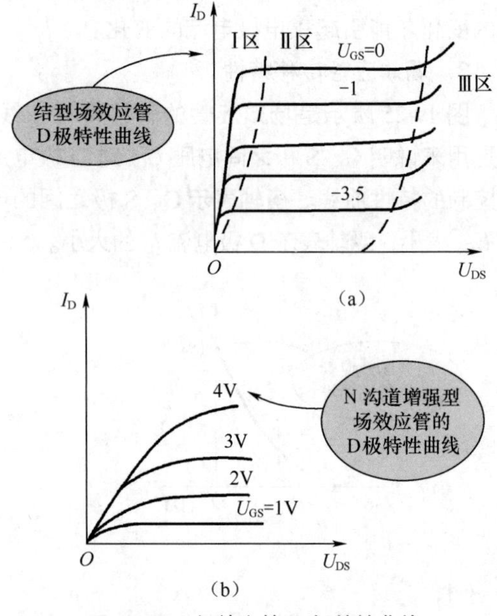

图 19-26　场效应管 D 极特性曲线

场效应管 D 极特性曲线是一个曲线族，在电压 U_{GS} 值不同时，有不同的 D 极特性曲线（在三极管输出特性曲线中是改变 I_B，获得一条输出特性曲线）。从这一点上也可以看出，场效应管是一个电压控制器件。

从 D 极特性曲线中可以看出有 3 个区，即Ⅰ区、Ⅱ区、Ⅲ区，表 19-12 所示是三区说明。

表 19-12　Ⅰ区、Ⅱ区、Ⅲ区说明

名　称	说　明
Ⅰ区为变阻区	Ⅰ区在左侧，即 U_{DS} 较小的区域。U_{DS} 较小时，沟道电阻主要由栅压 U_{GS} 决定。改变栅压时，沟道电阻也在改变。U_{GS} 一定，U_{DS} 增大，I_D 在增大，即沟道电阻在改变，所以称之为变阻区
Ⅱ区为放大区	U_{DS} 大到一定程度后，U_{GS} 不变时，U_{DS} 改变，I_D 基本不变（曲线近似平行于横轴），说明 I_D 已达到饱和状态。要改变 I_D 大小，必须改变 U_{GS}。D 极特性曲线这一区域被称为放大区。场效应管用于放大信号时，应工作在放大区，这是一个线性区域
Ⅲ区为击穿区	U_{DS} 大到一定程度后，I_D 会突然增大。当 U_{DS} 大到一定程度后，PN 结反向偏置电压增大，当超出 PN 结反向偏置承受电压极限时，PN 结出现反向击穿现象。使用中，如果管子进入Ⅲ区不加限制的话，管子会因击穿而损坏，所以将这一区域被称为击穿区

5．场效应管 G 极偏置特性

场效应管同三极管一样，用于放大信号时要给予它适当的偏置电压，即给 G 极一个直流偏置电压。这一电压是加到 G 极与 S 极之间的。

对结型场效应管而言，G 极与 S 极之间应加反向偏置电压。

对于绝缘栅型场效应管而言，视其是增强型还是耗尽型而有所不同：对增强型管而言，G 极与 S 极之间应采用正向偏置电压；对耗尽型管而言，G 极与 S 极之间可加正向、零、反向偏置电压。

表 19-13 所示是几种常见类型场效应管偏置电压说明。

表 19-13　几种常见类型场效应管偏置电压说明

场效应管类型	G 极电压极性（U_{GS}）	D 极电压极性（U_{DS}）
N 沟道结型场效应管	负极性，G 极电压低于 S 极电压	正极性，D 极电压高于 S 极电压
P 沟道结型场效应管	正极性，G 极电压高于 S 极电压	负极性，D 极电压低于 S 极电压
P 沟道增强型绝缘栅场效应管	负极性，G 极电压低于 S 极电压	负极性，D 极电压低于 S 极电压
N 沟道增强型绝缘栅场效应管	正极性，G 极电压高于 S 极电压	正极性，D 极电压高于 S 极电压
N 沟道耗尽型绝缘栅场效应管	正、零、负，G 极电压可高于、等于和低于 S 极电压	正极性，D 极电压高于 S 极电压

6．场效应管主要参数

场效应管的参数分成直流参数、交流参数和极限参数三大类。表 19-14 所示为场效应管三大类参数说明。

表 19-14　场效应管三大类参数说明

参数类型	参数名称	说　明
直流参数	夹断电压 U_P	它是指在 U_{DS} 为一定值，使 I_D 等于一个很小电流（1μA、10μA）时，G 极与 S 极之间所加的偏置电压 U_{GS}。这一参数适用于结型和耗尽型场效应管
	开启电压 U_t	它是当 U_{DS} 为某一规定值时，使导电沟道可以将 D 极、S 极连起来时的最小 U_{GS} 值。这一参数适用于增强型绝缘栅型场效应管
	饱和漏电流 I_{DSS}	它指在 U_{GS}=0V，D 极、S 极之间所加电压大于夹断电压时的沟道电流。这一参数适用于耗尽型场效应管
	直流输入电阻 R_{GS}	它是指 G 极、S 极之间所加直流电压与 G 极电流之比。R_{GS} 很大，在 10^8～$10^{15}\Omega$ 之间
	DS 击穿电压 U_{DS}	它是指在增加 D 极、S 极之间电压过程中，使 I_D 开始急剧增大的 U_{DS}
	GS 击穿电压 U_{GS}	对于结型场效应管而言，GS 击穿电压 U_{GS} 是指反向饱和电流急剧增大时的 U_{GS}；对于绝缘栅型场效应管而言，U_{GS} 是使二氧化硅绝缘层击穿的电压
交流参数（或称微变参数）	低频跨导 G_m	它是指在 U_{DS} 为规定值时，D 极电流变化量 ΔI_D 与引起 ΔI_D 的 G、S 电压变化量 ΔU_{GS} 之比，公式为 $G_m=\Delta I_D/\Delta U_{GS}$。$G_m$ 是场效应管的一个重要参数，它的大小表征场效应管对电压信号的放大能力，与三极管的交流电流放大倍数相似。G_m 与管子的工作区域有关。I_D 愈大，管子的 G_m 也愈大
	输出电阻 r_d	它是指在 U_{GS} 为一定值时，D 极与 S 极之间电压变化量 ΔU_{DS} 与相对应的 D 极电流变化量 ΔI_D 之比，公式为：$r_d=\Delta U_{DS}/\Delta I_D$。场效应管的 r_d 比三极管的输出电阻大得多，一般为几十至几百欧之间。这是因为在放大区，U_{DS} 变化时 I_D 几乎不变
	低频噪声系数 NF	它是用来表征管子工作时低频范围内噪声大小的参数，单位为 dB。场效应管的 NF 比三极管小得多，一般为几分贝
	极间电容器	在 D 极、S 极、G 极 3 个电极之间，同三极管一样存在极间电容器。它们是 G、S 极间电容器 C_{GS}，C_{GS} 为 1～3pF；G、D 极间电容器 C_{GD}，C_{GD} 约为 1pF；D、S 极间电容器 C_{DS}，C_{DS} 为 0.1～1pF。它们由势垒电容器和分布电容器组成
极限参数	最大耗散功率 P_{DSM}	它是指场效应管性能不变坏时所允许的最大 D、S 极耗散功率。使用时，场效应管实际功耗应小于 P_{DSM} 并留有一定余量
	最大 DS 电流 I_{DSM}	它是指场效应管正常工作时，D、S 极间所允许通过的最大电流。场效应管的工作电流不应超过 I_{DSM}

19.2.5　场效应管实用偏置电路

1．场效应管 3 种基本组态电路

场效应管的许多电路可以与三极管电路进行比较对应，以便于理解和记忆。表 19-15 所示是场效应管 3 种组态电路说明。

表 19-15　场效应管 3 种组态电路说明

类　型	图　示	说　明
共源放大器	D 输出 G S 输入	它相当于三极管中的共发射极放大器，是一种常用电路。输入信号从 S 极与 G 极之间输入，输出信号从 S 极与 D 极之间输出
共漏放大器	D G 输入 S 输出	它相当于三极管中的共集电极放大器，输入信号从 D 极与 G 极之间输入，输出信号从 D 极与 S 极之间输出。这种电路又被称为源极（S 极）输出器或源极（S 极）跟随器
共栅放大器	S D 输入 G 输出	它相当于三极管中的共基极放大器，输入信号从 G 极与 S 极之间输入，输出信号从 G 极与 D 极之间输出。这种放大器的高频特性比较好，与三极管放大器中的共基极放大器一样

2．场效应管偏置电路的 3 个特点

（1）只要偏置电压，不要偏置电流。这一点与三极管偏置电路不同。因为场效应管是电压控制器件，通过 G 极电压控制 D 极电流。

（2）偏置电压要稳定。场效应管是电压控制器件，G 极的电压变化对 D 极电流影响大。而对于三极管而言则是要求基极静态电流要稳定。

（3）注意偏置电压的极性。三极管偏置电路中，基极偏置电压极性与集电极一致，无论何种偏置电路，集电极电压低于发射极电压时，基极电压也低于发射极电压；集电极电压高于发射极电压时，基极电压也高于发射极电压。但是，场效应管放大器偏置电路要复杂得多。

3．场效应管固定式偏置电路

常见的场效应管偏置电路有 4 种。场效应管与三极管放大器一样需要直流偏置电路，这里以 N 沟道结型场效应管为例，讲解偏置电路工作原理。

图 19-27 所示是 N 沟道结型场效应管固定式偏置电路，又被称为外偏置电路。它与三极管中的固定式偏置电路不同，它需要采用两个直流电源，这是这种偏置电路的一个缺点。电路中的 C1 和 C2 分别是输入端耦合电容器和输出端耦合电容器。

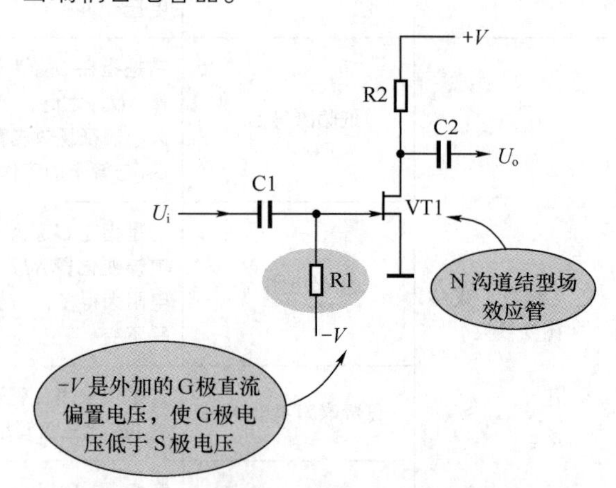

图 19-27　N 沟道结型场效应管固定式偏置电路

电路中电源电压 $+V$ 通过 D 极负载电阻器 R2 加到 VT1 管 D 极，VT1 管 S 极直接接地。$-V$ 是栅压专用偏置直流电源，为负极性电源，它通过 G 极偏置电阻器 R1 加到 VT1 管 G 极，使 G 极直流电压低于 S 极直流电压，建立 VT1 管正常偏置电压。

这种偏置电路的优点是 VT1 管工作点可以任意选择，不受其他因素的制约，也充分利用了 D 极直流电源 $+V$，可以用于低电压供电下的放大器中。

4．场效应管自给栅偏压电路

图 19-28 所示是 N 沟道结型场效应管自给栅偏压电路。电路中的 R1 是 G 极电阻器，R2 是 D 极负载电阻器，R3 是 S 极电阻器，C3 是 S 极旁路电容器。

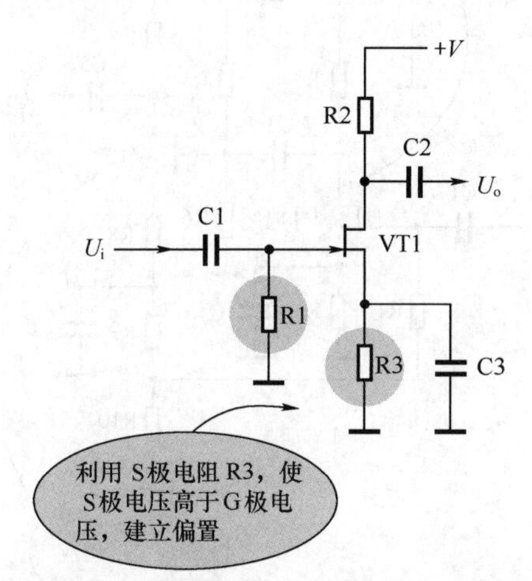

图 19-28　N 沟道结型场效应管自给栅偏压电路

自给栅偏压电路的原理是：S 极电流从 VT1 管 S 极流出，经过 R3 到地线，这样在 R3 上的电压降使 VT1 管 S 极电压高于地线电压；VT1 管 G 极通过电阻 R1 接地，使 VT1 管 G 极电压等于地线电压，而 VT1 管 S 极电压高于地线电压，这样 VT1 G 极电压低于 S 极电压，给 VT1 管 G 极建立负电压。

S 极旁路电容器 C3 将 VT1 管 S 极输出的交流信号旁路到地线。

R3 具有直流负反馈的作用，可以稳定 VT1 管的工作状态，这一点与三极管放大器中发射极的负反馈作用相同。

5．场效应管混合偏置电路

图 19-29 所示是 N 沟道结型场效应管混合偏置电路，它在自给栅偏压电路基础上给 VT1 管 G 极加上正极性直流电压。

采用混合偏置电路可以使 VT1 管工作点的选择范围更大点，在 S 极电阻器 R4 的阻值确定后，通过调整 R1 和 R2 的阻值大小，就可以保证 VT1 管 G 极为负偏压。

加大 S 极电阻器 R4 阻值可以加大直流负反馈量，更好地稳定 VT1 管工作。但是，由于 R4 阻值大，VT1 管 S 极直流电压升高，如果不增大直流工作电压 +*V*，使 VT1 管 D 极与 S 极之间有效直流工作电压下降，所以这种偏压电路一般不用于直流工作电压 +*V* 较低的场合。

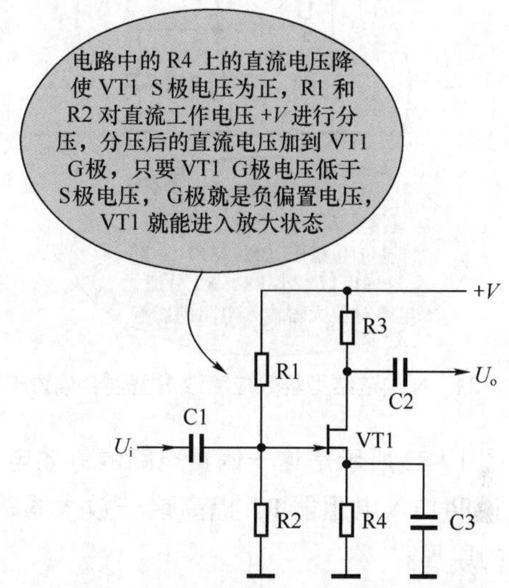

图 19-29　N 沟道结型场效应管混合偏置电路

这种偏压电路还有一个缺点，即降低了放大器的输入电阻。图 19-30 所示是这种偏置电路的等效电路。

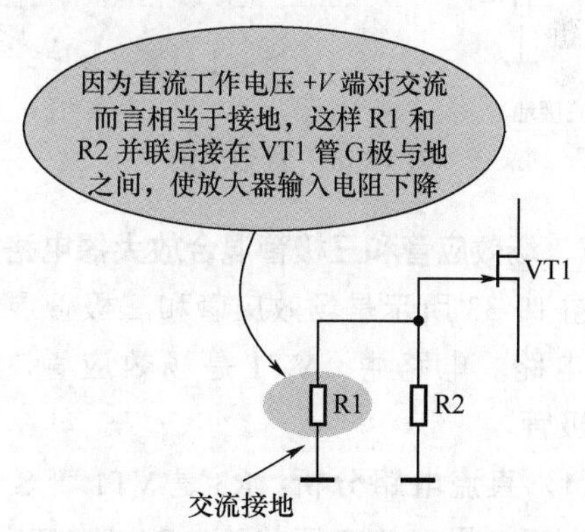

图 19-30　N 沟道结型场效应管混合偏置电路等效电路

6．场效应管改进型混合偏置电路

图 19-31 所示是 N 沟道结型场效应管改进型混合偏置电路。电路中，电压通过 R1 和 R2 分压后经 R3 加到 VT1 管 G 极，虽然 VT1 G 极的直流电压为正，但是 R5 上的电压降使 VT1 管 S 极直流电压更高，所以 VT1 管 G 极的电压仍然是负电压。

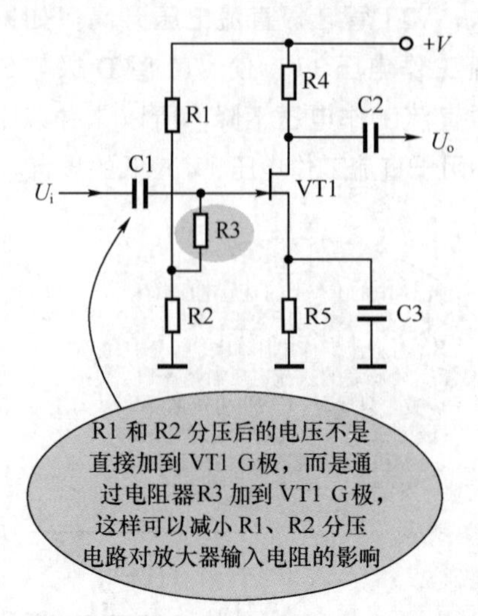

图 19-31　N 沟道结型场效应管改进型混合偏置电路

图 19-32 所示是这一偏置电路的等效电路，可以说明加入电阻器 R3 提高这一放大器输入电阻的原理。

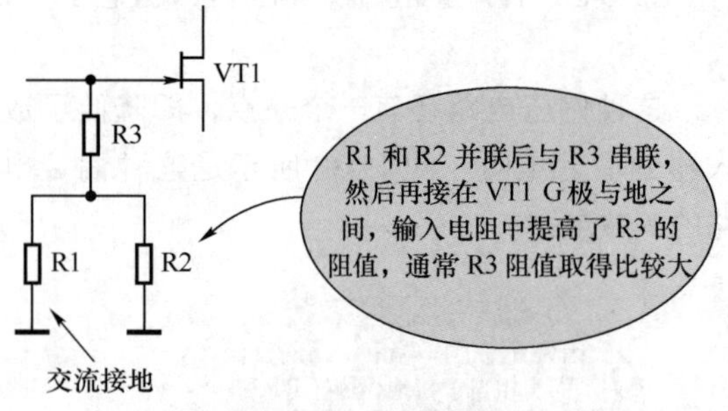

图 19-32　等效电路

7．场效应管和三极管混合放大器电路

图 19-33 所示是场效应管和三极管混合放大器电路。电路中，VT1 是场效应管，VT2 是三极管。

（1）直流电路分析。R3 是 VT1 管 S 极电阻器，将 S 极直流电压抬高，R1 为 VT1 管 G 极加上直流电压，但是 G 极电压仍然低于 S 极电压，这样 G 极电压为负偏压。R2 将直流工作电压加到 VT1 管 D 极，R2 的作用与三极管电路中集电极的负载电阻器的作用一样。

VT2 管直流偏压电路是：R5 和 R6 构成分压式偏置电路，为 VT2 管基极提供直流电压。R7 是 VT2 管集电极负载电阻器，R8、R9 和 R10 串联后构成 VT2 管发射极电阻器。

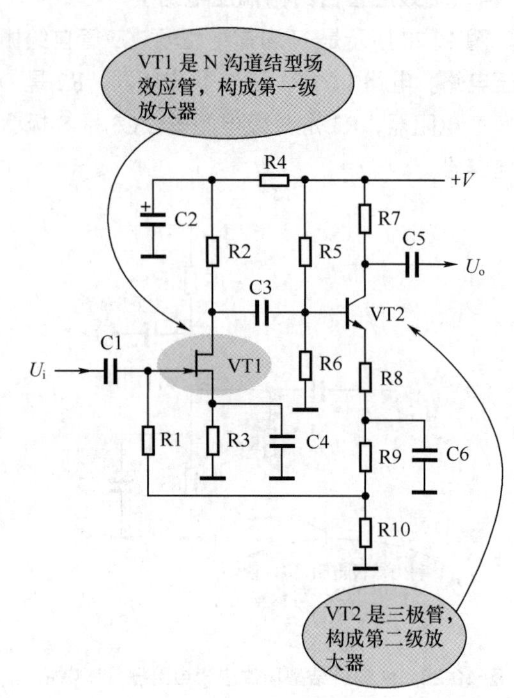

图 19-33　场效应管和三极管混合放大器电路

（2）交流电路分析。输入信号 U_i 经耦合电容器 C1 加到 VT1 管 G 极，经放大后从 D 极输出，经过级间耦合电容器 C3 耦合，加到 VT2 管基极，经过 VT2 管放大后从集电极输出，由输出端耦合电容器 C5 加到后级电路中。

电阻器 R2 是 VT1 D 极负载电阻器，它一方面将直流电压加到 VT1 管 D 极，另一方面将 VT1 管 D 极电流变化转换成相应的 D 极电压变化，这一作用与三极管放大器中的集电极负载电阻器的作用一样。

（3）负反馈电路分析。电阻器 R1 不仅是 VT1 管偏压电阻器，也是级间负反馈电阻器。从 VT2 管发射极电阻器 R10 上取出的直流负反馈电压加到 VT1 管 G 极，构成两级放大器之间的环路负反馈电路，以稳定两级放大器的直流工作。

由于 VT2 管的旁路电容器 C6 将 R10 上的交流信号旁路到地，这样 R1 不存在交流负反馈，只有直流负反馈。

电路中，R4 和 C2 构成级间滤波、退耦电路，消除可能会出现的级间交连现象。

19.3　电子管基础知识和直流电路

电子管也称真空管。电子管按电极数划分有二极管、三极管、五极管、束射管、复合管等。电子管中的二极管是一种最简单的电子管，它的作用与晶体二极管一样，用来整流。

各种电子管的基本结构是相似的：一个密封的玻璃壳（有少数采用金属壳），壳内高度真空，内部设有电极、灯丝等。

19.3.1　电子管外形特征和电路图形符号

1．电子管外形特征

图 19-34 所示是几种电子管及管座实物图。关于电子管外形特征说明下列几点。

电子管

电子管放大器

图 19-34　几种电子管及管座实物图

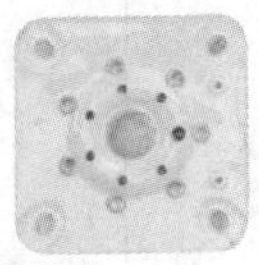
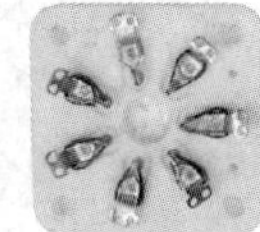

电子管管座

图 19-34　几种电子管及管座实物图（续）

（1）电子管体积大小不一，大功率的电子管体积如同一只小口径的保温瓶胆，小的电子管体积比拇指还要小。电子管外壳通常是玻璃的。

（2）电子管有许多引脚，电子管插在底板上的专用管座中。

（3）电子管通电后可以看到管内灯丝的亮光。

2．电子管电路图形符号

表 19-16 所示是几种电子管电路图形符号说明，不同功能和结构的电子管其电路图形符号不同。在电路图形符号中，电子管用 G 表示。

表 19-16　几种电子管电路图形符号说明

电路图形符号	名　称	说　明
a k f f	直热式二极管	屏极用字母 a 表示，阴极用字母 k 表示，由于是直热式，所以电子管的灯丝 f 就是阴极，工作时给灯丝通电，由灯丝（阴极）发射热电子
a k f f	旁热式二极管	它的阴极与灯丝分开，给灯丝通电后，由灯丝加热阴极，使阴极发射热电子，这种方式被称为旁热式

续表

电路图形符号	名　　称	说　　明
	稳压二极管	它的作用相当于晶体稳压二极管，起稳压作用。从电路图形符号中可看出，它没有灯丝，在工作时不需要加热。它只有阴极和屏极
	三极管	它相当于晶体三极管，起放大作用。从电路图形符号中可看出，它除了有阴极、屏极和灯丝外，还多了一个栅极 g。这种电子管中，阴极相当于晶体三极管发射极，屏极相当于集电极，栅极相当于基极
	五极管	它也是一种放大管，只是在栅极与屏极之间加了两个栅极，构成五极管。3 个栅极中，第一栅极 g1 被称为控制栅极，简称栅极；第二栅极 g2 被称为帘栅极；第三栅极 g3 被称为抑制栅极
	双三极管	在一个管壳内装了两只三极管，相当于晶体三极管中的对管

19.3.2　电子管结构和工作原理

图 19-35 是电子管结构示意图。

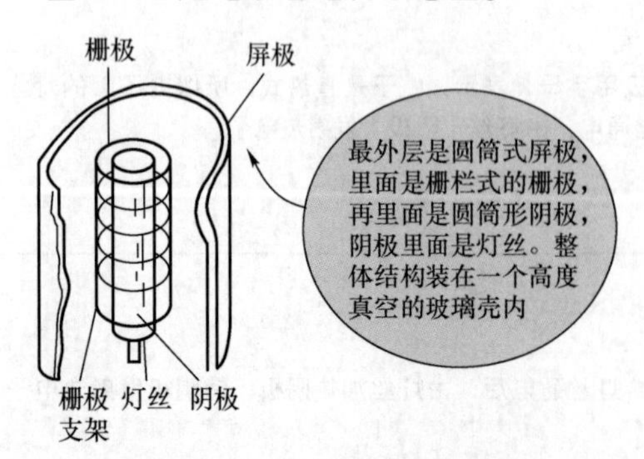

图 19-35　电子管结构示意图

1．电子管各电极作用说明

表 19-17 所示是电子管各电极作用说明。

表 19-17　电子管各电极作用说明

名　　称	说　　明
灯丝	灯丝在电路图形符号中用字母 f 表示。除稳压管中没有灯丝外，其他电子管都离不开灯丝。 灯丝用钨丝或敷钍钨丝、钨钼合金丝制成，它处于电子管的最里层，其外面围有圆筒形的阴极等。 给灯丝通入交流低电压，灯丝点亮后发热，如果电子管采用直热式阴极，那灯丝本身发射热电子；如果电子管采用旁热式阴极，那灯丝本身不发射热电子，而是给套在它外面的阴极加热

续表

名 称	说 明
阴极	阴极用字母 k 表示。 电子管中的阴极有两种：一是直热式阴极，此时灯丝就是阴极；二是旁热式阴极，它做成圆筒形状，筒内装有灯丝。电子管中普遍使用旁热式阴极。 电子管中的阴极用来发射电子，通常采用热电子发射方式，即通过交流电流加热灯丝，由灯丝加热阴极金属，使金属内部的自由电子获得足够的动能，使电子能够脱离金属表面原子核的吸引力而离开金属阴极表面。 旁热式阴极表面涂有一层钡、锶等氧化物，内部装有灯丝的镍质套管，灯丝表面涂有氧化铝绝缘层与套管绝缘
栅极	栅极用字母 g 表示。栅极全称为控制栅。 栅极用镍丝或镍锰等合金丝绕成螺旋形，每圈栅丝之间有一定的间隙，让来自阴极的电子能够通过这些间隙到达屏极。 栅极与阴极之间的距离比栅极与屏极之间的距离近得多，这样栅极上的电压比屏极上的电压对阴极发射电子的影响强许多，所以三极管具有放大能力
屏极	屏极用字母 a 表示。屏极又称板极。 屏极用来吸收从阴极发射出来的电子，屏极一般用镍、钼或钽等金属制成圆筒形或椭圆形，设置在电子管的最外层

2．电子管工作原理

电子管在工作时同晶体管一样，需要加有直流工作电压，只是电子管的直流工作电压比较高，最高的是屏极直流工作电压，一般为 250V 左右。

三极管工作原理是：给三极管灯丝通电，阴极受热后发射热电子，屏极上的直流电压相对于阴极而言很高（一般为 250V 左右直流电压），这样阴极发射的电子朝电压高的屏极高速飞去，形成漏极电流。

栅极相对于阴极上的直流电压大小对阴极与屏极之间的电子运动有很强影响，当栅极与阴极之间电压大小在变化时，就能影响阴极流向屏极电子量的多少，所以栅极具有控制屏极电流的特性。

为了理解和分析电子管电路中三极管放大器的工作原理，可记住屏极相当于集电极，阴极相当于发射极，栅极相当于基极，同时电子管是栅极电压控制屏极电流，而晶体三极管是基极电流控制集电极电流。

19.3.3 电子管主要特性和主要参数

1．电子管主要特性

（1）屏极特性。屏极特性曲线是指栅极直流电压为某一确定值情况下，屏极电流与屏极电压之间的变化关系特性曲线。在不同的栅极电压下，便有一条与此相对应的屏极电流与屏极电压之间的变化关系特性曲线，所以许多条屏极特性曲线形成了屏极特性曲线族。图 19-36 所示是某电子管屏极特性曲线。

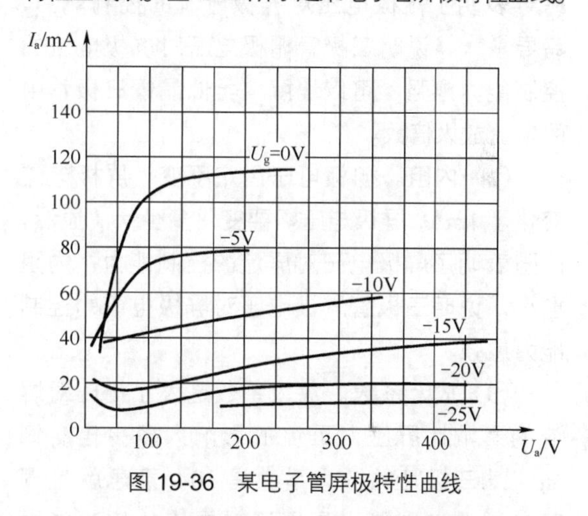

图 19-36 某电子管屏极特性曲线

从图 19-36 中可以看出，曲线比较平坦，这说明屏极电压对屏极电流的控制能力较差。

（2）屏栅特性。屏栅特性曲线是指屏极直流电压为一定值时，屏极电流与栅极电压之间的变化关系特性曲线。不同的屏极直流电压值下，有与之相对应的屏栅特性曲线，这些曲线也构成了屏栅特性曲线族。图 19-37 所示是某电子管屏栅特性曲线。

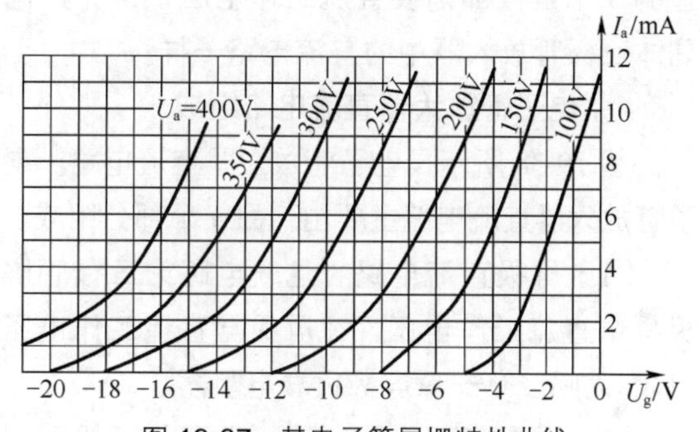

图 19-37 某电子管屏栅特性曲线

重要提示

屏压固定时，负栅压（栅极对阴极的电压为负）增大时，屏极电流在减小，当负栅压增大到一定程度时，屏极电流为零，这种现象被称为屏流截止，屏流截止时的栅压被称为截止栅压。

2．电子管主要参数

（1）跨导。屏极电压固定不变，栅极电压变化1V时，屏极电流变化了多少毫安。显然，跨导表明了栅极电压对屏极电流的控制能力，跨导愈大，说明三极管栅极电压对屏极电流的控制能力愈强，可以理解成类似晶体三极管中的电流放大倍数。

（2）内阻。栅极电压固定不变，屏极电流变化了1mA，屏极电压需要变化多少伏。显然，内阻表明了屏极电压对屏流的控制能力，内阻愈小，说明三极管屏极电压对屏极电流的控制能力愈强。

（3）放大系数。放大系数是表示栅压对屏流的影响比屏压对屏流的影响大多少倍。例如，某三极管的放大系数是30，意思就是栅压对屏流控制能力是屏压对屏流的控制能力的30倍。

19.3.4 电子管放大器直流电路组成与相关电阻器

电子管在工作时需要直流工作电压，三极管的3个电极都需要直流工作电压，这一点同晶体三极管放大器中的直流电路一样。

1．电子管放大器直流电路组成

图19-38所示是电子管放大器直流电路。电子管放大器直流电路主要由下列3个部分组成。

（1）屏极直流电路。这一电路为三极管屏极提供直流工作电压，在屏极与直流工作电压 $+V$ 端之间接有一只屏极负载电阻器。

（2）阴极直流电路。这一电路为三极管阴极提供直流电流回路，并且提高三极管阴极的直流电压，为栅极偏置电路提供必要的条件。阴极电路中通常接有一只阴极电阻器，在阴极电阻器上并联一只阴极旁路电容器。

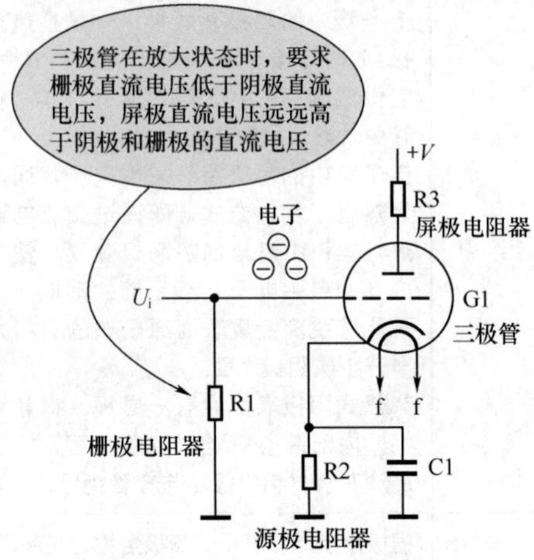

图19-38 电子管放大器直流电路

（3）栅极直流电路。这一电路为三极管栅极提供直流电压，栅极偏置电路变化比较多，不同的偏置电路有不同的电路特征，栅极直流电路中的主要元件是电阻器。

电子管放大器直流电路与晶体三极管直流电路有所不同，主要说明下列几点。

（1）电子管放大器直流电路中的屏极直流工作电压相当高，一般在200V以上。

（2）栅极直流电路中没有直流电流。

2．电子三极管屏极负载电阻器

屏极负载电阻器R3接在直流工作电压 $+V$ 与G1屏极之间，当屏极电流流过R3时，在R3上有电压降，通过屏极负载电阻器R3可以将屏极电流的变化转换成屏极电压的变化。屏极负载电阻器相当于晶体三极管电路中的集电极负载电阻器。

给G1栅极加上交流电压时，屏极电流的大小会随栅极交流电压大小变化规律而变化，通过屏极负载电阻器R3将屏极的交流电流变化转换成屏极的交流电压的变化，以信号电压的形式传输到下一级放大器中。

3．电子三极管栅极电阻器

栅极电阻器R1有3个作用。

（1）R1为栅极提供直流电压，G1栅极通过 R1 接地。而 G1 阴极电压大于 0V，这样栅极相对于阴极而言电压为负，达到电子管在放大时栅极为负电压的要求。

（2）在电子管内部，阴极电子向屏极运动过程中会有少量的电子落在栅极上，电子是负电荷，栅极上的电子使栅极电压为负，如果有太多的电子落在栅极上，栅极电压太低会影响三极管正常放大工作。在加入 R1 后，栅极上的电子通过R1流到地，为电子提供了泄放通路，所以 R1 又被称为栅漏电阻器。

（3）R1 也是前级电路的负载电阻器，信号电压加到这一负载电阻器上，前级电路输出的交流信号是 G1 的输入信号。

4．电子三极管阴极电阻器

阴极电阻器 R2 接在 G1 的阴极与地之间，电容器 C1 并联在 R2 上，这两个元件构成自偏压电路，用来产生栅极的负电压。

自偏压电路原理是：阴极电流的方向是从 G1 管阴极流出，经过 R2 到地，这样在 R2 上有电压降，使 G1 阴极电压高于地。从阴极流出的电流有直流电流和交流信号电流，对于交流信号电流而言，由于 C1 的旁路作用，交流信号电流流过 C1 到地，而不流过阴极电阻器 R2。这样，只有阴极流出的直流电流流过 R2，所以在 G1 阴极上只有直流电压。

G1 栅极通过电阻器 R1 接地，由于流过 R1 的电流很小，G1 栅极电压等于地电压，为 0V，而 G1 阴极电压高于地电压，这样 G1 栅极电压低于阴极电压，给 G1 栅极建立了负电压，三极管 G1 处于放大状态。

如果去掉电路中的阴极旁路电容器 C1，那么阴极电阻器 R2 对交流信号存在电流串联负反馈作用，这一点与晶体三极管放大器中的发射极负反馈电阻器相同。

5．电子三极管屏极电流方向

电路中，G1 管屏极电流流动的方向：直流工作电压 $+V$→屏极负载电阻器 R3→G1 管屏极→G1 管阴极→阴极电阻器 R2→地。

19.4　放大器件的鼻祖和音色令人神往的胆机

众所周知，电子电路、设备离不开放大环节，可以说没有放大器件的出现和放大器件的进步，就没有现代电子技术的日新月异，所以在学习弱电技术甚至强电技术的同时，我们不应该忘记放大器件的鼻祖——电子管和它的伟大发明人。

19.4.1　真空二极管和三极管发明人

真空二极管的发明人为英国的约翰·安布罗斯·弗莱明（1864—1945），电子三极管的发明人为美国的德·福雷斯特（1873—1961）。

真空三极管的诞生日：1906 年 6 月 26 日，德·福雷斯特发明的真空三极管获得了美国专利，后人把这一天作为真空三极管的诞生日。

1．“爱迪生效应”

人类史上最伟大的美国发明家爱迪生，他的“爱迪生效应”发明专利是真空二极管发明的基础。

1883 年，爱迪生为寻找电灯泡最佳灯丝材料做了一项小小的实验，实验的结果让爱迪生大失所望，但是无意中他发现了一个现象：实验装置中，没有连接在电路里的铜丝，却因接收到碳丝发射的热电子而产生了微弱的电流。爱迪生并没有深入研究产生这个现象的原因，但是发明家的敏感性促使他预料到了这个现象日后的重大应用，于是他立即申报了专利，这就是名为“爱迪生效应”的发明专利。

2．弗莱明与他的真空二极管

图 19-39 所示是真空二极管发明者弗莱明。

图 19-39　约翰・安布罗斯・弗莱明

“爱迪生效应”专利惊动了大洋彼岸的英国电气工程师弗莱明。1885 年，这位年轻人坚持认为，一定可以为“爱迪生效应”找到实际用途。历经无数次试验，他终于发明了图 19-40 所示的人类最早的真空二极管。

图 19-40　人类最早的真空二极管实物图

早期的电子二极管由于管内存在稀薄的空气，工作时发出蓝色辉光，如图 19-41 所示。

图 19-42 所示是现代真空二极管，对比这两款真空二极管可以发现，它们外形和内部结构大体一致，可见伟大发明的生命力之持久。

图 19-41　早期电子二极管实物图

图 19-42　现代真空二极管实物图

1904 年，弗莱明研制出一种能够充当交流电整流和无线电检波装置的特殊灯泡（现在人们有时还称电子管为小灯泡）——“热离子阀”，从而催生了世界上第一只电子管，也就是人们所说的真空二极管。人类首款真空二极管用碳丝作为阴极，用铜板作为屏极，灯泡里的电子就能实现单向流动，这就是二极管所需要的特性。

提　示

弗莱明：英国电气工程师、物理学家，因发现右手定则，发明二极管、真空二极管而闻名。

3．德·福雷斯特与他的真空三极管

图 19-43 所示是电子放大技术的开创者美国科学家德·福雷斯特（1873—1961）。

图 19-43　德·福雷斯特

在真空二极管发明的同一时期，德·福雷斯特在研究他的检测器，经过 3 年的不断试验，德·福雷斯特终于发明了一种“气全检波器”，并于 1903 年在舰船无线电通信中试用，获得了成功。但是，这种“气全检波器”由于工作过程中需要火焰，使用不太方便，而此时传来了真空二极管发明的消息。

为了提高真空二极管检波灵敏度，德·福雷斯特在玻璃管内添加了一种栅栏式的金属网，形成电子管的第三个极，就是栅极。他惊讶地发现，这个“栅极”就像百叶窗，能控制阴极与屏极之间的电子流。只要栅极有微弱电流通过，就可在屏极上获得较大的电流，而且波形与栅极电流完全一致，这就是现在真空三极管的工作特性。德·福雷斯特在弗莱明的真空二极管中增加了一个电极——栅极，一项全新的伟大发明（即能够放大电信号的新器件）诞生了，他把这个新器件命名为三极管。

真空三极管的发明，开创了人类电信号放大的崭新时代。

在德·福雷斯特的真空三极管研究成功后，经过改进还制成了真空四极管、真空五极管等，这些统称为电子管。

日本的一位科技传记作家指出：“真空三极管的发明，像升起了一颗信号弹，使全世界科学家都争先恐后地朝这个方向去研究。因此，在一个不长的时期里，电子器件获得了惊人的发展。”

提　示

在电子学的发展史上，真空三极管的发明具有划时代的意义。德·福雷斯特曾获电气电子工程师学会荣誉奖章等多种荣誉奖励。

19.4.2　胆机

由电子管作为放大器件构成的放大器被称为胆机。

1．放大器的鼻祖

德·福雷斯特发明三极管后，因为没有资金进一步做试验，就只好带着自己的发明去找几家大公司，试图说服那些老板给他资助。但走了几家公司都失败了。当他来到第三家公司时，竟然被这家公司的经理送到警察局。1906 年春天，美国纽约地方法院开庭审判一件离奇的案子。德·福雷斯特开始被控告“公开行骗”。

1912 年，顶着随时可能入狱的压力，德·福雷斯特来到加利福尼亚帕洛阿托小镇，坚持不懈地改进三极管。在爱默生大街 913 号小木屋，德·福雷斯特把若干个三极管连接起来，制成了最早的电子扩音机，这就是最早的胆机。

2．我国胆机的发展

电子管开创了人类电声放大技术之先河，最早的放大器是电子管放大器，20 世纪 60 年代之前，电子管放大器材一统天下。

20 世纪 60 年代，晶体管技术的出现、发展和成熟，将电子管“打入冷宫”。胆机在晶体管这一新生事物的强大攻势下，被迫渐渐退出民用放大器阵地，除一些高级专业机器中还可见到胆机外，家庭电器中根本没有胆机参与，许多人从没有见到过胆机，20 世纪 80 年代初中期当人们第一次见到胆机时，说它们是不太亮的小灯泡。

在计划用电、节约用电的年代，由于胆机的耗电明显高于晶体管，胆机迅速被晶体管这一新生事物压倒，国内众多胆机生产厂转、并、停、关，胆机在中国大地销声匿迹。

3．胆机东山再起

胆机的东山再起有诸多方面的原因。由于音源（信号源）技术水平不断提高，人们发现晶体机在音质和音色等方面很难超过胆机，这是其一。

晶体机中有个别影响音质或音色的指标很难克服，这是其二。

于是，国外一些发达国家开始怀念电子管放大器。但是，胆机热的真正升温是 20 世纪 80 年代初期的事，那时数码音源（如 CD 机）出现，人们使用这类数字式音源时发现，它的声音机械、生硬，被称为“数码声”，没有模拟音源（LP、磁带）那么自然、柔和、舒展。当将这类数码音源接入胆机时人们惊奇地发现，这种数码声被大大改良，于是胆机“梅开二度”。

4．胆机“吃瘪”

中国胆机复出是在 1994 年前后，当时的潮流是家庭高保真音响系统。时下大江南北、长城内外流行家庭影院，纯音乐系统暂时退居二线，由于胆机表现低音速度、力度的劣势，在营造影院效果方面没有上佳的表现，加之晶体机生产厂家抓住机遇大打出手，定向杜比定逻辑、THX、AC-3、多声道放大器等层出不穷，使得胆机复出后再次进入低潮，指望胆机大战家庭影院系统恐怕不是两三年中能见到的事，但因此将胆机说成“夕阳无限好”肯定是为时过早。

如要胆机再次辉煌，一要时间，二是靠家庭纯音乐系统的回潮，可喜的是为数不少的用户在听过家庭影院的一阵枪炮弹雨声之后，已经开始提出了家庭影院与纯音乐系统兼顾性器材的要求，说明从家庭影院回归纯音乐系统的需求已经涌现。

5．胆机技术性能指标与音色之间的“不和谐”

在介绍胆机的性能指标之前，先讲一种发烧友圈内不是真理但接近真理的观点：声音最靓的功率放大器，不是性能指标最好的；性能指标最好的放大器，声音不是最靓的。

若是只讲性能指标，胆机早就该回到博物馆中作为古董陈列了。胆机除静态互调失真一项指标优于晶体机外，其他方面均不及晶体机。

重要提示

性能指标只能从某方面反映放大器的情况，它无法全面表现它的声音情况，而且测试条件与实际的重放情况也不相同。

艺术品是没有什么标准可衡量的。音响产品的档次愈高，其生产标准就愈不严格，这是一个现实问题。高级音响就是一个准艺术品。

19.4.3 名牌电子管简介

1．“胆王”845

闻名于世的直热式功放管 845 被誉于“胆王”，如图 19-44 所示。这种电子管作甲类功率放大时，音色华丽脱俗，大动态处犹如风嘶雷吼，浪骇涛惊，柔腻处恍若花垂露滴，鸟倦虫潜，是真正的“王”者之声。

845

“胆王” 构成的胆机

图 19-44 “胆王”

2．“胆后”7092

直热式功放管7092用作甲乙类推挽功率放大时，最能体现迷人风采，纤细处丝丝入扣，高亢处宏伟华丽，被广大音响迷誉为“胆后”。

7092为大功率直热三极管，灯丝电压6.3V、电流35A，屏耗为800W，原来为美国RCA制造，现中国也有大量生产，以供应工业使用。

采用单个管单端放大设计时，它能推动大型的低灵敏度现代音响。图19-45是“胆后”7092实物图。

图19-45　“胆后”　7092实物图

3．“胆中白马王子”WE-300B

直接式电子三极管WE-300B是音频专用放大管，用它制成的胆机音质优美、动人，广大发烧友送给它“胆中白马王子”的雅号。图19-46是“胆中白马王子”WE-300B实物图。

图19-46　“胆中白马王子”　WE-300B实物图

第20章 其他元器件和应用电路分析

20.1 继电器基础知识及应用电路

20.1.1 继电器基础知识

继电器是自动控制电路中的一种常用元器件，在音响扬声器保护电路中被广泛使用，它能够控制一组开关的通与断，或是通过电信号进行控制，或是通过磁、声、光、热形式来控制。

1．外形特征

图 20-1 所示是几种继电器实物图。

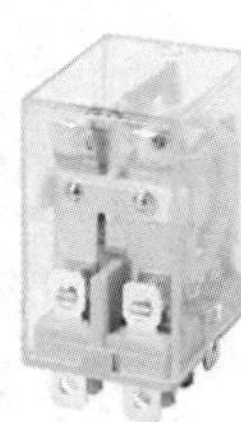

图 20-1　几种继电器实物图

重要提示

关于继电器外形特征主要说明下列几点。

（1）继电器通常为方块状，外形特征比较明显，所以在电路中比较容易识别。

（2）继电器的引脚比较多，大多数为塑料或金属封装。

（3）外壳上标注型号和工作电压，有的还会标出开关触点状态示意图，这给我们识别和使用各种类型继电器提供了方便。

2．继电器种类

继电器种类较多，可按不同方法分类，见表 20-1。

表 20-1　继电器分类方法说明

分　类		说　明
按输出形式	有触点继电器	有机械式开关触点
	无触点继电器	无机械式开关触点

续表

分　类		说　明
按工作原理或结构特征	电磁继电器	利用输入电路内电路在电磁铁铁芯与衔铁间产生的吸力作用而工作的继电器。 它包括直流电磁继电器、交流电磁继电器、磁保持继电器、极化继电器、舌簧继电器和节能功率继电器。 （1）直流电磁继电器的输入电路中的控制电流为直流。 （2）交流电磁继电器的输入电路中的控制电流为交流。 （3）磁保持继电器将磁钢引入磁回路，继电器线圈断电后，继电器的衔铁仍能保持在线圈通电时的状态，具有两个稳定状态。 （4）节能功率继电器的输入电路中的控制电流为交流的电磁继电器，但是它的电流大（一般为 30～100A），体积小，具有节电功能。 （5）舌簧继电器是通过具有触点簧片和衔铁磁路双重作用的舌簧动作来接通或断开触点的继电器。 （6）极化继电器是利用极化磁场与控制电流通过控制线圈所产生的磁场综合作用而动作的继电器。继电器的动作方向取决于控制线圈中流过的电流方向
	固体继电器	这种继电器无机械运动构件便能实现开关转换功能，是输入回路和输出回路相隔离的继电器
	温度继电器	当外界温度达到给定值时能动作的继电器，为温度控制的继电器
	时间继电器	加上或除去输入控制信号时，输出部分需延时或限时到规定时间才接通或断开其被控线路的继电器，这种继电器具有控制延时功能
	高频继电器	用于切换高频、射频电路而具有最小损耗的继电器
	其他继电器	例如，加速度继电器、风速继电器、光继电器、声继电器、热继电器、仪表式继电器、霍尔效应继电器、差动继电器等，它们受加速度、风速、光、声等控制
按外形尺寸	微型继电器	对于密封或封闭式继电器，外形尺寸为继电器本体 3 个相互垂直方向的最大尺寸，不包括安装件、引出端、压筋、压边、翻边和密封焊点的尺寸
	超小型继电器	
	小型继电器	
按负载	微功率继电器	小于 0.2A 的继电器
	弱功率继电器	0.2～2A 的继电器
	中功率继电器	2～10A 的继电器
	大功率继电器	10A 以上继电器
按继电器的防护特征	密封继电器	采用焊接或其他方法，将触点和线圈等密封在金罩内，泄漏率较低的继电器
	塑封继电器	它采用封胶的方法将触点和线圈等密封在塑料罩内，泄漏率较高
	防尘罩继电器	用罩壳将触点和线圈等封闭加以防护的继电器
	敞开式继电器	不用防护罩来保护触点和线圈等的继电器
按用途	家电用继电器	家用电器中使用的继电器，要求安全性能好
	汽车继电器	这类继电器切换负载功率大，抗冲击、抗振性高
	通信继电器	这类继电器触点负载范围从低电流到中等电流，环境使用条件要求不高
	机床继电器	这类继电器触点负载功率大，寿命长

3．电磁继电器工作原理

图 20-2 是电磁继电器结构和工作原理示意图。它有常闭触点（未通电时闭合）和常开触点（未通电时断开），线圈用来通入控制电流。

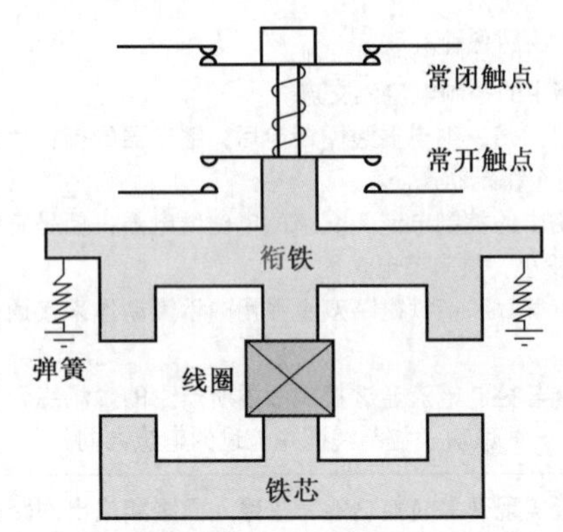

图 20-2　电磁继电器结构和工作原理示意图

电磁继电器工作原理：当线圈通电以后，铁芯被磁化产生足够大的电磁力，吸动衔铁并带动簧片，使动触点和静触点闭合或分开，即原来闭合的触点断开，原来断开的触点闭合；当线圈断电后，电磁吸力消失，衔铁返回原来位置，触点又恢复到原来闭合或分开的状态。应用时只要把需要控制的电路接到触点上，就可利用继电器达到控制目的。

重要提示

继电器的控制可以采用电流，也可以采用电压。电流继电器的线圈匝数少且线径较粗，能通过较大电流，线圈串联在控制回路中，它用电流作为控制信号，即要求有足够的控制电流。

电压继电器线圈匝数多且线径细，它与控制电路并联，它用电压作为控制信号，即要求有足够的控制电压（无电流要求）。

4．继电器电路图形符号和触点符号

图 20-3 所示是几种继电器电路图形符号，通常电路图形符号中用 K 表示继电器，过去则是用 J 表示。

表 20-2 是 3 种基本的继电器触点符号说明，规定触点符号一律不按通电后的状态画。

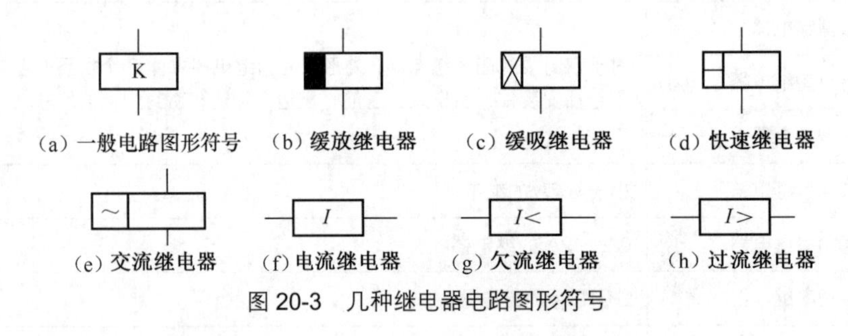

（a）一般电路图形符号　（b）缓放继电器　（c）缓吸继电器　（d）快速继电器

（e）交流继电器　（f）电流继电器　（g）欠流继电器　（h）过流继电器

图 20-3　几种继电器电路图形符号

表 20-2　3 种基本的继电器触点符号说明

触点符号	说明
	动断型触点用 D 表示（国外称为 B 型）。线圈不通电时两触点闭合，通电后两个触点就断开
	动合型触点用 H 表示（国外称 A 型）。线圈不通电时两触点断开，通电后两个触点闭合
2 1 3　　2 1 3	转换型触点用 Z 表示（国外称 C 型）。一组中有 3 个触点，即一个动触点，两个静触点。不通电时，动触点和其中一个静触点断开而和另一个闭合。通电后动触点移动，原来断开的闭合，原来闭合的断开

5．小型直流电磁继电器主要参数

表 20-3 是小型直流电磁继电器主要参数。

表 20-3　小型直流电磁继电器主要参数

名　称	说　明
线圈直流电阻	指线圈的电阻值
额定工作电压或额定工作电流	指继电器正常工作时，线圈的电压或电流值
吸合电压或电流	指继电器产生吸合时的最小电压或电流。如果只给继电器的线圈上加上吸合电压，这时的吸合是不牢靠的。一般吸合电压为额定工作电压的 75% 左右
释放电压或电流	指继电器两端的电压减小到一定数值时，继电器从吸合状态转到释放状态时的电压值。释放电压要比吸合电压小得多，一般释放电压是吸合电压的 1/4 左右
触点负载	指继电器的触点在切换时能承受的电压和电流值

20.1.2　继电器控制功能转换开关电路

图 20-4 所示是继电器控制功能转换开关电路，它是由集成电路控制、继电器执行信号源转换的电路。

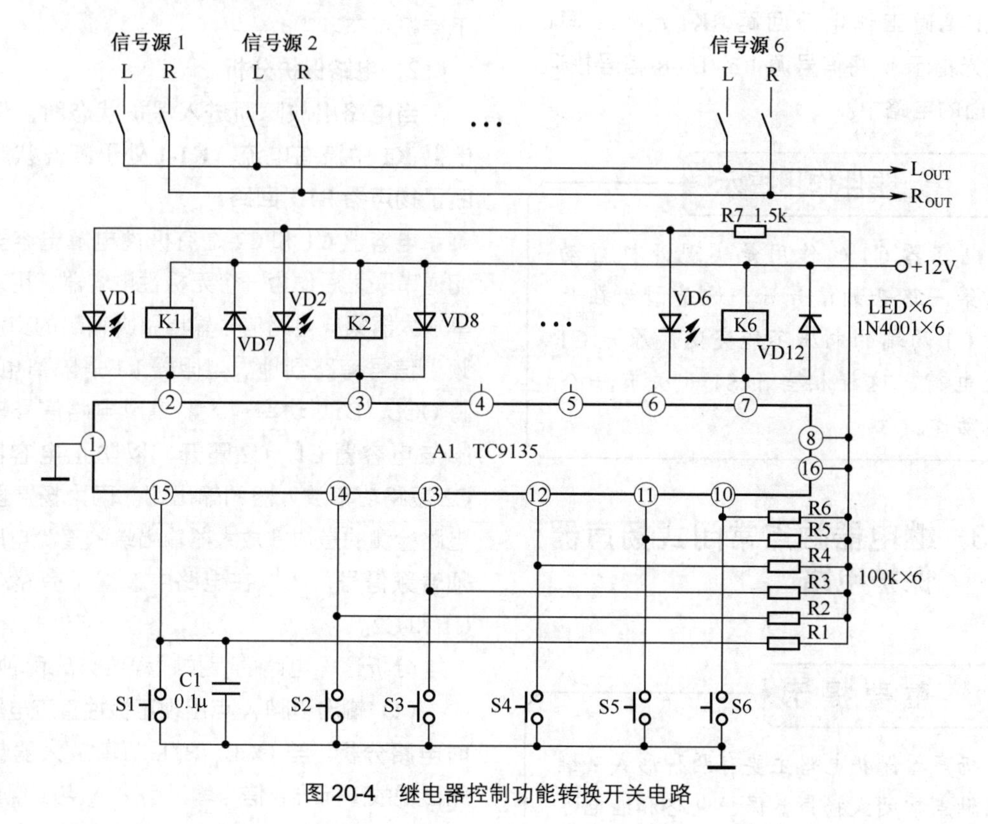

图 20-4　继电器控制功能转换开关电路

1．电路分析

继电器的特点是接通时接触电阻为零，断开时电阻无穷大，开关特性优于电子开关电路，这样避免了电子开关转换信号所带来的附加失真、附加噪声和音染。

另外，继电器的控制电路与信号传输的转换开关是分开的，这样控制电路可以随便设计走向等而不影响信号的转换性能，所以方便了电路的设计且提高了功能转换的性能。

电路中的K1～K6是6只相同的继电器，VD1～VD6是6只相同的发光二极管，其他6只普通二极管为消除继电器线圈反向电动势的保护二极管，R7为6只发光二极管的限流保护电阻器。

2．集成电路分析

专用集成电路TC9135具有六选一功能：当控制按键S1～S6中的任一键按下时，与之相对应的输出端导通、继电器吸合，而其他各输出端均关闭，从而实现“六选一”功能转换。如果同时有两个或两个以上按键被按下，则6路输出端全部关闭，防止了误操作造成的混乱。

例如，按下功能开关S1，这时集成电路A1的②引脚回路接通，即②引脚为低电平，继电器K1接通工作电流回路，K1动作（同时VD1发光指示），将信号源1的L、R信号接通，加到后面的电路中。

元器件作用提示

电容器C1的作用是实现开机自动接通第一路音频信号源，这是因为在开机时C1两端的电压不能突变，原先C1中无电荷，这样相当于S1开关有一个接通动作。

20.1.3 继电器触点常闭式扬声器保护电路

重要提示

扬声器保护电路主要有两种形式：继电器触点常闭式扬声器保护电路和继电器触点常开式扬声器保护电路。

图20-5所示是一种继电器触点常闭式扬声器保护电路。电路中的BL1是所要保护的扬声器，K1是保护电路中的继电器，K1-1是继电器K1的一个触点，这一电路中只画出了一个声道电路。VT1～VT4是保护电路中的控制管，VD1是VT4的保护二极管。

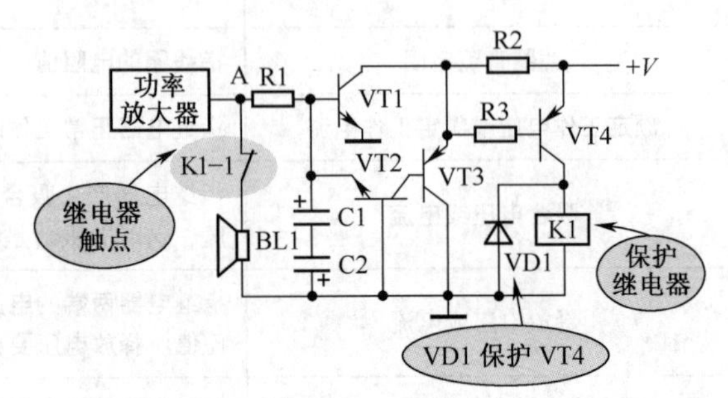

图20-5　一种继电器触点常闭式扬声器保护电路

1．电路正常工作时分析

电路中的保护继电器K1中没有电流，触点K1-1处于接通状态，将扬声器BL1接入电路中，这时扬声器电路正常工作，保护电路处于待机状态。

2．电路保护分析

当电路出故障而进入保护状态时，保护继电器K1中流有电流，K1-1处于断开状态，切断了扬声器BL1回路。

电容器C1和C2是有极性电解电容器，它们逆串联之后作为一个无极性电容器，用来将功率放大器集成电路信号输出引脚输出的交流（音频）信号旁路到地。电阻器R1是隔离电阻器，将OCL、BTL功率放大器集成电路信号输出引脚与电容器C1、C2隔开，以防止电容器C1、C2短路功率放大器的输出端。因为扬声器保护电路检测的是功率放大器输出端的直流电压，无须音频信号，所以在电路中设置了旁路电容器C1和C2。

分析这一电路的保护过程要分成两种情况。

（1）输出引脚A点出现正极性直流电压情况时电路分析。当OCL、BTL功率放大器集成电路出现故障而导致信号输出引脚A点出现正极性直流电压时，这一正极性直流电压经R1电压加到VT1基极，使VT1导通，其集电极为低电位，信号又经 R3 加到 VT4 基极，使 VT4 有基极电流，这一基极电流的回路（如图 20-6 所示）是：直流工作电压 +V 端→ VT4 发射极→ VT4 基极→ R3 → VT1 集电极→ VT1 发射极→地。

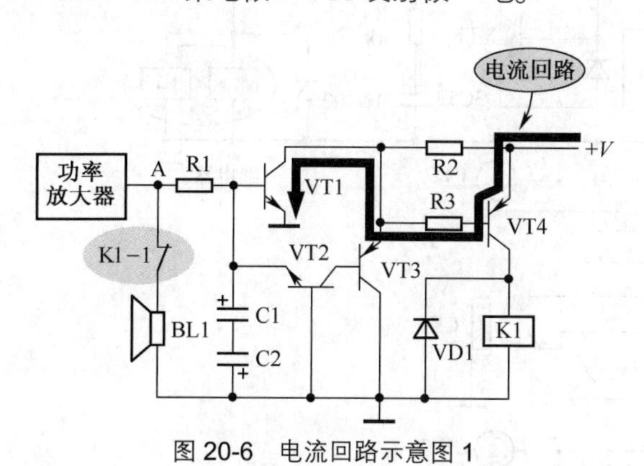

图 20-6　电流回路示意图 1

由于 VT4 有了足够的基极电流，VT4 导通，其集电极电流通过继电器 K1 的线圈，使 K1 动作，这样 K1 的触点 K1-1 断开，使扬声器与功率放大器集成电路之间断开，达到保护扬声器的目的。

（2）输出引脚 A 点出现负极性直流电压情况时电路分析。当 OCL、BTL 功率放大器集成电路出现故障而导致信号输出引脚 A 点出现负极性直流电压时，这一负极性直流电压经 R1 加到 VT2 发射极，使 VT2 导通，其集电极变为低电位，信号又加到 VT3 基极，使 VT3 导通，其发射极变为低电位，该信号通过 R3 加到 VT4 基极，使 VT4 有了足够的基极电流，**这一基极电流的回路（如图 20-7 所示）是：**VT4 发射极→ VT4 基极→ R3 → VT3 发射极→ VT3 集电极→地端。

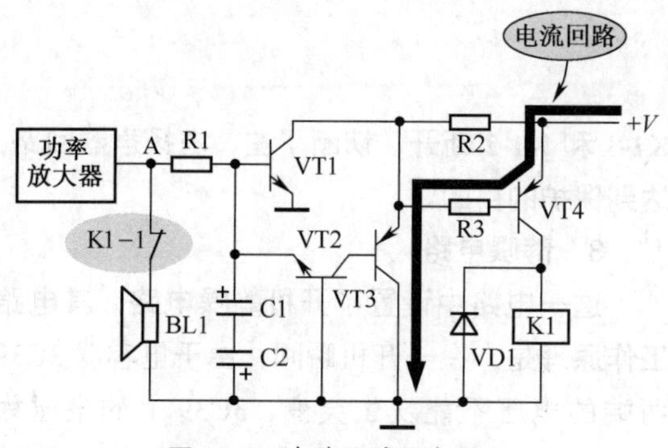

图 20-7　电流回路示意图 2

由于 VT4 有了足够的基极电流，VT4 导通后集电极电流通过继电器 K1，使 K1 的触点 K1-1 断开，达到保护扬声器的目的。

重要提示

OCL、BTL 功率放大器集成电路工作正常时，其信号输出引脚 A 点只有交流信号电压，没有直流电压，所以 VT1 或 VT2 等各管均处于截止状态，保护电路不动作，K1-1 处于接通状态，此时扬声器 BL1 正常接入电路中。

20.1.4　另一种继电器触点常闭式扬声器保护电路

图 20-8 所示是另一种形式的实用继电器触点常闭式扬声器保护电路。电路中的 K1 和 K2 的触点 K1-1、K1-2 是常闭式的，即在电路工作正常时继电器 K1 和 K2 线圈中没有电流，触点处于接通状态。当电路出现故障后，给继电器 K1 和 K2 线圈通入电流，两触点处于断开状态，电路进入保护状态。

1. 电路工作正常时分析

OCL、BTL 功率放大器集成电路没有出故障时，检测电路 VD1、VD2、VD3、VD4 和 VT1 中无电流，VT1 处于截止状态，此时 VT2 也处于截止状态（3R45 不是 VT2 的基极偏置电阻器，因为 VT2 是 PNP 型三极管），K1 和 K2 线圈中无电流，两触点 K1-1、K1-2 处于接通状态，将左、右声道的扬声器接入电路。

2. 电路出故障时的分析

OCL、BTL 功率放大器集成电路出现故障后，信号输出引脚 A 点有直流电压，或是正极性直流电压，或是负极性直流电压，都能够使 VT1 导通。

当 A 点有正极性直流电压时，VT1 的基极电流回路（如图 20-9 所示）是：A 点→ 3R30 → VD2 → VT1 基极→ VT1 发射极→ VD3 →地端。

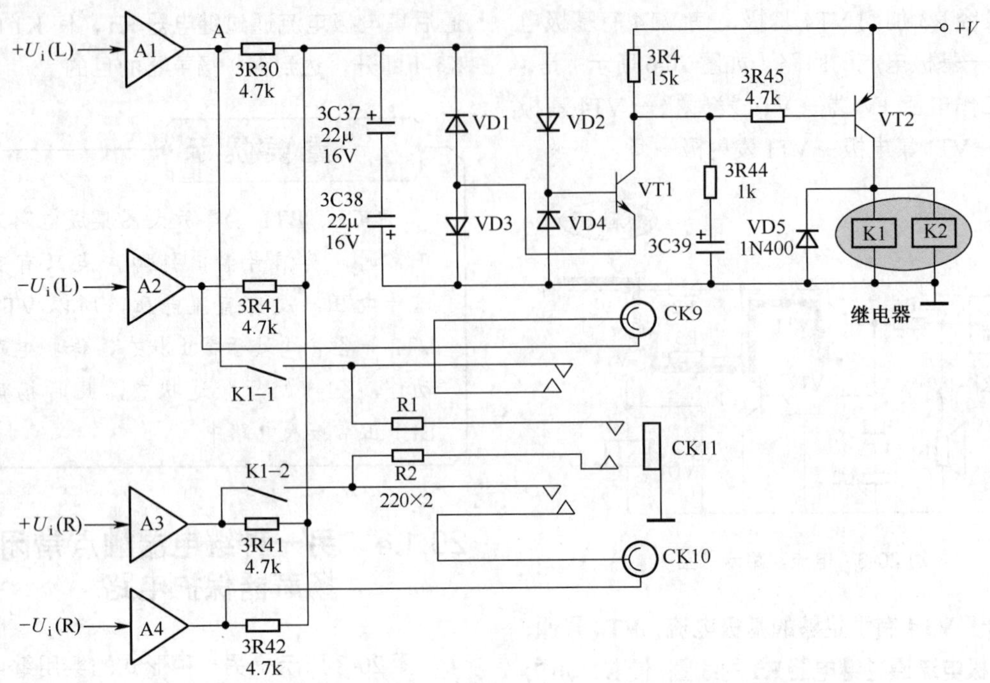

图 20-8　另一种形式的实用继电器触点常闭式扬声器保护电路

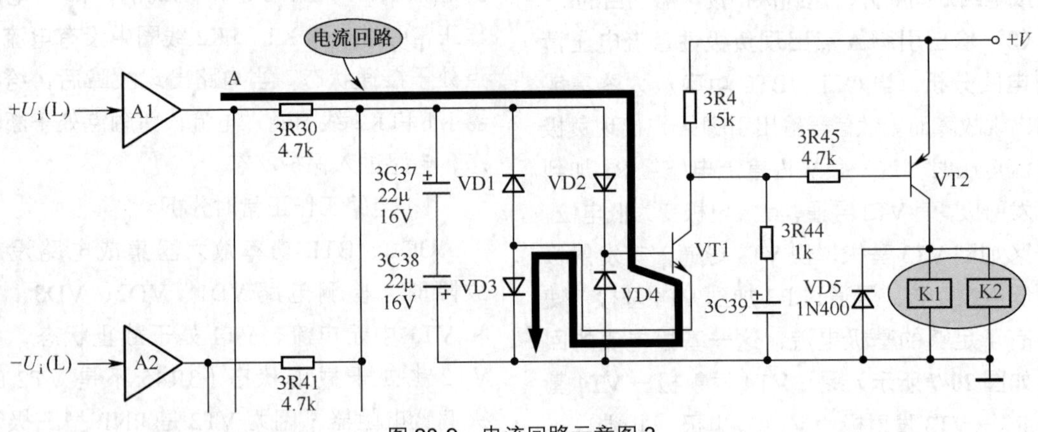

图 20-9　电流回路示意图 3

当 A 点有负极性直流电压时，VT1 基极电流回路（如图 20-10 所示）是：地端→VD4→VT1 基极→VT1 发射极→VD1。

由于直流电流流过 VT1，VT1 饱和导通，其集电极为低电位，给 VT2 提供了基极电流回路，即 VT2 的基极电流通过 3R45 流入导通的 VT1 集电极。

VT2 进入饱和导通状态后，有电流流过 K1 和 K2 的线圈，使 K1 和 K2 动作，两触点 K1-1 和 K1-2 断开，切断了左、右扬声器回路，达到保护的目的。

3．**静噪电路**

这一电路中设置了开机静噪电路，其电路工作原理是，在一开机瞬间，由于电容器 3C39 两端的电压不能发生突变，3C39 上的电压为 0V，使 VT2 的基极为低电位，VT2 在开机时处于导通状态，有电流流过 K1 和 K2 的线圈，使左、右声道的扬声器断开电路，达到消除开机冲击噪声的目的。

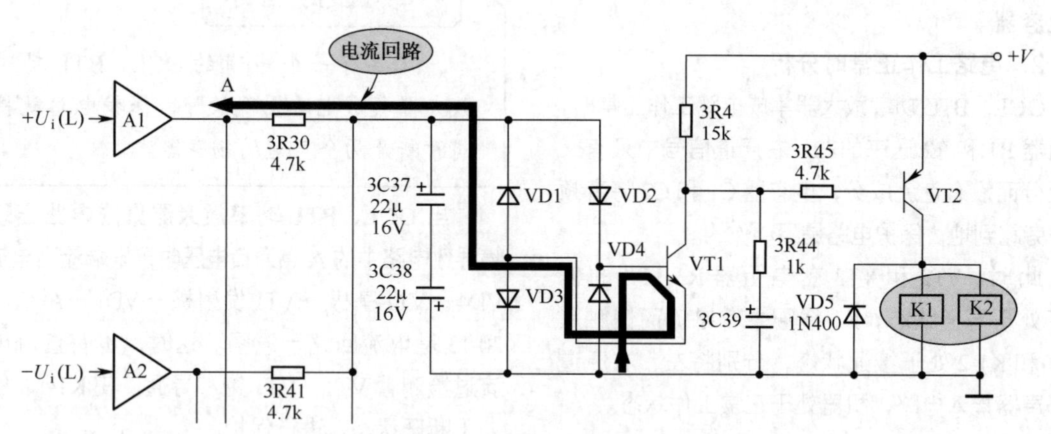

图 20-10　电流回路示意图 4

开机后，直流工作电压 +V 经 3R4 和 3R44 对电容器 3C39 充电，很快使 3C39 充满了电荷，3C39 相当于开路（3C39 上直流工作电压为 +V），使 VT2 截止，K1 和 K2 线圈中没有电流流过，触点 K1-1 和 K1-2 进入接通状态，左、右声道扬声器正常接入电路。

20.1.5　继电器触点常开式扬声器保护电路

图 20-11 所示是一种常用的继电器触点常开式扬声器保护电路。关于这一电路的工作原理主要说明下列几点。

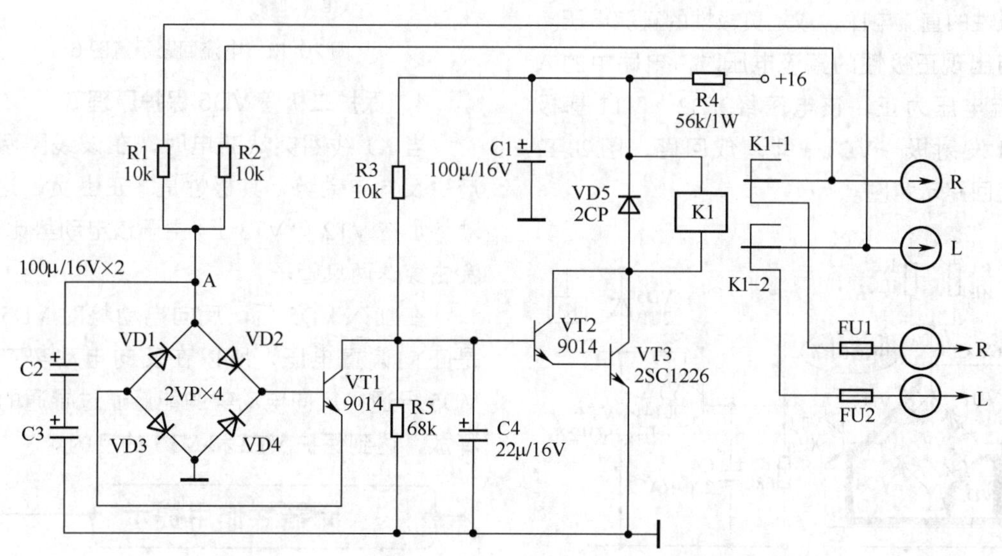

图 20-11　一种常用的继电器触点常开式扬声器保护电路

1．电路组成

K1 是继电器，它有两个触点 K1-1 和 K1-2。在 OCL、BTL 功率放大器集成电路正常工作时，给继电器 K1 通电，触点 K1-1 和 K1-2 处于接通状态，分别接通左、右声道的扬声器。

当 OCL、BTL 功率放大器集成电路出现故障后，继电器 K1 断电，触点 K1-1 和 K1-2 处于断开状态，切断扬声器而进入保护状态。

二极管 VD1 ～ VD4 和 VT1 构成检测电路，VD5 是 VT2 和 VT3 的保护二极管。VT2

和 VT3 为继电器 K1 的驱动管。C4 是开机静噪电容器。

2．电路工作正常时分析

OCL、BTL 功率放大器集成电路工作正常时，电阻器 R1 和 R2 送来的左、右声道信号中只有交流成分而没有直流成分，电容器 C1 和 C2 将音频信号旁路到地，保护电路是不动作的。

此时，VT2 和 VT3 在电阻器 R3、R4 的偏置下处于导通状态，K1 线圈中有电流而使触点 K1-1 和 K1-2 处于接通状态，分别将左、右声道的扬声器接入电路，机器处于正常工作状态。

电路分析提示

该电路中的继电器 K1 的触点常开，只有在给 K1 通电时，两个触点才闭合，接通扬声器电路。

3．电路出现故障时的分析

当左声道或右声道 OCL、BTL 功率放大器集成电路出现故障时，功率放大器的输出端将出现正极性的直流电压，或是负极性的直流电压。

当出现正极性的直流电压时，电路中的 A 点直流电压为正，该电压经 VD2→VT1 基极→VT1 发射极→VD3→地，成回路，图 20-12 是电流回路示意图。

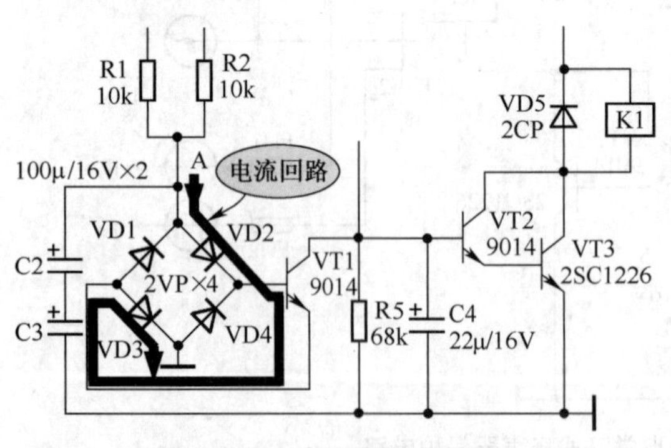

图 20-12　电流回路示意图 5

这样有基极电流流过了 VT1，VT1 饱和导通，其集电极由高电位降为低电位，使 VT2 和 VT3 截止，K1 中无电流流过，K1-1、K1-2 转换到断开状态，将左、右声道的扬声器回路切断，大电流不能流过扬声器，达到保护的目的。

重要提示

只要有一个声道的 OCL、BTL 功率放大器集成电路出现故障，保护电路就将同时断开两个声道的扬声器。

当 OCL、BTL 功率放大器集成电路出现故障导致电路中的 A 点为负电压时，地端流出电流经 VD4→VT1 基极→VT1 发射极→VD1→A 点，图 20-13 是电流回路示意图。这时，也有直流电流流过检测管 VT1，VT1 饱和导通，使 K1-1、K1-2 处于断开状态，进行保护。

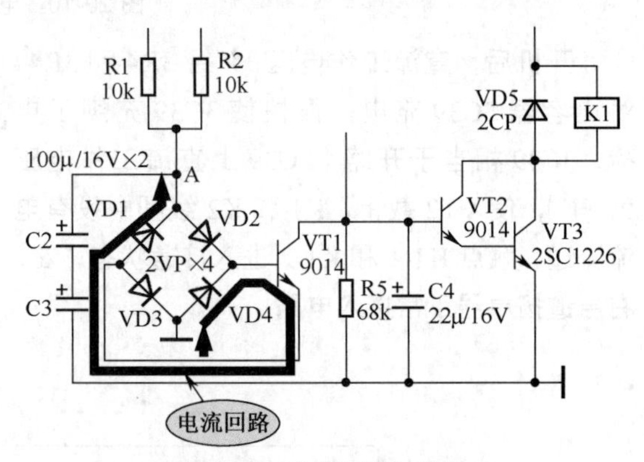

图 20-13　电流回路示意图 6

4．保护二极管 VD5 保护原理 5

当 K1 线圈突然断电时，在该线圈两端要产生反向电动势，其极性是下正上负，这一电动势加在 VT2 和 VT3 上，由于该电动势比较大，会击穿这两只管子。

在加入 VD5 后，反向电动势对 VD5 而言是正向偏置电压，所以在反向电动势产生时 VD5 导通，反向电动势的能量通过导通的 VD5 释放，达到保护 VT2 和 VT3 的目的。

元器件作用提示

电路中的 R3 和 R4 是 VT1 分压式偏置电阻器，使 VT2 和 VT3 处于饱和导通状态。C1 是滤波电容器。FU1 和 FU2 分别是两个声道的扬声器回路过流熔断器，一般讲仅靠这种熔断器来保护扬声器是不够的。

20.1.6　采用开关集成电路和继电器构成的扬声器保护电路

图 20-14 所示是采用开关集成电路和继电器构成的扬声器保护电路，电路中的 A1 是专用开关集成电路，K1 是继电器。当电路工作正常时，A1 的⑤引脚上约有 1.6V 直流触发电压，A1 的②引脚输出电流流过继电器 K1，继电器中的触点 K1-1 和 K1-2 接通，扬声器接入电路。当电路出现故障时，⑤引脚上的触发电压消失，继电器断电后将扬声器切断。

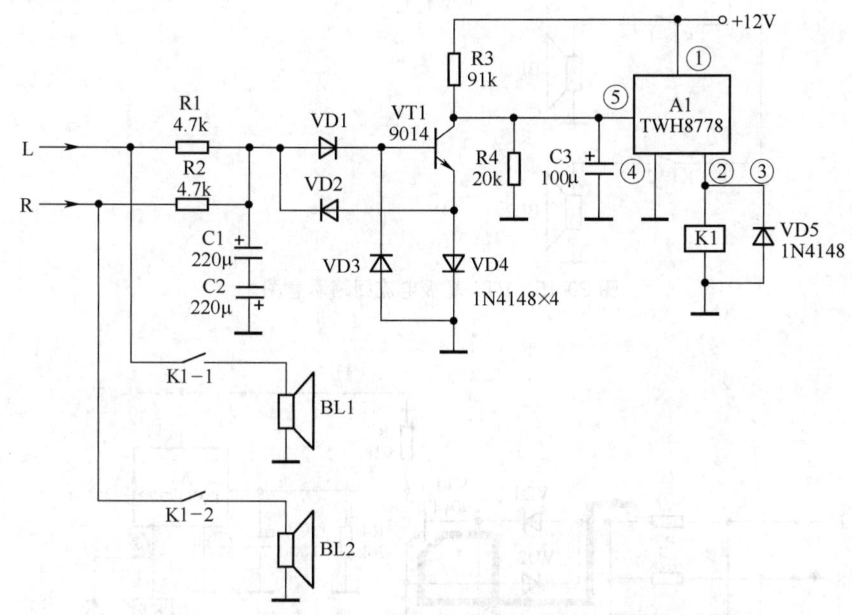

图 20-14　采用开关集成电路和继电器构成的扬声器保护电路

1．电路分析

功放的 L、R 输出端信号分别经电阻器 R1、R2 隔离后混合。C1、C2 逆串联后成为无极性电解电容器，用来滤除功放输出端的音频信号成分。

当功放电路输出端出现故障而导致有正极性直流电压时，这一正极性直流电压经 VD1 使三极管 VT1 饱和导通，使 VT1 集电极直流电压为低电平，这样 A1 的⑤引脚上失去了高电平触发的可能，继电器断电，切断扬声器，电路进入保护状态。图 20-15 是 VT1 基极电流回路示意图。

VD1 → VT1 发射结 → VD4 → 地，形成电流，VT1 导通，使 A1 失去触发电压而截止，继电器 K1 释放，切断扬声器；出现负直流电压时，地 → VD3 → VT1 发射结 → VD2 → 负电压，形成电流，也使 VT1 导通，A1 截止，K1 释放，切断扬声器；从而实现功放输出中点直流电位偏移保护功能。

当功放电路输出端出现故障而导致有负极性直流电压时，这一负极性直流电压使二极管 VD2 导通，这样负电压加到了 VT1 发射极，使 VT1 饱和导通，使 VT1 集电极直流电压为低电平，这样 A1 的⑤引脚上失去高电平触发的可能，继电器断电，切断扬声器，电路进入保护状态。图 20-16 是这时的 VT1 基极电流回路示意图。

2．其他电路分析

电路中的开机静噪电路的工作原理是：刚开机时，因为 C3 上的电压不能突变，所以 A1 的⑤引

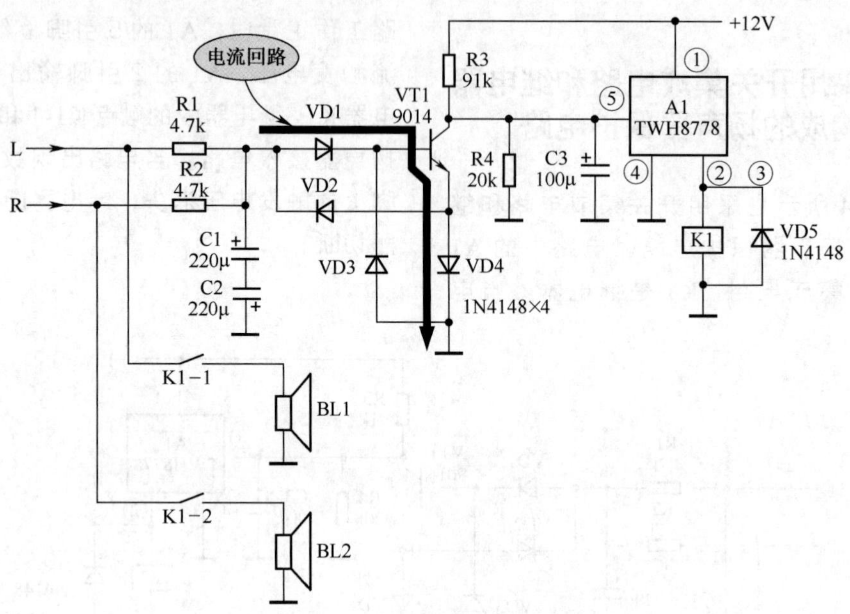

图 20-15　VT1 基极电流回路示意图 1

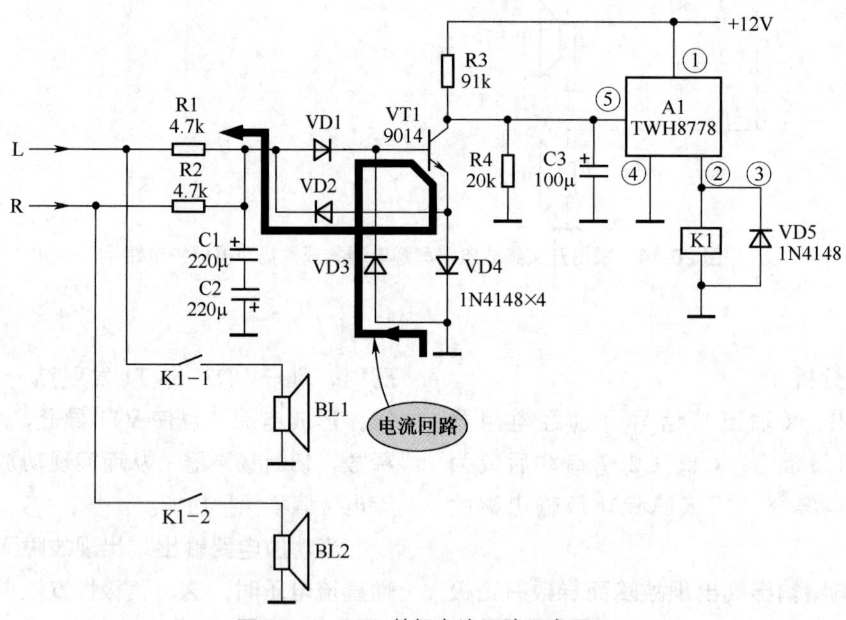

图 20-16　VT1 基极电流回路示意图 2

脚无触发电压，扬声器不能接入电路，达到静噪目的。

开机后随着 +12V 电压通过电阻器 R3 对电容器 C3 的充电，A1 的⑤引脚得到触发电压，电路进入正常工作状态。

重要提示

这一电路分析的关键点是开关集成电路 A1 的功能和控制引脚⑤上直流触发电压的高低变化。

20.1.7 继电器自锁电路

电路中，如果使用按钮开关，按下开关，电路通电。松开开关，电路又断开，因为按钮开关不能自锁。

如果按下按钮开关，电路能够自动保持持续通电状态，直到按下其他开关使之断开，这样的电路被称为自锁电路。

1．继电器自锁电路原理

图 20-17 是继电器自锁电路原理图，电路中 S1 是按钮开关。这一继电器有 8 根引脚，1、12 脚之间是继电器线圈 K；3、5、6 是一组开关，其中 3、5 之间为常闭，3、6 之间为常开；10、8、7 是断电器的另一组开关，10、8 之间为常闭，10、7 之间为常开。

在按下开关 S1 后，继电器线圈得电，图 20-18 所示是流过继电器线圈的电流回路，这时继电器触点 3 转换到与触点 6 的接通状态，当按钮开关 S1 断开时，继电器线圈仍然能够通过触点 3、触点 6 的通路得到电流，图 20-19 所示是自锁状态电流回路，所以继电器处于自锁状态，只有继电器回路断电才能使继电器解除自锁。

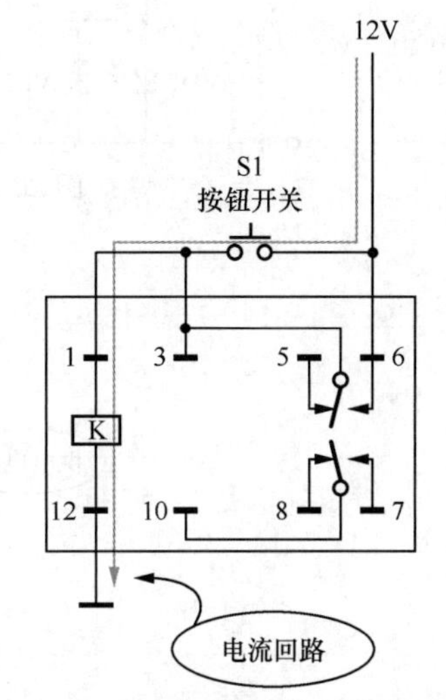

图 20-18 流过继电器线圈的电流回路

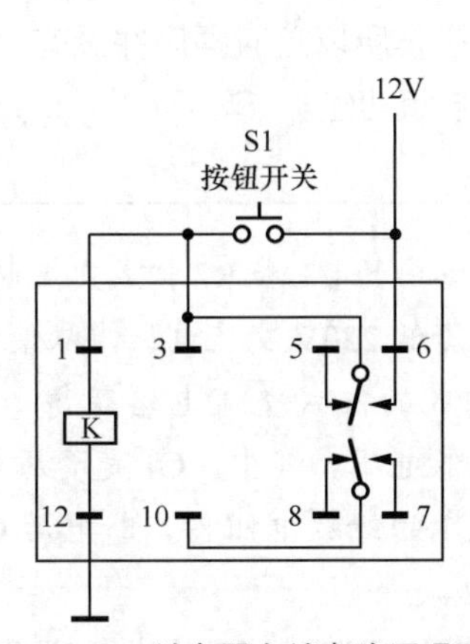

图 20-17 继电器自锁电路原理图

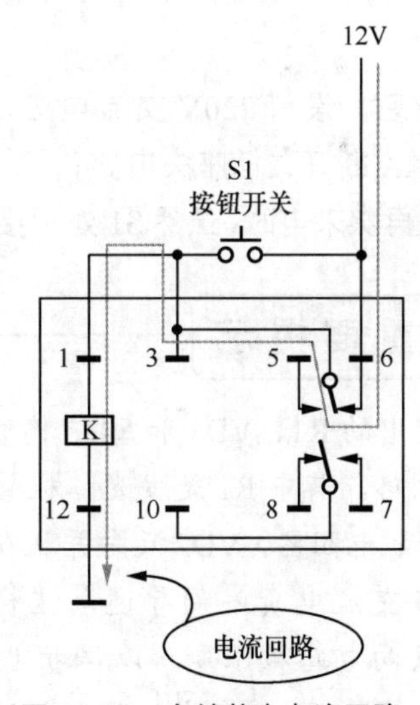

图 20-19 自锁状态电流回路

2．实用停电自锁电路

图 20-20 所示为继电器构成的停电自锁电路，电路中 JK 是继电器，S1 是 220V 交流市电回路的电源开关，S2 是按钮开关，X 是能够实现停电自锁的交流电源插座。

接通电源开关 S1，这时电源插座并没有电压。再按下按钮开关 S2 后，继电器动作，使 JK 触点接通，这样 220V 交流电通过 S1、JK 触点加到了插座 X 上，图 20-21 是交流市电向电源插座供电示意图，这时插座正常向用电器供电。

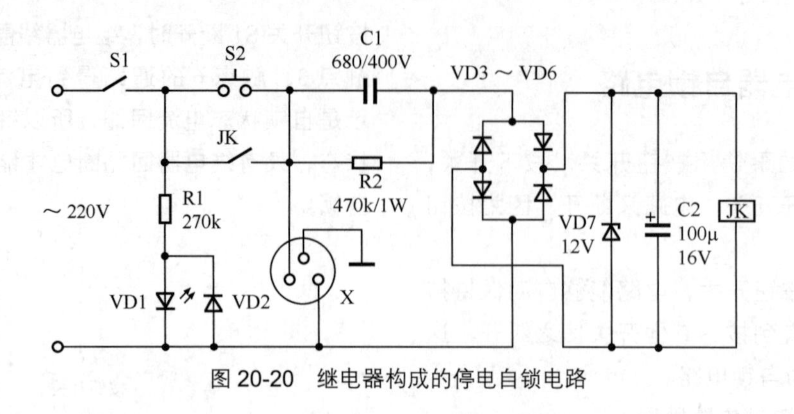

图 20-20　继电器构成的停电自锁电路

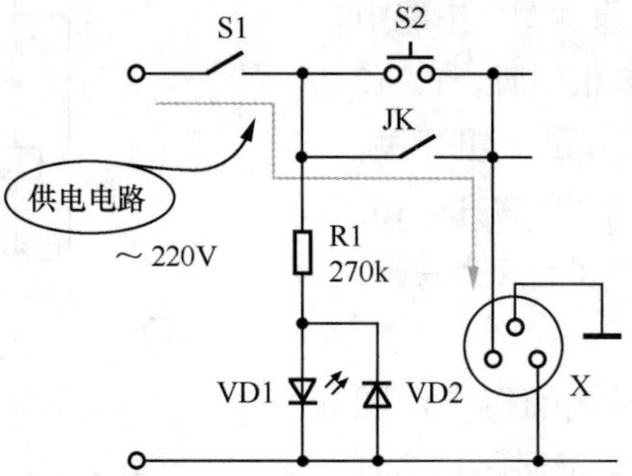

图 20-21　交流市电向电源插座供电示意图

在停电后，没有220V交流电压，继电器失电，JK触点断开，插座失电。

停电后再次来电时，虽然S1处于接通状态，但是S2处于断开状态，且继电器JK触点也处于断开状态，所以这时插座并没有220V电压，实现停电自锁功能。

重要提示

电路中的R1、VD1和VD2构成电源指示灯电路，其中R1是发光二极管VD1的限流保护电阻器，VD2反向并联在VD1两端，在交流电负半周导通，这样VD1两端的反向电路被限制，以保护LED不被反向电压击穿。R1的大小决定了VD1的工作电流，即决定了它的发光亮度。

电路中的C1和R2构成交流电压降压电路，降低220V交流电压，以使VD3～VD6构成的桥式整流电路获得一个合适的交流低电压。其中，C1是降压电容器，R2是C1的泄放电阻器，断电后C1通过R2放电。

VD3～VD6、C2构成桥式整流、滤波电路，得到一个12V直流电压，作为继电器的直流工作电压，VD7是一个12V的稳压二极管。

自锁电路可以有多种电路形式，除继电器自锁电路外，还有三极管构成的自锁电路和运算放大器构成的自锁电路。

20.2　直流有刷电动机基础知识及应用电路

20.2.1　直流有刷电动机外形特征和电路图形符号

1．直流有刷电动机外形特征

图 20-22 是直流有刷电动机实物图。

（a）外观

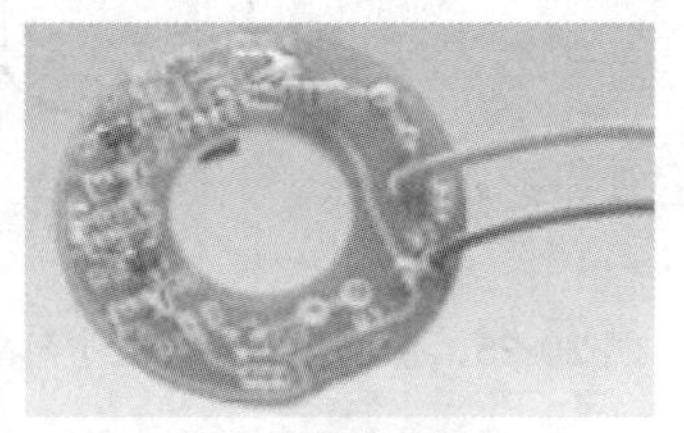

（b）内部电路板

图 20-22　直流有刷电动机实物图

这种电动机的体积不大，有一根转轴伸出外壳，一般情况下外壳背面有一个小孔（转速调整孔）。

2．直流有刷电动机种类

（1）单速直流有刷电动机只有一种转速，但是转速可以微调。

（2）双速直流有刷电动机有两种转速，一种是常速，另一种是倍速，在常速和倍速都可以进行微调。

（3）单方向转动的单向电动机只能顺时针或逆时针方向转动，一般电动机都是这种电动机。

（4）两个方向转动的双向电动机能够正向转动，也可以反向转动。

（5）直流稳速电动机按直流工作电压划分有 6V、7.5V、9V、12V、15V 几种。

（6）直流稳速电动机按实现稳速的方式分有电子稳速电动机和机械稳速电动机两种，目前主要使用电子稳速电动机。

3．直流有刷电动机电路图形符号

图 20-23 所示是直流有刷电动机电路图形符号。单速直流有刷电动机有两根引脚，一根是电源正极引脚，另一根是接地引脚。

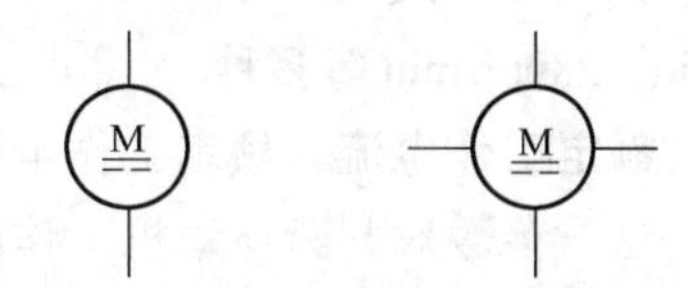

单速直流有刷电动机　　双速直流有刷电动机

图 20-23　直流有刷电动机电路图形符号

双速直流有刷电动机有 4 根引脚，一根是电源正极引脚，一根是接地引脚，另两根是转速控制引脚，没有极性之分。

20.2.2　直流有刷电动机结构和主要参数

1．直流有刷电动机结构

图 20-24 为直流有刷电动机结构示意图。

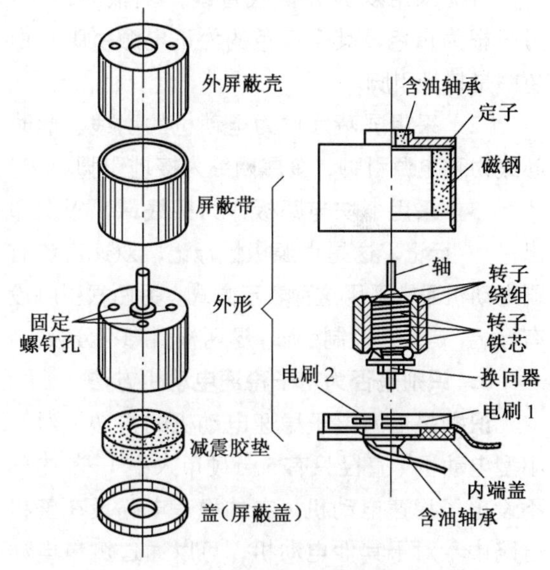

图 20-24　直流有刷电动机结构示意图

2．直流有刷电动机主要性能参数

（1）使用寿命。在机器上的使用寿命大于 600h，连续转动寿命为 1000h。

（2）额定转矩。额定转矩愈大愈好。

（3）额定转速偏差。额定转速偏差要求小于等于 1%，稳速精度要求小于等于 2%。

（4）转速。转速有多种规格，一般为2000r/min、2200r/min和2400r/min，双速直流有刷电动机的转速一般为1400r/min、1800r/min、2400r/min、2800r/min等多种。

（5）额定工作电流。额定工作电流一般为100mA，这一参数对判断电动机工作是否正常有重要作用。

20.2.3 直流有刷电动机识别方法

1．识别单速和双速直流有刷电动机方法

识别单速还是双速直流有刷电动机的方法：如果电动机只有两根引脚，说明这是单速直流有刷电动机；如果电动机有4根引脚，则说明是双速直流有刷电动机。

2．识别电动机引脚方法

直流有刷电动机引脚共有下列3种方式。

（1）采用双股并行胶合线，一根为红色，另一根为白色，其中红色的为正电源引脚，白色线是接地引脚。

（2）采用屏蔽线作为电动机的引线，此时芯线为正电源引脚，金属网线为接地引脚。

（3）采用小块电路板作为接线端，板上印出+、-标记，这是电源极性标记，双速直流有刷电动机通常采用这种表示方式。另两根引脚没有标记，是转速控制引脚，这两根引脚不分极性。

3．识别是否为电子稳速电动机方法

识别是否为电子稳速电动机的方法：对于小型电动机（直径只有5分硬币大小），其内部不设电子稳速电动机，它的稳速电路设在整机电路中；对于其他电动机，可以通过测量电动机两根引脚之间电阻来分辨，测量的电阻大于十几欧时，说明该电动机是电子稳速电动机。

4．识别稳速类型方法

识别直流有刷电动机是机械稳速还是电子稳速电动机的方法是：采用万用表的R×1挡，测量电动机两根引脚之间的直流电阻，测得电阻小于十几欧的是机械稳速电动机，测得电阻大于十几欧的是电子稳速电动机。

双速直流有刷电动机都采用电子稳速方式。如果直流有刷电动机外壳背面有一个小圆孔，如图20-25所示，说明这是电子稳速电动机。随身听中的直流电动机是电子稳速电动机，它的电子稳速电路不设在电动机内部，而是在电路板上。

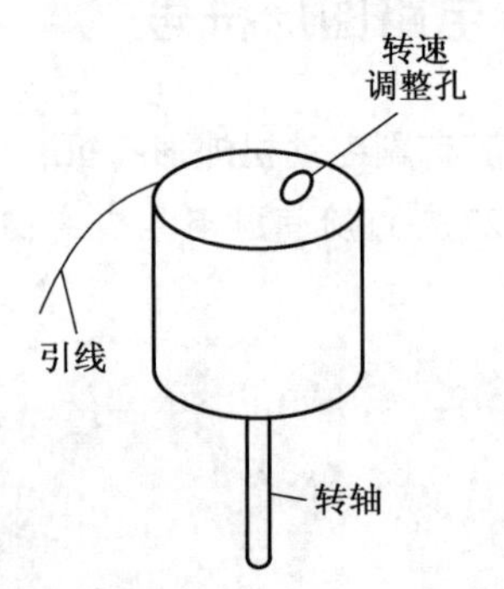

图20-25 直流有刷电动机外壳背面的调速孔示意图

5．识别直流有刷电动机转向方法

识别直流有刷电动机转向的方法是：看电动机铭牌上的标记，标出CW的是顺时针方向转动的直流有刷电动机，即手拿直流有刷电动机，转轴对着自己，此时转轴顺时针方向转动；如果是CCW则说明是逆时针方向转动的直流有刷电动机；如果是双向直流有刷电动机则用CW/CCW表示。

如果没有这样的标记，可以给电动机通电，通过观察转轴的转动方向来分辨。

20.2.4 电动机速度转换电路

电动机控制电路主要是控制直流电动机的转动和转速等。

直流有刷电动机的转速与电动机绕组两端的电压成正比，所以通过改变电动机绕组两端的电压可以改变电动机的转速。

1．转换电路之一

转速控制原理可以用图20-26所示的电路来说明。电路中，A1是放大器，它的输出电压U_o加在电动机绕组两端，这一电压的高低决定了电动机的转速快慢。R1、RP1和RP2是负反馈电阻器，S1是电动机速度转换开关。

当S1处于图示位置时，RP1与R1构成负反馈电路，RP1的阻值大小决定了负反馈量

的大小，从而决定了 A1 的放大倍数（RP1 大，负反馈量小，A1 放大倍数大）。

输入 A1 的基准电压 U_i 大小不变，A1 的放大倍数就决定了 A1 的输出电压 U_o 大小，从而决定了电动机的转速快慢。

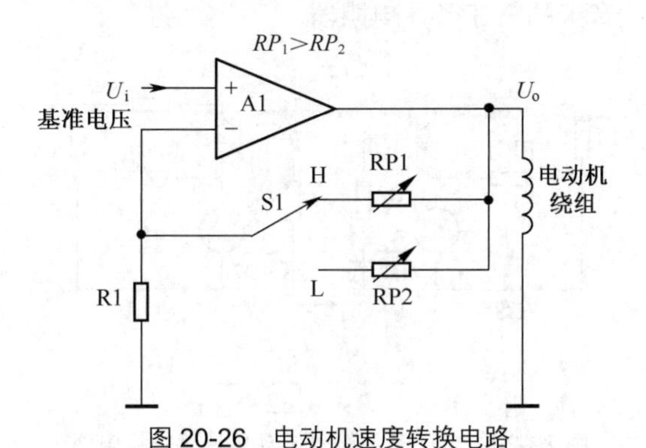

图 20-26　电动机速度转换电路

当 S1 转换到不同位置时，分别接入 RP1 和 RP2，由于 RP_1 大于 RP_2，所以接入 RP1 时 A1 的放大倍数大于接入 RP2 时的放大倍数，这样 S1 在图示位置时的电动机转速快于接入 RP2 时的转速。只要适当选取 RP1 和 RP2 的阻值大小，便能使电动机工作在常速和倍速状态下。

电路中，RP1 是倍速下的转速调整电阻器，RP2 是常速下的转速调整电阻器。RP1 和 RP2 采用可变电阻是为了能方便地调整电动机在常速和倍速下的转速，如调整 RP1 的阻值大小，可以改变倍速时的输出电压 U_o，就能改变倍速时的电动机转速。

2．转换电路之二

图 20-27 所示是另一种速度转换电路。

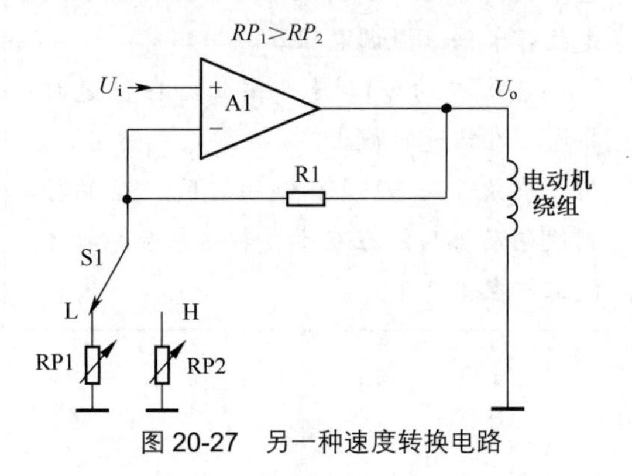

图 20-27　另一种速度转换电路

可变电阻器 RP1 和 RP2 的位置不同于前一种电路，RP_1 大，负反馈量大，A1 放大倍数小。

由于 RP_1 大于 RP_2，所以在接入 RP1 时放大器 A1 的放大倍数小于接入 RP2 时的放大倍数，这样 S1 在图示位置时的电动机转速低于在 H 位置时的转速。

电路中的 RP1 是常速调整电阻器，RP2 是倍速调整电阻器。

重要提示

从上述两种电路的转速控制分析可知，当 RP1 和 RP2（RP_1 大于 RP_2）接在不同位置时，电动机转速不同。

注意，转速调整电阻器 RP1 和 RP2 装在电路板上，其他元器件在电动机外壳内。

3．机械开关式电动机速度转换电路

图 20-28 所示是采用机械开关控制的常速、倍速转换电路。电路中的 M1 是放音卡电动机，S2 是放音卡机芯开关，M2 是录放卡电动机，S3 是录放卡机芯开关，S1-1 是常速、倍速转换开关。从图中可以看出，放音卡的控制电路与录放卡电路一样。

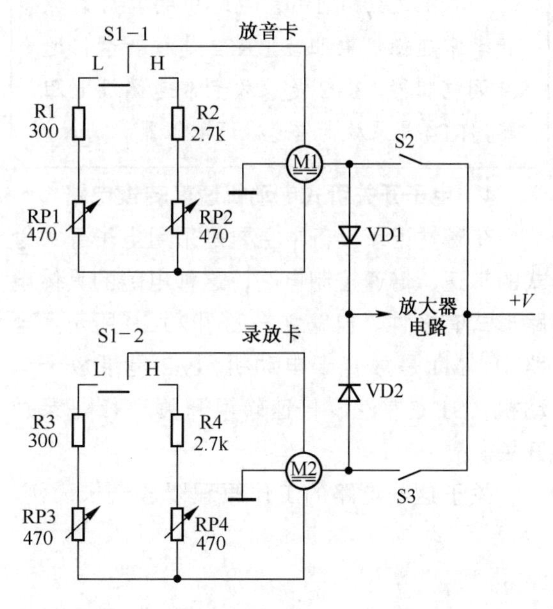

图 20-28　采用机械开关控制的常速、倍速转换电路

关于这一电路的工作原理主要说明以下

几点。

（1）单速电动机只有两根引脚，一根是电源引脚，另一根是接地引脚。 双速电动机共有4根引脚，包括一根电源引脚，一根接地引脚，另两根是速度转换引脚，当这两根引脚之间接入转速调整电路，其电路的阻值变化时电动机的转速将改变。

（2）S1-1、S1-2是速度转换开关， 分别控制放音卡和录放卡中的电动机转速，这是同一个开关中的两组刀，它们同步转换。

以上面一卡为例，当开关S1-1在图示L（常速）位置时， 电动机的两根转速引脚之间接的是R1和RP1，该串联电阻器的总阻值决定了电动机的转速，调整RP1的阻值大小，便能调整电动机在常速下的转速。

当开关S1-1在H（倍速）位置时， 接入R2和RP2，调整RP2的阻值可以改变倍速下的转速。这种电路中，R2的阻值大于R1，说明电动机转速引脚之间阻值大时电动机转速高。

重要提示

从上述分析可知，电路中的RP1是放音卡常速微调电阻器，RP2是放音卡倍速微调电阻器，RP3是录放卡常速微调电阻器，RP4是录放卡倍速微调电阻器。

4．电子开关管式电动机速度转换电路

在磁性记录设备中主要是采用电子开关管式的常速、倍速控制电路，这种电路的具体电路形式有多种。电路之一如图20-29所示。电路中，M1是放音卡电动机，M2是录放卡电动机，S1是常速、倍速转换开关，S2是录放开关。

关于这一电路的工作原理以放音卡为例，主要说明以下几点。

（1）当S1在图示L位置时， 直流电压不能通过S1、VD1、R2加到VT1基极，VT1的基极电压为零，VT1截止，此时电动机M1的两根转速控制引脚之间只有RP2，所以RP2是放音卡的常速微调电阻器。

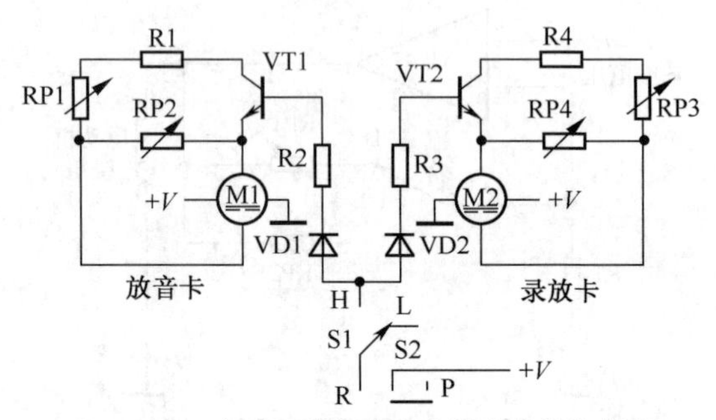

图20-29 电子开关管式电动机速度转换电路

（2）S1在H位置时， 由于电动机只能在双卡复制时才能进入倍速转动状态，所以录放开关S2此时只能在录音（R）位置，这样直流电压+*V*经S2、S1、VD1和R2加到VT1基极，VT1导通。VT1导通后其集电极与发射极之间的内阻很小，这样导通的VT1将R1和RP1并在RP2上，并联后的总电阻决定了电动机倍速下的转速。

重要提示

电动机倍速控制电路中，RP1和RP2的阻值大小都能影响电动机的倍速，若改变RP2的阻值也会改变倍速下的转速，但是变动RP2又会影响常速下的转速，而倍速下RP1和R1不接入电路中，所以RP1是放音卡倍速微调电阻器。

电路中的VT1是开关管，在倍速时导通，在常速时截止。

录放开关S2具有制约作用，S2的控制使电动机只能在双卡复制（录音）时才能工作在倍速下。

20.3　石英晶体振荡器基础知识及应用电路

石英晶体振荡器等效电路为一个 LC 串联电路。

重要提示

石英晶体振荡器是利用石英材料的压电特性制成的石英晶体谐振器和石英晶体时钟振荡器，是一种电谐振元器件，俗称晶振。石英晶体振荡器构成的谐振器，其振荡频率十分准确且稳定度高，这是它十分突出的优点，此外它还有优良的抗干扰性能。

石英晶体振荡器的损耗非常小，即 Q 值非常高，做振荡器时可以产生非常稳定的振荡，做滤波器时可以获得非常稳定和陡峭的带通或带阻特性曲线。

石英晶体振荡器广泛应用于各种电子产品中。例如，它可以用在电视机的遥控器中，以及用在色副载波恢复电路中（用来产生4.43MHz 的副载波），此外还应用于微控制器集成电路、计算机主板、手机等各个领域。例如，PC 主板上使用了众多频率的石英晶体振荡器：时钟晶体振荡器（14.318MHz）、实时晶体振荡器（32.768kHz）、声卡晶体振荡器（24.576kHz）和网卡调制解调器晶体振荡器（25.000kHz）。

20.3.1　石英晶体振荡器外形特征和电路图形符号

1．石英晶体振荡器外形特征

用石英晶体可以构成石英晶体振荡器，图 20-30 所示是几种石英晶体振荡器实物图。石英晶体振荡器有多种形状，无源石英晶体振荡器只有两根引脚，且两根引脚没有极性之分。有源石英晶体振荡器通常是 4 根引脚，还有 DIP-8 封装、DIP-14 封装。

2．石英晶体振荡器种类

石英晶体振荡器分非温度补偿式晶体振荡器、温度补偿式晶体振荡器（TCXO）、电压控制式晶体振荡器（VCXO）、恒温控制式晶体振荡器（OCXO）、数字化 /μp 补偿式晶体振荡器（DCXO/MCXO）等。

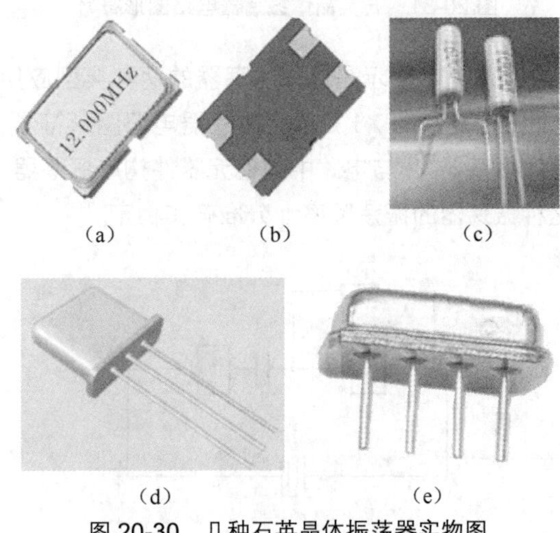

(a)　(b)　(c)

(d)　(e)

图 20-30　几种石英晶体振荡器实物图

（1）温度补偿式晶体振荡器。它是利用附加的温度补偿电路使振荡频率变化量削减的一种石英晶体振荡器。它又分为直接补偿型（由热敏电阻器和阻容元器件组成的温度补偿电路，在振荡器中与石英晶体振荡器串联而成）和间接补偿型（又分模拟式和数字式两种）。

（2）电压控制式晶体振荡器。它是利用施加外部控制电压使振荡频率可变或是可以调制的石英晶体振荡器。通常是通过调谐电压改变变容二极管的电容量来“牵引”石英晶体振荡器的频率。

重要提示

PC 中还分为无源晶体振荡器和有源晶体振荡器两种类型。无源晶体振荡器是两根引脚的无极性元器件，需要借助时钟电路才能产生振荡信号，自身无法振荡起来。有源晶体振荡器有 4 根引脚，是一个完整的振荡器，其中除了石英晶体外，还有晶体管和阻容元器件，体积较大。

3．石英晶体振荡器电路图形符号

图 20-31 所示是石英晶体振荡器电路图形符号，它与两端陶瓷滤波器的电路图形符号相同，文字符号一般用 X 等字母表示。

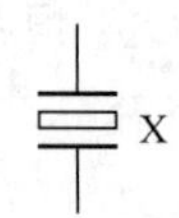

图 20-31　石英晶体振荡器电路图形符号

图 20-32 所示是晶体振荡器的两种典型应用电路，电路中的 X1 是晶体振荡器电路图形符号。晶体振荡器 X1 与电路中其他元器件构成振荡器，这种振荡器的振荡频率十分准确和稳定。

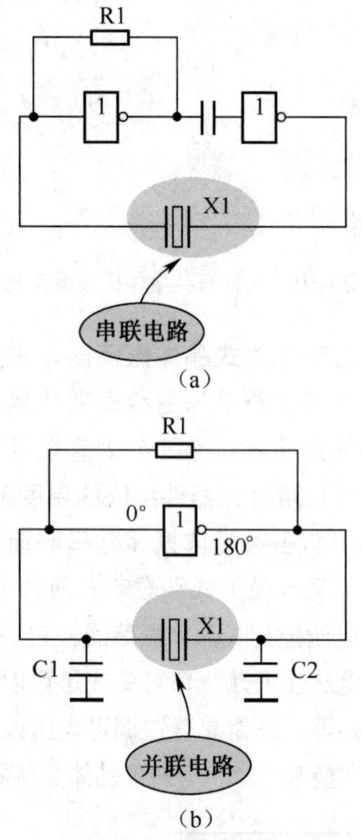

图 20-32　晶体振荡器的两种典型应用电路

20.3.2　石英晶体振荡器工作原理和引脚识别方法

1．石英晶体振荡器结构及工作原理

图 20-33 所示是晶体振荡器内部结构、等效电路和电抗特性曲线示意图。其具有电抗特性，f_s 为串联谐振频率点，f_p 为并联谐振频率点。石英晶体振荡器的振荡频率既可近似工作于 f_s 处，也可工作在 f_p 附近，因此石英晶体振荡器可分串联型和并联型两种电路。

石英晶体振荡器工作原理是：在晶片的两个极上加上电场，会使晶体产生机械变形。在石英晶片上加上交变电压，晶体就会产生机械振动，同时机械变形振动又会产生交变电场，虽然这种交变电场的电压十分微弱，但是其振动频率却十分稳定。

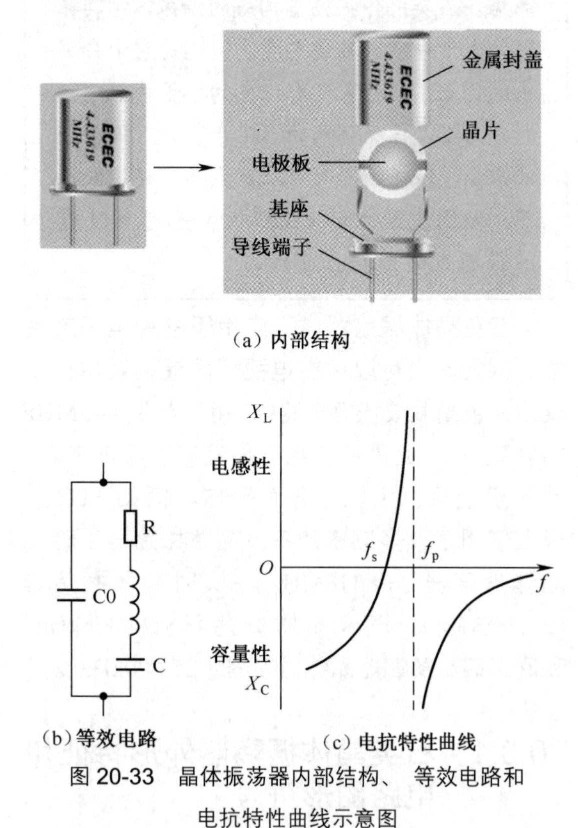

图 20-33　晶体振荡器内部结构、等效电路和电抗特性曲线示意图

当外加交变电压的频率与晶片的固有频率（由晶片的尺寸和形状决定）相等时，机械振动的幅度将急剧增加，这种现象被称为压电谐振。

2．石英晶体振荡器型号命名方法

表 20-4 是石英晶体振荡器型号命名方法。

表 20-4　石英晶体振荡器型号命名方法

第一部分：外壳的形状和材料		第二部分：石英片切型		第三部分：主要性能及外形尺寸
字母	含义	字母	含义	
B	玻璃壳	A	AT 切型	用数字表示晶体振荡器的主要性能及外形尺寸
		B	BT 切型	
		C	CT 切型	
		D	DT 切型	
S	塑料壳	E	ET 切型	—
		F	FT 切型	
		H	HT 切型	
		M	MT 切型	
J	金属壳	N	NT 切型	
		U	音叉弯曲振动型 WX 切型	
		X	伸缩振动 X 切型	
		Y	Y 切型	

3．石英晶体振荡器引脚识别方法

无源石英晶体振荡器只有两根引脚，无正负极之分。有源石英晶体振荡器有 4 根引脚，有个点标记的为①引脚，如图 20-34 所示，引脚朝下后按逆时针分别为②、③、④引脚。有源晶体振荡器的接法通常是：①引脚悬空，②引脚接地，③引脚输出信号，④引脚接直流工作电压。

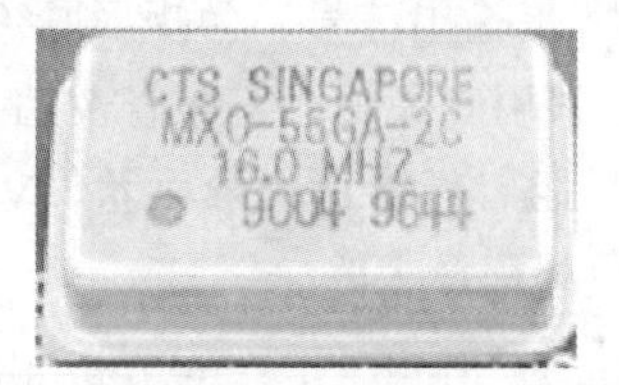

图 20-34　有源石英晶体振荡器色点标记示意图

重要提示

正方体的有源晶体振荡器采用 DIP-8 封装，有色点的是①引脚，各引脚排列顺序按集成电路的识别方法识别。①引脚是空脚，④引脚是地，⑤引脚是输出端，⑧引脚是电源。

长方体的有源晶体振荡器采用 DIP-14 封装，有色点的是①引脚，各引脚排列顺序按集成电路的识别方法识别。①引脚是空脚，⑦引脚是地，⑧引脚是输出端，⑭引脚是电源。

4．石英晶体振荡器主要参数

表 20-5 所示是石英晶体振荡器主要参数说明。

表 20-5　石英晶体振荡器主要参数说明

名　称	说　　明
标称频率	指石英晶体振荡器上标注的频率
激励电平	石英晶体振荡器工作时消耗的有效功率，也可用流过石英晶体振荡器的电流表示。使用时，激励电平可以适当调整。 激励强，容易起振，但是频率老化率大，激励太强甚至会造成石英晶片破碎。激励低，频率老化可以改善，但是激励太弱时不起振
负载电容	从石英晶体振荡器引脚两端向振荡电路方向看进去的全部有效电容器为该振荡电路加给石英晶体振荡器的负载电容器。 负载电容器与石英晶体振荡器一起决定它的工作频率。通过调整负载电容一般可以将振荡电路的工作频率调整到标称值。负载电容太大时，分布电容影响减小，但是微调率下降。负载电容太小时，微调率增加，但是分布电容影响增加，负载谐振电阻增加，甚至引起起振困难
基准温度	测量石英晶体振荡器参数时指定的环境温度。恒温晶体振荡器温度一般为工作温度范围的中心值，非恒温石英晶体振荡器为 25℃ ±2℃
调整频差	在规定条件下，基准温度时的工作频率相对于标称频率的最大偏离值
温度频差	在规定条件下，某温度范围内的工作频率相对于基准温度时的工作频率的最大偏离值
总频差	在规定条件下，工作温度范围内的工作频率相对于标称频率的最大偏离值
谐振电阻	在谐振频率时的电阻
负载谐振电阻	在规定条件下石英晶体振荡器和负载电容器串联后在谐振频率时的电阻
泛音频率	它是石英晶体振荡器振动的机械谐波，近似为基频的奇数倍。某次泛音频率必须工作在相应的电路上才能获得

20.3.3　石英晶体振荡器构成的串联型振荡器

图 20-35 所示是晶体振荡器构成的串联型振荡器，U_o 是输出信号，为矩形脉冲。电路中的 X1 为两根引脚晶振，三极管 VT1 和 VT2 构成一个双管阻容耦合两级放大器，VT1 和 VT2 均接成共发射极放大器。

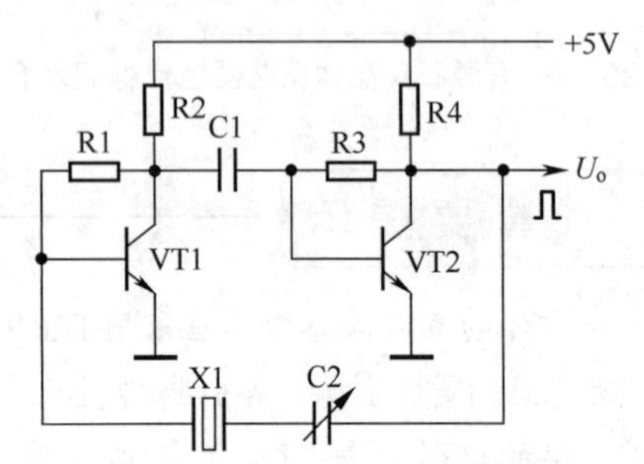

图 20-35　晶体振荡器构成的串联型振荡器

1．直流电路分析

R1 是 VT1 集电极 - 基极负反馈式偏置电阻器，R2 是 VT1 集电极负载电阻器。R3 是 VT2 集电极 - 基极负反馈式偏置电阻器，R4 是 VT1 集电极负载电阻器。电容器C1 是级间耦合电容器。

2．正反馈过程分析

假设某瞬间 VT1 基极信号电压为正，因为 VT1 接成共发射极放大器，所以 VT1 集电极信号电压为负，该信号经 C1 耦合加到 VT2 基极，即 VT2 基极振荡信号电压相位为负，VT2 集电极信号电压相位为正。

这一信号经电容器 C2 和 X1 加到 VT1 基极，它加强了 VT1 基极信号，这是正反馈过程。

3．选频分析

电路中的晶振 X1 相当于电感器，它与电容器 C2 构成 LC 串联谐振电路。C2 为可变电容器，调节其容量即可使电路进入谐振状态。该振荡器供电电压为 5V，输出波形为方波。

20.3.4　石英晶体振荡器构成的并联型振荡器

图 20-36 所示是晶体振荡器构成的并联型振荡器电路，电路中的X1 是晶体振荡器，它等效成电感，与电容器 C1 和 C2 构成电容三点式正弦波振荡器。

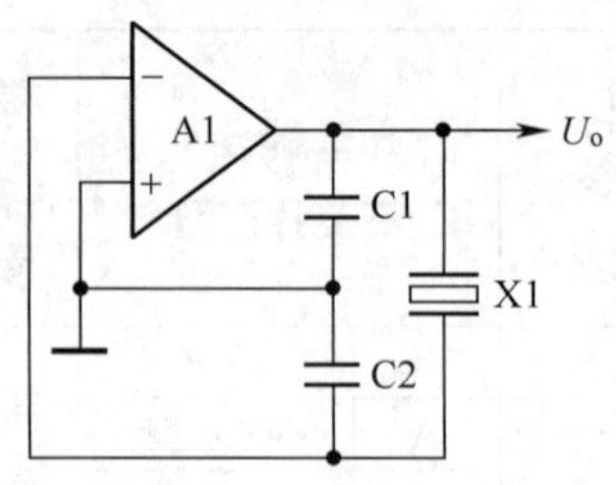

图 20-36　晶体振荡器构成的并联型振荡器电路

重要提示

一般电路中的 C_1、C_2 值要比其他杂散电容高 8 ～ 10 倍，以减少杂散电容的影响。

一般集成电路的引脚有 2～3pF 杂散电容。

晶体振荡器内部电容 C_0 为 3 ～ 5pF。

20.3.5　石英晶体自激多谐振荡器

图 20-37 所示是石英晶体自激多谐振荡器。从电路中可看出，这一电路与上面介绍的基本电路结构相同，只是在电容回路中串联了一只石英晶体振荡器 X1。

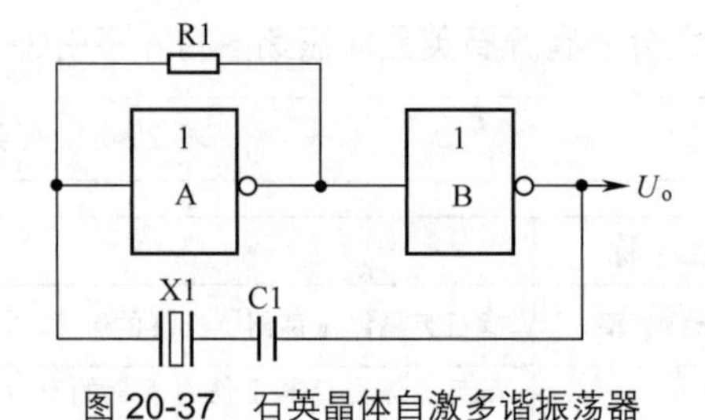

图 20-37　石英晶体自激多谐振荡器

1．电路分析

关于该电路的起振和电路翻转过程与前面介绍的电路一样，这里对振荡频率作些说明。由晶体振荡器的等效电路可知，X1 等效成一个 LC 串联谐振电路，设它的谐振频率是 f_0。

由 LC 串联谐振电路特性可知，当该电路发生谐振时，其电路的阻抗最小，当信号频率为 f_0 时，X1 和 C1 串联电路的阻抗为最小。

2．振荡理解方法

从电路中可看出，X1 和 C1 串联在“非门”（反相器）A 和 B 构成的正反馈回路中。当频率

为 f_0 时，X1 和 C1 串联电路能够将最大的信号正反馈到“非门”A 的输入端；而对于频率高于或低于 f_0 的信号，由于 X1 和 C1 构成的串联谐振电路失谐，其阻抗增大，这样正反馈强度较低。

所以，该电路能够振荡在频率为 f_0 的信号上，这一石英晶体自激多谐振荡器的振荡频率就是 f_0，f_0 主要由 X1 特性决定。

电路分析提示

关于石英晶体自激多谐振荡器电路主要说明下列几点。

（1）石英晶体振荡器电路在数字系统电路中应用广泛，凡是需要脉冲信号源的电路都要用到这种振荡器电路，而在数字系统电路中脉冲源又是不可缺少的一种信号源。

（2）大量采用石英晶体振荡器电路的根本原因是石英晶体振荡器具有众多优点：一是振荡频率十分稳定（这是 RC 振荡器电路所不及的）；二是有很高的 Q 值；三是选频特性好。

20.3.6 微控制器电路中的晶体振荡器电路

微控制器中有大量由晶体振荡器构成的振荡器，这里讲解各类具体电路。

1．电路之一

图 20-38 所示是电路之一。这是具有两根振荡元器件引脚的电路。X1 是晶体振荡器，接在集成电路 A1 的①引脚和②引脚之间。集成电路 A1 的内电路中设有一个反相器，这一反相器电路与外接的 X1 和 C1、C2 构成一个振荡器，其振荡频率主要由晶体振荡器 X1 决定；电容器 C1 和 C2 对振荡频率略有影响，可以起到对振荡频率的微调作用。

电路中的集成电路 A1 的①引脚是振荡信号输出端，②引脚是振荡信号输入端。

2．电路之二

图 20-39 所示是电路之二。这一电路中多了一只电阻器 R1。电路中集成电路 A1 的①引脚是振荡信号输入端，②引脚是振荡信号输出端，X1 为晶体振荡器。

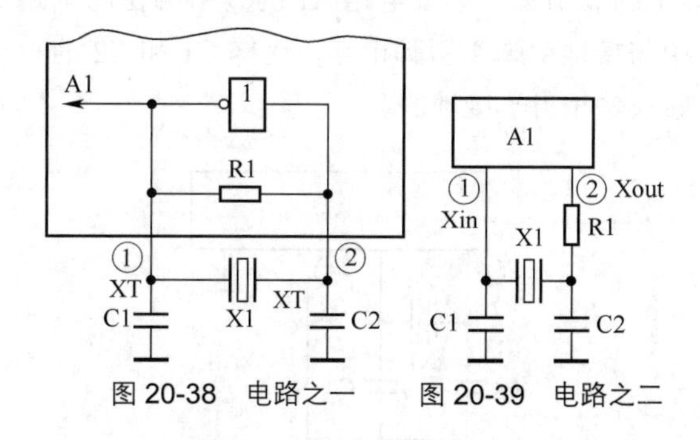

图 20-38 电路之一　图 20-39 电路之二

如果时钟信号采用外接方式时，将②引脚外电路断开，外部的时钟信号从①引脚输入集成电路 A1 的内电路中。

3．电路之三

图 20-40 所示是电路之三。这一电路的特点是在晶体振荡器 X1 上并联了一只电阻器，实际上该电阻器在许多电路中是设置在集成电路 A1 内电路中的。

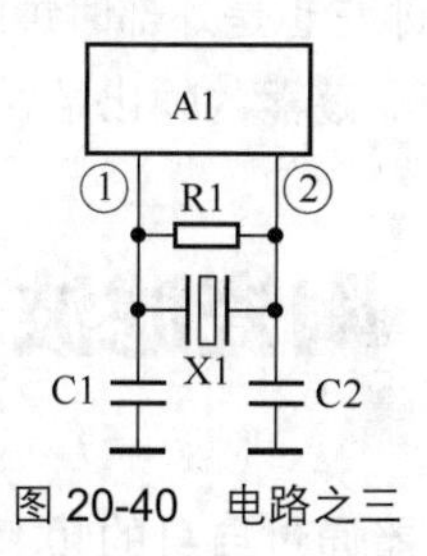

图 20-40 电路之三

4．电路之四

图 20-41 所示是电路之四。该电路的特点是电容器 C1 和 C2 不直接接地，而是接在直流电源 $+V_{CC}$ 端。由于直流电源端对交流而言是等效接地的，所以对交流（振荡信号）而言，电容器 C1 和 C2 仍然是一端接地的，其振荡电路的工作原理同前面几种电路一样。

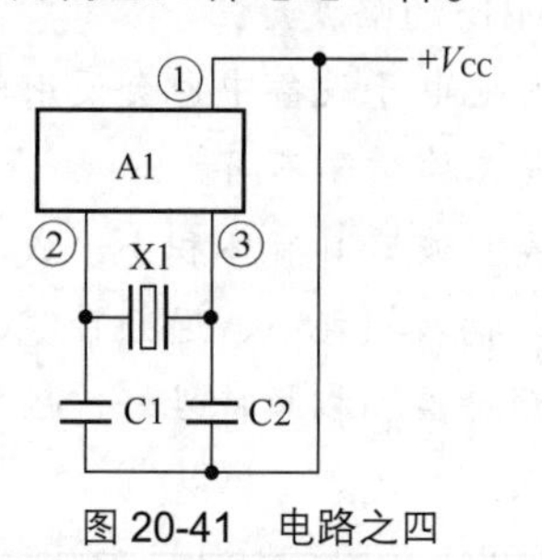

图 20-41 电路之四

5. 电路之五

图 20-42 所示是电路之五。该电路的特点是电容器 C1 和 C2 连接起来后接在集成电路 A1 的③引脚，集成电路 A1 的③引脚在内电路中与接地引脚④引脚相连，这样 C1 和 C2 的一端还是相当于接地的。

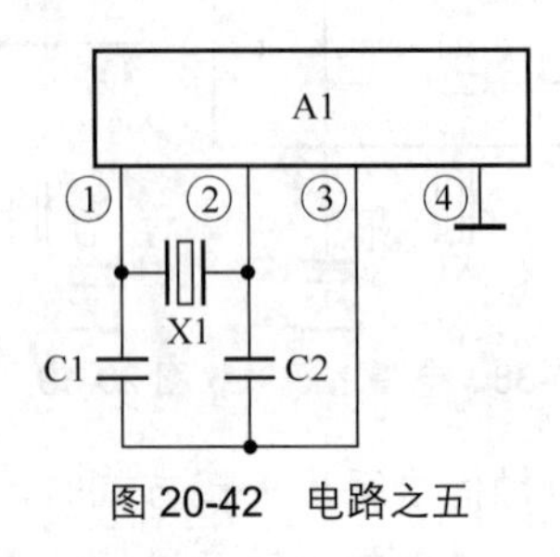

图 20-42　电路之五

6. 电路之六

图 20-43 所示是电路之六。该电路的特点是电路中没有电容器 C1 和 C2。电路中，集成电路 A1 的 XTAL1 引脚是内部振荡器电路的外接晶体振荡器输入端，这一引脚也可以用来接入外部振荡源，即它也是外部时钟脉冲的输入端。XTAL2 是内部振荡器的输出端，用来外接晶体振荡器的另一端。

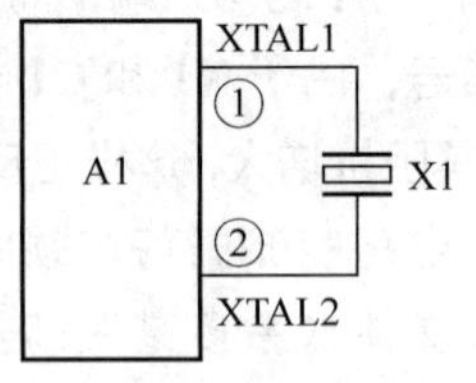

图 20-43　电路之六

7. 电路之七

图 20-44 所示是电路之七。这是单根引脚的电路。从图中可看出，电路中只有一根引脚用来外接晶体振荡器 X1。图 20-39(a) 和图 20-39(b) 所示电路的不同之处是，一个 X1 串接有电阻器 R1，另一个则没有这一电阻器。

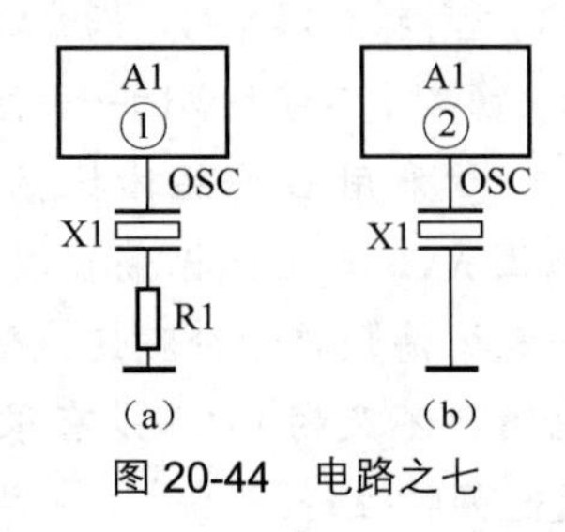

图 20-44　电路之七

20.4 陶瓷滤波器基础知识及应用电路

陶瓷滤波器通过自身的频率特性，可以使某类频率信号通过而衰减其他频率的信号，从而使放大器获得所规定的频率特性（指幅频特性）。

重要提示

陶瓷滤波器在电视机中主要用来作为 6.5MHz 的带通滤波器、6.5MHz 的陷波器和 4.43MHz 的陷波器。

在其他电子设备中也会使用陶瓷滤波器，只是工作频率不同。

陶瓷滤波器具有体积小、成本低、无须调试、插入损耗小、通频带宽、选择性好、幅频特性和相频特性好、性能稳定可靠等优点。

20.4.1 陶瓷滤波器外形特征和电路图形符号

1. 陶瓷滤波器外形特征

陶瓷滤波器有双端陶瓷滤波器、三端陶瓷滤波器和组合型陶瓷滤波器等几种，图 20-45 所示是几种陶瓷滤波器实物图。

双端陶瓷滤波器只有两根引脚，这两根引脚是不作区分的。

三端陶瓷滤波器有 3 根引脚，它的 3 根引脚是要分清的，相互之间不能搞错。

2. 陶瓷滤波器电路图形符号

图 20-46 所示是几种陶瓷滤波器电路图形符号。

各种陶瓷滤波器的电路图形符号是有区

别的，这样可以通过电路图形符号来区分它们。三端和组合型陶瓷滤波器的电路图形符号中，左侧是输入端，右侧的是输出端，中间是接地端。

图 20-47 所示是双端陶瓷滤波器应用电路。电路中的 LB1 是双端陶瓷滤波器，它并联在发射极负反馈电阻器 R3 上。

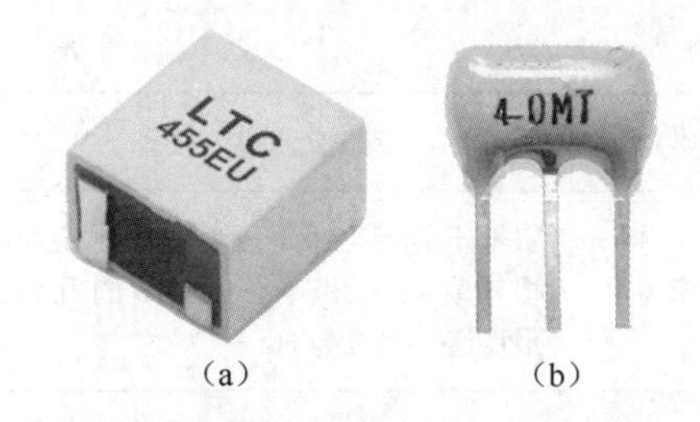

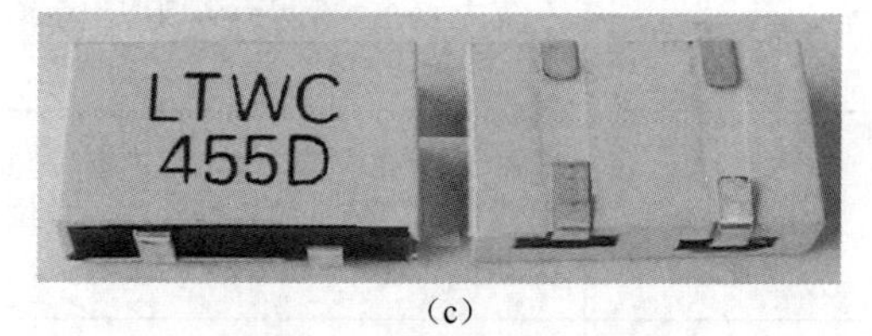

图 20-45　几种陶瓷滤波器实物图

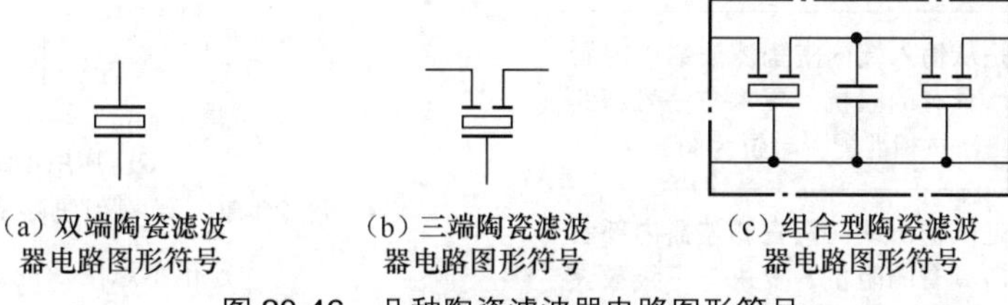

图 20-46　几种陶瓷滤波器电路图形符号

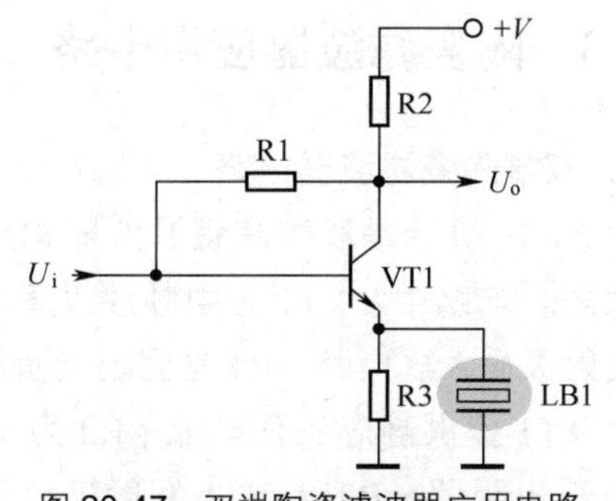

图 20-47　双端陶瓷滤波器应用电路

20.4.2　陶瓷滤波器等效电路和主要参数及引脚识别方法

1．陶瓷滤波器等效电路

图 20-48 所示是陶瓷滤波器等效电路。陶瓷滤波器由一个或多个压电振子组成，双端陶瓷滤波器等效为一个 LC 串联谐振电路。由 LC 串联谐振电路特性可知，谐振时该电路的阻抗最小，且为纯阻性。不同场合下使用的双端陶瓷滤波器其谐振频率不同。

三端陶瓷滤波器相当于一个双调谐中频变压器，故比双端陶瓷滤波器的滤波性能要更好些。

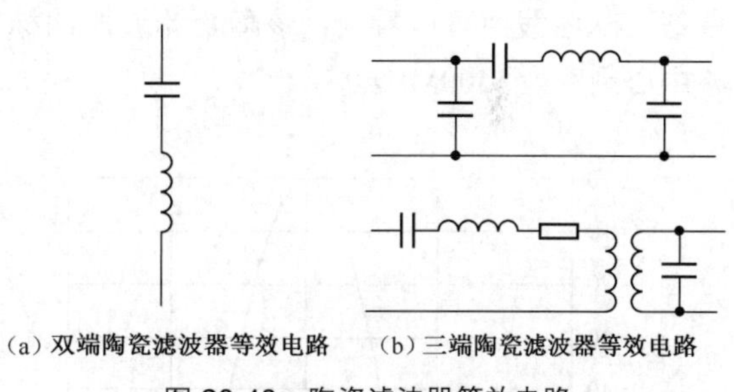

图 20-48　陶瓷滤波器等效电路

2．陶瓷滤波器主要参数

表 20-6 所示为陶瓷滤波器主要参数说明。

表 20-6　陶瓷滤波器主要参数说明

参　数	说　明
最大输出频率 f_M	它是指通带中衰减最小点的频率，换句话讲就是频率 f_M 的信号通过陶瓷滤波器后受到的衰减最小，而其他各频率的信号所受到的衰减均比频率 f_M 的衰减大，单位为 Hz

续表

参　数	说　明
中心频率 f_0	它等于通带上、下限频率（规定为相对衰减－3dB、－6dB）的几何平均值，单位为Hz
通带宽度 Δf	它等于上、下限频率之间的频率范围，单位为Hz
通带插入损耗	它是指陶瓷滤波器接入放大器电路后所带来的信号额外损耗量，单位为dB
通带波动	它为通带内最大衰减与最小衰减之差，单位为dB
输入阻抗	它是从输入端向陶瓷滤波器内部看去所具有的阻抗，要求与信号源的输出阻抗相匹配，单位为kΩ
输出阻抗	它是从输出端向陶瓷滤波器内部看去所具有的阻抗，要求与下级放大器的输入阻抗相匹配，单位为kΩ

3．陶瓷滤波器频率特性

图20-49所示是某陶瓷滤波器的频率特性曲线，从曲线中可以看到，该陶瓷滤波器的标称中心频率为5500MHz。

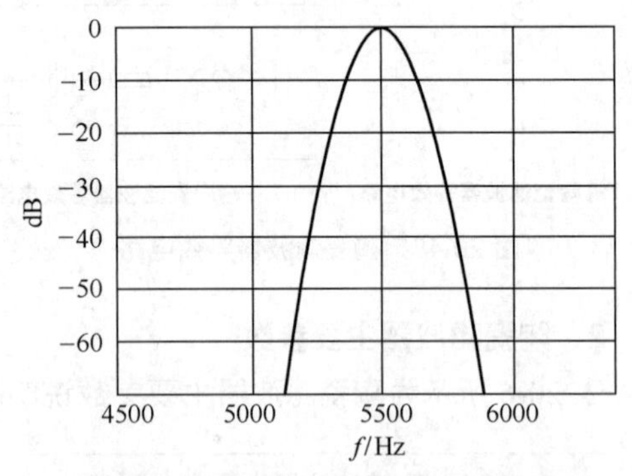

图20-49　某陶瓷滤波器的频率特性曲线

4．引脚识别方法

图20-50所示是4根引脚陶瓷滤波器引脚分布示意图及应用电路，①引脚是信号输入端，②引脚和③引脚接地，④引脚是信号输出端。

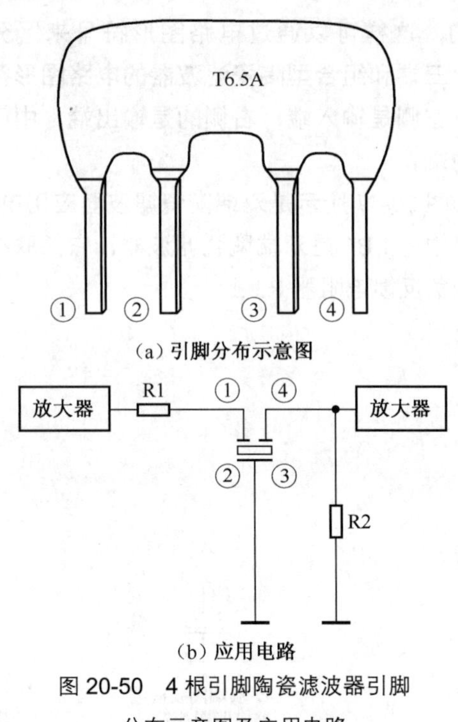

图20-50　4根引脚陶瓷滤波器引脚分布示意图及应用电路

20.4.3　陶瓷滤波器应用电路

1．双端陶瓷滤波器电路

图20-51所示是双端陶瓷滤波器构成的中频放大器。电路中，VT1为中频放大管，它接成共发射极放大器电路；R1是固定式偏置电阻器，为VT1提供静态工作电流；R2为VT1集电极负载电阻器；R3是VT1发射极负反馈电阻器；Z1为双端陶瓷滤波器，它并联在发射极负反馈电阻器R3上。

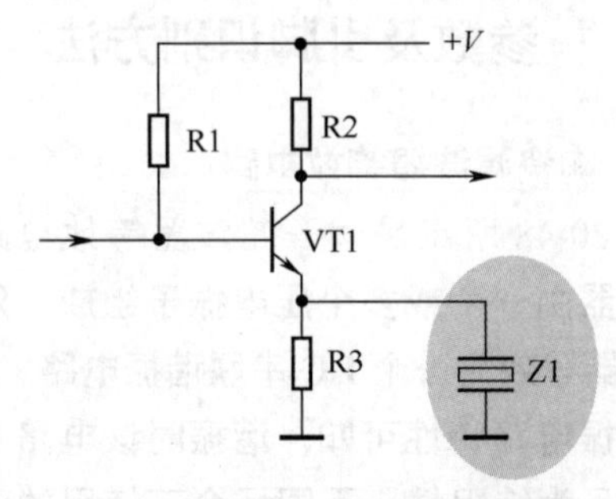

图20-51　双端陶瓷滤波器构成的中频放大器

双端陶瓷滤波器相当于一个LC串联谐振

电路，这样就可以将电路等效成图 20-52 所示。

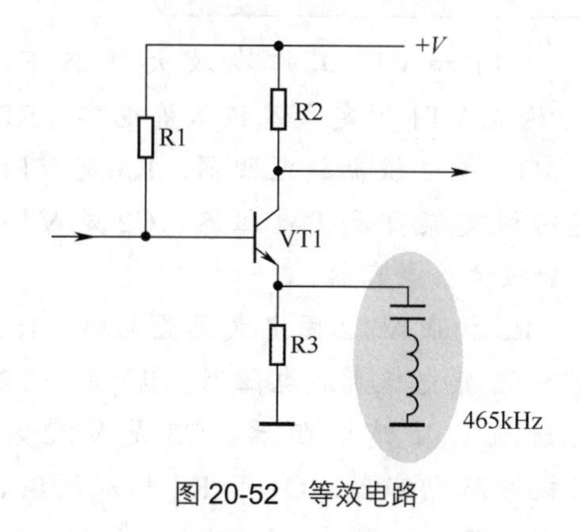

图 20-52 等效电路

重要提示

理解这一电路的工作原理，关键要掌握两点基础知识：一是发射极负反馈电阻大小对放大器放大倍数的影响，二是 LC 串联谐振电路的阻抗特性。

电路中的 R3 阻值愈小，VT1 级的放大倍数愈大，中频输出信号愈大，反之则愈小。

LC 串联电路的阻抗特性：当电路工作频率为 465kHz 时，电路发生谐振，此时 LC 串联谐振电路的阻抗为最小；工作频率高于或低于 465kHz 时，LC 谐振电路的阻抗均远远大于谐振时的阻抗。

有了对上面两点基础知识的了解，理解这一中频放大器电路的工作原理就相当容易。对于中频信号而言，由于 LC 串联谐振电路发生谐振，这时阻抗很小，从 VT1 发射极流出的中频信号不是通过 R3 流到地端，而是通过阻抗很小的 LC 串联谐振电路流到地端，这样负反馈就很小，VT1 级对中频信号的放大能力很强。

对于频率高于或低于中频频率的信号，由于 LC 串联电路失谐，其阻抗很大，VT1 发射极输出的信号电流只能流过负反馈电阻器 R3，使 VT1 级放大倍数大幅下降。这样，相对而言中频信号得到了放大。

2．三端陶瓷滤波器构成的选频放大器电路

图 20-53 所示是采用陶瓷滤波器构成的选频放大器电路。经常用于收音机电路中，前级放大器和后级放大器之间接入陶瓷滤波器 Z1。

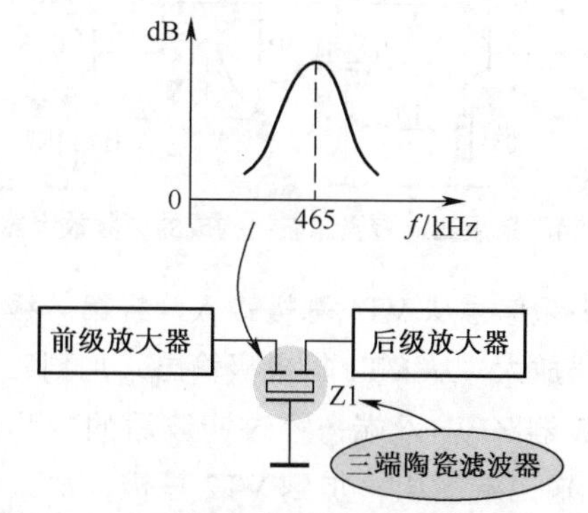

图 20-53 采用陶瓷滤波器构成的选频放大器电路

重要提示

调幅收音机中频放大器放大 465kHz 的中频信号，对其他频率的信号进行抑制。整个中频放大器由两部分组成：一是放大器，二是三端陶瓷滤波器。

收音机中的陶瓷滤波器具有特定的幅频特性，如图 20-53 中的 Z1 特性曲线所示，频率为 465kHz 处的信号输出最大，频率高于或低于 465kHz 时输出信号输出大幅下降。

从前级放大器输出的信号加到三端陶瓷滤波器输入引脚，经过 Z1 滤波，取出输入信号中的 465kHz 中频信号（由 Z1 频率特性决定），其他频率信号被 Z1 抑制，这样加到后级放大器中的信号主要是 465kHz 的中频信号，达到选频放大的目的。

图 20-54 所示是采用三端陶瓷滤波器构成的中频放大器电路。电路中的 VT1 是第一级中放管，VT2 是第二级中放管，Z1 是调幅收音电路专用的三端陶瓷滤波器。

三端陶瓷滤波器相当于一个 LC 并联谐振电路，它让中频信号 f_0 通过，而对于中频频率之外的信号存在很大的衰减，这样可以起到中频滤波器的作用。

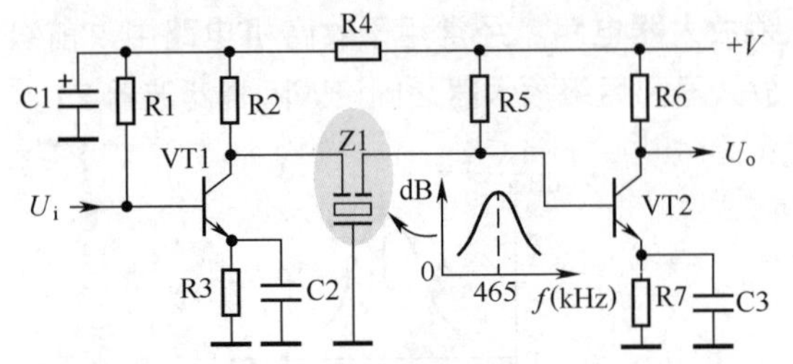

图 20-54　采用三端陶瓷滤波器构成的中频放大器电路

中频信号从 VT1 基极输入，经第一级中频放大器放大，从 VT1 集电极输出，加到三端陶瓷滤波器 Z1 输入端，经过滤波后的中频信号从 Z1 输出端输出，加到 VT2 基极，放大后从其集电极输出。

元器件作用提示

VT1 和 VT2 工作在放大状态下，R1 构成 VT1 固定式基极偏置电路，R2 是 VT1 集电极负载电阻器，R3 是 VT1 发射极交流负反馈电阻器，C2 是 VT1 发射极旁路电容器。

R5 构成 VT2 固定式偏置电路，R6 是 VT2 集电极负载电阻器，R7 是 VT2 发射极负反馈电阻器，C3 是 VT2 发射极旁路电容器。C1 和 R4 构成滤波、退耦电路。

20.5　声表面波滤波器基础知识及应用电路

重要提示

声表面波滤波器能够一次性形成所需的频率特性，不需要调试，这一点比用 LC 调谐电路得到所需要的频率特性方便得多。

声表面波滤波器除用于电视机中外，还有许多其他用途。

20.5.1　声表面波滤波器基础知识

1．声表面波滤波器外形特征和图形符号

图 20-55 所示是一种声表面波滤波器的实物图和图形符号。声表面波滤波器输入回路有两根引脚，输出回路也有两根引脚。当有第 5 根引脚时，则该引脚是外壳的接地引脚。

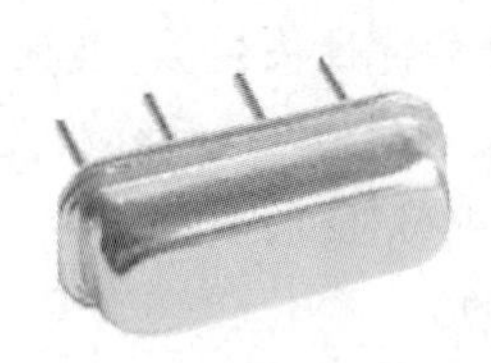

（a）实物图

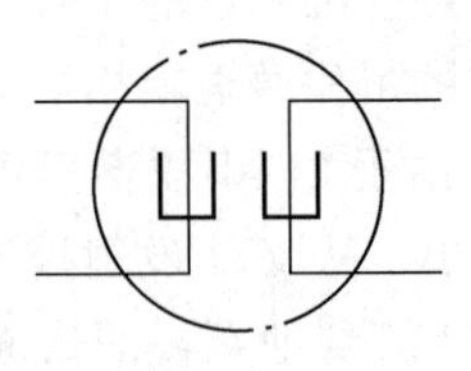

（b）图形符号

图 20-55　一种声表面波滤波器的实物图和图形符号

2．声表面波滤波器结构和工作原理

声表面波是一种机械波，当弹性固体（如石英等）表面的一个质点在受外力下产生振动，固体表面发生弹性变形而产生声表面波，它能够沿表面传播。声表面波滤波器是基于这一原理制造而成的。

图 20-56 是声表面波滤波器的结构和工作原理示意图。在输入端和输出端设有叉指形电极。当给输入端叉指形电极加上交变电信号时，在输入信号的交变电场作用下，由于晶体的压电效应，在基片表面激起机械振动，形成声表面波。

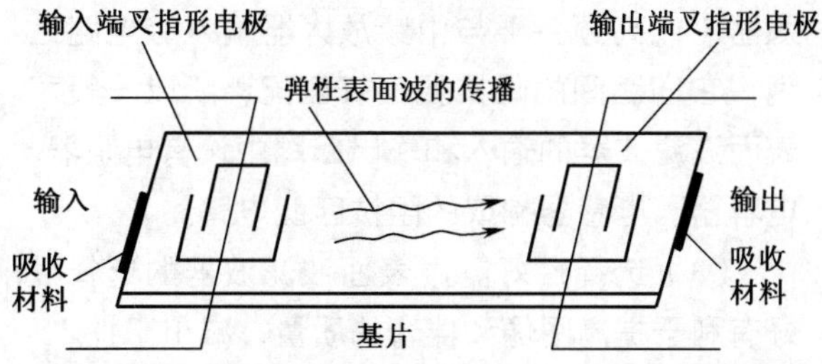

图 20-56　声表面波滤波器的结构和工作原理示意图

这一声表面波沿基片表面传播到输出端的叉指形电极，由于压力效应，由机械振动产生电场变化，这样在输出端便有电信号输出，也就是输入信号从输出端输出了。

当输入信号的频率与声表面波滤波器的固有工作频率一致时，由输入信号引起的机械振动就强烈，输出端的输出信号就大。当输入信号的频率与声表面波滤波器的固有工作频率不一致时，输入信号引起的机械振动就很弱，输出端的输出信号就很小，这样声表面波滤波器就具有滤波器的特性。

从上述分析可知，输入端的叉指形电极和晶体起到电—机转换的作用，而输出端的叉指形电极和晶体起到机—电转换的作用。

3．频率特性

图 20-57 所示是某型号声表面波滤波器频率特性曲线。

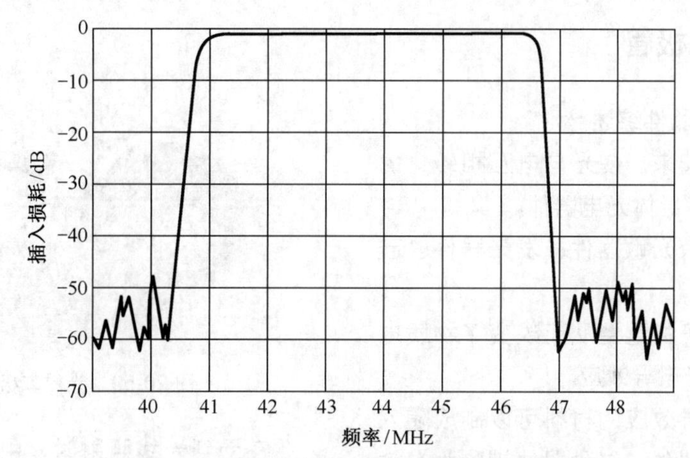

图 20-57　某型号声表面波滤波器频率特性曲线

20.5.2　典型应用电路

1．典型应用电路分析

图 20-58 所示是电视机专用声表面波滤波器应用电路。电路中的 Z101 是声表面波滤波器。输入信号 U_i 加到声表面波滤波器 Z101 输入端，经过声表面波滤波器 Z101 的滤波，得到图像中频信号，加到集成电路 A101 的①脚和⑯脚，进行图像中频信号放大。声表面波滤波器 Z101 在这里用来得到标准的图像中频信号。

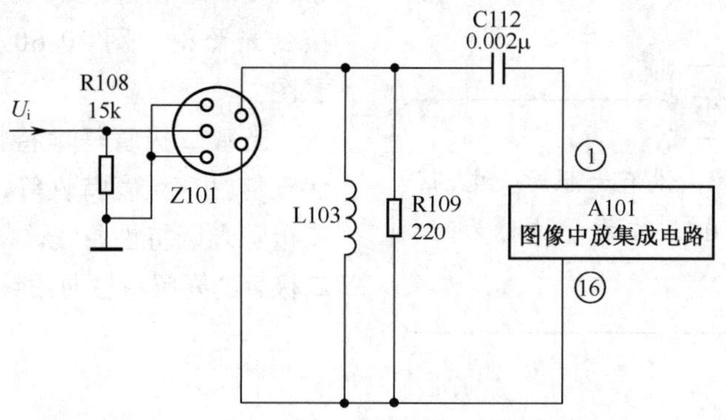

图 20-58　电视机专用声表面波滤波器应用电路

2．电视机用声表面波滤波器特点解说

现在电视机中广泛采用声表面波滤波器，它的特点如下。

（1）插入损耗大。即使在声表面波滤波器的工作频率范围内，信号从输入端传输到输出端也会产生很大的损耗，这是这种滤波器的缺点。

（2）输入、输出回路的阻抗匹配不当会引起不良后果。声表面波滤波器接在中频前置放大器（或高频头）与中频放大器输入级电路之间，它们之间的阻抗要良好匹配，所以一般声表面波滤波器的输入和输出回路中设有电阻器、电容器、电感器构成的阻抗匹配电路。

（3）选择性好。声表面波滤波器的选择性好有利于提高图像和伴音的质量，减小干扰。

（4）稳定性和可靠性好。

20.6 光敏二极管、光敏三极管和硅光电池

20.6.1 光敏二极管

1．半导体光电器件综述

由光和电结合起来，使光与电互相转化的半导体器件被称为半导体光电器件。

光电器件主要有光敏器件、发光器件、硅光电池等。

物质吸收了光子的能量从而改变了物质电导率的现象被称为光电导效应。

利用具有光电导效应的材料可以制成随入射光度量而变化的器件，这种器件被称为光敏器件，主要有光敏电阻器、光敏二极管、光敏三极管等。

2．光敏二极管

光敏二极管是由一个PN结构成的硅二极管，具有单向导电特性。但是它与普通二极管不同的是，它工作在反向偏置电压下，图20-59是光敏二极管实物图。

图20-59　光敏二极管实物图

重要提示

光敏二极管的管心没有光照时，电阻大，反向电流只有0.1A左右，被称为暗电流。

在受到光线照射时，由于光激发，它们在反向偏置电压作用下，形成较大的反向电流，被称为光电流。有光照时光敏二极管的电阻小。

光的强度越大，产生的光电流也越大。当在外电路接上负载时，光电流就在负载上产生电压降，光信号就转换成电信号。

光敏二极管的结构与一般二极管相似，它的PN结在透明玻璃外壳中的管顶，可直接受光照射，图20-60是光敏二极管结构示意图。

光敏二极管基本特性很多，如光谱特性、伏安特性、温度特性等，图20-61所示是光敏二极管光照特性曲线，从图中可以看出，光敏二极管的光照特性曲线线性比较好。

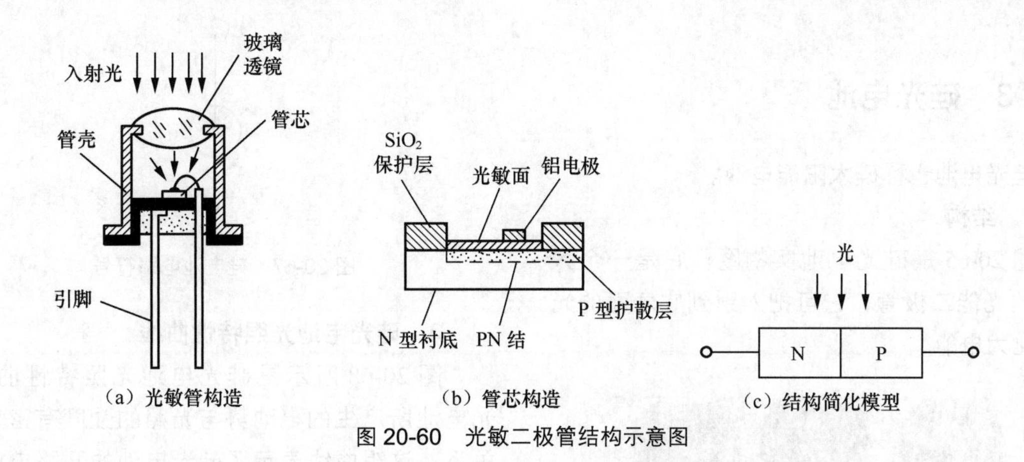

图 20-60 光敏二极管结构示意图

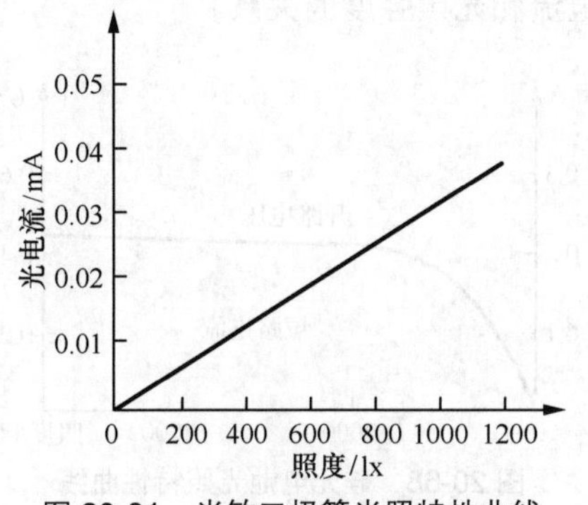

图 20-61 光敏二极管光照特性曲线

20.6.2 光敏三极管

图 20-62 是光敏三极管实物图。光敏三极管有 2 根引脚和 3 根引脚两种，晶体管引脚有一根基极引脚，通过设置直流偏置电流来调节灵敏度。

图 20-62 光敏三极管实物图

光敏三极管的内部结构与普通晶体管接近，也分成 3 个区，即发射区、基区和集电区。只是它的集电结为光敏二极管结构，所以基极电流可以由集电结（光敏二极管）提供，图 20-63 是光敏三极管工作原理示意图。

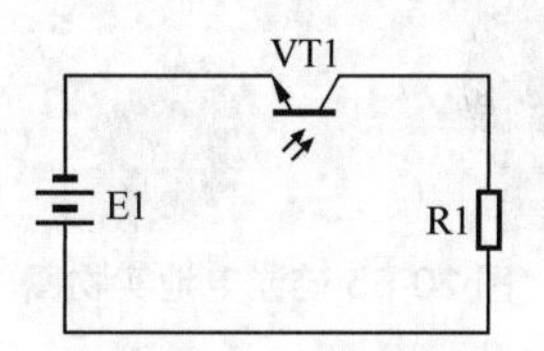

图 20-63 光敏三极管工作原理示意图

重要提示

光敏三极管的光电流大，输出特性线性度较差，响应时间慢。要求灵敏度高、工作频率低的开关电路一般选用光敏三极管，而要求光电流与照度成线性关系或要求在高频率下工作时采用光敏二极管。

光敏三极管制成达林顿形式时，如图 20-64 所示，可获得很大的输出电流，从而能直接驱动某些继电器。

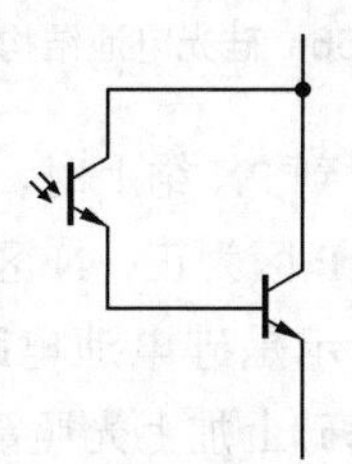

图 20-64 光敏三极管制成达林顿形式

20.6.3 硅光电池

硅光电池也称硅太阳能电池。

1．结构

图 20-65 是硅光电池实物图，它是一个大面积的光能二极管，它可把入射到它表面的光能转化为电能。

图 20-65 硅光电池实物图

硅光电池是用单晶硅制成的，图 20-66 是硅光电池结构示意图。它在一块 N 型硅片上用扩散的方法掺入一些 P 型杂质而形成一个大面积的 PN 结，P 层做得很薄，从而使光线能穿透 P 层到 PN 结上。

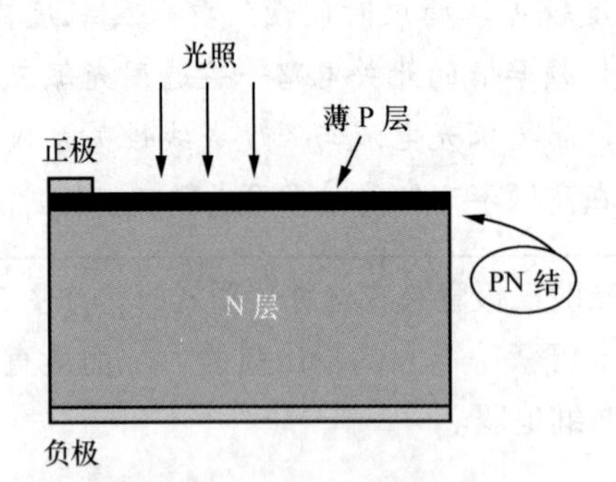

图 20-66 硅光电池结构示意图

当光线照射到 PN 结上时，就会在 PN 结两端出现电动势，P 区为正，N 区为负。

图 20-67 所示是硅电池电路符号。它在电池电路符号的基础上加上光照箭头。

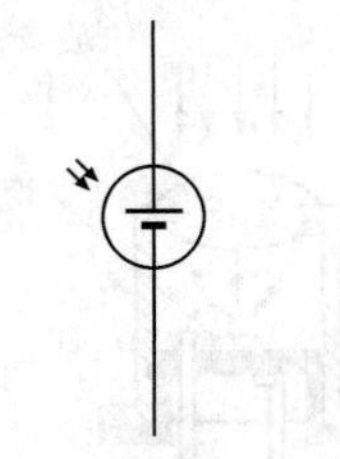

图 20-67 硅电池电路符号

2．硅光电池光照特性曲线

图 20-68 所示是硅光电池光照特性曲线，光电池所产生的电动势与光照的强度有密切的关系，这组曲线表示了硅光电池的开路电压与短路电流和光照强度的关系。

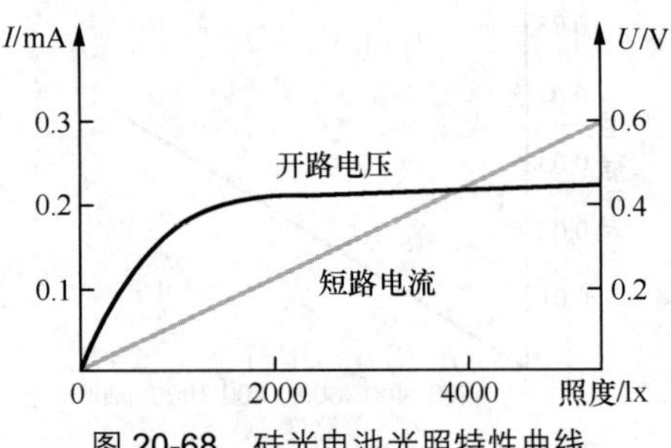

图 20-68 硅光电池光照特性曲线

硅光电池的开路电压与光照强度是一种非线性关系，当光照强度在 200lx（勒克斯）时就趋向饱和。

短路电流在很大的范围内与光照强度成线性关系。

重要提示

这里所说的短路电流与开路电压与平时意义上不同，分别是指外负载电阻相对内阻非常小时的电流值，以及外负载电阻很大时的端电压。

3．硅光电池光谱特性曲线

硅光电池对不同波长的光灵敏度是不同的，图 20-69 所示是硅光电池光谱特性曲线，硅光电池的光谱响应范围是波长 4000 ～ 12000Å，在波长为 8000Å 时灵敏度达到峰值。

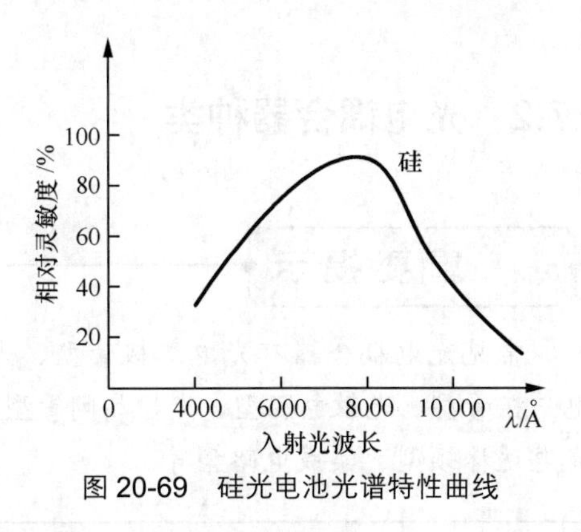

图 20-69　硅光电池光谱特性曲线

Å 为波长单位，1Å=0.01nm(纳米)。

20.7　系统阅读：光电耦合器及应用电路（专题）

光电耦合器（OC）也叫作光电隔离器，简称光耦。光电耦合器是一种把电信号转换成光信号，然后光信号又恢复成电信号的半导体器件，即电—光和光—电的转换器件。它是一种以光为耦合媒介，通过光信号的传递来实现输入回路与输出回路之间电隔离的器件，可在电路或系统之间传输电信号，同时确保这些电路或系统彼此间的电绝缘。

重 要 提 示

光电耦合器在计算机控制系统、器件互联总线、高可靠测量系统等领域应用广泛。

由于干扰信号往往是能量较小的高频信号，这种干扰信号不足以使光电耦合器中的发光二极管导通，所以光电耦合器抗干扰能力强，可以显著提高应用系统的可靠性。

20.7.1　光电耦合器外形特征、电路图形符号和主要应用

1. 光电耦合器外形特征

图 20-70 所示是几种光电耦合器实物图，光电耦合器品种上千，这些只是部分品种的实物图。关于光电耦合器外形特征说明以下几点。

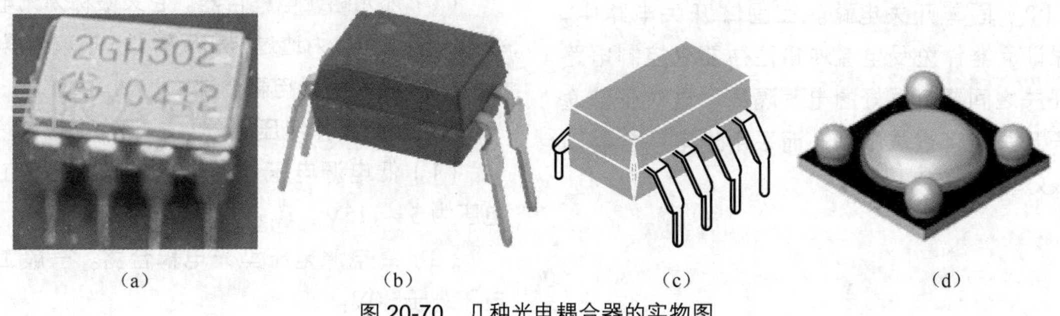

图 20-70　几种光电耦合器的实物图

（1）光电耦合器外形以方形为主，有多根引脚。

（2）光电耦合器 DIP 封装一般有 4、6、8、16 引脚等多种。

2．光电耦合器电路图形符号

图 20-71 所示是一种光电耦合器电路图形符号，从符号中可以看出它有发光二极管和光敏三极管。

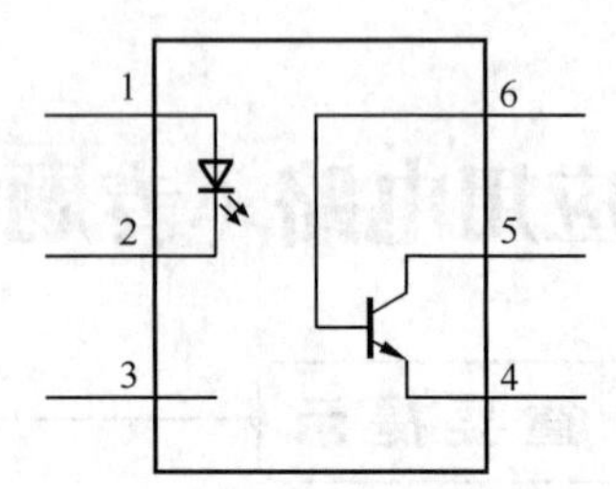

图 20-71　光电耦合器图形符号

> **重要提示**
>
> 光电耦合器具有体积小、抗干扰性能强、无触点且输入与输出在电气上完全隔离、使用寿命长、工作温度范围宽等优点。

3．主要应用领域

（1）逻辑电路。光电耦合器具有较强的抗干扰性能和隔离性能，可以构成各种信号的逻辑电路。采用光电耦合器设计的逻辑电路稳定性较强，同时可以确保传输信号不失真。

（2）固体开关电路。在固体开关电路中，为保证元器件免受电流冲击往往要求控制电路和开关之间要有很好的电气隔离，这对于普通电子开关而言很难做到，而采用光电耦合器则能很好地做到。

20.7.2　光电耦合器种类

> **重要提示**
>
> 常见光电耦合器有光电二极管型、光电三极管型、光敏电阻型、光控晶闸管型、光电达林顿型、集成电路型等。

光电耦合器品种和类型繁多，通常分类方法如下。

1．按照输出形式划分

以光电耦合器输出器件的不同来划分，光电耦合器主要有下列几种。

（1）光敏器件输出型。主要包括光敏二极管输出型、光敏三极管输出型、光可控硅输出型、光电池输出型等。

（2）NPN 三极管输出型。主要包括直流输入型、交流输入型、互补输出型等。

（3）达林顿三极管输出型。主要包括直流输入型、交流输入型。

（4）逻辑门电路输出型。主要包括门电路输出型、三态门电路输出型、施密特触发输出型等。

（5）光开关输出型。导通电阻小于 10Ω。

（6）低导通输出型。输出毫伏数量级低电平。

（7）功率输出型。IGBT、MOSFET 等输出。

2．按照光路径划分

（1）外光路光电耦合器。它又被称为光电断续检测器，可分为透过型和反射型光电耦合器。

（2）内光路光电耦合器。

3．按照工作电压划分

（1）低电源电压型光电耦合器。一般工作电压为 5 ~ 15V。

（2）高电源电压型光电耦合器。一般工作电压大于 30V。

4．按照传输信号划分

按照传输信号划分，光电耦合器主要分为线性光电耦合器和数字光电耦合器两类。

（1）线性光电耦合器。它又可分为单电源型、双电源型、低漂移型、高线性型、宽带型等。

线性光电耦合器一般用来隔离和传输模拟信号。线性光电耦合器的电流传输特性曲线接近直线，并且小信号时性能较好，能以线性特性进行隔离控制。

开关电源中常用的光电耦合器是线性光电耦合器。

（2）数字光电耦合器。它又可分为OC输出型、图腾柱输出型、三态门电路输出型等。

数字光电耦合器一般用来隔离和传输数字量信号或开关量信号。非线性光电耦合器的电流传输特性曲线是非线性的，这类光电耦合器适合于开关信号的传输，不适合传输模拟量。

5．按照速度划分

（1）低速光电耦合器。它又可分为光敏三极管型、光电池输出型等。

（2）高速光电耦合器。它又可分为光敏二极管带信号处理电路型、光敏集成电路输出型。

6．按照通道数划分

（1）单通道型光电耦合器。

（2）双通道型光电耦合器。

（3）多通道型光电耦合器。

7．按照隔离特性划分

（1）普通隔离光电耦合器。一般光学胶灌封低于5000V，空封低于2000V。

（2）高压隔离光电耦合器。它又可分为10kV、20kV、30kV等。

8．按照封装形式划分

（1）同轴型。

（2）双列直插封装（DIP）型。

（3）TO封装型。

（4）扁平封装型。

（5）贴片封装型。

（6）光纤传输型等。

9．按照光耦方式划分

（1）开槽型。图20-72是开槽型光电耦合器示意图，开槽型光电耦合器的带宽为300kHz。

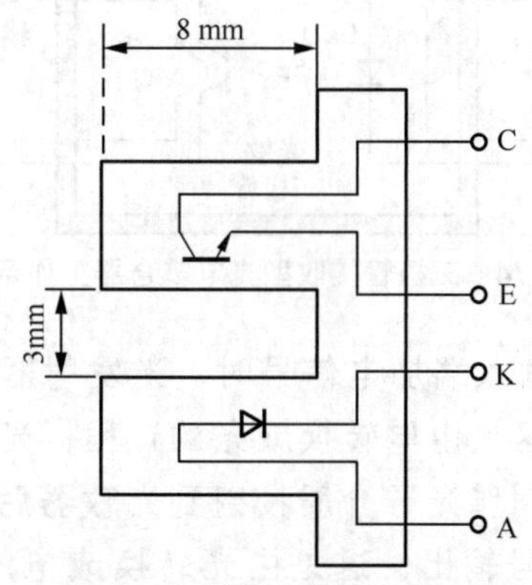

图20-72　开槽型光电耦合器示意图

（2）反射型。图20-73是反射型光电耦合器示意图，反射型光电耦合器使用达林顿输出级，它的带宽为20kHz，明显低于开槽型光电耦合器的带宽。

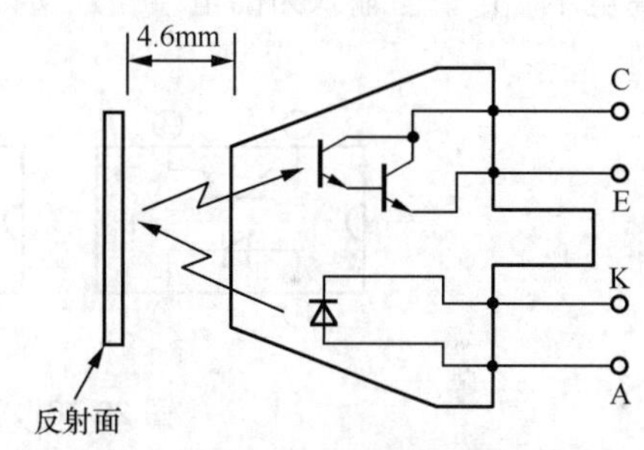

图20-73　反射型光电耦合器示意图

20.7.3　光电耦合器工作原理和内电路

1．三极管接收型光电耦合器工作原理

图20-74是三极管接收型光电耦合器工作示意图。光电耦合器的基本结构是将光发射器（红外发光二极管）和光敏器（硅光电探测敏感器件，如光敏三极管）的芯片封装在同一外壳内，并用透明树脂灌封充填作光传递介质，将光发射器的引脚作输入端，光敏器的引脚作为输出端。

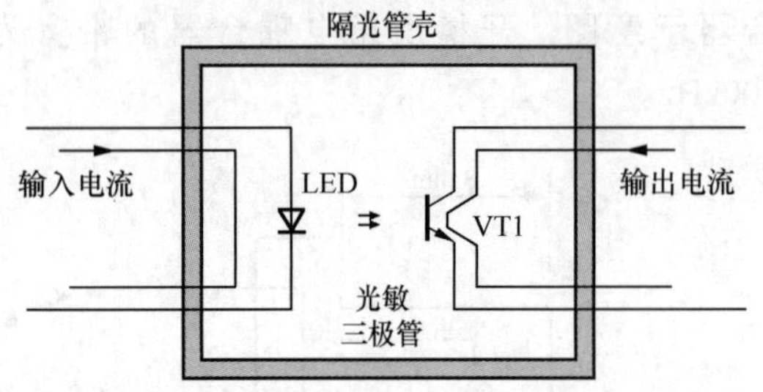

图 20-74　三极管接收型光电耦合器工作示意图

当输入端加电信号时，光发射器发出光信号，这是由电转换成光的过程，光信号通过透明树脂光导介质投射到光敏器后，转换成电信号输出，这是由光转换成电的过程，这样实现了以光为媒介的电→光→电信号转换传输，并且输入回路和输出回路是完全电气隔离的。

对于数字信号，当输入为低电平“0”时；发光二极管不发光，所以光敏三极管截止，输出为高电平“1”；当输入为高电平“1”时，发光二极管发光，光敏三极管饱和导通，输出为低电平“0”。

图 20-75 所示是光敏三极管基极有引出线的光电耦合器，基极引出线则可满足温度补偿、检测调制要求。电路中，⑥脚是光敏三极管基极引出脚。

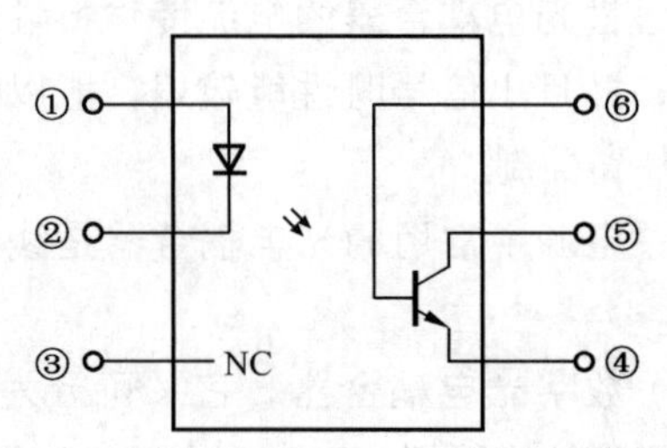

图 20-75　光敏三极管基极有引出线的光电耦合器

2．光电耦合器内电路

（1）多种 DIP 光电耦合器内电路。图 20-76 所示是多种 DIP 光电耦合器的内电路示意图。有 4 脚、6 脚、8 脚等多种。

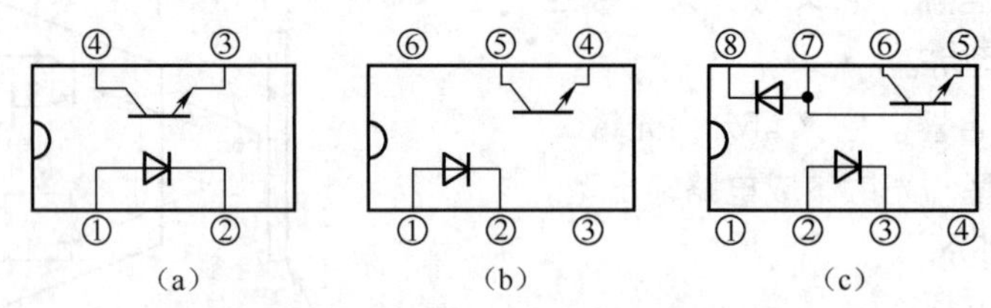

图 20-76　多种 DIP 光电耦合器内电路

（2）双发光二极管输入三极管接收型光电耦合器内电路。图 20-77 所示是双发光二极管输入三极管接收型光电耦合器内电路，电路中两只发光二极管反向并联，这是交流输入型的光电耦合器电路。

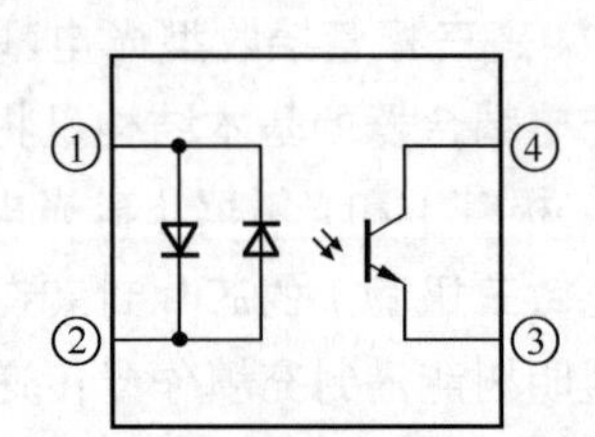

图 20-77　双发光二极管输入三极管接收型光电耦合器内电路

（3）达林顿光型光电耦合器内电路。图 20-78 所示是达林顿光型光电耦合器内电路，它的接收器件采用达林顿管。

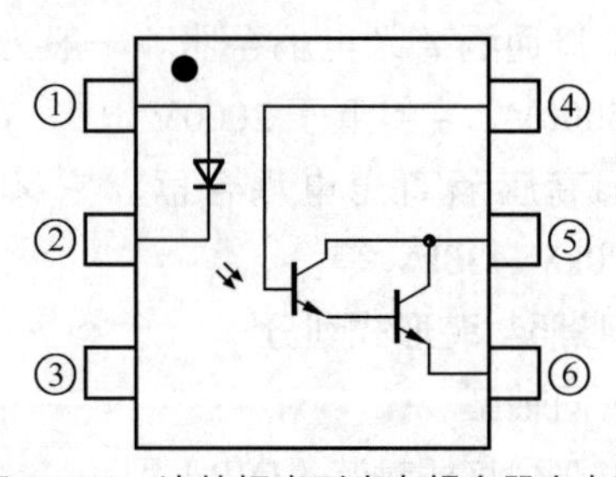

图 20-78　达林顿光型光电耦合器内电路

（4）可控硅接收型光电耦合器内电路。图 20-79 所示是可控硅接收型光电耦合器内电路，它的接收器件采用可控硅。

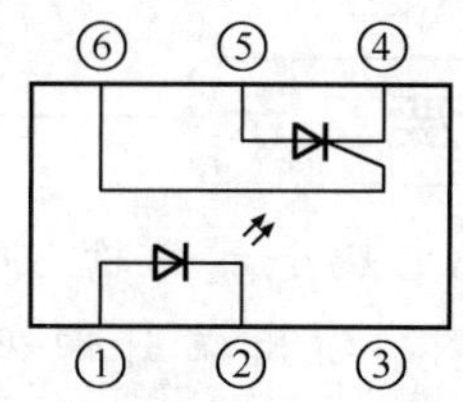

图 20-79 可控硅接收型光电耦合器内电路

（5）双向可控硅非过零型触发光电耦合器内电路。图 20-80 所示是双向可控硅非过零型触发光电耦合器内电路，从内电路中可以看出，它的接收器件采用双向可控硅。

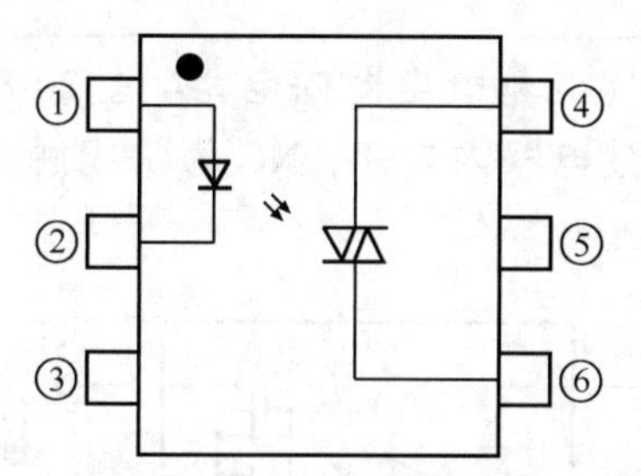

图 20-80 双向可控硅非过零型触发光电耦合器内电路

（6）IGBT 驱动光电耦合器内电路。图 20-81 所示是单通道 IGBT 驱动光电耦合器内电路，它是采用绝缘栅双极晶体管（IGBT）作为驱动器件的光电耦合器。

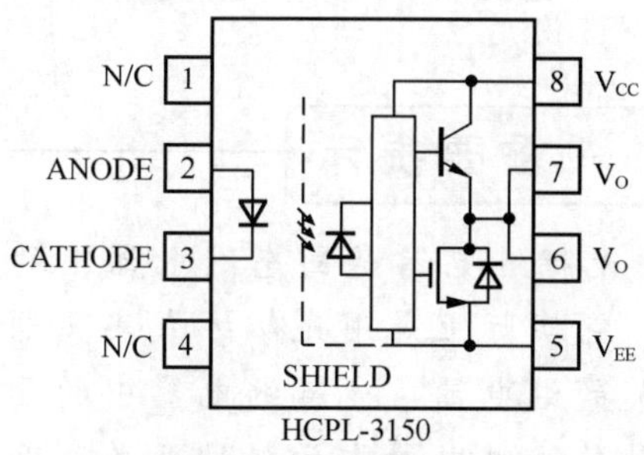

图 20-81 单通道 IGBT 驱动光电耦合器内电路

重要提示

绝缘栅双极晶体管（IGBT）是第三代电力电子器件，它集功率晶体管和功率场效应管 MOSFET 的优点于一身，具有易于驱动、峰值电流容量大、自关断、开关频率高（10 ～ 40 kHz）的特点，是目前发展最为迅速的新一代电力电子器件。

图 20-82 所示是双通道 IGBT 驱动光电耦合器内电路。

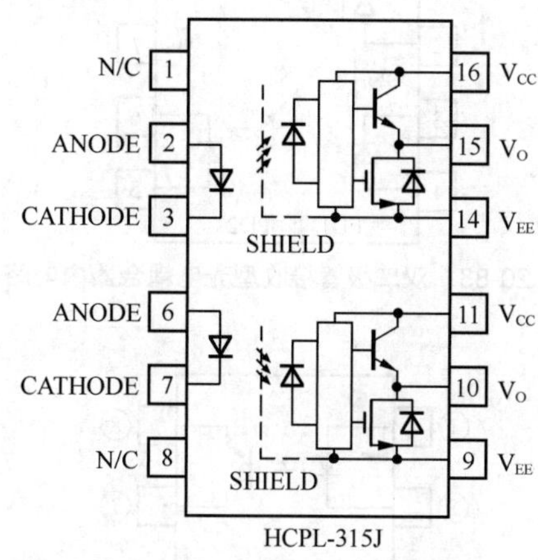

图 20-82 双通道 IGBT 驱动光电耦合器内电路

重要提示

IGBT 驱动光电耦合器具有如下特性。

（1）VCE（SAT）低，从而降低了导通损耗。

（2）改善了关断能量扩散问题，提高了工作温度，从而降低了开关损耗。

（3）紧密的参数分布，简化了设计，易于并联。

（4）组合封装型专用反向并联二极管改善了功率耗散问题，实现了最佳散热。

（7）双二极管接收型光电耦合器内电路。图 20-83 所示是双二极管接收型光电耦合器内电路，它用一只发光二极管，同时去控制二只光敏二极管。

（8）双通道型光电耦合器内电路。图 20-84 所示是双通道型光电耦合器内电路，它由两组单通道光电耦合器封装在一个壳内构成。注意，双通道型光电耦合器中的光敏三极管基极不能被外部引用。

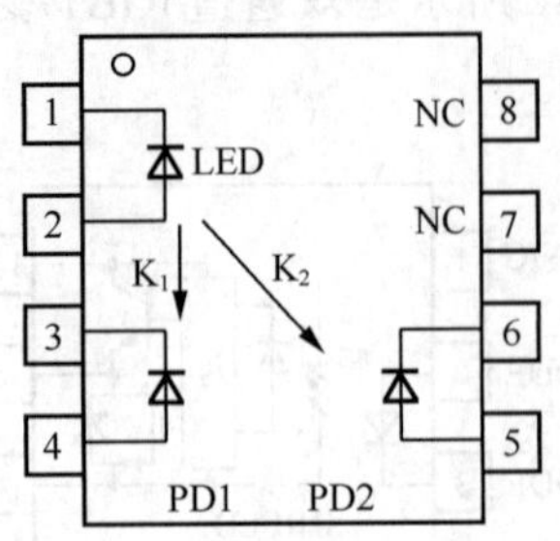

图 20-83　双二极管接收型光电耦合器内电路

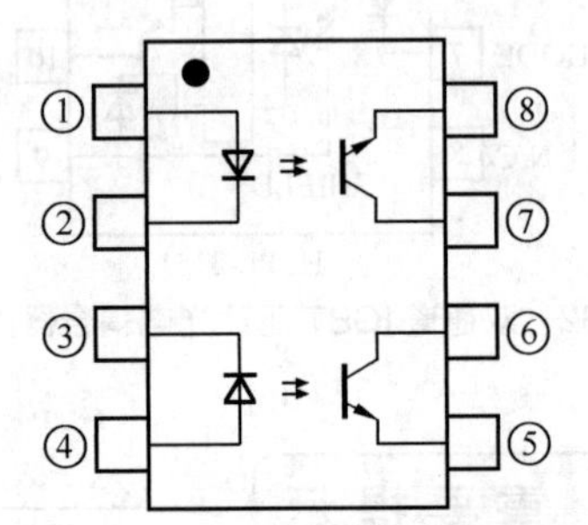
图 20-84　双通道型光电耦合器内电路

（9）四通道型光电耦合器内电路。图 20-85 所示是四通道型光电耦合器内电路，它由四组单通道光电耦合器封装在一个壳内构成。注意，四通道型光电耦合器中的光敏三极管基极不能被外部引用。

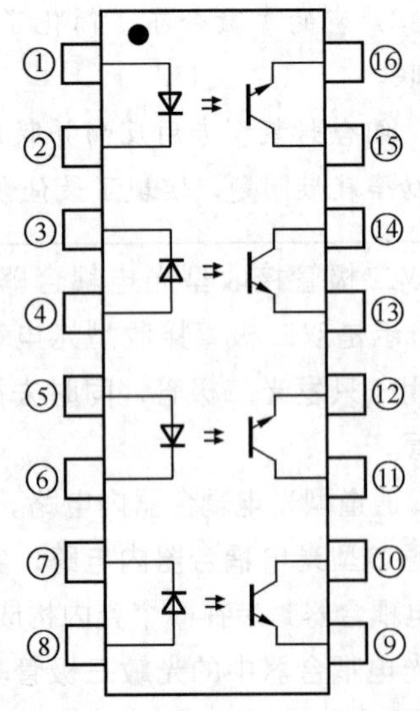
图 20-85　四通道型光电耦合器内电路

重要提示

（1）光电耦合器的输入端引脚在封装的一侧，输出端引脚在另一侧，这样设计可以尽可能地提高输入回路和输出回路之间的隔离电压值。

（2）双通道和四通道光电耦合器中，尽管它们的输入回路和输出回路的隔离电压值可以很高，但是相邻两个通道的电压差不允许超过 500V。

（10）光耦继电器内电路。图 20-86 所示是光耦继电器内电路，NC 为常闭触点，NO 为常开触点。

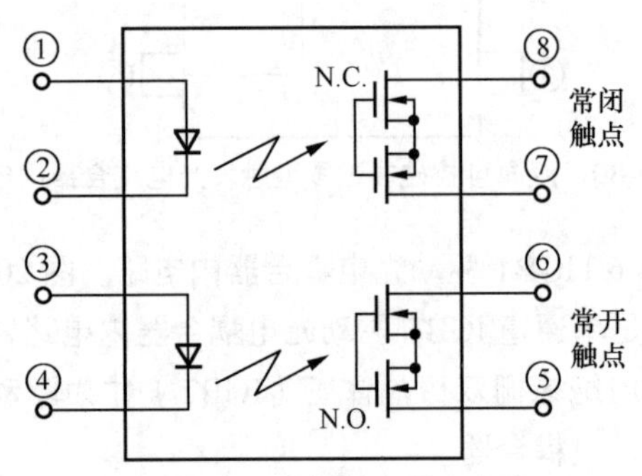

图 20-86　光耦继电器内电路

重要提示

光耦继电器是固态继电器中的一种，它实际上是用光耦方式实现电子开关的继电器。光耦继电器中的开关不是传统继电器中的机械开关，而是电子开关。

（11）光耦隔离误差放大器内电路。图 20-87 所示是光耦隔离误差放大器内电路，它是 FOD27XX 系列光耦，专门用于开关电源中的隔离误差放大器，并且能替换传统开关电源中光耦 817+TL431 的隔离反馈组合。

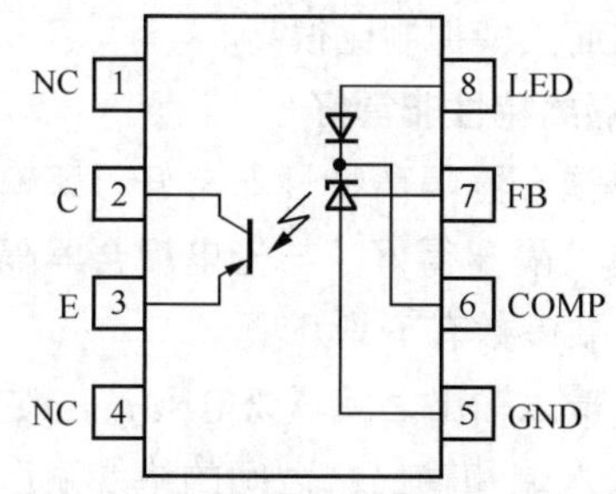

图 20-87 光耦隔离误差放大器内电路

20.7.4 电路设计中应知的光电耦合器主要特性和参数

重要提示

光电耦合器的特性包括静态特性、动态特性、噪声参数等。只有在要求极高的应用场合，才考虑噪声参数，大多数应用场合主要关注光电耦合器的动态特性和隔离特性。

借助于示波器和信号发生器，通过观察光电耦合器的输入、输出波形可以测量其动态特性。

这里以光敏三极管型光电耦合器为例，介绍它的主要特性。

1. 输入特性与参数

图 20-88 所示是光敏三极管型光电耦合器输入特性曲线，从特性曲线中可以看出，它实际上就是发光二极管的特性曲线，就是输入电压 U_D 与输入电流 I_D 之间的特性曲线。

与输入特性相关的主要参数有下列几项。

（1）正向工作电压 V_f。它是指给定工作电流下发光二极管本身的压降。

常见的小功率发光二极管通常在 I_f(正向工作电流)=20mA 时来测试正向工作电压。不同的发光二极管，测试条件和测试结果会不一样。

（2）正向工作电流 I_f。它是指发光二极管正常发光时所流过的正向最大电流值。不同的发光二极管，其允许流过的最大电流不一样。

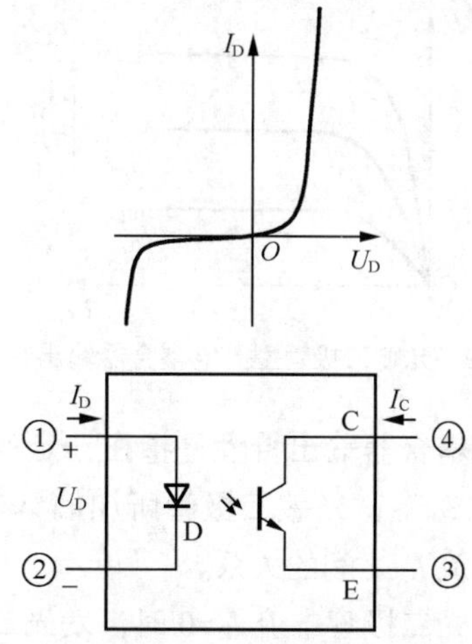

图 20-88 光敏三极管型光电耦合器输入特性曲线

（3）正向脉冲工作电流 I_{fp}。它是指流过发光二极管的正向脉冲电流值。为延长使用寿命通常采用脉冲电流驱动发光二极管，发光二极管说明书中给出的 I_{fp} 是通过脉冲宽度为 0.1ms、占空比为 1/10 的脉冲电流来计算的。

（4）反向电压 V_r。它是指发光二极管所能承受的最大反向电压，超过此反向电压，很可能会损坏发光二极管。

重要提示

在使用交流脉冲电流驱动发光二极管时，要特别注意不要超过反向电压。

（5）反向电流 I_r。它是指在最大反向电压情况下流过发光二极管的反向电流。

（6）允许功耗 P_d。它是指发光二极管所能承受的最大功耗值。超过此功耗，很可能会损坏发光二极管。

（7）中心波长 λ_p。它是指 LED 所发出光的中心波长值。波长直接决定光的颜色。

2. 输出特性

图 20-89 所示是光敏三极管型光电耦合器输出特性曲线，输出特性实际也就是其内部光敏三极管的特性，这一特性曲线与三极管的输出特性曲线相似。

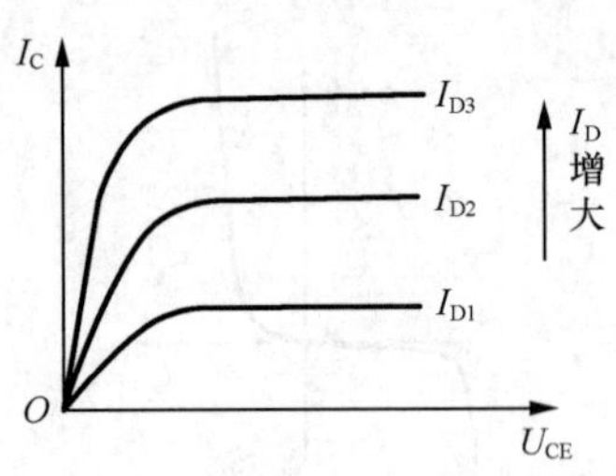

图 20-89　光敏三极管型光电耦合器输出特性曲线

光电耦合器输出特性是指在一定的发光二极管电流 I_D 下，光敏三极管所加偏置电压 U_{CE} 与输出电流 I_C 之间的关系。

当发光二极管电流 I_D=0 时，发光二极管不发光，此时光敏三极管集电极输出电流叫作暗电流，一般很小。

当发光二极管电流 I_D>0 时，在一定的 I_D 作用下，所对应的 I_C 基本上与 U_{CE} 无关。

光敏三极集电极输出电流 I_C 与发光二极管电流 I_D 之间的变化成线性关系。

用半导体管特性图示仪测出的光电耦合器的输出特性与普通晶体三极管输出特性相似。

与光电耦合器输出特性相关的主要参数有下列几项（与普通三极管类似）。

（1）集电极电流 I_C。它是光敏三极管集电极所流过的电流，通常表示其最大值。

（2）集电极 - 发射极电压 V_{eco}。它是光敏三极管集电极 - 发射极所能承受的电压。

（3）发射极 - 集电极电压 V_{ceo}。它是光敏三极管发射极 - 集电极所能承受的电压。

（4）反向截止电流 I_{ceo}。光电耦合器中发光二极管开路后，集电极至发射极间的电压为规定值时，流过集电极的电流为反向截止电流。

（5）C-E 饱和电压 $V_{cd(sat)}$。它是光电耦合器中发光二极管工作电流 I_F 和光敏三极管集电极电流 I_C 为规定值时，并保持 $I_C/I_F \leqslant CTR_{min}$ 时（CTR_{min} 在被测管技术条件中规定）集电极与发射极之间的电压降。

3．共模抑制比很高

在光电耦合器内部，由于发光管和受光器之间的耦合电容很小（小于 2pF），所以共模输入电压通过极间耦合电容器对输出电流的影响很小，因而共模抑制比很高。

4．隔离特性非常好

光电耦合器隔离特性非常好，即输入和输出回路电气隔离得好。与光电耦合器隔离特性相关的主要参数有下列几项。

（1）输入输出之间隔离电压 V_{ios}。它是光电耦合器输入端和输出端之间的绝缘耐压值，典型值为 1 ~ 10kV。

（2）输入输出之间隔离电容 C_{ios}。它是光电耦合器件输入端和输出端之间的电容值，一般要求小于 2pF。

（3）输入输出之间隔离电阻 R_{ios}。它是光电耦合器输入端和输出端之间的绝缘电阻值，典型值为 10^{11} ~ $10^{12}\Omega$。

5．传输特性

所谓光电耦合器的传输特性，就是输出信号随输入信号变化的特性曲线。通俗地讲，就是输入信号作为 X 坐标，输出信号为 Y 坐标，画出来的曲线即是光电耦合器传输特性曲线。与光电耦合器传输特性相关的主要参数有下列几项。

（1）电流传输比 CTR。光电耦合器输出管的工作电压为规定值时，输出电流和发光二极管正向电流之比为电流传输比 CTR。一般为 20% ~ 300%，越接近常数则线性越好，其大小反映光电耦合器的传输能力。

电流传输比也有用 β 表示的，它接近于普通三极管的电流放大倍数。

$$\beta = \frac{\text{接收器输出电流}}{\text{发光器件输入电流}}$$

（2）上升时间 T_r 和下降时间 T_f。脉冲上升时间 T_r 是光电耦合器在规定工作条件下，发光二极管输入规定电流的脉冲波，输出端则输出相应的脉冲波，从输出脉冲前沿幅度的 10% 升到 90% 所需的时间。脉冲下降时间 T_f 是光电耦合器在规定工作条件下，发光二极管输入规定电流的脉冲波，输出端管则输出相应的脉冲波，从输出脉冲后沿幅度的 90% 降到 10% 所需的时间。

上升时间 T_r 和下降时间 T_f 合起来被称为响应速度。

20.7.5 电路设计中应知的光电耦合器隔离优点和缺点

1．优点

采用光电耦合器隔离的优点主要有下列几点。

（1）占空比可任意调。

（2）隔离耐压高。

（3）传输信号范围从直流到交流频率为数兆赫兹，其中线性光电耦合器尤其适用于信号反馈。

（4）抗干扰能力强，带静电屏蔽的光电耦合器强弱电之间的隔离性能很好。另外，光电耦合器属电流型器件，对电压性噪声能有效地抑制。

2．缺点

采用光电耦合器隔离的缺点主要有下列几点。

（1）光电耦合器的开关速度较慢，对驱动脉冲的前后沿产生较大延时，影响控制精度。

（2）在全桥电路中，开关器件为4个，需多个光电耦合器，而每一个光电耦合器都需独立电源供电，增加了电路的复杂性，同时增加了成本和降低了可靠性。

（3）光电耦合器传输延时较大，为了保证开关器件开与关的精确性，必须使各路的结构参数一致、各路的延时一致，而做到这一点往往比较困难。

3．光电耦合器抗干扰能力强的原因

光电耦合器在传输信号的同时能有效地抑制尖脉冲和各种干扰，使通道的信噪比大为提高，主要有以下几方面原因。

（1）光电耦合器的输入阻抗很小，只有几百欧姆，而干扰源的阻抗较大，通常为 $10^5 \sim 10^6\Omega$。根据分压电路原理可知，即使干扰电压的幅度较大，但是加到光电耦合器输入端的干扰电压会很小，只能形成很微弱的电流，由于没有足够的能量而不能使发光二极管发光，从而被抑制掉。

重要提示

另一个理解方法是，光电耦合器属于电流型器件，而各种干扰均没有足够的电流输出，是因为干扰源的内阻都相当大。

（2）光电耦合器的输入回路与输出回路之间没有电气连接，电源分开，也没有共地。

（3）光电耦合器的输入回路与输出回路之间的分布电容极小，而绝缘电阻又很大，因此，回路一侧的各种干扰成分都很难通过光电耦合器馈送到另一侧去，避免了共阻抗耦合的干扰信号的产生。

（4）光电耦合器可以起到很好的安全保障作用，即使当外部设备出现故障，甚至输入信号线短接时，也不会损坏仪表。因为光电耦合器件的输入回路和输出回路之间可以承受几千伏的高压。

重要提示

电路设计中，使用光电耦合器进行隔离时要注意下列两点。

（1）在光电耦合器的输入回路和输出回路中必须分别采用独立的电源，如果两端共用一个电源，则光电耦合器的隔离作用将失去意义。

（2）光电耦合器用来隔离输入回路、输出回路时，必须对所有的信号（控制量信号、状态信号等）进行隔离，使被隔离的两边没有任何电气上的联系，否则这种隔离没有意义。

20.7.6 高速光电耦合器6N137参数解说

这里以一款高速光电耦合器 6N137 为例，介绍参数资料。

1．内部结构

6N137 是一种单通道高速光电耦合器，图 20-90 是内部结构示意图，它由一个高红外发光管和高速光电检测器组成。

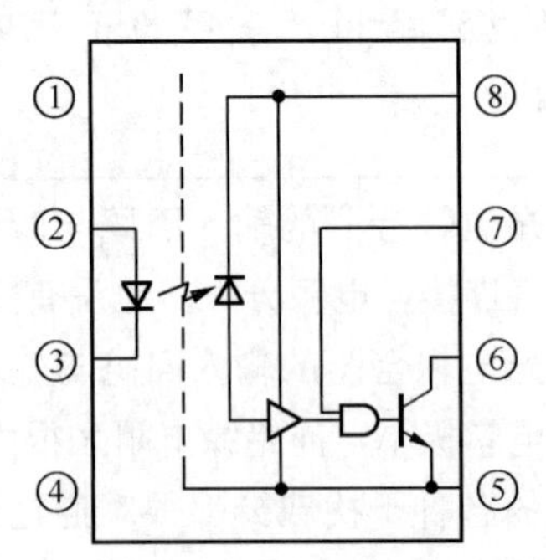

图 20-90　高速光电耦合器 6N137 内部结构示意图

6N137 传输速度可达到 10MBd，是典型的高传输速度光电耦合器，只需 5mA 的极小输入电流，具有温度、电流、电压补偿功能，高输入输出隔离，集电极开路输出，与 LSTTL/TTL/CMOS 逻辑电平输出兼容。它是一款实用性价比非常高的高速光电耦合器。

2．引脚作用

各引脚作用如表 20-7 所示。

表 20-7　各引脚作用

引脚	作用
①	空
②	输入端（高电平输入，非门传输）
③	输入端（低电平输入，不改变传输逻辑状态）
④	空
⑤	地
⑥	输出端
⑦	使能端
⑧	电源端

3．主要参数

6N137 高速光电耦合器主要工作参数。

（1）工作电压 V_{cc}=7V；

（2）工作电流 I_F=25mA；

（3）消耗功率 P=40mW；

（4）隔离电压 V_{ios}=5000Vrms；

（5）正向电压 V_F=1.45V；

（6）极间阻值 $R_{I\text{-}O}=10^{12}\Omega$；

（7）极间电容 $C_{I\text{-}O}$=0.6pF；

（8）工作温度范围：– 40℃ ~85℃。

4．主要应用

6N137 高速光电耦合器主要应用于：高电压隔离、线接收器、开关电源、高速逻辑地分离输出或输入通道、替换脉冲变压器、电动机晶体管隔离、微处理器系统接口、接地回路消除等。

5．典型应用电路

根据输入的不同，6N137 高速光电耦合器有两种典型应用电路。

②脚输入、③脚接地时典型应用电路。图 20-91 所示是 6N137 高速光电耦合器②脚输入、③脚接地时典型应用电路。

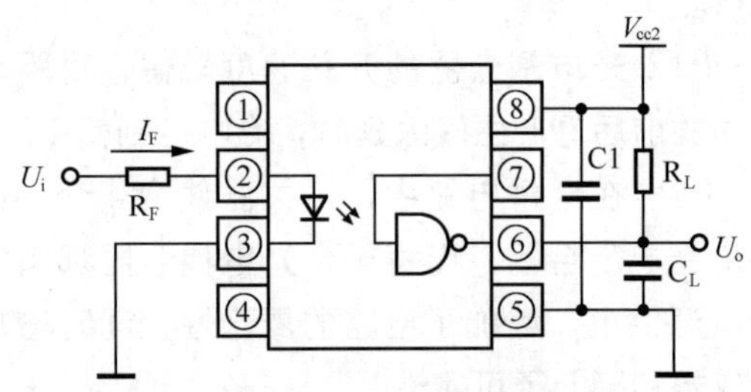

图 20-91　6N137 高速光电耦合器
②脚输入、③脚接地时典型应用电路

信号从②脚和③脚之间输入，发光二极管发光，经内光通道传到光敏二极管，反向偏置的光敏二极管被光照后导通，经电流 - 电压转换后送到与门的一个输入端，与门另一个输入端为使能端，当使能端为高时与门输出高电平，经三极管反向后光电隔离器输出低电平；当输入信号电流小于触发阈值或使能端为低时，输出高电平，这个逻辑高是集电极开路的，可针对接收电路加上拉电阻器 R_L 或电压调整电路。

②脚输入、③脚接地时真值表如表 20-8 所示。

表 20-8 真值表

输入端（②脚）	使能端（⑦脚）	输出端（⑥脚）
H	H	L
L	H	H
H	L	H
L	L	H
H	NC	L
L	NC	H

重要提示

（1）⑦脚是使能端，当它在 0 ～ 0.8V 时强制输出为高（开路）；当它在 2.0 ～ V_{cc2} 时允许接收端工作。

（2）②脚接高电平、③脚输入时典型应用电路。图 20-92 所示是 6N137 高速光电耦合器②脚接高电平、③脚输入时典型应用电路，这时②脚接电源 V_{cc1}，③脚作为输入端。这时，传输过程中不改变逻辑状态。

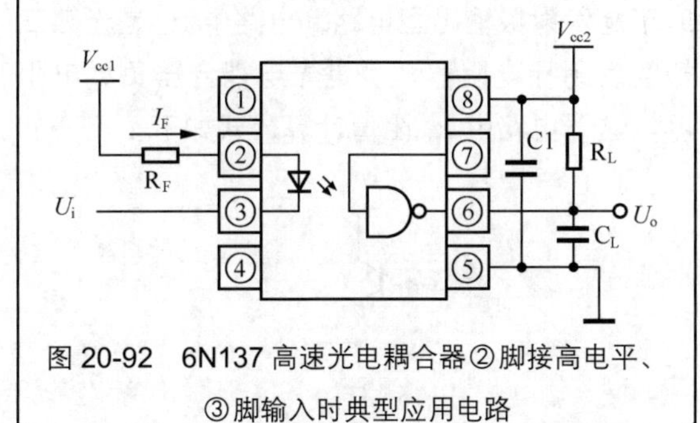

图 20-92 6N137 高速光电耦合器②脚接高电平、③脚输入时典型应用电路

电路中，R_F 是输入回路中发光二极管限流保护电阻器，R_L 为输出端上拉电阻器，C1 是退耦电容器。

20.7.7 光电耦合器电路设计中几个问题和计算公式

这里仍以上面的 6N137 高速光电耦合器应用电路为例，讲解光电耦合器电路设计中的几个问题。

1．电源退耦电容器设计要求

光电耦合器电源引脚与地之间要接一只退耦电容器，如图 20-93 所示，电路中的 C1 是这一退耦电容器。

重要提示

这个退耦电容器可以吸收电源线上的纹波，同时还可以减弱光电耦合器接收端开关工作时对电源的冲击。

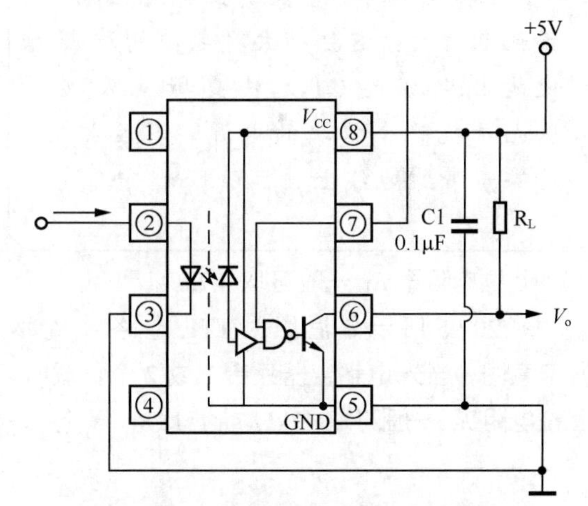

图 20-93 光电耦合器电源引脚退耦电容

对这个电容器的具体要求如下。

（1）退耦电容器 C1 的容量选取为 0.1μF。

（2）选择这一退耦电容器类型时，尽量选择高频特性好的电容器，如陶瓷电容器或钽电容器。

（3）电路板设计时应尽量将 C1 放在接地脚⑤脚和电源脚⑧脚附近。

2．上拉电阻器 R_L 设计要求

图 20-94 所示是 6N137 高速光电耦合器应用电路中上拉电阻器 R_L 示意图，R_L 大小应根

据光电耦合器后级输入电路的需要选择阻值。

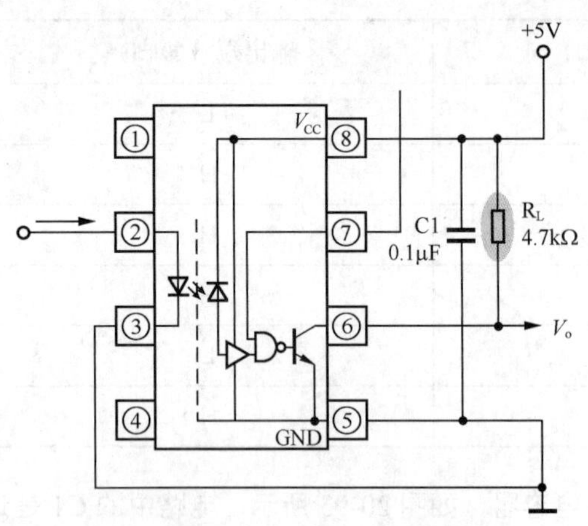

图 20-94　6N137 高速光电耦合器应用电路中上拉电阻 R_L 示意图

重要提示

上拉电阻器 R_L 实际就是光电耦合器内光敏三极管集电极负载电阻器。

上拉电阻器 R_L 太小会使光电耦合器耗电增大，这会加大对电源的冲击，使退耦电容器 C1 无法更好地吸收，从而干扰整个模块的电源，甚至把尖峰噪声带到地线上。

上拉电阻器 R_L 一般可取 4.7kΩ。

图 20-95 所示是后级为 TTL 电路时 R_L 取值示意图，当光电耦合器只带 1 或 2 个负载时，上拉电阻 R_L 一般可取 47kΩ 或 15kΩ。

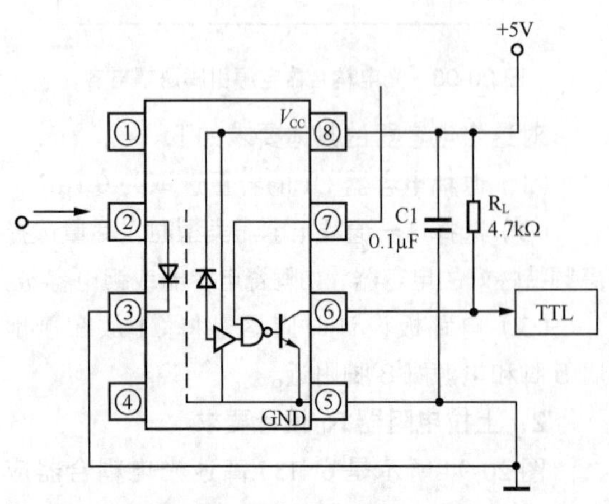

图 20-95　带 TTL 电路时 R_L 取值

3．光电耦合器两种输出端电路中电阻 R_L 计算公式

（1）集电极输出型电路计算公式。图 20-96 所示是集电极输出型电路，电路中 R_L 是光敏三极管集电极负载电阻器。这一电路中 R_L 阻值计算公式如下：

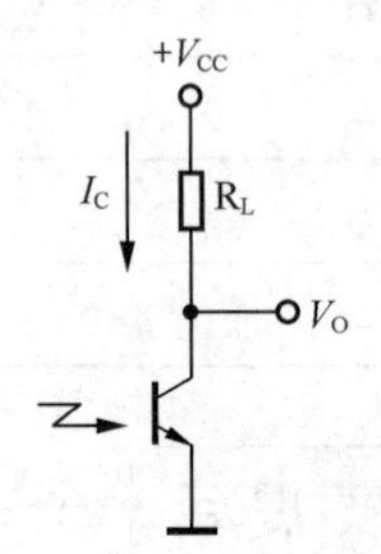

图 20-96　集电极输出型电路

$$R_L = \frac{V_{CC} - V_O}{I_C}$$

式中：R_L 是光敏三极管集电极负载电阻；

V_{CC} 是直流工作电压；

V_O 是光敏三极管集电极输出电压；

I_C 是光敏三极管集电极电流。

（2）发射极输出型电路计算公式。图 20-97 所示是发射极输出型电路，电路中 R_E 是光敏三极管发射极电阻器，也是光电耦合器负载电阻器。这一电路中 R_E 阻值计算公式如下：

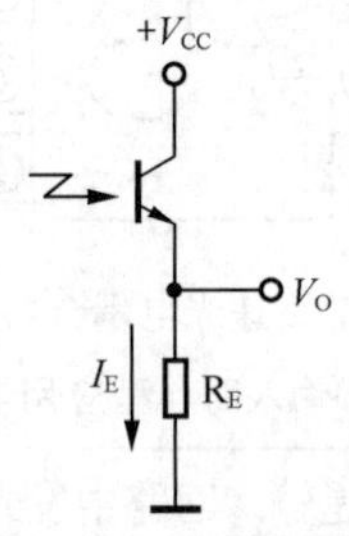

图 20-97　发射极输出型电路

$$R_E = \frac{V_O}{I_E}$$

式中：R_E 是光敏三极管发射极电阻；

V_O 是光敏三极管发射极电压，即光电耦合器输出电压；

I_E 是光敏三极管发射电极电流。

4．光敏二极管驱动电路中限流保护电阻 R_F 计算公式

设计光电耦合器输入电路时，关键是光敏二极管驱动电路中限流保护电阻的取值，而限流保护电阻大小由发光二极管额定工作电流参数决定，可以查阅光电耦合器产品资料来获得发光二极管额定电流参数。例如，6N137 高速光电耦合器额定工作电流 I_F=25mA。

图 20-98 所示是光敏二极管驱动电路中限流保护电阻器 R_F 设计示意图，电路中 VD1 是光电耦合器中的发光二极管，R_F 是发光二极管的限流保护电阻器。

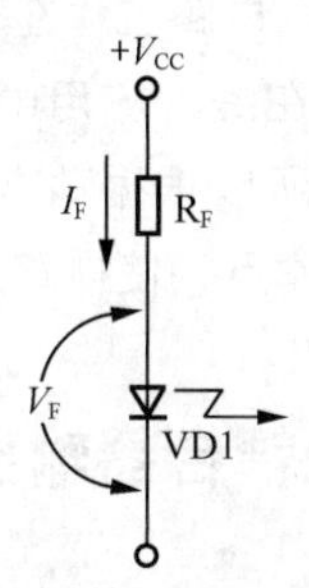

图 20-98　光敏二极管驱动电路中限流保护电阻器 R_F 设计示意图

限流保护电阻 R_F 计算公式如下：

$$R_F = \frac{V_{CC} - V_F}{I_F}$$

式中：R_F 是发光二极管 VD1 的限流保护电阻；

V_F 是发光二极管 VD1 导通后管压降；

I_F 是发光二极管 VD1 额定工作电流；

V_{CC} 是直流工作电压。

5．两种发光二极管驱动电路限流保护电阻计算公式

光电耦合器输入回路中的发光二极管驱动电路有两种类型，一是集电极驱动型电路，二是发射极驱动型电路。

（1）集电极驱动型电路。图 20-99 所示是集电极驱动型电路，电路中 VD1 是驱动三极管 VT1 基极偏置电压的稳压二极管，为 VT1 管基极提供稳定的直流偏置电压，VD2 是光电耦合器中的发光二极管，它串联在 VT1 管集电极回路中，VT1 管集电极电流就是 VD2 的工作电流。R1 为稳压二极管 VD1 管限流保护电阻器，R_F 是 VT1 管发射极电阻器，也是发光二极管 VD2 限流保护电阻器，$+V_{CC}$ 是这一电路的直流工作电压。

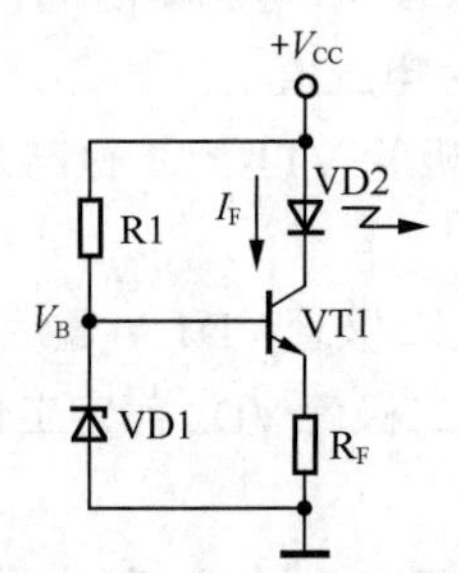

图 20-99　集电极驱动型电路

发光二极管限流保护电阻 R_F 计算公式如下：

$$R_F = \frac{V_B - V_{BE}}{I_F}$$

式中：R_F 是发光二极管限流保护电阻；

V_B 是三极管 VT1 基极电压，也就是稳压二极管 VD1 稳定电压值；

V_{BE} 是三极管 VT1 的基极与发射极之间电压；

I_F 是发光二极管 VD2 额定工作电流。

（2）发射极驱动型电路。图 20-100 所示是发射极驱动型电路，电路中 VD1 是驱动三极管 VT1 基极偏置电压的稳压二极管，为 VT1 管基极提供稳定的直流偏置电压，VD2 是光电耦合器中的发光二极管，它串联在 VT1 管发射极回路中，VT1 管发射极电流就是 VD2 的工作电流。R1 为稳压二极管 VD1 管限流保护电阻器，R_F 是 VT1 管发射极电阻器，也是发光二极管 VD2 限流保护电阻器。

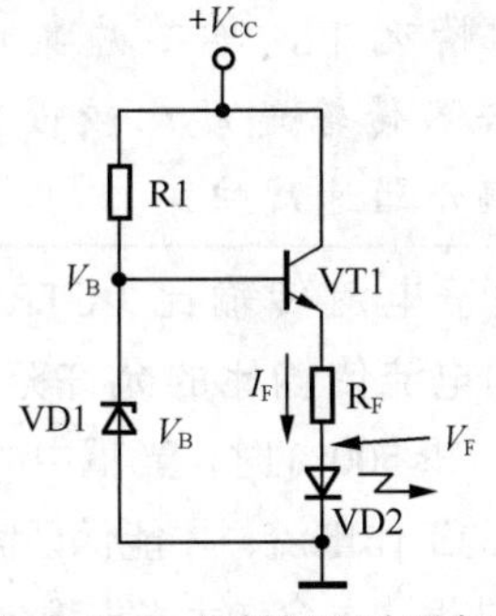

图 20-100　发射极驱动型电路

发光二极管限流保护电阻 R_F 计算公式如下：

$$R_F = \frac{V_B - V_{BE} - V_F}{I_F}$$

式中：R_F 是发光二极管限流保护电阻；

V_B 是三极管 VT1 基极电压，也就是稳压二极管 VD1 稳定电压值；

V_{BE} 是三极管 VT1 的基极与发射极之间电压；

V_F 是发光二极管 VD1 导通后管压降；

I_F 是发光二极管 VD2 额定工作电流。

20.7.8 电路设计中光电耦合器选配原则

重要提示

各种不同结构的光电耦合器可满足输入回路、输出回路隔离，输入回路与输出回路共地或不共地，输入回路、输出回路是直流或交流，使用极为灵活，因此应用极为广泛。

电路设计中对光电耦合器的选配除一般的元器件选配原则外，还要需要注意下列几点。

（1）关于传输速度问题。光电耦合器的传输速度是选取光电耦合器的重要原则之一，光电耦合器开关速度过慢，无法对输入电平做出正确反应，会影响电路的正常工作。

重要提示

通常情况下，单芯片集成多通道光电耦合器传输速度比较慢，而单通道光电耦合器速度快。

（2）关于电流传输比（CTR）问题。光电耦合器的电流传输比的允许范围是不小于500%。当 $CTR<500\%$ 时，光耦中的发光二极管就需要较大的工作电流，才能保证信号在长线传输中不发生错误，这会增大光电耦合器的功耗。

（3）关于尽可能选用多通道光电耦合器问题。由于光电耦合器为信号单向传输器件，而电路中数据的传输是双向的，所以光电耦合器使用量会较多。在电路设计中，受电路板尺寸、传输速度、设计成本等因素限制，应尽可能选择单芯片集成多通道光电耦合器，以降低电路板尺寸和成本，但是要注意传输速度要求，因为多通道光电耦合器传输速度慢于单通道光电耦合器。

（4）尽可能采用线性光电耦合器问题。线性光电耦合器 *CTR* 值能够在一定范围内做线性调整，设计中由于电路输入、输出均是一种高低电平信号，所以电路工作在非线性状态下。

光电耦合器在线性应用中，因为要求信号不失真地传输，所以根据动态工作的要求，设置合适的静态工作点，使电路工作在线性状态。

20.7.9 光电耦合器输出电路

1．负载电阻器接集电极的电路

图 20-101 所示是光电耦合器负载电阻器接集电极回路的电路，电路中 B1 是光电耦合器，R2 是光电耦合器负载电阻器，它接在光敏三极管集电极回路中。R1 是发光二极管的限流保护电阻器。$+V$ 是光电耦合器输出回路的直流工作电压。

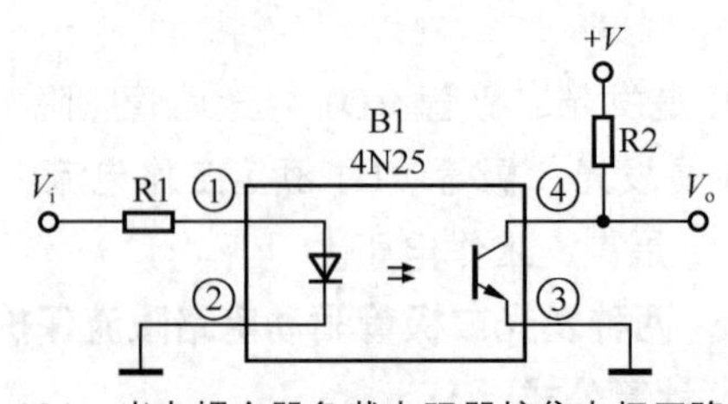

图 20-101 光电耦合器负载电阻器接集电极回路的电路

当没有输入电压（输入电压 V_i 为低电平）时，B1 内部发光二极管截止，B1 内部光敏三极管截止，集电极和发射极之间内阻很大，直流电压 $+V$ 通过 R2 作为光电耦合器的输出电压，这时输出电压 V_o 等于 $+V$，即输出高电平。

当输入电压 V_i 为高电平时，这时输入电压

V_i 通过限流保护电阻器 R1 加到 B1 内部的发光二极管正极，有电流流过 B1 内部发光二极管，这样 B1 内部的光敏三极管饱和导通，即集电极和发射极之间内阻很小，输出电压 V_o 接近于 0V（约为 0.2V），这时光电耦合器输出低电平。

重要提示

电路中有两种接地符号，这说明光电耦合器输入和输出回路采用了各自独立的电源电路，使光电耦合器输入和输出回路完全隔离。

2．负载电阻器接发射极的电路

图 20-102 所示是光电耦合器负载电阻器接发射极回路的电路，电路中 R2 是光电耦合器负载电阻器，它串联在光敏三极管发射极回路中。R1 是发光二极管的限流保护电阻器。+*V* 是光电耦合器输出回路的直流工作电压。

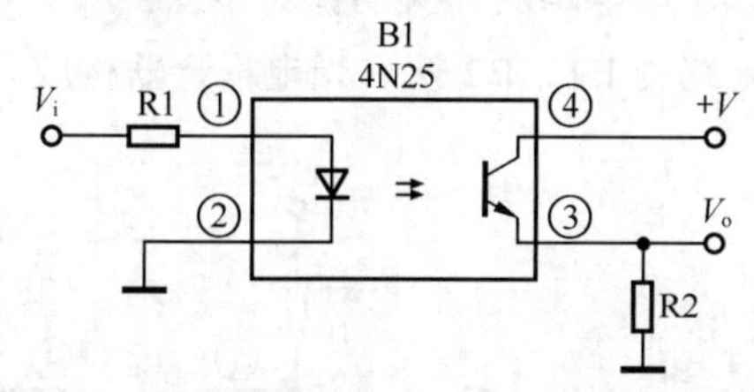

图 20-102　光电耦合器负载电阻器接发射极回路的电路

当没有输入电压（输入电压 V_i 为低电平）时，B1 内部发光二极管截止，B1 内部光敏三极管截止，集电极和发射极之间内阻很大，直流电压 +*V* 无法加到输出端，所以这时输出电压 V_o 等于 0V，这时光电耦合器输出低电平。

当输入电压 V_i 为高电平时，这时输入电压 V_i 通过限流保护电阻器 R1 加到 B1 内部的发光二极管正极，有电流流过 B1 内部发光二极管，这样 B1 内部的光敏三极管饱和导通，即集电极和发射极之间内阻很小，直流工作电压 +*V* 通过很小的光敏三极管集电极与发射极之间内阻加到输出端，所以这时输出电压 V_o 接近于 +*V*，这时光电耦合器输出高电平。

重要提示

当输入电压 V_i 为 0 零时，输出端 V_o=0V；当输入电压 V_i 为高电平时，负载电阻器 R2 获得直流工作电压 +*V*，这个电路功能相当于触点常开的“继电器”，输入高电平时“继电器”触点接通，输入为低电平时“继电器”触点断开。

20.7.10　光电耦合器构成的光电开关电路

1．光电耦合器构成的常开开关电路

图 20-103 所示是光电耦合器构成的常开开关电路。电路中，B1 是光电三极管输出型光电耦合器，内部三极管的集电极和发射极相当于开关的两个触点。VT1 管是 B1 的驱动管，V_i 是输入信号。

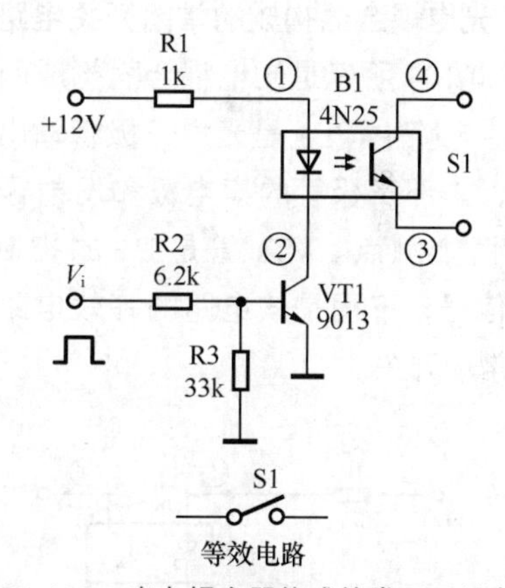

图 20-103　光电耦合器构成的常开开关电路

+12V 直流电压通过 R1 加到 B1 内部发光二极管正极，它的负极通过 VT1 管集电极和发射极接地，当 VT1 管导通时发光二极管有电流流过，当 VT1 管截止时发光二极管没有电流流过。

R2 和 R3 构成一个输入信号分压电路，分压后的输入电压加到 VT1 管基极，用来控制

VT1 管截止和导通。

当输入电压 V_i 为高电平时，VT1 管导通，它的集电极电流流过 B1 内部的发光二极管，这时 B1 内部的光敏三极管饱和和导通，即集电极和发射极之间内阻很小，相当于开关 S1 导通。

重要提示

在 VT1 导通、B1 内部发光二极管发光时，R1 是发光二极管的限流保护电阻器。

当输入电压 V_i 为低电平（没有输入电压）时，VT1 管截止，它没有集电极电流，也就没有电流流过 B1 内部发光二极管，这时 B1 内部光敏三极管截止，这时集电极和发射极之间内阻很大，相当于开关 S1 断开。

在没有输入电压时，开关 S1 相当于断开的，所以称这一电路为常开开关电路，见图中的等效电路。

2．光电耦合器构成的常闭开关电路

图 20-104 所示是光电耦合器构成的常闭开关电路。电路中，B1 是光电三极管输出型光电耦合器，内部三极管的集电极和发射极相当于开关的两个触点。VT1 管是 B1 的控制管，V_i 是输入信号，下面是该电路的等效电路，相当于一个常闭开关。

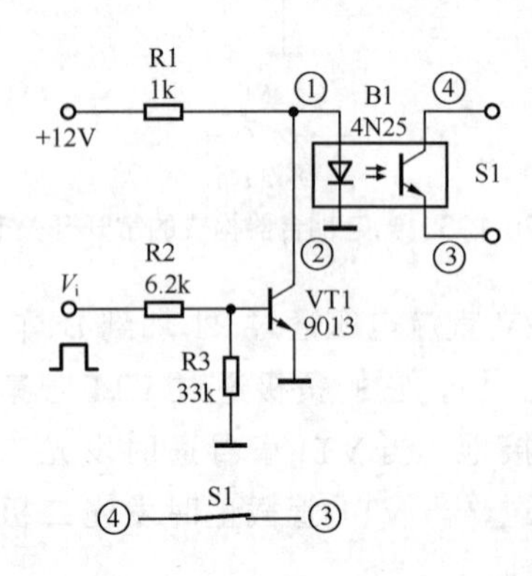

图 20-104　光电耦合器构成的常闭开关电路

当没有输入电压（输入电压 V_i 为低电平）时，VT1 管截止，这时直流电压 +12V 通过 R1 加到 B1 内部的发光二极管正极，这样有电流流过 B1 内部发光二极管，B1 内部的光敏三极管饱和和导通，即集电极和发射极之间内阻很小，相当于开关 S1 导通。

由于没有输入电压时，开关 S1 相当于接通，所以称这一电路为常闭开关电路，见图中的等效电路。

当输入电压 V_i 为高电平时，VT1 管饱和导通，其集电极为低电平，对地约 0.2V，这一电压不足以使 B1 内部发光二极管导通，也就没有电流流过 B1 内部发光二极管，这样 B1 内部光敏三极管截止，集电极和发射极之间内阻很大，相当于开关 S1 断开。

3．光电耦合器构成的单刀双掷开关电路

图 20-105 所示是光电耦合器构成的单刀双掷开关电路，它实际上是将常闭开关电路、常开开关电路组合在一起，再加入一只二极管 VD1。这一电路的开关功能见下面的等效电路。这一电路由 B1、B2 两只光电耦合器构成。

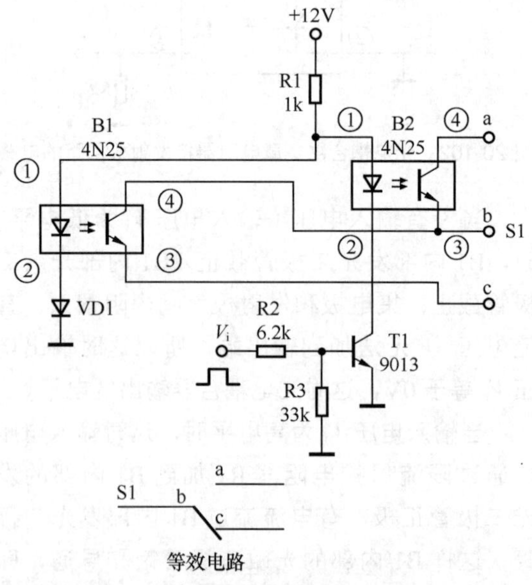

图 20-105　光电耦合器构成的单刀双掷开关电路

重要提示

在分析光电耦合器电路工作原理时，主要分析它内部的发光二极管是否导通，这样可以简化光电耦合器电路工作原理的分析，特别是在多只光电耦合器电路工作原理分析时这个方法更加简便而有效。

（1）输入电压为低电平时电路分析。当没有输入电压（输入电压 V_i 为低电平）时，VT1管截止，这时B2中发光二极管没有电流流过，B2的a和b触点之间为断开状态，所以a和b触点之间为常开状态。

同时，直流电压+12V通过R1加到B1内部的发光二极管正极，再通过二极管VD1构成电流回路，这样有电流流过B1内部发光二极管，B1内部的光敏三极管饱和导通，即集电极和发射极之间内阻很小，b和c触点之间相当于开关接通。图20-106是B1内部的发光二极管电流回路示意图。

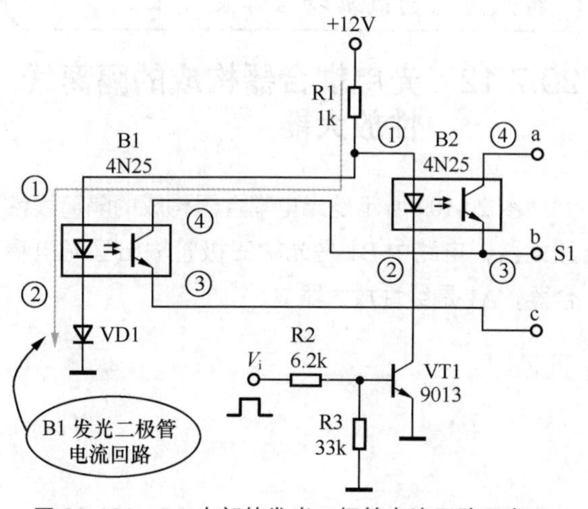

图20-106　B1内部的发光二极管电流回路示意图

（2）输入电压高低电平时电路分析。当输入电压 V_i 为高电平时，VT1管饱和导通，它的集电极电流流过B2内部的发光二极管，这时B2内部的光敏三极管饱和导通，即集电极和发射极之间内阻很小，相当于a和b触点之间接通。R1起B2内部发光二极管限流保护作用。

同时，在VT1管饱和导通后，+12V电压通过R1也加到了B1内部的发光二极管正极，因为它的回路中串联了一只二极管VD1，而B1的①脚上直流电压因为VT1管饱和导通而较低，这一电压不足以使VD1导通，所以B1内部的发光二极管也没有电流，这样b和c触点之间相当于开关的断开。

重要提示

图20-107是VT1管饱和导通后B1和B2发光二极管两端所加电压示意图，从图中可以看出，如果B1和B2内部发光二极管导通，它们所需要的正向导通电压 V_{F1} 等于 V_{F2}。VT1饱和导通后其集电极与发射极之间只有0.2V，而要使VD1导通则需要0.6V，而这时VD1两端只有0.2V，所以VD1不能导通。因为VD1和B1内部发光二极管是串联的，所以这时B1内部发光二极管也不能导通。

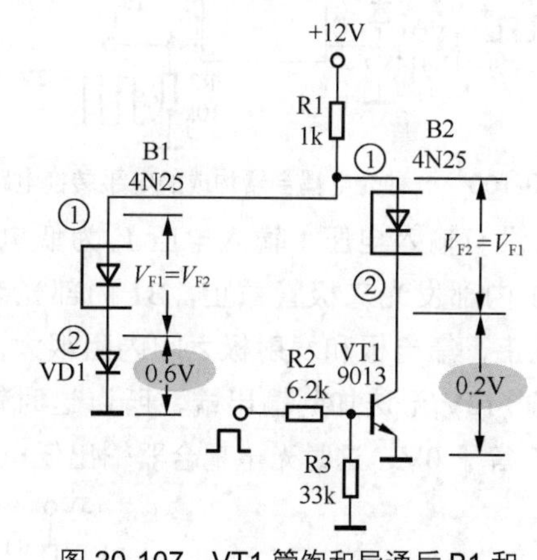

图20-107　VT1管饱和导通后B1和B2发光二极管所加电压示意图

实际上，这一电路是用串联VD1的方法提高了B1内部发光二极管的导通电压。

通过上述电路分析可知，光电耦合器能够实现单刀双掷开关功能，用同样的道理光电耦合器也能够实现双刀双掷开关功能。

20.7.11 光电耦合器构成的电平转换电路

重要提示

当1.8V的数字电路与工作在3.3V的模拟电路进行通信时，首先需要解决两种电平的转换问题，这时就需要使用电平转换器。另外，工业控制系统中所用的集成电路直流工作电压和脉冲信号的幅度不一定相同，例如，HTL的电源电压是12V，TTL的电源电压是5V，CMOS的电源电压是5～12V，而PMOS的电源电压是–22V，当电路系统中需要使用不同电源电压的集成电路时就需要先进行电平转换。

图20-108所示是一种光电耦合器构成的电平转换电路，它可以实现从+5 ～ +12V的电平转换。

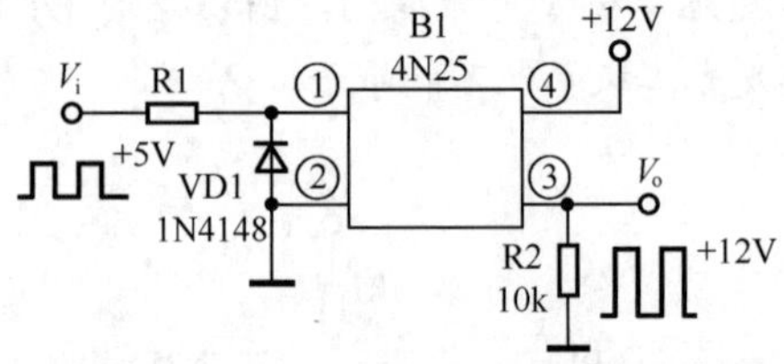

图20-108 一种光电耦合器构成的电平转换电路

当没有输入电压（输入电压 V_i 为低电平）时，B1内部发光二极管截止，B1内部光敏三极管截止，集电极和发射极之间内阻很大，直流电压+12V无法加到输出端，所以这时输出电压 V_o 等于0V，这时光电耦合器输出低电平。

当输入电压 V_i 为高电平+5V时，这时输入电压 V_i 通过限流保护电阻器R1加到B1内部的发光二极管正极，B1内部的光敏三极管饱和导通，直流工作电压+12V通过很小的光敏三极管集电极与发射极之间内阻加到输出端，所以这时输出电压 V_o 接近于+12V，这时光电耦合器输出高电平。

重要提示

从上述分析可知，通过这一光电耦合器的电平转换电路，可以将+5V（输入电压 V_i）转换到+12V（输出电压 V_o），完成将输入电压 V_i 等级转换成新的信号电压等级 V_o。如果输出回路直流工作电压采用其他电压等级，则可以转换成另外等级的信号电压。

从上述光电耦合器构成的电平转换电路功能看，它输入0～5V电压，输出0～12V电压，具有“变压器”的功能。

注意，电平转换电路还可以有其他电路形式，如三极管电平转换电路等，光电耦合器电平转换电路的显著特点是它的隔离特性和低成本。

20.7.12 光电耦合器构成的隔离线性放大器

图20-109所示是光电耦合器构成的隔离线性放大器，电路中B1是光敏三极管输出型光电耦合器，A1是线性放大器。

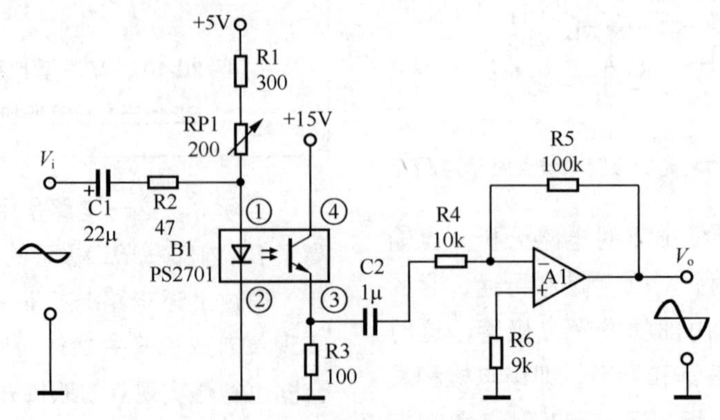

图20-109 光电耦合器构成的隔离线性放大器

1．电路作用

隔离线性放大器是指使前级与后级电路之间电气隔离，同时具有线性传输特性的放大器。采用光电耦合器构成的隔离线性放大器隔离度高。从电路中可以看出，光电耦合器B1输入回路与输出回路采用彼此独立的电源，使前级电路与后级电路之间电气隔离特性非常高。前级采用+5V电源，后级采用+15V电源。

2．发光二极管偏置电流电路

为了使光电耦合器发光二极管处于线性状态，需要给发光二极管偏置电流，这由R1和RP1构成。

重要提示

这里的偏置电流就相当于三极管基极偏置电流，偏置电路就是相当于三极管电路中的基极偏置电路，这样理解比较方便。

直流电压+5V经发光二极管限流保护电阻器R1和RP1给发光二极管一个偏置电流，调节可变电阻器RP1阻值大小可以改变流过发光二极管的电流大小，从而可以方便偏置电流的微调。发光二极管电流可以取得大一些，一般取10mA。

3．交流信号输入电路

在建立了光耦发光二极管偏置工作电压后，交流信号 V_i 经C1、R2后加在B1内部发光二极管上，与流过发光二极管的偏置电流叠加，这相当于三极管电路中的交流信号叠加在基极静态偏置电流上。

4．交流信号输出电路

交流信号输入光电耦合器后，经光电耦合器从光敏三极管发射极输出，这一输出信号是交流和直流混合信号，通过耦合电容器C2的隔直，输出交流信号。R3是光电耦合器B1负载电阻器。

这一交流信号经R4加到后级放大器中进行放大，经A1放大后输出 V_o。

重要提示

关于这种光电耦合器构成的隔离线性放大器再说明下列几点。

（1）经过光电耦合器的电光、光电转换后线性度不是很高。为了尽可能地减小失真，发光二极管的偏置电流要大，信号电压产生的调制电流的峰值电流不超过5mA。

（2）采用PS2701有较好的线性度，输入信号的频率可在音频范围内。

（3）这种光电隔离放大器比隔离放大器成本要低得多。

20.7.13 微机控制系统中光电耦合器的隔离电路

1．功率驱动电路中的光电耦合器电路

重要提示

在微机控制系统中，大量应用的是开关量的控制，这些开关量通常经过微机的I/O输出，而I/O的驱动功率有限，不足以驱动一些执行器件，这时需要加接驱动电路，为避免微机受到负载端的干扰影响，必须采取隔离措施。

图20-110所示是功率驱动电路中的光电耦合器电路，电路中TTL113是光电耦合器，Q1是双向可控硅，V_i 是输入控制信号，R_L 是负载电阻器。

光耦TTL113输入回路的是微机控制信号回路，而光耦的输出回路是可控硅所在的交流强电回路，电压较高，电流较大。微机控制信号回路是弱电系统，通过光电耦合器与交流强电回路隔离。

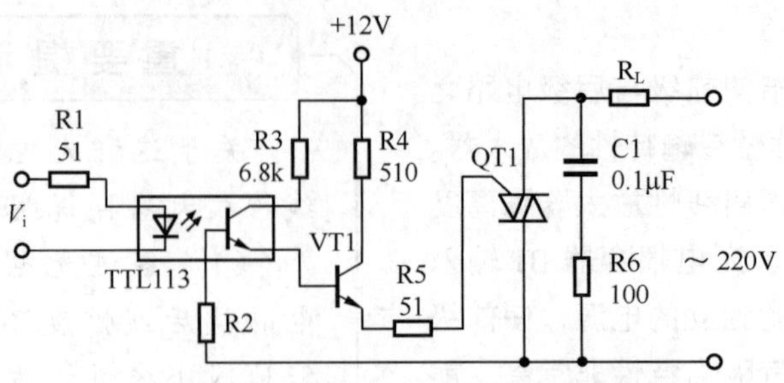

图 20-110　功率驱动电路中的光电耦合器电路

当微机控制信号 V_i 为高电平时，VT1 导通，双向可控硅 Q1 导通，将负载接入 220V 交流市电回路中。

当微机控制信号 V_i 为低电平时，VT1 截止，双向可控硅截止，负载回路断电，负载不能得电而停止工作。

电路中，C1 和 R6 是浪涌吸收 RC 电路，起保护可控硅 Q1 的作用，免于瞬态的过压损坏可控硅 Q1。

2．光电耦合器在远距离传输中的隔离运用

图 20-111 是光电耦合器在远距离传输中的隔离运用示意图，主机接口电路与受控设备之间通过光电耦合器耦合，同时进行隔离。

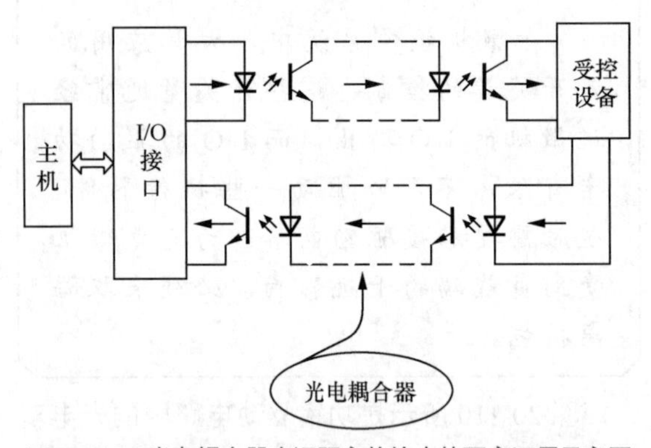

图 20-111　光电耦合器在远距离传输中的隔离运用示意图

电脑控制与受控设备之间往往需要长距离传输，这会造成下列不良现象的发生。

（1）长线传输过程中很易受到干扰，导致传输信号发生畸变或失真。

（2）较长电缆连接的相距较远的设备之间，因为设备间的地线电位差，导致地环路电流，对电路形成差模干扰电压。

为了解决上述问题，可以采用光电耦合器对电脑控制系统和受控设备系统之间进行隔离，这可以实现下列几点。

（1）隔离后可以提高长线传输的可靠性，将两个系统电路的电气连接隔开，使他们相互独立，切断了可能形成的环路，提高电路系统的抗干扰性能。

（2）采用了光电耦合器后使得两个系统电路的地线不相连，有效消除了各系统电路经地线所产生的各种干扰，以及相互之间的窜扰。

（3）有效地解决了阻抗匹配问题。

（4）受控设备短路时，还能保护电脑系统不受损害。

20.7.14　发光二极管输入、三极管接收型光电耦合器的应用电路

1．市电监测电路

图 20-112 所示是双发光二极管输入、三极管接收型光电耦合器一种应用电路，也是一种市电监测电路，它的电路功能是停电时报警。

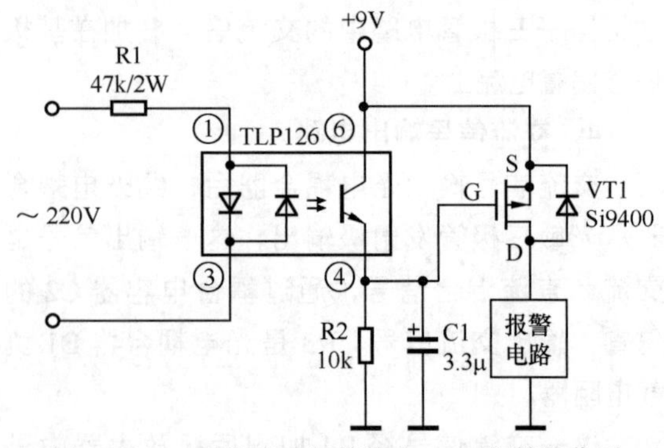

图 20-112　双发光二极管输入、三极管接收型光电耦合器一种应用电路

电路中，TLP126是双发光二极管输入、三极管接收型光电耦合器，它用来控制功率MOSFETVT1栅极，VT1是报警电路的电源开关（电子开关）。

220V交流市经发光二极管限流保护电阻器R1加到TLP两只反向并联的发光二极管两端，交流市电的正、负半周分别使两只发光二极管导通而发光。

在没有停电时，两只发光二极管发光，光敏三极管饱和导通，其集电极与发射极之间饱和电压为0.2V，这一电压是加在VT1管S、G极之间的电压，使VT1管截止，所以+9V直流工作电压不能加到报警电路上，报警电路不工作。在交流市电停电时，两只发光二极管不发光，光敏三极管截止，这时电阻器R2接在VT1管栅极与地之间，VT1管获得导通所需要的偏置电压，VT1管饱和导通（S、D极之间电阻为0.25Ω），所以+9V直流工作电压加到报警电路上，报警电路工作，提示断电。

重要提示

电路中的C1接在VT1管栅极与之间，用来平滑（稳定）VT1管栅极电压。在交流电没有停电时，由于交流电过零时两只发光二极管不能导通，这会使VT1管栅极电压为零，引起报警电路误动作。

在加入电容器C1后，由于电容器两端的电压不能突变，C1两端电压（VT1管栅极电压）保持交流电正、负半周期间的光敏三极管饱和导通时的平均电压。

由于光电耦合器的隔离作用，它的输出回路由+9V直流电源供电，与它的输入回路220V交流市电隔离，提高了安全性。但是，光电耦合器TLP的①、③脚是与交流市电相连的，使用中要注意的安全问题。

2．过零检测电路

图20-113所示是采用光电耦合器构成的交流电过零检测电路。这种电路的功能是：交流电压过零点被自动检测进而产生驱动信号，使电子开关在交流电过零时刻开始开通。现代的零交叉技术已与光电耦合技术相结合。这一电路具体应用于单片机数控交流调压器中的过零检测。

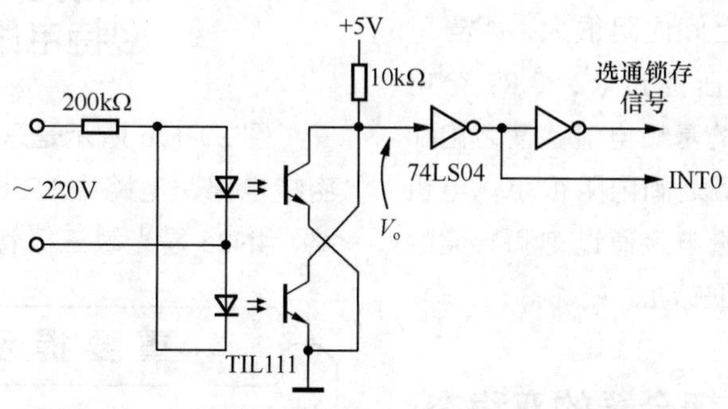

图20-113　采用光电耦合器构成的交流电过零检测电路

220V交流市电压经发光二极管限流保护电阻器R1直接加到两个反向并联的发光二极管上，在交流电源的正、负半周，两只发光二极管分别导通，两只光敏三极管分别饱和导通，所以V_o输出低电平。

在交流电正弦波过零点瞬间，两只发光二极管均不发光，两只光敏三极管均截止，这时V_o输出高电平，该高电平脉冲信号作为过零驱动信号加到后级电路中。

20.7.15 光电耦合器控制的电机电路

图 20-114 所示是采用 TTL 门控制直流电机的电路，电路中 IC1 是光电耦合器，M 是 12V 直流电机。

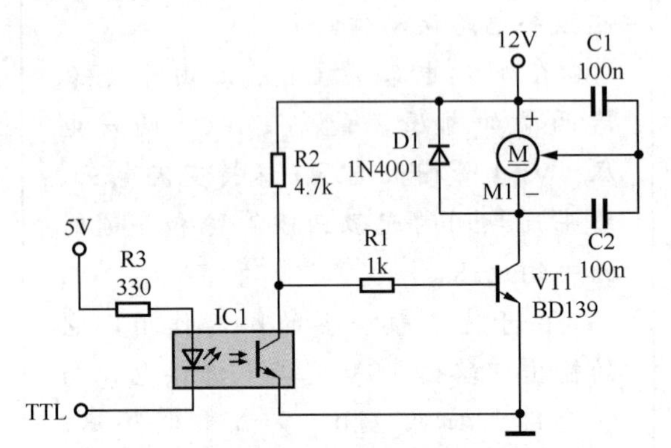

图 20-114 采用 TTL 门控制直流电机的电路

当 TTL 输出 0(低电平) 时，光电耦合器中的发光二极管有工作电流，光敏三极管饱和导通，其集电极与发射极之间电压只有 0.2V，这时电机驱动管 VT1 截止，电机 M 电源回路断开，电机不转动。

当 TTL 输出 1(高电平) 时，光电耦合器中的发光二极管没有工作电流，光敏三极管截止，其集电极与发射极之间内阻很大，相当于断开，这时 12V 直流电压通过 R2 和 R1 给电机驱动管 VT1 基极足够的基极电流，使之饱和导通，其集电极与发射极之间内阻很小，电机 M 电源回路接通，即电机电流通过饱和导通的 VT1 构成回路，这样电机转动。

20.7.16 采用光电耦合器的双稳态输出电路

图 20-115 所示是采用光电耦合器的双稳态输出电路，这是一个标准的双稳态电路，只是在 VT1 和 VT2 管发射极回路接入光电耦合器 4N25，这样可以有效地解决输出与负载之间的隔离问题。

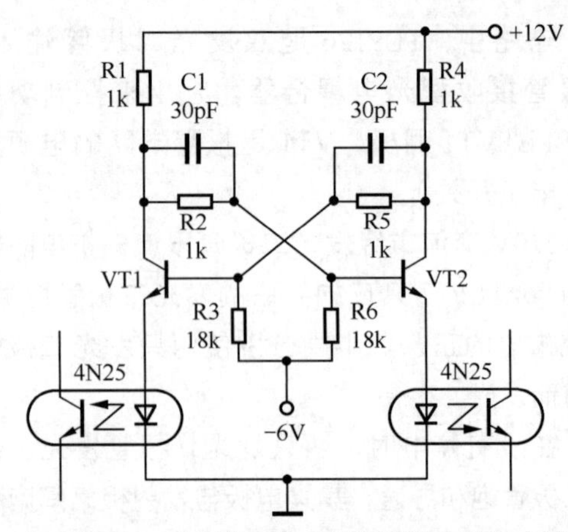

图 20-115 采用光电耦合器的双稳态输出电路

当电路进入一个稳定状态时，假设处于 VT1 导通、VT2 截止的稳定状态，VT1 导通使发射极回路的发光二极管导通发光，这样壳内的光敏三极管导通。同时，VT2 管截止，其发射极回路的发光二极管不导通不发光，壳内的光敏三极管截止。

当电路进入另一个稳定状态时，VT1 截止、VT2 导通，VT2 导通使发射极回路的发光二极管导通发光，这样壳内的光敏三极管导通。同时，VT1 管截止，其发射极回路的发光二极管不导通不发光，壳内的光敏三极管截止。

20.7.17 采用光电耦合器开关的施密特电路

图 20-116 所示是采用光电耦合器开关的施密特电路，电路中 VT1、VT2 等构成施密特电路，4N25 是光敏三极管输出型光电耦合器。

重要提示

施密特电路是双稳态电路的一个重要类型，它的电路功能是可以将连续变化的输入电压转换成矩形脉冲电压，可以用来鉴别信号幅度和频率。

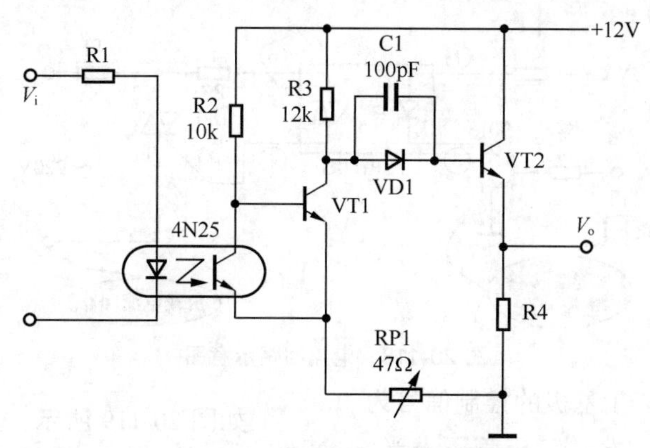

图 20-116 采用光电耦合器开关的施密特电路

当输入电压 V_i 为低电平时，发光二极管不导通，光电三极管截止，其集电极与发射极之间电阻高，这时 VT1 管在 R2 提供的偏置电流下处于饱和导通状态，使 VT2 管截止，所以输出电压 V_o 为低电平。

当输入电压 V_i 为高电平时，发光二极管导通发光，光电三极管饱和导通，其集电极与发射极之间电压为 0.2V，使 VT1 管截止，这样 +12V 直流电压通过 R3 和 VD1 使 VT2 处于饱和导通状态，所以输出电压 V_o 为高电平。

通过上述分析可知，通过光电耦合器输入端的输入电压控制，电路具备施密特电路特性。

电路中，调节可变电阻器 RP1，可以改变鉴幅电平。当 RP1 阻值增大时，需要光敏三极管更大的工作电流才能导通，也就是需要更大的输入电压 V_i 的幅度才能导通。反之，当 RP1 阻值减小时，需要较小的输入电压 V_i 的幅度光敏三极管就能导通，实现了改变鉴幅电平的电路功能。

20.7.18 采用光电耦合器构成的交流固态继电器电路

1．非过零触发交流固态继电器电路

图 20-117 所示是采用光电耦合器构成的交流固态继电器电路，TLP160G 是双向可控硅型光电耦合器，VT1 管是光电耦合器驱动管。接在 220V 交流市回路起交流开关作用的是三端双向可控硅，R_L 是 220V 交流电负载。

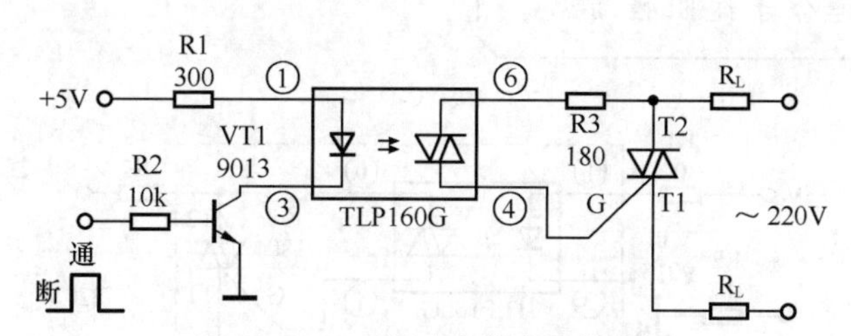

图 20-117 采用光电耦合器构成的交流固态继电器电路

当加到驱动三极管 VT1 基极的控制信号为高电平时，高电平通过限流电阻器 R2 加到 VT2 管基极，使 VT1 导通，这时 +5V 电压通过限流保护电阻器 R1 加到发光二极管，使发光二极管导通，光触发双向可控硅导通，使外接的功率较大的三端双向可控硅导通，这样负载 R_L 得到 220V 交流电压而进入工作状态，这个三端双向可控硅相当于负载 R_L 的电源开关，且电源开关处于接通状态。图 20-118 是电流回路示意图。

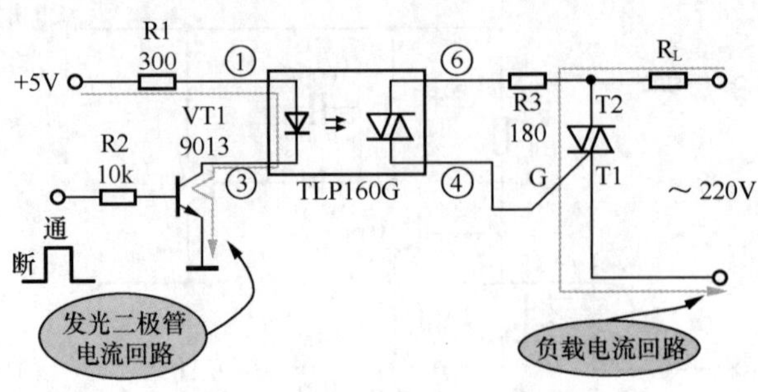

图 20-118　电流回路示意图

当加到驱动三极管 VT1 基极的控制信号为低电平时，VT1 管截止，发光二极管不发光，光触发双向可控硅截止，使外接的三端双向可控硅截止，这样断开了负载 R_L 回路，相当于电源开关断，负载不工作。

重要提示

在电路设计时要注意下列几点。

（1）外接的功率较大的三端双向可控硅耐压要大于 400V。

（2）外接的功率较大的三端双向可控硅工作电流要求大于负载最大电流。

（3）这一电路比较简单，但是也有一个缺点，光电耦合器内的双向可控硅不具有交流电过零触发导通作用，这会使得正弦波不完整，瞬间会产生对电网的干扰。

（4）这一电路适合于纯阻性负载。

如图 20-119 所示，如果将虚线框内的电路做成一个单独的模块，它就是一个交流固态继电器。

2．适合感性负载的交流固态继电器电路

图 20-120 所示是适用于感性负载的光电耦合器构成的交流固态继电器电路，电路中增加了 R4 和 C1。由于流过感性负载 R_L 的电流与电压的相位不同，需增加 R4 和 C1，以保证开关电路的正常工作。

3．过零触发交流固态继电器

图 20-121 所示是过零触发交流固态继电器，电路中的光电耦合器采用的是 TLP161G，它内部设置了交流电过零时的触发电路，它能在交流电过零附近触发双向可控硅，使交流波形完整，不会对电网造成干扰，这样就构成了过零触发交流固态继电器。

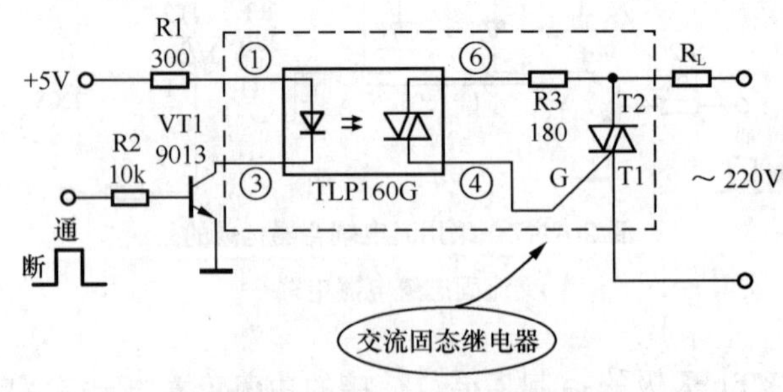

图 20-119　交流固态继电器示意图

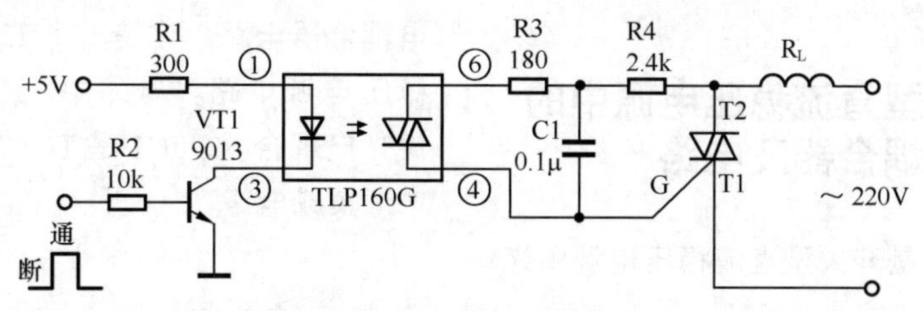

图 20-120　适用于感性负载的光电耦合器构成的交流固态继电器电路

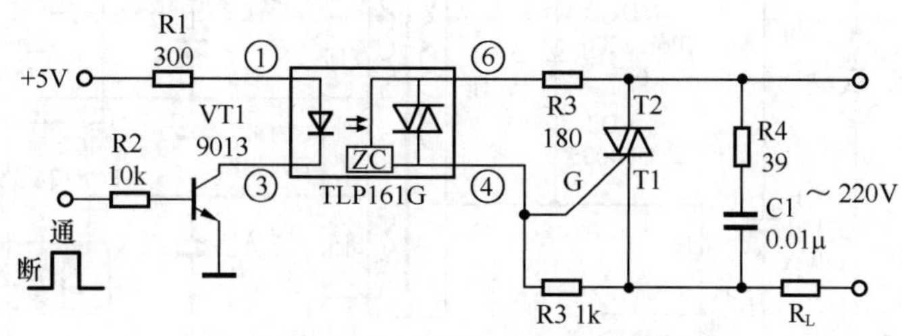

图 20-121　过零触发交流固态继电器

电路中，R4 和 C1 构成 RC 浪涌电压吸收电路，用来保护三端双向可控硅，免于瞬态的过压而被损坏。

20.7.19　直流高压稳压电路中的光电耦合器电路

图 20-122 所示是直流高压稳压电路中的光电耦合器电路，这是一种直流高压串联型调整型稳压电路，电路中的 VT1 和 VT2 为复合管，构成调整管，4N25 是光电耦合器，VT3 是比较放大管，稳压二极管 VD1 提供基准电压，RP1 是输出电压微调电阻器。

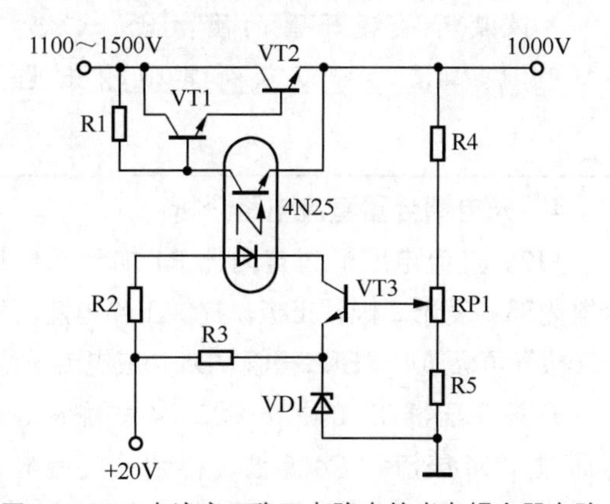

图 20-122　直流高压稳压电路中的光电耦合器电路

1．电路分析

在普通的直流高压稳压电路中，比较放大管 VT3 需要选用耐压高的三极管，在选用光电耦合器后，光耦输入与输出回路良好的绝缘特性可实现高压控制。

当输出电压升高时，比较放大管基极偏压电压增大，光电耦合器中的发光二极管正向电流增大，使光敏三极管集电极和发射极之间电压减小，使 VT1 和 VT2 正向偏置电压下降，VT2 集电极与发射极之间压降增大，从而使原来升高的输出电压减小，达到稳定输出电压的目的。

2．元器件作用分析

电阻器 R1 为 VT1 和 VT2 提供基极偏置电压，使它们导通。同时，为光电耦合器中光敏三极管提供集电极直流工作电压。

R2 是光电耦合器中发光二极管限流保护电阻器。

R3 是稳压二极管 VD1 限流保护电阻器。

R4、RP1 和 R5 构成取样电路。

20.7.20 开关型直流稳压电源中的光电耦合器及电路

图 20-123 所示是开关型直流稳压电源中光电耦合器电路，这是一个 12V、20W 开关直流稳压电源电路。电路中，IC2 采用 PC817A 线性光电耦合器，IC1 是 TOP224P 三端单片开关电源集成电路。

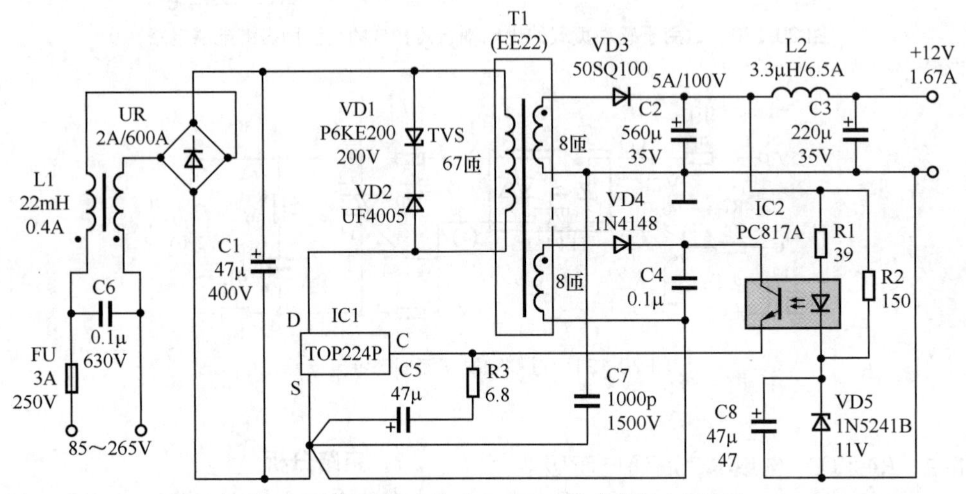

图 20-123 开关型直流稳压电源中的光电耦合器电路

1. TOP224P 三端单片开关电源集成电路

图 20-124 是 TOP224P 三端单片开关电源集成电路引脚示意图，它为双列 8 脚，由漏极端、控制端、源极端三个管脚与外电路相连，它是三端脉宽调制开关器件，具有自偏置、自保护特点。

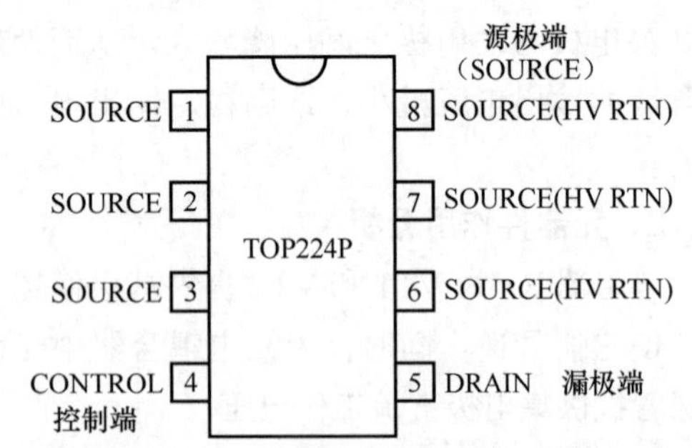

图 20-124 TOP224P 三端单片开关电源集成电路引脚示意图

2. 直流电压传输线路分析

85 ~ 265V 的交流电压，通过抗干扰电路 C6 和 L1 加到整流桥 UR，整流后通过滤波电容器 C1 滤波，得到的直流电压加到开关变压器 T1 的一次线圈。

三端单片开关电源集成电路内 MOSFET 的漏极、源极构成 T1 一次线圈的电流回路。

3. +12V 输出电压线路分析

开关变压器 T1 的一组二次线圈输出电压通过 VD3 整流和 C2 滤波，作为直流输出电压。C2、L2 和 C3 构成 LCπ 型滤波电路。

电路设计提示

+12V 输出电压大小等于 R1 两端电压降 + 发光二极管导通后管压降 +VD5 稳压值。

改变开关变压器的匝数比，改变 VT5 稳压值，可以获得其他输出电压值。

4. 光电耦合器直流电路分析

+12V 直流电压通过电阻器 R1 加到光电耦合器内部的发光二极管正极，提供工作电流。发光二极管负极通过稳压二极管 VD5 构成电流回路。

开关变压器 T1 的另一组二次线圈输出电压通过 VD4 整流和 C4 滤波，得到的直流电压为光电耦合器提供光敏三极管集电极直流工作电压。

5．稳定过程分析

当输出端直流输出大小变化时，将引起光电耦合器中发光二极管工作电流的相应大小变化，从而引起光电耦合器内光敏三极管发射极电流的变化，此变化量通过控制端进入三端单片开关电源集成电路IC1内，反馈电流（I_{FB}）产生相应的变化，并以此调节输出占空比，达到稳压输出电压目的。

6．电路设计中变压器选择

开关变压器一次线圈电感量大小根据输出功率选择。20W输出功率、50%占空比时，一次线圈最大电感量为630μH。

开关变压器匝数比计算公式如下：

$$\frac{N_{n-1}}{N_{n-2}}=\frac{V_{max}}{V_o}=\frac{D_{max}}{1-D_{max}}$$

式中：N_{n-1}是一次线圈匝数；

N_{n-2}是二次线圈匝数；

V_{max}等于200V，即瞬态电压抑制二极管VD1的稳压值为200V；

V_0是输出电压，等于+12V（这一电路也可以输出+5V电压，这时V_0=5V）；

D_{max}等于50%。

当输出电压为+5V时，线圈匝数比为40；当输出电压为+12V时，V0取值应比+12V至少大2V。

7．电路设计中瞬态电压抑制二极管VD1的选择

瞬态电压抑制二极管VD1要有足够大的功率，在大电流输出的条件下，VD1的峰值电压应比反向输出电压高30～80V。例如，可以选择P6KE200，它峰值电压为287V。

8．自启动周期选择和计算公式

自启动周期的计算公式如下：

$T=8\times(2\pi RC)=16\pi(R_3+Z_C)C_5$

式中：Z_C典型值为15。TOP224P三端单片开关电源集成电路控制振荡频率f=100KHz，这样C_5=47μF、R_3=6.8Ω。

9．电路中其他元器件耐压要求

电路中主要元器件耐压要求如表20-9所示。

表20-9　主要元器件耐压要求

电路编号	耐压值/V	名称
UR	400	整流桥
C1	400	滤波电容器
C2、C3、C4	35	滤波电容器
C5	50	自启动频率和尖峰抑制电容器

10．假负载电路

电路中，电阻器R2和VD5具有为+12V电源提供一个假负载的作用，用以提高轻载时的负载调整率。

11．尖峰电压钳位和衰减振铃电压电路

电路中，VD1和VD2能将开关变压器漏感产生的尖峰电压钳位到安全值，同时能衰减振铃电压。

VD1采用反向击穿电压为200V的P6KE200型瞬态电压抑制器（瞬态电压抑制二极管），VD2选用1A/600V的UF4005型超快恢复二极管。

12．共模电感电路

重要提示

开关电源产生的共模噪声频率范围为10kHz～50MHz，甚至更高，为了有效衰减这些噪声，要求在这个频率范围内共模电感器能够提供足够高的感抗。

电路中，L1 是共模电感器，它能减小由开关变压器 T1 一次绕组的高压开关波形所产生的共模泄漏电流。

13．其他元器件作用分析

（1）电路中的 C7 为保护电容器，用于滤掉由一次、二次绕组耦合电容器引起的干扰。

（2）电路中的 C6 为 X 电容器，它可以抑制差模高频干扰，即可减小由 T1 的一次绕组电流基波与谐波所产生的差模泄漏电流。

（3）电路中的 C5 能滤除加在 IC1 控制端上的尖峰电流，同时它与 R3、IC1 控制阻抗决定了自启动频率，它还与 R1、R3 一起对 IC1 控制回路进行补偿。

20.7.21 光电耦合器构成的逻辑电路

1．与门逻辑电路

图 20-125 所示是光电耦合器构成的二输入端与门逻辑电路，电路中 *A* 和 *B* 是两个输入端，*P* 是输出端，这一电路具有与逻辑功能。

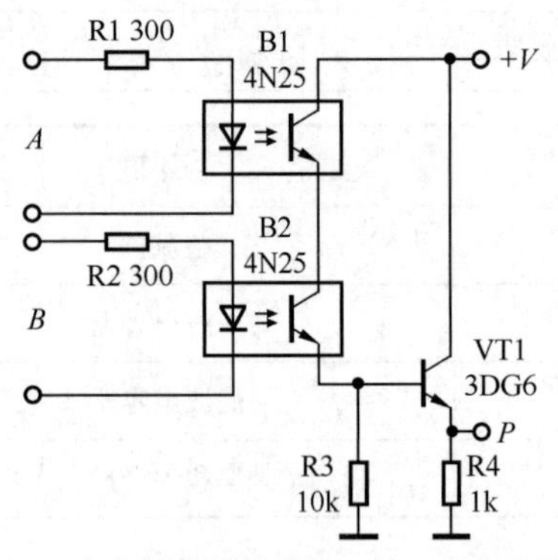

图 20-125 光电耦合器构成的二输入端与门逻辑电路

重要提示

两只光电耦合器中的光敏三极管集电极、发射极回路是串联电路，这样两只光敏三极管只能同时导通，或同时截止。

当输入端 *A* 和 *B* 同时为高电平（1）时，B1 和 B2 中发光二极管同时导通发光，这时 B1 和 B2 中两只光敏三极管同时导通，三极管集电极、发射极成回路，直流电压 +*V* 通过两只导通的光敏三极管加到 VT1 管基极，这时 VT1 管饱和导通，其发射极输出高电平（1），即 *P*=1，实现与逻辑的全 1 出 1 逻辑功能。

当输入端 *A*、*B* 同时为低电平（0）时，或其中有一个输入端为低电平时，两只光敏三极管全不导通，这是直流电压 +*V* 无法加到 VT1 管基极，VT1 管截止，其发射极输出电压为低电平（0），即 *P*=0。

重要提示

通过上述分析可知，这是一个具有与逻辑功能的电路。

注意一点，凡是串联电路都具有与逻辑的特性，即串联电路中各元器件要么同时有电流流过，要么同时无电流流过。

2．与非门逻辑电路

图 20-126 所示是光电耦合器构成的二输入端与非门逻辑电路，电路中 A 和 B 是两个输入端，*P* 是输出端，这一电路具有与非逻辑功能。

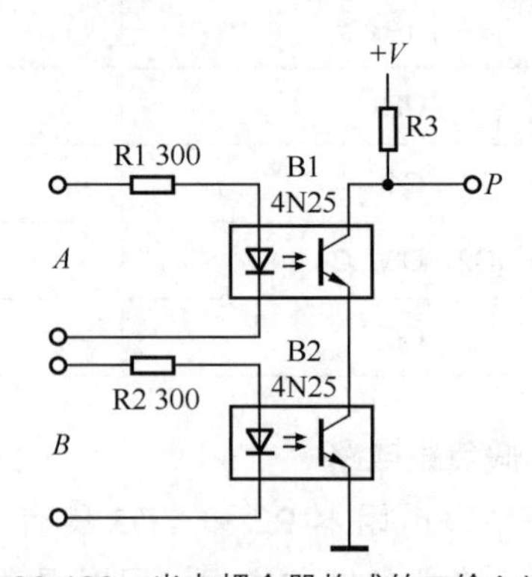

图 20-126 光电耦合器构成的二输入端与非门逻辑电路

当输入端 *A* 和 *B* 同时为高电平（1）时，这时 B1 和 B2 中两只光敏三极管同时饱和导通，这时输出端 *P* 的电压为两只光敏三极管集电极与发射极之间的饱和压降之和，为低电平（0），即 *P*=0，实现全部输入端为 1 时输出 0 的与非逻辑。

当输入端 A、B 同时为低电平（0）时，或其中有一个输入端为低电平时，两只光敏三极管全不导通，这时直流电压 $+V$ 通过 R 加到输出端，这时输出高电平（1），即 P=1。

3．或门逻辑电路

图 20-127 所示是光电耦合器构成的二输入端或门逻辑电路，电路中 A 和 B 是两个输入端，P 是输出端，这一电路具有或逻辑功能。

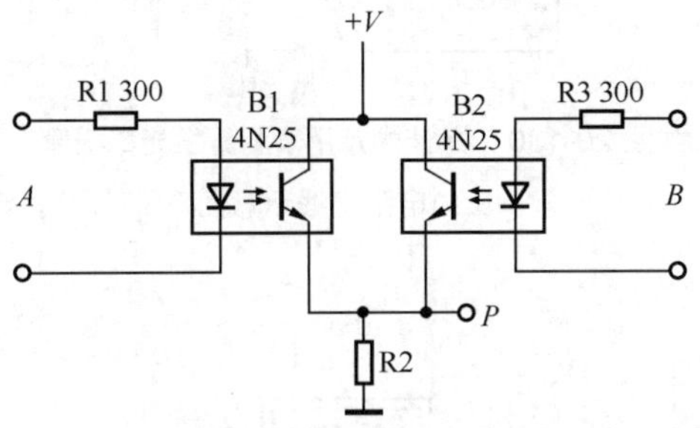

图 20-127　光电耦合器构成的二输入端或门逻辑电路

只要输入端 A 和 B 中有一个输入端为高电平（1）时，B1 和 B2 中会有一只发光二极管导通发光，就会有一只光敏三极管饱和导通，这时输出端 P 为高电平（1），即 P=1，实现有 1 出 1 的或逻辑。

当输入端 A 和 B 同时为高电平（1）时，输出端 P 为高电平（1），即 P=1。

当输入端 A、B 同时为低电平（0）时，B1 和 B2 中发光二极管都不发光，这时输出端为低电平（0），即 P=0。

显然上述分析证明该电路能够实现或逻辑，为二输入端的或门电路。

4．或非门逻辑电路

图 20-128 所示是光电耦合器构成的二输入端或非门逻辑电路，电路中 A 和 B 是两个输入端，P 是输出端，这一电路具有或非逻辑功能。

只要输入端 A 和 B 中有一个输入端为高电平（1）时，B1 和 B2 中会有一只发光二极管导通发光，就会有一只光敏三极管饱和导通，这时输出端 P 为低电平（0），即 P=0。

当输入端 A 和 B 同时为高电平（1）时，输出端 P 为低电平（0），即 P=0。

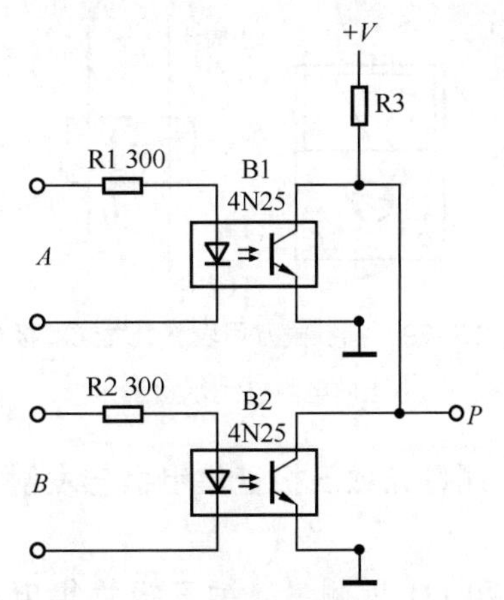

图 20-128　光电耦合器构成的二输入端或非门逻辑电路

当输入端 A、B 同时为低电平（0）时，B1 和 B2 中发光二极管都不发光，这时输出端为高电平（1），即 P=1。

20.7.22　万用表检测光电耦合器的方法

重要提示

万用表检测光电耦合器基本方法是测量二极管和三极管的方法，因为光敏三极管光电耦合器的组成就是发光二极管和光敏三极管。

1．测量发光二极管正向电阻

图 20-129 是指针式万用表测量发光二极管正向电阻接线示意图，表置于 R×1k 挡或是 R×100 挡，这时实际是测量的发光二极管正向电阻，阻值应该为几至十几千欧，否则说明发光二极管损坏。

2．测量发光二极管反向电阻

图 20-130 是指针式万用表测量发光二极管反向电阻接线示意图，表置于 R×1k 挡或是 R×100 挡，这时实际是测量的发光二极管反向电阻，阻值应该为无穷大，否则说明发光二极管损坏。

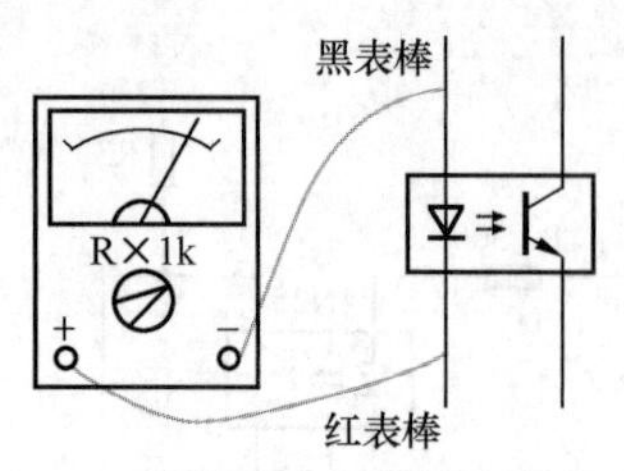

图 20-129　指针式万用表测量发光二极管正向电阻接线示意图

R×100 挡，红、黑表棒调换位置再测量一次，二次测量中阻值均为无穷大，否则说明光敏三极管不正常。

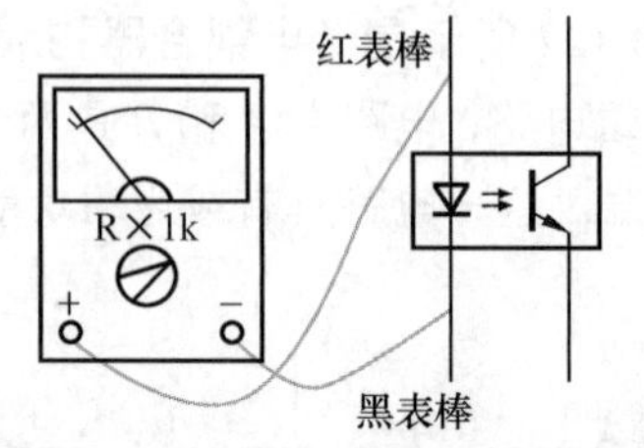

图 20-130　指针式万用表测量发光二极管反向电阻接线示意图

3．测量光敏三极管集电极与发射极之间电阻

图 20-131 是测量光敏三极管集电极与发射极之间电阻接线示意图，表置于 R×1k 挡或

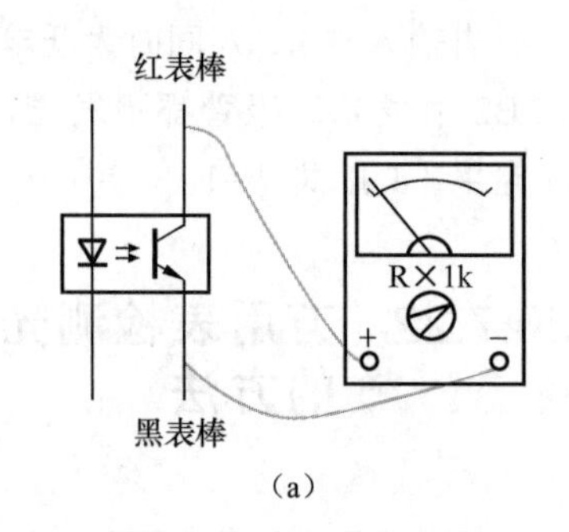

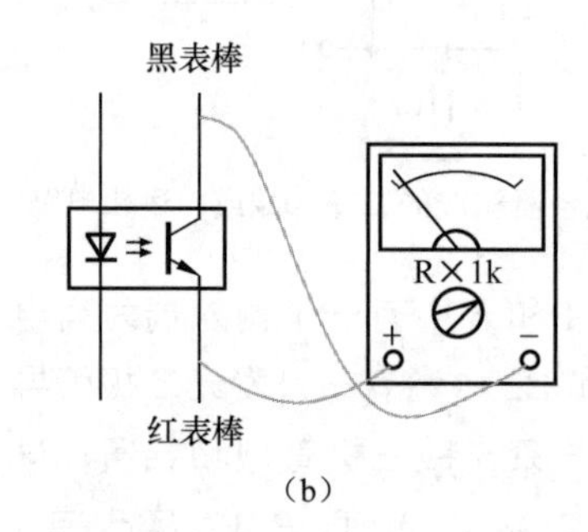

图 20-131　测量光敏三极管集电极与发射极之间电阻接线示意图

4．加电检测方法

图 20-132 是加电测量光电耦合器接线示意图，指针表置于 R×1k 挡或是 R×100 挡，在测量光敏三极管集电极与发射极之间正向电阻的基础上，给发光二极管加入导通电流，即接入限流电阻器 R1 和 1.5V 电池，这时万用表的表针应该从左向右偏转一个角度，偏转角度大说明光电转换灵敏度高，如果没有偏转说明光电耦合器损坏。

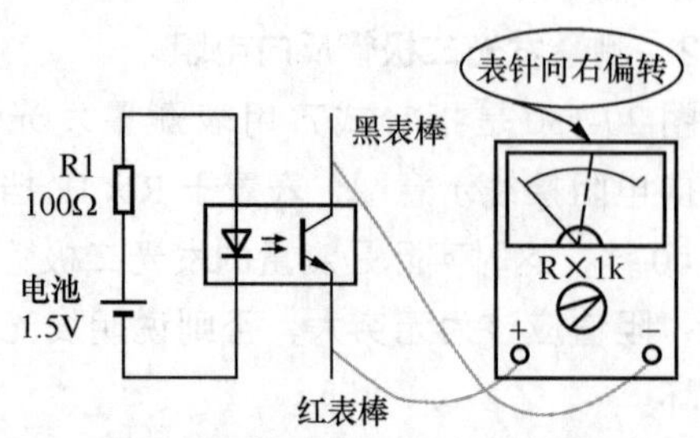

图 20-132　加电测量光电耦合器接线示意图

重要提示

因为光电耦合器中常用红外发光二极管，它的管压降在 1.3V 左右，所以采用 1.5V 电池能使之导通发光。

5．双万用表测量方法

图 20-133 是采用指针表和数字表同时测量光电耦合器接线示意图，这一测量方法的原理是用数字万用表三极管测量挡给发光二极管供电，让其导通，这时再测量光敏三极管集电极与发射极之间内阻的变化。

测量时，先按图接好指针表，表置于 R×1k 挡或是 R×100 挡，这时指示的阻值很大，再接上数字万用表，这时指针表的表针向右偏转一个角度（说明阻值减小），偏转角度大说明光电转换灵敏度高，如果没有偏转说明光电耦合器损坏。

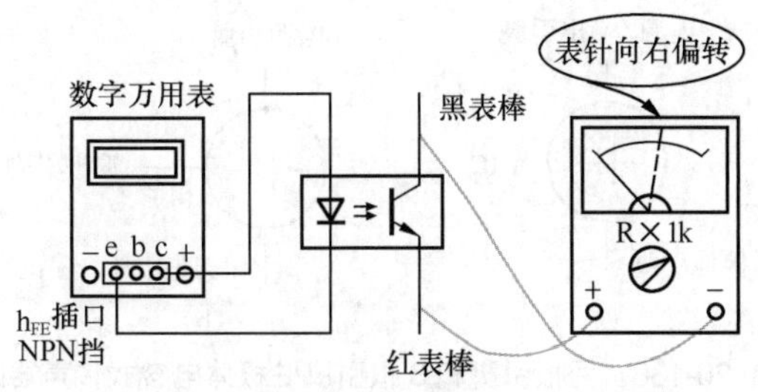

图 20-133 采用指针表和数字表同时测量光电耦合器接线示意图

6．单只指针表测量导通方法

图 20-134 是采用单只指针表测量导通方法接线示意图，它分为两步。第一步测量光敏三极管集电极与发射极之间的电阻，指针表置于 R×10 挡，这时测量的阻值很大。

第二步将黑表棒同时接触光敏三极管集电极和发光二极管正极，红表棒同时接触光敏三极管发射极和发光二极管负极，此时用万用表欧姆挡表内电池给发光二极管正向供电，这时表针向右偏转一个角度，偏转角度大说明光电转换灵敏度高，如果没有偏转说明光电耦合器损坏。

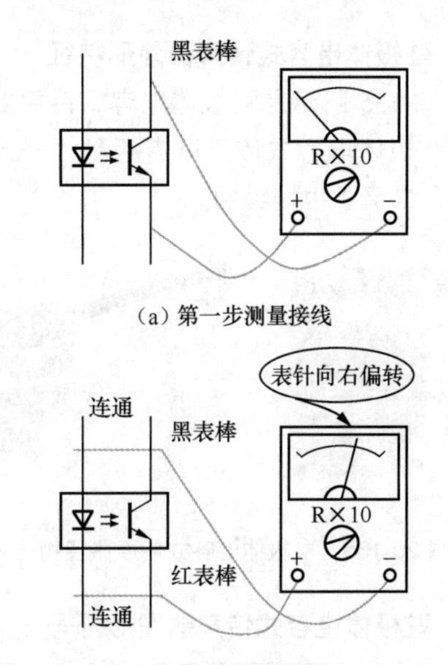

图 20-134 采用单只指针表测量导通方法接线示意图

重要提示

在这种测量方法中，指针表要使用 R×10 挡，不可使用 R×1k 挡或是 R×100 挡，因为这二挡的表内电流小，不能使发光二极管导通。

20.8 传声器

传声器又称话筒，它也是一种电声换能器件，是将声音转换成电信号的器件。

传声器主要有两大类：一是动圈式传声器，二是电容式传声器（这种驻极体电容式传声器最为常见）。

20.8.1 驻极体电容式传声器

驻极体电容式传声器由于输入和输出阻抗很高，所以要在这种传声器外壳内设置一个场效应管，作为阻抗转换器，为此驻极体电容式传声器在工作时需要直流工作电压。

1．驻极体电容式传声器特点

（1）频率特性好，在音频范围内幅频特性曲线平坦，这一性能优于动圈式传声器。

（2）灵敏度高，噪声小，音色柔和。

（3）输出信号电平比较大，失真小，瞬态响应性能好，这是动圈式传声器所不具备的优点。

（4）这种传声器的缺点是工作性能不够稳定，低频段灵敏度随着使用时间的增长而下降。另外，寿命比较短，需要直流电源，使用不够方便。

2．驻极体电容式传声器外形特征

图 20-135 所示是驻极体电容式传声器实物照片。驻极体电容式传声器有两种：一是两根接线的，二是 3 根接线的。

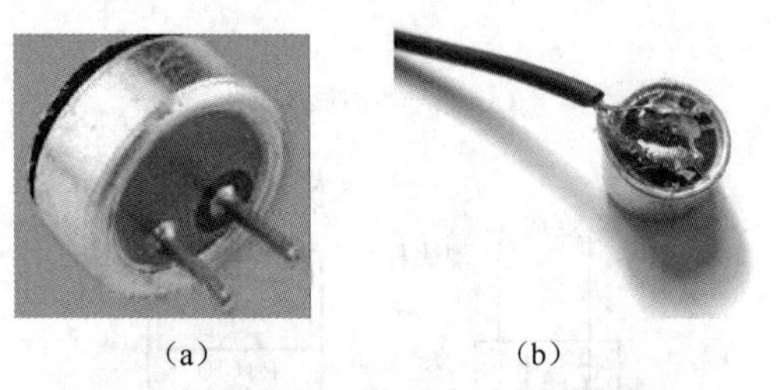

图 20-135　驻极体电容式传声器实物图

3．驻极体电容式传声器图形符号

图 20-136 所示是两根引脚和 3 根引脚驻极体电容式传声器的图形符号。在两根引脚的传声器中，电源和信号输出共用一根引脚。

图 20-137 所示是驻极体电容式传声器实用电路。电路中的 MIC 是驻极体电容式传声器图形符号，C1 是传声器信号耦合电容器，通过 C1 的隔直通交作用，将传声器信号输出。

两根引脚传声器电路中有一只电阻器 R1，它是传声器内部场效应管的漏极负载电阻器（相当于三极管集电极负载电阻器）。在一定范围内，R1 的阻值大，传声器输出信号幅度大。

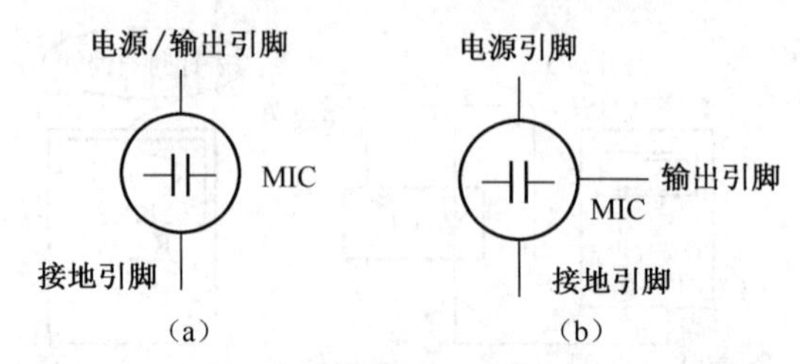

图 20-136　两根引脚和 3 根引脚驻极体电容式传声器的图形符号

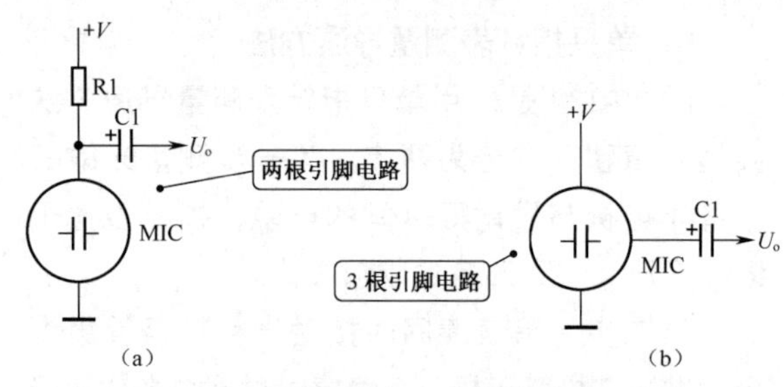

图 20-137　驻极体电容式传声器实用电路

4．驻极体电容式传声器引脚识别方法

表 20-7 所示是驻极体电容式传声器引脚识别方法说明。

表 20-7　驻极体电容式传声器引脚识别方法说明

名　称	示　意　图	
两根引脚	背面接线示意图	内电路示意图
	② ①	① +V D V_o S ②
	两根引脚驻极体电容式传声器中，①脚是电源引脚和输出引脚，②脚是接地引脚	
3 根引脚	背面接线示意图	内电路示意图
	③ ② ① ② ① ③	① D S ③ ②
	3 根引脚的驻极体电容式传声器中，①脚是电源引脚，②脚是输出引脚，③脚是接地引脚	

20.8.2　动圈式传声器

1．动圈式传声器

图 20-138 是一种动圈式传声器实物图。动圈式传声器有一个音圈，音圈固定在振膜上，在音圈的附近设有一个磁性很强的永久性磁铁，这一结构相当于扬声器的结构，振膜相当于纸盆。

图 20-138　一种动圈式传声器实物图

动圈式传声器工作时，声波作用于振膜，使振膜产生机械振动，这一振动带动音圈在磁场中振动，音圈输出音频电信号，将声音转换成电信号。

2．动圈式传声器主要特点

（1）结构牢固，性能稳定，经久耐用，价格较低。

（2）频率特性良好，在 50 ~ 15 000Hz 频率范围，幅频特性曲线平坦。

（3）无须直流工作电压，使用简便，噪声小。

3．动圈式传声器特性曲线

图 20-139 所示是某型号动圈式传声器的指向特性曲线和频率特性曲线。

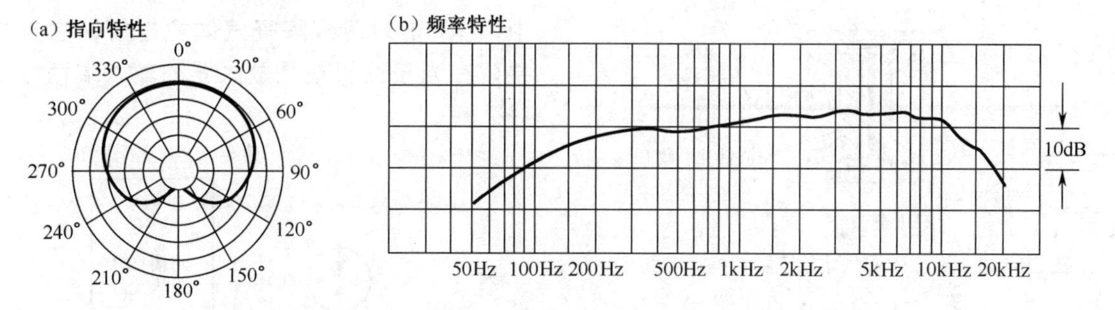

图 20-139　某型号动圈式传声器的指向特性曲线和频率特性曲线

20.9　陶瓷气体放电管

图 20-140 是几种陶瓷气体放电管实物图，它有两根引脚的两极放电管和 3 根引脚的三极放电管两大类。

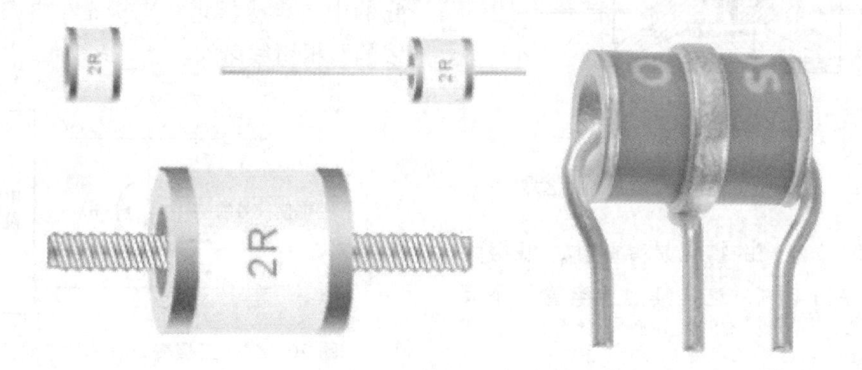

图 20-140　几种陶瓷气体放电管实物图

陶瓷气体放电管主要用于通信、开关电源等设备中，它可用于瞬间过压防浪涌保护器件，也可用于点火。

20.9.1 陶瓷气体放电管结构

1．两极陶瓷气体放电管结构

陶瓷气体放电管是一种特殊的金属陶瓷结构的气体放电器件。它是在其放电间隙内充入适当的惰性气体介质，配以高活性的电子发射材料及放电引燃机构，通过贵金属焊料高温封接而成。

图 20-141 是两极陶瓷气体放电管结构示意图。

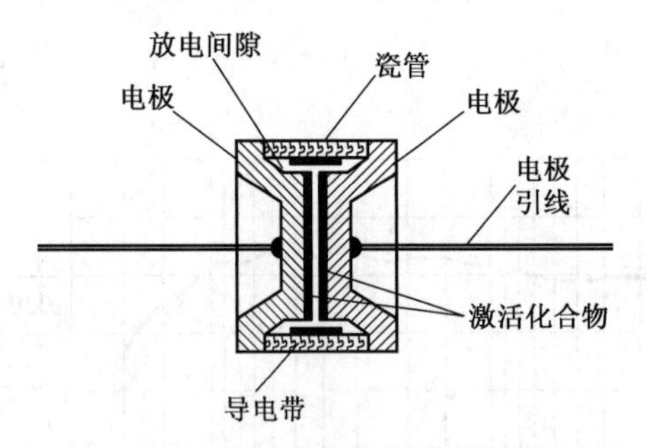

图 20-141 两极陶瓷气体放电管结构示意图

2．三极陶瓷气体放电管结构

图 20-142 是三极陶瓷气体放电管结构示意图。

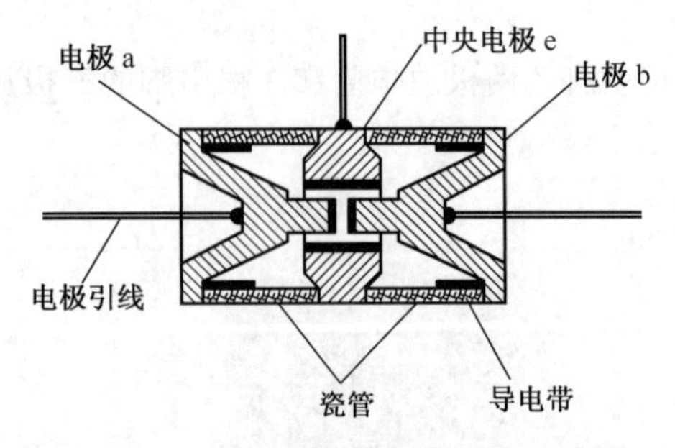

图 20-142 三极陶瓷气体放电管结构示意图

陶瓷气体放电管的特点是高阻抗、低极间电容和高耐冲击电流，这是其他放电管所不具备的优点。

它的基本工作原理是：当线路有瞬时过压窜入时，放电管被击穿，阻抗迅速下降，几乎是短路状态。放电管将大电流通过线路接地或回路泄放，将电压限制在低电位，从而保护了线路及设备。当过压浪涌消失后，又迅速恢复到≥ $10^9\Omega$ 的高阻状态，保证线路的正常工作。

20.9.2 陶瓷气体放电管应用电路

1．两极陶瓷气体放电管应用电路

在光通信线路中，在光接收机或放大器的输入端与地之间，或是输出端与地之间通常会接有陶瓷气体放电管，用来避雷及防止干扰脉冲损坏光接收机或放大器。图 20-143 所示是两极陶瓷气体放电管应用电路。电路中，GDT1 为两极陶瓷气体放电管，它直接并联在光接收机或是放大器的输入端两根引线之间。

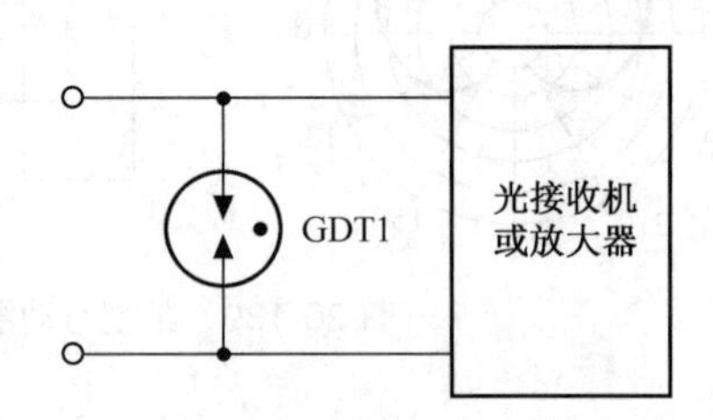

图 20-143 两极陶瓷气体放电管应用电路

2．三极陶瓷气体放电管应用电路

图 20-144 所示是三极陶瓷气体放电管应用电路，电路中的 GDT1 为三极陶瓷气体放电管，它的中央电极接地，电极 a 和电极 b 接在信号线的两根引线之间。

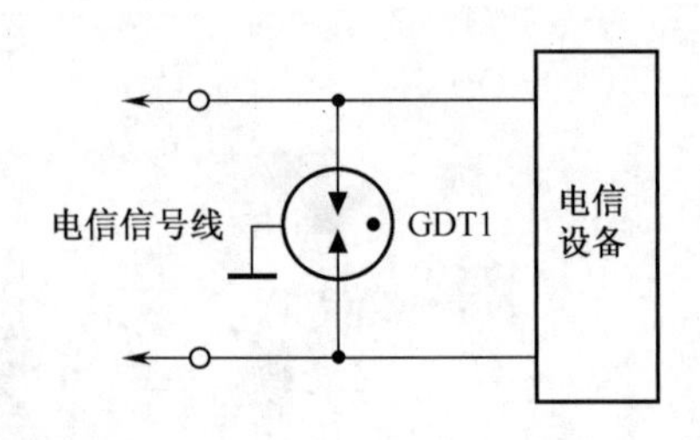

图 20-144 三极陶瓷气体放电管应用电路

20.10 电路板、面包板、散热片和磁性元件

20.10.1 电路板

重要提示

电路板的名称很多，如印制电路板、PCB。它提供集成电路等各种电子元器件固定装配的机械支撑，实现集成电路等各种电子元器件之间的布线和电气连接。同时，为自动锡焊提供阻焊图形，为元器件插装、检查、维修提供识别字符和图形。

图 20-145 是常见的电路板实物图。

（a）电路板正面

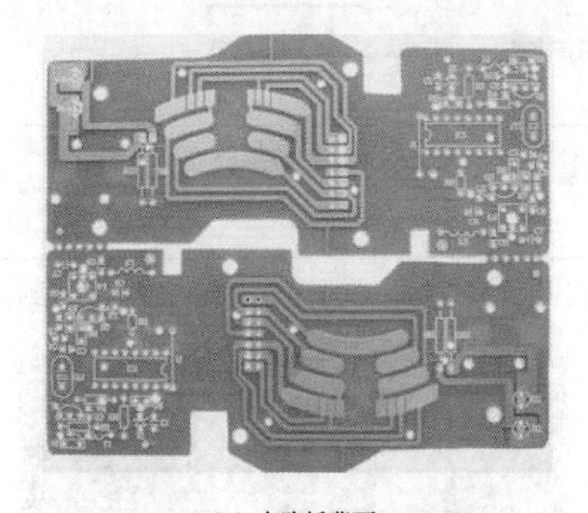

（b）电路板背面

图 20-145　常见的电路板实物图

1．电路板正面和背面特征

电路板的正面是元器件，其背面是铜箔电路，目前普通电子电器中主要使用单面铜箔电路板，即电路板只有一面上有铜箔电路。

通常，铜箔电路表面往往涂有一层绿色绝缘漆，起绝缘作用，在测试和焊接中要注意，先用刀片刮掉铜箔电路上绝缘漆后再操作。铜箔电路很薄、很细，容易出现断裂故障，特别是电路板被弯曲时更易损坏，操作中要注意这一点。

电路板的背面有许多形状不同的长条形铜箔电路，它们是用来连接各元器件的线路，铜箔电路是导体，如图 20-146 所示。图中圆形的物体是焊点。

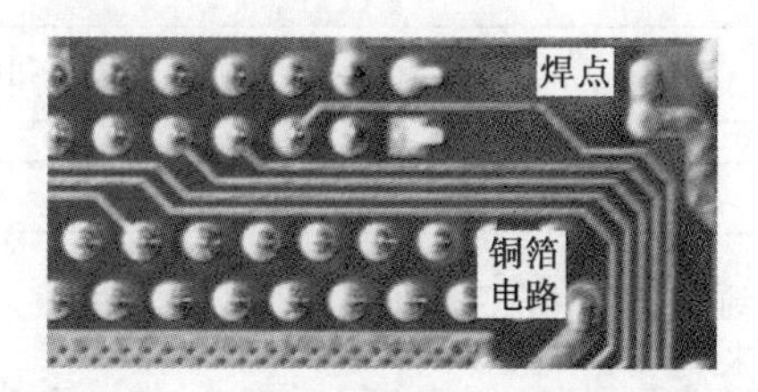

图 20-146　电路板上铜箔电路和焊点示意图

一台机器中，可能只有一块电路板，但也可能会有许多块。当有许多块电路板时，往往是某一部分功能电路板装在一起，这对修理而言比较方便，因为检查故障时只要拆下相关的电路板即可。

2．电路板规格

（1）厚度。电路板的厚度有多种规格，一般的电路板厚度在 1mm 左右。电路板的大小根据不同用途而不同。形状一般是长方形的，也有其他形状的。

（2）多层板。常见的电路板是单层的，只有一层铜箔电路，双层和多层电路板则有多层铜箔电路，如图 20-147 所示。实用多层电路板中，每一层的铜箔电路都是不同的，只在复杂电路中才使用多层电路板。

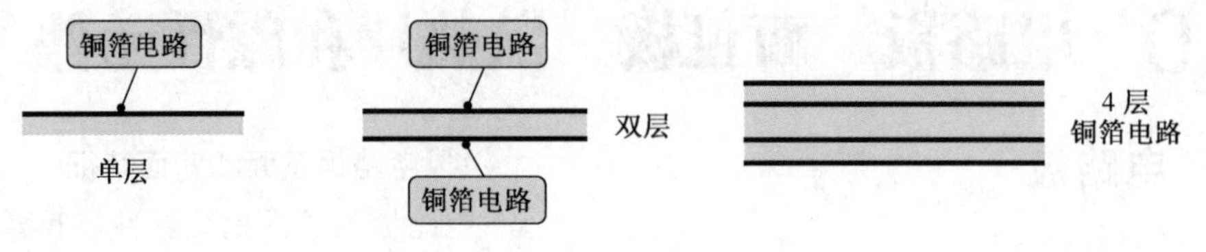

图 20-147　多层板

3．电路板上的多种小孔解说

电路板上有许多小孔，孔径为 1mm 左右，如图 20-148 所示，这是元器件引脚孔，元器件的引脚从此孔伸到背面的铜箔电路上。有些机器中采用了贴片元器件，这种元器件是没有引脚的（有电阻器、电容器和晶体管等），此时电路板上可以没有引脚孔（也可以仍然有孔），因为贴片元器件安装时无须引脚孔。

正规工艺制作的电路板，在焊点周围的铜箔电路上镀有助焊层，这时焊接就相当方便，而且焊接质量好。

图 20-148　示意图

双层电路板上的孔有多种情况，如表 20-10 所示。

表 20-10　双层电路板上孔说明

说明	示意图
单纯的元器件插装孔，元器件引脚只与一层铜箔电路焊接起来	基板 铜箔电路 孔
元器件插装与双面互连导通孔，这个孔中插入元器件引脚的同时还将上下两层铜箔电路互连	基板 铜箔电路 孔
单纯的双面导通孔，这个孔中不插入元器件引脚，焊锡将上下铜箔电路连接起来，通常这个孔的孔径比元器件安装孔的孔径小点	基板 铜箔电路 孔
基板安装与定位孔，这个孔不参与元器件的电路连接	基板 孔

20.10.2　面包板和一次性万用电路板

在电子制作、实验过程中，需要将电子元器件放置在一个载体上，这就是电路板。但是电路板的制作在业余条件下比较困难，建议使用面包板或一次性万用电路板。

1．一次性万用电路板

图 20-149 所示是一次性万用电路板，其尺寸大小有许多规格，在电子器材商店很容易买到。

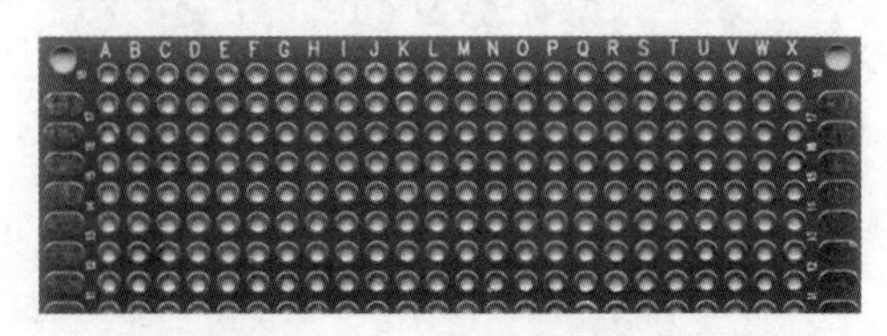

图 20-149　一次性万用电路板

一次性万用电路板上已经预先按照标准集

成电路（2.54mm）间距打好插孔，每一个插孔的后面都有铜箔焊盘，各种元器件都可以很方便地安装上去，并焊接引脚。

2．面包板

面包板又称万用型免焊电路板，如图 20-150 所示。它的具体尺寸大小有许多种，是一种具有多孔插座的插件板，复杂电路、多引脚元器件均可使用。

使用面包板时，各元器件引脚插入面包板的引脚孔中，无须焊接。

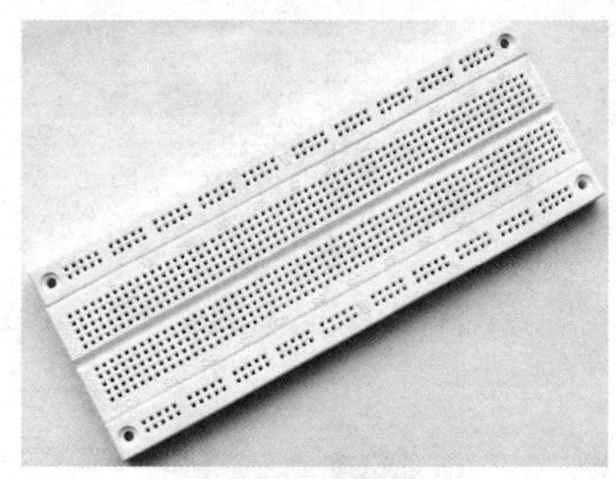

图 20-150　面包板

表 20-9 所示是面包板的使用方法说明。

表 20-9　面包板的使用方法说明

名称	说明
结构	面包板内部采用高弹性不锈钢金属片，可以保证反复使用而不会出现接触不良的问题。面包板分上下两部分，上面部分一般是由一行或两行插孔构成的窄条，行和行之间电气不连通。例如，某型号面包板由 4 行 23 列弹性接触簧片和 ABS 塑料槽板构成。 面包板上，有的标有 A、B、C、D、E 字母，旁边的每竖列上有 5 个方孔，被其内部的一条金属簧片所接通，但竖列与竖列之间方孔是相互绝缘的。同理，标有 F、G、H、I、J 的每竖列的 5 个方孔也是相通的。 不同的面包板有不同的连接形式，观察面包板实物可以看出这些连接规律，以便使用中正确接入元器件
使用方法	由于面包板是根据标准间距设计的，所以可以直接插入集成电路等元器件。 元器件和连接导线都通过插孔插入，不需要焊接，因此可以很方便地拆卸下来，不仅修改电路很方便，而且还可以反复使用，很适合做一些重复性的实验。 跨导线可以采用 0.5mm 左右线径的单股硬导线，如漆包线（两端要去掉绝缘漆）或网线中的一根导线
主要缺点	元器件的引脚和连接导线比较长，当电路较复杂时面包板上相互跨线较多，显得比较乱。 电路的分布电容、电感较大，不适合制作高频电路。 无法使用贴片元器件，或引脚间距小于一个集成电路间距的元器件

20.10.3　散热片

散热片是用来帮助工作在大电流、输出大功率信号三极管和集成电路散热的元件，散热片在家用电器中主要用于下列一些场合。

（1）套在功率放大管外壳上作为散热元件。

（2）装在功放集成电路上作为散热元件。

（3）装在稳压电路中的电源调整管上作为散热元件。

（4）装在电视机等电源电路中的开关管上作为散热元件。

1．热阻概念

不同材料对热的传导能力不同，例如铁板一端较热的话，铁板会很容易将热传递到铁板的其他部位，而塑料的这种传递热的能力显然比铁板差多了，这种阻碍热传递的阻力被称为热阻，如同电阻阻碍电流一样。显然，铁板的热阻远小于塑料的热阻。

2．散热片外形特征解说

图 20-151 是两种散热片的外形示意图。

（1）散热片的形状可以是平板式的，也可以是各种型材式的，为铝材料。

（2）散热片套在功率放大管的管壳上，用螺钉固定在功放集成电路上，根据这些特征可以方便地在电路板上找出散热片。

（a）

（b）

图 20-151　两种散热片外形示意图

3．散热片作用

功率放大管等在工作时，集电结要产生大量的热量，如若不及时地将这些热量散发掉，将大大影响它的耗散功率 P_{CM}，轻者影响器件的输出功率，重则损坏器件。这是因为三极管存在着热阻，影响了这些热量的散发。为此，在一些输出功率较大的场合下，给功率放大管和功放集成电路等装上散热片，以帮助它们散热。

图 20-152 所示是某型号功放集成电路在加不同散热片时的允许功耗曲线。从这一曲线中可以看出，当不给这一集成电路加散热片时，最大允许功耗约为 2W，而在加了 100mm×100mm×2mm 的散热片后，其最大允许功耗可达到 10W 以上，这就充分说明了散热片在功放三极管和功放集成电路中的“积极”作用。

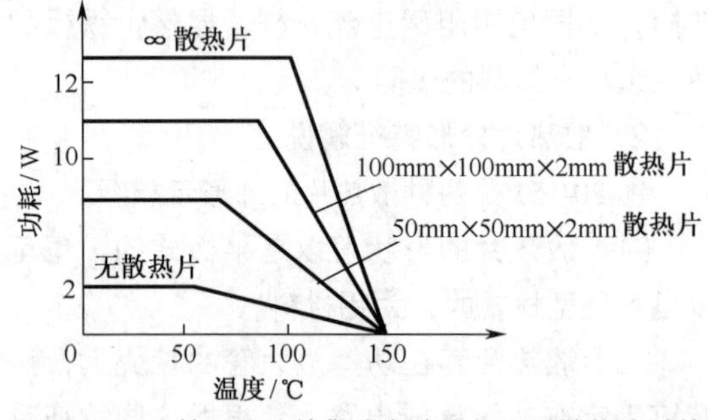

图 20-152　某型号功放集成电路在加不同散热片时的允许功耗曲线

加入散热片后功率放大管的热阻会大大减小，集电结的热量容易散发到空间，因而使功率放大管结温不太高。反过来讲，加了散热片之后三极管的热阻降低，在相同的环境温度下功放三极管可以承受更大的耗散功率，这就是为什么要加散热片的原因。

4．散热板式散热片特性

散热片可以分成两大类：一是散热板式散热片，二是散热型材式散热片。在散热型材式的散热片中，具体的形状变化很多。

散热片本身也具有热阻，其热阻愈小散热效果愈好。散热板式散热片的热阻不仅与散热板的面积有关，还与散热板的厚度有关，并且与散热板放置方式有关，图 20-153 所示曲线可以说明它们之间的关系。

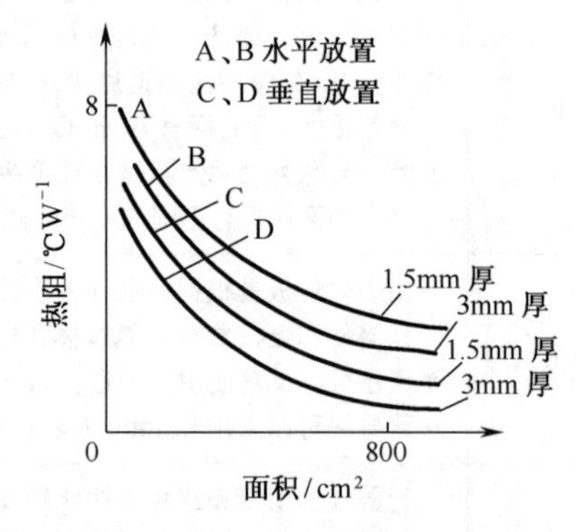

图 20-153　散热板式散热片热阻特性曲线

从图中可以看出，在相同放置方式下，散热板面积愈大，其热阻愈小，散热效果愈好。A、B 所示曲线是散热板水平放置时的曲线，C、D 曲线是散热板垂直放置时的曲线，由此可知在散热板面积、厚度相同的情况下，垂直放置时的热阻小，散热效果好。从曲线中还可以看出，当散热片的厚度不同时，散热效果也不同。A 为 1.5mm 时的曲线，B 是厚度为 3mm 时的曲线，它们都是水平放置方式，但 B 曲线的热阻小，说明散热效果更好。

关于散热板还要说明以下几个方面的问题。

（1）在散热板尺寸相同的条件下，应尽可能地采用垂直放置的方式，这可提高散热效果，当然垂直放置可能受到机壳空间的限制。

（2）在一定厚度下，当散热板的面积增大到一定程度后其热阻不再明显下降，这一点可以从曲线中看出。此时，可增大散热板的厚度。

5．散热型材式散热片特性

图 20-154 所示是散热型材式散热片的热阻特性曲线。从图中可以看出，当散热型材的包络体积增大时，散热片的热阻可有效地降低。

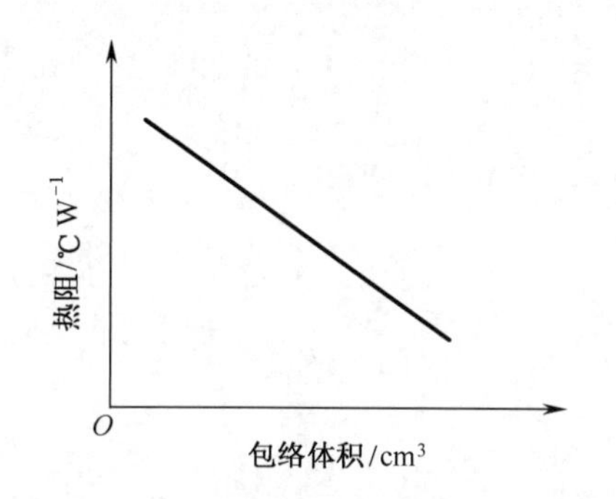

图 20-154 散热型材式散热片热阻特性曲线

关于散热型材式的散热片还要说明以下几个方面的问题。

（1）当散热型材的长度和宽度相当时，其散热效果最好。

（2）由于散热型材式散热片的成本高于散热板，所以主要用于一些大功率三极管、功放集成电路中的散热。

6．散热片的装配

修理中，当需要更换功率放大管或功放集成电路时，会遇到拆卸和装配散热片的问题，通常散热片采用热阻较小铝材制成。散热片与三极管、集成电路的组合方式有下列两种情况。

（1）直接装配方式。为了提高散热效果，通常将散热片直接套在功放三极管的外壳上，或直接固定在功放集成电路本身的散热片上，并在管子与散热片之间涂有一层白色油状的硅脂，它用来帮助传热，以便使三极管外壳与散热片之间传热性能更好。所以，在更换管子时不要将此东西擦净。

这种装配方式中的散热片，要么与电路之间绝缘，要么散热片接地。

（2）云母片绝缘装配方式。在一部分散热片中，由于三极管外壳或集成电路散热片与电路相通（不接地端），此时为防止装上散热片后将三极管外壳或集成电路散热片与其他电路短路，采用云母片作绝缘，即在三极管外壳与散热片之间垫一块很薄的云母片，云母片是绝缘的，又是导热的，这样达到绝缘和导热的双重目的。

此时，在更换三极管或集成电路后，切不可忘记将此云母片装上，否则会造成短路故障。

另外，装配时要注意拧紧散热片的固定螺钉，使散热片与外壳之间没有缝隙，否则会影响散热效果，严重时会损坏三极管或集成电路。

20.10.4 磁性元件

磁性元件往往用于电感器和变压器中，它们是电感器和变压器的铁芯（或磁芯）。

磁性元件是磁性材料制成的各种形状的元件，图 20-155 是环形磁性材料实物图。

图 20-155 环形磁性材料实物图

磁性元件按磁性材料划分有铁氧体材料和金属材料两大类。

1．铁氧体材料

图 20-156 是常见的铁氧体材料磁性元件实物图。

图 20-156　常见的铁氧体材料磁性元件实物图

2．金属材料

图 20-157 所示是常见的几种金属材料磁性元件实物图。

图 20-157　常见的几种金属材料磁性元件实物示意图

磁性元件按磁特性划分有软磁材料和硬磁材料两种。软磁材料保留剩磁能力很差，硬磁材料保留剩磁能力很强。

电感器和变压器中使用软磁材料，磁性记录磁带由硬磁材料制成。